第十四届中国高温合金年会论文集

中国金属学会高温材料分会　主编

U0342478

北　京

冶 金 工 业 出 版 社

2019

图书在版编目(CIP)数据

第十四届中国高温合金年会论文集／中国金属学会
高温材料分会主编.—北京：冶金工业出版社，2019.8
ISBN 978-7-5024-8193-3

Ⅰ.①第… Ⅱ.①中… Ⅲ.①耐热合金—文集
Ⅳ.①TG132.3-53

中国版本图书馆 CIP 数据核字(2019)第 176478 号

出　版　人　谭学余
地　　　址　北京市东城区嵩祝院北巷 39 号　邮编　100009　电话　(010)64027926
网　　　址　www.cnmip.com.cn　电子信箱　yjcbs@cnmip.com.cn
责任编辑　高　娜　美术编辑　吕欣童　版式设计　孙跃红
责任校对　石　静　责任印制　李玉山
ISBN 978-7-5024-8193-3
冶金工业出版社出版发行；各地新华书店经销；三河市双峰印刷装订有限公司印刷
2019 年 8 月第 1 版，2019 年 8 月第 1 次印刷
210mm×285mm；41.5 印张；1194 千字；651 页
227.00 元
冶金工业出版社　投稿电话　(010)64027932　投稿信箱　tougao@cnmip.com.cn
冶金工业出版社营销中心　电话　(010)64044283　传真　(010)64027893
冶金工业出版社天猫旗舰店　yjgycbs.tmall.com
(本书如有印装质量问题，本社营销中心负责退换)

第十四届中国高温合金年会论文集
编审委员会

前　　言

　　中国高温合金年会每四年举办一次，是中国高温合金领域规模最大的学术活动，是"产、学、研、用"各单位开展学术研讨、技术交流和业务合作的重要综合性平台。历届中国高温合金年会均由中国金属学会高温材料分会主办，已成功举办了13届。第十四届中国高温合金年会将于2019年9月22~25日在湖北黄石举行。本届年会将基于一系列国家重大科技专项和重大工程对高温合金提出的新要求，集全国高温合金科技工作者的智慧开展学术和技术研讨，以期推动国产高温合金材料的技术创新、产品生产质量及应用水平的全面提升，助力实现中国高温合金产业的腾飞发展。

　　为方便高温合金工作者之间开展学术交流，每届中国高温合金年会均出版论文集。本届年会的论文集仍然得到了科研院所、高校、企业和用户单位及科技工作者们的大力支持，共收到论文200余篇，最后经年会学术委员会专家评审，选出其中150篇收录在本论文集中，另有10余篇将在《金属学报》2019年第55卷第9期发表。这些论文展现了近年来中国高温合金在产品稳定性、热处理工艺、仿真模拟技术、新材料研制、成型工艺、高代次单晶等方向的新进展，反映了中国高温合金在科研、生产和应用领域的成绩和突破。

　　近年来，"军民融合"国家战略、国家部委"十三五"规划、"航空发动机和燃气轮机重大专项"、"新材料研发及工程化重大专项"等政策的逐步实施，为高温合金工作者带来了改革创新、展现聪明才智的大好时机。在此重要历史机遇下，广大高温合金同仁们要共同努力，为早日实现高温合金强国梦贡献自己的力量！

仲增庸

2019年5月

目　录

变形高温合金

铸造高温合金

粉末高温合金及新型高温材料

变形高温合金

BIANXING GAOWEN HEJIN

制备工艺对 GH2901 合金析出相和力学性能的影响

丑英玉[1*]，吴贵林[1]，杨亮[1]，齐超[1]，李连鹏[1]，刘猛[2]，潘彦丰[1]

（1. 抚顺特殊钢股份有限公司技术中心，辽宁 抚顺，113001；
2. 抚顺特殊钢股份有限公司锻造厂，辽宁 抚顺，113001）

摘 要：通过对比两种制备工艺生产的 GH2901 合金，利用金相显微镜和扫描电镜观察 GH2901 合金的析出相形貌及合金力学性能。结果表明：金相显微镜下观察到的析出相为 MC 型碳化物和 M_3B_2 型硼化物。通过对比两种制备工艺，得到了控制弥散析出相的方法。

关键词：GH2901 合金；析出相；力学性能

Effects of Preparation Processes on the Properties and Precipitated Phases of GH2901 Alloy

Chou Yingyu[1], Wu Guilin[1], Yang liang[1], Qi Chao[1], Li Lianpeng[1], Liu Meng[2], Pan Yanfeng[1]

（1. R&D Center of Fushun Special Steel Co., Ltd., Fushun Liaoning, 113001；
2. Forging Plant of Fushun Special Steel Co., Ltd., Fushun Liaoning, 113001）

Abstract：The precipitated phase morphology and the mechanical properties of GH2901 alloy manufactured by two different processes were observed with metallographic microscope and scanning electron microscope. The results show that the precipitated phases observed under metallographic microscope are MC type carbide and M_3B_2 type boride. By comparing the two manufacturing processes, the method of controlling the precipitating of dispersed phase was obtained.

Keywords：GH2901 alloy；precipitation phase；mechanical property

GH2901 合金是一种 Fe-Ni-Cr 基时效强化型变形高温合金，该合金原为国际镍公司所研制发展的，命名为 Incoloy901，1964 年英国罗·罗公司在斯贝发动机上采用该合金代替镍基合金 Nimonic PK31，由亨利·维金公司生产，改称 Nimonic 901[1]。合金以亚稳态的 γ′ 相进行时效强化，微量的铝元素抑制 γ′ 相向 η 相的转化，合金在 650℃ 以下具有较高的屈服强度和持久性能，760℃ 以下抗氧化性能良好，长期使用组织稳定。主要产品有涡轮盘、压气机盘、轴径、静结构件、涡轮外环及紧固件等[2]。裴丙红[3]、张欢[4] 等人通过试验研究不同的热处理制度对 GH2901 合金的晶粒度和性能的影响，而对于 GH2901 合金的析出相与力学性能方面研究较少。本文通过采用 SEM 及金相观察手段研究 GH2901 合金的析出相对力学性能的关联性，为相关生产厂提供基础数据。

1 试验材料及方法

试验合金采用真空感应+真空电弧炉（VIM+VAR）双联工艺冶炼，锭型为 φ508mm，将钢锭中切后，分别采用两种工艺锻造至 φ120mm 棒材，A 工艺采用多火次单向拔长，B 工艺采用逐火次降温镦拔及锻后快冷。成分如表 1 所示。对 A 和 B 两种工艺生产的 φ120mm 棒材，切取 100mm 长经

* 作者：丑英玉，高级工程师，联系电话：024-56678195，E-mail：gwhjl-jszx@ fs-ss. com

1090℃×2h 水冷、775℃×4h 空冷、715℃×24h 空冷后进行室温拉伸，650℃高温拉伸试验，并利用金相显微镜、扫描电镜观察析出相形貌，原子探针分析成分。

表 1 合金化学成分

Tab. 1 Chemical compositions of the GH2901 alloy

（质量分数，%）

C	Si	Mn	P	S	Cr	Al	B	Ti	Mo	Ni	Fe
0.024	0.06	0.02	0.005	0.001	12.50	0.20	0.015	3.00	5.75	42.50	余

2 试验结果及讨论

2.1 GH2901 合金的析出相

图 1 为两种不同制备工艺下经标准热处理后 GH2901 合金的金相组织，从图中可以看出两种工艺下的晶粒度相差不大，而 A 工艺颗粒析出相呈链状分布，B 工艺颗粒析出相呈弥散均匀分布。对 A 工艺的析出相进行 SEM 观察及原子探针分析，结果如图 2 所示。从图 2（a）二次电子相下可以看出颗粒析出相颜色相同，无法区分，而从图 2（b）背散射电子相下可以看出，颗粒析出相呈现两种不同颜色。对不同颜色的析出相进行原子探针分析，结果显示白色颗粒为 Mo 的硼化物，黑色颗粒为钛的碳化物。

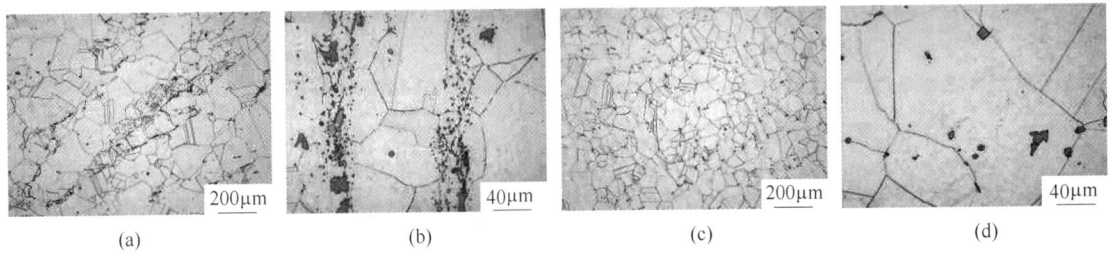

（a） （b） （c） （d）

图 1 不同制备工艺下 GH2901 合金金相组织

Fig. 1 Microstructure of GH2901 alloy with different processes

（a）A 工艺金相；（b）A 工艺局部放大金相；（c）B 工艺金相；（d）B 工艺局部放大金相

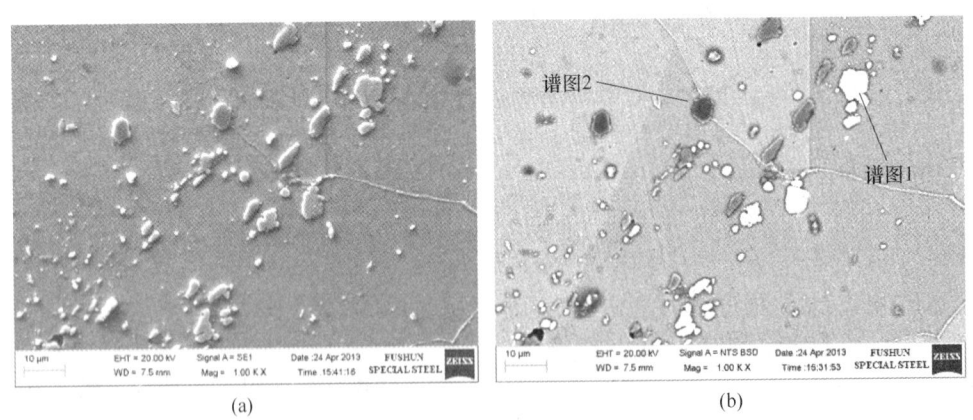

（a） （b）

	C	B	Al	Si	Ti	Cr	Fe	Ni	Mo
谱图 1		10.116	0.149	0.140	6.744	13.037	11.847	11.094	46.872
谱图 2	15.975				63.758	0.581	0.839	0.875	17.973

图 2 GH2901 合金 SEM

Fig. 2 SEM of GH2901 alloy

（a）二次电子像；（b）背散射电子像

2.2 不同制备工艺对 GH2901 合金拉伸性能的影响

图 3 为两种不同制备工艺下 GH2901 合金的力学性能对比，从图 3 中可以看出，A 工艺室温抗拉强度、屈服强度、650℃抗拉强度及屈服强度与 B 工艺相差不大。A 工艺下的室温缺口拉伸强度、伸长率、断面收缩率均比 B 工艺低，其中 A 工艺的室温缺口拉伸强度比 B 工艺低了 246MPa，A 工艺室温伸长率比 B 工艺低了 6.5%，A 工艺的室温断面收缩率比 B 工艺低了 7%，A 工艺的 650℃伸长率比 B 工艺低了 7.5%。

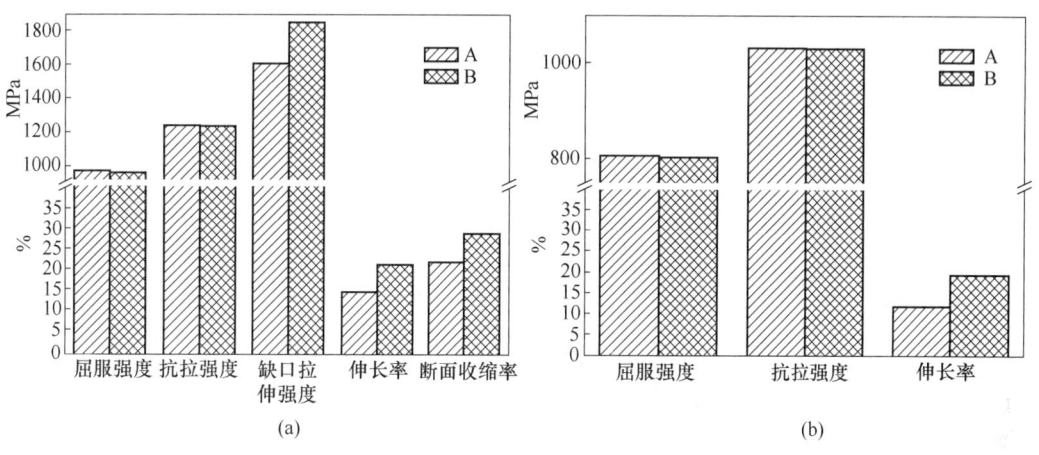

图 3 不同工艺下力学性能

Fig. 3 Mechanical properties of different processes

（a）室温力学性能；（b）650℃高温性能

2.3 分析与讨论

高温合金手册[2] 中描述 GH2901 合金经标准热处理后的组织为：γ 基体、γ′、TiC、M_3B_2 型硼化物，以及微量的 Ti（CN）、Ti_2（CS）。球形 γ′相均匀弥散分布于晶内，直径约为 14～20nm，约占合金的 11.6%，w（碳化物 + M_3B_2）约占 0.27%～0.35%。图 2（b）中黑色颗粒为 MC 型碳化物，白色颗粒为 M_3B_2 型硼化物。一次 MC 碳化物是在凝固过程中形成的，不均匀地分布在整个合金中，具有穿晶和沿晶形态，经常存在于枝晶间。M_3B_2 硼化物具有四方点阵结构，经标准热处理，固溶于基体中的硼以颗粒状或小块状的主要沉淀的晶界上。颗粒状 M_3B_2 硼化物沿加工方向分散分布，位于相交晶界处，可减小在断裂负载下相交晶界处开裂。硼化物是仅在晶界上可以看见的硬而不易溶解的颗粒，形状看上去为块状至半月形，硼化物的作用是为晶界提供 B。

A 工艺采用的是多火次单向拔长锻制棒材，金属的变形方向是单向的，随着棒坯直径的减小，开坯变形程度的增加，碳化物和硼化物呈链状沿变形方向分布。B 工艺采用的是逐火次降温镦拔及锻后快冷锻制棒材，在镦粗过程，随着镦粗压下量的增加，碳化物和硼化物随着金属的流动，会向棒材边缘散开，因此逐火次镦拔开坯可以使碳化物和硼化物分布更加均匀，而锻后快冷可以避免锻后冷却过程中碳化物和硼化物的二次析出。

A 和 B 两种工艺经标准热处理后的晶粒尺寸相差不大，由于成分相同，析出 γ′相量也相差不大，所以 A 和 B 两种制备工艺对 GH2901 合金室温抗拉强度、屈服强度、650℃的抗拉强度、屈服强度影响不大。

A 工艺下 MC 碳化物和 M_3B_2 型硼化物呈链状分布，而 B 工艺 MC 碳化物和 M_3B_2 型硼化物呈均匀弥散分布，可以有效阻止晶界滑移，提高塑性。这使得 B 工艺的室温缺口拉伸强度、室温拉伸塑性及 650℃拉伸塑性优于 A 工艺。

3 结论

（1）GH2901 合金在金相下观察到的析出相为 MC 型碳化物和 M_3B_2 型硼化物。

（2）不同制备工艺对 GH2901 合金室温抗拉强度、屈服强度、650℃的抗拉强度、屈服强度影响不大。B 工艺得到弥散分布 MC 型碳化物和 M_3B_2 型硼化物使其具有良好的室温、高温拉伸塑性及室温缺口拉伸强度。

参考文献

[1] 王家正. 在材料技术条件中应当如何提出要求——对斯贝发动机用 Nimonic901 合金技术条件的剖析 [J]. 材料工程, 1983 (4): 34~38.

[2] 中国金属学会高温材料分会. 中国高温合金手册 (上册) [M]. 北京: 中国标准出版社, 2012: 458.

[3] 裴丙红. 热处理对 GH2901 合金的力学性能和晶粒度组织的影响 [J]. 特钢技术, 2008 (1): 13~17.

[4] 张欢, 李庆, 郭子静, 等. 热处理对 GH2901 合金组织和硬度的影响 [J]. 铸造技术, 2015 (11): 2643~2645.

Laves 相分布对 GH2909 合金持久缺口敏感性的影响

韩光炜[1,2]*，王信才[3]，王志刚[4]，王海川[1,2]

（1. 钢铁研究总院高温材料研究所，北京，100081；
2. 北京钢研高纳科技股份有限公司，北京 100081；
3. 攀钢集团江油长城特殊钢有限公司，四川 江油，621704；
4. 抚顺特殊钢股份有限公司，辽宁 抚顺，113001）

摘　要：本文结合 SEM 分析，研究了粒状 Laves 相分布对 GH2909 合金持久缺口敏感性的影响。研究发现，GH2909 合金持久缺口敏感性与在应力作用下氧原子沿晶界扩散，发生沿晶内氧化而萌生脆性裂纹有关。Laves 相在晶内呈弥散分布，会导致 GH2909 合金出现持久缺口敏感性。粒状 Laves 相沿晶界连续分布，因可抑制沿晶内氧化，并在缺口根部塑形区产生针状 ε 相而松弛应力集中，从而可阻止持久缺口敏感的出现。因此，对 GH2909 合金棒材和锻件，优化热加工工艺，以控制足量粒状 Laves 相的沿晶分布，是阻止持久缺口敏感性的唯一途径。

关键词：GH2909 合金；持久缺口敏感性；Laves 相；低膨胀高温合金

Effect of Laves Phase Distribution on Notch Sensitivity of Stress Rupture for GH2909 Alloy

Han Guangwei[1,2]，Wang Xincai[3]，Wang Zhigang[4]，Wang Haichuan[1,2]

（1. Division of High Temperature Material Research，Center Iron & Steel Research Institute，Beijing，100081；
2. Beijing CISRI-GAONA Materials & Technology Co.，Ltd.，Beijing，100081；
3. Sichuan Changcheng Special Steel Co.，Ltd.，Pangang Group，Jiangyou Sichuan 621704；
4. Fushun Special Steel Co.，Ltd.，Fushun Liaoning，113001）

Abstract：Investigation has been carried out on the influence of granular Laves phase distribution on notch sensitivity of stress rupture for GH2909 alloy by means of SEM analysis. It was found that the notch sensitivity is related to brittle crack initiation from the inner oxidation layer along grain boundaries, which derives from diffusion of oxygen atoms along grain boundaries under the action of three dimensional tensile stresses. Notch sensitivity of stress rupture would arise for GH2909 alloy when granular Laves phase produced during thermal processing distributes in dispersion. The notch sensitivity could be prevented when continuous grain boundary distribution of granular Laves phase occurs due to being restrained of inner oxidation along grain boundaries and the production of acicular ε phase within the plastic strain zone ahead the notch，which makes relaxing of the stress concentration. Therefore，the unique process to prevent notch sensitivity of stress rupture for GH2909 alloy bars and forgings is to control enough continuous grain boundary distribution of granular Laves phase through optimizing thermal processing.

Keywords：GH2909 alloy；notch sensitivity of stress rupture；Laves phase；low expansion superalloy

　　GH2909 合金是在 GH907 合金基础上，通过 0.4%Si（质量分数）微合金化研制的第三代高性能低膨胀高温合金。Si 微合金化后，在热变形和固溶热处理过程中会促进 Fe_2Nb 型 Laves 相析出，

＊作者：韩光炜，教授，联系电话：010-62182332，E-mail：gw_han@qq.com

在时效热处理过程中，会促进沿晶界和在晶内析出 ε″/ε -(Ni,Fe,Co)₃(Nb,Ti) 相。传统认为，对 GH2909 合金持久缺口敏感性起抑制作用的主要是时效热处理沿晶界析出的 ε″相[1,2]。但本文研究发现，只有控制晶界有连续分布的粒状 Laves 相，才可阻止 GH2909 合金发生持久缺口敏感。在此基础上，进一步研究分析了 GH2909 合金持久缺口敏感性产生的机理和晶界连续分布粒状 Laves 相的作用。

1 试验材料及方法

试验所用 GH2909 合金是经 φ508mm 自耗锭 VIM+VAR 双联冶炼所试制 φ200mm 棒材轧制的 φ840mm×φ760mm×100mm 环锻件，所使用合金的化学成分如表 1 所示。经调整环锻件的轧制工艺，使经标准热处理后 A、B 两种工艺下所轧制的环锻件具有不同的 Laves 相分布特征。

不同工艺所轧制环锻件经标准热处理后，分别沿弦向取样，在 650℃、510MPa 条件下进行组合持久（缺口根部半径 R=0.14mm）试验。再对

不同工艺所轧制环锻件的组织和对应组合持久断裂试样的纵剖面缺口根部组织特征进行 SEM 分析，研究 GH2909 合金发生持久缺口敏感的机理和 Laves 相分布特征的影响。

表 1 试验所用 GH2909 合金的化学成分
Tab. 1 Chemical composition of the employed GH2909 alloy （质量分数,%）

元素	C	Mn	Si	Ni	Ti	Co	Nb	Al	B
含量	0.011	0.032	0.38	38.6	1.55	13.5	4.97	0.06	0.0052

2 试验结果及分析

图 1 为 A、B 两种工艺下所轧制 GH2909 合金环锻件经标准热处理后的典型组织。在 A 工艺下所轧制环锻件中，粒状 Laves 相在晶内呈弥散分布。在 B 工艺下所轧制环锻件中，粒状 Laves 相沿晶界呈连续分布。研究表明，所制备环锻件中 Laves 相的分布特征与制备工艺有直接关系。

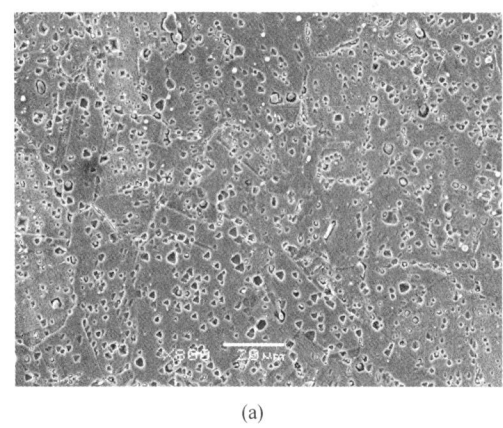 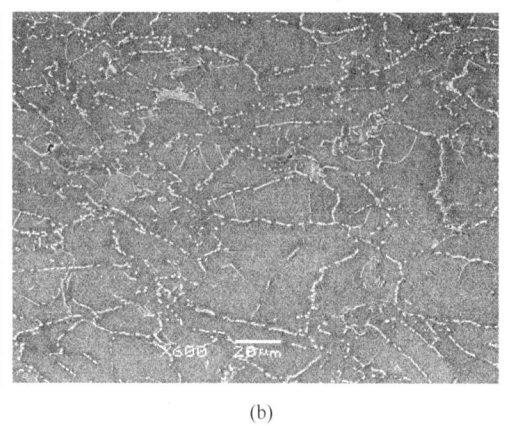

(a) (b)

图 1 分别在 A、B 工艺下所制备 GH2909 合金环锻件经热处理后的组织特征
Fig. 1 SEM micrographs showing the distribution of granular Laves phase after heat treatment for GH2909 alloy rings rolled respectively in process A and B
（a）A 工艺；（b）B 工艺

表 2 为两种工艺下所轧制环锻件中粒状 Laves 相的分布特征及对应组合持久性能的测试结果。对 Laves 相在晶内弥散分布的环锻件，存在缺口持久敏感性，短时间内在缺口处发生持久断裂。对粒状 Laves 相沿晶分布的环锻件，无持久缺口敏感。组合持久寿命长达 100 多小时，最后在试样光滑段发生持久断裂。图 2 为存在持久缺口敏感，缺口处断裂试样的缺口根部组织特征。可以看出，

组合持久在缺口处过早断裂，是由于 GH2909 合金不含 Cr 元素，存在应力促进晶界氧化脆性（SAB-GBO）[1]。在缺口根部三维拉应力的作用下，氧原子沿晶界扩散，形成内氧化膜。氧化膜过早萌生脆性裂纹引起沿晶开裂，最后导致持久试验在缺口处过早断裂。图 3 为无持久缺口敏感，在光滑段断裂的试样缺口根部的组织特征，在缺口根部表面形成一层氧化膜。另外，在缺口根部的晶粒

内产生大量片状 ε 相。大量片状 ε 相的产生可能与缺口根部局部塑性变形有关。沿晶分布的粒状 Laves 相阻止了氧原子沿晶扩散而形成内氧化膜，从而防止了沿晶氧化脆性裂纹的产生。另一方面，缺口根部产生大量片状 ε 相使局部应变能释放，降低了缺口根部萌生裂纹的应力条件。因此，对 GH2909 合金，通过控制粒状 Laves 相的分布特征，使其尽可能连续在晶界分布，可有效阻止持久缺口敏感性。

表 2 粒状 Laves 相分布对 GH2909 合金持久缺口敏感性的影响

Tab. 2 Influence of the distribution of grainy Laves phase on notch sensitivity for GH2909 alloy

粒状 Laves 相分布	持久寿命/h	伸长率/%
晶内弥散分布	31.0	断缺口
	5.1	断缺口
晶界分布	135	26
	118	18

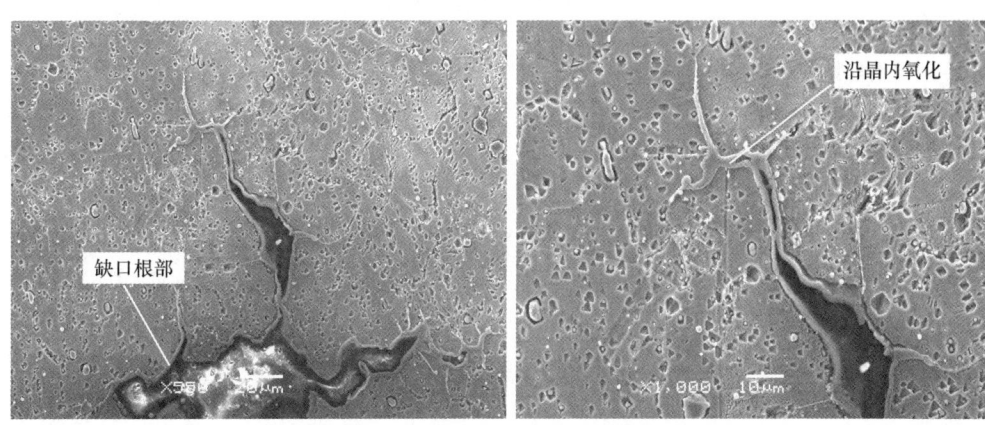

图 2 缺口根部应力促进晶界氧化导致沿晶脆性裂纹的萌生

Fig. 2 Intergranular brittle crack initiation caused by oxidation along grain boundaries ahead the notch under stress

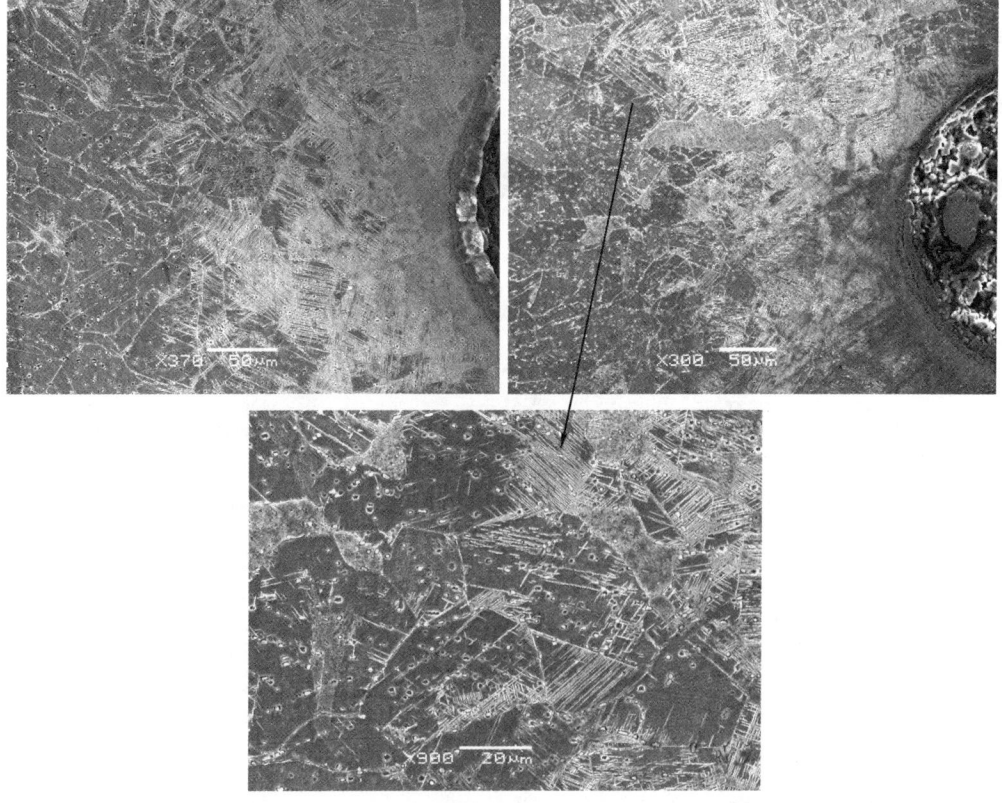

图 3 无持久缺口敏感试样在缺口根部晶内产生大量 ε 相

Fig. 3 SEM micrographs showing ε phase platelets produced within grains ahead the notch for the specimens without notch sensitivity of stress rupture

Z. Chen 等人利用 TEM-EDS 对 GH2909 合金晶界所析出 Fe_2Nb 型 Laves 相的成分进行了微观分析，得到不同元素的摩尔分数如表 3 所示[3]。另外发现，因成分、热变形和固溶热处理工艺不同，在晶界所析出 Laves 相中不同元素的含量会产生差异。随温度升高，在晶界所析 Laves 中 Si 含量会降低，从 8% 降低到 4.5% 左右。另外，对不同试样，不同的分析方法，会得到 Laves 相中 Ni、Fe 含量不同的差异。有时 Ni 含量高于 Fe 含量，有时 Ni 含量低于 Fe 含量。

表 3　TEM-EDS 所分析晶界 Laves 相中不同元素的含量
Tab. 3　Content of different elements in the Laves analyzed by TEM-EDS

（摩尔分数,%）

元素	Si	Ni	Fe	Co	Nb	Ti
Laves 相	8.2	23.2	26.2	14.4	26.3	1.7

3　结论

（1）GH2909 合金持久缺口敏感性，是由于缺口根部氧原子在三向拉应力的作用下沿晶界内扩散，形成晶界氧化层，随后在应力的作用下发生脆性开裂而萌生沿晶裂纹，导致缺口断裂。

（2）对 GH2909 合金通过热变形工艺的控制，使充分的粒状 Laves 相沿晶界分布，可阻止氧原子沿晶界扩散而形成脆性氧化层，从而可有效阻止持久缺口敏感性的产生。当热变形工艺控制不当时，粒状 Laves 相在晶内呈弥散分布，无法阻止氧沿晶界扩散而形成沿晶界内氧化层，最终导致晶界脆性开裂而出现持久缺口敏感。

（3）在粒状 Laves 相沿晶界分布时，在缺口根部局部晶粒内，因塑性应变会产生大量片状 ε 相。ε 相的产生会释放局部塑变能，降低应力集中，进一步抑制了缺口根部裂纹的产生，对阻止 GH2909 合金持久缺口敏感有辅助作用。

参考文献

[1] Heck K A, Smith D F, et al. The physical metallurgy of a silicone-containing low expansion superalloy [J]. Superalloys, 1988: 151.

[2] Chen Z. Identification of orthorhombic phase in incoloy alloy 909 [J]. Scripta Metallurgica et Materialia, 1992, 20: 1077~1082.

[3] Chen Z, Brooks J W, Loretto M H. Precipitation in incoloy alloy 909 [J]. Mater. Sci. and Techn., 1993, 9 (8): 647.

低膨胀 GH2909 高温合金弯晶工艺研究

周扬[1]*，陈琦[1]，张健[1]，付建辉[1]，王信才[2]，何云华[2]，裴丙红[2]

（1. 成都先进金属材料产业技术研究院有限公司，四川 成都，610303；
2. 攀钢集团江油长城特殊钢有限公司，四川 江油，621700）

摘　要：本文采用双道次热压缩模拟和热处理实验方法，研究了 GH2909 高温合金的亚动态再结晶行为、Laves 相析出规律和弯晶形成条件。结果表明：在应变速率为 $0.1s^{-1}$ 条件下，合金发生亚动态再结晶的临界温度约为 1000℃，先大变形、后小变形的热变形工艺有利于获得细小的再结晶晶粒。在 900℃ 保温 10min 热处理后，合金晶界析出 Laves 相数量与前期热变形温度有关，热变形温度越低，Laves 相析出越多。基于热压缩和热处理实验结果，确立了 GH2909 合金的弯晶形成工艺：热变形温度为 1000℃，第一、二道次应变量分别为 50% 和 20%，900℃ 热处理 10min。

关键词：GH2909 合金；双道次热压缩；亚动态再结晶；Laves 析出相；弯曲晶界

The Formation of Zigzag Boundary in Low-expansion GH2909 Superalloy

Zhou Yang[1], Chen Qi[1], Zhang Jian[1], Fu Jianhui[1], Wang Xincai[2], He Yunhua[2], Pei Binghong[2]

(1. Chengdu Advanced Metal Materials Industry Technology Research
Institute Co., Ltd., Chengdu Sichuan, 610303；
2. Jiangyou Changcheng Special Steel Co., Ltd., Pangang Group, Jiangyou Sichuan, 621700)

Abstract：The metadynamic recrystallization behaviors, Laves phase formation rules and zigzag boundary formation conditions of low-expansion GH2909 superalloy were studied by Two-pass hot compression tests and heat treatment. The results show that the critical temperature of metadynamic recrystallization of the alloy is about 1000℃ when it is compressed at a strain rate of $0.1s^{-1}$. Fine recrystallized grains are more likely to be obtained by heat deformation processes with large deformation at first pass and small deformation at second pass. After heat treatment at 900℃ for 10 min, the amount of Laves phase precipitating at the boundary of the alloy has close relationship with the temperature of previous hot deformation process. That is, the amount of Laves phase precipitates increases as the temperature of hot deformation decreases. Based on the experimental results of hot compression tests and heat treatment, the zigzag boundary formation conditions of low-expansion GH2909 superalloy is obtained, which includes hot deformation temperature of 1000℃, the strain of 50% at first pass deformation, the strain of 20% at second pass deformation and heat treatment at 900℃ for 10 min.

Keywords：GH2909 alloy; two-pass hot compression; metadynamic recrystallization; Laves phase precipitates; zigzag boundary

　　GH2909 合金是仿制美国 Incoloy909 合金，研制的第三代高性能低膨胀高温合金[1]。该合金具有高的强度和塑性、低的热膨胀系数、几乎恒定的弹性模量以及良好的抗氧化和冷热疲劳等综合力学性能，广泛应用于制造第四代发动机的涡轮中层机匣、轴、承力环和蜂窝支撑环等间隙控

＊作者：周扬，高级工程师，联系电话：18745035997，E-mail：yangzhou_hit@126.com

制零件。"九五"以来，我国开始生产试制GH2909合金，经过二十多年的攻关克难，以攀长特公司为代表的国内生产单位，现已基本攻克GH2909合金的冶炼及成分控制技术，初步具备GH2909合金生产能力。但是，国产GH2909合金长期存在组织、性能不稳定问题，严重制约了国产GH2909合金在军用和商用航空发动机上的推广应用。

目前，国内外对GH2909合金的锻造和热处理工艺开展了一定的研究[2~6]。但是现有文献大多局限于描述热变形和热处理工艺对GH2909合金显微组织和持久性能的影响规律，尚未对GH2909合金弯晶工艺进行研究。本文综合利用双道次热压缩模拟和热处理实验方法，研究了GH2909合金的亚动态再结晶行为和Laves相析出规律，最终确立了弯晶形成条件和工艺，为GH2909合金锻造和热处理过程组织性能调控提供了依据。

1　实验材料及方法

实验用料为GH2909合金锻造开坯件，合金首先在1020℃固溶处理4h，其典型组织如图1所示。合金固溶处理后经线切割加工成ϕ8mm×12mm圆柱形试样，再利用Gleeble-3500热模拟系统进行双道次热压缩实验，结合GH2909合金实际精锻成型工艺，热压缩应变速率设为0.1s^{-1}，总应变量设为70%，热压缩工艺流程和工艺参数如图2和表1所示。热压缩实验完成

后，利用线切割将合金圆饼试样沿轴向对半切开，一半合金试样经打磨、抛光和腐蚀后进行显微组织分析，另一半合金试样在900℃条件下热处理10min，再经打磨、抛光和腐蚀后进行组织分析。实验所用腐蚀液成分为1.5g $CuSO_4$+20mL HCl+20mL C_2H_5OH。

图1　GH2909合金固溶处理后典型组织

Fig. 1　Typical microstructure of GH2909 alloy after solid-solution treatment

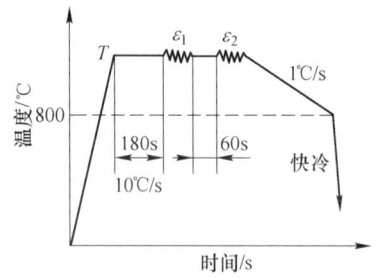

图2　热压缩工艺流程图

Fig. 2　Procedure of two-pass compression

表1　实验工艺参数设计

Tab. 1　Parameters of two-pass compression experiment

工艺参数	温度 T_1/℃	道次1应变 ε_1	道次2应变 ε_2	总应变量 ε	工艺参数	温度 T_1/℃	道次1应变 ε_1	道次2应变 ε_2	总应变量 ε
1		0.50	0.20		7		0.50	0.20	
2	1050	0.35	0.35	70	8	950	0.35	0.35	70
3		0.20	0.50		9		0.20	0.50	
4		0.50	0.20		10		0.50	0.20	
5	1000	0.35	0.35	70	11	900	0.35	0.35	70
6		0.20	0.50		12		0.20	0.50	

2 试验结果及分析

2.1 双道次压缩应力-应变曲线

图 3 是 GH2909 合金在不同热压缩工艺下得到的应力-应变曲线。从图中可以看到，合金压缩过程各道次真实应变量与实验设计参数基本相同。随着温度降低，合金的热变形抗力增加。对于 1050℃和 1000℃两个温度，随着第一道次压缩应变量减小、第二道次压缩应变量增大，合金压缩结束时的应力值逐渐增大。在 950℃和 900℃两个温度下，合金在不同工艺压缩结束时的应力值分别对应基本相等。

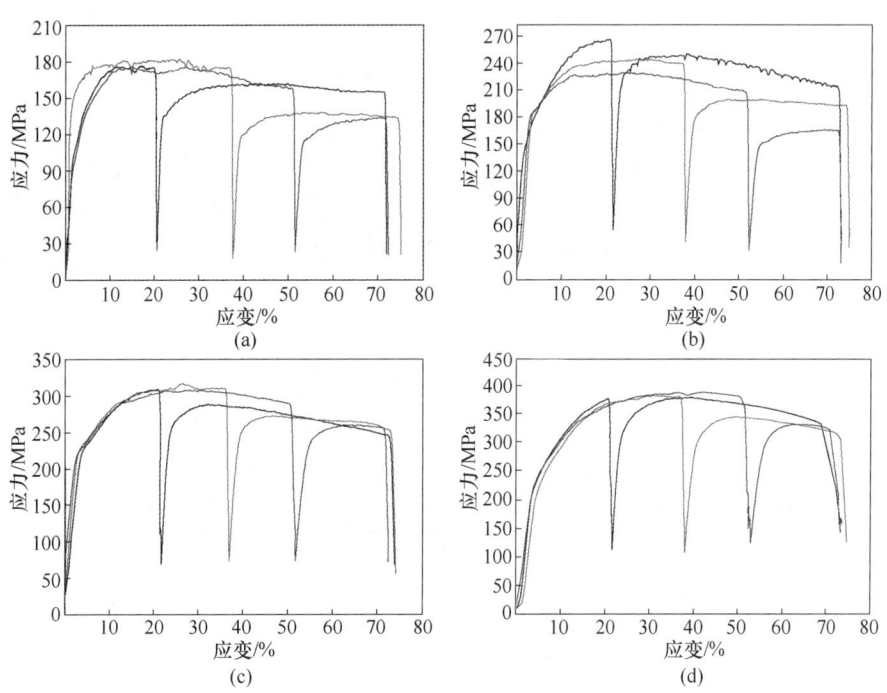

图 3   GH2909 合金不同双道次热压缩应力-应变曲线

Fig. 3   Stress-strain curves of GH2909 alloy under different two-pass hot compression

(a) T=1050℃；(b) T=1000℃；(c) T=950℃；(d) T=900℃

2.2 显微组织分析

图 4 是 GH2909 合金在不同双道次压缩工艺条件下获得的显微组织。在温度为 1050℃条件下，合金均发生了完全亚动态再结晶，均得到等轴晶显微组织，且第一道次变形量越小，合金晶粒越细小。当温度为 1000℃时，第一道次应变量为 50%、第二道次应变量为 20%，合金发生完全亚动态再结晶，获得细小的等轴晶组织；而其他两种压缩工艺均发生部分动态再结晶，最终形成混晶组织。当温度低于 1000℃时，不同压缩工艺条件下合金均形成变形拉长晶组织。图 4 所示的合金显微组织与图 3 所示的应力-应变曲线结果相吻合，即晶粒越细小，合金压缩结束时变形抗力越大，完全再结晶合金压缩结束时变形抗力低于部分再结晶合金变形抗力，而低于 1000℃下获得的变形晶组织基本相同，变形抗力也基本相等。因此，在压缩应变速率为 0.1s⁻¹ 条件下，GH2909 合金的临界亚动态再结晶温度约为 1000℃。

图 5 为部分热压缩后的合金试样在 900℃热处理 10min 前后的组织对比。从图中可以看到，在 1000℃和 1050℃热压缩后，合金晶界处并未析出 Laves 相，而在 900℃热压缩后的变形晶晶界处析出了较多的 Laves 相。1050℃高温热压缩后的合金再热处理，只析出了少量的 Laves 相，而在 1000℃下热压缩，可以形成较多的 Laves 相，温度进一步降低，Laves 析出相数量越多。其中，温度为 1000℃热变形，第一道次应变量为 50%，第二道次应变量为 20%，热压缩后的合金再经 900℃热处理 10min，可以获得弯晶组织。其原因可能为：1000℃热变形后的合金处于临界亚动态再结晶状态，晶粒有长大的趋势，而 900℃热处理过程晶界

析出的 Laves 相起着钉扎晶界的作用，抑制了晶界　　迁移，最终形成弯晶组织。

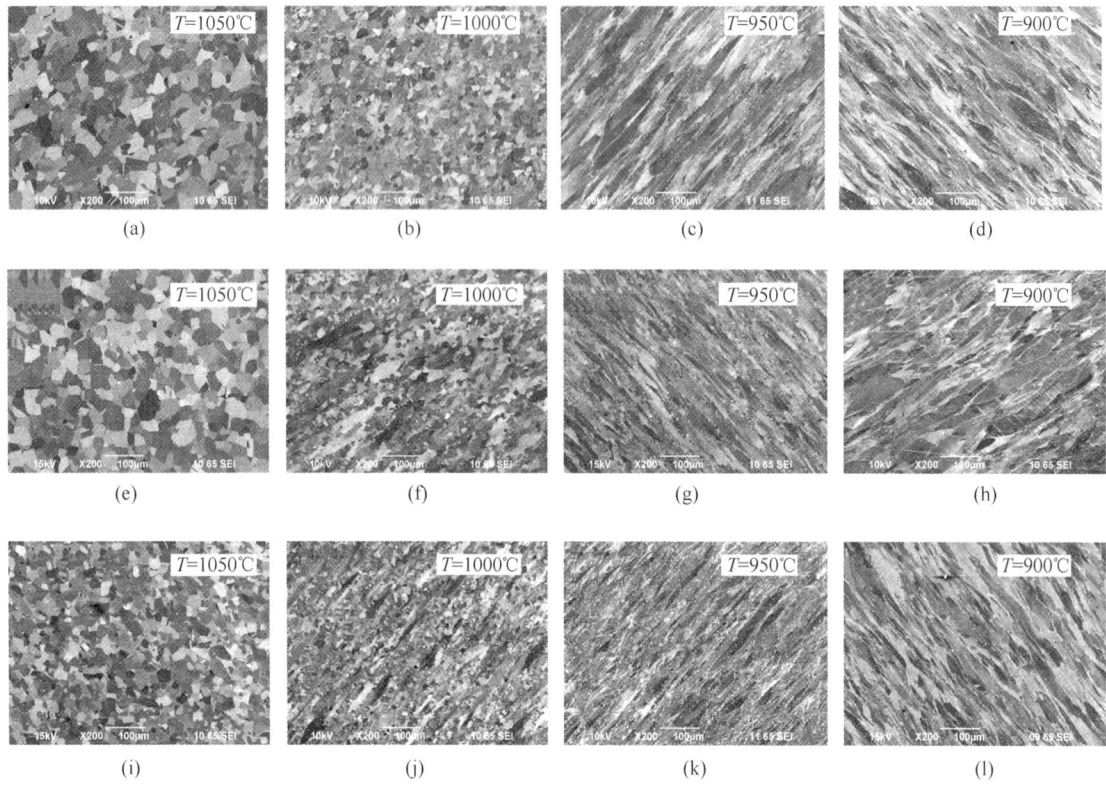

图 4　GH2909 合金不同双道次热压缩后显微组织

Fig. 4　Microstructures of GH2909 alloy under different two-pass hot compression processes

(a)~(d) $\varepsilon_1=0.5$, $\varepsilon_2=0.2$；(e)~(h) $\varepsilon_1=0.35$, $\varepsilon_2=0.35$；(i)~(l) $\varepsilon_1=0.20$, $\varepsilon_2=0.5$

图 5　热压缩后 GH2909 合金热处理前后显微组织

Fig. 5　Microstructures of hot-deformed GH2909 alloy before and after heat treatment

(a), (e) $\varepsilon_1=0.2$, $\varepsilon_2=0.5$, $T=1050℃$；(b), (f) $\varepsilon_1=0.2$, $\varepsilon_2=0.5$, $T=1000℃$；

(c), (g) $\varepsilon_1=0.5$, $\varepsilon_2=0.2$, $T=1000℃$；(d), (h) $\varepsilon_1=0.2$, $\varepsilon_2=0.5$, $T=900℃$；

(a)~(d) 热处理前；(e)~(h) 热处理后

3　结论

（1）在应变速率为 $0.1s^{-1}$ 条件下，GH2909 合金发生亚动态再结晶的临界温度约为 1000℃，先大变形、后小变形的热变形工艺有利于获得细小的再结晶晶粒。

（2）在 900℃ 保温 10min 热处理后，GH2909 合金晶界析出 Laves 相数量与前期热变形温度有关，热变形温度越低 Laves 相析出越多。

（3）GH2909 合金的弯晶形成工艺：热变形温度为 1000℃，第一、二道次应变量分别为 50% 和 20%，900℃ 热处理 10min。

参考文献

[1] 邓波，韩光炜，冯涤. 低膨胀高温合金的发展及在航空航天业的应用 [J]. 航空材料学报，2003，23：244~249.

[2] 王信才. 锻造工艺对 GH2909 合金大规格棒材组织与性能的影响 [J]. 特钢技术，2014，20（81）：27~29.

[3] 王信才. 低膨胀 GH2909 合金锻造工艺研究特钢技术 [J]. 特钢技术，2017，23（92）：33~37.

[4] 赵斌. GH2909 合金径向锻造工艺优化研究 [J]. 特钢技术，2016，22（89）：49~53.

[5] 赵宇新，张绍维. GH909 合金长期时效后组织和性能的研究 [J]. 航空材料学报，2000，20（3）：6~10.

[6] 赵宇新，张绍维. GH909 合金在 700℃ 长期时效稳定性研究 [J]. 航空材料学报，2006，26（3）：57~59.

两种电渣方式重熔 GH3030 合金对比研究

侯智鹏*，张鹏，张姝，于杰，刘猛

（抚顺特殊钢股份有限公司技术中心，辽宁 抚顺，113001）

摘　要：通过采用 PESR（保护气氛电渣）及 ESR（普通电渣）重熔镍基 GH3030 合金，对比研究了两种电渣炉重熔该合金的锭表面质量、化学成分、气体含量、纯洁度、低倍组织及晶粒组织。对比结果表明：经 PESR 重熔后的 GH3030 合金锭表面良好，其化学成分均匀性、气体含量及纯洁度均优于 ESR 重熔锭；采用相同锻造工艺锻造 PESR 及 ESR 重熔锭生产的锻棒低倍均无点偏缺陷，棒材边缘至中心晶粒组织均匀，表明其锻棒低倍及晶粒组织级别相当。

关键词：PESR；ESR；镍基高温合金

Comparative Research on GH3030 Alloy Remelted by PESR and ESR

Hou Zhipeng, Zhang Peng, Zhang Shu, Yu Jie, Liu Meng

（Technology Center of Fushun Special Steel Co., Ltd., Fushun Liaoning, 113001）

Abstract：The surface quality of ingot, chemical composition, gas content, purity, macrostructure and grain structure of nickel-based GH3030 alloy remelted by PESR and ESR（commonelectroslag furnace）were compared and studied. The results show that the ingot surface of GH3030 alloy remelted by PESR is good, and its chemical composition uniformity, gas content and purity are better than those of ESR. The forged bar produced by forging PESR and ESR remelted ingots with the same forging process has no point deviation defect at low magnification, and the grain size from the edge to the center of the bar is uniform, indicating that the forged bar has the same low magnification and grain size grade.

Keywords：PESR；ESR；Nickel-based superalloy

ESR 由自耗电极金属、熔渣、结晶器、底水箱、短网及电器系统等组成，依靠渣池通过电流时产生的渣阻热来熔化及精炼自耗电极金属，得到的液态金属在水冷结晶器中凝固成锭[1]。ESR 重熔产品具有组织致密、洁净度高等优点，被广泛用于航空、航天、石油、化工、交通、能源及军工等重要领域。但是普通的 ESR 在大气下重熔钢锭，存在易进气、易烧损、成分不均匀、锭表面易出现渣沟、渣环及偏析等质量问题，同时存在生产效率及成材率低的问题[2-4]。

针对以上 ESR 的不足，PESR 在传统 ESR 的基础上改进结晶器结构，添加保护气氛装置，并且具有高精度称重系统，可实现重熔全程横熔速控制，保证熔池深度恒定及结晶锭枝晶组织基本一致[5]。本文针对 PESR 电渣重熔的镍基 GH3030 合金质量进行研究，并与 ESR 重熔的 GH3030 合金质量进行了对比。

1　试验材料及方法

本文选取 PESR 重熔的 GH3030 合金 ϕ430mm 锭及经 ESR 重熔的同锭型电渣锭进行对比研究；同时，两种电渣工艺电渣重熔锭经采用相同锻造工艺锻制成材后进行低倍及晶粒组织对比。

沿钢锭底垫端至充填端均匀间隔六点钻取化学成分粉末，用化学分析检测方法进行全元素分

---

　*作者：侯智鹏，工程师，联系电话：13941383536，E-mail：hzpkmlg@163.com

析，检测其轴向成分均匀性；锻制棒材规格 ϕ150mm，棒材头尾取厚 20mm 的低倍片，经车床精车、低倍酸腐蚀后观察宏观组织；在低倍片边缘、半径和中心部位分别钻取三个化学成分样检验横向成分均匀性，并依次切取 3 块金相试样，检测锻造后交货状态下晶粒组织。

2 试验结果

2.1 PESR 及 ESR 重熔锭表面、成分及气体

采用 PESR 重熔的钢锭表面无渣沟、渣环等问题，表面良好，与 ESR 电渣锭表面相当。

自 PESR 重熔的 GH3030 合金 ϕ430mm 电渣锭沿锭身方向由底垫至充填端均匀间隔六点取成分，并沿锭端面边缘、1/2 半径、中心部位取成分试样；ESR 电渣锭由底垫至充填端均匀间隔四点取成分取样分析化学成分，化学成分结果如表 1 所示。

由表 1 可以看出：由 PESR 重熔的 GH3030 合金锭轴向及横向化学成分均匀，C 元素略有烧损，9 点位置最大差值为 0.002%，Si 最大差值在 0.03%，Al、Ti 最大差值分别在 0.02% 及 0.03%，气体元素 H 稳定在 1×10^{-4}% 无变化、O 含量在 2.9×10^{-3}% ~ 3.1×10^{-3}%、N 含量在 5.3×10^{-3}% ~ 5.7×10^{-3}%、与 PESR 相比较，ESR 电渣重熔的 C、Si、Al、Ti 差值分别为 0.01%、0.07%、0.04% 及 0.05%，气体元素 H 含量也为 1×10^{-4}%，O、N 含量分别高出 PESR 重熔锭 O、N 含量 1×10^{-3}% 及 2.5×10^{-3}%。综上所述，PESR 重熔 GH3030 合金锭化学成分较 ESR 重熔锭成分均匀，同时气体含量明显低于 ESR 重熔锭。

表 1 PESR 及 ESR 重熔 GH3030 合金锭化学成分

Tab. 1 Chemical compositions of GH3030 alloy ingot remelted by PESR and ESR （质量分数,%）

炉台	取样位置	C	Si	Al	Ti	Ni	H	O	N
PESR	1	0.065	0.36	0.10	0.34	78.32	0.0001	0.0030	0.0054
	2	0.064	0.35	0.09	0.35	78.36	0.0001	0.0029	0.0056
	3	0.065	0.37	0.09	0.34	78.34	0.0001	0.0029	0.0055
	4	0.063	0.37	0.10	0.33	78.35	0.0001	0.0030	0.0055
	5	0.064	0.38	0.09	0.34	78.32	0.0001	0.0029	0.0056
	6	0.065	0.39	0.08	0.32	78.35	0.0001	0.0031	0.0057
	边缘	0.063	0.36	0.08	0.33	78.33	0.0001	0.0031	0.0056
	1/2 半径	0.065	0.37	0.10	0.34	78.35	0.0001	0.0029	0.0054
	中心	0.064	0.38	0.09	0.34	78.36	0.0001	0.0029	0.0053
ESR	1	0.063	0.39	0.11	0.25	78.33	0.0001	0.0040	0.0062
	2	0.064	0.37	0.09	0.25	78.36	0.0001	0.0041	0.0075
	3	0.063	0.36	0.08	0.29	78.32	0.0001	0.0042	0.0069
	4	0.064	0.32	0.07	0.30	78.33	0.0001	0.0042	0.0078

2.2 PESR 及 ESR 纯洁度

PESR 及 ESR 重熔锭采用的自耗金属电极均由 EF+LF+VOD/VHD 工艺冶炼，电极纯洁度可视为相同。为了减轻有害杂质的不利影响，采用精选原材料、控制工艺参数等方法，使有害杂质的含量尽可能降低。两种电渣工艺采用相同渣系进行电渣，PESR 重熔过程中，渣量增加，重熔合金能被熔渣更加有效地精炼，得到纯洁度更高的 GH3030 合金。自 PESR 及 ESR 重熔锭上取样检验

纯洁度，经高倍检验，两种电渣工艺纯洁度级别分别为 1.0 级、1.5 级，纯洁度高倍图如图 1 所示，PESR 炉台电渣重熔的 GH3030 合金锭纯洁度优于 ESR 重熔锭。

2.3 PESR 及 ESR 锻棒低倍及晶粒组织

两种电渣工艺产的 GH3030 合金经采用相同锻造工艺锻制成 ϕ150mm 棒材，棒材中部取低倍片进行对比，低倍形貌如图 2 所示。由图 2 可见，整个横截面低倍无肉眼可见缺陷，无宏观偏析，

宏观组织良好。

在 φ150mm 棒材端部切取的低倍片边缘、中

心部位取金相试样，经相同工艺固溶处理后观察其晶粒组织，如图 3 所示。

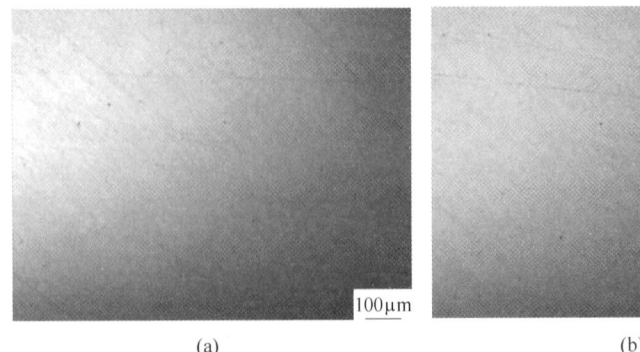

(a)　　　　　　　　　　　　(b)

图 1　纯洁度图片

Fig. 1　Microstructure for the purity of the alloys

（a）PESR 重熔锭；（b）ESR 重熔锭

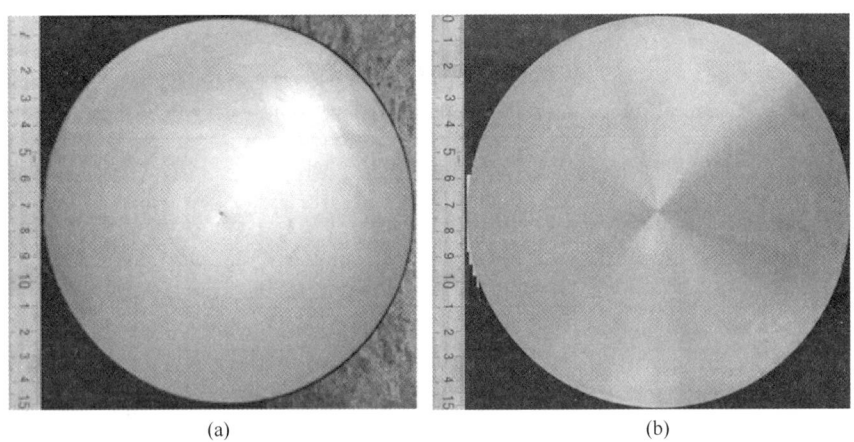

(a)　　　　　　　　　　　　(b)

图 2　GH3030 合金低倍

Fig. 2　Macrostructure morphology of GH3030 alloy

（a）PESR 重熔锭；（b）ESR 重熔锭

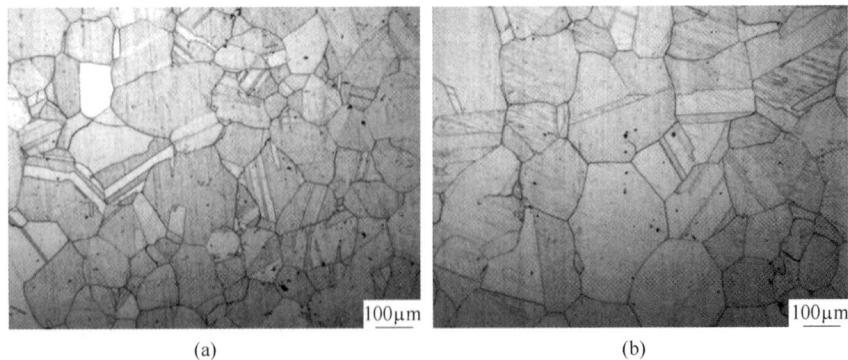

(a)　　　　　　　　　　　　(b)

图 3　固溶热处理后晶粒组织

Fig. 3　Grain structure after solution heat treatment

（a）PESR 重熔锭；（b）ESR 重熔锭

由图3可看出，两种电渣工艺重熔锭经相同锻造工艺及热处理工艺处理后晶粒组织均为5~6级，局部细晶区热处理后回复再结晶为整体均匀的等轴晶。

3 分析与讨论

PESR重熔时，由于有氩气保护装置，避免了渣池界面与大气环境的接触，大大减弱了渣池吸气，有效降低大气中氧与自耗金属电极熔滴、渣池的氧化还原反应，从而有效脱除钢锭中气体，减轻了合金在熔炼过程中C、Si、Al、Ti等元素的烧损，因此相比ESR来说其化学成分均匀，气体含量较低。同时PESR重熔采用渣量较ESR渣量多，渣洗效果好于ESR，因此其纯洁度较好。

4 结论

（1）PESR重熔后的GH3030合金锭表面良好，其化学成分均匀性、气体含量及纯洁度均优于ESR重熔锭。

（2）采用相同锻造工艺锻造PESR及ESR重熔锭生产的锻棒低倍均无点偏缺陷，棒材边缘至中心晶粒组织均匀，表明其锻棒低倍及晶粒组织级别相当。

参考文献

[1] 李正邦. 电渣冶金的理论与实践 [M]. 北京：冶金工业出版社，2010.

[2] 姜周华，董艳伍，耿鑫，等. 电渣冶金学 [M]. 北京：科学出版社，2015.

[3] 陆萍，叶梅珍. 抽锭式电渣重熔炉工艺技术及装备 [J]. 现代冶金. 2010，38（3）：17~19.

[4] 傅杰. 第二代大型锭电渣冶金技术的发展 [J]. 中国冶金，2010，20（5）：1~4.

[5] Anon. High quality billets by electro-slag rapid remelting（ESRR）[J]. Steel Times International，1997，21（4）：20~25.

熔炼工艺对 GH3044 合金锻棒组织及性能的影响

李飞扬*，张鹏，李宁，王艾竹，韩奎，刘猛，王洋洋

（抚顺特殊钢股份有限公司技术中心，辽宁 抚顺，113001）

摘　要：本文对 GH3044 合金采用两种冶炼工艺（VIM+VAR 双真空与 IM+ESR 非真空感应+电渣）生产的钢锭，按照同一锻造工艺生产的大圆棒材，从成分控制、低倍形貌、力学性能、显微组织四个方面进行对比分析，试验结果显示，采用双真空冶炼工艺生产的锻棒，气体含量更低，持久性能更优。

关键词：真空熔炼；锻制棒材；显微组织；性能

Influence of Melting Process on Microstructure and Properties of Forging Bar of GH3044 Alloy

Li Feiyang，Zhang Peng，Li Ning，Wang Aizhu，Han Kui，Liu Meng，Wang Yangyang

（Technology Center of Fushun Special Steel Co.，Ltd.，Fushun Liaoning，113001）

Abstract：In this paper，the steel ingots produced by two smelting processes（VIM+VAR and IM+ESR）for GH3044 alloy and the large round bar materials produced by the same forging process are compared and analyzed from four aspects：composition change，low ploid morphology，mechanical properties and microstructure. The test results show that the forging rod produced by double vacuum smelting process has lower gas content and better lasting performance.

Keywords：vacuum smelting；forging bar；microtissue；properties

GH3044 合金是一种优良的变形高温合金，其具有优良的抗氧化性能、冲压和焊接性能，在 900℃ 以下具有较好的持久强度和蠕变性能，广泛应用于航空航天等领域[1~3]。但由于其富含钨、铬等固溶强化元素及现有冶炼工艺的影响，很容易产生点状黑斑缺陷，严重限制了其锭型的扩大和推广[4]，目前国内外生产 GH3044 合金多采用小型电渣锭生产，个别生产厂可以生产 φ480mm 电渣锭，但是质量不稳定，时常产生点偏缺陷。本文通过对两种冶炼工艺生产的棒材进行性能对比发现，采用 VIM+VAR 工艺生产的 GH3044 合金，持久性能更好，并从成分、气体、夹杂物及组织等方面进行了对比分析。

1　工艺路线及对比

1.1　试验工艺路线

VIM 浇注成电极 → VAR 重熔为钢锭 →快锻机开坯 →径锻机锻至成棒材。

1.2　对比工艺路线

IM 浇注成电极 → ESR 重熔为钢锭 →快锻机开坯 →径锻机锻至成棒材。

＊作者：李飞扬，工程师，联系电话：18642351878，E-mail：lfy--518@163.com

2 试验结果及分析

2.1 力学性能检验情况对比

对两种冶炼工艺生产的棒材，在相同部位取样，且试样采用相同的热处理制度，分别检验室拉、高拉、硬度及持久性能，检验结果如表 1 和图 1 所示。从性能对比情况看，室温拉伸强度、

塑性、室温硬度及高温拉伸强度两种工艺基本相当；高温拉伸塑性及持久性能，VIM+VAR 工艺更占优势。

2.2 不同熔炼工艺成分及组织的对比分析

2.2.1 主元素控制情况及对比分析

分别采用 VIM+VAR 工艺和 IM+ESR 工艺冶炼的钢锭，主要元素含量控制水平及变化情况如表 2 所示。

表 1 性能检验情况对比表

Tab. 1 Properties of GH3044 alloy prepared by VIM+VAR and IM+ESR

检验项目	拉 伸 性 能				硬度（HBW）	
	温度	抗拉强度 σ_b/MPa	伸长率 δ_5/%	面缩率 ψ/%		
VIM+VAR	室温	802/816	54/60	72/73	4.42	4.48
	900℃	246/244	101/100	90/89		
IM+ESR	室温	799/793	54/56	65/60	4.57	4.45
	900℃	252/250	74/80	70/68		

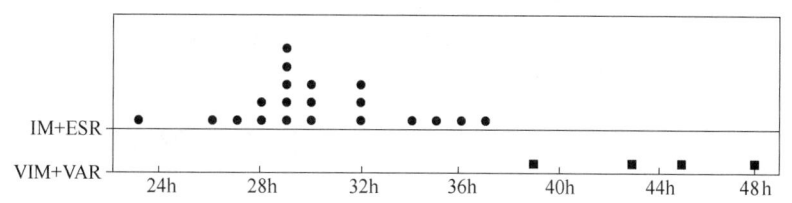

图 1 VIM+VAR 和 IM+ESR 两种工艺持久性能情况

Fig. 1 Endurance performance in VIM+VAR and IM+ESR processes

表 2 两种冶炼工艺主要元素含量控制水平

Tab. 2 Variation of main elements in two smelting processes　　　　　　（质量分数，%）

工艺	规格	C	Al	Ti	S	P	W	Cr
母电极成分		0.049	0.38	0.52	0.001	0.002	14.23	24.58
VAR	钢锭上	0.051	0.39	0.51	0.001	0.002	14.21	24.55
	钢锭下	0.048	0.36	0.52	0.001	0.002	14.22	24.59
ESR	钢锭上	0.053	0.32	0.58	0.0009	0.002	14.23	24.57
	钢锭下	0.055	0.34	0.42	0.0008	0.002	14.25	24.58

从表 2 不难看出，VIM+VAR 工艺生产的钢锭，由于全程冶炼均在真空下进行，成分烧损相对较少，钢锭与电极成分相比，变化不明显且钢锭上下成分较均匀；而采用 IM+ESR 工艺生产的钢锭，由于受碳电极起弧、渣系、脱氧剂种类和大气下冶炼等多种因素影响，钢锭较电极有不同

程度的增碳、烧铝及烧钛现象，且同一支钢锭上下，钛元素烧损偏差较大。

2.2.2 气体控制情况及对比分析

VIM+VAR 冶炼由于原材料相对洁净，且所有冶炼过程均在 0.1～2Pa 的高真空下进行，脱气优势明显，H、O、N 含量均较 IM+ESR 生产工艺有

明显降低。具体数据见表3。

表3　不同冶炼工艺气体情况

Tab. 3　Gas contents of different smelting processes（10^{-6}）

冶炼方式	H	O	N
VIM+VAR	0.9	11	30
IM+ESR	6.0	19	189

2.2.3　夹杂物情况及对比分析

对两种冶炼工艺生产的棒材，在相同部位取样，进行夹杂物对比分析（见图2）发现，VIM+VAR工艺生产的锻材和IM+ESR工艺生产的锻材，A类、B类及C类夹杂物基本没有，但均存在一定数量的D类及NB、ND类夹杂物，VIM+VAR工艺夹杂物数量较少（0~0.5级），而IM+ESR工艺夹杂物数量相对较多（1.0~1.5级），呈弥散分布。

（a）　　　　　　　　　　（b）

图2　VIM+VAR和IM+ESR两种工艺夹杂物分布情况

Fig. 2　Inclusion distribution in VIM+VAR and IM+ESR processes

（a）VIM+VAR工艺夹杂物分布情况；（b）IM+ESR工艺夹杂物分布情况

2.2.4　低倍组织控制水平及分析

在棒材头尾取低倍检验，无冶金缺陷，低倍组织良好，如图3所示。其低倍质量与采用IM+ESR工艺生产的钢锭经相同工艺生产成相同规格的棒材相当。

2.2.5　高倍组织状态及对比分析

对两种工艺生产的棒材，分别取高倍试样，采用电子显微镜对高倍组织进行对比分析，如图4所示。从图4可以看出，VIM+VAR工艺，晶粒度可达到4~5级，视场中碳化物占比相对较低。IM+ESR工艺，晶粒度6~7级，视场中碳化物占比相对较多。

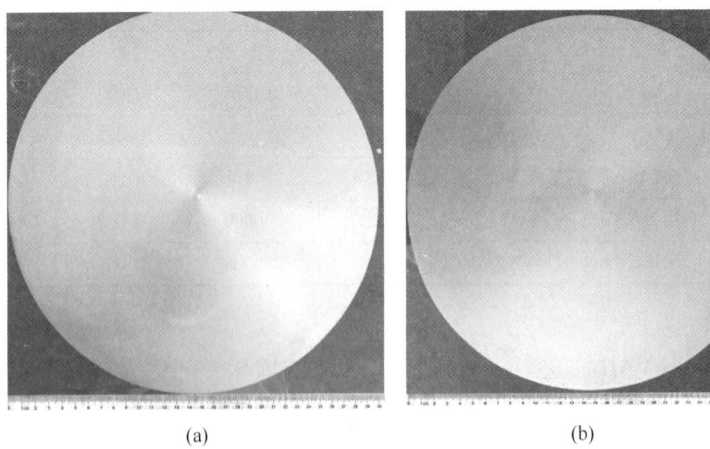

（a）　　　　　　　　　　（b）

图3　VIM+VAR工艺生产的棒材头尾低倍组织形貌

Fig. 3　The macrostructure of bar head and tail produced by VIM+VAR process

（a）头部；（b）尾部

(a)　　　　　　　　　　(b)

图 4　VIM+VAR 和 IM+ESR 两种工艺组织形貌

Fig. 4　The microstructure of VIM+VAR and IM+ESR processes

(a) VIM+VAR；(b) IM+ESR

3　结论

（1）VIM+VAR 工艺较 IM+ESR 工艺生产的棒材，成分控制更均匀，气体含量更低，D 类及 NB、ND 类夹杂物数量更少。

（2）室温拉伸强度、塑性、硬度及高温拉伸强度两种熔炼工艺基本相当，高温拉伸塑性及持久性能，VIM＋VAR 工艺生产的棒材更优。

参考文献

［1］赵明，徐林耀. GH3044 合金高温低循环疲劳特性研究 ［J］. 金属材料研究，2002，28（3）：32.

［2］幸泽宽. GH3044 高温合金化学铣切工艺及其应用 ［J］Materials Protection，1998，31（11）：39.

［3］蒙肇斌，等. GH150 合金棒材的热处理制度 ［J］. Journal of Iron and Steel Research，2004，16（5）：66.

［4］王玲. GH3044 合金宏观偏析行为及凝固过程中元素偏析规律研究 ［J］. 稀有金属材料与工程，2006（9）：1408～1411.

GH3128 电渣重熔过程中磁-流-热多场数值模拟研究

刘庭耀[1*]，张健[1]，何云华[2]，裴丙红[2]，魏育君[2]

（1. 成都先进金属材料产业技术研究院有限公司特钢研究所，四川 成都，610303；
2. 攀钢集团江油长城特殊钢有限公司高温合金研究室，四川 江油，621704）

摘 要：本文以 GH3128 在电渣重熔冶炼过程为研究背景，建立基于电极、渣池和铸锭为研究对象的磁-流-热三维非稳态多场耦合模型。通过有限体积分析软件对模型计算，求出电渣重熔过程中电场、流场和温度场等分布情况，获得熔炼过程中熔滴滴落过程、熔池形状、熔池流动等控制过程的特征信息。此外，通过分析不同电流、电极填充比、渣层厚度等工艺参数的相关变化规律，阐明各工况对重熔铸锭质量之间的相互影响关系，为电渣重熔过程分析和工艺优化提供重要的技术支撑。

关键词：GH3128；电渣重熔；数值模拟

Numerical Simulation of Magnetic-Flow-Heat Multi-field in Electroslag Remelting Process with GH3128

Liu Tingyao[1], Zhang Jian[1], He Yunhua[2], Pei Binghong[2], Wei Yujun[2]

（1. Special Steel Research Department, Chengdu Advanced Metal Materials Industrial
Technology Institute Co., Ltd., Chengdu Sichuan, 610303；
2. Surperalloy Laboratory, Sichuan Changcheng Special Steel Co., Ltd., Jiangyou Sichuan, 621704）

Abstract：This paper mainly researches the electroslag remelting process with GH3128, and the magnetic-flow-heat three-dimensional unsteady multi-field coupling model based on electrodes, slag pool and ingot is established. The finite volume analysis software is used to calculate the coupling model, and the distribution of electric field, flow field and temperature field in the electroslag remelting process is obtained. The characteristics of the control process such as droplet dripping process, metal pool shape and its flow during the smelting process are also obtained. In addition, by analyzing the relevant changes of process parameters such as different current, electrode filling ratio and slag layer thickness, the relationship between each working condition and the quality of remelting ingots is clarified, which provides important for electroslag remelting process analysis and process optimization.

Keywords：GH3128；the electroslag remelting；numerical simulation

电渣重熔工艺（ESR）因具有净化金属熔液和控制凝固过程双重功能，冶炼的产品具有成分均匀、洁净度高、凝固组织均匀和表面光洁等优点。但电渣重熔工艺在运行过程中几近属于封闭状态，冶炼中电-磁-流多场参数难以观察与测量，因此，运用数值模拟手段正好可以弥补上述的不足。早期，Kharicha 等人[1] 基于电磁学及流体动力学，建立电渣重熔二维瞬态模型；刘艳贺[2] 采用有限元方法建立电渣重熔体系三维准稳态数学模型，获得了电磁场和焦耳热分布情况；王强[3] 建立电渣重熔三维非稳态数学模型后，除获得电渣炉中两相流动、温度分布，还添加溶质传输方程获得铸锭凝固后溶质分布情况。本文基于前人工作，以 GH3128 电渣重熔过程为研究对象，采用

---

* 作者：刘庭耀，高级工程师，联系电话：17726468705，E-mail：liutingyao8211371@ 163.com

Ansoft 软件对电渣重熔电磁场进行模拟，将所求得电磁场数据与 ANSYS 耦合计算电渣重熔的流-热场。

1 数学模型

电渣重熔是一个电-磁-热多场相互作用的结果，传输过程异常复杂。因此，为能使模拟计算能够有效实现，本文需做出以下假设：（1）冶炼过程为准稳态形式；（2）熔渣和金属的各物性为异相同性；（3）铸锭两侧为完全绝缘。本文采用麦克斯韦方程组描述电磁场，凝固传热控制表达温度场，而流场则是基于 N-S 方程结合 $k-e$ 湍流方程进行计算的。本文针对 GH3128 冶炼的单电极电渣重熔系统进行研究，模型具体参数见表1。GH3128 相关热物性参数可由文献获得[4]。

表 1 模型基本参数
Tab. 1 Basic parameters of the model

参 数	数 值
电极（直径/高度）/m	0.225/0.5
渣（直径/高度）/m	0.45/0.1, 0.2, 0.3
铸锭（直径/高度）/m	0.45/1
电流/A	6000, 8000, 10000
电极浸入深度/m	0.3

2 模型验证

为验证计算电磁场的准确性，本文引用 Li[5] 通过特斯拉仪对电渣重熔过程中电极附近磁感应强度值进行对比。从图1可以看出，计算值和测量值吻合较好，同时图1也反映出在电极表面为磁感强度峰值，而在电极芯部磁感强度值几乎为零。

由图2可知，当电流经过电渣时，由于二者电导率的差异导致电极附近渣池的电流密度明显增加，产生大量的热而使电极融化，从温度场亦可表明，电渣重熔系统中温度最高值位于电极下方的渣池中，并在两侧冷却共同作用下，使靠近渣金界面附近的铸锭温度呈下凹抛物线形状。因此，控制熔池中心温度和两侧冷却强度是调整金属熔池形状的两个重要操作手段。

图3表明，自耗电极在焦耳热作用下开始融

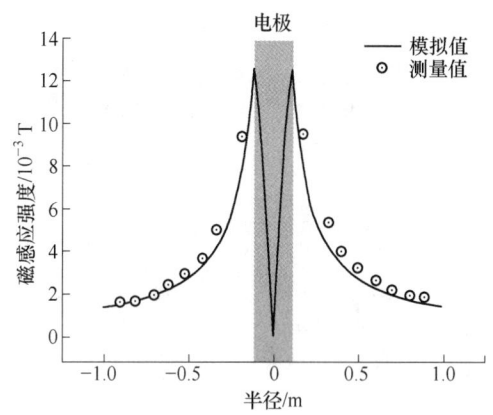

图 1 电极部分磁场分布计算值与测量值对比（DC, 10000A）

Fig. 1 Comparison of calculated values of magnetic field distribution of electrodes and measured values

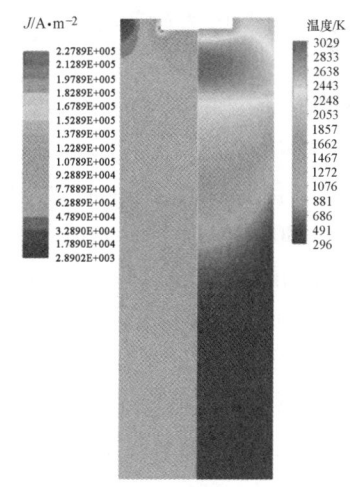

图 2 电渣重熔过程中电流密度和温度场分布（DC, 10000A）

Fig. 2 Current density and temperature field distribution during the electroslag remelting process

化，在电极底端形成薄层金属液膜并在中心聚集，当聚集一定量时开始滴落。受金属液滴滴落影响，电极下方的渣池熔液产生明显顺时针环流；当液滴穿过渣池进入金属熔池时，对渣金界面产生扰动，并在金属熔池内形成逆时针环流。

3 结果与讨论

3.1 电流大小

图4为不同电流下渣池和铸锭的温度及电流

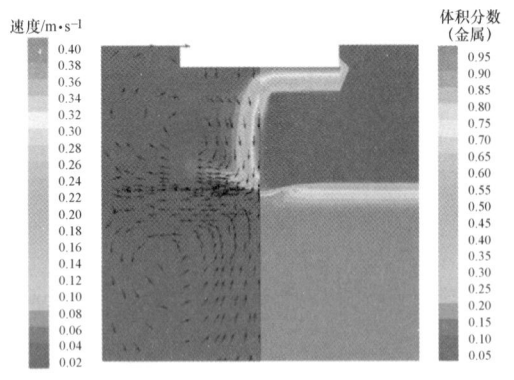

图3　电渣重熔过程中速度和体积
分数分布（DC，8000A）

Fig. 3　Distribution of velocity and volume fraction during
the electroslag remelting process

密度分布图，图4（a）为电渣重熔系统中心轴位
置，图4（b）为距中心轴112.5mm位置，图4
（c）为距中心轴168.75mm位置。从图中可知，
随着电流增加，各处电流密度近乎等比例提高。
图4同样表明，在电流为6000A时，渣金界面温
度略高于铸锭熔点温度，熔池形状呈水平状态；
当电流从升至8000A，渣池部分峰值温度提高了
416K，熔池深度提高至141mm，熔池深宽比
0.62，实践证明[6]，轴向结晶比径向结晶的凝固
质量好，当深宽比在1/2左右时，铸锭结晶质量
较好；当电流继续升至10000A时，峰值温度则提
高了523K，熔池深度达到213mm，熔池深宽比
0.94，整个熔池形状向窄而深的趋势发展。图4
同样可以看出，渣池温度在同一水平径向温度的
最高值在电极下方100mm处，并不随电流调整而
发生改变。

3.2　渣池厚度

　　图5为不同电流下渣池和铸锭的温度及电流
密度分布图，图5（a）~（c）所表达位置与图4一
致。由图可知，渣层厚度的变化对电渣重熔系统
的电流密度分布影响较小，但由于渣层厚度增加，
渣池的整体电阻得到提高，在电流密度不发生变
化情况下可明显提高发热量。如图5（a）所示，
当渣层厚度为100mm时，渣金界面中心轴温度为
2029K；当渣层厚度为300mm时，渣金界面中心
轴温度为2698K。图5（b）和图5（c）表明，渣
层厚度较浅，产热量较小，容易造成渣金界面边
缘附近温度低于铸锭凝固点，不利于电渣重熔工

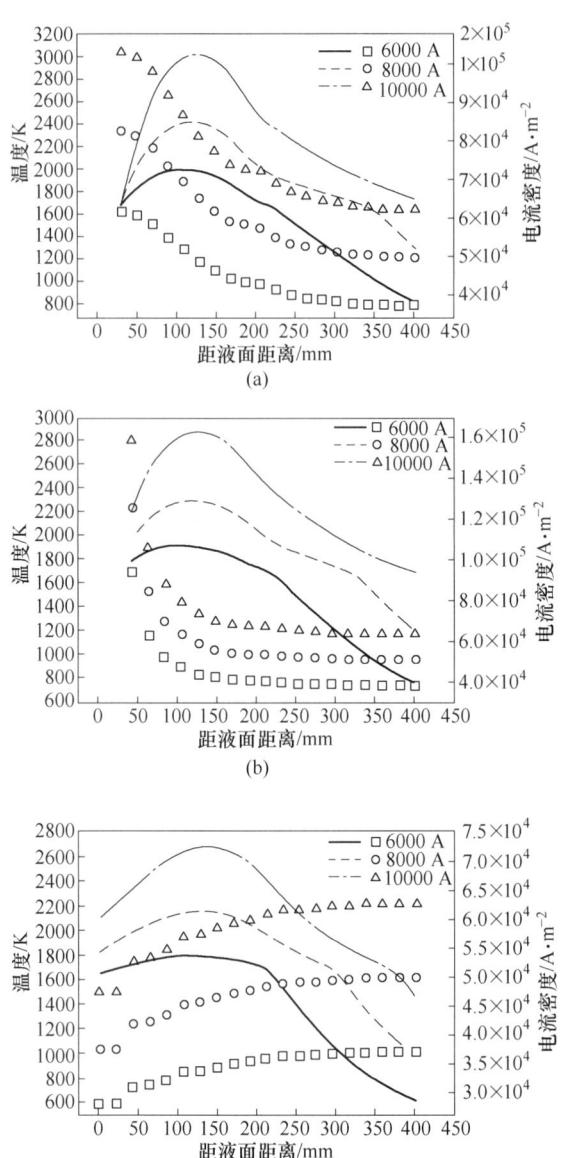

图4　不同电流大小下温度和电流密度分布

Fig. 4　Temperature and current density distribution
at different current levels

艺顺利进行。

3.3　填充比

　　图6为不同填充比下，渣池和铸锭的温度及
电流密度分布图。图中可知，随着填充比增加，
在输入电流保持不变的情况下，渣池内电流密度
随填充比增加而降低，电流密度均匀性提高。虽
然熔池峰值温度从2300K降低至2150K，但渣金
界面轴向传递热量更均匀，促使金属熔池形状趋
于浅平。

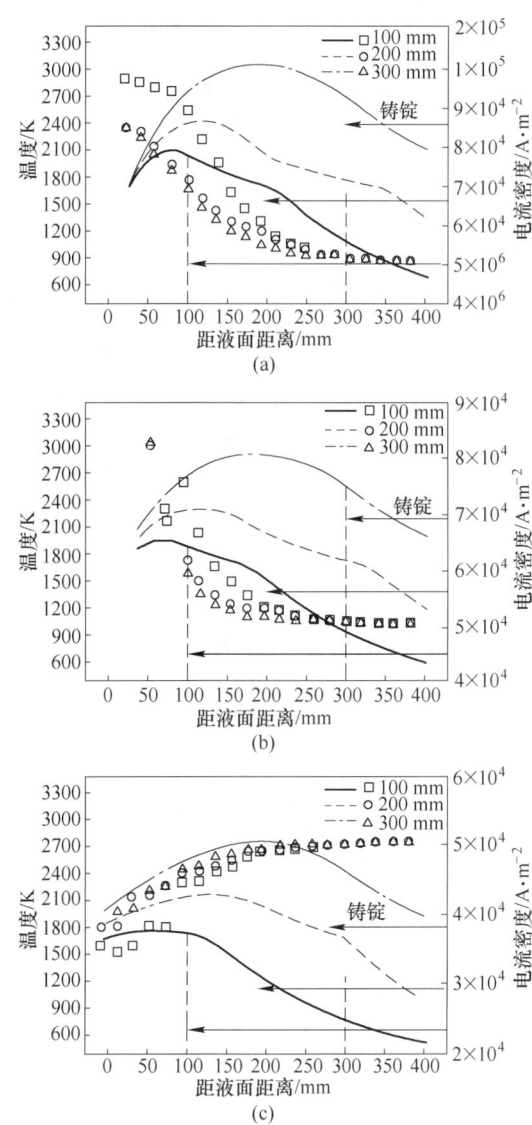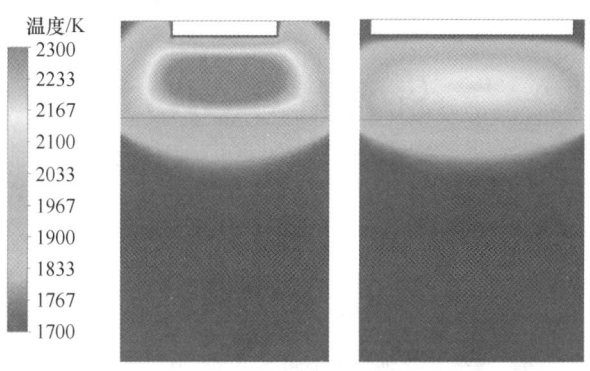

图 5　不同渣层厚度下温度和电流密度分布

Fig. 5　Temperature and current density distribution under different slag thicknesses

图 6　不同填充比下温度云图分布

Fig. 6　Temperature distribution under different filling ratios

量较好。

（2）渣层厚度的变化对电渣重熔系统的电流密度分布影响较小，但渣层厚度增加可明显提高渣池发热量。当渣层厚度较浅时，容易造成渣金界面边缘附近温度低于铸锭凝固点，不利于电渣重熔工艺顺利进行。

（3）渣池内电流密度随填充比增加而降低，渣内温度均匀性提高，促使金属熔池性状趋于浅平。

4　结论

基于以上计算结果，本文获得以下结论：

（1）随着输入电流提高，熔池电流密度近乎等比例提高，但无法调整渣池峰值温度位置。当电流为 8000A，熔池深宽比达 0.62，此时结晶质

参考文献

［1］Kharicha A，Wu M，Ludwig A，et al. CFD modeling and simulation in materials processing［J］. TMS，Warrendale，PA，2012：13946.

［2］刘艳贺，贺铸，刘双，等. 电渣重熔过程中电磁与流动及温度场的数值模拟［J］. 过程工程学报，2014，14（1）：16~22.

［3］王强，任能. 电渣重熔磁流体传热传质过程的数值模拟［J］. 大型铸锻件，2017（1）：1~3.

［4］《中国航空材料手册》委员会. 中国航空材料手册［M］. 北京：中国标准出版社，2002.

［5］Li B，Wang F，Tsukihashi F. Current，magnetic field and joule heating in electroslag remelting processes［J］. ISIJ international，2012，52（7）：1289~1295.

［6］李万明. 电渣重熔大型板坯和电渣液态浇注复合轧辊的数值模拟及工艺优化［D］. 沈阳：东北大学，2012.

Si 含量对 GH3535 合金中晶粒尺寸分布的影响

蒋力，李志军*

（中国科学院上海应用物理研究所，上海，201800）

摘　要：本文研究了不同 Si 含量（0~1%，质量分数）固溶态 GH3535 合金中的晶粒尺寸分布。结果表明，随着 Si 含量的提高，链状 M_6C 碳化物的数量增加，合金平均晶粒尺寸不断下降。在低 Si（$w(Si) \leq 0.319\%$）合金中，晶粒尺寸分布均匀；但在高 Si（$w(Si) \geq 0.562\%$）合金中出现细晶带和粗大晶粒共存组织。细晶带中包含链状 M_6C 碳化物，表明高 Si 合金中局部碳化物颗粒对再结晶过程中的晶界迁移的阻碍，是导致晶粒尺寸不均匀的主要原因。

关键词：硅含量；GH3535 合金；EBSD；晶粒尺寸分布；链状碳化物

Effect of Si Content on the Grain Size Distribution of GH3535 Alloy

Jiang Li，Li Zhijun

（Shanghai Institute of Applied Physics，Chinese Academy of Sciences，Shanghai，201800）

Abstract：The effect of Si content on the grain size distribution of GH3535 alloys has been investigated in this study. With Si content increasing，the quantity of stringer-like carbides and the grain size in GH3535 alloy increases and decreases respectively. In the alloys with Si content less than 0.319%，the grain size distribution is uniform. While the fine grain bands and coarse grain coexist in the high-Si alloys. The block of stringer-like carbides to the grain growth during the recrystallization should be responsible for the microstructure heterogeneity in the high-Si GH3535 alloys.

Keywords：Si content；GH3535 alloy；EBSD；grain size distribution；stringer-like carbides

GH3535 合金是一种 Ni-Mo-Cr 基固溶强化高温合金，具有优异的耐熔盐腐蚀性能和良好的力学性能，是建造熔盐堆中压力容器和回路最重要的结构材料[1]。鉴于该合金固溶强化的特性，晶粒尺寸分布是决定力学性能最主要的组织变量，控制和优化晶粒尺寸分布对合金力学性能的稳定性和构件加工的便利性具有重要意义。前期研究中，GH3535 合金中 Si 含量对析出相形态和力学性能的影响已经得到充分揭示[2~4]。在此基础上，本文将继续考察 Si 含量对合金中晶粒尺寸分布的影响，从一个新的角度为该合金的成分设计和工艺优化提供指导。

1　试验材料及方法

本文采用了 5 种不同 Si 含量的 GH3535 合金，实测成分见表 1。不同 Si 含量合金通过在母合金中添加不同数量硅块（纯度：99.9%）制备而成。母合金制备过程如下：由镍、钼、铬、铁、锰和石墨的单质（纯度：99.9%）原料按照预定成分进行配料，合金经真空感应熔炼及真空自耗熔炼，熔铸成 ϕ508mm 的铸锭，之后在 1180℃ 条件下均匀化退火 2.5h，然后热轧成 ϕ16mm 的棒材。对热轧棒进行 1177℃ 下半小时的固溶处理，然后水淬。将母合金和硅块进行配料后，在真空钨极电弧炉

＊作者：李志军，研究员，联系电话：021-39194767，E-mail：lizhijun@ sinap.ac.cn

资助项目：上海市自然科学基金（19ZR1468200）；国家重点研究发展计划（2016YFB0700404）

中制备成 Si1 到 Si5 合金的纽扣锭（约 150g）。为了保证成分均匀性，每个纽扣锭重复熔炼 3 次，每次 5min，并启动电磁搅拌。对不同 Si 含量的纽扣锭在 1200℃ 下进行 10mm 到 6mm 以及 6mm 到 3mm 两道热轧，每道工序前都在 1200℃ 下保温 10min。完成热轧后，对热轧片材 1177℃ 下半小时的固溶处理，然后水淬。合金样品的组织形貌采用金相光学显微镜（OM, Zeiss M2m）和扫描电子显微镜（SEM, Zeiss Merlin Compact）进行观察。OM 和 SEM 主要针对合金中晶粒、链状碳化物分布和形态的观察；EBSD 主要用于晶粒尺寸统计、晶界特征分布分析。OM 和 SEM 样品进行机械抛光后采用 3g $CuSO_4$+10mL H_2SO_4+40mL HCl+50mL H_2O 的混合溶液进行腐蚀。EBSD 样品需要在机械抛光的基础上采用标乐 Vibromet 2 振动抛光机和 0.05μm 的三氧化二铝悬浮液振动抛光 3h。EBSD 测试在配备 EBSD 附件的 SEM 电镜（Zeiss Merlin Compact）中完成。采用 25kV 加速电压、High Current 模式、120μm 最大光栅和 2μm 扫描步长。

表 1 不同 Si 含量的 GH3535 合金的成分

Tab. 1 The chemical compositions of GH3535 alloys with different Si contents

（质量分数,%）

编号	C	Si	Mn	Cr	Fe	Mo	Ni
Si1	0.054	0.051	0.525	6.96	4.00	16.15	余
Si2	0.0518	0.188	0.529	6.89	4.05	16.24	余
Si3	0.0483	0.319	0.531	6.91	4.03	16.10	余
Si4	0.0572	0.562	0.53	6.88	4.01	16.11	余
Si5	0.0510	1.010	0.531	6.87	4.04	16.00	余

2 试验结果及分析

由图 1 可见，不同 Si 含量 GH3535 合金中的析出相沿着轧制方向呈链状分布，随着 Si 含量的提高，合金中链状析出相的数量随之增多。在前期研究中，这些链状碳化物被鉴定为 M_6C 型碳化物[5]。在对不同 Si 含量合金中的 M_6C 碳化物进行成分分析后发现，Si 元素发生强烈的富集，其含量为合金 Si 含量的 4~5 倍[6]。

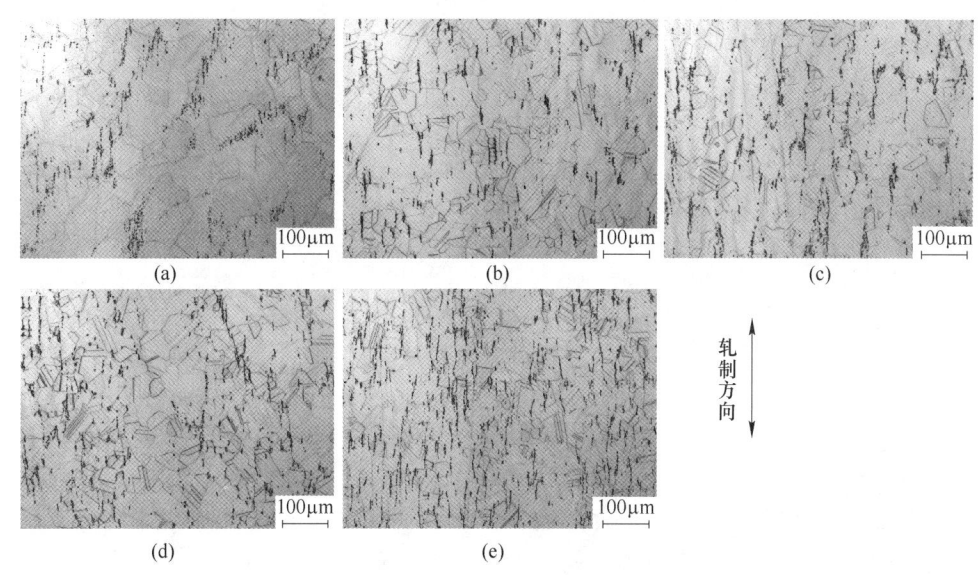

轧制方向

图 1 不同 Si 含量 GH3535 合金中链状 M_6C 碳化物的形态

Fig. 1 The morphologies of stringer-like M_6C carbides in GH3535 alloys

(a) 0.051%Si；(b) 0.188%Si；(c) 0.319%Si；(d) 0.562%Si；(e) 1.01%Si

Si 添加对链状 M_6C 碳化物数量的影响可以从两个方面进行考察。首先，在凝固过程中，Si 的富集降低了 M_6C 共晶碳化物的形成自由能，提高了形核率，使得 M_6C 碳化物的析出数量增多[5]。在热轧过程，M_6C 共晶碳化物在轧制方向上被碾碎从而形成链状形态（图 1）。在随后的固溶热处理过程中，部分 M_6C 碳化物颗粒发生分解回溶，但是高 Si 合金中 M_6C 碳化物分解动力学更为缓慢。第一性原理计算表明，Si 在 M_6C 碳化物（Ni_3Mo_3C 构型）中占据 Ni 原子位，可与周围的金属原子形成强键，提升 M_6C 碳化物的稳定性[6]。综上所述，Si 添加后在 M_6C 碳化物中富集，促进 M_6C 碳化物形核并提高其热稳定性，导致高 Si 合金中的链状 M_6C 碳化物数量更多（见图 1）。

图 2（a）~（e）为不同 Si 含量 GH3535 合金中晶粒组织的 EBSD 面扫描图。从图中可以发现，随着 Si 含量的提高，整体的晶粒尺寸变小，其平均值从 23μm 下降至 16μm 左右，证明链状 M_6C 碳化物在合金再结晶以及晶粒长大过程中起到了控制晶粒尺寸的作用。另外一方面，为了表现合金晶粒尺寸的分布情况，在晶粒形貌图的右上角给出了对应的直方图。在含 0.051%、0.188% 和 0.319% Si 的合金中，相对频率最高的晶粒尺寸范围在 10~15μm 之间，三种合金拥有类似的晶粒尺寸分布特征。Si 含量增加到 0.562% 后，尺寸在 10μm 之下的晶粒的相对频率明显提高。当含量增加到 1.01% 后，尺寸在 10μm 之下的晶粒的相对频率最高，证明该合金中出现了大量的细晶。从图 2 中还可以观察到，Si 含量为 0.562% 和 1.01% 的合金中在存在大量细晶的同时，还含有少量尺寸远远大于平均值的晶粒。在图 2（f）统计的最大晶粒尺寸的变化趋势可以发现，当 Si 含量小于 0.562% 时，最大晶粒尺寸逐渐降低，其降低的趋势与平均晶粒尺寸相当，证明其晶粒尺寸分布均匀。而在含 Si 0.562% 和 1.01% 的合金中出现了最大 100~120μm 的大晶粒。高 Si 合金中异常的晶粒尺寸分布与链状 M_6C 碳化物有直接的关系。图 3 中给出的是链状碳化物密集区域的相分布和晶界分布组合图（Si 含量为 1.01%）。在链状碳化物包围中分布很多晶粒尺寸小于 10μm 的细晶，证明热轧后链状碳化物周围的变形组织难以发生再结晶和晶粒长大。在两串链状碳化物之间的区域的晶粒由于缺少附近晶粒的竞争能够充分地长大形成大晶粒。如图 1 所示，Si 含量为 0.562% 和 1.01% 时，链状 M_6C 碳化物的面积分数恰好也发生了显著的增加。由此可见，Si 添加超过 0.562% 时，促进了链状 M_6C 碳化物的形成，继而导致了异常的晶粒尺寸分布，预计会对合金的进一步加工以及力学性能产生不利的影响。

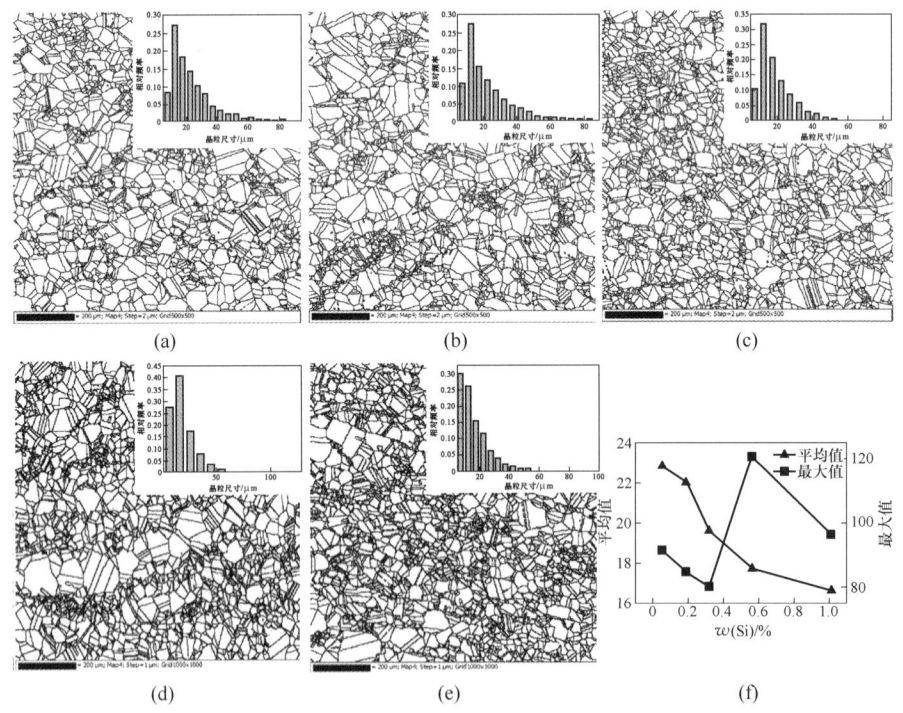

图 2　不同 Si 含量 GH3535 变形合金中晶粒形貌的 EBSD 面扫描图

Fig. 2　Grian boundary EBSD mapping in GH3535 alloys with different Si contents

（a）0.051%Si；（b）0.188%Si；（c）0.319%Si；（d）0.562%Si；（e）1.01%Si；

（a）~（e）中右上角为晶粒尺寸的直方分布图；（f）扫描区域晶粒尺寸的平均值和最大值（μm）

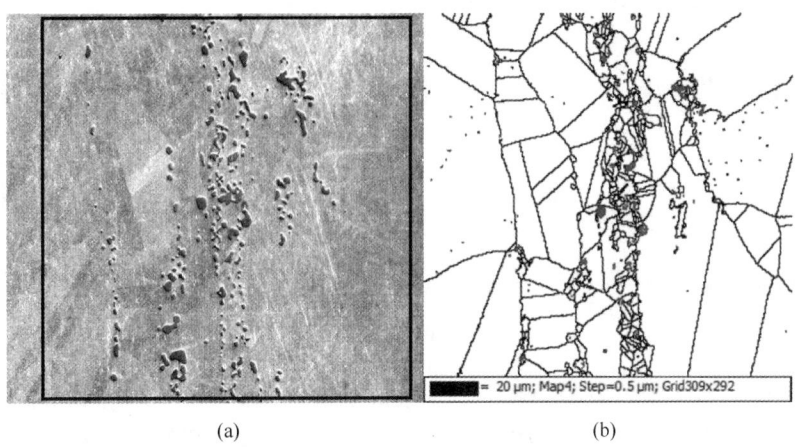

(a)   (b)

图 3　含 Si 1.01%合金的 M_6C 链状碳化物（a）与利用 EBSD 获取的晶界和 M_6C 碳化物分布图（b）

Fig 3　（a）The SEM morphology of the M_6C carbide stringer in the GH3535 with 1.01%Si,

（b）The grain boundary mapping and phase mapping of M_6C carbides from EBSD experiments

3　结论

（1）随着 Si 含量的提高，链状 M_6C 碳化物的数量增加，合金平均晶粒尺寸不断下降。在低 Si（$w(Si) \leqslant 0.319\%$）合金中，晶粒尺寸分布均匀；但在高 Si（$w(Si) \geqslant 0.562\%$）合金中出现细晶带和粗大晶粒共存组织。

（2）细晶带中包含链状 M_6C 碳化物，表明高 Si 合金碳化物颗粒阻碍再结晶过程中的晶界迁移是导致晶粒尺寸不均匀的主要原因。

参考文献

[1] Dai Z, Liu Z. Thorium-based Molten Salt Reactor (TM-SR) project in China [C] //Proceedings of the conference on molten salts in nuclear technology, 2013.

[2] Jiang L, Shrestha S L, Long Y, et al. The formation of eutectic phases and hot cracks in one Ni-Mo-Cr superalloy [J]. Materials & Design, 2016 (93): 324~333.

[3] Jiang L, Wang Y L, Hu R, et al. Formation of nano-sized M_2C carbides in Si-free GH3535 alloy [J]. Scientific Reports, 2018 (8): 8158.

[4] Jiang L, Zhang W Z, Xu Z F, et al. M_2C and M_6C carbide precipitation in Ni-Mo-Cr based superalloys containing silicon [J]. Materials & Design, 2016 (112): 300~308.

[5] Xu Z, Jiang L, Dong J, et al. The effect of silicon on precipitation and decomposition behaviors of M_6C carbide in a Ni-Mo-Cr superalloy [J]. Journal of Alloys and Compounds, 2015 (620): 197~203.

[6] Jiang L, Ye X X, Wang Z Q, et al. The critical role of Si doping in enhancing the stability of M_6C carbides [J]. Journal of Alloys and Compounds, 2017 (728): 917~926.

径向锻造变形工艺对 GH3625 锻材组织的影响

王树财[*]，李宁，王艾竹，王志刚，王洋洋，刘猛，李旻才，王明

（抚顺特殊钢股份有限公司技术中心，辽宁 抚顺，113001）

摘 要：本文对 GH3625 合金进行了不同变形量及不同变形方式的径向锻造工艺试验。结果显示径向锻造机生产成品棒材的变形量并非越大越好，控制在 35% 左右较为合适；径向锻造机在末道次采用大变形量的加工工艺，棒材表面组织状态最佳。

关键词：高温合金；径向锻造；GH3625

Effect of Radial Forging Process on Microstructure of GH3625 Forging Bar

Wang Shucai, Li Ning, Wang Aizhu, Wang Zhigang, Wang Yangyang, Liu Meng, Li Mincai, Wang Ming

（Technology Center, Fushun Special Steel Co., Ltd., Fushun Liaoning, 113001）

Abstract：In this paper, GH3625 alloy was used to test the radial forging process with different deformation amounts and different deformation modes. The results show that the deformation of finished bar produced by radial forging machine is not greater, the better, and it is appropriate to control at about 35%. The surface microstructure of the bar is the best when large deformation is used in the finishing process.

Keywords：superalloy；radial forging；GH3625

精锻机又称"径锻机"，是世界上最先进的锻造设备之一。精锻机具有脉冲锻打和多向锻打的特点，且脉冲锻打频率高、速度快、变形过程温降小。随着工业水平的不断发展，特别是考虑到精锻机具有锻件品质高、生产率高、通用性强、制造周期短、自动化程度高等特点，越来越多的高温合金产品选择采用精锻机进行成品棒材的锻造[1~3]。

抚顺特钢自 2011 年引进 GFM 18MN 径锻机以来，已陆续将径锻机生产高温合金的工艺推广至 90% 以上的牌号，产品质量及生产效率得到了显著提升。但随着相关行业制造水平的不断进步，对高温合金产品的质量要求也变得越来越严格，所以如何进一步提升锻造棒材的组织均匀性及探伤水平等问题成为急需解决的重要工作之一。

1 试验材料及方法

1.1 锻造试验方案

（1）选用 4 炉 GH3625 合金（主要成分见表 1）在快锻采用相同加热温度，分别按径向锻造变形量 15%、25%、35% 及 45% 的设计需求锻造成不同尺寸的坯料，在径锻机采用相同加热温度及变形方式一火锻造成 φ155mm 棒材后，进行低倍、高倍和探伤检验。

＊作者：王树财，工程师，联系电话：13364130939，E-mail：gw2-wsc@outlook.com

表 1 试验用 GH3625 合金的主要化学成分

Tab. 1 Main chemical compositions of GH3625 alloy for test

（质量分数,%）

C	Cr	Mo	W	Al	Ti	Nb	Fe
0.06	21.5	9.0	—	0.2	0.2	3.5	0.3

（2）选用 3 炉 GH3625 合金在快锻采用相同加热温度,按径向锻造变形量 35% 的设计需求锻造成相同尺寸的坯料,并在径锻机采用相同加热温度,但道次变形量分配不同的 3 种变形方式一火锻造成 φ155mm 棒材后,进行低倍、高倍和探伤检验。

1.2 检验方法

横向低倍经过车光、精磨,光洁度达到 $Ra0.8\mu m$,用工业硫酸铜腐蚀后采用目视法进行低倍组织检验。在横向低倍片的边缘、1/2 半径以及中心位置分别切取 15mm×15mm×15mm 的金相试样,用 1.5g 硫酸铜溶液腐蚀 1min,在 OLYM-PUSGX51 型光学显微镜下进行晶粒度检验。探伤采用的是 HS611e 型探伤仪,探伤频率 φ2.5MHz。

2 试验结果及分析

2.1 不同变形量对成品组织的影响

径向锻造采用不同锻造变形量生产的 GH3625 合金棒材经低倍检验均未见粗晶问题,如图 1 所示。对棒材进行了高倍组织分析,分析结果如图 2 所示。成品棒材表面车光后进行探伤检验,探伤水平均在 φ1.5mm 平底孔以上,但不同变形量的灵敏度存在一定区别,探伤水平由低到高按径向锻造变形量排序为:15%<45%<25%<35%,其中 35% 变形量的棒材可以达到 φ1.2mm 平底孔的水平。

从晶粒度结果来看,中心及 1/2 半径处的晶粒度差别较小,但边缘晶粒度的水平差别较大,特别是按表面拉长晶的数量排序为:15%>45%>25%>35%。

2.2 不同变形方式对成品组织的影响

径向锻造均为 35% 变形量,但选择 3 种不同的道次变形量分配方案（方案 1:小变形＋大变形＋小变形;方案 2:各道次变形量均匀分配;

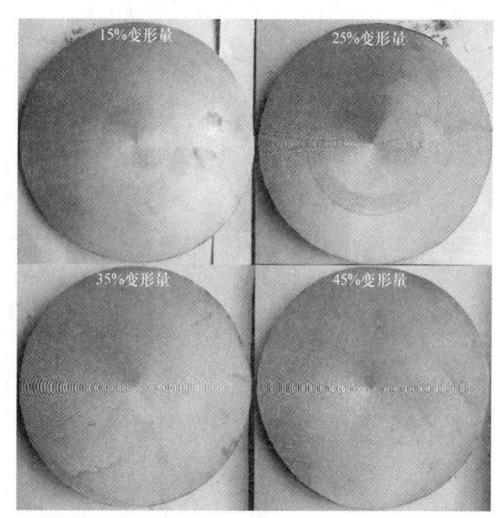

图 1 采用不同径向锻造变形量生产的 GH3625 合金棒材低倍组织

Fig. 1 Macrostructure diagram of GH3625 alloy bar produced by different radial forging deformation

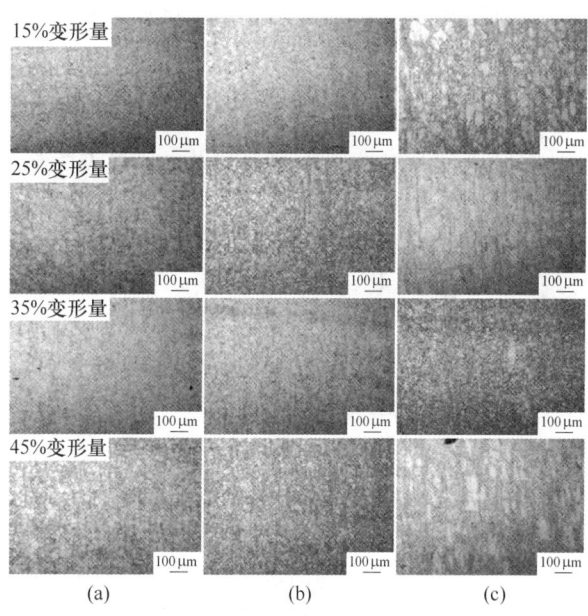

图 2 采用不同径向锻造变形量生产的 GH3625 合金棒材高倍组织（100×）

Fig. 2 Microstructure diagram of GH3625 alloy bar produced by different radial forging deformation（100×）

（a）中心;（b）1/2 半径;（c）边缘

方案 3:小变形＋大变形）进行了径向锻造试验。采用上述工艺生产的 GH3625 合金棒材经低倍检验均未见粗晶问题,但探伤水平存在显著区别,由低到高排列为:方案 2<方案 1<方案 3,其中方案 2 略低于 φ1.5mm 平底孔,而方案 3 可以达到 φ1.2mm 平

底孔的水平，相应的高倍检验结果见图3。

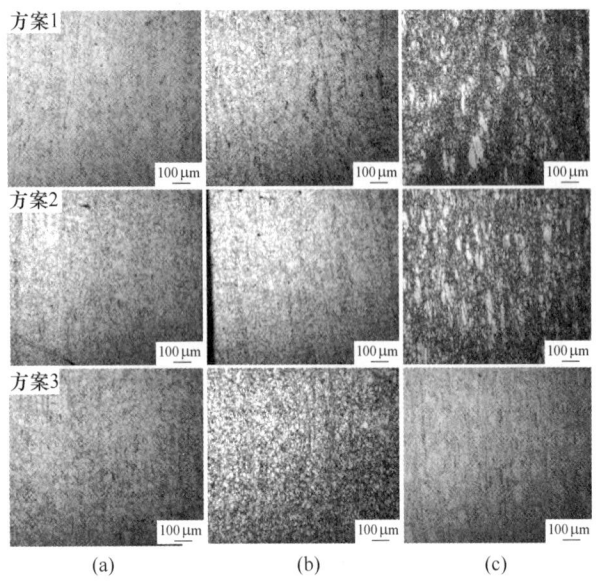

图 3 采用不同道次变形量分配方案生产的
GH3625 合金棒材高倍组织（100×）

Fig. 3 Microstructure diagram of GH3625 alloy bar produced
by different deformation distribution schemes（100×）

（a）中心；（b）1/2 半径；（c）边缘

从 2.1 节和 2.2 节的试验结果可见，GH3625 合金棒材在径向锻造试验过程中心部组织变化并不明显，而表面组织的变化显著，通过分析认为导致该现象的原因为：

（1）棒材随径向锻造总变形量的不同，需要根据锻机能力设计不同的变形道次来完成径向锻造工序，总变形量小于 15% 时整形+变形工序导致每道次的实际变形量均较小，局部易于落入临界变形区[4]，且受变形量小影响棒材表面温降速度快，最后一道次的终锻温度偏低，加之末道次为整形道次变形量小，同时应变速率低，材料在变形过程中不易发生动态再结晶；随着变形量增大，可以显著提高中间道次的变形量，在提高应变速率的同时也减缓了棒材表面的温度损失，有利于动态再结晶的发生，所以棒材表面组织得到改善；但随着锻造变形量的进一步增加，虽然前面的大变形量促进了动态再结晶的发生，可是随着程序设计道次的增加，锻造时间的延长，棒材在末道次锻造时与总变形量偏小时的情况基本接近，无论是总变形量过小或过大变时，在径向锻造的末

道次都存在动态再结晶不完全的问题，所以在棒材表面显示为拉长晶组织[5]。

（2）在相同变形量的情况下，以小变形+大变形的方案生产时锻造道次少温降少，且随着末道次变形量的显著提升，应变速率也得到了提高，易于棒材动态再结晶的进行，所以棒材动态再结晶相对完全，表面组织状态相对其他方案较好。

综上所述，在本文实验工艺下径向锻造机生产 GH3625 合金时，组织变化主要集中在棒材的表面区域。分析主要原因为：在实际生产中采用快锻机开坯压力大、穿透性强，分配足够大的变形量，可以改善棒材的心部组织；而径向锻造机锻造效率高、表面温度损失少，通过合理的变形程序设计，可以促进表面动态再结晶的发生，改善锻棒表面组织均匀性。本文的试验研究可以为高温合金锻造棒材的生产提供一种值得借鉴的工艺设计思路。

3 结论

（1）径向锻造机生产 GH3625 合金棒材，最佳总变形量在 30%~40%，且变形量分配应采用小变形配比大变形的顺序。

（2）通过合理设计径向锻造过程变形量，可控制表面动态再结晶过程的发生，获得组织细小均匀的棒材。

（3）在设计快锻+径向锻造联合生产 GH3625 合金工艺时，应坚持以下原则：径向锻造用坯料的预留变形量达到最佳变形量要求即可，其余变形应留给快锻进行。

参考文献

[1] 赵长虹. GH4169 合金精锻机锻造工艺初探 [J]. 钢铁研究学报，2003（7）：347~350.

[2] 栾谦聪. 径向锻造工艺参数对锻透性的影响 [J]. 中国机械工程，2014（11）：3098~3103.

[3] 葛鹏. 1.6MN 精锻机主机设计 [D]. 兰州：兰州交通大学，2016.

[4] 蔡梅. GH3625 合金锻造工艺研究 [J]. 沈阳航空航天大学学报，2011（8）：52~59.

[5] 周海涛. GH3625 合金的动态再结晶行为研究 [J]. 稀有金属材料与工程，2012（1）：1917~1922.

GH4061 合金铸态组织特征与均匀化处理工艺

段然[1*]，黄烁[1]，胥国华[1]，王磊[2]，赵光普[1]

（1. 钢铁研究总院高温材料研究所，北京，100081；
2. 东北大学材料科学与工程学院，辽宁 沈阳，110819）

摘 要：GH4061 合金是一种 Nb 含量 5%（质量分数）以上的新型 Fe-Ni 基变形高温合金，采用铸-锻工艺制备，均匀化处理工艺是其中的关键环节，直接影响钢锭热塑性和成品的均质性。本文分析了 GH4061 合金铸态的凝固组织特征，研究了不同均匀化处理温度和时间对合金低熔点相、枝晶偏析程度及热塑性的影响。结果表明，铸态 GH4061 合金以 Nb 元素偏析为主，共晶 Laves 相是最关键的低熔点相。采用两阶段式均匀化制度可以消除低熔点相和显微偏析，提高合金的热加工塑性。

关键词：高温合金；GH4061 合金；铸态组织；均匀化处理

As−cast Microstructure Characteristics and Homogenization Treatments of GH4061 Superalloy

Duan Ran[1]，Huang Shuo[1]，Xu Guohua[1]，Wang Lei[2]，Zhao Guangpu[1]

（1. High Temperature Materials Research Division，Central Iron & Steel Research Institute，Beijing，100081；
2. School of Materials Science and Engineering，Northeastern University，Shenyang Liaoning，110819）

Abstract：GH4061 alloy is a new type of Fe−Ni−based deformed superalloy with Nb content above 5wt.%，which is prepared by casting−forging process. The homogenization treatment process is the key link，which directly affects the thermoplasticity of steel ingot thermoplastic and homogeneity of finished product. In this paper，the solidification structure characteristics of GH4061 alloy in as−cast condition were analyzed. The effects of different homogenization treatment temperature and time on the low melting point phase，dendritic segregation degree and thermoplasticity of the alloy were investigated. The results show that the as−cast GH4061 alloy is dominated by Nb segregation and the eutectic Laves phase is the most critical low−melting phase. The two−stage homogenization process can eliminate microsegregation and low−melting phase，and improve the hot working ductility of alloy.

Keywords：superalloy；GH4061 alloy；as−cast microstructure；homogenization treatments

随着航空航天的不断发展，燃气轮机功率不断增加，其核心部件高温合金涡轮盘尺寸也随之增大，对其性能要求也越来越高[1,2]。对于采用铸-锻工艺制备的变形高温合金，均匀化处理工艺直接影响钢锭的热塑性和成品的均质性，是制备工艺中关键的一环。

GH4061 合金是一种新型沉淀强化型铁镍基变形高温合金，可在 750℃ 富氧腐蚀性环境下短时使用。GH4061 合金与 IN718 合金相比调低了 Fe 含量、调整了 Al/Ti 含量的比值，不仅提高了主要强化相 γ′ 的含量，还可改善在 750℃ 下的高温力学性能[3~5]。国内关于 GH4061 合金均匀化处理工艺的

* 作者：段然，硕士，联系电话：15510698910，E-mail：duanran2019@ 163. com

基础理论研究相对空白，工业生产中的均匀化处理工艺优化制定缺乏理论和数据支持。鉴于此，本文在对 GH4061 合金铸态组织进行分析的基础上，探究了不同均匀化制度对低熔点相及枝晶偏析的影响，并制定两阶段式均匀化工艺，通过热塑性进行判定。

1 试验材料及方法

试验用 GH4061 合金采用真空感应熔炼+真空自耗重熔双联工艺冶炼，铸锭直径为 φ508mm，其合金名义成分见表 1。采用 J Matpro 计算合金的热力学凝固相图，对横向低倍试片上在二分之一半径处切取试样，利用金相显微（OM）、扫描电镜（SEM）、电子探针（EPMA）分析合金的铸态组织并研究了 1100~1200℃ 温度范围和 1~20h 时间范围内的显微组织和枝晶偏析程度的变化规律。根据试验结果设计了两阶段式的均匀化制度，通过热模拟拉伸试验评价均匀化处理对 GH4061 合金的热塑性影响。

表 1 GH4061 合金名义成分
Tab. 1 Nominal chemical composition of GH4061 alloy

（质量分数，%）

C	Cr	Nb	Mo	Al	Ti	Fe	Cu	V	Ni
0.04	17.0	4.8	3.5	1.2	0.6	13.0	0.6	0.4	余

2 试验结果及分析

2.1 铸态组织特征

GH4061 合金铸锭二分之一半径处的试样中存在大量的枝晶，对其进行电子探针元素面扫，通过分别对枝晶间与枝晶干处打点统计后，计算偏析系数 K_0（偏析系数 K=枝晶间元素含量/枝晶干元素含量），其中偏析较为严重的五个元素的偏析系数如表 2 所示。Cr 和 Fe 元素呈负偏析，Nb、Ti 和 Mo 元素呈正偏析。而 Nb 元素的偏析系数高达 2.435，是枝晶偏析中最主要消除偏析的元素。

表 2 铸态组织中主要偏析元素的偏析系数
Tab. 2 Segregation coefficient of main segregation elements in as-cast structure

（质量分数，%）

元　素	Nb	Ti	Mo	Cr	Fe
偏析系数 K_0	2.435	1.346	1.200	0.901	0.859

GH4061 合金铸锭二分之一半径处的微观组织如图 1 所示，铸锭存在枝晶偏析，在枝晶间存在大量的析出相。通过高倍电镜观察和 EDS 能谱分析后可以确认不均匀絮状的组织为富 Nb 的共晶 Laves 相，均匀块状为 MC，而在共晶 Laves 相附近还析出较多针状 δ 相。这是铸锭在凝固过程中，Nb 元素向枝晶间大量偏聚造成的。

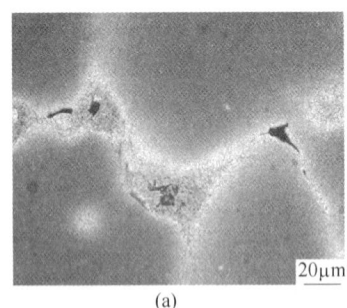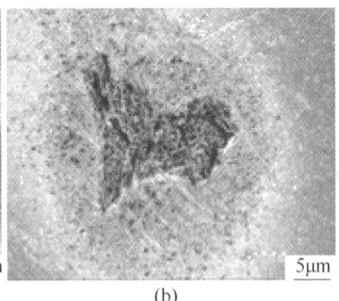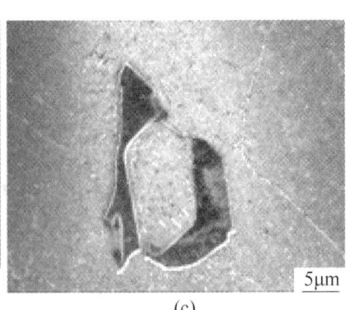

| (a) | (b) | (c) |

图 1 枝晶间析出相的微观组织
Fig. 1 Microstructure of interdendritic precipitates
（a）枝晶间形貌；（b）共晶 Laves 相；（c）MC

对共晶 Laves 相进行电子探针显微分析，如图 2 所示。共晶 Laves 相不是单一的相，其中富集了大量的 Nb 元素，还含有硼化物及少量碳化物。共晶 Laves 相中的 Nb 元素含量高达 31%，约为原始合金成分的 6 倍。因此消除共晶 Laves 相，使 Nb 元素能够回溶至基体中，对后续热处理生成 γ' 和 γ″强化相极为有利，提高合金的力学性能，是均匀化处理的主要目的。

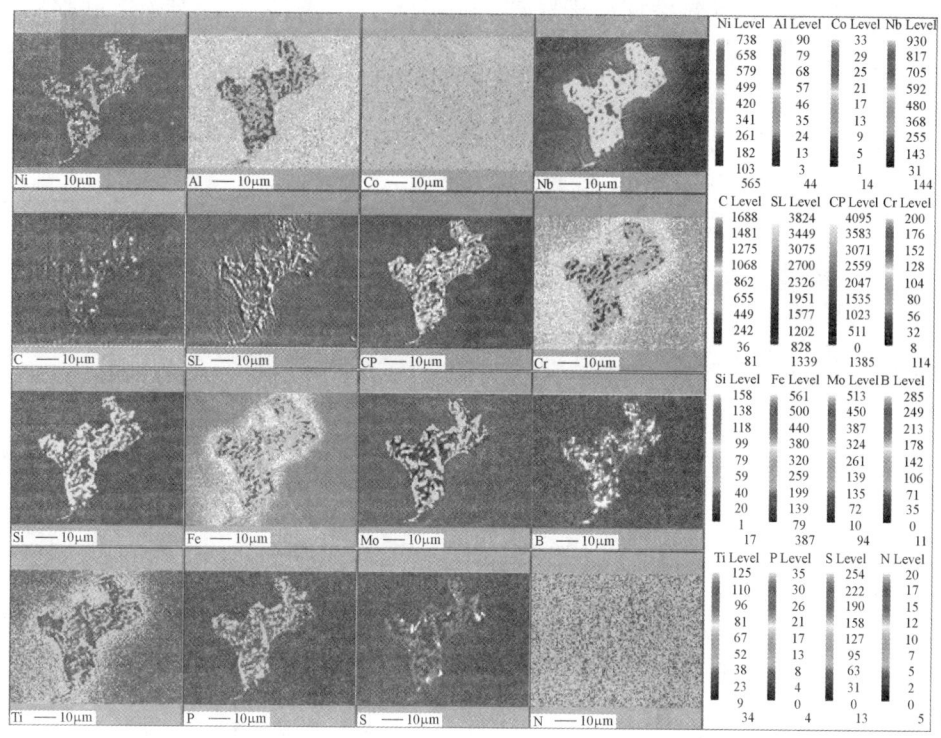

图2　共晶Laves相的元素面分布

Fig. 2　Elemental plane distribution of eutectic Laves phase

2.2　均匀化处理对显微组织和枝晶偏析的影响

在不同均匀化温度和不同保温时间研究共晶Laves相的回溶试验中，发现在1100℃保温20h时，Laves相已经完全消除，说明共晶Laves相在1100℃时已经开始发生了回溶。而在1160～1190℃温度范围内共晶Laves相的回溶效率最高。而随着均匀化温度的升高和保温时间的加长，从共晶Laves相中残留下的MC颗粒也发生了回溶现象，尺寸减小。直至1200℃，未观察到合金中的Laves相初熔和晶界初熔现象。

在不同均匀化温度和不同保温时间研究消除枝晶偏析的试验发现，在同一均匀化温度下，保温时间越长，偏析元素扩散越充分，均匀化程度越高，在1160℃保温20h时，主要偏析元素Nb的残余偏析系数$K=1.098$，已经达到了工业均匀化标准；在相同保温时间20h时，不同均匀化温度下Nb元素的残余偏析系数如表3所示。均匀化温度越高，枝晶偏析消除程度越高，在1200℃保温20h时，主要偏析元素Nb的残余偏析系数$K=1.082$。

表3　不同温度保温20h后主要偏析元素Nb的偏析系数

Tab. 3　Segregation coefficient of main segregation elements after 20 hours of heat preservation at different temperatures

（质量分数,%）

温度/℃	1100	1135	1160	1175	1190	1200
残余偏析系数 K_{Nb}	1.652	1.246	1.098	1.090	1.087	1.082

2.3　均匀化处理对热塑性的影响

根据上述试验结果，并借鉴GH4169合金均匀化制度，设计两种两阶段式均匀化制度，具体为：1160℃×20h+1190℃×50h 和 1190℃×20h+1200℃×20h。图3为经过两段式均匀化处理后的GH4061合金的组织，从图中可以看出低熔点相已经完全回溶至基体，碳化物数量明显减少，晶界未发生初熔现象。通过能谱分析，合金中元素偏析基本消除。

GH4061合金均匀化处理前后的热模拟高温拉伸性能如图4所示。相比铸态试样，经过均匀化处理的试样在1150℃仍保持良好的塑性，热塑性大幅度提高。这说明均匀化处理通过消除低熔点相和减轻偏析，从而达到了提高热塑性的主要目的。而通过对两种不同的制度进行对比，1190℃× 20h+1200℃×20h 由于保温时间较短，在实际生产中效率更高，可以节约时间与成本。

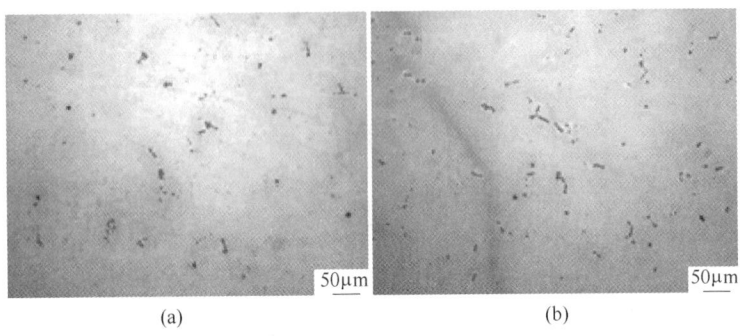

(a)　　　　　　　　　(b)

图 3　两种均匀化制度处理后的合金组织

Fig. 3　Microstructure after different homogenization processes

（a）1160℃×20h+1190℃×50h；（b）1190℃×20h+1200℃×20h

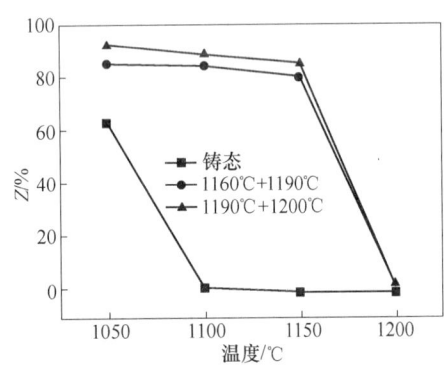

图 4　不同状态的 GH4061 合金的
断面收缩率随温度的变化

Fig. 4　Variation the section shrinkage of different
states GH4061 alloy with temperature

1190℃ 范围内回溶效率较高。在 1160℃ 保温 20h 时主要偏析元素 Nb 的残余偏析系数小于 1.1，达到工业均匀化标准。

（3）设计两阶段均匀化处理制度：1160℃×20h+1190℃×50h 和 1190℃×20h+1200℃×20h，可以有效消除低熔点相和枝晶偏析，均匀化效果显著，提高了 GH4061 合金铸锭热塑性，扩大了热加工窗口。

3　结论

（1）GH4061 合金的铸态组织中，枝晶偏析严重，Ti、Nb 和 Mo 元素呈正偏析，Fe 和 Cr 元素呈负偏析，其中 Nb 元素偏析最为严重。枝晶间存在大量偏析相，其中共晶 Laves 相为主要的低熔点相。

（2）随均匀化温度升高或保温时间延长，共晶 Laves 相的富集元素会回溶至基体，在 1160～

参考文献

［1］师昌绪，仲增墉. 中国高温合金 40 年［J］. 金属学报，1997，33（1）：1~8.

［2］田世藩，张国庆，李周，等. 先进航空发动机涡轮盘合金及涡轮盘制造［J］. 航空材料学报，2003，23s：233.

［3］Nedashkovskii K I, Zheleznyak O N, Gromyko B M, et al. Effect of Low Temperatures on Mechanical and Physical Properties of High－Strength Nickel Alloy ÉK61－ID and Stainless Maraging Steel ÉK49－VD［J］. Metal Science & Heat Treatment，2003，45（5~6）：233.

［4］Kennedy R L, Cao W D. New development in wrought in 718－type［J］. Acta Metallurgica，2005，18（1）：39.

［5］Semenov V N, Akimov N V, Glushko V P. Formation of cracks in EP202 and EK61 alloys in welding of structures of liquid rocket engines［J］. Welding International，2013，27（2）：159.

GH4065 合金盘锻件的组织与力学性能研究

吕少敏[1,2]，贾崇林[2*]，何新波[1*]，田丰[3]，王龙祥[3]，闪郁明[4]，张勇[2]

（1. 北京科技大学新材料技术研究院，北京，100083；
2. 中国航发北京航空材料研究院先进高温结构材料重点实验室，北京，100095；
3. 中航工业贵州安大航空锻造有限责任公司，贵州 安顺，561005；
4. 中航钛业有限公司，山东 淄博，255000）

摘　要：新型难变形高温合金 GH4065 由于具有优异的综合力学性能和高温组织稳定性，是高性能航空发动机 700~750℃用关键转动件的优选材料之一。本文介绍了经三联熔炼技术制备了 φ508mm 钢锭，自由锻开坯得到了 φ285mm 细晶棒材，并通过近等温锻最终制备了外径 φ665mm×65mm 尺寸的 GH4065 合金全尺寸盘锻件，分别对盘锻件的微观组织与力学性能进行了表征与测试。结果表明：上述工艺制备的全尺寸盘锻件微观组织均匀，关键力学性能优异，达到了与美国 René 88DT 合金相当的水平。

关键词：GH4065 合金；盘锻件；微观组织；力学性能

The Research on Microstructure and Mechanical Properties of GH4065 Alloy Disk Forgings

Lv Shaomin[1,2], Jia Chonglin[2], He Xinbo[1], Tian Feng[3],
Wang Longxiang[3], Shan Yuming[4], Zhang Yong[2]

（1. Institute for Advanced Materials and Technology, University of Science
and Technology Beijing, Beijing, 100083；
2. Science and Technology on Advanced High Temperature Structural Materials Laboratory,
Beijing Institute of Aeronautical Materials, Beijing, 100095；
3. Guizhou Anda Aviation Forging Co., Ltd., Anshun Guizhou, 561005；
4. China Aviation Titanium Industry Co., Ltd., Zibo Shandong, 255000 ）

Abstract：A novel cast & wrought superalloy GH4065 has excellent mechanical and thermal structure stability. It has been one of the optimized materials for critical rotating components in the range of 700 ~ 750℃ for high performance aeroengines. The GH4065 alloy disk forgings for full-scale-disc (φ665mm×65mm) were introduced in this paper. The large scale vacuum arc remelting (VAR) ingots of GH4065 alloy with diameter up to 508mm have been produced by standard triple melting techniques. The billets with diameter up to 508mm were achieved via conventional open die forging procedure and the disk forgings were forged by near-isothermal forgings. The microstructure and mechanical properties were characterized and tested, severally. The results reveal that the GH4065 alloy disc forgings prepared via controlling the temperature and the amount of deformation by casting and forging process obtain the homogeneous microstructure, which exhibit excellent mechanics properties as well as René 88DT alloy.

Keywords：GH4065 alloy; disk forgings; microstructure; mechanical properties

＊作者：贾崇林，高级工程师，联系电话：010-62498236，E-mail：biamjcl@163.com；何新波，教授，联系电话：13911119314，E-mail：xbhe@ustb.edu.cn

镍基变形高温合金广泛用于先进航空发动机涡轮盘和高压压气机盘等关键热端转动部件。近年来，随着航空发动机的服役温度的不断提升，对高温合金涡轮盘和高压压气机盘等关键热端转动件的承温能力和力学性能提出了更高的要求[1]。先进航空发动机关键转动件的长期使用温度已经由650℃上升到750℃，广泛使用的In718合金受限于650℃的使用温度[2]，已不能满足要求，为此，国外研制了如Rene65、ЭК151、U720Li、718Plus等[3~5]。

为了满足先进高性能航空发动机的使用要求，在国外粉末高温合金René88DT的基础上，通过对其成分与组织进行优化，研制了新型难变形高温合金GH4065。GH4065合金是一种时效沉淀强化型难变形镍基高温合金，由于具有优异的综合力学性能和高温组织稳定性，可作为制备新一代高性能航空发动机700~750℃用关键热端转动件，如涡轮盘和高压压气机盘、叶片的高可靠性、低成本的解决方案[6,7]。

本文对研制的GH4065合金φ665mm×65mm的全尺寸盘锻件微观组织、关键力学性能分别进行了表征与测试，为该合金盘锻件的工业化生产和应用提供依据。

1 试验材料及方法

试验材料为采用真空感应熔炼（VIM）+气氛保护电渣重熔（ESR）+真空自耗（VAR）三联熔炼φ508mm铸锭，经高温扩散退火后，采用热机械处理工艺在40MN快锻机上制备的φ285mm GH4065合金棒材，并在63MN液压机近等温模锻成φ665mm×65mm的全尺寸盘锻件，其主要化学成分（质量分数,%）如表1所示。对近等温模锻后的全尺寸盘锻件进行低倍组织观察，采用Leica DMIRM金相显微镜对盘心、辐板和盘缘部位的晶粒组织进行观察、JEOL JSM™ SU8000场发射电镜对γ′相的形貌进行观测。沿盘锻件弦向取样，分别进行室温、400℃、600℃、650℃、700℃、750℃和800℃拉伸试验，以及700℃/800MPa、704℃/621MPa和705℃/690MPa等条件下的蠕变试验。

表1 GH4065合金化学成分
Tab. 1 The chemical composition of GH4065 alloy

（质量分数,%）

Ni	Cr	Co	Al	Ti	W	Mo	Fe	Nb
余	16	13	2.1	3.7	4	4	1	0.7

2 试验结果及分析

2.1 制备工艺

GH4065合金γ′相体积分数达到了42%左右，热加工窗口窄，故采用合理的制备工艺至关重要。本文中采用VIM+ESR+VAR三联熔炼制备了φ508mm锭坯，在此过程降低熔速减小大锭型铸锭的偏析、热应力、裂纹倾向。经多段高温扩散均匀化处理的锭坯，采用热机械处理工艺（thermo-mechanical processing，TMP）自由锻造开坯制备了均质细晶棒材，在此过程采用多火次镦粗和拔长来增加累计变形量，从而充分破碎铸态组织实现细化晶粒、均匀组织的效果，经近等温模锻成φ665mm×65mm的全尺寸盘锻件。

在合金的γ-γ′两相区采用合理的热机械处理工艺调控可得到合适的γ′相，获得γ-γ′双相细晶组织，如图1所示。双相细晶组织形态可大幅度改善难变形镍基高温合金的热加工性能[8]，而γ′相又可在热塑性变形过程中阻止晶界迁移达到细化晶粒的作用，也为后续涡轮盘得到均匀细晶组织提供了工艺保证。

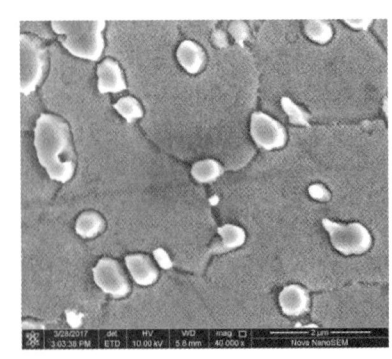

图1 热机械处理工艺获得的γ-γ′双相细晶组织
Fig. 1 γ-γ′ microduplex obtained during TMP

2.2 组织分析

对盘锻件进行低倍、高倍组织观察，盘锻件

整个纵向低倍组织无白斑、疏松、孔洞、夹杂、裂纹等缺陷，见图2。

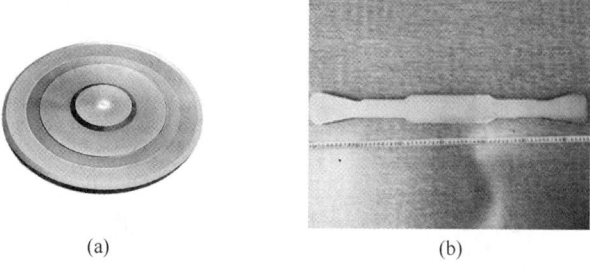

(a)　　　　　　　　(b)

图2　GH4065合金φ665mm全尺寸盘锻件
（a）和低倍组织（b）

Fig. 2　Full scale disk with diameter of 665mm（a）and macrostructures（b）of GH4065 alloy

高倍组织盘心、辐板、盘缘各部位晶粒组织均匀，均为细小等轴组织，且晶界处分布有的1.5~3.5μm的一次γ'相，而正是由于晶界处分布的沉淀相γ'相在热变形过程中阻止了晶界迁移，从而获得了均匀细小的晶粒组织，平均晶粒度达到ASTM 9~12级，见图3；另一方面，晶界一次γ'相的存在，将有利于合金在长时服役过程中的组织稳定性。在场发射电镜对γ'相形貌进行观察发现，晶内弥散分布着三种尺度的γ'相：200~300nm的二次γ'相，50~100nm以及50nm以下的三次γ'相，见图4。具有多尺度分布特征的γ'相组织，是合金获得高强度和综合性能的基础和保障。

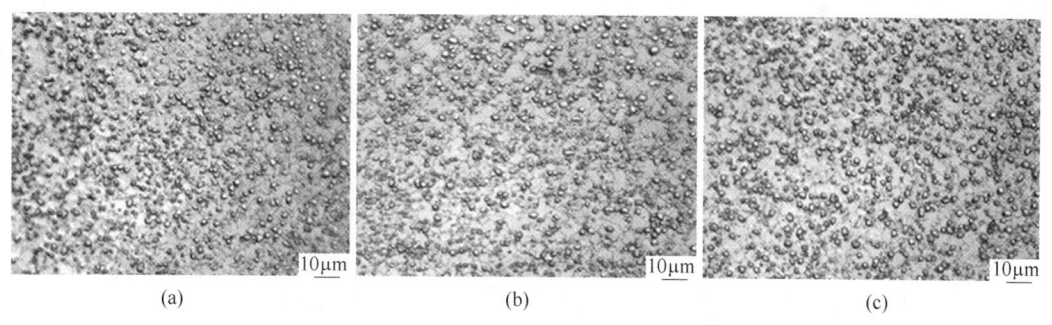

(a)　　　　　　　　(b)　　　　　　　　(c)

图3　GH4065合金盘锻件晶粒组织

Fig. 3　The grain structure of GH4065 alloy disk forgings

（a）盘心；（b）辐板；（c）盘缘

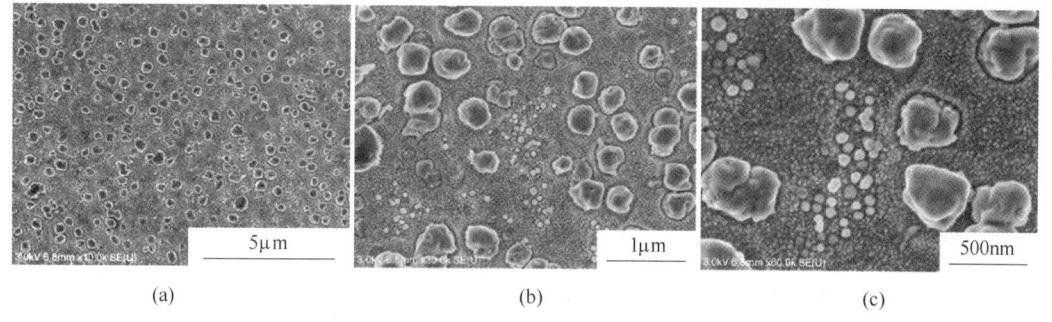

(a)　　　　　　　　(b)　　　　　　　　(c)

图4　GH4065合金盘锻件γ'相组织

Fig. 4　The gamma prime phase of GH4065 alloy disk forgings

（a）10000×；（b）30000×；（c）60000×

2.3　力学性能

对GH4065合金全尺寸盘锻件的主要力学性能进行了测试，结果见图5。研究表明，在室温至800℃温度范围内，合金的屈服强度达到了与René 88DT相当的水平，并与其他典型的涡轮盘材料进行了对比，合金也显示出优异的蠕变性能。

3　结论

本研究制备的GH4065合金全尺寸盘锻件，微观组织均匀，平均晶粒度达ASTM 9~12级，主要力学性能与Rene88DT合金相当，可作为制备新一代高性能航空发动机700~750℃用关键热端转动

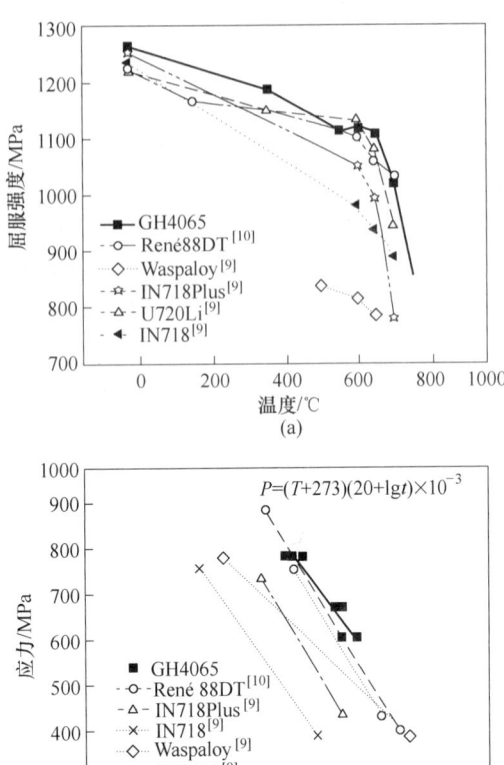

图5　GH4065合金与典型涡轮盘材料的力学性能对比[9,10]

Fig. 5　Tensile yield stress (a) and high temperature creep rupture capability (b) of GH4065 alloy in comparison with some typical disc alloys[9,10]

件，如涡轮盘和高压压气机盘、叶片的高可靠性、低成本的解决方案。

参考文献

[1] Decker R F. The evolution of wrought age-hardenable superalloys [J]. JOM, 2006, 58 (9): 32~36.

[2] Cao W D, Kennedy R L. New developments in wrought 718-type superalloys [J]. Acta Metallurgica Sinica (English Latters), 2005, 18 (1): 39~46.

[3] Heaney J A, Lasonde M L, Powell A M, et al. Development of a New Cast and Wrought Alloy (René 65) for High Temperature Disk Applications [M] // 8th International Symposium on Superalloy 718 and Derivatives. John Wiley & Sons, Inc. 2014: 67~77.

[4] Bryant D J, McIntosh Dr G. The Manufacture and evaluation of a large turbine disc in cast and wrought Alloy720Li [C]. Superalloys 1996. Pennsylvania: TMS: 713~722.

[5] Zickler G A, Schnitzer R, Radis R, et al. Microstructure and mechanical properties of the superalloy ATI Allvac® 718Plus™ [J]. Materials Science & Engineering A, 2009, 523 (1): 295~303.

[6] Laurence A, Cormier J, Villechaise P, et al. Impact of the Solution Cooling Rate and of Thermal Aging on the Creep Properties of the New Cast & Wrought René 65 Ni-Based Superalloy [M] // 8th International Symposium on Superalloy 718 and Derivatives. John Wiley & Sons, Inc. 2014: 333~348.

[7] Terrazas O R, Zaun M E, Minisandram R S, et al. Influence of Temperature and Strain Rate During Rolling of René 65 Bar [M] // Proceedings of the 9th International Symposium on Superalloy 718 & Derivatives: Energy, Aerospace, and Industrial Applications. 2018: 977~986.

[8] Valitov V A. In: Ott E, Banik A, Liu X B, et al. 8th Int Symp on Superalloy 718 and Derivatives, Pittsburgh: TMS, 2014: 665.

[9] Devaux A, Georges E, Heritier P. Development of New C&W Superalloys for High Temperature Disk Applications [J]. Advanced Materials Research, 2011, 278: 405~410

[10] Reed R C. The Superalloys: Fundamentals and Applications [M]. Cambridge: Cambridge University Press, 2006.

树枝晶 GH4065A 高温合金的动态再结晶研究

盛涛[1]，宁永权[1*]，刘巧沐[2]

（1. 西北工业大学材料学院，陕西 西安，710072；
2. 中国航发四川燃气涡轮研究院，四川 成都，610500）

摘 要：树枝晶是高温合金熔炼凝固后的典型组织之一，脆性大、强韧匹配性差，通常无法满足航空发动机转动热端部件的服役需求，需通过锻造和热处理进行改性。本文以 750℃下长期使用的高品质高温合金 GH4065A 为研究对象，系统研究了该合金树枝晶的高温变形组织演变和机理，重点探索了枝晶区域动态再结晶择优生长行为。

关键词：GH4065A；树枝晶；动态再结晶；组织演变

Research on the Dynamic Recrystallization of Dendritic Microstructured As−cast GH4065A Superalloy

Sheng Tao[1], Ning Yongquan[1], Liu Qiaomu[2]

（1. School of Materials Science and Engineering，Northwestern Polytechnical University，Xi'an Shaanxi，710072；
2. China Aerospace of Sichuan Gas Turbine Research Institute，Chengdu Sichuan 610500）

Abstract：Dendrite is a typical microstructure in as−cast superalloys. Considering its relatively high brittleness，it is not considerable to be applied in aero engines as turbine parts untill it has passed the process of forge and heat treatment. In this paper，the microstructure evolution and its mechanism in the dendrite region of as−cast GH4065A were studied. The trend of growth in dendritic core of the recrystallized grains has been discovered and the mechanism has been explored.

Keywords：GH4065A；dendrite；dynamic recrystallization；microstructure evolution

GH4065A 合金是我国在美国 René88DT 粉末合金的成分基础上，基于损伤容限原则，采用三联冶炼加热变形工艺所研制的新型镍基变形高温合金。其长时服役温度可达 700℃以上，是制备新一代高性能航空发动机低压涡轮盘和高压压气机盘的理想材料[1]。

镍基合金因其基体 γ 相具有稳定的 fcc 结构，决定了其微观组织只能通过热变形及动态再结晶行为来调整，而无法经由热处理工艺对不利于力学性能的组织进行改良。因此在对变形高温合金 GH4065A 在铸态开坯过程中，通过热变形参数来控制微观组织的演化对后续成品的性能至关重要。同时，由于铸态 GH4065A 合金中存在树枝晶组织，其对微观组织演化的影响尚没有相关报道，因而本文开展了对树枝晶在热变形过程中组织演化的研究工作。

1 试验材料及方法

试验所用材料为由北京钢铁研究总院所提供的 GH4065A 铸锭于 1/2 半径处切取所得 100mm×100mm×20mm 方坯，其原始组织如图 1 所示，名

————————————
＊作者：宁永权，香江学者，博士生导师，联系电话：15829884555，E−mail：luckyning@ nwpu. edu. cn
资助项目：国家自然科学基金面上项目（51775440）；人力资源和社会保障部"香江学者"计划（XJ2014047）；中央高校基础科研业务费（3102018ZY005）

义成分如表1所示。可以清晰地看到合金中的粗大的树枝晶组织，其主轴长度接近晶粒长度为500~1100μm，主轴与二次晶轴的宽度均为30μm左右。图1（b）、（c）是枝晶区域的SEM像，可以看到枝晶间和枝晶干的相存在较大差异：枝晶间区域存在大尺寸γ-γ'共晶相，在枝晶干-枝晶间过渡区域，蝶状的γ'相尺寸由0.5μm增大到1μm。

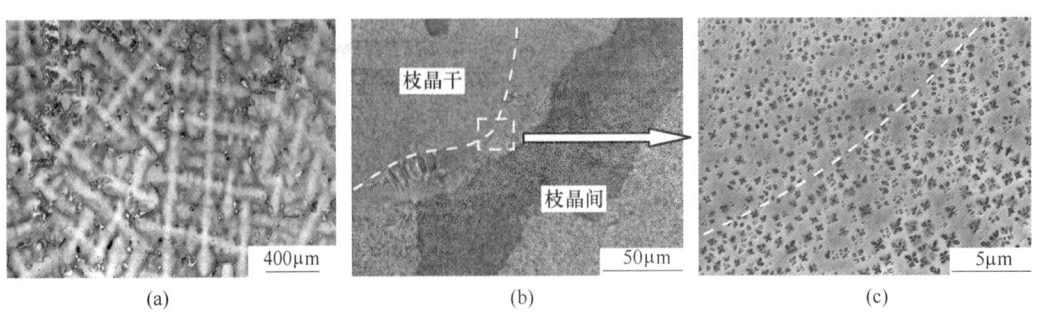

图1 铸态GH4065A的原始组织

Fig. 1 OM & SEM images of microstructure of as-cast GH4065A superalloy at primary state

（a）树枝晶组织的OM像，50×；（b）枝晶区域的相的SEM相，1000×；（c）SEM相，10000×

表1 GH4065A的名义成分

Tab. 1 Chemical compostion of GH4065A

（质量分数，%）

C	Cr	Fe	Ti	Al	Nb	Mo	W	Ni
0.03	16	13	1.0	3.7	0.7	4.0	4.0	余

通过线切割机于方坯上切取圆柱并机加工成规格为φ10×15mm的光滑样品。在Gleeble-1500热/力学试验机上进行变形参数为应变速率0.001s⁻¹、0.01s⁻¹、0.1s⁻¹、1s⁻¹，变形温度1020℃、1050℃、1080℃、1110℃、1140℃的热模拟压缩试验。升温速率10℃/s，保温时间5min，水冷处理。将所得样品沿加载方向对半切开，经研磨、抛光，用成分HCl：C₂H₅OH：CuCl₂=10：10：0.5的溶液进行腐蚀。在OLYMPUS-PMG3光学显微镜和TESCAN扫描电子显微镜对变形组织形貌进行观察；利用背散射电子衍射（EBSD）对部分试样内的晶界和晶粒尺寸作定量分析。

2 结果与讨论

2.1 铸态GH4065A合金动态再结晶行为

图2所示为变形温度1080℃，各应变速率下铸态GH4065A合金的再结晶情况。由图可见，应变速率对该合金的动态再结晶行为影响显著：随应变速率的降低，动态再结晶晶粒由于长大时间的逐渐增加其尺寸逐渐增大，动态再结晶的体积分数随之增大。值得一提的是，在相对较高的速率下，动态再结晶晶粒的数量明显较大。这是由于相同变形温度下较高的应变速率能够在合金基体中累积更大的位错密度，导致体系的变形储存能较高，从而具有更高的动态再结晶形核率[2]。

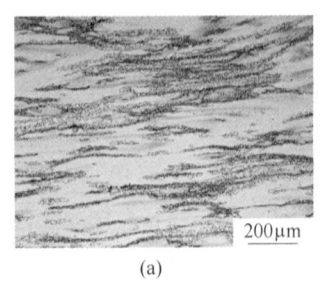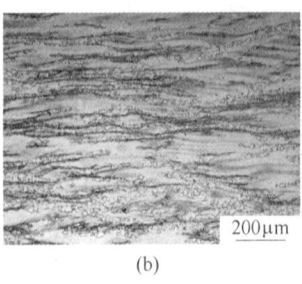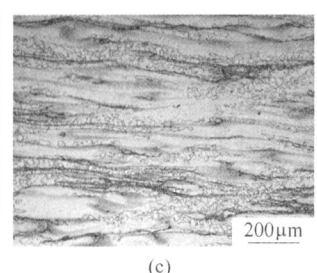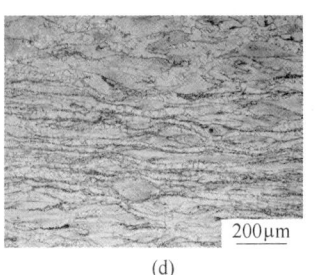

图2 应变速率对铸态GH4065A合金动态再结晶行为的影响（OM，100×）

Fig. 2 Microstructure of deformed as-cast GH4065A under different strain rates（OM，100×）

（a）1080℃/1s⁻¹；（b）1080℃/0.1s⁻¹；（c）1080℃/0.01s⁻¹；（d）1080℃/0.001s⁻¹

图 3 为应变速率 0.01s⁻¹，不同变形温度条件下铸态 GH4065A 合金的动态再结晶情况。可见变形温度对合金动态再结晶同样具有显著影响：在较低的变形温度下（1020℃、1050℃），再结晶程度很低且晶粒尺寸普遍低于 5μm，随着变形温度的逐渐升高，动态再结晶尺寸增大，动态再结晶程度增大。在 1110℃、0.01s⁻¹ 条件下组织的完全

动态再结晶基本实现，但仍然存在较多的细小动态再结晶晶粒，因而组织的均匀性较低。随着变形温度的继续升高到 1140℃，由于此时已超过 γ′ 相的完全固溶温度[1]，动态再结晶晶粒发生了显著的粗化：动态再结晶晶粒尺寸平均由 9.44μm 增长到 15.74μm。但是，由于细小动态再结晶晶粒的长大，1140℃ 条件下组织的均匀性优于 1110℃。

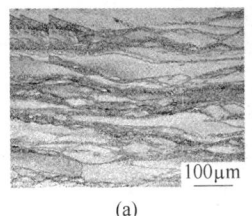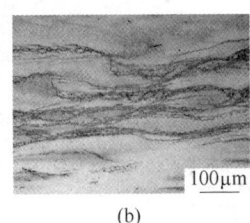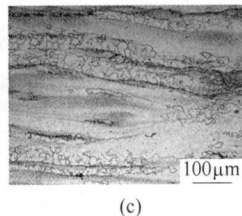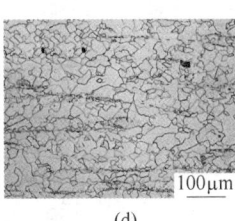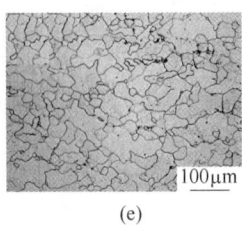

(a) (b) (c) (d) (e)

图 3 变形温度对铸态 GH4065A 动态再结晶行为的影响（OM，200×）

Fig. 3 Microstructure of deformed as-cast GH4065A under different temperatures（OM，200×）

(a) 1020℃/0.01s⁻¹；(b) 1020℃/0.01s⁻¹；(c) 1020℃/0.01s⁻¹；(d) 1020℃/0.01s⁻¹；(e) 1020℃/0.01s⁻¹

2.2 铸态 GH4065A 合金的动态再结晶形核长大机理

由图 2 和图 3 可以发现，在发生完全动态再结晶之前，细小的动态再结晶晶粒多在枝晶间区域存在。图 4 展示了枝晶间区域的共晶相的形貌，可见共晶相中 γ′ 相的形态各异，尺寸多在 1μm 以上。由文献 [3] 可知，1μm 的尺寸是难溶粒子诱导形核（particle stimulate nucleation）的临界尺寸，从而，枝晶间区域是铸态 GH4065A 热变形时以 PSN 机制动态再结晶形核的主要区域。赵光普等人[4] 发现 GH4065A 的动态再结晶形核机制主要为晶界凸出形核，但鉴于铸态 GH4065A 中原始晶粒较为粗大，晶界数量有限，因此 PSN 机制也是铸态 GH4065A 合金动态再结晶的主要形核机制之一。

由图 3 可知动态再结晶晶粒存在优先于枝晶干中长大的行为。根据经典再结晶晶界迁移理论[5] 晶粒长大的驱动力可表示为：

$$P = P_D - P_Z - P_C$$

式中，P_D 为晶界迁移驱动力，大小取决于变形储存能；P_Z 为第二相粒子的钉扎力；P_C 为弯曲晶界的向心收缩力，其大小与前两项相比可以忽略。相关研究表明[6]，γ′ 相沉淀强化型的镍基高温合金中，γ′ 相的尺寸与热变形体系中储存能的大小呈反相关，而晶界迁移运动的阻力呈正相关。因此，铸态 GH4065A 合金中枝晶干区域在热变形过程中积累了较多的储存能而枝晶间区域对晶界的

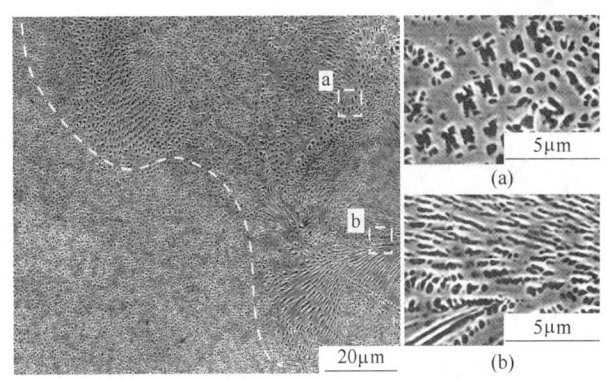

图 4 铸态 GH4065A 枝晶间区域的共晶相形貌（SEM，2000×、10000×、10000×）

Fig. 4 Eutectic phase of as-cast GH4065A in the interdendritic regions（SEM，2000×、10000×、10000×）

(a) 块状 γ′ 相；(b) 短棒状 γ′ 相

运动具有更强的阻碍作用。从而，动态再结晶在形成之后，将优先向储存能较高，同时晶界迁移阻力较小的枝晶干区域生长。

通过图 5 可以看到，1110℃、0.01s⁻¹ 条件下铸态 GH4065A 绝大多数晶界为大角度晶界，说明该变形条件下动态再结晶过程已经进行得比较完全。小角度晶界所分布的区域除孪晶外主要是小部分未发生再结晶的原枝晶间区域。同时，还可观察到部分大晶粒凸出进入这些未再结晶区域，说明这些细小的动态再结晶晶粒来源于动态再结晶晶粒长大后的二次动态再结晶。综上，铸态

GH4065A 的形核长大过程可以描述为：（1）动态再结晶晶粒于枝晶间区域和晶界处形核；（2）动态再结晶晶粒优先于枝晶干区域中长大；（3）动态再结晶晶粒占据枝晶干区域后，在未再结晶的枝晶间区域以晶界凸出形核机制发生二次动态再结晶。

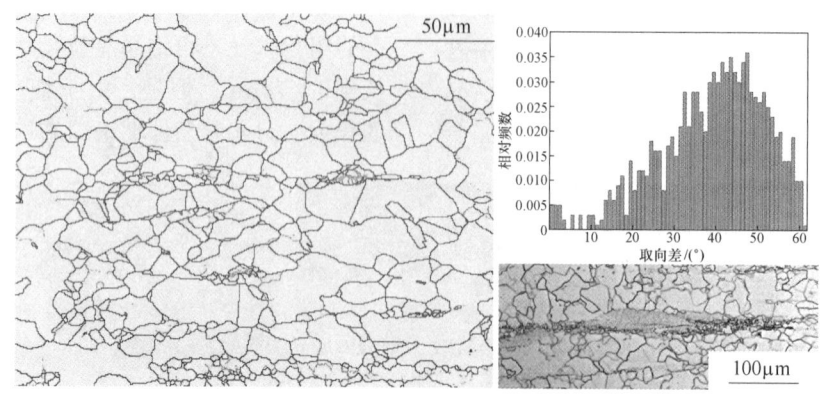

图 5　1110℃/0.01s⁻¹ 变形条件下铸态 GH4065A 的晶界构成

Fig. 5　Grain boundary constitution of as-cast GH4065A after deformation under 1110℃/0.01s⁻¹

3　结论

（1）铸态 GH4065A 合金的组织演变对变形参数敏感，随变形温度升高或应变速率的降低，动态再结晶晶粒尺寸增大，变形组织动态再结晶程度增加。

（2）在 0.01s⁻¹、1110℃ 下对铸态 GH4065A 合金进行热变形能够获得再结晶程度较为完全、晶粒尺寸相对细小的组织。

（3）难溶粒子激发形核（PSN）机制是铸态 GH4065A 合金热变形过程中动态再结晶的主要形核机制之一。

（4）铸态 GH4065A 合金完全动态再结晶过程由动态再结晶枝晶间和晶界形核、晶粒择优长大、二次动态再结晶三个阶段组成。

参考文献

[1] 张北江, 赵光普, 张文云, 等. 高性能涡轮盘材料 GH4065 及其先进制备技术研究 [J]. 金属学报, 2015, 51 (10): 1227~1234.

[2] Ning Y Q, Fu M W, Chen X. Hot deformation behavior of GH4169 superalloy associated with stick δ phase dissolution during isothermal compression process [J]. Material Science and Engineering A, 2012, 540: 164~173.

[3] Humphreys F J, Hatherly M. Recrystallization and Related Annealing Phenomena, second ed [M]. Oxford: Pergamon Press, 2004: 330~343.

[4] 赵光普, 黄烁, 张北江, 等. 新一代镍基变形高温合金 GH4065A 的组织控制与力学性能 [J]. 钢铁研究学报, 2015, 27 (2): 37~44.

[5] 濮晟, 谢光, 王丽, 等. Re 和 W 对铸态镍基单晶高温合金再结晶的影响 [J]. 金属学报, 2016, 5 (52): 538~548.

[6] Wang L, Jiang W G, Lou L H. The deformation and the recrystallization initiation in the dendrite core and inter-dendritic regions of a directional solidified nickel-based superalloy [J]. Journal of Alloys and Compounds, 2015, 629: 247~254.

650～750℃条件下 GH4065A 合金的持久断裂行为

田强，黄烁*，张文云，张北江，秦鹤勇，赵光普

（钢铁研究总院高温材料研究所，北京，100081）

摘 要：GH4065A 合金是一种新型镍基变形高温合金涡轮盘材料，最高服役温度可达750℃。恒温恒载作用下的持久性能是涡轮盘材料的关键性能指标之一。本文研究了 GH4065A 合金在不同温度和载荷条件下的持久性能和断裂行为。结果表明：GH4065A 合金在标准热处理后获得晶粒度 10 级的均匀细晶组织，在 650～750℃条件下具有良好的持久性能。在相同的试验温度下，随着加载应力的降低，合金的持久寿命升高。裂纹源均萌生自试样表面，随着温度升高，裂纹源由单个转变为多个。

关键词：GH4065A 合金；持久性能；断裂行为

Stress Rupture Behavior of Superalloy GH4065A at the Temperature Range of 650～750℃

Tian Qiang, Huang Shuo, Zhang Wenyun, Zhang Beijiang, Qin Heyong, Zhao Guangpu

（High Temperature Materials Research Division，Central Iron & Steel Research Institute，Beijing，100081）

Abstract：GH4065A is a new type of nickel-based wrought superalloy for disk applications，which can be mostly applied at temperature of 750℃. The stress rupture properties at constant temperature and pressure are one of the key indexes for dick material. Stress rupture properties and microstructure evolution of a single superalloy GH4065A was investigated with different test conditions. The results show that：the superalloy GH4065A，whose grain is fine and uniform with the size of 10.0，has excellent stress rupture properties with different test conditions. At the same temperature，with the decrease of applied pressure，the stress rupture life increased. At the temperature range of 650～750℃，all the crack sources initiated from the surface of the sample. With the increase of temperature the crack sources were changed from single to multiple.

Keywords：superalloy GH4065A；stress ruptures properties；rupture behavior

沉淀型镍基变形高温合金的优异性能，能够满足航空发动机热端转动件的高性能指标。随着发动机推重比的增长，涡轮前的温度也逐步提高，从650℃增长到了750℃，这对变形高温合金涡轮盘等关键热端转动部件的承温能力与力学性能的要求随之提高[1~5]。由于热端转动件在服役条件下承受巨大的离心力，因此其高温持久性能是选择材料重要的指标之一。

GH4065A 合金是我国最新研制的新型镍基沉淀型镍基变形高温合金，是航空发动机热端转动件的成熟方案之一。该合金结合国内的设备能力，在铸锻工艺路线上进行了全面优化，满足了性能需求[6~8]。由于 GH4065A 合金是高合金化材料，其沉淀强化相的比例高达42%，合金的成分复杂、变形抗力大，故前人的研究集中在热加工和热处理领域，对合金在服役温度下的持久行为研究还

---

*作者：黄烁，高级工程师，联系电话：010-62185063，E-mail：shuang@cisri.com.cn

资助项目：国家科技重大专项（2017-Ⅵ-0015-0087）

未见报道[9~11]。鉴于此，本文研究了 GH4065A 合金在不同试验温度和加载应力下的持久性能和组织演变特征，以探究合金在服役条件下的失效机制。

1 实验材料与方法

试验用 GH4065A 合金锭采用三联冶炼工艺制备，合金名义成分见表1。通过多重热循环处理镦拔开坯、热模锻成型、标准热处理（1080℃×4h，空冷＋760℃×8h，晶粒度为 ASTM 10.0 级）后，获得直径为 550mm 的盘件；从涡轮盘轮缘弦向取样后制备成持久拉伸试样，在电子万能试验机上进行持久拉伸。试验温度为 650℃、700℃和 750℃，加载应力从 260MPa 到 1040MPa，测试时间从 10h 到 1760h，试验总时间超过 5000h。为了研究温度和应力对合金组织的影响，观察不同温度下断裂样品的断口形貌。

表1 GH4065A 合金的名义成分
Tab. 1 Nominal chemical composition of GH4065A alloy

（质量分数,%）

C	Cr	Co	Fe	Ti	Al	Nb	Mo	Wu	Nb
0.01	16.0	13.0	1.0	3.7	2.1	0.7	4.0	4.0	余

2 试验结果及分析

2.1 原始组织

图 1 为本研究的 GH4065A 合金涡轮盘的在持久行为前的初始组织。从金相照片和 SEM 照片可以看出，该合金横纵截面皆为等轴状晶粒组织，尺寸分布均匀，平均大小约为 11μm；一次 γ′ 强化相分布在晶界上，平均大小约 3.5μm；二次 γ′ 强化相分布在晶内，平均大小为 70nm；由于含碳量低，并未有明显的碳化物。

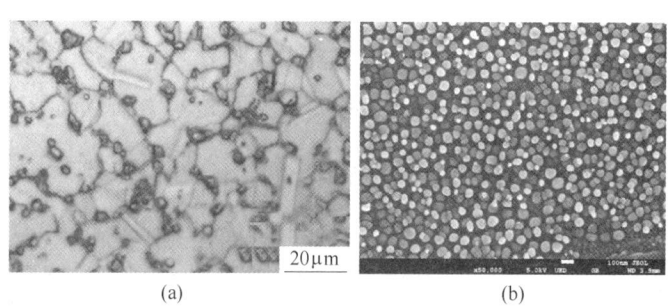

(a)　　　　　(b)

图 1 GH4065A 合金持久拉伸样的初始组织

Fig. 1 Typical original microstructure of the stress rupture specimen for superalloy GH4065A

（a）光学显微结构；（b）γ′相的形态和分布（扫描电镜图像）

2.2 持久性能

合金在不同温度和应力条件下的持久性能见图2。可以看出，合金在不同温度和应力下均具有良好的持久性能；随着温度的提高和应力的增大，合金的持久寿命下降，且温度的影响更为明显。

为了确定合金在不同温度下的持久应力指数，可以将数据代入以下公式进行拟合，求得的斜率 n 即为应力指数，以反映合金的持久应力敏感程度[12,13]。其中，T 为绝对温度，t_r 为持久断裂时间，σ 为持久应力，C 为常数。将合金在 650℃、700℃和 750℃的持久数据代入后，得到 3 个温度下持久应力系数分别为 18.09、8.49、5.18。

$$\log\left(\frac{T}{t_r}\right) = n\log\sigma + C$$

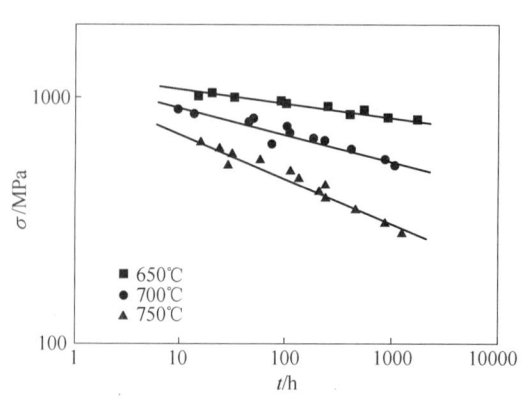

图 2 GH4065A 合金持久应力和寿命的关系

Fig. 2 Relationships between rupture stress and rupture time

2.3　持久断口

合金在 650℃、700℃ 和 750℃ 持久试验测试 900h 断裂的应力分别为 830MPa、560MPa 和 310MPa。断后伸长率分别为 5.76%、28.20% 和 47%，断后面缩率分别为 6.10%、32.27% 和 77.81%。图 3 为合金在这三种条件下的断裂后的断口形貌。在 650℃/830MPa 下，试样由单一裂纹源处开裂，而后其扩展区呈现沿晶塑性断裂的特征。在 700℃/560MPa 下，试样由两处裂纹源开裂，其扩展区呈现沿晶塑性断裂和穿晶塑料断裂混合特征，且有明显的沿拉伸方向的裂纹。在 750℃/310MPa 下，试样由多处裂纹源开裂，有明显的颈缩和韧窝断裂特征。

图 4 为三种状态下试样的裂纹源照片和表面裂纹照片。由图可以看出，裂纹源均萌生自试样

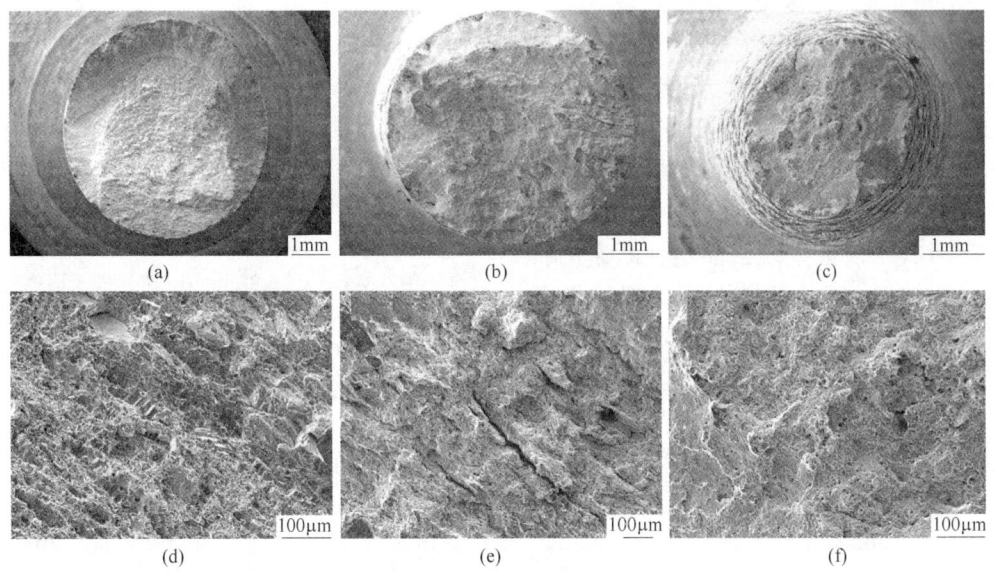

图 3　不同温度及应力状态下实验测试 900h 后 GH4065A 合金的断口形貌

Fig. 3　Facture surface of superalloy GH4065A after the stress rupture test at different temperature and stresses for 900h

(a), (d) 650℃/830MPa; (b), (e) 700℃/560MPa; (c), (f) 750℃/310MPa

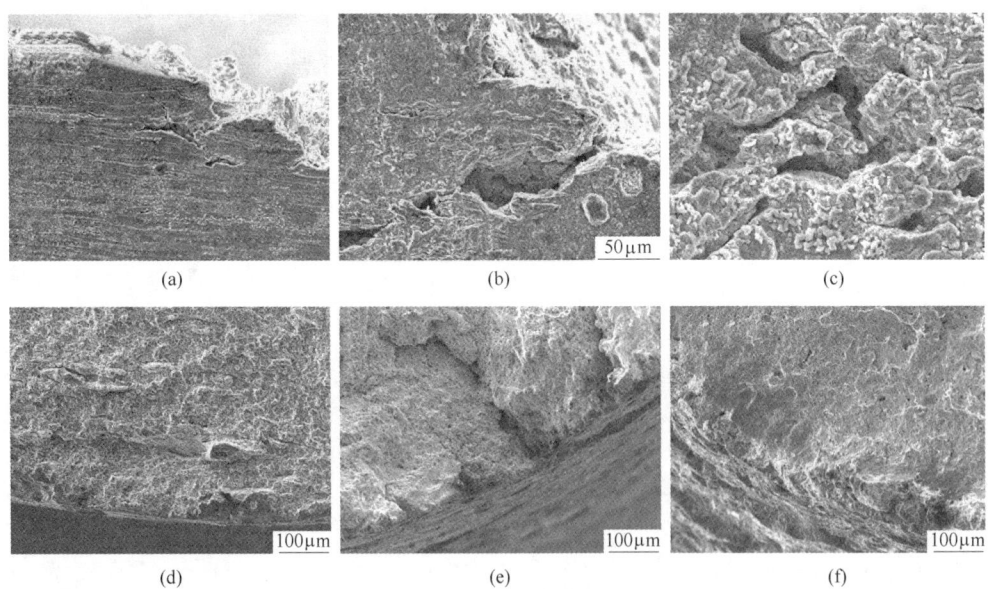

图 4　不同温度及应力状态下实验测试 900h 后 GH4065A 合金的表面裂纹和内部扩展

Fig. 4　Surface cracks and extended crakes of superalloy GH4065A after the stress rupture test at different temperature and stresses for 900h

(a), (d) 650℃/830MPa; (b), (e) 700℃/560MPa; (c), (f) 750℃/310MPa

表面，并沿晶界向试样内部扩展，且随着温度的升高，裂纹源由单个转变为多个。

3 结论

（1）GH4065A 合金在标准热处理后获得晶粒度 10 级的均匀细晶组织，在 650~750℃条件下具有良好的持久性能。

（2）在相同的试验温度下，随着加载应力的降低，合金的持久寿命升高。在温度升高后相同持久寿命所承受的应力降低。合金在 650℃、700℃和 750℃下持久应力系数分别为 18.09、8.49、5.18。

（3）在 650℃/830MPa 下，试样由单一裂纹源处开裂，而后其扩展区呈现沿晶塑性断裂的特征。在 700℃/560MPa 下，试样由两处裂纹源开裂，其扩展区呈现沿晶和穿晶塑性断裂混合特征，且有明显的沿拉伸方向的裂纹。在 750℃/310MPa 下，试样由多处裂纹源开裂，有明显的颈缩和韧窝断裂特征。

参考文献

[1] Williams J C, Starke E A. Progress in structural materials for aerospace systems [J]. Acta Materialia, 2003, 51: 5775~5799.

[2] Decker R F. The evolution of wrought age-hardenable superalloys [J]. JOM, 2006, 58 (9): 32.

[3] Sims C T, Stoloff N S, Hagel W C. Superalloys Ⅱ—High Temperature Materials for Aerospace and Industrial Power [M]. New York: John Wiley & Sons, 1987: 32.

[4] Donachie M J, Donachie S J. Superalloys: A Technical Guide [M]. Ohio: ASM International, 2002: 120.

[5] Shi C X, Zhong Z Y. Forty Years of Superalloy R & D in China [J]. Acta Matall Sin, 1997, 33: 1.

[6] Zhang B J, Zhao G P, Jiao L Y, et al. Influence of Hot Working Process on Microstructures of Superalloy GH4586 [J]. Acta Metall Sin, 2005, 41.

[7] 张北江，赵光普，胥国华，等. 大型高温合金涡轮盘锻件热加工工艺研究 [J]. 金属学报. 2005, 4.

[8] 田世藩，张国庆，李周，等. 先进航空发动机涡轮盘合金及涡轮盘制造 [J]. 航空材料学报, 2003, 23s: 233.

[9] 赵光普，黄烁，张北江，等. 新一代镍基变形高温合金 GH4065A 的组织控制与力学性能 [J]. 钢铁研究学报, 2015, 27 (2): 37.

[10] 张北江，赵光普，张文云，等. 高性能涡轮盘材料 GH4065 及其先进制备技术研究 [J]. 钢铁研究学报, 2015, 51 (10): 1227.

[11] 杜金辉，赵光普，邓群，等. 中国高温合金研制进展 [J]. 航空材料学报, 2016, 36 (3): 27~39.

[12] 袁晓飞，丁贤飞，八木晃一，等. GH4098 合金短时持久性能的研究 [J]. 稀有金属材料与工程, 2015, 44 (10): 2419~2428.

[13] 中国金属学会高温材料分会. 中国高温合金手册 [M]. 北京: 中国标准出版社, 2012: 592.

高合金化 GH4065A 合金电子束焊接工艺研究

赵桐[1*]，唐振云[1]，刘巧沐[2]，黄烁[3]，张文云[3]，张北江[3]

（1. 中国航空制造技术研究院高能束流加工技术重点实验室，北京，100024；
2. 中国航发四川燃气涡轮研究院，四川 成都，610500；
3. 钢铁研究总院高温材料研究所，北京，100081）

摘 要：本文研究了 GH4065A 合金的电子束焊接工艺，分析了焊后的组织性能。采用单斑偏摆扫描波形焊接易开裂，采用双斑偏摆扫描波形能够实现 GH4065A 合金的电子束焊接，焊缝能够满足 HB7608—1998 标准中 I 级要求；电子束焊缝熔焊区二次枝晶间距小于 $10\mu m$，主要为 Nb、Ti 元素的偏析；经时效处理后电子束焊缝的 $25\sim750℃$ 强度系数超过 96%。GH4065A 合金采用电子束焊接具有可行性。

关键词：GH4065A 合金；电子束焊接；焊缝；性能

Investigation on Electron Beam Welding of High Alloyed GH4065A Superalloy

Zhao Tong[1]，Tang Zhenyun[1]，Liu Qiaomu[2]，Huang Shuo[3]，Zhang Wenyun[3]，Zhang Beijiang[3]

（1. Science and Technology on Power Beam Processes Laboratory，AVIC
Manufacturing Technology Institute，Beijing，100024
2. Aecc Gas Turbine Establishment，Chengdu Sichuan，610500；
3. High Temperature Material Research Institute，Central Iron and Steel Research Institute，Beijing，100081）

Abstract：Electron beam welding (EBW) of GH4065A alloy was studied，and the structure and properties of the alloy after welding were analyzed. It was easy to crack when using single spot deflection scanning，and EBW of GH4065A alloy can be achieved by using double spot deflection scanning. The weld can meet the grade I requirement of HB7608—1998. The secondary dendrite spacing in the weld zone of EBW was less than $10\mu m$，which was mainly the segregation of Nb and Ti elements. The strength of EB weld after aging treatment exceeded 96% at $25\sim750℃$. It was feasible to weld GH4065A alloy by EBW.

Keywords：GH4065A alloy；electron beam welding；weld；property

GH4065A 是国内最新研发的高性能变形盘材料，最高服役温度可达 750℃，是高推重比发动机盘类热端转动件的优选材料[1]。为了进一步减重，先进航空发动机的高压压气机盘采用级间焊接已成为发展趋势[2]。电子束焊具有功率密度高、热输入量小、热影响区小等优点，因而是高温合金盘类转动件的主要焊接工艺之一[3]。然而，由于 GH4065A 合金 Al+Ti+Nb 含量超过 6.5%，属于熔焊开裂性敏感的材料[4]。目前，国内尚无关于 GH4065A 合金电子束焊工艺研究的报道。本文采用 GH4065A 合金试板研究了电子束焊工艺及焊缝的组织性能。

＊作者：赵桐，工程师，联系电话：13520545571，E-mail：tongzhao111@126.com

1 试验材料及方法

试验材料采用 12mm 厚的 GH4065A 合金试板，名义成分（质量分数）为 C 0.015%，Cr 16.0%，Co 13.0%，Ti 3.7%，Al 2.1%，Nb 0.7%，Mo 4.0%，W 4.0%。试板焊前为固溶处理态，典型显微组织见图 1。可见试验合金为晶粒度 8.0 级的细晶组织，晶内弥散分布着约 10% 的直径 100nm 左右的 γ' 相。

电子束焊接采用中国航空制造技术研究院自研的 ZD150-15MH CV3M 高压电子束焊接设备，焊接工艺参数如表 1 所示。将焊后试板首先进行 X 射线探伤，一部分用于分析焊后组织，另一部分经焊后热处理后测试力学性能。

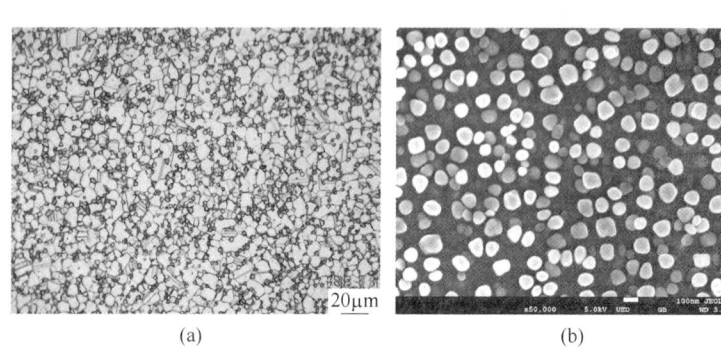

(a)　　　　　(b)

图 1　GH4065A 合金焊接试板的显微组织

Fig. 1　As-received microstructure of GH4065A alloy test plate

表 1　GH4065A 合金电子束焊接优化试验工艺参数

Tab. 1　Optimized experimental parameters for electron beam welding of GH4065A alloy

序号	加速电压/kV	聚焦电流/mA	焊接束流/mA	焊接速度/mm·s^{-1}	偏摆扫描	焊缝质量
1	120	1980	36	15	单斑，ACx=0.5	下塌
2	150	2200	56	20	单斑，ACx=0.5	咬边，裂纹
3	150	2245	55	20	单斑，ACx=0.5	裂纹
4	150	2245	52	20	双斑，ACx=2	合格

2 试验结果及分析

2.1 电子束焊接工艺优化

通过调整加速电压、聚焦电流、焊接束流、焊接速度以及扫描程序与扫描幅值，可以改变电子束焊接过程中的热输入特性，从而实现焊缝表面成型以及焊缝内部质量调控[5]。依照表 1 所示参数开展电子束焊工艺试验。通过电子束焊接工艺优化发现，参数选择不恰当时，会出现咬边和下塌现象，如图 2 所示。这是因为在相同热输入下，过高的能量密度会使工件上熔化的金属量增多，易形成咬边，严重时则会熔穿试板形成下塌。为此，通过调整聚焦电流和焊接束流，改变电子束到达材料表面时的能量密度能够解决上述问题。

图 2　GH4065A 合金电子束焊缝缺陷

Fig. 2　Defect of electron beam weld of GH4065A alloy

此外，试验结果表明在 1~3 号单斑偏摆扫描波形下，焊缝中易出现裂纹缺陷，如图 3（a）所示，裂纹在熔焊区处萌生后向本体扩展。这主要是因为 GH4065A 合金中 γ' 相含量超过 40%，不恰当的参数会造成焊后冷速过大使焊缝处于较大的应力状态，γ' 相的不均匀时效析出会叠加组织应力，造成裂纹在熔焊区枝晶交界面的薄弱处萌生（见图 3（b））[6]。采用 4 号双斑偏摆扫描波形，前、后两个束斑分别起到了预热与缓冷的作用，有效地改善了焊接过程中的热循环特性，从而减轻了裂纹产生的倾向。通过工艺优化，4 号工艺的焊缝能够满足 HB 7608—1998 标准中 I 级焊缝要求，该参数下得到的焊缝截面形貌如图 4 所示。该焊缝熔深约为 8.0mm，沿熔深方向的尺寸均匀性较好，接近"平行"焊缝，1/2 处熔宽约为 2.5mm，焊缝深宽比为 3.2，热影响区约 100μm。

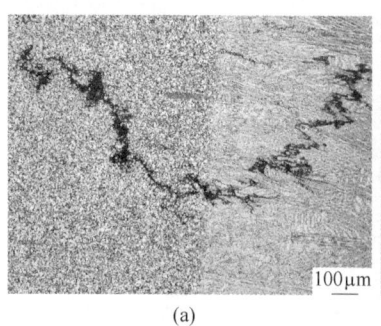 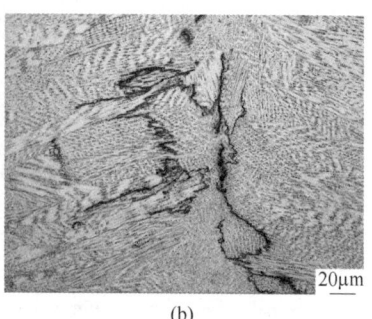

$$\text{(a)} \qquad \text{(b)}$$

图 3　GH4065A 合金电子束焊缝典型裂纹形貌

Fig. 3　Typical crack morphology of electron beam weld of GH4065A alloy

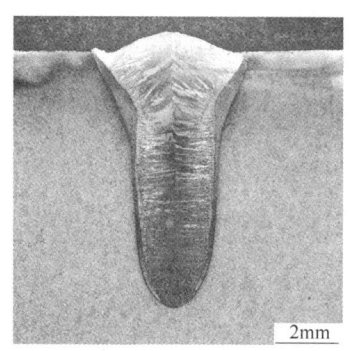

图 4　优化后的电子束焊缝截面宏观形貌

Fig. 4　Cross section macro morphology of optimized electron beam weld of GH4065A

2.2　电子束焊缝组织性能分析

图 5 为 GH4065A 合金采用优化的电子束焊接工艺后的典型焊缝金相组织。可见，电子束焊缝的平均宽度为 2.2mm（见图 5（a）），熔焊区为细小的枝晶组织，二次枝晶间距小于 10μm，由焊缝中心至本体枝晶间距逐渐减小（见图 5（a））；熔焊区与本体之间存在热影响区，特征是粗大的一次 γ′ 相发生回溶，晶粒出现粗化，但仍为等轴晶粒。如图 5（c）所示，电子束焊缝热影响区的宽度仅为 35μm，可以最大限度地避免热影响区缺陷。

图 6 为 GH4065A 合金典型电子束焊缝的电子探针背散射电子形貌和 Nb、Ti 元素面分布。由图 6（a）可见，熔焊区为粗大的柱状晶粒，热影响区因钉扎晶界的一次 γ′ 相回溶粗化至 5.0 级，本体则为 8.0 级细晶组织。由图 6（b）、（c）可见，焊缝区的枝晶偏析主要是 Ti 和 Nb 元素的偏析。

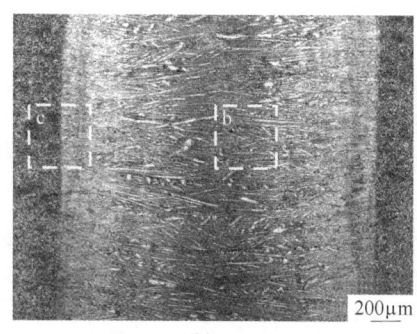 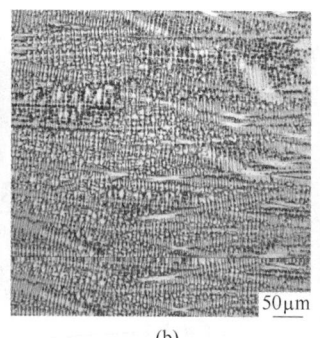 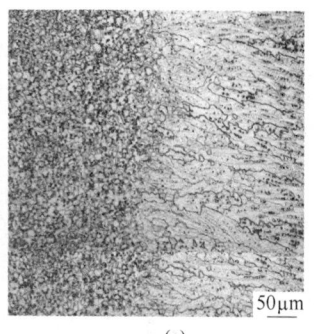

$$\text{(a)} \qquad \text{(b)} \qquad \text{(c)}$$

图 5　GH4065A 合金典型电子束焊缝金相组织

Fig. 5　Typical metallography of electron beam weld of GH4065A

（a）焊缝，50×；（b）界面，200×；（c）枝晶，200×

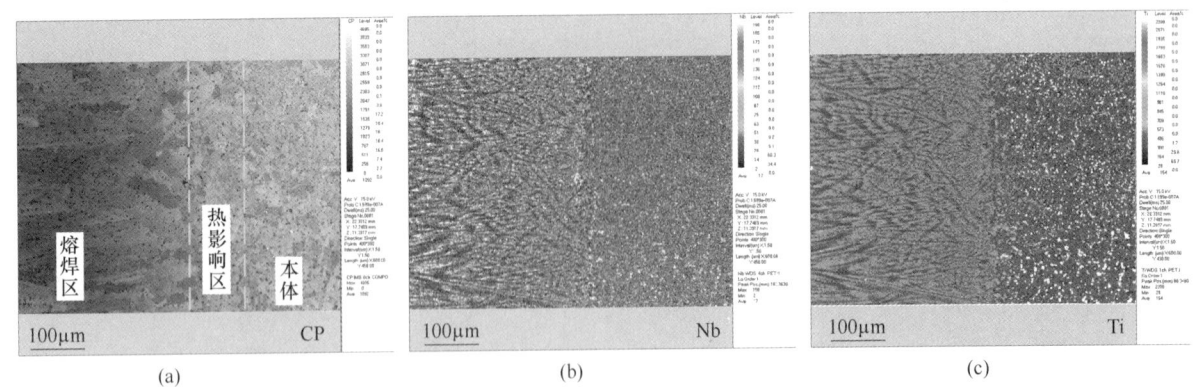

图 6　GH4065A 合金典型电子束焊缝电子探针元素面分布

Fig. 6　Typical electron probe microanalysis map of electron beam weld of GH4065A

（a）背散射电子相；（b）Nb 元素面分布；（c）Ti 元素面分布

为了分析电子束焊缝对 GH4065A 合金力学性能的影响，将焊后试板分别进行 760℃ 保温 8h 的时效处理，而后测试 25 ~ 750℃ 拉伸和 650℃ 持久性能，结果列于表 2。可见，与本体相比，焊板的拉伸强度变化不大，强度系数为 0.96 ~ 1.06；但伸长率出现了明显的降低，尤其是 750℃ 的伸长率低于 9.0%。上述性能差异应与焊缝区的晶粒组织粗大和枝晶偏析有关，后续有必要针对焊缝组织性能优化开展更为深入的焊接工艺和焊前焊后处理工艺的优化研究工作。

表 2　不同处理方式下 GH4065A 合金母材和焊缝的拉伸性能

Tab. 2　Tensile properties of GH4065A alloy base material and weld under different treatments

对　比	温度/℃	拉　伸　性　能				
		抗拉强度/MPa	屈服强度/MPa	伸长率/%	断面收缩率/%	强度系数
焊板	25	1518	1195	16.5	31	0.98
	650	1390	1100	12	31.5	0.96
	750	1170	1050	9	11	1.06
本体	25	1553	1152	24	28.4	—
	650	1448	1055	23.6	22.8	—
	750	1102	1001	12.6	28.8	—

3　结论

（1）采用双斑偏摆扫描波形能够实现 GH4065A 合金的电子束焊接，焊缝能够满足 HB 7608—1998 标准中 I 级要求。

（2）电子束焊缝熔焊区二次枝晶间距小于 10μm，主要为 Nb、Ti 元素的偏析。

（3）经时效处理后，电子束焊缝的 25 ~ 750℃ 强度系数超过 96%。

参考文献

［1］赵光普，黄烁，张北江，等. 新一代镍基变形高温合金 GH4065A 的组织控制与力学性能［J］. 钢铁研究学报，2015，27（2）：37 ~ 44.

［2］曲伸，李英，倪建成，等. 航空发动机先进焊接技术应用［J］. 航空制造技术，2015，58（20）：53 ~ 55.

［3］张秉刚，吴林，冯吉才. 国内外电子束焊接技术研究现状［J］. 焊接，2004（2）：5 ~ 8.

［4］李亚江，夏春智，石磊. 国内镍基高温合金的焊接研究现状［J］. 现代焊接，2010（7）：1 ~ 4.

［5］张明敏，胡玥，吴家云，等. 电子束焊接参数对高温合金小熔深焊缝形貌的影响［J］. 热加工工艺，2017（1）：241 ~ 243.

［6］Franklin J E, Savage W F. Stress relaxation and strain-age cracking in René41 weldments［J］. Optics Express, 1974, 23（8）：10653 ~ 10667.

镍基变形高温合金 GH4065A 的高温低周疲劳行为

黄烁[1]，张文云[1]，刘巧沐[2]，胥国华[1]，赵光普[1]，张北江[1]*

(1. 钢铁研究总院高温材料研究所，北京，100081；
2. 中国航发四川燃气涡轮研究院，四川 成都，610500)

摘　要：本文研究了 GH4065A 合金 650~750℃ 不同应变幅条件下的低周疲劳行为，分析了应变-寿命曲线、低周疲劳断口与位错形貌。试验条件下 GH4065A 合金的低周疲劳裂纹源萌生自试样表面，随应变幅增大裂纹源数量由单个变为多个。合金的塑性应变幅-寿命曲线在 650℃ 与 700℃ 为双线性关系，在 750℃ 下为线性关系。750℃ 下合金的 γ' 相被位错切割后部分回溶，表现为循环软化特征。

关键词：高温合金；GH4065A 合金；低周疲劳；位错

Low Cycle Fatigue Behavior of Nickel−based Wrought Superalloy GH4065A

Huang Shuo[1], Zhang Wenyun[1], Liu Qiaomu[2], Xu Guohua[1], Zhao Guangpu[1], Zhang Beijiang[1]

(1. High Temperature Material Research Institute, Central Iron and Steel Research Institute, Beijing, 100081；
2. AECC Gas Turbine Establishment, Chengdu Sichuan, 610500)

Abstract：Low cycle fatigue behavior of nickel−based wrought superalloy GH4065A was investigated and the strain amplitude−fatigue life curve, fatigue fracture and dislocation morphology were analyzed. Under the condition of experiment, fatigue crack initiation area existed mostly in surface of the sample, and its number changed from single to more as the strain amplitude increased； fatigue lives showed bilinear relationships with plastic strain amplitude at 650℃ and 700℃, while a linear relationship at 750℃. The fatigue behavior of GH4065A alloy exhibited cyclic soften at 750℃, due to the γ' phase sliced by the dislocations and dissolved under cyclic loading.

Keywords：superalloy； GH4065A alloy； low cycle fatigue； dislocation

GH4065A 合金是一种新型的镍基变形高温合金涡轮盘材料，是先进航空发动机 700℃ 及以上用压气机盘、篦齿盘、涡轮盘等盘类转动件的优选材料[1,2]。涡轮盘的可靠性与否关系到整机的安全和使用寿命，而低周疲劳寿命是其安全分析必须重点考虑的关键性能之一[3]。目前，国内 GH4065A 合金已进入小批生产阶段，深入研究合金的低周疲劳行为对于材料的工程应用具有重要意义。本文研究了 GH4065A 合金 650~750℃ 不同应变幅下的低周疲劳性能和断裂行为，分析了应变-寿命曲线。结合断口形貌观察和位错组织结构分析，探讨了 GH4065A 合金高温低周疲劳行为的微观机理。

1　试验材料及方法

试验用 GH4065A 合金取自 ϕ630mm 盘锻件，名义成分（质量分数）为 Cr 16.0%，Co 13.0%，Ti 3.7%，Al 2.1%，Nb 0.7%，Mo 4.0%，W 4.0%，N 2.5×10^{-3}%，O 1×10^{-3}%，Ni 余量。典

*作者：张北江，正高级工程师，联系电话：010-62185063，E-mail：bjzhang@ cisri. com. cn
资助项目：国家科技重大专项（2017-Ⅵ-0015-0087）

型显微组织如图1所示，晶粒度为8.0级，细小晶粒（直径2~8μm）的晶界处分布着块状的大尺寸（直径约1μm）一次 γ′ 相（见图1（a）），晶内

弥散分布着直径 40nm 左右的二次 γ′ 相（见图1（b）），晶界处分布着尺寸更为细小（直径约10nm）的三次 γ′ 相（见图1（b））。

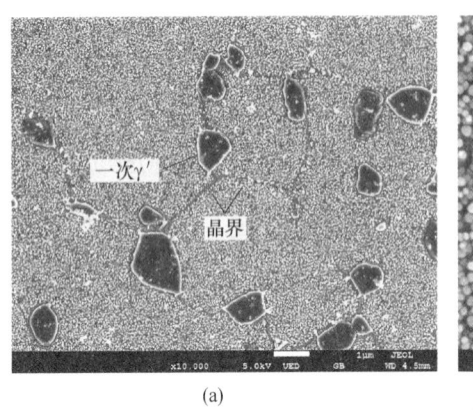
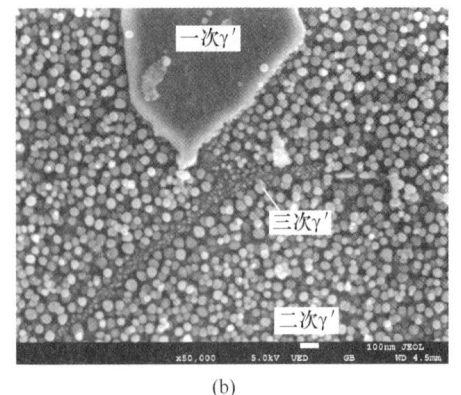

(a)　　　　　　　　(b)

图1　GH4065A 合金的初始显微组织

Fig. 1　As-received microstructures of GH4065A alloy

(a) 10000×；(b) 50000×

将热处理后的样品加工成标距部分为 $\phi6mm\times18mm$ 的疲劳试样。轴向应变低周疲劳试验采用100kN MTS-370.10 型液压伺服疲劳试验机，试验温度分别为 650℃、700℃、750℃，试验环境为空气，检测标准依照 GB/T 15248—2008；应变比 $R=-1$，试验波形为三角波，应变速率为 $5\times10^{-3}s^{-1}$，试验频率为 0.1~0.4Hz，总应变幅为 0.4%~1.0% 之间；试验直至疲劳试样断裂为止。利用 JSM-6480LV 型扫描电镜观察疲劳断口形貌，利用 JEOL TEM-2010 型透射电子显微镜观察疲劳断口附近的位错形貌。

2　试验结果及分析

2.1　低周疲劳应变-寿命曲线

图2为 GH4065A 合金 650~750℃ 下的总应变幅（$\Delta\varepsilon_t/2$）-循环数（$2N_f$）曲线、塑性应变幅（$\Delta\varepsilon_p/2$）-循环数（$2N_f$）曲线和典型涡轮盘合金 650℃ 低周疲劳性能的对比曲线[4~6]。由图2（a）可见，随总应变幅增大循环数逐渐减小，不同温度下的变化趋势大体相同；在相同的总应变幅下，随温度增高循环数逐渐减小。通过拟合可知，GH4065A 合金的低周疲劳寿命曲线符合式（1）所示的 Coffin-Mason 关系。

$$\frac{\Delta\varepsilon_t}{2} = \frac{\Delta\varepsilon_e}{2} + \frac{\Delta\varepsilon_p}{2} = \frac{\sigma_f'}{E}(2N_f)^b + \varepsilon_f'(2N_f)^c \quad (1)$$

式中，σ_f' 为疲劳强度系数；b 为疲劳强度指数；ε 为疲劳延性系数；c 为疲劳延性指数；E 为弹性模量。

低周疲劳是在塑性应变循环下引起的疲劳断裂，因而低周疲劳寿命主要取决于塑性应变幅（$\Delta\varepsilon_p/2$）。Coffin-Mason 公式单独以 $\Delta\varepsilon_p/2$ 为参量的描述疲劳寿命（见式（2）），该式表明 $\Delta\varepsilon_p/2$ 的对数与 $2N_f$ 的对数应为线性关系。由图2（b）可见，$\Delta\varepsilon_p/2$-$2N_f$ 在 750℃ 下表现为线性关系，但 650℃ 和 700℃ 表现为双线性关系。以 650℃ 为例，$\Delta\varepsilon_p/2$-$2N_f$ 双线性拐点对应的 $\Delta\varepsilon_t/2$ 为 0.8%，$\Delta\varepsilon_t/2>0.8\%$ 时 ε_f' 为 1.8，c 为 -0.29，$\Delta\varepsilon_t/2<0.8\%$ 时 ε_f' 为 161.4、c 为 -0.94。Gopinath[4] 在研究 U720Li 合金的 650℃ 低周疲劳时也发现了这一现象，认为 $\Delta\varepsilon_t/2$ 增大后发生局部变形是造成该现象的原因。由图2（c）可见，在 650℃ 温度下 GH4065A 合金的低周疲劳性能略优于 U720Li[4]，与 René65[5]、IN718[6] 合金相当。总之，细晶、低夹杂和高强高韧的组织性能特点保证了 GH4065A 合金具有优异的低周疲劳性能。

$$\frac{\Delta\varepsilon_p}{2} = \varepsilon_f'(2N_f)^c \quad (2)$$

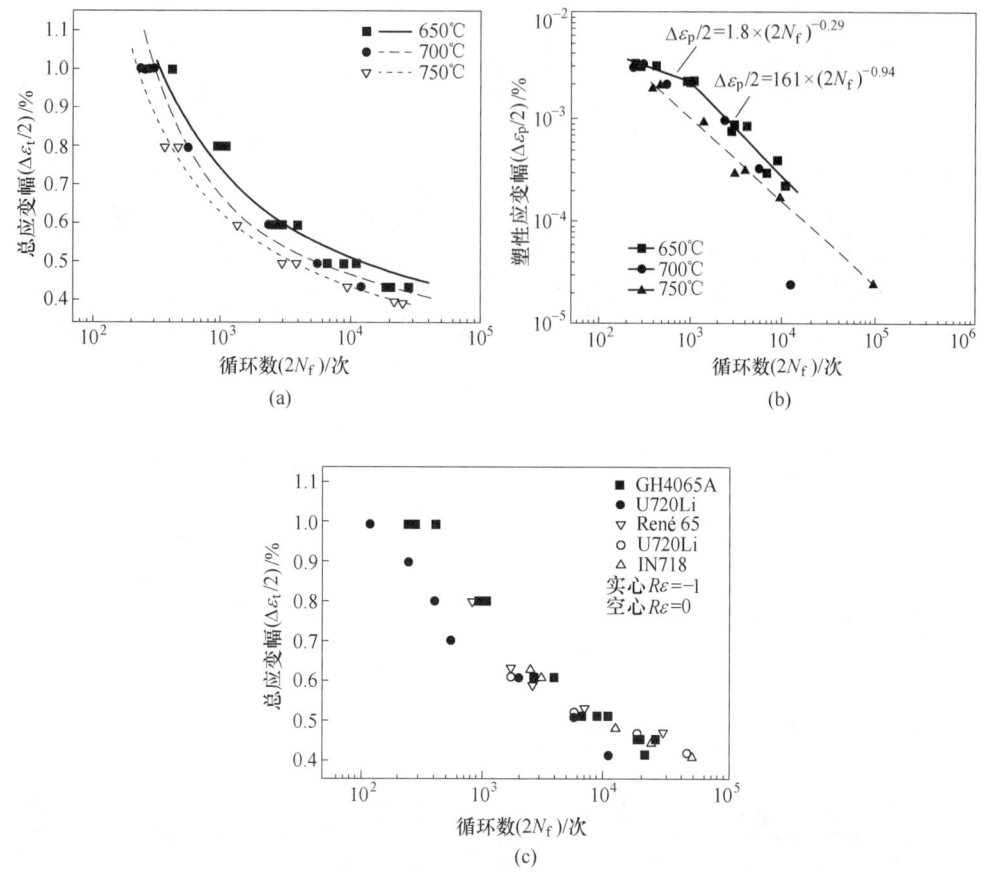

(a)

(b)

(c)

图 2　GH4065A 合金 650~750℃下的低周疲劳应变-寿命曲线

Fig. 2　Strain amplitude-fatigue life curves of GH4065A alloy at 650~750℃

（a）$\Delta\varepsilon_t/2$-$2N_f$ 曲线；（b）$\Delta\varepsilon_p/2$-$2N_f$ 曲线；（c）典型涡轮盘合金 650℃低周疲劳性能的对比曲线

2.2　低周疲劳断口与位错形貌

图 3 为 GH4065A 合金不同条件下的低周疲劳断口形貌。图 3（a）~（c）为 650℃不同应变幅条件下的疲劳断口形貌。图 3（d）为典型的疲劳裂纹源形貌，裂纹均萌生自试样表面再向内部扩展。对比图 3（a）~（c）可见，650℃下随应变幅增大，如箭头所示的疲劳裂纹源由单个变为多个。在 700℃和 750℃下裂纹源数量变化表现出同样规律。图 3（e）、（f）为 750℃不同应变幅条件下的疲劳断口形貌，可见 $\Delta\varepsilon_t/2$ 为 0.4% 和 0.8% 的裂纹源分别为 1 个和 5 个。

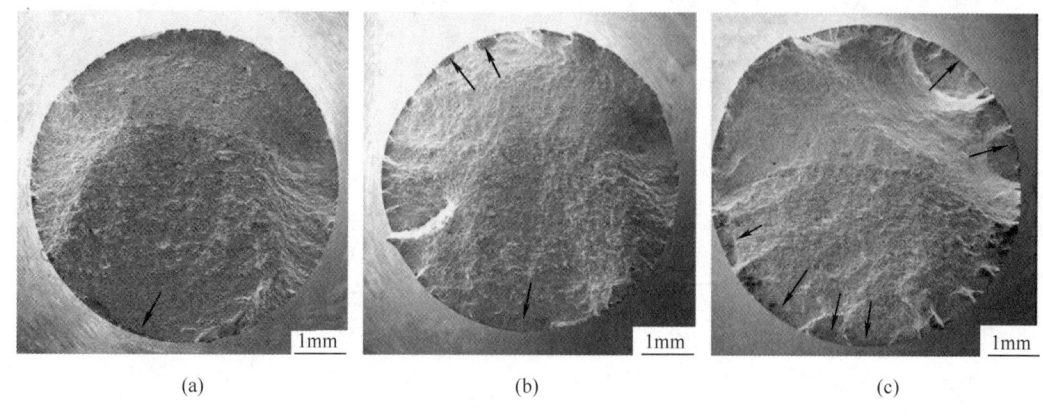

(a)　　　　　　　　　　　(b)　　　　　　　　　　　(c)

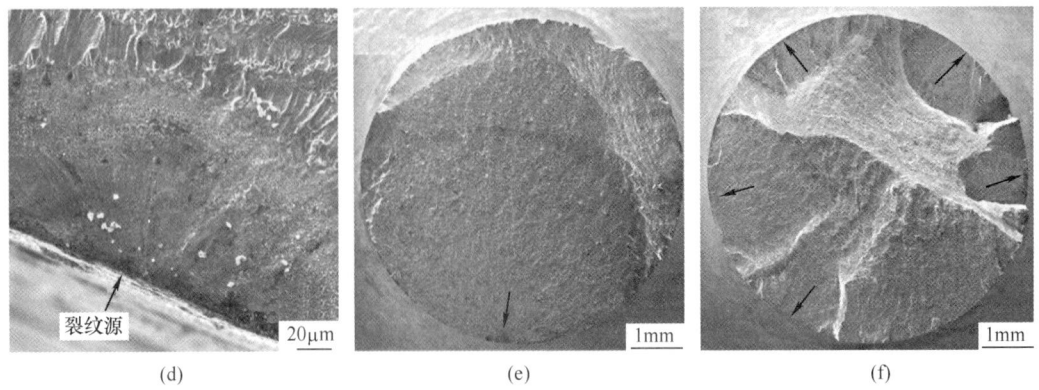

(d)   (e)   (f)

图 3　GH4065A 合金低周疲劳断口形貌

Fig. 3　Low cycle fatigue fracture morphology of GH4065A

(a) 650℃，$\Delta\varepsilon_t/2=0.4\%$，15×；(b) 650℃，$\Delta\varepsilon_t/2=0.6\%$，15×；(c) 650℃，$\Delta\varepsilon_t/2=0.8\%$，15×；

(d) 650℃，$\Delta\varepsilon_t/2=0.4\%$，500×；(e) 750℃，$\Delta\varepsilon_t/2=0.4\%$，15×；(f) 750℃，$\Delta\varepsilon_t/2=0.8\%$，15×

图 4 所示为 GH4065A 合金不同条件下的低周疲劳断口附近的位错形貌。图 4（a）~（c）为 $\Delta\varepsilon_t/2=0.6\%$ 时的位错形貌，可见 650℃ 下形成了大量的胞结构，自 650℃ 升高至 750℃ 胞结构的平均尺寸由 1μm 逐渐增大至 3μm。对比图 4（a）、（d）可知，650℃ 下 $\Delta\varepsilon_t/2$ 由 0.6% 增大至 1.0%，胞结构特征消失，位错由有序的胞壁组态转变为无序的缠结组态。在高应变幅条件下，位错的无

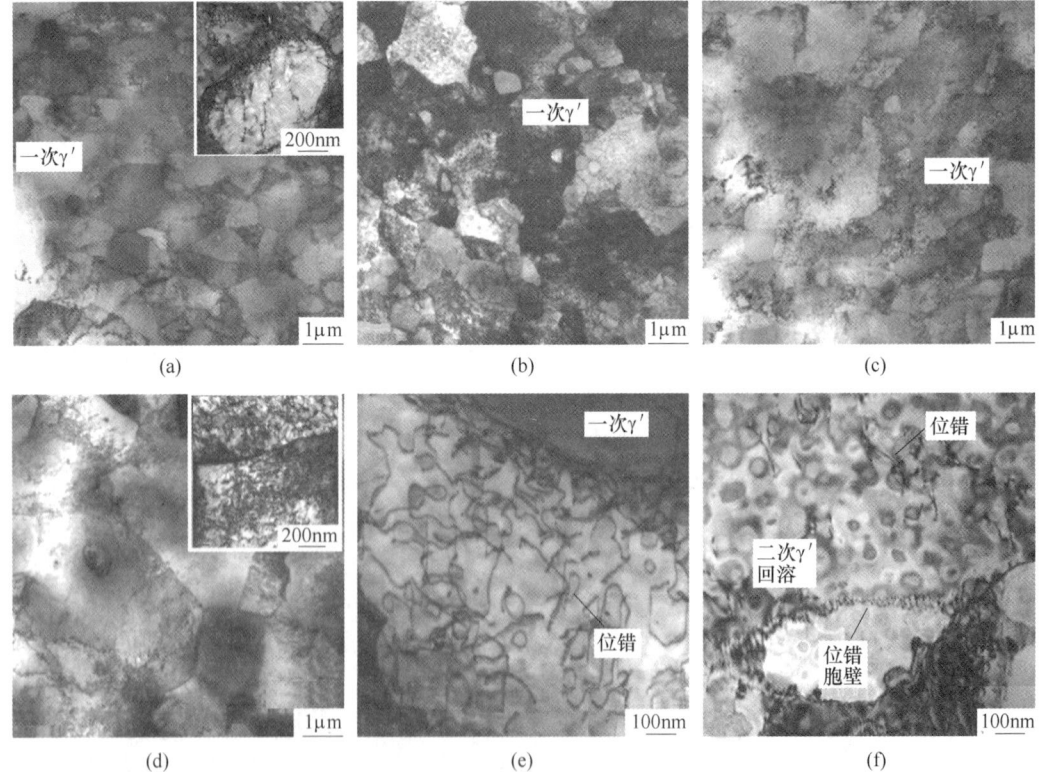

(a)   (b)   (c)

(d)   (e)   (f)

图 4　GH4065A 合金低周疲劳断口附近的位错形貌

Fig. 4　Dislocation morphology nearby the low cycle fatigue fracture of GH4065A

(a) 650℃，$\Delta\varepsilon_t/2=0.6\%$；(b) 700℃，$\Delta\varepsilon_t/2=0.6\%$；(c) 750℃，$\Delta\varepsilon_t/2=0.6\%$；

(d) 650℃，$\Delta\varepsilon_t/2=1.0\%$；(e)，(f) 750℃，$\Delta\varepsilon_t/2=0.6\%$

序缠结会促进循环强化效果，增大局部变形的概率[4]。因此，这种位错组态的变化是造成 GH4065A 合金 $\Delta\varepsilon_p/2-2N_f$ 曲线在 650℃ 表现为双线性的主要原因。图 4（e）、（f）为 750℃、$\Delta\varepsilon_t/2$ 为 0.6% 条件下位错形貌，可见较多位错向一次 γ′ 相与 γ 基体界面滑移并聚集（见图 4（e）），二次 γ′ 相在位错的切割作用下尺寸逐渐变小回溶。Sundararaman[7] 在 Nimonic PE16 合金低周疲劳行为的研究中也发现了类似现象，γ′ 相的回溶会造成合金疲劳的循环软化。这种循环软化行为能够减弱应变幅增大后的位错缠结硬化效果，因而 GH4065A 合金 750℃ 的 $\Delta\varepsilon_p/2-2N_f$ 曲线能够保持线性关系。

3 结论

（1）试验条件下 GH4065A 合金的低周疲劳裂纹源萌生自试样表面，随应变幅增大裂纹源由单个向多个转变。

（2）合金的塑性应变幅-寿命曲线在 650℃ 与 700℃ 为双线性关系，在 750℃ 下为线性关系。

（3）750℃ 下合金的 γ′ 相被位错切割后部分回溶，表现为循环软化特征。

参考文献

[1] 赵光普，黄烁，张北江，等. 新一代镍基变形高温合金 GH4065A 的组织控制与力学性能 [J]. 钢铁研究学报，2015，27（2）：37~44.

[2] 张北江，赵光普，张文云，等. 高性能涡轮盘材料 GH4065 及其先进制备技术研究 [J]. 金属学报，2015（10）：1227~1234.

[3] Witek L. Failure analysis of turbine disc of an aero engine [J]. Engineering Failure Analysis, 2006, 13 (1): 9~17.

[4] Gopinath K, Gogia A K, Kamat S V, et al. Low cycle fatigue behaviour of a low interstitial Ni-base superalloy [J]. Acta Materialia, 2009, 57 (12): 3450~3459.

[5] Groh J, Gabb T, Helmink R, et al. Development of a new cast and wrought alloy (René65) for high temperature disk applications [C] //Proceedings of the 8th International Symposium on Superalloy 718 and Derivatives, Pittsburgh, 2014.

[6] 中国金属学会高温材料分会. 中国高温合金手册（上卷）[M]. 北京：中国质检出版社，中国标准出版社，2012.

[7] Sundararaman M, Chen W, Singh V, et al. TEM investigation of γ′ free bands in nimonic PE16 under LCF loading at room temperature [J]. Acta Metallurgica Et Materialia, 1990, 38 (10): 1813~1822.

新型变形盘材料 GH4065A 合金的性能特点与应用

黄烁[1]，张文云[1]，刘巧沐[2]，秦鹤勇[1]，赵光普[1]，张北江[1]*

（1. 钢铁研究总院高温材料研究所，北京，100081；

2. 中国航发四川燃气涡轮研究院，四川 成都 610500）

摘　要：研究了新型变形盘材料 GH4065A 合金不同温度下的拉伸、持久和疲劳裂纹扩展性能，分析了合金中温长时和高温短时热暴露后的力学性能热稳定性。GH4065A 合金在750℃及以下具有优异的拉伸性能、持久性能和疲劳裂纹扩展抗力；在750℃及以下5000h 长时热暴露和800℃及以下100h 短时热暴露条件下均具有良好的力学性能热稳定性；适合于制造先进航空发动机用盘类热端转动部件，长时服役温度可达750℃，可短时超温800℃使用。

关键词：GH4065A 合金；变形高温合金；变形盘；性能；热稳定性

Mechanical Property Characteristic and Application of the New Type Wrought Disc Alloy GH4065A

Huang Shuo[1], Zhang Wenyun[1], Liu Qiaomu[2], Qin Heyong[1], Zhao Guangpu[1], Zhang Beijiang[1]

（1. High Temperature Material Research Institute, Central Iron and Steel Research Institute, Beijing, 100081；
2. Aecc Gas Turbine Establishment, Chengdu Sichuan, 610500）

Abstract：Tensile, rupture and fatigue crack propagation properties of the new type wrought turbine disc alloy GH4065A were investigated, and the mechanical property thermal stabilities at the condition of medium temperature for long term exposure and high temperature for short term exposure were analyzed. GH4065A alloy had excellent tensile, rupture and fatigue crack propagation properties at 750℃ (or below). It had satisfying mechanical property thermal stability after exposure at 750℃ (or below) for 5000h and 800℃ (or below) for 100h. GH4065A alloy was suitable to manufacture hot section disc type components for the high performance aero engines, long-term service up to 750℃ and short-term over temperature up to 800℃.

Keywords：GH4065A alloy；wrought superalloy；wrought disc；property；thermal stability

　　GH4065A 合金是我国最新研制的镍基高温合金变形盘材料，最高使用温度可达750℃，填补了传统变形盘材料与高性能粉末盘之间的选材空白[1]。先进航空发动机用变形盘锻件作为关键热端转动部件，需要在高温、高压和高转速工况下长时可靠服役，要求材料在服役温度下具有优异的强度、塑性、持久/蠕变、疲劳和损伤容限等力学性能，以及良好的长时性能热稳定性[2]。目前，国内已基本掌握了 GH4065A 合金直径550mm 以上盘锻件、环轧件和环形盘锻件的制备技术（见图1），具备了盘锻件的小批量生产能力，即将进入工程化应用阶段[3]。然而，国内尚无关于 GH4065A 合金性能特点的文献报道，限制了该材料的推广与应用。鉴于此，本文介绍了 GH4065A 合金的性能特点，为材料的工程化应用提供数据支撑。

　　*作者：张北江，正高级工程师，联系电话：010-62185063，E-mail：bjzhang@cisri.com.cn

资助项目：国家科技重大专项（2017-Ⅵ-0015-0087）

图1 GH4065A 合金直径 550mm 以上
涡轮盘和挡板锻件实物

Fig. 1 Photo of GH4065A alloy turbine disc and retainer

forging with diameters above 550mm

1 试验材料及方法

试验用 GH4065A 合金取自图 1 所示的 ϕ550mm 涡轮盘锻件，名义成分（质量分数）为 Cr 16.0%，Co 13.0%，Ti 3.7%，Al 2.1%，Nb 0.7%，Mo 4.0%，W 4.0%，N 2.5×10^{-3}%，O 1×10^{-3}%，Ni 余量。沿涡轮盘轮缘弦向取力学性能试样，一部分直接测试，一部分经 700℃ 和 750℃ 长时热暴露 500~5000h 后测试，另一部分经 750~800℃ 短时热暴露 100h 后测试。室温和高温拉伸测试依照 GB/T 228 和 GB/T 4338 执行，高温持久性能测试依照 GB/T 2039 执行。高温疲劳裂纹扩展速率测试依照 ASTM E647 标准执行，试验波形为正弦波，试验频率为 10Hz，应力比为 0.05，裂纹长度采用长焦距显微镜实时测量。

2 试验结果及分析

2.1 常规力学性能

图 2 为 GH4065A 合金不同温度下的拉伸性能。可见，抗拉强度和屈服强度在 600℃ 以下受温度影响较小，600~800℃ 小幅降低，超过 800℃ 后降低幅度明显增大；伸长率和面缩率在 600℃ 以下有波动，但幅度较小，超过 600℃ 后小幅降低至 800℃ 为最低，超过 800℃ 后大幅增加。图 3 为 GH4065A 合金 650~750℃ 下的应力持久性能。可见，650℃、700℃ 和 750℃ 下的 100h 持久强度分别为 938MPa、709MPa 和 469MPa，2000h 持久强

度分别为 786MPa、505MPa 和 271MPa，与传统变形盘材料相比高温持久性能十分优异[4]。

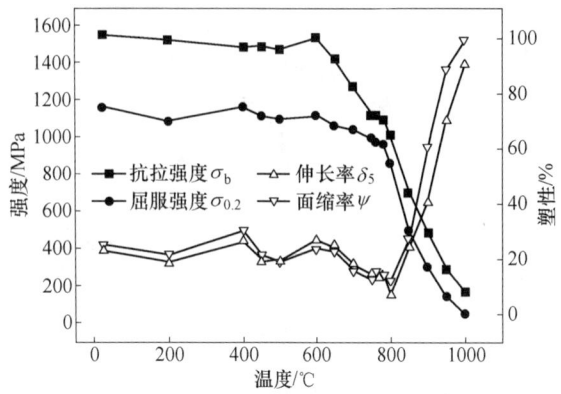

图2 GH4065A 合金不同温度下的拉伸性能

Fig. 2 Tensile properties of GH4065A alloy

at different temperatures

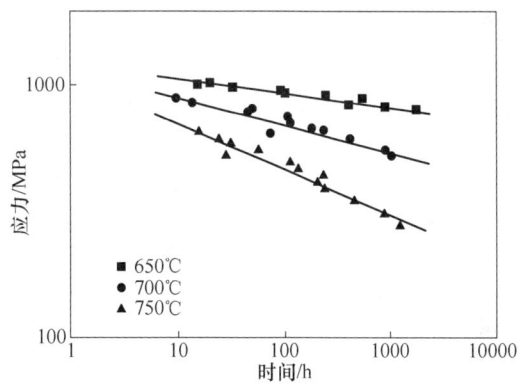

图3 GH4065A 合金 650~750℃ 下的持久性能

Fig. 3 Rupture properties of GH4065A

alloy at 650~750℃

由于涡轮盘是航空发动机中零件单重最大的热端部件，一旦破裂失效会造成非包容性的灾难事故[5]。因而，涡轮盘对选材不仅要求具有优异的静强度和热强性，还要求具有足够的损伤容限能力。图 4 为 GH4065A 合金 650~750℃ 下的疲劳裂纹扩展速率。可见，不同温度下的 $da/dN-\Delta K$ 曲线均符合良好的线性关系。可用 Paris 公式 $da/dN = C(\Delta K)^n$ 拟合，结果列于表 1。以 $\Delta K = 30MPa \cdot m^{1/2}$ 时的 da/dN 值表征 GH4065A 合金的疲劳裂纹扩展性能，可见随温度升高，合金的疲劳裂纹扩展抗力逐渐降低。与损伤容限型粉末盘材料 FGH96 合金对比可知，GH4065A 合金同样具有优异的损伤容限能力[4]。

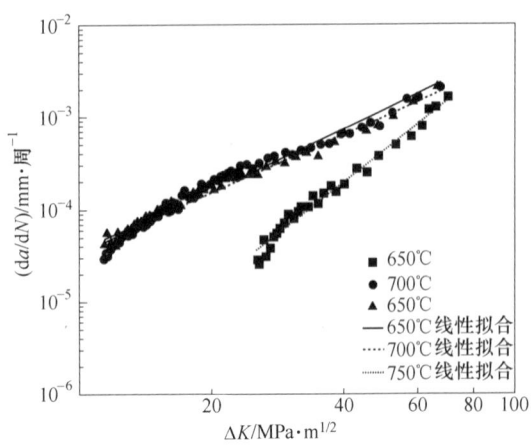

图4　GH4065A合金650~750℃下的疲劳裂纹扩展性能

Fig. 4　Fatigue crack propagation properties of
GH4065A alloy at 650~750℃

表1　GH4065A合金疲劳裂纹扩展Paris拟合结果

**Tab. 1　Paris fitting result of fatigue crack
propagation rates of GH4065A alloy**

温度 /℃	C	n	回归 系数 r^2	da/dN 适用范围 /mm·周$^{-1}$	$\Delta K=30$MPa· m$^{1/2}$ 时 da/dN 值
650	1.548×10^{-10}	3.82	0.971	$1.57\times10^{-5}\sim$ 1.18×10^{-3}	6.75×10^{-5}
700	2.35×10^{-7}	2.13	0.968	$1.58\times10^{-5}\sim$ 1.03×10^{-3}	4.09×10^{-4}
750	1.495×10^{-7}	1.32	0.945	$1.03\times10^{-5}\sim$ 1.03×10^{-3}	3.41×10^{-4}

拟合公式：da/dN = $C(\Delta K)^n$

2.2　力学性能热稳定性

一般认为，军用和民用涡扇发动机涡轮盘等盘类热端转动部件的服役寿命为2000~15000h。然而，如何评价涡轮盘材料的最长使用寿命和最高使用温度国内外尚无统一的标准。室温拉伸强度是涡轮盘选材设计考虑的最关键指标之一，直接影响部件的强度设计[2]。为此，本研究采用室温拉伸性能用于评估材料的力学性能热稳定性。图5为GH4065A合金在700℃和750℃长时热暴露500~5000h后的室温拉伸性能。由图5（a）可见，700℃下热暴露时间对室温抗拉强度和屈服强度的影响较小；随热暴露时间延长室温伸长率和面缩率均逐渐降低，但最低值仍超过18%，保持了良好的塑性。由图5（b）可见，750℃下热暴露

500h后抗拉强度和屈服强度小幅降低，随时间延长至2000h又出现小幅回升，2000h后又小幅降低，但总的幅度不超过8%；随热暴露时间延长室温伸长率和面缩率均逐渐，但最低值仍超过16%，同样保持了良好的塑性。

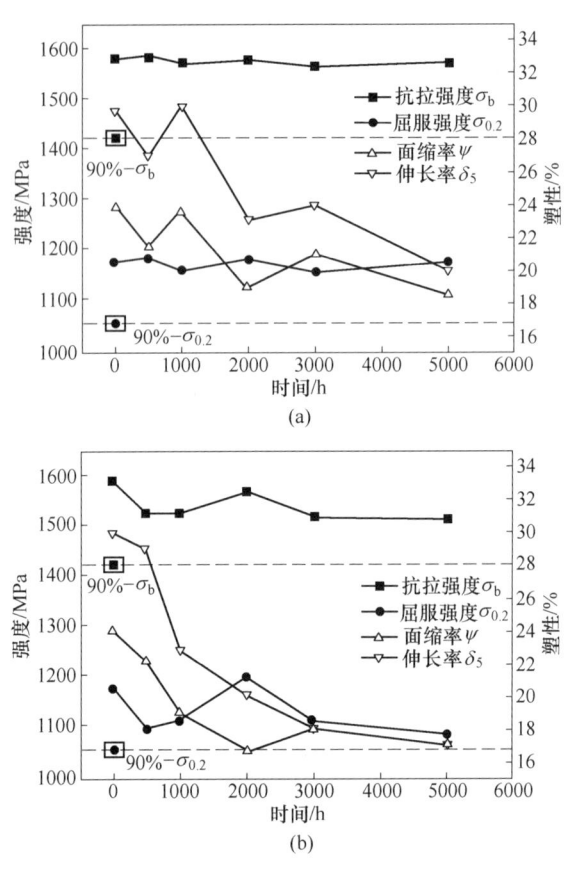

图5　GH4065A合金700℃（a）和750℃（b）长时
热暴露500~5000h后的室温拉伸性能

Fig. 5　Tensile properties of GH4065A alloy after long
term exposure for 500~5000h at 700℃ and 750℃

为了保证部件的服役可靠性，在强度设计中通常引入安全系数[6]，设计使用数据通常为材料强度的90%。图5对比分析了热暴露前合金的室温抗拉强度和屈服强度的90%值（以虚线表示）。可以看出，经700℃和750℃热暴露5000h后的室温抗拉强度和屈服强度均不低于热暴露前的90%。这表明，GH4065A合金在700℃和750℃具有优异的长时性能热稳定性。

由于高推重比涡扇发动机涡轮盘在高工况条件下服役易出现高温短时超温的情况[7]，需要考核材料高温短时热暴露后的性能稳定性。图6为GH4065A合金750~850℃下热暴露100h后的室温拉伸性能。可见，750℃热暴露100h后的室温拉

伸性能变化不大，随热暴露温度升高至800℃抗拉
强度和屈服强度小幅降低，800~850℃降低幅度
较大，尤其是850℃热暴露后的屈服强度降低幅
度为14.5%；随热暴露时间延长，室温伸长率和
面缩率均先降后升，但最低值仍超过20%，保持
了良好的塑性。这表明，GH4065A合金在800℃
及以下100h短时热暴露具有良好的力学性能热
稳定性。

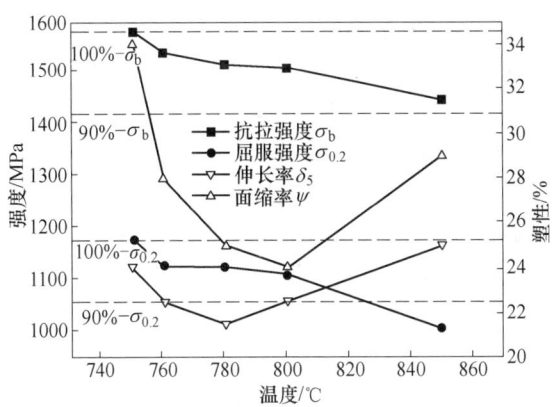

图6　GH4065A合金750~850℃下热暴露
100h后的室温拉伸性能

Fig. 6　Tensile properties of GH4065A alloy after short
term exposure for 100h at 750~850℃

3　结论

（1）GH4065A合金在750℃及以下具有优异
的拉伸性能、持久性能和疲劳裂纹扩展抗力。

（2）在750℃及以下5000h长时热暴露和
800℃及以下100h短时热暴露条件下均具有良好
的力学性能热稳定性。

（3）适合于制造航空发动机用盘类热端转动
部件，长时服役温度可达750℃，可短时超温
800℃使用。

参考文献

[1] 赵光普，黄烁，张北江，等. 新一代镍基变形高温合金GH4065A的组织控制与力学性能 [J]. 钢铁研究学报，2015，27 (2)：37~44.

[2] 江和甫. 对涡轮盘材料的需求及展望 [J]. 燃气涡轮试验与研究，2002，15 (4)：1~6.

[3] 张北江，赵光普，张文云，等. 高性能涡轮盘材料GH4065及其先进制备技术研究 [J]. 金属学报，2015 (10)：1227~1234.

[4] 中国金属学会高温材料分会. 中国高温合金手册 [M]. 北京：中国质检出版社，中国标准出版社，2012.

[5] Witek L. Failure analysis of turbine disc of an aero engine [J]. Engineering Failure Analysis，2006，13 (1)：9~17.

[6] 张乘齐，何爱杰，张卫红，等. 基于BOSS平台的热力耦合场涡轮盘优化设计 [J]. 燃气涡轮试验与研究，2008，21 (2)：53~56.

[7] 田世藩，张国庆，李周，等. 先进航空发动机涡轮盘合金及涡轮盘制造 [J]. 航空材料学报，2003，23 (z1)：233~238.

三联冶炼 GH4065A 合金大规格棒材的研制

王资兴[1*]，黄烁[2]，赵欣[1]，赵雅婷[3]，张北江[2]，赵光普[2]

（1. 宝钢股份中央研究院，上海，201900；

2. 钢铁研究总院高温材料研究所，北京，110081；

3. 宝武特种冶金有限公司，上海，200940）

摘　要： GH4065A 合金是我国最新研制的高性能变形盘材料，强化相含量超过 40%，属于高合金化的难变形高温合金。高质量大锭型的冶炼和大规格高质量棒材的制备是决定该材料能否实现高效率批产和工业化应用的关键。本文介绍了宝武特冶 GH4065A 合金三联冶炼（VIM+ESR+VAR）大规格棒材的研制情况。GH4065A 合金三联冶炼 ϕ508mm 铸锭近头部组织低倍表明，铸锭组织均匀，无黑斑、白斑等冶金缺陷，由于真空自耗冶炼过程冷却条件影响，从边缘至 $R/2$ 部位，树枝晶水平夹角逐渐增大。铸锭的热模拟拉伸试验结果表明，合金具有较宽的热加工区间，在 1065～1175℃ 之间具有良好的热加工塑性。铸锭通过镦粗拔长工艺开坯，已成功试制出 ϕ280mm 和 ϕ320mm 两种大规格棒材，组织和性能情况良好。

关键词： GH4065A；三联冶炼；大规格棒材

Study of GH4065A Alloy Large Size Bar by Triple Melting Processing

Wang Zixing[1], Huang Shuo[2], Zhao Xin[1], Zhao Yating[3], Zhang Beijiang[2], Zhao Guangpu[2]

（1. Research Institute, Baoshan Iron & Steel Co., Ltd., Shanghai, 201900；

2. High Temperature Materials Research Division, Central Iron & Steel Research Institute, Beijing, 110081；

3. Baowu Special Metallurgy Co., Ltd., Shanghai, 200940）

Abstract： GH4065A alloy is the latest high-performance wrought superalloy for turbine disc application developed in China. This alloy belongs to the high-alloyed and hard-to-deformation superalloy which the γ' strengthening phase content is more than 40%. The key points which determined whether the material can be high-efficiency produced are the smelting process of high-quality large ingots and the forging process of large size high-quality bars. This paper introduces the development of Baowu Special Metallurgy GH4065A alloy large size bars produced by vacuum induction melting + electroslag remelting + vacuum arc remelting (VIM+ESR+VAR) triple smelting. The macrostructure of GH4065A alloy ϕ508mm VAR ingot by triple smelting near the top was uniform, no black spots, white spots and other metallurgical defects were observed；the dendritic angle with the level was gradually increased from the edge to the $R/2$ part due to the cooling conditions of the VAR process. The thermal simulation tensile test results of the ingot showed that the hot working range of GH4065A alloy is wide and the hot working plasticity is good between 1065～1175℃. The ingots can be converted by the upsetting and drawing process, and the ϕ280mm and ϕ320mm large-size bars were successfully produced which have good structures and properties.

Keywords： GH4065A；triple melting；large size bar

＊作者：王资兴，高级工程师，联系电话：021-26032450，E-mail：zixingw88@163.com

资助项目：国家科技重大专项（2017-Ⅵ-0015-0087）

涡轮盘是航空发动机具有关键特性的核心部件，其冶金质量和性能水平对于发动机和飞机的可靠性、安全寿命和性能提高具有决定性作用[1]。随着先进涡扇航空发动机推重比的不断提升，涡轮盘工作温度超过700℃[2-5]。为此，我国近年开始研发750℃级镍基变形高温合金涡轮盘材料GH4065A合金，其性能与第二代粉末盘René 88DT相当，兼具高性能、低成本和可批量化工业生产的优势，被视为我国未来重点发展的主干变形涡轮盘材料[6,7]。

GH4065A合金成分既含有高含量的固溶元素W、Mo，又含有较高含量沉淀强化元素Ti、Al、Nb，强化相γ′含量达到42%，属于高合金化的难变形高温合金。高质量大锭型的冶炼和大规格高质量棒材的制备是决定该材料能否实现高效率批产的关键。本文介绍了近些年宝武特冶GH4065A合金三联冶炼GH4065A合金大规格棒材的研制情况。

1 试验材料及方法

本次试验的GH4065A合金棒材，采用真空感应熔炼+电渣重熔+真空自耗重熔（VIM+ESR+VAR）三联工艺进行冶炼，最终冶炼锭型为φ508mm。试验合金的主要化学成分如表1所示。在GH4065A合金三联冶炼φ508mm铸锭近头部取样进行低倍组织观察。热模拟拉伸试样从铸锭上切取横向试样，高温均匀处理后进行试样加工，应变速率为0.1s⁻¹，加热到指定温度后保温3min后进行拉伸。棒材锻造在快锻机上进行，采用了镦粗拔长、逐级降温的开坯工艺。在未经机加工的锻造成品棒材头尾取样进行低倍检验，然后切成试样毛坯后进行热处理，再加工试样进行高倍组织、室温拉伸、高温拉伸、高温持久等性能检验。试样热处理制度为：加热到1080℃保温4h，空冷 + 加热到760℃保温8～16h，空冷。

表1 试验合金的化学成分
Tab. 1 Chemical composition of the tested alloy
（质量分数,%）

Cr	Co	W	Mo	Al	Ti	Nb	B	Zr	Ni
16.0	13.0	4.0	4.0	2.1	3.7	0.7	0.015	0.045	余

2 试验结果及分析

2.1 GH4065A铸态低倍组织

图1为GH4065A合金φ508mm真空自耗锭近头部的低倍组织。由图可见，铸锭呈典型的柱状晶和等轴晶组织，铸锭低倍组织均匀，无黑斑、白斑等冶金缺陷。枝晶自铸锭边缘向中心部位倾斜生长，中心部位则出现少量的等轴晶组织区域。真空自耗冶炼过程中，在铜制结晶器壁和凝固钢锭间隙中充入了一定压力的氦气加强冷却，边缘部位冷却速度较快，因此边缘部位的枝晶相对细密，向中心部位逐渐变得粗大，树枝晶水平夹角逐渐增大。

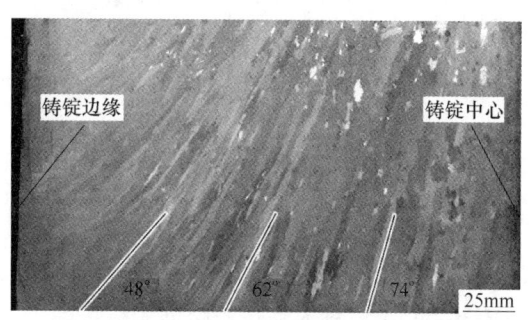

图1 GH4065A合金φ508mm VAR铸锭低倍
Fig. 1 Macrostructure of GH4065A alloy φ508mm VAR ingot

2.2 GH4065A热加工塑性

GH4065A合金铸锭铸态不同温度下热模拟拉伸试验结果见图2。一般认为，高温拉伸面缩率超过80%，则在自由锻造条件下开坯具有足够的热塑性。由图可见，该合金的面缩率随温度升高先升后降，在1065～1175℃范围具有良好的热塑性，高于1175℃以后塑性迅速下降，至1200℃时几乎为零塑性无法进行热加工。经过特殊的均匀化处理后，合金的枝晶偏析程度可得到最大限度的降低，进而保证γ′相均匀析出减少对合金热塑性的影响。该合金的拉伸强度随温度升高逐渐降低，在1115℃（γ′相全溶温度）前快速降低，1115℃后降低速度减缓。由线性拟合结果可知，该合金在γ单相区与γ-γ′双相区的抗拉强度与温度变现出不同的线性关系（关系式见图2），前者斜率明显小于后者。这表明，在双相区内变形抗力受温度的影响要明显大于单相区内。值得注意的是，为了获得均匀细小的晶粒组织，GH4065A 合金锻造开坯要逐级降温，但是考虑到合金变形抗力随温度变化的特性，在单相区内锻造还要充分考虑锻造设备的能力。铸锭的热模拟拉伸试验结果以及生产实践表明，GH4065A 合金虽然属于高合金化难变形镍基合金，但总体具有较宽的热加工区间，在 1065～1175℃之间具有良好的热加工塑性。

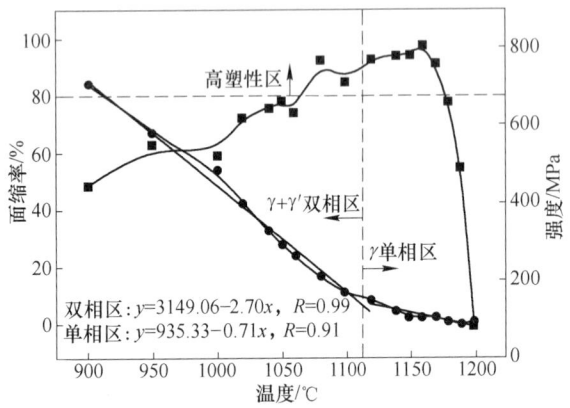

图 2　GH4065A 热模拟拉伸试验结果

Fig. 2　Thermal simulation tensile test results of the GH4065A alloy

2.3　GH4065A 合金大规格棒材的组织性能

在快锻机上进行铸锭开坯，铸锭加热温度及热加工过程温度控制参照上述热模拟拉伸试验结果范围，同时采取合适的保温措施保证坯料热加工过程一直在合金的高塑性区进行。为增加大规格棒材的总变形比，充分破碎铸态组织，开坯工艺采取镦粗拔长方式。同时为了进一步细化棒材的晶粒组织和优化力学性能，末火次热加工在合金的双相区进行。采用上述工艺，目前累计完成了40 多炉三联冶炼 GH4065A 合金 φ280mm 和 φ320mm

两种大规格棒材的试制生产。图 3 是 φ280mm 棒材的低倍组织，低倍组织均匀，无黑斑、白斑等冶金缺陷。图 4 是 φ280mm 棒材的 R/2 处的晶粒组织，晶粒较为细小，为 ASTM 5 级的完全再结晶晶粒。表 2 和表 3 分别是 φ280mm 和 φ320mm 棒材横向的拉伸和持久性能。总之，三联冶炼 GH4065A 合金的热加工性能良好，成品棒材具有良好的拉伸强度和塑性匹配，在 650℃和 750℃的持久性能非常优异。

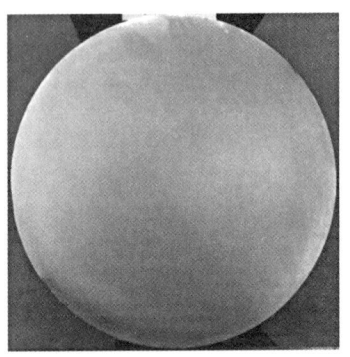

图 3　GH4065A 合金 φ280mm 棒材低倍组织

Fig. 3　Macrostructure of GH4065A alloy φ280mm bar

图 4　GH4065A 合金 φ280mm 棒材晶粒组织

Fig. 4　Grain structure of GH4065A alloy φ280mm bar

表 2　GH4065A 合金 φ280mm 大规格棒材的力学性能

Tab. 2　The tensile and stress rupture properties of GH4065A alloy φ280mm bar

	拉 伸 性 能				持 久 性 能			
温度/℃	抗拉强度/MPa	屈服强度/MPa	伸长率/%	面缩率/%	温度/℃	应力/MPa	时间/h	备注
室温	1474	1180	21	31	750	530	106.9	>50h 加载
室温	1466	1163	15.5	18	750	530	111.1	>50h 加载
650	1370	1030	19	24	650	950	97.5	>50h 加载
650	1320	1020	11.5	15.5	650	950	85.5	>50h 加载

表3   GH4065A 合金 φ320mm 大规格棒材的力学性能

Tab. 3   The tensile and stress rupture properties of GH4065A alloy φ320mm bar

拉 伸 性 能					持 久 性 能			
温度/℃	抗拉强度 /MPa	屈服强度 /MPa	伸长率 /%	面缩率 /%	温度 /℃	应力 /MPa	时间 /h	备 注
室温	1463	1085	20	24	750	530	89.3	>50h 加载
室温	1529	1176	19	20	750	530	100.2	>50h 加载
650	1290	920	17.5	16.5	650	950	62.8	>50h 加载
650	1340	955	13.5	15.5	650	950	65.7	>50h 加载

3   结论

（1）GH4065A 合金三联冶炼 φ508mm 铸锭近头部组织低倍表明，铸锭组织均匀，无黑斑、白斑等冶金缺陷，由于真空自耗冶炼过程冷却条件影响，从边缘至 $R/2$ 部位，树枝晶水平夹角逐渐增大。

（2）铸锭的热模拟拉伸试验结果表明，GH4065A 合金具有较宽的热加工区间，在 1065～1175℃之间具有良好的热加工塑性。

（3）GH4065A 合金铸锭通过镦粗拔长工艺开坯，成功试制出 φ280mm 和 φ320mm 两种大规格棒材，组织和性能情况良好。

参考文献

[1] 田世藩，张国庆，李周，等. 先进航空发动机涡轮盘合金及涡轮盘制造 [J]. 航空材料学报，2003，23（增刊）：233～238.

[2] Devaux A, Georges E, Héritier P. Development of new C&W superalloys for high temperature disk application [J]. Advanced Material Research, 2011, 278, 405～410

[3] 江和甫. 对涡轮盘材料的需求及展望 [J]. 燃气涡轮试验与研究. 2002, 15 (4): 1～6.

[4] 王旭东，王海川. 改进发展高温合金，推进航空发动机研制 [C] //仲增墉. 第十三届中国高温合金年会论文集. 北京：冶金工业出版社，2015：3～6.

[5] Williams J C, Starke E A. Progress in structural materials for aerospace systems [J]. Acta Materialia, 2003, 51 (19): 5775～5799.

[6] 张北江，赵光普，张文云，等. 高性能涡轮盘材料 GH4065 及其先进制备技术研究 [J]. 金属学报，2015, 51 (10): 1227～1234.

[7] 杜金辉，赵光普，邓群，等. 中国变形高温合金研制进展 [J]. 航空材料学报，2016, 36 (3): 27～39.

新型难变形 GH4065A 合金的异常组织控制

于腾[1*]，宋彬[1]，黄烁[2]，张北江[2]，于宗洋[1]

（1. 抚顺特殊钢股份有限公司，辽宁 抚顺，113001；
2. 钢铁研究总院高温材料研究所，北京，100081）

摘　要：本研究结合理论与生产实践，对 GH4065A 合金试制过程出现的各种异常组织进行了分析，提出了控制策略。研究结果表明，除了降低熔速、提高冷却强度等工艺措施可以降低点偏的形成概率，VAR 过程受外界因素导致的熔速波动是造成凝固前沿热溶质扰动形成点偏的关键原因；γ' 相均匀化工艺可有效改善 GH4065A 合金的锻造塑性，消除锻后异常晶粒组织。

关键词：GH4065A 合金；点偏缺陷；粗晶组织

Abnormal Microstructures Control of New Difficult-to-forge Superalloy GH4065A

Yu Teng[1], Song Bin[1], Huang Shuo[2], Zhang Beijiang[2], Yu Zongyang[1]

（1. Technology Center of Fushun Special Steel Co., Ltd., Fushun Liaoning, 113001；
2. High Temperature Material Research Institute, Central Iron Steel Research Institute, Beijing, 100081）

Abstract：This study combines theory and production practice, analyzes various abnormal organizations that appeared in the production process of GH4065A alloy, and puts forward control strategies. The results show that, in addition to reducing the melting rate and improving the cooling strength, other technological measures can reduce the probability of vertical freckles defect. The fluctuation of melting rate caused by external factors in VAR is the key reason for vertical freckles defect caused by the disturbance of thermal solute at the solidification front. The γ' phase homogenization process can effectively improve the forging plasticity of GH4065A alloy and eliminate abnormal grain structure after forging.

Keywords：GH4065A alloy；vertical freckles；coarse grain

　　GH4065A 合金属于镍基难变形高温合金，合金化程度较高，Al 和 Ti 元素含量之和可达 6.0%（质量分数），并且 W 和 Mo 元素含量之和达到 8.1%，主要强化相 γ' 体积分数超过 40%。因而，该合金偏析倾向严重，热加工窗口窄，实际的冶炼与热加工过程中也极易出现诸多异常组织。例如，点偏和低倍组织异常。本研究结合理论与生产实践，对实际生产过程中出现的异常组织进行了系统的分析，提出了控制策略，为 GH4065A 合金的低偏析冶炼和细晶锻造提供理论指导和实践经验。

1　试验材料及方法

　　本研究所用的 GH4065A 合金为采用双联（VIM＋VAR）和三联（VIM＋ESR＋VAR）工艺冶炼而成，合金锭的直径为 508mm，其化学成分见表 1。GH4065A 合金 ϕ320mm 棒材采用 3150t 快锻机多火次直接拔长或反复镦拔工艺锻制而成。

＊作者：于腾，高级工程师，联系电话：024-56678195，E-mail：yuteng0318@163.com

资助项目：国家科技重大专项（2017-Ⅵ-0015-0087）

表 1　GH4065A 合金化学成分

Tab. 1　Chemical composition of GH4065A alloy　　　　　　（质量分数, %）

元素	C	Cr	Co	W	Mo	Al	Ti	Nb	B	Zr	Ni	O	N
含量	0.010	16.00	13.00	4.00	4.00	2.2	3.70	0.75	0.013	0.005	余	0.0009	0.0013

2　试验结果及分析

2.1　点偏缺陷的形成原因及控制策略

2.1.1　点偏缺陷的形貌及形成原因

高温合金领域中，点状偏析缺陷属于黑斑缺陷的一种[1,2]。高温合金的黑斑缺陷按照其形貌和行业内的俗称分为两类：一种为径向黑斑（radial freckle），即行业内俗称的黑斑；另一种为轴向黑斑（vertical freckle），即行业内俗称的点状偏析，亦称点偏。由图 1（a）所示的 GH4065A 合金点偏低倍形貌可见，点偏缺陷以散点状分布于棒材低倍之上。由图 1（b）和（c）可见，点偏缺陷严重棒材的轴向呈通道状。

GH4065A 合金中点偏是热溶质元素扩散对流诱发的，富 Ti、Mo、Nb 元素的熔体在凝固后形成通道偏析[3,4]。因此，点偏化学成分的变化使其凝固行为、热变形规律、第二相特征等与基体相比均会发生明显的变化。点偏的存在会导致 GH4065A 合金的塑性大幅降低，大量的脆性第二相易成为裂纹源或促进裂纹扩展，对于涡轮盘等关键热端转动部件是不能允许的。

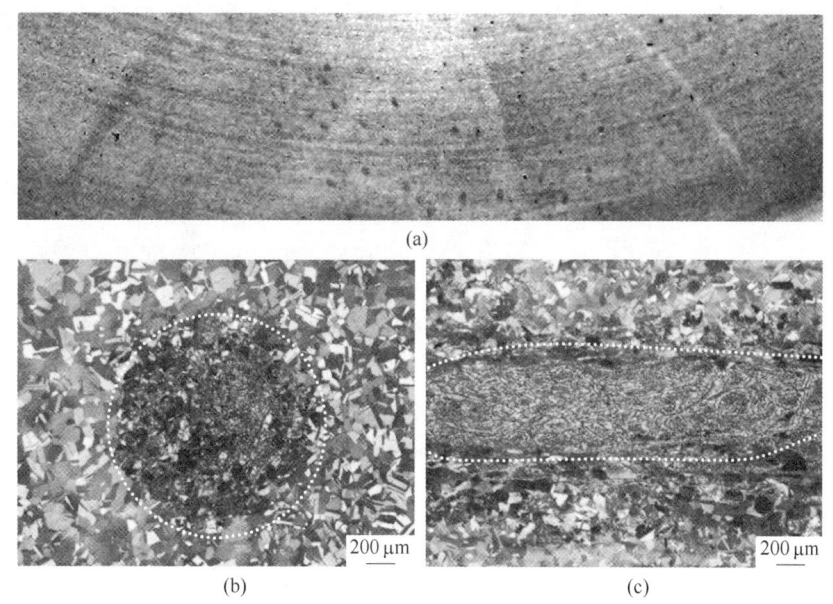

图 1　GH4065A 合金棒材的点状偏析形貌（VIM+VAR，ϕ320mm）

Fig. 1　Vertical freckle morphologies of GH4065A alloy forging bar（VIM+VAR，ϕ320mm）

（a）横向低倍；（b）高倍横向；（c）高倍纵向

2.1.2　点偏缺陷的控制

一般而言，通过降低熔速、提高冷却强度等工艺措施来缩短局部凝固时间、降低熔池深度，能够最大限度地降低点状偏析的形成概率[5]，往往实际生产中也是如此进行控制的。然而，VAR 过程受外界因素导致熔速波动才是点偏形成的关键原因。熔池扰动导致热溶质发生扰动，凝固前沿的热溶质平衡状态遭到破坏，形成通道型偏析。

三联冶炼工艺采用 ESR 制备自耗电极，消除 VIM 铸造电极中的缩孔、微裂纹等缺陷，改善 VAR 过程的工艺稳定性，避免凝固前沿热溶质的扰动，可有效降低点偏的形成概率。

另外，GH4065A 合金的 γ' 相含量达到 40% 以上，属于难变形高温合金，γ' 相在 VAR 过程中的时效析出会形成组织应力，应力足够大也将扰动热溶质诱发点偏缺陷形成。因此，需要开展更为严格的三联冶炼工艺控制，采取熔速优化、电极应力释放、改进铸锭冷却条件（氦气冷却）等措施，最大限度降低点偏的形成概率。

2.2 锻造塑性改善及异常组织控制

GH4065A 合金的合金化程度较高，枝晶偏析情况严重，枝晶间富集 γ′ 相形成元素 Ti 和 Nb。Ti 和 Nb 元素的枝晶偏析必然导致 γ′ 相的不均匀分布，如图 2（a）和（b）所示，铸态条件下枝晶干与枝晶间的 γ′ 相形貌、尺寸和分布存在明显的差异。此种差异会造成合金在开坯过程中变形协调性降低，不利于铸锭的热塑性。通过 γ′ 相均匀化处理后，枝晶干与枝晶间的 γ′ 相形貌、尺寸和分布趋于统一，如图 2（c）和（d）所示。从图 3 所示的高温拉伸塑性结果可知，经 γ′ 相均匀化处理后 GH4065A 合金的热塑性显著提升，断面收缩率在 1100～1180℃ 范围内超过 80%，具备了在自由锻造条件下开坯的塑性储备。

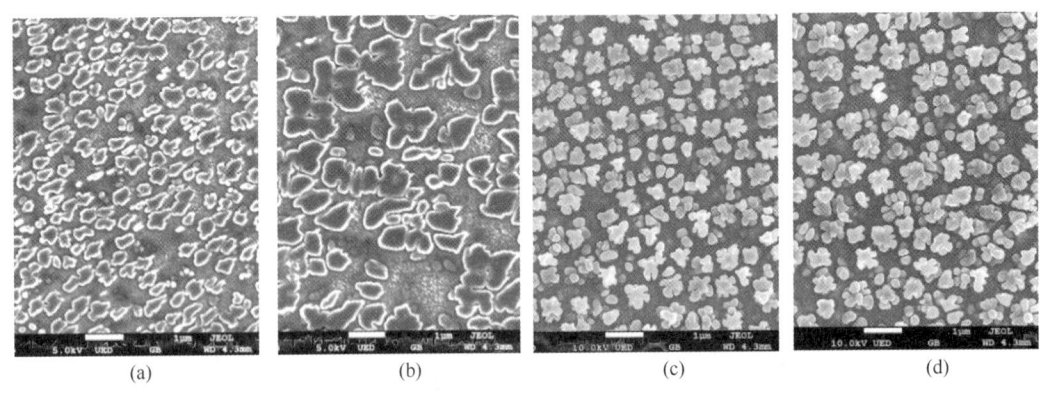

图 2　GH4065A 合金铸锭的 γ′ 相形貌

Fig. 2　The γ′ phase morphologies of GH4065A alloy ingot

（a）铸态枝晶干；（b）铸态枝晶间；（c）均匀化处理态枝晶干；（d）均匀化处理态枝晶间

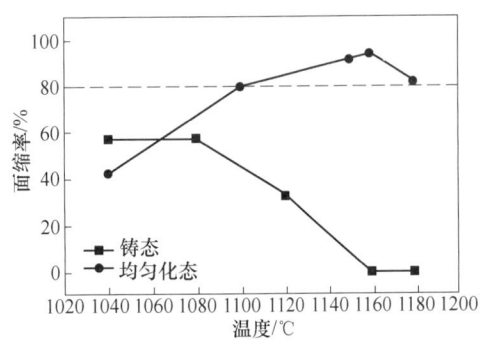

图 3　不同处理状态对 GH4065A 合金铸锭
高温拉伸面缩的影响

Fig. 3　Effect of different treatment conditions on reduction of area for GH4065A alloy ingot at high temperature

经过均匀化处理后 γ′ 相的均匀分布对于提高合金的热塑性具有十分重要的作用。不仅可有效改善 GH4065A 合金的锻造塑性，而且可以消除锻后低倍出现的异常晶粒组织，如图 4 和图 5 所示。锻造塑性得到改善后，GH4065A 合金的细晶锻造工艺得以顺利实施，反复镦拔和降温锻造工艺可有效消除锻棒低倍异常晶粒组织（枝晶残留组织和粗晶组织），晶粒组织得到了更好的破碎和细化。

3　结论

（1）通过降低熔速、提高冷却强度等工艺措施可以缩短局部凝固时间、降低熔池深度，能够最大限度地降低点状偏析的形成概率。然而，VAR 中受外界因素导致熔速波动是造成凝固前沿热溶质扰动形成点状偏析的关键原因。

（2）通过 γ′ 相均匀化工艺来调整 γ′ 相形貌及分布，可有效改善 GH4065A 合金的锻造塑性，消除锻后异常晶粒组织。

参考文献

[1] Zanner F, Williamson R, Erdmann R. On the origin of defects in VAR ingots [C]. The Materials Information Society, International Symposium on Liquid Metal Processing and Casting, 2005：13～27.

[2] Auburtin P, Wang T, Cockcroft S L, et al. Freckle formation and freckle criterion in superalloy castings [J].

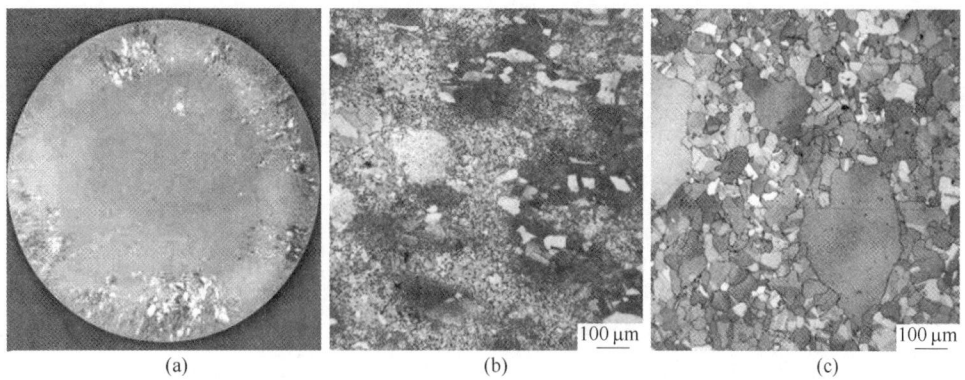

图 4 直接拔长工艺生产的 GH4065A 合金棒材组织 (VIM+ESR+VAR, φ320mm 锻棒)

Fig. 4 Macrostructure and microstructure of GH4065A alloy bar produced by drawing process

(a) 低倍; (b) 枝晶残留组织; (c) 粗晶组织

图 5 反复镦拔工艺生产 GH4065A 合金棒材组织 (VIM+ESR+VAR, φ320mm 锻棒)

Fig. 5 Macrostructure and microstructure of GH4065A alloy bar produced by upset-drawing process

(a) 低倍; (b) 高倍

Metall Trans, 2000, 31B (8): 801.

[3] 董建新, 张麦仓, 曾燕屏. Inconel 706 合金宏观偏析 "黑斑" 的形成特征及组织行为 [J]. 稀有金属材料 与工程, 2006, 35 (2): 176~180.

[4] 代朋超, 魏志刚, 王资兴, 等. 一种镍基高温合金黑 斑缺陷的组织分析及形成机理研究 [J]. 宝钢技术,

2014 (5): 49~53.

[5] Yuan L. Multiscale Modelling of the Influence of Convec-tion on Dendrite Formation and Freckle Initiation during Vacuum Arc Remelting [D]. London: Department of Materials Imperial College London, 2010.

GH4065A 高温合金扩散连接界面的组织演变规律研究

张保云[1]，宁永权[1]*，刘巧沐[2]

（1. 西北工业大学材料学院，陕西 西安，710072；

2. 中国航发四川燃气涡轮研究院，四川 成都，610500）

摘 要：GH4065A 作为 750℃ 下长期使用的高品质高温合金，是制造先进航空发动机核心热端部件的优选材料。本文以高品质超细晶 GH4065A 为研究对象，阐述了工艺参数对扩散连接接头界面组织形貌影响，确定了较优工程应用的扩散连接工艺为 $T=1050℃$、$p=30MPa$ 及 $t=30min$，系统研究了扩散连接过程中的组织演变规律，揭示了热力耦合作用下的界面闭合机制与再结晶机理。本研究取得的阶段性成果将为先进发动机的结构设计与新品研制工作提供有力的技术支撑。

关键词：GH4065A；扩散连接；界面；再结晶；组织演变

Investigation on the Microstructure Evolution of GH4065A Superalloys during Diffusion Bonding Process

Zhang Baoyun[1], Ning Yongquan[1], Liu Qiaomu[2]

（1. School of Materials Science and Engineering, Northwestern Polytechnical University, Xi'an Shaanxi, 710072；

2. China Gas Turbine Establishment, Chengdu Sichuan, 610500）

Abstract：GH4065A, as a high-quality superalloy used at 750℃, is the preferred material for manufacturing core hot-end components of advanced aeroengine. In present research, the effect of processing parameters on microstructure of diffusion bonded joints has been investigated, and the optimal parameters for engineering application is determined as $T=1050℃/p=30MPa/t=30min$. The evolution of microstructure in diffusion bonding process has been systematically studied, and the recrystallization mechanism during diffusion bonding process has also been deeply revealed. The results obtained in this research will provide an effectively technical support for the structural design and new product development of advanced aeroengine.

Keywords：GH4065A; diffusion bonding; interface; recrystallization; microstructure evolution

随着航空航天事业的发展，镍基高温合金因具有高强度、良好塑性及抗高温氧化等优良使用性能而备受青睐[1]。目前，通过工艺优化和成分调整而开发出的新型 GH4065A 变形高温合金综合性能优异，已达到第 2 代粉末高温合金的水平，能够很好地填补 700℃ 以上低成本、高性能涡轮盘用材料的空白[2]，应用前景广泛。先进航空发动机核心热端部件中的重要结构性和功能性部件往往依靠连接技术成型，而扩散连接是一种有效可靠的可实现同种/异种高温合金连接的工艺[3]，因此研究 GH4065A 的扩散连接性能已成为推广该合金应用的重点。

*作者：宁永权，香江学者，博士生导师，联系电话：15829884555，E-mail：luckyning@ nwpu.edu.cn

资助项目：国家自然科学基金面上项目（51775440）；人力资源和社会保障部"香江学者"计划（XJ2014047）；中央高校基础科研业务费（3102018ZY005）

1 试验材料及方法

本试验采用高品质超细晶 GH4065A 高温合金棒材，其名义成分如表 1 所示。试验所用扩散连接的圆柱形试样尺寸规格为 ϕ8mm×8mm，将待连接的试样表面用砂纸打磨，抛光处理后置于超声波清洗器中用酒精清洗 10min，烘干后将两表面贴合，组装好放入 Gleeble-3800 动态热/力模拟试样机内，扩散过程保持真空度 $1×10^{-3}$Pa 以上，加热速率为 10℃/s，达到预设的扩散温度（1020℃、1050℃、1080℃及 1110℃）后，保温 3min 后加压至预设连接压力（20MPa、30MPa），保温 30min 后经炉冷至室温。采用 OM、SEM 及 EBSD 等表征手段对扩散连接界面的宏观形貌及组织演变规律进行研究。

表 1 GH4065A 高温合金名义成分

Tab. 1 Chemical compositions of the studied GH4065A alloy （质量分数,%）

成分	C	Cr	Co	Fe	Ti	Al	Nb	Mo	W	Ni
含量	0.02	16.0	13.0	1.0	3.7	2.1	0.7	4.0	4.0	余

2 试验结果及分析

2.1 工艺参数对 GH4065A 合金扩散连接接头界面组织形貌影响

根据所制定试验方案，对 GH4065A 合金进行连接，当试验参数为 1020℃/20MPa/30min 时，由于扩散温度过低，连接压力不足，试样仅有部分连接，未能成功焊合。当试验参数为 1110℃/30MPa/30min 时，由于扩散温度较高，连接压力过大，发生连续软化，塑性变形严重，导致试样无法连接。图 1 为其余试验参数下扩散连接接头界面组织形貌，从图中可以发现不同试验参数下界面均有连接结合较好的部分，并且位于不同的位置，如界面中心、两侧或者贯穿整个界面。当扩散温度较低时，接头界面结合明显优于高温下扩散连接，这是由于在高温下，合金软化明显，从而影响连接接头质量。在试验参数为 1050℃/30MPa/30min 时，连接接头未发现明显界面，基本焊合，接头连接质量较优。

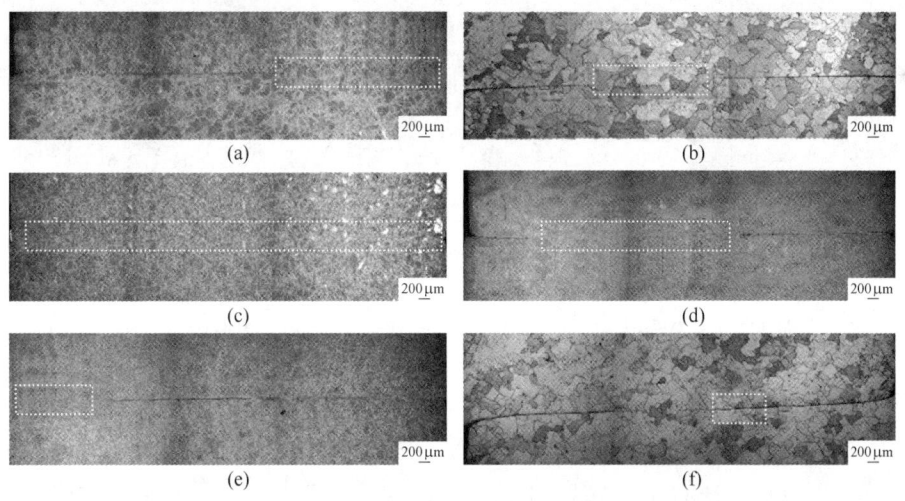

图 1 GH4065A 合金扩散连接接头界面组织形貌

Fig. 1 Interface microstructure of GH4065A alloy bonded joints

(a) 1020℃/30MPa/30min；(b) 1050℃/20MPa/30min；(c) 1050℃/30MPa/30min；

(d) 1080℃/20MPa/30min；(e) 1080℃/30MPa/30min；(f) 1110℃/20MPa/30min

图 2 为试验参数为 1050℃/30MPa/30min 下扩散连接接头的背散射照片，当扩散温度升高至 1050℃，连接压力为 30MPa 时，元素扩散速度加快，界面空隙减少，由于合金组织中存在较多细

小等轴晶粒，提供了更多的晶界扩散通道，促进了扩散的进行，且发现有小晶粒扩散越过结合界面而使焊缝消失（图中深色箭头所指），从而使试样焊合率较高，扩散连接接头结合处大部分连接

界面消失。

图 2　连接接头界面显微组织（1050℃/30MPa/30min）

Fig. 2　SEM image of the bonded joint
（1050℃/30MPa/30min）

2.2　GH4065A 合金扩散连接接头组织行为分析

通过 2.1 节分析可知，在试验参数为 $T=$ 1050℃、$p=30$MPa 及 $t=30$min 时，GH4065A 合金扩散连接接头结合质量相对较优。因此，以该试验参数下接头界面为研究对象，分析扩散连接接头组织行为。

2.2.1　GH4065A 合金扩散连接接头再结晶行为

图 3（a）为 GH4065A 合金原始状态下 EBSD 相，扩散连接过程中，在加热、加压及保温作用下，由于热激活导致合金内部发生动态再结晶，未动态再结晶晶粒内部含有大量位错，位错不断增殖并缠结形成新的亚晶，亚晶不断迁移合并，进一步形成大角度晶界，晶粒间的取向差逐渐增大，形成新的再结晶晶粒，如图 3（b）所示。随着扩散连接的进行，小尺寸 γ′相不断溶解，位错的滑移与攀移继续进行，团状的大晶粒内部不断出现尺寸较小的连续动态再结晶晶粒，大晶粒被不断出现的细小新晶粒分割，合金组织被逐渐细化。当连接界面处存在被分割的团状未动态再结晶组织时，再结晶晶粒将在连接界面处形核，如图 3（c）所示。随着扩散过程的不断进行，再结晶晶粒数量增多，此时，连接界面处连续动态再结晶过程中的位错运动、小尺寸 γ′相溶解及元素扩散对连接界面的结合有显著作用。

图 3　GH4065A 合金 EBSD 相

Fig. 3　The EBSD images of GH4065A alloy

（a）GH4065A 原始状态；（b）接头母材动态再结晶组织；（c）接头界面处动态再结晶组织

2.2.2　GH4065A 合金扩散连接接头的演变机理

由 2.2.1 节分析可知，GH4065A 合金扩散连接接头组织中包含细小等轴的动态再结晶奥氏体晶粒（简称 I 区）及均匀分布的团状未动态再结晶晶粒（简称 II 区），因此，在扩散连接试验中，连接界面存在三种典型界面演变特征：I-I；I-II；II-II。其中，I-II 型接头界面演变机理最为复杂。图 4 为 I-II 型接头界面结合过程的示意图，其中大黑色颗粒代表大尺寸 γ′相，小黑色颗粒代表小尺寸 γ′相。

（1）孔洞闭合阶段。在扩散连接初始阶段，

两试样粗糙表面形成局部物理接触，导致界面处存在孔洞或出现未完全贴合区域，如图 4（a）所示。随着扩散连接的进行，连接界面扩散逐渐充分，连接界面结合变得较为紧密，如图 4（b）所示。

（2）再结晶形核前期阶段。随着扩散连接的进行，大晶粒内部的小尺寸 γ′相逐渐溶解，界面两侧元素浓度差异逐渐变大，造成溶质浓度梯度，为连接界面迁移提供了驱动力，且由于界面两侧分别为动态及未动态再结晶晶粒，两侧组织的畸变程度不同，界面向未动态再结晶晶粒内部扩展。随着扩散连接温度的升高，未动态再结晶晶粒内部位错运动加剧，位错不断向界面累积，同时连

接界面处原子继续扩散，使得连接界面更加紧密，如图4（c）所示。

（3）再结晶形核长大阶段。在加热及加压作用下，未动态再结晶晶粒内部亚晶界不断吸收位错，发生转动形成大角度晶界，而大角度晶界通过持续吸收位错发生迁移，从而构成再结晶核心，进而发生连续动态再结晶。另外，当连接界面处位错累积到一定程度，再结晶晶粒在界面处形核，界面开始向未动态再结晶区延伸，形成的再结晶晶粒与周围亚结构位向差较大，从而其晶界迁移率相对较高，但在迁移过程中晶界迁移受到未溶

解小尺寸 γ' 相影响，速度较慢，如图4（d）所示。随着扩散连接进一步进行，界面处再结晶程度较为充分，并且大晶粒内部大部分小尺寸 γ' 相溶解，晶界迁移加快，团状未动态再结晶晶粒内部不断出现细小等轴的连续动态再结晶晶粒，如图4（e）所示。

（4）接头形成阶段。当经过再结晶形核长大阶段之后，连接界面已形成缺陷较少的接头，随着保温时间的增长，界面及母材的再结晶晶粒不断长大，尺寸逐渐增大，如图4（f）所示，连接界面处焊缝逐渐消失。

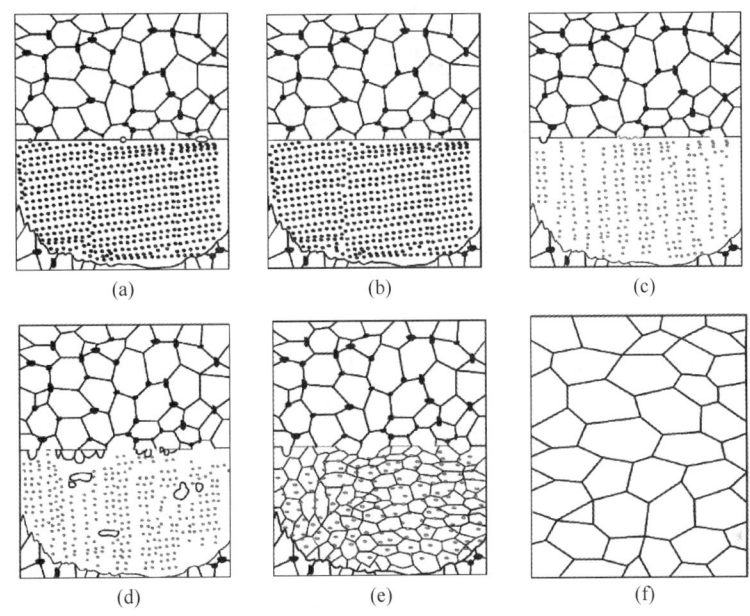

(a)　　　　　(b)　　　　　(c)

(d)　　　　　(e)　　　　　(f)

图4　GH4065A 合金扩散连接 Ⅰ-Ⅱ 型接头形成示意图

Fig. 4　Schematic illustration of the fabrication of Ⅰ-Ⅱ bonded joint

(a)，(b) 孔洞闭合；(c) 再结晶形核前期；(d)，(e) 再结晶形核长大；(f) 接头形成

3　结论

（1）扩散温度过低，连接压力过小，试样仅有部分连接，未能焊合；扩散温度过高，连接压力过大，试样发生连续软化，塑性变形严重，难以连接。根据接头界面组织形貌，确定较优的工程应用扩散连接工艺为：$T = 1050℃$、$p = 30MPa$ 及 $t = 30min$。

（2）揭示了 GH4065A 扩散连接界面的组织演变规律，以 Ⅰ-Ⅱ 型扩散连接接头为例，探明了热力耦合作用下的界面闭合机制与再结晶机理。

参考文献

[1] Yongquan Ning, Zekun Yao, Hongzhen Guo, et al. Structural-gradient-materials produced by gradient temperature heat treatment for dual-property turbine disc [J]. Journal of Alloys and Compounds, 2013, 557: 27~33.

[2] 赵光普，黄烁，张北江，等. 新一代镍基变形高温合金 GH4065A 的组织控制与力学性能 [J]. 钢铁研究学报，2015，27（2）：37~44.

[3] Pouranvari M, Ekrami A, Kokabi A H. Transient liquid phase bonding of wrought IN718 nickel based superalloy using standard heat treatment cycles: Microstructure and mechanical properties [J]. Materials & Design, 2013, 50: 694~701.

高强度高塑性的 GH4099 板材的热处理工艺与性能研究

王 福*

（攀钢集团江油长城特殊钢有限公司，四川 江油，621700）

摘 要：本文研究了 GH4099 板材在不同热处理制度下的力学性能，制备了一种新型的 GH4099 板材，其 900℃ 下的高温强度可达到 400MPa，高温断后伸长率可达到 30%，具有较好的强度和塑性。

关键词：高温强度；高温断后伸长率；热处理

Study on Heat Treatment and Properties of GH4099 Plate with High Strength and High Plasticity

Wang Fu

（Pangang Group Jiangyou Great Wall Special Steel Co., Ltd., Jiangyou Sichuan，621700）

Abstract：This paper studies the mechanical properties of GH4099 plate under different heat treatment . A new type of GH4099 plate was prepared，the high temperature strength at 900℃ can reach 400MPa，the elongation after high temperature break can reach 30%，and it has good strength and plasticity.

Keywords：high temperature strength；elongation after high temperature break；treatment

GH4099 是一种时效强化型高温合金，它以 Ni、Cr 为基，以 Al、Ti、W、Mo、Co 综合强化，以 B、Mg 为晶界强化元素，是一种高热强性材料，因其具有良好的抗高温蠕变能力，主要用在航空发动机燃烧室的承力件上，使用温度为 1000℃ 以下。

常用标准 HB 5332—92 与 Q/J 13B099—93，均强调其抗高温蠕变能力，也有的技术协议不关注其抗高温蠕变能力，而强调其在常温下的塑性指标（要求常温下的抗拉强度 $\delta_b \leqslant 980MPa$）。长钢制备的 GH4099 均能满足以上协议要求。本次接到航天三院提供的技术协议，不强调高温蠕变能力，主要强调的其在高温下的抗拉强度和延展性，要求 900℃ 下的高温拉伸强度 $\delta_b \geqslant 430MPa$，高温伸长率 $A \geqslant 30\%$。（协议 HB 5332—92，900℃ 下的高温抗拉强度 δ_b 仅 $\geqslant 375MPa$，高温断后伸长率 A 仅 $\geqslant 15\%$）。该标准下的长钢现场生产数据 δ_b 在

390MPa 左右，高温断后伸长率 A 在 23% 左右，要同时提高高温抗拉强度和高温延展性的指标，满足该协议要求，难度较大。

若通过调整 GH4099 的合金成分，以达到较高的高温抗拉强度，则常温下的抗拉强度也会大幅提高。但该协议常温抗拉强度要求 $\leqslant 1130MPa$，因而只采用调整合金成分的方法并不可行。

此外交货期紧张，因而选取了 1 炉高温抗拉强度较好的 1.0mm 的板材改轧到交货规格 0.8mm，同时通过调整热处理制度，研究了在不同热处理温度和冷却方式下的板材性能，最终成功制备出符合技术协议的 GH4099 板材。

1 试验材料及方法

试验材料：攀长钢公司生产的 GH4099 合金冶炼工艺路线为真空感应+电渣重熔，采用 ϕ115mm

---

*作者：王福，中级工程师，联系电话：15881659451，E-mail：285763212@qq.com

电极重熔成 φ230mm 钢锭，后经 4t 电液锤开坯，经三辊、二辊轧机以及 350 冷轧机组成材。该炉 GH4099 板材成分如表 1 所示。

实验方案：先将 1.0mm 厚的成品板材改轧至 0.8mm 后，再进行热处理。采用 850℃、950℃、980℃进行固溶，采用 10min、300min 时效，以及不时效进行时效，并对不同热处理下的常温拉伸强度、常温断后伸长、高温拉伸强度、高温断后伸长进行测定。

采用 Zwick Z330 电子万能试验机检测常温、高温、高温拉伸强度及断后伸长，采用 Olympus 金相显微镜检测晶粒度。

2 试验结果及分析

因选取板材系成品板材改轧，改轧之前的具体性能如表 2 所示。

该产品轧制前晶粒度较粗，高温强度较高，达到了 430MPa 左右，这主要是与其具有较高含量的 Al、Ti、W、Mo、Co 等强化元素有关，见表 1。但高温断后伸长较短，远远达不到 30% 的伸长率。该炉号板材改轧 0.8mm 后，进行了热处理，热处理后的力学性能如表 3 和图 1 所示。

表 1 GH4099 的化学成分
Tab. 1 Chemical composition of GH4099 （质量分数，%）

钢种	炉号	C	Al	Ti	W	Co	Mo	Cr	B	Mg	Fe	Mn	Ce	Nb
GH4099	T17A3-59	0.054	2.03	1.30	6.3	7.02	4.19	18.53	0.005	0.0012	0.33	0.01	0.0025	0.0097

表 2 改轧前的物理性能
Tab. 2 Physical properties before rolling

钢种	炉号	晶粒度/级	常温拉伸强度 δ_b/MPa	常温断后伸长率 A/%	高温拉伸强度 δ_b/MPa	高温断后伸长率 A/%
GH4099	T17A3-59	3.5, 5.5	853, 854	63.5, 63.0	421, 439	16.2, 20.5

表 3 不同热处理制度下的性能指标
Tab. 3 Performance index under different heat treatmen

钢种	炉号	热处理制度	常温拉伸强度/MPa	常温断后伸长率 A/%	高拉强度/MPa	高拉断后伸长率 A/%	晶粒度/级
GH4099	T17A3-59	980℃×6min，空冷 900℃×10min，空冷	882	54, 59	415, 422	25, 25.5	3+5+7
	T17A3-59	980℃×6min，空冷 900℃×300min，空冷	882	54, 59	415, 414	20.5, 19.5	3+5+7
	T17A3-59	980℃×6min，空冷	882	54, 59	417, 423	19, 21	3+5+7
	T17A3-59	950℃×6min，空冷	927	43.5, 48.5	457, 448	30, 29.5	4.5+4+7
	T17A3-59	850℃×6min，空冷 900℃×5h，空冷	1233	35.5, 34.5	441, 414	21, 23	4+5+7

由图 1（a）可知在 850℃、950℃和 980℃固溶处理后，室温抗拉强度呈下降趋势。在 850℃固溶并时效处理后，室温拉伸强度达到 1233MPa，远超标准 1130MPa，这可能是由于 850℃固溶处理，无法消除冷轧过程中产生的加工硬化，导致常温抗拉强度偏高。随着固溶温度的升高，加工硬化被消除，常温抗拉强度下降。

由图 1（b）可知，高温抗拉强度呈先上升后下降趋势，在 850℃、950℃和 980℃固溶处理后高温抗拉强度均达到了 400MPa 以上。这和该炉号具有较高的强化元素有关。

由图 1（c）可知，高温断后伸长呈先上升后下降的趋势，在 950℃固溶时常温断后伸长率 A 达到了最高值 30%，同时高温抗拉强度也

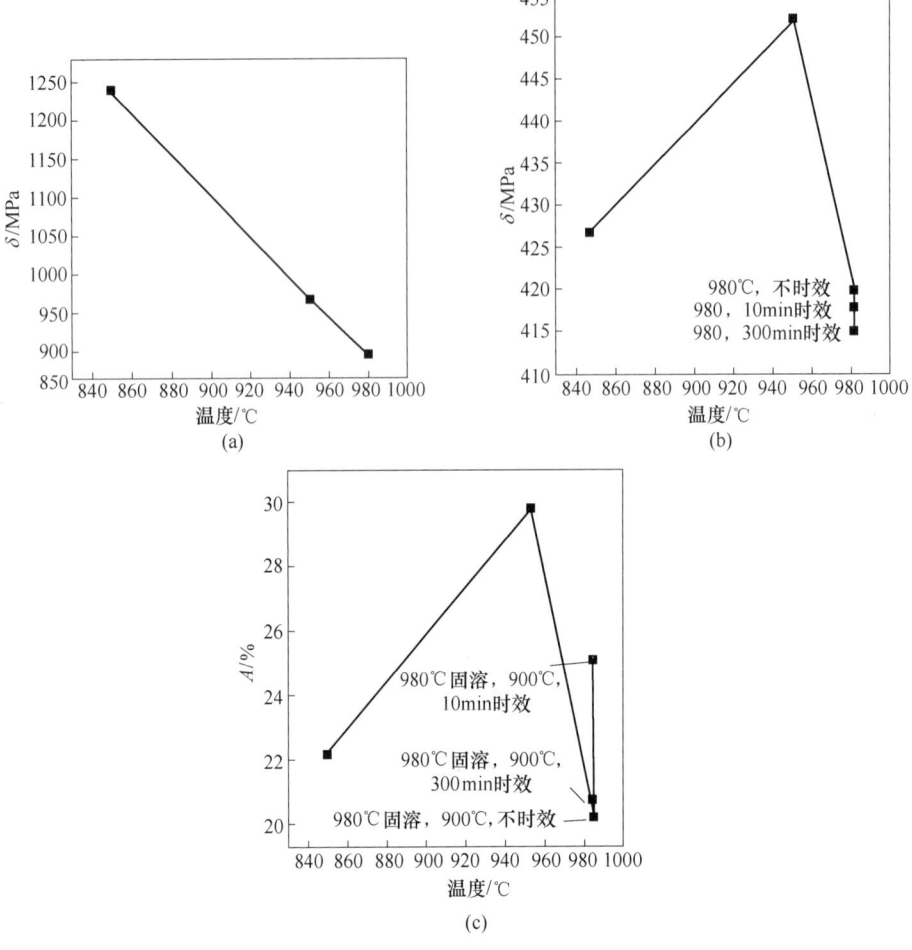

图 1　不同热处理制度下的力学性能

Fig. 1　Mechanical properties under different heat treatmen

（a）常温抗拉强度曲线图；（b）高温抗拉强度曲线图；（c）高温断后伸长曲线图

达到了最高值，见图 1（b）。在 980℃ 和 850℃ 进行热处理后的高温断后伸长率不足 30%，无法满足技术协议要求。这可能是因为 850℃ 加工硬化未消除，导致高温断后伸长较短，980℃ 则是因为随着固溶温度升高，晶粒长大（见表 3），塑性下降。

由图 1 和表 1 可知，在 850℃ 进行固溶处理，固溶温度太低，无法消除加工硬化，导致常温抗拉强度过高，且断后伸长率不足 35%，不符合协议要求；在 950℃ 固溶处理时，随着固溶温度的升高，常温抗拉强度明显下降，加工硬化被消除，且常温断后伸长率达到最大值 54%，此时具有较好的强度和塑性指标；在 980℃ 固溶，随着固溶温度的升高，加工硬化被消除，但同时由于固溶温度升高，晶粒长大，导致塑性下降。在此基础上进行 10min、300min 时效，以及不时效处理。时效 10min 和不时效相比，高温抗拉强度略有下降，

而时效 300min 后时效高温抗拉强度下降明显，说明 900℃ 时效对高温强度的提升并不贡献力量。

杨枘森、魏育环等人[1] 在时效热处理对 GH4099 中强化相 γ′相的影响一文中指出，GH4099 的时效峰为 800℃，低于和高于 800℃ 分别为欠时效和过时效。当时效温度超过 800℃ 时，时效处理不能显示出其强化效应，主要原因在于 GH4099 作为 γ′强化型合金，γ′相具有合适的临界尺寸，在 900℃ 时效时，γ′相的尺寸较大，强化效应减小，对高温强度的提升并无多大意义，仅需进行固溶处理即可。本文研究结果也与该论文结论保持了一致。

3　结论

（1）在 950℃ 进行固溶处理，可获得较好的强度和塑性，高温拉伸强度可达到 450MPa 左右，其高温断后伸长率可达到 30% 左右。

（2）在850℃进行固溶处理，无法消除加工硬化，导致常温抗拉强度过高。

（3）在900℃时进行时效处理，对高温强度的提升无明显作用。

参考文献

［1］杨枞森，魏育环，等．时效热处理对 GH4099 中强化相 γ′相的影响［J］．钢铁学报，1986（10）：49~52.

正交试验法研究热处理对 GH4105 合金组织和性能影响

王静霖[1]，姚志浩[1*]，刘巍[2]，梅林波[2]，陈筱菲[1]，董建新[1]

（1. 北京科技大学材料科学与工程学院材料学系，北京，100083；
2. 上海汽轮机厂，上海，200240）

摘　要：GH4105 锻件的标准热处理为固溶+稳定化+时效三步热处理，为了探究热处理各步骤对合金的影响，得到最佳的热处理条件，采用正交试验对镍基高温合金 GH4105 进行研究。结果表明：晶粒度整体随固溶温度增加而增加；影响短时持久寿命的最大的因素为时效温度；影响伸长率和面收缩率的最大因素为稳定化温度。

关键词：GH4105；正交试验；极差分析；热处理；力学性能

Effect of Heat Treatment on Microstructure and Properties of GH4105 Alloy by Orthogonal Test

Wang Jinglin[1], Yao Zhihao[1], Liu Wei[2], Mei Linbo[2], Chen Xiaofei[1], Dong Jianxin[1]

（1. School of Materials Science and Engineering, University of Science and
Technology Beijing, Beijing, 100083；
2. Shanghai Turbine Company, Shanghai, 200240）

Abstract：The standard heat treatment of GH4105 forgings is solid solution + stabilization + aging three-step heat treatment. In order to explore the effects of various steps of heat treatment on the alloy and get the best heat treatment. The nickel-base superalloy GH4105 is studied by orthogonal test. The results show that the grain size increases with the increase of solid solution temperature； the biggest factor affecting short-term and long-lasting life is the aging temperature； the biggest factor affecting the elongation and surface shrinkage is the stabilization temperature.

Keywords：GH4105； orthogonal test； range analysis； heat treatment； mechanical properties

GH4105 合金，英国牌号为 Nimonic105，是美国 760-usc 计划和欧盟 AD700 计划推荐的叶片用候选材料之一，950℃内具有高抗氧化性和高抗蠕变性。GH4105 合金属于时效强化型镍基变形高温合金，通过时效过程中析出 γ′相的沉淀强化以及 Cr 和 Mo 进行固溶强化。GH4105 合金主要在涡轮叶片、涡轮盘、环形件、螺栓及紧固件的制作上起重要作用[1]。为了探究热处理各步骤对合金性能的影响，采用正交试验对镍基高温合金 GH4105 进行研究，以得到最佳的热处理条件。

1　试验材料及方法

1.1　试验材料

GH4105 合金的成分见表 1。合金的初始状态为锻态。

1.2　正交试验设计

选取固溶温度（A）、稳定化温度（B）、稳定化时间（C）和时效温度（D）作为本实验的试验

＊作者：姚志浩，副教授，联系电话：13671347055，E-mail：zhihaoyao@ ustb. edu. cn

因素。如表2所示。固溶时间均为4h，时效时间为16h，冷却方式均为空冷。按照实验正交表

L₁₆(4⁴)设计热处理正交试验，得到表3所示的试验方案。

表1　GH4105合金成分[2]
Tab. 1　GH4105 alloy composition
（质量分数，%）

元素	C	Cr	Ni	Co	Mo	Al	Ti	Fe	B
含量	0.12~0.17	14.00~15.70	余	18.00~22.00	4.50~5.50	4.50~4.90	1.18~1.50	≤1.00	0.003~0.010
元素	Mn	Si	P	S	Cu	Ag	Bi	Pb	Zr
含量	≤0.40	≤0.25	≤0.015	≤0.010	≤0.200	≤0.0005	≤0.0001	≤0.0010	0.070~0.150

表2　正交试验的因素及其水平
Tab. 2　Orthogonal test factors and levels

因　子		（A）固溶温度/℃	（B）稳定化温度/℃	（C）稳定化时间/h	（D）时效温度/℃
水　平	1	1100	0	4	700
	2	1125	1030	8	750
	3	1150	1050	16	800
	4	1175	1065	24	850

表3　正交试验方案
Tab. 3　Scheme of orthogonal test

试验号	（A）固溶温度/℃	（B）稳定化温度/℃	（C）稳定化时间/h	（D）时效温度/℃	试验号	（A）固溶温度/℃	（B）稳定化温度/℃	（C）稳定化时间/h	（D）时效温度/℃
1	1100	0	4	700	9	1150	0	16	850
2	1100	1030	8	750	10	1150	1030	24	800
3	1100	1050	16	800	11	1150	1050	4	750
4	1100	1065	24	850	12	1150	1065	8	700
5	1125	0	8	800	13	1175	0	24	750
6	1125	1030	4	850	14	1175	1030	16	700
7	1125	1050	24	700	15	1175	1050	8	850
8	1125	1065	16	750	16	1175	1065	4	800

氯化铜侵蚀后在低倍光镜下观察总体晶粒度的情况，采用浓硫酸和甲醇试剂电抛，磷酸、浓硫酸和三氧化铬混合试剂电解之后，使用ZEISS SUPRA55型的场发射扫描电镜观察析出相。并对试样进行高温短时持久性能（815℃/363MPa）测试。对得到的数据进行正交试验的极差分析。

2　结果与分析

2.1　显微组织观察

图1和图2所示为16个试样的晶粒度和γ′相

显微组织照片。M₂₃C₆的固溶温度为1136.6℃[1]，当固溶温度较高时，M₂₃C₆会发生回溶，对晶界的钉扎作用减弱，晶粒度较大。γ′相的析出温度为1056.5℃[1]，当稳定化温度为1030℃时，γ′相不能全部回溶，γ′相出现小尺寸圆形和大尺寸方形两种形态。稳定化温度升到1065℃时，γ′相全部回溶，γ′相均为细小的球形，均匀分布于基体。

2.2　极差分析

从表4可以看到，极差大小顺序为固溶温度>稳

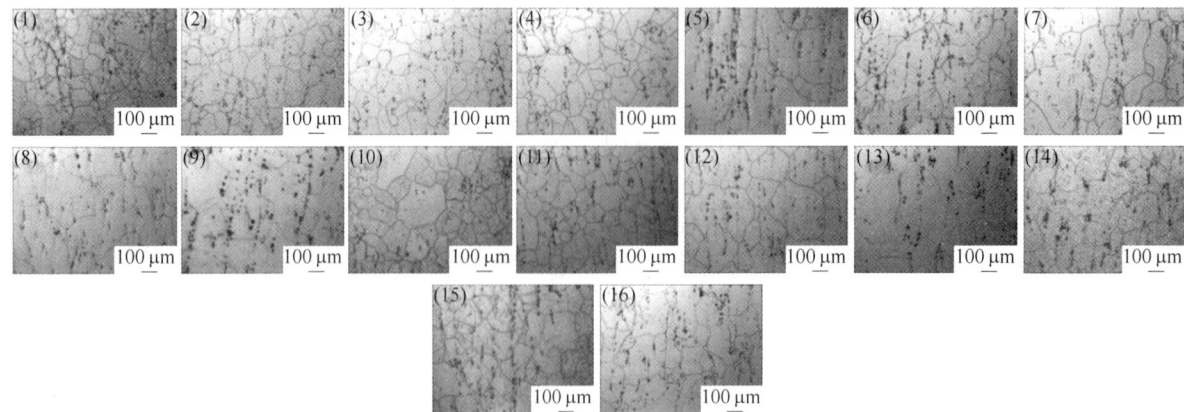

图 1　正交试验试样的晶粒度

Fig. 1　Grain size of orthogonal test specimens

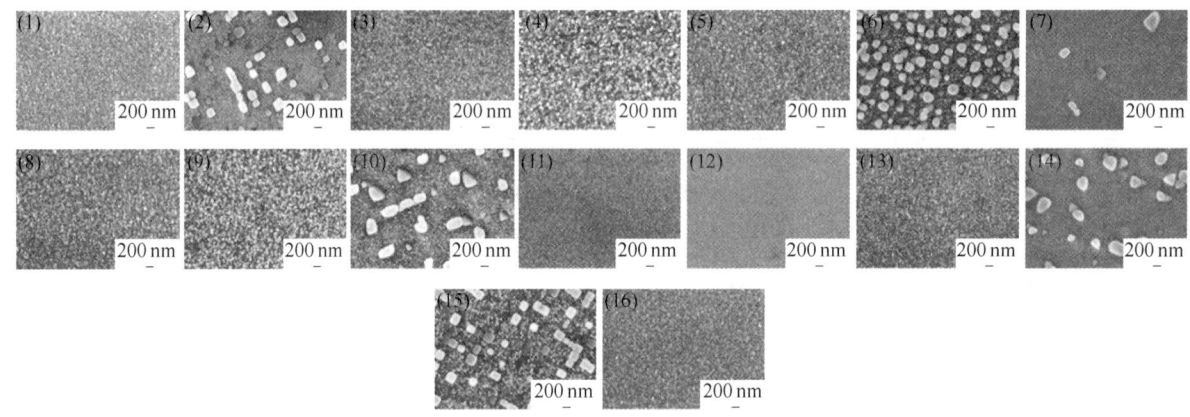

图 2　正交试验试样的 γ′ 相

Fig. 2　γ′ phase of orthogonal test specimens

定化温度>时效温度>稳定化时间，即影响晶粒度的因素最重要的是固溶温度，整体是晶粒度随固溶温度增加而增加，固溶温度为 1100℃ 时的晶粒度最小，1125℃ 时的晶粒尺寸最大。与观察到的晶粒度照片相符。可以得到固溶温度为 1100℃，稳定化温度为 1050℃，稳定化时间 4h，时效温度 800℃ 时，晶粒度最小。

在高温短时持久实验中，从表 5 的极差的大小顺序可以得出影响短时持久寿命的程度为时效温度>稳定化温度>固溶温度>稳定化时间。影响短时持久寿命的为晶界碳化物和 γ′ 相，时效温度决定了 γ′ 相的析出量，固溶温度、稳定化温度、稳定

表 4　晶粒度极差分析表

Tab. 4　Range analysis table of grain size

试验号	（A）固溶温度/℃	（B）稳定化温度/℃	（C）稳定化时间/h	（D）时效温度/℃
水平一	129.66	299.48	218.13	211.51
水平二	332.60	209.85	218.18	299.25
水平三	219.15	194.07	234.66	199.16
水平四	251.62	243.13	275.57	236.62
极差	202.94	105.41	57.440	100.09

表 5　短时持久寿命极差分析表

Table 5　Short-term and long-lasting life difference analysis table

试验号	（A）固溶温度/℃	（B）稳定化温度/℃	（C）稳定化时间/h	（D）时效温度/℃
水平一	93.000	75.200	100.16	97.408
水平二	76.080	105.00	73.895	89.950
水平三	92.250	101.60	97.800	71.043
水平四	104.00	83.560	93.498	106.95
极差	27.930	29.808	26.265	35.908

化时间综合作用，对晶界碳化物和 γ′ 相的形态起作用。当固溶温度为 1175℃，稳定化温度为 1030℃，稳定化时间 4h，时效温度 850℃时的短时持久寿命最长。

从表 6 和表 7 可以看出，影响伸长率和面收缩率的最大因素为稳定化温度。固溶温度和稳定化时间对伸长率的影响水平基本持平。固溶温度对断面收缩率的影响稍微弱一些，但影响水平也

表 6　伸长率极差分析表
Tab. 6　Elongation rate analysis table

试验号	（A）固溶温度/℃	（B）稳定化温度/℃	（C）稳定化时间/h	（D）时效温度/℃
水平一	29.74	19.20	21.72	27.85
水平二	28.99	27.83	26.89	24.68
水平三	23.31	29.88	30.66	26.31
水平四	22.65	27.78	25.42	25.85
极差	7.090	10.68	8.940	3.170

表 7　面收缩率极差分析表
Tab. 7　Surface shrinkage rate analysis table

试验号	（A）固溶温度/℃	（B）稳定化温度/℃	（C）稳定化时间/h	（D）时效温度/℃
水平一	46.33	26.55	39.67	40.46
水平二	37.93	40.51	38.90	35.48
水平三	37.09	29.88	38.34	36.08
水平四	31.51	42.46	35.95	40.84
极差	14.82	15.91	3.720	5.360

很高。稳定化时间和时效温度对收缩率的影响程度较弱。固溶温度 1100℃，稳定化温度 1065℃，稳定化时间 16h，时效温度 700℃时的面收缩率和伸长率都比较大。

3　结论

（1）影响晶粒度的最重要因素是固溶温度，整体来看晶粒度随固溶温度增加而增加。固溶温度从 1100℃增加到 1175℃，合金的晶粒大小呈现增加的趋势。

（2）影响短时持久寿命程度最大的因素为时效温度，影响伸长率和面收缩率的最大因素为稳定化温度。在 1175℃/4h/空冷+1030℃/4h/空冷+850℃/16h/空冷制度处理下的合金短时持久寿命最长。在 1100℃/4h/空冷+1065℃/16h/空冷+700℃/16h/空冷制度处理下的合金面收缩率和伸长率较大。

（3）在 1100℃/4h/空冷+1030℃/16h/空冷+850℃/16h/空冷制度处理下的合金短时持久寿命和收缩率、伸长率均在较高水平。

参考文献

［1］沈祎舜，姚志浩，陈筱菲，等. GH4105 合金元素含量对析出相的影响［J］. 有色金属材料与工程，2018，39（4）：1~9.
［2］中国金属学会高温材料分会. 中国高温合金手册（上卷）［M］. 北京：中国质检出版社，中国标准出版社，2012.

GH4105 合金真空感应电极开裂行为

路昊青，王磊*，刘杨，宋秀，李强

（东北大学材料各向异性与织构教育部重点实验室，辽宁 沈阳，110819）

摘 要：研究了 GH4105 合金电极枝晶臂间距大小、枝晶偏析程度以及碳化物分布等对合金开裂行为的影响规律。结果表明，GH4105 合金电极锭二次枝晶臂的粗化行为使合金的强度和塑性降低，易导致合金开裂；合金中 Ti 和 Mo 在裂纹处和无裂纹处的偏析比分别为 2.24 和 1.42。Ti 和 Mo 元素在枝晶间和晶界的偏聚使 MC 型碳化物的析出量增加，从而使枝晶间区域和晶界上的热裂纹形成倾向增大。

关键词：GH4105 合金；热裂纹；枝晶臂间距；元素偏析；碳化物

Electrode Cracking Behavior of GH4105 Alloy by Vacuum Induction Furnace Melting

Lu Haoqing，Wang Lei，Liu Yang，Song Xiu，Li Qiang

（Key Lab for Anisotropy and Texture of Materials，Northeastern University，Shenyang Liaoning，110819）

Abstract：The effects of dendrite arm spacing，dendrite segregation and carbide distribution on the cracking behavior of the alloy were investigated. The results show that the coarsening behavior of the secondary dendrite arm reduces the strength and ductility of the alloy，and leads to higher cracking tendency. The Segregation ratio of Ti and Mo at crack and no-crack in GH4105 alloy electrode ingots are 2.24 and 1.42 respectively. The segregation of the Ti and Mo elements between the dendrites and the grain boundaries increases the precipitation amount of the MC type carbides，thereby increasing the tendency of thermal crack formation in the interdendritic regions and the grain boundaries.

Keywords：GH4105 alloy；hot crack；dendrite arm spacing；elemental segregation；carbide

高温合金按基体元素可分为镍基高温合金、钴基高温合金和铁基高温合金[1]。真空感应电极是镍基高温合金生产的基本环节。若电极出现开裂，则严重影响合金的后续精炼过程，导致自耗冶炼或电渣重熔过程中的电压、电流、熔滴率等工艺参数大幅度波动，造成金属熔池液流扰动，最终使材料出现黑斑、白斑和点状偏析等宏观缺陷，导致铸锭产品判废。据统计，在镍基高温合金的工业生产中，由于真空感应电极裂纹的存在导致后续精炼过程的废品率达 30% 以上。因此，探讨裂纹产生的机理及防止方法，在理论和实践上均具有重要意义。

本文针对 GH4105 合金电极锭的开裂行为及机制展开研究，揭示枝晶臂间距大小、枝晶偏析程度以及碳化物分布等对合金开裂行为的影响规律。

1 试验材料及方法

试验用 GH4105 合金是经真空感应炉熔炼后浇注得到的电极锭，电极锭在与结晶器接触的底部位置发生断裂，取电极底部断裂部分作为实验材料。GH4105 合金开裂铸锭组织表征取样位置及观察方向如图 1 所示。用 SHIMADZU AG-X plus 电子万能试验机进行高温拉伸试验，应变速率为 $10^{-3} s^{-1}$，试验温度 800℃。利用 OLYMPUS JX71 型金相显微镜，Ultra Plus 型场发射分析扫描电子显

---

*作者：王磊，教授，联系电话：024-83681685，E-mail：wanglei@mail.neu.edu.cn

微镜分析合金组织, 用能谱仪分析测量 GH4105 合　　金各元素在枝晶间和枝晶干的分布情况。

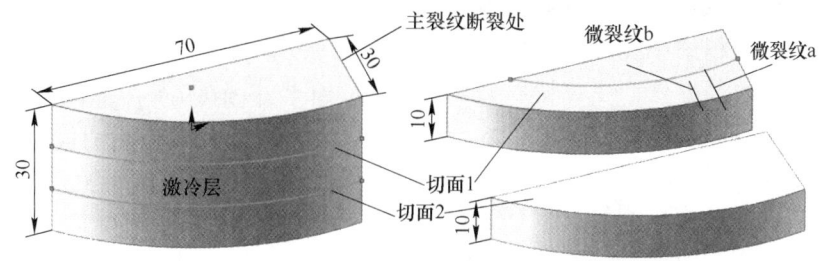

图 1　GH4015 合金试样示意图

Fig. 1　Schematic diagram of GH4105 alloy sample

2　试验结果及分析

2.1　GH4105 合金电极裂纹分析

凝固热裂纹是铸件在凝固末期的高温下形成, 其形状特征是裂纹短、裂纹处缝隙较宽, 形状曲折不连续, 且裂纹沿枝晶间区域和晶界分布, 在凝固末期的高温下缝内金属被氧化。图 2 (a) 为 GH4105 合金电极裂纹的微观形貌, 为断续弯曲状, 裂纹较短, 裂纹处缝隙较宽。将裂纹处腐蚀, 从图 2 (b) 中可以观察到裂纹沿枝晶间区域和晶界分布。图 2 (c) 为裂纹内部微观形貌, 可以看出裂纹缝内金属呈氧化色, 近似黑色, 无金属光泽。综合判断 GH4105 合金电极锭裂纹为热裂纹。

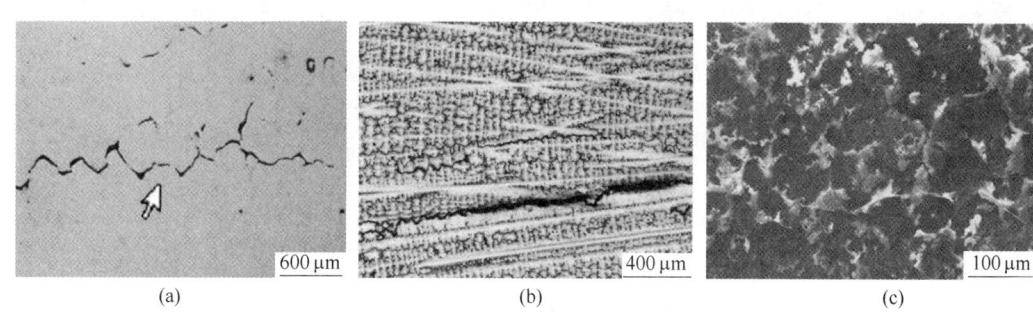

图 2　GH4105 合金裂纹表面及内部微观形貌

Fig. 2　Micromorphology of crack on the surface and inside of GH4105 alloy

(a) 未腐蚀裂纹形貌；(b) 腐蚀后裂纹形貌；(c) 裂纹内部形貌

2.2　枝晶臂间距对电极开裂行为的影响

枝晶臂间距在预测铸件组织性能上比晶粒的尺寸更为重要, 尤其是二次枝晶臂间距的大小直接影响铸件的力学性能[2,3]。表 1 为 GH4105 合金在距离电极锭表面 15mm 位置处的相同冷速下断裂处、微裂纹处和无裂纹处的一次枝晶臂及二次枝晶臂间距的平均值, 可以发现无裂纹处、微裂纹处以及主裂纹断裂处一次枝晶臂间距无明显差别, 二次枝晶臂间距明显增大。因此, 与一次枝晶臂间距相比, 二次枝晶臂间距对合金力学性能的影响更为明显。

表 1　GH4105 合金断口处, 微裂纹处及无裂纹处
一次枝晶臂间距和二次枝晶臂间距

Tab. 1　Primary dendrite arm spacing and secondary dendrite arm spacing of GH4105 alloy at fracture and crack and no-crack

测量位置	一次枝晶臂间距/μm	二次枝晶臂间距/μm
主裂纹断裂处	535	120
微裂纹处	500	81
无裂纹处	500	61

表 2 为 GH4105 合金电极锭不同二次枝晶臂间距位置区域的 800℃ 高温拉伸性能。从表中可以得出, 随着二次枝晶臂间距的减小, 合金的强度和

塑性均提高。这是因为晶粒越细小，晶界位置处可塞积的位错数目越少，Zener[4] 提出位错塞积会引起应力集中，因而晶粒越细小在晶界处产生的应力集中就越小，要想使晶界处产生位错就必须施加更大的应力，因此合金的抗拉强度增大。并且，二次枝晶臂间距越小，材料变形越均匀，从而减小变形集中，降低了产生微裂纹的倾向。这也就证明，二次枝晶臂间距较大的位置区域，合金的强度和塑性偏低，导致其在相同的铸造残余应力作用下，合金热裂倾向增大。

2.3 碳化物分布及微观偏析对电极开裂行为的影响

图 3 为 GH4105 合金枝晶间碳化物的 EDS 分析，通过基体和碳化物的成分分析对比表明，枝晶间析出碳化物富 Ti 和 Mo 并含有少量 Cr 和 Co，为 MC 型碳化物。

图 4 为 MC 型碳化物在裂纹处的分布。可以看出，在裂纹附近的枝晶间区域，MC 型碳化物点状分布，形状为不规则的块状和条状，且具有尖锐的棱角。且 MC 型碳化物位置处裂纹的宽度大于无碳化物处的裂纹宽度，这也证明枝晶间析出的 MC 型碳化物降低了合金抵抗裂纹扩展的能力，使枝晶间区域和晶界位置在凝固过程中成为合金的薄弱位置，对材料的力学性能产生不利影响。并且在铸造冷却的过程中，MC 型碳化物有时与基体的交界面产生微裂纹，在应力的作用下导致裂纹扩展，最终导致材料的开裂。

表 2　GH4105 合金 800℃拉伸性能
Tab. 2　The tensile property of GH4105 alloy at 800℃

样品编号	二次枝晶臂间距/μm	屈服强度/MPa	抗拉强度/MPa	伸长率/%
A	58	508.26	619.68	9.66
B	70	510.35	616.94	8.00
C	82	535.17	578.54	5.08
D	98	550.71	569.15	3.25

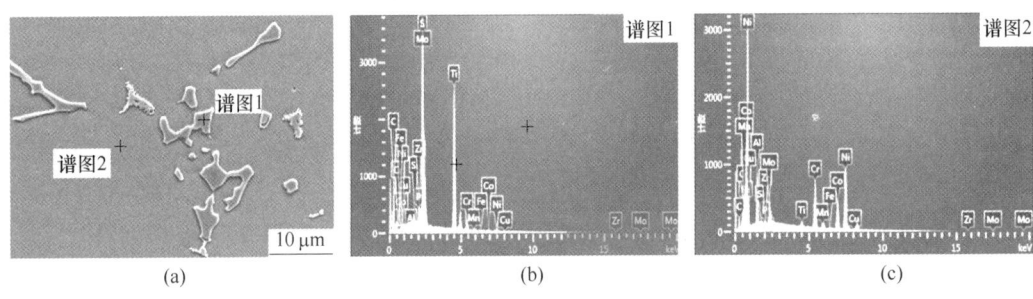

(a)　　　　　　　　(b)　　　　　　　　(c)

图 3　枝晶间碳化物的 EDS 分析
Fig. 3　EDS analysis of carbides at interdendrite
（a）碳化物形貌；（b）碳化物 EDS 分析；（c）基体 EDS 分析

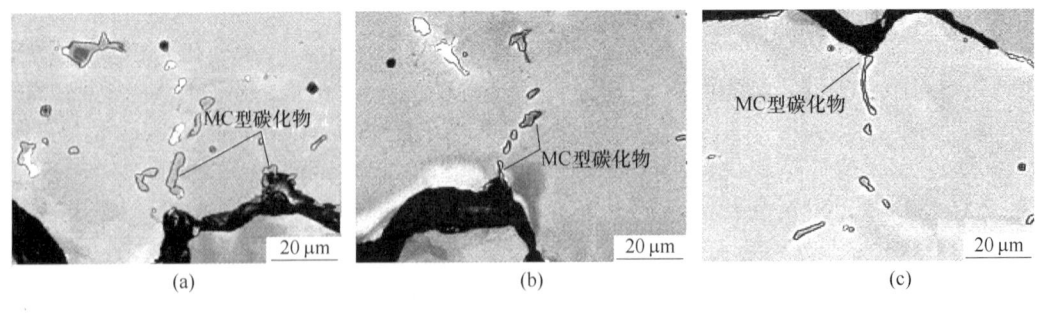

(a)　　　　　　　　(b)　　　　　　　　(c)

图 4　GH4105 合金裂纹附近 MC 型碳化物分布
Fig. 4　Distribution of MC carbides near crack in GH4105 alloy

图 5 为裂纹处与无裂纹处各合金元素的偏析比。从裂纹 a 和裂纹 b 与无裂纹处对比可以看出，Ti 元素偏析最严重，Mo 元素偏析次之。Ti 和 Mo 元素在枝晶间区域和晶界处的偏析使 MC 型碳化物在枝晶间区域和晶界处的析出量增加，大量块状和条状的 MC 型碳化物的析出，在凝固的后期阻断

了枝晶间凝固补缩通道，促进了疏松的形成，降低了材料的强度和塑性，在铸造残余应力的作用下，容易使合金在枝晶间区域和晶界上形成热裂纹。王艳丽等人[5]在 Ti 元素对 IC10 高温合金热裂倾向性的影响研究中发现，当合金中 Ti 元素的含量从 0%、0.2%到 1.5%增加时，合金的固相线温度和液相线温度均下降，但是固液两相温度区间却分别从 150℃、160℃增大到 165℃。Ti 元素含量的增加会使合金固液两相温度区间增大，降低合金的可铸性，增大合金的热裂倾向。

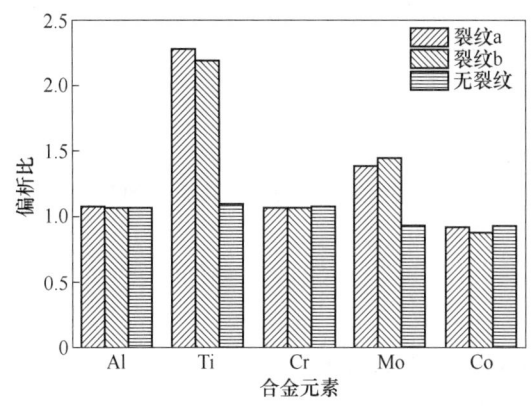

图 5　裂纹处与无裂纹处合金元素的偏析比

Fig. 5　Segregation ratio of alloy elements at crack and no-crack

3　结论

（1）GH4105 合金电极裂纹为凝固热裂纹。在相同区域相同冷速下，无裂纹处、微裂纹处以及主裂纹断裂处一次枝晶臂间距无明显差别，二次枝晶臂间距明显增大。800℃拉伸结果表明，随二

次枝晶臂间距增大，合金的强度和塑性均降低。说明在二次枝晶臂间距较大的位置区域，合金热裂倾向增大。

（2）富 Ti 和 Mo 的 MC 型碳化物主要分布在枝晶间和晶界上，呈形状不规则的块状和条状，具有尖锐的棱角，使凝固过程中产生的应力不易释放，易在碳化物和基体界面产生应力集中，导致碳化物本身碎裂或沿与基体界面裂开形成微裂纹。再加之 Ti 和 Mo 元素在枝晶间和晶界的偏聚使 MC 型碳化物的析出量增加，增大了热裂纹形成倾向。

（3）本试验建议通过控制凝固速度、溶质元素的配比等因素来减小二次枝晶臂间距，甚至通过细化晶粒或打碎树枝晶方法获得等轴晶，同时减轻合金凝固过程中的元素偏析，控制碳化物的析出量等来减小裂纹产生的概率。

参考文献

[1] 郭建亭. 高温合金材料学（上册）[M]. 北京：科学出版社，2008：165~178.
[2] Lim C S, Clegg A J, Loh N L. The reduction of dendrite ARM spacing using a novel pressure-assisted investment casting approach [J]. Journal of Materials Processing Technology, 1997, 70 (1~3)：99~102.
[3] Flemings M C. Solidification processing [J]. Metallurgical Transactions, 1974, 5 (10)：2121~2134.
[4] 钟群鹏，赵子华. 断口学 [M]. 北京：高等教育出版社，2006：63~65.
[5] 王艳丽，黄朝晖，等. Ti 元素对 IC10 高温合金热裂倾向性的影响 [C] //2012 年中国铸造活动周，584~588.

GH4141 合金环轧锻件组织均匀性的研究

邱伟[1*]，魏志坚[1]，叶俊青[1]，孙文儒[2]，万英歌[3]，邹伟[1]

（1. 贵州安大航空锻造有限责任公司，贵州 安顺，561005；
2. 中国科学院金属研究所，辽宁 沈阳，110023；
3. 中航检测安大金属材料理化检测中心，贵州 安顺，561005）

摘　要：针对 GH4141 合金环轧锻件的混晶问题，借助电子背散射衍射（EBSD）分析技术，选取某机型内支撑环 GH4141 合金环轧锻件，分别研究分析了其三种典型组织及其组织特征，分别为：粗、细晶双重态组织，粗晶态组织，项链晶组织。研究结果表明：在 GH414 合金三种典型组织形态中，小角度晶界非常少，退火孪晶的比例则较高，未发现明显的晶粒择优取向；粗、细晶双重态组织和粗晶态组织中的不完全再结晶区域大于项链晶组织，说明在相同加热温度下，轧制变形量是决定该合金组织均匀性的主要参数。选择轧制变形量 30%～37%，试投产了该 GH4141 合金环轧锻件，组织再结晶较为完全、组织均匀性较好。

关键词：GH4141 合金；环轧锻件；EBSD；组织；变形量

Research on the Microstructure Uniformity of Ring Forgings in Ni-base Superalloy GH4141

Qiu Wei[1], Wei Zhijian[1], Ye Junqing[1], Sun Wenru[2], Wan Yingge[3], Zou Wei[1]

（1. The Guizhou Anda Aviation Forging Co., Ltd., Anshun Guizhou, 561005；
2. Institute of Metal Research Chinese Academy of Sciences, Shenyang Liaoning, 110023；
3. Avic Anda Metal Material Physical and Chemical Testing Center, Anshun Guizhou, 561005）

Abstract：For solving the problem of mixed grain on ring forgings in Ni-base superalloy GH4141, the support ring of the GH4141 ring forgings as a typical that was be chosen, the EBSD analysis techniques was used to research three kinds of typical microstructure about the ring forgings, the three kinds of typical microstructure were that coarse and fine crystal duplex microstructure、coarse-grain microstructure、necklace microstructure. The results show that small low-angle grains were very few, the percentage of annealing twins were higher, the grains preference orientation wasn't be found in the three kinds of typical microstructure of the superalloy GH4141. The area of incomplete recrystallization in the crystal duplex microstructure and coarse-grain microstructure were greater than that in the necklace microstructure；Use the same heating temperature, the rolling deformation was the main parameter to determine the uniformity of the superalloy microstructure. The rolling deformation between 30% to 37% were be chosen to produced support ring of the GH4141 ring forgings, the microstructure recrystallization is relatively complete, the microstructure of the alloy is uniformity.

Keywords：GH4141 alloy; roll-forging; EBSD; microstructure; deformation

GH4141 合金为 Ni-Cr-Co 基沉淀硬化型变形高温合金，在 650～900℃ 范围内，具有较高的拉伸和持久蠕变强度，以及良好的抗氧化性能，多用于制造航空发动机燃烧室、机匣内衬等结构[1]。由于该合金 Al、Ti 含量较高，达到 4.4%～4.7%，属于较难变形合金，锻造窗口较窄，热加工工艺

＊作者：邱伟，高级工程师，联系电话：15902638370，E-mail：qiuwei3138@126.com

敏感性较强，组织均匀性差异较大。

针对 GH4141 合金环轧锻件存在混晶、粗细晶双重以及晶粒度级别不满足技术要求（晶粒度≥2级）的问题，本文借助电子背散射衍射（EBSD）分析技术，选取某机型内支撑环 GH4141 合金环轧锻件，分别研究分析了其三种典型组织及其组织特征，分别为：粗、细晶双重态组织，粗晶态组织，项链晶组织，明确了影响 GH4141 合金环轧锻件组织均匀性的主要因数。根据优化工艺，试投产了该 GH4141 合金环轧锻件，其组织均匀性均较好，对改善 GH4141 合金环轧锻件的组织均匀性具有较大的指导意义。

1　实验材料及方法

表 1 和图 1（a）~（c）为选取的某机型 GH4141 合金环轧锻件的三种典型组织，分别为

粗、细晶双重态组织，粗晶态组织，项链晶组织。借助电子背散射衍射（EBSD）分析技术，分别研究了 GH4141 合金环轧锻件三种典型组织的晶界类型、再结晶情况和晶界取向。

选取 1 炉棒料规格为 $\phi250mm$，熔炼炉号为 M3P03-1 的 GH4141 合金棒料，投产 1 批内支撑环 GH4141 合金环轧锻件进行工艺验证，并检查其锻态和热处理态的组织及均匀性。

表 1　GH4141 合金环轧锻件三种典型组织特征
Tab. 1　Three kinds of typical microstructure about GH4141 the ring forgings

材料牌号	熔炼炉号	组织特征	标记
GH4141	M3P03-1	粗、细晶双重态组织	A
	M3N01-2	粗晶态组织	B
	M3N01-3	项链晶组织	C

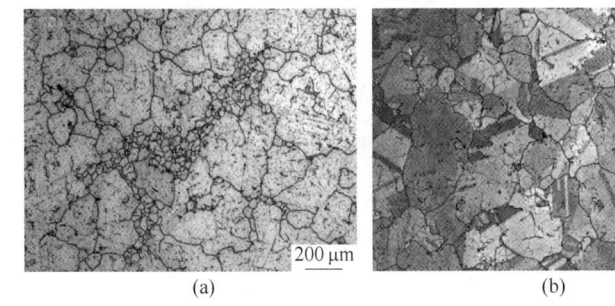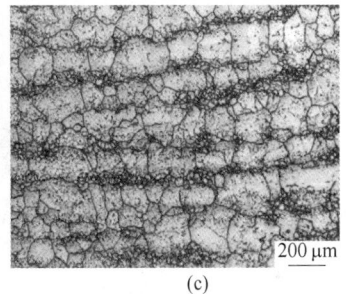

图 1　GH4141 合金环轧锻件三种典型组织
Fig. 1　Three kinds of typical microstructure about GH4141 the ring forgings
（a）标记为"A"的粗、细晶双重态组织；（b）标记为"B"的粗晶态组织；（c）标记为"C"的项链晶组织

2　GH4141 合金环轧锻件的三种典型组织 EBSD 分析

图 2（a）~（c）分别为 GH4141 合金环轧锻件三种典型组织的晶界（GB）图。如图 2 可见，黑色粗线为其他大角度晶界，黑色细线为小角度晶界，红色线为孪晶界。在金相下不容易辨别的形似其他大角度晶界的晶界在 EBSD 中发现实为孪晶界。

根据晶界的取向差分布图，小于 2°的晶界在辨别时误差相对较大，需要进行剔除校正。定义 2°~10°为小角度晶界，小角度晶界非常少，说明合金的变形态组织在固溶处理过程中几乎完全消失。而孪晶的比例分别占到晶界总比例的 64.7%、

67.9%和 51.1%。退火孪晶的比例高。

图 3（a）~（d）分别为 GH4141 合金环轧锻件三种典型组织的 IPF 图+晶界（GB）。由图 3 可见，GH4141 合金中三种典型组织的晶粒的颜色不同，表明晶粒的取向差不同，未发现明显的择优取向。

综上所述，GH4141 合金环轧锻件中的粗、细晶双重态组织和粗晶态组织中的再结晶不完全晶粒很有可能是原始晶粒，在经过热处理之后，虽然发生了再结晶，但由于变形不充分和热处理等原因，导致再结晶不完全，再结晶晶粒虽然形核了，但没有长大，原始大晶粒没有消除。而项链晶组织中虽然有链状的小晶粒，但周围的再结晶比较完全，再结晶程度较好。同时，该三类典型组织中的退火孪晶比例较高，是性能没有出现下

降的原因。由于该合金的三种典型组织来源于同一类环轧锻件和同一热处理制度，可以暂不考虑热处理的原因。根据再结晶的理论，合金粗晶、混晶主要原因可以认为是轧制过程中的变形不充

分，也就是轧制变形量选取的不合适。通过对前期环轧产品生产过程的追溯，上述三种典型组织的终轧变形量在 22%～28%之间，将其终轧变形量增加，按 30%～37%进行控制。

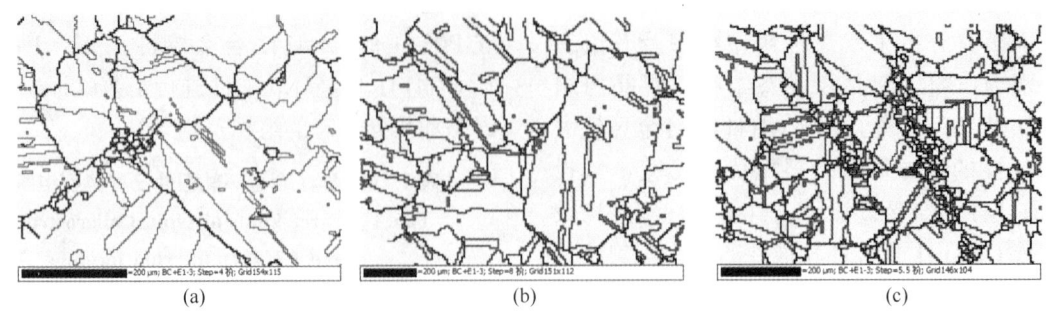

(a)　　　　　　　(b)　　　　　　　(c)

图 2　GH4141 合金环轧锻件三种典型组织的 GB 图

Fig. 2　GB map of three kinds of typical microstructure about GH4141 the ring forgings

（a）标记为 "A" 的粗、细晶双重态组织；（b）标记为 "B" 的粗晶态组织；（c）标记为 "C" 的项链晶组织

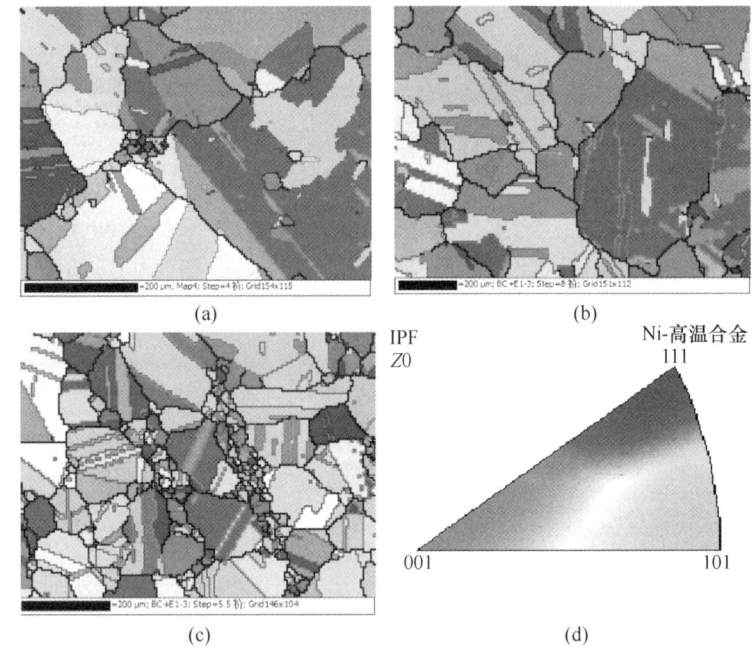

(a)　　　　　　　(b)

(c)　　　　　　　(d)

图 3　GH4141 合金环轧锻件三种典型组织的 IPF 图+晶界（GB）

Fig. 3　IFP map and GB map of three kinds of typical microstructure about GH4141 the ring forgings

（a）标记为 "A" 的粗、细晶双重态组织；（b）标记为 "B" 的粗晶态组织；

（c）标记为 "C" 的项链晶组织；（d）IPF 图

3　GH4141 合金环轧锻件工艺验证

选取熔炼炉号 M3P03-1，规格为 φ250mm 的 GH4141 棒材，投产 1 批内支撑环 GH4141 合金环轧锻件进行工艺验证，该锻件的终轧变形量按

30%～37%进行控制。该环轧锻件的主要工艺路线：下料→镦粗冲孔→预轧→终轧→退火固溶热处理→粗加工→探伤→理化测试。

图 4 为 GH4141 合金棒材本体显微组织。根据 GB/T 6394 对该合金棒材本体进行评级，其平均晶粒度为 2 级。

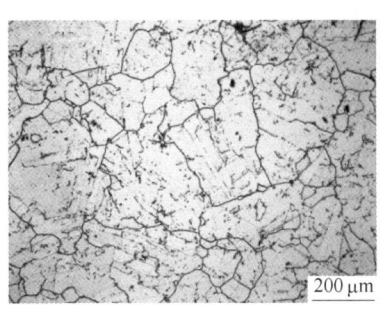

图 4　GH4141 合金棒材本体显微组织（100×）

Fig. 4　Microstructure of bar of superalloy GH4141（100×）

由图 4 可见，在该炉 GH4141 棒材显微组织中，一部分大晶粒内部呈现隐约可见的不完整晶界以及小晶粒，不完整晶界和小晶粒的晶界均较为平直；另一部分大晶粒再结晶较充分，明显被几个平直晶界分化成多个晶粒，特别是在几个大

晶粒相交的三叉晶界处，其再结晶行为更明显。上述情况说明，该炉 GH4141 棒材的终锻温度控制较好，但其锻制变形量较小。

图 5（a）～（c）为优化工艺生产的内支撑环GH4141 合金环轧锻件横截面的锻态显微组织。由图 5（a）～（c）可见，GH4141 合金锻件的外径、中径和内径处的显微组织基本为等轴晶粒，其晶界较为平直且组织较为均匀，合金的晶内和晶界处分布粗大一次碳化物（MC）。按照 GB/T 6394对其平均晶粒度进行评级，其锻件外、中、内径处的平均晶粒度均为 5～6 级。

图 6 为优化工艺生产的 GH4141 合金内支撑环锻件退火+固溶态显微组织和宏观组织。由图 6（a）和（b）可见，该 GH4141 合金锻件组织较为均匀，根据 GB/T 6394 评判晶粒度，其平均晶粒度级别为 5 级。

图 5　内支撑环 GH4141 合金环轧锻件横截面的锻态显微组织

Fig. 5　Forging microstructure of cross-section of roll forging GH4141

（a）外径处（100×）；（b）中径处（100×）；（c）内径处（100×）

图 6　内支撑环 GH4141 合金环轧锻件经退火+固溶处理后组织

Fig. 6　Annealling+solution treatment structure of roll forging GH4141

（a）显微组织（100×）；（b）宏观组织

4　结论

（1）借助电子背散射衍射（EBSD）分析技

术，研究分析了 GH4141 合金环轧锻件的三种典型组织形态，分别为：粗、细晶双重态组织，粗晶态组织，项链晶组织。根据 EBSD 分析得出的 IPF图+晶界图、再结晶+晶界图和晶界取向差分布图，

该三种典型显微组织中的小角度晶界非常少，退火孪晶的比例则较高，未发现明显的晶粒择优取向；粗、细晶双重态组织和粗晶态组织中的不完全再结晶区域较大于项链晶组织，说明该项产品的轧制变形量选取不合适。

（2）根据 EBSD 的分析结果，制定优化工艺，该锻件的终轧变形量按 30%~37% 进行控制，投产了 1 批内支撑环 GH4141 合金环轧锻件，分别观察了其锻态和退火固溶态显微组织及宏观组织，其组织较为均匀，晶粒度约 5.0~6.0 级，说明环轧变形量是决定该项产品组织均匀性的主要因素之一。

参考文献

［1］《工程材料实用手册》编辑委员会. 工程材料实用手册（第 2 卷）［M］. 北京：中国标准出版社，2002.

GH4141 合金环轧件组织对拉伸及持久性能的影响

刘芳[1]，信昕[1]，蔡梅[2]，孙文儒[1*]

（1. 中国科学院金属研究所，辽宁 沈阳，110016；
2. 中国航发沈阳黎明航空发动机有限责任公司精密锻造厂，辽宁 沈阳，110043）

摘 要：研究了 GH4141 合金环形锻件的显微组织对拉伸和持久性能的影响，发现合金室温、760℃拉伸及900℃/170MPa 持久断裂机制为：裂纹萌生于大块碳化物，之后沿晶界析出相扩展，最终裂纹相互连通造成试样断裂。在较低的变形温度及较小的变形量下，得到未完全再结晶的不均匀晶粒组织，碳化物在晶内晶界大量析出，严重的在晶界呈膜状，粗化明显，主要强化相 γ′相析出不足，导致合金的拉伸持久强度降低，塑性变差。在较高的变形温度下，采用较大的变形量可以获得完全再结晶组织，晶粒度为均匀的 6 级晶粒；碳化物适量析出，晶界碳化物呈颗粒状分布；较高的变形温度及变形量使锻件储存足够的能量，使强化相 γ′相在热处理过程中充分析出，从而保证合金高的拉伸及持久强度，以及较好的塑性。在上述研究结果的基础上，对热变形工艺进行了优化。

关键词：GH4141 合金；环形锻件；显微组织；拉伸和持久性能

Effects of the Microstructure on Tensile and Stress Rupture of GH4141 Alloy Forged Ring

Liu Fang[1]，Xin Xin[1]，Cai Mei[2]，Sun Wenru[1]

（1. Institute of Metal Research，Chinese Academy of Sciences，Shenyang Liaoning，110016；
2. Precision Forging Plant，Shenyang Liming Aero Engine Co.，Ltd.，Shenyang Liaoning，110043）

Abstract：The effects of microstructure on tensile and stress rupture properties of GH4141 alloy forged ring have been investigated. The results showed that the crack was initiated near the blocky carbide and then propagated along the carbides on the grain boundaries in the tensile samples at RT，760℃ and the stress rupture samples at 900℃/170MPa. Both the tensile strength and tensile ductility reduced with the decrease of deformation temperature and deformation ratios. The reasons for the dual grain microstructure were caused by incompleted crystallization，excessive precipitates on grain boundary and the shortage of γ′ phase. On the contrary，complete recrystallization occurred when the deformation temperature and deformation ratios were increasing. It was observed that the even grain microstructure with ASTM 6 grain size was achieved，and the dispersed granular-like carbides precipitated on the grain boundaries. The γ′ phase was also found to be fully precipitated. Sufficient γ′ precipitates and fine carbides contributed to improve the tensile and stress rupture properties. The hot working process was optimized accordingly.

Keywords：GH4141 alloy；forged ring；microstructure；tensile and stress rupture properties

　　GH4141 合金是 20 世纪 50 年代发展的一种 Ni-Cr-Co 基沉淀强化型变形高温合金，主要以时效沉淀 γ′相和 M_6C 型碳化物为主要强化相，合金在 650～900℃范围内具有较好的综合力学性能、优异的抗氧化性及良好的机加工性能，在航空和航天发动机上多个部件得到应用[1-3]。但

＊作者：孙文儒，研究员，联系电话：13904001591，E-mail：wrsun@imr.ac.cn

是，在实际应用中，合金的组织和性能依赖于热加工工艺，在实际生产难于控制。本文以该合金主要产品之一的环轧件为研究对象，分析了合金在不同制备工艺条件下室温、760℃拉伸及900℃/170MPa持久性能，探讨了该合金的显微组织对性能的影响，为合金生产过程中质量控制提供依据。

1 试验材料及方法

实验合金为 $\phi200mm$ 的棒材。主要工艺为制坯和轧制，将坯料镦粗、冲孔、扩孔及整形（快锻机，1600t）；轧制工序在 30000t 压机上完成。共开展了 6 个热变形工艺试验，采用的具体工艺如表 1 所示。从环件弦向相同部位切取拉伸及持久性能测试试样，从环件中心部位切取组织观察试样，经热处理制度：1080℃×4h，油冷+1200℃×1h，空冷+900℃×4h，空冷后对试样的组织进行了金相观察，并测试了室温拉伸、760℃拉伸以及 900℃/170MPa 持久性能。

表 1　合金实验方案
Tab. 1　Processing of GH4141 alloy

试样号	制坯温度/℃	轧制温度/℃	轧制变形量/%
F1	1160	1160	45
F2	1160	1140	30
F3	1160	1120	15
F4	1140	1160	45
F5	1140	1140	30
F6	1140	1120	15

2 实验结果及分析

2.1 拉伸及持久性能

图 1 是合金在不同热加工工艺的拉伸性能，室温拉伸的抗拉强度的最低值为 F5 工艺。室温的屈服强度随 F1 到 F6 工艺呈降低趋势，但变化不明显。760℃拉伸的抗拉强度不同的工艺之间变化不明显，屈服强度则随着制坯温度降低轧制温度及变形量减小而呈下降趋势。室温及 760℃拉伸塑性变化趋势相同，各试样的拉伸塑性先降低后升高，最低点出现在 F4 工艺和 F5 工艺。

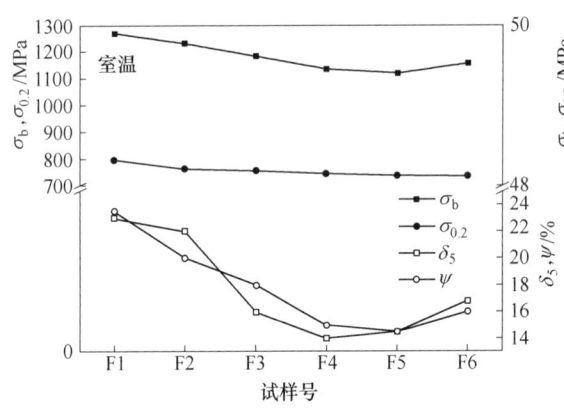
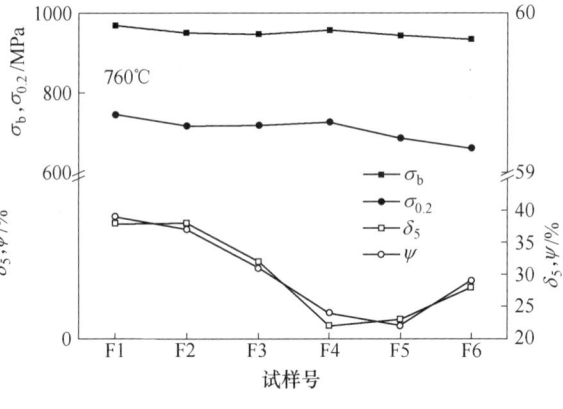

图 1　不同热加工工艺试验合金的拉伸性能

Fig. 1　Tensile properties of the test alloys at the different hot working parameters

图 2 是合金不同热加工工艺试样 900℃/170MPa 条件下持久性能曲线。方案 F6 试样的持久寿命最高，为 128h，方案 F3 试样的持久寿命最低，为 28h；所有合金的持久塑性都较好，塑性最低的方案 F5 试样的塑性达到了 25%，持久塑性最好的工艺 F2 试样的塑性则达到了 50%。

2.2 显微组织对拉伸及持久性能的影响

γ' 强化相是影响拉伸强度的主要因素，热变

形过程中，变形温度越高，变形越剧烈，能量存储就越多，在后续的热处理过程中 γ' 相析出越充分，强度越高。[3] 同时，热变形温度和变形量晶粒尺寸对合金的室温拉伸强度也有明显的影响。热变形过程中，组织演化是一个能量存储及释放过程[4]，热变形过程中，变形温度越高，变形量越大，能量存储就越多。达到一定值就会发生动态再结晶，存储的能量越多，再结晶就越充分，

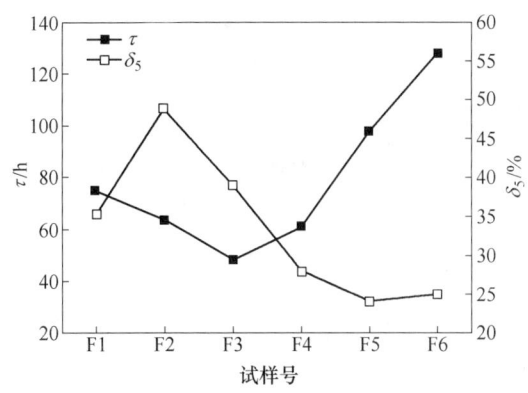

图 2　不同热加工方案试样 900℃/170MPa 持久性能

Fig. 2　The stress rupture properties of the alloys at the different hot working process at 900℃/170 MPa

全再结晶组织，再结晶程度相对较低，晶粒度分别为 4 级混 7 级、3 级混 7 级和 3 级混 7 级。试样 F6 组织的再结晶程度最低，仅在局部区域发生了再结晶，晶粒度为 3~4 级，个别 8 级。

由于后续的热处理并不能改变合金的晶粒度[5]，F6 试样的室温抗拉强度略有提高，可能与其均匀的未再结晶的晶粒尺寸有关。

另外，在热变形过程中，变形温度越高，变形量越大，能量存储就越多，在后续的热处理过程中 γ′ 相析出越充分，析出强化效果更显著[6]，因而 F1 试样拉伸强度较高。随变形温度降低，变形量变小时，拉伸强度呈下降趋势。

图 4 是各试样的碳化物析出形貌，试样 F1 晶界析出不连续的颗粒状 M_6C 相，随着变形温度降低和变形量减小，合金热处理后碳化物析出数量增多，形成连续析出并且宽化严重。从 F6 的试样组织来看，未再结晶的显微组织在后期热处理后碳化物在晶界及晶内都有大量析出，尤其是晶内有较多析出。

因而晶粒组织就会均匀细小。经上述实验方案生产的环锻件中心部位试样晶粒组织如图 3 所示，F1 试样组织为完全再结晶组织，晶粒度 6 级；试样 F2 为不完全再结晶组织，但再结晶程度较高，晶粒度为 6 级混 3 级；试样 F3、F4、F5 都为不完

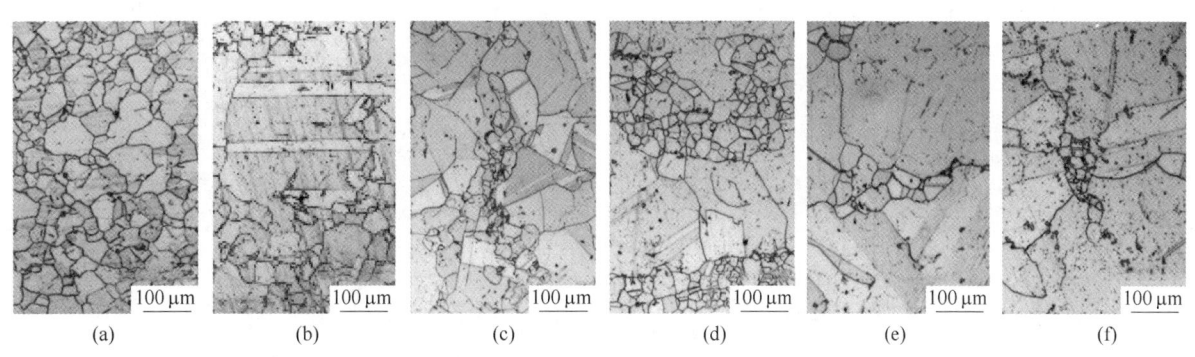

图 3　GH4141 合金各试样金相组织形貌

Fig. 3　Morphologies of GH4141 samples under different hot working process

(a) F1；(b) F2；(c) F3；(d) F4；(e) F5；(f) F6

在 F1 实验方案条件下，合金获得最好的室温及 760℃拉伸塑性，这是由于颗粒状 M_6C 相沿晶界弥散析出，如图 4 (a) 所示。实验方案 F4 晶界碳化物呈连续析出，如图 4 (d) 所示，导致合金室温及 760℃拉伸塑性化急剧下降[7]。在 F5 条件下，碳化物在晶界析出严重并宽化，如图 4 (e) 所示，使拉伸塑性最低。实验方案 F6 比 F4 及 F5 晶界析出有所减少，晶内析出增多，使得合金塑性有所提高。

合金在不同变形条件下的断口尖端纵切面典型形貌如图 5 所示。图 5 (a) 是 F1 试样室温拉伸断口典型形貌；图 5 (b) 是 F3 试样 760℃拉伸断口典型形貌；图 5 (c) 是 F1 试样 900℃/170MPa

持久断口典型形貌；图 5 (d) 是 F3 试样 900℃/170MPa 持久断口典型形貌。观察结果表明，合金的断口有一个共同的特征是显微裂纹起源于大块状的碳化物，然后沿析出相尤其是晶界析出相扩展使显微裂纹互相连通，最后造成断裂。合金在方案 F1 具有好的持久寿命及持久塑性，该条件下轧制，热处理后强化相 γ′ 析出较充分，使合金具有较高的晶内强度，得到较均匀的完全再结晶晶粒，晶粒度 6 级，晶界析出颗粒状、分离的碳化物，晶界强度也较高，合金的晶内晶界强度配合良好，持久断口如图 5 (c) 所示。F6 试样具有最高的持久寿命，最低的持久伸长率，该试样变形过程中在晶界的局部发生了再结晶，晶粒组织基

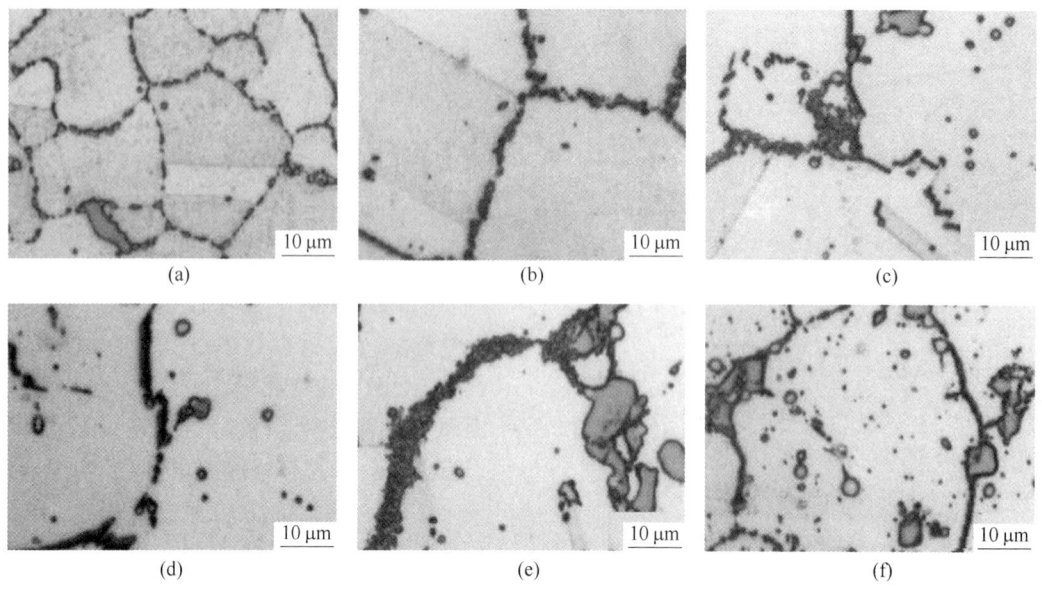

图4　不同热加工工艺下 GH4141 合金碳化物形貌

Fig. 4　Carbide morphologies of GH4141 alloys at different hot working process

(a) F1；(b) F2；(c) F3；(d) F4；(e) F5；(f) F6

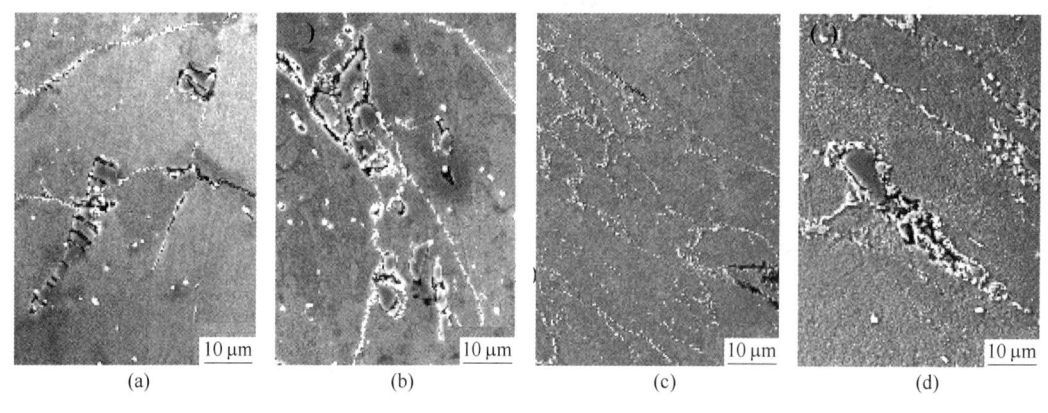

图5　试验合金拉伸及持久断口典型形貌

Fig. 5　Fracture morphologies of GH4141 alloys under tensile test at various temperatures

(a) F1 试样室温拉伸；(b) F3 试样 760℃拉伸；(c) F1 试样 900℃/170MPa 持久断口；(d) F3 试样 900℃/170MPa 持久断口

本上是未再结晶的 3~4 级晶粒，对于持久性能来讲，晶粒尺寸大对持久寿命是有利的，晶内强化相析出不足，以及大块相的大量析出，造成持久塑性低下。

3　结论

γ′相的析出数量，碳化物的数量、形态及分布，以及再结晶晶粒尺寸对 GH4141 合金的拉伸和持久性能影响较为显著，三者之间的合理匹配，能够使得合金获得好的综合性能。

GH4141 合金使用现有设备进行锻造，采用制坯温度 1160℃、轧制温度 1160℃、轧制变形量 45%，可以获得组织性能理想的环轧锻件。

参考文献

[1] 袁英，刘雅静，等. 热加工参数对 René41 合金组织和持久性能的影响 [J]. 钢铁研究学报，1997，9：32~37.

[2] 于慧臣，谢世殊，吕俊英，等. GH4141 的显微组织控制 [J]. 材料工程，2003，5：7~10.

[3] Li J，Wang H M，Tang H B. Effect of heat treatment on microstructure and mechanical properties of laser melting

deposited Ni-base superalloy René41 [J]. Mater. Sci. Eng. A, 2012: 550, 97~102.

[4] Poliak E I, Jonas J J. A one-parameter approach to determining the critical conditions for the initiation of dynamic recrystallization [J]. Acta. Mater., 1996, 44 (1): 127~136.

[5] 王凯, 刘东, 耿剑, 贺子研. GH4141 合金的热态变形特性, 材料热处理技术 [J]. 2009, 38 (8): 48~53, 95.

[6] 张华, 郭灵, 荣继祥. GH4141 合金环形锻件轧制工艺参数的研究 [J]. 材料工程, 1996, 11: 34~36, 29.

[7] 刘雅静. GH4141 镍基合金晶界薄膜的研究 [D]. 沈阳: 东北大学, 1996.

GH4145 合金管冷轧有限元模拟

张伟红[*]，王蕾雯，孙文儒

（中国科学院金属研究所高温合金部，辽宁 沈阳，110016）

摘　要：采用 Simufact 有限元软件建立 GH4145 合金管材多周期三辊冷轧有限元模型，对多周期管材冷轧成型过程进行有限元模拟，模拟得到的管材轧制力与理论计算轧制力相当，管材形状与实验得到管材形状相吻合，表明本文建立的有限元模型有效。本文给出了转角对管材尺寸精度的影响规律，确定了得到高尺寸精度的管材冷轧工艺参数。

关键词：GH4145 合金管材；多周期；三辊冷轧；有限元模型

The FEM Simulation Research on Cold Rolled Tube of GH4145 Alloy

Zhang Weihong, Wang Leiwen, Sun Wenru

（Superalloy Division, Institute of Metal Research, Chinese Academy of Sciences, Shenyang Liaoning, 110016）

Abstract：A finite element model of multicycle three-roller cold rolled GH4145 alloy tube was established based on Simufact, a finite element analysis software. The finite element simulation of the multicycle cold rolled tube forming process was investigated. The simulated rolling force of the tube was corresponded with the theoretically calculated rolling force. The simulated shape of the tube was consistent with the shape of the practicality tube. It indicated that the finite element model was effective. Furthermore, the effects of the rotation angle on the size accuracy of the tube was also researched. The cold rolled tube process with high dimensional accuracy was determined through above-mentioned investigation.

Keywords：GH4145 alloy tube; multicycle; three-roller cold rolling; finite element model

GH4145 合金由于其优异的综合性能，被用于制作航空发动机上的套管零件，要求具有较高的尺寸精度。该合金为难成型合金，变形抗力大，加工窗口窄，要得到高尺寸均匀性的管材，需要反复试验来确定轧制工艺参数。通过有限元模拟研究管材三辊冷轧过程工艺参数对管材轧制力和尺寸精度的影响，对于轧制高尺寸均匀性的管材有重要的指导意义。由于三辊冷轧过程的复杂性，目前通常是对一个行程冷轧[1] 或两辊冷轧过程[2] 进行模拟分析，而实际轧出的管材是多周期作用的结果，为更符合实际，需对管材冷轧多周期过程进行有限元模拟。本文采用 Simufact 软件建立管材三辊冷轧的全过程的数值模拟模型，为采用有限元分析工艺参数对管材的影响奠定基础。

1　有限元模型的建立和验证

采用 Simufact 软件建模，忽略轧辊辊径和滑道之间的作用，将轧辊、芯棒简化为刚性体，轧辊绕自身轴线旋转并按滑道曲线进给，完成一个周期轧制后，芯棒带动管坯回转一定角度，同时顶管推动管坯送进一定距离。轧辊的运动规律由连杆的运动以及滑道曲线形状计算得到。为尽可能接近实际，模拟计算多个完整的周期，轧制出成品管至少 200mm 以上。

*作者：张伟红，副研究员，联系电话：024-23971325，E-mail：whzhang@imr.ac.cn

1.1　材料模型

材料模型采用 GH4145 合金的真应力、真应变实测数据,如图 1 所示。测试室温下,应变速率为 0.5s^{-1}、5s^{-1}、10s^{-1},应变为 10%、30%、50%、70% 条件下的真应力-真应变曲线,导入软件数据库中。弹性模量 213.7GPa,泊松比 0.29。

1.2　几何模型

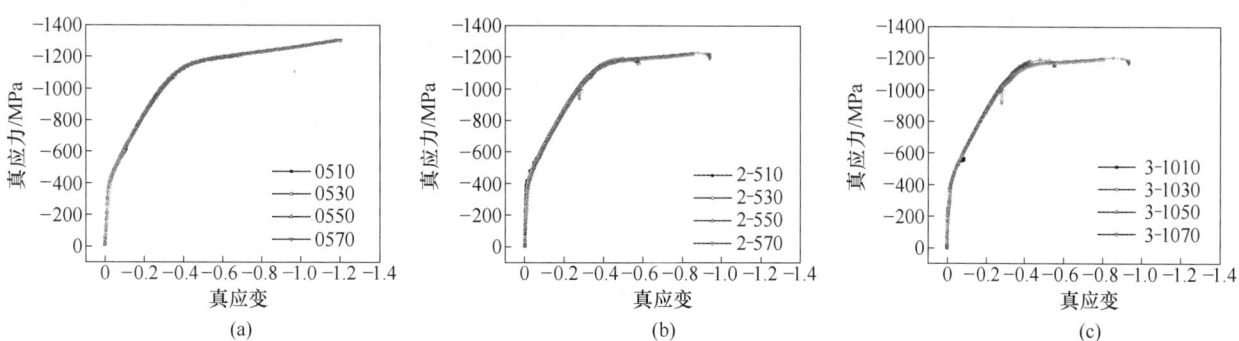

图 1　GH4145 合金的应力-应变曲线

Fig. 1　The stress-strain curves of GH4145 alloy

(a) 0.5s^{-1}; (b) 5s^{-1}; (c) 10s^{-1}

三个轧辊在圆周方向呈 120° 均匀分布,轧辊轧槽为等半径,与成品管尺寸一致,模拟管坯尺寸为 ϕ44mm×8mm,成品尺寸 ϕ41mm×6.7mm。将不直接与管坯接触的辊径部分略去,采用 Space-claim 软件建立轧辊、管坯、芯棒、顶管的三维模型,轧辊分别为 +X, -X+Y, -X-Y 三个位置排列,以 stl 格式导入到 Simufact 软件中进行组合,如图 2 所示。

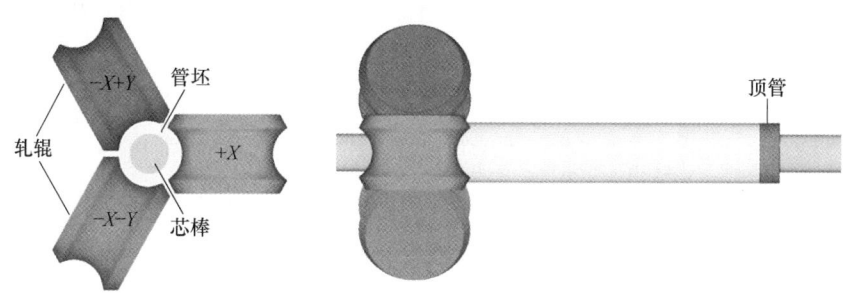

图 2　管材冷轧的几何模型

Fig. 2　The geometric model of cold rolled tube

1.3　运动模型

轧管运动的实现是建模的关键。根据三辊轧管机工作原理[3],轧辊的平移动速度如公式(1)所示:

$$V = Ar\omega(\sin\varphi + \cos\varphi\tan\zeta) \tag{1}$$

式中,A 为摇杆轴心到连轧辊架支点和轴心到连机架支点的距离比;r 为曲柄半径;ω 为曲柄的角速度;φ 为曲柄的回转角;ζ 为连杆与水平线夹角。

根据连杆与曲柄之间的关系[3] 可以推得:

$$\zeta = \arcsin((B\sin\varphi - e)/r) \tag{2}$$

$$\varphi = \omega t \tag{3}$$

式中,B 为连杆长度;t 为时间;e 为曲柄中心与连杆中心的垂直距离。

得到轧辊运动的水平速度与时间的关系方程为:

$$V = Ar\omega(\sin\varphi + \cos\varphi\tan(\arcsin((B\sin\varphi - e)/r))) \tag{4}$$

这样根据滑道曲线的尺寸,可以得到轧辊在

各点的时间-位移坐标系，导入到 Simufact 软件的运动方程表中，得到轧辊的运动轨迹。

2 模型的验证

采用上述模型计算得到成品管，端头形状如

图 3 所示，与实验得到管坯端头形状吻合。

将计算得到的轧管尺寸与实测轧成管尺寸相对比。外径、壁厚测量取三点平均值。比较结果如表 1 所示，外径偏差值在 1% 以内，壁厚偏差值在 3% 以内，说明计算结果有效。

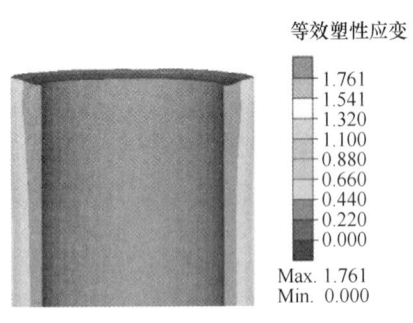 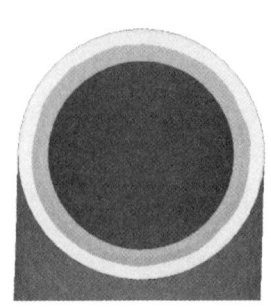 

图 3 模拟管端部形状与实验管对比

Fig. 3 The compared shape of the end of the simulated tube and the experimental tube

表 1 轧管尺寸对比

Tab. 1 Size comparison table of the rolling tube

距端头距离/mm	外径/mm（取 3 点平均值）			壁厚/mm（取 3 点平均值）		
	计算	实测	偏差/%	计算（8 点）	实测（3 点）	偏差/%
10	40.96	41.14	0.44	6.63	6.53	−1.59
30	40.94	41.18	0.58	6.71	6.71	−0.04
50	40.89	41.28	0.95	6.67	6.82	2.10
70	41.07	41.24	0.41	6.69	6.88	2.77
90	41.10	41.16	0.15	6.73	6.73	0.02
100	41.03	41.20	0.41	6.70	6.77	1.06

轧制力即作用在轧辊上的力的理论计算公式[3] 如下所示：

$$P = K\sigma_{bc}(D_0 + D_T)\sqrt{m\mu(S_k - S_T)\frac{R_k}{l_P}}$$

式中，σ_{bc} 为管材变形前后强度极限平均值；D_0、D_T 为管坯和轧成管直径；R_k 为轧制半径，l_P 为工作锥压下部分的长度，K 为考虑多辊冷轧管机变形特点的系数，取 1.6~2.2。

按照上述公式，得到管成型轧制力，取模拟管经减径、减壁、定径段成型后稳定状态 10 个轧制力最高值的平均值与之相比较，结果如表 2 所示，可见吻合较好，表明模拟结果有效，可用于预测管成型过程。

表 2 轧制力理论计算与模拟结果对比

Tab. 2 Comparison table of the simulated rolling force and the theoretically calculated rolling force

工　艺	$\phi44\times8\rightarrow\phi41\times6.7$
计算轧制力	150.409kN
模拟轧制力	150.56kN

3 转角对轧管尺寸的影响

GH4145 合金管材的壁厚精度是需要控制的主要指标，采用实验方法得到测量结果一般仅为管端头尺寸，对于壁厚尺寸的分布，则存在较大误差。采用模拟的方法，研究转角对轧管壁厚尺寸的影响，通过前面对模拟得到管尺寸的验证来看，可以较准确预测轧成管的尺寸。由于转角对尺寸均匀性影响最为显著，其他参数不变的情况下，单独研究转角对尺寸的影响。转角选择为 30°、40°、50°、60°、70°，对轧成管在长度方向上每隔 10mm 取一个截面，取每个截面上的八个位置的壁厚尺寸，如图 4 所示。考查轧出管长度方向的尺寸均匀性，由此也可以确定轧成品管的管切头尺寸。

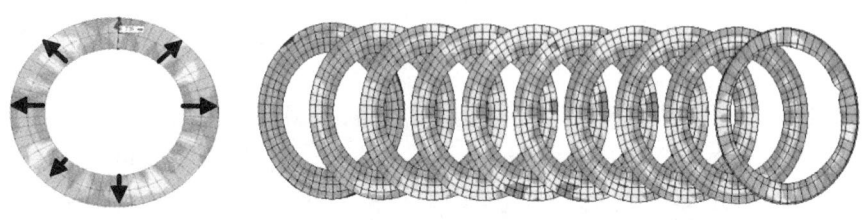

图 4　取壁厚示意图

Fig. 4　The schematic diagram of wall thickness

图 5 为轧成管端头 150mm 长度内的管壁厚平均尺寸的变化，图 6 为壁厚尺寸均匀性的对比。

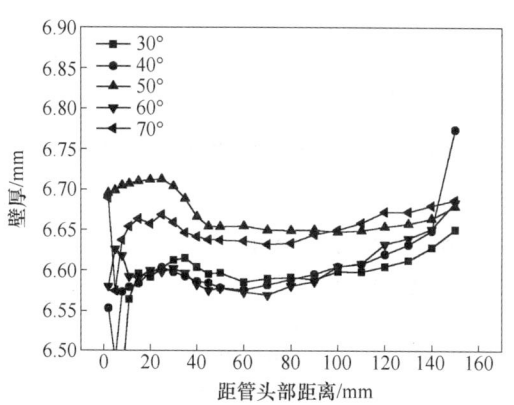

图 5　壁厚尺寸对比

Fig. 5　The comparison of the wall thickness

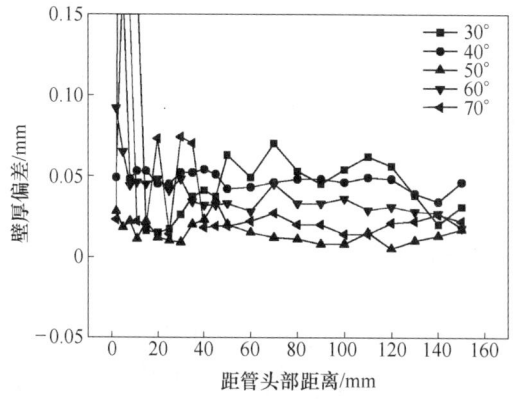

图 6　壁厚尺寸均匀性对比

Fig. 6　The size uniformity comparison of the wall thickness

由图 5、图 6 可知，在 150mm 长度内，转角 50°时，管材的壁厚尺寸最接近设计值，并且其尺寸均匀性也最好。

4　结论

（1）建立了 GH4145 合金三辊冷轧管材的有限元模型，计算得到的轧管形状、尺寸、轧制力与实验结果对比吻合较好，建立的有限元模型有效，可用于管成型过程分析。

（2）采用建立的有限元模型分析了转角对壁厚尺寸均匀性的影响，当转角 50°时，管材的壁厚尺寸最接近设计值，并且其尺寸均匀性也最好。

参考文献

[1] Lodej B, Niang K, Montmitonnet P, et al. Accelerated 3D FEM compuptation of the mechanical history of the metal deformation in cold pilgering of tubes [J]. Journal of Materials Processing Technology, 2006, 177: 188 ~191.

[2] 黄亮，徐哲，代春，等. TA18 钛合金管材多行程皮尔格冷轧过程三维有限元模拟：1 理论解析、模型建立与验证 [J] 稀有金属材料与工程，2013，42（3）.

[3] 李连诗. 钢管塑性变形原理 [M]. 北京：冶金工业出版社，1989.

难变形高温合金 GH4151 盘锻件锻造工艺研究

贾崇林[1*]，吕少敏[1,2]，田丰[3]，叶俊青[3]，王龙祥[3]，张勇[1]，田世藩[1]

（1. 北京航空材料研究院先进高温结构材料重点实验室，北京，100095；

2. 北京科技大学新材料技术研究院，北京，100083；

3. 贵州安大航空锻造有限责任公司，贵州 安顺，561005）

摘　要：对新型难变形高温合金 GH4151 进行了晶粒长大规律和超塑性研究，在此基础上开展了盘锻件锻造成形工艺试验。结果表明：GH4151 合金对热工艺温度十分敏感，在高于 1145℃ 热处理，合金晶粒长大迅速；在较低的应变速率下，合金具有超塑性变形行为，合金的热变形抗力大幅降低，盘件合理的变形工艺温度应控制在 γ+γ′相两相区内，在确定的锻造工艺下制备的盘锻件具有满意的力学性能。

关键词：GH4151 合金；晶粒长大；超塑性；锻造成型；力学性能

Research on Forging Processing of a Difficult-to-Deform Superalloy GH4151 Disk Forgings

Jia Chonglin[1], Lv Shaomin[1,2], Tian Feng[3], Ye Junqing[3],
Wang Longxiang[3], Zhang Yong[1], Tian Shifan[1]

（1. Science and Technology on Advanced High Temperature Structural Materials Laboratory,
Beijing Institute of Aeronautical Materials, Beijing, 100095；

2. Institute for Advanced Materials and Technology, University of
Science and Technology Beijing, Beijing, 100083；

3. Guizhou Anda Aviation Forging Co., Ltd., Anshun Guizhou, 561005）

Abstract：The grain growth and superplasticity of a new C&W superalloy GH4151 were studied. On the basis of this, the forging tests of disc forgings were carried out. The results show that the GH4151 alloy is very sensitive to the thermal process temperature. The grain size of the alloy grows rapidly when the heat treatment temperature is higher than 1145℃. The alloy has superplastic deformation characteristics at low strain rate and the thermal deformation resistance of the alloy is greatly reduced. The reasonable deformation temperature of the disc forgings should be controlled in the region of γ+γ′ double phase. The disc forgings prepared have good mechanical properties.

Keywords：superalloy GH4151；grain growth；superplasticity；forging forming；mechanical properties

针对先进航空发动机对高承温能力、高可靠、低成本涡轮盘材料的使用需求和发展，国内近年来研发了一种长期使用温度范围 750~800℃ 的新型镍基变形高温合金 GH4151。GH4151 属于复杂合金化的高热强性难变形高温合金，该合金主要强化相 γ′相含量约 52%，γ′相完全固溶温度高，合金热加工工艺窗口窄，热加工塑性低，金属流动性差，锻造组织控制难度大。已经进行的研究表明，难变形高温合金对应变速率非常敏感[1,2]，在高应变速率变形条件下，容易出现锻造裂纹，

---
* 作者：贾崇林，高级工程师，联系电话：010-62498236；E-mail：biamjcl@163.com

因此，这类合金适宜在低的应变速率下进行超塑性等温锻造。同时，变形过程中要形成均匀细小的再结晶晶粒组织，这样可以使难变形高温合金涡轮盘模锻件的整个截面，在随后的热处理中得到规定的组织，从而保证盘锻件力学性能的稳定性[3]。如何通过控制 GH4151 合金锻造成型工艺来控制盘件合金的微观组织并最终获得具有优良综合性能的涡轮盘锻件是盘件制备中要解决的核心问题。

本文通过开展 GH4151 合金晶粒长大规律热处理试验、超塑性拉伸试验以及盘锻件锻造工艺试验，研究了 GH4151 合金盘锻件模锻成型工艺，目的是为我国难变形高温合金盘件的制备提供技术支撑。

1 材料与试验方法

试验所用材料为 GH4151 合金 ϕ180 棒材，棒材平均晶粒尺寸 10~15μm，平均晶粒度为 ASTM 9~10 级，晶粒组织均匀细小，见图 1。从 ϕ180 棒材上切取试样，首先进行了晶粒长大性热处理试验，热处理加热温度分别为：1145℃、1155℃、1165℃、1175℃；其次在 1060℃、1080℃、1100℃变形温度，初始应变速率范围为 $1×10^{-4}$~$1×10^{-3} s^{-1}$下进行低应变速率拉伸试验；最后，在国内 63MN 液压机上进行了盘锻件的试制，并对研制的盘锻件进行了组织观察分析和主要力学性能评价。

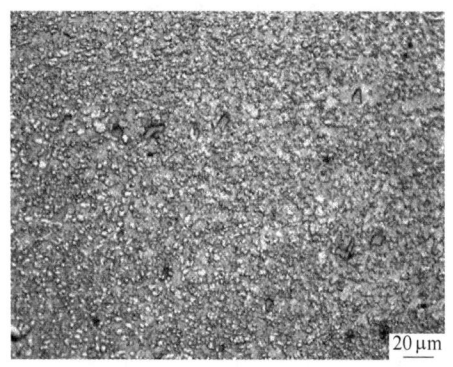

图 1 GH4151 合金原始棒材细晶组织

Fig. 1 Fine grain microstructure of GH4151 alloy forged bar

2 试验结果及分析

2.1 GH4151 合金晶粒长大规律

在盘锻件生产中，控制并获得细小均匀的晶粒组织是十分重要的。为此，研究了热处理温度对 GH4151 合金晶粒尺寸的影响，以便为盘锻件生产中制定合理的热工艺温度提供理论依据。图 2 是在热处理温度分别为 1145℃、1155℃、1165℃、1175℃下，GH4151 合金晶粒长大规律曲线。

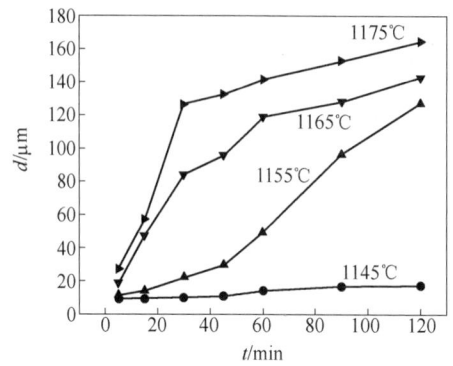

图 2 热处理温度对 GH4151 合金晶粒尺寸的影响

Fig. 2 Effect of heat treatment temperature on grain size of GH4151 alloy

由图 2 可知，在相对较低的 1145℃热处理温度下，GH4151 合金晶粒尺寸增大不显著，但是，热处理温度高于 1145℃时，合金晶粒尺寸增大明显。在 1145~1175℃工艺温度范围内，在相同的保温时间下，随热处理温度升高，GH4151 合金晶粒亦呈长大趋势，温度越高，晶粒尺寸长大越明显。例如，在保温 60min 下，温度从 1155℃升高到 1165℃，合金的晶粒尺寸从 50.2μm 增大到 117.5μm，温度仅变化 10℃，晶粒尺寸变化幅度却很大，说明 GH4151 合金的晶粒尺寸对工艺温度十分敏感。

合金晶粒尺寸的变化与合金中 γ' 相的溶解与析出情况密切相关。在较高的工艺温度下，晶界上的 γ' 相回溶数量增多，γ' 相对晶界的钉扎作用减弱，高温下晶界的迁移速率加快，导致晶粒长大。可见，热工艺温度对控制盘件合金的晶粒度大小非常重要。

2.2 GH4151 合金的超塑性

GH4151 合金盘锻件能否实现超塑性锻造成型与该细晶合金是否具有超塑性有直接关系。图 3 是 GH4151 合金超塑性拉伸试验在初始应变速率 $1×10^{-3} s^{-1}$ 时，合金超塑性伸长率与不同变形温度之间的关系。由图 3 可知，合金在 1060℃、1080℃、1100℃三个温度下均显示出超塑性，随变形温度升高，合金的伸长率（δ_5）呈现升高的趋势。变形温度 1080℃下合金的伸长率为最高，达到 760.4%。从试验结果可知，超塑性变形下流变应力比普通热压缩变形下的流变应力大幅度降低。此外，对拉伸数据进行回归分析可知，合金在所有拉伸变形条件下的应变速率敏感系数 m 均高于 0.5，合金表现出良好的超塑性。GH4151 合金原始棒材的这种超塑性特征，有利于盘锻件的超塑性锻造成型。

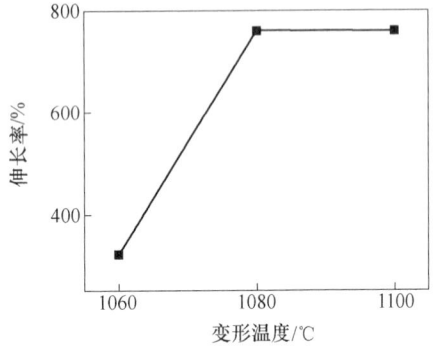

图 3　变形温度对 GH4151 合金伸长率的影响

Fig. 3　Effect of deformation temperature on elongation of GH4151 alloy

2.3　GH4151 合金盘锻件试制

根据上面的试验数据和研究结果，制定了 GH4151 合金盘锻件合理的变形工艺温度应控制在 γ+γ′ 相两相区内，并采用超塑性近等温锻造的成型工艺方案。最终，在国内 63MN 液压机上成功锻造出直径 φ400mm 尺寸的盘锻件，图 4（a）是经过机加工后的 GH4151 合金盘锻件实物图。

对盘锻件进行高低倍组织、微观组织及主要力学性能检验。盘锻件纵向低倍组织检查结果显示，低倍组织均匀、细小、干净，无裂纹、折叠、分层、空洞、夹杂和严重偏析等冶金缺陷。盘件轮缘、轮毂、盘心三个部位的晶粒组织均细小均匀，平均晶粒度为 ASTM 10 级，见图 4（b）。对盘锻件进行了 A、B 两种方案的热处理，A 方案为细晶热处理、B 方案为粗晶热处理。图 5 是两种热处理方案下 GH4151 合金力学性能。从图 5 可以看出，相比于其他涡轮盘合金，两种热处理方案下 GH4151 合金均具有良好的拉伸性能和高温持久性能，B 方案下的 GH4151 合金具有更佳的综合性能。

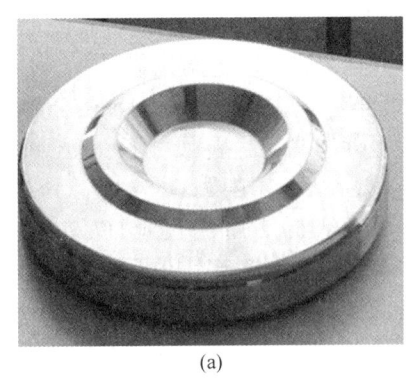
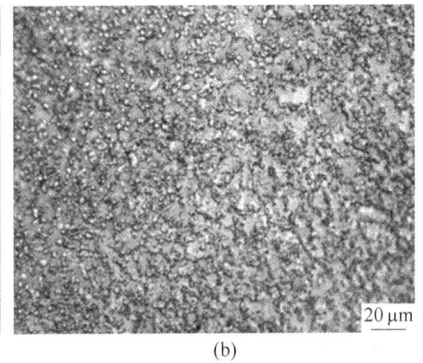

(a)　　　　　　　　　　(b)

图 4　GH4151 合金机加后的盘锻件（a）及盘件典型晶粒组织（b）

Fig. 4　Machined disk forgings（a）and typical grain structure（b）of disk forgings

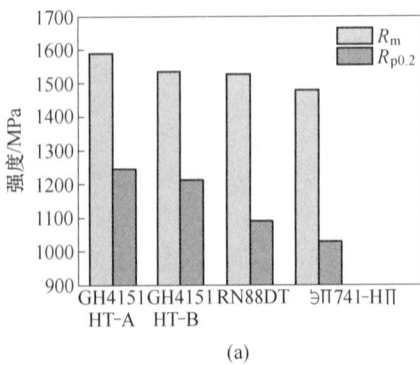
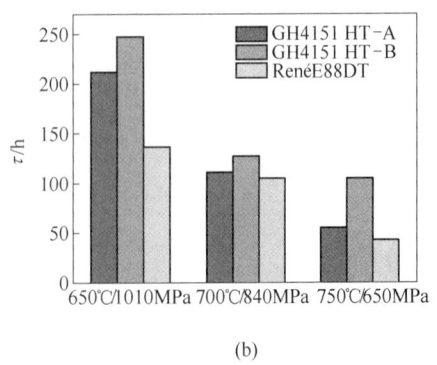

(a)　　　　　　　　　　(b)

图 5　两种热处理方案下的 GH4151 合金室温拉伸性能（a）和高温持久性能（b）

Fig. 5　Tensile properties at room temperature（a）and rupture properties（b）of GH4151 alloy

3 结论

（1）GH4151 合金对热工艺温度敏感，在高于 1145℃热处理工艺温度时，合金晶粒长大迅速，为使盘件获得细小晶粒组织，对热工艺温度的严格控制十分必要。

（2）原始晶粒度为 ASTM 9～10 级的 GH4151 合金在 1060～1080℃、低的应变速率条件下，具有良好的超塑性。采用超塑性近等温锻造工艺制备的 GH4151 合金盘锻件各部位晶粒组织均匀，盘锻件具有满意的力学性能。

参考文献

[1] Timothy P. Gabb, John Gayda, John Falsey. Forging of advanced disk alloy LSHR [J]. NASA/TM—2005 -213649.

[2] Betsy J Bond, Christopher M O'Brien, Jeffrey L Russell, et al. René65 billet material for forged turbine components [J]. 8th International Symposium on Superalloy 718 and Derivatives, TMS, 2014: 107~118.

[3] Tian S F, Zhang G Q, Li Z, et al. The disk superalloys and disk manufacturing technologies for advanced aero engine (in Chinese) [J]. Joural of Aeronautical Materials, 2003, 23 (Suppl): 233.

固溶温度对 GH4151 合金组织及力学性能的影响

唐超[1,2*]，邓群[1]，曲敬龙[1]，毕中南[1]，杜金辉[1]，

张继[1]，董志国[3]，赵春玲[4]，陈竞炜[4]

（1. 钢铁研究总院高温材料研究所，北京，100081；

2. 北京钢研高纳科技股份有限公司，北京，100081；

3. 中国航发沈阳发动机研究所，辽宁 沈阳，110015；

4. 中国航发湖南动力机械研究所，湖南 株洲，412002）

摘　要：本文通过光学显微镜、场发射扫描电镜和力学性能测试，研究了固溶温度对 GH4151 合金显微组织（晶粒和 γ′相）及力学性能的影响。结果表明：随着固溶温度的升高，一次 γ′相含量减少，晶粒长大的趋势也变得明显；当固溶温度超过 1150℃后，一次 γ′相迅速回溶，晶粒迅速长大，晶粒尺寸分布范围增加，晶粒尺寸的不均匀性增加。固溶温度与强度呈抛物线性关系，在 1140℃强度出现峰值。

关键词：GH4151 合金；固溶温度；组织；力学性能

Effects of Solution Treatment on the Microstructure and Mechanical Properties of GH4151

Tang Chao[1,2]，Deng Qun[1]，Qu Jinglong[1]，Bi Zhongnan[1]，Du Jinhui[1]，

Zhang Ji[1]，Dong Zhiguo[3]，Zhao Chunling[4]，Chen Jingwei[4]

（1. Central Iron & Steel Research Institute，Beijing，100081；

2. Beijing CISRI-GAONA Materials & Technology Co., Ltd.，Beijing，100081；

3. Aecc Shenyang Engine Institute，Shenyang Liaoning，110015；

4. Aecc Hunan Aviation Powerplant Research Institute，Zhuzhou Hunan，412002）

Abstract：The effect of solution temperature on the microstructure (including grain and γ′ phase) and mechanical property of nickel-based superalloy GH4151 was studied by means of optical microscope (OM), field e mission scanning electron microscope (FESEM) and tensile testing. The results showed that the volume fraction of primary γ′ decreased, and the average grain size increased with the solution temperature increasing. Especially, when the solution temperature was over 1150℃, grain size changed bigger and more nonuniform rapidly. Parabola relationship existed between solution temperature and strength, and the turning point of solution temperature was 1140℃.

Keywords：GH4151 alloy；solution temperature；microstructure；mechanical property

GH4151 合金是一种新型的难变形镍基时效强化高温合金，时效强化元素 Al、Ti、Nb 之和接近 10%（质量分数），γ′相含量可达 60%，接近变形高温合金极限，作为涡轮盘锻件，该合金较佳使用温度可达到 750~800℃[1,2]，最高使用温度高达 850℃[3]。由于该合金高温综合性能优异，大量应用于涡轴、涡桨发动机和辅助动力装置，还作为俄罗斯第五代航空发动机用涡轮盘选材，在我国

＊作者：唐超，工程师，联系电话：010-62184622，E-mail：tangchao43@163.com

高推比发动机中也有着较好的应用前景[4]。该合金优异的性能主要源于其细晶组织、高的 γ′ 相含量及其合理匹配，但该合金的显微组织和力学性能对固溶温度极其敏感。通过金相显微镜、场发射扫描电镜、Image-Pro Plus 图像分析软件对不同固溶温度处理后合金的晶粒尺寸、析出相含量进行统计分析，再结合力学性能结果综合分析影响规律，为通过优化热处理制度提升 GH4151 合金的组织均匀性和性能提供理论依据。

1 试验材料及方法

试验所用 GH4151 合金棒材采用铸/锻工艺生产，试验合金经真空感应炉+真空自耗重熔冶炼后再经过高温长时间均匀化处理，最后采用快锻机开坯至 φ150mm 棒材，主要成分如表 1 所示，原始组织如图 1 所示。试验用棒材原始组织均匀细小，晶粒尺寸为 3~5μm；晶界上分布着一次 γ′ 相，尺寸为 1~3μm，一次 γ′ 相主要起"钉扎"晶界作用，对时效强化无贡献，对时效强化有贡献的是固溶冷却过程和时效过程中析出的冷却 γ′ 相[5]。从棒材上用线切割试样后，分别在 1120℃、

1130℃、1140℃、1150℃、1160℃ 和 1170℃ 下固溶 4h，空冷至室温，然后经过 850℃ 和 760℃ 双时效热处理，最后分别进行组织观察和力学性能测试。

利用 Olympus GX-71 进行显微镜观察和拍摄晶粒组织，所用化学腐蚀剂为 3g CuCl$_2$+20mL HCl+30mL C$_2$H$_5$OH，晶粒尺寸按照 ASTM E112 用截线法和数点法进行统计。采用 JSM-7800F 场发射扫描电镜观察和拍摄 γ′ 相形貌，借助 Image-Pro Plus 和 Origion 软件对 γ′ 相进行统计分析，试样先电解抛光（抛光液：20% H$_2$SO$_4$+80% CH$_3$OH，电压 15~25V），然后电解腐蚀 γ′ 相（腐蚀液：170mL H$_3$PO$_4$+10mL H$_2$SO$_4$+15g CrO$_3$，电压 3~5V，时间 2~5s）。室温瞬时拉伸性能按照相关国家标准进行测试，每种力学性能都测试两组试样。

表 1　GH4151 合金的化学成分
Tab. 1　Chemical composition of the investigated GH4151 alloy　（质量分数,%）

Ni	Cr	Co	W	Mo	Ti	Al	Nb	V	C
余	11.06	14.98	3.11	4.48	2.80	3.82	3.32	0.54	0.052

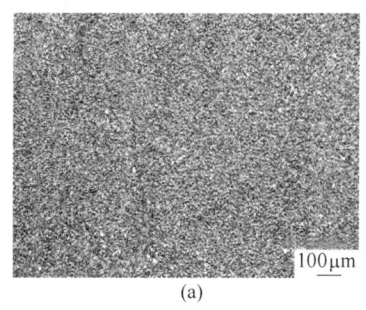
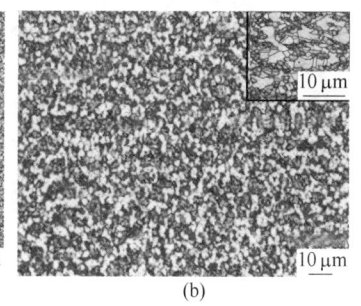

(a)　　　　　　　　　　(b)

图 1　原始锻态 GH4151 合金棒材组织
Fig. 1　Microstructure of the as-forged GH4151
(a) 100×；(b) 500×

2 试验结果及分析

2.1 固溶温度对一次 γ′ 相的影响

图 2 为经过不同固溶温度处理后 GH4151 合金一次 γ′ 相的分布情况。从图 2 (a)~(d) 可以看出，当固溶温度≤1150℃时，会残留一定量块状的一次 γ′ 相（1~3μm），这些一次 γ′ 相主要分布在晶界，起"钉扎"晶界的作用，抑制晶粒长大；

但随着固溶温度的升高，如图 2 (e)~(f) 所示，一次 γ′ 相快速溶解。通过 Image-Pro Plus 和 Origion 软件对不同固溶温度处理后的一次 γ′ 相进行统计分析后，得到图 2 (g) 所示一次 γ′ 相体积分数与固溶温度的变化曲线，从曲线可看出，固溶温度≤1150℃时，合金中仍然残留一定量的一次 γ′ 相（体积分数不小于10%）；固溶温度>1150℃后，一次 γ′ 相回溶速度明显加快，1160~1170℃之间时基本完成回溶，因此可推断试验合金的 γ′ 相全溶温度应在 1160~1170℃ 之间。

2.2　固溶温度对晶粒尺寸的影响

　　图 3 为固溶温度对晶粒尺寸的影响。从图 3
（a）～（f）中可看出，随着固溶温度的升高，
GH4151 合金的平均晶粒尺寸变大；当固溶温度不
高于 1150℃ 时，随着固溶温度的增加，晶粒尺寸

缓慢增加，晶粒均匀性较好，晶粒尺寸差别较小，
最大晶粒尺寸不超过 20μm；固溶温度高于 1150℃
后，随着固溶温度增加，晶粒尺寸增加迅速，晶
粒均匀性较差，晶粒尺寸差别较大，最大晶粒尺
寸达到 300μm 左右。固溶温度对晶粒尺寸和晶粒
尺寸均匀性的影响规律如图 3（g）所示。

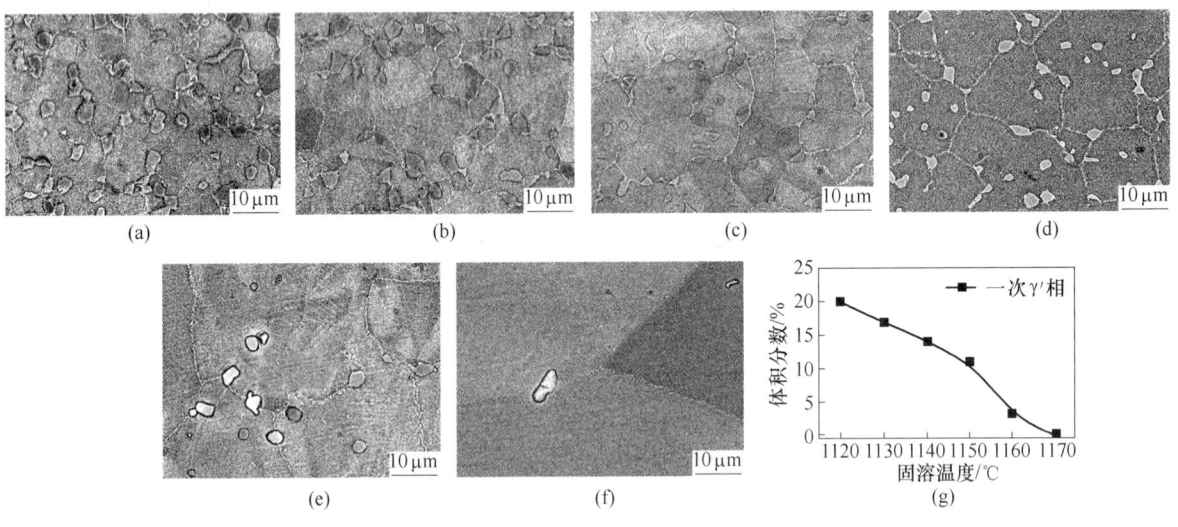

图 2　一次 γ′ 相含量随固溶温度的变化 （2000×）

Fig. 2　Aero fraction of primary γ′ at different solution temperature

（a）1120℃；（b）1130℃；（c）1140℃；（d）1150℃；（e）1160℃；（f）1170℃；（g）变化规律

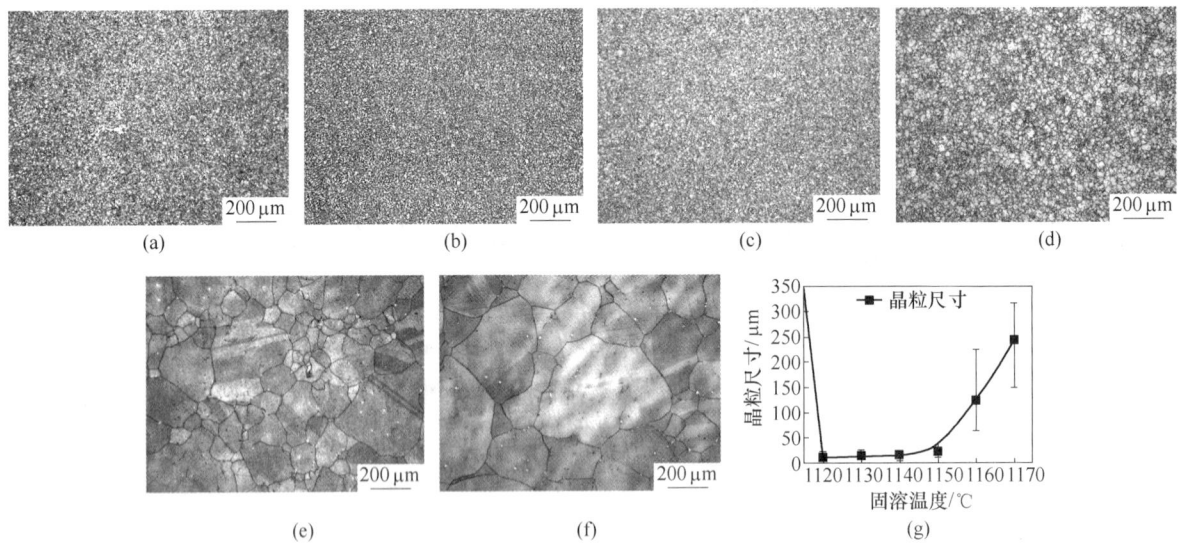

图 3　固溶温度对晶粒尺寸的影响 （100×）

Fig. 3　Influence of solution temperature on grain size

（a）1120℃；（b）1130℃；（c）1140℃；（d）1150℃；（e）1160℃；（f）1170℃；（g）变化规律

2.3　固溶温度对力学性能的影响

　　图 4 所示为固溶温度对 GH4151 合金室温瞬时

拉伸强度的影响。从图中可看出，不同固溶温度
固溶后，室温抗拉强度和屈服强度都随固溶温度
的增加而先升高再降低，呈抛物线型关系。室温

抗拉强度和屈服强度最高值都出现在1140℃附近（抗拉强度最高可达1600MPa以上，屈服强度可达到1350MPa），即1140℃为强度随固溶温度变化的"拐点"固溶温度。低于1140℃固溶后，合金的室温强度随着固溶温度的增加而增加；超过1160℃固溶后，合金的强度迅速下降，例如当固溶温度为1170℃时，合金的抗拉强度和屈服强度相比于1140℃下降了约200~300MPa。由此，可见该合金的强度对固溶温度是十分敏感的。

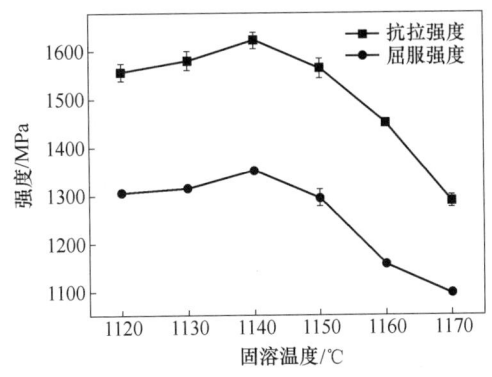

图4　固溶温度对室温拉伸强度的影响

Fig. 4　Influence of solution temperature on room tensile strength

2.4　固溶温度与组织和力学性能的关联性分析

综合图2（g）和图3（g）可看出，不同固溶温度下GH4151合金晶粒尺寸分布的变化是与一次 γ' 相的含量变化是一致的。当进行亚固溶热处理（固溶温度低于 γ' 相全溶温度）时，一次 γ' 相部分溶解到基体中，残留在晶界处的块状一次 γ' 相对晶界有强烈的"钉扎"作用，从而抑制晶粒的长大，因此固溶温度不高于1150℃时，晶粒长大缓慢，且都能维持细晶状态，见图2（a）~（d）。对于亚固溶热处理，晶粒发生明显长大的拐点固溶温度为1150℃，该温度也是一次 γ' 相体积分数变化最大的固溶温度。在1120~1150℃时，温度升高10℃，一次 γ' 相体积分数减少了3%，而当固溶温度从1150℃升高至1160℃时，一次 γ' 相体积分数减少了8%，基体中残留的一次 γ' 相含量不到3%，对晶界的"钉扎"作用大大减弱。因此，在亚固溶热处理过程中，要保证晶粒不明显长大，固溶温度不可高于1150℃。

对于过固溶热处理（图2（f）和图3（f）），由于晶界一次 γ' 相基本全部溶解，失去

了对晶界"钉扎"作用，而且固溶温度又较高，晶粒长大迅速，导致原本的均匀细晶变为均匀性较差的粗晶。

固溶温度对强度的影响是多种强化机制共同作用的结果。当固溶温度≤1140℃时，随着固溶温度的升高，残留一次 γ' 相的"钉扎"作用仍然很强，晶粒尺寸基本不变，细晶强化效果基本不变，但一次 γ' 相含量不断减少，起时效强化作用的 γ' 相含量增加（总 γ' 相含量＝一次 γ' 相含量+时效强化 γ' 相含量），时效强化效果增加，时效强化机制为主导，强度增加。当固溶温度≥1160℃时，一次 γ' 相大量溶解，晶粒尺寸迅速增加，细晶强化效果大大减弱，细晶强化机制主导，强度迅速下降。固溶温度在1150℃左右时，从图2（g）和图3（g）可看出，在该温度下，晶粒尺寸略有增大，且为一次 γ' 相的溶解拐点，这可能是由于晶粒长大造成强度的下降幅度高于由于一次 γ' 相溶解造成强度的提高幅度，因此导致1150℃时强度下降。

3　结论

（1）当固溶温度不高于1150℃时，随着固溶温度的增加，一次 γ' 相溶解缓慢，其对晶界的"钉扎"效果降低缓慢，GH4151合金晶粒尺寸缓慢增加；固溶温度高于1150℃后，一次 γ' 相基本溶解，失去对晶界的"钉扎"作用，随着固溶温度增加，晶粒尺寸增加迅速。

（2）当固溶温度不高于1150℃时，晶粒均匀性较好，晶粒尺寸差别较小；固溶温度高于1150℃，晶粒均匀性较差，晶粒尺寸差别较大，因此在1150℃及以下固溶晶粒均匀性较好。

（3）固溶温度与强度呈抛物线性关系，在1140℃固溶后出现强度峰值。

参考文献

[1] 毕中南，曲敬龙，等. 新型难变形高温合金ЭК151的组织特征及平衡析出相热力学计算[J]. 稀有金属材料与工程，2013，42（5）：919~924.

[2] 毕中南，曲敬龙，等. 新型难变形高温合金ЭК151的偏析行为及均匀化工艺研究[J]. 钢铁研究学报，2011，23（2）：263~266.

[3] 黄福祥. 涡轮盘用变形高温合金在俄国的发展[J].

航空材料学报, 1993, 13 (3): 49~56.

［4］赵光普, 焦兰英. 难变形合金涡轮盘材料研制进展
　　［C］. 镍基高温合金的研究与发展. 北京, 2002.

［5］Jackson M P, Reed R C. Heat treatment of UDIMET
　　720Li-the effect of microstructure on properties ［J］. Ma-
　　terials Science and Engineering A. 1999, 255: 85~97.

某工程用 GH4169 合金转子锻件的研制

王庆增[1*]，田沛玉[1]，吴令萍[2]

（1. 宝武特种冶金有限公司，上海，200940；
2. 上海汽轮机厂有限公司，上海，200240）

摘　要：GH4169 合金是航空、航天发动机和工业燃气轮机等诸多热端部件选用的重要材料。航空转动件用 GH4169 合金冶炼锭型通常不超过 φ508mm。本文简要介绍了某工程用 GH4169 合金转子锻件的试制情况；选择 VIM+VAR 双联工艺冶炼 φ610mm 自耗锭，将铸锭进行均匀化扩散退火处理，以提高热加工性能。采用反复镦拔工艺进行锻造开坯；锻件成型过程中，选用降温锻造变形工艺，以获得较为合适锻造组织。锻件经固溶和时效热处理后，检测其理化性能；测试结果表明，试制锻件的组织和性能满足设计技术要求。

关键词：GH4169 合金；VAR；转子锻件

Development of GH4169 Alloy Rotor Forgings for Engineering

Wang Qingzeng[1]，Tian Peiyu[1]，Wu Lingping[2]

（1. Baowu Special Metallurgy Co., Ltd., Shanghai, 200940；
2. Shanghai Turbine Works Co., Ltd., Shanghai, 200240）

Abstract：GH4169 alloy has been investigated as important materials for hot end components, widely used in aviation, aero-engine and industrial gas turbine. The diameter of GH4169 ingot for air rotating part will not generally exceed 508mm. This paper investigates the trail production of GH4169 rotor forgings briefly. Duplex melting of VIM and VAR was used for processing the ingot with a diameter of 610mm . Thermal performance of the ingot was improved by homogenizing diffusion annealing treatment. Repeatedly heading and drawing was used for forging-cogging. During the process of forging, cool forging deformation process was adopted to obtain appropriate forging microstructure. The physical and chemical properties of forgings was detected after solid solution treatments and aging treatments. Experiments show that the microstructure and mechanical properties of the forgings satisfy the designed technical requirements.

Keywords：GH4169 alloy；VAR；rotor forgings

高温合金问世于 20 世纪 40 年代，发展至今，已有近八十年历史；最初主要是为满足喷气发动机对材料的苛刻要求而研制的。在先进航空发动机中，高温合金的用量占到发动机质量的 50% 左右[1]。除此之外，高温合金在航天、核工程、能源动力、交通运输、石油化工和冶金工程等领域也得到广泛应用。

GH4169 是其中最具代表性的牌号，在美国被称之为 Inconel 718。它是一种铁-镍-铬基变形高温合金，其标准热处理状态的组织主要由 γ 基体、δ 相、碳化物和强化相 γ″(Ni_3Nb) 及 γ′(Ni_3(Al、Ti)) 组成。该合金的最大优点是通过调整热变形工艺参数，可获得具有不同晶粒尺寸和不同性能水平的各种冶金产品与锻件[2]，制作满足不同应用要求的各类零件。

目前国内转动件用 GH4169 合金材料的最重要用途是航空发动机盘锻件。锻件的尺寸通常较小，冶炼锭型一般不超过 φ508mm；而机匣类静止件的尺寸略大些，其质量通常不超过 1.0t。宝武特冶曾与国内其他单位合作，锻制 $\phi500mm$ 棒料，试制单重约 1.5t 的锻件。

某工程试验平台用高温透平机械设计的最高进气温度 627℃、转速 13500r/min，是由高压转子和透平转子组成的整体锻件。考虑透平转子的高温蠕变强度较高，选择 GH4169 合金制造。该锻件最大直径为 $\phi450mm$，交付质量约 2t；要求锻件具有较好的冶金质量和较高的冲击韧性及良好的高温综合性能。本文简要介绍 GH4169 合金转子锻件的研制情况。

1 试制方案与设备

转子锻件用 GH4169 合金铸锭采用 VIM+VAR 双联工艺冶炼，锭型为 $\phi610mm$。

VIM 冶炼在宝武特种冶金有限公司从 ALD 公司引进的 12.0t 炉进行，VAR 重熔在具有熔滴短路控制、He 气辅助冷却和全程计算机自动控制功能的 8.0t 炉完成。

转子锻件的锻造成型在 4000t 快锻机上完成；将 $\phi610mm$ 锭进行反复镦拔，锻制转子毛坯。毛坯经机加工后制成锻件。转子锻件的固溶和时效热处理全部在井式电加热炉内进行。

2 试验结果与讨论

2.1 冶炼工艺与锭型的选择

稳定的终结重熔工艺、低 S、低气体含量和高纯洁度是 GH4169 冶金质量水平的重要标志[3]，也是航空发动机盘等转动件长寿命、高可靠性的基本保障。采用 VIM+PESR 工艺冶炼的 GH4169 合金，脱 S 效果好[4]；冶炼锭型大于 $\phi465mm$ 时，铸锭出现宏观偏析的概率增大。采用 VIM+VAR 工艺冶炼时，由于不存在渣皮阻碍散热速度的不利影响，加之充入辅助冷却的 He 气可有效提高冷却效果，可形成较浅的熔池[5]，因而有利于扩大冶炼的锭型。

由此可见，选择 VAR 作为终结重熔工艺，可将合金锭型扩大至 $\phi508mm$ 以上。此前工作[3] 表明，VIM+PESR+VAR 三联工艺冶炼的 GH4169 合金 $\phi508mm$ 锭，其冶金质量和工艺过程的稳定性明显优于 VIM+VAR。综合考虑电极尺寸与成品锭

结晶器规格的匹配以及锭重控制等诸多因素，选择 VIM+VAR 工艺冶炼转子锻件用 GH4169 合金，锭型 $\phi610mm$。

鉴于 VAR 的脱 S 效果不够理想，在 VIM 冶炼电极时，需对原材料的 S 等夹杂物含量进行严格控制。VIM 电极的质量是影响 VAR 锭冶金质量的关键因素。为提高 VAR 重熔过程中的工艺稳定性，通常需要选择内应力较低的 VIM 电极进行投产。

为消除铸锭凝固过程中析出 Laves 相等有害相，提高合金锭的热加工塑性，在锻造热加工前，对 $\phi610mm$ 铸锭进行了均匀化扩散退火处理。

2.2 成型工艺

GH4169 合金锻造加工的变形抗力较大，热加工工艺窗口较窄。合金的组织和性能与锻造变形的温度及变形量等参数密切相关，对热变形工艺参数的波动非常敏感。

研制的转子锻件是由高压压气机转子和透平转子组成的阶梯状同轴整体锻件；转子的最小直径为 $\phi180mm$，最大直径为 $\phi450mm$，截面积比高达 6.25；交付锻件重达 2.0t。

转子锻件设计的最高使用温度 627℃、转速高达 13500r/min。由此可见，转子锻件近表面处承受的应力复杂严苛，因而近表面部位组织性能的控制要求也是最高的。

基于上述分析讨论，设计并制订了转子锻件的热加工技术方案，具体如下。

首先选择在较高的热加工温度下进行铸锭锻造开坯。鉴于镦拔开坯工艺对提高合金棒材的高温塑性有利[6]，因而采用反复镦拔工艺进行锻造开坯，利于合金锭的铸态组织充分破碎。锻至适当规格中间坯。然后将坯料加热温度控制在 δ 相溶解温度附近或略高，并控制适当的变形量和终锻温度，从而确保转子锻件具有较为合适的锻造组织。

2.3 试制结果分析

2.3.1 锻件的化学成分

表1给出了锻件的化学成分。其中头、尾试样分别取自锻件两端的 1/2R 处，中间试样取自两个转子的连接处，相当于铸锭的中部位置。由表1数据可知，锻件化学成分较均匀。

2.3.2 锻件的金相组织

分别在压气机转子和透平转子的试环上取样，

检测低倍和高倍组织，图1为低倍组织照片，图2和图3给出了试环的高倍组织典型照片。

从图1可见，试环纵低倍组织均匀洁净，无冶金缺陷。图2给出了高压压气机转子的高倍组织，晶粒度为7~5.5级、个别3级。图3为透平转子的高倍组织，其晶粒度为7~4级、个别2级。从图2和图3的高倍组织可见，晶界析出的δ相基

本为短棒状和颗粒状。而适量的δ相呈颗粒状或短棒状在晶界弥散分布的GH4169合金，具有良好的高温综合性能[7]。

2.3.3　锻件的力学性能

在压气机转子和透平转子试环上分别切取弦向试样，测试力学性能，检测数据见表2。

表1　锻件的化学成分

Tab. 1　Chemical composition of the rotor forging　　　（质量分数，%）

部位	C	P	S	Cr	Ni	Mo	Ti	Al	B	Nb	Mg	O	N
头	0.025	0.011	0.001	18.07	53.95	2.99	1.01	0.52	0.003	5.33	0.002	0.0005	0.004
中	0.026	0.011	0.001	18.01	53.91	2.99	1.00	0.58	0.004	5.37	0.002	0.0006	0.005
尾	0.025	0.012	0.001	18.06	53.92	3.00	1.01	0.56	0.003	5.37	0.002	0.0007	0.004

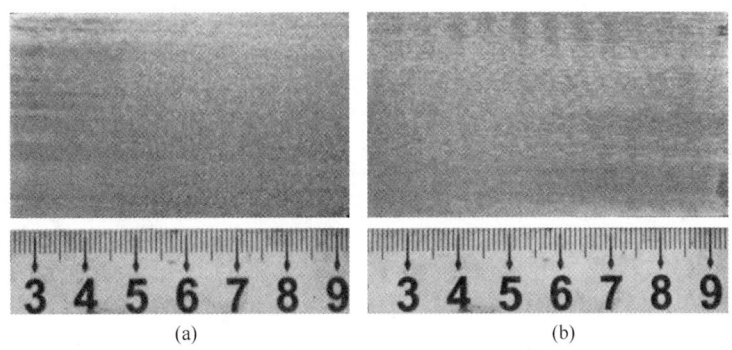

(a)　　　　　　　　　　　　(b)

图1　转子锻件试环纵低倍组织

Fig. 1　Macrostructure of the rotor forging

（a）压气转子试环纵低倍；（b）透平转子试环纵低倍

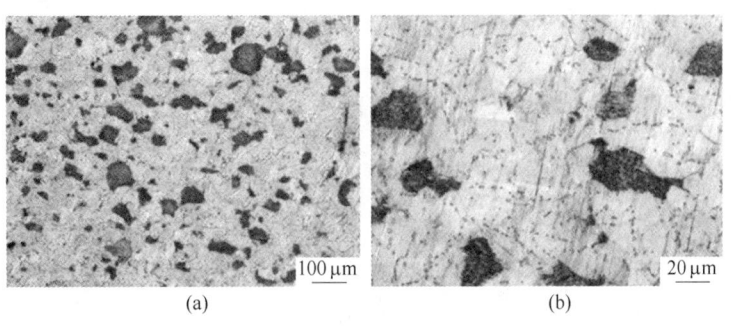

(a)　　　　　　　　　　　　(b)

图2　压气机转子试环典型高倍组织

Fig. 2　Typical microstructure of the compressor roto forging

（a）晶粒组织形貌；（b）δ相组织形貌

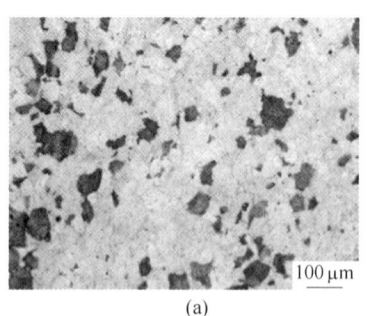 

(a)   (b)

图 3   透平转子试环典型高倍组织

Fig. 3   Typical microstructure of the turbine rotor forging

（a）晶粒组织形貌；（b）δ 相组织形貌

表 2   转子锻件力学性能

Tab. 2   Mechanical property of the rotor forging

650℃高温拉伸性能				690MPa/650℃持久			室温拉伸性能				室温冲击
R_m/MPa	$R_{p0.2}$/MPa	A/%	Z/%	τ/h	A/%	Z/%	R_m/MPa	$R_{p0.2}$/MPa	A/%	Z/%	A_{KU2}/J
1120	980	16.0	25.0	539.9	8	11	1340	1149	18	26	40
1130	975	20.5	34.5	354.6	5	12	1340	1117	18	27	61

由表 2 的检测数据可知，锻件具有较好的室温和 650℃高温综合力学性能。

3   结论

（1）实践表明，选择 VIM＋VAR 工艺冶炼转子锻件用优质 GH4169 合金 φ610mm 铸锭，并采用反复镦拔开坯和降温锻造成型工艺试制某工程用大型转子锻件的技术方案是可行的。试制转子锻件的组织和性能等均满足相关设计技术要求。

（2）本工作对大型锻件用优质 GH4169 合金 φ610mm 锭的冶炼和热加工等工艺参数进行了试验摸索，为类似产品的开发积累了技术经验。

参考文献

［1］黄乾尧，李汉康，等. 高温合金［M］. 北京：冶金工业出版社，2000.

［2］庄景云，杜金辉，邓群，等. 变形高温合金 GH4169［M］. 北京：冶金工业出版社，2006.

［3］陈国胜，刘丰军，王庆增，等. GH4169 合金 VIM＋ESR＋VAR 三联冶炼工艺及其冶金质量［C］//第十二届中国高温合金年会论文集，2011：134.

［4］陈国胜，周奠华，金鑫，等. 全封闭 Ar 气保护电渣重熔 GH4169 合金［J］. 特殊钢，2004，25（3）：46.

［5］Kermanpur A, Evans D G, Siddall R J, et al. Effect of Process parameters on Grain Structure Formation During VAR of INCONEL Alloy 718［J］. Journal of Materials Science，2004.

［6］邓群，杜金辉，曲景龙，等. 镦拔开坯对 GH4169 合金棒材显微组织及性能的影响［C］//仲增墉. 第十三届中国高温合金年会论文集，北京：冶金工业出版社，2016：68.

［7］Yuan H, Liu W C. Effect of the δ-phase on the hot deformation behavior of Inconel 718［J］. Materials Science and Engineering A，2005，408：281~289.

GH4169 合金高温变形再结晶图及热加工图

蒋世川[1]*，张健[1]，何云华[2]，裴丙红[2]，付建辉[1]，韩福[2]

（1. 成都先进金属材料产业技术研究院有限公司特钢研究所，四川 成都，610303；
2. 攀钢集团江油长城特殊钢有限公司技术中心，四川 江油，621704）

摘 要：本文以热模拟压缩试验的应力-应变数据为基础，通过对显微组织观察和动态再结晶分析，绘制出 GH4169 合金发生完全再结晶条件图、再结晶图，对高温压缩数据进行计算，绘制出热加工图，为实际生产的锻造加工提供理论参考。

关键词：GH4169 高温合金；再结晶条件图；再结晶图；热加工图

Recrystallization and Processing Maps of GH4169 during Deformation

Jiang Shichuan[1], Zhang Jian[1], He Yunhua[2], Pei Binghong[2], Fu Jianhui[1], Han Fu[2]

（1. Special Steel Research Department of Chengdu Advanced Metal Materials Industrial Technology Institute Co., Ltd., Chengdu Shichuan, 610303；
2. Technology Center of Special Materials Devision, Pangang Group Jiangyou Changcheng Special Steel Co., Ltd., Jiangyou Sichuan, 621704）

Abstract：Based on the stress-strain data of thermal simulation compression tests, By microscopic observation and dynamic recrystallization of GH4169 alloy was analyzed, the complete recrystallization condition and recrystallization maps of GH4169 alloy was drawn. By calculating the high temperature compression data of heat processing map was drawn, which provides a theoretical reference for the actul forging process.

Keywords：GH4169 alloy; recrystallization condition map; recrystallization map; processing map

GH4169 合金美国牌号为 Inconel 718[1]，是以具有体心立方结构的 γ'' 相和面心立方结构的 γ' 相析出强化的镍基高温合金，是一种耐腐蚀性强的镍基变形高温合金[2,3]，在 $-253 \sim 650$℃温度范围内具有优良的抗氧化性、高强度、良好的延展性和韧性、良好的焊接性能以及良好的机械加工性能，在现代航空发动机、燃气轮机、挤压模具等领域具有极为广泛的应用[4]。目前大部分国产 GH4169 合金锻制大规格棒材的晶粒度均匀性与进口料相比存在差距。本文作者对显微组织进行分析、测量绘制出 GH4169 合金发生完全再结晶条件图、再结晶图，对高温压缩数据进行计算绘制出热加工图，通过再结晶图及热加工图研究了初轧态的 GH4169 合金在不同变形条件下的高温变形特性，为实际生产的锻造加工提供理论参考。

1 试验材料及方法

试验材料采用初轧后的 GH4169 合金试样，其基体为单相奥氏体组织，有孪晶出现，且有部分 δ 相析出，平均晶粒尺寸 153μm。其化学成分见表1。

* 作者：蒋世川，高级工程师，联系电话：028-83302767，E-mail：jsc8410@ 163.com

表1 GH4169合金主要化学成分

Tab. 1 Chemical composition of alloy GH4169

（质量分数，%）

合金元素	C	Mn	Si	Ni	Cr	Nb+Ta	Mo
含量	0.042	0.08	0.07	53.61	18.19	5.28	3.04
合金元素	Al	Ti	Co	Cu	P	S	Fe
含量	0.53	0.98	0.24	0.065	0.006	0.001	余

用 Gleeble-3500 热模拟机进行等温恒应变速率轴向压缩，热模拟单道次压缩试验，热变形温度为 900~1150℃，应变速率为 0.01~10s⁻¹，变形量为 10%~70%。高温压缩后的试样经线切割、机械研磨及抛光后用配比为 20mL 盐酸+20mL 无水乙醇+1.5g 五水硫酸铜的腐蚀溶液进行化学腐蚀，腐蚀后的试样在多功能光学显微镜下进行观察。用 Image-Pro Plus 软件测量再结晶晶粒尺寸，用 Origin 进行绘图。

2 结果与讨论

2.1 再结晶图

对不同热变形参数条件下的压缩试样在金相显微镜下进行观察，根据不同变形温度和变形量参数对应的动态再结晶完成程度绘制出 GH4169 合金发生完全动态再结晶的条件图，如图1所示。从完全动态再结晶的角度分析，从图1中可以看出，变形量为 10% 时，在当前试验条件下均未发生完全动态再结晶，当变形量增加到 30% 时，如需发生动态再结晶，需提高温度并降低应变速率。综合图1（a）~（d）可以发现：变形量越小，应变速率越快，发生完全动态再结晶的趋势越不明显；变形量越大，应变速率越慢，发生完全动态再结晶的温度区间越宽。

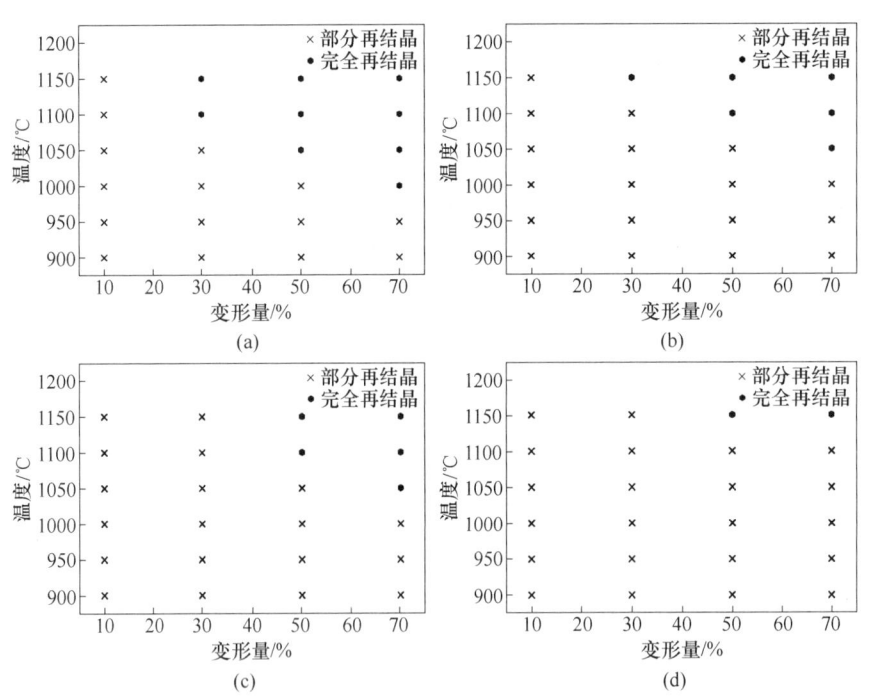

图1 GH4169 合金发生完全动态再结晶条件图

Fig. 1 Complete recrystallization condition maps of GH4169 alloy

(a) 0.01s⁻¹; (b) 0.1s⁻¹; (c) 1s⁻¹; (d) 10s⁻¹

测量不同变形温度和变形量参数对应的动态再结晶晶粒尺寸，用 Origin 进行绘图，获得了 GH4169 合金的动态再结晶图，如图2所示。与图1相比较，可以发现，虽然应变速率为 0.01s⁻¹ 时在较宽条件范围内发生了完全动态再结晶，但其平均晶粒尺寸明显较应变速率高的粗大，这说明在当前试验条件下，试样在变形过程中经历了变形—回复—再结晶—晶粒长大的完整过程；而当应变速率为 10s⁻¹ 条件时，仅发生了变形—回复—再结晶（完全/部分）的过程，晶粒还未有充分长大的动力学条件。

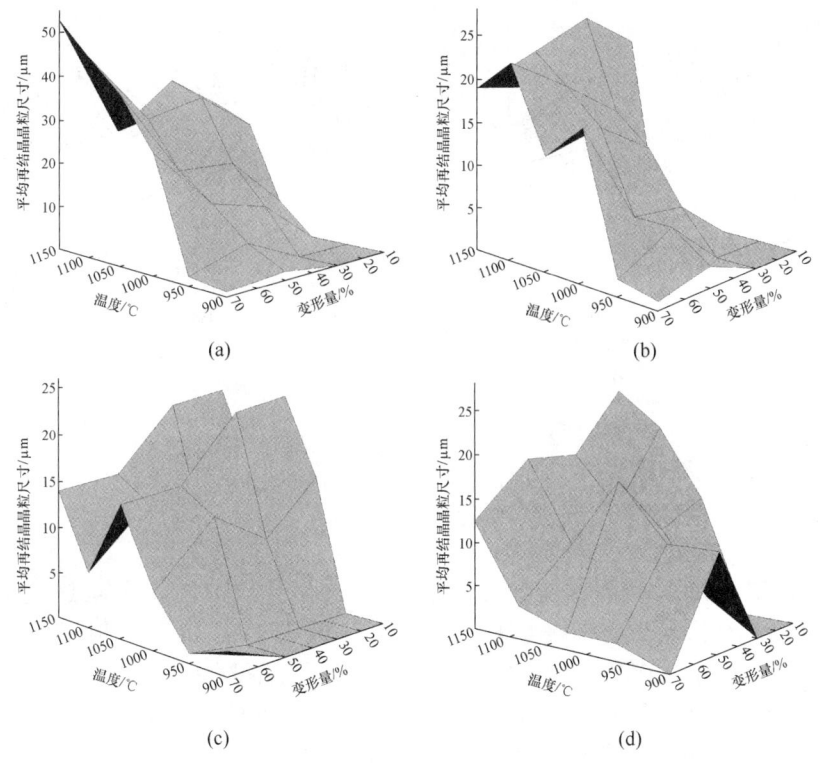

图 2　GH4169 合金的再结晶图

Fig. 2　Recrystallization maps of GH4169 alloy

(a) $0.01s^{-1}$;　(b) $0.1s^{-1}$;　(c) $1s^{-1}$;　(d) $10s^{-1}$

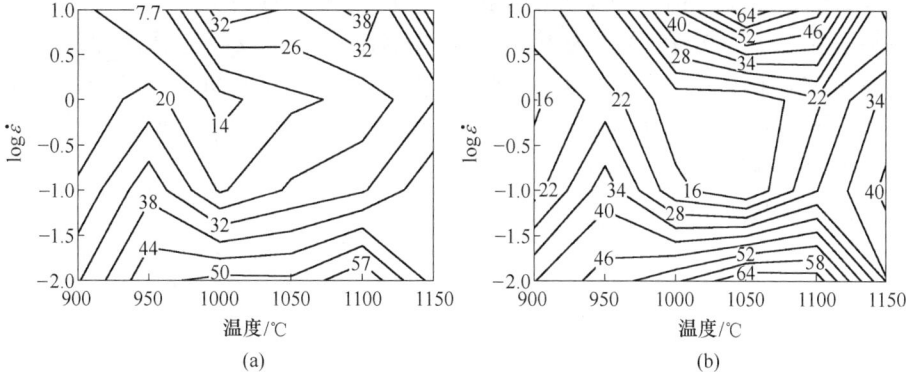

图 3　GH4169 合金的功率耗散图

Fig. 3　Power dissipation maps of GH4169 alloy

(a) 50%；(b) 70%

2.2　热加工图

以变形量 50%、70% 的高温压缩试验数据，采用动态材料模型方法绘制 GH4169 的热加工图。采用三次多项式拟合计算得到不同变形条件下应变速率敏感指数 m 值，分别将 m 值代入到公式 $\eta = J/J_{\max} = 2m/(m+1)$ 和 $\xi(\dot{\varepsilon}) = \dfrac{\partial \ln[m/(m+1)]}{\partial \ln \dot{\varepsilon}} +$

$m = \dfrac{2c + 6d\lg\dot{\varepsilon}}{m(m+1)\ln 10}$，即可求出功率耗散效率因子 η 和失稳参数 $\xi(\dot{\varepsilon})$。式中，J 为功率耗散余量；$J_{\max}$ 为理想线性耗散因子；c、d 为三次多项式拟合 $\ln\sigma$ 和 $\ln\dot{\varepsilon}$ 的关系曲线回归求得的多项式系数值。在变形温度和应变速率所构成的平面上分别绘制功率耗散效率因子和流变失稳判据的等值轮廓曲线，即为 GH4169 的热加工图[5]。图 3、图 4 所示为功率耗散效率因子 η 和失稳参数 $\xi(\dot{\varepsilon})$ 值

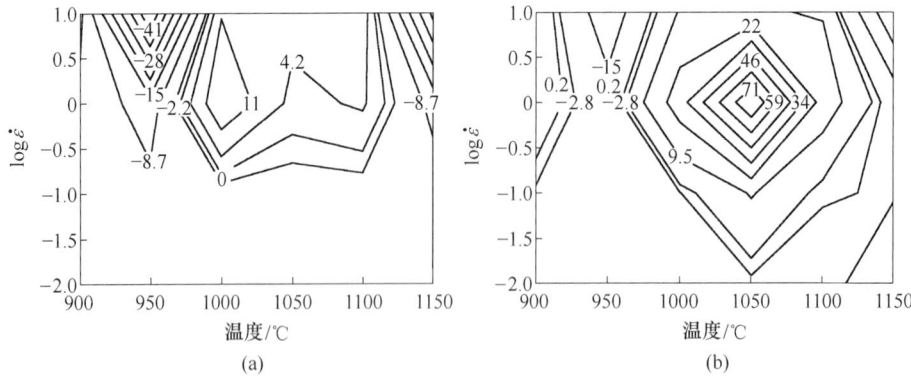

图 4　GH4169 合金的失稳图

Fig. 4　Instability maps of GH4169 alloy

(a) 50%；(b) 70%

扩大 100 倍的功率耗散图和加工失稳图。

从图 3 可以看出，当变形量为 50% 时 GH4169 合金的 η 值在 5%~63% 之间，在低应变速率区域和高温高应变速率区域 η 值大于 30%，η 极大值出现在高温低应变速率区域；当变形量增加到 70% 时 GH4169 合金的 η 值有所增加，范围在 10%~70% 之间，η 值有向图中心区域延伸的趋势，η 极大值出现在高温低应变速率区域和高温高应变速率区域。从图 4 可以看出，当变形量为 50% 时，GH4169 合金的 $\xi(\dot{\varepsilon})$ 在温度为 970~1114℃，应变速率 0.18~10s^{-1} 范围内大于 0，处于加工稳定区；当变形量为 70% 时，GH4169 合金的 $\xi(\dot{\varepsilon})$ 稳定加工区向图中四周区域延伸，在温度为 965~1134℃，应变速率 0.02~10s^{-1} 范围内大于 0，处于加工稳定区。

3　结论

（1）GH4169 合金变形量越小，应变速率越快，发生完全动态再结晶的趋势越不明显；变形量越大、应变速率越慢，发生完全动态再结晶的温度区间越宽。

（2）GH4169 合金应变速率为 0.01s^{-1} 时其平均晶粒尺寸明显较应变速率高的粗大，试样在变形过程中经历了变形—回复—再结晶—晶粒长大的完整过程；应变速率为 10s^{-1} 条件时，仅发生了变形—回复—（完全/部分）再结晶的过程，晶粒还未有充分长大的动力学条件。

（3）GH4169 合金变形量为 50% 时，η 值在 5%~63% 之间，η 极大值出现在高温低应变速率区域；随着变形量增加到 70% 时，η 有向图中心区域延伸的趋势，η 值在 10%~70% 之间有所增加，η 极大值出现在高温低应变速率区域和高温高应变速率区域。

（4）GH4169 合金的 $\xi(\dot{\varepsilon})$ 在温度为 970~1114℃，应变速率 0.18~10s^{-1} 范围内大于 0，处于加工稳定区；随着变形量增加到 70% 时，GH4169 合金的 $\xi(\dot{\varepsilon})$ 稳定加工区向图中四周区域延伸，在温度为 965~1134℃，应变速率 0.02~10s^{-1} 范围内大于 0，处于加工稳定区。

参考文献

[1] 时伟, 王岩, 邵文柱, 等. GH4169 合金高温塑性变形的热加工图 [J]. 粉末冶金材料科学与工程, 2012, 17 (3): 281~289.

[2] Sui F L, Xu L X, Chen L Q, et al. Processing map for hot working of Inconel718 alloy [J]. J. Mater. Process. Technol, 2011 (211): 433~440.

[3] Rezende M C, Araújo L S, Gabriel S B, et al. Oxidation assisted in-tergranular cracking under loading at dynamic strain aging temperatures in Inconel 718 superalloy [J]. J. Alloys Compd, 2015.

[4] Kumar S, Rao G S, Chattopadhyay K, et al. Effect of surface nanostructure on tensile behavior of superalloy IN718 [J]. Mater. Des, 2014 (62): 76~82.

[5] 董建新. 镍基合金管材挤压及组织控制 [M]. 北京: 冶金工业出版社, 2014.

GH4169 合金凝固行为研究

陈琦[1*]，张健[1]，何云华[2]，裴丙红[2]

（1. 成都先进金属材料产业技术研究院有限公司特钢研究所，四川 成都，610303；
2. 攀钢集团江油长城特殊钢有限公司，四川 江油，621700）

摘　要：利用高温激光共聚焦显微镜对 GH4169 合金在不同冷却速率下的凝固行为进行原位观察，测定了不同冷却速率下固相的生长速率，分析了固相分数随温度变化的趋势。通过对 GH4169 合金在不同冷却速率下的凝固组织分析，研究冷却速率对 GH4169 合金的枝晶间距及 Laves 相分布的影响。

关键词：GH4169；凝固行为；原位观察

Study on Solidification Behavior of GH4169 Alloy

Chen Qi[1], Zhang Jian[1], He Yunhua[2], Pei Binghong[2]

（1. Chengdu Advanced Metal Materials Industry Technology Research
Institute Co., Ltd., Chengdu Sichuan, 610303；
2. Jiangyou Changcheng Special Steel Co., Ltd., Pangang Group, Jiangyou Sichuan, 621700）

Abstract：The solidification behavior of GH4169 alloy at different cooling rates was observed in situ by high temperature laser confocal microscopy. The growth rate of solid phase at different cooling rates was measured and the trend of solid fraction changing with temperature was analyzed. The effect of cooling rate on dendrite spacing and Laves phase distribution of GH4169 alloy was studied by analyzing the solidification structure of GH4169 alloy at different cooling rates.

Keywords：GH4169；solidification behavior；in-situ observation

变形镍基高温合金 GH4169 主要用于航空航天发动机涡轮盘及导向叶片制造，具有优良的机械性能和热加工性能。由于合金成分中 Nb 含量较高，在凝固过程中会发生 Nb 元素的偏析并析出 Laves 相，降低合金的性能。

合金凝固过程中形成的枝晶形貌和偏析对后期的热加工工艺和性能有很大的影响，而不同的冷却速率会显著影响凝固组织中枝晶间距、偏析和析出相的形貌和分布。以往对凝固过程的研究中多是利用水淬等手段来保存高温段的组织进行分析，但是水淬的过程中仍然不可避免地会发生组织变化，不能准确地反映凝固过程。本文利用高温激光共聚焦显微镜对 GH4169 在不同冷却速率下的凝固过程进行动态的原位观察，研究了不同的冷却速率对 GH4169 合金的枝晶形貌的影响。

1　实验方法

实验采用真空感应+真空自耗重熔冶炼的 GH4169 合金，将合金切割成 $\phi7mm\times3mm$ 的圆柱试样，试样表面抛光后放入 VL2000DX 激光高温共聚焦显微镜的加热炉中，抽真空后通入 Ar 气作为保护气氛。设定加热炉的温度参数，将试样以 100℃/min 的速率升至 1400℃，保温 5min 后分别按 -5℃/min、-10℃/min、-50℃/min、-100℃/min、-200℃/min 的速率降温。

在凝固过程中，利用激光共聚焦显微镜原位动态地观察试样的凝固过程，并以高清视频和图

＊作者：陈琦，工程师，联系电话：13666101132，E-mail：chen_qi_@ yeah. net

片的形式将整个凝固过程保存，使用 Image-Pro 软件进行图像分析。实验结束后，将凝固后的试样进行磨制和抛光，化学腐蚀后使用光学显微镜进行组织观察。

2　实验结果与讨论

2.1　GH4169 合金凝固过程的原位动态观察

图 1 为 GH4169 的凝固过程原位观察图片。由图中可见，试样加热到 1400℃ 时已经完全熔化，降温到液相线温度以下后，先是由液相中析出晶核，随着温度继续降低，先析出的晶核开始长大，同时又有更多的晶核析出，到凝固后期，固相面积增加速率降低，且固相之间在较低的温度下仍然存在残余液相，这是因为在凝固过程中溶质元素在残余液相中偏聚，使合金的液相线下移。

通过对不同冷却速率下 GH4169 合金的凝固过程进行原位观察（见图 2），可以发现当冷却速率低时，凝固过程中析出的结晶核数量较少，凝固过程中结晶核能够充分长大，形成粗壮的枝晶组织，枝晶间液相尺寸较大，且连续分布。随着冷却速率增加，凝固过程中析出的结晶核数量增加，在凝固过程中，大量结晶核竞争生长，形成致密的枝晶组织，枝晶间液相尺寸减小，并弥散分布。

使用 Image-Pro 软件对凝固过程的图片进行分析，可以得出凝固过程中固相面积分数随温度降低而增加的变化曲线（图 3(a)）和固相面积增加速度与凝固时间的关系（图 3(b)）。由图 3 可见，GH4169 合金在凝固前期固相面积增长缓慢，这是因为在凝固前期形核率是凝固的限制性环节，凝固开始的时候过冷度较小，液相中形核的数量较少；到了凝固中期，先形核的晶粒开始随温度的继续降低而逐渐长大，同时又有新的晶核产生并长大，大量的固液界面同时向温度梯度方向推进使固相面积迅速增加；在凝固后期，固相面积增加速度再次变得缓慢，这是由于溶质元素 Nb、Ti 等在残余液相中逐渐富集，残余液相的熔点大幅降低。

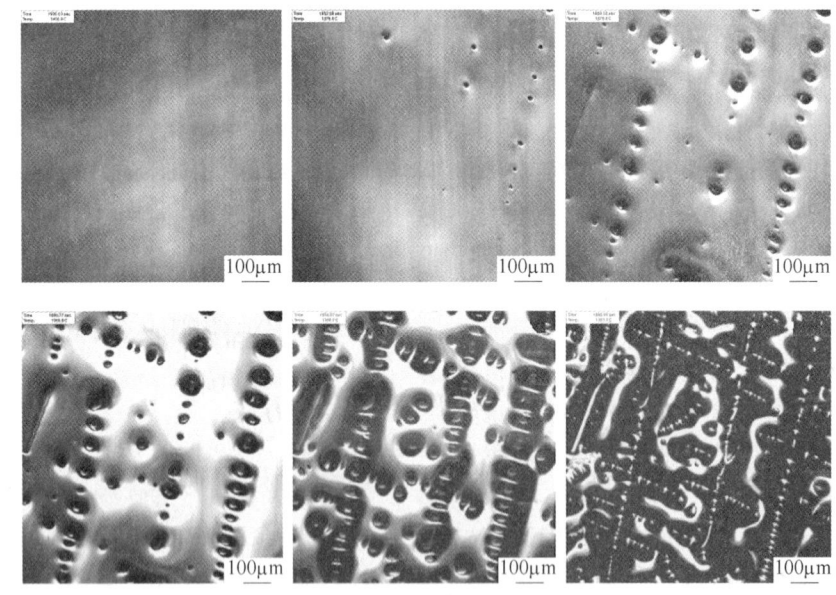

图 1　GH4169 合金凝固过程中的原位观察

Fig. 1　Solidification process of GH4169 alloy

2.2　冷却速率对 GH4169 凝固组织的影响

将凝固后的试样进行磨制和抛光，化学腐蚀后使用光学显微镜进行组织观察。图 4 为不同冷却速率下 GH4169 合金的凝固微观组织。

由图 4 可以看到，在不同的冷却速率下，GH4169 合金的固态组织都是枝晶组织，但是枝晶组织的尺寸随着冷却速率的增加而减小，凝固组织变得更加致密。在较高的冷却速率下，合金液相的过冷度也随之增大，凝固过程中形成了更多的晶核，晶核数量增多并且竞争生长，使枝晶臂不能充分长大，从而得到更细密的枝晶组织，这

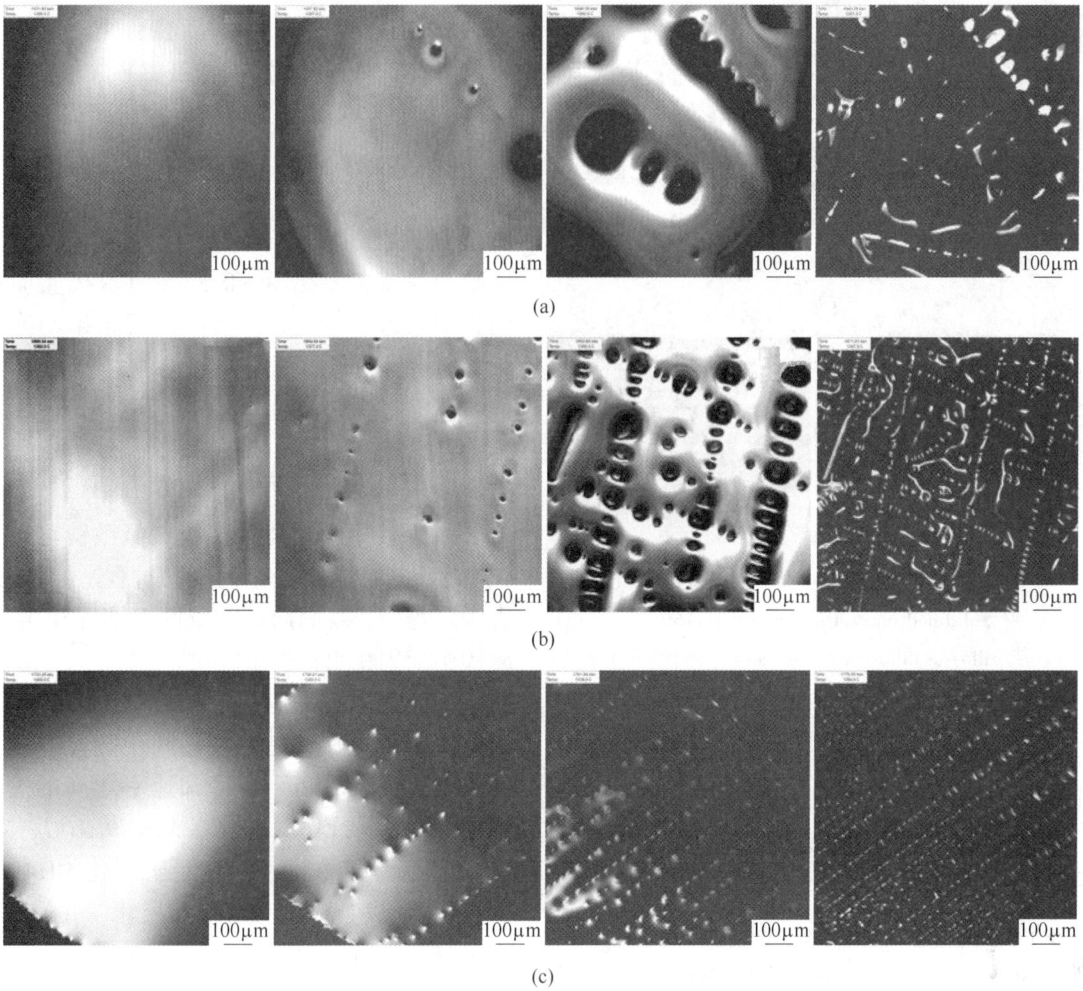

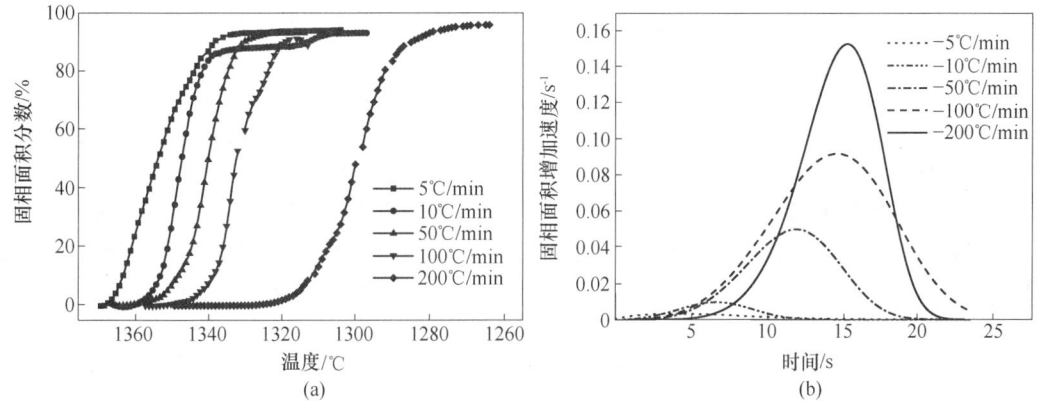

图 2　不同冷却速率下 GH4169 合金凝固过程中的原位观察

Fig. 2　Solidification process of GH4169 alloy under different colding rates

（a）－5℃/min ；（b）－100℃/min；（c）－200℃/min

图 3　不同冷速下 GH4169 合金凝固过程中固相面积增长趋势

Fig. 3　Solid-phase groeth trend of GH4169 alloy at different colding rate

（a）不同冷却速率下固相面积分数随温度变化曲线；（b）不同冷却速率下 GH4169 合金凝固速度

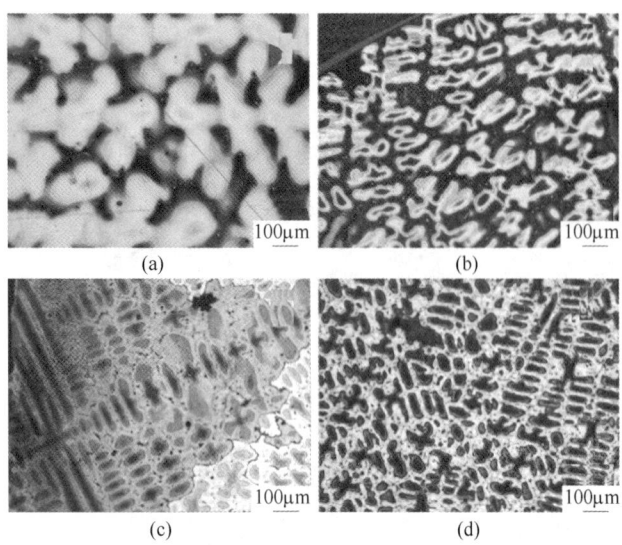

图 4　不同冷却速率下 GH4169 合金凝固微观组织

Fig. 4　Solidified microstructure of GH4169

alloy at different coling rates

(a) −10℃/min；(b) −50℃/min；

(c) −100℃/min；(d) −200℃/min

与凝固过程中原位观察的结果一致。

测量试样枝晶组织的一次枝晶间距和二次枝晶间距，得到的结果见表 1。

表 1　不同冷速下 GH4169 合金枝晶间距

Tab. 1　Dendritic spacing of GH4169

alloy at different cooling rates

冷速/℃·min⁻¹	−10	−50	−100	−200
一次枝晶间距/μm	367.12	257.18	177.00	123.22
二次枝晶间距/μm	133.00	45.40	41.69	35.31

对表 1 中的数据进行回归分析，得到 GH4169 合金的一次枝晶间距和二次枝晶间距与冷却速率的数学关系式：

$$\lambda_1 = 214(C_R)^{-0.33} \tag{1}$$

$$\lambda_2 = 49.7(C_R)^{-0.45} \tag{2}$$

式中，λ_1、λ_2 为一次枝晶间距和二次枝晶间距，μm；C_R 为冷却速率，℃/s。

由式（1）和式（2）可知，冷却速率能够显著影响 GH4169 合金的枝晶间距，提高冷却速率可以减小铸态组织的一次和二次枝晶间距，使 GH4169 合金的凝固组织细化，从而提高材料的力学性能。

关于二次枝晶间距与冷却速率的关系函数，文献中多是采用 $\lambda_2 = \beta(C_R)^{-0.33}$ 的经验公式，公式中冷却速率的指数为 −0.33，但本次实验数据证明，指数为 −0.45 时，回归分析结果与实验结果更加符合。

3　结论

（1）使用激光高温共聚焦显微镜可以实时原位观察到 GH4169 合金的凝固过程。GH4169 合金凝固过程中，凝固前期和凝固后期固相生长缓慢，凝固中期固相生长速率较快。

（2）随着冷却速率的增加，GH4169 合金的凝固组织变得更加致密，枝晶间距随冷却速率增加而减小，且枝晶间距与冷却速率之间的关系有如下关系：$\lambda_1 = 214(C_R)^{-0.33}$；$\lambda_2 = 49.7(C_R)^{-0.45}$。

（3）提高冷却速率有利于细化 GH4169 的凝固组织，有利于减小 Laves 相尺寸，并使其弥散分布，提高材料力学性能。

参考文献

［1］顾林喻. 高温合金定向凝固枝晶间距与冷却速率的关系 ［J］. 西安工业学院学报，1999（19）：147～150.

［2］张丁非，兰伟，曾丁丁，等. AZ31 镁合金的凝固冷却速率与二次枝晶间距的定量关系 ［J］. 金属热处理，2008（33）：1～3.

［3］缪竹骏. IN718 系列合金高温凝固偏析及均匀化处理工艺研究 ［D］. 上海：上海交通大学材料科学与工程学院，2011.

［4］曲红霞，寇生中，蒲永亮，等. 冷却速率对 GH4169 合金铸态组织和力学性能的影响 ［J］. 铸造技术，2016（37）：481～484.

GH4169 合金热变形过程中的亚动态再结晶行为

付建辉[1*]，张健[1]，蒋世川[1]，何云华[2]，裴丙红[2]

（1. 成都先进金属材料产业技术研究院有限公司，四川 成都，610303；

2. 攀钢集团江油长城特殊钢有限公司，四川 江油，621700）

摘 要：采用双道次热压缩试验研究的方法，在 Gleeble-3500 热模拟实验机上对 GH4169 合金进行变形温度在 1000~1100℃、应变速率为 0.01~1s^{-1}、道次间隔时间为 1~20s 的双道次热压缩变形实验。结果表明，动态再结晶是 GH4169 合金的主要软化机制，在双道次压缩间歇期间，合金发生亚动态再结晶，且道次间隔保温时间越长、变形温度越高、应变速率越大，合金亚动态再结晶体积分数越大。基于实验结果，建立了 GH4169 合金的亚动态再结晶动力学模型。

关键词：GH4169 合金；亚动态再结晶；双道次热压缩实验；动力学模型

Metadynamic Recrystallization Behavior of GH4169 Alloy during Hot Deformation

Fu Jianhui[1], Zhang Jian[1], Jiang Shichuan[1], He Yunhua[2], Pei Binghong[2]

（1. Chengdu Advanced Metal Materials Industry Technology Research Institute Co., Ltd., Chengdu Sichuan, 610303；

2. Jiangyou Changcheng Special Steel Co., Ltd., Pangang Group, Jiangyou Sichuan, 621700）

Abstract：Two-pass hot compression tests were carried out on GH4169 alloy on Gleeble-3500 thermal simulator with deformation temperature of 1000~1100℃, strain rate of 0.01~1s^{-1} and inter-pass time of 1~20s. The results show that dynamic recrystallization is the main softening mechanism of GH4169 alloy. Metadynamic recrystallization occurs during the two-pass compression batch. The longer the holding time between passes, the higher the deformation temperature and the strain rate, the bigger volume fraction of the metadynamic recrystallization. Based on the experimental results, the metadynamic recrystallization kinetics model of GH4169 alloy was established.

Keywords：GH4169 alloy；metadynamic recrystallization；two-pass hot compression experiment；kinetics model

GH4169 合金因其在-253~650℃之间具有高的抗拉强度，高疲劳性能以及良好的塑性、焊接性能等特点，因此被广泛应用于航天、航空、核能、动力和石化领域，是制造发动机涡轮盘、压气机盘等关键热端部件的重要材料[1]。

目前对 GH4169 合金的加工主要是热加工，而在合金多道次热成型过程中，材料内部的显微组织演化过程除包括与变形过程伴随发生的动态过程以外，还包括变形结束后工件在高温滞留阶段材料内发生的静态弛豫过程，如静态再结晶、亚动态再结晶和晶粒长大等，亚动态再结晶就是热变形过程中形成并且尚未长大的动态再结晶核心在变形间隙或变形结束后的长大过程[2,3]。因为已经存在再结晶形核，所以亚动态再结晶软化过程进行得非常迅速[3]。研究变形间隙时间内所发生的亚动态再结晶行为对于控制金属材料热变形后

＊作者：付建辉，工程师，联系电话：13438495435，E-mail：435368139@qq.com

的组织性能、优化实际生产工艺有着重要意义，本文作者利用 Gleeble - 3500 热模拟试验机对 GH4169 合金采用双道次热压缩实验来研究亚动态再结晶行为，建立了基于亚动态再结晶过程的显微组织演化数学模型，为预测和控制 GH4169 合金锻件组织性能，优化锻造工艺提供了依据。

1 实验材料及方法

本实验所用坯料是 GH4169 合金初轧后的试样合金，经线切割加工成 $\phi 8mm \times 12mm$ 的圆柱形试样，在 Gleeble-3500 热模拟系统上采用恒温恒应变速率双道次热压缩实验。首先将试样以 10℃/s 的升温速度加热到 1100℃下保温 2min，然后以 10℃/s 的降温速度冷却到变形温度（1000℃，1050℃，1100℃），保温 1min 以消除试样的温度梯度，进行第一次压缩，变形量为 50%；间隔一定的时间（1s，5s，10s，20s）后进行第二次压缩，第二次压缩变形量为 10%，以减小第二道次压缩对组织的影响，其他变形条件与第一次相同，变形结束后试样快速冷却，把高温组织保留下来。将变形后的试样沿轴向对半切开，经制样抛光腐蚀（腐蚀液为 1.5g $CuSO_4$ + 20mL HCl + 20mL C_2H_5OH）后，观察组织。

2 实验结果及分析

2.1 双道次流变应力-应变曲线及微观组织

图 1 是在温度为 1000℃、应变速率为 $0.01s^{-1}$ 变形条件下的双道次压缩真应力-应变曲线。因第一道次的变形量较大，第一道次结束以后曲线便已发生了软化，即已经发生部分动态再结晶。显然，在其他条件一致的情况下，随着道次保温时间增加，第二道次的屈服应力在减小，软化程度逐步增大。在道次间隔时间为 1s 时，第二道次的流变应力没有表现出明显的加工硬化阶段，而是直接达到稳定阶段，说明此时亚动态再结晶的量较少，产生的软化还没有使材料内部的位错密度降到动态再结晶的临界位错密度以下，因而第二道次变形时产生的加工硬化能与动态再结晶的软化抵消，流变应力直接达到稳定。

图 2 是温度为 1000℃、应变速率为 1s⁻¹ 下，不同间隔时间下双道次压缩后的金相组织。从图

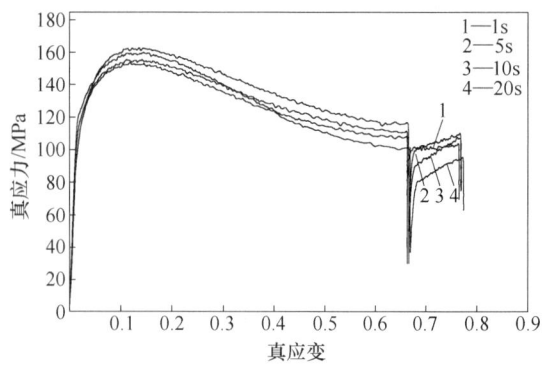

图 1　GH4169 合金双道次热压缩的真应力-应变曲线

Fig. 1　True stress-strain curves of GH4169 alloy double pass hot compression

中可以看出，在道次间隔时间保温的过程中第一道次变形后动态再结晶的晶核将会继续长大，即发生亚动态再结晶。在道次间隔为 1s 时，由于时间较短，第一次变形后组织中的动态再结晶晶核来不及长大，呈现为混晶组织；当道次间隔时间为 5s 时，其组织中晶粒分布更为均匀，这是由于第一道次变形后组织中的动态再结晶晶核已经有足够的时间进行长大，即亚动态再结晶量也随之增加；间隙时间达到 10s 时，已经完全再结晶；而当保温时间延长到 20s 时，完全亚动态再结晶的晶粒尺寸则略有增大。

2.2 亚动态再结晶体积分数的确定

通过双道次热模拟实验测得的流变应力曲线来测量道次间软化率的方法一般采用补偿法、后插法、平均应力法、最大应力法等，其中，最大应力法能有效地将动态再结晶软化从总软化中排除在外，特别适用于具有显著动态再结晶软化性能的高温合金[4]。在本实验中，在第一次变形时的真实应力明显降低，这主要是由动态再结晶引起的，因此，本文采用最大应力法来定量估计亚动态再结晶分数。亚动态再结晶分数 X_m 可用式（1）进行计算：

$$X_m = (\sigma_m - \sigma_{m2})/(\sigma_{max} - \sigma_1) \qquad (1)$$

式中，σ_m 为第一次加载中断时的真实应力；σ_{max} 和 σ_1 分别为第一次的最大应力和屈服应力；σ_{m2} 为第二次的屈服应力。

2.3 变形参数对亚动态再结晶行为的影响

图 3（a）是在应变速率为 1s⁻¹，不同道次间

隔时间条件下亚动态再结晶分数随变形温度变化的情况。从图中可以看出亚动态再结晶分数随着变形温度的升高而增加。这主要是由于再结晶形核过程是一个热激活过程，在相同应变速率条件下，温度越高，动态再结晶形核的概率越大，且再结晶晶界的迁移率也越高，变形结束后的亚动态再结晶晶核就越多，晶核的长大速度越快，从而亚动态再结晶的分数就越大。

图3（b）是在变形温度为1050℃，不同道次间隔时间下亚动态再结晶分数随应变速率的

变化情况。随着应变速率的增大，亚动态再结晶分数明显增大。当应变速率为 $1s^{-1}$ 时，道次间隔时间仅1s，软化分数达到80%以上，可见，高应变速率有助于亚动态再结晶的发生与发展。这是由于在相同变形温度下，应变速率越大，变形时间越短，在第一道次变形过程中动态再结晶分数相对较小，但是动态再结晶晶核相对较多，从而使得亚动态再结晶的驱动力变大，有助于发生亚动态再结晶，亚动态再结晶分数就越高。

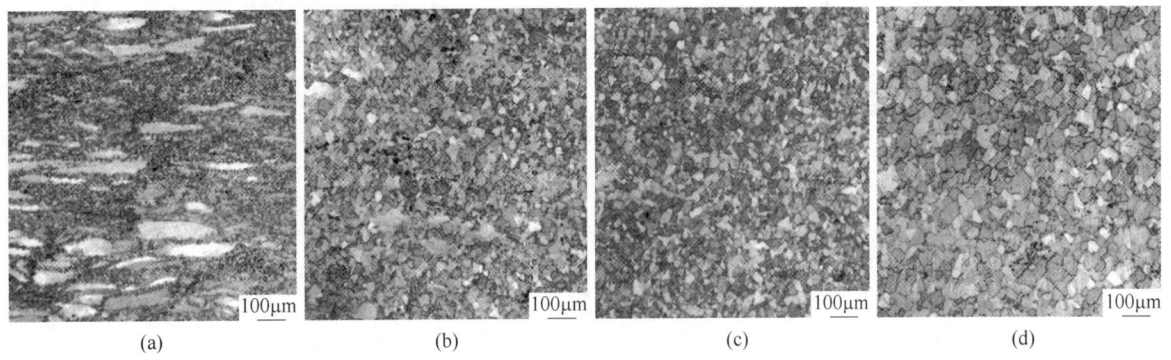

图 2　不同间隔时间下 GH4169 合金的显微组织（$T = 1000℃$，$\dot{\varepsilon} = 1s^{-1}$）

Fig. 2　Microstructures of GH4169 alloy under different inter-pass time

（a）1s；（b）5s；（c）10s；（d）20s

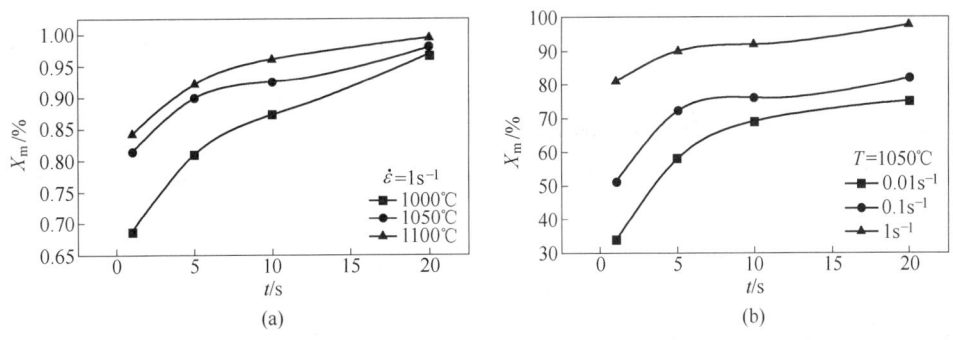

图 3　不同工艺参数对亚动态再结晶体积分数的影响

Fig. 3　Influence of different parameters on metadynamic recrystallization volume fraction

（a）不同温度；（b）不同应变速率

2.4　亚动态再结晶动力模型的建立

为了能够预测亚动态再结晶进程，亚动态再结晶动力学方程通常采用 Avrami 方程描述[4]，表达式如式（2）、式（3）所示：

$$X_m = 1 - \exp\left[-0.693\left(t/t_{0.5}\right)^n\right] \quad (2)$$

$$t_{0.5} = A\dot{\varepsilon}^m \exp\left[Q/(RT)\right] \quad (3)$$

式中，t 为间隔时间，s；$t_{0.5}$ 为亚动态再结晶分数达到50%时所需时间，s；$\dot{\varepsilon}$ 为应变速率，s^{-1}；Q 为亚动态再结晶激活能，kJ/mol；R 为理想气体常数，8.314J/（mol·K）；T 为变形温度，K；n、m、A 为与材料有关的常量。为了求 n 的值，对式（2）两边取对数即得：

$$\ln\left[\ln\left(\frac{1}{1 - X_m}\right)\right] = \ln 0.693 + n\ln t - n\ln t_{0.5} \quad (4)$$

基于实验数据，作出不同间隔时间下的 $\ln\{\ln[1/(1-X_m)]\}$ 与 $\ln t$ 关系图，如图 4（a）所示，利用线性回归法即可求出 n 的值为 0.32。将 n 值代入式（4），可以计算出不同变形条件下的 $t_{0.5}$，然后将式（3）两边取对数即得：

$$\ln t_{0.5} = \ln A + n\ln\dot{\varepsilon} + Q/RT \qquad (5)$$

作出 $\ln t_{0.5}$ 和 $\ln\dot{\varepsilon}$，$\ln t_{0.5}$ 和 $1/T$ 的关系图，如图 4（b）、（c）所示。通过线性拟合，分别求出 $m = -0.76$，$Q = 205.758\mathrm{kJ/mol}$，$A = 1.213 \times 10^{-9}$。

其中 Q 值明显小于文献中[5] 的动态再结晶激活能 481.927kJ/mol，这是因为动态再结晶是一个形核与长大的过程，而亚动态再结晶由于没有形核所需的孕育期，因此所需能量相对较小，再结晶发生迅速。将回归结果代入式（2）、式（3），由此得到亚动态再结晶的动力学模型：

$$X_m = 1 - \exp[-0.693(t/t_{0.5})^{0.32}] \qquad (6)$$

$$t_{0.5} = 1.213 \times 10^{-9}\dot{\varepsilon}^{-0.76}\exp[205758.2/(RT)] \qquad (7)$$

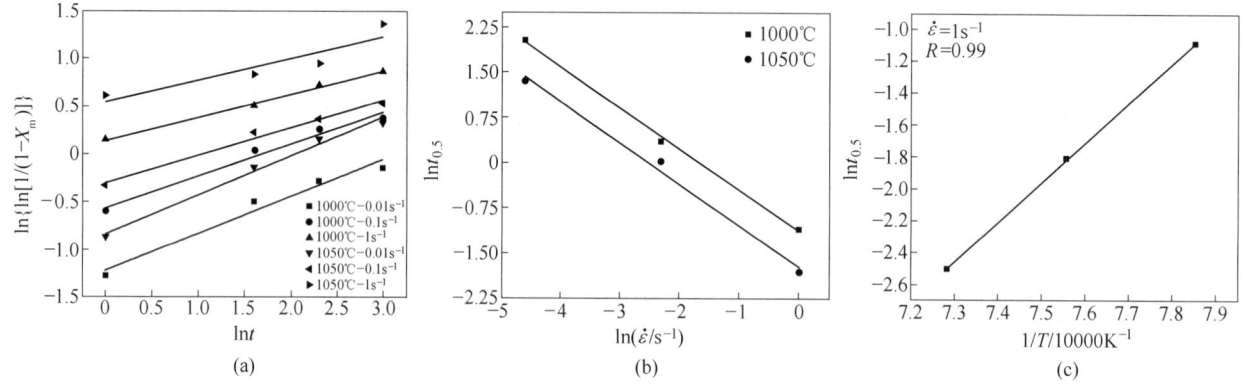

图 4　不同变量之间的线性拟合图

Fig. 4　Linear fitting diagrams between different variables

（a）$\ln\{\ln[1/(1-X_m)]\}$-$\ln t$；（b）$\ln t_{0.5}$-$\ln\dot{\varepsilon}$；（c）$\ln t_{0.5}$-$1/T$

3　结论

（1）GH4169 合金的亚动态再结晶分数随道次间保温时间、变形温度、应变速率的增加而增加，且在试验温度和应变速率范围内，亚动态再结晶发生的时间很短。

（2）基于实验结果，计算得到了 GH4169 合金的亚动态再结晶激活能为 205.758kJ/mol，建立了 GH4169 合金的亚动态再结晶动力学模型。

参考文献

[1] 杜金辉，吕旭东，邓群，等. GH4169 合金研制进展 [J]. 中国材料进展，2012，31（12）：12~20，11.

[2] 刘东，罗子健. GH4169 合金热加工过程中的显微组织演化数学模型 [J]. 中国有色金属学报，2003，13（5）：1211~1218.

[3] 董建新. 镍基合金管材挤压及组织控制 [M]. 北京：冶金工业出版社，2014：77~127.

[4] Lin Y C, Chen X M, Chen M S, et al. A new method to predict the metadynamic recrystallization behavior in a typical nickelebased superalloy [J]. Appl. Phys. A, 2016（122）：1~14.

[5] 蒋世川. GH4169 高温合金热变形行为及组织演变 [J]. 钢铁钒钛，2018，38（2）：146~152.

国内外三联冶炼 GH4169 合金大规格棒材质量分析

韦康[1*]，李鑫旭[1,2]，张勇[1]，张国庆[1]

(1. 北京航空材料研究院先进高温结构材料重点实验室，北京，100095；

2. 东北大学冶金学院，辽宁 沈阳，110819)

摘 要：对比分析了国内外 VIM+ESR+VAR 三联冶炼 GH4169 合金大规格棒材的化学成分、高低倍组织、力学性能和残余应力。结果表明：国产三联工艺 GH4169 合金大规格棒材，具有良好的成分、组织和性能，与国外进口棒材基本相当，并能达到涡轮盘用棒坯高强度、高塑性和高持久性能的指标要求，但仍存在可提升空间。

关键词：GH4169；三联工艺；大棒材；质量

Analysis on Quality of GH4169 Alloy Billet with Large Specification at Home and Abroad

Wei Kang[1], Li Xinxu[1,2], Zhang Yong[1], Zhang Guoqing[1]

(1. Science and Technology on Advanced High Temperature Structural Materials Laboratory，

Beijing Institute of Aeronautical Materials，Beijing，100095；

2. School of Metallurgy，Northeastern University，Shenyang Liaoning，110819)

Abstract：The chemical composition，macrostructure，microstructure，mechanical properties and residual stress of VIM+ESR+VAR triple smelting large-size GH4169 alloy billet at home and abroad were compared and analyzed. The results show that the domestically produced triple process GH4169 alloy billet with large specification has good composition，macro- and microstructure and properties，which is basically comparable to the imported billet and can meet the requirements of high strength，high ductility and long-lasting performance of the billet for turbine disk. However，there is still room for improvement.

Keywords：GH4169；triple smelting process；large size billet；quality

GH4169 合金（国外牌号 Inconel 718 或 NC19FeNb）是一种铁-铬-镍基沉淀强化型变形高温合金，在 650℃ 以下具有较高的强度、良好的抗疲劳和抗氧化腐蚀性能，广泛应用于航空、航天、核能和石化领域的涡轮盘、环件、叶片、轴、紧固件和机匣等[1]。近二十年来，为了提高航空发动机、地面燃气轮机的效率，两机工作温度或涡轮盘尺寸等不断提升，这对材料及制备工艺提出了更高的要求[2,3]。涡轮盘尺寸的增大，意味着棒坯、锭坯尺寸更大，制备过程中出现黑斑等偏析，以及晶粒大小不均匀的问题将会被放大。目前国外 Inconel 718 三联锭坯尺寸可以达到 685mm，若锭坯尺寸继续增大，即使采用先进的三联工艺也无法完全避免偏析[4~6]。相对于西方发达国家较为成熟的工艺，国内生产 GH4169 合金大规格棒材还处于起步阶段，且相关文献报道较少。

本文以国内外三联冶炼 GH4169 合金大规格棒材作为研究对象，分析棒材成分、组织及性能，简述国内外 GH4169 合金大规格棒材的生产现状。

*作者：韦康，工程师，联系电话：62498236，E-mail：18810651170@163.com

1　试验材料及方法

试验材料为国内外经 VIM+ESR+VAR 三联冶炼、高温均匀化、镦拔开坯、锻造成型得到的 GH4169 合金大规格棒材（大于 φ200mm）。在棒材头部切取试验料，分析棒材的化学成分、高低倍组织、力学性能和残余应力，并对比国内外棒材化学成分、晶粒度的控制范围以及性能的稳定性。

棒材热处理工艺：950～980℃，1h；空冷 + 720℃，8h；以 50℃/h 冷却速度随炉冷至 620℃，8h，空冷。

2　试验结果及分析

2.1　化学成分

国内外 GH4169 合金大规格棒材的主要化学成分及《YZGH4169 合金棒材》（Q/3B 4048）标准成分如表 1 所示。从中可以明显看出，国内外棒材化学成分相当，均在标准要求范围内。其中，C 含量较低，靠近标准的下限；S 含量远低于标准要求的 0.015%；Nb 含量较高，靠近标准的上限，尤其是国外棒材。

表 1　GH4169 合金大规格棒材化学成分

Tab. 1　Chemical composition of GH4169 alloy billet with large specification　　　（质量分数，%）

元素	C	P	S	Cr	Mo	Ni	Al	Ti	Nb
国外料	0.024	0.010	<0.0005	17.82	2.96	53.12	0.48	0.95	5.48
国产料	0.026	0.010	0.0004	17.75	2.93	53.75	0.52	1.02	5.30
标准	0.02～0.06	≤0.015	≤0.015	17.00～21.00	2.80～3.30	50.00～55.00	0.20～0.80	0.65～1.15	5.00～5.50

2.2　组织检验

2.2.1　低倍组织

图 1 为热处理态棒材横截面经腐蚀后的低倍组织。可以看出，国内外棒材中均无缩孔、裂纹、分层、夹渣等冶金缺陷，也无暗腐蚀区、白斑或浅腐蚀区。

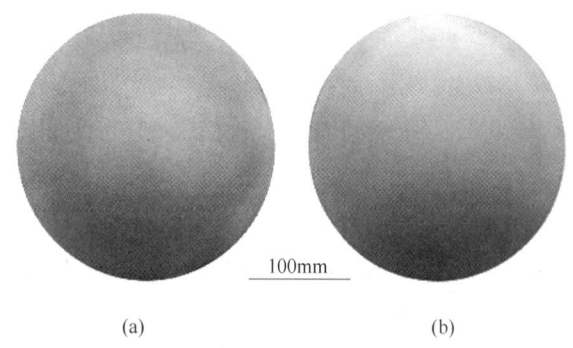

100mm

（a）　　　　　　　　　　　（b）

图 1　GH4169 合金大规格棒材横截面低倍组织

Fig. 1　Macrostructure of horizontal slice from
large-size GH4169 alloy billet

（a）国外料；（b）国内料

2.2.2　高倍组织

国内外三联工艺 GH4169 合金大规格棒材，经热处理后径轴向金相照片如图 2 所示。从图中可

以看出，国内外棒材各位置的晶粒度相当，均为完全动态再结晶的细小等轴晶组织，晶粒度可以达到 ASTM 6.0 级或更细，其中边缘晶粒较为细小，1/2R 和中心晶粒稍大。此外，国内外棒材边缘位置的 δ 相以颗粒状或短棒状弥散析出（图 2（a）、（d）），1/2R 及心部位置 δ 相以短棒状或针状在晶界析出（图 2（b）、（c）、（e）、（f））。这种组织为获得良好的力学性能奠下基础[7]。

2.3　力学性能

在国内外 GH4169 合金大规格棒材 1/2R 处沿横向取样，进行硬度、室温拉伸、高温拉伸及持久性能的测试，以了解国内外棒材性能的情况，具体测试数据见表 2。

表 2 中数据显示，国内外棒材的力学性能均达到《YZGH4169 合金棒材》（Q/3B 4048）标准要求，并与现行高强涡轮盘性能基本相当[8]，但国外棒材力学性能的综合水平及其一致性都高于国产棒材。除去实验环境（如设备工况引起服役条件的波动）等客观因素引入的数据波动性之外，材料个体力学性能（如冶金等方面造成材料组织、物相的不均匀）差异因素占很大比重[9]，也即相对于西方国家的先进工艺，国产棒材在化学成分、锻造变形的均匀性上还有待提高。

(a)   (b)   (c)

(d)   (e)   (f)

图 2   GH4169 合金大规格棒材金相照片（500×）

Fig. 2   Metallographic photo of GH4169 alloy billet with large diameter（500×）

(a)~(c) 国外料边缘、1/2R、中心；(d)~(f) 国内料边缘、1/2R、中心

表 2   GH4169 合金大规格棒材力学性能

Tab. 2   Mechanical properties of large size GH4169 alloy billet

试样	硬度（HBW）	室温拉伸				650℃拉伸				650℃/690MPa 持久
		σ_b/MPa	$\sigma_{p0.2}$/MPa	δ_5/%	ψ/%	σ_b/MPa	$\sigma_{p0.2}$/MPa	δ_5/%	ψ/%	$\tau_{光滑}$/h：min
国外	428	1479	1276	16.4	25.6	1207	1053	20.2	36.4	356：30
	427	1475	1274	17.0	26.7	1201	1046	25.0	36.3	270：45
国内	412	1381	1082	19.7	24.4	1104	941	19.8	27.0	174：15
	417	1403	1160	19.4	29.2	1128	953	19.9	23.7	120：45
标准	≥HB346	≥1230	≥1020	≥6	≥8	≥900	≥800	≥6	≥8	$\tau_{缺口}$≥$\tau_{光滑}$≥25h

此外，国外棒材较高的力学性能还归功于 Nb 元素含量的控制，Nb 元素可增加强化相 γ'' 的数量，使位错运动阻力增大，在拉伸强度提高的同时，也提高了合金的蠕变持久性能[10]。

2.4   残余应力

图 3 是 GH4169 合金大规格棒材横截面的残余应力测试点及位置示意图，测试点 1~8 均匀分布于直径方向上，1 点距边缘 5mm，8 点在中心。测试使用的仪器是 XRD 残余应力测试仪，可探测深度约为 10μm。棒材热处理前、后横截面径向的残余应力值如图 4 所示，图中拉应力显示为正值，压应力显示为负值。

由图 4 可知，未经热处理的 GH4169 合金棒材横截面径向均为拉应力，属于表面残余应力，国内外棒材基本相当。经热处理后，棒材横截面径

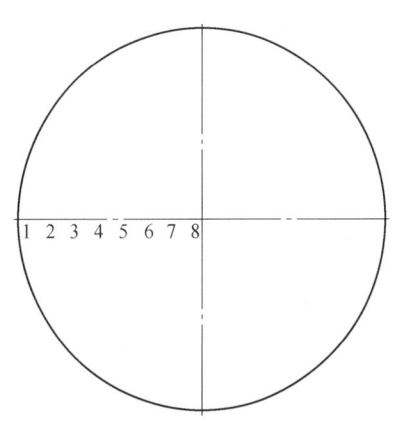

1 2 3 4 5 6 7 8

图 3   棒材横截面残余应力测试点及位置

Fig. 3   Residual stress test point and location on billet cross section

向残余应力均由拉应力转变为压应力。这是由于热处理过程中，棒材横截面的表面残余应力得到

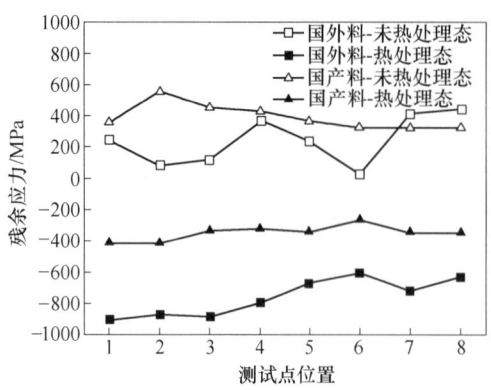

图 4　不同状态的 GH4169 合金棒材残余应力

Fig. 4　Residual stress of GH4169 alloy billet in different states

一定释放，进而表现为棒材的内应力，即锻造成型过程产生的压应力状态[11]。国产棒材的内部残余应力较国外棒材的低，有助于锻压成盘锻件时具有较低的残余应力。

3　结论

（1）国产三联工艺 GH4169 合金大规格棒材，具有良好的成分、组织和性能，与国外进口棒材基本相当。

（2）国产三联工艺 GH4169 合金大规格棒材，能达到涡轮盘用棒坯高强度、高塑性和高持久性能的指标要求，但性能仍有待提高。

参考文献

[1] 中国金属学会高温材料分会. 中国高温合金手册（上册）[M]. 北京：中国标准出版社，2012：689~771.

[2] Schwant R C, Thamboo S V, Anderson A F, et al. Large 718 Forgings for Land Based Turbines [C] //Superalloys 718, 625, 706 and Various Derivatives. Warrendale, PA：TMS, 1997：141~152.

[3] 唐豪杰, 孙鑫强. 发电燃气轮机效率分析及提高措施 [J]. 燃气轮机技术, 2007, 20（4）：19~24.

[4] Helms A D, Adasczik C B, Jackman L A. Extending the Size Limits of Cast/Wrought Superalloy Ingots [C] //Superalloys 1996, Warrendale, PA：TMS, 1996：427~433.

[5] Schwant R, Thamboo S, Yang L, et al. Extending the Size of Alloy 718 Rotating Components [C] //Superalloys 718, 625, 706 and Derivatives 2005. Warrendale, PA：TMS, 2005：15~24.

[6] Malara C, Radavich J. Alloy 718 Large Ingots Studies [C] //Superalloys 718, 625, 706 and Derivatives 2005. Warrendale, PA：TMS, 2005：25~33.

[7] 庄景云, 杜金辉, 邓群, 等. 变形高温合金 GH4169 [M]. 北京：冶金工业出版社, 2006：54~69.

[8] 《中国航空材料手册》编辑委员会. 中国航空材料手册 [M]. 北京：中国标准出版社, 2002：326~327.

[9] 高鹏. 涡轮盘蠕变及低周疲劳寿命可靠性分析方法 [D]. 西安：西北工业大学热能工程学院, 2007.

[10] 郭建亭. 高温合金材料学（上）应用基础理论 [M]. 北京：科学出版社, 2008：89~103.

[11] 张勇, 李佩桓, 王涛, 等. 降低变形高温合金 GH4169 盘件残余应力试验研究 [C] //仲增墉. 第十三届中国高温合金年会论文集. 北京：冶金工业出版社, 2015：347~350.

GH4169合金微拉伸流动应力与断裂行为尺度效应研究

朱强，王传杰，陈刚，张鹏*

（哈尔滨工业大学（威海）材料科学与工程学院，山东 威海，264209）

摘　要：通过 EBSD 分析了热处理后 GH4169 镍基高温合金薄板微观组织，借用室温微拉伸实验研究了合金的流动应力和屈服强度，利用扫描电镜分析了晶粒尺寸对断口形貌的影响。结果表明，随着固溶温度的增加，合金小角度晶界的比例逐渐降低；介观尺度下 GH4169 合金薄板的屈服强度与晶粒尺寸不再满足 Hall-Petch 关系，存在尺寸效应现象；断口表面韧窝直径和深度随着晶粒尺寸的增加逐渐增大，断裂机制为韧性断裂。研究结果对 GH4169 镍基高温合金薄板在微成型领域的应用具有重要的意义。

关键词：镍基高温合金；微拉伸；尺度效应；断裂

Scale Effect Study on Micro-tensile Flow Stress and Fracture Behavior of GH4169 Alloy

Zhu Qiang, Wang Chuanjie, Chen Gang, Zhang Peng

（School of Materials Science and Engineering, Harbin Institute of Technology at Weihai, Weihai Shandong, 264209）

Abstract：The microstructures of GH4169 nickel-based superalloy sheet after heat treatment were analyzed by EBSD. The flow stress and yield strength of the alloy were studied using the room temperature micro-tensile experiment. The effect of grain size on fracture morphology was analyzed by scanning electron microscopy. The results show that the proportion of small-angle grain boundary of alloy decreases gradually with the increase of solution temperature. The yield strength and grain size of GH4169 alloy sheet no longer meet the Hall-Petch relationship at mesoscopic scale, that is, a size effect phenomenon occurs. The diameter and depth of the dimple gradually increase with the increase of grain size on the fracture surface. The fracture mechanism is ductile fracture. The research results have important significance for the application of GH4169 nickel-based superalloy sheet in the field of micro-forming.

Keywords：nickel-based superalloy；micro-tensile；scale effect；fracture

随着微系统技术和微机电系统微型化、集成化和智能化的发展，薄板类微结构件（至少两维尺寸小于1mm）的需求越来越广泛[1~3]。在航空航天、武器装备、能源等领域应用的一些关键微结构件必须满足高温、高压、高可靠性和特殊介质腐蚀等苛刻环境使役考验[4,5]，具有优异的高温强度、良好的抗氧化和抗腐蚀性能和断裂韧性等综合性能的GH4169镍基高温合金薄板成为关键材料，其微结构件精确塑性成型技术则是亟需解决的关键任务。

1　试验材料及方法

选取 120μm 厚度 GH4169 镍基高温合金薄板作为实验材料，化学成分见表1。为了研究晶粒尺寸对塑性变形行为的影响，将热处理定为 1050℃/1h、1100℃/1h、1150℃/1h、1200℃/1h、

＊作者：张鹏，教授，联系电话：0631-5687089，E-mail：pzhang@hit.edu.cn

资助项目：国家自然科学基金重大研究计划培育项目（91860129）

1250℃/1h，水冷。试样热处理后经研磨、机械抛光后，利用 20%H₂SO₄+80%CH₃CH₂OH（体积分数）进行电解抛光。腐蚀液为 80%HCl+13%HF+7%HNO₃。利用 OLYMPUS 金相显微镜观察金相组织，通过 ZEISS 场发射扫描电镜配套的 EBSD 观察晶粒分布及取向关系。线切割制备标距长度为12mm、宽度为5mm 的拉伸试样，在 30kN 万能材料试验机 Instron5967 上进行常温拉伸实验，测定GH4169 合金流动应力。每个固溶温度下选择 5 个合金试样进行平行试验，减小实验误差。通过 ZEISS场发射扫描电镜观察分析拉伸断裂后的断口形貌。

表 1　GH4169 镍基高温合金化学组成
Tab. 1　Chemical composition of GH4169 nickel-based superalloy（质量分数,%）

Ni	Cr	Nb	Mo	Al	Ti	C	Co	Fe
52.80	18.73	5.24	3.02	0.52	0.95	0.026	0.03	余

2　试验结果及分析

2.1　微观组织演变

图 1 展示了 GH4169 合金固溶处理后的金相组织及晶粒统计结果。通过观察可以发现，GH4169 合金由均匀的奥氏体等轴晶组成，金相组织中存在大量的退火孪晶组织。由于面心立方结构GH4169 合金的层错能较低，因此在热处理过程中随着晶粒的长大会形成一定量的退火孪晶。由于1050℃高于 δ 相的溶解温度，因此在该温度以上进行固溶处理，δ 相完全溶解。选取每个固溶温度下 3 张金相图利用截线法统计 GH4169 合金固溶处理后的平均晶粒尺寸，发现晶粒尺寸随着固溶温度增加而逐渐增大。

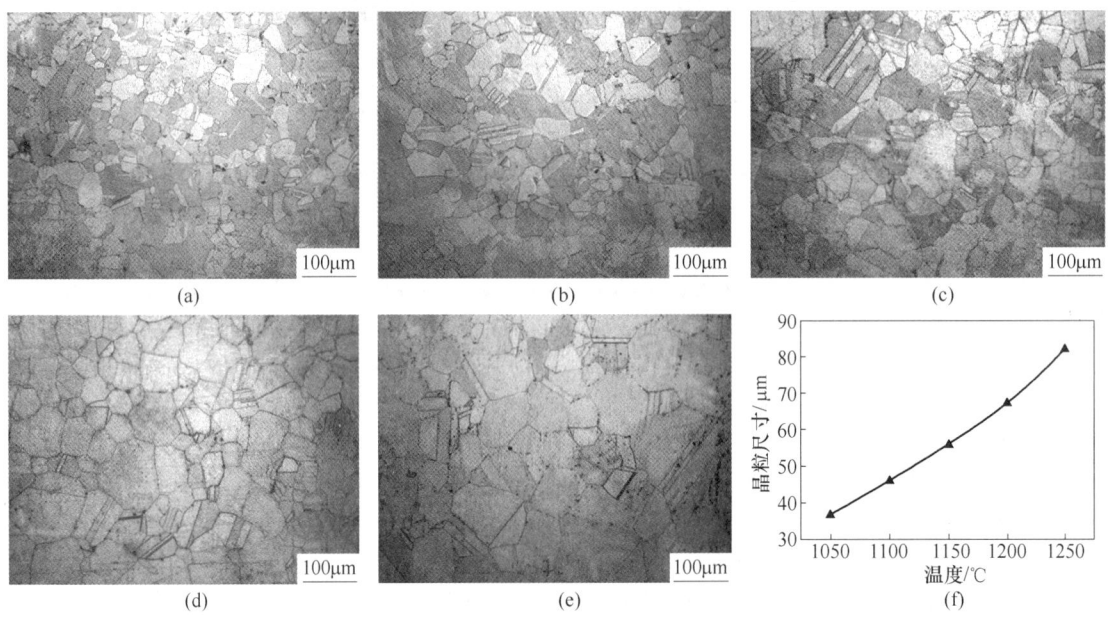

图1　GH4169 合金固溶处理后金相组织及晶粒尺寸统计结果
Fig. 1　Metallographic structure and grain size statistical results of GH4169 alloy after solution treatment
(a) 1050℃；(b) 1100℃；(c) 1150℃；(d) 1200℃；(e) 1250℃；(f) 晶粒统计结果

图 2 展示了 GH4169 合金固溶处理后 EBSD 分析结果。图 2(a) 显示合金 1050℃固溶处理后晶粒大小不均匀，存在个别尺寸较大的晶粒和一些尺寸较小的晶粒。图 2(b) 显示合金 1050℃固溶处理后小角度晶界所占的比例较低，主要为大角度晶界。图 2(c) 显示合金 1050℃固溶处理后(001)、(011)、(111) 方向的反极图，织构密度最大为 2.254，这表明热处理消除了轧制织构对合金力学性能的影响。图 2(d) 展示了热处理后合金小角度晶界与大角度晶界的变化情况，统计发现合金的小角度晶界比例均低于 5%，并且随着固溶温度的增加，合金小角度晶界的比例逐渐降低。

2.2　力学性能

图3(a) 展示了应变速率 0.01s⁻¹ 时晶粒尺寸对 GH4169 合金薄板室温拉伸真应力-真应变的影

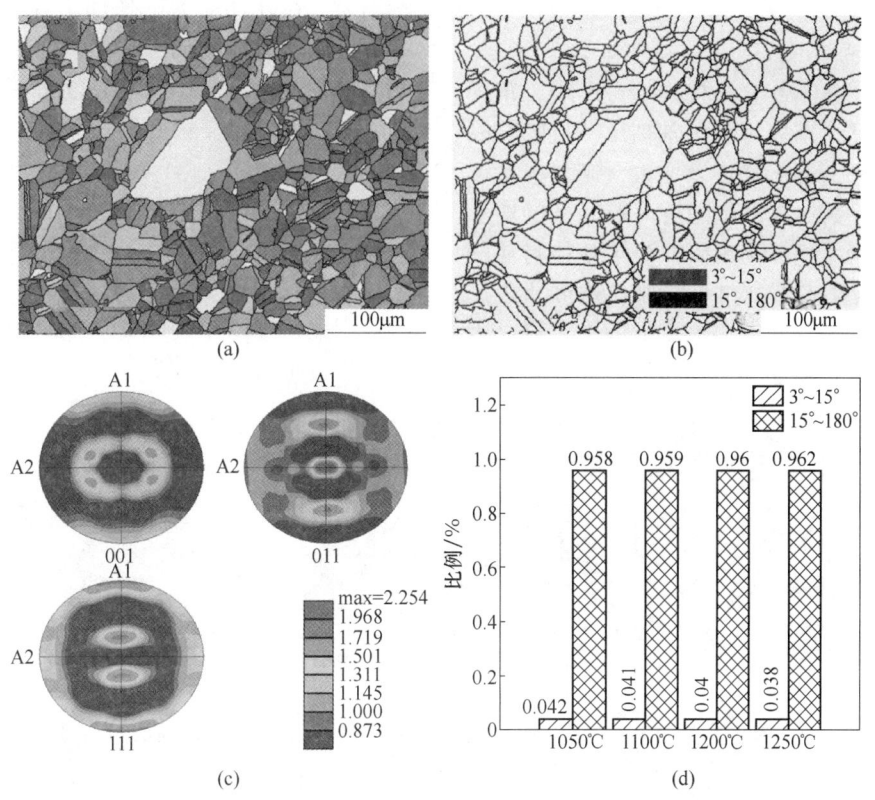

图 2　GH4169 合金固溶处理后 EBSD 分析结果

Fig. 2　EBSD analysis results of GH4169 alloy after solution treatment

（a）1050℃固溶处理后晶粒分布图；（b）1050℃固溶处理后试样晶界角度分布图；
（c）1050℃固溶处理后试样反极图；（d）晶界角度随固溶温度的变化

响曲线。从图中可以发现，试样在同一晶粒尺寸下，随着应变的增加合金的流动应力逐渐增加，这表明合金产生了加工硬化；在同一应变下，随着晶粒尺寸的增加，合金的流动应力逐渐降低。图 3（b）展示了 GH4169 合金薄板基体室温拉伸屈服强度的变化曲线。从图中可以发现，对于 GH4169 合金薄板，其屈服强度与 $d^{-0.5}$ 不是直线变化关系，这说明介观尺度下屈服强度与 $d^{-0.5}$ 不再

满足经典的霍尔-佩奇关系。虚线处不再满足霍尔-佩奇关系是 GH4169 薄板厚度方向上较少的晶粒数量导致的尺寸效应引起的。由于表面层晶粒所受到的约束跟内部晶粒相比要少，且位错无法在试样表面塞积，材料的加工硬化能力降低，从而导致材料的流动应力降低。因此，材料的流动应力为表面层与内部晶粒流动应力的加权平均，流动应力随表层晶粒所占比例的增加而降低[6]。

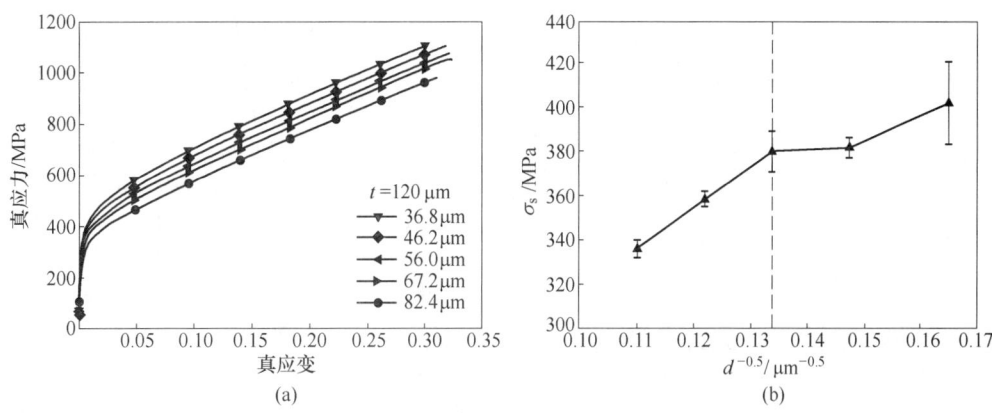

图 3　GH4169 合金流动应力与屈服强度变化曲线

Fig. 3　Flow stress and yield strength curve of GH4169 alloy

（a）真应力-真应变曲线；（b）屈服强度随 $d^{-0.5}$ 的变化曲线

2.3 断口形貌

图4展示了GH4169合金拉伸断口形貌。从图中可以发现,韧窝形态表现为等轴韧窝,且随着晶粒尺寸的增加,韧窝的尺寸逐渐增大,韧窝数量逐渐减少。此外,韧窝的深度也随着晶粒尺寸的增加而增大。韧窝的尺寸和深浅主要取决于基体材料的塑性变形能力。随着晶粒尺寸的增加,晶界所占比例逐渐降低,不同晶粒间的协调变形能力下降,因此试样断口韧窝直径和深度随着晶粒尺寸的增加逐

渐增大。在外加应力的作用下韧窝主要在夹杂物、晶界或者孪晶界处开始形核,这些位置在外力的影响下发生位错塞积,产生应力集中,形成微孔洞。随着塑性变形的发生,微孔洞直径逐渐变大,当与周围的韧窝相遇后开始连接,形成韧窝的聚集状态,在外加应力的作用下,聚集的韧窝越来越多,因相邻微裂纹的聚合产生可见孔洞,随着塑性变形的进行,孔洞逐渐长大、增殖,最后连接导致断裂。因此,可以得出结论,GH4169合金室温微拉伸断裂机制为韧性断裂。

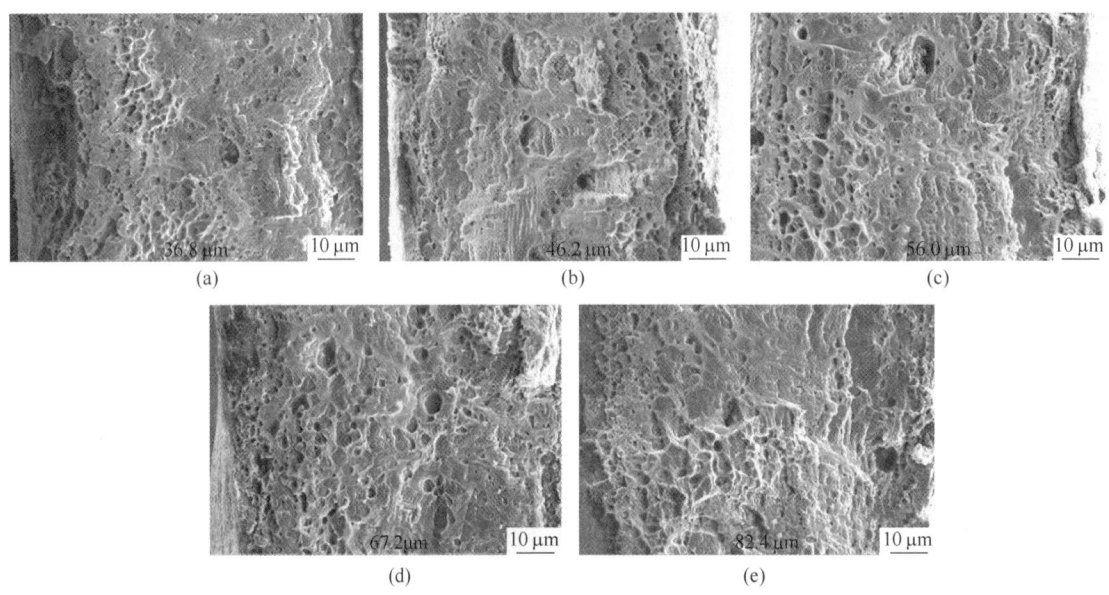

图4　不同晶粒尺寸GH4169合金拉伸断口形貌

Fig. 4　Tensile fracture morphology of GH4169 alloy with different grain sizes

3　结论

(1)热处理消除了织构对GH4169合金力学性能的影响,小角度晶界随着固溶温度的增加逐渐降低。

(2)介观尺度下,由于表面层的影响GH4169合金薄板的屈服强度与$d^{-0.5}$偏离直线关系,出现了尺度效应。

(3)合金断口表面布满等轴韧窝,韧窝的尺寸和深度随着晶粒尺寸的增加而逐渐增大,断裂机制为韧性断裂。

参考文献

[1] 王立鼎,刘冲. 微机电系统科学与发展趋势 [J]. 大连理工大学学报,2000,40 (5):505~508.

[2] Irthiea I, Green G, Hashim S, et al. Experimental and numerical investigation on micro deep drawing process of stainless steel 304 foil using flexible tools [J]. International Journal of Machine Tools and Manufacture, 2014, 76:21~33.

[3] Hu Z, Schubnov A, Vollertsen F. Tribological behaviour of DLC-films and their application in micro deep drawing [J]. Journal of Materials Processing Technology, 2012, 212 (3):647~652.

[4] Gau J T, Principe C, Wang J. An experimental study on size effects on flow stress and formability of aluminum and brass for microforming [J]. Journal of Materials Processing Technology, 2007, 184 (1-3):42~46.

[5] Keller C, Hug E, Retoux R, et al. TEM study of dislocation patterns in near-surface and core regions of deformed nickel polycrystals with few grains across the cross section [J]. Mechanics of Materials, 2010, 42 (1):44~54.

[6] Geiger M, Kleiner M, Eckstein R. Microforming [J]. Annals of the CIRP, 2001, 50 (2):445~462.

不同锻造状态 GH4169 组织与性能的分析研究

李鑫旭[1,2]*，韦康[1]，姜周华[2]，张勇[1]，张国庆[1]

(1. 北京航空材料研究院先进高温结构材料重点实验室，北京，100095；
2. 东北大学冶金学院，辽宁 沈阳，110819)

摘 要：通过金相显微镜和透射电子显微镜对晶粒组织和析出相形貌进行观察，探索了三联熔炼条件下不同成型工艺的 GH4169 棒材及其高压涡轮盘锻件力学性能差异的原因。结果表明：经过快锻+径锻开坯的棒材的抗拉强度以及布氏硬度都大于快锻工艺生产的棒材的对应性能，光滑持久性能则相反，金相组织发现快锻+径锻开坯的棒材的晶粒更细小。高压涡轮盘锻件轮毂的综合力学性能较其他部位偏低，金相组织证明该部位晶粒度较粗大，而且通过 TEM 观察发现 δ 相呈针状分布，可能是变形不充分、变形温度偏低和棒材原始组织遗传所致。

关键词：高温合金；锻造；组织；性能；TEM

Analysis and Research on Microstructure and Properties of GH4169 in Different Forging States

Li Xinxu[1,2], Wei Kang[1], Jiang Zhouhua[2], Zhang Yong[1], Zhang Guoqing[1]

(1. Science and Technology on Advanced High Temperature Structural
Materials Laboratory，Beijing Institute of Aeronautical Materials，Beijing，100095；
2. School of Metallurgy，Northeastern University，Shenyang Liaoning，110819)

Abstract：The grain microstructure and precipitate distribution were investigated by metallographic microscope and transmission electron microscopy (TEM). The reasons of mechanical properties difference of fast forging billet，fast forging+radial forging billet and high-pressure turbine disk were analyzed systematically. The results show that the tensile strength and brinell hardness of the billet by fast forging + radial forging are higher than the corresponding properties of the billet produced by fast forging process，while the smooth and durable properties are on the contrary. The research showed the finer grain size of the billet by fast forging + radial forging process. The comprehensive mechanical properties of the hub is low. It is found that the grain size of the hub is large and the delta phase is needle-like distribution through TEM observation，and，which may be due to insufficient deformation，low deformation temperature and the original tissue heredity of the billet. These studies provide theoretical basis for the technology improvement of GH4169 superalloy in domestic production enterprises.

Keywords：superalloy；forging；organization；performance；TEM

变形高温合金 GH4169 是以面心立方 γ 为基体，体心四方 γ″(Ni₃Nb) 和面心立方 γ′(Ni₃(Al，Ti)) 为析出强化相，富 Nb 的 δ 相和碳化物为辅助相，还可能存在 Laves 相[1]。由于化学成分中的高 Nb 含量和基体析出的 γ″和 γ′强化作用，使合金在

650℃能够长期使用。目前，该合金已经用于我国航空和航天发动机的关键零部件。热变形工艺和热处理工艺则是使该材料发挥最佳性能和最大应用前景的关键技术措施[2]。

工程实践表明，除了轧制薄板、镦饼等工艺

*作者：李鑫旭，博士研究生，联系电话：13478356156，E-mail：lxx20110180@ 163.com

外，其他传统的热加工工艺如快锻和自由锻锤锻很难使工件各部位同时满足或接近这一工艺要求。经常会出现得到中心粗大晶粒的同时，表面也有很严重的冷变形组织的情况[3]。与传统的锻造过程相比，径锻的原始晶粒就会更细。而且锻造产品尺寸的精度高、表面质量好，对改善棒材组织均匀性和提高成材率均有益[4]。

热模锻和等温锻造方法生产 GH4169 涡轮盘，基本可以消除盘锻件的冷模组织，提高盘锻件不同部位的组织均匀性[5]。涡轮盘锻件成型方式是金属主要沿锻件径向流动。轮缘与飞边冷却较快，在该部位终锻温度过低就会引起再结晶不充分，形成粗晶。轮毂对应于荒坯成型时的中心部位，该部位属于难变形区或变形死区，残留一定的棒材原始组织，组织状态较粗大和不均匀[6]。δ 相含量少，晶粒没有异相质点的阻碍作用，晶粒就会迅速粗化；δ 相过多就会消耗 Nb 元素，使 γ″ 强化相减少，引起高温强度的下降，而且 δ 相的存在会降低合金的高温塑性[7]。因此，必须严格控制模锻工艺以及合理的热处理制度，才能保证 GH4169 盘锻件

的合格率和成材率。本文研究了工业条件下三联熔炼的 GH4169 快锻棒材、快锻+径锻棒材、高压涡轮盘和低压一级涡轮盘的组织与性能。

1 试验材料及方法

采用 VIM(真空感应熔炼)+ESR（电渣重熔)+VAR(真空自耗重熔) 熔炼的铸锭，经过高温均匀化处理后有两种开坯方法：快锻和快锻+径锻，并进一步模锻成高压涡轮盘。解剖分析棒材和盘锻件的组织和性能。并通过金相显微镜（OM）和透射电镜（TEM）进一步深入研究合金的微观组织。

2 试验结果及讨论

2.1 不同工艺棒材组织性能的对比

表 1 为三联 VIM+ESR+VAR 熔炼铸锭的主要化学成分，均满足成分标准。

表 1 三联熔炼 GH4169 的主要化学成分

Tab. 1 Main chemical components of GH4169 in triplex smelting （质量分数,%）

	C	Ni	Cr	Mo	Nb	Al	Ti	O	P
头	0.026	53.86	17.80	3.03	5.36	0.57	1.03	0.0004	0.013
中	0.025	53.94	17.81	3.05	5.33	0.56	1.03	0.0003	0.013
尾	0.024	54.03	17.72	3.03	5.34	0.57	1.02	0.0003	0.014
标准	0.012 ~0.036	52.00 ~55.00	17.00 ~19.00	2.80 ~3.15	5.20 ~5.55	0.35 ~0.65	0.75 ~1.15	≤0.0025	0.007 ~0.015

表 2 为两种棒材的头部进行了室温拉伸、650℃ 高温拉伸、光滑持久和硬度的实验结果。结果表明经过快锻+径锻开坯的棒材的室温和高温抗拉强度、伸长率和断面收缩率以及布氏硬度都大于快锻工艺生产的棒材的对应性能。而对于光滑持久性能，快锻工艺产生的棒材是大

于经过快锻+径锻开坯的棒材的。材料的强度、塑性和硬度随着晶粒的细化而提高，材料的持久和蠕变性能随着晶粒的细化而下降。根据力学性能的对比分析，两种锻造工艺生产的棒材性能差异很大，这可能是晶粒尺寸的大小不同引起的。

表 2 不同锻造工艺棒材头部力学性能的对比

Tab. 2 Comparison of mechanical properties of billet heads with different forging processes

项目 类别	室温拉伸				650℃高温拉伸				光滑持久	布氏硬度
	σ_b/MPa	$\sigma_{0.2}$/MPa	δ_5/%	ψ/%	σ_b/MPa	$\sigma_{0.2}$/MPa	δ_5/%	ψ/%	650℃/690MPa $\tau_{光滑}$≥25h	
标准	≥1230	≥1020	≥6	≥8	≥1000	≥860	≥12	≥15		≥HB346
快锻+ 径锻	1386	1212	16.0	31	1140	1010	19.5	22.0	213	438
	1387	1213	16.0	27	1140	1020	20.5	27.0	226	435

项目	室温拉伸				650℃高温拉伸				光滑持久	布氏硬度
类别	σ_b/MPa	$\sigma_{0.2}$/MPa	δ_5/%	ψ/%	σ_b/MPa	$\sigma_{0.2}$/MPa	δ_5/%	ψ/%	650℃/690MPa	
快锻	1358	1223	13.5	25	1140	1050	15.5	27.5	271	432
	1359	1221	12.5	21	1130	1040	15.0	25.5	295	432

为了验证上述推断,对两种棒材头部的中心、$R/2$ 和边缘取样并抛光腐蚀,进行金相组织的观察,观察结果如图1所示。结果表明快锻+径锻工艺棒材的晶粒会更细,通过对比法对晶粒组织进行评级,快锻+径锻工艺棒材头部中心、$R/2$ 和边缘的晶粒度分别为7、7.5和8.5,快锻工艺棒材

头部中心、$R/2$ 和边缘的晶粒度分别为6.5,6.5和7.5。径锻工艺过程短,期间温降较小,有利于充分再结晶和晶粒细化。而快锻过程中存在变形温升效应,就造成初始组织稍大,而且温降较大,后期的低温不利于再结晶的进行。因此快锻加径锻工艺的晶粒要细于快锻工艺的棒材。

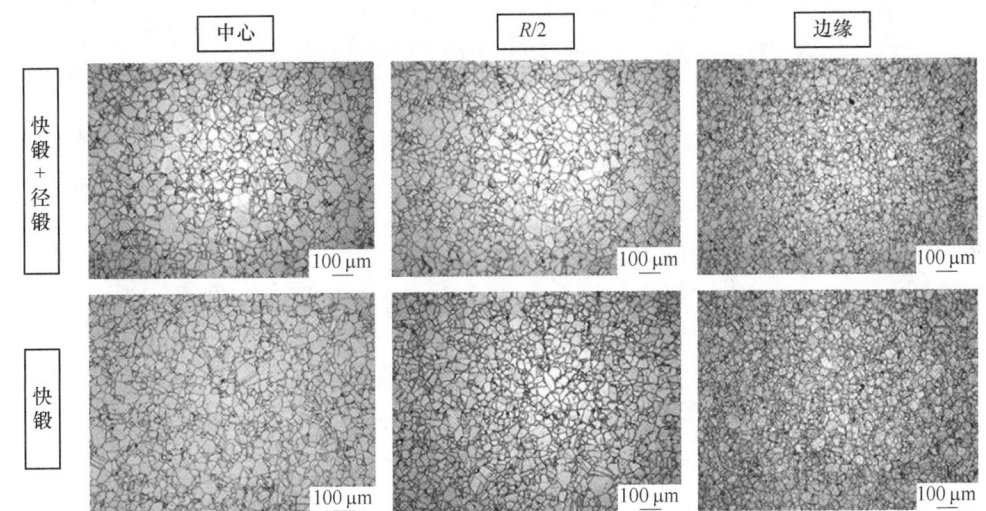

图1　两种棒材头部中心、$R/2$ 和边缘的晶粒组织（100×）

Fig. 1　Grain structure at the center, $R/2$ and edge of two kinds of billet heads（100×）

2.2　盘锻件不同部位组织性能的对比

表3为轮缘、辐板和轮毂部位的高温拉伸和

持久性能。结果表明轮毂部位高温拉伸强度和拉伸塑性都是最差的,持久寿命是最低的,但是持久塑性表现优于轮缘和辐板部位。

表3　盘锻件不同部位的650℃拉伸性能和持久性能数据

Tab. 3　650℃ tensile performance data and durability data from different parts of the disk forgings

试样部位	σ_b/MPa	$\sigma_{p0.2}$/MPa	δ_5/%	ψ/%	温度/℃	应力/MPa	持续时间/h	δ/%	ψ/%
轮缘	1216	1074	19.9	49.0	650	700	207：30	15.20	61.06
辐板	1214	1060	22.7	43.4	650	700	168：05	27.52	58.69
轮毂	1208	1066	16.8	35.6	650	700	122：30	31.72	64.48

为了进一步研究引起盘锻件不同部位性能差异的原因,对其微观组织进行观察。盘锻件的不同部位成型方式及变形程度不同,因此就会形成不同的微观组织形貌。分别对各低倍组织进行解剖,分析高倍组织。分别进行碳化物、晶粒度和 δ 相的观察,如图2所示。碳化物由于熔点比较高,

在热变形和热处理过程中没有溶解现象,而且属于脆性夹杂相,合金基体发生了较大的塑性变形,但块状碳化物不能跟随基体发生塑性变形,因而发生脆性断裂和破碎。从图中可以看出,碳化物沿着变形方向呈流线分布。

轮缘和辐板位置的晶粒较小,δ 相呈短棒状和

颗粒状析出，均匀分布在晶界和晶内，这种 δ 分布的形貌是希望得到的理想组织，图 3 为 TEM 结果。然而轮毂部分的晶粒略大一些，δ 相呈针状沿晶界析出。

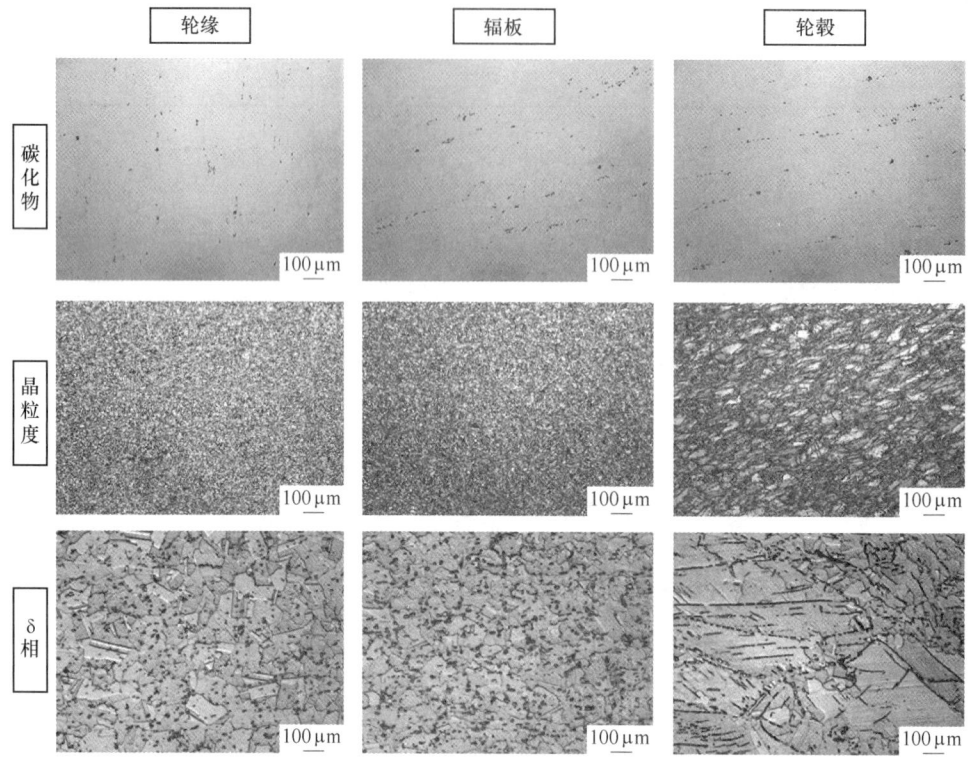

图 2　高压涡轮盘轮缘、辐板和轮毂的碳化物（100×）、晶粒度（100×）和 δ 相分布（500×）

Fig. 2　Carbide（100×），grain size（100×）and delta phase distribution（500×）of flange，spoke plate and hub of a high-pressure turbine disk

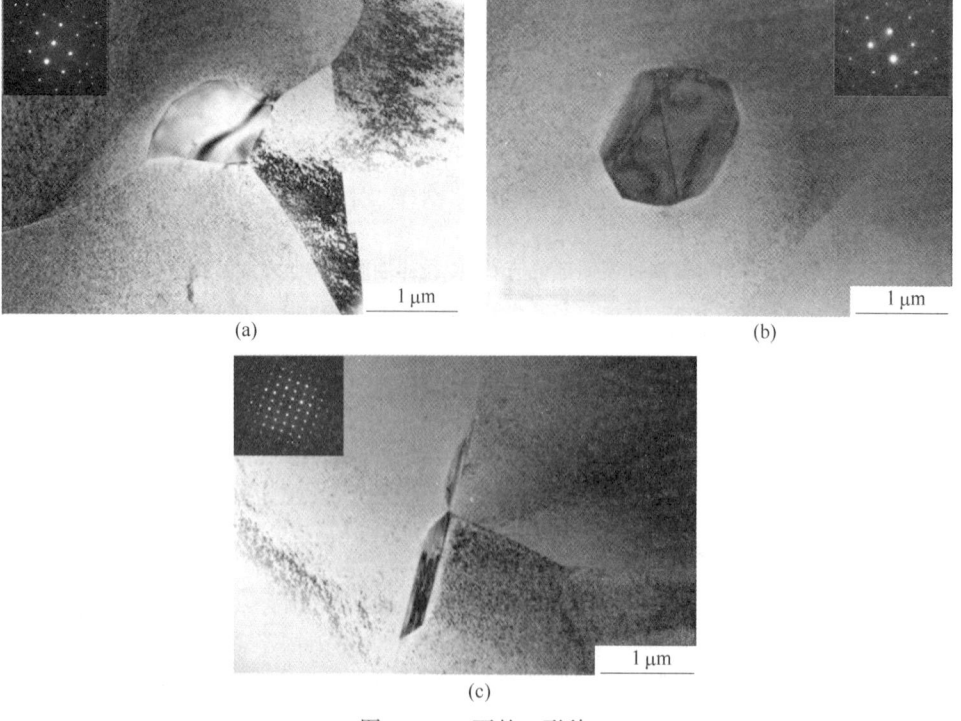

图 3　TEM 下的 δ 形貌

Fig. 3　The delta morphology under TEM

（a）轮缘晶界　（b）轮缘晶内　（c）轮毂晶界

综合上述盘锻件的力学性能以及组织特征，可以分析出其原因。由于轮毂部位的晶粒偏大而且不均匀，所以该部位的拉伸强度和拉伸塑性是低于其他两个部位的。颗粒状和短棒状的δ相分布有利于提高合金组织的综合性能。轮毂部位的持久塑性高于其他两个部位，是因为晶界分布针状δ相，δ相较基体和强化相都软。这种特征分布的δ相组织使得持久塑性偏好，但是同时也降低了合金强度，所以在同等强度下的持久寿命下降。此外，轮毂部位拉伸塑性低于其他部位，是因为拉伸过程较持久试验过程时间短，晶粒度起主要的作用。

3　结论

（1）经过快锻+径锻开坯棒材的抗拉强度和布氏硬度都大于快锻工艺生产的棒材所对应的性能，光滑持久性能则相反，研究表明快锻+径锻开坯棒材的晶粒更加细小。

（2）高压涡轮盘轮毂的综合力学性能偏低，

观察发现轮毂的晶粒较大，而且通过 TEM 观察发现δ相呈针状分布。

参考文献

[1] 李胡燕. GH4169 镍基高温合金的组织和性能研究 [D]. 上海：东华大学机械学院，2014.
[2] 黄乾尧. 高温合金 [M]. 北京：冶金工业出版社，2000：9~11。
[3] 刘丰军，陈国胜，王庆增，等. 径锻温度对 GH4169 合金棒材组织与性能的影响 [J]. 宝钢技术，2011 (4)：27~31.
[4] 陈国胜，王庆增，刘丰军，等. GH4169 合金细晶棒材的径锻工艺及其组织与性能 [J]. 宝钢技术，2009 (3)：52~57.
[5] 王资兴，周奠华，陈国胜. 某航天发动机用 GH4169 合金涡轮锻件的研制 [J]. 钢铁研究学报，2011 (12)：170~173.
[6] 周晓虎. GH4169 合金涡轮盘锻件粗晶质量分析和控制 [J]. 锻压技术，2004 (5)：9~11.
[7] 张海燕，张世宏，程明. δ相对 GH4169 合金高温拉伸变形行为的影响 [J]. 金属学报，2013 (4)：483~488.

受海洋大气腐蚀影响的 GH4169 合金的
冲蚀磨损行为研究

曹夕[1]，文波[1]，曲敬龙[2,3]，新巴雅尔[1,4]*

（1. 内蒙古工业大学材料科学与工程学院，内蒙古 呼和浩特，010051；
2. 钢铁研究总院高温材料研究所，北京，100081；
3. 高温合金新材料北京市重点实验室，北京，100081；
4. 内蒙古薄膜与涂层重点实验室，内蒙古 呼和浩特，010051）

摘　要：本文通过以高温氧化—冲蚀磨损—海洋化学腐蚀为循环基础的循环试验，研究了在海洋大气环境下服役的 GH4169 高温合金的冲蚀磨损特征。结果表明，高温氧化和化学腐蚀相互促进，使 GH4169 高温合金表面产生氧化产物，内部发生晶界腐蚀。GH4169 高温合金初期氧化后产物主要为 Cr 的氧化物以及少量 Ti 的氧化物，具有减缓冲蚀磨损造成的材料去除的作用。随循环次数的增加，腐蚀氧化层对基体的保护作用减弱，冲蚀损伤速度加快。

关键词：高温合金；循环交替作用；高温氧化；冲蚀磨损；海洋化学腐蚀

Erosion Behavior of GH4169 Alloy Affected by
Marine Atmospheric Corrosion

Cao Xi[1], Wen Bo[1], Qu Jinglong[2,3], Xinba Yaer[1,4]

（1. School of Materials Science and Engineering, Inner Mongolia University of Technology,
Hohhot　Inner Mongolia, 010051；
2. Central Iron & Steel Research Institute, Beijing, 100081；
3. Beijing Key Laboratory of Advanced High-Temperature Materials, Beijing, 100081；
4. Inner Mongolia Film and Coating Key Laboratory, Hohhot　Inner Mongolia, 010051）

Abstract：In this paper, the erosion characteristics of GH4169 superalloy in service in the marine atmosphere are studied by alternating cyclic experiments based on high temperature oxidation erosion-marine chemical corrosion. The results show that high temperature oxidation and corrosion promote each other and produce oxidation scale on the surface and grain boundary corrosion of GH4169 superalloy. The initial oxidation products are Cr oxides with a small amount of Ti oxides, which can restrict the material removal caused by erosion. With the increase of the number of cycles, the protective effect of the oxide layer is weakened, and the erosion damage is accelerated.

Keywords：superalloy；alternating cycle；high-temperature oxidation；erosion wear；marine chemical corrosion

随着沿海事业的发展，海上石油平台、海岛机场等活动场景越来越多，因而飞机在海上的使用及停放时间越来越长[1]。此环境下飞机压气机及涡轮转子受到多种损伤。目前对于 GH4169 高温合金关于疲劳断裂、高温蠕变、腐蚀和氧化等方面的单一研究和断裂-蠕变、氧化-腐蚀的双因素

＊作者：新巴雅尔，副教授，联系电话：18747986890，E-mail：shinbayaer@imut.edu.cn

交互研究较多[2~6]，但是对于实际工况中造成压气机及涡轮转子材料极大损伤的冲蚀磨损考虑较少。实际工况中，飞机在存放使用过程中，压气机及涡轮转子一直受到海洋大气的化学腐蚀；在起飞降落时，压气机及涡轮转子则会受到低通量、小粒径砂粒的高速冲蚀磨损；在运行过程中，压气机及涡轮转子工作温度在600~900℃，其受到高温氧化的影响。因而高温氧化、冲蚀磨损与化学腐蚀对合金的交互作用是海洋飞机中关键部件的重要损伤形式[7,8]。本文研究高温氧化—冲蚀磨损—海洋化学腐蚀对GH4169高温合金的循环交替作用，拟为提高压气机及涡轮转子寿命提供技术支持。

1 试验材料及方法

本文采用尺寸为 50mm × 50mm × 10mm 的 GH4169 高温合金为研究对象，其化学成分如表1所示。将试样表面打磨光滑，丙酮除油并酒精超声清洗，避免杂质影响试验。首先将试样放置在800℃保温炉中进行 20h 的高温氧化试验。接下来对氧化后试样进行冲蚀磨损试验，条件为：冲蚀颗粒为 700μm 的 SiO_2，冲击角度为 90°，冲击速度为55m/s。最后将试样在50℃恒温的 3.5% NaCl

模拟海水中浸泡 20h 进行海洋化学腐蚀试验[9]。每个试验后称重并观察其表面宏观和微观形貌。将以上的三个试验作为一个循环周期，进行三个周期的循环试验。与此同时对同步试样进行以高温氧化—海洋化学腐蚀为循环周期的三次循环试验，观察表面及截面微观形貌，分析氧化膜化学成分。

2 试验结果及分析

2.1 试验各个阶段重量变化与冲蚀损伤速度

图1是循环试验中每个阶段的质量变化图，可以看出一次循环和二次循环中高温氧化和腐蚀后试样质量都稍有升高，三次循环中氧化后试样质量稍有升高，腐蚀后质量稍有降低，而每个循环周期冲蚀后质量都大幅度减少。图2是冲蚀损伤速度对比图，冲蚀损伤速度由公式（1）计算，以此来表征冲蚀磨损程度[10]。将未进行氧化和腐蚀试验的冲蚀磨损试验作为对比试验，图2表明经过循环试验的冲蚀损伤速度降低，一次循环中冲蚀损伤速度最低，即材料损伤程度最小。二次和三次循环后冲蚀损伤速度逐渐增加。

$$冲蚀损伤速度（cm^3/kg） = \frac{单位时间内的材料减少的质量（g/s）}{材料平均密度（g/cm^3） × 单位时间内冲蚀粒子的质量（kg/s）} \quad (1)$$

表1 GH4169 高温合金的成分表
Tab. 1 Chemical composition of GH4169 superalloy

元素	C	Cr	Mo	Ti	Al	Nb	B	Co	Fe	Mg	Ni
质量分数/%	0.022	17.48	3.02	1.03	0.54	5.37	0.003	0.04	余	0.0005	54.03

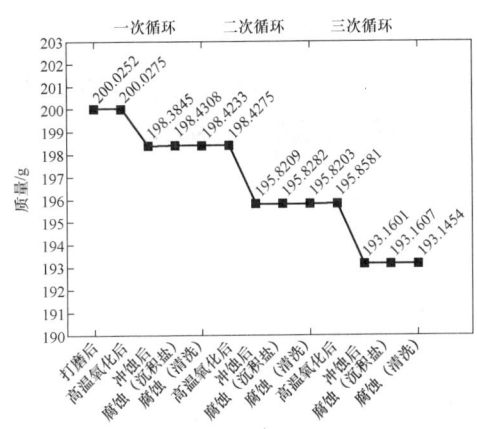

图1 质量变化

Fig. 1 Weight changes

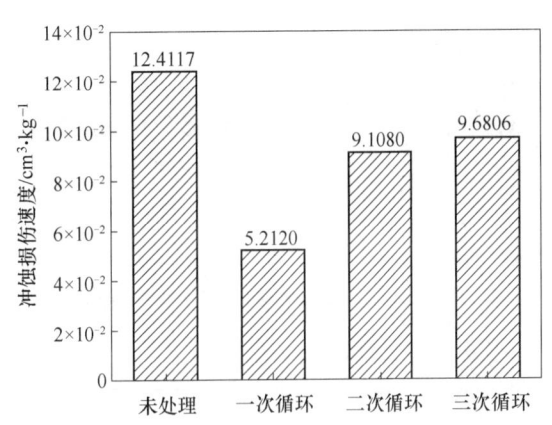

图2 冲蚀损伤速度对比图

Fig. 2 Comparison of Erosion rate

2.2 宏观及微观形貌

图 3 是试验各个阶段的宏观形貌,高温氧化试验后试样表面普遍颜色变深,材料发生氧化。冲蚀后试样表面出现圆形冲蚀坑,材料发生大量的损伤去除。腐蚀后表面并未发生明显可见变化,材料耐腐蚀性较好。

图 4(a) 为未经循环试验的表面微观形貌,与之相比,图 4(b)、(e)、(h) 显示经过高温氧化后,表面出现胞状凸起,且随着循环的进行凸起逐渐密集且尺寸增大。图 4(c) 显示一次循环冲蚀时候出现切削、凿坑等冲蚀形貌,边缘部分锐度很大,而经过腐蚀后图 4(d) 显示表面锐度降低。二、三次循环冲蚀后图 4(f)、(i) 表面除了有锐利边缘,还保留少量的圆滑边缘,其为未完全冲蚀掉的氧化腐蚀部分。图 4(g)、(j) 显示腐蚀后锐度整体降低,材料表面发生轻微腐蚀,由于材料耐腐蚀性较好,表面并未出现明显的腐蚀坑。

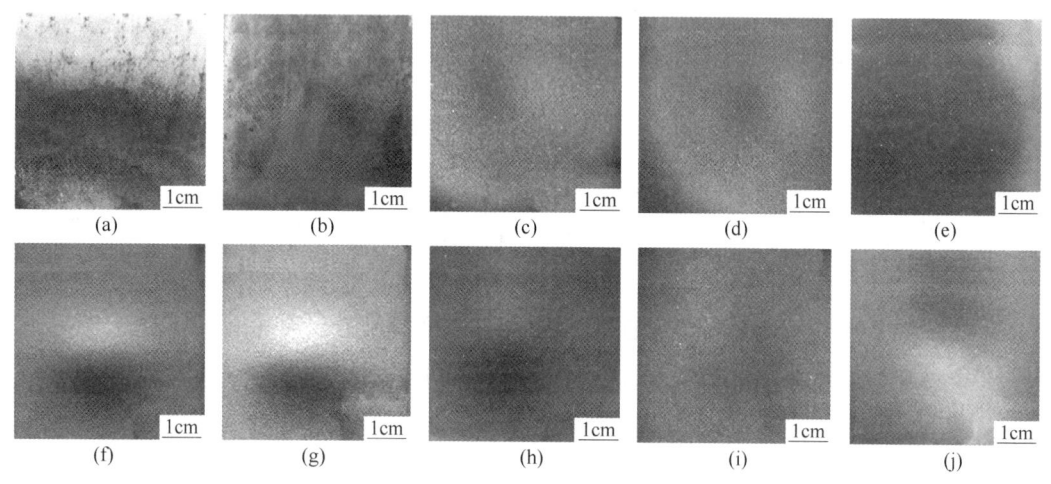

图 3 宏观表面形貌

Fig. 3 Macro surface topography

(a) 未处理;(b) 一次循环高温后;(c) 一次循环冲蚀后;(d) 一次循环腐蚀后;
(e) 二次循环高温后;(f) 二次循环冲蚀后;(g) 二次循环腐蚀后;
(h) 三次循环高温后;(i) 三次循环冲蚀后;(j) 三次循环腐蚀后

图 4 微观表面形貌

Fig. 4 Microscopic surface topography

(a) 未处理;(b) 一次循环高温后;(c) 一次循环冲蚀后;(d) 一次循环腐蚀后;
(e) 二次循环高温后;(f) 二次循环冲蚀后;(g) 二次循环腐蚀后;
(h) 三次循环高温后;(i) 三次循环冲蚀后;(j) 三次循环腐蚀后

2.3 同步试样表面、截面 EDS 分析

图 5 显示同步试样表面形貌及成分,图 5(a)中可以看出一次循环后表面可以检测出基体元素。而图 5(b)、(c) 显示二、三次循环后表面胞状增大,凸起上有小空洞,成分上只能检测出 O、Ti、Cr

三种元素，说明材料表面几乎全部被氧化和腐蚀，且　　产物可认为是 Cr 的氧化物以及少量 Ti 的氧化物。

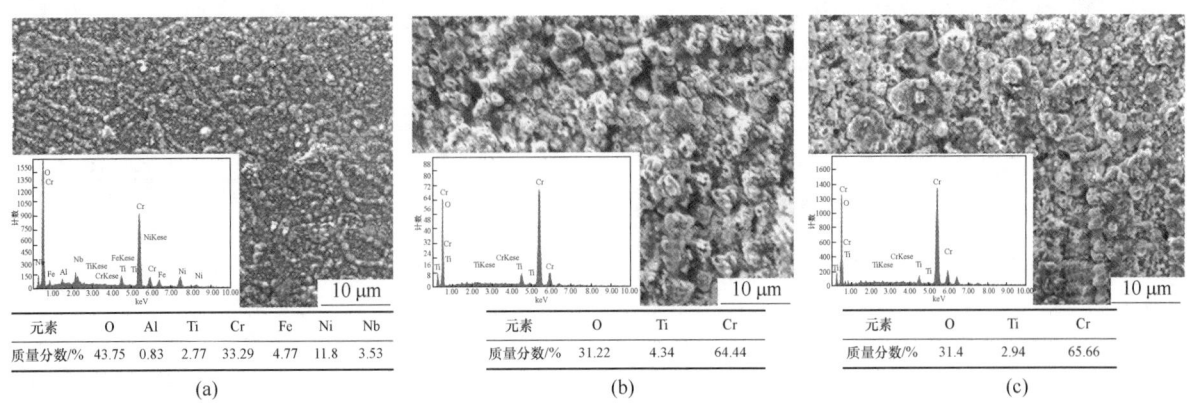

元素	O	Al	Ti	Cr	Fe	Ni	Nb
质量分数/%	43.75	0.83	2.77	33.29	4.77	11.8	3.53

(a)

元素	O	Ti	Cr
质量分数/%	31.22	4.34	64.44

(b)

元素	O	Ti	Cr
质量分数/%	31.4	2.94	65.66

(c)

图 5　同步试样表面形貌及成分

Fig. 5　Surface morphology and composition of synchronous sample

(a) 一次循环；(b) 二次循环；(c) 三次循环

图 6 是同步试样截面形貌及成分分析，图 6(a) 显示一次循环截面形貌与基体形貌相差不大，图 6(b)、(c) 显示二、三次循环后截面出现大致的三层结构，最外层为氧化腐蚀层，其成分主要为 Cr 的氧化物。中间层有黑色腐蚀产物，其为优先腐蚀的晶界，最内层为基体成分。从 EDS 结果可看出各层的成分的不同。表层 Cr 的富集会降低 γ′ 的固溶温度，从而降低中间层的硬度[11]，这将影响冲蚀磨损性能，与试验结果一致。

2.4　三次循环后断面形貌

图 7 显示经过三次循环试验后，表面氧化层

基本被去除，中间层结构仍有部分保留，与同步试样的截面中间层成分相似，晶界处 Nb 富集，导致周围部分 Nb 含量很少，晶界处检测到 O 元素，可以认为该处被腐蚀。中间层由于 Cr 的减少，此层硬度（298.7HV）比内层基体的硬度（402.2HV）低，影响耐磨性能。另外，三次循环后表面材料去除量较大，截面形貌显示晶界处试样变形情况更严重，此处因晶界腐蚀易发生材料的断裂，与冲蚀磨损所带来的应力交互，将加速冲蚀磨损损伤。

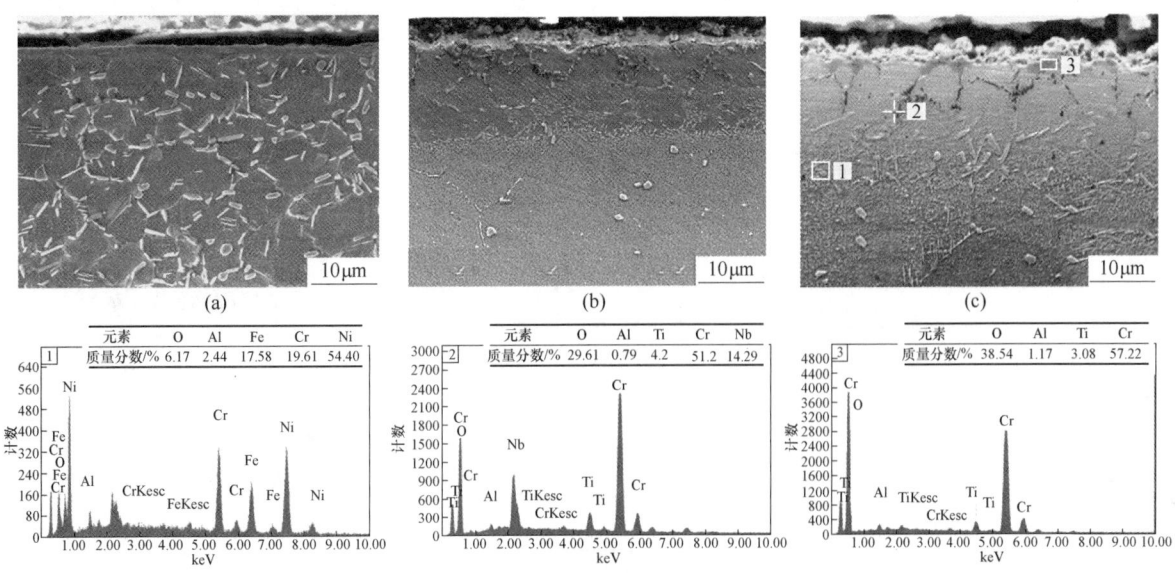

元素	O	Al	Fe	Cr	Ni
质量分数/%	6.17	2.44	17.58	19.61	54.40

元素	O	Al	Ti	Cr	Nb
质量分数/%	29.61	0.79	4.2	51.2	14.29

元素	O	Al	Ti	Cr
质量分数/%	38.54	1.17	3.08	57.22

图 6　同步试样截面成分分析

Fig. 6　Cross-section SEM/EDS observation of synchronous sample

(a) 一次循环；(b) 二次循环；(c) 三次循环

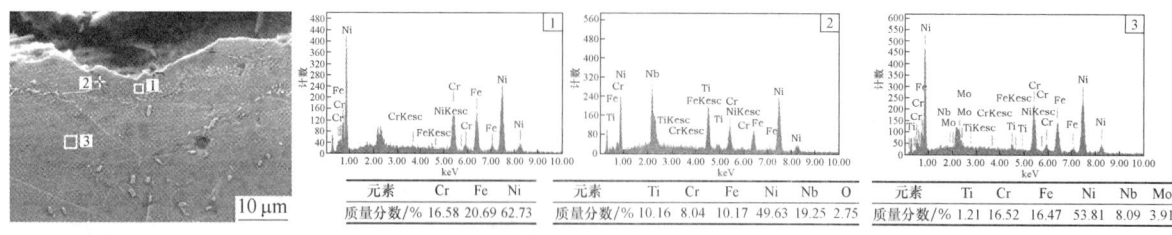

图 7　三次循环后断面形貌

Fig. 7　Cross-section SEM/EDS observation after three cycles

3　结论

（1）高温氧化和化学腐蚀使材料表面产生氧化产物，内部发生晶界腐蚀。

（2）高温氧化与腐蚀相互促进，GH4169 高温合金初期氧化后产物主要为 Cr 的氧化物以及少量 Ti 的氧化物，初期产生的 Cr 的氧化物对冲蚀磨损造成的材料去除有减缓的作用。

（3）一次循环中高温氧化后冲蚀磨损试验的冲蚀速度最小，二、三次循环冲蚀速度有所提高，腐蚀氧化的交互作用减弱对与基体的保护。

初期氧化膜的保护作用达到临界值将会出现突降，高温氧化—冲蚀磨损—海洋化学腐蚀的交互作用会对材料产生极大的损伤。下一步将继续进行多次周期的循环试验，以进一步研究 GH4169 合金在三者交替交互作用下的损伤规律。

参考文献

[1] 高荣杰，杜敏. 海洋腐蚀与防护技术 [M]. 北京：化学工业出版社，2011.

[2] 吕旭东，邓群，杜金辉，等. GH4169 合金高温疲劳行为的原位观察 [C] //仲增墉. 第十三届中国高温合金年会论文集，北京：冶金工业出版社，2015.

[3] 谢孝昌，柴志刚，李权，等. 直接时效 GH4169 合金疲劳断口分析研究 [J]. 航空材料学报，2015，35 (5)：46~56.

[4] 邹士文，许文，卢松涛，等. 典型高强紧固件海南雨水环境腐蚀及防护研究 [J]. 腐蚀科学与防护技术，2018，30 (5)：523~528.

[5] 侯杰，董建新，姚志浩. GH4169 合金高温疲劳裂纹扩展的微观损伤机制 [J]. 工程科学学报，2018，40 (7)：822~832.

[6] 李晓刚. 海洋工程材料腐蚀行为与机理 [M]. 北京：化学工业出版社，2016.

[7] 刘安强. 碳钢在西沙海洋大气环境下的腐蚀机理 [D]. 北京：北京科技大学，2013.

[8] 何玉怀，于慧臣，郭伟彬，等. 直接时效 GH4169 高温合金疲劳裂纹扩展性能试验 [J]. 航空动力学报，2006，21 (2)：349~353.

[9] 余钟芬. 高低温交互作用下镍基高温合金腐蚀行为的研究 [D]. 沈阳：东北大学，2014.

[10] Yaer X, Shimizu K, et al. Erosive wear characteristics of spheroidal carbides cast iron [J]. Wear, 2008, 264 (11)：947~957.

[11] 胡少南. GH720Li 高温合金的磨损特性与力学性能 [D]. 呼和浩特：内蒙古工业大学，2017.

应变速率对 GH4169 合金光纤激光焊接接头拉伸变形行为的影响

雷文博，王磊*，刘杨，宋秀，王瑞雪

（东北大学材料各向异性与织构教育部重点实验室，辽宁 沈阳，110819）

摘　要：研究了应变速率对 GH4169 合金光纤连续激光焊接接头拉伸性能及变形行为的影响规律及机制。结果表明，应变速率范围为 $10^{-3} \sim 0.93s^{-1}$ 时，随应变速率增加，室温和 650℃ 下 GH4169 合金母材及接头的抗拉强度均升高；同时，随着应变速率增加，接头熔合区可开动的滑移系数量显著增加，熔合区塑性变形程度增大，接头各区域组织的塑性协调变形能力增强，使得母材的断裂伸长率随应变速率增加呈下降趋势，而接头的断裂伸长率则逐渐增加。

关键词：GH4169 合金；光纤激光焊接；应变速率；拉伸变形行为

Effect of Strain Rate on Tensile Deformation Behavior of GH4169 Fiber Laser Welded Joint

Lei Wenbo，Wang Lei，Liu Yang，Song Xiu，Wang Ruixue

（Key Lab for Anisotropy and Texture of Materials，Northeastern University，Shenyang Liaoning，110819）

Abstract：The effect of strain rate on tensile deformation behavior of continuous fiber laser welded joint of GH4169 alloy under optimized process was investigated. The results show that when the strain rate ranges from $10^{-3}s^{-1}$ to $0.93s^{-1}$，the tensile strength and yield strength of GH4169 alloy base metal and welded joints at room temperature and 650℃ both increase with increasing strain rate. Meanwhile the amount of slippage that can be actuated in the weld center increases significantly and the degree of plastic deformation in the fusion zone increases，the plasticity of welded joint increases gradually due to the enhanced plastic coordination ability of the microstructure of the welded joints while the plasticity of welded joint decreases. The difference in strain rate sensitivity of each region of the welded joint ultimately determines the deformation behavior and failure mode of the welded joint as a whole.

Keywords：GH4169 alloy；strain rate sensitivity；fiber laser welded joint；deformation behavior

　　航空发动机是事关国防安全、重大军事战略部署的高精尖科技产品[1,2]。随着航空发动机推重比不断增加[3]，发动机热端部件在愈加恶劣环境下服役，多种焊接构件在高温高压、失协振动应力等作用下，经常导致非常规变形及断裂，造成重大灾难性事故发生。

　　激光焊接相比其他焊接方式有能量密度高、热输入小、高温力学性能稳定等优点，而焊接结构件在冲击载荷下的力学性能及拉伸变形行为与静态条件下有很大的不同。本文针对 GH4169 合金进行光纤激光对接焊，揭示应变速率对光纤连续激光焊接接头拉伸性能及变形行为的影响规律及机制，并探讨室温和 650℃ 下焊接接头变形及断裂行为机制。

————————————
* 作者：王磊，教授，联系电话：024-83681685，E-mail：wanglei@ mail. neu. edu. cn

1　试验材料及方法

研究用 GH4169 合金化学成分（质量分数,%）为：C 0.03，Fe 18.65，Mo 2.96，Al 0.52，Nb 5.05，Ti 1.03，Cr 19.17，S 0.002，P 0.002，Mn 0.011，B 0.003，Ni 余量。实验用 3mm 厚热轧态的 GH4169 合金，经固溶处理（1020℃×1h，水冷）后，焊接接头为固溶态进行焊接，后进行一级时效处理（720℃×8h，水冷）和二级时效处理（620℃×8h，水冷）。

选用 IPG YLS-6000 光纤激光器对 GH4169 合金进行对接焊。焊接时选用氩气作为保护气体，气体流量 20L/min，纤丝直径 0.2mm；光纤激光器主要参数为波长 1070nm、额定输出功率 6kW，调制频率 5kHz；焊接工艺参数为焊接速度 2.2m/min，激光功率 1.6kW。利用电子万能试验机对 GH4169 母材和焊接接头试样进行不同应变速率拉伸；利用 OM、CLSM 和 SEM 表征分析合金组织形貌特征，并利用显微硬度计获得焊接接头硬度分布。

2　试验结果及分析

2.1　焊接接头组织形貌及机理

图 1 为优化参数下焊后接头不同区域显微组织。可以看出，焊接接头成型性良好，无变形、未焊透及气孔等缺陷（见图 1(a)）。母材区为固溶态组织，平均晶粒尺寸约 30μm，析出相少且伴有少量退火孪晶存在（见图 1(b)）。由于连续激光焊接时焊接速度较快，热影响区组织经历快速加热冷却过程抑制了晶粒的长大，在热影响区未见明显的晶粒长大现象（见图 1(c)）。图 1(d)显示焊缝熔合区组织为典型的柱状晶粒。随着柱状晶的生长，焊缝中心区域温度逐渐降低，同时熔池成分偏聚造成过冷度增大而在液相形核长大形成等轴晶（见图 1(e)）。

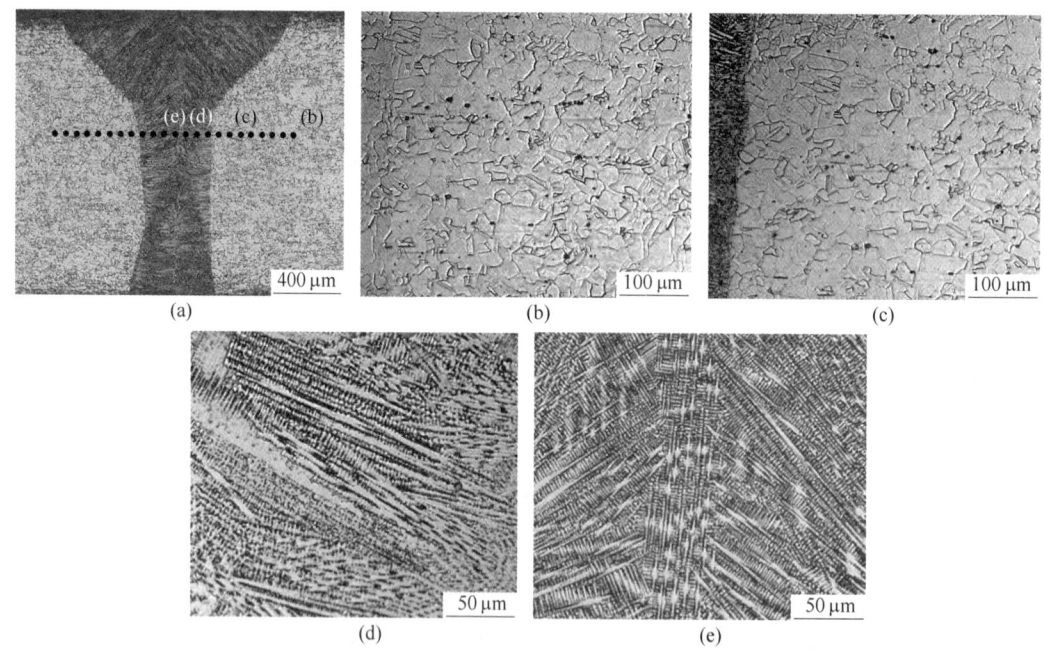

图 1　不同区域光纤激光焊接接头的显微组织

Fig. 1　Morphologies of fiber laser welded joint at different laser welding zones

(a) 焊接接头全貌；(b) 母材；(c) 热影响区；(d) 柱状晶区；(e) 等轴晶区

2.2　不同热处理态焊接接头硬度变化

图 2(c) 示出原始态光纤激光焊接接头硬度分布变化趋势。可以看出，焊接接头热影响区和熔合区较母材区域硬度更高，未发现软化现象。这主要是由于光纤激光焊是连续焊接过程，焊接速度较快，热影响区组织经历快速加热冷却过程抑制了晶粒的长大，使得热影响区的晶粒相比于母材并无明显长大的趋势，光纤激光焊接接头热影响区与母材区的硬度基本相同。经时效处理后熔合

区、热影响区及母材区硬度差别不大，硬度氛围在400~470HV之间，这是由于接头熔合区、热影响区和母材区出现的第二相析出现象使接头各区域组织得到强化，而焊接接头熔合区以第二相强化和细晶强化为主，热影响区和母材区则以第二相强化为主，使得各区域的硬度相差不大（见图2(d)）。

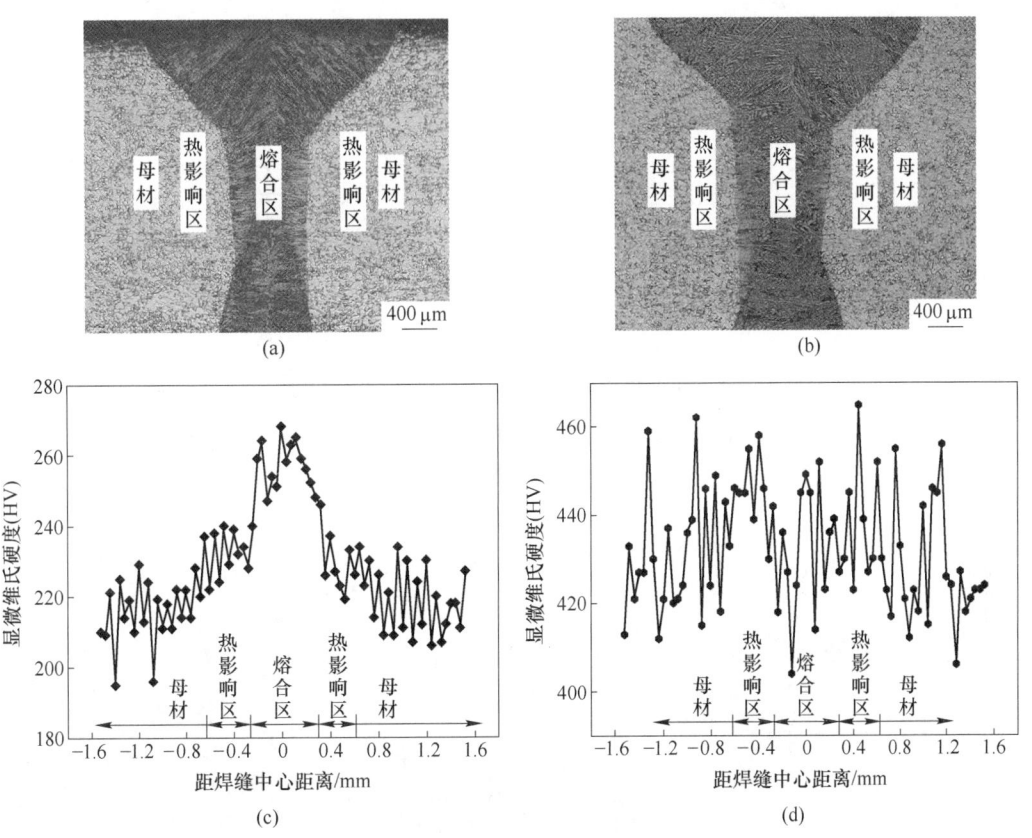

图2　不同热处理态GH4169合金接头显微硬度分布

Fig. 2　Microhardness distribution of laser welded GH4169 alloy joint after heat treatment

(a)，(c) 热处理前；(b)，(d) 热处理后

2.3　应变速率对焊接接头强度和塑性的影响

图3示出不同应变速率下GH4169合金母材及接头伸长率和抗拉强度变化趋势。可见，随着应变速率升高，GH4169合金母材及接头的抗拉强度均升高（见图3(a)）。图3(b) 示出母材的伸长率随应变速率的升高呈下降趋势；而接头的伸长率则随应变速率的升高而上升，在相同应变速率下，接头的塑性均低于母材。这是由于应变速率增加导致GH4169合金中的位错密度增加，位错相互缠结，位错运动受阻，使得流变应力增加。即随应变速率增加，GH4169合金母材及接头的抗拉强度均升高，同时使得母材塑性呈下降趋势。

图4为650℃条件下不同应变速率下的焊接接头侧面拉伸变形形貌。当应变速率（$10^{-3}s^{-1}$）较低时，焊接接头各区域既有滑移带又有沿晶裂纹

（见图4(a)、(d)），母材区沿晶开裂现象较焊缝熔合区严重[4]。随着应变速率升高，熔合区及母材区滑移带数量均逐渐增多，当应变速率增加到$10^{-1}s^{-1}$时，母材区和熔合区的滑移带数量相差不大（见图4(c)、(f)）。表明在高温条件下，随应变速率升高，接头变形方式由位错滑移和晶界滑动机制转变为单一的位错滑移变形机制。当应变速率较低时，热影响区和母材区较熔合区塑性变形能力更强，此时接头的塑性应变集中在热影响区和母材区。随着应变速率升高，接头熔合区可开动滑移系明显增多，塑性变形能力增强，接头各个区域之间的塑性协调能力增加，因而接头塑性逐渐上升（见图3(b)）。综上可知，各个区域组织的塑性应变协调能力与应变速率敏感性差异[5]，是决定焊接接头变形行为和失效模式的主要原因。

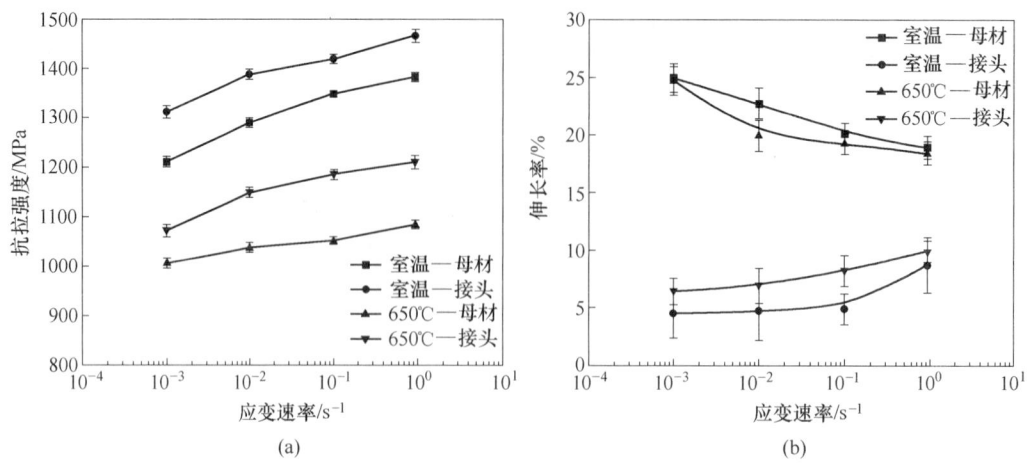

图3　不同应变速率下GH4169合金母材及接头伸长率和抗拉强度变化曲线

Fig. 3　Tensile properties of the base metal and laser welded joint of GH4169 alloy under various strain rates

（a）抗拉强度；（b）伸长率

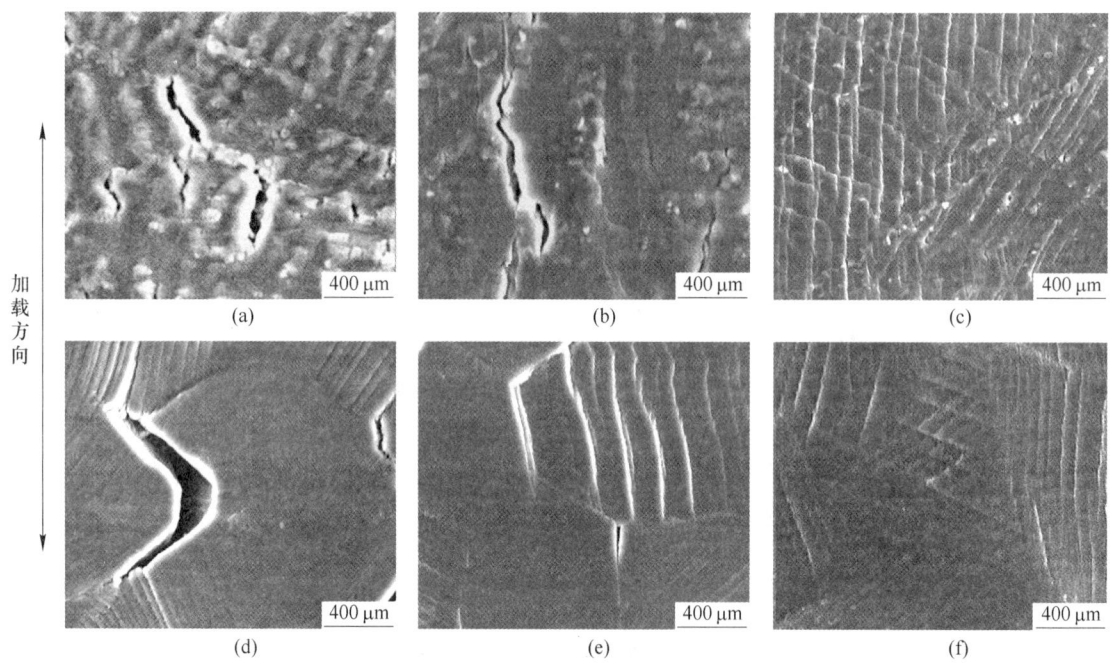

图4　高温不同应变速率下GH4169合金接头侧面拉伸变形形貌

Fig. 4　Surface deformation microstructure of welded joint of GH4169 alloy at different strain rates at high temperature

（a），（d）$10^{-3}s^{-1}$；（b），（e）$10^{-2}s^{-1}$；（c），（f）$10^{-1}s^{-1}$；

（a）~（c）熔区；（d）~（f）母材区

3　结论

（1）应变速率范围为$10^{-3}\sim0.93s^{-1}$，室温和650℃下GH4169合金母材及接头的抗拉强度均升高，母材的断裂伸长率随应变速率增加呈下降趋势，而接头的断裂伸长率则逐渐增加。

（2）高温下随应变速率增加光纤激光焊接接头各区域组织塑性协调能力明显增加，而不同区域组织应变速率敏感性的差异，最终决定着焊接接头整体的变形行为和失效模式。

参考文献

［1］郭建亭. 高温合金材料学（下册）［M］. 北京：北京

大学出版社, 2010.

［2］Deng G J, Tu S T, Zhang X C, et al. Small fatigue crack initiation and growth mechanisms of nickel‐based superalloy GH4169 at 650 degrees C in air ［J］. Engineering Fracture Mechanics, 2016, 153: 35~49.

［3］齐欢. INCONEL 718（GH4169）高温合金的发展与工艺 ［J］. 材料工程, 2012（8）: 92~100.

［4］刘杨, 王磊, 乔雪璎, 等. 应变速率对电场处理 GH4199 合金拉伸变形行为的影响 ［J］. 稀有金属材料与工程, 2008, 37（1）: 66~71.

［5］Lee W S, Lin C F, Chen T H, et al. Dynamic mechanical behaviour and dislocation substructure evolution of Inconel 718 over wide temperature range ［J］. Materials Science & Engineering A, 2011, 528（19）: 6279~6286.

某机匣用 GH4169 合金复杂截面异形环件多道次
轧制成型工艺研究

王宇锋[1*]，郭欣达[2]，王龙祥[1]，徐东[1]，

袁慧[1]，范茂艳[1]，杨志国[1]

（1. 贵州安大航空锻造有限责任公司，贵州 安顺，561005；

2. 中国人民解放军空军装备部驻安顺地区军事代表室，贵州 安顺，561005）

摘　要：传统异形环件工艺多采用矩形轧制-多次胎模制坯-异形轧制方式，胎模制坯过程中存在锻件变形不均匀、多套制坯模具、设备吨位大、锻件易开裂等问题，若采用矩形轧制-多道次异形轧制方式，则锻件变形较均匀，降低了成本和风险，保证了组织性能均匀性。本文主要研究了某机匣用 GH4169 合金复杂截面异形环件多道次轧制成型工艺，运用近净成型技术并结合有限元软件数值模拟分析方法设计异形中间坯，采用多道次轧制成功研制出复杂截面的异形环机匣，同时锻件的组织、性能符合标准要求。

关键词：GH4169；多道次轧制；异形环件；数值模拟

Forming Process Study on Multi-step Rolling Profiled
Ring GH4169 Casing with Complicated Shape

Wang Yufeng[1], Guo Xinda[2], Wang Longxiang[1], Xu Dong[1],

Yuan Hui[1], Fan Maoyan[1], Yang Zhiguo[1]

（1. Guizhou Anda Aviation Forging Co., Ltd., Anshun Guizhou, 561005；

2. Military Representative of Air Force Equipment Department of Chinese PLA in

Anshun, Anshun Guizhou, 561005）

Abstract：Traditional process of profiled ring is usually used for the way of rectanglar rolling and multi-step loose tooling and profiled rolling, there are some problems of uneven deformation, multiple die, large equipment, forging fractrue and so on during loose tooling. If using the way of rectanglar rolling and multi-step profiled rolling, forgings are more evenly deformated, the costs and risks could be reduced, and during all the rolling, controlling deformation, ensuring even structure and property. This thesis mainly studied the forming process of multi-step rolling profiled ring GH4169 casing with complicated shape, conbining the near net shape technique and numerical simulation analysis designed profiled medium billet, using multi-step rolling successfully rolled profiled ring casing with complicated shape, meanwhile the forging's structure and property can meet the needs of standard.

Keywords：GH4169; multi-step rolling; profiled ring; simulation

　　GH4169 合金（Incnel 718）是一种 Fe-Ni-Cr 基沉淀强化型的变形高温合金[1]，在 -253 ~ 700℃ 很宽温度范围内组织性能稳定，在 650℃ 以下具有屈服强度高、塑性好的特点，另外具有良好的焊接和成型性能、较高的耐腐蚀和抗氧化性能以及耐辐射性能。该合金在国外的航空、航天、能源、

---

*作者：王宇锋，工程师，联系电话：18385441128，E-mail：wyf168134@126.com

化工等领域获得了极为广泛的应用[2]。

随着现代制造的发展，对产品和环境的要求越来越高，要求制造成本越来越低，近净成型技术为异形环件中最重要的发展较快的先进成型技术，且具有显著效益。某机匣用 GH4169 合金机匣异形零件若按矩形环件设计再通过机加工获得所需异形截面，成将大大增加生产成本，且切削加工使材料原有的流线断裂，造成产品的性能和寿命降低。为降低材料成本，使产品流线尽量符合零件外廓形状，提高产品性能和寿命，减少后续加工量，采用近净成型技术将该异型零件的成型方式直接按异形环轧制设计，锻件简图见图 1。该锻件若采用矩形轧制—多次胎模制坯—异形轧制的传统异形环件轧制工艺，胎模制坯过程中存在锻件变形不均匀、多套制坯模具、设备吨位大、锻件易开裂等问题，若采用矩形轧制-多道次异形轧制方式，则锻件形较均匀，缩短了生产周期，降低了成本和风险，保证了组织性能均匀性。

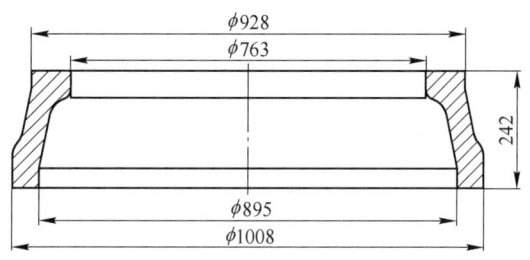

图 1　机匣锻件简图

Fig. 1　The schematic drawing of casing forging

1　锻造成型工艺方案分析

1.1　锻件的组织性能要求分析

从图 1 可以看出，该锻件属于大型复杂截面异形环锻件，锻件的晶粒度要求细小，性能要求高。GH4169 是一种变形高温合金，对热加工工艺特别敏感[3,4]，因此锻件的成型方案及过程控制较大。GH4169 高温合金的使用性能与晶粒度大小及均匀性关系密切，随着晶粒尺寸的减小，合金抗拉强度、屈服强度及疲劳强度增大，晶粒细化有助于 GH4169 合金强度及疲劳性能的提高[5~7]，相反粗大且不均匀的晶粒会使疲劳和持久明显降低，且缺口持久更加敏感。另外，对机匣锻件进行时效处理有助于提高强度。

1.2　锻件的成型方案分析

从图 1 可以看出，该锻件的外形尺寸较大，最大外径超过 1000mm，高度较高，多台阶且截面复杂，轴向各体积分布差别较大，壁厚差异大，大小头角度达到 11°，锻件成型难度大，成型过程控制困难。为了获得满足尺寸要求的锻件及合格的组织性能，必须确定合适的锻造工艺参数，保证锻件变形较均匀及足够的变形量。坯料的锻造加热温度不宜过高应选择 980～1040℃ 范围，异形中间坯尺寸要给终轧成型留有足够的变形程度，高度选择与锻件尺寸高度一致，为 242mm。

2　数值模拟分析

多道次轧制异形环件的重中之重就是设计好异形中间坯，采用体积法设计了多套异形中间坯，使用模拟软件对锻件异形中间坯轧制、终轧方案进行数值模拟研究，通过反复计算，我们最终选定了如图 2 所示的异形中间坯，锻件轧制力在 200t 左右。

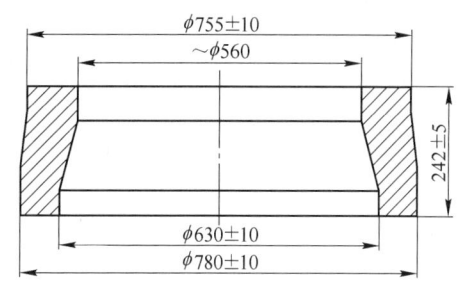

图 2　异形中间坯

Fig. 2　Profiled blank

图 3 为预定工艺条件下轧制完成时的应变分布和填充情况。从图 3 可以看出，锻件在轧制过程中变形量较大，矩形轧制、异形中间坯轧制、终轧的应变数值大致范围分别为 0.4～2.89、0.7～2.6，即矩形轧制、异形中间坯轧制、终轧的变形量分别为 33%～94.4%、33%～91%、50%～92%；锻件填充良好，成型方案满足锻件成型要求，锻件变形程度足够，能使锻件组织得到改善，达到晶粒细化的效果，保证锻件性能。

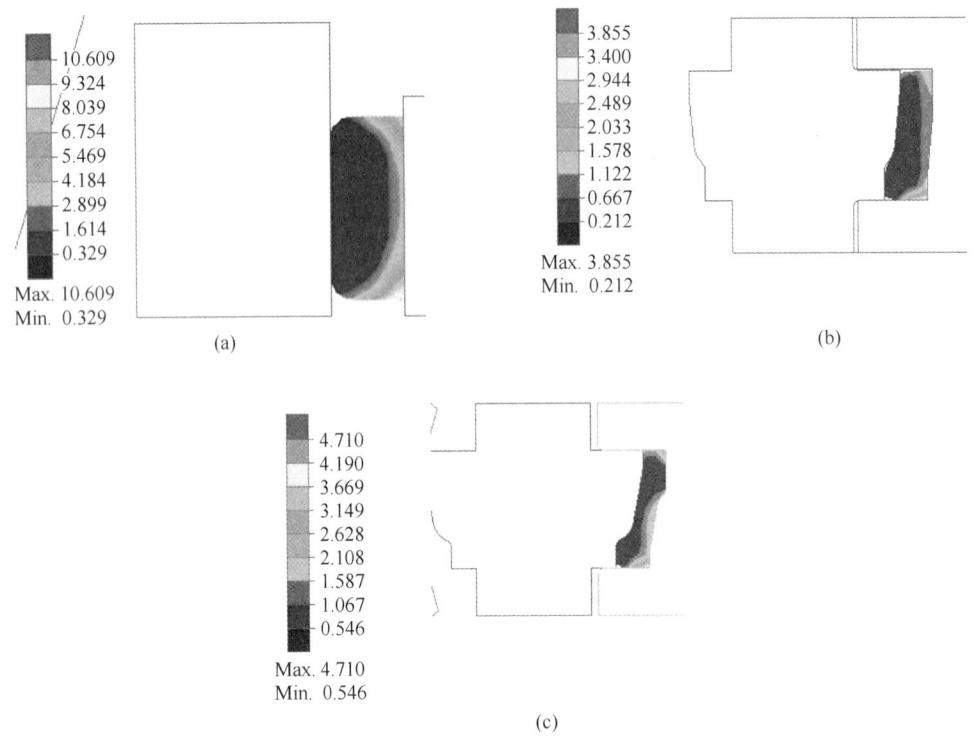

图 3　数值模拟

Fig. 3　Simulation

（a）第一次预轧（矩形轧制）；（b）第二次预轧（异形中间坯轧制）；（c）终轧

3　试验验证及结果

3.1　试验材料及方法

　　锻件用原材料为两炉 $\phi300mm$ 规格 GH4169 合金棒材。锻件主要工艺路线为：下料→镦粗冲孔→马架扩孔平高度→第一次预轧→第二次预轧（异形中间坯轧制）→终轧（异形轧制）→热处理→粗加工→超声波探伤→理化测试。

3.2　试验验证

　　通过上述试验方法采用的两炉原材料成功生产出了尺寸满足要求的锻件，实物见图4。锻件超声波探伤均满足标准要求。

3.2.1　锻件组织检测

　　两炉锻件低倍均未见暗腐蚀区、白斑或浅腐蚀区、条带偏析及其他缺陷，碳化物均未超过图3，碳氮化物均未超过图2，$\delta-Ni_3Nb$ 相均符合图4（b），均未见 Laves 相，平均晶粒度均为7级，显微

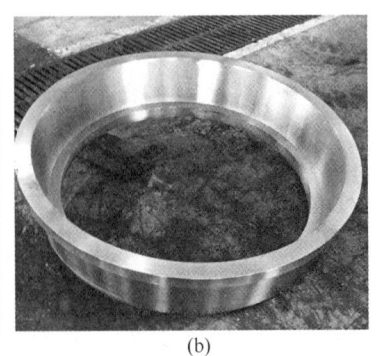

（a）　　　　　　　　　　　（b）

图 4　锻件实物

Fig. 4　Real forging

（a）锻件成型实物图；（b）锻件粗加工实物图

组织见图 5 和图 6。检测结果均满足标准要求。

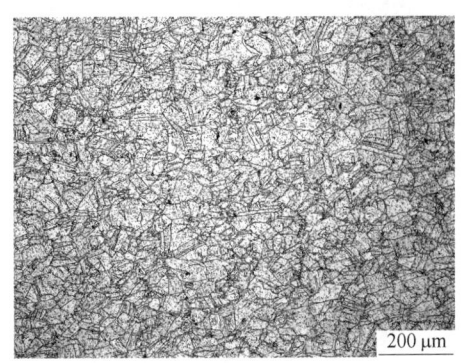

图 5　A 炉锻件

Fig. 5　No. A forging

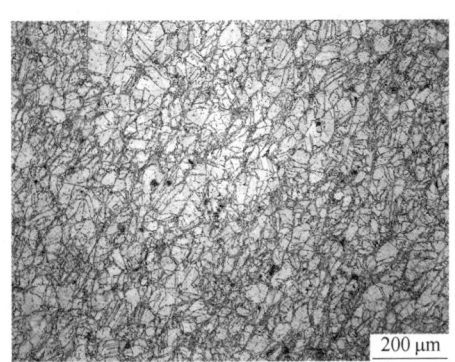

图 6　B 炉锻件

Fig. 6　No. B forging

3.2.2　锻件力学性能检测

锻件室温力学性能及高温性能检测结果见表 1，力学性能检测结果均满足标准要求。

4　结论

采用近净成型方式设计了某机匣用 GH4169 合金复杂截面异形环件，结合有限元软件数值模拟分析方法设计了异形中间坯，确定了多道次轧制成型工艺方案并进行了试验验证。结果表明，制定的多道次轧制工艺方案是可行的，成功研制出了复杂截面的异形环机匣，降低了模具成本和风险，缩短了生产周期，同时锻件的组织、性能符合标准要求。

表 1　室温性能

Tab. 1　Mechanical properties at room temperature

炉号	室温拉伸				硬度 (HB)	650℃高温拉伸				650℃高温持久	
	R_m/MPa	$R_{p0.2}$/MPa	A_5/%	Z/%		R_m/MPa	$R_{p0.2}$/MPa	A_5/%	Z/%	t/h	A/%
A	1396	1126	23.0	39	393	1136	960	26.0	65	73.8	36
	1406	1168	20.5	41	398	1121	982	17.0	68	69.0	39
B	1427	1179	19.5	39	420	1158	985	31.5	69	72.7	34
	1424	1175	20.0	40	435	1147	982	36.0	68	79.6	27
指标	≥1275	≥1035	≥12	≥15	346~450	≥1000	≥860	≥12	≥15	≥25	≥5

参考文献

[1] Fu S H, Dong J X, Zhang M C, et al. Alloy design and development of INCONEL718 type alloy [J]. Materials Science and Engineering A, 2009, 499: 215~220.

[2] 中国航空材料手册编委会. 中国航空材料手册（第二卷）[M]. 北京：中国标准出版社，2002：332~341.

[3] 郭建亭. 高温合金材料学（上册）[M]. 北京：科学出版社，2008：17~43.

[4] 黄乾尧. 李汉康，等. 高温合金 [M]. 北京：冶金工艺出版社，2000：1~41.

[5] Du Jinhui, Lv Xudong, Deng Qun. Effect of heat treatment on microstructure and mechanical properties of GH4169 superalloy [J]. Rare Metal Materials and Engineering, 2014, 43 (8): 1830~1834.

[6] Deng Guojian, Tu Shangtung, Zhang Xiancheng, et al. Grain size effect on the small fatigue crack initiation and growth mechanisms of nickel-based superalloy GH4169 [J]. Engineering Factrue Mechanics, 2015, 134: 433~450.

[7] Qin Chenghua, Zhang Xiancheng, Ye Shen, et al. Grain size effect on multi-scale fatigue crack growth mechanism of Nickel-based alloy GH4169 [J]. Engineering Factrue Mechanics, 2015, 142: 140~153.

GH4169高温合金真空自耗冶炼过程数值模拟

陈正阳[1*]，杨树峰[1]，曲敬龙[2]，毕中南[2]，孔豪豪[1]，谷雨[2]

（1. 北京科技大学冶金与生态工程学院，北京，100083；

2. 钢铁研究总院高温材料研究所，北京，100081）

摘　要：本文借助 SolidWorks、Procast 及 Visual Studio 软件建立了真空自耗冶炼模型，通过定向凝固实验完成模型的验证，并系统研究了不同熔化速率（2.5 kg/min、3.0 kg/min、3.5 kg/min）对金属熔池形貌及微观组织的影响。其结果表明，随着熔化速率的增加，金属熔池形貌从扁平状—浅"U"形—深"U"形转变，其深度由132.8mm 增至214.8mm，形成稳态金属熔池所需时间由135 min 缩至85 min；铸锭的枝晶间距均呈减小趋势；当熔化速率为3.0 kg/min 时，铸锭的枝晶间距分布最为均匀；模拟结果与实验结果具有较高的吻合度。

关键词：高温合金；真空自耗冶炼；数值模拟；熔化速率

Numerical Simulation of Vacuum Arc Remelting Process of GH4169 Superalloy

Chen Zhengyang[1], Yang Shufeng[1], Qu Jinglong[2], Bi Zhongnan[2], Kong Haohao[1], Gu Yu[2]

（1. School of Metallurgical and Ecological Engineering, University of Science and Technology Beijing, Beijing, 100083；

2. High Temperature Materials Research Division, Central Iron & Steel Research Institute, Beijing, 100081）

Abstract：In this paper, vacuum arc remelting model was established by means of the SolidWorks, Procast and Visual Studio software. The validation of the model was verified by directional solidification experiment, and the effects of different melting rates on the morphology of the molten pool and microstructure were systematically studied. The results showed that, with the increase of melting rate, the morphology of the metallic bath changed from flat to shallow "U" and then deep "U", and the depth increased from 132.8mm to 214.8mm, the time formed a steady-state metallic bath required from 135 min to 85 min; the dendrite arm spacing of the ingots reduced; at the melting rate of 3.0 kg/min, the dendrite arm spacing of the ingots were obtained the most homogeneous; the simulation results tallied with the experiment results very well.

Keywords：superalloy; vacuum arc remelting; numerical simulation; melting rate

　　近年来，随着我国对大尺寸、大重量高温合金材料的需求增加，其真空自耗冶炼过程的稳定性、冶炼参数的合理匹配及铸锭的冶金质量等一系列问题亟待解决[1]。如果采用传统试错法解决上述问题需要消耗大量的物力、财力及研发时间，而采用计算机仿真技术不仅可以获得实验观测难以发现的重要现象及工艺参数对冶炼过程的影响，还可以有效预测金属熔池与铸锭微观组织形貌的变化，达到降低研发成本、缩短研发周期、提高铸锭质量的目的[2]。因此，本文在 Procast 软件基础之上耦合"多点质量源"模块，并调用 Visual Studio 软件开发的外接控制方程，建立

---

　　*作者：陈正阳，博士，联系电话：13940062402，E-mail：chenzhengyang@ xs. ustb. edu. cn

多尺度的真空自耗冶炼过程模型，使其通过调整熔化速率与冷却水流量等冶炼参数，表征出金属熔池形貌与铸锭微观组织的变化情况。然后，利用定向凝固实验完成模型的验证，并分析讨论不同熔化速率对金属熔池形貌与铸锭微观组织的影响。

1 建立真空自耗冶炼数学模型

1.1 基本假设

考虑到真空自耗冶炼涉及电极的重熔、金属的充填及铸锭的凝固，是一个极其复杂的物理化学冶金过程，为便于对其进行数值模拟，本研究作如下假设：（1）忽略金属熔池内合金液间的对流换热、合金液–凝固铸锭间的对流换热；（2）凝固铸锭与结晶器间仅考虑热传导，并忽略氦气压力对此过程的影响；（3）结晶器与冷却水（冷却水套中）间仅考虑对流换热；（4）目标合金与结晶器材质的热物性参数仅为温度的函数。

1.2 控制方程

在真空自耗冶炼模型中，采用三维非稳态 Fourier 导热微分控制方程[3] 进行求解，其表达式为：

$$\frac{\partial T}{\partial t} = \alpha\left(\frac{\partial^2 T}{\partial^2 x} + \frac{\partial^2 T}{\partial^2 y} + \frac{\partial^2 T}{\partial^2 z}\right) + \frac{L}{c}\frac{\partial f_s}{\partial t} + \frac{Q_R}{\rho c}$$

式中，T 为温度；t 为时间变量；ρ 为微元密度；c 为等压比热容；L 为凝固潜热；α 为导热系数；f_s 为固相率；Q_R 为热源项。

1.3 数学模型与边界条件

本文利用 SolidWorks、Procast 软件完成真空自耗冶炼数学模型的搭建，其结果及模拟流程如图1所示。其中，模型的外侧部分代表纯铜材质的结晶器；内侧部分代表 GH4169 高温合金；两者的界面采用双重化节点进行连接。在真空自耗冶炼模型中，利用质量源与热源模块，模拟金属熔池的导入质量与热量；调用外接控制方程，模拟不同时刻结晶器与铸锭的换热系数及金属熔池的上升速率，其主要参数设置及材料化学成分如表1、表2所示。

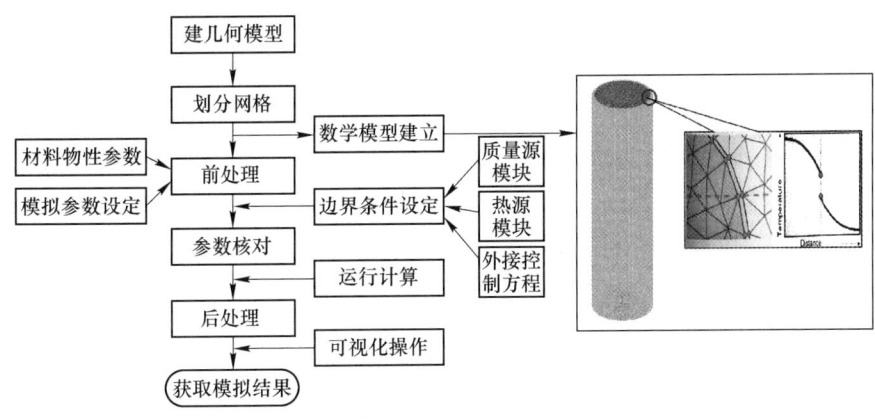

图1 真空自耗过程模拟流程及数学模型图

Fig. 1 Simulation flow chart and mathematical model of Vacuum arc remelting

表1 模型主要边界参数

Tab. 1 Main boundary parameters of the model

充填后初始温度/℃	结晶器初始温度/℃	冷却水温度/℃	坩埚壁厚/m
1800	30	30	0.01

液相线温度/℃	固相线温度/℃	铸锭直径/m	铸锭高度/m
1340	1275	0.508	2.5

表2 GH4169 合金的化学成分

Tab. 2 Chemical composition of the GH4169 superalloy

（质量分数，%）

Cr	Nb	Mo	Ti	Al	Co	Si	Ni
19.26	5.03	3.03	1.08	0.56	0.5	0.26	Balance

1.4 模型验证

本文选用 GH4169 合金作为冶炼材料，利用

Bridgman 定向凝固炉获得不同冷却速率的试样棒材，通过统计模拟结果与试样结果的二次枝晶间距值完成模型验证，其结果如图 2 所示。从图 2 可知，随着冷却速率的增大，其凝固铸锭的二次枝晶间距逐渐减小；每组试样所测二次枝晶间距的值与模拟结果相差不大，且两者的吻合度均在 90% 以上，这表明本文所建立的真空自耗冶炼模型具有较高的准确性与可行性。

2　模拟结果与分析

本部分利用上述所建立的真空自耗冶炼模型分别对熔化速率为 2.5kg/min、3.0kg/min、3.5kg/min 的冶炼过程进行了数值模拟，并对其金属熔池的形貌与深度、铸锭枝晶间距的分布进行了详尽的分析。

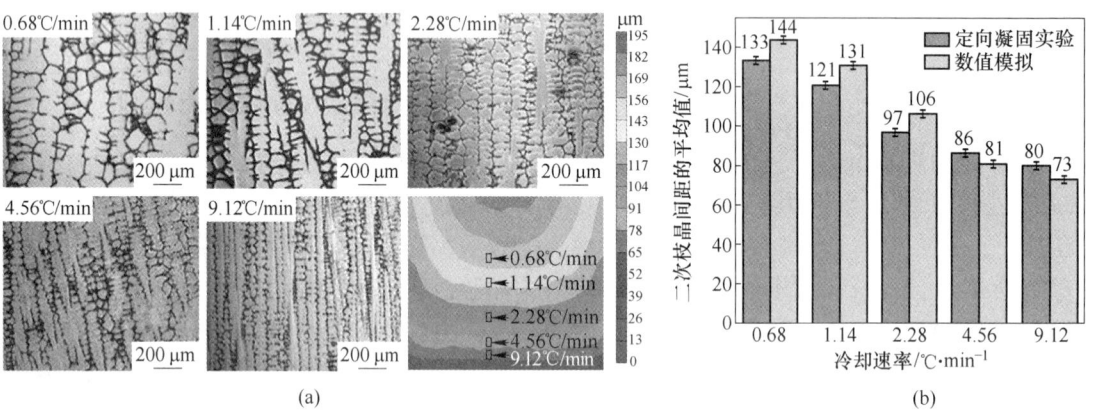

(a)

图 2　试验结果与模拟结果

Fig. 2　Results between experiment and simulation

（a）试验及模拟结果中二次枝晶间距分布情况；（b）结果对比

2.1　熔化速率对金属熔池的影响

图 3 为不同熔化速率条件下金属熔池形貌与深度的变化情况。从图 3 可知，随着熔化速率的增加，金属熔池的深度由 132.8mm 增加到 214.8mm，且金属熔池形貌由扁平状向浅"U"形转变，再向深"U"形过渡，但形成稳态金属熔池所需时间由 135 min 缩短到 85 min。这是因为随着熔化速率的增加，单位时间内金属熔池的导入

热量与质量均增加，但铸锭的冷却速率未发生变化，这就导致了在真空自耗冶炼建立金属熔池阶段，其金属熔池的导入热量与冷却水的带走热量迅速达到动态平衡状态，所以形成稳态金属熔池所需时间缩短[4,5]。此外，结合上述分析可知，其金属熔池内各区域的凝固速率也随之降低，尤其是心部和 $R/2$ 处（R 为铸锭半径）较为明显，所以金属熔池形貌由扁平状向深"U"形过渡，其深度逐渐增加。

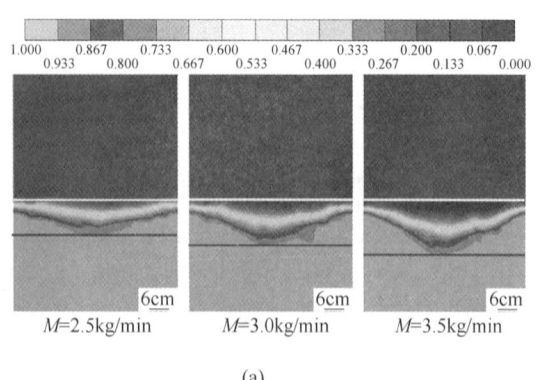
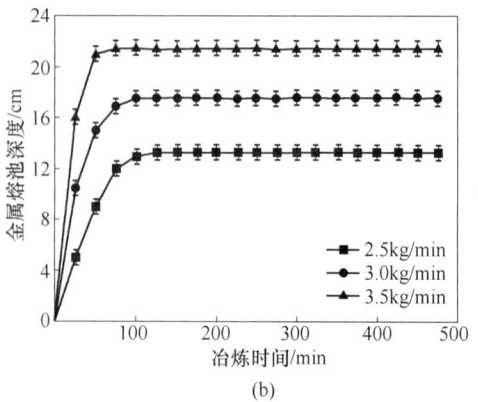

(a)　　　　　　　　　　　　　　　(b)

图 3　不同熔化速率条件下金属熔池的形貌与深度

Fig. 3　Morphology and depth of the metallic bath in different melting rates

（a）金属熔池形貌；（b）金属熔池深度

2.2　熔化速率对微观组织的影响

图 4 为不同熔化速率条件下铸锭枝晶间距的分布情况。从图 4 可知，当熔化速率为 3.0 kg/min 时，由铸锭边缘到心部处的一次、二次枝晶间距均相差较小，其分布最为均匀；当熔化速率从 2.5 kg/min 增加到 3.5 kg/min 时，其铸锭的一次、二次枝晶间距均呈现逐渐减小的趋势。这是因为随着熔化速率的增加，单位时间内金属熔池的导入温度与质量也随之增加，这将导致金属熔池的深度增加，从而增大了金属熔池与凝固铸锭的传热面积，即缩短了金属熔池-凝固铸锭之间的局部凝固时间，所以铸锭的一次枝晶间距和二次枝晶间距均呈现减小的趋势[6]。

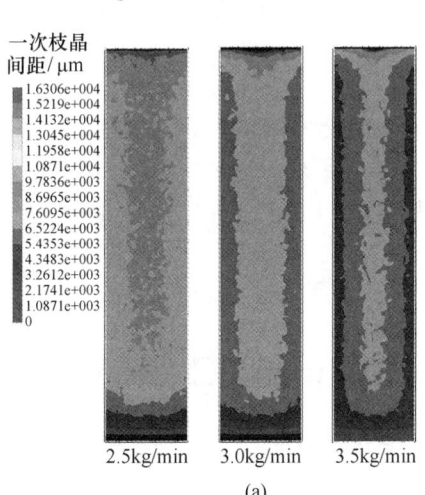
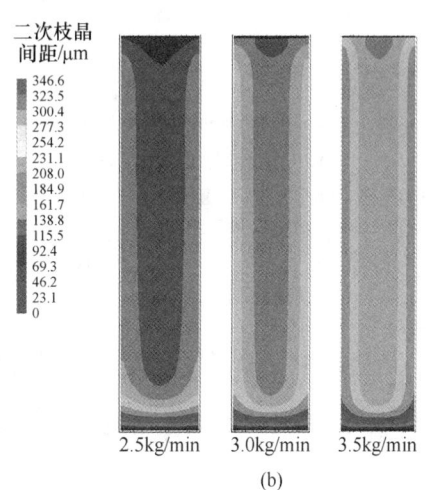

图 4　不同熔化速率条件下铸锭枝晶间距的分布情况

Fig. 4　Dendrite arm spacing of ingots in different melting rates

（a）一次枝晶间距；（b）二次枝晶间距

3　结论

（1）本文借助 SolidWorks、Procast、Visual Studio 软件建立了真空自耗冶炼模型，并利用定向凝固实验完成模型验证，其模拟结果与实验结果的吻合度均在 90% 以上，这表明此模型具有较高的准确度与可行性。

（2）随着熔化速率的增加，金属熔池形貌从扁平状—浅"U"形—深"U"形转变，其深度由 132.8mm 增至 214.8mm，但形成稳态金属熔池所需时间由 135 min 缩至 85 min。

（3）随着熔化速率的增加，铸锭的枝晶间距均呈现逐渐减小的趋势，且熔化速率为 3.0 kg/min 时，铸锭的枝晶间距分布最为均匀。

参考文献

［1］Chen Z Y, Yang S F, Qu J L, et al. Effects of Different Melting Technologies on the Purity of Superalloy GH4738 ［J］. Materials, 2018, 11：1838.

［2］Williamson R L, Melgaard D K, Shelmidine G J, et al. Model－based melt rate control during vacuum arc remelting of alloy 718 ［J］. Metall Mater Trans B, 2004, 35：101～113.

［3］闫学伟，唐宁，刘孝福，等. 镍基高温合金铸件液态金属冷却定向凝固建模仿真及工艺规律研究 ［J］. 金属学报，2015，51：1288～1296.

［4］Williamson R L, Schlienger M E, Hysinger C L, et al. Modern control strategies for vacuum arc remelting of segregation sensitive alloys ［J］. Superalloys 718, 625, 706 and various derivatives, 1997：37～46.

［5］Patel A, Fiore D. On the Modeling of Vacuum Arc Remelting Process in Titanium Alloys ［J］. IOP Conf Ser：Mate Sci Eng, 2016, 143：12～17.

［6］Nastac L. Multiscale Modeling of the Solidification Structure Evolution of VAR－Processed Alloy 718 Ingots ［C］// 8th International Symposium on Superalloy 718 and Derivatives. American：The Minerals, Metals & Materials Society（TMS），2014：57～65.

电渣重熔 GH4169 高温合金元素含量变化规律研究

李南*，张建伟，曹国鑫，阚志

（西部超导材料科技股份有限公司，陕西 西安，710000）

摘　要：本文研究了经 "VIM+ESR+ESR" 熔炼的 GH4169 合金电渣熔炼过程中 Al、Ti 的烧损和 O、S 的去除规律，并进一步分析了各元素的烧损和去除机理。结果表明，电渣重熔过程铸锭尾部 Al、Ti 元素烧损比头部严重。当自耗电极中的 O 含量较高时，电渣过程是脱氧过程。当自耗电极中的 O 含量较低时，电渣过程是增氧过程。电渣重熔过程脱 S 效率较高，最高可达 66.1%。

关键词：电渣重熔；GH4169 高温合金；元素烧损；脱硫

Study on the Variation of Element Content in Electroslag Remelting Superalloy GH4169

Li Nan，Zhang Jianwei，Cao Guoxin，Kan Zhi

（Western Superconducting Materials Technologies Co.，Ltd.，Xi'an Shaanxi，710000）

Abstract：The element loss of Al, Ti and removal of O, S during electroslag remelting of superalloy GH4169 melted by "VIM+ESR+ESR" were studied in this paper. And the element loss and removal mechanism of each element was further analyzed. The results show that the element loss of Al and Ti at the tail of ingot is more serious than that at the head during ESR. When the O content in electrode is high, the electroslag remelting process is a deoxidation process. When the O content in electrode is low, electroslag remelting is an oxygen increasing process. The desulfurization efficiency of electroslag remelting process is high, up to 66.1%.

Keywords：electroslag remelting；superalloy GH4169；element loss；desulphurization

GH4169 合金长时使用温度范围 −253~650℃，其优异的综合性能使它成为目前航空航天领域中应用最为广泛的高温合金[1]。经 VIM+PESR+VAR 三联熔炼的 GH4169 合金，具有 S 含量低、宏观偏析几率低等优点，已成为当前主流的冶炼方法[2]。三联工艺中的电渣重熔，是在水冷结晶器中利用电流通过熔渣时产生的电阻热将金属或合金重新熔化和精炼，并顺序凝固成钢锭或铸件的一种特种冶金方法[3]。由于电渣冶金生产的金属纯净、组织致密、成分均匀、表面光洁，避免了 VAR 熔炼过程电极掉块现象，大大提高了 VAR 工艺参数稳定性，降低了宏观偏析的出现概率[4,5]。但是，在电渣熔炼过程中容易出现 Al、Ti 等易氧化元素的烧损，导致电渣铸锭头尾成分偏差大[6,7]。为了掌握电渣重熔过程各元素含量的变化规律，本文研究了经 "VIM+ESR+ESR" 熔炼的 GH4169 合金电渣熔炼过程中 Al、Ti 的烧损和 O、S 的去除规律，并进一步分析了各元素的烧损和去除机理。

1　实验材料及方法

本文所用实验材料为经真空感应炉熔炼的

---

　*作者：李南，工艺技术员，联系电话：17795888727，E-mail：leelanda_ustb@163.com

GH4169 合金。通过两次保护气氛电渣熔炼，探究元素的烧损和去除规律。每次电渣熔炼均为掉头熔炼。感应电极直径为 350mm，电渣炉结晶器直径为 450mm。电渣熔炼过程充氩气保护，功率 200~500kW，熔速 200~300kg/h，渣阻 4~9Ω。熔炼所用渣系为 50% CaF_2 + 20% CaO + 20% Al_2O_3 + 5% MgO + 3% TiO_2，渣量 60 kg。实验过程中，分别在感应电极、一次电渣铸锭和二次电渣铸锭的头、尾取样，试样规格为 ϕ36mm×20mm。试样经打磨、清洗后用 Ispark 8860 直读光谱仪测试各试样成分。

2　实验结果及分析

2.1　Al 元素的变化规律

经 VIM + ESR + VAR 熔炼的 GH4169 铸锭头、尾 Al 元素含量变化如图 1 所示。结果表明，一次电渣熔炼后电渣锭头、尾 Al 元素均有烧损，烧损量分别为 0.02%、0.04%，即尾部 Al 元素烧损比头部严重。二次电渣熔炼后，二次电渣尾部 Al 元素继续烧损，而头部 Al 元素略有增加。预熔渣中含有大约 0.6% 的 SiO_2，这些微量的 SiO_2 由萤石带入。SiO_2 在渣中属于不稳定氧化物，具有一定氧化性。重熔开始阶段，含量较高 SiO_2 极易与合金中的 Al、Ti 等元素发生氧化还原反应，从而造成 Al、Ti 等易氧化元素的烧损。冶炼中后期，金属熔池与渣池中的各化学反应均达到平衡，因此铸锭中上部化学成分趋于稳定。

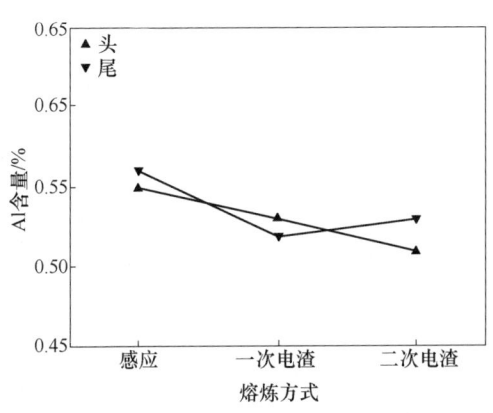

图 1　Al 元素质量分数变化

Fig 1　The variation of Al content

2.2　Ti 元素的变化规律

经 VIM + ESR + VAR 熔炼的 GH4169 铸锭头、尾 Ti 元素含量变化如图 2 所示。由图 2 可知，一次电渣熔炼后一次电渣锭头、尾 Ti 元素均有烧损，烧损量分别为 0.01%、0.04%，即尾部 Ti 元素烧损比头部严重。二次电渣熔炼时，二次电渣尾部 Ti 元素继续烧损，而头部 Ti 元素显著增加。电渣冶炼时，渣-金界面存在如下反应：

$$4[Al] + 3(TiO_2) \rightleftharpoons 2(Al_2O_3) + 3[Ti] \quad (1)$$

反应通常向右进行。但是，由于电渣冶炼初期渣中 Al_2O_3 含量较高而 TiO_2 含量较低，一定程度上会促进反应向左进行。为了防止冶炼初期 Ti 元素的烧损，一般在渣中加入适量的 TiO_2，以防止式（1）中的反应向左进行。由此可以得出，电渣冶炼时为防止某一元素的氧化，可以向渣中加入适量该元素的氧化物作为护渣组元。需要注意的是，要尽量减少氧化性高的护渣组元，同时适当添加脱氧剂。

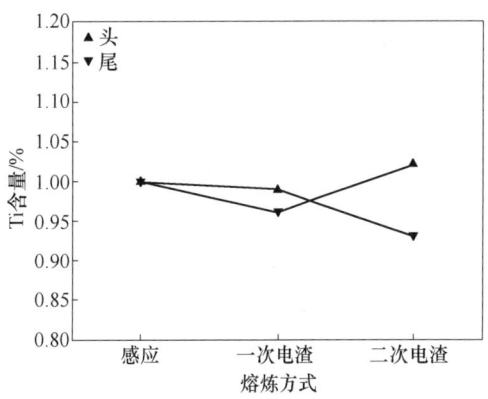

图 2　Ti 元素质量分数变化

Fig 2　The variation of Ti content

2.3　O 元素的变化规律

经 VIM + ESR + VAR 熔炼的 GH4169 铸锭头、尾 O 元素含量变化如图 3 所示。图 3 表明，电渣过程 O 元素含量呈增高趋势。保护气氛电渣熔炼过程中，O 主要来源有如下三种途径：

（1）自耗电极中溶解的氧及不稳定的非金属氧化物夹杂。

（2）渣料中带入的不稳定氧化物。

（3）保护气氛中残余的氧。

相关研究表明，原始电极中的 O 对电渣重熔后铸锭的 O 含量影响不大[8]。当自耗电极中的 O 含量较高时，电渣过程是脱氧过程。当自耗电极中的 O 含量较低时，电渣过程是增氧过程。感应电极头、一次电渣尾、二次电渣头的 O 含量分别为 $2 \times 10^{-4}\%$、$12 \times 10^{-4}\%$、$8 \times 10^{-4}\%$。其中的变化规律也比较符合上述理论。

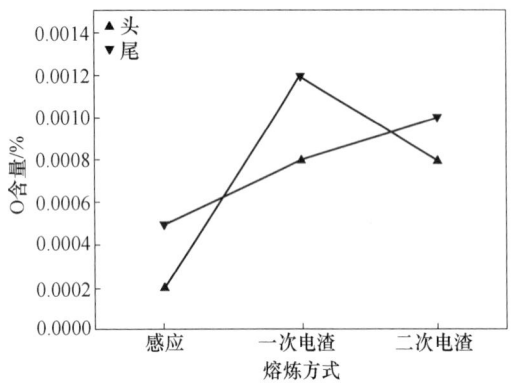

图 3 O 元素质量分数变化

Fig 3 The variation of O content

2.4 S 元素的变化规律

经 VIM＋ESR＋VAR 熔炼的 GH4169 铸锭头、尾 S 元素含量变化如图 4 所示。由图 4 可知，电渣重熔过程 S 元素含量呈降低趋势，电渣脱 S 能力较强，最大脱 S 率达 66.1%。电渣重熔过程脱硫反应发生在电极熔化末端、金属熔滴穿过渣池过程，以及金属熔池与渣池构成的渣－金界面处。电极熔化末端熔滴形成时所用时间比熔滴穿过渣池的时间长，有助于脱 S 反应进行。电极端头电流密度较大，温度较高，也能促进脱 S。另外，熔滴形成时最先和熔渣反应，感应电极中原始 S 含量较高，客观上有助于脱 S。另外，提高渣子碱度即增加渣中 CaO 含量，减少 Al_2O_3 和 SiO_2 含量有利于提高渣子硫容量，并提高总的脱硫率[9,10]。

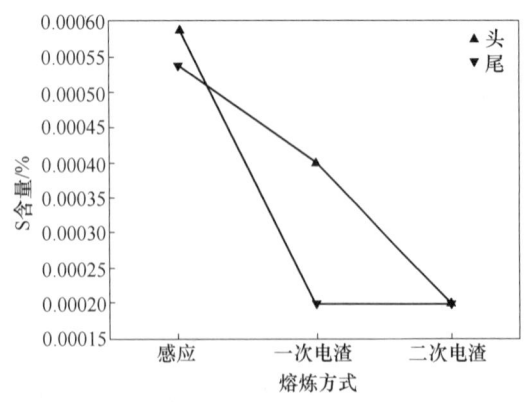

图 4 S 元素质量分数变化

Fig 4 The variation of S content

3 结论

（1）电渣重熔过程铸锭尾部 Al、Ti 元素烧损比头部严重。渣中微量的 SiO_2 是造成 Al、Ti 元素烧损的原因之一。为了防止冶炼初期 Ti 元素的烧损，一般在渣中加入适量的 TiO_2，以防止 Al、Ti 平衡反应逆向进行。

（2）自耗电极中的 O 含量较高时，电渣过程是脱氧过程。自耗电极中的 O 含量较低时，电渣过程是增氧过程。

（3）电渣重熔过程脱 S 效率较高，最高可达 66.1%。提高渣中 CaO 含量，减少 Al_2O_3 和 SiO_2 含量有利于提高渣子硫容量，提高总的脱硫率。

参考文献

[1] 张海燕，张士宏，程明. δ 相对 GH4169 合金高温拉伸变形行为的影响 [J]. 金属学报，2013，49（4）：483~488.

[2] 杜金辉，吕旭东，邓群. GH4169 合金研制进展 [J]. 特殊钢，2012，31（12）：12~21.

[3] 姜周华，李正邦. 电渣冶金技术的最新发展趋势 [J]. 特殊钢，2009，30（6）：10~13.

[4] 李正邦. 电渣冶金的发展历程、现状及趋势 [J]. 材料与冶金学报，2011，10（3）：1~7.

[5] 陈国胜，刘丰军，王庆增，等. GH4169 合金 VIM＋PESR＋VAR 三联冶炼工艺及其冶金质量 [J]. 钢铁研究学报，2011，23（2）：134~137.

[6] 李星，耿鑫，姜周华，等. 电渣重熔高温合金渣系对冶金质量的影响 [J]. 钢铁，2013，50（9）：41~46.

[7] 陈国胜，曹美华，周奠华，等. 保护气氛电渣重熔 GH4169 合金的冶金质量 [J]. 航空材料学报，2003，23（10）：88~91.

[8] 周德光，徐卫国，王平，等. 轴承钢电渣重熔过程氧的控制及作用研究 [J]. 钢铁，1998，33（3）：13~17.

[9] Kor G. J. W, Richardson F. D. Sulphide capacities of basic slags containing calcium fiuoride [J]. Trans Met Soc AIME, 1969, 245：319~322.

[10] Davies M. W. Chemistry of CaF_2-based slags, Chemical Metallurgy of Iron and Steel [M]. Iron and Steel Institute, 1973：43.

GH4169中镁元素的挥发动力学模型与实验验证

孟方亮*，薛建飞，曹国鑫，阚志

（西部超导材料科技股份有限公司，陕西 西安，710000）

摘　要：镁元素在 GH4169 真空熔炼过程中常常伴随大量的挥发现象，理解并掌握镁元素的挥发机制与挥发速率对于准确地控制高温合金中 Mg 元素的成分具有较为重要的指导意义。本文在对真空条件下钢液中溶质原子挥发动力学过程描述的基础上，提出合理的模型假设，推导出真空条件下钢液中易挥发元素的收得率公式。随后与不同炉批 GH4169 中易挥发元素 Mg 的动力学实验数据进行拟合，发现本模型推导的公式与实验数据定性一致，同时也证明了易挥发元素的烧损率的指数与挥发时间具有线性关系。

关键词：GH4169；收得率；动力学模型

The Evaporation Dynamic Model of Magnesium Element in GH4169

Meng Fangliang, Xue Jianfei, Cao Guoxin, Kan Zhi

（Western Superconducting Materials Technologies Co., Ltd., Xi'an Shaanxi, 710000）

Abstract：The evaporation phenomena of Mg in the process of vacuum induction melting（VIM）of GH4169 is very strong. Developing evaporation dynamic model of magnesium element in GH4169 is very important for accurately controling content of Mg element in GH4169. On the basis of evaporation mechanism of solute atom from solution surface, this model's assumption is provided and the yield rate formula of solute atom is derived. Subsequently, through fitting the experiment data of Mg in the process of vacuum induction melting of GH4169 with the yield formula, it is found that the theoretical model is qualitative agreement with experiment data and the exponential of loss rate linearly rely on evaporation time.

Keywords：GH4169；yield rate；dynamic model

Mg 是 GH4169 中的微合金化元素，对降低合金 S 元素在晶界上的偏聚，进而改善合金性能具有较为重要的作用；但当其含量过高时，容易在合金中形成低熔点共晶相，不利于合金的力学性能[1]。此外，由于 Mg 在合金中的蒸气压远大于高温合金熔炼时炉室的压力，导致熔炼过程中 Mg 的挥发现象较为明显，尤其是 Mg 的挥发动力学过程很大程度上影响了熔炼时 Mg 元素的收得率。为了控制 Mg 元素在合金中的含量，大多数生产企业常常根据生产经验，总结出 Mg 元素的烧损率，在配料时将其补偿。然而，经验总结 Mg 元素烧损率的方法往往忽略了 Mg 在钢液中的挥发时间，即 Mg

元素的挥发动力学。因此，准确地理解 Mg 元素在钢液中挥发的机制和建立 Mg 元素在钢液中的挥发动力学模型，对于准确控制高温合金中 Mg 元素的含量具有较为重要的指导意义。

本文首先对真空感应熔炼条件下溶液中易挥发组元挥发动力学物理过程进行了较为深刻的描述；其次，在此基础之上，提出了合理的模型假设，随后在麦克斯韦速率分布公式的基础之上，给出边界条件和初始条件，进而通过数学方法推导出真空感应熔炼过程中易挥发元素收得率的动力学公式，动力学公式表明易挥发组元的烧损率的指数与挥发时间呈线性关系；最后，经过统计

* 作者：孟方亮，助理工程师，联系电话：18089191174，E-mail：m18740373783@163.com

GH4169 合金熔炼过程中 Mg 元素烧损率的实验数据，并与本模型推导的动力学公式拟合，发现实验数据与本模型推导的动力学公式定性一致。

1 理论模型

在真空状态下，合金中易挥发元素的挥发过程包括溶质原子由溶体向蒸发表面的传输、表面金属分子挣脱蒸发表面进入气体空间和金属蒸气流在气相中的传输[2]。高温合金中易挥发元素基本上都属于微合金化元素，其含量在 1%（质量分数）以下，因而可将高温合金溶体当成理想稀溶液模型，所以可以认为每个易挥发组元周围都被溶剂原子所包围。在真空环境下，炉室内的气体分子数量较少，气体分子间的平均自由程较大，脱离蒸发表面的金属气体分子被炉室环境中的气体分子撞击回金属液面的概率较低，因而可以近似认为离开溶体表面的溶质原子不会再返回到溶体中。因此，基于以上金属溶体中挥发过程的客观物理现象描述，本挥发动力学模型的假设为：（1）溶体的性质符合理想稀溶液模型；（2）溶体内远离溶体表面较远处，溶质原子浓度始终保持不变；（3）离开溶体表面的溶质原子不会再返回到溶体中。

众所周知，当溶液表面层挥发组元的能量高于周围原子对其产生的约束力时，溶液表面层的挥发组元就具有了离开表面层的可能性，而挥发组元在表面层的能量可以用其运动速度来表征。Dushman[3] 基于表征环境中分子运动速率分布的麦克斯韦气体分子运动速率分布公式，认为运动速度大于某一特定速度的分子会离开溶液表面层，且离开表面层的溶质原子将不再返回到溶液表面（见本模型假设 3）。因而将其作为麦克斯韦速率分布公式的边界条件。随后通过数学方法得到溶液中挥发组元的挥发速率公式，即：

$$\omega = 4.38 \times 10^{-4} a \cdot f_i \cdot p_i^* \cdot N_i \sqrt{\frac{M_i}{T}} \qquad (1)$$

式中，ω 为表面层挥发组元的最大挥发速率；a 为挥发系数，对于以单原子挥发的金属元素，$a=1$；f_i 为溶质原子的活度系数；p_i^* 为溶质原子在溶体中的饱和蒸气压；N_i 为溶质原子在溶体中的摩尔分数；M_i 为溶质原子的相对原子质量；T 为温度。

从公式（1）可以看出，溶体中挥发组元的挥发速率受挥发组元在溶体中的物质的量而变，因此将公式（1）变为微分形式，即：

$$-\frac{dN}{dt} = A \cdot \left(N_0 + \frac{dN}{dt} \cdot t\right) \qquad (2)$$

$$A = 4.38 \times 10^{-4} a \cdot f_i \cdot p_i^* \cdot \sqrt{\frac{M_i}{T}} \qquad (3)$$

式中，A 为挥发常数，与活度系数、挥发组元的饱和蒸气压、挥发组元的摩尔质量和钢液温度有关；N_0 为溶体中溶质原子的初始物质的量。对公式（2）进行积分，可以得到真空环境下溶体中溶质原子的收得率与挥发时间之间的关系，即：

$$\gamma = \frac{N}{N_0} = 1 - \ln(At + 1) \qquad (4)$$

式中，γ 为收得率。从公式（4）可以看出，当时间 t 为 0 时，收得率为 100%，即挥发组元刚加入溶体中的时刻。当时间 t 趋于无穷大时，收得率为负数，这显然与实际情况不符合，这是因为本模型中没有引入挥发组元能否挥发的判据。此外，从公式（4）可以看出，随着时间的延长，溶体中挥发组元的收得率逐渐增加。

2 实验验证

将公式（4）变为下式：

$$\exp(1 - \gamma) = \exp(\delta) = At + 1 \qquad (5)$$

式中，δ 为挥发组元的烧损率。从公式（4）可以看出，挥发组元烧损率的指数形式与时间具有线性关系。为了定性地验证本模型的合理性，需要针对相应的实验数据来考察易挥发组元的烧损率的指数与挥发时间之间是否具有线性关系。

实验对象为 Mg 在 GH4169 中的挥发动力学，共进行了 5 炉次真空感应炉熔炼实验，生产工艺相同。在这 5 炉熔炼过程中，Mg 以合金添加剂 NiMg 的形式加入，加入量都为 0.06%（质量分数），NiMg 合金加入后平均钢液温度为 1470℃，炉室压力一般为 5Pa 左右。表 1 为该 5 炉熔炼过程中 Mg 的收得率和挥发时间。其中，Mg 在合金中的挥发时间为 NiMg 合金加入至浇钢结束；Mg 的收得率是铸锭中 Mg 的检测含量与实际加入量之比，铸锭中 Mg 的检测结果来自钢研纳克。

表1 GH4169 熔炼过程中 Mg 的收得率与挥发时间
Tab. 1 The yield rate and evaporation time of Mg in the process of VIM of GH4169

炉 号	挥发时间/s	收得率/%
1 号	420	15
2 号	540	14
3 号	660	13
4 号	1380	10.5
5 号	1440	10

从表1可以看出，随着挥发时间的延长，Mg 在 GH4169 熔炼过程中 Mg 的收得率逐渐降低，这与公式（4）所表达的规律一致。

图1为该5炉次中 Mg 的烧损率的指数随挥发时间的变化规律。可以看出，随着挥发时间的增加，Mg 元素的烧损率逐渐增加。此外，将图1中的数据进行线性拟合，得到拟合相关性系数为0.95。因此 Mg 元素烧损率的指数与挥发时间之间具有明确的线性关系，这也说明了采用公式（5）可以定性地表征 Mg 元素的烧损率与挥发时间之间的关系，同时也定性地说明了本模型的合理性。因而，工艺人员可以采用线性拟合方法，拟合生产实践中易挥发元素的烧损率的指数与挥发时间之间的关系，进而预测不同挥发时间下铸锭中 Mg 元素的含量，同时也为真空感应熔炼后的电渣工艺中补充 Mg 元素提供依据。

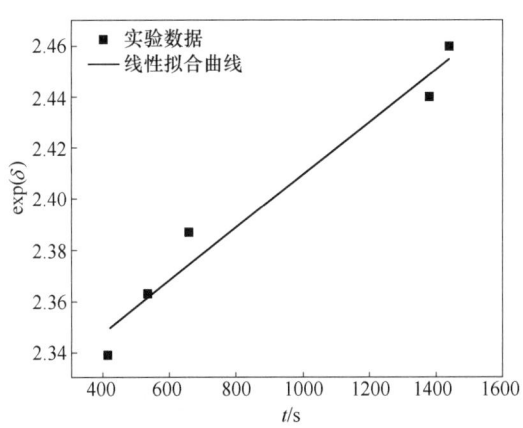

图1 烧损率随挥发时间的变化规律
Fig. 1 The variation law of loss ratio with evaporation time

3 讨论

从公式（5）可以看出，图1中线性拟合曲线的斜率为挥发常数。从公式（3）可以看出，挥发常数与 Mg 元素在钢液中的活度系数（f_i）、Mg 元素在钢液中的蒸气压（p_i^*）和钢液的温度（T）有关，因而烧损率变化速率与 f_i 和 p_i^* 正相关，而与 T 逆相关。由于公式（5）忽略了 Mg 元素蒸气压与温度正相关的关系，所以此处烧损率变化速率与 T 逆相关的关系值得商榷。Mg 元素在钢液中的蒸气压与 Mg 在钢液中的溶解量正相关，所以 Mg 元素的投料量的增加会导致 Mg 元素烧损率变化速率的增加。由于目前普遍使用的饱和蒸气压与温度间关系没有严格的理论推导，仅通过大量数据多项式回归得到，所以烧损率变化速率与温度间的定性关系难以确定。

Winkler[4] 总结了物质蒸发的四个过程，即传热、蒸发、迁移和凝结，当 Mg 元素离开金属液表面在气相传输的过程中，若环境中的气体分子较多（相当于炉室压力较大），已离开金属液表面的 Mg 元素很容易又回到金属液中。因此，炉室压力越大，Mg 元素的烧损率越小。

此外，从图1可以看出，随着时间的延长 Mg 元素的烧损率增加，这也说明了 Mg 挥发时间越短，其烧损率越小，收得率越大，且 Mg 元素的烧损率也较容易控制。

4 结论

本文在对真空条件下钢液中溶质原子挥发动力学客观描述的基础上，给出合理的模型假设，推导出真空条件下钢液中易挥发元素的收得率公式。主要得到以下结论：

（1）随着挥发时间的延长，Mg 元素的收得率逐渐降低；

（2）当 Mg 在 GH4169 溶液中的挥发时间 420～1440s 之间变化时，Mg 元素的收得率范围为 10%～15%；

（3）溶液中易挥发组元的烧损率的指数形式与挥发时间具有线性关系；

（4）本模型推导的公式与实验数据定性一致。

参考文献

[1] 郭建亭. 高温合金材料学 [M]. 北京：科学出版社，2008：150.

[2] Saul Dushman. Scientific foundations of vacuum technique [M]. New York：John wily, 1962：693.

[3] Ф. PЖ, 杨斌. 纯物质及合金在真空中挥发速率的计算方法 [J]. 真空冶金, 1990 (27).

[4] Winkler O, Bakish R. 真空冶金学 [M]. 康显澄, 沈勇将, 潘健武, 译. 上海：上海科学技术出版社, 1982：137.

基于 Deform-3D 仿真模拟的 GH4169 径锻工艺研究

赖宇[1*]，张健[1]，蒋世川[1]，付建辉[1]，何云华[2]，裴丙红[2]，韩福[2]

（1. 成都先进金属材料产业技术研究院有限公司，四川 成都，610303；

2. 攀钢集团江油长城特殊钢有限公司，四川 江油，621704）

摘　要：本文基于 Deform-3D 模拟软件分析了 GH4169 合金棒材的径锻工艺，通过建立 GH4169 径锻变形模型，分析不同道次变形量对等效应变场、温度场的影响规律，从而优化现有 GH4169 径锻道次及道次变形量。结果表明优化道次变形量能够改善细化晶粒，提高组织均匀性。

关键词：GH4169；径锻工艺；有限元模拟

Research on the GH4169 Radial Forging Based on Deform-3D

Lai Yu[1], Zhang Jian[1], Jiang Shichuan[1], Fu Jianhui[1], He Yunhua[2], Pei Binghong[2], Han Fu[2]

（1. Chengdu Advanced Metal Materials Industry Technology Research Institute，Chengdu Sichuan，610303；

2. Sichuan Changcheng Special Steel Co.，Ltd.，Pangang Group，Jiangyou Sichuan，621704）

Abstract：This paper analyses the radial forging of GH4169 based on Deform-3D. Through building GH4169 radial forging simulation model to study the effects of different deformation of each pass on effective strain and temperature field，the GH4169 radial forging passes and pass deformation is optimized. The results reveal that optimized forging passes and pass deformation is able to improve grain size and homogeneity.

Keywords：GH4169；radial forging；finite element modeling

GH4169 合金是以 Nb、Al、Ti 为主要强化元素的时效型变形高温合金，由于该合金为 γ 单相基体，不能通过热处理经相变的方式进行晶粒度控制，只能通过变形过程中的动态再结晶实现合金的晶粒度细化，提高组织均匀性，而变形通常由锻造加工实现，因此，通过不断优化锻造加工工艺来实现组织控制是研究和生产的方向[1]。本文基于 Deform-3D 模拟平台，通过分析径锻道次和道次变形量对 GH4169 合金变形过程中的等效应变场和温度场的影响规律来优化径锻加工工艺。

1　模拟方案及模型

GH4169 高温合金现场锻造加工工艺为：电渣

锭经均匀化热处理后快锻开坯，镦拔到尺后将中间坯固溶热处理再转入径锻机组经若干道次径锻成材。径锻道次和道次变形量设计通过改善整体变形量差异拟定，如表 1 所示[2,3]。

表 1　模拟径锻方案

Tab. 1 Radial forging simulation methods

模拟方案	道次变形量
A 方案	整形—25.7%—11.7%—14%—整形
B 方案	整形—31.5%—16%—整形
C 方案	整形—19%—7.3%—29.4%—整形

变形模拟过程通过基础数据导入、建立模拟的物理模型以及设置变形边界条件实现[4]。基础

---

　*作者：赖宇，工程师，联系电话：15982139593，E-mail：ly1195963858@163.com

数据通过物理性能实验采集 GH4169 材料参数，再利用 Gleeble 高温热压缩实验数据建立 GH4169 本构方程来作为 GH4169 模拟变形的基础，然后将这些数据通过 Deform-3D 模拟仿真软件的设置窗口导入到软件内部，如图 1(a)~(d) 和方程 (1) 和 (2) 所示。

$$Z = \dot{\varepsilon}\exp\left(\frac{481927.3756}{RT}\right) \qquad (1)$$

$$\dot{\varepsilon} = 1.48211 \times 10^{18}\left[\sinh(0.003397\sigma)\right]^{5.4321}$$
$$\exp\left(\frac{481927.4}{RT}\right) \qquad (2)$$

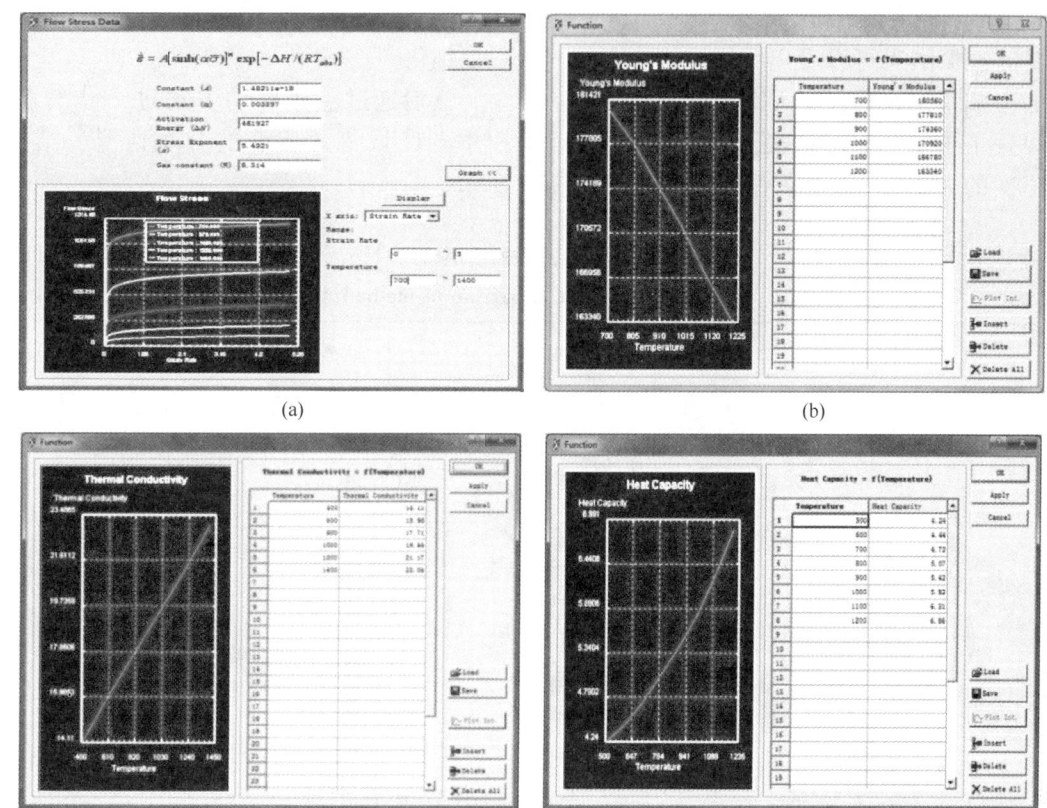

(a)　　　　　　　　　　　　(b)

(c)　　　　　　　　　　　　(d)

图 1　GH4169 合金数值模拟的材料参数

Fig. 1　Material parameters of GH4169

(a) GH4169 合金流变应力；(b) GH4169 合金杨氏模量；
(c) GH4169 合金热导率；(d) GH4169 合金比热

物理模型通过 UG 建模软件完成，如图 2 所示，其中，考虑到坯料的对称性和模拟容量与时间，坯料长度取 1000mm，设为黏塑性体，其余结构设为刚性体，坯料网格划分为 56747 个单元和 12349 个节点；变形边界条件包括坯料与锤头之间的剪摩擦，摩擦系数为 0.7，坯料与模具间的热传导，热传导系数为 5W/($m^2 \cdot$℃)，坯料表面与工作环境之间的热交换，热交换系数为 20 W/($m^2 \cdot$℃)。此外，模拟计算过程的完成程度，用图 2 中的 Step 表示，后续图示依此类推。

图 2　有限元模型和热边界条件

Fig. 2　FEM model and heat exchange boundary

2　模拟结果与讨论

2.1　模拟变形变化规律

　　经过模拟计算后得到如表 2 所示的 A、B、C 方案的等效应变和温度场的模拟结果。

　　从表 2 的模拟结果可以看出，从道次变形量对温度场的影响情况来看，A 方案中两道大变形道次之间设置了再结晶缓冲道次，B 方案直接完成连续两道次的大变形，C 方案主要是利用第四道次的大变形，所以热损耗方面为 A 方案 ＞ B 方案＞C 方案，则温升为 C 方案＞B 方案＞A 方案，从而指导锻前加热温度设置以降低能耗；从对等效应变场的影响情况来看，B 方案＞A 方案＞C 方案，尤其是中心区域的等效应变，说明 B 方案的锻透程度要大于 A 方案和 C 方案，晶粒积累的能量较多，发生再结晶的能力越强，越有利于晶粒度细化[5]。

　　然后通过点跟踪的方法进一步分析径锻过程中各区域等效应变的分布情况，结果如图 3 所示。

表 2　A、B、C 方案的模拟结果对比
Tab. 2　Simulation results comparison of method A、B、C

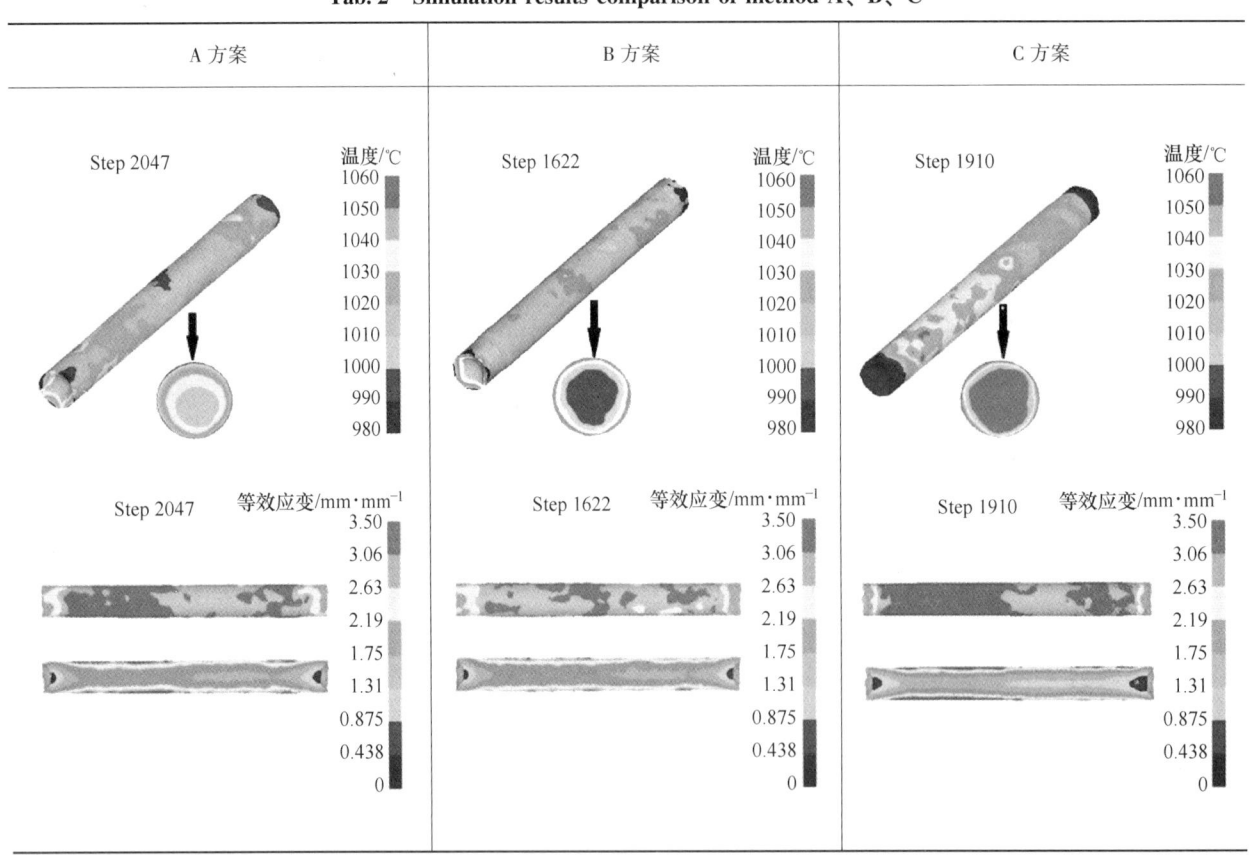

　　点跟踪的取点位置为锻后经车修后的尺寸等距取 6 个点，再将各点在各道次结束后的等效应变值取出绘制成表中的柱状图。从图中可以看出，整体来看 A、B、C 方案的等效应变值相差不是特别显著，但是 B 方案的等效应变小幅提升特别是心部区域得到了提高，有利于增加心部的再结晶程度，从而提高整体的变形均匀性，在提高表层晶粒度的同时也能提高心部的再结晶，因而采用 B 方案更有利于组织均匀性提高。

2.2　热模拟变形实验

　　针对 A、B、C 方案的 Deform-3D 数值仿真模拟结果，为了验证设定方案对于实际组织均匀性提高的可能性，按 A、B、C 方案的加工路线进行了热模拟变形实验。实验选取中间坯心部区域的原始组织在 A、B、C 方案下进行热变形模拟实验，通过对比结果进一步分析模拟方案的可行性，从而提高现场验证的可行性方案设定。实验结果如图 4 所示。

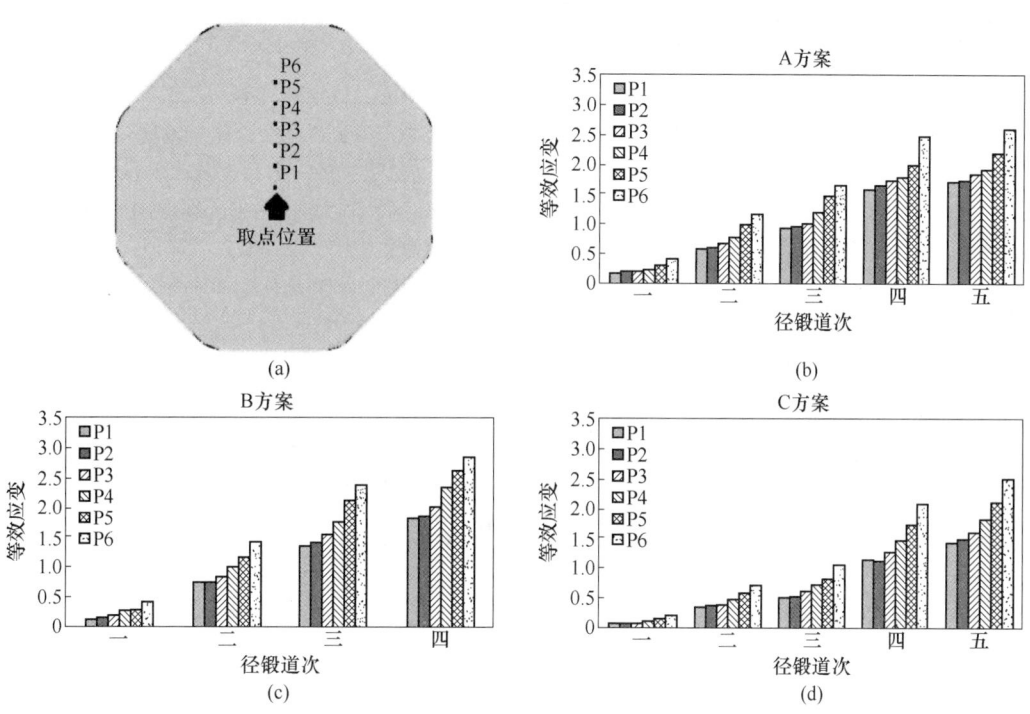

图 3　分区域等效应变分布

Fig. 3　Effective strain distribution of characteristic points

（a）取点位置；（b）A 方案特征点等效应变；（c）B 方案特征点等效应变；（d）C 方案特征点等效应变

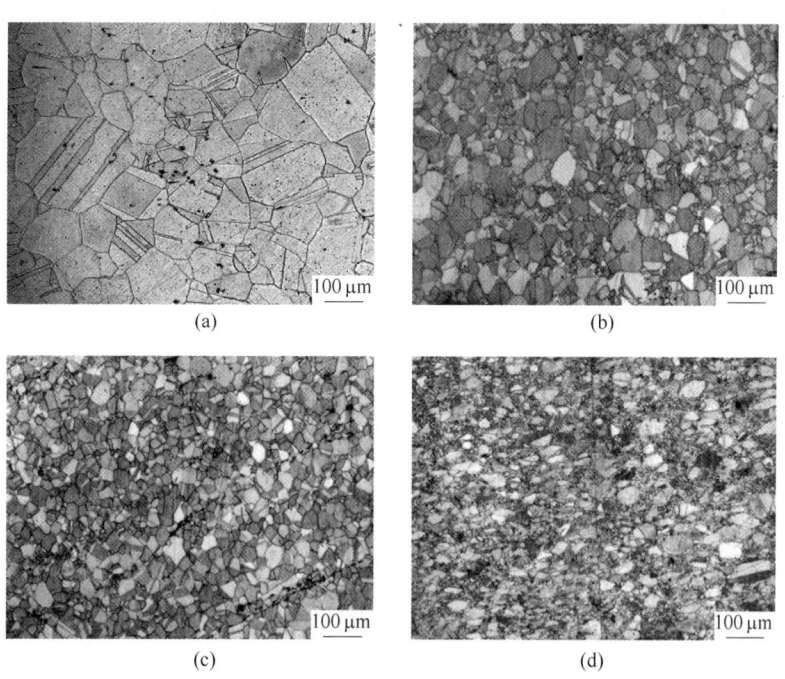

图 4　A、B、C 方案热模拟变形组织对比

Fig. 4　Microstructure comparison of high temperature deformation of method A、B、C

（a）原始组织；（b）A 方案热模拟变形后组织；（c）B 方案热模拟变形后组织；（d）C 方案热模拟变形后组织

从热模拟变形后的组织和原始组织相比可以看出，在 A、B、C 方案的变形量情况下，试样组织均能实现再结晶，但再结晶完成度不一。再结晶程度为 B>C>A，且在 B 方案下试样几乎

完全实现了再结晶且晶粒更加细化均匀，试样在 A、C 方案下只进行了部分再结晶且晶粒度不均匀，所以 B 方案可以作为径锻工艺优化工艺。

3　结论

（1）合理的径锻道次与道次变形量可以改变 GH4169 径锻过程的等效应变和温度场分布，改善径锻后材料内外的变形量差异。

（2）通过径锻道次和道次变形量设计能够有效改善晶粒度的细化程度和均匀化程度。

参考文献

[1] 庄景云，杜金辉，等. 变形高温合金 GH4169 ［M］. 北京：冶金工业出版社，2006.

[2] 裴丙红. GH4169 合金锻造工艺对晶粒尺寸影响研究［C］//仲增墉. 第十三届中国高温合金年会论文集. 北京：冶金工业出版社，2015：4.

[3] 陈国胜，王庆增，等. GH4169 合金细晶棒材的径锻工艺及其组织与性能［J］. 宝钢技术，2009（3）：52~55.

[4] 胡建军，李小平. DEFORM-3D 塑性成形 CAE 应用教程［M］. 北京：北京大学出版社，2011.

[5] 董节功，周旭东，等. 径向锻造三维成形锻透性的数值模拟［J］. 机械工程材料，2007（3）：76~78.

GH4169 合金锻棒中 δ 相析出规律及其对力学性能的影响

史新波*, 曹国鑫, 付宝全, 阚志, 陈国胜

(西部超导材料科技股份有限公司, 陕西 西安, 710000)

摘 要: 分析 GH4169 高温合金中 δ 相析出行为与 Nb 含量以及终锻温度的关系, 同时研究 δ 相析出量对性能的影响。主要研究结论: 使用热力学模拟分析 δ 相的析出行为与 Nb 含量的关系, 当 Nb 含量从 4.90% 增加到 5.50% 时, δ 相的析出温度从 850℃ 增加到 895℃、析出峰温度从 900℃ 增加到 945℃, 完全溶解温度从 995℃ 提高到 1035℃; 当终锻温度低于 900℃ 时, 棒材边部以内 25mm 出现 "黑晶" 组织; 通过不同热处理工艺得到晶粒度基本一致但 δ 相含量不同的样品, 并分析其力学性能的差异, 结果表明 δ 相析出量主要影响棒材的高温性能, δ 相较少时合金的缺口敏感性增加。

关键词: δ 相; 终锻温度; 析出峰; 组合持久

δ Phases Precipitation and Its Effect on Mechanical Properties of GH4169 Forging Bars

Shi Xinbo, Cao Guoxin, Fu Baoquan, Kan Zhi, Chen Guosheng

(Western Superconducting Technologies Co., Ltd., Xi'an Shaanxi, 710000)

Abstract: Research on the content of Nb and the final forge temperature influence of δ phase precipitated. Meanwhile the volume fraction of δ phase effect on product properties. The main conclusions are as following: with the increase of the content of Nb from 4.90% to 5.50%, δ phase initial precipitated temperature from 850℃ increase to 895℃, the precipitated peak temperature from 900℃ increase to 945℃, and the whole dissolution temperature from 995℃ increase to 1035℃. When the final forge temperature below 900℃, the bar will form "black grain" in the range of 25mm surface. Samples with basically the same grain size and different δ phase contents were obtained by different heat treatment processes analyze the mechanical properties. The results show that δ phase mainly influence on high temperature properties. When δ phase is less, combination smooth-and-notched stress-rupture properties will lower.

Keywords: δ phase; final forge temperature; precipitate peak; combination stress-rupture properties

GH4169 高温合金是以 fcc 奥氏体为基, 以 γ''-Ni_3Nb 和 γ'-$Ni_3(Al,Ti)$ 为主要强化相, 并辅以 δ-Ni_3Nb 相晶界强化的变形镍基高温合金[1]。GH4169 合金中 γ'' 相的强化效果非常高, 因此需要 δ 相的析出来提高晶界强度, 保证晶界和晶内强度的匹配。δ 相一般沿晶界分布, 钉扎在晶界上, 在材料受力时可起到阻碍裂纹扩展、延缓晶粒变形的作用。GH4169 合金中 δ 相的析出对产品性能影响较大, 而 δ 相析出行为与合金的成分和终锻温度有关。

1 试验材料及方法

使用西北工业大学凝固实验室提供的热力学模拟软件 JMatPro 和 Thermal-Calc, 根据实验数据修正数据库, 模拟分析 δ 相的析出行为与 Nb 含量的关系。其余试验用材料均取自我公司三联熔炼 ϕ508mm 铸锭经 45MN 快锻机锻造的 ϕ200mm 棒材。化学成分为 (质量分数,%): Cr 17.8; Ni

* 作者: 史新波, 工程师, 联系电话: 18710886168, E-mail: shixb1023@163.com

54.10；Mo 3.00；Ti 1.02；Al 0.49；C 0.022；S 0.0002；P 0.013；Nb 5.38；Fe 余量。首先选取一支成品锻造温度低于 900℃ 的 ϕ200mm 棒材，从边部至心部不同位置取样分析其纵向高倍组织，然后选取另一支锻造过程稳定的 ϕ200mm 棒材，在 R/2 处取 14mm×14mm×90mm 若干组试样棒，经三种不同热处理制度后（固溶处理分别为 930℃/1h、955℃/1h 和 980℃/1h；时效处理均为 720℃/8h 缓冷至 620℃/8h，空冷），分批检测其室温拉伸、650℃ 高温拉伸以及 650℃/760MPa 组合持久性能，并利用 OLYMPUS-GX71 金相显微镜观察组合持久试样的纵向断口形貌。

2　试验结果及分析

2.1　Nb 含量对 δ 相析出行为的影响

GH4169 合金中的 δ 相的析出行为主要与合金成分中的 Nb 含量有关[1]，本文使用热力学模拟软件 JMatPro 和 Thermal-Calc 及经修正的数据库模拟不同 Nb 含量对 δ 相析出行为的影响，结果如表 1 所示。可以看出，Nb 含量的增加对 δ 相的析出温度、析出峰以及完全回溶温度均有影响。当 Nb 含量从 4.90% 增加到 5.50% 时，δ 相的析出温度从

850℃ 增加到 895℃、析出峰温度从 900℃ 增加到 945℃，完全溶解温度从 995℃ 增加到 1035℃。

2.2　终锻温度对 δ 相析出的影响

GH4169 合金在成品火次锻造时，可以在 δ 相析出温度区间内热变形，通过析出适量 δ 相阻碍晶粒长大，有利于形成细晶材料提高合金性能[2]。当终锻温度偏低时，材料内会形成大量魏氏体状的 δ 相，造成材料性能大幅下降。如图 1 为 ϕ200mm 棒材表面锻造温度低于 900℃ 时不同位置的高倍组织。可以看出，当锻造温度偏低时，棒材各个位置的晶粒度均可达到 8 级以上，但边部以内 25mm 析出大量 δ 相，形成"黑晶"组织。经本公司试验研究，在锻造时要得到适量 δ 相的组织，棒材的实际锻造温度不得低于 900℃。

2.3　δ 相对力学性能的影响

由 2.1 节模拟分析结果可知，经过三种热处理制度得到的样品晶粒度基本一致但 δ 相析出量不同，930℃ 固溶后 δ 相析出较多，编号为 1-1、1-2 和 1-3；955℃ 固溶后 δ 相析出量居中，编号 2-1、2-2 和 2-3；980℃ 固溶后 δ 相析出量较少，编号为 3-1、3-2 和 3-3。

表 2 为不同热处理制度试样性能对比，结果表明：δ 相析出量析出偏多的 1 号样品，合金的室温和高温屈服强度均偏低，原因是大量析出的 δ 相占用了较多的 Nb 元素，造成合金中 γ″强化相析出量减少所致；δ 相析出偏多的 3 号样品，合金组合持久性能较差，有明显的缺口敏感性。图 2 为组合持久试样断口形貌，可以看出 3-3 号试样呈现明显的沿晶断裂特征，原因是 δ 相析出偏少时晶界较为薄弱，裂纹易扩展。δ 相析出量对合金的抗拉强度以及塑性影响并不大。

表 1　Nb 含量对 δ 相析出行为的影响
Tab. 1　Influence of Nb content on precipitation behavior of δ phase

Nb 含量（质量分数）/%	δ 相开始析出温度/℃	δ 相析出峰温度/℃	δ 相完全溶解温度/℃
4.90	850	900	995
5.20	875	910	1010
5.38	890	930	1025
5.50	895	945	1035

表 2　不同热处理制度样品性能对比
Tab. 2　Properties comparison under different heat treatment process

编号	室 温 拉 伸				编号	高 温 拉 伸				编号	组合持久（650℃/760MPa）		
	σ_b /MPa	$\sigma_{0.2}$ /MPa	δ_5 /%	ψ/%		σ_b /MPa	$\sigma_{0.2}$ /MPa	δ_5 /%	ψ/%		τ/h	δ_4/%	断裂方式
1-1	1419	1160	21	28	1-2	1165	990	22	43	1-3	34.53	9.7	光滑
2-1	1427	1246	20	27	2-2	1160	1013	23	45	2-3	63.42	14.1	光滑
3-1	1423	1250	22	30	3-2	1161	1018	23	44	3-3	3.15	0.2	缺口

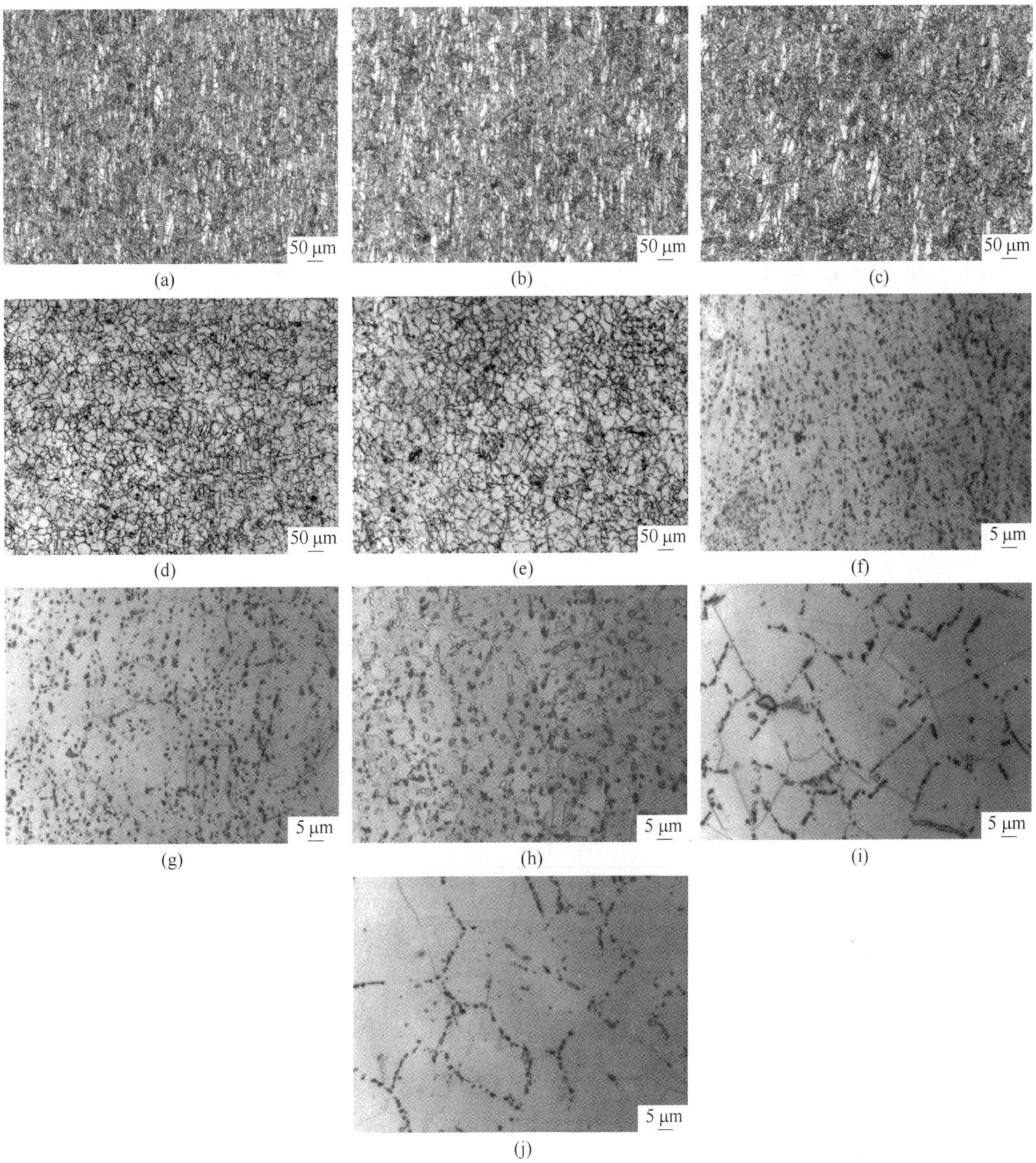

图 1　棒材不同位置的微观组织

Fig. 1　The microstructure in different positions of the bar

(a), (f) 边部；(b), (g) 12mm；(c), (h) 25mm；(d), (i) 1/2R；(e), (j) 心部

图 2　不同热处理的组合持久样品断口形貌

Fig. 2　The combination stress-rupture sample fracture under different heat treatment process

(a) 930℃；(b) 955℃；(c) 980℃

3 结论

（1）模拟计算结果表明：Nb 含量从 4.90% 增加到 5.50% 时，δ 相的析出温度从 850℃ 增加到 895℃，析出峰温度从 900℃ 增加到 945℃，完全溶解温度从 995℃ 提高到 1035℃。

（2）GH4169 合金棒材锻造温度是 δ 相控制的关键，当锻造温度低于 900℃ 时，棒材边部以内 25mm 出现"黑晶"组织。

（3）δ 相析出量主要影响合金的屈服强度和组合持久性能，当 δ 相析出量较多时合金的屈服强度偏低，当 δ 相析出偏少时合金的组合持久性能下降，缺口敏感性增加。

参考文献

［1］庄景云，杜金辉，邓群，等. 变形高温合金 GH4169［M］. 北京：冶金工业出版社，2006：8~11.

［2］Wei，J H，et al. Influence of δ Phase on Hot Deformation Behavior of GH4169 Alloy［J］. Journal of Aeronautical Materials，2012，32（6）：72~75.

GH4169 合金盘件晶粒度超声检测灵敏度研究

王知颖[1,2]*，吕旭东[1,2]，杜金辉[1,2]，曲敬龙[1,2]，邓群[1,2]，吴玉博[1,2]

（1. 钢铁研究总院高温材料研究所，北京，100081；
2. 北京钢研高纳科技股份有限公司，北京，100081）

摘　要：经过对 GH4169 合金涡轮盘超声波检测时发现的局部信号分析表明，超声检测发现的杂波信号或底波损失的区域，与盘件表面低倍检查发现的粗晶区域相对应。采用固溶热处理制度可以得到晶粒度不同的试样，对其采用不同参数进行检测，结果表明，晶粒度的差异在适当的条件下可通过杂波的形式显示出来，采用较高灵敏度的探头频率有利于杂波的检出及监控底波损失的变化。

关键词：GH4169 合金；热处理；晶粒度；超声检测

Analysis of the GH4169 Alloy Disc's Grain Size on Ultrasonic Testing Sensitivity

Wang Zhiying[1,2], Lv Xudong[1,2], Du Jinhui[1,2], Qu Jinglong[1,2], Deng Qun[1,2], Wu Yubo[1,2]

（1. High Temperature Material Research Division, Central Iron & Steel Research Institute, Beijing, 100081;
2. Beijing CISRI-GAONA Materials & Technology Co., Ltd., Beijing, 100081）

Abstract：In this paper, the local signals found by ultrasonic testing of GH4169 alloy turbine disk are analyzed, the results show that the area of clutter signal or back-wall echo loss found by ultrasonic testing corresponds to the coarse grained region, which is found by low-magnification inspection of disk surface. By using different solid-solution treatment systems, we made samples with different grain size, meanwhile testing them by different parameters. We can learn from the results that the grain size of the disk can be displayed in the form of clutter under the appropriate conditions, and the high sensitivity of the probe frequency is beneficial to the detection of clutter and the monitoring of the change of back-wall echo loss.

Keywords：GH4169 Alloy; heat treatment; grain size; ultrasonic testing

　　GH4169 是沉淀强化型铁-镍基高温合金，在国内航空、航天、化工、电力等领域有广泛的应用，同时是用于制作航空发动机涡轮盘的主要材料之一。GH4169 合金盘件由于制造工序复杂、生产流程长，因此影响其性能的因素较多。盘锻件在超声波检测过程因局部组织的差异会呈现不同的杂波显示，而国内标准中并未对未超标信号做出规定，因此有必要对盘锻件组织尤其是晶粒度与超声杂波之间的关系进行充分研究，以确定影响检测结果的主要原因和适宜的检测参数。

1　试验材料及方法

　　试验对象为某发动机用 GH4169 合金盘件，其生产工艺流程为：原料准备—真空感应+真空自耗重熔—棒坯轧制及切段—压机锻造—盘件加工—热处理—腐蚀—水浸探伤。试验采用点聚焦探头在自动超声检测系统上对盘锻件进行水浸探伤，通过探头发射超声脉冲到工件内部，同时接收反射回波信号，随后对回波信号的幅度、深度、分

＊作者：王知颖，工程师，010-62477982，E-mail：wzy_639@163.com

布情况等进行分析，确定涡轮盘上杂波或底波损失异常的部位，以便进一步分析组织和性能。

2　试验结果及分析

2.1　某发动机用涡轮盘检测情况

某发动机用 GH4169 合金盘件经纵波入射法水浸超声检测，在其轮缘处（见图 1）局部位置发现若干杂波信号，如图 2 所示。

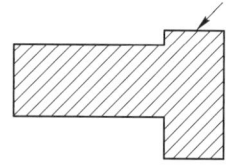

图 1　涡轮盘检查方向示意图

Fig. 1　Diagram of check direction

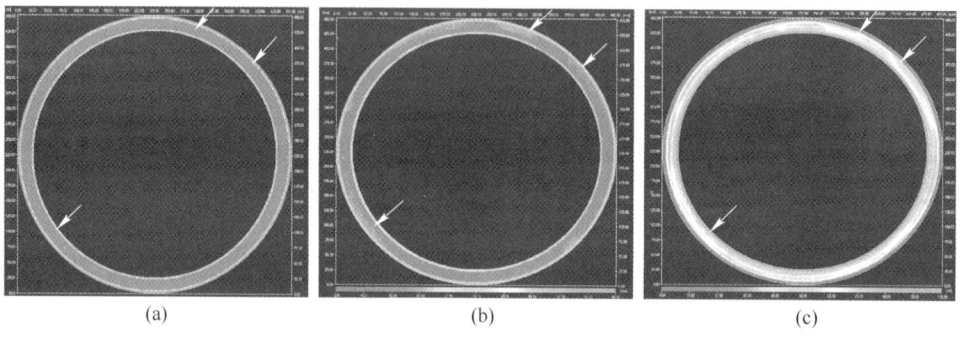

(a)　　　　　　　　(b)　　　　　　　　(c)

图 2　涡轮盘超声 C 扫图

Fig. 2　C-scan images of the turbine disk

（a）杂波分布图；（b）杂波深度分布图；（c）底波损失幅度图

从图 2 可以看出，盘件轮缘处存在幅度为 14%~28% 的杂波信号且不均匀分布在盘件上，杂波深度位置基本靠近盘件表面，杂波信号的周向位置与底波损失不均匀位置基本相同。为了验证杂波位置及分布，采用 $HCl+H_2SO_4+CuSO_4$ 混合液对盘件进行表面腐蚀检查，结果如图 3 所示。

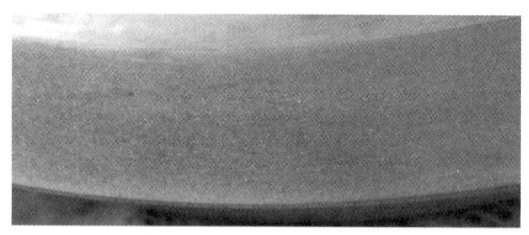

图 3　盘件局部低倍腐蚀检查照片

Fig. 3　Image of the turbine disk by surface corrosion inspection

从图 3 可以看出，盘件超声检测发现杂波的部位经腐蚀检查后可观察到表面粗晶，其位置与水浸探伤发现的杂波信号分布基本一致，由此可见，水浸探伤发现的杂波信号与底波损失区域，与盘锻件表面粗晶区域基本对应。

涡轮盘在锻造过程中影响组织的主要因素为温度和变形量[1]。由于水压机锻造的同一批次涡轮盘变形量基本一致，而原材料质量、夹具温度、包套效果、模具温度等因素的存在，导致热加工过程中涡轮盘的不同部位温度变化不同，最终形成不同的晶粒度组织[2]。由于晶粒度的差异导致声阻抗不同，而超声检测对声阻抗差异较为敏感，涡轮盘内部晶粒度的差异在一定条件下可通过超声检测以杂波或底波衰减等方式呈现。国内检测标准通常要求无关的噪声显示信号幅值应比要求检出的同声程最小不连续性显示信号幅值至少低 6dB，而细晶材料信噪比通常优于 6dB，因此有必要对晶粒度对超声检测的影响进行深入探讨。

2.2　不同热处理温度试样超声检测杂波情况

为了验证晶粒度对超声检测灵敏度的影响，在轧态细晶棒材组织上通过线切割切取 1~5 号共 5 支 $\phi20mm \times 15mm$ 的圆柱形试样，1 号试样不进行热处理，2~5 号试样分别采用箱式电阻炉进行固溶热处理以获得不同的晶粒度组织，热处理制度为 960℃×1h 空冷、990℃×1h 空冷、1020℃×1h 空冷、1050℃×1h 空冷。试样完成热处理后，经抛光、腐蚀后在显微镜下观察显微组织，如图 4 所示。

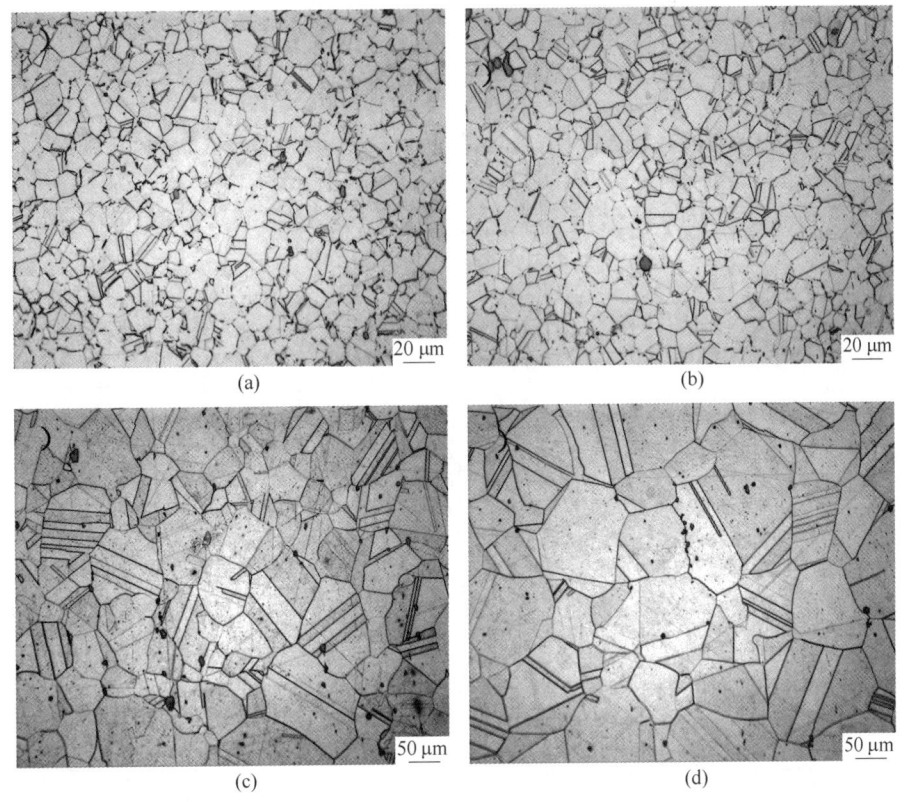

图 4　不同固溶热处理温度后的 GH4169 合金光学显微镜下的微观组织

Fig. 4　OM micrographs show the microstructure of GH4169 alloy, after different solid-solution treatment

（a）2 号 960℃；（b）3 号 990℃；（c）4 号 1020℃；（d）5 号 1050℃

从图 4 可以看出，4 支试样经不同的热处理制度后形成了不同的晶粒度组织，图 4（a）、（b）晶粒度均为 9 级，（c）图中试样经 1020℃热处理后晶粒度为 7 级，（d）图中试样经 1050℃热处理后晶粒度为 5 级。随后选取 3 号、4 号、5 号三支试样与未进行热处理的 1 号试样一并进行打磨、抛光，从同一端面采用点聚焦探头进行水浸超声检测，结果如图 5 所示。

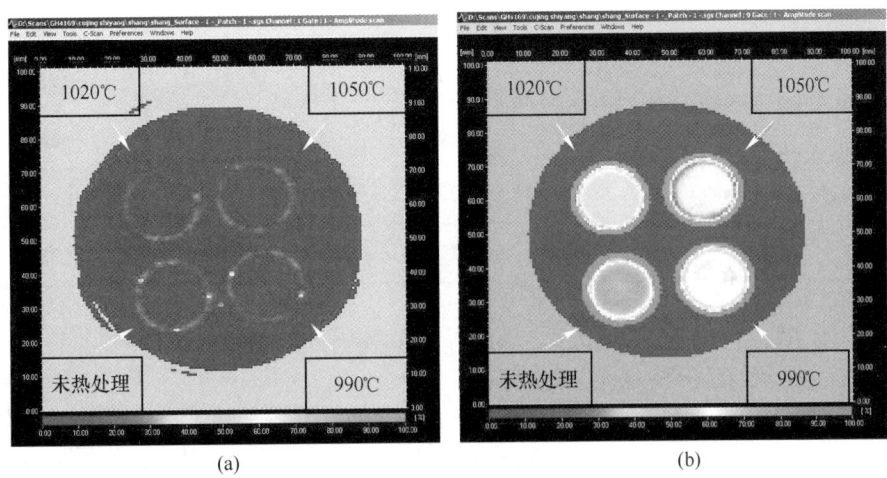

图 5　涡轮盘超声 C 扫图

Fig. 5　C-scan images of the turbine disk

（a）杂波分布图；（b）底波损失分布图

从图 5 可以看出，不同固溶热处理制度的 GH4169 合金试样杂波幅度均在 10% 以下；与锻态试样相比，不同固溶热处理试样底波降低幅度不同，温度越高，底波降低幅度越大。经 1050℃ 热处理的 5 号试样底波降低幅度大于 4 号试样，3 号试样次之，如表 1 所示。

表 1 不同固溶热处理制度温度试样局部超声杂波和底波损失对比

Tab. 1 Comparison of local ultrasonic clutter and bottom echo loss of different heat treatment temperature samples

序号	试样编号	热处理制度	杂波幅度	底波变化前幅度	底波变化后幅度	底波降低幅度
1	1 号	轧态（未热处理）	≤10%	83%	83%	0
2	3 号	990℃	≤10%	—	68%	15%
3	4 号	1020℃	≤10%	—	52%	31%
4	5 号	1050℃	≤10%	—	38%	47%

由于轧态细晶试样晶粒组织细小，底波相对较高；经高温热处理后，晶粒发生长大，引起草状波反射，超声杂波水平提高，底波幅度降低；随着热处理温度继续升高，底波持续降低。由于合金的静态再结晶温度约为 1020℃，此温度以下较难发生静态再结晶过程，热处理温度高于 1020℃，晶粒长大速率加快[3]。因此，在试样表面状态、检测参数一致等前提下，GH4169 合金盘件的晶粒度在一定程度内可通过超声检测进行表征，晶粒度越大，底波降低幅度越大。

2.3 相同探头频率不同检测参数杂波水平比较

为了寻找合理的超声检测参数，获得最佳的检测效果，在相同的探头条件下，采用不同的检测参数对试样进行检测，如表 2 所示。

表 2 探头频率相同检测参数不同杂波水平比较

Tab. 2 Comparison of different clutter levels with the same detection parameters of probe frequency

序号	探头频率/MHz	检测当量/mm	灵敏度/dB	门限/mm	1 号试样杂波水平/%	3 号试样杂波水平/%	4 号试样杂波水平/%	5 号试样杂波水平/%
1	10	1.2	24.6	3.0~14.0	≤10	≤10	≤10	≤10
2	10	0.8	31.6	3.0~14.0	≤10	≤10	≤10	≤10
3	10	0.4	43.6	3.0~14.0	≤22	≤25	≤28	≤30
4	5	1.2	25.0	6.0~12.5	≤10	≤10	≤10	≤10
5	5	0.8	32.0	6.0~12.5	≤20	≤20	≤20	≤20
6	5	0.4	44.0	6.0~12.5	≤25	≤28	≤35	≤40

从表 2 可以看出，10MHz、5MHz 探头在 1.2mm 和 0.8mm 检测当量时杂波水平均不超过 20%，0.4mm 当量灵敏度时 5MHz 探头比 10MHz 探头显示出更高的杂波幅值，10MHz 探头检测信噪比更佳。不同固溶热处理制度的 4 支试样杂波幅度大小为：1050℃ 最高，1020℃ 其次，990℃ 次之；不同探头频率及检测当量对应的超声 C 扫图如图 6、图 7 所示。

2.4 不同频率探头底波损失情况比较

采用不同的探头频率对上述试样进行检测，如图 8 所示。

探头频率不同时底波水平比较见表 3。

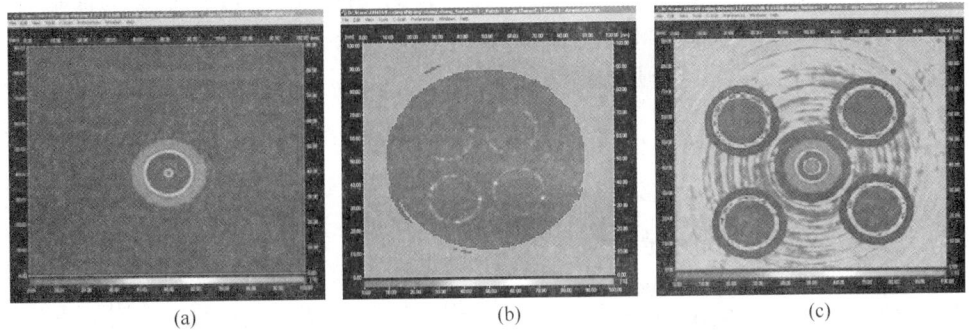

图 6 10MHz 探头采用不同检测灵敏度当量 C 扫图

Fig. 6 C-scan images of different sensitivity by 10MHz probe

(a) ϕ1.2mm；(b) ϕ0.8mm；(c) ϕ0.4mm

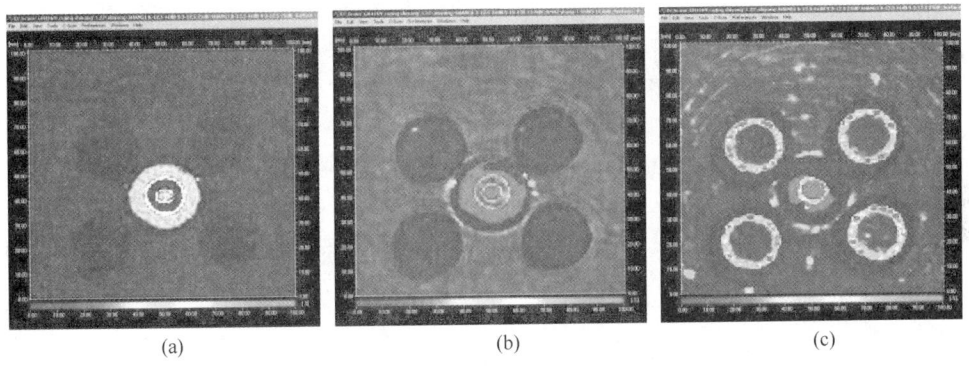

图 7 5MHz 探头采用不同检测灵敏度当量 C 扫图

Fig. 7 C-scan images of different sensitivity by 5MHz probe

(a) ϕ1.2mm；(b) ϕ0.8mm；(c) ϕ0.4mm

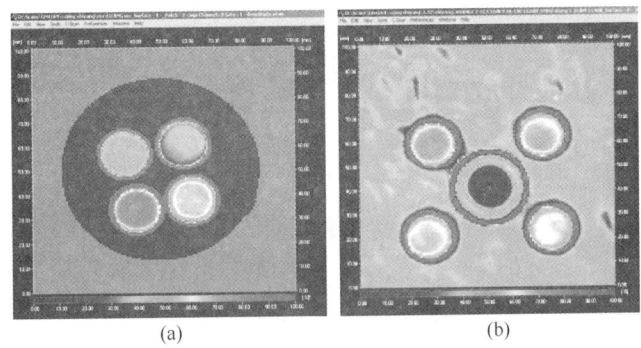

图 8 10MHz 和 5MHz 探头底波损失 C 扫图

Fig. 8 C-scan of bottom echo distribution by the 10MHz 和 5MHz probe

(a) 10MHz；(b) 5MHz

表 3 探头频率不同时底波水平比较

Tab. 3 Comparison of probe frequency and level of bottom wave at different time

序号	探头频率/MHz	灵敏度/dB	门限/mm	1号试样底波幅值/%	3号试样底波幅值/%	4号试样底波幅值/%	5号试样底波幅值/%
1	10	监控底波	≥15.0	80~85	65~70	48~55	35~45
2	5	监控底波	≥15.0	70~75	65~75	60~70	50~65

从图 8 和表 3 可以看出, 与 5MHz 探头相比, 采用 10MHz 探头监控不同固溶热处理制度试样的底波变化所获得的图像颜色差异更明显, 底波变化监控更准确。

3　讨论

综上所述, 对于涡轮盘中出现的某些局部杂波, 采用 10MHz 和 5MHz 探头、0.4mm 当量的检测灵敏度均可将杂波检出, 且 10MHz 探头信噪比优于 5MHz 探头, 故更适合选用; 与 5MHz 相比, 采用 10MHz 探头进行底波监控, 可获得更为精确的底波幅值, 从而作为比较晶粒度的参考依据之一。由于原材料或锻造工艺的特殊性, GH4169 合金可能会形成不同晶粒度的局部区域, 从而导致小缺陷显示被粗晶掩盖, 产生漏检。因此, 对于不同的杂波如何采用适宜的探头频率和灵敏度进行超声检测, 更好地显示出杂波和缺陷信号, 还有待进一步探讨。

4　结论

（1）某发动机用 GH4169 合金盘件超声检测

发现的杂波信号或底波损失的区域, 与盘件表面低倍检查发现的粗晶区域相对应。

（2）采用较高频率的探头以获得较高的灵敏度有利于杂波的检出及监控底波损失的变化。

（3）当杂波信号或合金组织不均匀程度较低时, 杂波或者底波异常的部位被自身噪声信号所掩盖而不易观察。因此盘件在检测时应当采取提高检测灵敏度或信噪比、分区聚焦等方法, 以利于小缺陷的有效检出。

参考文献

[1]　庄景云, 等. 变形高温合金 GH4169 [M]. 北京: 冶金工业出版社, 2006.

[2]　罗恒军, 谢静, 齐占福, 等. GH4169 涡轮盘晶粒度控制技术研究 [J]. 大型铸锻件, 2012 （2）: 17~19.

[3]　张海燕, 张士宏, 程明, 等. δ 相对 GH4169 合金热变形后热处理中晶粒长大的影响 [J]. 材料热处理学报, 2017 （3）.

GH4169 及其改进型合金 10000h 时效组织稳定性研究

韦家虎[1,2]*，付书红[1]，王涛[1]，李钊[1]，董建新[2]，姚志浩[2]

（1. 北京航空材料研究院，北京，100095；
2. 北京科技大学，北京，100083）

摘 要：对 GH4169、GH4169plus、GH4169G 三种合金在 600～720℃ 范围内开展 10000h 长时组织稳定性研究。结果表明，不同温度时效 10000h 后，合金强化相均发生了长大。其中，GH4169 合金 γ″ 相长大幅度最大，并发生了明显的 δ 相转变。GH4169plus、GH4169G 合金的高温时效组织稳定性比 GH4169 明显改善，以 γ′ 为主要强化相的 GH4169plus 在 720℃ 下时效表现出较好的组织稳定性。

关键词：GH4169；GH4169plus；GH4169G；时效；组织稳定性

Study on Microstructure Stability of GH4169 and Modified Alloys during 10000h Aging Treatment

Wei Jiahu[1,2], Fu Shuhong[1], Wang Tao[1], Li Zhao[1], Dong Jianxin[2], Yao Zhihao[2]

（1. Beijing Institute of Aeronautical Materials, Beijing, 100095；
2. Beijing University of Science and Technology, Beijing, 100083）

Abstract：GH4169、GH4169plus and GH4169G alloys were studied for microstructure stability during 10000 h aging in 600℃～720℃. The results show that the alloy strengthening phase has grown up after 10000h at different temperature aging. Among them, GH4169 alloy γ″ has the largest phase length and obvious δ phase transition. GH4169plus and GH4169G alloys show better high temperature aging structure stability compared with GH4169, and the GH4169plus with γ′ as the main strengthening phase shows slightly better organizational stability at 720℃.

Keywords：GH4169；GH4169plus；GH4169G；aging；microstructure stability

GH4169 合金因其力学性能优异、工艺性能好、性价比高等特点成为航空发动机上应用零部件最多、使用量占比最高的高温合金。为了满足发动机对工作温度更高、寿命更长、可靠性更高的需求，近年来在 GH4169 合金基础上围绕成分优化与改型、冶炼工艺优化和热工艺技术优化等开展了大量研究，其中 GH4169G、GH4169plus 是最具有代表性的改型合金[1~4]。为此，有必要对 GH4169 类合金进行组织稳定性研究，为航空发动机的应用及可靠性评价提供技术支持。本文针对 GH4169、GH4169plus、GH4169G 三种合金在 600～720℃ 范围内进行最长达 10000h 的时效试验，分析研究了三种合金不同温度下的组织稳定性。

1 试验材料及方法

试验用 GH4169、GH4169G、GH4169plus 三种合金主要成分如表 1 所示。三种合金试样在 600℃、650℃、704℃ 及 720℃ 温度下分别时效 1000h、2000h、3000h、4000h、5000h、7000h 及 10000h，观察 3 种合金不同温度、不同时长的组织稳定性。合金试样时效处理后经过机械磨、抛

———————————

* 作者：韦家虎，高级工程师，联系电话：010-62496263，E-mail：weijiahu1981@163.com

及电解抛光和电解侵蚀后进行扫描电镜观察。电解抛光试剂为 20mL H_2SO_4＋80mL CH_3OH，电压为 25V，时间约 10s。电解侵蚀试剂为 150mL H_3PO_4＋10mL H_2SO_4＋15g CrO_3，电压为 5V，时间约 5s。采用 ZEISS SUPRA 55 场发射扫描电镜观察三种合金的微观组织形貌。

表1 GH4169、GH4169G、GH4169plus 三种合金的主要成分

Tab. 1 Components of GH4169, GH4169G and GH4169plus （质量分数,%）

合　金	C	Cr	Fe	Mo	Nb	Ti	Al	Co	W	P	Ni
GH4169	0.03	19.0	17.0	3.0	5.30	1.05	0.55	—	—	0.003	余
GH4169G	0.03	19.0	19.0	3.0	5.20	1.05	0.55	—	—	0.025	余
GH4169plus	0.03	19.0	9.0	3.0	5.40	0.75	1.65	9.0	1.0	0.010	余

2 试验结果及分析

2.1 600℃与650℃下时效过程的组织形貌观察

650℃ 是 GH4169 合金的服役温度上限，即 GH4169 合金在 650℃ 及其以下长期服役过程中具备较好的组织稳定性。对 GH4169、GH4169G、GH4169plus 三种合金在 600℃、650℃ 下时效 1000h、2000h、3000h、4000h、5000h、7000h 及 10000h 后取样进行微观组织观察。GH4169、GH4169G 析出相主要是短棒状的 δ 相和呈弥散分布的主要强化相 γ″-Ni_3Nb 相。GH4169 合金中 δ 相在 600℃ 时效 10000h 后无明显变化，γ″相和 γ′相有一定的长大迹象；650℃ 下，δ 相 10000h 后存在粗化迹象，γ″相和 γ′相在 5000h 即可观察到明显长大；GH4169G 微观原始组织形貌与 GH4169 合金相似，在 600℃ 与 650℃ 时效过程中，δ 相、γ″相和 γ′相表现出稳定性，650℃ 下时效 10000h 后才出现一定的长大迹象；GH4169plus 的主要强化相是球形的 γ′相（含量达到 21% 左右），而 δ 相含量很少（仅 1% 左右），600℃ 和 650℃ 下 GH4169plus 合金时效 10000h 后，δ 相存在一定程度长大，但 γ′ 强化相无明显变化。GH4169、GH4169G、GH4169plus 三种合金 650℃ 时效 10000h 后的微观形貌如图 1 所示。

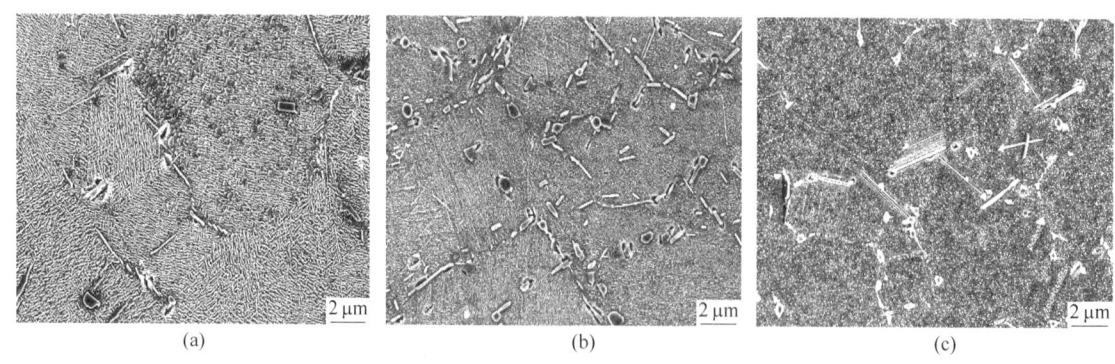

图1 三种合金 650℃ 时效 10000h 的微观形貌

Fig. 1 Microscopic morphology of three alloys at 650℃ for 10000h

(a) GH4169; (b) GH4169G; (c) GH4169plus

2.2 704℃与720℃下时效过程的组织形貌观察

GH4169 在 704℃、720℃ 时效时，主要强化相 γ″难以保持稳定，出现粗化和转变。704℃ 时效 1000h，γ″相和 γ′相出现减少，到 10000h 时数量大幅减少。720℃ 下，γ″相和 γ′相从时效开始就出现大幅减少；GH4169G 在 704℃ 下时效 1000h 后，γ″相出现消减，而 γ′相到 10000h 还保有较高含量。720℃ 时，γ″相在 1000h 时几乎不可见，γ′相在 5000h 出现衰减；GH4169plus 在 704℃、720℃

时效时，强化相 γ′ 相出现粗化长大，但其数量消减的幅度相对较小。可以看出，GH4169plus 强化相 γ′ 是稳定性，合金的组织稳定性得到提高。

GH4169、GH4169G、GH4169plus 三种合金 720℃ 时效 1000h 后的微观形貌和主要强化相分别如图 2 和图 3 所示。

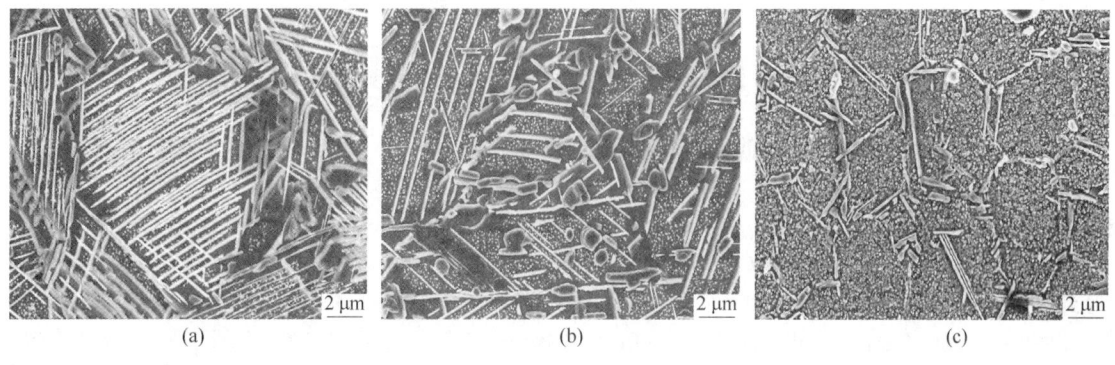

(a)　　　　　　　　　　(b)　　　　　　　　　　(c)

图 2　三种合金 720℃ 时效 1000h 的微观形貌
Fig. 2　Microscopic morphology of three alloys aging at 720℃ for 10000h
（a）GH4169；（b）GH4169G；（c）GH4169plus

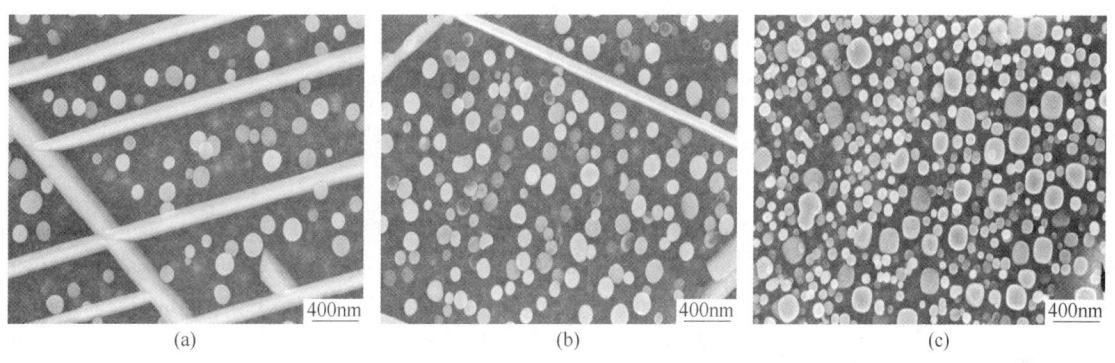

(a)　　　　　　　　　　(b)　　　　　　　　　　(c)

图 3　三种合金 720℃ 时效 1000h 后析出相 SEM
Fig. 2　SEM of main precipitates aging at 720℃ for 10000h
（a）GH4169；（b）GH4169G；（c）GH4169plus

3　结论

（1）三种合金中，GH4169、GH4169G 析出相主要是短棒状的 δ 相和呈弥散分布的主要强化相 γ″ – Ni₃Nb 相，GH4169plus 析出的强化相以球状 γ″ – Ni₃（Al，Ti）为主，含量在 21% 左右。

（2）GH4169plus、GH4169G 合金的高温时效组织稳定性比 GH4169 明显改善，以 γ′ 为主要强化相的 GH4169plus 在 720℃ 时效过程中具有一定的稳定性。

参考文献

［1］杜金辉，等. GH4169 合金盘锻件制备技术发展趋势［C］//第十二届中国高温合金年会，四川，2011.

［2］Liu Jiao, Guo Zhongge, Sun Wenru,. et al. Characteristic and Mechanism of Phast Transformation of GH4169G Alloy During Heat Treatment［J］. Acta Metallurgica Sinica, 2013（7）：845~852.

［3］赵薇，董建新，张麦仓，等. GH4169、GH4169plus 和 GH4738 高温合金组织稳定性［J］. 材料热处理学报，2015（S1）.

［4］杜金辉，等. 磷对 GH4169plus 合金组织及性能影响机理的研究［C］//第十二届中国 高温合金年会，四川，2011.

GH4169 合金细晶涡轮盘棒坯热加工工艺与机理研究

杨亮*，王骁楠，李凤艳，刘宁，吴贵林，潘彦丰

（抚顺特殊钢股份有限公司技术中心，辽宁 抚顺，113001）

摘　要：采用光学和扫描电镜观察的方法，对快锻机+径锻机联合锻制 φ300mm 规格 GH4169 合金涡轮盘棒坯微观组织进行观察，研究了热加工工艺对棒坯微观组织的影响及其机理。结果表明：当径锻变形量>20%，终锻温度达到 950℃时，可以获得棒坯全截面完全再结晶的等轴晶组织，棒坯中心和 R/2 位置晶粒度 6 级，δ 相以短棒状在晶界析出；棒坯近表面晶粒度 8 级以上，δ 相以短棒状和颗粒状析出，数量显著多于棒坯中心和 R/2 位置。

关键词：GH4169 合金；径锻机；晶粒度；δ 相

Fine Grain Forming Process and Mechanism of GH4169 Alloy Bar for Turbine Disc

Yang Liang，Wang Xiaonan，Li Fengyan，Liu Ning，Wu Guilin，Pan Yanfeng

（Fushun Special Steel Group Co.，Ltd.，Fushun Liaoning，113001）

Abstract：The microstructure of GH4169 alloy turbine disc bars which is forged by rapid forging press and radial forging was observed by optical and scanning electron microscopy，the effect of hot working process on the microstructure of bars and its mechanism were studied. The results show that the fine grain on whole section can be obtained when the deformation of diameter forging reaches 20% and the final forging temperature reaches 950℃. The grain size at the center and $R/2$ of the billet is 6 grade，and the delta phase precipitates at the grain boundary in short rod shape. The grain size near the surface of the billet is over 8 grade，and the delta phase precipitates in short rod shape and granular shape，and the number is significantly more than that at the center and $R/2$ position of the billet.

Keywords：GH4169 alloy；radial forging；grain size；δ phase

GH4169 合金大直径棒坯是生产涡轮发动机涡轮盘的主要原材料[1]，但因 GH4169 合金对热加工工艺参数的敏感性，特别是大直径的 GH4169 合金棒坯，通常在棒坯中心位置晶粒组织粗大，同时棒坯近表面冷变形组织相当严重[2,3]，这一组织很可能会遗传至涡轮盘锻件，影响锻件的长时性能，因此，获得大直径 GH4169 合金棒坯全截面完全再结晶等轴细晶组织的棒坯，以细化涡轮盘件锻件组织并提高综合性能水平成为工程实践中的必要条件。与此同时，在近年来随着我国锻压设备的更新，使得改善大直径涡轮盘棒坯的微组织成为可能。

1　实验材料和实验方法

实验用料为 VIM+PESR+VAR 三联冶炼工艺生产的 φ508mm 锭型的 GH4169 合金，合金的化学成分列于表 1。合金锭经均匀化处理，在快锻机经多火次镦拔制成径锻机坯料，径锻机锻制 φ300mm 规格棒坯，在棒坯的头尾切取 20mm 厚试片，对棒坯外缘至中心的微观组织进行观察，研究热加工工艺对棒坯微观组织的影响及其机理。

表 1　实验用 GH4169 合金化学成分
Tab. 1　Chemical composition of GH4169 alloy used in the test　　　　（质量分数，%）

C	Si	Mn	S	P	Ni	Cr	Mo	Al	Ti	Nb	B	Mg	O	N	Fe
0.025	0.02	0.01	0.0005	0.011	54.02	17.88	3.00	0.49	0.99	5.34	0.003	0.002	0.0005	0.0033	余

2　实验结果

当径锻变形量大于 20%，终锻温度为 950℃时，φ300mm 规格 GH4169 合金棒坯中心、$R/2$ 位置晶粒度可以达到 6 级，δ 相主要以短棒状在晶界附近析出，如图 1(a)、(b) 和图 2(a)、(b) 所示；棒坯近表面晶粒级别达到 8 级以上，δ 相以短棒材或颗粒状在晶界和晶内析出，析出数量明显多于棒坯中心和 $R/2$ 位置，如图 1(c) 和图 2(c) 所示；当径锻终锻温度低于 920℃时，棒坯近表面δ 相析出数量显著增多，形貌呈长针状，微观组织如图 3(a) 所示；当径锻变形量低于 20% 时，棒坯近表面晶粒形貌沿锻造方向被拉长，晶粒组织未完成动态再结晶，深度约 30mm，如图 3(b) 所示；当延长径锻前坯料保温时间或加热温度超过 1020℃，径锻后棒坯心部组织明显长大，如图 3(c) 所示。

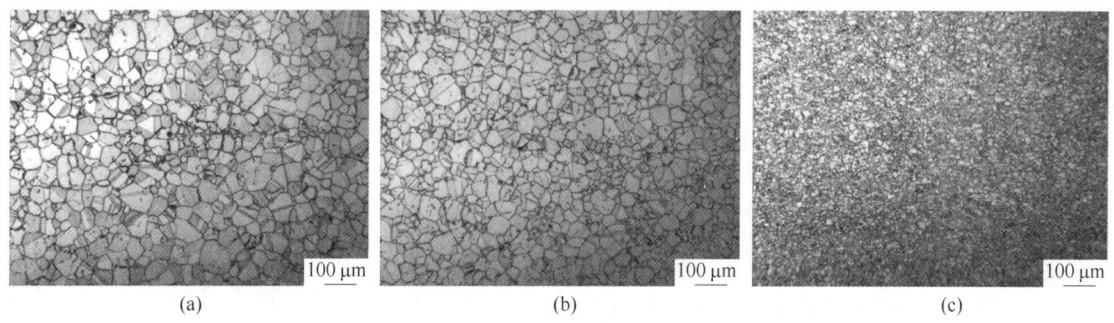

(a)　　　　　　　　　(b)　　　　　　　　　(c)

图 1　φ300mm 规格 GH4169 合金棒坯中心、$R/2$ 和近表面位置微观组织

Fig. 1　Microstructure of GH4169 alloy φ300mm bar at center、$R/2$ and near surface position

(a) 中心；(b) $R/2$；(c) 近表面

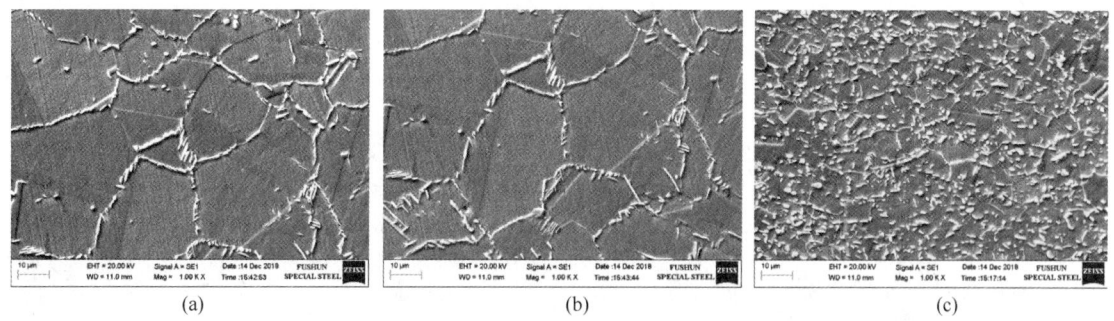

(a)　　　　　　　　　(b)　　　　　　　　　(c)

图 2　φ300mm 规格 GH4169 合金棒坯中心、$R/2$ 和近表面位置δ 相组织

Fig. 2　δ phase of GH4169 alloy φ300mm bar at center、$R/2$ and near surface position

(a) 中心；(b) $R/2$；(c) 近表面

3　分析与讨论

采用传统的 GH4169 合金涡轮盘棒坯热加工工艺，获得棒坯全截面完全再结晶的细晶组织是非常困难的。近年来，随着先进的快锻机和径锻机设备的应用，获得大规格 GH4169 合金涡轮盘棒坯细晶组织，并完全消除棒坯外缘近表面未再

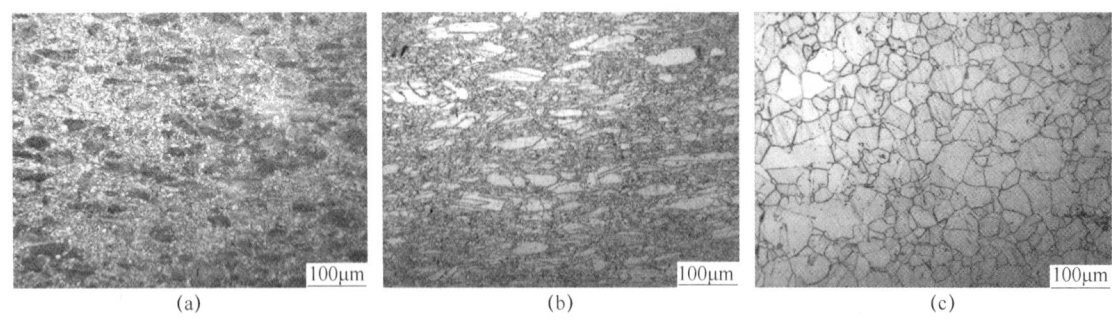

(a)　　　　　　　　　　　(b)　　　　　　　　　　(c)

图 3　不同热加工参数的 ϕ300mm 规格 GH4169 合金棒坯微观组织

Fig. 3　Microstructure of GH4169 alloy ϕ300mm bar at different hot working parameters

（a）终锻温度 920℃的外缘组织；（b）径锻变形量 20%的外缘组织；（c）棒材中心晶粒组织长大

结晶组织成为可能。与传统热加工工艺相比，径锻机变形速度快，坯料表面温降小，变形部位动态再结晶充分[2]，但同时，由于径锻机的变形特点，大规格棒坯中心位置组织变形差，组织破碎能力有限，这就需要快锻机开坯后采用较低的再烧温度，以保持棒坯心部细化的晶粒组织状态，同时需要使坯料外缘在快锻机产生的针状 δ 相回溶，并使外缘冷变形组织完成静态再结晶[5]，因此，径锻前坯料再烧温度为 δ 相回溶温度 980~1020℃，并严格按照坯料尺寸控制再烧时间。保温时间过长，坯料心部组织长大，快锻机累积的组织细化效果消失，如图 3（c）所示；保温时间过短，δ 相回溶不完全，抑制坯料发生静态再结晶和径锻过程的动态再结晶，快锻机产生的外缘近表面冷变形组织会遗传至径锻后的棒坯中[4]，如图 3（a）所示。

工程实践表明，径锻变形量和变形温度，决定了 ϕ300mm 规格的 GH4169 合金棒坯外缘 0~40mm 深度范围完成动态再结晶的程度，δ 相的数量与形貌主要与径锻前热加工工艺和径锻终锻温度相关。当减小径锻机的变形量，坯料外缘未达到完成动态再结晶的临界变形量而形成了拉长晶组织，如图 3（b）所示。

4　结论

（1）当径锻变形量大于 20%，终锻温度达到 950℃时，可以获得棒坯全截面完全再结晶的等轴细晶组织，棒坯中心和 $R/2$ 位置晶粒度 6 级，棒坯近表面晶粒度 8 级以上，δ 相以短棒状或颗粒状析出，棒坯外缘 δ 相数量多于棒坯中心和 $R/2$ 位置。

（2）径锻前坯料加热工艺对棒坯组织影响显著，加热温度为 980~1020℃。

参考文献

[1] 张海燕，张士宏，程明. GH4169 合金开坯锻造中组织演变的数值分析 [J]. 兵器材料科学与工程，2012, 35（2）：19~22.

[2] 陈国胜，王庆增，刘丰军. GH4169 合金细晶棒材的径锻工艺及其组织与性能 [J]. 宝钢技术，2009（3）：52~55.

[3] 吕宏军，姚草根. GH4169 合金细晶成形工艺与机理及其性能研究 [J]. 机械工程材料，2003, 27（1）：15~18.

[4] 刘丰军，陈国胜. 径锻温度对 GH4169 合金棒材组织与性能的影响 [J]. 宝钢技术，2011（4）：27~31.

[5] 王建国，汪波，刘东. GH4169 合金加热过程中 δ 相形态和晶粒尺寸的演化规律 [J]. 热加工工艺，2013, 42（24）：114~117.

冷拉变形对 GH4169 合金热轧棒材组织均匀性的影响

李凤艳*，王志刚，吴贵林，潘彦丰，冯德新，唐荣祥

（抚顺特殊钢股份有限公司技术中心，辽宁 抚顺，113001）

摘 要：GH4169 合金热轧棒材通常采用横列式轧机多道次轧制成型。由于轧制道次多，轧制过程中表面不断向外散热，导致终轧温度偏低，棒材近表层出现未动态再结晶组织。通过冷拉变形对 GH4169 合金热轧棒材组织均匀性影响研究得出：热轧棒材经 970℃×1h 固溶+变形量为 8% 的冷拉变形后，进行 980℃ 常规热处理工艺处理后，边缘少量拉长晶完成了静态再结晶，且棒材中心与半径处高倍组织无变化，因此经过冷拉变后把拉长晶转变为等轴晶比热轧棒材拉长晶转变为等轴晶的静态再结晶温度（1010℃）降低了 30℃。

关键词：晶粒度；冷拉变形；再结晶；δ 相

Effect of Cold-drawn Deformation on Microstructure Unformity of GH4169 Alloy Hot-rolled Bars

Li Fengyan, Wang Zhigang, Wu Guilin, Pan Yanfeng,

Feng Dexin, Tang Rongxiang

（Technical Center of Fushun Special Steel Co., Ltd., Fushun Liaoning, 113001）

Abstract：The open-train mill is usually used for manufacturing of GH4169 alloy hot-rolled bars through multi-pass rolling. The heat radiation on the bar surface during multi-pass rolling leaded to relatively low finish rolling temperature and caused non-dynamic-recrystallized structure on the near-surface layer of the bars. The research of the effect of cold-drawn deformation on microstructure uniformity of hot-rolled bars showed that for bars solution treated at 970℃ for 1h and then cold drawn with 8% deformation, a few elongated grains at the edge of the bar statically recrystallized at 980℃, and there was no change in the center and at half radius area of the bar. Therefore, the transformation temperature from elongated grain to equiaxed grain by cold-drawn deformation was 30℃ than that by hot rolling

Keywords：grain size; cold drawing; recrystallization; δ phase

GH4169 合金轧制棒材主要用于涡轮轴、蓖齿环、涡轮螺栓、螺母、紧固件等重要零部件[1]，对晶粒度和 δ 相的要求越来越严格。特别做涡轮轴用轧制棒材后续工序基本没有热加工变形，为避免出现持久缺口敏感，要有一定数量的 δ 相，轧制工序加热温度及终加工温度降低，增加了 δ 相的数量，确保了缺口持久性能，但轧制棒材边缘出现少量的拉长晶[1]。为解决边缘拉长晶问题，深入研究冷拉变形对 GH4169 合金热轧棒材微观组织的影响，使其边缘少量拉长晶完成静态再结晶，

且棒材中心与半径处高倍组织无变化。即经过冷拉变后的棒材拉长晶转变为等轴晶比热轧棒材拉长晶转变为等轴晶的静态再结晶温度降低，降到常规热处理固溶温度范围内。

1 试验材料及方法

采用双真空熔炼的 GH4169 合金 φ508mm 锭，化学成分如表 1 所示。经快锻机开坯至 φ120mm 的坯料：（1）经 φ430mm、φ320mm 双排横列式轧机，

*作者：李凤艳，高级工程师，联系电话：15941328346，E-mail：lifengyan2001@163.com

1 火次轧制成 ϕ55mm 的棒材；（2）车光后经不同温度固溶后进行 6%、8%、10% 的冷拉变形。实验参数如表 2 所示。分析不同冷拉变形工艺及冷拉后不同热处理制度对 GH4169 合金棒材微观组织的影响。

表 1　合金化学成分
Tab. 1　Chemical compositions of the alloy　　　（质量分数,%）

元素	C	Cr	Nb	Ni	Mo	Al	Ti	B	Mn	Si	S	P
含量	0.03	19.00	5.16	53.21	3.02	0.51	1.02	0.003	0.02	0.06	0.001	0.005

表 2　冷拉前退火及冷拉后固溶热处理制度
Tab. 2　Annealing condition before drawing and solution treatment condition after drawing

960℃×1h	980℃×1h	1000℃×1h
970℃×1h	990℃×1h	1010℃×1h

2　试验结果及分析

对冷拉前不同固溶处理工艺及冷拉后不同热处理制度的低倍组织、晶粒度、δ 相的变化进行结果对比与分析。

2.1　低倍组织

轧制棒材纵低倍可见边缘存在少量拉长晶，如图 1(a) 所示。车光后经过 8% 冷拔变形在 980℃× 1h 固溶处理后纵低倍无拉长晶，如图 1(b) 所示。

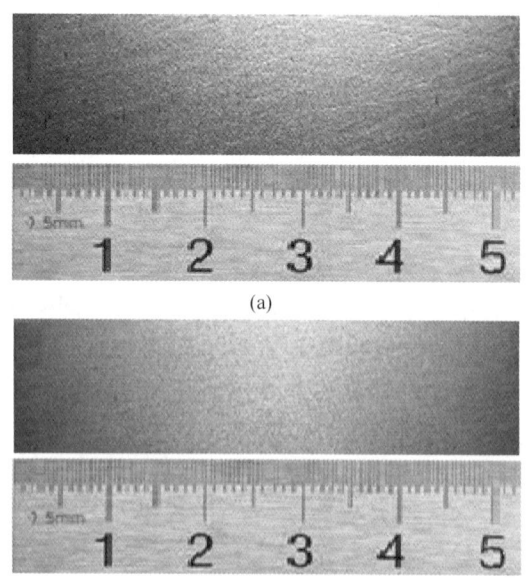

(a)

(b)

图 1　纵低倍组织
Fig. 1　Longitudinal macrostructure
（a）ϕ52mm 轧制棒材纵低倍；
（b）经 970℃×1h+8% 冷拔变形+980℃×1h 固溶处理后纵低倍

2.2　高倍组织

经 ϕ430mm、ϕ320mm 双排横列式轧机轧制的 ϕ55mm 棒材，车光到 ϕ52mm，中心为完全再结晶的均匀细小 8 级晶粒，如图 2(a) 所示；边缘为 9.0 级完全再结晶的细小晶粒有个别拉长晶粒，如图 2(b) 所示。

GH4169 合金轧制棒材的再结晶均是通过热变形过程中的动态再结晶完成的，当变形量与终加工温度合适，材料能完成动态再结晶时，就获得了等轴晶粒，但因整个材料中的应变场和温度场不可能完全均匀，所以在变形量稍小或变形温度稍低处出现未再结晶的、顺着变形方向拉长的扁长晶[2]。

采用其常规固溶温度 960~980℃，中心到边缘晶粒度无变化；当固溶温度达到 980℃时 δ 相开始回溶，1010℃×1h δ 相基本溶解完全造成缺口敏感，且中心到边缘即整个棒材横截面的晶粒普遍长大到 4.0 级，如图 3(a) 所示，超出使用要求。

为解决 GH4169 合金棒材近表层的未动态再结晶的扁长晶粒，且确保一定数量 δ 相等这些微观组织问题，对经过退火处理后的轧制棒材进行了一定程度的冷拉变形。由于温度高于 980℃时 δ 相开始回溶，因此在 960~970℃ 区间范围内进行冷拉变形前退火处理，而 970℃×1h 退火后布氏硬度值最小，即材料软化效果最佳，因此将车光后轧制棒材经 970℃×1h 退火后进行变形量为 6%、8%、10% 的冷拉变形。

经过变形量为 6% 冷拉变形的棒材，在（960~1000）℃×1h 固溶处理后，边缘晶粒度无变化，在 1010℃×1h 固溶处理后，整个棒材横截面的晶粒普遍长大到 4.0 级；经过变形量为 10% 的冷拉变形，拔制过程困难，表面有轻微裂纹。

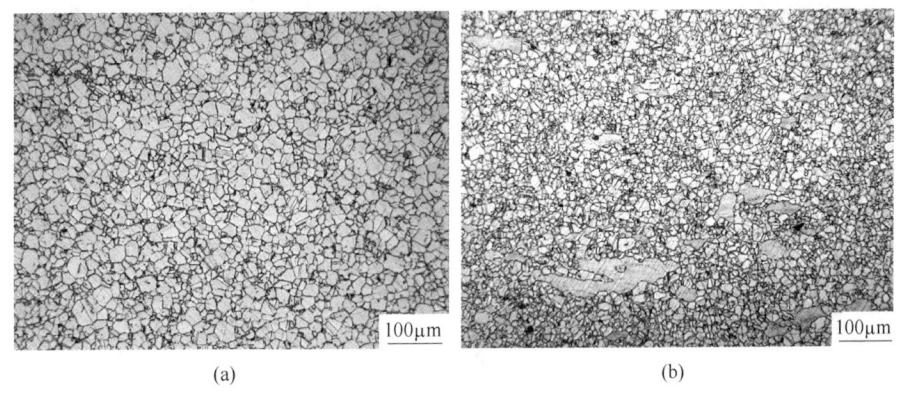

(a)　　　　　　　　　　　　(b)

图 2　轧态中心和表面晶粒组织

Fig. 2　Microstructure in the center and at the surface of as-rolled bars

（a）轧态中心晶粒度 8 级；（b）轧态边缘晶粒度 9 级

(a)　　　　　　　　　　　　(b)

图 3　轧态经过 1010℃×1h 和 8%冷拉变形后 980℃×1h 表面晶粒组织

Fig. 3　Microstructure at the surface of as-rolled bars after 1010℃×1h and

after 8% cold deformation + 980℃×1h

（a）轧态经过 1010℃×1h 晶粒度 4 级；（b）8%冷拉变形后 980℃×1h 拉长晶完成静态再结晶

经过变形量为 8%的冷拉变形的棒材，在 (960~970)℃×1h 热处理后，边缘拉长晶和 δ 相无变化；在 980℃×1h 固溶处理后，边缘拉长晶分解为多个细小晶粒完成静态再结晶，如图 3(a) 所示，同时冷变形残余应力在退火过程中诱导晶界析出颗粒状的 δ 相，如图 4(b) 所示，且中心和半径处的晶粒度与 δ 相无变化，如图 4(a) 所示，获得理想的高倍组织；在 990℃×1h 固溶处理后，整个棒材横截面的晶粒普遍长大到 4 级；在 (1000~1010)℃×1h 固溶处理后，整个棒材横截面的晶粒普遍长大到 2~4 级。

综上所述，补偿轧制过程表面温度损失而采取远高于 δ 相溶解温度加热，导致棒材轧态的晶界 δ 相偏少，促使材料存在缺口敏感[3]。GH4169 合金棒材近表层的未动态再结晶的扁长晶粒，采用其常规固溶温度 960~980℃难以消除[4]。即使

在静态再结晶温度 1010℃短时保温，也不能发生晶粒细化。而 1010℃延长保温时间，或者高于 1010℃处理，整个棒材横截面晶粒会普遍长大超标。为解决这些微观组织问题，GH4169 合金热轧棒材进行一定程度的冷拉变形。冷拉变形后，在要求的固溶温度范围内进行热处理，原来未动态再结晶的晶粒发生转变，表面拉长晶粒分解为多个细小晶粒，同时冷变形残余应力在退火过程中诱导晶界析出颗粒状的 δ 相[5]，且棒材中心与半径处高倍组织无变化，获得了符合使用要求的微观组织。

3　结论

（1）通过对 φ50mm 热轧棒材不同冷拉变形工

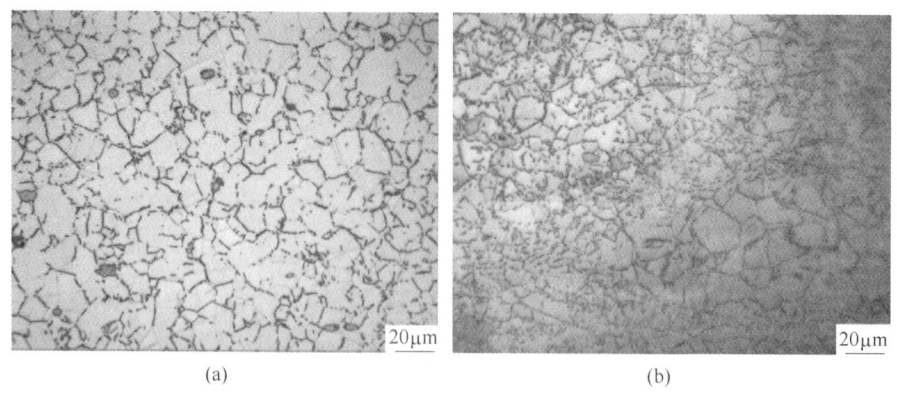

(a)   (b)

图 4　8%冷拉变形后 980℃×1h 中心和表面 δ 相

Fig. 4　δ phase in the center and at the edge of the bar after 8% cold deformation + 980℃×1h

(a) 中心;(b) 边缘

艺的对比试验分析得出:970℃×1h 固溶后+变形量为 8%的冷拉变形,经 980℃常规热处理后边缘少量拉长晶完成静态再结晶,且棒材中心与半径处无变化。因此经过冷拉变后把拉长晶转变为等轴晶比热轧棒材拉长晶转变为等轴晶的静态再结晶温度(1010℃)降低了 30℃。

(2) 冷拉变形的残余应力可以降低 GH4169合金热轧棒材静态再结晶温度,并诱导晶界析出颗粒状 δ 相,彻底解决边缘少量拉长晶问题。

参考文献

[1] 庄景云,等. 变形高温合金 GH4169 [M]. 北京:冶金工业出版社,2006:54~69.

[2] 李凤艳,等. GH4169 合金轧制棒材组织和持久性能的控制 [J]. 物理测试,2013,31 (4):14~17.

[3] 郭建亭. 高温合金材料学上册 [M]. 北京:科学出版社,2008:150~151.

[4] 杨亮,等. 快锻+径锻工艺对 GH4169 合金涡轮盘棒坯组织影响的研究 [C] //仲增墉. 第十三届中国高温合金年会论文集. 北京:冶金工业出版社,2016.

[5] 余永宁. 金属学原理 [M]. 北京:冶金工业出版社,2003:393~402

GH4169 和 GH4169D 合金蠕变行为和变形机理研究

陈凯*，倪童伟，董建新，姚志浩

（北京科技大学材料科学与工程学院，北京，100083）

摘 要：本文研究了 GH4169D 和 GH4169 合金在 700℃不同应力下的蠕变行为、断裂特征和变形机制。结果表明，GH4169D 合金的抗蠕变能力要远高于 GH4169 合金，两种合金的蠕变曲线都不含有稳态蠕变阶段，且合金的蠕变损伤主要发生在蠕变第三阶段。两种合金的断口均为蠕变空洞聚集型的韧性断裂，蠕变空洞的形核、长大和连接是导致合金断裂的主要原因。蠕变空洞的产生主要是由于位错堆积在 δ 相与基体的界面处而导致的应力集中。GH4169D 合金中的 γ′相更稳定，能够有效阻碍位错的运动；而 GH4169 合金中的 γ″相不稳定，高温下易被位错切割转化为 δ 相，难以阻碍位错运动，是导致 GH4169 合金蠕变性能较差的主要原因。

关键词：GH4169D 合金；GH4169 合金；蠕变行为；断裂机制；变形机理

Research on the Creep Behavior and Deformation Mechanism of GH4169 and GH4169D Alloy

Chen Kai, Ni Tongwei, Dong Jianxin, Yao Zhihao

（School of Material Science and Engineering, University of Science and Technology Beijing, Beijing, 100083）

Abstract：The creep behavior, fracture characteristic and deformation mechanism of GH4169D and GH4169 alloy crept tested at 700℃ were studied. The results indicate that the creep resistance of GH4169D alloy is much better than that of GH4169 alloy and there is no steady-state region for both alloys. The creep damage of two alloys mainly take place in acceleration region. The alloys both present ductile fracture full of creep cavities and the nucleation, growth and linkage of creep voids lead to the failure of alloys. Dislocations piling up at the interface between δ phase and matrix will generate stress concentration and contribute to the formation of voids. The γ′phase in GH4169D alloy is stable and can effectively hinder the movement of dislocations. However, the γ″ phases in GH4169 alloy is unstable and can be transformed into δ phases by dislocation cutting, which is not beneficial to impeding dislocation movement and results in the worse creep resistance of GH4169 alloy.

Keywords：GH4169D alloy; GH4169 alloy; creep behavior; fracture mechanism; deformation mechanism

GH4169D 合金（国外牌号 Allvac 718Plus）是在 GH4169 合金（国外牌号 Inconel 718）的基础上，由美国 ATI Allvac 公司的曹维涤和 Kennedy 等人共同发明创造的，其服役温度为 704℃，相比于 GH4169 合金提高了约 55℃[1,2]。相较于 GH4169 合金，GH4169D 合金中的 Co 含量提高至 9%，从而提高了力学性能和热力学稳定性。此外 Fe 的含量下降至约 10%，而 W 的含量增加至 1%，增加了固溶强化效果。合金中 P 和 B 的含量相对于 GH4169 合金而言略微增加，实验证明增加适量 P 和 B 元素后，合金的持久寿命和蠕变抗力均有所提高[2]。

蠕变性能是涡轮盘用材料必须考虑的力学性能指标，本文针对 GH4169D 这种新型的涡轮盘用合金，测试了其蠕变性能，并与 GH4169 合金对

*作者：陈凯，硕士研究生，联系电话：15501102688，E-mail：419013026@qq.com

比，以期为其应用提供实验基础。

1 试验材料及方法

本实验用的 GH4169D 和 GH4169 合金均由真空感应+真空自耗双联工艺熔炼而成，两种合金的化学成分如表 1 所示。两种合金均经过锻造开坯成 φ90mm 的棒材，且均经过标准热处理[2]。将标准热处理后的合金，经过砂纸打磨和抛光，用 10g CuCl₂ + 20mL C₂H₅OH + 10mL HCl 溶液进行化学腐蚀来观察原始组织，用 Zeiss Imager M2m 光学电镜统计晶粒尺寸。将两种合金在 RMT-D10 蠕变持久试验机上进行蠕变实验，实验温度为 700℃，蠕变载荷为 400～720 MPa。蠕变试样的标距尺寸为 25mm，直径为 5mm。蠕变后，将断口放在煮沸的 12% NaOH + 3% KMnO₄ + 0.5% C₆H₁₂N₄ + H₂O 溶液中清洗，然后用 SUPRA55 场发射电镜观察断口形貌。此外还将试样沿着拉伸方向纵剖开，使用 20% H₂SO₄ + 80% CH₃OH 溶液电解，电压 21 V，时间 5 s。电解后使用 SUPRA55 场发射电镜观察析出相的分布和形态。将蠕变试样切出 0.3mm 的圆片，并打磨到 50μm，用 DJ2000 双喷仪和 10% HClO₄ + 90% C₂H₅OH 进行双喷，电压和温度分别为 35V 和 -20℃，并采用 JEM-2010 透射电镜观察形貌。

表 1 GH4169D 和 GH4169 合金的化学成分

Tab. 1 The chemical composition of GH4169D and GH4169 alloy （质量分数,%）

合 金	C	Cr	Nb	Ti	Al	Co	W	Mo	Fe	P	B	Ni
GH4169	0.029	18.73	5.48	1.06	1.06	<0.10	—	3.06	18.22	0.004	0.015	余
GH4169D	0.039	19.12	5.51	0.75	1.65	8.98	1.08	2.81	9.50	0.0055	0.008	余

2 试验结果及分析

2.1 原始微观组织

图 1 为 GH4169D 和 GH4169 合金标准热处理后的原始组织形貌。可以看出，GH4169D 合金的晶粒尺寸约为 9.5μm，其晶界上分布着针状的 δ 相，基体内部弥散分布着 γ′强化相。而 GH4169 合金的晶粒尺寸约为 7.1μm，晶界上分布着棒状的 δ 相，合金内部分布着圆盘状的 γ″相和球状 γ′相。据研究报道 GH4169D 合金中 γ′相所占体积分数约为 21%，而 GH4169 合金内部 γ″相+γ′相体积分数约为 15%[3]，因此从析出相的体积分数来看 GH4169D 合金具有更高的析出强化效果和更高的组织稳定性。

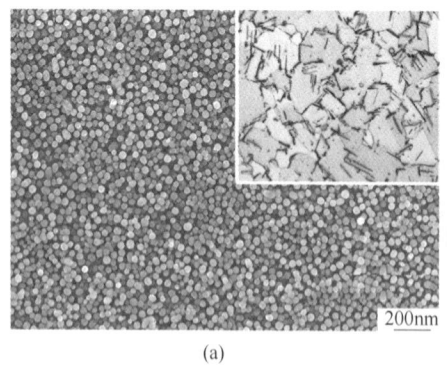
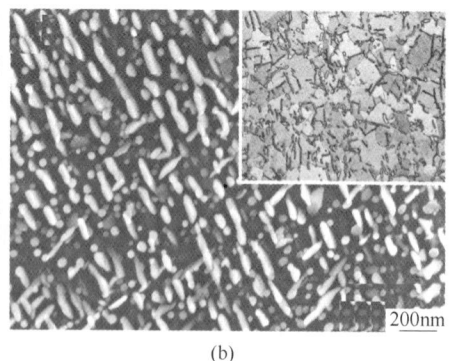

(a)　　　　　　　　　　(b)

图 1 GH4169D 和 GH4169 合金热处理后的组织

Fig. 1 Microstructure of GH4169D and GH4169 alloy after heat treatment

（a）GH4169D 合金；（b）GH4169 合金

2.2 蠕变行为

图 2 为 GH4169D 和 GH4169 合金在 700℃的宏观蠕变行为对比。从图 2(a) 中可以看出，随着应力的增加，两种合金的蠕变寿命均会下降。在相同应力下，GH4169D 合金的蠕变寿命和抗蠕变能力要

远高于 GH4169 合金。图 2（b）为两种合金的蠕变速率随时间的变化曲线，可以看出两种合金的蠕变速率均会随着应力的减小而减小，且 GH4169D 合金的蠕变速率也要明显小于 GH4169 合金的蠕变速率。此外，两种合金的蠕变曲线均是由蠕变第一阶段和蠕变第三阶段构成，而无稳态蠕变阶段。图 2（c）为两种合金的蠕变速率随真应变的变化关系，可以看出蠕变第三阶段占据真应变的主要部分，表明合金的组织退化、显微空洞和裂纹的产生主要是发生在蠕变的第三阶段。GH4169D 相对于 GH4169 合金具有更高的抗蠕变性能的原因主要是，在 700℃时 γ' 相的稳定性要明显优于 γ'' 相。

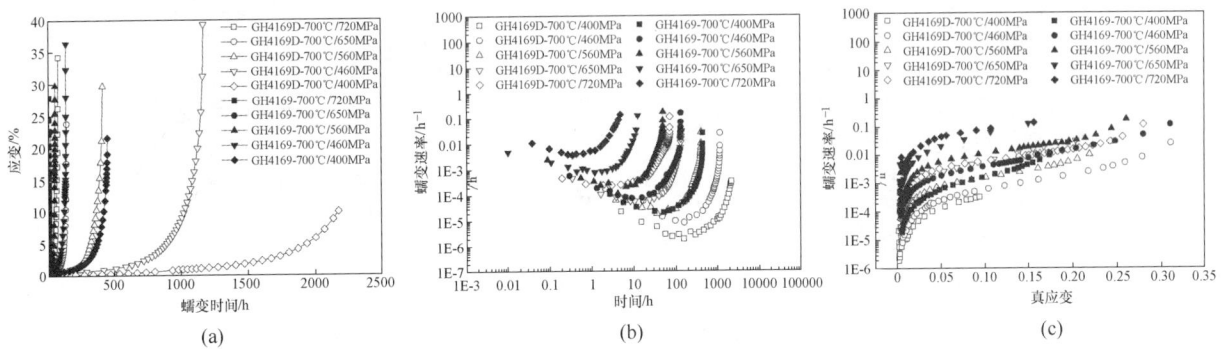

图 2　GH4169D 与 GH4169 合金在 700℃时蠕变行为对比

Fig. 2　Creep behavior of GH4169D and GH4169 alloy at 700℃

（a）蠕变曲线；（b）蠕变速率随时间变化曲线；（c）蠕变速率与真应变关系

2.3　断裂机制

图 3 为两种合金蠕变断裂后的断口微观形貌。可以看出两种合金在 700℃蠕变后断口均呈现为蠕变空洞聚集型的韧性断裂模式，与合金的最终断裂应变值相一致（如图 2 所示）。可见，蠕变空洞的形核、长大和连接是导致合金断裂的主要原因。

在蠕变过程中，位错会不断地增殖和运动，并且位错的运动容易受到晶界上的 δ 相阻碍，从而导致位错堆积在 δ 相与基体的界面处，从而造成应力集中和蠕变空洞的形核，如图 4 所示。此外，GH4169D 中的 γ' 相比 γ'' 相更加稳定，因此其对位错阻碍作用更加有效，从而提高了 GH4169D 的抗蠕变能力。

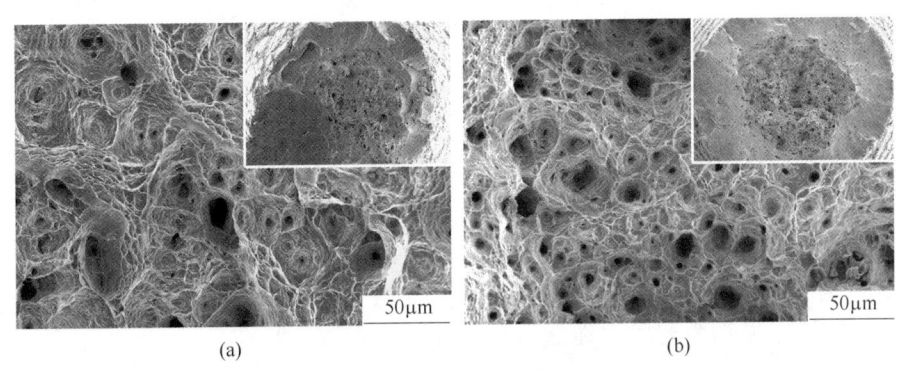

图 3　GH4169D 与 GH4169 合金在 700℃/560MPa 蠕变后的断口形貌

Fig. 3　Fracture morphologies of GH4169D and GH4169 alloy after tested at 700℃/560MPa

（a）GH4169D 合金；（b）GH4169 合金

2.4　变形机制

图 5 为两种合金蠕变断裂后的析出相和晶粒内部形貌。GH4169D 合金晶粒内有较多滑移带，

γ' 相被显著拉长，表明 γ' 相能够有效地阻碍位错运动。而 GH4169 合金晶粒内滑移带并不明显，主要是由于 γ'' 是亚稳相，容易被位错切割转化为 δ 相，位错能够切割析出相并不断运动到 δ 相与基体的界

面，从而导致晶内位错塞积减少。Ni 等人[4] 发现 GH4169 合金内的位错的增殖速率和运动速率均高于 GH4169D 合金，这也会加速合金内位错的堆积和蠕变空洞的形核，从而降低合金的抗蠕变能力。

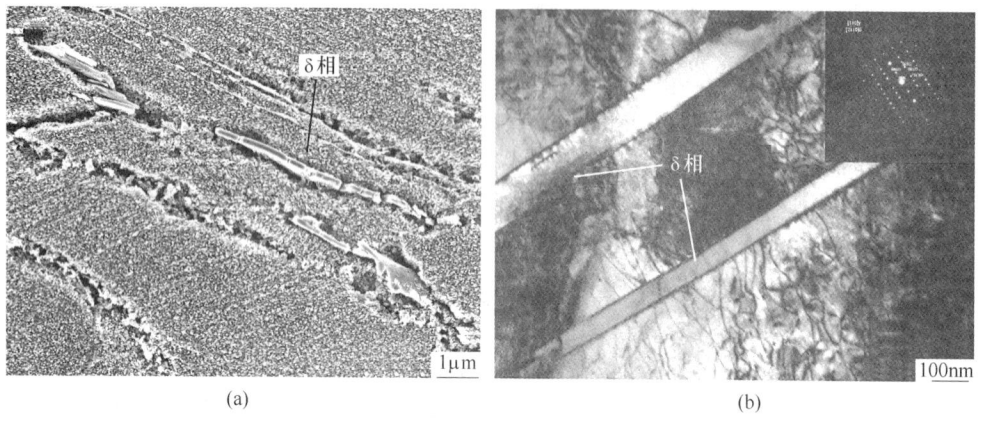

(a) (b)

图 4   位错堆积在 δ 相与基体界面导致蠕变空洞形成

Fig. 4   Dislocation piling up around δ phase and leading to the formation of cavities

(a) δ 相与基体分离形成蠕变空洞；(b) 位错堆积在 δ 相周围

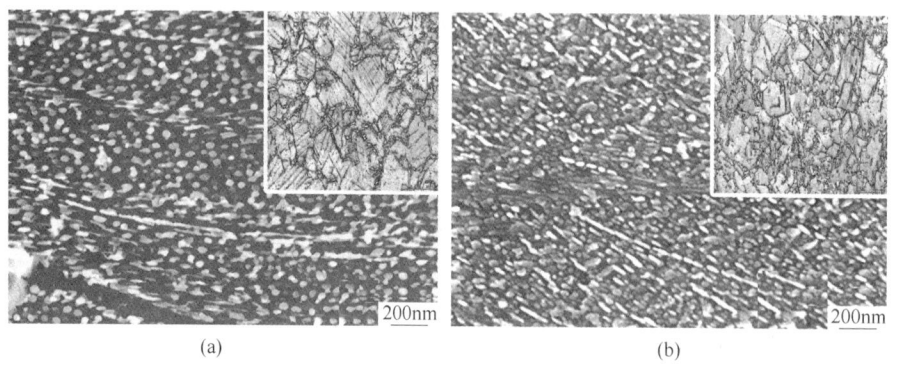

(a) (b)

图 5   GH4169D 与 GH4169 合金在 700℃/560 MPa 蠕变后的析出相和晶粒内部形貌

Fig. 5   Precipitates and grain internals of GH4169D and GH4169 alloy after tested at 700℃/560 MPa

(a) GH4169D 合金；(b) GH4169 合金

3 结论

（1） GH4169D 合金的抗蠕变能力要远高于 GH4169 合金，两种合金的蠕变曲线都不含有稳态蠕变阶段，且合金的蠕变损伤主要发生在蠕变第三阶段。

（2） 两种合金的断口均为蠕变空洞聚集型的韧性断裂，蠕变空洞的形核、长大和连接是导致合金断裂的主要原因。蠕变空洞的产生主要是由于位错堆积在 δ 相与基体的界面处而产生应力集中。

（3） GH4169D 合金中的 γ′相更稳定，能够有效地阻碍位错运动；而 GH4169 合金中的 γ″相不稳定，高温下易被位错切割转化为 δ 相，难以阻碍位错运动，是导致 GH4169 合金蠕变性能较差的主要原因。

参考文献

[1] 王民庆，邓群，杜金辉，等. ATI 718Plus 合金国内研究进展 [J]. 稀有金属材料与工程，2016，45（12）：3335～3340.

[2] Cao W D, Kennedy R. Role of chemistry in 718-type alloys-Allvac® 718Plus™ alloy development [J]. Superalloys, 2004: 91～99.

[3] Chen K, Dong J X, Yao Z H, et al. Creep performance and damage mechanism for Allvac 718Plus superalloy [J]. Materials Science and Engineering A, 2018, 738: 308～322.

[4] Ni T W, Dong J X. Creep behaviors and mechanisms of Inconel718 and Allvac718plus [J]. Materials Science and Engineering A, 2017, 700: 406～415.

再生料制造的 GH4169 铸态组织中 Laves 相消除研究

张志国*，沈力，王兴明，许洪运，常松

（中航上大高温合金材料有限公司技术中心，河北 清河，054800）

摘 要：本文主要研究利用再生料制造的 GH4169 合金，其中 Nb 含量 5.40%、P 含量 0.013%形成的合金铸态组织和均匀化处理，着重对该合金 ϕ508mm 锭的铸态有害相 Laves 相进行不同温度及保温时间的扩散试验，对合金 Laves 相的初溶温度、快速溶解温度、初熔点温度的测定，从而确定 Laves 相的最佳消除制度。研究表明，在 1155℃正常保温 25h 后可消除 Laves 相，在 1155℃保温大于 25h，再在 1190℃保温大于 50h，可以完全消除合金中的有害相 Laves 相，消除偏析。

关键词：高 Nb；高 P 铸态组织；Laves 相；均匀化消除

Elimination of Laves Phase in As-cast Structure of GH4169 Produced from Recycled Materials

Zhang Zhiguo, Shen Li, Wang Xingming, Xu Hongyun, Chang Song

（Technical Center of China Aviation Shangda Superalloy Material Co., Ltd., Qinghe Hebei，054800）

Abstract：This paper mainly studies the GH4169 alloy made from recycled materials, in which the Nb content is 5.40% and the P content is 0.013%. The as-cast microstructure and homogenization treatment of the alloy, focusing on the Laves phase of the alloy ϕ508mm ingot, the temperature and insulation The time diffusion test determines the initial dissolution temperature, rapid dissolution temperature, and initial melting point temperature of the Laves phase of the alloy to determine the optimal elimination system for the Laves phase. Studies have shown that the Laves phase can be eliminated after normal incubation at 1155℃ for 25h. The insulation at 1155℃ for more than 25h and then at 1190℃ for more than 50 h can completely eliminate the harmful phase Laves phase in the alloy and eliminate segregation.

Keywords：High Nb；high P as-cast microstructure；Laves phase；homogenization elimination

本文中利用再生料研制的 GH4169 合金是以 Ni-Cr-Fe 为基的时效强化变形高温合金，合金的主要成分特点是含有较高的 Nb，5.40%（质量分数），重点添加了微合金化元素 P。作为易偏析元素 Nb，其存在将大大增加合金的元素偏析倾向[1,3~6,9]，加上微合金元素 P 的存在，使得合金的铸态偏析组织明显严重，形成较多的有害相 Laves 相及大小不等的碳化物、碳氮化物、不同熔点的共晶相，如果控制不当或消除不彻底，将对合金的后续继续生产的稳定性产生影响；更为重要的是对合金的组织、性能及应用产生致命性的影响。本文着重对合金铸态组织中的 Laves 相的消除展开研究，通过实验室与生产实际相结合进行研究，达到消除的目的。

1 试验材料及方法

试验材料采用三联（真空感应炉加保护气氛电渣加真空自耗重熔）工艺生产的合金 ϕ508mm 锭。材料的化学成分见表 1。

* 作者：张志国，高级工程师，联系电话：18996231689，E-mail：zzggn2008@ sina.com

表1　GH4169合金真空自耗锭的化学成分

Tab. 1　Chemical composition of GH4169 alloy vacuum self-contained ingot　　（质量分数,%）

元素	C	Mn	Si	S	P	B	Ni	Cr	Fe	Nb	Al	Ti	Mo
含量	0.025	0.20	0.10	0.001	0.013	0.004	52.4	19.0	15.0	5.40	0.5	1.0	3.0

在整支 ϕ508mm 钢锭的中间切取一横低倍,分析合金的组态组织特点,并在偏析最严重部位取样,对试样进行加热、保温,通过金相观察的方法,测定合金的初熔点、快速溶解的温度。根据上述确定合金最佳均匀化处理的加热温度。将试样在1155℃下分别加热10h、17h、20h、25h、30h、40h、50h、60h、72h、100h,随后空冷,分析组织变化,主要采用金相和扫描电镜观察并分析。因此,本次试验重点从钢锭中间 1/2R 到中心取样,来进行相关试验,确保钢锭中心最严重的 Laves 相消除,从而达到均匀化效果的可靠性。

2　Laves 相的形成成分、特点及分布状态

在本合金中存在 5.40% 的 Nb,其含量在目前所有变形高温合金中是最多的,它首先是保证该合金形成强化相 γ'' 并保证材料具有较高的强度[5,7]。同时在该类材料无论是一次冶炼还是二次自耗重熔冶炼,都会在钢锭凝固结晶的过程中形成 Nb 元素的偏析,进而导致钢锭的枝晶间析出富 Nb 的较多圆滑块状 Laves 相。尤其是合金在二次 VAR 时,其结晶器目前采用水冷及氦气快速冷却技术,造成钢锭边缘凝固快,向中心逐渐减慢,使钢锭由中心向边缘形成树枝状偏析,其中边缘偏析较轻,1/2R 至心部枝晶偏析严重。因此也导致了不同大小和数量的 Laves 相（见图1）。

从合金自耗锭的不同部位铸态组织,可以看出钢锭中心枝晶偏析严重,Laves 相聚集严重;1/2R 处 Laves 相聚集仍然较重;边缘相对较轻。

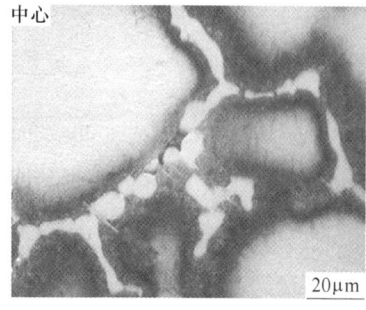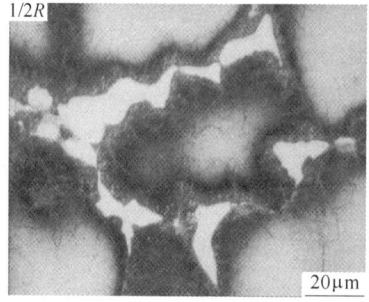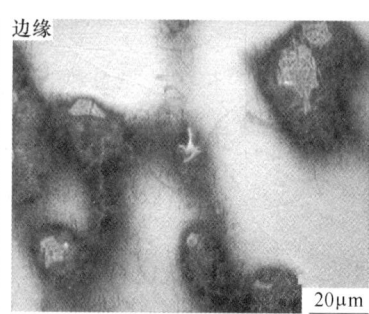

图1　ϕ508mm 锭不同部位的 Laves 相

Fig. 1　The Laves phase of different parts of ϕ508mm ingot

此外,我们还可以在枝晶间或枝晶轴看到一些碳化物析出及 Ti(C,N) 等。那么,合金中加入 P 后,更加剧了合金锭中 Laves 相难以消除。主要原因是:P 的存在使其富集于 Laves 相边缘;两者在一定程度上会抑制 Laves 相的溶解速度或温度;其存在的机理及偏析或偏聚形式,目前国内均提出是不同程度的偏聚形式。从扫描电镜及电子探针分析来看,P 元素偏聚于 Laves 相周围,属于非平衡偏聚[2,10]。Laves 相的主要电镜扫描成分见图2。

资料[8] 表明,不同的 P 元素含量,对合金 Laves 相的分布及体积大小有一定影响,并且形成一些较细的共晶组织,本文所研究的内容表明,铸锭在自耗重熔结晶过程中 P 随结晶的进行,其在一定程度上也影响了铸锭边缘到心部的 Laves 相形貌、尺寸及数量,但不会改变铸锭边缘和心部的基本结晶组织特征。所以我们可以确定 P 的含量适度增加会促进合金 Laves 相的尺寸、数量的增大。

元素	质量分数/%	摩尔分数/%
CrK	12.29	16.15
FeK	11.98	14.65
NiK	32.31	37.6
NbL	29.28	21.53
MoL	14.15	10.07
总计	100	

图 2　Laves 相的扫描电镜成分

Fig. 2　Laves phase scanning electron microscope energy spectrum and composition

3　试验过程、结果

试验的基本思路是，首先选择合适的温度，其次确定不同温度下的保持时间。本次试验分别进行了实验室及生产实际相结合的试验思路，确保工艺制定的准确可靠和可信。

实验室工作：进行低熔点相的溶解温度、初熔点测定；Laves 相初熔温度、最佳溶解温度、初熔点的测定。试验设备选择箱式高温电阻加热炉，炉温偏差±1℃。

生产实际：采用试验室确定的基本工艺，进行随炉装试样，分别在不同保温时间取样分析，生产实际设备为燃气加热室式炉，炉温偏差±8℃。

初熔点与溶解温度确定是本次试验要确定的基本工艺参数，因为合金组织的初熔点确定，将决定每种相或组织的最高加热温度，超过此温度会导致熔化而不是溶解；最佳溶解温度的确定有助于选择最快的去除或消除方式，在相对短的时间内溶解掉有害相或其他低熔点共晶组织。

通过初熔点及溶解温度的测定，就可以在不同保温时间下，有规律地观察合金铸态组织的变化情况，从而可以确定合理的工艺制度。

3.1　Laves 相不同温度下的变化及初熔点的测定

将试样分别经过 1120℃ 到 1190℃，每间隔 5℃，进行保温 45min，然后快速水冷，进行观察。

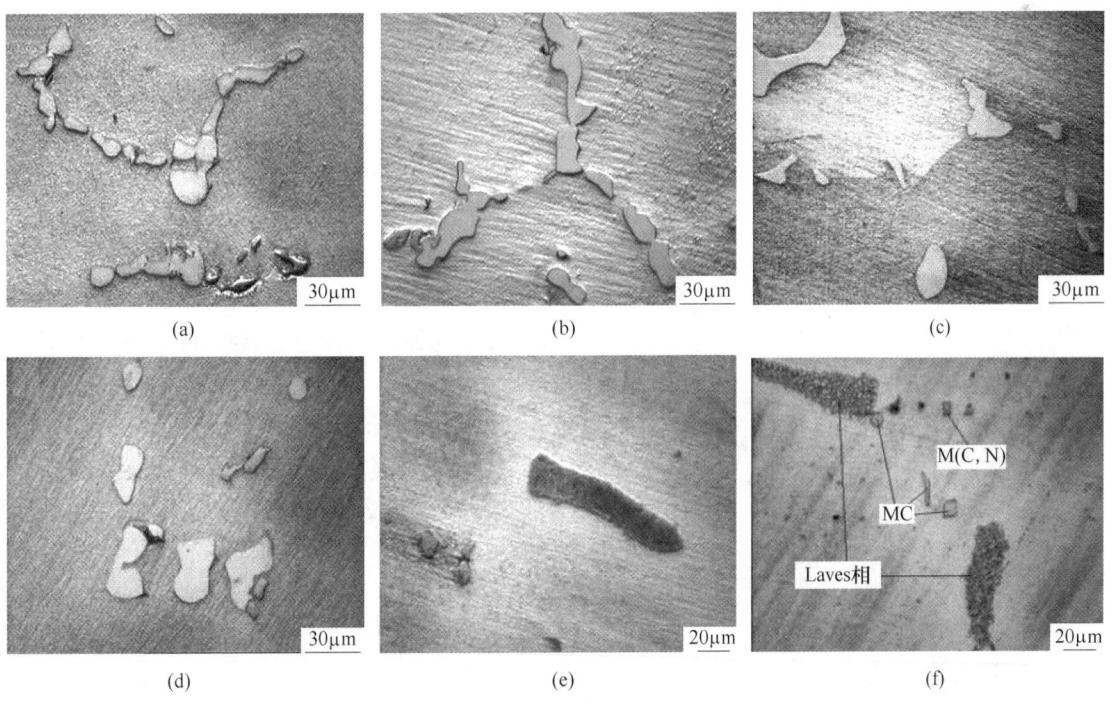

图 3　不同温度下 Laves 相的变化

Fig. 3　The changes of laves phase at different temperatures

（a）1120℃×45min；（b）1130℃×45 min；（c）1145℃×45 min；（d）1155℃×45min；（e）1170℃×45 min；（f）1190℃×45 min

从不同温度、相同保温时间及冷却方式可以看出（见图 3（a）~（f））：合金中 Laves 相随着温度的提高，溶解逐渐加快，在 1120~1140℃ 是缓慢溶解增长阶段；在 1145~1155℃ 为均匀稳定溶解阶段；在 1165℃ 达到最快溶解，但温度在 1170℃ 时，Laves 相又迅速熔化形成结晶黑区，在 1190℃ Laves 相熔化严重，实际此时低熔点共晶组织与 Laves 相同时熔化。同时随着温度升高，Laves 相经历溶解—快速溶解—初熔—完全熔化。合金中的一些原始存在的 MC、M（C，N）等碳化物，并未随着温度的升高而溶解，而是伴随 Laves 相的溶解，逐渐"脱离"出来，即使在 1190℃ 也不发生溶解（见图 3（f）），即钢锭原始组织经 1190℃×45min 水冷后组织，大块"结晶区"为 Laves 相熔化后重新凝固组织；而小方块为典型 Ti（C，N）、中间小长条及不规则块为 MC 碳化物，以 NbC、MoC、NbN 等为主，其并不随着温度升高而进行溶解或熔化，表现出较好的稳定性。

3.2 Laves 相的完全消除最佳温度及时间的确定

根据 3.1 试验结果以及实际生产用扩散炉的偏差，首先确定了均匀化工艺制度，即：1155℃ 为 Laves 相溶解最佳温度，将试样在 1155℃ 下分别加热 10h、17h、20h、25 h、30h、40h、50h、60h、72h、100h，同时考虑 Nb 的偏析情况，增加 1190℃ 的高温扩散。从试验结果可以看出，合金经 1155℃ 保温，随保温时间的延长，Laves 相逐渐溶解，在 1155℃×25h 时溶解完成，见图 4。

图 4 铸锭 1155℃ 保温 25h+1190℃ 保温 60h
均匀化后锻造组织

Fig. 4 Forging structure after ingot casting at
1155℃ for 25h+ 1190℃ for 60h

4 讨论分析

根据实验及实际生产随炉试样相关试验结果可以看出，通过合适的温度及保温时间，可以完全消除合金中的 Laves 相。在试验过程中可以看到，Laves 相实际很容易在一个温度范围内快速发生溶解，但若保温时间不够就很容易导致残留，如图 5 所示的"过饱和区"组织。

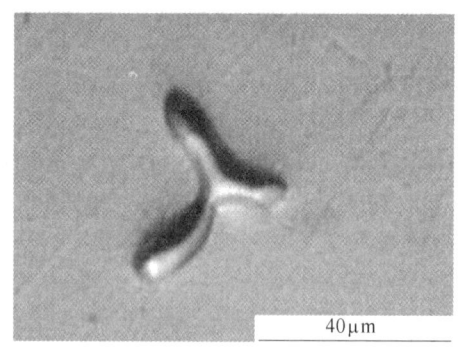

图 5 未溶解的 Laves 相

Fig. 5 Undissolved Laves phase

这也充分说明 Laves 相的完全溶解消除与其在原始组织中的大小、数量、密集程度及周围区域的介质有关，若想彻底消除，必须经过严格的温度及保温时间。

结合本次试验及实际生产分析，可以认为在该合金 ϕ508mm 锭中，由于存在较高的 Nb 元素，合金必然存在偏析，进而形成 Laves 相，同时 P 的存在，在一定程度上加剧了 Laves 相的形成。因此需要经过不同温度及不同保温时间进行溶解消除。

由于实际均匀化 ϕ508mm 锭时，锭在炉内要受炉温正常温度偏差的波动，以及合金锭本身内部组织分布的影响，锭中存在的 Laves 相大部分都会较快溶解，但对于其余小部分的密集区或溶解介质复杂区域的 Laves 相就很难在短时间内消除（如枝晶间偏析严重密集区或铸锭心部），这也符合资料[9]中的观点，即有些 Laves 相在均匀化过程中很难消除（资料中提到均匀化后加特殊加工及处理方式），比如通过钢锭重新加热、生产过程中的变形加热，都是进一步消除 Laves 相的过程。

5 结论

（1）利用再生料制造的 GH4169 铸态组织中，

由于 Nb 的偏析，促进了 Laves 相尺寸的增大及在枝晶间数量，形成较多的 Laves 相，因此必须进行均匀化处理。

（2）合金中 P 微量元素的存在，影响合金原始 Laves 相的消除，固化了 Laves 相的稳定性，在很短时间内难以快速彻底消除。

（3）合金铸态组织中的 Laves 相，在 1120℃开始初步缓慢溶解，并随温度的升高，溶解速率增快，在 1150～1160℃溶解最快，在 1165～1170℃ Laves 相发生初熔。

（4）通过在 1155℃分别保温大于 25h，再在 1190℃保温大于 50h，可以完全消除合金中的 Laves 相，消除偏析。

（5）该合金本身最佳去除 Laves 相温度为 1120～1160℃。

参考文献

［1］王玲，董建新，郭磊，等. 几种高温合金铸锭中偏析和均匀化研究［C］//中国金属学会高温材料分会. 第十一届中国高温合金年会论文集，北京：冶金工业出版社，2007：14～18.

［2］Chen W, Chaturvedi M C, Richards N L, et al. Metall Mater Tyans, 1998, 29A：1947～1954.

［3］庄景云，等. GH4169 合金中的 Laves 相和 δ 相的研究［C］//第六届全国高温合金年会论文集，1987：95～106.

［4］李爱民，王志刚，等. GH2761 合金锭的铸态组织及均匀化研究［C］//中国金属学会高温材料分会. 第十一届中国高温合金年会论文集，北京：冶金工业出版社，2007：52～55.

［5］庄景云，杜金辉，等. 变形高温合金 GH4169［M］. 北京：冶金工业出版社，2006：43～54.

［6］钢及合金物理试验. 抚顺特殊钢股份有限公司，2008：43.

［7］GH4169PB 合金试验总结. 中科院沈阳金属研究所，2007.

［8］孙雅茹，孙文儒，等. P、B 在低膨胀 Thermo-Span 合金铸态组织中的分布及影响［J］. 稀有金属材料与工程，2008，9（9）.

［9］Patel S J, Smith G D. 杜金辉，邓群，译. Nb 在变形高温合金中的作用，钢铁研究总院.

燃机用 GH4169 大轴径比锻件成型工艺与组织性能控制

张志国*，刘婷婷，田伟，崔利民，李本鹏，杨清凯

（中航上大高温合金材料有限公司技术中心，河北 清河，054800）

摘　要：本文研究了燃机用 GH4169 大轴径比锻件棒材开坯工艺和成型工艺，分析了棒材开坯的组织控制和锻件最终成型后的组织控制。结果表明，锻造开坯棒材的组织控制较好有利于锻件最终组织控制，其中晶粒组织控制在 5.0～6.0 级，模锻加热温度控制在 1030～1050℃，锻件大端变形采用一火次模锻成型，小端采用一火次快速均匀拔长工艺，终锻温度控制在 920℃ 以上，可以保证锻件不同截面的显微组织均匀，能够获得性能稳定的锻件。

关键词：锻件；成型工艺；组织；性能

Molding Process and Microstructure Control of GH4169 Large Axial Ratio Forgings for Gas Turbines

Zhang Zhiguo，Liu Tingting，Tian Wei，Cui Limin，Li Benpeng，Yang Qingkai

（Technical Center of China Aviation Shangda Superalloy Material Co.，Ltd.，Qinghe Hebei，054800）

Abstract：In this paper，the blanking process and forming process of GH4169 large shaft diameter ratio forging bar for gas turbine are studied. The structure control of bar blanking and the tissue control after forging of final forging are analyzed. The results show that the microstructure control of forged billet bar is better for the final microstructure control of forgings，in which the grain structure is controlled at 5.0～6.0，the die forging heating temperature is controlled at 1030℃ to 1050℃，and the forging is deformed at the big end. Sub-die forging，the small end adopts a rapid and uniform lengthening process of one fire，and the final forging temperature is controlled above 920℃，which can ensure the uniform microstructure of the different sections of the forging，and can obtain forgings with stable performance.

Keywords：forging；forming process；microstructure；performance

高温合金 GH4169 为国内航天、航空、能源化工等领域应用最广泛的合金之一，目前取得越来越广泛的应用，合金产品品种包含锻材、轧材、饼材、板材、模具、涡轮盘等。其中在能源领域，燃气轮机技术是当前高端发电技术，某燃气轮机高压压气机后轴颈锻件是其连接功率传递的核心部件，要求该锻件形状为大轴径比，能够承受高温、高压、高负荷旋转，并将高压涡轮的功率传递给高压压气机转子，实现动能转换。本文针对某型号燃汽轮机对 GH4169 后轴径锻件的需求，结合技术标准，进行该合金锻件的棒材开坯、模锻成型工艺组织控制，以及锻件最终组织性能的分析。

1　试验材料及方法

本试验材料采用中航上大高温合金材料有限公司生产的 GH4169 合金 ϕ508mm 钢锭，其冶炼工艺为真空感应炉+保护气氛电渣重熔+真空自耗重熔，合金的化学成分（质量分数，%）见表1，钢锭经过扩散均匀化退火，消除合金铸锭中有害相以及减少偏析；然后在 2500t 快锻机反复多火次镦

* 作者：张志国，高级工程师，联系电话：18996231689，E-mail：zzggn2008@sina.com

拔制备出 φ300mm 棒材坯料，在棒坯的中心、　　　1/2R 取样观察晶粒度和 δ 相。

表 1　合金的主要化学成分

Tab. 1　The chemical composition of the alloys　　　　　　　　　（质量分数,%）

C	Mn	Si	S	P	Ni	Cr	Al	Ti	Mo	B	Nb	Fe
0.029	0.02	0.07	0.001	0.008	53.35	18.90	0.60	1.01	3.03	0.003	5.32	余

锻件成型，锻造设备采用 10000t 油压机，将锻件大端（头部）部位模锻成型，小端（尾部）部分快速拔长，从而生产出该合金锻件。固溶热处理按 960℃ 保温 1h 空冷，时效处理按（720±10)℃下保温 8h，在炉内以 55±10℃/h 的冷却速度缓冷至（620±10)℃并保温 8h，冷却方式：空冷。锻件经上述热处理后分别在锻件的大端、小端相应部位取样测试合金的组织与性能。锻件结构示意图见图1，头部、尾部取样均为锻件的 1/2R。

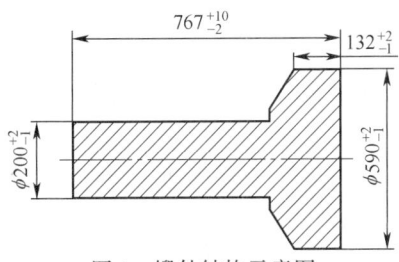

图 1　锻件结构示意图

Fig. 1　Structural sketch of forging

锻件经热处理后取金相样、拉伸样、硬度样，强度在 UTM5105 电子万能试验机上进行测试，650℃ 缺口高温持久在 RD-50 微控电子式蠕变持久试验机上进行，金相组织检验在 AXIO Lab. A1 金相显微镜上进行，硬度在 HB-3000 布氏硬度计上进行。

2　试验结果及分析

2.1　锻件棒材开坯工艺的组织控制

GH4169 合金棒材组织控制的显微组织变化主要表现在晶粒和 δ 相两个方面，采用 φ508mm 钢锭生产 φ300mm 棒材若采用直接拔长工艺锻造，锻比小，组织控制很难达到理想要求，本次采用镦拔工艺，即二次镦拔然后拔长，加热温度控制 1080~1100℃。图 2 为 φ300mm 棒材心部、1/2R 的晶粒组织及 δ 相形貌。

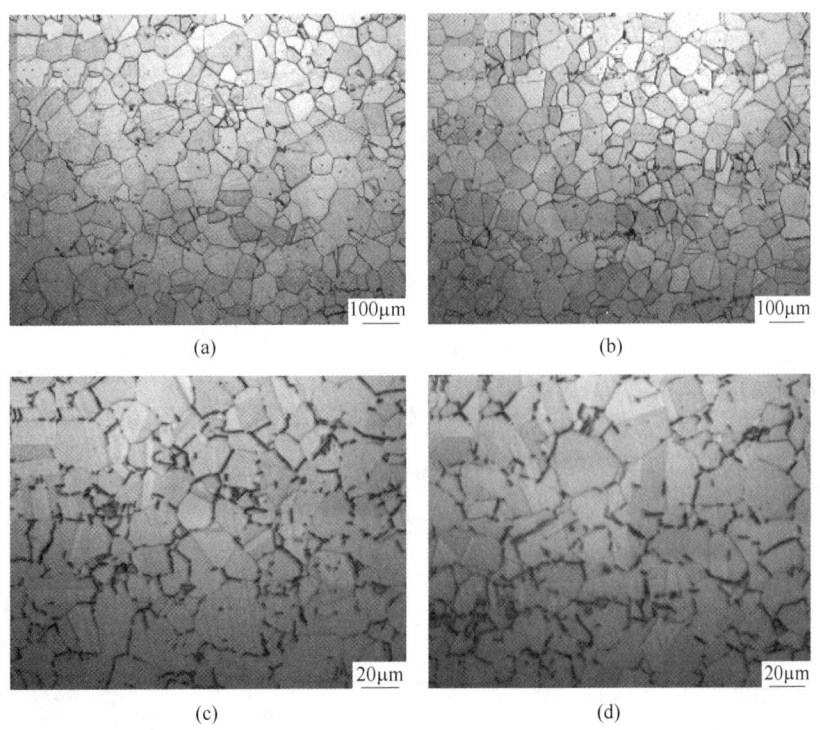

图 2　心部、1/2R 晶粒组织（a）、（b）和心部、1/2Rδ 相形貌（c）、（d）

Fig. 2　(a)，(b) are the core，1/2R grain structure；(c)，(d) are the heart，1/2R δ phase morphology

2.2 锻件成品锻造工艺的组织控制

根据锻件的结构图，可以看出锻件的两端截面积比达到 8.7 以上，头部高度不到 150mm，尾部高度超过 550mm，采取通用的模锻工艺，即直接采用整体模具锻造，不仅投入料较多、变形困难，而且组织很难控制均匀。为此头部变形用模具进行一火次模锻，尾部采用一火次拔长工艺，考虑锻件的整体组织均匀性。有资料[1] 指出模锻过程在保证变形量的前提下，选择加热温度在 1038～1066℃ 可以获得 4 级晶粒度，在 1010～1038℃ 可以获 8 级晶粒度，在 968～998℃ 可以获 10 级的晶粒度，考虑本锻件结构成型的复杂性以

及技术标准对缺口持久的要求，确定加热温度在 1040℃ 保温一定时间进行，实现锻件成品两端晶粒组织接近，δ 相在晶界少量析出，性能检测达到标准要求。

2.3 力学性能

由锻件性能检验结果表 2 可以看出，室温拉伸、高温拉伸性能符合技术要求，且富裕量较大；由于 δ(Ni₃Nb) 相对 GH4169 合金缺口持久的敏感性影响很大，当 δ 相没有或以针状并析出较多时，容易导致缺口持久不合格，而颗粒或短棒状沿晶界析出时，有利于缺口持久提高，锻件缺口持久性能满足技术标准，且寿命富裕度较大。

表 2 锻件的力学性能
Tab. 2 Mechanical properties of forging

部位		温度/℃	R_m/MPa	$R_{p0.2}$/MPa	A/%	Z/%	HB	应力/MPa	τ/h	A/%	τ'/h
标准			≥1275	≥1000	≥12	≥15	≥346	—	—	—	—
大端		23	1410	1260	22	40	410	—	—	—	—
			1420	1270	21	42	406				
小端		23	1390	1245	18	37	400	—	—	—	—
			1380	1230	20	33	401				
标准			≥1000	≥860	≥12	≥15	—	690	≥25	≥5	≥τ
大端		650	1100	1030	23	25		690	89.30	18	≥τ
			1110	1023	24	26			97.00	19	
小端		650	1080	1023	18	22		690	82.50	16	≥τ
			1090	1020	23	20			87.10	16	

3 讨论分析

合金在变形过程中，显微组织变化实际是一个动态再结晶过程，而其再结晶程度取决于变形量和变形温度，为此棒材采用反复镦拔工艺进行锻造，控制总锻比在 8 以上，在保证锻比的前提下，要控制锻造过程的加热温度，从而有利于合金棒材获得均匀理想的晶粒尺寸；同时要保证合金锻造末火次的终锻温度，终锻温度的高低决定 GH4169 合金中的 δ 相形貌，根据资料[2] 得知 δ 相在 900℃ 是其析出峰，而且存在大量针状，不利于合金的组织性能，而终锻温度控制在 900℃ 以上时，可获得锻棒或颗粒状的 δ 相，并且在晶界适当存在，晶内很少存在。

通过观察合金棒材及锻件的晶粒度及

δ(Ni₃Nb) 相析出形貌，可以看出棒材的中心及 1/2R 晶粒度分别为 5.0 级、5.5 级，δ(Ni₃Nb) 相均为标准图片中的 1 级，以上金相组织均为奥氏体+沿晶界分布的 δ 相+碳氮化物，无有害相 Laves 相，见图2(a)～(d)。锻件头部 1/2R 晶粒度 7 级，尾部晶粒度为 6.5 级，δ(Ni₃Nb) 相均为标准图片中的 1 级，金相组织均为奥氏体+沿晶界分布的 δ 相+碳氮化物，无有害相 Laves 相。上述组织表明，合金锻造工艺过程控制合理，其中较好的棒材晶粒度组织在合理的变形工艺下具有遗传性，能够获得晶粒度细小均匀的成品组织，见图3（a）～（d）。δ(Ni₃Nb) 相形貌均为沿晶界以短棒析出，表明合金锻造棒材开坯、成品锻件工艺给定温度及过程控制稳定，使晶粒进一步细化均匀，又使 δ(Ni₃Nb) 相合理析出。

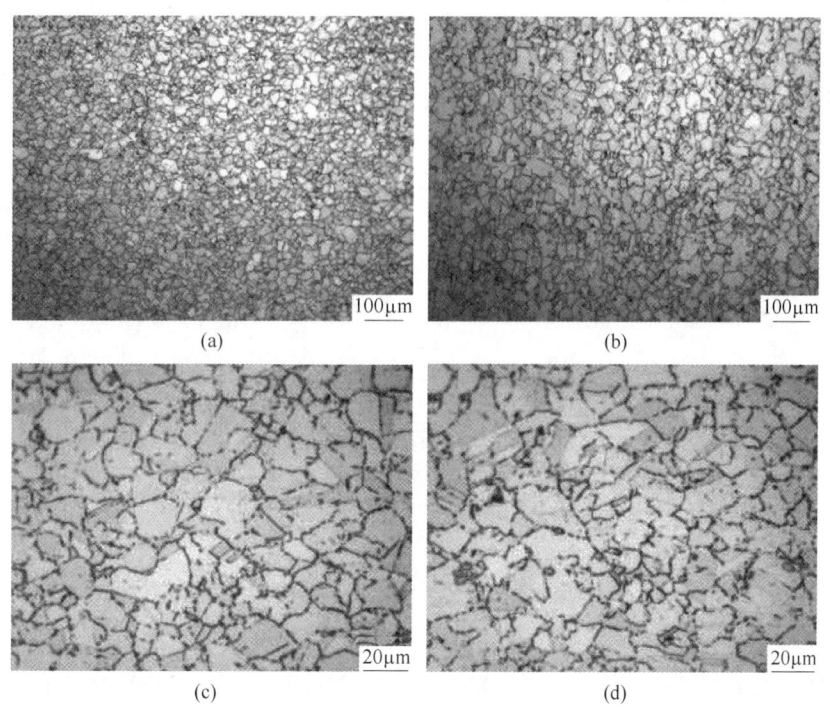

图3 锻件头部、尾部晶粒组织（a）、（b）和锻件头部、尾部δ相形貌（c）、（d）

Fig.3 （a），（b）is the head and tail grain structure of the forging；
（c），（d）is the head of the forging，the δ phase appearance of the tail

4 结论

（1）较好的坯料组织具有遗传性，棒材晶粒度5级以上能够获得组织稳定、性能优异的锻件。

（2）采取棒材开坯加一火次模锻拔长的工艺，能够合理快速地生产燃机用大轴径比GH4169合金锻件。

参考文献

[1] 庄景云. 变形高温合金GH4169锻造工艺 [M]. 北京：冶金工业出版社，2008：2.

[2] 变形高温合金手册，上卷 [M]. 北京：中国质检出版社，2012：689.

P 在 GH4169 合金中的晶界非平衡偏聚及晶内强化作用研究

孙文儒[1]*，张安文[2]，信昕[1]，张伟红[1]，刘芳[1]，祁峰[1]，贾丹[1]

（1. 中国科学院金属研究所高温合金研究部，辽宁 沈阳，110016；
2. 中国航发沈阳发动机研究所，辽宁 沈阳，110015）

摘　要：研究了 P 在 GH4169G 合金中的晶界非平衡偏聚行为及其对沉淀强化相析出和稳定性的影响。发现 P 可加速空冷过程中晶内强化相的析出，提高基体硬度。TEM 观察表明，晶内基体硬度与晶内 γ' 和 γ'' 相析出相对应。由此证实 P 在 GH4169G 合金中存在非平衡偏聚行为。此外还发现，P 抑制了 650℃长期时效过程中晶内 γ'' 相长大，提高 γ'' 相的稳定性。

关键词：GH4169 合金；P；晶内相；析出；长大

The Non Equilibrium Grain Boundary Segregation and its Effects on the Precipitation and Coarsening Behavior of Transgranular Phase in GH4169 Alloy

Sun Wenru[1], Zhang Anwen[2], Xin Xin[1], Zhang Weihong[1],
Liu Fang[1], Qi Feng[1], Jia Dan[1]

（1. Superalloy Division, Institute of Metal Research, Chinese Academy of Sciences,
Shenyang Liaoning, 110016；
2. Shenyang Engine Design Institute, Aero Engine Corporation of China, Shenyang Liaoning, 110015）

Abstract：The non equilibrium grain boundary segregation and its effects on the precipitation and coarsening behavior of transgranular phase in GH4169G alloy were investigated. It had been found that P could accelerated the γ' and γ'' phases precipitation during air cooled and elevate the hardness of the matrix. Through TEM observing, it was detected that the hardness of the matrix was corresponding to the precipitation of the γ' and γ'' phases. As a results, the characterization of non equilibrium grain-boundary segregation of P in GH4169 alloy was confirmed. Furthermore, P was found to restrain the coarsening of γ'' phases in long-term aging at 650℃. It meaned that P improved the stability of γ'' phases.

Keywords：GH4169 alloy；P；transgranular phase；precipitation；coarsening

早期的研究认为 P 在高温合金和钢中倾向于在合金晶界处偏聚，增加晶界脆性，因此一直被视为杂质和有害元素[1]。然而 20 世纪 90 年代的研究发现，适量添加 P 能够显著提高 GH4169、GH761 和 GH706 等变形高温合金的蠕变和持久性能[2~7]。大部分的研究都将 P 在变形高温合金中有益作用归结于对晶界的强化，认为 P 可降低合金的晶界能[7]，提高晶界结合力[7]，阻碍持久和蠕变过程中氧沿晶界的扩散[4]，改善晶界析出相的状态[3,5,7]，在 650℃长期时效过程中抑制晶界 δ 相和 α-Cr 相的析出和长大，提高组织的稳定性[8]。对 P 在晶内的作用机理的研究相对较

* 作者：孙文儒，研究员，联系电话：024-23971737，E-mail：wrsun@ imr. ac. cn

少。认为 P 在晶内主要可钉扎位错[9] 和降低层错能[10]。然而，最近的研究发现，P 对晶内强化相亦有较大的影响，可以加速 IN706 合金空冷过程中 γ′相析出[11]，这说明 P 不仅对高温合金晶界，同时对晶内亦有显著的影响，有必要对 P 在 GH4169 合金晶内的作用开展更为深入的研究。本文研究了固溶过程中 P 在 GH4169 合金中的偏聚行为，及其对晶内 γ′和 γ″相析出以及在 650℃ 长期时效过程中 γ″相的长大行为的影响，探寻了 P 对晶内相析出长大行为的影响规律。

1 试验材料及方法

为研究高温固溶过程中 P 对晶内的影响规律，采用真空感应冶炼 GH4169 母合金，其实际成分（质量分数,%）为 0.043 C, 19.15 Cr, 52.3 Ni, 3.08 Mo, 0.48 Al, 0.90 Ti, 5.30 Nb, 0.005 B 和 Fe 余量。将母合金切成两部分，并采用真空感应炉重熔为两炉子合金铸锭，将两炉合金的 P 含量分别控制为：P1 合金，0.001% P；P2 合金，0.020%P。将子合金铸锭进行 1120℃ × 20 h + 1160℃ × 30 h + 1190℃ × 50 h 均匀化处理，之后在 1100℃ 下开坯锻造成直径为 23mm 的棒材。试验合金化学成分见表 1。

将不同 P 含量合金在 1120℃ 下固溶 20min 、25min、30min 、45min、1h、1.5h 、2h 、3h 、5h、7h 之后空冷。采用 LM247AT 显微硬度仪测试试样的维氏显微硬度，利用透射电镜（TEM）观察基体中 γ′和 γ″相的析出形貌。

表 1 试验合金化学成分
Tab. 1 Compositions of the test alloys （质量分数,%）

合金编号	C	Cr	Mo	Nb	Ti	Al	Ni	P	B	Fe
1	0.029	19.19	3.12	5.38	1.06	0.71	51.7	0.024	0.0093	余
2	0.048	19.31	3.10	5.34	1.06	0.68	51.6	0.003	0.0055	余

为研究 P 对 GH4169 合金长期时效过程中晶内析出相的长大行为。采用真空感应炉冶炼 GH4169 合金铸锭两炉，在保证其他含量基本相同的条件下，添加入不同含量的 P、B，成分如表 1 所示。合金锭经均匀化处理后，锻造成 40mm ×40mm 的方截面坯料，并进一步轧制成 φ13mm 圆棒。为了消除其他因素对 P、B 作用的干扰，保持两炉合金的各种加工工艺相同。

在热轧棒上切取金相和力学性能试样，进行直接时效处理（DA 处理）：720℃ ×8 h，50℃/h 炉冷至 620℃，620℃×8h，空冷。将两种成分的合金直接时效态试样同时放入热处理炉中在 650℃ 分别时效 1500h、3000h 和 5000h，然后通过透射电镜（TEM）对 0～5000h 时效试样晶内 γ″相长大行为进行了观察。

2 试验结果及分析

2.1 恒温过程 P 的偏聚行为及其对 γ′和 γ″相析出的影响

如图 1 所示，在 A 时间点（t = 20min），高 P 的 P2 合金（0.020% P）的硬度值较高，为 2810MPa。固溶时间延长至 B 时间点（t = 45min），P2 合金的硬度值降低至最低点，为 2040MPa。固溶时间延长至 C 时间点（t = 180min），P2 合金硬度值又升高至最高水平，为 3300MPa。固溶时间超过 180min，P2 合金硬度值维持在较高水平，不再明显变化。

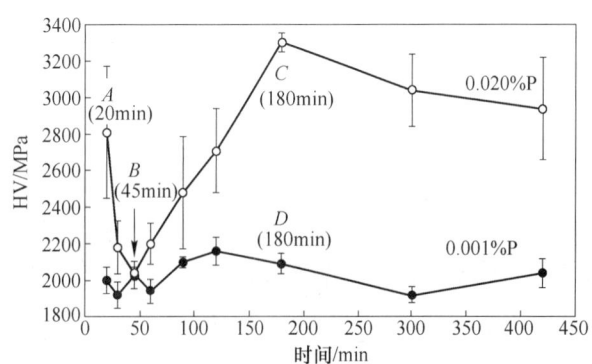

图 1 不同 P 含量 GH4169 合金晶粒内部显微硬度随 1120℃ 固溶时间的变化规律

Fig. 1 Micro-hardness at the grain interior of the GH4169 alloy annealed at 1120℃ for varied time and followed by air cooling

为了探究固溶不同时间后空冷晶内基体硬度出现波动的原因，对固溶不同时间后空冷试样做了 TEM 观察。如图 2 所示，P2 合金（0.020%P）合金在时间点 A 和 C 均析出了 γ'' 和 γ' 强化相（图 2(a)、(c)），在 45 min 时无第二相析出（图 2(b)）。而 P1 合金（0.001%P）合金在以上各时间点均无第二相析出（图 2(d)）。显然，图 1 中显微硬度的变化是由强化相析出引起的。图 1 和图 2 的结果表明，强化相的析出不只取决于合金中 P 的平均含量，还与 1120℃下的保温时间有关。只有固溶于基体中的 P 才能影响 γ''、γ' 强化相的析出。所以有理由推测，保温过程中 P 的分布，或固溶于基体中的 P 含量发生了变化，导致强化相析出随时间发生变化。在 1120℃下固溶处理后，GH4169 合金可以看成是由基体 γ 相组成的单相多晶组织，P 只能分布于基体和晶界。基体中固溶的 P 含量降低，意味着晶界 P 含量的升高。按照图 1 和图 2 的结果推测，保温时间在 A（$t=20\text{min}$）~ C（$t=180\text{min}$）范围内变化，P 在基体中的固溶浓度呈"高—低—高"的变化趋势，由此推断在晶界的浓度存在"低—高—低"的变化趋势，这与晶界非平衡偏聚的特点相吻合。在 1120℃保温过程中，试验合金的晶粒长大。由于

位错运动和晶粒长大过程中的晶界迁移都是空位的增值过程[12,13]。因此可以认为晶粒尺寸达到稳态的时刻基体中空位浓度是最高的。按照非平衡偏聚机制，P 原子与空位形成复合体，基体中空位浓度最高时，P 原子的固溶浓度也应该是最高的。保温 20min（A 时间点）后空冷，P2 合金的基体中析出了强化相，硬度处于最高水平，证实此时基体中固溶的 P 含量较高。继续保温，晶界附近的 P-空位复合体将因空位在晶界湮灭而解体，P-空位复合体在晶内与晶界处产生浓度差而向晶界持续偏聚，晶界 P 浓度因空位的湮灭而持续升高，晶内 P 浓度持续降低。保温时间为 45min（B 时间点）时，空冷后基体中不析出第二相，硬度降至最低水平，说明晶内大部分的 P 原子已经扩散并偏聚于晶界。此时 P 在晶界的偏聚浓度远远高于其热力学平衡浓度，继续保温过程中 P 原子将由晶界向晶内基体中扩散。保温时间为 180min（C 时间点）时，空冷后硬度达到最高值，此后继续保温硬度值不再发生变化，说明 P 在晶界和晶内的浓度已经达到了热力学平衡态。本实验结果捕获到了恒温过程 P 非平衡偏聚的临界时间现象，进一步确定了 P 在 GH4169 中存在非平衡偏聚行为。

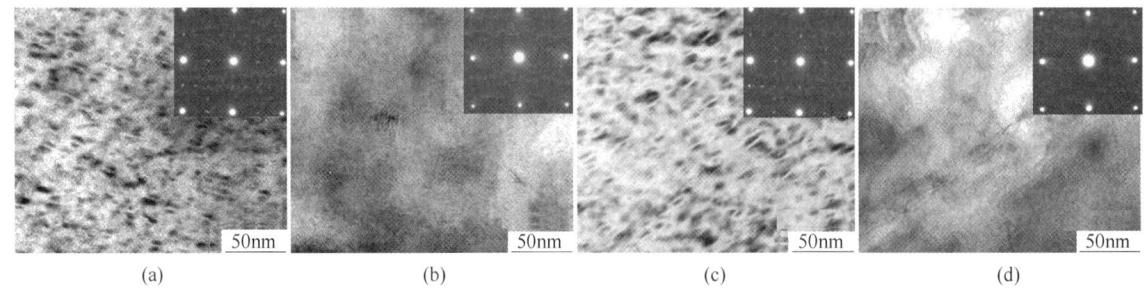

图 2　与图 1 各时间点对应的晶内基体明场像及选取衍射花样

Fig. 2　Microstructures and SAED patterns in the grain interior of GH4169 alloys corresponding to Fig. 1

(a) A（$t=20\text{min}$）；(b) B（$t=45\text{min}$）；(c) C（$t=180\text{min}$）；(d) D（$t=180\text{min}$）

2.2　长期时效过程中 P 对晶内 γ'' 相稳定性的影响

添加一定量 P、B 的合金 1 和不添加 P、B 的合金 2（见表 1）在 650℃长期时效过程中晶内析出相长大情况如图 3 所示。两种成分合金经 DA 处理后，晶内 γ'' 相尺寸都非常细小，尺寸约为 10 ~ 20nm，呈颗粒状弥散析出（图 3(a)、(c)）。随着时效时间的增加，两种成分合金晶内 γ'' 相都发生长大，并由颗粒状向圆盘状变化，但添加适量

P、B 合金 1 晶内 γ'' 相长大速度明显低于不加 P、B 的合金 2。时效时间达到 5000h，合金 2 的 γ'' 相长轴方向长度已增加至 150 ~ 200nm（图 3(d)），而合金 1 长轴方向长度尚不到 100nm（图 3(b)）。P、B 显著抑制了晶内 γ'' 相的粗化，提高了 γ'' 相的稳定性。

γ'' 相与基体界面已证实未发现 P 的偏聚[10]，同时 γ'' 相长大过程为扩散型长大，主要受其周围的 Nb 元素向 γ'' 相扩散速度控制。P 固溶于晶内，

可显著降低 Nb 的扩散系数[10]，进而抑制了长期　　时效过程中 γ″相的粗化。

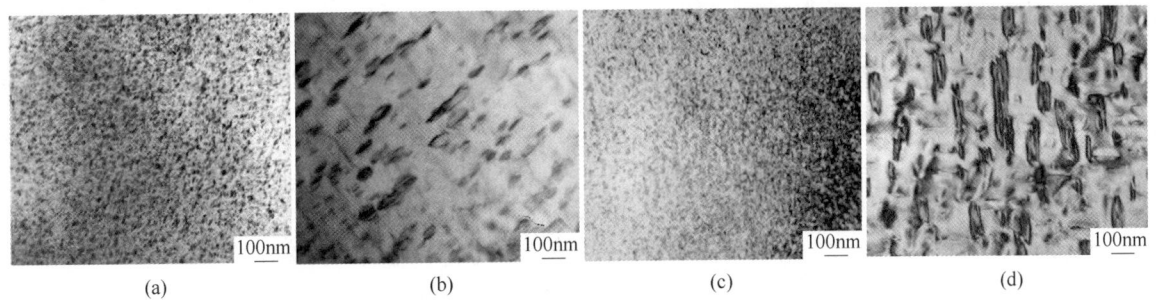

图 3　P、B 对 GH4169 合金 γ″相 650℃长期时效 γ″相长大的影响

Fig. 3　Effect of P and B additions on the γ″coarsening behavior in GH4169 alloy aged for different time

（a）合金 1 时效 0h；（b）合金 1 时效 5000 h；（c）合金 2 时效 0h；（d）合金 2 时效 5000 h

3　结论

（1）P 可加速空冷过程中 γ″相和 γ′相析出，且 P 的偏聚行为对 γ″相和 γ′相析出的加速作用具有显著影响。

（2）P 在 GH4169 合金中存在非平衡偏聚行为，1120℃恒温条件下 P 在 GH4169 合金中非平衡晶界偏聚的临界时间为 45 min。

（3）P 可显著抑制 650℃长期时效过程中晶内 γ″相的粗化，提高了 γ″相的稳定性。

参考文献

[1] Holt R, Wallace W, Impurities and trace elements in nickel-base superalloys [J]. International Metals Reviews, 1976, 21：1~24.

[2] 孙文儒. P、S、Si 对一种高温合金凝固偏析和组织性能的影响 [D]. 沈阳：中国科学院金属研究所, 1993.

[3] 孙文儒. 微量元素 P, S 和 Si 对 IN718 和 GH761 合金凝固过程，元素偏析，组织结构和力学性能的影响 [D]. 沈阳：中国科学院金属研究所, 1996.

[4] Sun W R, Guo S R, Lee J, et al. Effects of phosphorus on the δ-Ni₃Nb phase precipitation and the stress rupture properties in alloy 718 [J]. Materials Science and Engineering：A, 1998, 247：173~179.

[5] Sun W R, Guo S R, Lu D Z, et al. Effect of phosphorus on the microstructure and stress rupture properties in an Fe-Ni-Cr base superalloy [J]. Metall Mater Trans A, 1997, 28：649~654.

[6] 李娜. 微量元素磷、硼、碳在 IN718 合金中的作用与机理的研究 [D]. 沈阳：中国科学院金属研究所, 2004.

[7] 宋洪伟. 磷对 IN718 合金组织演化和力学性能的影响 [D]. 沈阳：中国科学院金属研究所, 1999.

[8] 孙文儒, 信昕, 于连旭, 等. 磷、硼对直接时效 GH4169 合金 650℃长期时效稳定性的影响 [C]. 第十三届高温合金年会, 北京, 2015.

[9] 魏志刚, 杨树林, 孙雅茹, 等. 磷对 GH761 合金固溶水淬组织屈服强度的影响 [J]. 材料研究学报, 2007, 21（2）：131~134.

[10] 黄历锋. DA718 合金中磷、硼的作用及机理研究 [D]. 沈阳：中国科学院金属研究所, 2007.

[11] 章莎. P 在 IN706 合金中的分布及作用研究 [D]. 沈阳：中国科学院金属研究所, 2015.

[12] Estrin Y, Gottstein G, Shvindlerman L. Thermodynamic effects on the kinetics of vacancy-generating processes [J]. Acta materialia, 1999, 47：3541~3549.

[13] Lücke K, Gottstein G. Grain boundary motion-I. Theory of vacancy production and vacancy drag during grain boundary motion [J]. Acta Metallurgica, 1981, 29：779~789.

新型难变形高温合金 GH4175 合金涡轮盘制备技术研究

张文云，张北江[*]，黄烁，秦鹤勇，胥国华，田强，赵光普，张继

（钢铁研究总院高温材料研究所，北京，100081）

摘　要：随着推重比不断的提高，航空发动机涡轮盘材料既要高强，又要高耐温，但两者往往不可兼得；而且涡轮盘轮缘部位工作温度已经达到 800℃，现有高温合金材料无法满足要求，GH4175 合金正是为解决这一问题产生的。该合金 γ′ 的含量超过 58%，采用传统的铸-锻工艺生产，通过"真空感应+真空自耗（双联）"或"真空感应+电渣+真空自耗（三联）"工艺制备 φ508mm 直径铸锭；通过多重循环热机械处理技术解决了合金热加工难的问题，获得可靠的收得率；最后通过双相细晶组织控制技术，成功制备了该合金全尺寸锻件。经标准热处理，该合金兼具高强与耐高温特性，并很好地平衡了疲劳与蠕变的关系，该合金长期使用温度达到 800℃。

关键词：GH4175 合金；多重循环热机械处理技术；铸-锻高温合金；双相细晶

Investigation on Advanced Processing Techniques of New Developed C&W GH4175 Turbine Disk

Zhang Wenyun，Zhang Beijiang，Huang Shuo，Qing Heyong，
Xu Guohua，Tian Qiang，Zhao Guangpu，Zhang Ji

（High Temperature Materials Research Division，China Iron & Steel
Research Institute Group，Beijing，100081）

Abstract：As the thrust－weight ratio continues to increase，the aero－engine turbine disk material required both high strength and high temperature resistant properties which were often not compatible；Besides the working temperature of the turbine disk rim had reached 800℃，the existing superalloys can not to meet the requirements，which was the reason that GH4175 alloy was produced. The volume content of γ′ in GH4175 was over 58%. For the new GH4175，the low－segregation remelting ingot with diameter of as large as 508mm could be prepared by the Double vacuum melting or Triple metlting process，in which the macro segregation and various metallurgical defects could be effectively controlled，then the conversion of as－cast microstructure and fine－grained billets were achieved on open－die hydraulic press by multi－times upsetting and drawing process and the novel temperature control technology with high efficiency，next，with the multi－cycle thermos－mechanical processing technology，the full－size turbine disks with a diameter of 600mm or more could be produced on hot die forging or isothermal forging. After standard heat treatment，the alloy combines high strength and high temperature characteristics，and balances the relationship between fatigue and creep. The long－term working temperature of the alloy reaches 800℃.

Keywords：GH4175 alloy；multi－cycle thermomechanical processing；C&W superalloys；duplex fine grain

随着航空发动机推重比不断地提高，涡轮盘轮缘部位工作温度已经达到 800℃，现有变形高温合金材料无法满足要求[1~3]。本研究以下一代航空发动机用高压涡轮盘为对象，选用高合金化 GH4175

*作者：张北江，教授，联系电话：010-62185063，E-mail：bjzhang@cisri.com.cn
资助项目：航空发动机及燃气轮机重大专项（2017-Ⅵ-0015-0087）

合金（γ′含量超过58%），采用传统的铸–锻工艺在国内首次试制800℃级变形高温合金涡轮盘。

近些年，以René65、AD730以及ВЖ175为代表的采用传统"铸+锻"工艺为核心技术路线的变形高温合金迎来了一个爆发式的发展[4~7]。René65为GE与ATI联合开发的用于750℃以下低成本、性能达到二代粉末的变形高温合金，已经大量应用于GE最新Leap系列发动机的转动部件。国产GH4065A合金产品已经完成了部件考核，盘件性能达到设计要求[8~10]。俄罗斯在2010年以后，在原有合金体系的基础上研发了一系列新合金，其中最引人注目的ВЖ175合金[7]，使用温度达到800℃，合金设计以及工艺吸收了欧美新型变形高温合金的优点，采用细晶锻造+亚固溶热处理的技术路线，制备了高强、高耐温的盘件。该合金制品已经广泛应用于俄制MC21客机的PD-14发动机、俄制米格系列直升机的BK2500M发动机，以

及小型火箭用MD-120发动机等型号，是俄罗斯未来主干涡轮盘材料[11]。现阶段我国高性能发动机急需一种800℃级的生产周期短、高性能、高可靠、低成本的变形高温合金涡轮盘[10]。GH4175合金研制成功，不仅能够填补国内800℃级涡轮盘材料的空白，而且可以满足先进发动机的型号发展需求。

1 试验材料及方法

试验选用GH4175合金，名义成分见表1，GH4175合金是俄罗斯系列合金的体系基础上发展而来，是GH4151合金的升级合金。GH4175合金W+Mo含量超过7%，Al+Ti+Nb含量超过10.5%，是现有强化相含量最高的变形高温合金之一，合金强化相超过58%，超过了部分铸造高温合金，热加工难度大，制备过程中极易产生裂纹。

表1 高合金化难变形高温合金成分
Tab. 1 Nominal compositions of highly alloyed superalloy （质量分数，%）

合金	Ni	C	Co	Cr	W	Mo	Al	Ti	Nb	Fe
GH4065A	余	0.01	13	16	4	4	2	3.8	0.7	1
GH4742	余	0.06	10	14	—	5	2.6	2.6	2.6	—
GH4151	余	0.06	15	9	2.5	4.5	3.7	2.8	3.4	—
GH4175	余	0.06	15.5	10	3	4.5	4	2.5	4.5	0.10
GH4975	余	0.1	16	8	10	1	5	2.5	1.5	0.10

GH4175合金采用双联冶炼工艺（VIM+VAR）制备ϕ508的大尺寸铸锭，并经过高温均匀化提高材料的锻造塑性；在铸锭开坯阶段采用γ′相全溶温度上下反复锻造的方式，破碎铸态组织，消除低倍粗晶；然后通过多重循环热机械处理技术制备细晶棒材，棒材通过高精度探伤方可进入锻造阶段；在模锻阶段，采用净成型等温锻造技术[12]，在$10^{-2}\sim10^{-1}$应变速率的条件下制备单边加工量小于3mm的净尺寸锻件；最后通过控冷热处理技术，实现盘件分区冷却，优化盘件组织均匀性。

采用JMatPro进行相分析计算，并利用STA-449C同步热分析仪（DSC-TG）测定合金相析出规律，升降温速度为20℃/min，另外采用Olympus GX71型金相显微镜、JSM-7800F扫描电镜

（SEM）等设备进行了显微组织观察。拉伸性能参照GB/T 228.1—2010、GB/T 4338—2006，高温持久参照GB/T 2039—1997，蠕变参照GB/T 2039—2012。

2 试验结果及分析

2.1 GH4175合金相析出和热力学分析

通常采用相图分析与DSC升温、冷却曲线来判断γ′相的析出规律，为后续热加工、热处理工艺制定奠定基础。图1为GH4175合金的热力学平衡相图，γ′相质量分数为58%，全溶温度为1185.5℃。对GH4175合金锻态试样进行DSC分析可知，在升温过程中存在两个明显吸热峰，分别为1026.9℃和1171.2℃；在降温过程中存在一

个明显的放热峰，为 1116.7℃。升温过程中，三次 γ′在较低温度回溶，但 DSC 精度不足以记录此过程的差热反应，然后在 913.6~1060.4℃发生二次 γ′相的回溶，在 1026.9℃达到峰值；尺寸较大的一次 γ′相随后回溶，从 1119.9℃开始发生回溶，在 1171.2℃达到最大峰值，最终在 1195.0℃完全溶解。DSC 测试结果与热力学计算基本吻合，误

差主要受升降温速度以及一次 γ′尺寸大回溶解慢有关。降温过程中，当试样以 20℃/min 冷却时，在 1129.3℃，固溶体累积足够的过饱和度，当温度再降低时 γ′相开始析出，在 1116.7℃时达到峰值，析出过程比较迅速，在 1103.5℃时，析出完全，后续更小的三次 γ′相的析出由于差热太小无法鉴别出来。

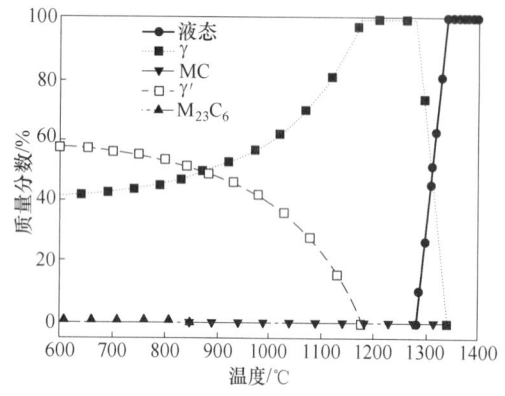
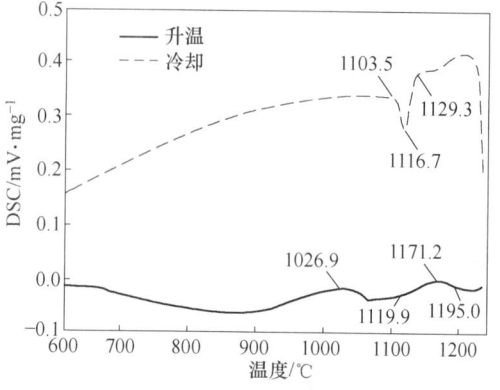

图 1　GH4175 合金的热力学平衡相图及 DSC 曲线（20℃/min）

Fig. 1　Calculated equilibrium phase diagram of GH4175 and DSC curve of GH4175

2.2　晶粒度和组织特征

GH4175 合金涡轮盘采用细晶锻造+亚固溶热处理工艺路线以后，盘件锻态晶粒尺寸达到 ASTM No. 10 级，标准热处理后为典型的双相细晶组织[13~15]，晶粒度达到 ASTM No. 8 级，如图 2 所

示。其中，一次 γ′相尺寸为 2~5μm，尺寸较大，分布在晶界上，是双相细晶组织最显著的特点；二次 γ′相分布在晶粒内，尺寸在 80~300nm 之间，主要呈现方形，是在合金固溶冷却的过程中析出的；三次 γ′相尺寸在 20~40nm 之间，弥散分布于二次 γ′相之间。

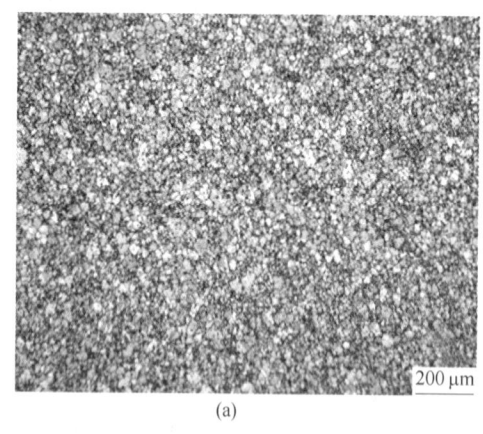
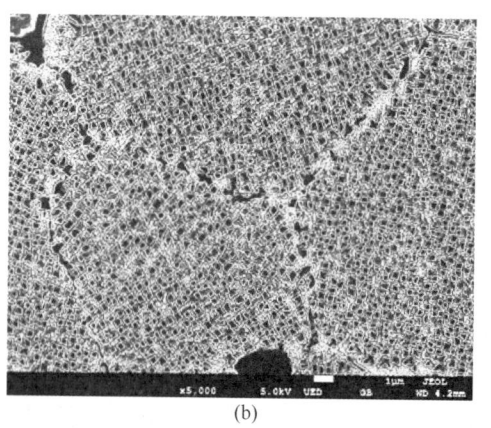

(a)　　　　　　　　　　　　(b)

图 2　GH4175 盘件标准热处理后组织

Fig. 2　Microstructures of GH4175 disk after standard heat treatment

GH4175 合金含有较高的碳，多重循环热机械处理技术将组织中的碳化物充分地破碎[9,13]，在晶粒中弥散分布；在热处理过程中，碳化物是重要的晶界控制元素，固溶过程中，随着固溶温度的提高，一次 γ′相逐渐溶解，对晶界的钉扎作用降低，晶粒开始长大；随着温度进一步提高，一次 γ′相完

全溶解，此时碳化物是控制晶粒的主要因素。固溶温度引起晶粒变化情况，在 1120℃，一次 γ′开始溶解，晶粒随之开始长大；1150℃，一次 γ′大量溶解，晶粒长大速度突然加快；1170℃时，碳化物成为主要控制因素，晶粒从最初的 ASTM No. 11 级长大到 ASTM No. 2 级。由于一次 γ′相以及碳化物分布均

匀，因此并没有出现混晶想象，晶粒均匀长大。固溶实验获得的结果与 DSC 测量的数据高度吻合，GH4175 晶粒长大随固溶温度能够实现较稳定的控制，在特定固溶温度可以获得理想的组织状态，为未来双组织双性能调控提供了可能[16,17]。

2.3 热加工及微观组织演变

强化相含量大于 35% 称为难变形高温合金，传统的热加工工艺在单相区极窄的变形温度范围内进行有限的变形，变形过程极其困难，成材率低，成本较高[18,19]，而且最终组织状态也不乐观。针对强化相达到 58% 的大尺寸 GH4175 合金锻件，必须进行创新，解决热加工难的问题。将传统的单相晶粒通过特殊的热机械处理技术高效地转化成双相细晶组织，利用双相细晶组织工程应变范围内超塑性的特点[13]，大大减低了该类合金的热加工难度，在此基础上进行后续锻造，是这类高合金化合金热加工比较可靠的工艺路线。

在铸态组织开坯阶段采用合理的退火工艺形成大尺寸的一次 γ′ 相，从而降低固溶体中合金化元素的浓度；热加工过程中，一次 γ′ 相尺寸较大，强度较低，一定程度上促进铸态组织向单相晶粒转变，而固溶体中较低的合金化元素含量，又减低了锻造裂纹产生的倾向。

在单相晶粒向双相晶粒转变过程中，通过双相区锻造，根据研究采用低温、高应变速率的方式能够提高转化效率，将双相细晶组织的转化率提高到 95% 以上，此时合金的塑性将大幅度提升，锻造窗口将扩展到 150℃。在后期模锻过程中，严格控制单次变形量，避免局部剧烈变形的发生。

2.4 力学性能

针对 GH4175 合金的特点，重点研究了亚固溶热处理制度[15,20]，对过固溶热处理进行了探索。为了平衡性能，将合金晶粒度通过固溶温度调整到 ASTM No.8.0 级；晶粒过细，蠕变性能较差；晶粒过粗，组织转变成单相晶粒，将失去双相细晶高强、高疲劳的特征[18]。经过盘件解剖实测，如表 2 所示，合金在 800℃ 之前保持较高的强度，相关指标达到国外 BЖ175 合金的水平，如表 3 所示，合金具有优异低周疲劳特性，循环 10⁴ 周次以上，650℃ 恒应力低周疲劳应力达到 1200MPa，750℃ 恒应力低周疲劳应力达到 1100MPa，低周疲劳性能较优异，但合金蠕变性能裕度偏低，需要通过优化热处理工艺进行提高。

另外进行了过固溶热处理制度探索，经过过固溶热处理，盘件晶粒度达到 ASTM No.3.0 级，晶粒均匀长大，晶界为锯齿状弯曲晶界，根据表 2，由于晶粒增大，失去细晶强化作用，强度有一定的损失，室温屈服达到 1191MPa，抗拉强度大于 1500MPa，但 800℃ 拉伸较亚固溶提升约 50MPa；持久、蠕变性能大幅度提升，750℃/700MPa，持久寿命达到 90.4h，800℃/530MPa，持久寿命达到 114h；800℃/350MPa，300h 蠕变塑性变形只有 0.112%。过固溶热处理，合金具有更高的高温性能，合金强度略有减低，但仍然处于较高的水平。

GH4175 合金亚固溶和过固溶呈现出的性能特点，可以确定通过一定优化的热处理工艺，在保证高强的同时，获得较高耐温性，该合金 800℃ 呈现的性能水平达到三代粉末水平，后期同样可以使用双组织双性能技术进一步提高合金的使用温度[21,22]。

表 2 GH4175 合金经不同热处理后的典型力学性能
Tab. 2 Typical mechanical properties of GH4175 alloy after different heat treatments

热处理	温度/℃	拉 伸 性 能				高 温 持 久		
		σ_b/MPa	$\sigma_{0.2}$/MPa	δ/%	ψ/%	σ/%	τ/h	δ/%
亚固溶	23	1624	1196	17.5	16	—		
	650	1536	1123	13	15	1050	148	4.3
	750	1230	1070	10	10.5	650	81.7	12
	800	1110	965	8	10	500	36.2	25
过固溶	23	1513	1191	15	16	—		
	750		—			700	90.4	2.9
	800	1150	1020	6	8	530	114	7.0

表 3　GH4175 合金亚固溶热处理低周疲劳性能

Tab. 3　The low cycle fatigue properties of GH4175 after standard heat treatment

项　目		650℃低周疲劳		750℃低周疲劳	
		恒应力疲劳	恒应变疲劳	恒应力疲劳	恒应变疲劳
条　件		三角波，$K_t=1$，$R_\varepsilon=0.05$，$f=1$Hz，1200MPa	$R=0.95\pm0.02/$ $\Delta\varepsilon_t=0.0078$	三角波，$K_t=1$，$R_\varepsilon=0.05$，$f=1$Hz，1100MPa	$R=0.95\pm0.02/$ $\Delta\varepsilon_t=0.0078$
标准热处理	实测	$N_f\geqslant20000$ 周停	$N_f\geqslant20000$ 周停	$N_f=10341$ 周	$N_f\geqslant20000$ 周停
	粉末 René104	—	$N_f\geqslant5000$ 周	—	$N_f\geqslant5000$ 周
ВЖ175		$N_f\geqslant10000$ 周	—	$N_f\geqslant10000$ 周	—

　　图 3 对比了亚固溶处理 GH4175 合金与典型变形高温合金涡轮盘材料 GH4169、GH4065A、GH4720Li 以及 GH4975 的拉伸性能和持久性能[8,15,23]。可见，GH4715 合金在室温~850℃温度范围内的拉伸强度较 750℃级合金 GH4065A、GH4720Li 提高了 50~100MPa，其中抗拉强度由于合金化程度的提高优势更为突出；GH4175 合金 700MPa/100h 持久性能比 GH4065A、GH4720Li 提高约 50℃。由此可知，采用合理的亚固溶处理工艺 GH4175 合金可以获得优异的力学性能，拉伸强度和持久寿命较现有合金有较大幅度提升，尤其是在 800℃条件下仍能维持较高的性能。后续仍需要系统性地开展亚固溶处理条件下合金的高周和低周疲劳性能、蠕变性能、抗疲劳裂纹扩展能力及长时组织性能稳定性研究，以全面评估材料的组织性能。

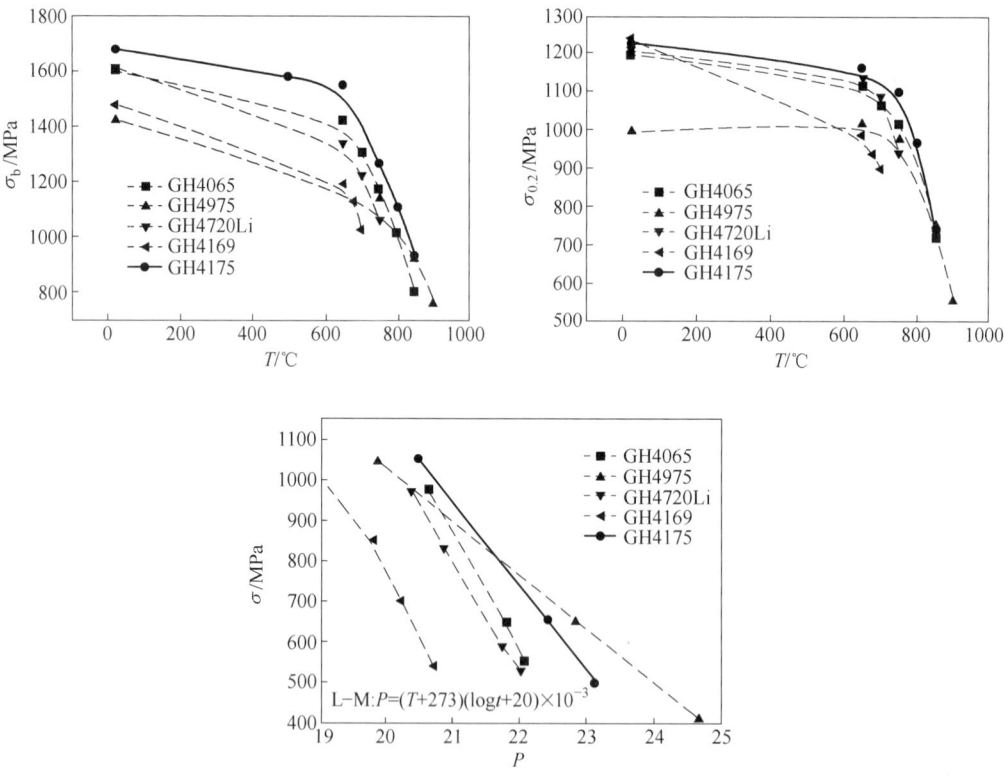

图 3　GH4175 与典型涡轮盘材料力学性能对比[8,15,23]

Fig. 3　Mechanical properties of GH4175 in comparison with typical disc alloys

3　结论

（1）采用双联冶炼+反复镦拔开坯+双相区锻造+亚固溶热处理工艺可以成功制备 GH4175 合金全尺寸盘件，盘件可通过 HB/Z34 AAA 级探伤，后期将针对该合金的"真空感应+电渣+真空自耗"三联熔铸技术进行研究。

（2）针对 GH4175 合金的特点，展开了亚固溶、过固溶热处理研究，研究表明亚固溶热处理性能能够达到国外 BЖ175 的水平，低周疲劳性能突出，但高温蠕变性能优势较小；过固溶热处理可以显著提高合金的高温蠕变性能，后期还可进行更多性能测试。

（3）GH4175 合金作为 800℃ 级变形高温合金，经过试制能够达到三代粉末水平，后期还可通过优化工艺，进一步平衡疲劳、蠕变的关系，获得综合性能更加优异的组织状态。

参考文献

[1] 江和甫, 古远兴, 卿华. 航空发动机的新结构及其强度设计 [J]. 燃气涡轮试验与研究, 2007, 20 (2): 1~4.

[2] 江和甫. 燃气涡轮发动机的发展与制造技术 [J]. 航空制造技术, 2007 (5): 36~39.

[3] Pollock T M. Alloy design for aircraft engines [J]. Nature materials, 2016, 15 (8): 809.

[4] Groh J, Gabb T, Helmink R, et al. Development of a new cast and wrought alloy (René 65) for high temperature disk applications [C] //Proceedings of the 8th International Symposium on Superalloy 718 and Derivatives. John Wiley & Sons, 2014: 67.

[5] Devaux A, Li W, Crozet C, et al. Evaluation of AD730™ For High Temperature Fastener Applications [C] //Superalloys 2016: Proceedings of the 13th International Symposium of Superalloys. Hoboken, NJ, USA: John Wiley & Sons, Inc. , 2016: 469~477.

[6] Min P G, Vadeev V E, Kalitsev V A, et al. Technology of Alloy VZh175 Preparation for GTE Disks from Conditioned Waste [J]. Metallurgist, 2016, 59 (9 ~ 10): 823~828.

[7] Belyaev M S, Terent' Ev V F, Bakradze M M, et al. Low-cycle fatigue of a VZh175 high-temperature alloy under elastoplastic deformation conditions [J]. Russian Metallurgy, 2015, 2015 (4): 317~323.

[8] 赵光普, 黄烁, 张北江, 等. 新一代镍基变形高温合金 GH4065A 的组织控制与力学性能 [J]. 钢铁研究学报, 2015, 27 (2): 37~44.

[9] 张北江, 赵光普, 张文云, 等. 高性能涡轮盘材料 GH4065 及其先进制备技术研究 [J]. 金属学报, 2015 (10): 1227~1234.

[10] 杜金辉, 赵光普, 邓群, 等. 中国变形高温合金研制进展 [J]. 航空材料学报, 2016, 36 (3): 27~39.

[11] VIAM, https: //www. viam. ru/news/2821, 2016.

[12] 王淑云, 李惠曲, 杨洪涛. 粉末高温合金超塑性等温锻造技术研究 [J]. 航空材料学报, 2007 (5): 30~33.

[13] Zhang B, et al. Deformation Mechanisms and Microstructural Evolution of γ + γ′ Duplex Aggregates Generated During Thermomechanical Processing of Nickel-Base Superalloys [C] //Proceedings of the 13th International Symposium of Superalloys. 2016

[14] Charpagne M A, et al. Heteroepitaxial recrystallization: A new mechanism discovered in a polycrystalline γ - γ′ nickel based superalloy [J]. Journal of Alloys and Compounds 2016, 688: 685~694.

[15] 阚志, 杜林秀. 热处理工艺对 GH4720Li 合金组织演化的影响 [J]. 材料热处理学报, 2016, 37 (8): 84~88.

[16] 高峻, 罗皎, 李淼泉. 航空发动机双性能盘制造技术与机理的研究进展 [J]. 航空材料学报, 2012, 32 (6): 37~43.

[17] 刘建涛, 陶宇, 张义文, 等. FGH96 合金双性能盘的组织与力学性能 [J]. 材料热处理学报, 2010, 31 (5): 71~74.

[18] Reed R C. The superalloys: fundamentals and applications [M]. Cambridge: Cambridge University Press, 2006.

[19] 庄景云. 变形高温合金 GH4169 [M]. 北京: 冶金工业出版社, 2006.

[20] 张文云. 制备热历程对 GH4742 合金涡轮盘组织性能的影响 [C] //中国金属学会高温材料分会. 第十三届中国高温合金年会论文集, 北京: 冶金工业出版社, 2015: 4.

[21] 江和甫. 对涡轮盘材料的需求及展望 [J]. 燃气涡轮试验与研究, 2002, 15 (4): 1~6.

[22] Connor. The development of a dual microstructure heat treated Ni-base superalloy for turbine disc applications [J]. University of Cambridge, 2009, 21 (1): 31~40.

[23] 中国金属学会高温材料分会, 变形高温合金, 中国高温合金手册 (上卷) [M]. 北京: 中国标准出版社, 2012: 700~701.

[24] 吴凯, 刘国权, 胡本芙, 等. 固溶热处理对新型镍基粉末 FGH98 I 高温合金组织与性能的影响 [J]. 稀有金属材料与工程, 2011, 40 (11): 1966~1971.

高温高强紧固件用新型变形高温合金——GH4350

王涛[1*]，付书红[1]，金万军[2]，钟燕[3]，胡轶嵩[4]，李钊[1]，张勇[1]，万志鹏[1]

（1. 中国航发北京航空材料研究院先进高温结构材料国防科技
重点实验室，北京，100095；

2. 中国航空工业标准件制造有限责任公司，贵州 贵阳，550014；

3. 中国航发四川燃气涡轮研究院，四川 成都，610500；

4. 中国航发沈阳航空发动机研究所，辽宁 沈阳，110015）

摘　要：阐述了新型耐高温高强度紧固件用材料 GH4350 合金的化学成分、组织特点、力学性能、物理性能等，同时介绍了几种 GH4350 合金典型紧固件的制造工艺及性能水平。GH4350 合金是一种以固溶强化、时效沉淀强化和冷变形强化的复合强化型多相（Multiphase）合金，室温强度接近 1800MPa，作为冷变形强化的合金长期使用温度高达 730℃，是目前 650℃ 以上用紧固件中强度水平最高的材料，应用前景非常广阔。

关键词：GH4350 合金；紧固件；性能；组织

New Cast and Wrought Superalloy（GH4350）for Elevated Temperature and High Strength Fasteners

Wang Tao[1], Fu Shuhong[1], Jin Wanjun[2], Zhong Yan[3],
Hu Yisong[4], Li Zhao[1], Zhang Yong[1], Wan Zhipeng[1]

（1. National Key Laboratory of Science and Technology on Advanced High Temperature Structural Materials,
AECC Beijing Institute of Aeronautical Materials, Beijing, 100095；

2. China Aviation Industry Standard Parts Manufacturing Co., Ltd., Guiyang Guizhou, 550014；

3. AECC Sichuan Gas Turbine Establishment, Chengdu Sichuan, 610500；

4. AECC Shenyang Engine Institute, Shenyang Liaoning, 110015）

Abstract：The chemical composition, microstructure, mechanical properties and physical property of GH4350 alloy were introduced. Some typical structure fasteners were manufactured and the fabrication process and key performance were presented. As a member of multiphase family, GH4350 alloy was designed to benefit from precipitation hardening, strain hardening and solution hardening. GH4350 alloy has been used as fasteners with the strength of 1800MPa, and the temperature can be up to 730℃. GH4350 alloy has the best strength compared to other fastener materials when the temperature exceeding 650℃.

Keywords：GH4350 alloy; fastener; property; microstructure

高温合金紧固件是航空发动机必不可少的基础连接件，紧固件连接结构可实现不同构件间的连接以及载荷的传递和分配，其基本类型包含了螺栓、螺母、螺钉、销钉、螺套、螺桩等，要求材料具有高强度、耐高温、高抗疲劳性、高耐蚀、抗缺口敏感、抗应力松弛等特点。GH4350 合金是

————————————————

＊作者：王涛，高级工程师，联系电话：62498234，E-mail：wangtao8206@163.com

一种 Ni-Co 基高强螺栓用材料，国外同类材料牌号为 Aerex350，是典型的多相合金（MULTI-PHASE），该合金已成为国外先进航空发动机中使用温度最高（620~760℃），同时具有最高持久强度和蠕变抗力的高强度螺栓材料。作为紧固件材料，该合金在 650℃的持久寿命比 MP159 合金提高 1 倍多，是 Waspaloy 合金的 36 倍；在 700℃的持久寿命是 MP159 合金的 3 倍，Waspaloy 合金的 12 倍[1,2]。鉴于该合金优异的综合性能及广阔的应用前景，本文着重介绍了 GH4350 合金成分、性能特点及其典型结构螺栓制造工艺与性能水平，希望为国内相关研究机构及人员提供参考。

1 材料的化学成分及组织特征

1.1 化学成分特征

GH4350 合金的名义成分如表 1 所示。从成分中可以看出，该材料为典型的固溶强化+时效沉淀强化复合强化型材料，主要固溶强化元素 Mo、W 含量超过 5%，时效强化元素 Al、Ti、Nb、Ta 总含量超过 8%。Ni、Co、Cr、Mo 主要是基体及基体的固溶强化元素，同时促进材料冷拔过程中的相变（fcc 转变为 hcp），提升材料强度；Ti、Al、Nb 主要为 γ' 相形成元素；Ta、W 兼具基体固溶强化与 γ' 相沉淀强化；C、B 主要是起到晶界强化作用。与 GH6159 合金相比，添加了高含量的 Ta+W（6%），提高了 Al、Nb 含量，进一步增强材料的固溶和时效强化效果。

1.2 组织特征

冷拉+固溶时效后 GH4350 合金典型的微观组织如图 1 所示，组织中包含了大量的 LI$_2$ 结构的细小 γ'-Ni$_3$(Al,Ti) 相颗粒，是材料的主要沉淀析出强化相；同时还存在数量较多的长条状和短棒状 DO$_{24}$ 结构的 η-Ni$_3$Ti 相，该相可以显著提升材料的缺口韧性，提升材料的抗缺口敏感性[3]。

表 1　GH4350 和 GH6159 合金名义化学成分

Tab. 1　Chemical composition of GH4350 and GH6159　　　　　（质量分数,%）

合金	C	Co	Cr	Mo	Ti	Al	Nb	Ta	W	B	Fe	Ni
GH4350	0.015	25.0	17.0	3.0	2.2	1.1	1.1	4.0	2.0	0.015	—	余
GH6159	0.02	36.0	19.0	7.0	2.9	0.2	0.5	—	—	0.02	9.0	余

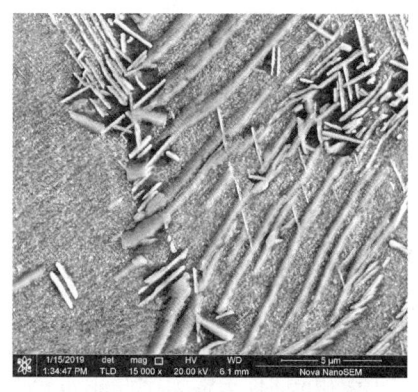

图 1　GH4350 合金典型的微观组织

Fig. 1　Typical microscopic morphology of as aging treated GH4350 alloy

2 性能特征

2.1 物理性能

图 2 分别给出了几种紧固件用变形高温合金材料的线膨胀系数和热导率随温度的变化规律曲线，可以看出在室温至 800℃范围内，GH4350 合金较其他几类紧固件材料具有最小的线膨胀系数，另外在 700℃时 GH4350 合金的热导率最高。较低的线膨胀系数可以有效降低紧固件应用过程中由于温度的变化所导致的热应力，进而改善服役应力状态，提升紧固件的使用安全性和服役寿命。

2.2 力学性能

图 3 给出了 GH4350 合金部分力学性能，从图 3（a）中可以看出，在 350℃以下 GH6159 合金强度明显高于 GH4350，在 350~500℃范围内 GH4350 合金与 GH6159 合金材料强度相当，当温度超过 500℃后，GH4350 合金强度较 GH6159 偏高；另外 GH4350 合金冷拉棒材经 730℃热暴露 1000h 后的强度几乎与未热暴露材料强度相当。另外 AEREX350（GH4350）合金的持久性能明显高于 Alloy718（GH4169）、WASP-ALOY（GH4738），如图 3(b) 所示。

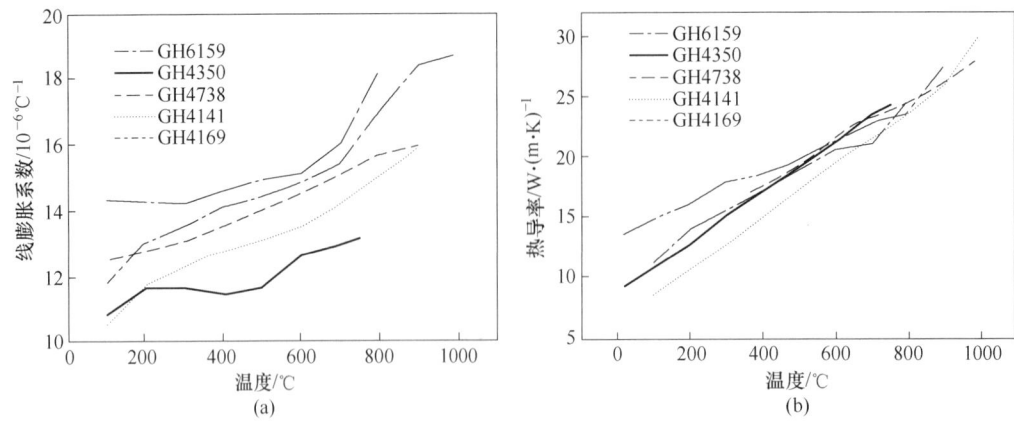

图 2　几种紧固件用材料物理性能随温度的变化曲线

Fig. 2　Linear expansion coefficient and thermal conductivity of several superalloys for fasteners

（a）线膨胀系数；（b）热导率

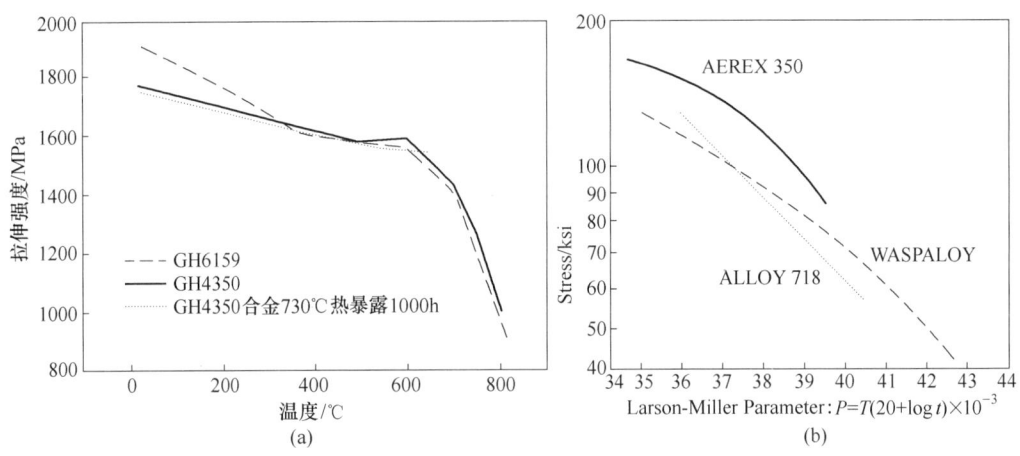

图 3　GH4350 典型的强度与持久性能随温度的变化曲线

Fig. 3　Typical tensile and stress rupture for GH4350 （AEREX350）

（a）抗拉强度；（b）持久性能[4]

3　典型螺栓的试制及性能水平

从材料的热变形特性、热镦工艺参数、滚丝工艺参数、热处理工艺参数、滚丝与热处理工艺的匹配性等方面，研究了五种不同结构螺栓的制造工艺，掌握了各结构螺栓外观尺寸、冶金质量、性能等控制方法，试制出五种典型结构的螺栓，如图 4 所示，其螺纹部位和头杆交接部位的组织如图 5 所示，五种结构的螺栓关键力学性能如表 2 所示。

表 2　典型结构的 GH4350 合金螺栓关键力学性能数据

Tab. 2　The key properties of the GH4350 bolts

螺栓类型	室温拉伸	730℃拉伸	730℃持久	疲劳寿命
	抗拉强度/MPa	抗拉强度/MPa	持久寿命（σ=620MPa）	室温，R=0.1，σ_{max}=780MPa
内角螺栓	1786	1295	101.5	9.2×10^4
12 角头螺栓	1786	1292	79.5	$>1.3\times10^5$
D 头型螺栓（1）	1832	1275	55.5	$>1.3\times10^5$

螺栓类型	室温拉伸	730℃拉伸	730℃持久	疲劳寿命
	抗拉强度/MPa	抗拉强度/MPa	持久寿命（$\sigma = 620MPa$）	室温，$R=0.1$，$\sigma_{max} = 780MPa$
D型头螺栓（2）	1780	1290	86	>$1.3×10^5$
双头螺杆	1756	1290	120.5	>$1.3×10^5$

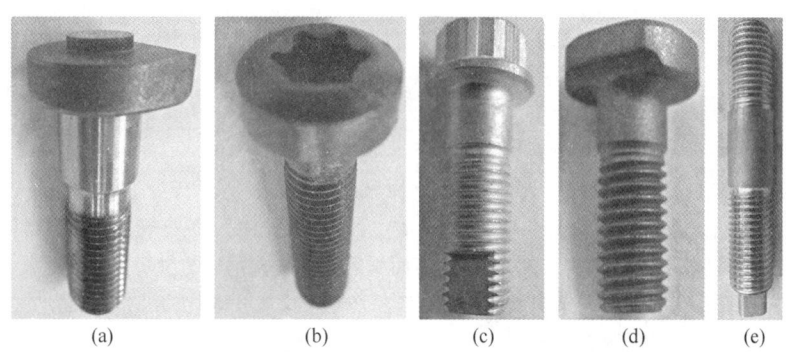

(a)　　　　(b)　　　　(c)　　　　(d)　　　　(e)

图4　几种典型结构的GH4350合金螺栓

Fig. 4　GH4350 fasteners with different typical structure

（a），（d）D型头螺栓；（b）内角螺栓；（c）十二角螺栓；（e）螺杆

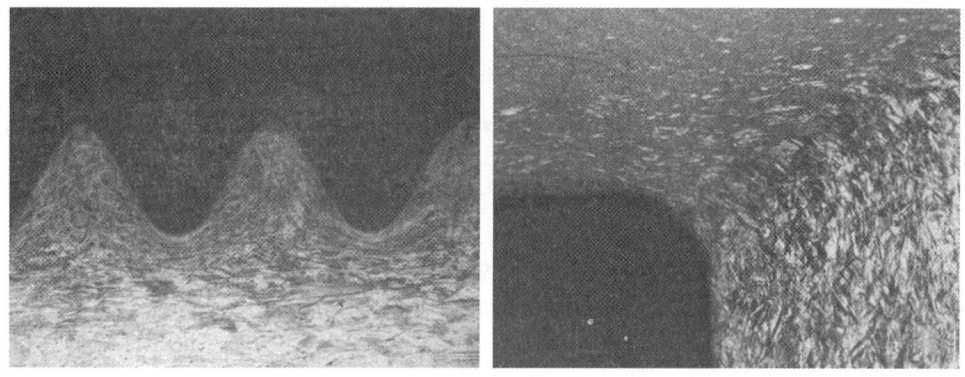

图5　GH4350合金螺栓螺纹及头杆交接部位的组织

Fig. 5　Microstructure of the GH4350 bolts

4　结论

GH4350合金与MP35N、MP159等合金具有相类似的多相合金特征，但其综合高温性能显著提升。

（1）与MP159合金相比，固溶和时效强化元素含量进一步增加，应变强化窗口显著提升，材料的服役温度可提升近150℃。

（2）GH4350合金具有良好的冷热加工性能，能够满足各类复杂结构紧固件的制造要求。

（3）GH4350可以填补GH4738等材料高温强度不足的缺口。

参考文献

[1] Doherty R D, Singh R P. Alloys containing gamma prime phase and particles and process forforming：US，5169463 [P]．1992.

[2] Doherty R D, Singh R P, Slaney J S. Nicke-cobalt based alloys：US，4931255 [P]．1990.

[3] Asgari S. Age-hardening behavior and phase identification in solution-treated AEREX350 superalloy [J]. Metallurgical and Materials Transaction A，2006，37（7）：2051~2057.

[4] SPS Technologies Aerospace Fasteners Group. Superalloys developed by SPS technologies for aerospace fasteners [M]. Jenkintown：SPS Technologies Inc.，1998.

GH4698 高温合金中碳化物的热稳定性及其
对合金拉伸断裂行为的影响

薛建飞*，曹国鑫，杜刚，王玮东，阚志，付宝全

（西部超导材料科技股份有限公司，陕西 西安，710018）

摘 要：对不同热处理状态下 GH4698 高温合金中碳化物热稳定性以及力学行为进行研究。结果表明，GH4698 合金中的碳化物主要是富含 Nb 和 Ti 元素的 MC 型碳化物，经过不同温度下热处理后 MC 型碳化物在 1050℃发生溶解，在 1190℃时大尺寸碳化物（不小于 20μm）溶解面积达到整个碳化物的 50%，晶界处长条状碳化物的尺寸较大（不小于 10μm）且分布较多时，拉伸试样的裂纹容易萌生于大尺寸碳化物处，但晶界处尺寸较小的颗粒状碳化物（不大于 5μm）能够减缓裂纹的扩展。

关键词：GH4698 高温合金；碳化物；热稳定性；力学行为

The Thermal Stability and Its Effect on Tensile Fracture
Behavior of Carbides in GH4698 Superalloy

Xue Jianfei, Cao Guoxin, Du Gang, Wang Weidong, Kan Zhi, Fu Baoquan

（Western Superconducting Technologies Co., Ltd., Xi'an Shaanxi, 710018）

Abstract：The thermal stability and mechanical behavior of carbides in GH4698 superalloy under different heat treatment conditions have been studied. The result shows that the main type of the carbides in GH4698 superalloy is MC-type carbides, which are rich in Nb and Ti elements. Through heat treatment at different temperature, the MC-type carbides begin to dissolve at 1050℃. Moreover, the dissolution area of the large carbide with the size of more than 20 micron can be to be 50% at 1190℃. When some more carbides with long strip shape at the sizes of more than 10 micron distribute at the grain boundary, the cracks of tensile samples easily initiate. However, the granule carbides at the size of less than 10 micron distribute at the grain boundary, the crack propagation will be slowed down.

Keywords：GH4698 superalloy; carbide; thermal stability; mechanical behavior

碳化物在镍基高温合金中起着非常重要的作用，特别是对碳含量较高的 GH4698 合金而言，碳元素作为晶界强化元素，会影响碳化物的数量、尺寸和形貌，对力学性能会产生很大影响[1]。

GH4698 合金中碳化物类型主要为 MC 型和 $M_{23}C_6$ 型碳化物，GH4698 合金成品电极需要经过均匀化热处理以及后续的热加工过程，在此过程中碳化物的类型和尺寸可能会发生一些变化，但是在均匀化热处理和热加工过程中碳化物的稳定性以及相应的碳化物形貌和尺寸对力学性能的影响还不够清楚，本文对在不同热处理制度下 GH4698 合金碳化物的稳定性以及该碳化物对力学性能的影响进行研究。

1 试验材料及方法

试验用的 GH4698 合金的化学成分（质量分数,%）为：C 0.05，Cr 14.70，Al 1.70，Ti 2.60，Mo 3.05，Nb 2.0，Zr 0.03，B 0.005，Ce 0.002，Fe

＊作者：薛建飞，工程师，联系电话：18629034981，E-mail：xjf19891220@qq.com

0.80，S 0.0007。本研究 GH4698 合金真空自耗锭的头部中心处样品进行 850℃、900℃、950℃、1000℃、1050℃、1160℃和1190℃保温 2h 后，立即水淬后进行 OM 和 SEM/EDS 分析。对 GH4698 合金 φ300mm 棒材 1/2R 附近位置取样，晶粒平均尺寸为 100μm，对该试样进行（1）1100℃/8h，空冷+1000℃/4h，空冷+775℃/16h，空冷和（2）1050℃/8h，空冷+1000℃/4h，空冷+775℃/16h，空冷，两种热处理制度，对拉伸试样进行室温和 750℃高温拉伸，对拉伸试样的断口纵截面进行 OM 分析。

2　试验结果及分析

2.1　不同热处理温度下碳化物的形貌

图 1 表示在 850℃、900℃、950℃、1050℃和 1190℃保温 2h 后淬火后碳化物的形貌。从图 1 可以看出，铸态试样中碳化物主要为短棒状、长条状和立方状，长度方向的尺寸基本上不小于

10μm，甚至最长的尺寸能够达到 80μm。从 1050℃碳化物开始从边部溶解，随着温度的升高，碳化物溶解面积增大，此类型的碳化物主要是 MC 型碳化物，其他类型的碳化物（$M_{23}C_6$ 等）溶解温度都不大于 1050℃[2]。

图 2 表示 MC 型碳化物的 SEM 形貌和 EDS 分析结果。从图 2 可以看出，MC 型碳化物主要元素为 Nb、Ti、Mo 和 C 元素，试样经过 1190℃保温 2h 后 MC 型碳化物发生了分解，部分 MC 型碳化物溶解体积约为整个碳化物的 50%（质量分数），并且碳化物长度尺寸由 20μm 减小到 10μm，碳化物边缘的小颗粒尺寸碳化物尺寸不大于 2μm。GH4698 合金均匀化最高温度在 1160～1190℃，GH4698 合金在开坯锻造前先经过一段时间的均匀化热处理，能够将凝固过程中析出的 MC 型碳化物进行一定程度的溶解，使得碳化物尺寸减小，而在后续热加工过程中碳化物尺寸会进一步减小，从而提高后续锻件的力学性能[3]。

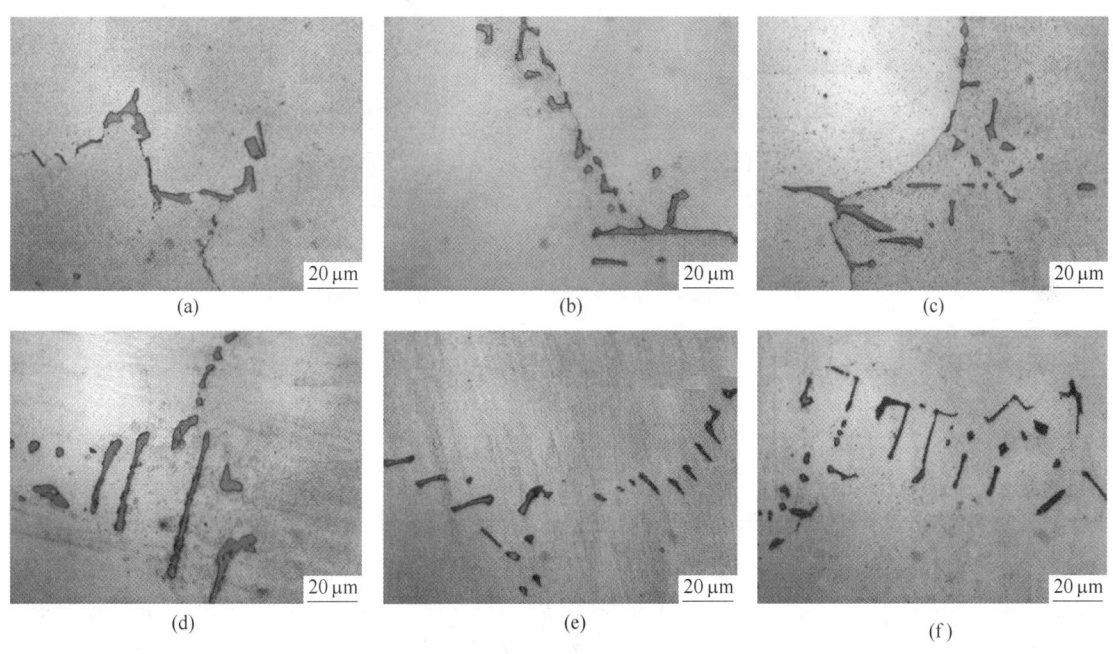

图 1　不同处理状态下碳化物的形貌

Fig. 1　Morphology of carbides under different test treatment conditions

（a）铸态；（b）850℃/2h，水淬；（c）900℃/2h，水淬；（d）950℃/2h，水淬；
（e）1050℃/2h，水淬；（f）1190℃/2h，水淬

2.2　不同热处理状态、不同温度下拉伸断口纵截面碳化物形貌

图 3 表示不同热处理制度下，室温拉伸断口纵截面金相组织图片（图 3(a) 试样热处理制度

为（1），图 3(b) 热处理制度为（2）），从图 3 可以看出室温拉伸试样断口的裂纹主要发生在晶界上，主要表现为沿晶断裂，晶界上分布有大尺寸 MC 型碳化物（大于 10μm）为裂纹的萌生质点，裂纹萌生后逐渐沿着裂纹扩展（图 3），但是晶界

上颗粒状不连续的小尺寸碳化物（不大于 5μm）能够抑制裂纹的扩展。

图 4 表示不同热处理制度下，750℃拉伸断口纵截面金相组织图片（图4(a)、(b) 试样热处理制度为（1），图 4(c)、(d) 热处理制度为（2）），从图 4 可以看出 750℃拉伸试样断口的裂纹主要发生在晶界上，主要表现为沿晶界断裂，晶界上小尺寸碳化物（不大于 5μm）较少时裂纹扩展比较明显（图 4(c)），晶界上碳化物小尺寸碳化物（不大于 5μm）较多时能够阻碍裂纹扩展。

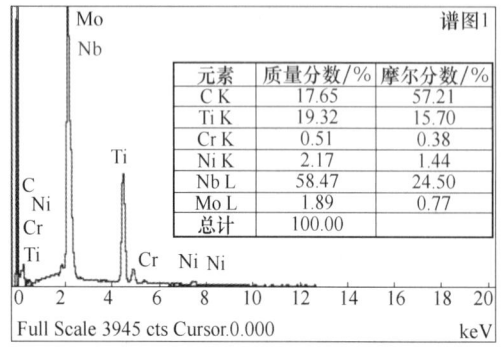
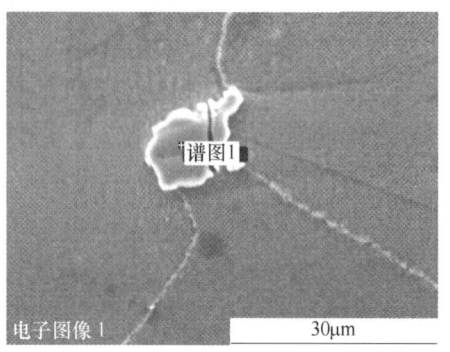

元素	质量分数/%	摩尔分数/%
C K	17.65	57.21
Ti K	19.32	15.70
Cr K	0.51	0.38
Ni K	2.17	1.44
Nb L	58.47	24.50
Mo L	1.89	0.77
总计	100.00	

(a)

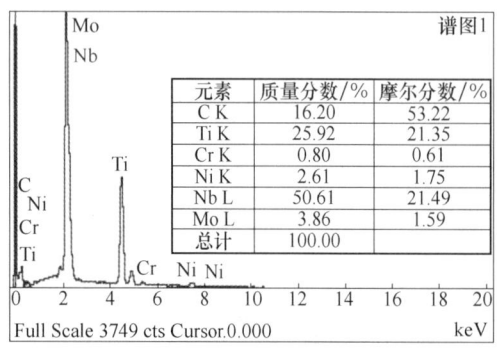
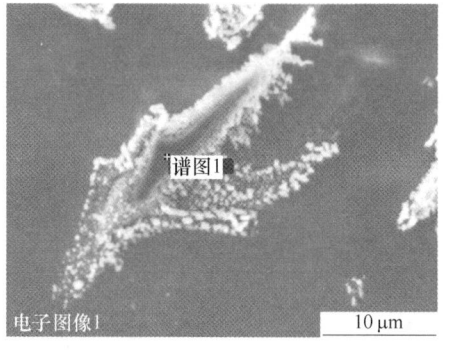

元素	质量分数/%	摩尔分数/%
C K	16.20	53.22
Ti K	25.92	21.35
Cr K	0.80	0.61
Ni K	2.61	1.75
Nb L	50.61	21.49
Mo L	3.86	1.59
总计	100.00	

(b)

图 2 不同处理状态下碳化物的 SEM 和 EDS 分析

Fig. 2 SEM/EDS analysis of carbides under different test treatment conditions

（a）铸态；（b）1190℃/2h

(a)　　　　　　　　　　　　(b)

图 3 不同热处理状态试样的室温拉伸断口纵截面

Fig. 3 The longitudinal section of tensile samples' fractures at room temperature under different test treatment conditions

（a）热处理制度（1）试样；（b）热处理制度（2）试样

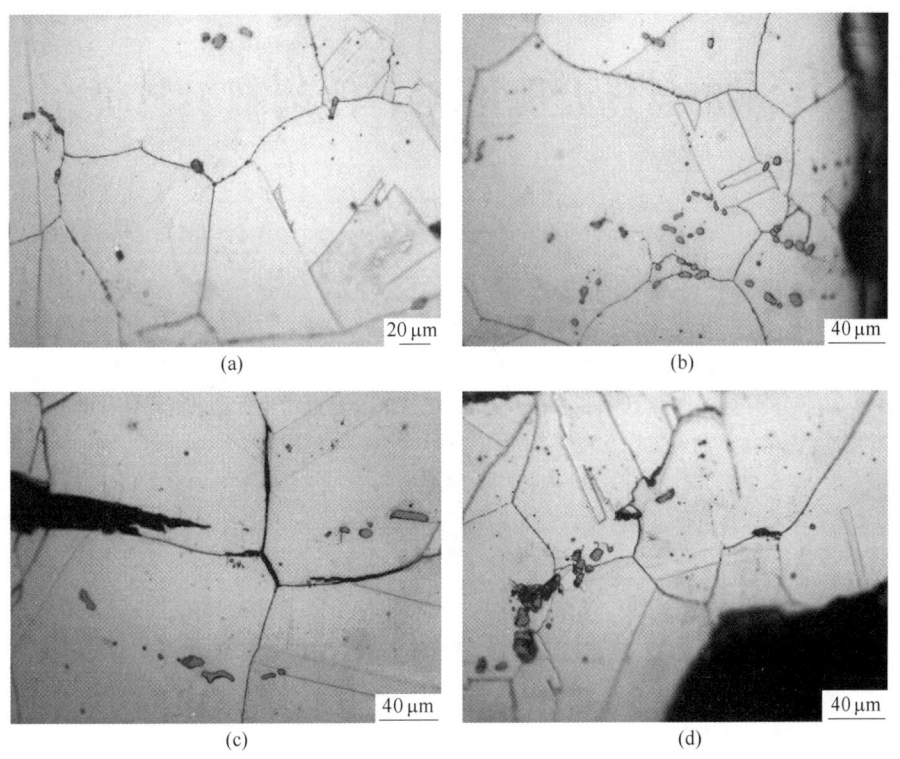

图 4　不同热处理状态下 750℃拉伸试样断口纵截面

Fig. 4　The longitudinal section of tensile samples' fractures at 750℃ under different test treatment conditions

（a），（b）热处理制度（1）试样；（c），（d）热处理制度（2）试样

3　结论

（1）GH4698 合金铸态组织中碳化物主要为 MC 型碳化物，在 1050℃温度下碳化物发生部分溶解，在 1190℃温度下大尺寸碳化物（不小于 20μm）溶解面积达到整个碳化物的 50%。

（2）GH4698 合金中室温和高温拉伸试样主要表现为沿晶断裂。

（3）GH4698 合金中尺寸不小于 10μm 长条状 MC 型碳化物富集在晶界处易引起裂纹萌生，尺寸

不大于 5μm 颗粒状 MC 型碳化物不连续的分布于晶界处可能阻碍裂纹萌生。

参考文献

[1]　秦鹤勇，焦兰英，张北江，等. 碳化物对 GH4698 涡轮盘性能不均匀性的影响 [J]. 材料与冶金学报，2005，4（3）：225~228.

[2]　郭建廷. 高温合金材料学（上册）[M]. 北京：科学出版社，2008：295~301.

[3]　王卫红. GH4698 合金特大型涡轮盘组织性能及热处理制度的研究 [D]. 重庆：重庆大学，2008.

GH4698 合金大规格环形件试制工艺研究

韦家向[1*]，王信才[2]，岳伟[1]

（1. 四川六合特种金属材料股份有限公司，四川 江油，621701；
2. 攀钢集团四川长城特殊钢公司技术中心，四川 江油，621701）

摘　要：通过对 GH4698 合金大规格环形件试制过程中易出现的问题进行分析，采取措施，制定工艺，得出以下结论：采用 4500 压机+精锻机制坯生产方式生产的 GH4698 合金棒材组织均匀细小、低、高倍组织合格，成材率有较大的提高；采用双层软包套技术可保证 GH4698 合金温度处于最佳温度区间内，防止热加工过程开裂；制定的冶炼、热加工工艺合理，生产的 GH4698 合金大规格环形件满足成分、组织、性能、超声波探伤等标准要求。

关键词：GH4698 合金；大规格；环形件；工艺

Study on Trial Manufacture Process of Large Size Ring of GH4698 Alloy

Wei Jiaxiang[1], Wang Xincai[2], Yue Wei[1]

（1. Sichuan Liuhe Special Metal Materials Co., Ltd., Jiangyou Sichuan, 621701；
2. Technology Center, Jiangyou Changcheng Special Steel Co., Ltd., Pangang Group,
Jiangyou Sichuan, 621701）

Abstract：Based on the analysis of problems occurred easily in the trial-manufacturing process of GH4698 alloy large size ring, taking measures, formulating process, the following conclusions are drawn: the GH4698 alloy bar produced by using 4500 press+precision forging machine has uniform and fine structures, qualified microstructures and acrostructures, the yield of which is greatly improved; the technology of the double soft casings can ensure the working temperatures of GH4698 alloy in the best temperature range to prevent cracking during hot working; the formulated smelting and hot working processes are reasonable, the produced large size rings of GH4698 alloy meet the standard requirements of compositions, structures and properties, and ultrasonic inspection.

Keywords：GH4698 alloy; large size; rings; process

先进燃气轮机是 21 世纪动力设备的核心，也是标志一个国家工业基础先进程度的关键技术[1]。燃气轮机具有高功率、高热效率、体积质量小、低污染等突出优点，以大型燃气轮机为核心的联合循环系统将逐步取代传统的蒸汽轮机，成为未来大型火力发电站的标准装备，同时燃气轮机也是现代大型水面舰船的首选动力。随着燃气轮机不断向大型化的方向发展，所装备的地面和舰用大型燃气轮机对高温合金提出新的要求，即部件尺寸大、使用寿命长而且成本低[2]；GH4698 合金作为燃气轮机材料，550~800℃ 范围内具有高的持久强度和拉伸强度，良好的塑性和综合性能，及长期使用组织稳定，因而得到广泛运用。

我公司本次同时也是首次试制的 GH4698 合金大规格环形件特点是：Al、Ti、Nb 含量之和达到 6.5%，γ'相含量高达 27%，另有 3.2% 左右的 Mo

＊作者：韦家向，工程师，联系电话：18121896691，E-mail：540125293@qq.com

进行固溶强化以及 Mg、Zr、B、Ce 进行晶界强化[3]；在试制过程中，GH4698 合金塑性变形温度区间窄，变形抗力大，易在热加工过程中产生裂纹，生产的大规格产品易出现低倍粗晶等质量问题，因而制造难度较大，对工艺提出了新要求，为改善和提高产品质量，有必要对 GH4698 合金大规格环形件试制工艺进行研究。

1　试验材料及试验方法

采用真空感应加真空自耗重熔的冶炼工艺路线，锻制 $\phi859mm \times \phi882mm \times 180mm$、$\phi961mm \times \phi911mm \times 95mm$ 等规格。

1.1　化学成分控制工艺

真空感应炉冶炼 GH4698 合金电极棒采用高纯度金属原料，并冶炼成中间合金进行初步的提纯，降低夹杂物含量。精确配料，保证各合金元素比例，采用高真空度、低功率长时间熔化的方法降低金属挥发损失，采用浇注前加 Mg 并充 Ar 气保护的方法稳定 Mg 元素收得率。采用低熔点固体渣脱硫的方法降低 GH4698 合金 S 元素含量。

1.2　减小钢锭成分偏析控制工艺

为了减小大规格真空自耗锭的 GH4698 合金成分偏析，在自耗重熔过程中，采用低熔速、短弧冶炼方法，并在冶炼过程中采用氦气冷却，加速钢液冷却，增加冷却速度，减小熔池深度，减小微观偏析，避免宏观偏析。另外，为了进一步减小和改善大锭型枝晶间的微观偏析，对钢锭采用了高温长时间均匀化热处理：1190℃×100h，一方面有利于化学元素充分均匀；另一方面可以消除碳化物聚集区的边界应力集中，提高热加工塑性。

1.3　热加工工艺控制工艺

为解决钢锭从加热炉转移过程中的热量损失及锻造过程中的温降，采用双层软包套技术；为保证大规格环形件成品有良好的组织、性能及超声波探伤质量，考虑到随着热加工生产的进行，GH4698 合金组织质量及热加工塑性将逐步改善，因而采用逐步降温变形工艺：钢锭锻造加热温度为 1170℃，环形件镦粗、冲孔、扩孔加热温度为 1120℃，末火环形件轧制加热温度为 1080℃。另外，发挥了 4500t 压机的大吨位优势和作用，采用多次镦拔工艺锻造开坯。采用 1800t 径锻成材，精锻机四个锤头同步快速锤击，与其他压机平砧锻造相比，使 GH4698 合金坯料在锻造变形过程中几乎无宽展，各部分变形均匀，具有应力状态好，拔长效率高，温降少，尺寸精度高的优点，在锻造过程中不易开裂，提高了成材率。

2　试验结果及分析

2.1　试验结果

化学成分检测结果见表 1。

表1　GH4698 合金化学成分检测结果
Tab. 1　Testresults of chemical compositions of GH4698 alloy

元　素	C	Cr	Ni	Mo	Al	Ti	Nb	Fe
标准要求	0.03~0.07	13.0~16	余	2.80~3.2	1.45~1.8	2.35~2.75	1.90~2.2	≤2.00
实测值	0.052	14.2	余	3.09	1.7	2.68	2.13	0.27

元　素	Mg	Zr	P	B	Mn	Ce	Si	S
标准要求	≤0.01	≤0.05	≤0.015	≤0.008	≤0.4	≤0.005	≤0.50	≤0.007
实测值	0.004	0.039	<0.001	0.0031	0.018	<0.005	0.041	0.0006

元　素	Cu	Bi	As	Sn	Sb	Pb
标准要求	≤0.07	≤0.0001	≤0.0025	≤0.0012	≤0.0025	≤0.001
实测值	0.01	<0.0001	<0.0025	<0.0012	<0.0025	<0.001

GH4698 合金棒材横低倍及环形件低倍晶粒细小均匀，无肉眼可见缺陷，低倍组织无肉眼可见的碳化物偏析和残余铸造组织，未见缩孔、裂纹、夹杂、疏松等应记录的冶金缺陷；流线沿外形分布，无外露，无涡流；无过热或过烧区。低倍组织图片见图 1 和图 2。

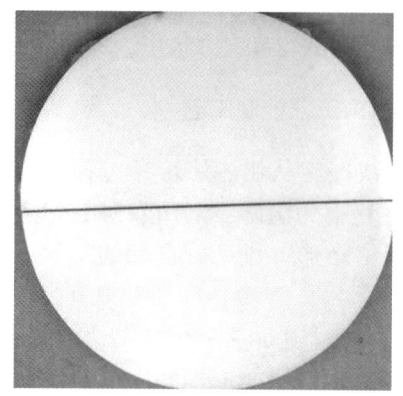

图 1　棒料低倍图片

Fig. 1　Macrostructure of the bar

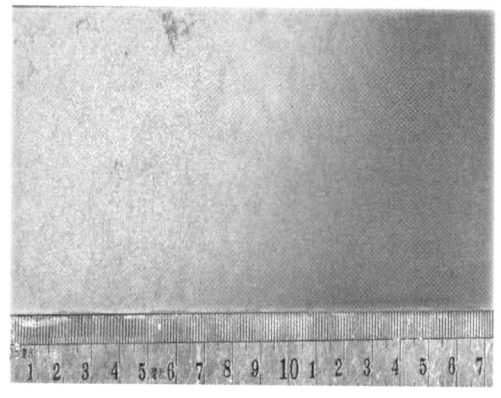

图 2　环形件低倍图片

Fig. 2　Macrostructure of the ring

GH4698 合金棒材边缘晶粒明显比 1/2R 和心部细小，但均满足标准要求，见图 3(a)、(b) 和 (c)，主要是由于在开坯过程中边缘温度低，变形大，而心部变形小温度高。另外，随着热加工即环形件的镦饼、冲孔、扩孔、定径和热处理的进行，显微组织进一步细化，更加均匀细小，见图 3(d)。

成品材料取样检测性能，其检测结果均合格，而且富裕量很大，见表 2。

图 3　棒料不同部位及环形件显微组织

Fig. 3　Microstructures of the different parts of the bar and the ring

（a）棒料边缘显微组织；（b）棒料 1/2R 显微组织；（c）棒料中心显微组织；（d）环形件显微组织

表2　GH4689合金环件室温性能

Tab. 2　The properties of GH4698 alloy ring at room temperature

取样部位	抗拉强度/MPa	屈服强度/MPa	延伸率A/%	面缩率Z/%	冲击韧性a_{KU}/J·cm^{-2}	布氏硬度（HB）	650℃，720MPa高温持久断裂时间/h
标准	≥1130	≥705	≥17	≥19	≥49	302~363	≥50
实测结果	1197	776	20.5	23.0	76.75	323	171
热处理制度为：1100℃×8h，空冷+1000℃×4h，空冷+775℃×16h，空冷							

2.2　试验分析

2.2.1　双真空熔炼分析

GH4698合金冶炼成分需严格控制，特别是Al、Ti、Nb等需按标准上限控制，其影响到γ′相的多少和环形件性能；另外，要注意Mg元素的添加和S元素含量控制，理想的S含量要求是降低到$1×10^{-3}$%以下，其关系到GH4698合金热加工塑性的改善，为热加工打下基础。本次试制S含量为0.0006%，故在锻造热加工中，热塑性非常好。

2.2.2　减小钢锭成分偏析控制

GH4698合金锭型较大，因而锭中的枝晶组织发达、合金元素偏析严重，因而造成钢锭的成分微观偏析，甚至宏观偏析，进而造成钢锭热加工过程中易开裂，尤其是Nb、Mo、Ti、Al等元素的微观偏析和碳化物点状偏析，因而需采取措施减小成分偏析。本次试制自耗采用低熔速、短弧冶炼方法，并在冶炼过程中采用氦气冷却，同时钢锭采用了高温长时间均匀化热处理：1190℃×100h，故低倍检验无微观偏析，说明钢锭偏析不严重。

2.2.3　热加工控制

GH4698合金热加工塑性温度范围窄：在1040~1170℃之间，一般情况下，锻造钢锭从加热炉转移到压机时钢锭表面温度损失在100℃以上，控制终锻温度非常困难，需采取保温及防温降措施，以保证温度处于最佳温度区间内，防止热加工过程开裂。针对高温合金在不断温度区间具有不同极限变形量的现象，采用逐级降温的锻造方式，相应其火次变形量在15%~40%范围内做变化。该方式能有效避免缺口敏感问题，同时较好地控制了中间坯及成品组织均匀性的问题。

3　结论

（1）采用4500压机+精锻机制坯生产方式生产的GH4698合金棒材组织均匀细小，低、高倍组织合格，成材率有较大的提高。

（2）采用双层软包套技术可保证GH4698合金温度处于最佳温度区间内，防止热加工过程开裂。

（3）制定的冶炼、热加工工艺合理，生产的GH4698合金大规格环形件满足成分、组织、性能、超声波探伤等标准要求。

参考文献

[1] 师昌绪，仲增墉. 中国高温合金五十年 [M]. 北京：冶金工业出版社，2006：164~171.

[2] 材料科学和技术综合专题组.2020年中国材料科学和技术发展研究 [C]//2020年中国科学和技术发展研究暨科学家讨论会论文集（上册），北京：2004.

[3] 吴贵林，等.GH4698合金真空自耗大锭型的冶炼及加工 [C]//中国金属学会高温材料分会. 第十一届中国高温合金年会论文集. 北京：冶金工业出版社，2007：209~212.

GH4698 合金中第二相阻碍晶粒异常长大的效果

王志刚*，李凤艳，侯少林

（抚顺特殊钢股份有限公司技术中心，辽宁 抚顺，113001）

摘 要：本文研究了 GH4698 合金坯料经不同温度加热轧制棒材，并在不同温度固溶处理条件下，MC 型碳化物和 $M_{23}C_6$ 型碳化物、γ' 相分布状况与晶粒长大的关系。结果表明，GH4698 合金轧制棒材原始显微组织中晶界析出 $M_{23}C_6$ 型碳化物较少，并且分布不均匀。温度不高于 1020℃，γ' 相能够钉扎晶界束缚晶粒异常长大。1030℃ 至 1100℃ 固溶处理，合金中 $M_{23}C_6$ 型碳化物无法有效阻碍晶粒异常长大。通过提高锭坯高温扩散退火和提高加热温度，促使轧制状态棒材中聚集析出大量二次 MC 型碳化物，在标准热处理条件下能有效减小晶粒尺寸，缩小晶粒级差。

关键词：GH4698；第二相；异常晶粒长大

Effect of Second Phase on Inhibiting Abnormal Grain Growth in GH4698 Alloy

Wang Zhigang, Li Fengyan, Hou Shaolin

（Technical Center of Fushun Special Steel Co., Ltd., Fushun Liaoning, 113001）

Abstract：In this paper studied the relationship between the distribution of MC carbide, $M_{23}C_6$ carbide and γ' phase and grain growth of GH4698 alloy billet rolled at different temperature and solution treatment at different temperature. The results show that less $M_{23}C_6$ type carbides precipitated at grain boundary and the distribution is not uniform in the original microstructure of GH4698 alloy rolled bar. When the temperature is not higher than 1020℃, the γ' phase has the pinning effect on the grain boundary and inhibits abnormal grain growth. After solution treatment at 1030℃ to 1100℃, the $M_{23}C_6$ carbides in the alloy can't effectively prevent the abnormal grain growth. Increasing the homogenizing temperature and heating temperature of the ingot and billet promotes the precipitation of a large number of secondary MC carbides in the as-rolled bar, which can effectively reduce the grain size and the grain grade difference under standard heat treatment conditions.

Keywords：GH4698；second phase；abnormal grain growth

国内已有多篇文献[1,3] 研究紧固件用途的 GH4698 合金棒材微观组织和力学性能。而 GH4698 合金一直沿用苏联 1955 年研制的 ЭИ698 合金标准热处理制度[4]，即（1120±10）℃ 或（1100~1120）℃×8h/空冷+（1000±10）℃×4h/空冷+（775±10）℃×16h/空冷。标准热处理状态 GH4698 合金经常出现 ASTM 0 级或 00 级的异常粗大晶粒，并伴随级差较大的混晶组织。这类异常

长大晶粒和混晶组织损害材料服役期间的疲劳寿命。GH4698 合金螺栓已在某些型号试车中出现疲劳失效案例。因此需研究不改变标准热处理制度前提下，细化 GH4698 合金晶粒，缩小其晶粒级差。

高温合金热加工中发生不完全动态再结晶时会出现异常粗大晶粒[5~10]。第二相强化的高温合金热加工中存在应变诱导晶粒异常长大的机制[11]。

*作者：王志刚，教授级高工，联系电话：13804132634，E-mail：fstgwangzhigang@vip.sina.com

即使高温合金热加工中获得均匀细小的晶粒，后续热处理过程中也会出现异常晶粒长大现象。国内外研究过高铌含量的 718 合金以及 γ′ 相体积分数 40% 以上的 FGH96、Rene′88DT、UDIMET720Li、UDIMET520 等高温合金晶粒异常长大机制[12~17]。高温合金中第二相，包括 δ 相、γ′ 相、MC 型碳化物和碳氮化物颗粒的溶解导致其热处理过程中晶粒选择性异常长大。而 GH4698 合金等 γ′ 相体积分数 20% 以内的材料热处理后出现晶粒异常长大和混晶组织成因鲜有研究。本文研究 GH4698 合金中 γ′ 相、MC 碳化物、$M_{23}C_6$ 碳化物分布状况与晶粒异常长大的关系。

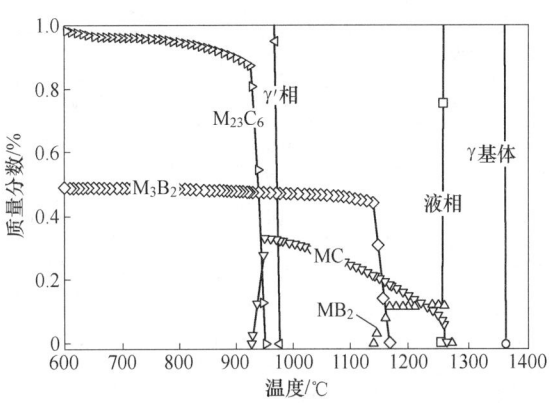

图 1　GH4698 合金第二相图

Fig. 1　Second phase diagram of GH4698 alloy

1　试验料和试验方法

GH4698 合金试验料（成分见表 1）采用真空感应炉+真空电弧炉工艺熔炼 3000kg 和 150kg 锭。铸锭均进行（1190±10）℃不少于 30h 均匀化退火。铸锭开坯后热轧棒材（见表 2），从轧制状态棒材上取样进行不同固溶温度及相应保温时间的热处理试验。热处理后圆柱形试样沿径轴向剖开，纵向截面经抛光、腐蚀后采用光学显微镜测定晶粒度，采用扫描电子显微镜观察相应热处理条件下的第二相的数量、尺寸、分布状况。钢铁研究总院帮助计算 GH4698 合金第二相图（见图 1）。

2　试验结果

2.1　试验 I

GH4698 合金采用一支 3000kg 锭锻造和轧制开坯后进一步轧制小尺寸棒材，进行不同温度固溶处理的结果（表 3）显示，固溶温度不高于 1020℃，晶粒度保持轧制状态原始尺寸。1030℃固溶处理出现异常长大晶粒。即使标准热处理状态，棒材中心区原始晶界上的 $M_{23}C_6$ 碳化物仍未全部回溶；但其晶界发生迁移，晶粒异常长大，并且出现较大晶粒级差。

表 1　GH4698 合金化学成分

Tab. 1　Chemical composition of GH4698 Alloy　　　　　　　　　（质量分数，%）

元素	C	Cr	Ni	Mo	Al	Ti	Nb	Fe	B	Mg	Ce	Zr
最少		13.0	余	2.80	1.30	2.35	1.80					
最多	0.08	16.0		3.20	1.70	2.75	2.20	2.00	0.005	0.008	0.005	0.05

表 2　试验方案

Tab. 2　Test program

试验	锭型	开坯方式	棒材规格	坯料加热试验	热处理试验
I	3000kg	锻造+轧制	φ30mm	1140℃	1000~1100℃，保温 1h、2h、4h、6h、8h/空冷①
II	150kg	轧制	φ12.5mm	1140℃ 1140℃+短时 1210℃	1100℃×8h/空冷+1000℃×4h/空冷+775℃×16h/空冷

①显示 GH4698 合金晶界，每项固溶处理辅之以 775℃×4h/空冷时效处理。

表 3　热处理试验结果

Tab. 3　Heat treatment test results

固溶处理制度	晶粒度/级	微观组织特征
原始轧制状态	ASTM 8	晶粒细小均匀，晶界上 $M_{23}C_6$ 碳化物稀少且分布不均匀（图 3（a）），晶内长条形 MC 碳化物孤立、随机弥散分布

续表3

固溶处理制度	晶粒度/级	微观组织特征
1000℃×8h/空冷	ASTM 8	晶粒细小均匀
1020℃×8h/空冷	ASTM 8	晶粒细小均匀（图2（a））
1030℃×1h/空冷	ASTM 0~8	中心区粗细晶粒混杂（图2（b）），未长大晶粒被 $M_{23}C_6$ 碳化物包围晶界（图3（b））；近表层和1/2半径区晶粒普遍长大，晶界克服 $M_{23}C_6$ 碳化物钉扎而迁移（图3（c））
1030℃×2h/空冷	ASTM 00~5	晶粒普遍长大，中心区域晶内可见原始晶界上残留的 $M_{23}C_6$ 碳化物
1060℃×4h/空冷	ASTM 00~4	晶粒普遍长大，中心区域晶内可见原始晶界上残留的 $M_{23}C_6$ 碳化物
1100℃×4h/空冷	ASTM 00~3	晶粒普遍长大，中心区域晶内可见原始晶界上残留的 $M_{23}C_6$ 碳化物

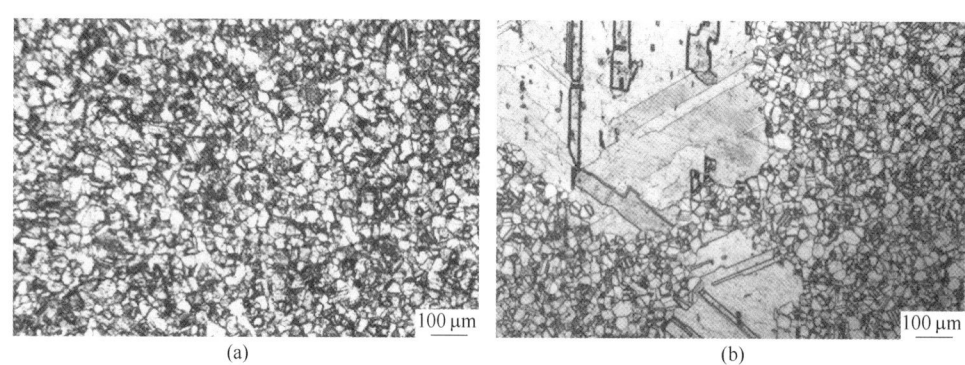

图 2　GH4698 合金棒材经 1020℃×8h/空冷（a）和 1030℃×1h/空冷（b）固溶处理后晶粒组织

Fig. 2　Grain structure of GH4698 alloy bar after solution at 1020℃×8h/AC（a）and 1030℃×1h/AC（b）

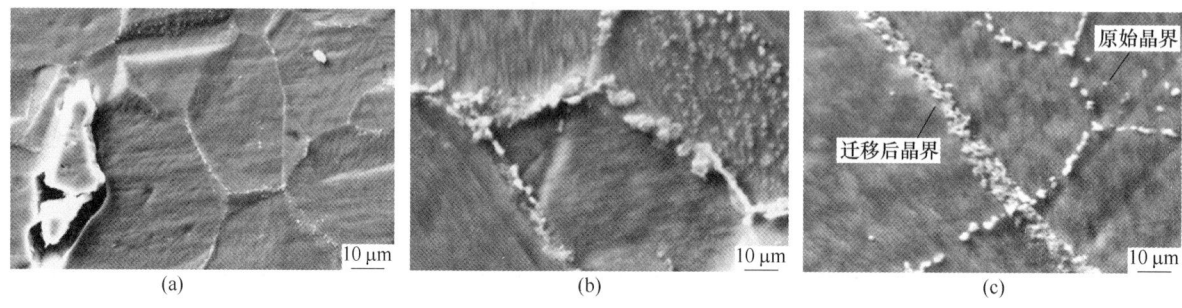

图 3　GH4698 合金棒材轧制状态（a）及 1030℃固溶处理后中心区（b）和 1/2 半径区（c）的晶界碳化物

Fig. 3　The grain boundary carbides of GH4698 rolled alloy bar（a）and in the central region（b）and the 1/2 radius region（c）after solution treatment at 1030℃

2.2　试验 II

GH4698 合金采用两支 150kg 锭分别试验坯料加热工艺试验。结果（见表4）显示，GH4698 合金采用1140℃加热坯料，热轧棒材以及其标准热处理后，晶界均先有 $M_{23}C_6$ 碳化物析出。晶内呈线链状排列的 MC 碳化物较多。坯料在 1140℃加热的基础上，短时间提高加热温度后，使坯料不能透烧，制造了热轧棒材在标准热处理状态出现近表层细晶区和内层粗晶区。细晶区的 MC 碳化物颗粒尺寸明显大于粗晶区；细晶区 MC 碳化物数量明显多于粗晶区；晶内 MC 碳化物呈现沿轧制方向线链状平行排列。细晶区晶界上 $M_{23}C_6$ 碳化物数量也明显多于粗晶区。

表4　坯料不同加热温度试验结果

Tab. 4　Test results of different heating temperatures for billets

坯料加热	状态/区域	晶粒度	第二相分布
1140℃	原始轧制状态	ASTM 8	晶界鲜有 $M_{23}C_6$ 碳化物（图4(a)），晶内MC碳化物线链状平行排列（图4(b)）
	标准热处理状态	ASTM 2~6	晶界鲜有 $M_{23}C_6$ 碳化物，晶内MC碳化物线链状平行排列
1140℃+短时 1210℃	标准热处理/近表层	ASTM 4~5	晶界有 $M_{23}C_6$ 碳化物且局部晶界碳化物堆叠（图5(b)）；晶内MC碳化物线链状平行排列（图5(a)）。三角晶界处有一次MC碳化物钉扎（图5(c)）。有大小两种尺寸的 γ' 相粒子（图6(a)）
	标准热处理/内层	ASTM 00~1	晶界存在 $M_{23}C_6$ 碳化物，晶内MC碳化物较少（图5(d)）。仅有小尺寸 γ' 相粒子，没有大尺寸 γ' 相粒子（图6(b)）

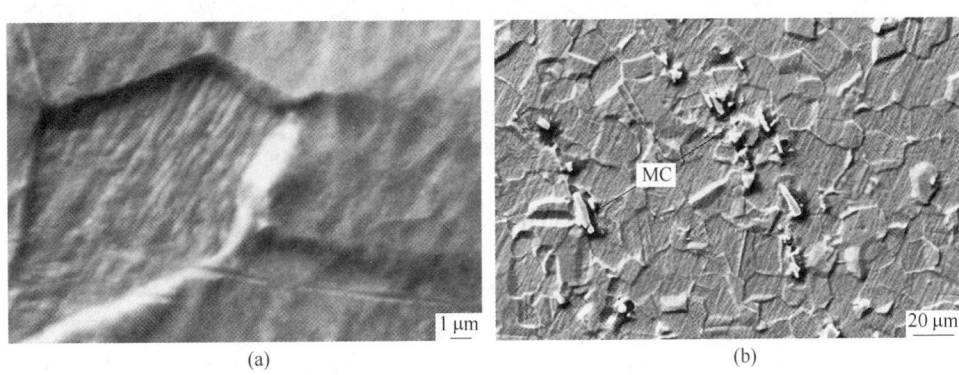

(a)　　　　　　　　　　　　　　　　(b)

图4　小锭扩散退火后经1140℃加热，轧制棒材的原始状态晶界鲜有碳化物（a），晶内MC碳化物线链状排列（b）

Fig. 4　As-rolled bars manufactured from small ingot heated at 1140℃ after homogenizing, the original state grain boundary of rolled bars has little carbides （a）, transgranular MC carbide linear chain arrangement （b）

3　讨论

GH4698合金微观组织由 γ 基体、γ' 相、M_5B_4 硼化物及MC和 $M_{23}C_6$ 碳化物组成。能够起到钉扎晶界作用的第二相是 γ' 相、MC 和 $M_{23}C_6$ 碳化物。钢铁研究总院计算的GH4698合金第二相图表明，平衡状态 γ' 相完全溶解低于1000℃；$M_{23}C_6$ 碳化物完全溶解温度略低于 γ' 相；富铌的MC型碳化物析出温度范围为960~1280℃，即GH4698合金会析出二次MC型碳化物。

文献［18］介绍GH4698合金中 γ' 相完全溶解温度为1020℃。由于合金存在一定程度微观偏析，因此GH4698合金中存在大小两种 γ' 相粒子[3]。本文发现150kg锭型轧制小尺寸棒材时，选用1140℃加热坯料，标准热处理条件下棒材只有小尺寸的 γ' 相粒子。但1210℃加热坯料，标准热处理条件下出现了大小两种 γ' 相粒子。这可能

与高温加热坯料时MC碳化物（化学式 $(Nb_{0.60}Ti_{0.30}Mo_{0.10})C$）[18] 溶解和退化，棒材形成更多的 γ' 相和 $M_{23}C_6$ 碳化物（化学式 $(Cr_{0.72}Mo_{0.17}Nb_{0.07}Ti_{0.04})_{23}C_6$）[18] 有关。由于 γ' 相不均匀析出，其全部溶解温度会高于1020℃。固溶温度不高于1020℃，γ' 相能够有效束缚晶粒长大。由于GH4698合金凝固前液态析出的MC碳化物消耗很多碳元素，所以固态析出的 $M_{23}C_6$ 碳化物较少。棒材原始晶界上碳化物颗粒稀疏未能包围整个晶界。固溶温度1030~1100℃期间，$M_{23}C_6$ 碳化物不能有效阻碍晶界迁移。但标准热处理状态下，发现GH4698合金中MC碳化物仍然能够钉扎晶界，MC碳化物线链状平行排列则能够延迟晶界迁移的速率，阻碍晶粒异常长大。

通常液态析出的一次MC碳化物颗粒是随机弥散分布，而固态形成二次MC碳化物则会在热加工过程中在位错密度较大区域以及动态再结晶的晶界上分布，因此二次MC碳化物颗粒就会相对聚

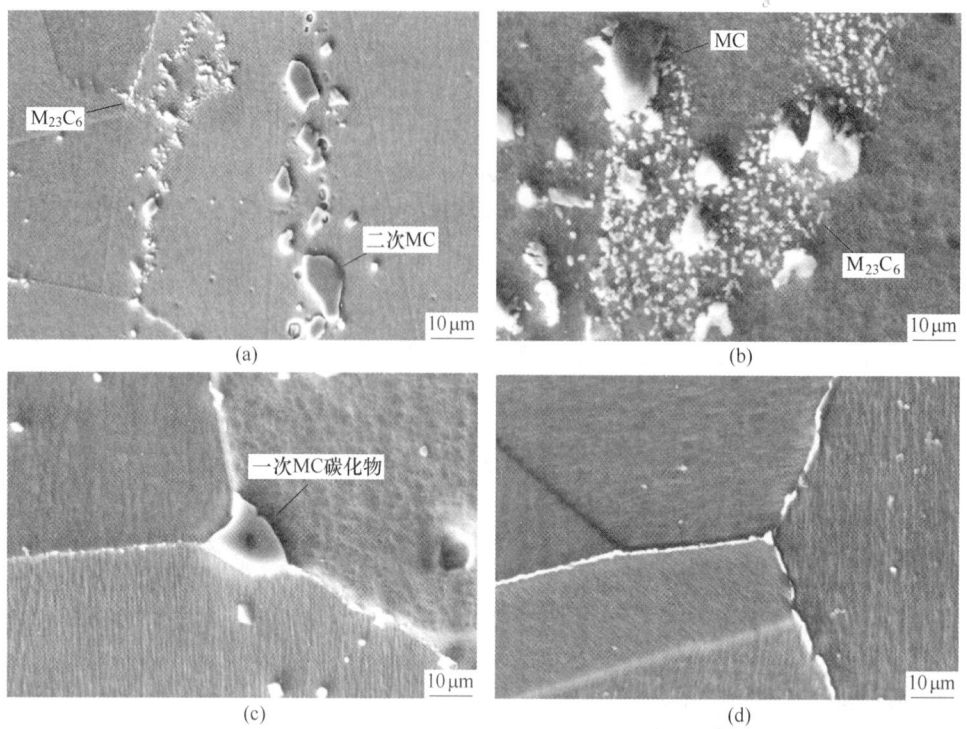

图 5　经 1210℃ 短时加热后轧制的棒材，标准热处理状态下，近表层晶内 MC 碳化物 （a、b、c）
和内层 MC、$M_{23}C_6$ 碳化物分布 （d）

Fig. 5　The distribution of MC carbides in the near-surface layer （a，b，c） and MC，$M_{23}C_6$ carbides in the inner layer
（d） of the rolled bar under the condition of standard heat treatment after billet was short-time heating at 1210℃

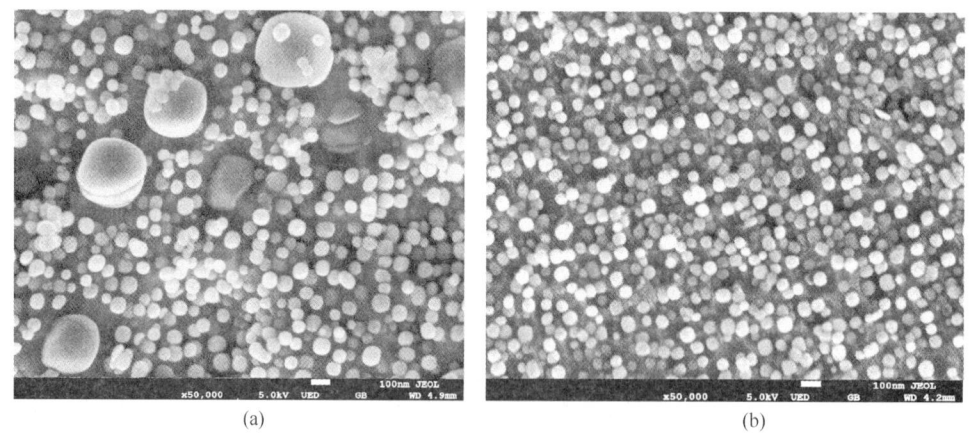

图 6　坯料 1210℃ 短时加热后，标准热处理状态下，棒材近表层 （a） 和内层 （b） 的 γ′相
Fig. 6　γ′phase of near surface layer （a） and γ′phase in inner layer （b） of bar under standard heat
treatment after billet was short time heating at 1210℃

集。晶界迁移是一种位错运动，聚集的 MC 碳化物颗粒钉扎晶界或阻碍晶界迁移的效果更大。

　　锭坯进行 1190℃ 长时间扩散退火，或者锭坯进行 1210℃ 以上高温加热，促使锭坯中大量二次 MC 碳化物回溶，一次碳化物退化，则塑性变形中

位错密度大的区域和棒材动态再结晶的晶界上聚集的二次 MC 碳化物和 $M_{23}C_6$ 碳化物也就越多。由于棒材成形要轧制 10 多道次，前几道次析出的 MC 碳化物会沿轴向延伸趋向平直。3000kg 锭的扩散退火后，经过多火次锻造开坯和轧制开坯，因

此 MC 碳化物分布弥散，可以提高坯料加热温度来促使二次 MC 碳化物有规律排列。

4 结论

GH4698 合金温度不高于 1020℃，γ' 相能够有效束缚晶粒长大。由于析出富铌的一次 MC 型碳化物，轧制棒材原始晶界上析出的 $M_{23}C_6$ 型碳化物稀少。在 1030~1100℃ 之间，原始晶界上 $M_{23}C_6$ 碳化物无法阻碍晶粒异常长大。提升锭坯高温扩散退火，或者坯料提高加热温度，促使 GH4698 合金原始组织中聚集析出二次 MC 型碳化物，能有效延迟晶粒异常长大。

参考文献

[1] 李凤艳. 小尺寸 GH698 合金轧制棒材组织和性能的控制研究 [J]. 物理测试，2013（3）：1~3.

[2] 邓群. 紧固件用 GH698 合金的力学性能 [J]. 钢铁研究学报，2003（7）：29~33.

[3] 邓群. GH698 合金中强化相的不均匀分布 [J]. 钢铁研究学报，2003（7）：34~36.

[4] 杨锦炎. ЗИ698 镍基高温合金评述 [C] //张红斌. ЗИ698 ЗП220 ЗП99 镍基高温合金译文集. 北京：冶金工业出版社，1983：1~10.

[5] Chen Xiaomin, Dynamic recrystallization behavior of a typical nickel-based superalloy during hot deformation [J]. Materials and Design 2014（57）：568~577.

[6] Takanori Matsui. High Temperature Deformation and Dynamic Recrystallization Behavior of Alloy718 [J]. Materials Transactions，2013（4）：512~519.

[7] PONGE D. Necklace Formation During Dynamic Recrystallization：Mechanisms and Impact on Flow Behavior [J].

[8] 黄烁. GH4706 合金的动态再结晶与晶粒控制 [J]. 材料研究学报，2014（5）：362~370.

[9] Defu Li. The microstructure evolution and nucleation mechanisms of dynamic recrystallization in hot-deformed Inconel 625 superalloy [J]. Materials and Design，2011（32）：696~705.

[10] David Bombač. Microstructure development of Nimonic 80A superalloy during hot deformation [J]. Materials and Geoenvironment，2008（3）：319~328.

[11] Nathalie Bozzolo. Strain induced abnormal grain growth in nickel base superalloys [C]. 5th International Conference on Recrystallization and Grain Growth，Sydney，Australia. May 2013.

[12] VICTORIA M. MILLER. Recrystallization and the Development of Abnormally Large Grains After Small Strain Deformation in a Polycrystalline Nickel-Based Superalloy [J]. Metallurgical and Materials Transactions A，2016（4）：1566~1574.

[13] LEE S B, Abnormal Grain Growth and Grain Boundary Faceting in A Model Ni-Base Superalloy [J]. Acta. Mater，2000（7）：3071~3080.

[14] 郭靖. 高温合金中晶粒异常长大及临界变形量研究进展 [J]. 世界钢铁，2011（4）：38~45.

[15] 杨杰. 热处理对 FGH96 合金异常晶粒长大的影响 [J]. 材料工程，2014（8）：1~7.

[16] Jiayu Chen. Relevance of Primary γ' Dissolution and Abnormal Grain Growth in UDIMET 720LI [J]. Materials Transactions，2015（12）：1968~1976.

[17] XU S. Grain Growth and Carbide Precipitation in Superalloy，UDIMET 520 [J]. Metallurgical and Materials Transactions A，1998：2687~2695.

[18] 《中国航空材料手册》编辑委员会. 中国航空材料手册 [M]. 2 版. 北京：中国标准出版社，2002：368~380.

Acta. Mater. 1998（1）：69~80.

GH4720Li 合金热变形-保温组织传递规律研究

江河*，范海燕，董建新

（北京科技大学材料科学与工程学院，北京，100083）

摘　要：本文采用等温热模拟压缩实验研究了 GH4720Li 合金多道次热变形和保温过程中的组织传递规律。研究发现，初次变形量对组织遗传性有重要作用，初次变形量越大保温过程中发生完全再结晶所需时间越短。道次间保温会发生后动态再结晶消耗原始未再结晶组织，但保温时间过长会使晶粒过于粗大，不利于下一道次变形中动态再结晶的发生。随着道次累积达到完全再结晶状态所需中间保温时间缩短。不同道次变形间应设计不同保温时间和温度匹配以优化组织。

关键词：GH4720Li；热变形；再结晶；组织遗传

Investigation of Microstructure Heredity for Alloy GH4720Li during Hot Deformation and Heat Treatment

Jiang He, Fan Haiyan, Dong Jianxin

（School of Materials Science and Engineering, University of Science and Technology Beijing, Beijing, 100083）

Abstract：Multi hot deformation and heat treatment experiments of alloy GH4720Li were carried out on Gleeble 3800 Isothermal thermal simulation compression machine. The results show that the first time deformation degree is important to following microstructure heredity. The higher deformation degree, the shorter time is needed for full recrystallization during heat treatment. The un-recrystallized microstructure can be consumed up by post-dynamic recrystallization during heat treatment. But apparent coarsening takes place if the holding time is too long, which is not beneficial for dynamic recrystallization in following deformation process. The time for full recrystallization during heat treatment decreases with the accumulation of deformation degree.

Keywords：GH4720Li; hot deformation; recrystallization; microstructure heredity

GH4720Li 合金是一种析出强化型镍基高温合金，广泛应用于航空、航天的关键热端部件。与其他镍基高温合金相比，该合金的 Al+Ti 总质量分数高达 7.5%，且碳含量极低，基体中主要强化相 γ' 相的体积分数最大可达 40%～50%[1]。作为典型的难变形高温合金，GH4720Li 合金在制备过程中需经历多道次热变形和保温处理以得到尺寸均匀的细晶组织[2]。由于 γ' 相含量较高，GH4720Li 合金制备过程中组织控制十分困难，尤其是多道次的变形累加增加了组织控制的难度。

为实现道次间保温工艺参数的合理控制，需明确热变形—保温过程中的组织传递规律和机制。因此本文采用 Gleeble 等温热模拟压缩实验研究了 GH4720Li 合金不同热变形和保温工艺下的组织演变规律，以期为热变形—保温过程中组织的传递和工艺的合理控制提供理论参考。

1　试验材料及方法

本研究所用 GH4720Li 合金化学成分（质量分

＊作者：江河，讲师，联系电话：13811910685，E-mail：jianghe17@ sina. cn

数，%）为：C 0.016，Cr 15.72，Ti 4.82，Al 2.55，W 1.30，Mo 2.96，Co 14.75，Ni 余量。为探究 GH4720Li 合金多道次变形和保温过程中的组织传递规律，在 Gleeble-3800 等温热模拟试验机上进行了多道次热变形和保温实验。所用材料为双联工艺得到的铸锭，进行 1160℃-50h 的均匀化处理后切取 φ15mm×20mm 的热模拟压缩样品。热模拟压缩实验的参数和过程如图 1 所示。样品以 10℃/s 的速率加热到 1145℃后保温 5min 以保证样品内部温度均匀。保温后的样品以 0.1s⁻¹ 的应变速率进行第一次压缩，压缩量为 10% 和 20%；之后在该温度下保温一定时间（10s、1min、4min、7min、10min、30min、70min），接着以 0.1s⁻¹ 的应变速率进行第二次压缩，压缩量为 40%（相对于第一道次压缩后的样品尺寸）。实验过程中根据组织观察需要，对样品进行水冷以保留高温变形组织。

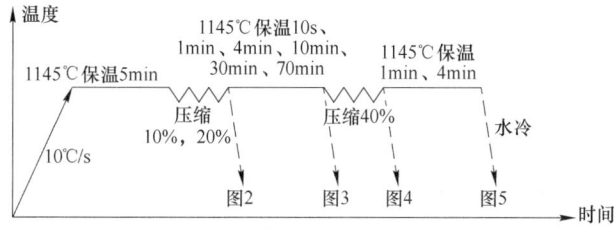

图 1　多道次热变形-保温热模拟压缩实验过程示意图

Fig. 1　Schematic diagram for the hot deformation process

增加。通过图 3 的比对可以看出，随着变形量的增加在保温过程中合金更易达到完全再结晶状态，且晶粒尺寸更为细小。这主要是由于随着变形量的增加一方面使合金的存储能升高；另一方面为

2　试验结果及分析

2.1　一道次热变形—保温后组织演变规律

图 2 是 GH4720Li 合金在 1145℃经不同变形量变形后的组织。从图中可以看出在热变形过程中合金中已开始发生动态再结晶，在晶界上和晶粒内部都有细小的再结晶晶粒出现，并且随着变形量的增加再结晶程度有所提高。这主要是由于随着变形量的提高合金中的存储能增加，为动态再结晶提供了更多的动力。

第一道次变形后对合金在 1145℃下进行不同时长的保温处理，结果如图 3 所示。由图 2 和图 3 的比对可以看出，在保温 10s 时合金中已发生了比较明显的后动态再结晶，再结晶比例有所增加，再结晶晶粒尺寸在几十微米的数量级；并且随着第一道次变形量的增加再结晶的比例增加。当保温时间延长至 4min 时，再结晶比例增加的同时晶粒尺寸也有所增大，此时再结晶晶粒尺寸不均匀性十分明显。一道次变形量为 10% 的样品保温 10min 后原始基体组织被完全消耗掉，晶粒尺寸较为均匀，平均晶粒尺寸在 500μm 左右。一道次变形量为 20% 的样品在保温 4min 后原始基体就已经被完全消除，之后随着保温时间延长晶粒尺寸继续保温过程中的后动态再结晶提供了更多的形核点，使形核机制更加活跃，保温过程中更容易得到均匀的再结晶组织。而保温时间继续延长再结晶晶粒会发生明显的长大。

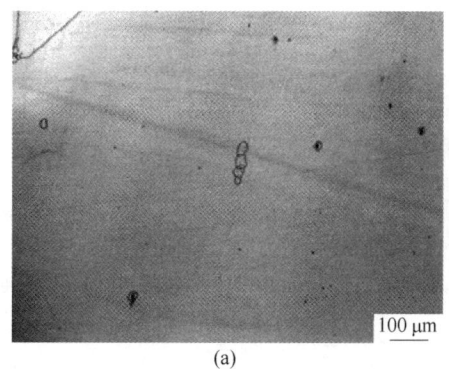
(a)

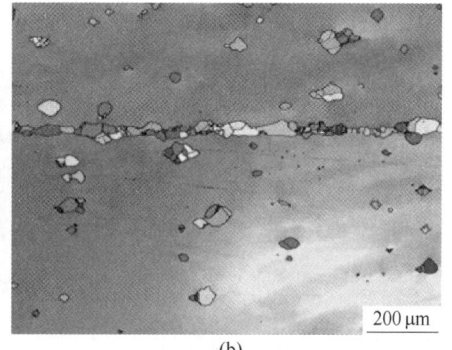
(b)

图 2　GH4720Li 合金在 1145℃不同变形量变形后的组织

Fig. 2　Microstructure of alloy GH4720Li deformed at 1145℃ with different deformation degree

（a）10%；（b）20%

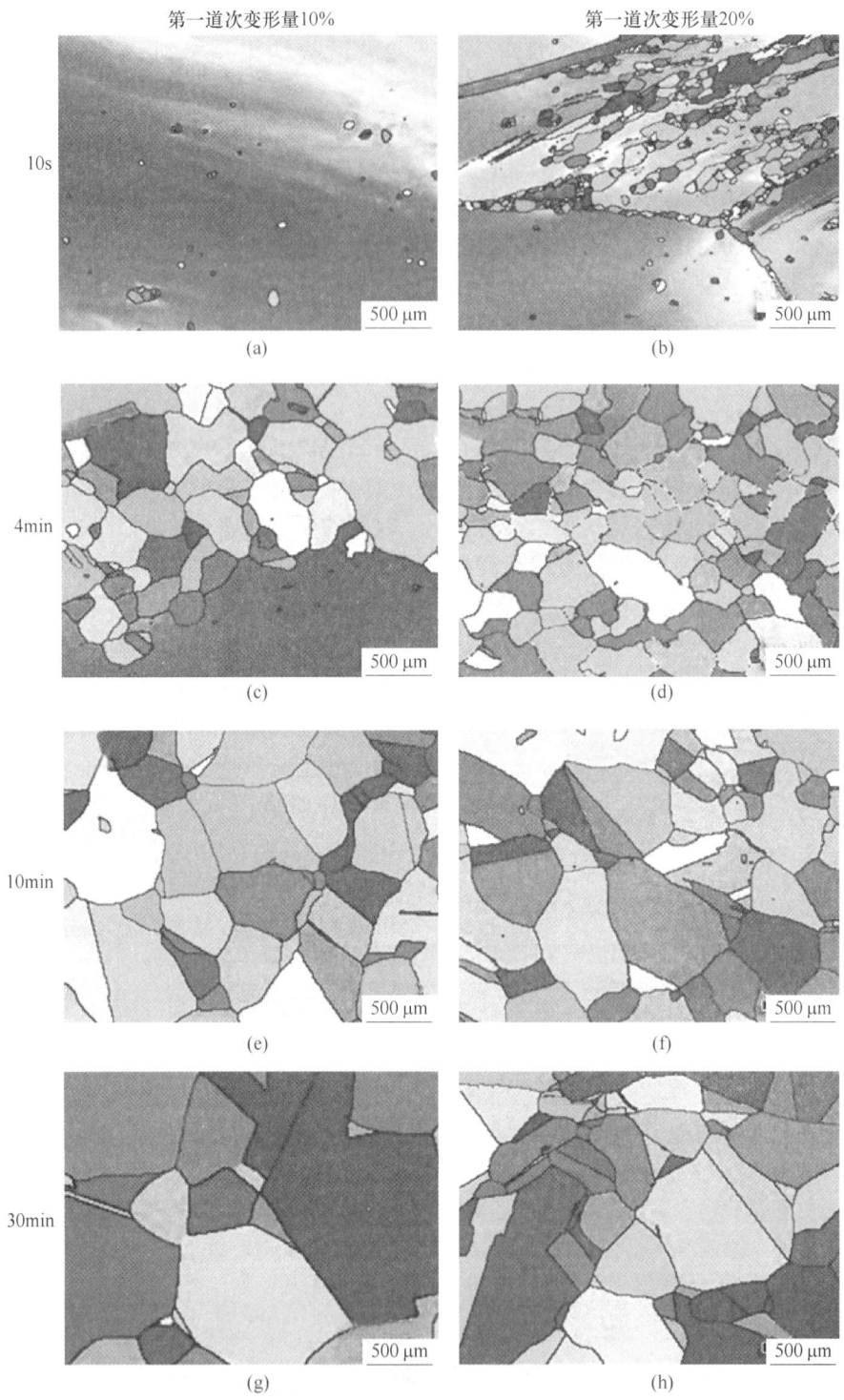

图 3 GH4720Li 合金一道次变形后保温不同时间的显微组织

Fig. 3 Microstructure of alloy GH4720Li after deformation and heat treatment with different periods of time

2.2 保温时间对第二道次变形组织影响

GH4720Li 合金在生产过程中需经多道次热变形和保温，道次传递间的组织变化对最终成品质量控制至关重要。图 4 为 1145℃ 变形 20% 的 GH4720Li 合金保温不同时间后进行第二道次 40%

变形后显微组织。

图 4 与图 3 的组织比对可以看出，在第二道次变形过程中合金继续发生动态再结晶。在中间保温时间较短（10s 和 1min）的样品中仍可观察到第一道次变形后残留的原始组织。保温 4min 后进行第二道次变形的样品中未观察到原始组织，呈

现典型的项链组织。随着中间保温时间延长，保温后晶粒尺寸逐渐增加，在第二道次压缩中动态再结晶比例逐渐降低。这主要是由于晶界是动态再结晶的形核位置，晶粒尺寸过大，动态再结晶形核点减少，因此第二道次热变形过程中动态再结晶发生、发展较为缓慢。由此可知，道次间保温时间过长不利于下一道次热变形过程中动态再结晶发生。

此外，道次间的保温时间对合金组织的影响具有遗传性，图5是GH4720Li合金经两道次变形（1145℃20%+40%）后进行两次不同工艺保温后组织比对。从图5（a）中可以看出，第二道次变形后保温时间与第一道次变形后保温时间同样设定为4min时，再结晶较为完全，但平均晶粒尺寸较大，与第一道次变形保温后的晶粒尺寸相当（见图3（d）），未起到细化晶粒作用。若将第二道次变形后保温时间减少至1min（见图5（b）），则组织呈现出完全再结晶特征，且晶粒尺寸明显减小。可见，随着道次累积达到完全再结晶状态所需的保温时间缩短。但第二次保温时间较短，若推广到实际工艺较难控制，因此设计了一道次1145℃保温30min+二道次1130℃保温10min的热模拟压缩试验，结果如图5（c）所示。组织均匀且与图5（b）的晶粒度接近。为合理控制晶粒度应在不同道次变形间的保温过程中选择适当的温度和时间匹配。

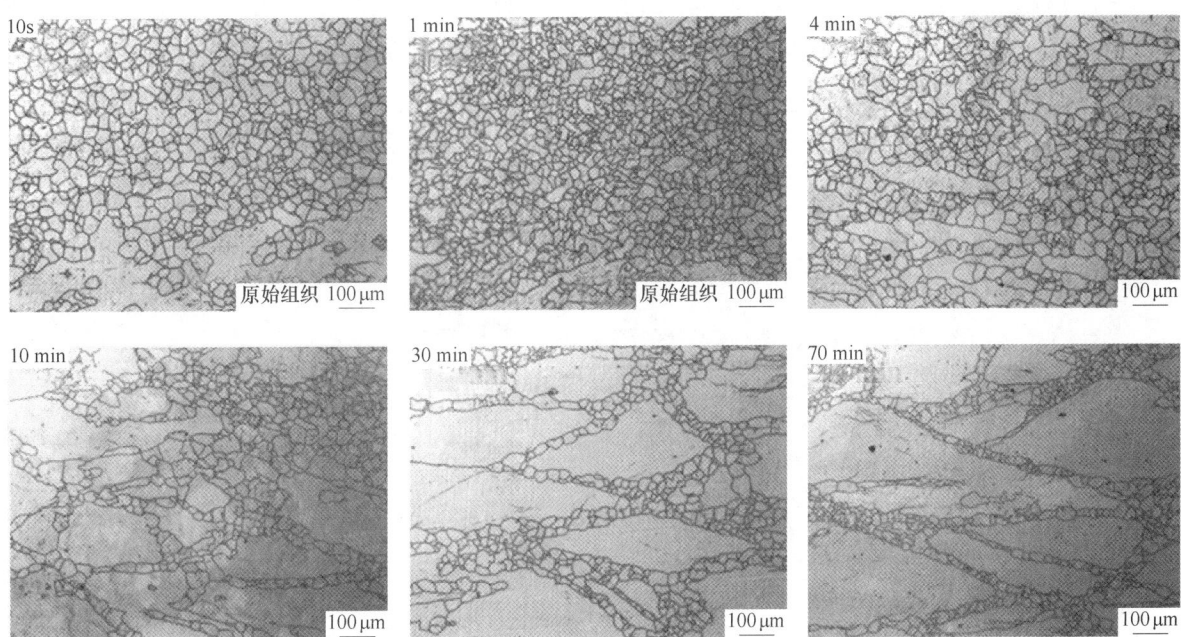

图4　中间保温不同时间后压缩变形40%的显微组织（1145℃-20%+1145℃保温不同时间+1145℃-40%）

Fig. 4　Microstructure of alloy GH4720Li after different periods of heat treatment and second deformation with a degree of 40% （deformation process：1145℃-20%+1145℃ holding for different periods of time +1145℃-40%）

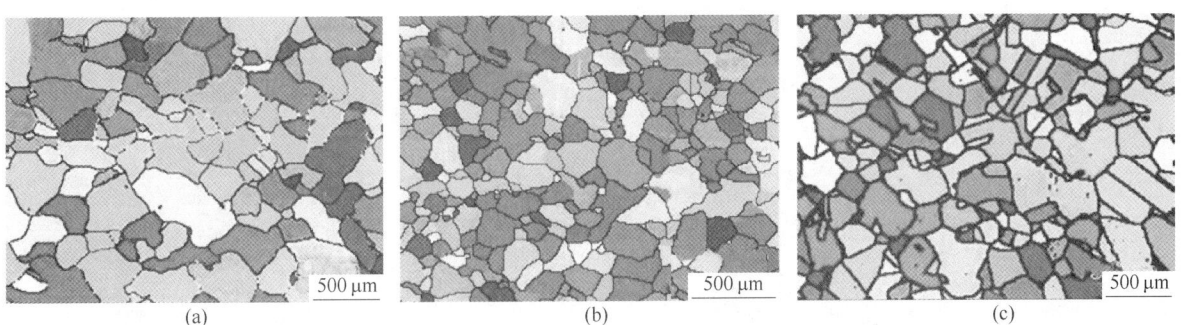

图5　GH4720Li两道次变形-两次不同保温工艺后组织

Fig. 5　Microstructure after twice deformation and heat treatment

（a）20%+1145℃保温4min+40%+1145℃保温4min；（b）20%+1145℃保温4min+40%+1145℃保温1min；

（c）20%+1145℃保温30min+40%+1130℃保温10min

3 结论

（1）GH4720Li 合金热变形量明显影响中间保温过程中合金的再结晶行为。

（2）多道次热变形过程中道次间保温时间过长不利于下一道次热变形时动态再结晶发生。

（3）随着道次的累积，保温过程中组织演化规律不同，为合理控制晶粒度应在不同道次变形间的保温过程中选择适当的温度和时间匹配。

参考文献

[1] Furrer D U, Fecht H J. γ′ formation in superalloy U720LI [J]. Scripta Materialia, 1999, 40 (11): 1215~1220.

[2] Liu F, Chen J, Dong J, et al. The hot deformation behaviors of coarse, fine and mixed grain for Udimet 720Li superalloy [J]. Materials Science and Engineering: A, 2016, 651: 102~115.

动态应变时效对 GH4720Li 合金低周疲劳性能的影响

孟令胜[1,2]*，曲敬龙[1,2]，安腾[1]，毕中南[3]，唐超[1]，

杜金辉[1]，曹文博[1]，盛俊英[4]，易出山[4]

（1. 钢铁研究总院高温材料研究所，北京，100081；

2. 北京钢研高纳科技股份有限公司，北京，100081；

3. 高温合金新材料北京市重点实验室，北京，100081；

4. 中国航发南方工业有限公司，湖南 株洲，412002）

摘　要：GH4720Li 合金通常用于制造航空发动机涡轮盘。本文研究服役温度对 GH4720Li 合金低周疲劳寿命的影响。研究结果表明，GH4720Li 合金在 450℃ 和 550℃ 发生动态应变时效。当应变幅为 0.8% 时，550℃ 下 GH4720Li 合金的低周疲劳寿命高于 450℃ 下的寿命。在一定温度和应变幅下，动态应变时效随温度升高而提高 GH4720Li 合金的低周疲劳寿命，这对发动机服役寿命的提高具有重要的指导意义。

关键词：GH4720Li 合金；低周疲劳寿命；动态应变时效；中温区

The Effects of Dynamic Strain Ageing on the Low-cycles Fatigue Properties of GH4720Li Alloy

Meng Lingsheng[1,2]，Qu Jinglong[1,2]，An Teng[1]，Bi Zhongnan[3]，Tang Chao[1]，

Du Jinhui[1]，Cao Wenbo[1]，Sheng Junying[4]，Yi Chushan[4]

（1. High Temperature Materials Research Institute，Central Iron & Steel Research Institute，Beijing，100081；

2. Beijing CISRI-GAONA Materials & Technology Co.，Ltd.，Beijing，100081；

3. Beijing Key Laboratory of Advanced High Temperature Materials，Beijing，100081；

4. Aecc South Industry Co.，Ltd.，Zhuzhou Hunan，412002）

Abstract：GH4720Li alloy is widely used for turbine disks in the aero-engineer industry. In the present paper, the low-cycle fatigue behavior of GH4720Li alloy was investigated at intermediate temperatures of 450℃ and 550℃ with the strain amplitude of 0.8%. The results showed that the dynamic strain ageing (DSA) of GH4720Li alloy was observed at 450℃ and 550℃. The low-cycle fatigue life of specimens at 450℃ was higher than that at 450℃. The DSA improved with the increasing temperature within the certain range of temperature and strain, which affected the low-cycle fatigue life of GH 4720Li alloy.

Keywords：GH4720Li alloy；low-cycle fatigue；dynamic strain ageing；intermediate temperatures

　　GH4720Li 合金是一种新型难变形涡轮盘材料，γ′强化相的数量高达 40%~50%，使其具有较高的高温性能和使用温度[1]。交变载荷和温度的交互作用导致涡轮盘的寿命发生衰减。镍基高温合金在一定温度内服役时发生动态应变时效（dynamic strain ageing，简称 DSA）[2] 效应，抑制材料的循环软化而提高材料的低周疲劳寿命。大部分的 DSA 效应是材料中间隙原子（C 原子和 N 原子

───────────────

＊作者：孟令胜，工程师，联系电话：15210834928，E-mail：15210834928@163.com

等）的析出进而钉扎位错引起，发生的温度较低。GH4720Li 合金中大量合金元素能诱导 DSA 效应在更高温度发生[3]，其温度区间和涡轮盘的服役温度逐渐接近。涡轮盘用 GH4720Li 合金通常在 400～600℃ 区间内工作，Gopinath 等[4] 证明 GH4720Li 合金的 DSA 现象在 250～500℃ 之间发生但不影响材料的抗拉强度、屈服强度和面积收缩率。但是 DSA 现象显著影响材料的低周疲劳寿命[2]，Shankar 等[5] 研究发现 DSA 对镍基高温合金低周疲劳的影响机制和温度有关。因此本文研究了 GH4720Li 合金中 DSA 效应的发生温度，并探讨了对低周疲劳寿命的影响。

1 试验材料及方法

试验用 GH4720Li 合金材料为真空感应熔炼、电渣重熔熔炼和真空自耗熔炼而成，化学成分（质量分数,%）为：Cr 15.83，Co 14.75，Ti 4.95，Mo 2.93，Al 2.64，W 1.24，C 0.012，B 0.015，Zr 0.033，Ni 余量。涡轮盘用 GH4720Li 合金采用等温锻造方式，热处理工艺为（1080～1110）℃/4h/油冷 +650℃/24h/空冷 +760℃/16h/空冷。经固溶+时效热处理，GH4720Li 合金的典型显微组织为奥氏体基体和 γ′ 强化相，γ′ 强化相的体积分数为 40%～50%。高温拉伸试验在 450℃、550℃ 和 650℃ 条件下进行，试验速率为 10^{-3}/s，试样的测试端尺寸为 ϕ5mm × 30mm。GH4720Li 合金的低周疲劳测试分别在 450℃ 和 550℃ 进行，应变幅值为 0.8%，频率为 0.33 Hz，试样测试端尺寸为 ϕ6.35mm ×27mm。低周疲劳试样断口通过 SEM 进行观察。

2 试验结果及分析

2.1 不同温度下 GH4720Li 合金的拉伸性能

图 1 为 GH4720Li 合金在不同温度下的工程应力应变曲线。可以看出，在 450℃ 和 550℃ 的拉伸曲线上出现锯齿状特征，这表明 GH4720Li 合金在此温度下发生 DSA 效应；在 650℃ 下平滑的拉伸曲线表明 DSA 效应消失。Gopinath 等[4] 认为 GH4720Li 合金的 DSA 效应在中温区以及一定的应变范围内发生，且与合金中的固溶原子的钉扎可动位错有关。

GH4720Li 合金在不同温度下的拉伸数据如表 1 所示。相对于 450℃、550℃ 下合金的抗拉强度

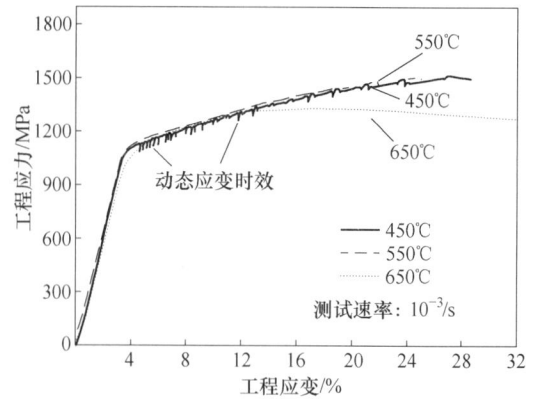

图 1 GH4720Li 合金不同温度的工程应力应变曲线

Fig. 1 The engineering stress-strain curves of alloy GH4720Li under different temperatures

和屈服强度不受温度升高的影响。随着温度的升高，γ′ 强化相的屈服应力升高，而 γ 基体的强度降低，两者的协同作用导致抗拉强度不受温度变化的影响。假设 DSA 效应会提高 γ 基体的屈服应力，且 γ′ 强化相的屈服应力随温度升高而升高，那么材料的抗拉强度应该随之升高，但是未观察到此现象，这表明 DSA 效应对材料的抗拉强度和屈服强度没有影响。650℃ 条件下 γ′ 强化相的显著软化导致材料的抗拉强度和屈服强度的急剧下降。

表 1 GH4720Li 合金在不同温度下的拉伸数据

Tab. 1 Tensile data obtained for the specimens tested at different temperatures

温度/℃	σ_s/MPa	σ_b/MPa	δ_5/%	ψ/%
450	1110	1520	19.0	22.0
550	1120	1530	20.5	21.5
650	1080	1370	31.0	29.0

2.2 DSA 效应对 GH4720Li 合金低周疲劳寿命的影响

GH4720Li 合金在 450℃ 和 550℃ 下的低周疲劳寿命测试结果如图 2 所示。结果表明，在应变幅为 0.8% 时，GH4720Li 合金在 550℃ 下的低周疲劳寿命是 450℃ 疲劳寿命的四倍。通常材料的低周疲劳寿命随着温度的升高而降低，但是 GH4720Li 合金在 450～550℃ 区间出现反常，如图 1 所示，此温区材料发生动态应变时效。Gopinath 等[2] 也报道了类似的规律，GH4720Li 合金在较低的应变幅值下，400℃ 的疲劳寿命高于室温和 650℃ 的寿命。

GH4720Li 合金在 450℃ 和 550℃ 下的循环应力响应曲线如图 3 所示。在应力幅为 0.8% 的条件

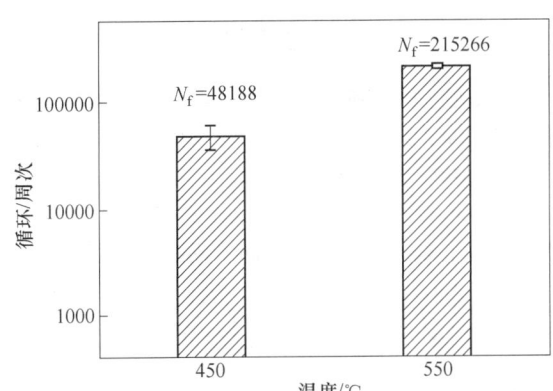

图 2　GH4720Li 合金不同温度的低周疲劳寿命曲线

Fig. 2　Influence of austenitizing temperature on
austenite grains

下，循环应力响应曲线存在两个典型的阶段，材料最初发生循环硬化，随后一直保持稳定直至裂纹萌生和扩展导致的应力突然下降。

GH4720Li 合金在室温条件下的循环应力响应曲线通常分为循环硬化阶段、稳定阶段和循环软化阶段，而后发生失效[2]。在 450℃ 和 550℃ 下的循环应力响应曲线上未观察到循环软化阶段，表明低周疲劳载荷导致某些微观结构的转变抑制了循环软化的发生。在 DSA 期间，可扩散的固溶原子钉扎可动位错，导致流动应力的提高。和拉伸试验不同，疲劳交变载荷循环应力增加了材料中

的空位浓度，进而放大了 DSA 效应。此外，循环应力的卸载降低了位错运动的驱动力，增加了固溶原子扩散的时间，增强了对可动位错的钉扎效果[6]。因此由 DSA 带来的循环硬化抵消了循环软化阶段，变现为稳定阶段。DSA 效应对材料的影响由固溶原子的扩散速率决定，固溶原子的扩散速率随着温度升高而增加，所以在 550℃ 条件下材料的低周疲劳寿命高于 450℃。

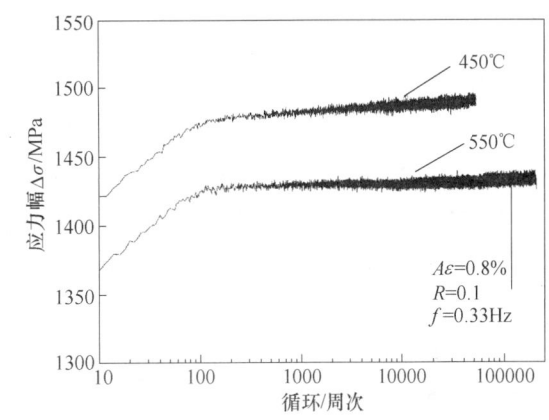

图 3　GH4720Li 合金在不同温度下的循环应力响应曲线

Fig. 3　Cyclic stress response of GH4720Li alloy
at different temperatures

GH4720Li 合金的疲劳断裂形貌如图 4 所示。图 4(a) 和 (c) 分别是 450℃ 和 550℃ 断裂的宏观

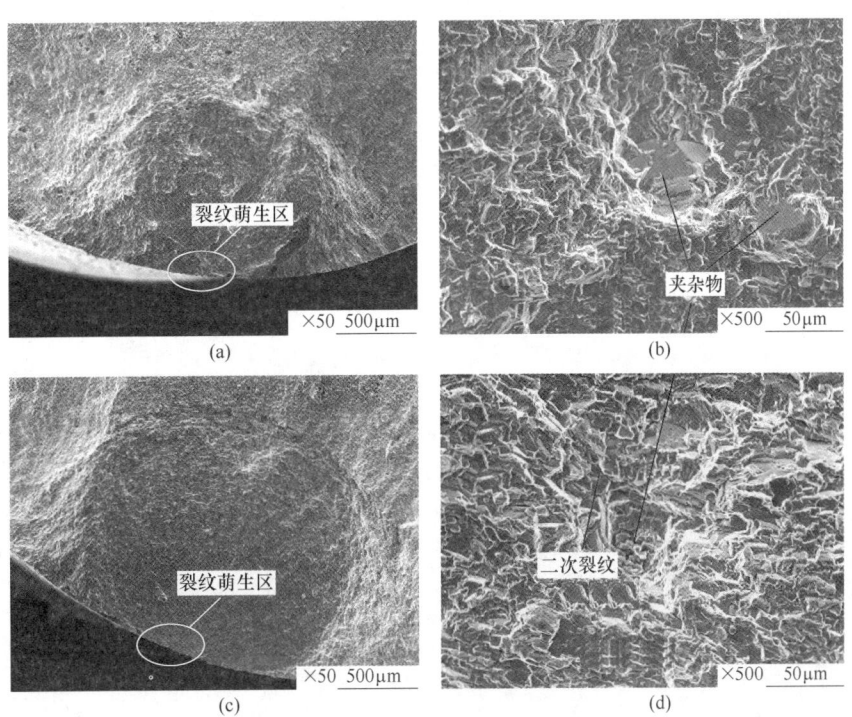

图 4　GH4720Li 合金在不同温度的断裂形貌

Fig. 4　Fractography of GH4720Li alloy at different temperatures

(a)，(b) 450℃；(c)，(d) 550℃

图，图中显示裂纹从试样表面萌生，且裂纹萌生源只有一个。图4(b)和(d)分别是450℃和550℃裂纹扩展区的形貌图，图中显示断面存在夹杂物和二次裂纹。DSA效应主要通过固溶原子的析出钉扎可动位错而抑制循环软化过程，对断裂形貌影响较小。从图中可以看出，温度的改变对断裂形貌没有明显的影响。而夹杂物的尺寸在20μm左右，主要分布于裂纹扩展区，可见由温度改变引起低周疲劳寿命的反常现象与夹杂物的分布没有关系。

3　结论

（1）拉伸实验结果表明 GH4720Li 合金在450℃和550℃存在DSA效应，在650℃时消失。DSA效应对材料的抗拉强度、屈服强度、面积收缩率和延伸率没有影响。

（2）低周疲劳试验结果表明在应变幅幅值为0.8%时，550℃下GH4720Li合金的低周疲劳寿命远远高于450℃下的寿命，因为动态应变时效随着温度的升高而提高。

参考文献

[1] 曲敬龙，杜金辉，毕中南，等. 等温锻造工艺对GH4720Li 合金盘锻件组织的影响 [J]. 钢铁研究学报，2012，24 (2)：48~53.

[2] Gopinath K, Gogia A K, Kamat S V, et al. Low cycle fatigue behaviour of a low interstitial Ni-base superalloy [J]. Acta Materialia. 2009, 57 (12): 3450~3459.

[3] Caillard D. Dynamic strain ageing in iron alloys: The shielding effect of carbon. Acta Materialia [J]. 2016, 112 (15): 273~284.

[4] Gopinath K, Gogia A K, Kamat S V, et al. Dynamic strain ageing in Ni-base superalloy 720Li. Acta Materialia [J]. 2009, 57 (4): 1243~1253.

[5] Shankar V, Kumar A, Mariappan K, et al. Occurrence of dynamic strain aging in Alloy 617M under low cycle fatigue loading [J]. International Journal of Fatigue, 2017, 100: 12~20.

[6] Zhou H, He Y, Cui M, et al. Dependence of dynamic strain ageing on strain amplitudes during the low-cycle fatigue of TP347H austenitic stainless steel at 550℃ [J]. International Journal of Fatigue, 2013, 56: 1~7.

高温疲劳中 GH4720Li 合金微结构演化行为

谢兴飞[1,2]*，曲敬龙[1,2]，唐超[1,2]，毕中南[1,2]，杜金辉[1,2]，易出山[3]，盛俊英[3]

（1. 北京钢研高纳科技股份有限公司，北京，100081；

2. 钢铁研究总院高温材料研究所，北京，100081；

3. 中国航发南方工业有限公司，湖南 株洲，412002）

摘　要： GH4720Li 合金涡轮盘锻件是航空发动机的关键部件，在严酷高温服役环境下，疲劳断裂是涡轮盘最主要的失效形式，高温疲劳性能是影响涡轮盘锻件服役寿命的关键因素。在高温疲劳过程中，合金组织发生非常复杂的微结构演化，高温疲劳断裂失效机理还不清楚。本文主要利用透射电子显微镜（TEM），研究高温应变疲劳中 GH4720Li 合金涡轮盘锻件微结构演化行为，分析位错亚结构和机械孪晶对高温疲劳行为的影响规律，讨论合金高温疲劳断裂失效机理。

关键词： GH4720Li 合金；高温疲劳；位错亚结构；机械孪晶；TEM

Microstructural Evolution Behavior of GH4720Li Superalloy during High Temperature Fatigue

Xie Xingfei [1,2], Qu Jinglong [1,2], Tang Chao[1,2], Bi Zhongnan[1,2],
Du Jinhui [1,2], Yi Chushan [3], Sheng Junying [3]

（1. Beijing CISRI-GAONA Materials & Technology Co., Ltd., Beijing, 100081；

2. High Temperature Materials Research Institute, Central Iron & Steel Research Institute, Beijing, 100081；

3. Aecc South Industry Co., Ltd., Zhuzhou Hunan, 412002）

Abstract： GH4720Li superalloy turbine disk forging has been used for the key components of aero-engine. Fatigue fracture is the main failure mode for turbine disk forging. High temperature fatigue property is the key factor controls the service life of turbine disk forging. During high temperature fatigue, the microstructural evolution of superalloy is very complicated, and the failure mechanism of high temperature fatigue fracture is still unclear. In this work, the microstructural evolution behavior of GH4720Li superalloy during high temperature fatigue was investigated by transmission electron microscopy (TEM). The influence of dislocation substructure and mechanical twin on high temperature fatigue behavior was analyzed. The failure mechanism during high temperature fatigue fracture was discussed.

Keywords： GH4720Li superalloy; high temperature fatigue; dislocation substructure; mechanical twin; TEM

GH4720Li 合金具有优良的高温力学性能与抗高温氧化性能，被广泛应用于航空发动机涡轮盘材料。高温疲劳性能是影响涡轮盘服役寿命的关键因素，高温疲劳断裂是涡轮盘最主要的失效形式[1,2]。涡轮盘锻件高温疲劳失效过程主要包括疲劳裂纹萌生与疲劳裂纹扩展两个阶段，其中，裂纹萌生阶段占据疲劳寿命的主要部分。GH4720Li 合金中 Ti 与 Al 总含量达到 7.5%，主要强化相为与 γ 基体呈共格关系析出的 γ′相，其体积分数达到 40% ~ 50%[3,4]。Kovan 等研究发现镍基合金中

---

*作者：谢兴飞，工程师，联系电话：010-62183598，E-mail：xiexingfei@cisri.com.cn

弥散分布的 γ′ 相可以提供较高抗力而减少疲劳裂纹传播的路径[5]。Pang 等研究了 GH4720Li 合金的室温疲劳行为，他们发现随着 γ′ 相尺寸增大，γ′ 相与疲劳裂纹作用规律由位错切过机制逐渐向绕过机制转变[1]。在高温服役过程中，γ′ 相会发生粗化与相变，Lu 等研究发现 GH4169 合金在 650℃长期时效中 γ′ 相粗化是由 Al、Ti 及 Nb 等元素的扩散过程引起[6]。另外，具有面心立方结构的镍基合金在循环载荷作用下，除了会产生滑移带、层错、位错墙及位错胞等多种位错亚结构外，还会形成机械孪晶[7,8]。Sun 等研究 Ni-7.8Co-5.3Al-4.9Cr 单晶镍基合金的热机械疲劳行为时，发现一定数量的位错能够促使机械孪晶的形成，导致产生的疲劳裂纹沿孪晶界扩展[8]。在高温疲劳过程中，合金组织会发生非常复杂的微结构演化，高温疲劳断裂失效机理亟待深入研究。

本文主要利用光学显微镜（OM）、扫描电子显微镜（SEM）和场发射透射电子显微镜（TEM），研究高温应变疲劳中 GH4720Li 合金微结构演化行为，分析位错亚结构和机械孪晶对高温疲劳行为的影响规律，讨论合金高温疲劳断裂失效机理，为耐高温疲劳组织优化提供科学指导。

1 试验材料及方法

本文选用的 GH4720Li 合金化学成分如表 1 所示。利用真空感应熔炼、电渣重熔和真空自耗重熔三联工艺冶炼 GH4720Li 合金铸锭，利用快锻和径锻联合锻造工艺完成合金棒材开坯，采用热模锻工艺制备涡轮盘锻件。将盘锻件进行固溶与时效热处理，热处理制度为：1110℃/4h/油冷+650℃/24h/空冷+760℃/16h/空冷。最后进行机加工去除氧化皮。在盘锻件上按照弦向切取尺寸为 M16×110mm 沙漏状疲劳试样，利用 MTS 伺服疲劳机进行高温疲劳试验，试验温度为 550℃，应变范围为 0~0.8%，频率为 0.33Hz。

表 1 GH4720Li 合金化学成分
Tab. 1 Chemical composition of GH4720Li

元　素	Cr	Co	Ti	Al	Mo	W	C	B	Ni
质量分数/%	16.01	14.90	5.15	2.64	3.03	1.20	0.019	0.012	余

利用 OM 观察合金的金相组织，利用 SEM 观察合金中析出相形貌，利用配置了高角环形暗场（HAADF）探测器的场发射 TEM 观察分析合金高温疲劳电子显微组织。利用双喷电解剪薄仪制备 TEM 观察用薄试样，电解液为 10%（体积分数）高氯酸乙醇溶液，使用液氮将电解液降温至-30℃左右。

2 试验结果及分析

图 1 显示了 GH4720Li 合金高温疲劳前的组织

形貌。GH4720Li 合金的平均晶粒尺寸约为 11μm，如图 1(a) 所示。GH4720Li 合金中存在 3 种尺寸的 γ′ 相，分别为在晶界析出的一次 γ′ 相、在晶内析出的二次 γ′ 相和三次 γ′ 相。其中，钉扎在奥氏体晶界上的一次 γ′ 相平均尺寸为 3~5μm，起到阻碍奥氏体晶粒长大的作用，如图 1(b) 所示。在晶粒内部析出的二次与三次 γ′ 相平均尺寸较小，二次 γ′ 相尺寸为 300~500nm，三次 γ′ 相尺寸为 30~70nm，如图 1(c) 所示，两者起到弥散强化作用。

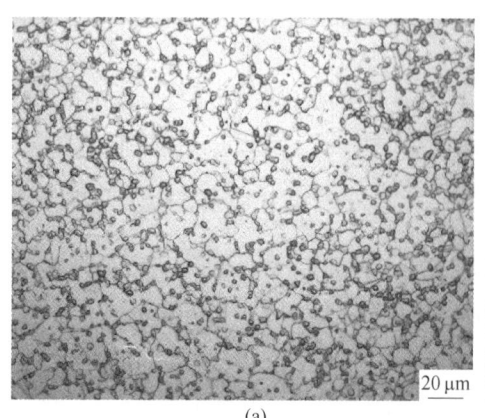

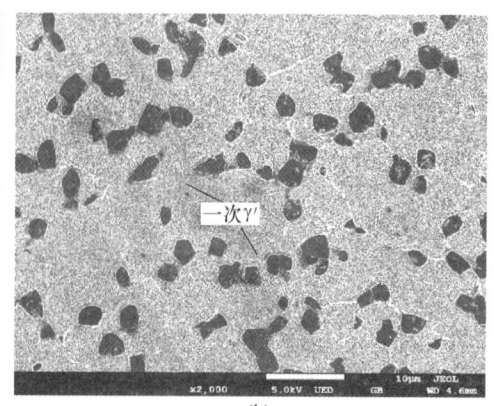

(a)　　　　　　　　　　　　　　　　(b)

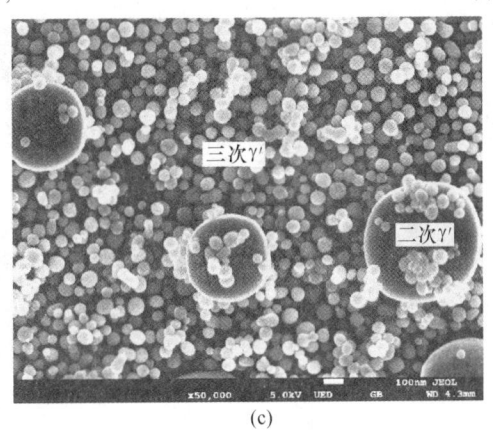

(c)

图1 GH4720Li 合金高温疲劳前的显微组织形貌

Fig. 1 Microstructure morphology of GH4720Li superalloy before high temperature fatigue

(a) OM 组织；(b)，(c) SEM 组织

图 2 显示了 GH4720Li 合金经过 $2×10^5$ 次高温循环变形后的 HAADF 电子显微组织形貌。部分位错分布在尺寸较小的三次 γ' 相之间区域，在高温疲劳中位错会绕过三次 γ' 相运动。GH4720Li 合金中尺寸较大的一次 γ' 相会显著阻碍位错运动，引起一次 γ' 相开裂，从而成为疲劳裂纹源，同时，疲劳裂纹在扩展过程中会切割过二次 γ' 相[2]。对比可知，GH4720Li 合金 γ' 相尺寸会显著影响疲劳位错运动。

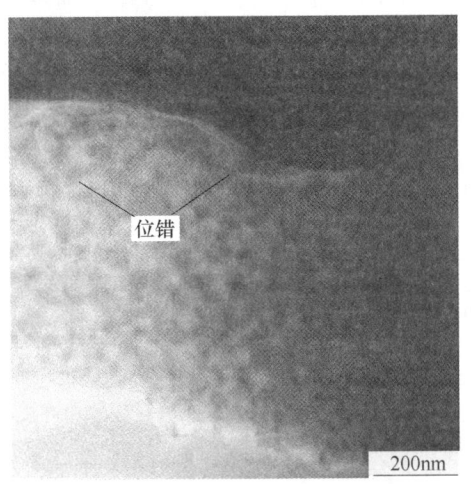

图 2 GH4720Li 合金经过高温疲劳
STEM-HAADF 电子显微形貌

Fig. 2 STEM-HAADF micrograph of GH4720Li superalloy after high temperature fatigue

GH4720Li 合金在高温疲劳中形成部分片层组织，如图 3(a) 所示，利用选区电子衍射（selected area electron diffraction，SAED）确定此片层组织为 {111}<112> 机械孪晶，如图 3(b) 所示，孪晶宽度约为 55nm。镍基合金具有较低的层错能，在循环载荷作用下，机械孪晶容易在具有高施密特因子的奥氏体晶粒内形成，位错运动也主要以面滑移方式进行，位错交滑移会受到一定程度的抑制。

根据孪晶界上 Thompson 四面体模型可知[9]，在属于面心立方结构的金属中存在 {111}<110> 滑移系，一方面，位错可以在倾斜于孪晶界的滑移面上滑移，位错运动受到孪晶阻碍作用比较强，位错运动被孪晶界抑制，导致位错塞积，如图 3(a) 所示，大量位错塞积会引起应力集中，当应力集中达到一定临界值时，疲劳微裂纹将会在位错塞积严重的孪晶界开始萌生；另一方面，位错也可以在平行于孪晶界的滑移面上滑移，孪晶的阻碍作用比较弱，不全位错可以沿机械孪晶界滑移，导致共格孪晶界面发生畸变，孪晶界两侧原子形成非共格关系排列，随着不全位错运动，非共格孪晶界移动，孪晶会长大。因此，机械孪晶既可以阻碍位错运动而提高强度，又可以促进位错沿孪晶界滑移而改善塑性。

3 结论

本文主要利用 TEM 观察分析 GH4720Li 合金高温疲劳试样中微结构演化规律，分析位错亚结构和机械孪晶的演化规律。研究结果表明高温疲劳过程中部分位错分布在尺寸较小的三次 γ' 相之间，位错会绕过三次 γ' 相。在高温疲劳过程中，

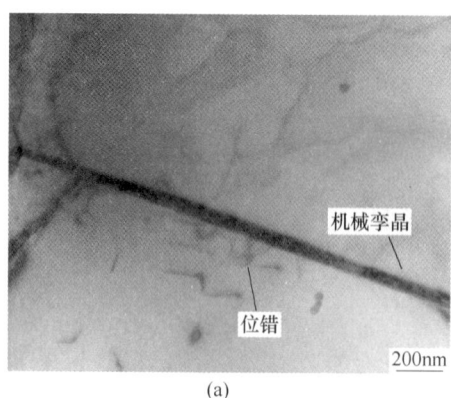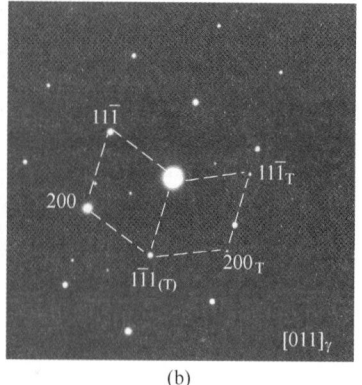

(a)　　　　　　　　　　　　　(b)

图 3　高温疲劳 GH4720Li 合金中机械孪晶电子显微形貌

Fig. 3　Mechanical twin micrograph of GH4720Li superalloy after high temperature fatigue

（a）TEM 图；（b）SAED 图

机械孪晶既可以阻碍位错运动而提高强度，又可以促进位错沿孪晶界滑移而改善塑性。

参考文献

［1］Pang H T, Reed P A S. Effects of microstructure on room temperature fatigue crack initiation and short crack propagation in Udimet 720Li Ni－base superalloy ［J］. International Journal of Fatigue, 2008, 30: 2009～2020.

［2］佴启亮，董建新，张麦仓，等. GH4720Li 合金疲劳裂纹扩展速率的温度敏感性 ［J］. 稀有金属材料与工程，2017，46（10）：2915～2921.

［3］于秋颖，张麦仓，董建新. 亚固溶温度热处理对 GH720Li 难变形高温合金 γ′ 相的影响 ［J］. 北京科技大学学报，2013，35（6）：763～769.

［4］李强，张麦仓，郑磊，等. GH720Li 合金 γ+γ′ 两相区再结晶行为 ［J］. 北京科技大学学报，2014，36（1）：76～81.

［5］Kovan V, Hammer J, Mai R, et al. Thermal－mechanical fatigue behaviour and life prediction of oxide dispersion strengthened nickel－based superalloy ［J］. Materials Characterization, 2008, 59（11）：1600～1606.

［6］Lu X D, Du J H, Deng Q. High temperature structure stability of GH4169 superalloy ［J］. Materials Science and Engineering A, 2013, 559: 623～628.

［7］Gopinath K, Gogia A K, Kamat S V, et al. Low cycle fatigue behaviour of a low interstitial Ni－base superalloy ［J］. Acta Materialia, 2009, 57: 3450～3459.

［8］Sun Fei, Zhang Jianxin, Harada Hiroshi. Deformation twinning and twinning－related fracture in nickel－base single－crystal superalloys during thermomechanical fatigue cycling ［J］. Acta Materialia, 2014, 67: 45～57.

［9］卢磊，尤泽升. 纳米孪晶金属塑性变形机制 ［J］. 金属学报，2014，50（2）：129～136.

均匀化态 GH4720Li 合金铸锭晶粒细化机理研究

万志鹏[1,2]*，王涛[1]，李钊[1]，孙宇[2]，李鑫旭[1]，

李佩环[1]，张勇[1]，胡连喜[2]

（1. 中国航发北京航空材料研究院先进高温结构材料重点实验室，北京，100095；
2. 哈尔滨工业大学金属精密热加工国家级重点实验室，黑龙江 哈尔滨，150001）

摘 要：研究了不同热变形工艺参数下均匀化态 GH4720Li 合金铸锭的微观组织演变规律，分析了原始铸态组织的晶粒细化机理。在 γ' 溶解温度以下时，强化相能够促进位错的增殖，并在强化相周围累积，从而促进动态再结晶行为的发生，且在 1100℃ 变形时，应变速率的增加并不能显著地降低再结晶晶粒的尺寸，该条件下，平均晶粒尺寸的大小与强化相的分布有关。而在高温条件下，再结晶晶粒在原始晶界和枝晶处形核并逐渐长大，是原始铸态组织的主要晶粒细化方式。

关键词：GH4720Li 合金铸锭；晶粒细化；动态再结晶；EBSD

Grain Refinement Mechanism of As-cast Homogenized GH4720Li Ingot

Wan Zhipeng[1,2]，Wang Tao[1]，Li Zhao[1]，Sun Yu[2]，Li Xinxu[1]，

Li Peihuan[1]，Zhang Yong[1]，Hu Lianxi[2]

（1. Science and Technology on Advanced High Temperature Structural Materials Laboratory，
AECC Beijing Institute of Aeronautical Materials，Beijing，100095；
2. National Key Laboratory for Precision Hot Processing of Metals，
Harbin Institute of Technology，Harbin Heilongjiang，150001）

Abstract：Microstructure evolution of the homogenized as-cast GH4720Li ingot was investigated under various deformation parameters in this study. The grain refinement mechanism of the as-cast microstructure was analyzed. The result suggested that the pinning effect of precipitates would promote the occurrence of dynamic recrystallization (DRX) when the samples deformed under the γ' dissolution temperature. In addition, the increase of the strain rates can not significantly decrease the DRX grain size, and the average DRX grain size was identified to be related with the distribution of the precipitates. When the samples deformed at higher temperature, the mainly grain refinement manner was discontinuous DRX, and the DRX grains were nucleated at original grain and dendritic boundaries.

Keywords：as-cast GH4720Li ingot；grain refinement；dynamic recrystallization；EBSD

对于变形高温合金来说，通过特定的塑性变形工艺破碎原始铸锭中的粗大晶粒和柱状晶，从而获得晶粒尺寸均匀且细小的等轴晶组织，是改善合金的热加工性能及保证合金具有优异的综合力学性能的关键[1]。对于高温合金来说，由于合金中大量的固溶强化元素和强化相，且经均匀化

---

*作者：万志鹏，博士研究生，联系电话：010-62498234，E-mail：waynedapeng@163.com

的合金铸锭中仍会具有一定程度元素偏析，通常合金还伴随着初始晶粒尺寸粗大、一定量残余柱状晶的组织特征，因此，变形高温合金铸锭的热加工性能较差，铸锭开坯难度大。虽然有国内研究人员对高温合金铸锭开坯过程的组织演变规律开展了一定的研究工作[2,3]，但本研究中GH4720Li合金为难变形镍基高温合金，合金中含有40%（质量分数）以上的 γ′相，该强化相在合金铸锭开坯过程中的作用机制尚未明确。因此，本文以均匀化态 GH4720Li 合金铸锭为原始材料，着重分析了 γ′相对于晶粒细化过程的主要作用。

1 试验材料及方法

试验用均匀化态 GH4720Li 合金铸锭化学成分（质量分数,%）为：Cr 15.9，Co 14.5，Mo 2.9，W 1.2，Ti 5，Zr 0.03，Al 2.5，C 0.002，Ni 余量，采用 Gleeble-3800 热模拟压缩试验机分析材料热变形过程中的组织演变规律。在铸锭 $R/2$ 圆周处取 $\phi 10mm \times 15mm$ 试样，试样以 10℃/s 的加热速率分别升温至变形温度（1080℃、1100℃、1120℃、1140℃、1160℃ 和 1180℃），并在变形温度下保温 5min，以保证试样温度的均匀性，随后分别以 $0.01s^{-1}$、$0.1s^{-1}$、$1s^{-1}$ 和 $10s^{-1}$ 的应变速率对试样施加最大应变量为 0.8 的塑性变形，变形

后试样立即水淬以冻结变形组织。变形后的试样分别采用金相显微镜（OM）和电子背散射衍射（electron backscatter diffraction，EBSD）技术分析合金微观组织演变特征，金相试样采用 100mL HCl+100mL CH_3OH+50g $CuCl_2$ 溶液进行腐蚀，EBSD 试样采用 20% H_2SO_4+80% CH_3OH 溶液制备，EBSD 试样电解抛光工艺参数为电压 25V，电流 3~5A，时间 15~35。金相和 EBSD 组织分析分别在 DM6000M 金相显微镜和配备 EBSD 探头的 FEI Quanta 200 FEG 型场发射扫描电镜（SEM）上开展，随后运用 TSL OIM Anaysis 6.0 软件对所采集的 EBSD 数据进行处理与分析。

2 试验结果及分析

2.1 不同热变形工艺下合金 OM 组织

图 1 给出了 GH4720Li 合金应变速率为 $0.1s^{-1}$、变形量为 0.8 不同温度下金相组织。可以看出，随着变形温度的增加，合金的晶粒尺寸逐渐增加，且当变形温度升高至1180℃时，合金并未发生完全的动态再结晶行为，组织中还残留有被拉长的变形晶粒。而在 1100℃ 变形时，由于组织中弥散分布有较多数量的强化相，使得该条件下合金的 DRX 晶粒尺寸显著低于其他变形温度。

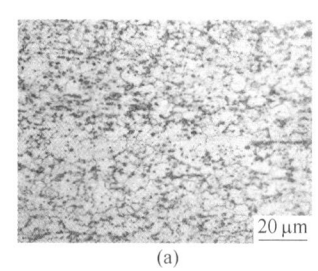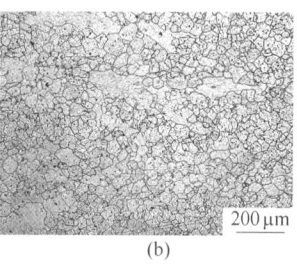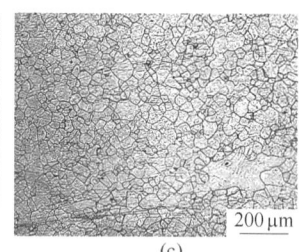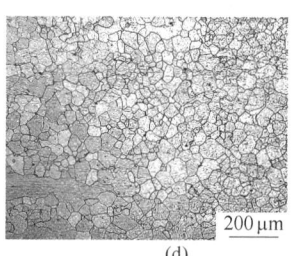

(a)　　　　　　　　(b)　　　　　　　　(c)　　　　　　　　(d)

图 1　GH4720Li 合金应变速率为 0.1s⁻¹、变形量为 0.8 不同温度下金相组织

Fig.1　OM images of GH4720Li alloy deformed at 0.1s⁻¹, a strain of 0.8 and different temperatures

(a) 1100℃; (b) 1140℃; (c) 1160℃; (d) 1180℃

图 2 所示为 GH4720Li 合金变形温度为 1100℃、应变量为 0.8 不同应变速率下金相组织，可以看出，在变形温度下，不同应变速率下合金均分布着大量的 γ′相，且该强化相呈现出沿晶界分布的特征。此外，随着变形速率的增加，合金

的平均晶粒尺寸并未发生显著的降低，表明该变形温度下，再结晶晶粒的形核与长大过程并不取决于应变速率的增加或降低，而是主要通过控制强化相在基体中弥散分布的情况，来改变再结晶晶粒尺寸的大小。

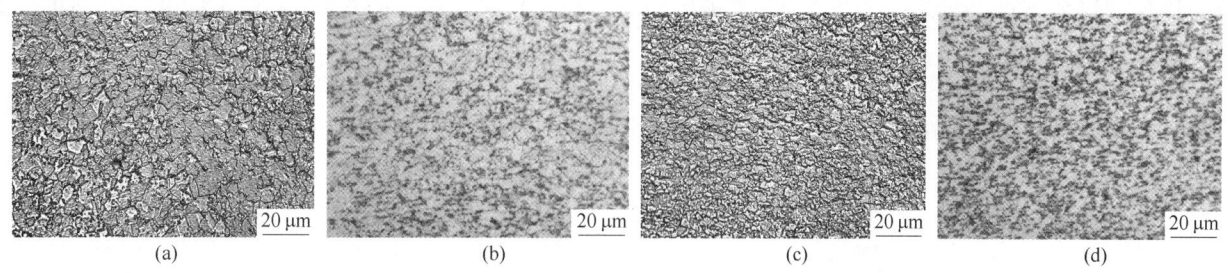

图 2　GH4720Li 合金变形温度为 1100℃、应变量为 0.8 不同应变速率下金相组织

Fig. 2　OM images of GH4720Li alloy deformed at 1100℃, a strain of 0.8 and different strain rates

(a) 0.01s^{-1}; (b) 0.1s^{-1}; (c) 1s^{-1}; (d) 10s^{-1}

2.2　合金晶粒细化机制分析

图 3 给出了 GH4720Li 合金热变形温度为 1120℃、应变速率为 0.01s^{-1} 不同应变量下 EBSD 像。由图 3(a) 可以看出，当变形量较小时（应变量为 0.3），由于强化能够促进位错增殖，并在其周围累积，使得变形晶粒中分布着大量的小角度晶界（晶界角为 2°~5°）。而当变形量增加至 0.5 时，可以看到变形晶粒内小角度晶界的数量显著增加，且还形成了大量的中角度晶界（晶界角为 5°~15°）。这是因为随着变形量的增加，在强化相处形成的小角度晶界通过连续吸收位错的方式而导致其取向不断的增加。此外在原始晶界或枝晶部位，再结晶晶粒仍可以非连续动态再结晶的方式形核，如图 3(b) 所示。而当变形量增加至 0.8 时，如图 3(c) 所示，原始的粗大晶粒发生了显著的细化，合金发生了较为完全的动态再结晶。

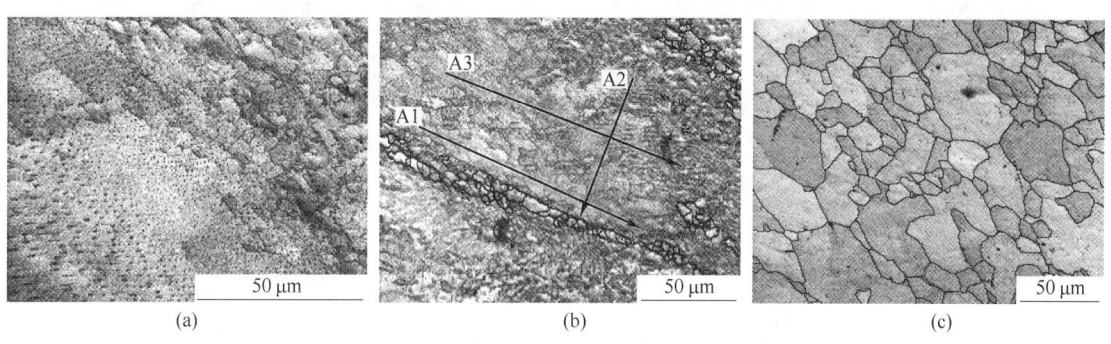

图 3　GH4720Li 合金热变形温度为 1120℃、应变速率为 0.01s^{-1} 不同应变量下 EBSD 像

Fig. 3　EBSD images of GH4720Li alloy deformed at a temperature of 1120℃, strain rate of 0.1s^{-1} and different strain

(a) 0.3; (b) 0.5; (c) 0.8

为了确定合金再结晶晶粒的主要形核方式，分析了图 3(b) 中变形晶粒内的累积取向角分布情况。图 4 给出了沿图 3(b) 中直线段方向的取向角度分布情况。图中可以看出，在原始变形晶粒的晶界处和晶粒内部，其累积取向角的数值均较高，表明该条件下，变形晶粒内部形成了大量的亚结构和亚晶界[4]。有研究表明，变形晶粒具有较高的累积取向角时，再结晶晶粒主要以非连续动态再结晶方式形核[5,6]。而本研究中所用材料为镍基变形高温合金，通常对于具有低层错能的金属 Ni 及其合金来说，再

结晶晶粒主要是以非连续动态再结晶的方式形核，且连续动态再结晶通常发生在经大塑性变形（高压扭转、等径角挤压、多向锻造）的低层错能合金中（如 Al、Mg、铁素体及其合金）[7]。而本研究中，由于强化相对位错的钉扎作用而使得再结晶晶粒以一种近似连续动态再结晶的方式形成。

图 5 给出了 GH4720Li 合金热变形温度为 1160℃、应变量为 0.8 不同应变速率下 EBSD 像。图中可以看出，由于该温度下合金中的 γ' 相已完全溶解，且变形晶粒内并未形成大量的小角度晶

界，仅在变形晶粒的晶界处形成了一定数量的小角度晶界。通过对图 5（b）中变形晶粒内累积取向角分布的分析，确定了合金再结晶晶粒的主要形核方式为非连续动态再结晶，见图 6。此外，对比图 5(a)和(b)可以看出，由于应变速率的增加，能够显著地提高非连续动态再结晶晶粒的形核率，而使得在应变速率为 $10s^{-1}$ 时，合金的动态再结晶体积分数显著增加。

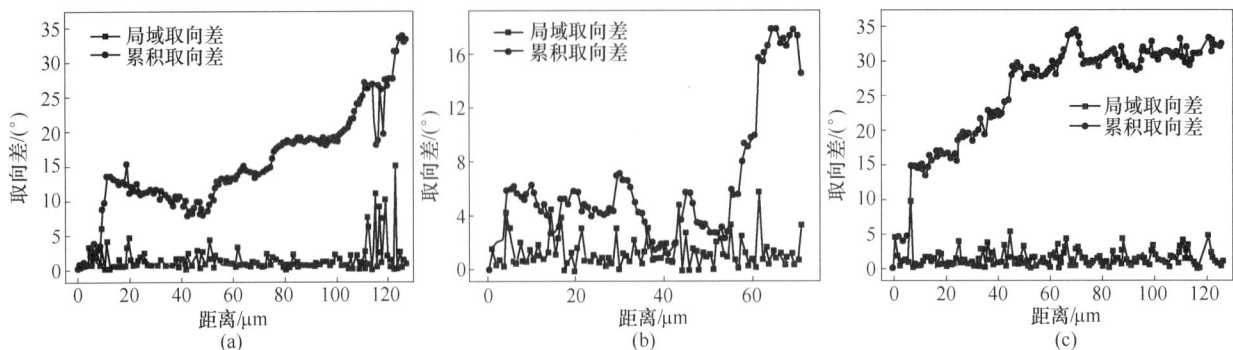

图 4 沿图 3（b）中直线段方向取向角度分布

Fig. 4 Misorientations measured along the lines marked in Fig. 3（b）

（a）A1；（b）A2；（c）A3

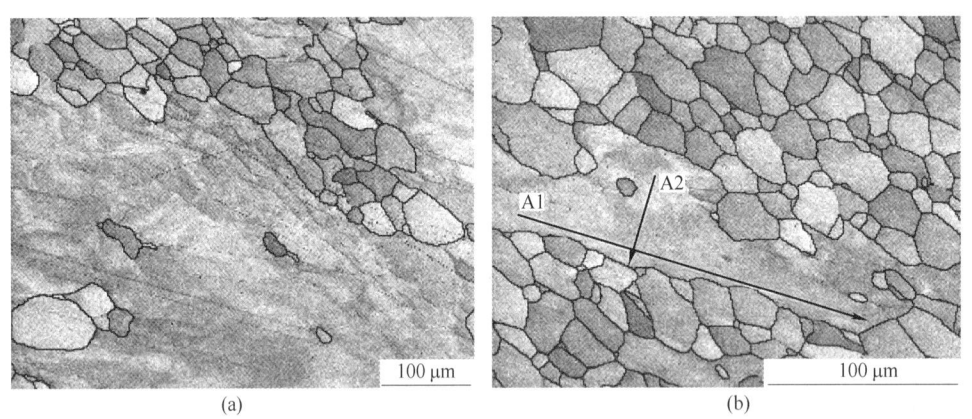

(a)

(b)

图 5 GH4720Li 合金热变形温度为 1160℃、

应变量为 0.8 不同应变速率下 EBSD 像

Fig. 5 EBSD images of GH4720Li alloy deformed at a temperature of 1160℃,

strain of 0.8 and different strain rate

（a）$1s^{-1}$；（b）$10s^{-1}$

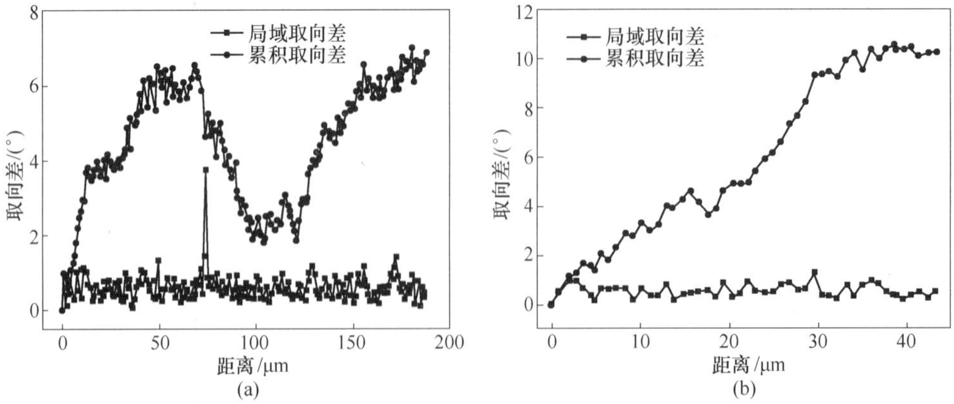

图 6 沿图 5（b）中直线段方向取向角度分布

Fig. 6 Misorientations measured along the lines marked in Fig. 5（b）

（a）A1；（b）A2

3　结论

（1）金相分析结果表明，在1080～1120℃变形温度主要通过影响强化相的分布规律来改变合金动态再结晶行为的发生，且由1100℃金相组织分析表明，该条件下的晶粒尺寸并未随应变速率的降低而发生长大现象。

（2）合金铸锭主要通过发生动态再结晶行为实现晶粒尺寸的细化过程，在γ+γ′双相区变形时，由于γ′相能够促进位错的增殖，并在其周围累积，从而促进位错亚结构、亚晶界以至大角度晶界的形成，使得该条件下DRX晶粒以近似连续动态再结晶的方式形成，从而实现晶粒的细化过程。而在γ单相区时，原始粗大晶粒和枝晶主要通过非连续动态再结晶的方式细化。

参考文献

[1] 杜金辉，吕旭东，邓群，等. GH4169合金研制进展[J]. 中国材料进展，2012，31：12~20.
[2] 李浩宇，董建新，李林翰. GH4738合金均匀化过程组织演变及热变形行为[J]. 材料热处理学报，2017，38：61~69.
[3] 陈佳语. 高温合金铸锭均匀化开坯工艺制定依据及优化控制原则[D]. 北京：北京科技大学，2017.
[4] Wright S I, Nowell M M, Field D P. A review of strain analysis using electron backscatter diffraction [J]. Microscopy & Microanalysis the Official Journal of Microscopy Society of America Microbeam Analysis Society Microscopical Society of Canada, 2011, 17: 316~329.
[5] Rout M, Ranjan R, Pal S K, et al. EBSD study of microstructure evolution during axisymmetric hot compression of 304LN stainless steel [J]. Materials Science and Engineering A, 2018, 711: 378~388.
[6] Son K T, Kim M H, Kim S W, et al. Evaluation of hot deformation characteristics in modified AA5052 using processing map and activation energy map under deformation heating [J]. Journal of Alloys and Compounds, 2018, 740: 96~108.
[7] Sakai T, Belyakov A, Kaibyshev R, et al. Dynamic and post-dynamic recrystallization under hot, cold and severe plastic deformation conditions [J]. Progress in Materials Science, 2014, 60: 130~207.

GH4720Li 合金成分偏析及二次均匀化研究

吴贵林[1]*，唐超[2]，李凤艳[1]，宋彬[1]

（1. 抚顺特殊钢股份有限公司技术中心，辽宁 抚顺，113001；
2. 钢铁研究总院高温材料研究所，北京，100081）

摘　要：GH4720Li 合金化程度高，其中 Al+Ti 含量达到 7.5%，W+Mo 含量达到 4.5%，在真空自耗熔炼 ϕ508mm 锭中存在微观成分偏析，偏析严重的部位形成了 Al、Ti 含量非常高的共晶相。合金锭经过高温扩散后会减轻成分偏析程度，但扩散效果不充分时共晶相仍有残留，在锻造后的棒材中依然发现共晶相组织。本文研究采用二次均匀化工艺，有效解决残余共晶相的溶解及扩散，通过再次轧制变形后可以得到无共晶相的均匀组织。

关键词：GH4720Li 合金；高温扩散；共晶相

Study on Composition Segregation and Second-homogenizing of GH4720Li Alloy

Wu Guilin[1], Tang Chao[2], Li Fengyan[1], Song Bin[1]

（1. Technical Center of Fushun Special Steel Co., Ltd., Fushun Liaoning, 113001；
2. Central Iron & Steel Research Institute-High Temperature Materials Research Institute, Beijing, 100081）

Abstract：GH4720Li alloy has a high degree of alloying, the content of Al+Ti reached 7.5%, meanwhile, W+Mo content reaches about 4.5%, the VAR ingot of ϕ508mm has microcomponent segregation, the eutectic phase with very high Al and Ti content was formed at the site of severe segregation. After the alloy ingot is diffused at high temperature, the degree of component segregation will be reduced. However, eutectic phase remains when the diffusion effect is not sufficient, eutectic microstructure was still found in the bar after forging. In this paper, the secondary high temperature diffusion process is studied, effectively solve the dissolution and diffusion of residual eutectic phase, uniform microstructure without eutectic phase can be obtained by rerolling deformation.

Keywords：GH4720Li alloy；high temperature diffusion；eutectic phase

　　GH4720Li 合金具有非常优良的综合性能，可以用来制造航空发动机高温转动部件，但是由于合金化程度高，在合金凝固过程中容易形成严重的成分偏析，其中枝晶轴部位为 Al、Ti 成分负偏析，枝晶间部位为 Al、Ti 成分正偏析，同时形成大量高 Al、Ti 含量的共晶相组织。在生产中发现合金锭经过了长时间的高温扩散后锻造的棒材中还是发现了共晶相残留组织，残留的共晶相组织应该是高温扩散不充分导致的。本文研究二次高温扩散工艺，对解决共晶相实际生产具有一定的指导意义。

1　试验材料及方法

　　采用 ϕ508mm 的 GH4720Li 合金铸锭，成分见表 1。

---

　　*作者：吴贵林，高级工程师，联系电话：13942301069，E-mail：13942301069@ 139. com

表1 GH4720Li 合金化学成分

Tab. 1 Chemical compositions of GH720Li alloy　　　　　　（质量分数,%）

元　素	C	Al	Ti	W	Mo	Co	Cr	Ni
含　量	0.016	2.58	5.01	1.26	3.05	14.62	16.03	基

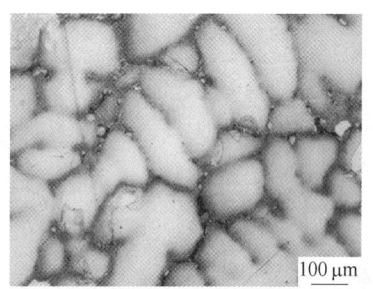

图1　GH4720Li 合金铸锭组织偏析情况

Fig. 1　Microstructure segregation of GH720Li alloy ingot

　　从铸锭上取金相样观察，发现存在非常严重的枝晶偏析，见图1。正常情况下采用1190℃高温均匀化处理后，成分能够达到理想水平[1]。但是锭型扩大或偏析严重的铸锭经过高温均匀化处理后，锻造开坯的棒材局部还会存在一些偏析条带及共晶相，见图2。通过扫描分析，共晶相为非常高的 Al、Ti 含量的共晶相组织，图3中（a）、（b）分别为共晶相扫描 Al、Ti 成分。

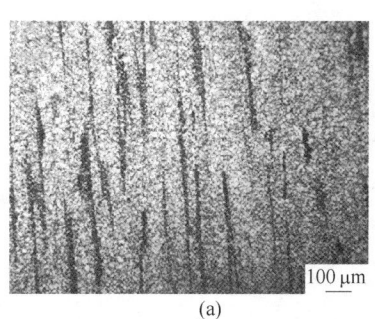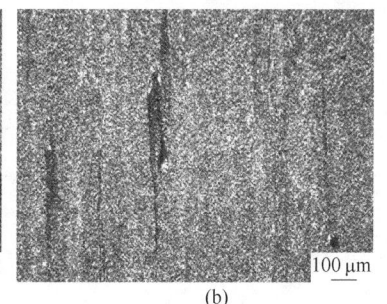

(a)　　　　　　　　　　　　(b)

图2　锻造坯料残留偏析条带及共晶相

Fig. 2　Forging structure of eutectic residual phase

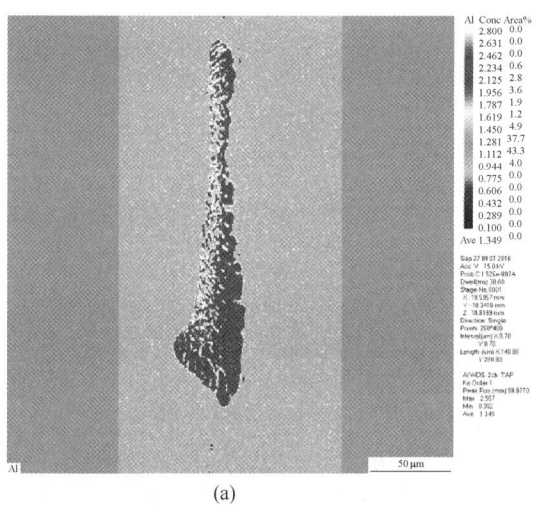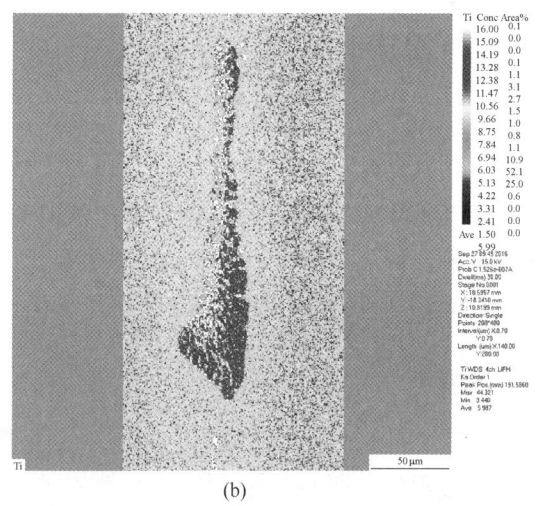

(a)　　　　　　　　　　　　(b)

图3　共晶相扫描 Al、Ti 成分

Fig. 3　Al and Ti components mapping of eutectic phase

　　为了消除坯料中残留的成分偏析及共晶相组织，进行了二次高温扩散试验，将存在共晶相组织的试样经过不同温度（1170℃、1180℃、1190℃）下不同保温时间（10h、20h）扩散试验，发现共晶相的溶解温度大约为1180℃，经过1180℃×20h扩散后观察金相试样，发现大部分共晶相基本消除，但还有部分共晶相组织残留痕迹，通过1190℃、20h的二次高温扩散后共晶相完全消除了，共晶相消除部位发现了的孔洞，见图4，出现孔洞是由于在均匀化过程中合金的成分是依赖于两种交叉扩散

的通量来保持平衡的。W、Mo、Cr、Co从枝晶轴向枝晶间扩散，而Al、Ti的扩散相反。由于不同元素扩散系数的不同，前者重金属元素的扩散通量小于后者，这种扩散通量的不平衡导致枝晶间的空位增多。随着空位数量的不断累积增多，空位将在原始铸态疏松处聚集长大或者形成新的孔洞[2]。

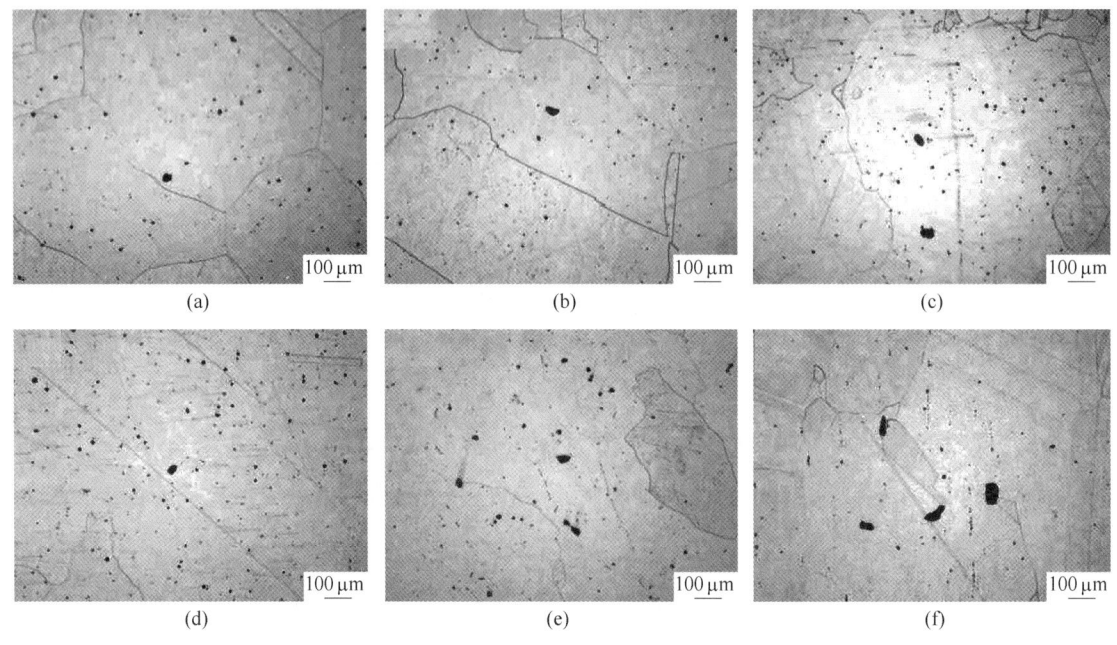

(a)   (b)   (c)

(d)   (e)   (f)

图4 经过不同温度及时间高温扩散后的组织状

Fig. 4 Microstructure after homogenized at different temperatures and times

图4(a)、(c)、(e)分别为1170℃、1180℃及1190℃，扩散10h后的组织（b）、（d）、（f）分别为1170℃、1180℃及1190℃，扩散20h后的组织。可以看出，经过1190℃×20h二次扩散的棒材重新轧制，从φ150mm轧制到φ33mm棒材，取样检查发现组织非常均匀细小，没有发现任何共晶组织及孔洞等缺陷。图5为φ33mm低倍组织，图6为φ33mm高倍组织。

2 讨论分析

采用的φ508mm的GH4720Li合金在凝固过程中先结晶的γ相（枝晶轴）Al、Ti含量要低，而后凝固的γ相（枝晶间）Al、Ti含量要高，这就是凝固结晶时产生的枝晶偏析[3]。对于Al、Ti含量较高的铸造高温合金，在凝固结晶的后期，剩余合金熔体中Al、Ti含量不断提高。奥氏体成分γ相结晶前沿，Al、Ti含量更高，当达到γ+γ′负

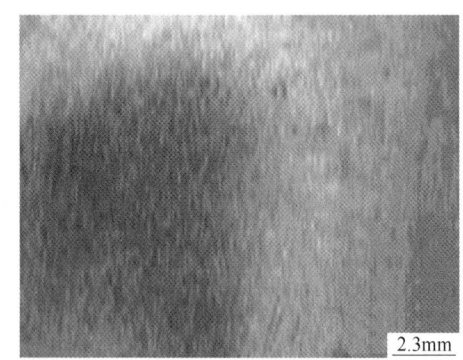

图5 φ33mm轧材纵向低倍组织图

Fig. 5 Longitudinal macrostructure

偏析共晶成分发生L→（γ+γ′）共晶反应，生成（γ+γ′）共晶组织[3]。铸锭虽然已经经过高温扩散工艺，非平衡态的（γ+γ′）共晶组织经过高温退火可以发生部分溶解[3]，但由于锭型扩大或高温均匀化温度和时间没有达到理想要求，锻造后的棒材依然存在一定的成分偏析及共晶组织。解决

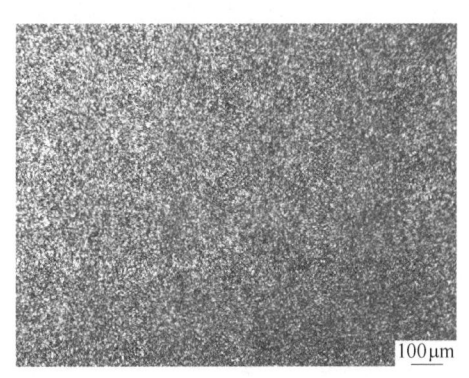

图6　经过改轧后的高倍组织

Fig. 6　Microstructure after rerolling

合金成分偏析问题，一般情况下采用高温扩散工艺，扩散效果可以通过下式来计算合金元素的偏析程度[4]：

$$\partial = \exp\left(-\frac{4\pi^2}{L^2}Dt\right)$$

式中，∂ 为偏析指数；L 为枝晶间距；D 为扩散系数；t 为扩散时间。其中，扩散系数 D 与扩散温度 T 满足如下关系：

$$D = D_0\exp\left(-\frac{Q}{RT}\right)$$

根据以上公式，扩散系数与扩散温度 T 成指数关系。提高扩散温度及延长扩散时间均能提高扩散系数，降低偏析指数。因此，选择合适的扩散时间非常关键。

将存在共晶相组织的试样经过 1190℃×20h 高温扩散后共晶相消除了，可以说明在此温度下扩散时间达到 20h 以上共晶相组织会完全溶解，并且 20h 的时间，Al、Ti 元素发生了扩散迁移，临界区域 Al、Ti 含量基本达到一致，得到了均匀化的效果。经过扩散后由于元素的迁移导致空位数的增加形成了孔洞，但是这种缺陷经过轧制变形后原子重新排列再次得到金属原子连续分布的组织，轧制后可以得到组织均匀细小的组织，得到无缺陷组织的棒材。

3　结论

（1）GH4720Li 合金由于含有非常高的 Al、Ti 元素，凝固后锭中存在以 Al、Ti 元素成分为主的偏析及共晶相组织。

（2）如果高温均匀化处理不充分，锻造后的棒材依然存在一定的残留共晶相组织。

（3）对锻制后的坯料采用 1190℃、20h 以上二次高温均匀化扩散后共晶相组织溶解消除，再次轧制变形后得到无缺陷的组织均匀细小的棒材。

参考文献

[1] 杜金辉，等. GH720Li 合金的铸态组织和均匀化工艺 [J]. 钢铁研究学报，2005，17（3）：60~63.

[2] 赵广迪. B 和 C 对 U720Li 合金凝固偏析和热加工塑性的影响 [D]. 合肥：中国科学技术大学，2017.

[3] 郭建亭. 高温合金材料学上册 [M]. 北京：科学出版社，2008：150~151.

[4] 孙振岩，刘春明. 合金中的扩散与相变 [M]. 沈阳：东北大学出版社，2002.

GH4720Li 合金棒材低倍 "鬼脸" 形成原因及改善

李钊*，王涛，万志鹏，张勇

（中国航发北京航空材料研究院先进高温结构材料
重点实验室，北京，100095）

摘 要：分析了 GH4720Li 合金锻制棒材低倍 "鬼脸" 和未再结晶大晶粒的形成原因，并研究了可改善组织均匀性的热工艺措施。结果表明：棒材不均匀组织的形成与铸锭阶段的 γ+γ′共晶相残留区域密切相关；延长均匀化处理保温时间并采取反复镦拔开坯工艺，可有效地提高棒材组织均匀性。

关键词：GH4720Li 合金；低倍；共晶相；均匀化；开坯

Causes and Improvement of "Ghost" Macrostructure of Alloy GH4720Li Bars

Li Zhao, Wang Tao, Wan Zhipeng, Zhang Yong

（Science and Technology on Advanced High Temperature Structural Materials Laboratory, Aecc Bejing Institute of Aeronautical Materials, Beijing, 100095）

Abstract：The reasons for the formation of macrostructure "ghost" and single elongated grains of GH4720Li alloy forged bars were analyzed, and thermal process measures to improve the uniformity of the microstructure were studied. The results show that the formation of uneven microstructure of bars can be traced back to the ingot stage, which is closely related to the γ+γ′eutectic phase or its residual area. Extending the homogenization treatment holding time and taking multiple upsetting and drawing cogging operations can effectively improve the bar microstructure uniformity.

Keywords：GH4720Li alloy；macrostructure；eutectic phase；homogenization treatment；cogging

对于 GH4720Li 合金棒材，低倍 "鬼脸" 和未再结晶大晶粒是常见的组织缺陷，该类缺陷常遗传到最终锻件中，从而降低锻件的疲劳及蠕变等性能。目前，国内的标准并未对低倍 "鬼脸" 作出明确定义，对未再结晶大晶粒也未进行极限控制。该合金当前研究焦点集中在热变形行为、热处理制度方面[1,2]，对于组织不均匀性的形成原因及改善探讨较少。本研究通过四轮次棒材制备试验，对上述缺陷的特征、形成原因进行分析；并通过工艺对缺陷的改善研究，提出改善组织均匀性的工艺方向，为该合金棒材制备的工艺优化提供参考。

1 试验材料及方法

试验材料采用 GH4720Li 合金规格为 φ410mm 三联熔炼铸锭，其化学成分（质量分数,%）为：C 0.011，S 0.00003，Cr 16.36，Ti 5.01，Al 2.54，Zr 0.039，W 1.26，Co 14.80，Fe 0.09，Mo 2.92，B 0.015，P 0.001。先后开展了四轮次棒材制备工艺试验，棒材规格 φ200mm，工艺路线分别为：（1）均匀化处理，1150℃×24h+1180℃×48h+炉冷，单向拔长开坯；（2）均匀化处理同工艺（1），二次镦拔开坯；（3）均匀化处理，

---
* 作者：李钊，工程师，联系电话：010-62498236，E-mail: gh720li@sina.com

1150℃×30h+1180℃×60h+炉冷，二次镦拔开坯；（4）均匀化处理同工艺（3），四次镦拔开坯。均匀化处理采用高温台车式电阻加热炉，开坯锻造采用2000t快锻机。

对铸锭组织、均匀化处理后组织、棒材组织分别进行观察分析。棒材低倍在靠近铸锭头部一端切取，经 HCl+CuSO₄ 溶液擦蚀后，观察低倍特征；金相试样经研磨、机械抛光后，采用 Kalling 试剂进行化学腐蚀后，在金相显微镜下观察晶粒形貌；显微试样经 20% H₃PO₄ 溶液、电压 3~5V 电解腐蚀后，在扫描电镜下观察析出相特征。

2 试验结果及分析

2.1 低倍"鬼脸"及未再结晶大晶粒形成原因分析

图1为经工艺（1）制备的棒材低倍及其在25倍数下的金相特征，低倍表现出典型的"鬼脸"形貌。可以看出，低倍"鬼脸"形貌特征为整个低倍面上深色、浅色腐蚀区域混合，在金相下为粗细晶粒的大范围无规律聚合，并伴随 γ′ 相的不均匀分布。对该低倍试片沿弦向解剖取样测试蠕变性能，测试条件为 625℃/730MPa/100h，四支试样残余应变值平均为 0.25%，显著高于正常水平（≤0.13%），表现出较差的抗蠕变能力。

结合均匀化处理前后的铸态组织、开坯工艺参数，对棒材低倍"鬼脸"的形成原因进行分析。在铸锭熔炼过程中，原始枝间晶区域的 Al、Ti 等元素偏聚，形成大量葵花状或板条状 γ+γ′ 共晶相；在均匀化处理的低温阶段，共晶相经固态转变回溶至基体，并在均匀化处理高温阶段的温度及浓度梯度驱动下，元素分布进一步扩散。当均匀化处理效果不足时，共晶相虽已回溶，但 Al、Ti 元素尚未扩散均匀，在共晶相初始位置形成 Al、Ti 元素富集的残留区域，该区域在金相下呈现深色，尺寸可达到几百微米范围以上。为提高 GH4720Li 合金的开坯塑性，铸锭通常采用均匀化后缓冷处

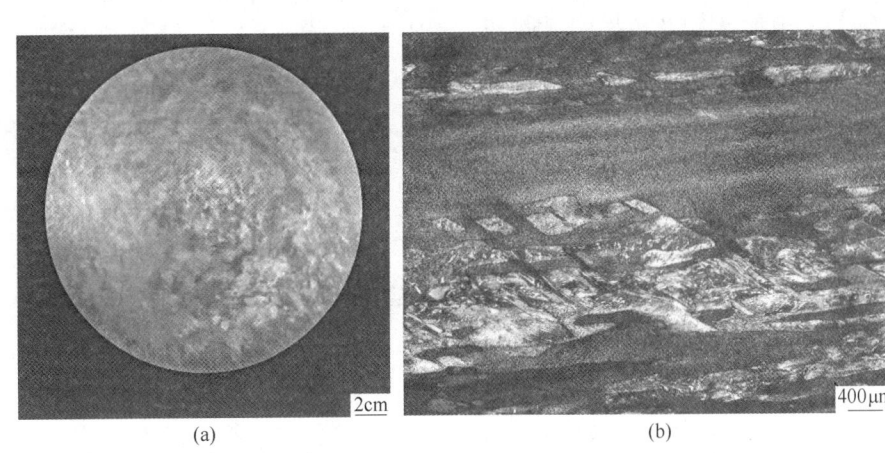

图1 经工艺（1）制备的棒材低倍及其金相特征

Fig. 1 Macrostructure and metallographic characteristics of process No. 1 bar

(a) 低倍"鬼脸"特征；(b) 25倍数下金相特征（化学腐蚀）

理，在缓冷过程中由于元素分布不均导致 γ′ 相析出形态出现极大差异。正常位置一次 γ′ 相呈现大颗粒状或梅花状析出，而共晶相残留区域由于富集 Al、Ti 元素，γ′ 相随缓冷沿特定方向生长，呈现出扇形 γ′ 相结构[3]。在随后的开坯、锻造过程中，由于变形温度一般不超过 1150℃，共晶相残留区域的元素不再进行扩散或扩散效果极小。在整个热变形过程中，该区域 γ′ 相的反复回溶—析出过程受 Al、Ti 元素富集的影响，其形态与正常

位置差异极大，且主要分布在晶内，从而失去晶界钉扎效果；热变形结束后，该残留区域依然保留在变形组织中，呈现出不规则的形状，总体沿变形方向拉长，在低倍腐蚀后呈现深色腐蚀区域，从而形成"鬼脸"特征。因此，低倍"鬼脸"形成的本质原因是 Al、Ti 等强化元素在基体内的不均匀分布。

图2的一系列组织图片展示出铸锭 γ+γ′ 共晶相在热工艺过程中的转化。未再结晶大晶粒中的 γ′ 相通常尺寸较小且分布密集，是扇形 γ′ 相在热

变形或固溶处理后的残留，而低倍"鬼脸"是其 大量分布的极端表现。

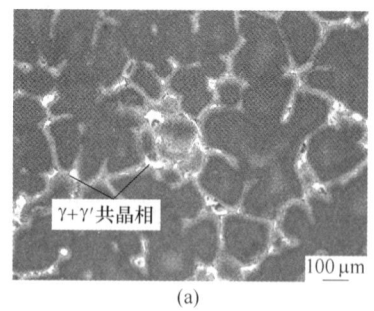 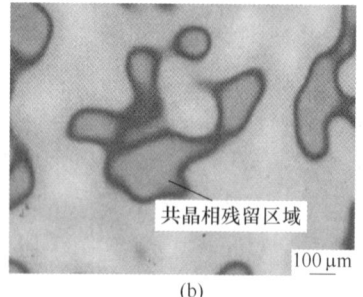 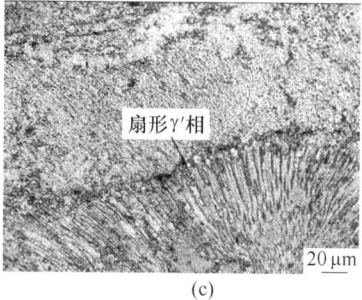

(a)　　　　　　　　　(b)　　　　　　　　　(c)

图2　γ+γ′共晶相在热工艺过程中的转化

Fig. 2　Transformation of γ+γ′ eutectic phase in thermal process

（a）原始铸态（电解腐蚀）；（b）工艺（1）均匀化处理后（电解腐蚀）；

（c）工艺（1）锻制棒材（电解腐蚀）

2.2　提高棒材组织均匀性的工艺措施

2.2.1　延长均匀化处理保温时间

图3为工艺（1）、工艺（3）两种均匀化处理后的组织状态对比。可以看出，将均匀化处理的低温阶段延长至30h、高温阶段延长至60h后，γ′相分布明显趋于均匀，扇形γ′相及边界明显的共晶相残留区域已基本消失。因此，延长均匀化处理的保温时间可显著提高铸锭组织均匀性，对棒材的组织控制具有积极的效果。然而，当锭型扩大、原始铸锭偏析加剧时，改善均匀化工艺的效果也将受限，此时应对熔炼工艺进行调整，以降低铸态偏析程度。

值得注意的是，本研究中未采用提高均匀化处理温度的方式，是由于升温后存在低熔点共晶相熔化、晶界过热过烧的风险。

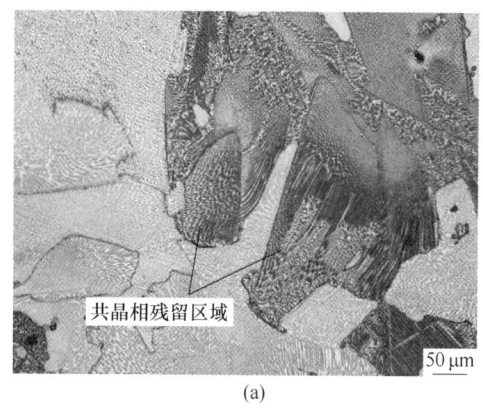 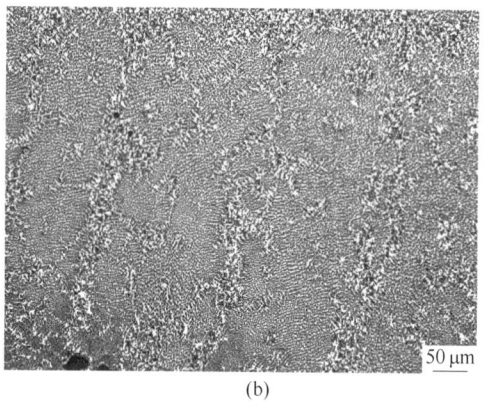

(a)　　　　　　　　　(b)

图3　两种均匀化处理后的组织对比

Fig. 3　Microstructure after homogenization process No. 1 and No. 3

（a）工艺（1）均匀化处理后（电解腐蚀）；（b）工艺（3）均匀化处理后（电解腐蚀）

2.2.2　采用反复镦拔开坯工艺

图4为经工艺（2）二次镦拔后制备的棒材低倍及其在200倍下的金相特征。可以看出低倍不均匀程度略有改善，但仍然存在深浅不同的腐蚀区域，其各自尺寸减小，深色腐蚀区内仍存在扇形γ′相。在镦拔开坯过程中，共晶相残留作为一个特定区域参与变形，在不同方向的应力作用下发生破碎，进而在低倍面上形成更小的深色腐蚀区域；扇形γ′相在开坯过程中虽有所回溶，但加热温度不足以完成充分的元素扩散，在冷却过程中重新析出并保留其扇形特征。因此，反复镦拔对铸态组织的破碎具有显著效果，但对于由铸锭中Al、Ti等元素不均匀造成的低倍"鬼脸"改善作用有限。

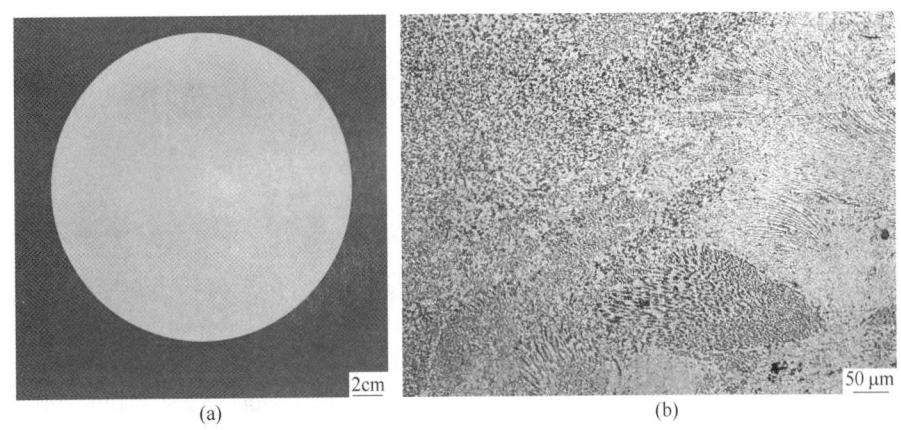

图 4　经工艺（2）制备的棒材低倍及其金相特征

Fig. 4　Macrostructure and metallographic characteristics of process No. 2 bar

（a）低倍特征；（b）200 倍数下金相特征（化学腐蚀）

2.2.3　改善均匀化工艺及开坯方式的综合作用

图 5 为工艺（4）延长均匀化处理保温时间、四次镦拔后的棒材低倍及其在 200 倍数下的金相特征。可以看出，整个低倍横断面均匀，"鬼脸"缺陷已得到完全消除，γ′相呈颗粒状沿晶界均匀弥散分布，再结晶晶粒基本均匀。

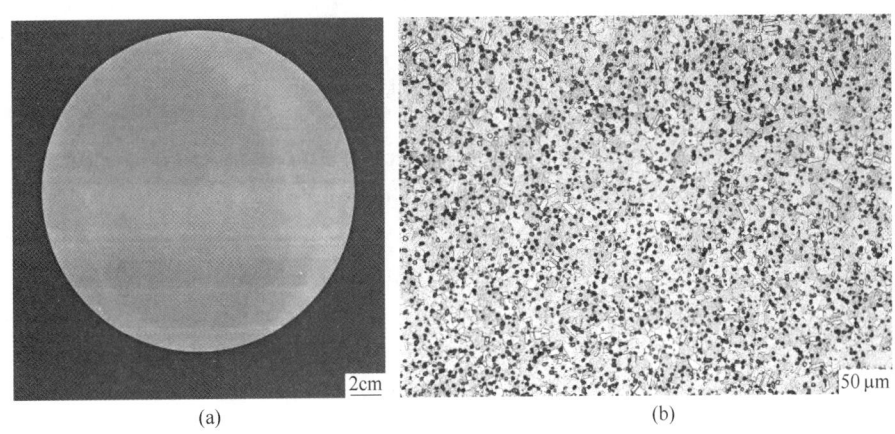

图 5　经工艺（4）制备的棒材低倍及其金相特征

Fig. 5　Macrostructure and metallographic characteristics of process No. 4 bar

（a）低倍特征；（b）200 倍数下金相特征（化学腐蚀）

3　结论

（1）GH4720Li 合金棒材低倍"鬼脸"及未再结晶大晶粒的形成与铸锭共晶相残留区域密切相关，其本质是 Al、Ti 等强化元素在基体内的不均匀分布。

（2）延长均匀化处理保温时间可显著改善强化元素分布均匀性，反复镦拔开坯可充分破碎铸态组织，二者工艺结合对于改善棒材低倍"鬼脸"具有良好的综合效果。

参考文献

［1］　于秋颖，姚志浩，董建新，等. 难变形高温合金 GH4720Li 的超塑性变形行为［J］. 材料热处理学报，2015，36（7）：30~35.

［2］　王涛，万志鹏，孙宇，等. 镍基变形高温合金动态软化行为与组织演变规律研究［J］. 金属学报，2018，54（1）：83~92.

［3］　Radis R，Schaffer M，Albu A，et al. Multimodal size distributions of γ′precipitates during continuous cooling of UDIMET 720 Li［J］. Acta Materialia，2009（57）：5739~5747.

GH4720Li 合金的均匀化开坯控制原则

范海燕，董建新*，陈佳语

（北京科技大学材料科学与工程学院，北京，100083）

摘　要：通过 Gleeble 热压缩、OM 和 SEM 的测试方式，研究了铸态 GH4720Li 合金不同均匀化时间下的组织特征和热变形特点。研究表明，均匀化时间过长，虽然残余偏析指数小，但是氧化严重，并且热变形过程中再结晶形核点减少；而均匀化时间过短，虽然晶粒尺寸小，热变形过程中再结晶形核率高，但是残余偏析指数大。因此，为了协调偏析及均匀化处理对后续热变形再结晶的影响，提出部分均匀化的高温合金均匀化制度，确定 GH4720Li 的均匀化制度为 1160℃下保温 30h。

关键词：GH4720Li；均匀化；热变形

Controlling Principals of Homogenization and Cogging for GH4720Li

Fan Haiyan，Dong jianxin，Chen Jiayu

（School of Materials Science and Engineering，University of Science and Technology Beijing，Beijing，100083）

Abstract：The microstructure and deformation characteristics of GH4720Li under different homogenization time have been investigated utilizing Gleeble compression tests，OM and SEM. It is indicated that if homogenization time is too long，the oxidation is severe and recrystallization nucleation sites are reduced causing low recrystallization fraction although segregation is basically eliminated. If homogenization time is too short，segregation is serious although recrystallization fraction is rather high during deformation. In order to coordinate the segregation，grain size，oxidation and recrystallization，the partial homogenization possessing is proposed. It is concluded that 30h is the rational homogenization time under 1160℃.

Keywords：GH4720Li；homogenization；hot deformation

　　GH4720Li 合金是一种典型的难变形涡轮盘用高温合金，由于其较高的高温强度，抗疲劳和蠕变性能，广泛用于 650~750℃ 长期使用或者 900℃ 短期使用的高性能材料[1~4]。由于粉末冶金的方法制造成本较高，目前主要采用铸锻工艺生产盘锻件[5]，主要生产流程为：冶炼，均匀化，开坯，锻造和热处理。均匀化和开坯作为承上启下的环节，由于研究力度和重视程度不够，目前仍存在较多的问题：过分延长均匀化时间，导致能耗过高；开坯过程易发生开裂和变形后晶粒粗大不均等。

　　均匀化过程涉及的微观组织变化包括：偏析元素的均匀扩散；偏析相的回溶；晶粒的长大；合金表层的氧化等[6]。同时，均匀化过程产生的微观组织变化对后续热变形同样产生着影响，而这也是需要考虑的问题。本工作对不同均匀化时长的 GH4720Li 合金的微观组织进行分析，同时考虑对后续热变形过程合金再结晶程度的影响，以期找到合适的均匀化工艺。

*作者：董建新，教授，联系电话：010-62332884，E-mail：jxdong@ustb.edu.cn

1　试样材料及方法

试验所用 GH4720Li 合金是经真空感应熔炼（VIM）+真空自耗重熔（VAR）双联工艺熔炼后 φ170mm 铸锭。该合金的成分（质量分数,%）为 C 0.016, Cr 15.72, Ti 4.82, Al 2.55, W 1.30, Mo 2.96, Co 14.75, Ni 余量。实验所用试样均从上述铸锭的横截面的 R/2(R 为半径) 处切取。

GH4720Li 合金的均匀化温度取 1160℃,分别保温 3h、10h、20h、50h 和 70h,随后用 LEO-80 扫描电子显微镜观察氧化界面形貌,统计氧化层厚度。为了研究均匀化程度对热变形再结晶程度的影响,在 Gleeble-3800 上进行热压缩实验,样品尺寸为 φ15mm×20mm。

通过光学显微镜（OM）、LEO-80 扫描电子显微镜（SEM）观察合金的微观组织。金相试样通过机械磨抛后在 2.5g KMnO_4+10mL H_2SO_4+90mL H_2O 溶液中煮 5min。SEM 试样电解抛光液为 20%H_2SO_4+80%CH_3OH,电解侵蚀液为 150mL H_3PO_4 + 10mL

H_2SO_4+15g CrO_3。

2　试样结果及分析

2.1　均匀化程度对组织的影响

图 1(a) 是直径为 170mm 的 GH4720Li 合金铸锭 R/2 处的枝晶组织,据报道[7],Ti 元素是该合金中偏析最为严重的元素。如图 1(b) 所示,基体上有 γ+γ′ 共晶相,由于该相是有害低熔点相,需要在均匀化过程将其回溶。

图 2 是 GH4720Li 铸锭均匀化 3h 与 10h 后组织形貌。均匀化 3h 后组织中仍可观察到 γ′+γ 共晶相组织,如图 2(a) 所示,但和铸锭组织中 γ′+γ 共晶相形貌相比,此时的 γ′+γ 共晶组织形貌不再完整,已经开始发生部分回溶。均匀化 10h 后,未再观察到 γ′+γ 共晶相组织,如图 2(b) 所示。因此,可认为 1160℃下均匀化时间大于 10h,可以将 γ′+γ 共晶相组织完全回溶消除。

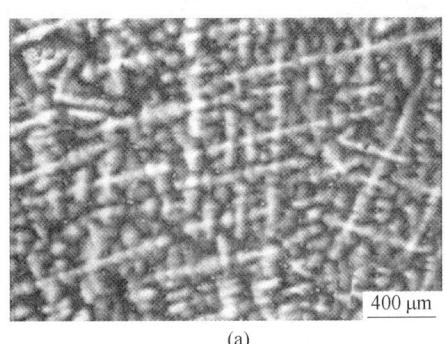
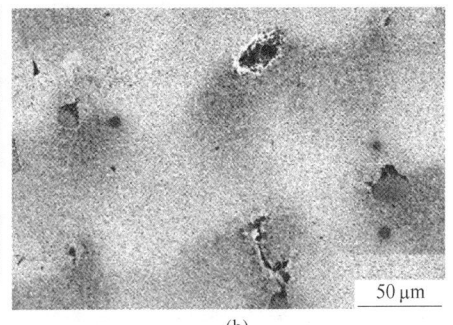

(a)　　　　　　　　　　　　　(b)

图 1　GH4720Li 合金铸锭 R/2 处的组织

Fig. 1　The microstructure of GH4720Li ingot at R/2

（a）枝晶形貌；（b）γ+γ′共晶相

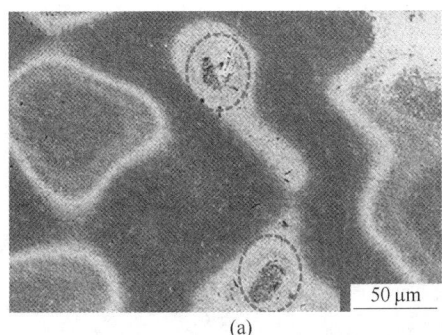
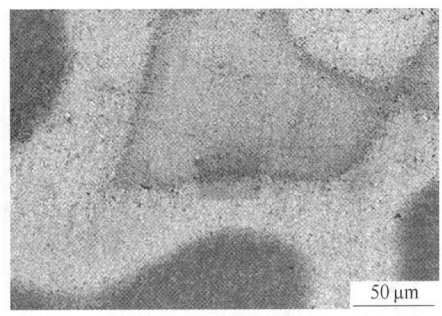

(a)　　　　　　　　　　　　　(b)

图 2　GH4720Li 合金 1160℃不同均匀化时间组织形貌

Fig. 2　The microstructure of GH4720Li under different homogenization time at 1160℃

（a）3h；（b）10h

图 3 反映了不同均匀化时间后的 Ti 元素残余偏析指数，晶粒尺寸和氧化层厚度。Ti 元素的残余偏析指数 δ 的计算方法为：$\delta = \dfrac{c_{max} - c_{min}}{c_{0max} - c_{0min}}$，其中 c_{max} 和 c_{min} 为均匀化 t 时间后组织中元素最大与最小浓度，c_{0max} 和 c_{0min} 为铸态组织中元素最大和最小浓度。由图 3 可知，残余偏析指数随均匀化时间延长，首先在较短时间内快速下降，随后下降速率减慢，最后残余偏析指数基本不随均匀化时间延长而变化。工业上认为，残余偏析指数小于 0.2，则均匀化完成，因此对于铸态 GH4720Li 合金而言，1160℃ 下保温时间应该超过 20h。随着均匀化时间的延长，晶粒尺寸不断增大，均匀化时间为 70h 时，晶粒尺寸增加至 2.2mm。而晶粒尺寸过大，一方面在后续变形中由于晶粒协调变形困难而容易开裂；另一方面，为了在变形中获得一定晶粒度的晶粒组织，需要更大的变形量，因此，均匀化时间过长，不利于后续的变形过程。氧化层厚度随着均匀化时间的延长而增加，且根据报道[8]，氧化时间过长，坯料容易发生内氧化，极其耗费原材料。根据以上分析可知，残余偏析指数小，晶粒尺寸小和氧化层薄无法同时实现，综合考虑来说，30h 是比较合适的均匀化时间。此时，残余偏析指数在 0.15 左右，晶粒尺寸约为 750μm，氧化层厚度约为 52μm。

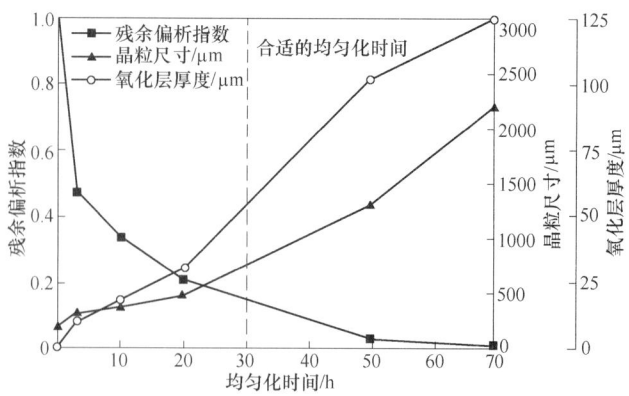

图 3　不同均匀化时间的 GH4720Li 中 Ti 元素残余偏析指数，晶粒尺寸和氧化层厚度

Fig. 3　The residual segregation index of Ti, grain size and oxide layer thickness of GH4720Li under different homogenization time

2.2　均匀化程度对热变形再结晶的影响

图 4 是不同均匀化程度的 GH4720Li 合金在 1160℃，变形量 30%，变形速率 0.1s⁻¹ 下变形的中心组织形貌。可以发现，均匀化时间越长，再结晶分数越小，这是因为均匀化时间越长，组织越均匀且晶界数量减少，从而再结晶形核点越少，不利于发生动态再结晶。因此均匀化时间过长，不利于达成在变形过程细化晶粒度的要求，而上

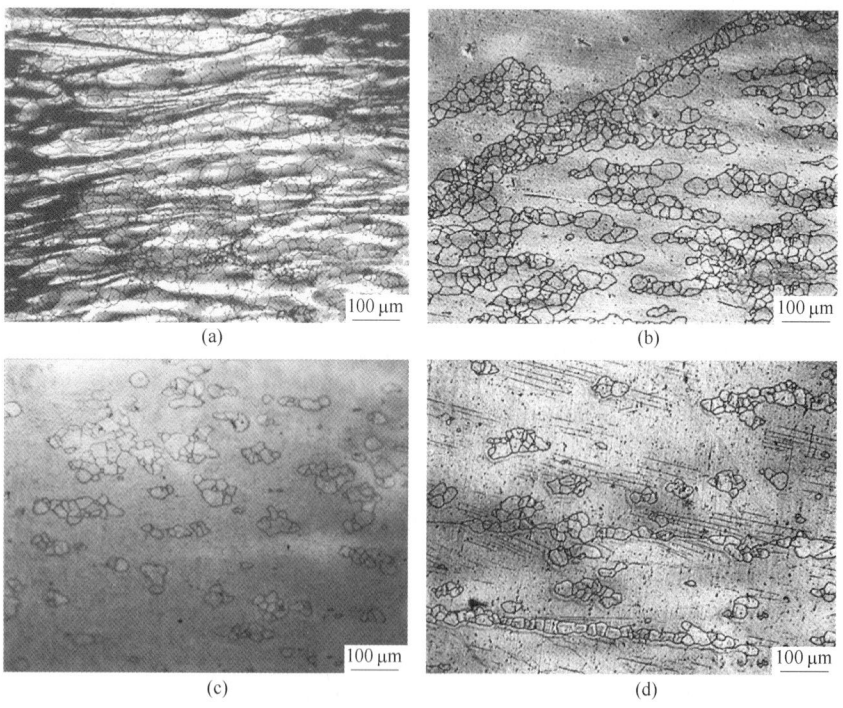

图 4　铸态及不同均匀化程度 GH4720Li 合金中心部位 1160℃，变形量 30%，变形速率 0.1s⁻¹ 时组织形貌

Fig. 4　Microstructure of the central part after deformation under 1160℃, 30%, 0.1s⁻¹ for samples of different homogenization degree

(a) 0h；(b) 20h；(c) 50h；(d) 70h

述提出的 1160℃ 保温 30h 的均匀化制度, 仍残留部分偏析, 有利于热变形时发生动态再结晶。

3　结论

（1）均匀化时间过短, 虽然晶粒尺寸小, 变形过程再结晶分数高, 但是偏析严重; 均匀化时间过长, 虽然偏析基本消除, 但是氧化严重, 晶粒尺寸过大, 再结晶程度低。因此, 均匀化时间不宜过长, 也不宜过短。

（2）综合考虑不同均匀化时间下的组织特征（残余偏析系数, 晶粒尺寸, 氧化层厚度）和对后续热变形再结晶程度的影响, 1160℃ 保温 30h 是对于铸态 GH4720Li 合金比较合理的部分均匀化制度。

参考文献

[1] Liu F F, Chen J Y, Dong J X, et al. The hot deformation behaviors of coarse, fine and mixed grain for Udimet 720Li superalloy [J]. Material Science and Engineering A, 2016, 651: 102~115.

[2] Monajati H, Taheri A K, Jahazi M, et al. Deformation characteristics of isothermally forged UDIMET 720 nickel-base superalloy [J]. Metallurgical and Materials Transactions A, 2005, 36 (4): 895~905.

[3] Chen J Y, Dong J X, Zhang M C, et al. Deformation mechanisms in a fine-grained Udimet 720Li nickel-base superalloy with high volume fractions of γ′ phases [J]. Materials Science and Engineering A, 2016, 673: 122~134.

[4] Yu Q Y, Yao Z H, Dong J X. Deformation and recrystallization behavior of a coarse-grain, nickel-base superalloy Udimet 720Li ingot material [J]. Materials Characterization, 2015, 107: 398~410.

[5] Chang L T, Jin H, Sun W R. Solidification behavior of Ni-base superalloy Udimet 720Li [J]. Journal of Alloys and Compounds, 2015, 653: 266~270.

[6] 董建新, 李林翰, 李浩宇, 等. 高温合金铸锭均匀化程度对开坯热变形的再结晶影响 [J]. 金属学报, 2015, 51 (10): 1207~1218.

[7] 陈佳语. 高温合金铸锭均匀化开坯工艺制定依据及优化控制原则 [D]. 北京: 北京科技大学, 2017.

[8] 李浩宇, 董建新, 李林翰. GH4738 合金均匀化过程组织演变及热变形行为 [J]. 材料热处理学报, 2017, 38 (3): 61~69.

不同冶炼方式生产的 GH4738 合金热轧棒材组织性能对比

曹秀丽[*]

（宝武特种冶金有限公司，上海，200940）

摘　要：本文以真空感应+真空自耗冶炼及真空感应+保护气氛电渣+真空自耗冶炼的 GH4738 合金钢锭，经过相同的热加工工艺生产成的 ϕ42mm 热轧棒为研究对象，通过对比分析两组棒材的组织性能并结合烟气轮机用棒材技术协议指标要求，得出目前国内烟气轮机用热轧棒材更适合采用真空感应+真空自耗双联冶炼工艺进行生产的结论。

关键词：GH4738；热轧棒；力学性能

Comparision of Microstructures and Properties of GH4738 Alloy Hot-rolled Bar Produced in Different Smelting Way

Cao Xiuli

（Baowu Special Metallurgy Co., Ltd., Shanghai, 200940）

Abstract：GH4738 alloy was smelted in two different ways VIM+VAR and VIM+ESR+VAR, and then produced to hot rolled bars with the same hot-working process. The 42mm-diameter bars were researched afterwards. Via comparative analyzing the microstructure and properties of the two groups of bars, and considering about the index requirements of technical protocol of flue gas turbine, we can conclude that VIM+VAR is the better way to manufacture the hot rolled bar used in the flue gas turbine.

Keywords：GH4738；hot-rolled bars；properties

以往 GH4738 合金都是采用真空感应+真空自耗的方式进行冶炼的，随着冶炼技术的发展及材料纯净化要求的增加，近年来 GH4738 合金增加了真空感应+电渣+真空自耗的三联冶炼方式。本文主要采用真空感应+真空自耗冶炼及真空感应+保护气氛电渣+真空自耗冶炼的 GH4738 合金钢锭，通过相同的热加工工艺生产成同规格热轧棒，对两种冶炼方式的棒材进行组织性能对比分析。

1　试验材料及方法

采用真空感应+真空自耗冶炼及真空感应+保护气氛电渣+真空自耗试制冶炼 GH4738 合金

ϕ42mm 热轧棒材各 3 炉。6 炉棒材经过 1080℃× 4h、空冷+ 845℃×24h、空冷+ 760℃×16h、空冷标准热处理后，取样进行晶粒度、晶界析出相、硬度、高温拉伸、高温持久等试验分析。其中第 1~3 号为真空感应+真空自耗冶炼钢锭生产的棒材，第 4~6 号为真空感应+电渣+真空自耗冶炼钢锭生产的棒材。

2　试验结果及分析

2.1　化学成分对比分析

在 GH4738 合金试制冶炼时，结合元素烧损

＊作者：曹秀丽，高级工程师，联系电话：13816777242，E-mail：caoxiuli@ baosteel.com

规律进行配料，最终试制的 6 批棒材主要化学成分基本一致。表 1 为棒材的部分强化元素及气体含量等分析数据。从表中可见，1~6 号棒材的 C 含量，γ' 强化元素 Al、Ti 含量及晶界强化元素 B、Zr 含量基本一致，而且棒材的气体含量也相当；1~3 号棒材的 S 含量为 $1 \times 10^{-3}\%$，而 4~6 号棒材的 S 含量可降至 $3 \times 10^{-4}\% \sim 4 \times 10^{-4}\%$，三联冶炼中的电渣工序脱硫效果明显。

表 1　GH4738 合金化学成分对照表
Tab. 1　Chemical compositions of alloy GH4738　　　　　　　（质量分数，%）

批次	C	Al	Ti	B	Zr	S	N	H	O
1 号	0.040	1.44	3.06	0.005	0.005	0.0010	0.0042	0.0001	0.0005
2 号	0.035	1.50	3.10	0.005	0.006	0.0010	0.0059	0.0001	0.0005
3 号	0.040	1.51	3.09	0.005	0.004	0.0010	0.0023	0.0001	0.0005
4 号	0.040	1.53	3.12	0.005	0.005	0.0003	0.0037	0.0001	0.0005
5 号	0.040	1.52	3.08	0.005	0.005	0.0004	0.0040	0.0001	0.0005
6 号	0.034	1.50	3.07	0.005	0.005	0.0003	0.0030	0.0001	0.0005

2.2　棒材力学性能对比分析

试制的 6 批棒材按照烟气轮机热轧棒技术要求采用 1080℃ × 4h、空冷 + 845℃ × 24h、空冷 + 760℃ × 16h、空冷标准热处理后进行力学性能检测。

表 2 为不同冶炼方式生产的 GH4738 合金棒材组织性能数据结果。从表中可见 6 批棒材的晶粒度组织比较稳定，级别在 5.0~3.0 级之间，都符合烟机用棒材标准中规定的 2 级或更细的要求；815℃/325MPa 条件下持久断裂时间为 77：05 ~ 113：25h，持久断后伸长率数据也基本保持一致；棒材的室温硬度都保持在 345 左右。6 批棒材的 815℃ 拉伸强度数据基本一致，结果为 730 ~ 750MPa。但棒材的伸长率及断面收缩率结果差别比较大，1~3 号棒材的伸长率为 35.0%~42.0%，断面收缩率为 40.5%~51.0%；4~6 号棒材的伸长率 17.5%~29.0%，断面收缩率为 21.5%~31.0%。双联工艺冶炼棒材的伸长率、断面收缩率较三联工艺好，增加电渣工序后合金的塑性反而变差，这与我们常规了解的通过电渣脱硫后合金的塑性会变好不一致。

表 2　不同冶炼方式生产的 GH4738 合金棒材组织性能数据
Tab. 2　Mechanical properties of GH4738 alloy bars for different smelting

项目	815℃高温拉伸			815℃/325MPa 持久性能		室温硬度（HBW）	晶粒度/级
	$R_{p0.2}$/MPa	A/%	Z%	T/h	A/%		
1 号	745	39.5	45.2	90：15	40.0	345	3.0~5.0
	740	35.0	47.5	82：42	34.0	345	3.0~5.0
2 号	730	42.0	51.0	113：25	33.0	345	3.0
	735	40.0	40.5	77.12	40.5	345	3.0
3 号	735	38.5	45.3	95：20	35.0	343	3.0~5.0
	730	38.0	47.6	90：15	36.5	342	3.0~5.0
4 号	760	24.0	25.0	77：05	22.0	345	3.0~5.0
	745	17.5	21.5	82：10	25.0	345	3.0~5.0
5 号	740	29.0	31.0	77：27	33.0	345	3.5
	750	22.0	28.0	89：26	28.0	343	3.5
6 号	740	27.0	29.0	106：00	32.0	347	3.0
	750	25.0	29.0	82：00	24.0	350	3.0

2.3 棒材组织形貌对比分析

图 1 显示了两种冶炼方式生产的热轧棒经标准热处理后的高倍组织形貌,其中(a)、(b)为真空感应+真空自耗冶炼,(c)、(d)为真空感应+电渣+真空自耗冶炼。通过(a)、(c)晶粒度评级,两种冶炼方式生产的棒材晶粒度基本一致,都为 3 级;(b)、(d)为晶相 1000 倍照片,可观察到图(d)中晶界析出相数量比图(b)多,而且图(d)晶界析出相已接近链状。

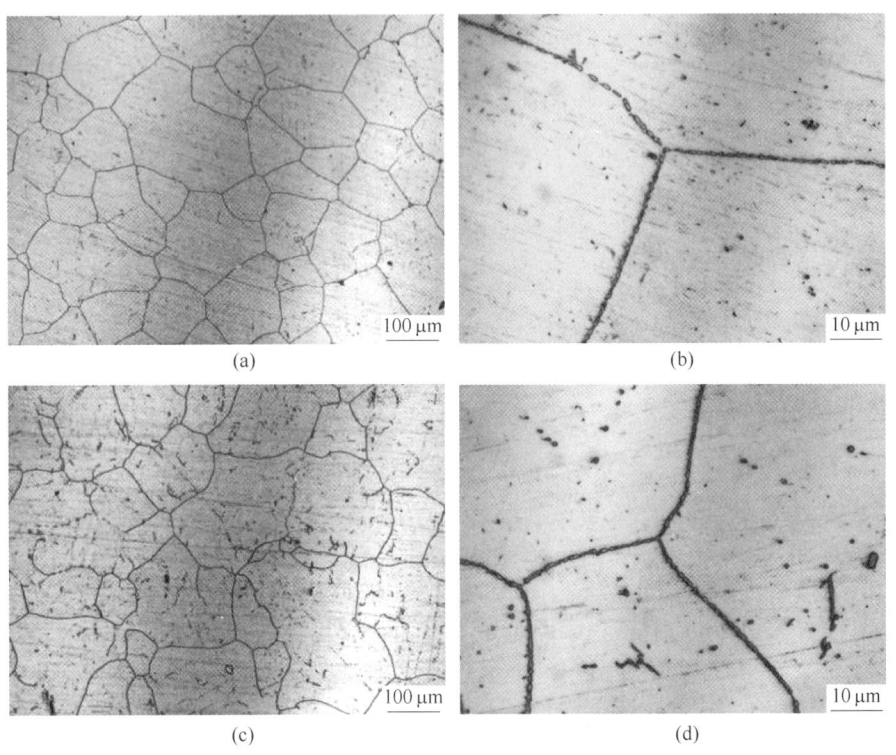

图 1 不同冶炼方式棒材的组织形貌

Fig. 1 Microstructure of bars for different melting

(a),(b) VIM+VAR;(c),(d) VIM+ESR+VAR

2.4 拉伸断口形貌分析

图 2 为热轧棒材标准热处理后的 815℃高温拉伸断口形貌。通过断口分析发现,双联工艺冶炼棒材拉伸断口中韧窝较多,说明晶界结合力更好,因而具有良好的拉伸塑性;而三联冶炼棒材的断口形貌中没有明显的韧窝组织,所以棒材的拉伸塑性较双联冶炼偏差。

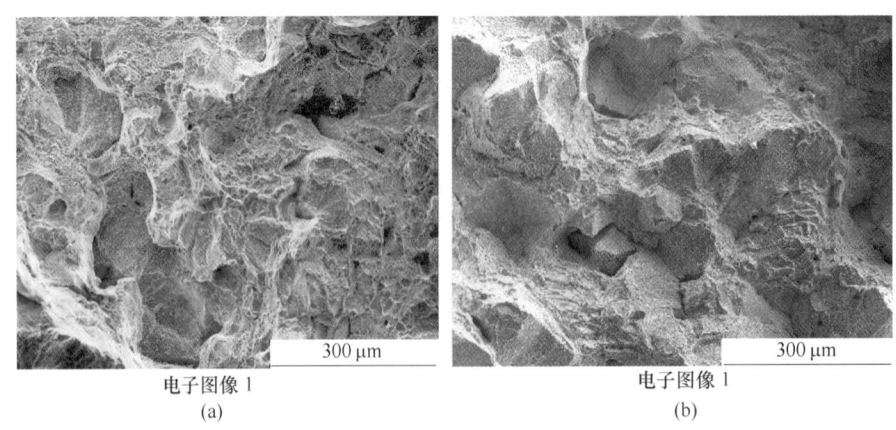

图 2 815℃高温拉伸断口形貌

Fig. 2 Fractographs of 815℃ tensile specimens

(a) VIM+VAR;(b) VIM+ESR+VAR

3　结论

（1）双联冶炼工艺与三联冶炼工艺生产的GH4738合金棒材主要化学成分及气体含量数据基本一致；三联冶炼工艺降 S 比较明显，棒材 S 含量可以达到 $3\times10^{-4}\%$。

（2）两种工艺生产的棒材的晶粒度、硬度及持久性能结果数据基本一致；三联工艺生产的棒材高温拉伸强度与双联冶炼基本一致，但拉伸塑性较双联工艺冶炼相比偏低。

（3）采用三联工艺冶炼生产的棒材晶界析出相数量偏多，而且已接近链状结构。

（4）现行的烟气轮机技术条件 HG/T 3650—2012 中对 GH4738 合金热轧棒高温拉伸的伸长率、断面收缩率要求较高，此类热轧棒适合采用双联冶炼工艺生产。

参考文献

［1］烟气轮机涡轮盘和叶片用 WASPALOY 合金研究［J］. 中国材料科技与设备，2006（2）：68.

三联冶炼 GH4738 合金导叶内环等温模锻研制

叶康源[1]*，姜波[2]，叶俊青[1]，王龙祥[1]，黎汝栋[1]，夏春林[1]

（1. 贵州安大航空锻造有限责任公司，贵州 安顺，561005；
2. 中国人民解放军海军驻贵阳地区军事代表室，贵州 安顺，561005）

摘　要：采用有限元软件对导叶内环等温锻过程进行模拟，获得应变分布情况和载荷。通过摸索及研究该材料的特性，制定出合理的锻造工艺参数，最终锻件获得理想的组织与性能。进行了两种热处理试验，结果表明：固溶温度应随 γ' 溶解温度的提高而提高，方能获得较好的强度。

关键词：三联冶炼；GH4738；导叶内环；等温锻；数值模拟

Research on Isotherm Forging Technics of Triad-smelting GH4738 Guide Vane Inner Ring

Ye Kangyuan[1], Jiang Bo[2], Ye Junqing[1], Wang Longxiang[1], Li Rudong[1], Xia Chunlin[1]

（1. Guizhou Anda Aviation Forging Co., Ltd., Anshun Guizhou, 561005;
2. The Military Representative Office of the Chinese People's Liberation Army Navy in Guiyang, Anshun Guizhou, 561005）

Abstract：The isothermal forging process of Guide Vane Inner Ring was simulated using three-dimensional finite element code to study the influences of forming scheme, obtain strain distributions and load. By grope and study the properties of the material, to make reasonable technics parameters. Final forgings get ideal performance and organization. Two kings of heat treatment tests were carried out, the results show that: Solution temperature should increase with the increase of γ' solution temperature, in order to obtain better strength.

Keywords：triad-smelting; GH4738; guide vane inner ring; isotherm forging; numerical simulation

GH4738 合金[1,2]（国外牌号 Waspaloy）是以 γ' 相沉淀硬化的镍基高温合金，具有良好的耐燃气腐蚀能力、较高的屈服强度和疲劳性能，广泛用于航空发动机转动部件，使用温度不高于 815℃。然而 GH4738 合金作为典型的难变形高温合金，其合金化程度高，变形抗力大，可变形温度窄，因此热加工成型难度大，标准热处理后经常产生混晶组织和室温拉伸屈服强度偏低等问题。对于模锻件而言，其截面起伏大，各处变形量不易控制，欲获得均匀晶粒度成为难点。本文以某发动机 GH4738 合金导叶内环等温模锻件为研究对象，通过研究分析其材料特性来制定最佳的热加工参数，为获得最佳的组织及性能提供理论与实践方面的依据。

1　工艺分析

1.1　锻件结构分析

导叶内环后段锻件规格为 $\phi612mm \times \phi318mm \times 64mm$，见图 1，对于航空发动机而言，属于较大的高温合金模锻件。模锻件具有截面起伏大、各处的厚度差异大等特点，此特点使其达到变形均匀以获得均匀的晶粒成为难点。

---

　*作者：叶康源，工程师，联系电话：0851-33393359，E-mail：yekangyuan3007@126.com

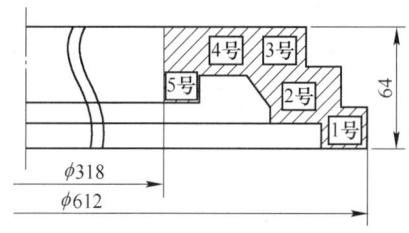

图1　锻件示意图

Fig. 1　Schematic diagram of forging

1.2　工艺参数分析

王乐安等人[3]研究发现，GH4738合金最佳变形温度为1100℃，在该温度的允许变形程度可以达到70%，推荐该合金锻造温度为1070~1100℃，建议变形25%~50%，若变形量小于10%，将在晶界上产生MC型碳化物薄膜，导致缺口敏感。早期国内工艺采用高温锻造（1180℃），合金的变形抗力比较小，容易加工成型，但是由于变形温度较高，MC会溶解于基体（MC回溶温度约1150℃），在随后的空冷过程中，在1080℃左右会再次沿晶界析出，从而会降低合金的塑性。董建新[4]研究表明，随着等温锻造技术的发展，GH4738等温锻

造在工业生产中实现。通常GH4738合金有两种热处理制度：亚固溶（1020℃）+时效和高温固溶（1080℃）+时效。在锻造及随后冷却过程中，锻件将分别发生动态回复及动态再结晶和静态回复及静态再结晶，以上过程均会影响锻件组织。

GH4738合金导叶内环拟采用环轧制坯、等温模锻生产，并进行亚固溶+时效热处理。

1.3　有限元数值模拟

为保证锻件各部位截面变形均匀以获得均匀的组织和锻件各部位填充满，中间坯和锻件结构设计因而显得尤为重要。

王效光、张麦仓、董建新等人[5]对GH4738合金镦粗锻造进行模拟研究，得到金属的流变规律，为GH4738锻件的锻造加工过程提供参考。采用DEFORM软件进行等温锻模拟，导叶内环后段等温锻结束应变见图2（a），大范围主要变形量在35.6%~66.7%（$\eta_C \sim \eta_F$），较小区域变形量为19.7%（η_B），可机加工去除。锻件变形量满足≥25%的变形量，方案可行。等温锻锻造结束时最大压力约7500t，见图2（b），可采用80MN油压机生产。

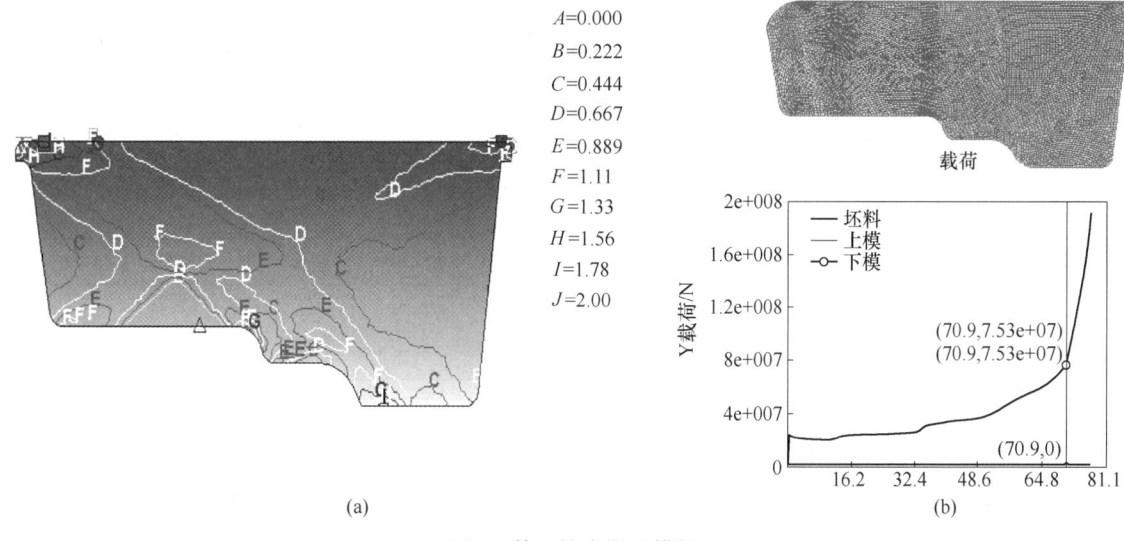

```
A=0.000
B=0.222
C=0.444
D=0.667
E=0.889
F=1.11
G=1.33
H=1.56
I=1.78
J=2.00
```

(a)　　　　　　　　　　　　　　　　　(b)

图2　等温锻有限元模拟

Fig. 2　Isothermal forging of numerical simulation

（a）等温锻结束应变分布；（b）锻造压力曲线

2　试验方案

2.1　原材料

锻件用材料为抚钢生产的GH4738合金棒材，

规格为φ230mm，其炉号为18260320102，化学成分（质量分数）如下：C 0.048%、Cr 19.19%、Co 13.36%、Mo 4.31%、Ti 2.99%、Al 1.40%、Zr 0.066%、B 0.0079%、Mn 0.019%、Si 0.052%、P 0.012%、S 0.00017%、Fe 0.14%、Cu 0.0021%、Pb 0.000079%、Bi 0.000022%、Se 0.000051%、

Ag 0.000069%。

2.2　工艺方案

　　根据前文的工艺分析结果，GH4738 合金导叶内环锻件主要工艺路线为：下料→镦粗冲孔→环轧制坯→中间坯机加→中间坯探伤→等温锻→热处理→粗加工→水浸探伤→理化测试。主要工序

锻件实物见图 3。

　　为了确定热处理制度，进行了两次固溶热处理实验：1030℃固溶+时效和 1040℃固溶+时效。最终确定为后者的热处理工艺：固溶，1040℃保温 4h，水冷。时效，坯料到温装炉，845℃保温 4h，空冷；760℃保温 16h，空冷。

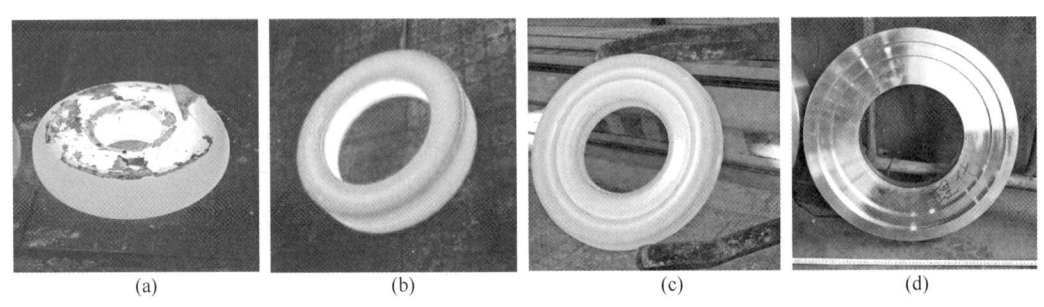

(a)　　　　　　(b)　　　　　　(c)　　　　　　(d)

图 3　锻件生产流程实物照片

Fig. 3　The photo of forging production process

（a）镦粗冲孔；（b）环轧制坯；（c）等温锻；（d）粗加工

2.3　理化测试

　　锻件按相关标准进行理化测试，力学性能和高倍组织取样图见图 1。1030℃固溶+时效的室温拉伸屈服偏低，提高固溶温度后，其屈服强度提

高，见表 1。在后者热处理制度下，其室温拉伸、高温拉伸和持久富余量均较大。1~5 号的晶粒度均基本均匀，晶粒呈球化状，平均晶粒度均为 4 级，见图 4。水浸法超声波探伤，未见超标单显，杂波水平 ϕ1.2-6dB，低波损失小于 50%。

表 1　力学性能

Tab. 1　Mechanical properties

取样位置	A 室温拉伸				B 室温拉伸				B 540℃高温拉伸				B 730℃持久	
	R_m/MPa	$R_{p0.2}$/MPa	A_5/%	Z/%	R_m/MPa	$R_{p0.2}$/MPa	A_5/%	Z/%	R_m/MPa	$R_{p0.2}$/MPa	A_5/%	Z/%	t/h	A/%
1 号	1305	826	26.5	30	1290	917	30.0	33	1129	817	19.5	28	38.6	7.9
	1298	828	27.5	30	1292	899	26.0	29	1128	812	22.0	31	43.1	9.4
2 号	1328	919	28.0	32	1297	899	25.0	32	1154	787	25.5	35	44.3	10
	1321	947	28.0	33	1303	905	26.5	38	1170	805	26.0	30	43.4	8.4
3 号	1299	824	27.5	30	1307	925	27.0	36	1170	826	16.5	21	39.7	12
	1306	808	27.5	35	1292	925	27.0	33	1177	859	18.5	25	42.5	9.1
4 号	1299	867	27.0	30	1292	878	33.0	35	1179	858	22.0	30	41.5	6.4
	1306	861	24.5	31	1288	941	29.0	34	1177	809	23.5	28	47.9	11
5 号	1306	868	26.0	32	1305	915	29.0	35	1166	816	22.0	27	46.7	10
	1300	830	23.5	26	1302	926	29.0	35	1166	836	21.5	25	50.0	15
指标	≥1210	≥830	≥15	≥18	≥1210	≥830	≥15	≥18	≥1070	≥720	≥15	≥18	≥23	≥5

　　注：A：1030℃固溶+时效；B：1040℃固溶+时效。

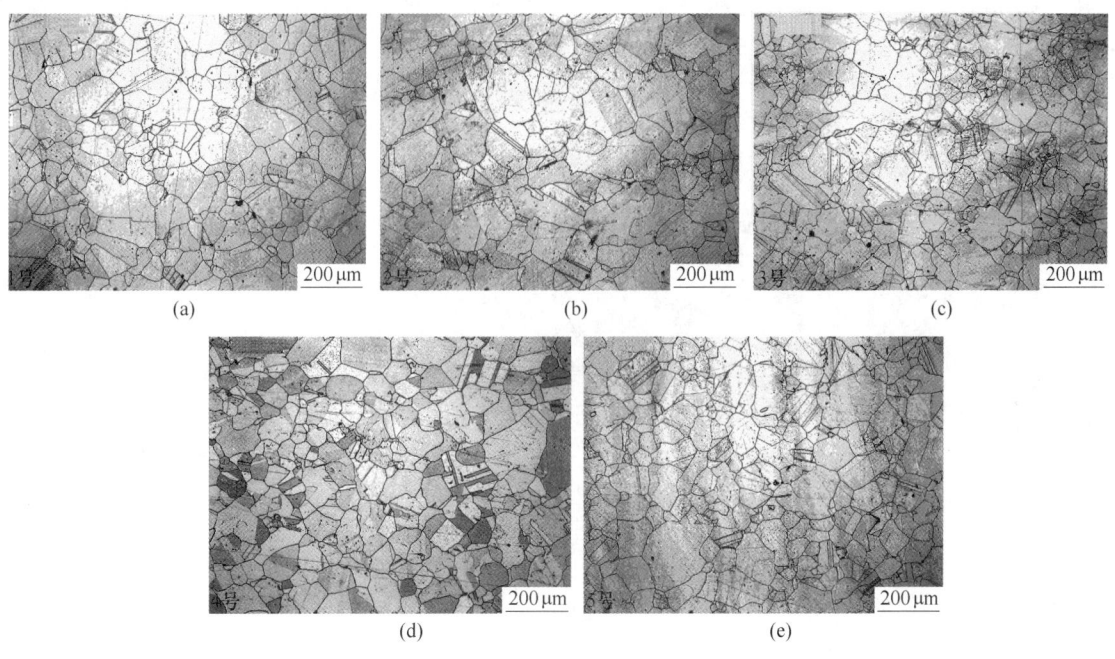

图 4 解剖件高倍组织（4 级晶粒度，100×）

Fig. 4 Macrostructures of testing pieces（4 stage grain size，100×）

3 结果分析与讨论

3.1 再结晶对高倍组织的影响规律

混晶是 GH4738 锻件主要问题之一。但本文研究对象 1~5 号位置晶粒度均为 4 级，较为均匀。

王建国和刘东等人[6] 对 GH4738 再结晶过程研究发现：在 1120℃下变形可获得较高的再结晶体积分数和较均匀的再结晶晶粒尺寸。在 1100~1140℃范围内，变形程度大于 28% 时，可获得晶粒尺寸较为均匀的组织。刘辉等人[7] 在 1120℃下进行 GH4738 动态再结晶试验，研究发现：在变形量较小时（变形 30%），部分晶粒仍为拉长状。变形量大于 50% 时，动态再结晶更为充分，晶粒更为均匀。表 2 为导叶内环前段锻件变形量与晶粒度数值，1~5 号位置的变形量在 35%~58% 之间，大于 30%，因此消除了拉长状晶粒。

表 2 变形量与晶粒度的关系

Tab. 2 Relationship of deformation amount and grain size

位置	1 号	2 号	3 号	4 号	5 号
变形量/%	35~48	48~58	35	48~58	35~48
晶粒度	4 级	4 级	4 级	4 级	4 级

综上所述，GH4738 适宜的热加工温度为 1040~1170℃，锻件锻造温度建议为 1040~1120℃。制坯为普通锻造，为了减少锻造抗力，可选择高温锻。等温锻采用相匹配的再结晶温度和变形速率，变形量应不小于 30%，实现充分再结晶，获得均匀晶粒度。

3.2 固溶温度对锻件组织与力学性能的影响

室温拉伸屈服偏低是 GH4738 合金锻件主要问题之二。进行两种热处理试验，结果表明，在 1030℃固溶，室温拉伸屈服强度偏低；在 1040℃固溶，室温拉伸屈服强度提高了 50~100MPa。

在热处理过程中，出现不同形态的 γ' 相[4]：一次 γ'（γ'_I）相，为大颗粒；二次 γ'（γ'_{II}）相和三次 γ'（γ'_{III}）相，为小颗粒。该合金在 1040℃以下固溶热处理，基体中存在大小两种 γ' 强化相；1040℃附近为大 γ' 相和小 γ' 相转变温度，在此温度下 γ'_I 和 γ'_{II}（或包含 γ'_{III}）相混合存在。当温度升至 1060℃后，基体中 γ'_I 完全融入基体，强化相均匀分布。图 5 为不同固溶温度下 γ' 相含量，在 1030℃固溶 γ'_I 相含量较密集，见图 5（a）白色大颗粒。在 1040℃固溶 γ'_I 相含量较稀少，见图 5（b）白色大颗粒。董建新等人建立 γ'_I 相含量与固溶温度曲线，见图 6，固溶温度提高，γ'_{I} 相含量减少。室温拉伸抗拉强度和屈服强度均随 γ'_{I} 相含量的减少而提高。石宇野等人[8] 研究发现：GH4738 经 1040℃ 固溶的屈服强度稍高于经 1020℃ 固溶的屈服强度，前者伸长率波动小，后者伸长率波动大。导叶内环试验结果与其研究结果相吻合。

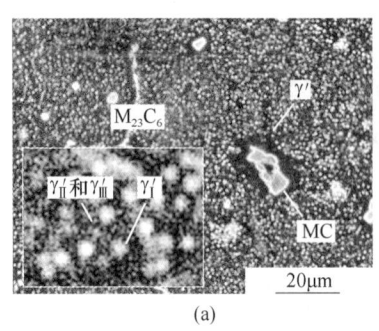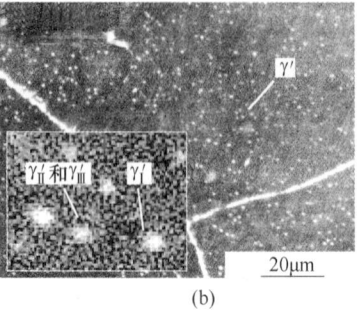

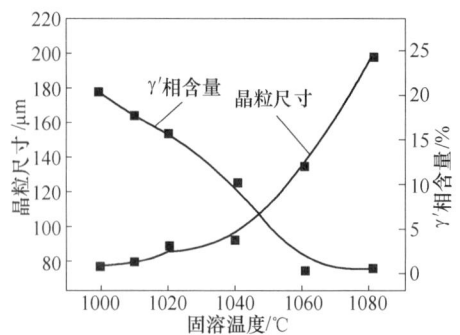

图 5　两种固溶热处理的高倍组织（2000×）

Fig. 5　Macrostructures of two solution

（a）1030℃固溶+时效，γ'_{I} 相多；（b）1040℃固溶+时效，γ'_{I} 相少

图 6　晶粒尺寸及 γ'_{I} 相数量演化规律[4]

Fig. 6　Relationship of grain size and γ'_{I} phase percent

荣义等人[9] 研究发现：GH4738 屈服强度与 2 种尺寸 γ' 相含量、尺寸和分布有关，冷速越快，固溶冷却过程中一次 γ' 相粗化越少；尺寸在 50nm 左右的二次 γ' 相在双时效过程中析出越多，合金的屈服强度越高。由此可知，GH4738 导叶内环锻件在 1030℃ 和 1040℃ 固溶，后者一次 γ' 相（γ'_{I}）更少，更多强化相融入基体，故屈服强度较高。

4　结论

（1）采用三联冶炼棒材 GH4738 合金经过制坯、等温锻、1040℃固溶+时效热处理等工序，获得了 4 级均匀的晶粒度和较好的力学性能。

（2）进行了"1030℃固溶+时效"和"1040℃固溶+时效"两种不同的热处理试验，结果表明：在 1040℃ 温度下固溶，一次 γ' 相（γ'_{I}）少，有利于提高锻件的屈服强度。固溶温度应随 γ' 溶解温度的升高而升高，方能获得较好的强度。

参考文献

[1] 航材手册编辑委员会. 中国航空材料手册（第 2 卷）[M]. 北京：中国标准出版社，2002：475~482.

[2] 王卫卫，易幼平，李蓬川，等. Waspaloy 高温合金涡轮盘复合包套锻压工艺仿真 [J]. 金属铸锻焊技术，2011.

[3] 中国锻压协会编写委员会. 特种合金及其锻造 [M]. 北京：国防工业出版社，2009：60~61.

[4] 董建新. 高温合金 GH4738 及应用 [M]. 北京：冶金工业出版社，2014.

[5] 王效光，董建新，等. GH738 合金密封环件制造镦粗过程有限元模拟 [J]. 钢铁研究学报，2011，23.

[6] 王建国，刘东，等. GH738 合金在不同变形条件下的再结晶过程 [J]. 重型机械，2012（3）.

[7] 刘辉，蔡新宇. 热加工参数对 GH738 合金动态再结晶行为的影响 [J]. 钢铁研究学报，2014，26（3）.

[8] 石宇野，董建新，等. 镍基高温合金 γ' 相析出的经典动态模型及应用 [J]. 金属学报，2012，48（6）.

[9] 荣义，成磊，唐超，等. 溶冷却介质对优质 GH738 力学性能的影响 [J]. 钢铁研究学报，2016，28（11）.

晶粒组织对 GH4738 合金锻件水浸超声波探伤底波损失影响研究

徐文帅[1*]，陈佳亮[2]，王龙祥[1]，叶俊青[1]，张振[1]，雷静越[1]

（1. 贵州安大航空锻造有限责任公司，贵州 安顺，561005；

2. 中国航发沈阳黎明航空发动机有限责任公司，辽宁 沈阳，110043）

摘　要：本文结合 GH4738 合金锻件水浸探伤底波 C 扫描图，对锻件不同区域的晶粒组织进行分析，研究了晶粒组织对 GH4738 合金锻件水浸超声波探伤底波损失的影响。研究结果表明，GH4738 合金锻件水浸超声波探伤底波损失与锻件的晶粒组织的均匀性有一定的对应关系，当锻件组织中存在大晶粒或是粗细混晶组织时，水浸探伤底波损失能量较多，返回的底波能量低；当锻件晶粒组织为均匀细晶组织时，水浸探伤底波损失能量较少，返回的底波能量多。锻件晶粒组织均匀性越好，水浸探伤底波损失差异越小；锻件晶粒组织均匀性越差，水浸探伤底波损失差异越大。

关键词：GH4738 合金；晶粒组织；水浸超声波探伤；底波损失

Effect of Microstructures on Bottom Wave Loss in Water Immersion Ultrasonic Flaw Detection of GH4738 Alloy Forgings

Xu Wenshuai[1], Chen Jialiang[2], Wang Longxiang[1], Ye Junqing[1], Zhang Zhen[1], Lei Jingyue[1]

（1. Guizhou Aviation Gorging Co., Ltd., Anshun Guizhou, 561005；

2. China Airlines Shenyang Liming Aero-Engine Co., Ltd., Shenyang Liaoning, 110043）

Abstract：In combination with the C-scan image of bottom wave loss in water immersion ultrasonic flaw detection of GH4738 alloy forgings, the grain microstructures of GH4738 alloy forgings in different regions were analyzed. The effect of grain microstructures on bottom wave loss in water immersion ultrasonic flaw detection of GH4738 alloy forgings were studied. The result shows that the bottom wave loss in water immersion ultrasonic flaw detection of GH4738 alloy forgings has a definite connections with the homogeneity of grain microstructures. The more energy of bottom wave loss in water immersion ultrasonic flaw detection will loss and the returned bottom wave has a low energy when there are large grains or coarse and fine mixed crystal microstructures in GH4738 alloy forgings. The energy loss of bottom wave in water immersion ultrasonic flaw detection is less, and the more energy of water immersion ultrasonic flaw detection will get back when the grain microstructures homogeneity of GH4738 alloy forgings are the closed-grained microstructures. The greater uniformity of grain microstructures of GH4738 alloy forgings, the smaller the difference of bottom wave in water immersion ultrasonic flaw detection. There are the bigger differences of bottom wave in water immersion ultrasonic flaw detection of GH4738 alloy forgings if the uniformity of grain microstructures of GH4738 alloy forgings is more worse.

Keywords：GH4738 alloy; grain microstructures; water immersion ultrasonic flaw detection; bottom wave loss

* 作者：徐文帅，工程师，联系电话：15208534688，E-mail：wenshuaixu@ 163. com

GH4738 合金（国外牌号 Waspaloy）锻件是以 γ′相沉淀强化的镍基高温合金，该合金主要通过固溶强化、γ′相沉淀强化（主要为 Ni₃(Al，Ti)）及碳化物强化等多种强化手段的综合作用来达到强化效果。GH4738 合金在 760~870℃具有较高的屈服强度和抗疲劳性能，在 870℃以下的燃气涡轮气氛中具有良好的抗氧化性和抗燃气腐蚀能力，工艺塑性良好，组织稳定。正由于 GH4738 合金在性能上的优越性，特别是强韧化的良好配合，使合金的应用久盛不衰，广泛应用于航空、航天、石油、化工等领域，适用于制作涡轮盘、工作叶片、高温紧固件等零件[1]。

目前，GH4738 合金仍在不断发展，在冶炼工艺、热变形工艺和热处理工艺等方面开展了大量研究工作[2,3]，但在水浸超声波探伤方面的研究相对较少。本文针对 GH4738 合金水浸超声波探伤底损不合格的问题，研究 GH4738 合金晶粒度组织与水浸超声波探伤底损的对应关系，为该合金后期 GH4738 合金锻件生产中水浸超声波探伤底波损失不合格处理提供理论指导和参考依据。

1 试验材料及方法

水浸探伤试验材料为采用宝钢棒材用 φ1800mm 轧机轧制成型的环形锻件。环件生产主要工艺路

线：下料→加热→镦粗、冲孔→加热→预轧平高度→加热→轧制成型。晶粒度试样热处理制度：(1030±10)℃×4.0h，油冷；(845±10)℃×4.0h，空冷；(760±10)℃×16h，空冷。

先采用水浸超声波探伤设备对 GH4738 合金锻件进行探伤定位，再对锻件进行水浸探伤定位解剖，进行晶粒度组织检测分析，采用水浸探伤仪和金相光学显微镜分析研究 GH4738 合金锻件晶粒组织对底损的影响，进一步了解 GH4738 合金锻件水浸探伤底损与组织均匀性之间的关系。

2 试验结果及分析

2.1 GH4738 合金锻件水浸探伤结果

锻件高度为 $H = 88$mm，锻件端面水浸探伤的 C 扫描图如图 1 所示，杂波水平均在 φ1.2mm-6dB 以下，底波 37%~81%，底波损失相差为 6.8dB。从 C 扫描图来看，锻件不同部位的底波损失存在高低差异。

2.2 GH4738 合金锻件晶粒度检测结果及分析

锻件按图 2 所示要求切取试样热处理后进行晶粒度检查，1 号、2 号、3 号位置的晶粒度组织照片见图 3。

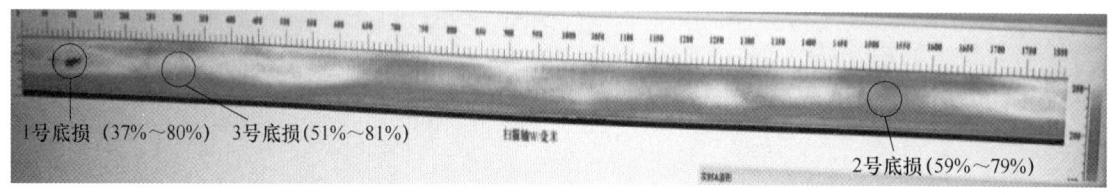

1号底损（37%~80%）　3号底损（51%~81%）　2号底损（59%~79%）

图 1　GH4738 合金锻件水浸探伤底波损失 C 扫描图

Fig. 1　C-scan image of bottom wave loss in water immersion ultrasonic

flaw detection of GH4738 alloy forgings

结合图 1 水浸 C 扫描图中 1 号位置和图 3(a) 晶粒度组织照片可以看出，11 号、12 号、13 号试样区域底波为 37%左右，底波较低，该区域的晶粒度为平均 5.5 级存在个别 1~1.5 级大晶粒，组织均匀性较差；14 号、15 号、16 号试样区域底波为 80%左右，底波较高，该区域的晶粒度组织比较均匀，平均 5.5~6 级。

结合图 1 水浸 C 扫描图中 2 号位置和图 3(b) 晶粒度组织照片可以看出，21 号、22 号试样底波

为 59%左右，底波较低，该区域各试样晶粒度为平均 5.5 级，存在个别 1~2 级大晶粒；23 号、24 号试样底波为 80%左右，底波较高，该区域晶粒度组织比较均匀，平均 5.5~6 级。

结合图 1 水浸 C 扫描图中 3 号位置和图 3(c) 晶粒度组织照片可以看出，31 号、32 号、33 号试样位置底波为 51%~81%，但由于 3 号位置取样处于锻件 1/2 高度位置，该区域的晶粒度较上下两端面组织均匀，其各试样晶粒组织差异不明显，

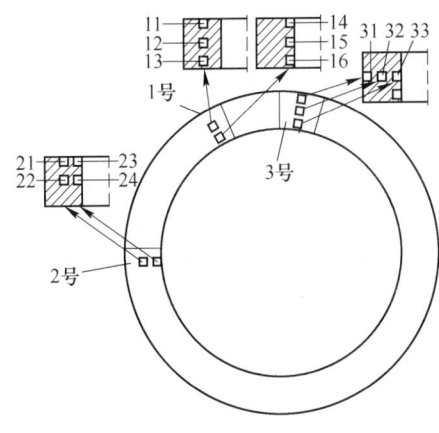

图 2　锻件取样示意图

Fig. 2　Schematic diagram of forging sample

从锻件不同位置的底波损失和晶粒组织来看，锻件组织中如存在大晶粒组织，锻件的晶界面积少，在水浸探伤时超声波入射到锻件上晶界反射返回波的能量就少，损失的能量多，而锻件晶粒度组织为均匀细晶，锻件的晶界面积多，在水浸探伤时超声波入射到锻件上由于晶界反射返回波的能量多，损失的能量少。通过对比 1 号、2 号位置晶粒组织发现，底波低于 60% 的区域，晶粒度组织均匀性较差，存在个别大晶粒组织；底波为 80% 左右的区域，晶粒度组织均匀性较好。锻件部分区域存在底波损失是由于晶粒尺寸不均匀或是局部晶粒尺寸较大，这与尹湘蓉对 GHGH4698 涡轮盘锻件超声检测底波损失原因分析的结论一致[4]。

但从晶粒尺寸的大小来看，底波较低的 32 号试样处晶粒度相对要粗大，为平均 5 级；底波较高的 31 号和 33 号试样的晶粒组织相对较细，为平均 5.5 级。

3　GH4738 合金锻件水浸探伤试验验证研究

为了进一步验证 GH4738 合金锻件晶粒度组织

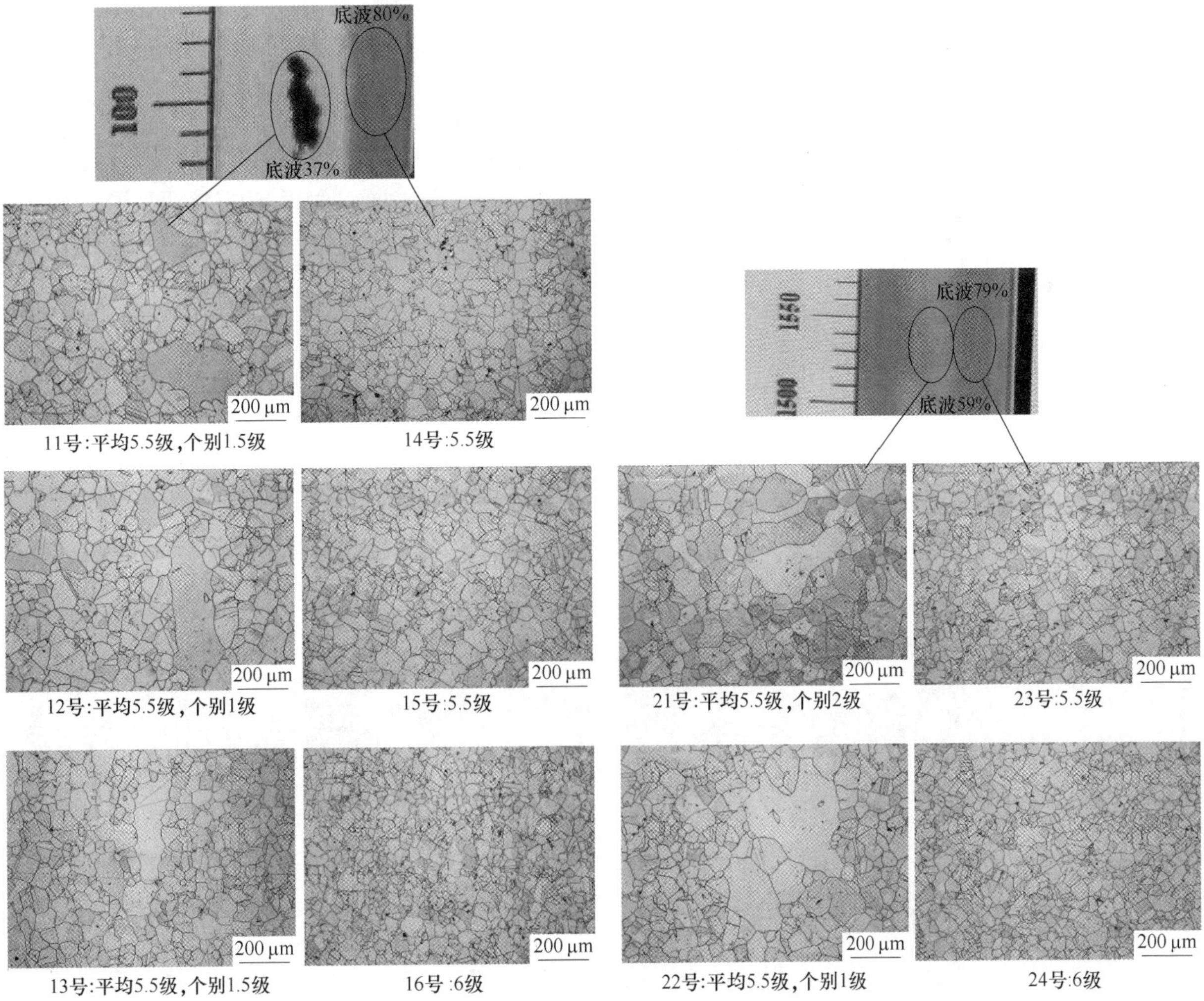

底波80%

底波37%

11号:平均5.5级,个别1.5级　　200 μm

14号:5.5级　　200 μm

12号:平均5.5级,个别1级　　200 μm

15号:5.5级　　200 μm

13号:平均5.5级,个别1.5级　　200 μm

16号:6级　　200 μm

(a)

底波79%

底波59%

21号:平均5.5级,个别2级　　200 μm

23号:5.5级　　200 μm

22号:平均5.5级,个别1级　　200 μm

24号:6级　　200 μm

(b)

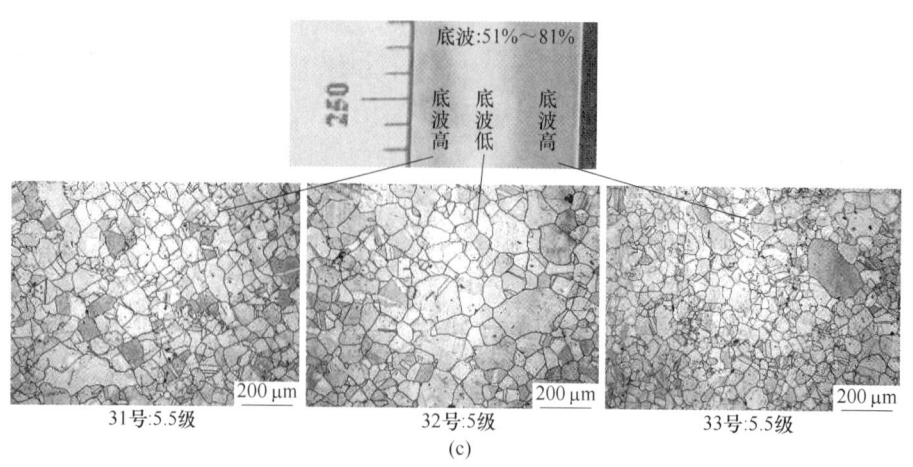

图 3　GH4738 合金锻件不同位置的晶粒组织

Fig. 3　Grain microstructures at different locations of GH4738 alloy forgings

（a）1 号位置晶粒组织；（b）2 号位置晶粒组织；（c）3 号位置晶粒组织

和水浸探伤底波损失的对应关系，现采用另外两件 GH4738 合金锻件进行解剖，对以上结论进行验证。两件锻件的水浸探伤结果和晶粒度检查结果见表 1，锻件 1 的底波为 70%~99%，底波损失相差 3.0dB，该锻件 5 个试样的晶粒度均为平均 5 级，组织比较均匀；而锻件 2 的底波为 31%~100%，底波损失相差 10.0dB，该锻件 5 个试样的晶粒度为平均 5 级，个别 3 级，晶粒组织均匀性较差，具体组织照片如图 4 所示。验证试验件的探伤和晶粒度检查结果对比分析结果再次说明晶粒度组织均匀性影响了 GH4738 合金锻件水浸探伤底损，组织均匀性越好，锻件不同区域水浸探伤底损差异较小，反之若组织均匀性较差，锻件不同区域水浸探伤底损差异较大。

表 1　GH4738 合金锻件水浸探伤结果

Tab. 1　The results of bottom wave loss in water immersion ultrasonic flaw detection of GH4738 alloy forgings

锻件编号	锻件水浸探伤结果	晶粒度检查结果				
		1 号	2 号	3 号	4 号	5 号
锻件 1	底波 70%~99%（底损相差 3.0dB）	5 级	5 级	5 级	5 级	5 级
锻件 2	底波 31%~100%（底损相差 10.0dB）	5 级，个别 3 级	5 级，个别 3 级	5 级，个别 3 级	5 级，个别 3 级	5 级，个别 3 级

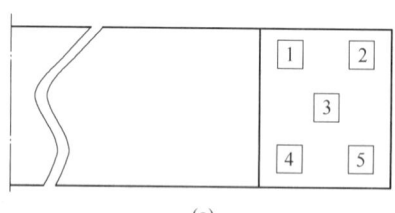

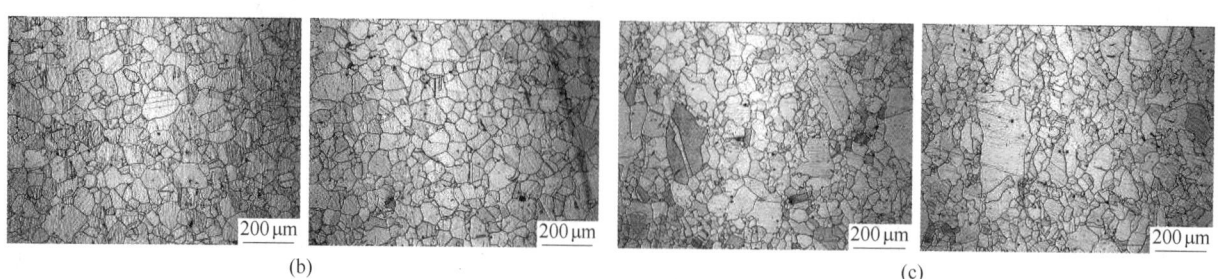

图 4　GH4738 合金锻件的晶粒组织

Fig. 4　Grain microstructures of GH4738 alloy forgings

（a）锻件晶粒度取样位置示意图；（b）锻件 1 的晶粒照片；（c）锻件 2 的晶粒照片

4　结论

（1）GH4738 合金锻件的超声波探伤底波与锻件的晶粒度存在一定的对应关系，锻件晶粒组织均匀性越好，不同区域水浸探伤底波损失差异越小；锻件晶粒组织均匀性越差，不同区域水浸探伤底波损失差异越大。锻件部分区域存在底波损失是由于晶粒尺寸不均匀或是局部晶粒尺寸较大。

（2）锻件组织中存在大晶粒或是粗细晶混晶组织，锻件的晶界面积小，水浸探伤底波入射锻件上后反射返回的能量低，损失的能量多；锻件晶粒组织为均匀细晶粒时，锻件晶界面积大，水浸探伤底波入射锻件上后晶界反射返回的能量高，损失的能量少。

（3）底波为 37%~59% 的区域，锻件晶粒度组织均匀性较差，存在个别大晶粒组织；底波为 80% 左右的区域，晶粒度组织均匀性较好，为均匀的晶粒组织。

参考文献

[1] 董建新. 高温合金 GH4738 及应用 [M]. 北京：冶金工业出版社，2014.

[2] 邰清安，李晓光，国振兴，等. 锻造工艺及热处理参数对 GH4738 合金环形锻件组织均匀性的影响 [J]. 精密成形工程，2013，5（6）：7~10.

[3] 魏志坚，徐文帅，袁慧，等. 固溶温度对 GH4738 合金环形锻件组织性能的影响研究 [J]. 模具工业，2017，43（9）：63~67.

[4] 尹湘蓉. GH4698 涡轮盘锻件超声检测底波损失原因及影响分析 [J]. 锻压技术，2018，43（9）：141~145.

优质 GH738 合金高温均匀化处理工艺研究

曲敬龙[1,2]*，史玉亭[1,2]，荣义[1]，杨成斌[1]，刘辉[1]，毕中南[3]，
杜金辉[1]，李钢[4]，罗俊鹏[5]，易出山[5]

（1. 钢铁研究总院高温材料研究所，北京，100081；
2. 北京钢研高纳科技股份有限公司，北京，100081；
3. 高温合金新材料北京市重点实验室，北京，100081；
4. 中国航发湖南动力机械研究所，湖南 株洲，412000；
5 中国航发南方工业有限公司，湖南 株洲，412000）

摘　要：利用电子探针 X 射线显微分析仪（EPMA）研究了优质 GH738 合金铸态和高温均匀化处理态的元素偏析规律，分析了高温均匀化处理的温度与时间对改善枝晶组织及元素偏析的关联性。研究结果表明，优质 GH738 合金在枝晶间的元素偏析情况优于传统 GH738 合金。优质 GH738 合金经过高温均匀化处理后枝晶间 Ti 元素偏析得到改善，经 1240℃、80h 的高温均匀化处理后效果最为明显。该研究为得到更合理的高温均匀化处理工艺提供了有力依据，进而提高优质 GH738 合金的热加工可靠性。

关键词：优质 GH738 合金；高温均匀化处理；元素偏析

Investigation of Homogenization Treatment of High Quality GH738 Alloy

Qu Jinglong[1,2], Shi Yuting[1,2], Rong Yi[1], Yang Chengbin[1], Liu Hui[1],
Bi Zhongnan[3], Du Jinhui[1], Li Gang[4], Luo Junpeng[5], Yi Chushan[5]

（1. High Temperature Materials Research Institute, Central Iron & Steel Research Institute, Beijing, 100081；
2. Beijing CISRI-GAONA Materials & Technology Co., Ltd., Beijing, 100081；
3. Beijing Key Laboratory of Advanced High Temperature Materials, Beijing, 100081；
4. Aecc Hunan Aviation Powerplant Research Institute, Zhuzhou Hunan, 412000；
5. Aecc South Industry Company Limited, Zhuzhou Hunan, 412000 ）

Abstract：The element segregation law of high quality GH738 alloy in as-cast and homogenized treated was studied by EPMA. The correlation between homogenization treatment temperature, time and improving dendrite structure and element segregation was analyzed. The study results showed that the elemental segregation between dendrites of high quality GH738 alloy is better than that of traditional GH738 alloy. The segregation of Ti element between dendrites was improved, after homogenization treatment of high-quality GH738 alloy. And the effect was most obvious after homogenization treatment at 1240℃ for 80h. This study provides strong evidence to obtain a more reasonable homogenization process, and then to improve the thermal processing reliability of high quality GH738 alloy.

Keywords：high quality GH738 alloy; homogenization heat treatment; elemental segregation

＊作者：曲敬龙，正高级工程师，联系电话：13810256459，E-mail：13810256459@139.com

GH738 合金具有良好的强韧化匹配性、抗疲劳蠕变交互作用强及较低的裂纹扩展速率，是一种典型的以 γ′ 相沉淀强化的镍基高温合金，被广泛应用于地面热端部件和航空发动机等[1~3]。为满足先进航空发动机涡轮盘对强度、疲劳等性能更加苛刻的要求，对传统 GH738 合金的成分进行优化，提高了 Al + Ti 元素含量，成功研制出满足航空发动机盘锻件用优质 GH738 合金[4]。由于元素 Al + Ti 比例的增加，优质 GH738 合金较传统 GH738 合金偏析情况有所不同，后续热处理不当会对合金铸锭在开坯过程中的热塑性及棒材乃至锻件的组织均匀性产生不利影响，降低成材率。为了满足发动机的使用要求，获得优异的性能，需对优质 GH738 合金进行高温均匀化处理，但在实际生产中存在均匀化高耗能的问题。本文针对航空发动机盘锻件用优质 GH738 合金，研究了均匀化温度与时间对改善枝晶组织及元素偏析的关联性，为更为合理的均匀化工艺提供依据，进而提高热加工可靠性。

1　试验材料及方法

本研究使用的优质 GH738 合金采用真空感应熔炼（VIM）+保护气氛电渣重熔（ESR）+真空自耗电弧熔炼（VAR）三联工艺冶炼而成，分析用样品取自 φ508mm 合金铸锭，其化学成分如表 1 所示。试验前从铸锭上切取 25mm 厚试片进行纵剖，取纵剖面试样进行高温均匀化处理实验。对优质 GH738 合金试样进行 5 个温度（1160℃、1180℃、1200℃、1220℃ 和 1240℃）及 4 个时间（20h、40h、60h 和 80h）的均匀化处理，利用电子探针 X 射线显微分析仪（EPMA）研究均匀化处理温度与时间对元素偏析的影响。

表 1　试验用优质 GH738 合金化学成分
Tab. 1　Composition of experimental HQGH738 alloy

（质量分数，%）

C	B	Co	Cr	Mo	Al	Ti	Ni
0.029	0.0042	13.34	19.14	4.42	1.46	3.24	基

2　试验结果及分析

2.1　优质 GH738 合金铸锭元素偏析研究

作为 γ′ 相的主要形成元素之一，Ti 元素分布的均匀性直接影响 γ′ 相的分布乃至晶粒度的均匀程度。因此选择均匀化制度首先需考虑减轻 Ti 元素的偏析。为了表征优质 GH738 合金中元素的偏析程度，分别对枝晶干和枝晶间元素偏析程度进行对比。图 1（a）为采用 EPMA 观察到的优质 GH738 合金铸态 Ti 元素分布图，其中颜色较浅的区域为枝晶间，颜色较深的区域为枝晶干。Ti 元素主要偏聚于优质 GH738 合金枝晶间区域，为正偏析元素。借助于 EPMA，测定了铸造态优质 GH738 合金 Ti 元素偏析系数 K_{Ti} = 2.16（K_{Ti} 为枝晶间中心元素最高含量与枝晶干中心元素最低含量的比值），较传统 GH738 合金 Ti 元素偏析系数 2.69[5] 有明显优化。

2.2　均匀化处理温度对元素偏析的影响

图 1（b）~（f）为优质 GH738 合金在 1160℃、1180℃、1200℃、1220℃ 和 1240℃ 温度下经 20h 均匀化热处理的 Ti 元素分布图。合金在 1160℃/20h 均匀化处理后 Ti 元素偏析系数 K_{Ti} = 1.44，偏析程度较铸造态有所改善，但分布仍不均匀。合金在 1180℃、1200℃、1220℃ 和 1240℃ 均匀化处理后 Ti 元素偏析系数 K_{Ti} 分别为 1.28、1.19、1.17 和 1.14。在 20h 高温均匀化处理时间下，随着温度由 1160℃ 增加至 1240℃，Ti 元素偏析程度得到明显改善，且在 1240℃ 时偏析情况最均匀。

2.3　均匀化处理时间对元素偏析的影响

图 2 为优质 GH738 合金在 1160℃、1180℃、1200℃、1220℃ 和 1240℃ 温度下经 20h、40h、60h 和 80h 均匀化处理的 K_{Ti} 曲线图。由图可知，在任一温度试验中，随着高温均匀化时间的延长，Ti 元素偏析程度明显降低。其中 1240℃/60h 和 1240℃/80h 效果最为明显，如图 3 所示，K_{Ti} 分别为 1.05 和 1.04。元素的偏析程度可作为均匀化的判定标准，在该试验参数下，可得到 Ti 元素分布均匀的组织。

考虑实际生产中均匀化温度过高会造成晶界粗化和过烧等问题，不宜采用 1200℃ 以上的均匀化制度，选择 1200℃/80h 为优质 GH738 合金最优高温均匀化处理参数。本研究为优质 GH738 合金高温均匀化热处理工艺的优化提供了理论依据，具有较大现实意义。

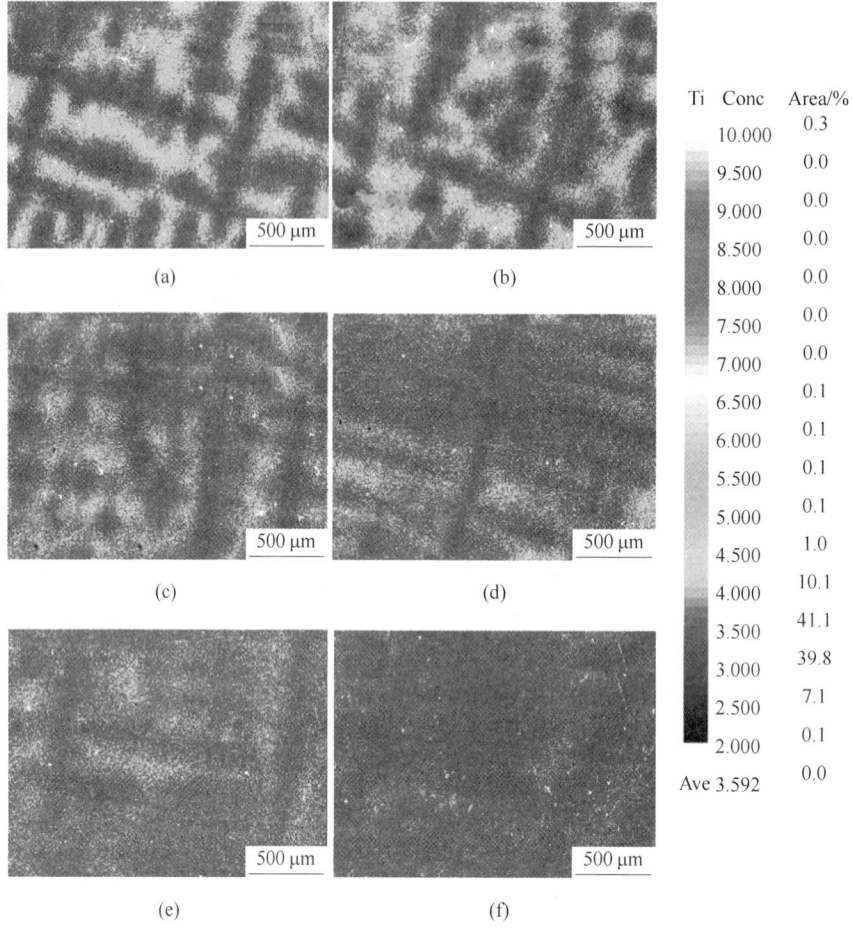

图 1　优质 GH738 合金 Ti 元素分布图

Fig. 1　Distribution of Ti element in high quality GH738 alloy

（a）铸造态；（b）1160℃/20h；（c）1180℃/20h；（d）1200℃/20h；（e）1220℃/20h；（f）1240℃/20h

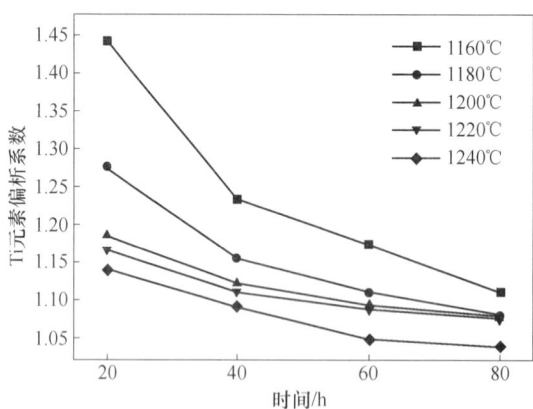

图 2　优质 GH738 合金经不同温度和时间
均匀化热处理的 K_{Ti} 曲线图

Fig. 2　Graph of high quality GH738 alloy homogenized at
different temperatures and times

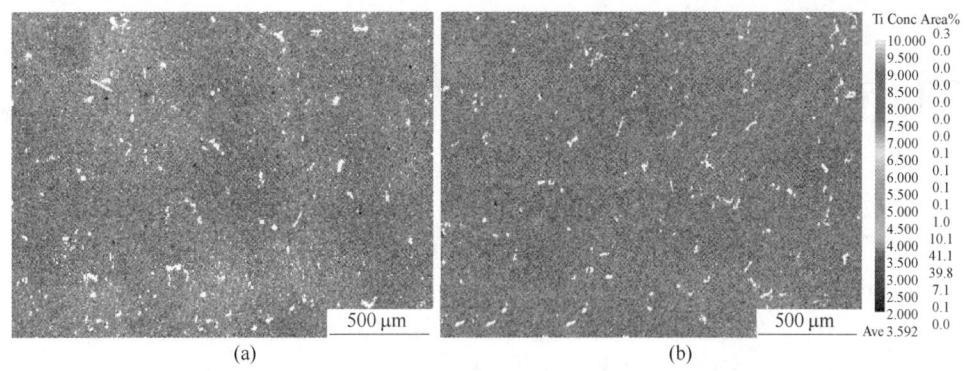

图3　优质GH738合金Ti元素分布图

Fig. 3　Distribution of Ti element in high quality GH738 alloy

(a) 1240℃/60h；(b) 1240℃/80h

3　结论

（1）Ti元素在优质GH738合金枝晶间区域偏聚现象较为严重，元素偏析系数约为2.16。

（2）随着均匀化处理温度由1160℃增加至1240℃，Ti元素偏析程度逐步改善，且在1240℃时Ti元素分布最均匀。

（3）随着均匀化处理时间由20h增加至80h，Ti元素偏析程度逐步改善，且在1240℃/60h和1240℃/80h效果最为明显，偏析系数仅为1.05和1.04。考虑实际生产，选择最优参数为1200℃/80h。

参考文献

[1] Kelekanjeri V S K G, Gerhardt R A. Characterization of microstructural fluctuations in Waspaloy exposed to 760℃ for times up to 2500h [J]. Electrochimica Acta, 2006, 51 (8)：1873.

[2] Tong J, Vermeulen B. The description of cyclic plasticity and viscoplasticity of waspaloy using unified constitutive equations [J]. International Journal of Fatigue, 2003, 25 (5)：413.

[3] 董建新，丁利生，王振德. 烟气轮机涡轮盘和叶片用WASPALOY合金研究 [J]. 中国材料科技与设备，2006，3 (2)：68.

[4] 荣义，成磊. 固溶冷却介质对优质GH738合金组织及力学性能的影响 [J]. 钢铁研究学报，2016，11 (28)：74.

[5] 田玉亮，王玲，董建新. 均匀化处理过程中Waspaloy合金铸锭中元素分配规律的研究 [J]. 稀有金属材料与工程，2006，35 (9)：1412.

不同开坯工艺对优质 GH738 合金中夹杂物分布的影响

曲敬龙[1,2]*，谷雨[1,2]，陈正阳[4]，孔豪豪[4]，夏康[1]，荣义[1]，

毕中南[3]，李钢[5]，罗俊鹏[6]，易出山[6]

（1. 钢铁研究总院高温材料研究所，北京，100081；

2. 北京钢研高纳科技股份有限公司，北京，100081；

3. 高温合金新材料北京市重点实验室，北京，100081；

4. 北京科技大学冶金工程系，北京，100083；

5. 中国航发湖南动力机械研究所，湖南 株洲，412000；

6 中国航发南方工业有限公司，湖南 株洲，412000）

摘　要：夹杂物是影响疲劳、持久等性能的关键因素之一，其尺寸及分布的不同将严重影响棒材的综合力学性能。开坯工艺是制备变形高温合金的必要环节，可有效改变原始晶粒组织，同时影响各区域夹杂物尺寸及分布，从而制约了变形高温合金的使用。本文分析比较了优质 GH738 合金原始铸锭和镦拔及镦拔加径锻开坯方式下，不同部位与方向的夹杂物尺寸及分布变化，利用 SEM-EDS（Phenom-ProX）表征其夹杂物的大小、形貌和成分，并利用 Image-Pro Plus 软件统计夹杂物的数量及平均尺寸情况，结果显示，在采用镦拔开坯工艺时，合金自心部到边缘处夹杂物的平均尺寸呈减小的趋势，但趋势不明显；采用镦拔加径锻开坯工艺时，合金自心部到边缘处夹杂物的平均尺寸均呈明显减小的趋势，中心与 1/2R 处的夹杂物比原始铸锭的尺寸小。

关键词：开坯工艺；变形高温合金；夹杂物

Influence of Different Cogging Processes on the Indusions Distribution of HQGH738

Qu Jinglong[1,2], Gu Yu[1,2], Chen Zhengyang[4], Kong Haohao[4], Xia Kang[1],

Rong Yi[1], Bi Zhongnan[3], Li Gang[5], Luo Junpeng[6], Yi Chushan[6]

（1. High Temperature Materials Research Institute, Central Iron & Steel Research Institute, Beijing, 100081;

2. Beijing CISRI-GAONA Materials & Technology Co., Ltd., Beijing, 100081;

3. Beijing Key Laboratory of Advanced High Temperature Materials, Beijing, 100081;

4. School of Metallurgical and Ecological Engineering, University of Science and Technology Beijing, Beijing, 100083;

5. AECC Hunan Aviation Powerplant Research Institute, Zhuzhou Hunan, 412000;

6. Aecc South Industry Company Limited, Zhuzhou Hunan, 412000)

Abstract：Inclusions are one of the key factors affecting fatigue and durability properties. The size and distribution of inclusions will seriously affect the comprehensive mechanical properties and mechanical properties of the bar. The cogging process is a necessary link in the preparation of deformed superalloy, which can effectively change the original grain structure and affect the size and distribution of inclusions in various regions, thus restricting the use of superalloy. Therefore,

---

＊作者：曲敬龙，正高级工程师，联系电话：13810256459，E-mail：13810256459@ 139. com

this paper analyzes and compares the size and distribution of inclusions in different positions and directions under the slab opening mode of high quality GH738 original ingot casting, pier drawing and pier drawing plus diameter forging, SEM-EDS (Phenom-ProX) was used to characterize the size, morphology and composition of inclusions, and Image-Pro Plus software was used to count the number and average size of inclusions. The results show that the average size of inclusions from the center to the edge of the alloy shows a decreasing trend, but the trend is not obvious. The average size of inclusions at the center and $1/2R$ of the alloy was smaller than that of the original ingot.

Keywords:cogging process; deformed superalloy; inclusions

高温合金因其具有优异的高温强度、良好的抗氧化、抗疲劳及抗蠕变等性能[1~3]，已成为航空航天领域高温工作结构部件的关键材料，如航空航天发动机的涡轮盘、涡轮叶片、燃烧室等，并享有"先进发动机基石"的美誉[4~6]。开坯工艺是制备高温合金的必要环节，开坯除了破碎原始晶粒组织之外，还会影响高温合金中各区域夹杂物尺寸及分布，而夹杂物是疲劳等性能的关键影响因素，夹杂物的不同造成棒材疲劳和持久强度的差异，从而影响高温合金的使用性能。本文分析比较了原始铸锭和镦拔及镦拔加径锻开坯方式下，不同部位与方向的夹杂物尺寸及分布变化情况，为选取并优化高温合金开坯工艺提供理论基础及工程指导。

1 试验材料及方法

本试验以电解镍板、高纯铬、高纯钼、部分优质 GH738 返回料及其他元素合金为原材料，通过真空感应熔炼、电渣重熔及真空自耗重熔获得 $\phi508mm$ 高温合金铸锭，合金成分如表 1 所示。经过同样的均匀化处理后分别采用镦拔和镦拔加径锻的方式对其进行开坯处理，得到两种不同开坯方式的棒材。

表 1 优质 GH738 合金的主要化学成分

Tab. 1 Main chemical composition of HQGH738 alloy

（质量分数,%）

Cr	C	Co	Mo	Al	Ti	S	Ni
18.92	0.07	13.13	3.96	1.47	2.97	<0.15	余

分别从原始铸锭和上述两根合金棒材的横、纵截面的心部、$1/2R$（R 为半径）和边缘处切取 15mm×15mm×15mm 金相试样，其金相试样及其取样位置如图 1 所示。然后，利用 SEM-EDS（Phenom-ProX）对上述金相试样夹杂物的大小、形貌

和成分进行表征。为获取准确的夹杂物信息，将每个试样均分成 4 个区域，各区域分别选取 25 个不同的视场进行夹杂物分析统计。最后，利用 Image-Pro Plus 软件统计夹杂物的数量及平均尺寸。最后利用 SEM、EDS、Image Pro Plus 软件等方法分析比较原始铸锭和两种不同开坯方式下所得棒材横向和纵向区域边缘、$1/2R$ 和边缘的夹杂物尺寸和分布情况。

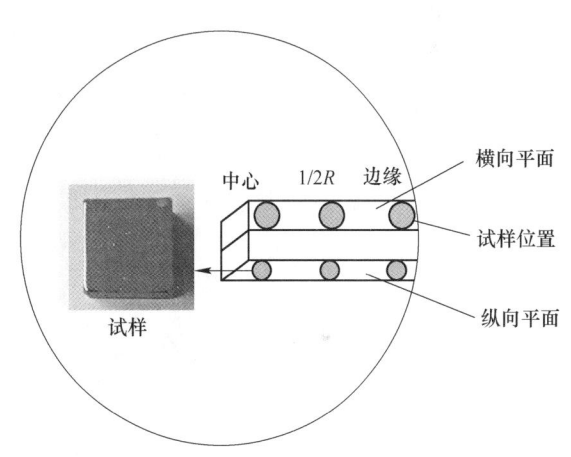

图 1 试样形貌及取样位置

Fig. 1 Sample morphology and sampling location

2 试验结果及分析

2.1 夹杂物种类和形貌分析

对全部金相试样中夹杂物的类型、数量及平均尺寸进行统计分析后发现，其类型主要由冶炼方式所决定，而相同冶炼方式下，不同开坯方式得到的棒材中的夹杂物存在数量和平均尺寸上的不同。因此本文主要研究不同开坯方式下，棒材中的夹杂物数量和分布的对比情况，从图 2 中可以看出本次冶炼主要存在两种夹杂物类型：TiC-TiN-Mo-S 复合夹杂物、TiC-TiN 复合夹杂物，因

此，开坯方式的不同不会影响夹杂物的类型，夹杂物类型主要由冶炼方式决定。本次合金中的夹杂物比例如表2所示。

2.2 夹杂物数量和平均尺寸分析

对原始铸锭和两种不同开坯方式得到的棒材进行分析，图3显示无论横向和纵向夹杂物的分布情况，图4和图5分别为横向和纵向夹杂物的尺寸分布情况。在采用镦拔开坯工艺时，合金自心部到边缘处夹杂物的平均尺寸呈减小的趋势，但趋势不明显，且采用镦拔开坯得到的夹杂物平均尺寸较小；采用镦拔加径锻开坯工艺时，合金自心部到边缘处夹杂物的平均尺寸均呈明显减小的趋势，中心与$1/2R$处的夹杂物比原始铸锭的尺寸小，但比镦拔开坯工艺时得到的合金夹杂物尺寸大。

表2 优质 GH738 合金中各类型夹杂物所占比例

Tab. 2 Proportion of various types of inclusions in HQGH738 alloy (%)

夹杂物类型	TiC-TiN-Mo-S	TiC-TiN	其他
原始铸锭	84.2	13.4	2.4
镦拔	83.1	14.2	2.7
镦拔加径锻	83.5	13.9	2.6

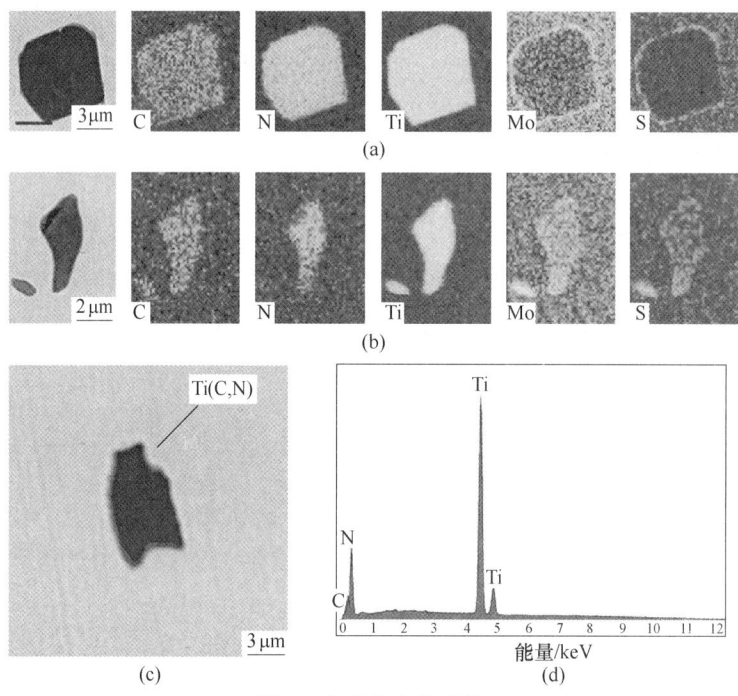

图 2 典型夹杂物形貌

Fig. 2 Typical inclusions morphology

（a）TiC-TiN-Mo-S 复合夹杂物；（b）TiC-TiN-Mo-S 复合夹杂物；（c）TiC-TiN 复合夹杂物

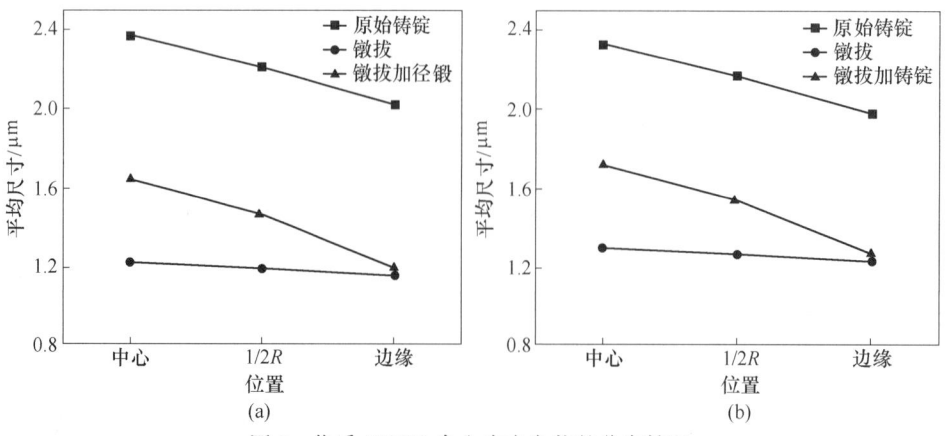

图 3 优质 GH738 合金中夹杂物的分布情况

Fig. 3 Inclusion distribution in HQGH738 alloy

（a）优质 GH738 合金中横向夹杂物的分布情况；（b）优质 GH738 合金中纵向夹杂物的分布情况

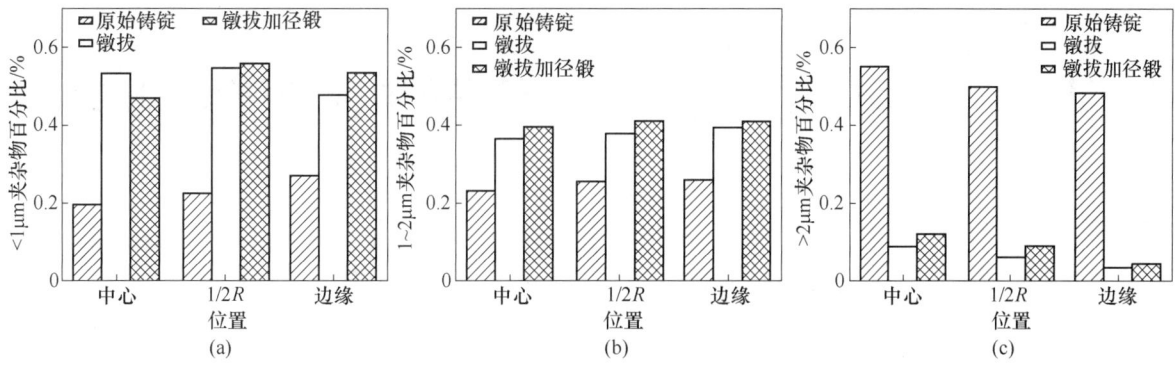

图 4　优质 GH738 合金中横向夹杂物的尺寸分布情况

Fig. 4　Size distribution of transverse inclusions in HQGH738 alloy

（a）横向夹杂物<1μm；（b）横向夹杂物 1~2μm；（c）横向夹杂物>2μm

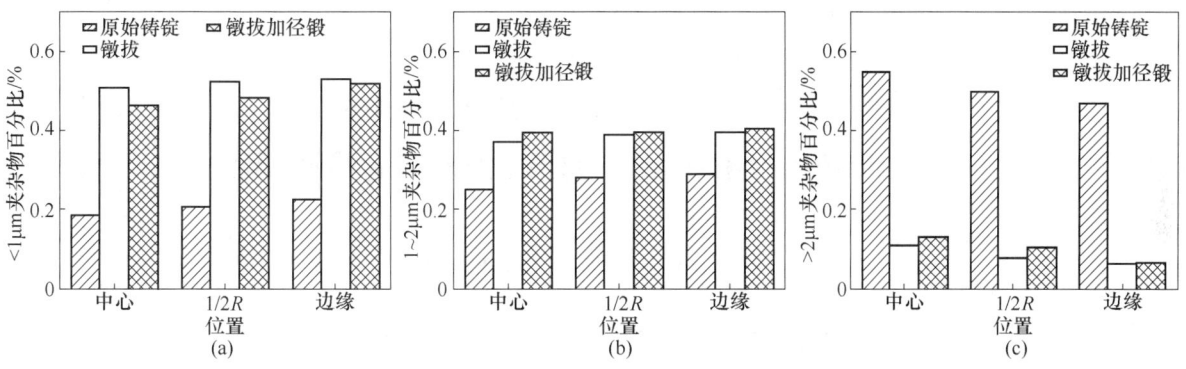

图 5　优质 GH738 合金中纵向夹杂物的尺寸分布情况

Fig. 5　Size distribution of longitudinal inclusions in HQGH738 alloy

（a）纵向夹杂物<1μm；（b）纵向夹杂物 1~2μm；（c）纵向夹杂物>2μm

3　结论

（1）统计了原始铸锭和两种不同开坯工艺得到的棒材内的夹杂物，发现夹杂物类型基本一致，主要包括两种夹杂物类型：TiC-TiN-Mo-S 复合夹杂物、TiC-TiN 复合夹杂物；冶炼工艺是影响变形高温合金优质 GH738 合金中夹杂物的类型的主要因素。

（2）采用镦拔开坯工艺时，自心部到边缘处夹杂物的平均尺寸呈减小的趋势，但趋势不明显，且采用镦拔开坯得到的夹杂物平均尺寸较小。

（3）采用镦拔加径锻开坯工艺时，自心部到边缘处夹杂物的平均尺寸呈明显减小的趋势。

参考文献

[1] Wen Z X, Liang J W, Liu C Y, et al. Prediction method for creep life of thin-wall specimen with film cooling holes in Ni-based single-crystal superalloy [J]. Int. J. Mech. Sci. 2018, 141: 276~289.

[2] Furuya Y, Matsuoka S, Kimura T, et al. Effects of inclusion and ODA sizes on gigacycle fatigue properties of high-strength steels [J]. Tetsu To Hagane, 2005, 91: 630~638.

[3] Kirka M M, Brindley K A, Neu R W, et al. Influence of coarsened and rafted microstructures on the thermomechanical fatigue of a Ni-base superalloy [J]. Int. J. Fatigue, 2015, 81: 191~201.

[4] Mao J, Chang K M, Yang W H, et al. Cooling precipitation and strengthening study in powder metallurgy superalloy U720Li [J]. Metall. Mater. Trans. A, 2001, 32: 2441~2452.

[5] Carter J L W, Kuper M W, Uchic M D, et al. Characterization of localized deformation near grain boundaries of superalloy René-104 at elevated temperature [J]. Mater. Sci. Eng. A, 2014, 605: 127~136.

[6] Radis R, Schaffer M, Albu M, et al. Multimodal size distributions of γ′ precipitates during continuous cooling of UDIMET 720 Li [J]. Acta Mater. 2009, 57: 5739~5747.

固溶参数对 GH738 冷轧带材显微组织和硬度的影响

文新理[*]，章清泉

（北京北冶功能材料有限公司，北京，100192）

摘　要：针对工业生产中 GH738 带材冷加工塑性不足、带材边部开裂严重的实际工程问题，以典型规格为例开展了 GH738 冷轧带材的实验室固溶退火实验，揭示了固溶温度和时间对显微组织和硬度的影响，明确了组织再结晶、避免混晶和消除加工硬化的固溶工艺窗口，为工业连续退火工艺的优化提供了参考。根据本文研究结果，对工业连续退火固溶工艺进行了优化，工艺优化后完全杜绝了边部开裂，冷轧工序成材率由 60% 提高至 83%。

关键词：固溶参数；GH738；冷轧带材；显微组织；硬度

Influence of Solution Parameter on Microstructure and Hardness of GH738

Wen Xinli，Zhang Qingquan

（Beijing Beiye Functional Materials Corporation，Beijing，100192）

Abstract：In order to solve the practical engineering problem of GH738 cold rolling strip such as cold working plasticity，serious edge crack，laboratory test were carried out by typical specification，the influence of solid solution temperature and time on microstructure and hardness were revealed，the solid solution process window to avoid mixed grain and eliminate work hardening was defined，reference was provided for industrial continuous annealing. According to the research results of this paper，the industrial continuous annealing process was optimized，the edge crack of GH738 strip was completely eliminated，the yield of cold rolling process was improved from 60% to 83%.

Keywords：solution parameter；GH738；cold rolling strip；microstructure；hardness

GH738 是 Ni-Cr-Co 基沉淀硬化型变形高温合金，使用温度在 815℃ 以下。合金加入 Co、Cr、Mo 元素进行固溶强化，加入 Al、Ti 元素形成 γ′沉淀强化相，加入 B、Zr 元素净化和强化晶界。合金在 760~870℃ 具有较高的屈服强度和抗疲劳性能，在 870℃ 以下的燃气涡轮气氛中具有较好的抗氧化和抗腐蚀性能，加工塑性良好、组织性能稳定，适用于制作涡轮盘、工作叶片、高温紧固件、火焰筒、轴和涡轮机匣等零件[1]。

北京北冶功能材料有限公司是国内能够稳定批量生产 GH738 冷轧带材的厂家之一，GH738 冷轧带材生产中的难点很多，在冷轧环节容易出现边部开裂，这与中间退火工艺有一定关系。虽然

GH738 合金热处理方面的研究很多，但研究冷轧带材中间固溶热处理的比较少[2~6]，本文针对生产中 GH738 带材冷加工塑性不足的实际工程问题，开展了带材固溶退火试验，为连续退火工艺的优化提供了参考。

1　试验材料及方法

试验材料为工业生产的厚度 2.5mm 冷轧态带材，硬度 475HV10，其工艺履历为：真空感应冶炼→真空电弧炉重熔→锻造→热轧→冷轧。在试验材料上切取 10mm ×12mm ×2.5mm 试样 12 块，利用实验室 4kW 箱式电阻炉进行固溶热处理实验，热处理

＊作者：文新理，博士，联系电话：13693669412，E-mail：wen. xinli@ 163. com

温度和时间如表 1 所示，固溶温度：1080℃、1130℃、1180℃，固溶时间：0.5min、1min、2min、4min，冷却方式：空冷。试样经镶嵌、打磨、抛光和浸蚀后观察显微组织，金相观察面为带材纵截面。

表 1   固溶热处理温度和时间
Tab. 1   Solid solution heat treatment temperature and time

编号	温度/℃	时间/min	编号	温度/℃	时间/min	编号	温度/℃	时间/min
1	1080	0.5	5	1130	0.5	9	1180	0.5
2	1080	1	6	1130	1	10	1180	1
3	1080	2	7	1130	2	11	1180	2
4	1080	4	8	1130	4	12	1180	4

2   试验结果及分析

2.5mm 冷轧态带材试样的纵向显微组织形貌如图 1 所示，晶粒沿轧向被压扁，晶内出现较多的变形带，在一些晶界上分布着富 Ti 的一次碳化物。如图 2 所示，当固溶温度为 1080℃、固溶时间为 0.5min 时，组织没有发生再结晶；当固溶温度为 1080℃、固溶时间为 1min 时，组织发生了完全再结晶，晶粒比较细小但均匀性较差，有约 50% 的晶粒尺寸在 20μm 以下，另 50% 的晶粒尺寸在 70μm 左右，这是因为固溶时间较短，一些晶粒刚刚完成了再结晶尚未开始长大，另一些晶粒已经开始长大；当固溶温度为 1080℃、固溶时间为 2min 时，晶粒继续长大且尺寸均匀性提高，大部分晶粒尺寸在 80μm 左右；当固溶温度为 1080℃、固溶时间为 4min 时，大部分晶粒长大至约 100μm，尺寸均匀性较好。

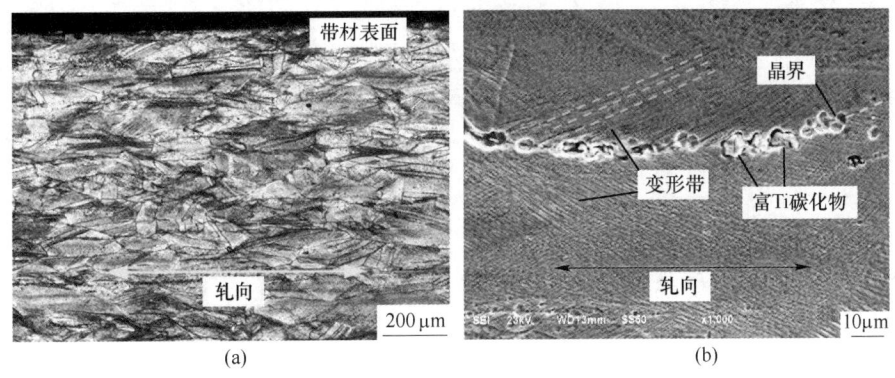

图 1   硬态带材试样初始组织形貌
Fig. 1   Morphology of original microstructure of hard state strip sample
(a) OM；(b) SEM

当固溶温度为 1130℃、固溶时间为 0.5min 时，组织没有发生再结晶；当固溶温度为 1130℃、固溶时间为 1min 时，组织发生了完全再结晶，晶粒细小但尺寸均匀性较差，有约 50% 的晶粒尺寸在 25μm 以下，另 50% 的晶粒尺寸在 80μm 左右；当固溶温度为 1130℃、固溶时间为 2min 时，晶粒明显长大且尺寸均匀性提高，大部分晶粒尺寸在 100μm 左右；当固溶温度为 1130℃、固溶时间为 4min 时，晶粒进一步长大至约 100~150μm，尺寸均匀性较好。当固溶温度为 1180℃、固溶时间为 0.5min 时，组织中一部分区域发生了再结晶，晶粒尺寸在 10μm 以下，另一部分区域未发生再结晶，晶粒仅发生了回复；当固溶温度为 1180℃、固溶时间为 1min 时，组织中已不存在变形晶粒，发生了完全的再结晶和晶粒长大，大部分晶粒尺寸在 100μm 以上；当固溶温度为 1180℃、固溶时间为 2min 和 4min 时，晶粒进一步长大，晶粒尺寸约 100~150μm，均匀性较好。

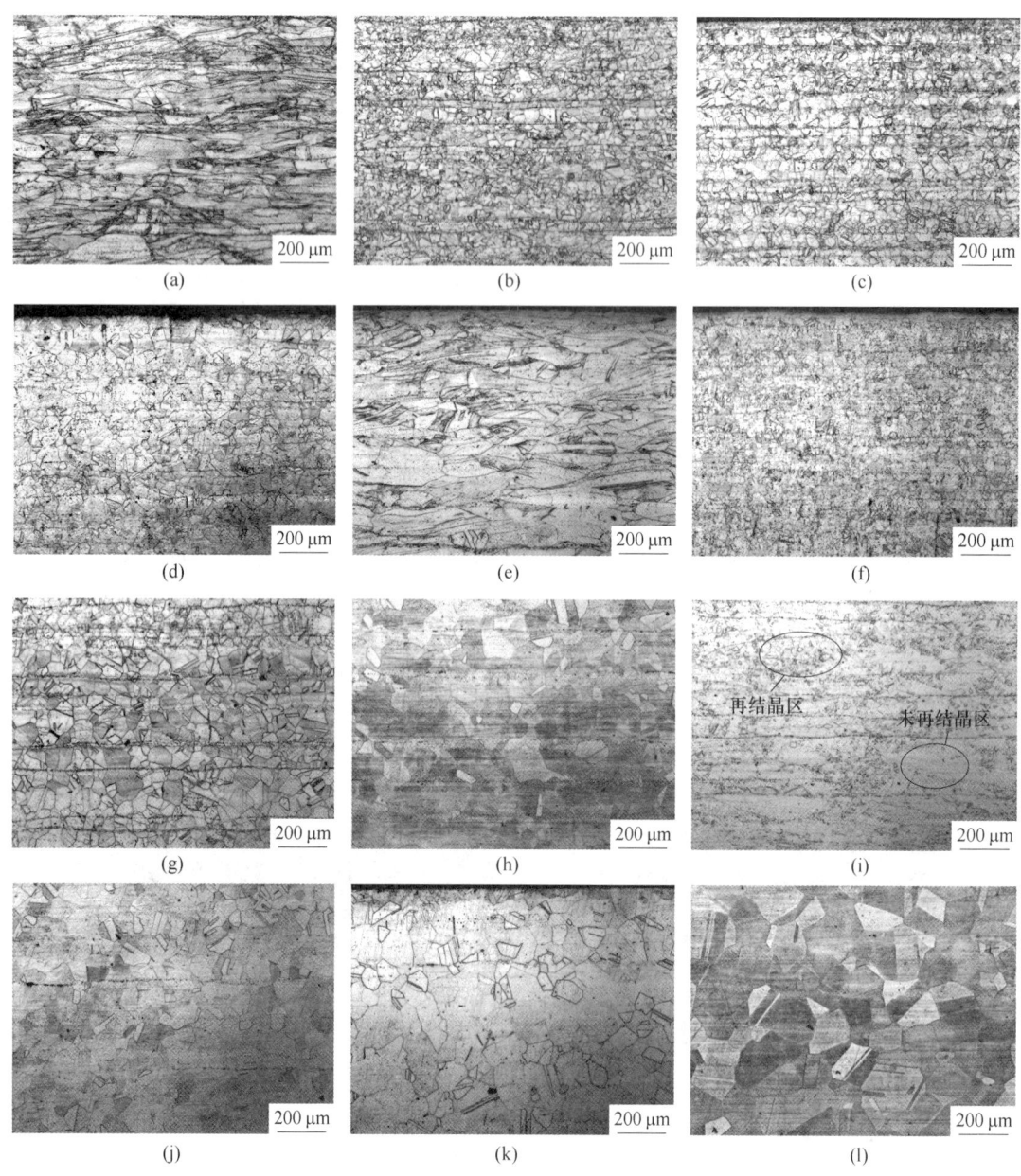

图 2　固溶温度和时间对显微组织的影响

Fig. 2　Influence of solution temperature and time on microstructure

(a) 1080℃×0.5min；(b) 1080℃×1min；(c) 1080℃×2min；(d) 1080℃×4min；

(e) 1130℃×0.5min；(f) 1130℃×1min；(g) 1130℃×2min；(h) 1130℃×4min；(i) 1180℃×0.5min；

(j) 1180℃×1min；(k) 1180℃×2min；(l) 1180℃×4min

　　固溶时间对显微硬度的影响如图 3(a) 所示，当退火温度一定时，随退火时间的延长，显微硬度先快速下降后缓慢降低，与上文显微组织对照分析，这主要是因为当固溶温度为 1080~1130℃、固溶时间为 0.5min 时，组织未再结晶，硬度较高，当固溶时间为 1min 时，组织发生了完全再结晶，因此硬度快速下降，随着时间的延长晶粒逐渐长大，硬度缓慢降低。固溶温度对显微硬度的

影响如图 3(b) 所示，当固溶时间一定时，随固溶温度的提高，显微硬度缓慢降低，这与上文组织的分析相一致，硬度的变化主要取决于再结晶和晶粒长大程度。当固溶时间为 0.5min 时，固溶温度 1080℃、1130℃和 1180℃对应的组织均未发生完全再结晶，随固溶温度的提高，回复和部分再结晶程度有所提高，因此随固溶温度的提高，硬度缓慢降低但没有出现硬度突变。当退火时间

为 1 ~ 4min 时，固溶温度 1080℃、1130℃ 和 1180℃ 对应的组织均发生了完全再结晶，随固溶温度的提高晶粒逐渐长大，因此显微硬度缓慢降低。综上分析，固溶后硬度的降低与再结晶和晶粒长大密切相关，当固溶时间为 0.5~1min 时，硬度的变化对固溶时间比较敏感，组织发生完全再

结晶的临界时间为 0.5~1min。

根据上述研究结果，对工业生产中的中间连续退火固溶工艺进行了优化，工艺优化前后带材边部质量对比见图 4，工艺优化前带材边部开裂严重，工艺优化后完全杜绝了边部开裂，冷轧工序成材率由 60% 提高至 83%。

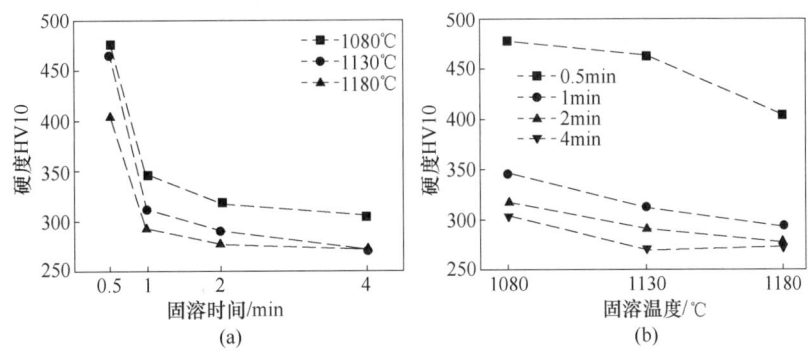

图 3　固溶时间和温度对显微硬度的影响（硬态初始硬度 475HV10）

Fig. 3　Influence of solution temperature and time on microhardness

（a）固溶时间的影响；（b）固溶温度的影响

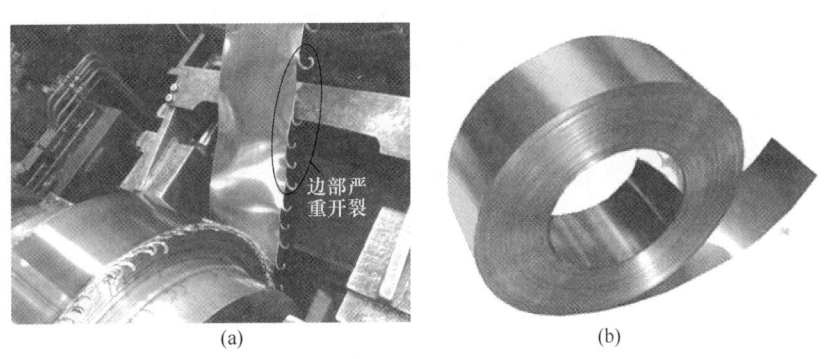

图 4　固溶工艺优化前后 GH738 带材边部质量

Fig. 4　Edge quality of GH738 strip before and after solid solution process optimization

（a）工艺优化前带材边部质量；（b）工艺优化后带材边部质量

3　结论

（1）固溶温度和时间对 GH738 冷轧带材显微组织有显著影响，组织发生再结晶的温度为 1080 ~1180℃，时间为 1~4min，随固溶时间的延长和温度的提高晶粒逐渐长大。

（2）固溶处理后硬度的降低与组织的再结晶和晶粒长大密切相关，在所研究的固溶温度范围内，当固溶时间为 0.5~1min 时，固溶处理后硬度对固溶时间比较敏感，组织发生完全再结晶与否的临界时间为 0.5~1min。

（3）根据本文研究结果，对工业连续退火固溶工艺进行了优化，工艺优化前冷轧带材边部开裂严重，工艺优化后完全杜绝了边部开裂，冷轧工序成材率由 60% 提高至 83%。

参考文献

[1] 中国金属学会高温材料分会. 中国高温合金手册 [M]. 北京：中国质检出版社，中国标准出版社，2012.

[2] Ye X, Dong J, Zhang M. Cold deformation of GH738 alloy and its recrystallization behavior during intermediate annealing [J]. Rare Metal Materials & Engineering,

2013, 42 (7): 1423~1428.

[3] 姚志浩, 董建新, 张麦仓, 等. 固溶及稳定化工艺对 GH738 合金碳化物和 γ′相析出规律的影响 [J]. 材料热处理学报, 2013, 34 (10): 43~49.

[4] 曹宇, 章清泉, 吴会云, 等. GH738 合金冷变形及热处理对组织和力学性能的影响 [J]. 金属材料研究, 2015 (3): 28~31.

[5] 魏志坚, 徐文帅, 袁慧, 等. 固溶温度对 GH738 合金环锻件组织性能的影响研究 [J]. 模具工业, 2017, 43 (9): 63~67.

[6] Xiaoying Y, Jianxin D, Maicang Z. Cold deformation of GH738 alloy and its recrystallization behavior during intermediate annealing [J]. Rare Metal Materials & Engineering, 2013, 42 (7): 1423~1428.

GH4742 变形高温合金疲劳缺口敏感性的研究

孔维文[1,2]，袁超[1*]，张宝宁[1]，秦鹤勇[3]，赵光普[3]

（1. 中国科学院金属研究所沈阳材料科学国家研究中心，辽宁 沈阳，110016；

2. 中国科学技术大学材料科学与工程学院，安徽 合肥，230026；

3. 钢铁研究总院高温材料研究所，北京，100081）

摘　要：研究了 GH4742 合金 750℃高周疲劳缺口敏感性，并结合 SEM 分析了光滑试样和缺口试样疲劳断裂机制。采用升降法确定 750℃光滑试样的疲劳强度为 655MPa，缺口试样疲劳强度为 368MPa，合金在该温度下存在疲劳缺口敏感性。SEM 分析表明光滑试样的疲劳源单一，起源于三叉晶界处，并沿解理面扩展，为典型的解理断裂。与光滑试样不同，缺口疲劳试样疲劳源起源于缺口表面夹杂处，且存在多个疲劳源。扩展区存在典型的疲劳条带，光滑试样和缺口试样的断裂方式均以穿晶断裂为主。

关键词：GH4742 合金；疲劳缺口敏感性；疲劳源；疲劳条带；解理断裂

Investigation on Fatigue Notch Sensitivity of Wrought Superalloy GH4742

Kong Weiwen[1,2], Yuan Chao[1], Zhang Baoning[1], Qin Heyong[3], Zhao Guangpu[3]

（1. Shenyang National Laboratory for Materials Science, Institute of Metal Research,

Chinese Academy of Sciences, Shenyang Liaoning, 110016;

2. School of Materials Science and Engineering, University of Science and

Technology of China, Hefei Anhui, 230026;

3. High Temperature Materials Research Institute, Central Iron & Steel Research Institute, Beijing, 100081）

Abstract：The high cycle fatigue notch sensitivity of GH4742 alloy at 750℃ was studied, and the fatigue fracture mechanism of smooth and notched specimens were analyzed by SEM. The fatigue strength of smooth specimens and notched specimens are 655MPa and 368MPa respectively, showing that GH4742 alloy exists fatigue notch sensitivity at 750℃. The single fatigue source originates from the trigeminal grain boundary and propagates along the corresponding cleavage planes, which is typical cleavage fracture for smooth specimens. Different from smooth specimens, the fatigue source of notched fatigue specimens originates from inclusions on the notched surface. Besides, not only one fatigue source occurs on the notched surface. Typical fatigue striations exist in fatigue propagation zone, and the dominant fracture mode of smooth and notched specimens is transgranular fracture.

Keywords：GH4742 alloy; notch sensitivity; fatigue source; fatigue striation; cleavage fracture

　　GH4742 合金主要用于某大型燃气轮机高压涡轮盘部件，主要功能是带动涡轮叶片高速旋转[1]。其工作环境十分苛刻，除了受到高温燃气的冲蚀外，还承受着复杂的机械应力和热应力[1,2]，因此涡轮盘部件材料在长期服役过程中会因承受高温和交变载荷作用而产生疲劳损伤。同时，涡轮盘

＊作者：袁超，研究员，联系电话：024-23971930，E-mail：ychao@ imr. ac. cn

部件存在台阶、机械凹槽和拐角，在服役过程中由于高温氧化腐蚀产生的缺口等都会引起应力集中，从而降低材料的疲劳强度[3]。缺口曲率半径越小，应力集中程度越大，对疲劳强度的降低越明显，但缺口曲率半径对不同材料疲劳强度的影响也有所不同[4,5]。大部分金属材料都对高周疲劳缺口较为敏感，而低周疲劳由于发生塑性变形释放了部分应力集中，因此常采用高周疲劳来研究材料的缺口敏感性[6]。

1　试验材料及方法

试验用合金的化学成分（质量分数,%）为：C 0.06，Cr 14.00，Ti 2.67，Al 2.63，Nb 2.48，Co 10.03，Mo 5.02，Ni 余量。试样取自标准热处理态（1080℃/8h/空冷+780℃/16h/空冷）涡轮盘轮缘弦向，加工成工作直径为 6mm 的光滑和缺口（缺口根部半径 R=0.34mm）高周疲劳试样。疲劳实验在 PLG-100C 高频疲劳试验机上完成，轴向加载正弦波形，应力比 R=0.1，在静态空气介质环境下测试合金 750℃光滑疲劳和缺口疲劳（理论应力集中系数 K_t=3）性能，并对每一组样品测定不同应力级下的疲劳寿命，采用升降法测定合金的条件疲劳强度。断口纵截面经研磨、机械抛光后，用 90mL H_3PO_4+30mL H_2SO_4+9g Cr_2O_3 溶液电解腐蚀，采用 Hitachi S-3400N 扫描电镜进行断口和纵截面组织观察。

2　试验结果及分析

2.1　高周疲劳性能

图 1 为 750℃光滑试样和缺口试样高周疲劳 S-N 曲线。根据 Basquin 经验公式[7] 对实验数据进行非线性拟合。从图中可以看出，高周疲劳数据具有一定的分散性，但在对数坐标系中具有近线性关系。随着应力水平的降低，疲劳寿命呈递增趋势。若应力水平降低到某一上限水平可以获得指定疲劳寿命（$N_f \geqslant 10^7$），则称此上限循环应力为疲劳强度。根据升降法测定 750℃光滑试样的疲劳强度为 655MPa，缺口试样的疲劳强度为 368MPa。

缺口效应通常用缺口敏感性系数 q 表征，其定义式如方程（1）所示[8]：

$$q = \frac{K_f - 1}{K_t - 1} \qquad (1)$$

式中，K_f 为疲劳缺口系数，其大小为光滑试样疲劳强度与缺口试样疲劳强度的比值；K_t 为理论应力集中系数，此处 K_t=3。若 q=1，表明材料对缺口十分敏感；若 q=0，表明材料对缺口完全不敏感[4]。根据计算得出 GH4742 合金在 750℃条件下的缺口敏感性系数 q=0.39，表明合金在该温度下存在疲劳缺口敏感性。

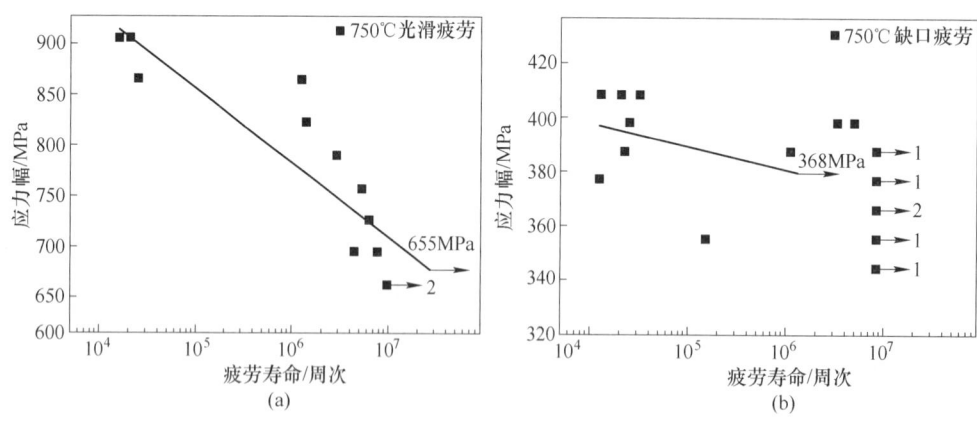

图 1　GH4742 合金 750℃高周疲劳 S-N 曲线

Fig. 1　High cycle fatigue S-N curves of GH4742 alloy at 750℃

(a) 光滑试样；(b) 缺口试样

2.2　高周疲劳断口形貌

图 2 为 750℃光滑和缺口疲劳试样断口形貌图。断口由疲劳源区、扩展区及瞬断区组成。图

2(a)~(c) 所示为光滑疲劳试样的断口全貌及疲劳源形貌图。从图中可以看出疲劳源起源于样品内部近表面处，且疲劳源单一。疲劳断口存在明显的放射状花样，为典型的解理断裂。裂纹起源

于三晶交叉点，并沿着解理面断裂，如图2(b)中椭圆所示。疲劳源区是细小刻面和河流花样，不在同一平面的解理裂纹通过与主解理面相垂直的二次解理形成解理台阶。从背散射电子信号（图2(c)）观察疲劳源区并无夹杂、孔洞等明显缺陷。

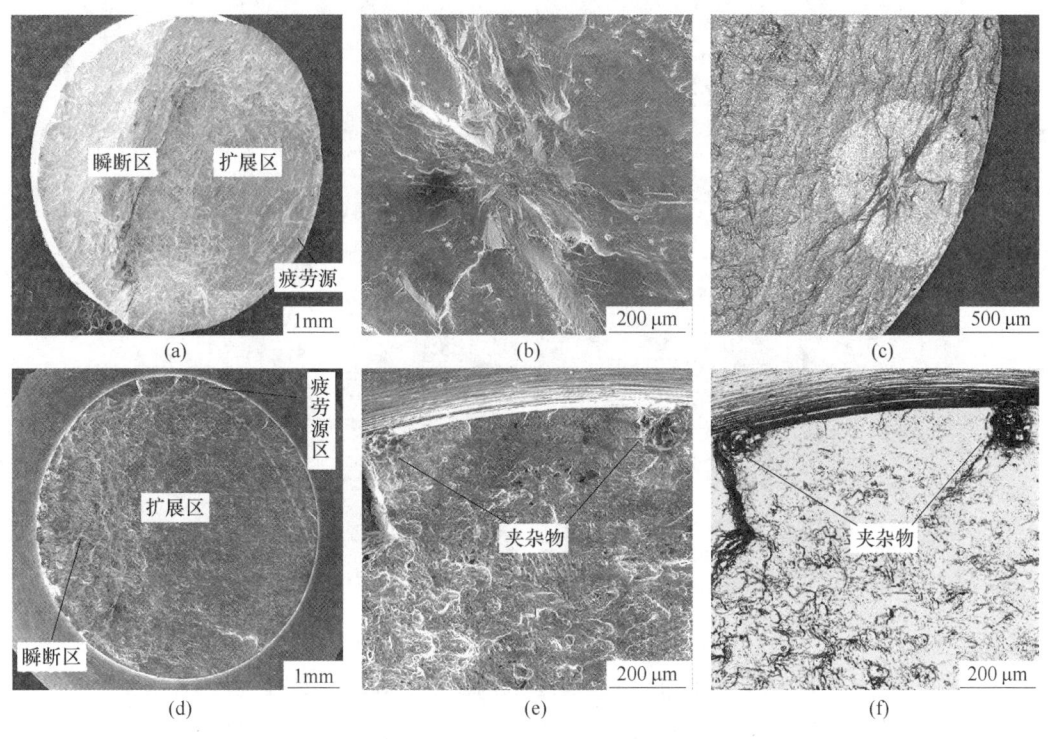

图2　GH4742合金疲劳源区图

Fig. 2　The microstructures of fatigue source zone of GH4742 alloy

(a)~(c) 光滑试样施加应力670MPa；(d)~(f) 缺口试样施加应力380MPa

与光滑试样相比，缺口试样疲劳断裂机制有所不同。图2(d)~(f) 所示为缺口试样疲劳断口全貌及疲劳源形貌图。从图中可以看出疲劳源起源于缺口根部表面，且存在多个疲劳源。缺口试样的高周疲劳断口形貌较光滑试样更为平整。对疲劳源区放大进行二次电子观察并结合背散射电子信号发现疲劳源处存在多个夹杂物，如图2(e)、(f) 所示。对缺口疲劳样品而言，缺口会改变试样应力状态的分布，缺口根部应力集中程度大，若根部存在夹杂物或孔洞等缺陷，则会引起更大程度的应力集中，从而在缺陷处产生裂纹，并迅速扩展。

如图3(a)、(b) 所示，疲劳条带是扩展区最典型的特征，并伴有少量二次裂纹。主裂纹扩展方向垂直于疲劳条带并指向凸面一侧。对疲劳试样纵截面（见图3(a)、(b)）观察可见明显的穿晶裂纹，表明裂纹扩展过程以穿晶断裂为主。和扩展区相比，瞬断区表面更加粗糙。瞬断区是瞬时拉伸的过程，用时极短，因此其断口形貌更接近于拉伸断口形貌。如图4所示，光滑试样和缺口

试样瞬断区的特征类似，存在大量的韧窝及微孔，在微孔内部有破碎的碳化物，其与基体界面的结合力相对较弱，在瞬时拉伸的过程中与基体界面分离，并发生碎裂。部分碳化物脱落，留下类似于孔洞的特征。大量韧窝的存在也表明材料在高温下具有较好的塑性。较好的塑性可以使缺口根部的应力集中程度有所降低，某种程度上缓和了合金的缺口敏感性。

3　结论

（1）GH4742合金750℃高周疲劳存在疲劳缺口敏感性，光滑试样疲劳强度为655MPa，缺口试样疲劳强度为368MPa。

（2）GH4742合金光滑试样疲劳源起源于解理断裂，疲劳源单一；缺口试样疲劳源起源于表面夹杂处，且呈现多个疲劳源。光滑试样和缺口试样均以穿晶断裂为主。

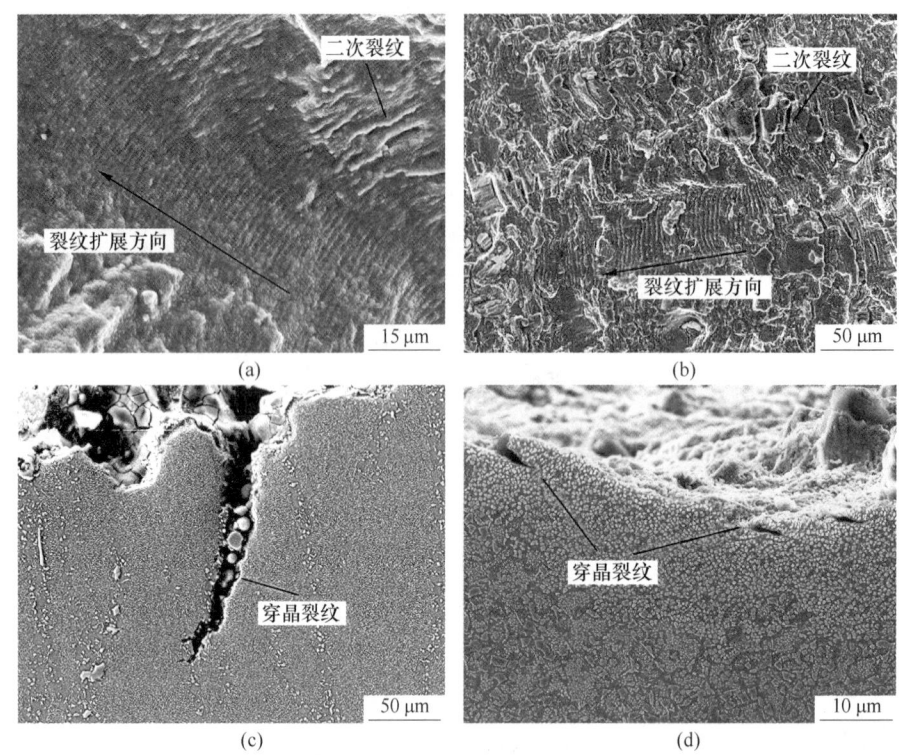

图 3 GH4742 合金疲劳扩展区形貌和纵截面形貌图

Fig. 3 The microstructures of fatigue propagation zone and longitudinal section of GH4742 alloy

（a），（c）光滑试样施加应力 670MPa；（b），（d）缺口试样施加应力 380MPa

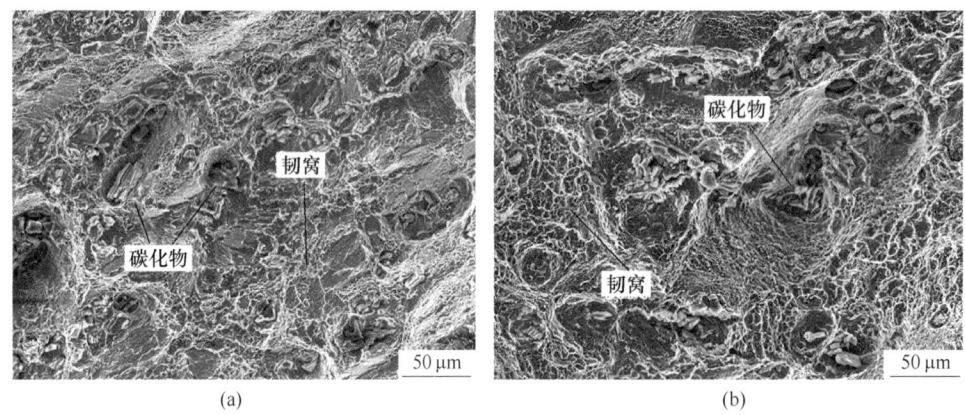

图 4 GH4742 合金疲劳瞬断区形貌

Fig. 4 The microstructures of final rupture region of GH4742 alloy

（a）光滑试样施加应力 670MPa；（b）缺口试样施加应力 380MPa

参考文献

［1］中国金属学会高温材料分会. 中国高温合金手册（上册）［M］. 北京：中国标准出版社，2012：891.

［2］郭建亭. 高温合金材料学（下册）［M］. 北京：科学出版社，2010：642~646.

［3］Ren W J, Nicholas T. Notch size effects on high cycle fatigue limit stress of Udimet720［J］. Mater. Sci. Eng. A, 2003（357）：141~152.

［4］张思倩，李述军，郝玉琳，等. Ti-24Nb-4Zr-8Sn 合金疲劳缺口敏感性［J］. 中国有色金属学报，2010（20）：518~522.

［5］Tokaji K. Notch fatigue behaviour in a Sb-modified permanent-mold cast A356-T6 aluminium alloy［J］. Mater. Sci. Eng. A, 2005 (396): 333~340.

［6］王欢. GH4698 合金疲劳性能研究 ［D］. 沈阳：中国
科学院金属研究所, 2014.

［7］Liu Y. High cycle fatigue behavior of a single crystal su-

peralloy at elevated temperatures ［J］. Mater. Sci.
Eng. A, 2007 (454~455): 357~366.

［8］Lukáš P. Fatigue notch sensitivity of ultrafine‑grained
［J］. Mater. Sci. Eng. A, 2005 (391): 337~341.

GH4975 合金均匀化及热变形行为研究

向雪梅*，江河，董建新，姚志浩

（北京科技大学材料科学与工程学院，北京，100083）

摘　要：本文对 GH4975 镍基高温合金的均匀化及其热变形行为进行了研究。合金铸态时在 1180℃、0.1s^{-1}、50%热压缩下出现开裂现象。而在 1180℃进行 5h、10h、20h、50h 均匀化后在相同的热压缩条件下，并未出现开裂现象，且其变形抗力相比铸态变形抗力明显下降。研究结果表明，在对这种难变形合金进行合适均匀化后可提高合金的热塑性，提高成材率。本研究对发展使用温度 850℃以上高性能涡轮盘有重要意义，可以为该新型涡轮盘材料提供初步的认识和为小热加工窗口的合金提供加工依据。

关键词：GH4975 镍基高温合金；均匀化；热变形

Investigation of Homogenization and
Hot Deformation of GH4975 Alloy

Xiang Xuemei, Jiang He, Dong Jianxin, Yao Zhihao

（School of Material Science and Engineering, University of Science and Technology Beijing, Beijing, 100083）

Abstract：Homogenization and hot deformation behavior of GH4975 Ni-base superalloy has been investigated in this work. When the alloy hot-deformed at 1180℃ with 0.1s^{-1} for 50%, some cracks can be observed at the surface. However, cracking phenomenon are not found in the samples after homogenized at 1180℃ for 5h, 10h, 20h and 50h under the same deformation condition as the as-cast samples. And compared with the as-cast samples, these samples have lower deformation resistance. It is can be inferred that adopting appropriate homogenization can improve its thermoplasticity apparently. This work has great importance to develop high performance turbine disk which can be applied above 850℃. And this work can provide theoretical foundation for these alloys with narrow hot working windows.

Keywords：GH4975 Ni-base superalloy; homogenization; hot deformation

随着航空技术领域的不断发展，国际竞争日益激烈，对航空发动机的性能提出了更高的要求。因此对作为航空发动机材料的高温合金的承温能力和力学性能的要求不断提高[1-3]。提高材料的使用温度及高温性能已经成为研究的热点。GH4975 因其具有高的合金化程度，在较高温度下仍可保持良好的力学性能水平，有望应用于 850℃以上。其 Al/Ti 约为 2，γ′相的平衡含量约为 60%，比 720Li 还高[4]。所以其具有很少的热加工窗口，破碎铸态组织极为困难。且作者之前的研究表明，对

铸态 GH4975 进行热压缩时出现了严重的开裂行为，因此，非常有必要研究其均匀化及在均匀化组织下的变形行为，为后续开坯打基础，提高成材率。

1　实验材料及研究方法

实验材料为 GH4975 合金，经真空感应熔炼加真空自耗双联工艺获得直径 170mm 铸锭。合金成分（质量分数,%）为：0.1C，15Co，8Cr，10W，5Al，2.5Ti，1.5Nb，1Mo，余量为 Ni。实验中的

---

* 作者：向雪梅，博士，联系电话：18810644072，E-mail：xmxiang0369@163.com

样品从铸锭横截面 1/2 半径（$R/2$）处切取。根据合金的偏析程度取均匀化温度为 1180℃，分别保温 5h、10h、20h、50h，并对样品均匀化的组织、残余偏析系数等做了系统的研究。随后对不同时间均匀化后的样品进行热变形条件为 1180℃、$0.1s^{-1}$、50% 的 Gleeble 热压缩实验，并对热变形后的试样进行了组织分析。

本研究中的所有试样经砂纸打磨后机械抛光，在进行化学侵蚀或电解侵蚀后，分别利用光学显微镜（OM）、场发射扫描电镜（FESEM）、热模拟压缩（Gleeble）、电子背散射衍射（EBSD）等实验手段，给出了该合金铸态、均匀化态以及热压缩态的组织特征及变形行为。

2 实验结果及分析

2.1 GH4975 合金均匀化组织及残余偏析系数

图 1 所示为 GH4975 合金铸锭组织。合金铸态中呈现出明显的枝晶组织，枝晶间分布着白色大块共晶相以及黑色一次碳化物相。作者之前的研究表明，该一次碳化物富 Nb 和 Ti 的(Nb，Ti) C。合金中主要的偏析元素为 Nb、Ti、W。其中 Nb 和 Ti 偏析在枝晶间，偏析系数（溶质元素在枝晶间的浓度/溶质元素在枝晶干的浓度）分别为 2.65 和 2.17。W 偏析到枝晶干，偏析系数为 0.44。因此在均匀化过程中主要需要消除偏析的元素为这三种。

GH4975 合金在 1180℃下，随着均匀化时间的延长，铸态组织中粗大的枝晶明显退化，均匀化显微组织如图 2 所示，当均匀化 50h 后，枝晶组织基本完全消失，呈现出粗大的晶粒。

工程上一般以为残余偏析指数为 0.2 时偏析消除。残余偏析系数为：$\delta = \dfrac{c_{max} - c_{min}}{c_{0max} - c_{0min}}$，即均匀化后溶质元素的最大最小浓度差/铸态中溶质元素的最大最小浓度差。GH4975 合金均匀化后元素的残余偏析系数如表 1 所示。从表中可以看出经 1180℃、50h 均匀化后，Nb、Ti、W 的残余偏析系数分别为 0.15、0.16、0.27，合金铸态中的偏析基本完全消除。

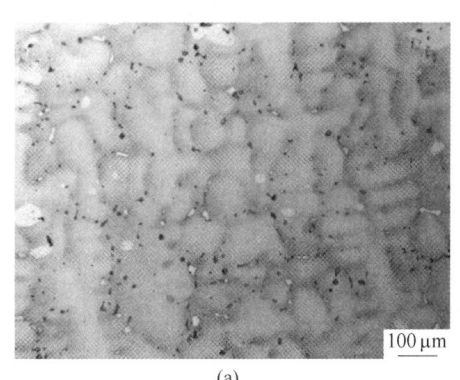
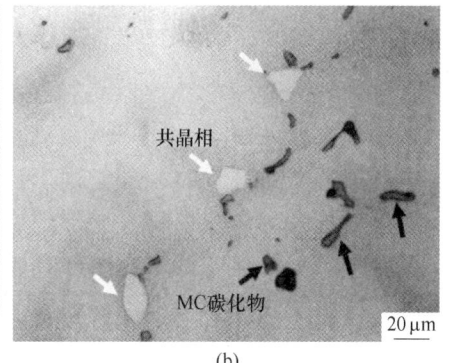

(a) (b)

图 1　GH4975 合金铸锭 1/2 半径处枝晶组织

Fig. 1　Microstructure of dendrite $R/2$ of as-cast GH4975 alloy

（a）枝晶形貌；（b）枝晶间的析出相

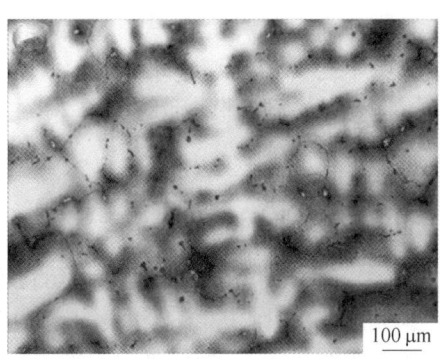
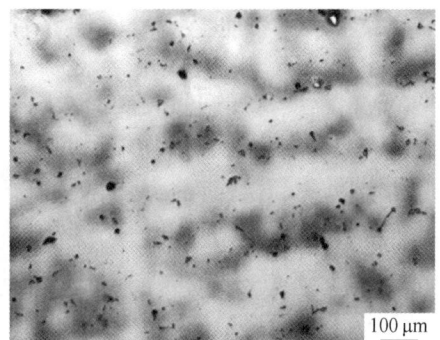

(a) (b)

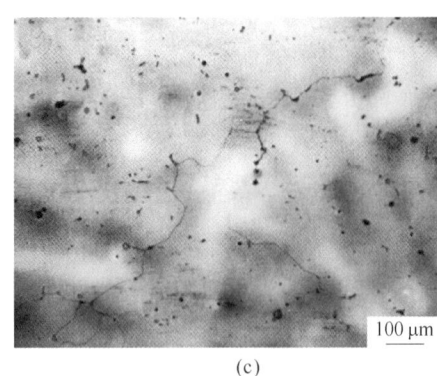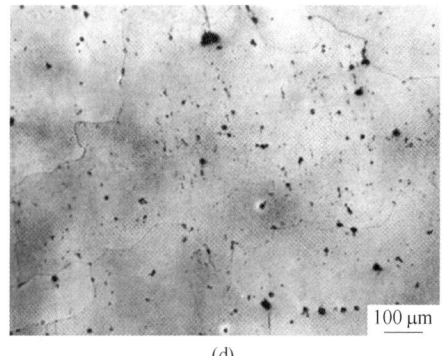

（c）　　　　　　　　　　　　　　　（d）

图 2　GH4975 合金 1180℃均匀化不同时间的显微组织

Fig. 2　Microstructure of GH4975 after homogenization at 1180℃

（a）5h；（b）10h；（c）20h；（d）50h

表 1　1180℃不同时间均匀化后元素残余偏析系数

Tab. 1　Segregation index of GH4975 alloy after
homogenization at 1180℃ for different time

元素	残余偏析系数			
	5h	10h	20h	50h
Ti	0.38	0.25	0.20	0.15
Nb	0.32	0.23	0.21	0.16
W	0.83	0.68	0.53	0.27

2.2　GH4975 热变形行为

图 3 为均匀态试样在 1180℃、0.1s⁻¹、50%热应变后的真应力-应变曲线及热压缩试样的宏观形貌。如图所示，铸态热压缩试样在中间大变形区出现开裂现象，表面可以见明显的裂纹，而经过均匀化后的样品在该热压缩条件下均未出现开裂的现象，试样表面无裂纹。另一方面，从真应力-应变曲线可以看出，铸态时试样的变形抗力最大，变形量到 0.20 时，变形抗力降低，出现软化现象。均匀化后样品的变形抗力在变形量 0.25 后开始下降。从图中还可看出均匀化 10h 和 20h 的变形抗力比均匀化 50h 的样品变形抗力低。应力-应变曲线的下降由再晶界软化作用引起。

图 4 为不同均匀化程度试样中间大变形区中再结晶情况。图 4(a) 为合金铸态经热压缩后的再结晶情况，可以看出虽然没有经过均匀化，但在试样中间大变形区仍发生了完全再结晶，在应力-应变曲线上表现出明显的软化。图 4(b) 为均匀化 5h 后热压缩试样，试样中发生了部分再结晶，所以在压缩过程中表现出了仅次于铸态的变形抗力。均匀化 50h 的试样也发生了完全再结晶。除

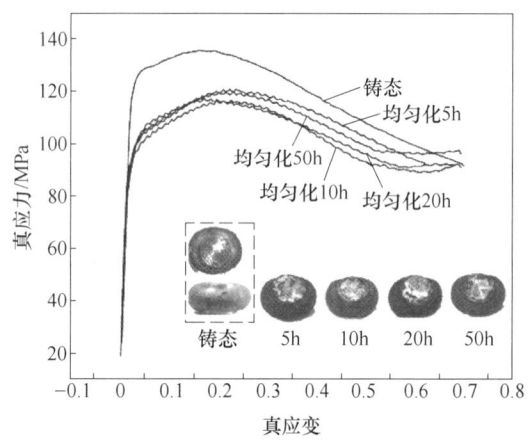

图 3　不同均匀化程度 GH4975 合金试样在 1180℃、
0.1s⁻¹、50%热应变的真应力-应变曲线及样品宏观形貌

Fig. 3　True stress-strain curves of hot-compressed
（1180℃、0.1s⁻¹、50%）GH4975 alloy under different
homogenization conditions and macroscopical
morphology of the samples

此之外，均匀化 10h 和 20h 的样品也发生了完全再结晶。说明发生完全再结晶并不需要使试样完全均匀化，若部分均匀化，保留一部分枝晶，仍可使合金在变形过程中达到完全再结晶的水平，此研究结果与李林翰等[5] 一致。在李林翰等的研究中表明：未完全均匀化的残留枝晶组织的存在可促使枝晶间区域协调变形，促进再结晶形核发生。

3　结论

（1）GH4975 在 1180℃均匀化 50h，基本可达到完全均匀化。强偏析元素 Nb、Ti、W 的残余偏析系数分别为：0.15、0.16、0.27。

（2）经过 1180℃，5h、10h、20h、50h 均匀化

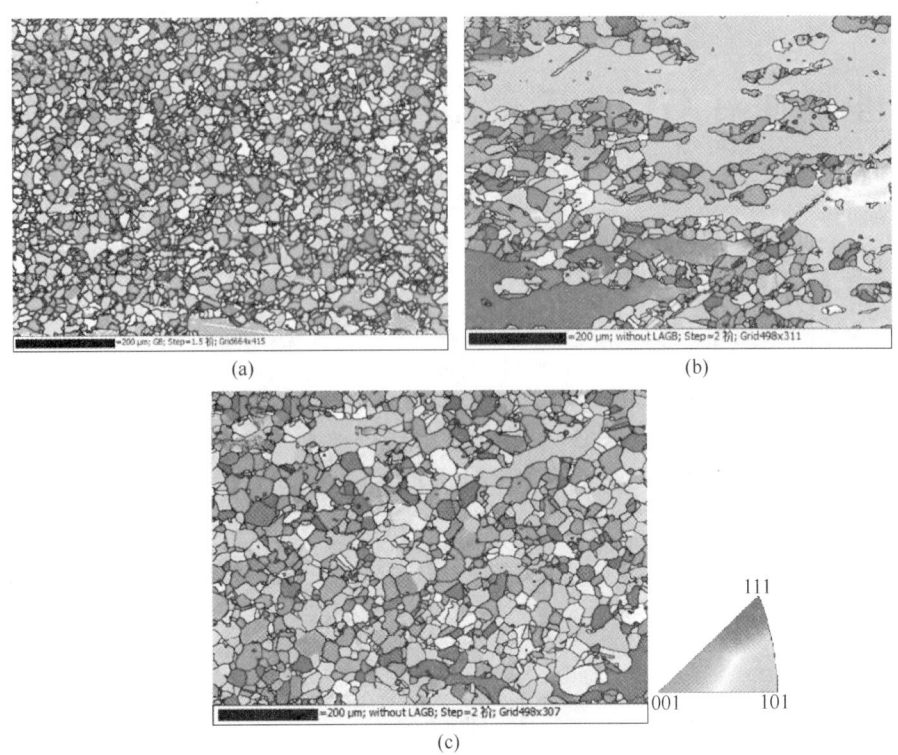

图 4　不同均匀化程度 GH4975 合金试样在 1180℃、0.1s⁻¹、50%热应变后中间大变形区再晶界 EBSD 图像

Fig. 4　EBSD images of recrystallization of samples hot-compressed at 1180℃、0.1s⁻¹、50%

(a) 铸态；(b) 5h；(c) 50h

后的样品在 1180℃、0.1s⁻¹、50%热压缩下均未发生开裂，且其变形抗力明显低于铸态热压缩的变形抗力。说明对 GH4975 进行适当均匀化后有利于提高合金的热塑性，减少变形抗力，提高成材率。

（3）1180℃，均匀化 10h、20h、50h 后的样品在热压缩后大变形区都发生了完全再结晶。

参考文献

[1] 张北江. 高性能涡轮盘材料 GH4065 及其先进制备技术研究 [J]. 金属学报，2015，51 (10)：1227~1234.

[2] 黄福祥. 涡轮盘用变形高温合金在俄国的发展 [J]. 航空材料学报，1993，13 (3)：49~56.

[3] 杜金辉. 中国变形高温合金研制进展 [J]. 航空材料学报，2016，36 (3)：27~39.

[4] Liu FangFang. The hot deformation behaviors of coarse, fine and mixed grain for Udimet 720Li superalloy [J]. Materials Science and Engineering：A. 2016, 651：102~115.

[5] 董建新. 高温合金铸锭均匀化程度对开坯热变形的再结晶影响 [J]. 金属学报，2015，51 (10)：1207~1218.

热处理制度对 GH5605 合金碳化物组织分布影响研究

裴丙红*

（攀钢集团江油长城特殊钢公司技术中心，四川 江油，621700）

摘 要：试验了 GH5605 合金热处理制度对显微组织（碳化物）的影响，针对碳化物分布情况，通过不同的热处理制度对比，获得可消除条带状分布碳化物组织的最佳固溶温度和时间，按此制度进行热处理的合金棒材的力学性能指标有足够的富余量，而碳化物组织分布得到显著改善，解决了该合金生产中的难点问题。

关键词：钴基 GH5605 合金；热处理制度；碳化物；力学性能

Effect of Heat Treatment Regime on Distribution of Carbidesin Alloy GH5605

Pei Binghong

（Technology Center，Sichuan Changcheng Special Steel Co.，Ltd.，Pangang Group，Jiangyou Sichuan，621700）

Abstract：In this paper，the effect of heat treatment regime on microstructure（carbides）in alloy GH5605 was inves-tigated. Based on analysis of the distribution of carbides and comparison of various heat treatment regimes，the optiumsolid solution temperature and duration were obtained for eliminating banded carbides：the mechanical properties of the alloy bar heat treated with this regime had margin and the distribution of carbides in alloy were obviously improved，which solved the key problem in the production of alloy GH5605.

Keywords：cobalt-base alloy GH5605；heat treatment regime；carbide；mechanical property

GH5605 合金是以 20Cr、15W 固溶强化的钴基高温合金，合金使用温度 1000℃以下，在 815℃以下具有中等的持久和蠕变强度，在 1090℃以下具有优良的抗氧化性能。该合金适合在喷气发动机、燃气涡轮及海洋气氛环境下工作，已用于制造航空发动机导向叶片，燃烧室等中等强度要求和优异抗氧化性能的热端高温零部件。

GH5605 合金主要以碳化物强化，碳化物主要包括 M_7C_3、$M_{23}C_6$ 和 M_6C。该合金 C 含量一般控制在中上限，但 C 含量提高，相应的碳化物析出数量增加，往往导致显微组织产生大量条带状组织。本文主要研究合金在高 C 含量条件下，通过调整热处理制度的手段，消除碳化物条带组织，使之细小弥散分布，解决

该材料棒材生产中遇到的难点问题。

1 试验方法及试验结果

1.1 试验方法

本次试验用料采用真空+电渣冶炼的 GH5605 合金 ϕ90mm 棒材，试验用料在同一炉号同一支棒料切取（炉号 T16A3-592），合金成分见表 1。根据订货标准要求对显微组织和力学性能进行取样、热处理[1]。热处理制度采取 1175～1230℃ 空冷或更快的冷却方式，本次试验的热处理制度为：（1）首次采用的 7 种热处理制度；（2）再现性试验采用的 7 种热处理制度。

———————————

＊作者：裴丙红，高级工程师，联系电话：0816-3648121，E-mail：825283977@qq.com

表 1 合金主要化学成分

Tab. 1 Main chemical composition of the alloy

元 素	C	Cr	Ni	Co	Mn	Si	W
质量分数/%	0.05~0.15	19.0~21.0	9.0~11.0	余	1.0~2.0	≤0.4	14.0~16.0
试验用料成分/%	0.12/0.12	20.22	10.02	余	1.52	0.06	15.34

根据标准要求对碳化物及力学性能进行纵向检验，碳化物检验腐蚀液采用 100mL 盐酸+5mL 双氧水，碳化物评级参考 GBN 187.5—82，力学性能指标依据相应标准要求。

1.2 试验结果

1.2.1 碳化物结果

1.2.2.1 首次碳化物检验结果

首次试验碳化物检测结果见图 1 及表 2，通过试验发现，碳化物分布情况与固溶温度、固溶时间有明显的关系，当采用 1230℃×60min、水冷固溶制度时，碳化物条带组织基本消除干净，达到标准图谱 A 类 2 级水平。当采用 1230℃×120min、水冷固溶制度时，碳化物条带组织彻底消除干净。

1.2.2.2 再现性验证碳化物检测情况

首次试验获得非常明确的指向性，即消除碳化物条带组织需采用较高的温度、较长的时间进行固溶处理，为此进行了再现性试验。

再现性试验碳化物检测结果见图 2 及表 3，与首次试验吻合。

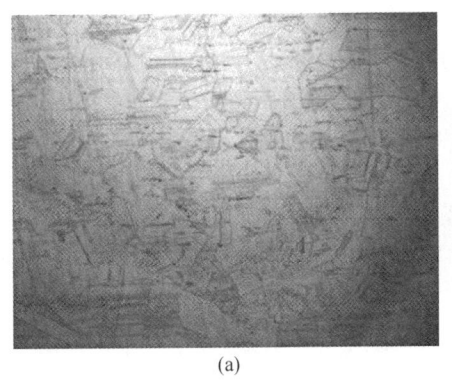

(a)   (b)

图 1 不同热处理制度碳化物检验结果

Fig. 1 Examination results on carbides after various heat treatment regimes

（a）1200℃×120min，水冷（100×）；（b）1230℃×60min，水冷（100×）

表 2 试样不同热处理制度经腐蚀检验结果

Tab. 2 Examination result of the corroded samples after various heat treatment

编 号	热处理制度	检验评级	检验项目
1	1180℃×30min，水冷	A 类 4.5/5.0	不合格
2	1180℃×120min，水冷	A 类 3.0/3.5	不合格
3	1200℃×30min，水冷	A 类 3.5/4.0	不合格
4	1200℃×60min，水冷	A 类 3.0/3.5	不合格
5	1200℃×120min，水冷	A 类 2.5/3 级	合格
6	1230℃×60min，水冷	A 类 2.0/2.0	合格
7	1230℃×120min，水冷	A 类 1.0/1.5	合格

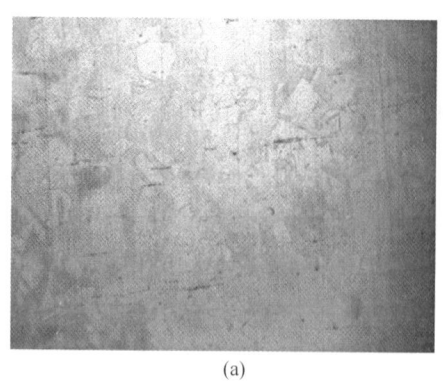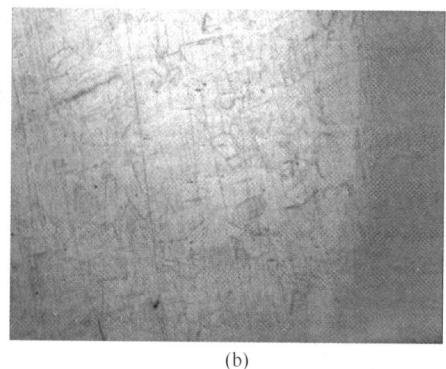

(a)   (b)

图 2   依据标准再现性验证纵向碳化物分布情况

Fig. 2   Longitudinal distribution of carbides in the standard reproducibility test

（a）1200℃×120min，水冷（100×）；（b）1230℃×60min，水冷（100×）

表 3   再现性试验不同热处理制度经腐蚀检验结果

Tab. 3   Examination result of the corroded samples after various heat treatment in the reproducibility test

编　号	热处理制度	检验评级	检验结果
1	1180℃×60min，水冷	A 类 4.5/5.0	不合格
2	1180℃×120min，水冷	A 类 2.5/3.0	合格
3	1200℃×60min，水冷	A 类 2.5/4.5	不合格
4	1200℃×120min，水冷	A 类 2.5/2.5	合格
5	1230℃×30min，水冷	A 类 2.5/3.0	合格
6	1230℃×60min，水冷	A 类 2.0/1.5	合格
7	1230℃×120min，水冷	A 类 1.0/1.0	合格

1.2.2   力学性能检验结果

由于该合金采用依靠碳化物强化，所以采用高温溶解+快速冷却的方法减小碳化物的析出数量，务必对合金力学性能产生影响。为此进行了三种不同固溶温度力学性能影响试验，所有指标均满足标准要求，具体如图 3 和图 4 所示。

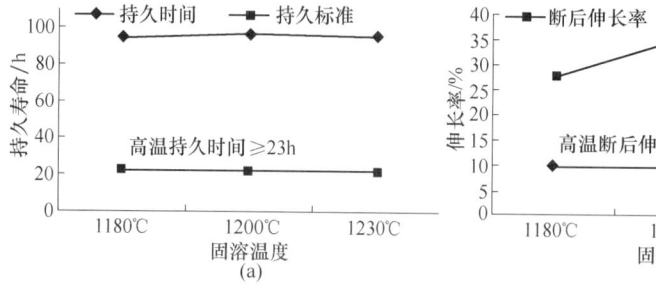

图 3   不同固溶温度下 GH5605 合金的持久性能

Fig. 3   Endurance characteristics of alloy GH5605 treated different solid solution temperatures

（a）GH5605 不同固溶温度持久寿命变化趋势；（b）GH5605 不同固溶温度持久伸长率变化趋势

2   分析与讨论

高温合金固溶处理的目的是溶解和大部分溶解碳化物等主要强化相，高温固溶处理的目的是溶解晶界上分布不合理的二次碳化物，为以后析出均匀细小的弥散分布的强化相做准备，也为晶界上析出颗粒状分布的二次沉淀相做准备。高温合金固溶处理的另一目的是获得均匀而合适的晶粒尺寸，降低和消除偏析，使化学成分均匀[1,2]。

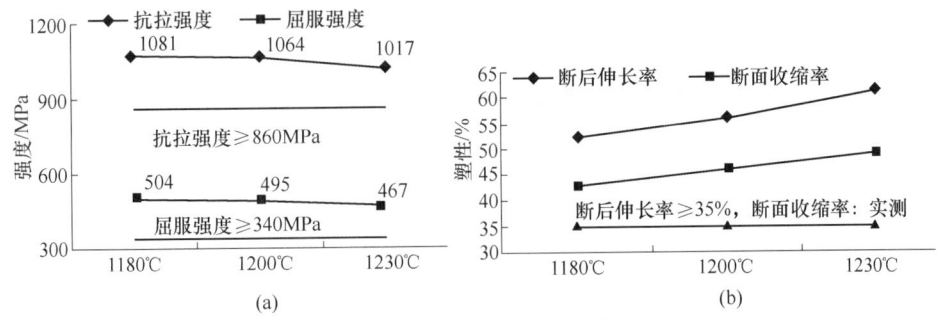

图 4　不同固溶温度下 GH5605 合金的力学性能

Fig. 4　Mechanical properties of alloy GH5605 treated at differentsolid solution temperatures

（a）GH5605 不同固溶温度下强度变化趋势；（b）GH5605 不同固溶温度下塑性变化趋势

采用高 C 含量生产 GH5605 合金，碳化物析出数量比中下限控制的几乎增加一倍，因此容易形成条带状分布的碳化物。在采用高温固溶溶解手段消除碳化物条带组织时，在 1200℃附近可以溶解 $M_{23}C_6$，但 M_6C 型碳化物需要更高的温度或更长的时间，加上碳化物分布不均匀将导致溶解不均匀，为确保各种碳化物都得到比较充分的溶解，本文建议应在标准范围内采用上限温度和较长的时间来固溶处理。

随着固溶温度的升高，晶粒尺寸逐渐增大。碳化物对晶界有钉扎作用，有碳化物存在于晶界时，晶粒长大缓慢。当碳化物溶解后脱钉，晶粒迅速长大。研究表明，在碳化物溶解温度附近固溶时，由于碳化物分布不均匀将导致溶解不均匀，出现二次再结晶，引起的晶粒异常长大。本次试验采用 1230℃×120min、水冷的固溶制度后，晶粒异常长大明显，因此本文建议最好的固溶制度为 1230℃×60min、水冷。

GH5605 合金中 C 通过形成碳化物而改善力学性能，在晶界析出的不连续的碳化物，阻止沿晶滑动或裂纹扩展，提高持久寿命。GH5605 合金在标准范围内无论采用低温还是高温固溶处理，所有室温性能和持久性能都能满足标准都能满足要求且有很大的富余量。

综合以上分析：GH5605 合金生产时为保证合金性能指标，而采用中上限控制 C 元素。但 C 元素在中上限控制的情况下，因为 C 元素的不均匀分布易产生聚集现象，呈现条带状分布。在标准允许的范围内可以高温固溶处理的方法溶解部分或全部碳化物，消除条带组织，此时合金的力学性能远远高于标准要求。经过试验，本文推荐的固溶制度为 1230℃×60min、水冷，在此种固溶制度下，碳化物条带组织基本消除，组织分布满足标准要求，同时可防止晶粒长大异常，采用快速冷却的方法增加了室温强度。

3　结论

（1）可以采用高温固溶处理溶解的方法消除掉 GH5605 合金中碳化物的条带组织。

（2）采用中上限控制 C 元素的 GH5605 合金无论采用低温还是高温固溶处理，所有室温性能和持久性能都能满足标准，都能满足要求且有很大的富余量。

（3）高温固溶处理最佳制度为 1230℃×60min、水冷。

参考文献

[1] 郭建亭. 高温合金材料学 [M]. 北京：科学出版社，2008.

[2] 中国金属学会高温材料分会. 中国高温合金手册 [M]. 北京：中国质检出版社，中国标准出版社，2012.

GH5605 合金铸态组织分析与 Gleeble 热模拟研究

魏然*，牛永吉，章清泉

（北京北冶功能材料有限公司，北京，100192）

摘　要：本文对 GH5605 合金铸态组织进行了分析，并对均匀化前后的钢锭进行了 Gleeble 热模拟试验，得到了铸锭样品的动态再结晶规律。试验结果表明，GH5605 合金在晶内和晶界均有析出相，晶界上析出相均为 M_6C 相和 $Cr_{23}C_6$，在晶内和晶界上有奥氏体和 $M_{23}C_6$ 的共晶相。热模拟试验结果表明，均匀化热处理对 GH5605 合金热加工性能影响不大，当变形量≤45%时，原始态和均匀化热处理态热加工性能均较好；热加工温度越高，变形量越大，应变速率越低，GH5605 合金热变形再结晶越完全。

关键词：铸态；GH5605；显微组织；热模拟

Microstructure Analysis and Gleeble Thermal Simulation of GH5605 Alloy

Wei Ran，Niu Yongji，Zhang Qingquan

（Beijing Beiye Functional Materials Corporation，Beijing，100192）

Abstract：The as-cast microstructure of GH5605 alloy was analyzed in this paper，and the Gleeble thermal simulation was carried out on ingots before and after homogenization，which revealed the dynamic recrystallization rule of the alloy. The results showed that the precipitated phase on the graim boundary of GH5605 alloy was $Cr_{23}C_6$，and the eutectic phase of austenite and $M_{23}C_6$ was found in the interior of the grain and on the grain boundary. The results of thermal simulation show that the homogenization heat treatment has little effect on the hot working performance of GH5605 alloy. When the deformation is less than 45%，ingots before and after homogenization are both have god thermal processing performance. The higher the hot working temperature，the larger the deformation，the lower the strain rate，and the more complete the recrystallization of GH5605 alloy.

Keywords：as cast；GH5605；microstructure；thermal simulation

GH5605 合金是以 20Cr、15W 固溶强化的钴基高温合金，合金的使用温度 1000℃ 以下，在 815℃ 以下具有中等的持久和蠕变强度，在 1090℃ 以下具有优良的抗氧化性能。该合金适合在喷气发动机、燃气涡轮及海洋气氛环境下工作，已用于制造航空发动机导向叶片、燃烧室等中等强度要求和优异抗氧化性能的热端高温零部件[1~3]。

GH5605 合金是一种变形钴基高温合金，带材是 GH5605 合金常用产品之一。GH5605 合金中 W 元素含量较高，具有较高的热变形抗力，锻造开坯时容易开裂，影响后续加工。本文对 GH5605 合金铸态显微组织，并对均匀化前后的钢锭进行了 Gleeble 热压缩试验，为后续加工提供依据。

1 试验材料及方法

合金采用真空感应炉加电渣重熔工艺冶炼，合金化学成分见表 1。电渣铸锭头部直径为 ϕ247mm，铸态组织分析试验材料是从铸锭头部取下厚 25mm 的半圆，由于在同一横截面上，各部

*作者：魏然，硕士，联系电话：010-62846053，E-mail：weiranjob@163.com

分的温度条件不同，所以分别从铸锭的心部、1/2半径、边缘处分别取一试样进行分析，样品尺寸为 20mm×15mm×10mm；Gleeble 热压缩试验分别从原始态及经 1200℃、24h 均匀化热处理的铸锭上取样，样品规格为 φ8mm×12mm 的圆柱试样，取样位置为 1/2 半径处，试验制度如表 2 所示，加热规范如图 1 所示。热压缩变形完成后立即水冷至室温，以保留高温变形组织。采用线切割方法将变形试样沿轴向中心剖开，经砂纸磨光和机械抛光后，采用酸性高锰酸钾溶液浸蚀，在光学金相显微镜下观察试样的显微组织。

表 1　GH5605 合金实测成分

Tab. 1　Compositions of the tested GH5605 alloy

（质量分数,%）

C	Mn	S	Cr	Ni	W	Fe	Co
0.091	1.56	0.0010	19.69	10.45	14.89	2.45	余

表 2　Gleeble 热压缩试验制度

Tab. 2　Experimental scheme of Gleeble thermal simulation

变形温度/℃	1050、1100、1150、1200、1250
变形程度/%	15、30、45、60
变形速率/s⁻¹	0.01、0.1、1

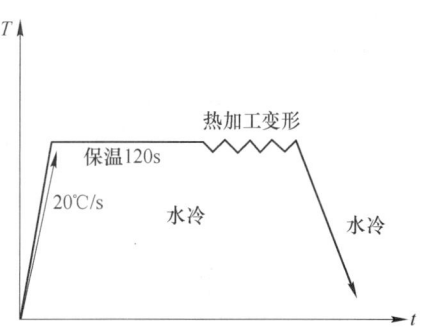

图 1　加热规范

Fig. 1　Heating schedule

2　试验结果及分析

2.1　GH5605 铸锭析出相

GH5605 铸锭析出相如图 2 所示。由图 2 可知，在铸锭的三个位置的 50 倍的照片中可以发现大量白色的析出相分布在晶界和晶内。

图 2 中的析出相在高倍下观察，发现主要分为两种类型：晶界析出相和带有孔洞的胞状析出相。晶界上的析出相大多呈如图 3 所示的两种形状：一种是在晶界上连续分布，呈针状钉扎在晶界上（如图 3(a) 和（b）所示）；另一种呈块状

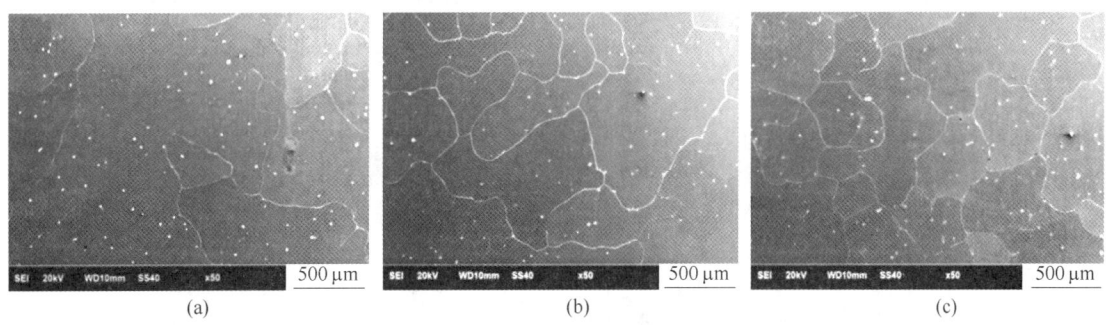

(a)　　　　　　　　　　　(b)　　　　　　　　　　　(c)

图 2　铸锭析出相宏观分布图

Fig. 2　Distribution of the precipitated phase of the ingot

（a）外部；（b）1/2 半径；（c）心部

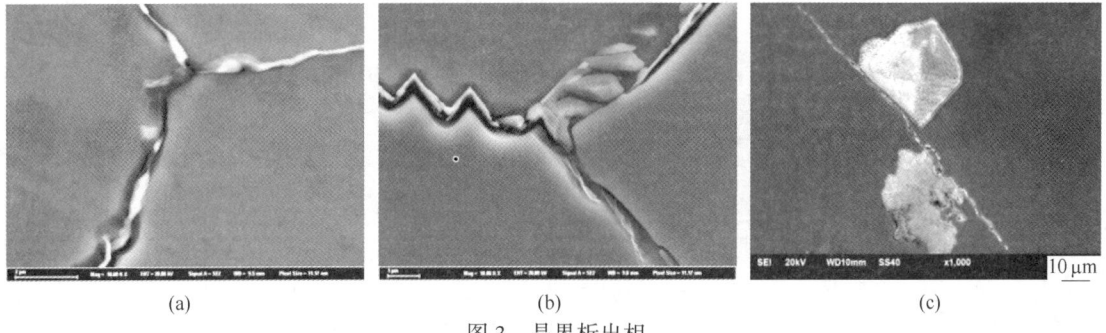

(a)　　　　　　　　　　　(b)　　　　　　　　　　　(c)

图 3　晶界析出相

Fig. 3　Precipitated phase at grain boundary

分布（如图 3(c) 所示）。对晶界析出相成分进行能谱分析，结果表明晶界上含有 M_6C 相和 $Cr_{23}C_6$ 相。在钢锭三个位置晶内和晶界处发现有大量如图 4 所示的带有孔洞的胞状析出相，且析出相周围有大量灰色析出物，晶界上的析出相大多向晶内延伸。对孔洞析出相成分进行能谱分析，结合成分与文献 [4] 可知，该析出相为奥氏体和 $M_{23}C_6$ 的共晶相。

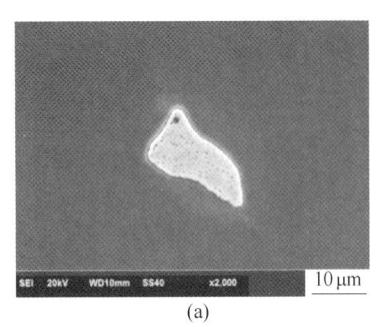 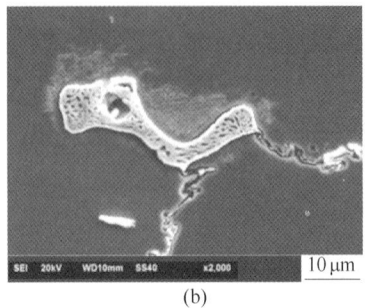 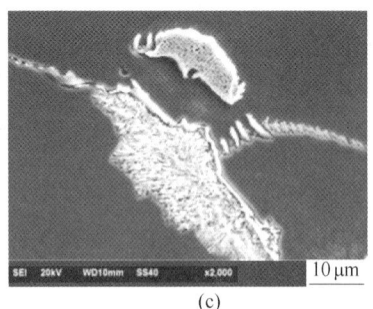

(a)　　　　　　　　　　(b)　　　　　　　　　　(c)

图 4　带孔洞胞状析出相

Fig. 4　Cellular precipitated phase

2.2　Gleeble 热模拟研究

2.2.1　热压缩试样宏观形貌

按上述试验制度进行压缩试验，结果表明，当变形量 ≤45% 时，设定变形温度和变形速率下，原始态和均匀化热处理态试样均未开裂，而当变形量达到 60% 时，压缩试样开裂明显，如图 5 所示（以 1200℃、0.01s⁻¹ 为例）。由此可知，在同样变形条件下，均匀化热处理前后热加工性能变化不大，均匀化热处理对 GH5605 合金热加工情况影响不大，当变形量 ≤45% 时，原始态和均匀化热处理态热加工性能均较好。

2.2.2　再结晶

图 6 为变形速率 0.1s⁻¹、变形量为 30% 时不同温度热变形的再结晶情况。由图 6 可见，当温度低于 1150℃ 时，无再结晶发生，随着温度的升高，再结晶越来越充分。这是因为随着变形温度的升高，位错攀移、交滑移等热激活过程加强，降低了试样内部的位错密度，有利于动态再结晶等过程的进行。

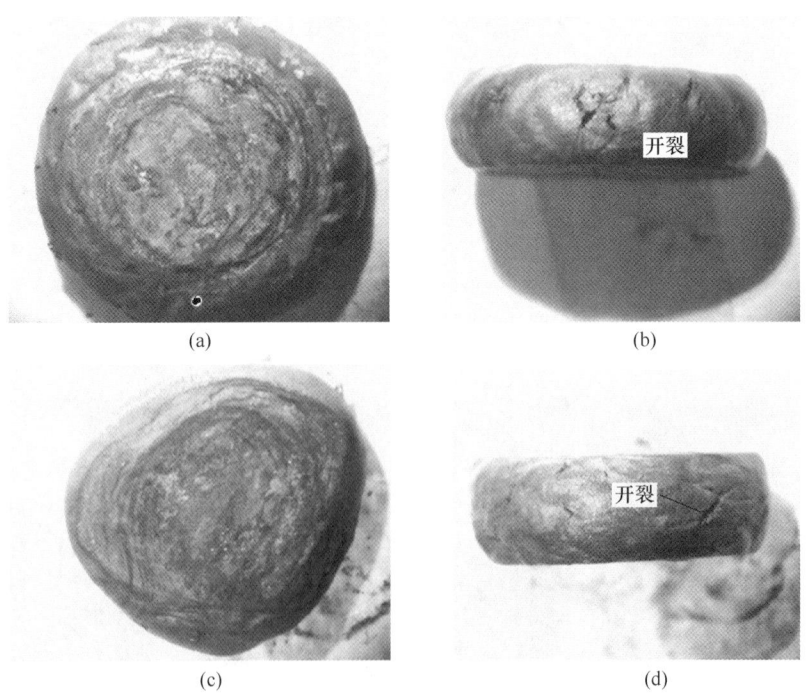

(a)　　　　　　　　　　　　　　(b)

(c)　　　　　　　　　　　　　　(d)

图 5　Gleeble 热模拟试样宏观照片

Fig. 5　Macroscopic photos of thermal simulation samples

(a)，(b) 原始态，1200℃，0.1s⁻¹，60%；(c)，(d) 均匀化，1200℃，0.1s⁻¹，60%

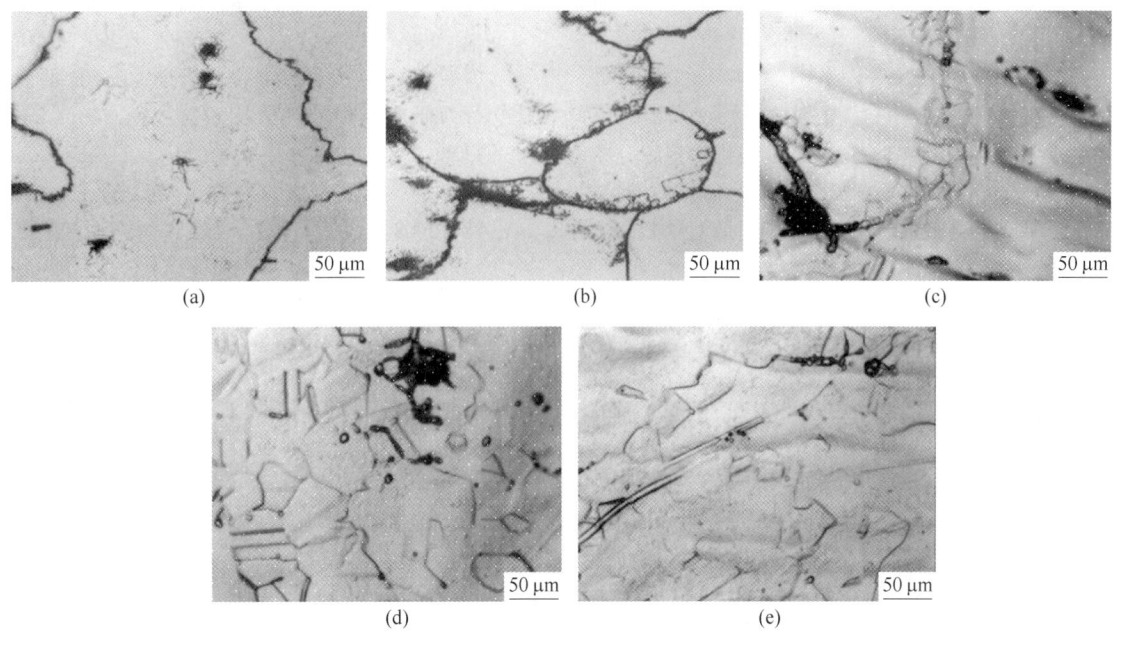

图 6　温度对再结晶的影响

Fig. 6　Effect of temperature on recrystallization

(a) 1050℃，0.1s⁻¹，30%；(b) 1100℃，0.1s⁻¹，30%；(c) 1150℃，0.1s⁻¹，30%；

(d) 1200℃，0.1s⁻¹，30%；(e) 1250℃，0.1s⁻¹，30%

图 7 为 1200℃、60% 变形量下，不同应变速率的再结晶组织。图 7 表明，同样条件下，应变速率越低，再结晶越充分，但晶粒也较大。

综上所述，热加工温度越高，变形量越大，应变速率越低，GH5605 合金热变形再结晶越完全。实际生产中，应变速率约为 0.1s⁻¹ 等级，热加工温度建议采用 1150~1250℃，变形量建议采用 30%~45%。

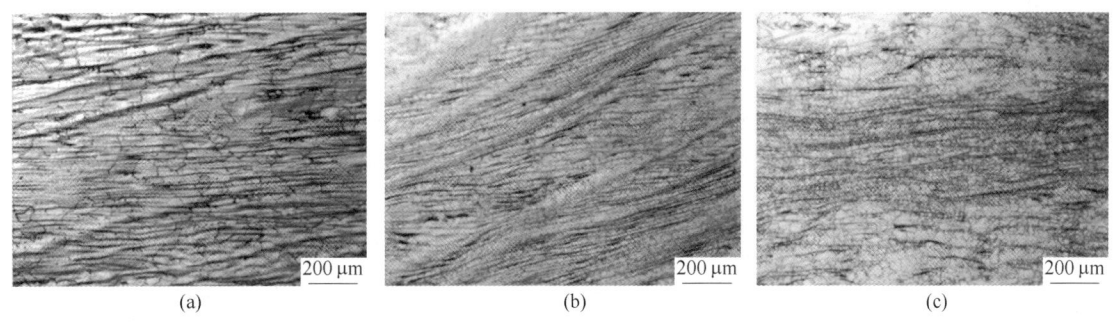

图 7　应变速率对再结晶的影响

Fig. 7　Effect of strain rate on recrystallization

(a) 1200℃，0.01s⁻¹，15%；(b) 1200℃，0.1s⁻¹，30%；(c) 1200℃，1s⁻¹，45%

3　结论

（1）GH5605 合金在晶内和晶界均有析出相，晶界上析出相为 $Cr_{23}C_6$，在晶内和晶界上有奥氏体和 $M_{23}C_6$ 的共晶相。

（2）均匀化热处理对 GH5605 合金热加工情况影响不大，当变形量≤45% 时，原始态和均匀化热处理态热加工性能均较好。

（3）热加工温度越高，变形量越大，应变速率越低，GH5605 合金热变形再结晶越完全。实际生产中，应变速率约为 0.1s⁻¹ 等级，热加工温度

建议采用 1150 ~ 1250℃，变形量建议采用
30%~45%。

参考文献

[1] 裴丙红. 热处理制度对 GH5605 合金碳化物组织分布影响研究 [J]. 特钢技术，2017，23（90）：4~11.

[2] 蒙肇斌，曾炳胜，王志刚. 高温长期时效对钴基高温合金 GH5605 组织与性能的影响 [J]. 钢铁研究学报，1999，11（1）：28~31.

[3] 郭淑娟，孙魁平. 钴基高温合金 GH5605 的恒温氧化行为研究 [J]. 科学技术与工程，2011，11（6）：1328~1331.

[4] 郭建亭. 高温合金材料学 [M]. 北京：科学出版社，2008.

磷对 GH984G 合金热变形行为的影响

吴云胜[1,2]*，秦学智[1]，王常帅[1]，郭永安[1]，周兰章[1]

(1. 中国科学院金属研究所，辽宁 沈阳，110016；
2. 中国科学技术大学材料科学与工程学院，安徽 合肥，230026)

摘　要：应用 Gleeble-1500 热模拟试验机对含有不同 P 含量的 GH984G 合金进行等温压缩试验，采用 OM 和 EBSD 研究 P 元素对合金热变形行为的影响。结果表明随着 P 含量的增加，合金内部的位错密度逐渐降低，加工硬化程度随之降低，因此合金的真应力随着 P 含量的升高而逐渐降低。含有 0.02%P 的合金变形后的变形织构比例处于较低水平，变形组织的取向更为均匀，Σ3 晶界比例最高，晶界结构更为优异，此时合金具有最优的热加工综合性能。

关键词：GH984G；热变形；磷元素；动态再结晶

Effect of Phosphorus on Hot Deformation Behavior of GH984G Superalloy for Steam Boiler Applications

Wu Yunsheng[1,2]，Qin Xuezhi[1]，Wang Changshuai[1]，Guo Yongan[1]，Zhou Lanzhang[1]

(1. Institute of Metal Research，Chinese Academy of Sciences，Shenyang Liaoning，110016；
2. School of Materials Science and Engineering，University of Science and
Technology of China，Hefei Anhui，230026)

Abstract：The effect of phosphorus on hot deformation behavior of GH984G superalloy was investigated by isothermal compression test and analyzed by OM as well as EBSD. The results showed that the flow stress decreased with the increase of P content under the same deformation condition，which resulted from the lower dislocation density in the deformed alloy with high P content. The low deformation texture percent in the alloy with 0.02%P indicated that the crystal orientation of this alloy was uniform. And the percent of Σ3 grain boundary in the alloy with 0.02%P was higher than other alloys，which indicated that this alloy featured by excellent grain boundary structure. Therefore，the alloy with 0.02%P has better hot workability.

Keywords：GH984G；hot deformation；phosphorus；dynamic recrystallization

镍铁基高温合金 GH984G 作为 700℃ 先进超超临界燃煤电站热端部件候选材料，具有独创性、成本低、管壁薄、持久强度高等优势。火电站热端部件周量巨大，热加工过程复杂，大型铸件的开坯、热挤压、轧制等热加工过程及工艺参数尤为重要。因此本研究针对 GH984G 合金的实际生产过程，围绕 P 元素在高温合金中极具争议性的作用，重点研究在 GH984G 元素体系中 P 元素对合金热加工性能的影响，进而优化 GH984G 合金中的 P 含量。

*作者：吴云胜，博士研究生，联系电话：15241792650，E-mail：yswu16b@imr.ac.cn

1 试验材料及方法

表1为不同P含量GH984G合金的编号及化学成分（质量分数,%）。采用20kg真空感应熔炼炉制备合金铸锭并在1150℃下进行2h均匀化处理，随后在1150℃下锻造成截面为35mm×35mm的锻棒，并在1150℃下将锻棒轧制成直径为16mm的棒材。热轧态合金晶粒均匀细小，平均晶粒尺寸约为5μm，如图1所示。对三种P含量的热轧态合金进行Gleeble等温热压缩模拟试验，变形温度为950℃、1150℃，应变速率为0.01s⁻¹、1s⁻¹，工程应变为50%。热压缩工艺为：采用Gleeble-1500热模拟试验机，以10℃/s的加热速率将φ6mm×10mm的圆柱形试样加热到变形温度，保温30s后以指定的应变速率将样品压缩50%，并迅速将变形样品进行水冷以保留高温变形组织。将热轧态合金及热变形样品沿变形方向剖开，对剖面进行机械抛光，采用10%H_2SO_4+90%H_2O溶液对热轧态合金进行电解腐蚀，电压4V，时间3~5s，用来进行金相观察；EBSD样品采用振动抛光方式去除表层应力，时间12h，应用装有HKL-EBSD系统的TESCAN MAIA3扫描电子显微镜对热变形样品进行EBSD测试，测试电压为20kV，测试步长为0.5μm，采用Channel 5软件对EBSD测试结果进行数据处理。

表1 不同P含量的GH984G合金成分
Tab.1 Nominal compositions of GH984G alloy with different phosphorus contents （质量分数,%）

编号	Cr	Mo+Nb	Al	Ti	Fe	C	P	Ni
P1	21	3.3	0.8	1.2	19	0.04	—	余
P2	21	3.3	0.8	1.2	19	0.04	0.02	余
P3	21	3.3	0.8	1.2	19	0.04	0.08	余

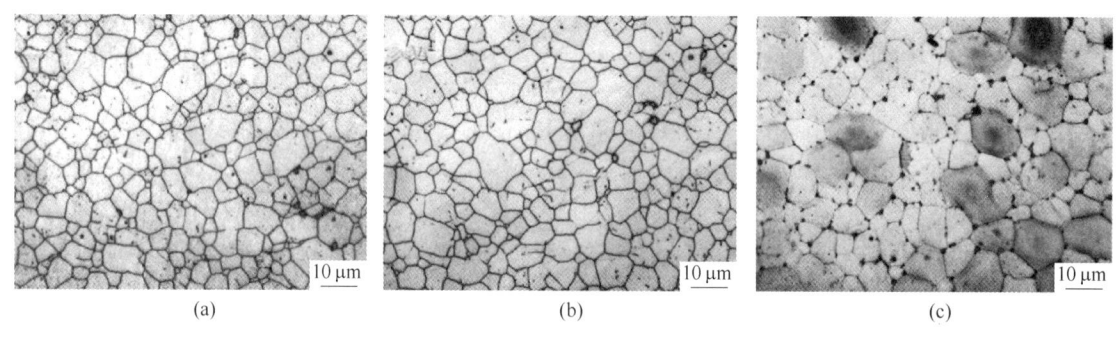

图1 热轧态合金组织形貌
Fig.1 The microstructures of hot-rolled alloys
(a) P1; (b) P2; (c) P3

2 试验结果及分析

2.1 真应力-真应变曲线

图2为三种合金热变形后的真应力-真应变曲线，由图可知，随着P含量的增加，合金的流变应力逐渐降低。合金的流变应力与热变形过程的加工硬化程度及合金内部的位错积累紧密相关，因此可以通过对比合金热变形后的位错密度来分析合金流变应力的变化规律。由合金内部的局部取向差可以计算合金的几何必需位错（geometrically necessary dislocation，GND）密度，即$\rho^{GND}=2\theta/(\mu b)$，式中，$\rho^{GND}$为几何必需位错密度，m⁻²；$\theta$为平均局部取向差，rad；$\mu$为EBSD测试步长，0.5μm；$b$为伯氏矢量，0.254nm[1,2]。由图3可知，相同变形参数下，随着P含量的增加，合金内部的位错密度逐渐降低，即位错塞积程度随着P元素的增加而降低，加工硬化程度随之降低，所以合金的流变应力随着P含量的增加而呈现降低的趋势。同时由图3可知，热轧态合金中的位错

密度随 P 含量的升高而升高。热变形初始阶段是位错增殖积累的过程，此时流变应力随着应变的增加而迅速增大，当位错密度达到某一临界值时，发生动态再结晶等软化行为，合金流变应力下降或达到稳定值。具有更高位错密度的热轧态 P3 合

金在变形过程中更易达到临界位错密度，更容易发生动态再结晶，再结晶程度更完全，从而降低了合金热变形后的位错密度，变形合金表现出较低的流变应力。

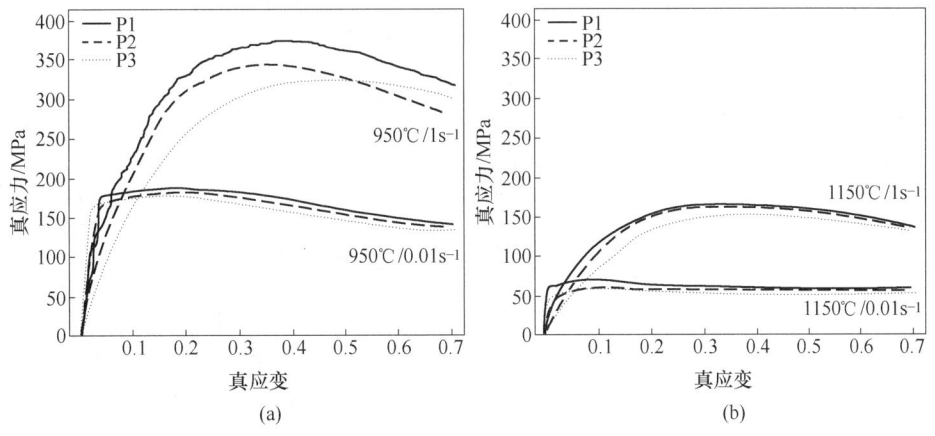

图2 合金的真应力-真应变曲线

Fig. 2 The true stress-true strain curves of GH984G alloy deformed
at (a) 950℃ and (b) 1150℃

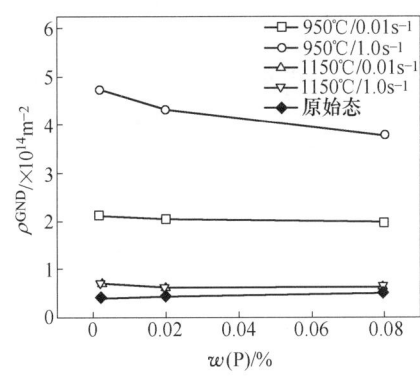

图3 热轧态及变形合金的几何必需位错密度

Fig. 3 The geometrically necessary dislocation densities
of hot-rolled and deformed alloys

2.2 热变形组织

图 4 为 P1、P2、P3 合金热变形后的组织形貌，由图可知相同变形条件下不同合金呈现相似的变形组织特征，经 950℃/0.01s⁻¹ 变形后合金几乎发生完全动态再结晶，但仍存在少数较大的未再结晶晶粒；经 950℃/1.0s⁻¹ 变形后合金再结晶程度低且出现变形条带；经 1150℃/0.01s⁻¹ 变形后合金再结晶晶粒明显长大，晶界呈弯曲状（如黑色箭头所示）；经 1150℃/1.0s⁻¹ 变形后合金发

生完全动态再结晶，再结晶晶界呈平直状态（如白色箭头所示），为最优的热加工参数。由再结晶晶粒的晶界形态可以判定动态再结晶机理，高温低应变速率变形时，发生非连续动态再结晶，再结晶形核特点为原始晶界弓弯并被亚晶截断形成再结晶核心；低温高应变速率变形时，发生连续动态再结晶，主要形核特点为位错迅速积累并发生重排与合并，在晶粒内部形成亚晶，并逐渐转变为具有平直晶界的再结晶核心[3~5]。

由 2.1 节所述，随着 P 含量的增加变形合金的流变应力及位错密度均逐渐降低，这似乎说明高 P 合金热变形后再结晶更加完全，合金的热变形性能更优异。然而评价合金热加工综合性能不仅需要关注合金变形过程中的流变应力及再结晶行为，也要考虑合金变形后的组织特点，如取向分布、特殊晶界比例等。以最优热加工参数（1150℃/1s⁻¹）下变形的合金为主要研究对象，对不同 P 含量合金变形后的变形织构（高斯织构 {011}<100>，铜织构 {112}<111>，黄铜织构 {011}<211>，S 织构 {123}<634> 及剪切织构 {001}<110>）分析可知，经 1150℃/1s⁻¹ 变形后，P2 合金中变形织构比例明显低于 P1 和 P3 合金，如图5(a) 所示，这说明 P2 合金变形后

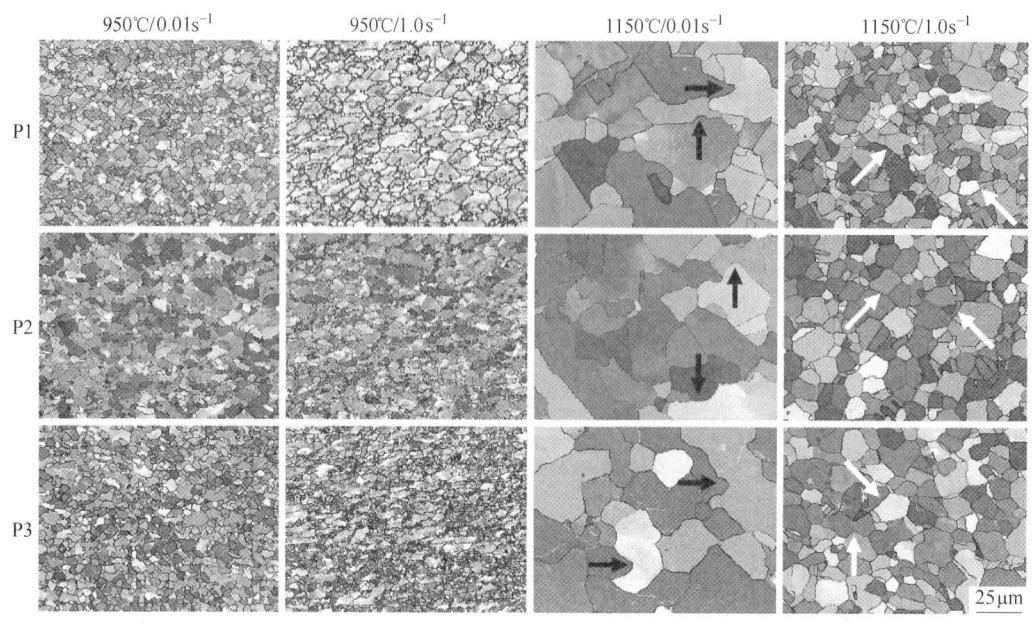

图 4　合金热变形后的组织特征

Fig. 4　The microstructures of deformed alloys

晶粒取向更为均匀。同时在多晶体金属材料中，晶界的结构与性质强烈地影响着晶界迁动、溶质原子偏聚及材料的力学性能，晶界工程提出提高材料中具有低自由能的低 Σ 重位点阵晶界比例，从而改善材料与晶界有关的性能[6]。由图 5(b) 可知，在各个变形条件下，P2 合金中 Σ3 晶界比例最高，这表明含有 0.02%P 的合金热

变形后，晶界结构更为优异，这对合金进一步的热变形行为及合金的抗氧化腐蚀性能均产生有益影响。综上所述，含有 0.02%P 的合金具有更为优异的热变形性能。P 含量对合金热变形后的变形织构及低 Σ 重位点阵晶界的影响可能与 P 元素在晶界偏聚的程度有关，需要进行更加深入的研究。

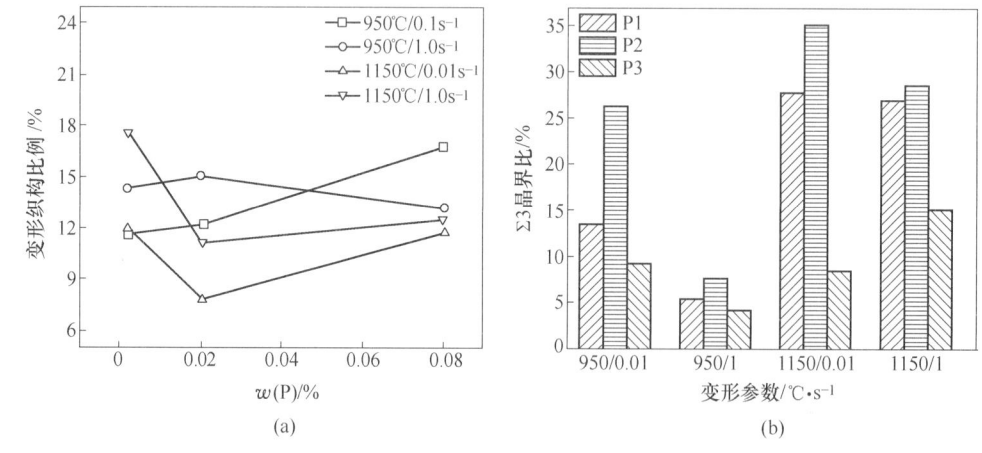

图 5　合金热变形后的变形织构及 Σ3 晶界比例

Fig. 5　The percent of (a) deformation texture and (b) Σ3 grain boundary in deformed alloys

3　结论

(1) 合金热变形后的位错密度随 P 含量的增加而降低，因此加工硬化程度逐渐降低，合金的

流变应力随着 P 含量的升高而呈现降低的趋势。

(2) 在最优热加工参数（1150℃/1s⁻¹）下变形后，含有 0.02%P 的合金的变形织构比例最低，变形组织的取向更为均匀，且 Σ3 晶界比例最高，具有更为优异的晶界结构，因此含有 0.02%P 的

合金具有更优的热加工综合性能。

参考文献

[1] Kumar S S S, Raghu T, Bhattacharjee P P, et al. Work hardening characteristics and microstructural evolution during hot deformation of a nickel superalloy at moderate strain rates [J]. Journal of Alloys and Compounds, 2017, 709: 394~409.

[2] Ma X, Huang C, Moering J, et al. Mechanical properties of copper/bronze laminates: Role of interfaces [J]. Acta Materialia, 2016, 116: 43~52.

[3] Zhang H, Zhang K, Jiang S, et al. Dynamic recrystallization behavior of a γ′-hardened nickel-based superalloy during hot deformation [J]. Journal of Alloys and Compounds, 2015, 623: 374~385.

[4] Wang Y, Shao W Z, Zhen L, et al. Microstructure evolution during dynamic recrystallization of hot deformed superalloy 718 [J]. Materials Science and Engineering: A, 2008, 486 (1~2): 321~332.

[5] Li D, Guo Q, Guo S, et al. The microstructure evolution and nucleation mechanisms of dynamic recrystallization in hot-deformed Inconel 625 superalloy [J]. Materials & Design, 2011, 32 (2): 696~705.

[6] Souaï N, Bozzolo N, Nazé L, et al. About the possibility of grain boundary engineering via hot-working in a nickel-base superalloy [J]. Scripta Materialia, 2010, 62 (11): 851~854.

高钛低铝高温合金 R26 热轧棒材热处理工艺研究

闫森*，张欢欢，田水仙

（中航上大高温合金材料有限公司技术中心，河北 邢台，054800）

摘　要：通过对 R-26 合金热轧棒材的热处理工艺试验，总结此钢在热处理过程中晶粒变化规律，针对混晶现象提出相应解决措施。

关键词：R-26 合金；热处理工艺；混晶

Study on Heat Treatment Process of Hot Rolled Bar of High Titanium and Low Aluminum Superalloy R26

Yan Sen, Zhang Huanhuan, Tian Shuixian

（AVIC Shangda Superalloys Co., Ltd., Technique Center, Xingtai Hebei, 054800）

Abstract：Through the heat treatment process test on the hot-rolled bar of R-26 alloy, summarized the change rule of grain in the process of heat treatment of this steel, and the corresponding measures were put forward to solve the mixed crystal phenomenon.

Keywords：R-26 alloy; heat treatment process; mixed crystal

R-26 合金是美国 Refractaloy-26 牌号，合金是以 Ni-Co-Cr-Fe 为基的沉淀强化型高温合金，长期使用温度范围 540~570℃，最高使用温度可达 675℃[1]，主要用于汽轮机紧固件、叶片。它具有优良的综合性能，尤以抗应力松弛性能和抗蠕变性能最好，且在使用温度下有良好的塑性，是用作紧固件的理想材料。实验用材料化学成分如表 1 所示[2]。

表 1　化学成分
Tab. 1　Chemical composition

（质量分数，%）

元素	C	Mn	Si	S	P	Ni	Cr	Co	Mo	Al	Ti	B	Fe
标准	≤0.08	≤1.0	≤1.5	≤0.03	≤0.03	35.0~39.0	16.0~20.0	18.0~22.0	2.5~3.5	≤0.25	2.5~3.0	0.001~0.01	余
含量	0.035	0.22	0.33	0.001	0.016	35.89	17.17	18.37	2.88	0.11	2.7	0.005	余

R-26 合金热轧棒材制造工艺为真空感应炉+电渣重熔+锻造开坯+轧制成材+棒材固溶（+时效）处理。在标准固溶热处理（（1025±10）℃×1h）过程中存在混晶的问题，故需要摸索热处理工艺，制定合理热处理制度，以达到棒材组织均匀的目的。

1　试验材料及方法

试验材料为中航上大 6t ALD 真空感应炉冶炼

---

* 作者：闫森，工程师，联系电话：15042392492，E-mail：yan_sen15042392492@126.com

规格为 φ250mm 的电极棒。经电渣重熔结晶器平均直径为 φ360mm,采用 25MN 快锻机锻造棒坯 φ130～180mm,再经过 450 轧机轧制 φ40～80mm 成品,发现混晶现象。为此进行热处理工艺试验如下:

(1) 进行标准要求热处理 1025℃×1h,检测晶粒度; (2) 进行轧态预处理 800℃、850℃、900℃、950℃、1000℃、1050℃、1060℃、1070℃、1075℃、1080℃、1090℃×1h+标准要求热处理 1025℃×1h,水冷。

于轧材横截面 1/2 半径处取样,经 1.5g CuSO$_4$+20mL HCl+20mL 酒精配酸进行腐蚀后检测,按照 GB/T 6394 标准检测晶粒度。

2　试验结果

试验结果如表 2 所示,金相组织如图 1 所示,从表 2 及图 1 可以看出:

(1) 热轧棒材经标准热处理 1025℃×1h 后,晶粒组织混晶严重,达到 4 级以上极差,组织均匀性非常不好。

(2) 轧态试样经过预处理后晶粒组织有所改善,但晶粒长大基本压线(标准要求细于 4 级)。

(3) 在时间相同,温度在 1070～1080℃ 晶粒组织变化不明显且较均匀。

表 2　不同热处理制度金相组织
Tab. 2　Metallographic organization in different heat treatment systems

热处理制度	代号	晶粒度/级
轧态	1	7.5
	2	8.0
1025℃×1h	3	3.0～8.0 (2.0)
	4	3.5～8.0
800℃×1h+1025℃×1h	5	3.0～7.0
	6	3.0～7.0
850℃×1h+1025℃×1h	7	3.0～6.0 (7.0)
	8	3.0～6.0 (7.0)
900℃×1h+1025℃×1h	9	3.0～6.5
	10	3.5～6.0
950℃×1h+1025℃×1h	11	3.0～6.0
	12	2.5～5.5
1000℃×1h+1025℃×1h	13	3.0～6.0
	14	3.0～6.5
1050℃×1h+1025℃×1h	15	2.5～7.0
	16	2.0～6.0
1060℃×1h+1025℃×1h	17	2.5～6.0
	18	2.5～6.0
1070℃×1h+1025℃×1h	19	3.0～4.5
	20	3.5～4.5
1075℃×1h+1025℃×1h	21	3.0～4.5
	22	3.5～4.5
1080℃×1h+1025℃×1h	23	3.0～4.0
	24	3.0～4.0

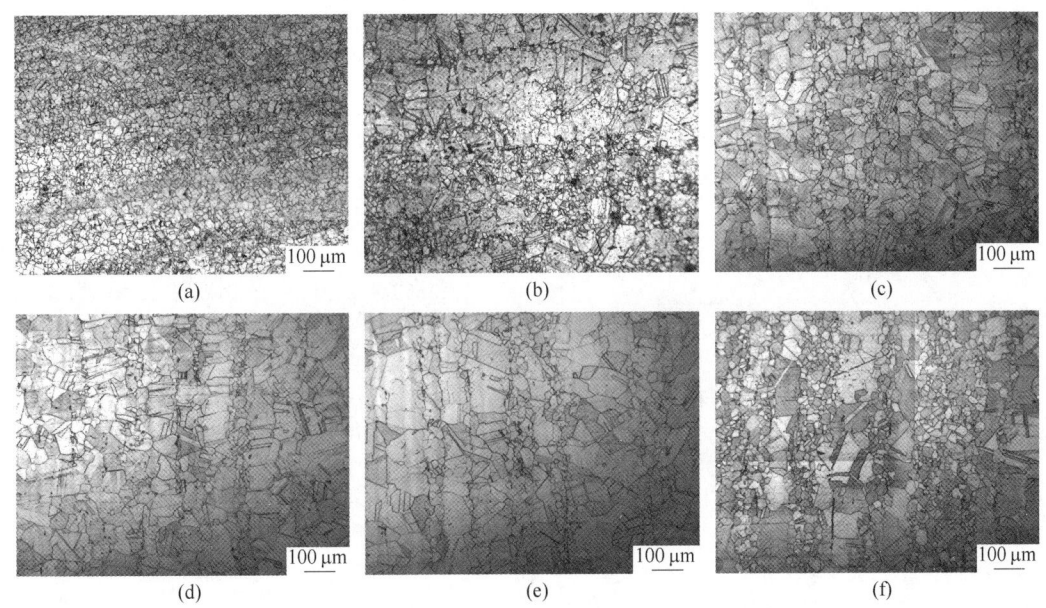

(a)　　　　　　(b)　　　　　　(c)

(d)　　　　　　(e)　　　　　　(f)

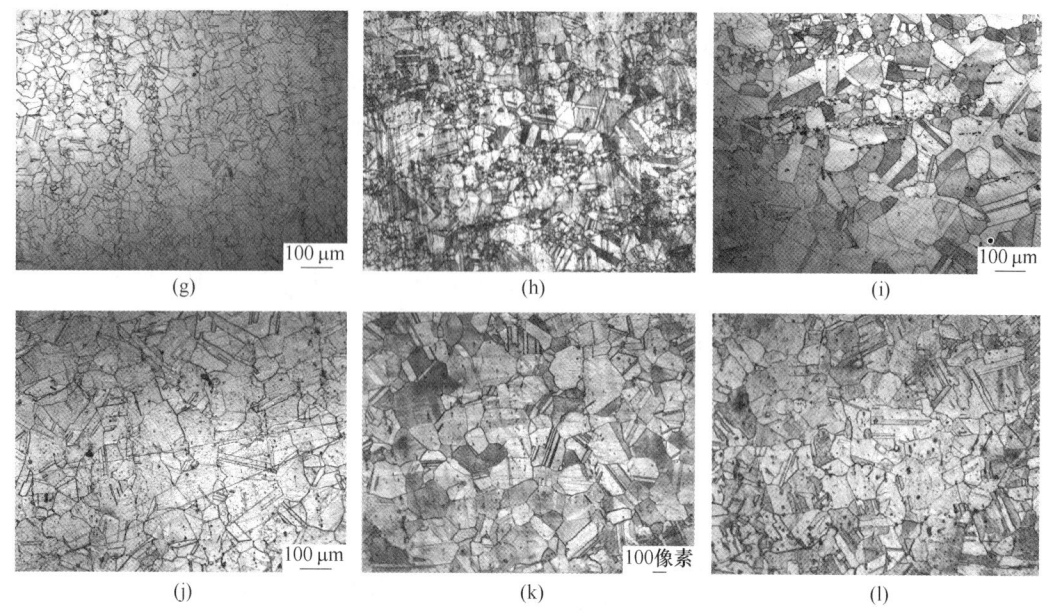

图 1　不同热处理制度晶粒度图片（100×）

Fig. 1　Grain size picture of different heat treatment systems（100×）

（a）轧态（代号 1）；（b）1025℃×1h（代号 3）；（c）800℃×1h+1025℃×1h（代号 5）；

（d）850℃×1h+1025℃×1h（代号 7）；（e）900℃×1h+1025℃×1h（代号 9）；（f）950℃×1h+1025℃×1h（代号 11）；

（g）1000℃×1h+1025℃×1h（代号 13）；（h）1050℃×1h+1025℃×1h（代号 15）；（i）1060℃×1h+1025℃×1h（代号 17）；

（j）1070℃×1h+1025℃×1h（代号 19）；（k）1075℃×1h+1025℃×1h（代号 21）；（l）1080℃×1h+1025℃×1h（代号 23）

3　分析与讨论

R26 合金热处理过程中主要析出相为 M（C，N）及 M_6（C，N）及 M_3B_2[3]。图 1 中代号 1 晶粒细小均匀，但代号 3 中经过标准要求热处理后混晶严重，细晶条带急剧增加。其主要原因为合金经过轧制变形后，碳化物分布不均，呈条带状分布，阻碍了热处理过程中晶粒长大，导致严重混晶。因此结合碳化物析出规律，制定高温固溶预处理后进行标准热处理，能够进一步均匀化组织，得到良好的内部组织。

4　结论

（1）合金一次碳化物经轧制后分布不均匀，沿轧制方向呈条带状分布，热处理过程中阻碍了晶粒均匀长大。

（2）通过上述结论分析，建议采取轧制前均匀化热处理能够有效均匀晶粒组织。

（3）试验得出：轧制后进行低温预处理不能有效改善混晶现象，但可通过高温预处理+标准要求热处理制度均匀化晶粒，但合金组织晶粒度在 3.0~4.5 级之间，易产生不合标准现象。

参考文献

［1］彭建强. 高温合金材料在汽轮机高温部件上的应用［J］. 东方汽轮机，2017：58~62.

［2］邓群，潘一薇，赵长虹. GH2026［M］//中国金属学会高温材料分会. 中国高温合金手册. 北京：中国质检出版社，中国标准出版社，2012：259~264.

［3］胡平，李玉东. 300MW/600MW 汽轮机紧固件用 GH26 合金的性能［J］. 汽轮机技术，1993：56~60.

热处理对 MP159 合金冷拔材组织与性能的影响

王艾竹[*]，张鹏，李宁，王树财，于杰，李成龙，刘猛

（东北特钢集团抚顺特殊钢股份有限公司，辽宁 抚顺，113001）

摘　要：本文通过对 MP159 合金冷拔材进行不同热处理试验，摸索不同温度、不同时间的热处理制度，对其组织及性能的影响，试验结果显示，冷拔后的 MP159 棒材随着时效热处理时间延长会使合金的强度升高、塑性降低，冷拔加工过程中形成的 ε 相经 950℃ 及以上热处理后完全消失。

关键词：冷拔；变形量；组织；ε 相

Effect of Heat Treatment on Microstructure and Properties of Cold Drawn MP159 Alloy

Wang Aizhu, Zhang Peng, Li Ning, Wang Shucai, Yu Jie, Li Chenglong, Liu Meng

（Northeast Special Steel Group Co., Ltd., Fushun Liaoning, 113001）

Abstract：This article through to different heat treatment test of MP159 alloy hot rolled bars, grope for different temperature and time of heat treatment system, the influence on the organization and performance, the test results show that after cold drawing of MP159 bars as prolonged aging heat treatment can reduce the strength of the alloy increases, plasticity, cold drawn ε phase formed in the process of the 950℃ and above completely disappear after heat treatment.

Keywords：cold drawing; reduction ratio; structure; ε phase

MP159 合金是 20 世纪 70 年代后期，在 MP35N 合金的基础上研制出来的一种在高温下具有高强度、耐腐蚀性能优异的新型紧固件用多相钴基高温合金[1]。MP159 合金是 Co-Ni-Cr 基沉淀强化型变形高温合金，使用温度在 600℃ 以下，合金的形变硬化率高，在室温和高温下具有超高强度、良好的塑韧性以及高的抗应力腐蚀能力[2]，MP159 合金强化主要通过两个途径来实现：一是通过冷变形实现材料强化，该合金强化机理复杂，其强度主要来源于冷变形时产生的密排六方 ε 马氏体和形变孪晶[3]；二是时效热处理强化，在冷变形强化的基础上通过时效强化进一步提高合金强度[4]。该合金是目前 600℃ 以下长期使用的强度、抗剪切能力最高[2]，综合性能最好的高温合金之一，以其优异的性能和特殊的强化机理，广泛应用与制造高性能先进航空燃气涡轮发动机承力螺栓等关键性高承力紧固件[5,6]，供应的主要品种为深冷拔棒材[7]。MP159 合金冷拔材市场需求很大，但由于该合金属于多相高温合金，生产难度较高，MP159 合金冷拔材国产化困难，本文就 MP159 合金的显微组织特点及变化规律予以分析讨论，为 MP159 合金冷拔材的生产提供重要试验数据。

1　试验材料及方法

1.1　试验材料

试验所用 MP159 合金棒材坯料是采用双真空

＊作者：王艾竹，高级工程师，联系电话：024-56689161-2378，E-mail：wangaizhu0922@163.com

冶炼钢锭，再经高温炉长时间扩散后经热加工生产出棒坯。化学成分见表1。

表1　MP159合金化学成分

Tab. 1　Chemical compositions of MP159 alloy

（质量分数，%）

元素	C	Cr	Co	Mo	Al	Ti	Fe	Nb	Ni
成分	0.021	18.98	35.52	6.80	0.20	3.03	9.12	0.51	余

1.2　试验方法

1.2.1　试验1

选取一支冷拔材，分别进行600℃、650℃、700℃、750℃、800℃、850℃、900℃、950℃、1000℃，共9个热处理温度，保温时间均为30min，空冷的热处理试验，后经OLYMPUS GX51光学显微镜观察其显微组织。

1.2.2　试验2

选取一支冷拔材，进行660℃保温时间分别为4h、6h、12h，空冷的制度进行时效处理，热处理后通过GWS-100试验机检验其室温拉伸性能和595℃高温拉伸性能。

2　试验结果与分析

2.1　不同热处理温度试验结果与分析

MP159合金室温冷变形可在奥氏体基体中诱发马氏体型转变，产生大量稳定的薄片状 ε 相，网状 ε 相可阻止位错的长程运动，起到强化作用[2]。MP159合金冷拔材经600~1000℃，保温30min、空冷的热处理试验，通过光学显微镜观察，MP159合金冷拔材经950℃热处理后 ε 相完全消失，晶粒已经恢复再结晶，与资料介绍的MP159合金加热温度达到温度920℃，冷变形组织全部发生静态再结晶[8] 相符，具体见图1、表2。MP159合金冷拔状态晶粒度为5.0级，在600~900℃之间，随着热处理温度的升高，合金显微镜观察的高倍组织变化不大，当冷拔棒材经950℃、30min热处理后，晶粒由冷拔态转变为完全恢复再结晶组织，晶粒度大小均匀，晶界圆滑，平均晶粒度达到8.0级，冷拔变形后形成的 ε 相全部回溶，继续升高热处理温度至1000℃，晶粒开始长大，晶粒度由8.0级长大到7.0级。

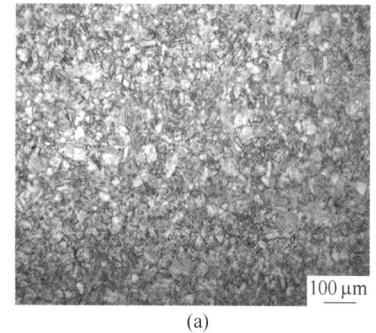 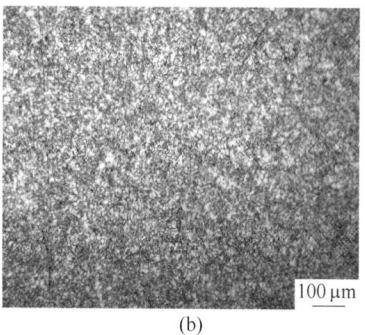 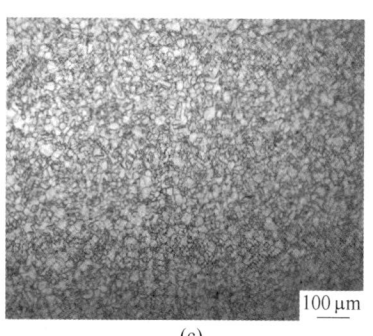

(a)　　　　　　　　　　(b)　　　　　　　　　　(c)

图1　MP159合金经不同热处理制度后的高倍组织情况

Fig. 1　The microstructure of MP159 alloy by different heat treatment

（a）原始态；（b）950℃热处理；（c）1000℃热处理

表2　MP159合金不同温热处理后的高倍组织情况

Tab. 2　The grain size number of MP159 alloy after different heat treatment

热处理温度/℃	600	650	700	750	800	850	900	950	1000γ
晶粒度/级	5.0	5.0	5.0	5.0	5.0	5.0	5.0	8.0	7.0

2.2　不同热处理时间试验结果与分析

MP159合金加入Al、Ti元素形成 γ′（Ni₃X）沉淀强化相[2]，时效过程中析出 γ′ 强化相，可以使冷拔后的MP159合金棒材强度从1582MPa升高至1895MPa[5]，强度提高313MPa，是MP159合金的二次强化手段，γ'相数量形态大小和分布是影响合金强化的重要因素[9]，对合金强度及塑性影响较大，随着时效时间的延长，析出的γ'强化相增多，合金的室温拉伸强度和高温拉伸强度对应热处理时间4h、6h、12h呈阶梯式上升，塑性有

所下降，其中室温拉伸塑性下降比例较小，高温拉伸塑性在热处理时间达到12h时下降比例较大。具体见图2、图3（本次试验每个时效时间分别检验三支试样，即每个热处理试验时间对应三组试验结果）。

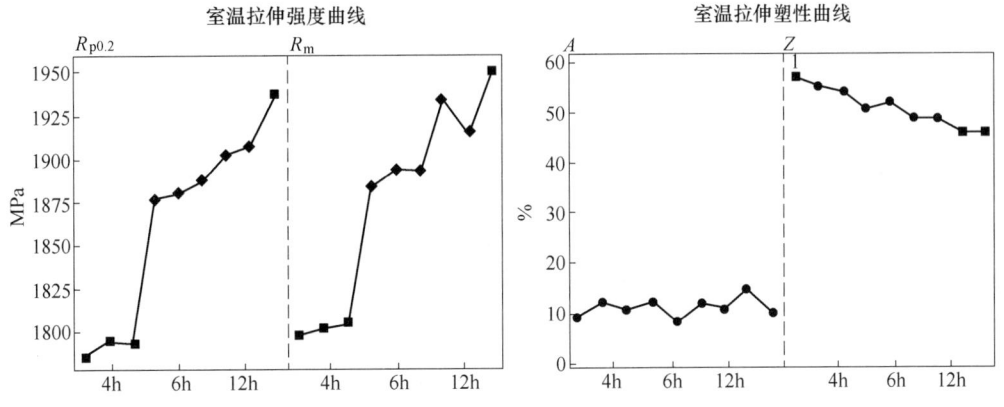

图2　MP159合金室温拉伸性能随时效时间变化曲线

Fig. 2　The curve showing the influence of aging time on room temperature tensile test properties of MP159 alloy

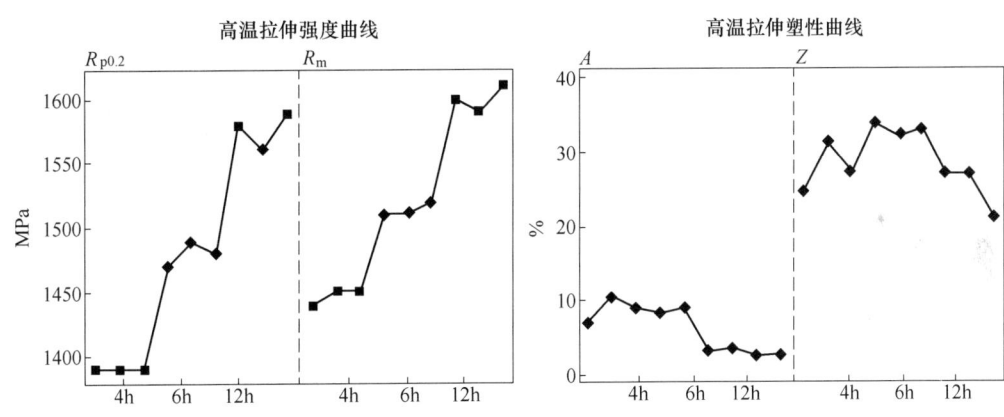

图3　MP159合金高温拉伸性能随时效时间变化曲线

Fig. 3　The curve showing the influence of aging time on elevated temperature tensile test properties of MP159 alloy

3　结论

（1）当热处理温度达到950℃及以上，合金的冷拔态组织中的ε相完全消失，晶粒为完全恢复再结晶状态，合金强度快速降低，塑性提高，继续升高热处理温度至1000℃，晶粒开始长大。

（2）延长时效热处理时间，会使MP159合金的室温拉伸和高温拉伸强度明显升高，塑性快速降低。

参考文献

[1]　John S, Slaney, Richard A. Nebiolo. Development of Multiphase Alloy MP159 Using Experimental Statistics [J]. Metallography, 1983, 16 (2)：137~160.

[2]　中国金属学会高温材料分会. 中国高温合金手册 [M]. 北京：中国质检出版社，中国标准出版社，2012.

[3]　鲁世强，等. MP159合金热加工工艺参数研究 [J]. 塑性工程学报，1998，5 (1).

[4]　黄建凤，等. GH159（MP159）高温合金螺栓研制 [C] //2015年第二届中国航空科学技术大会论文

集, 2015.

[5] 鲁世强, 等. 钴基高温合金 MP159 的性能、组织及应用 [J]. 材料科学与工程, 1998, 16 (3).

[6] 鲁世强, 等. 应变速率对 MP159 合金组织性能的影响 [J]. 航空工艺技术, 1998 (4).

[7] 马淑波, 等. MP159 合金强化机制的透射电子显微镜研究 [J]. 材料工程, 1990 (4).

[8] 鲁世强, 等. MP159 合金热变形加热规范研究 [J]. 热加工工艺, 1998 (2).

[9] 周建波, 等. 长期时效处理对镍基高温合金中期时相形态的影响 [J]. 材料工程, 2006 (增刊 1): 196~198.

稀土元素 La 和 Ce 改善合金 C-276 锻造塑性的机理研究

张欢欢*，贾景岩，王秀芬，郑险峰

（中航上大高温合金材料有限公司技术中心，河北 邢台，054800）

摘 要：针对耐蚀合金 C-276 锻造塑性差，锻造过程开裂导致产品报废情况，利用光镜、能谱仪（EDS）对试样进行了分析。结果表明，氧化物、S 的低熔点化合物在晶界聚集，导致锻造开裂。冶炼过程添加不同含量的稀土元素 La 和 Ce，锻造后对产品取样，分析表明 La、Ce 的加入，与 O 和 S 结合，对低熔点物质起到变质作用，而且还改变了碳化物分布，从而强化了热成型过程中的结合力较差的晶界，提高了合金热成型过程中的强度，合金锻造开裂问题得到有效解决。

关键词：裂纹；锻造塑性；变质；稀土元素 La 和 Ce

Study on the Plasticity Mechanism of the Alloy C-276 Forging by the Rare Earth Elements La and Ce

Zhang huanhuan, Jia Jingyan, Wang Xiufen, Zheng Xianfeng

（Aviation Industry Corporation of China-Shangda High Temperature Alloy Material Co., Ltd., Xingtai Hebei, 054800）

Abstract：Resistance to corrosion resistant alloy C-276 forging ductility and product scrapping of forging process, in smelting process we adds different levels of rare earth elements La and Ce, then analysis the sample of forging products using a light mirror and a spectrometer（EDS）. The results show that the cause of forging cracking is oxide and low melting point sulfide gathered in grain boundary. La and Ce combine with oxygen and sulfur.

Keywords：cracking; forging plasticity; metamorphism; rare earth elements La and Ce

哈氏合金 C-276 原为美国开发的一种镍基 Ni-Cr-Mo 钢，具有优异抗腐蚀性能，它是哈氏合金中一个改进型的合金，在哈氏合金 C 合金基础上降低碳和硅的含量（$w(C) \leqslant 0.12\% \rightarrow w(C) \leqslant 0.02\%$；$w(Si) \leqslant 0.12\% \rightarrow w(Si) \leqslant 0.08\%$），改进后具有更好的抗晶间腐蚀能力，对盐酸、硫酸、氢氟酸、混合酸等都具有较强的抵抗腐蚀能力[1]。我国改进和生产了 C-276 合金，但是，生产过程中锻造塑性差、表面裂纹严重是较难解决的问题，使成材率低，生产成本大大增加。为了解决这个问题，查阅相关资料，得知稀土元素具有"材料味精"之称，为此制定了本试验方案，意欲研究和分析 La 和 Ce 的加入量对 C-276 合金的锻造塑性影响及作用机理[2]。

1 试验

1.1 原料

合金 C-276 合金生产工艺为真空感应炉+电渣重熔+锻造，锻造出现裂纹的 φ150mm 棒材，合金成分见表1。

* 作者：张欢欢，工程师，联系电话：18831935851，E-mail：zhh18831935851@163.com

表1　C-276合金标准化学成分要求

Tab. 1　Chemical composition of alloy C-276　　　　　　　　　　（质量分数,%）

元素	C	Cr	W	Mo	Fe	Si	Mn	P	S	Co	V	Ni
标准要求	≤0.01	14.5~16.5	3.0~4.5	15.0~17.0	4.0~7.0	≤0.08	≤1.0	≤0.04	≤0.03	≤2.5	≤0.35	余

1.2　方法

由于C-276合金锻裂情况严重,真空冶炼过程,加入稀土元素La和Ce[3]。为加强稀土作用,实验炉次都加入相同量的Mg,对锻造后产品进行取样分析。实验稀土元素加入情况见表2。

表2　合金C-276使用稀土实验加入情况

Tab. 2　The experiment of rare earth elements in alloy C-276

真空冶炼炉号	代号	La加入量/%	Ce加入量/%	Mg加入量/%
6K10097	①		0.05	0.05
6K10096	②	0.05		0.05
6K10098	③	0.05	0.05	0.05
6K10099	④	0.2	0.05	0.05

2　试验结果与分析

2.1　实验结果

C-276合金真空冶炼加入稀土元素La和Ce[4]后,根据加入种类和量的不同,锻造后断面裂纹情况为:样品①裂纹严重;样品②裂纹严重;样品③无裂纹;样品④无裂纹。

2.2　稀土元素对C-276合金组织影响的实验分析

2.2.1　样品的显微组织分析

使用光学显微镜对样品①、②、③、④分别放大100、500倍观察其显微组织,样品③和④为锻造效果较好的代号,纤维组织区别不明显,故放在一起讨论,如图1所示。

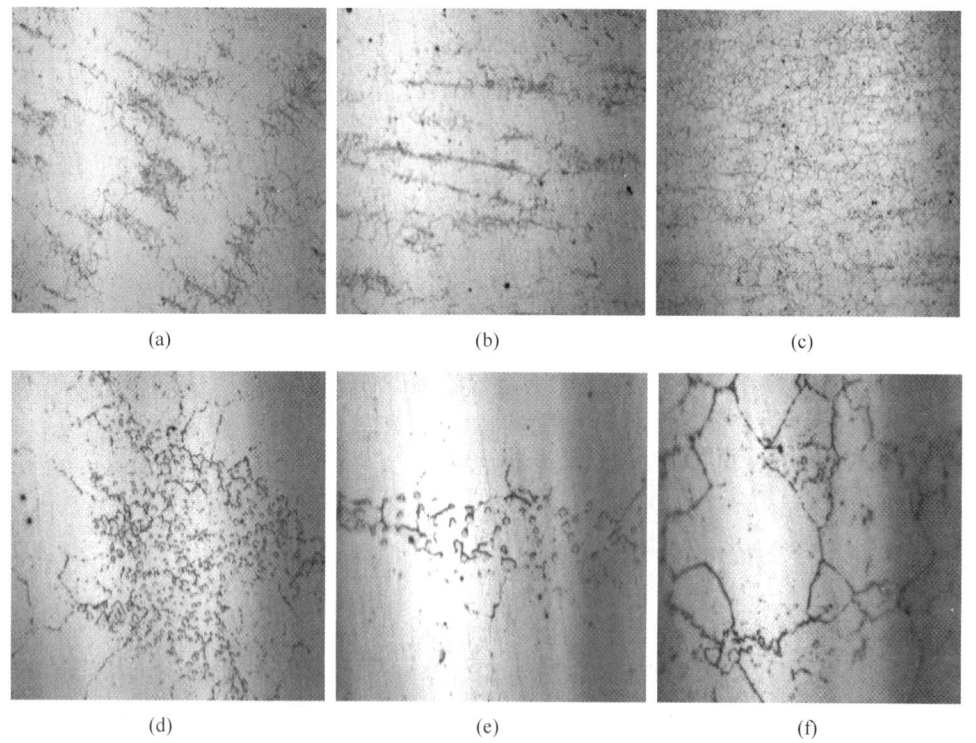

(a)　　　　　　　　(b)　　　　　　　　(c)

(d)　　　　　　　　(e)　　　　　　　　(f)

图1　C-276样品①、②、③、④分别放大100、500倍显微组织

Fig. 1　Magnifing the sample ①、②、③、④ 100、500 times microstructure

（a）样品①,100×;（b）样品②,100×;（c）样品③、④,100×;（d）样品①,500×;（e）样品②,500×;（f）样品③、④,500×

由图1可见,样品①、②有明显的组织偏析现象,样品②偏析方向性更明显;样品③、④,组织

均匀，无明显偏析。这说明，稀土元素含量合适，可减轻合金元素在枝晶间的偏析，改变析出相的分布与形态，从而有利于改善合金的塑性[5]。

2.2.2　样品①典型点能谱分析

对样品①晶界放大典型点（析出物）进行能谱分析，如图2、图3所示。

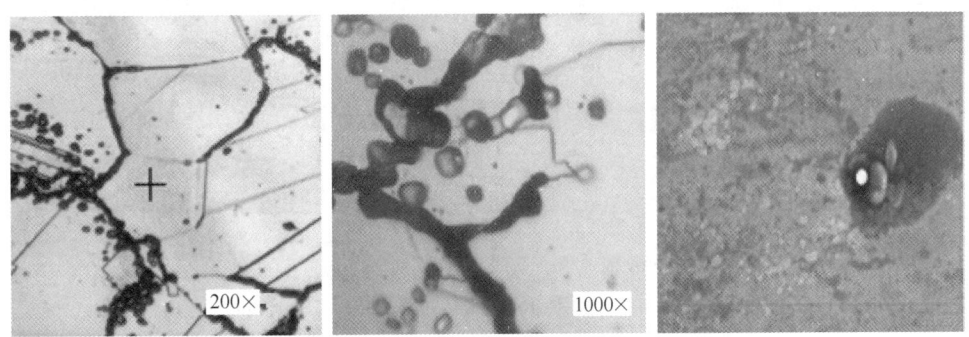

图2　C-276样品①晶界分别放大200、1000倍

Fig. 2　Magnifing the sample ① grain boundaries 200、1000 times microstructure

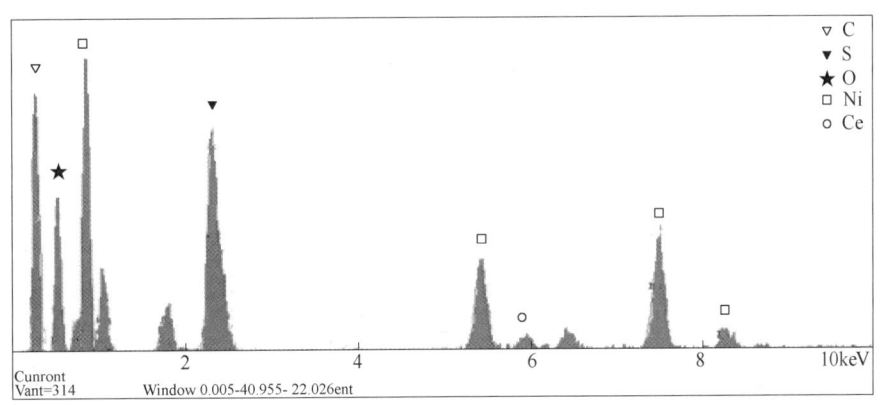

图3　C-276样品①晶界析出物 EDS

Fig. 3　The sample ① grain boundary precipitates EDS

图2是样品①裂纹处的晶界被放大200倍和放大1000倍形貌和晶界上的析出物能谱测试点，图3为测试点EDS。能谱分析结果表明，晶界处析出物元素原子C、O、S含量较高，Ni为基体元素，存在微量Ce元素。

2.2.3　样品②分析

对样品②晶界放大典型点（析出物）进行能谱分析，如图4所示。

2.2.4　样品③、④分析

对样品③、④样品晶界放大，典型点（析出物）进行能谱分析，如图5所示。

3　结论

（1）C-276合金添加适量的La、Ce稀土元素，对锻造塑性有一定的影响，可改善锻造塑性。

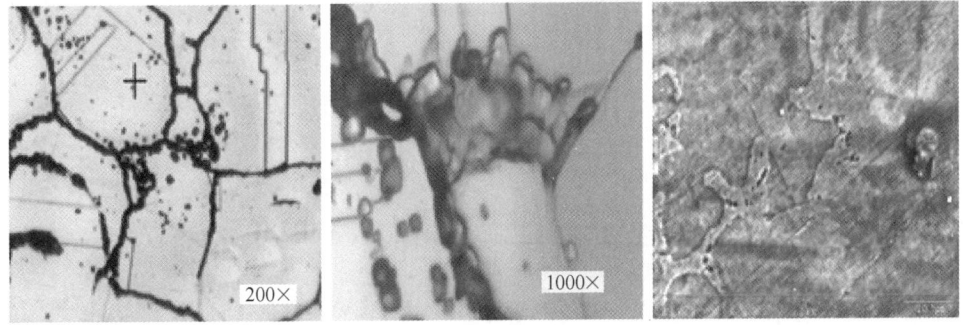

图4　C-276样品②晶界分别放大200、1000倍

Fig. 4　Magnifing the sample ② grain boundaries 200、1000 times microstructure

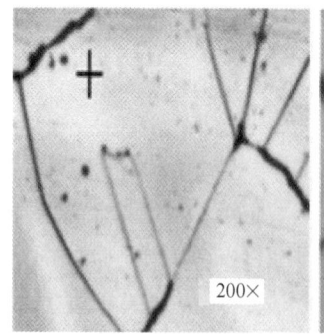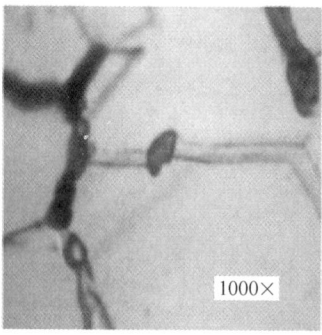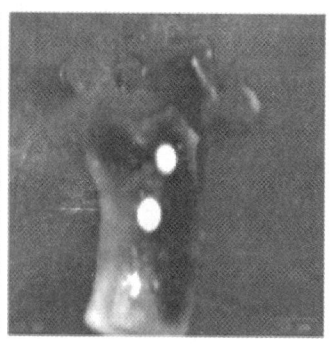

图 5 C-276 样品③、④晶界分别放大 200、1000 倍

Fig. 5 Magnifing the sample ③、④ grain boundaries 200、1000 times microstructure

（2）单独加入 La 和 Ce(0.05%) 都不能改善塑性，两种元素配合使用（各加入 0.05%）、增加使用量（La 0.2%），均明显提高了合金的锻造塑性。

（3）分析表明，足够量的 La、Ce 配合加入，与氧和硫结合，对低熔点物质起到变质作用，而且还改变了碳化物分布，从而强化了热成型过程中的结合力较差的晶界，提高了合金热成型过程中的强度，合金锻造开裂问题得到有效解决。

参考文献

[1] 王平，裴峰，董力莎. 哈氏 C-276 合金大型薄壁耐蚀构件的制造 [J]. 化工设备与防腐蚀，2002（2）：103~106.

[2] 王龙妹，杜挺，卢先利，等. 微量稀土元素在钢中作用机理及应用研究 [J]. 稀土，2001，22（4）：38~40.

[3] 林勤，刘爱生，卢先利. 稀土元素在钢中作用，加入方法和应用实例 [C] //冶金部稀土处理钢资料汇编，1994.

[4] 周宏，崔崑，孙培祯，等. 稀土在钢中的作用及加入方法 [J]. 钢铁研究，2001，78（4）：47~50.

[5] 杜挺，王跃奎. 稀土在 09CuPTi(RE) 钢中的作用机理 [J]. 炼钢，1992，（2）：25~29.

Haynes282 合金热处理工艺优化研究

王静霖[1]，姚志浩[1*]，安春香[2]，沈红卫[2]，董建新[1]，曹允飞[1]

（1. 北京科技大学材料科学与工程学院材料学系，北京，100083；
2. 上海汽轮机厂，上海，200240）

摘　要：改变稳定化温度对 Haynes282 合金进行热处理，采用光学显微镜和扫描电子显微镜观察和分析合金的显微组织，研究了稳定化温度对合金显微组织的影响。结果表明：970℃和990℃稳定化处理后析出尺寸较大的一次 γ' 相，经过时效后出现两种形态的 γ' 相；随着稳定化温度升高，当温度为1030℃、1050℃、1070℃时，γ' 相基本全部回溶，经时效后重新析出呈球形均匀分布的 γ' 相。$M_{23}C_6$ 和 MC 碳化物随稳定化温度变化不大。

关键词：Haynes282 合金；稳定化温度；显微组织；工艺优化

Optimization of Heat Treatment Process of Haynes282 Alloy

Wang Jinglin[1]，Yao Zhihao[1]，An Chunxiang[2]，Shen Hongwei[2]，Dong Jianxin[1]，Cao Yunfei[1]

（1. School of Materials Science and Engineering，University of Science and
Technology Beijing，Beijing，100083；
2. Shanghai Turbine Company，Shanghai，200240）

Abstract：The heat treatment of Haynes282 alloy was carried out by changing the stabilization temperature. The microstructure of the alloy was observed and analyzed by optical microscope and scanning electron microscope. The effect of stabilization temperature on the microstructure of the alloy was studied. The results show that the γ' phase with larger size precipitates after stabilization at 970℃ and 990℃. After aging，two forms of γ' phase appear；as the stabilization temperature increases，the temperature is 1030℃ and 1050℃. At 1070℃，the γ' phase is substantially completely dissolved，and after aging，the γ' phase which is uniformly distributed in a spherical shape is re-precipitated. The $M_{23}C_6$ and MC carbides did not change much with the stabilization temperature.

Keywords：Haynes282 alloy；stabilization temperature；microstructure；process optimization

镍基高温合金由于其高温强度，抗蠕变性和疲劳寿命以及耐腐蚀性等良好的力学性能而被广泛应用于航天和发电行业的燃气轮机等高温领域[1]。Haynes 公司于2005年开发了 Haynes282 高温镍基合金，Haynes282 合金的使用温度在 649~927℃之间，并且通过优化成分及控制合金中 γ' 的含量，该合金兼具了良好的蠕变强度、热稳定性以及优越的可加工性、焊接性能[2~4]，合金的主要析出相为 $M_{23}C_6$、MC 和 γ' 相。锻态 Haynes282 合金的标准热处理包括三步：固溶处理+稳定化+时

效处理。改变稳定化温度，观察和分析显微组织的变化，总结出稳定化温度对合金析出相的影响规律，从而达到优化工艺的目的。

1　试验材料及方法

实验材料为锻态 Haynes282 高温镍基合金，表1为该合金的化学成分[5]。采用的锻态 Haynes282 的标准热处理为（1100~1160）℃/2h/空冷+1010℃/2h/空冷+788℃/8h/空冷。试样在1150℃固溶2h以

*作者：姚志浩，副教授，联系电话：13671347055，E-mail：zhihaoyao@ustb.edu.cn

后，稳定化处理的温度分别为：970℃、990℃、1030℃、1050℃、1070℃，保温 2h 后空冷，进行后续的时效处理。试样经研磨、机械抛光后采用成分为浓硫酸+甲醇的试剂进行电抛，成分为磷酸+浓硫酸+三氧化铬的侵蚀液进行电解。使用 ZEISS SU-PRA55 扫描电子显微镜进行组织观察，采用 ZEISS SUPRA55 扫描电镜分析断口形貌。采用 JMatPro 软件对 Haynes282 合金取合金成分的中值进行热力学模拟计算，得到在 600～1400℃ 内可能存在的平衡相。主要析出相 γ′ 相的析出温度是 1000.02℃，MC 的析出温度是 1269.82℃，$M_{23}C_6$ 的析出温度是 839.44℃，相图中出现的 σ 相及其他有害相很难被观察到，可能是因为相图中计算的是平衡态会出现的析出相，而实际上系统处于非平衡态[6]。

表 1　Haynes282 合金的化学成分

Tab. 1　Chemical composition of Haynes282 alloy

元素	C	Cr	Co	Ti	Al	B	Mo	Mn	Fe	Si	Ni
w /%	0.04~0.08	18.5~20.5	9~11	1.9~2.3	1.38~1.65	0.003~0.01	8.25~9	0.3①	1.5①	0.15①	余

①最大值。

2　试验结果及分析

2.1　原始锻态组织

图 1 显示出初始锻态 Haynes282 合金的显微组织状态。可以看出，γ′相呈细小的颗粒状均匀分布于基体，晶界较细，碳化物有两种形式：尺寸较小的 $M_{23}C_6$ 分布于晶界，大块 MC 碳化物随机分布于晶界晶内。

2.2　不同热处理后的 γ′ 相

图 2 所示为经过不同稳定化处理后的 γ′ 相。

γ′相的析出温度为 1000℃，从 SEM 照片中可以看到，稳定化温度为 970℃ 和 990℃ 时，因为温度低于 γ′ 相的析出温度，稳定化处理后仍存在尺寸比较大、分布稀疏的一次 γ′ 相。随稳定化温度升高，γ′ 相逐渐回溶，在 1030℃、1050℃ 和 1070℃ 进行稳定化处理后，γ′ 相全部回溶。

从图 3 可以观察到，之前在较低温度稳定化处理后的合金，经过时效处理后又析出细小均匀的二次 γ′ 相，因此存在两种形态的析出相。稳定化温度升高，γ′ 相回溶，残余的一次 γ′ 相消失，时效处理后得到完全均匀分布的细小 γ′ 相。

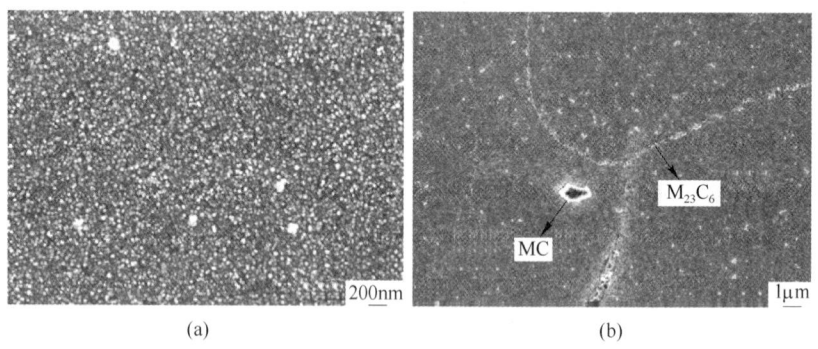

(a)　　　　　　　　(b)

图 1　锻态 Haynes282 合金的显微组织

Fig. 1　Microstructure of the forged Haynes282 alloy

(a) γ′相；(b) 碳化物

2.3　不同热处理后的碳化物

晶界碳化物经过热处理后的变化不大，如图 4、图 5 所示，经过稳定化处理后，晶界碳化物数量少，尺寸也很小，时效后 $M_{23}C_6$ 有所长大，呈短棒状不连续的分布于晶界。大块 MC 碳化物在经过不同热处理后，仍然随机分布于基体上。

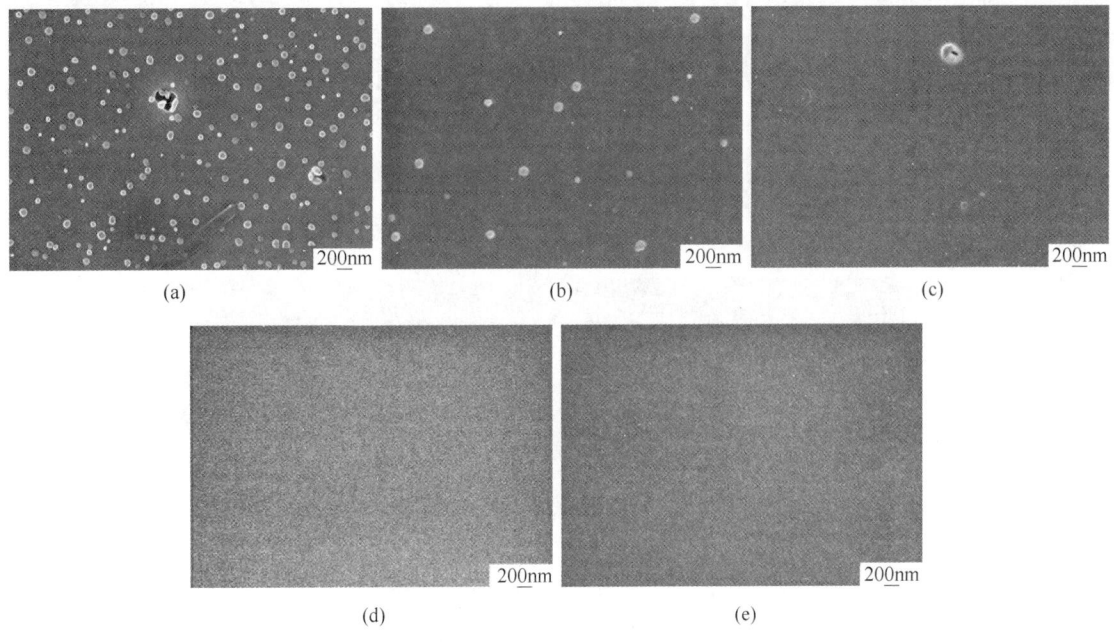

图 2 经过不同稳定化处理的 γ′相

Fig. 2 γ′ phase after different stabilization treatments

(a) 970℃/2h；(b) 990℃/2h；(c) 1030℃/2h；

(d) 1050℃/2h；(e) 1070℃/2h

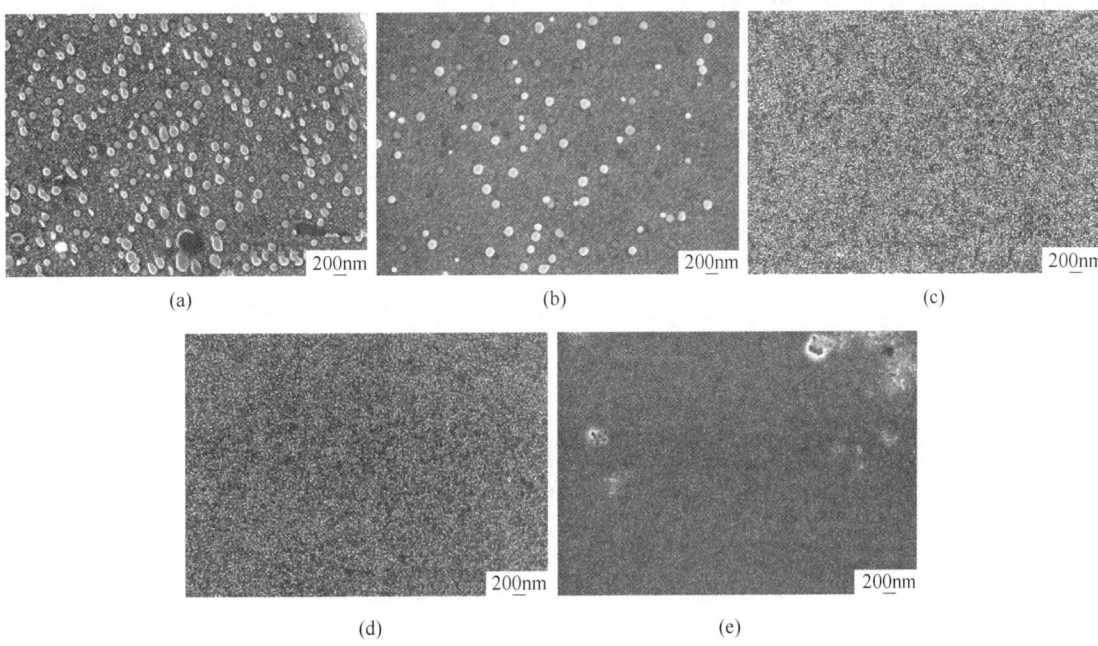

图 3 经过不同热处理的 γ′相

Fig. 3 γ′ phase after different heat treatments

(a) 970℃/2h+788℃/8h/空冷；(b) 990℃/2h +788℃/8h/空冷；(c) 1030℃/2h+788℃/8h/空冷；

(d) 1050℃/2h+788℃/8h/空冷；(e) 1070℃/2h+788℃/8h/空冷

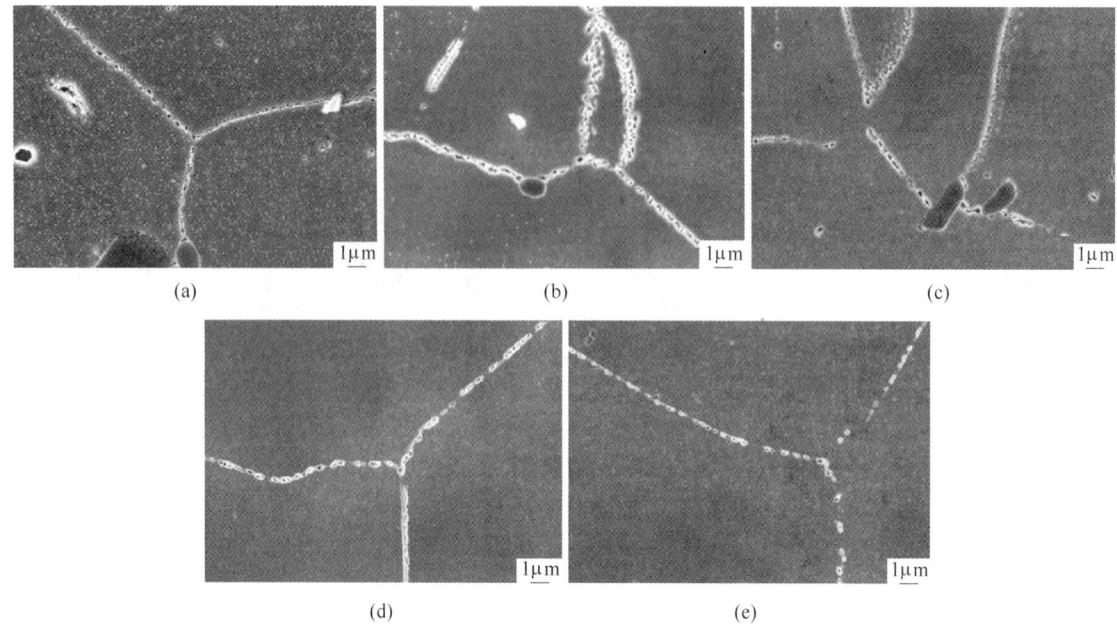

图 4 经过不同的稳定化处理后的晶界

Fig. 4 Grain boundary after different stabilization treatments

(a) 970℃/2h；(b) 990℃/2h；(c) 1030℃/2h；(d) 1050℃/2h；(e) 1070℃/2h

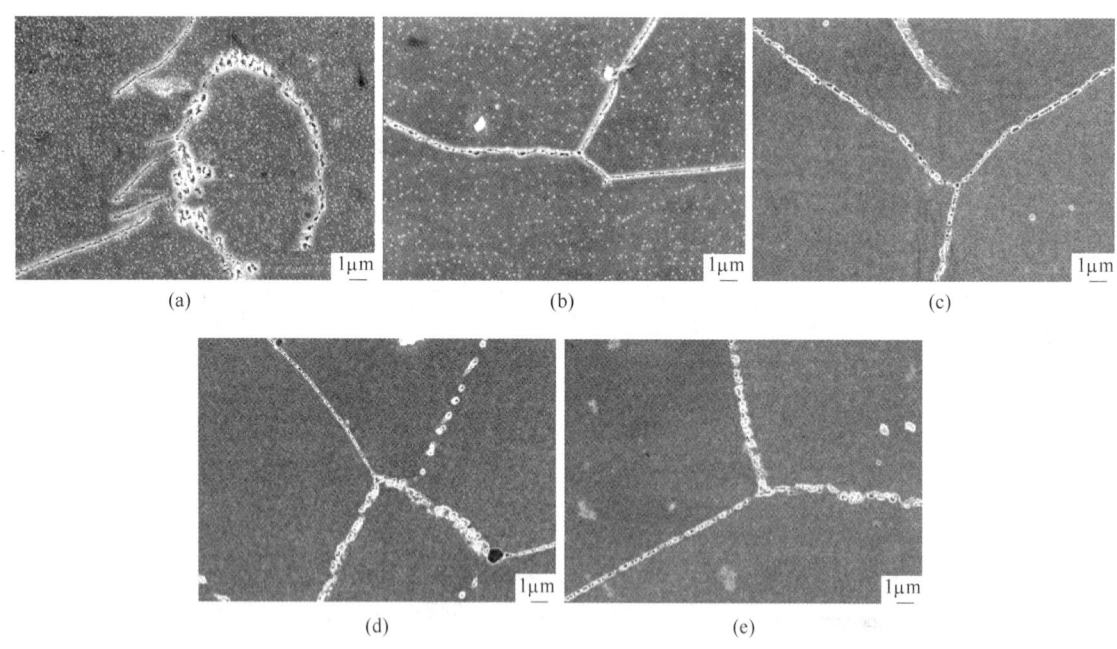

图 5 经过不同的热处理后的晶界

Fig. 5 Grain boundary after different heat treatments

(a) 970℃/2h+ 788℃/8h/空冷；(b) 990℃/2h +788℃/8h/空冷；(c) 1030℃/2h+788℃/8h/空冷；

(d) 1050℃/2h+788℃/8h/空冷；(e) 1070℃/2h+788℃/8h/空冷

3 结论

（1）稳定化温度显著影响 γ′相的形态。在低于 γ′相回溶温度，即 970℃和 990℃进行稳定化处理，经过时效后出现两种形态的 γ′相；稳定化温度高于 γ′相回溶温度时，即在 1030℃、1050℃和 1070℃进行稳定化处理，γ′相基本全部回溶，经时效后重新析出呈球形均匀分布的 γ' 相。

（2）稳定化温度对 $M_{23}C_6$ 和 MC 碳化物基本没有影响。经过稳定化处理后，晶界碳化物数量很少、尺寸较小，经过时效后的 $M_{23}C_6$ 有所长大，不连续地分布于晶界。大块 MC 碳化物始终随机分布于基体上。

参考文献

［1］ Ceena Josepha, Christer Perssona, Magnus Hörnqvist Collianderb. Influence of heat treatment on the microstructure and tensile properties of Ni-base superalloy Haynes 282 ［J］. Materials Science & Engineering A, 2017, 679: 520~530.

［2］ 宋晓庆, 唐丽英, 陈铮. 新型镍基高温合金 Haynes282 的特点及应用 ［J］. 材料导报 A: 综述篇, 2016, 30 (6): 116~120.

［3］ Pike L M. HAYNES® 282™ Alloy: A New Wrought Superalloy Designed for Improved Creep Strength and Fabricability ［C］// Asme Turbo Expo: Power for Land, Sea, & Air. Barcelona, 2006: 1031~1039.

［4］ Hubert Matysiak, Malgorzata Zagorska, Joel Andersson, et al. Microstructure of Haynes® 282® Superalloy after Vacuum Induction Melting and Investment Casting of Thin-Walled Components ［J］. Materials, 2013, 6: 5016~5037.

［5］ Wen Youhai, Cheng Tianle, Paul D Jablonski, et al. Stability of Gamma Prime in H282: Theoretical and Experimental Consideration ［C］// 8th International Symposium on Superalloy 718 and Derivatives, TMS (The Minerals, Metals & Materials Society). Pittsburgh, 2014: 316~378.

［6］ 刘强永, 刘正东, 甘国友, 等. 长期时效对 Haynes 282 耐热合金组织和力学性能的影响 ［J］. 金属热处理, 2016, 41 (2): 49~53.

电渣重熔高温合金 CCA617 凝固过程的数值模拟研究

刘福斌*，王傲，张文超，余嘉，姜周华，李花兵

（东北大学冶金学院，辽宁 沈阳，110819）

摘　要：本文基于 VOF 模型和动网格技术，建立了电渣重熔过程二维轴对称模型。使用有限体积法求解耦合的电磁场、动量和能量守恒方程，铸锭的凝固过程由焓-多孔介质模型处理，研究了电渣重熔高温合金 CCA617 过程中的多场传输现象和凝固参数。系统阐明了电渣重熔高温合金 CCA617 过程体系电磁场、流场和温度场耦合分布特征和规律。计算结果表明：铸锭的两相区宽度、局部凝固时间和二次枝晶间距均随铸锭半径增大而减小，瑞利数随着铸锭半径增大先增大后减小；随着重熔电流的增大，体系电磁力、焦耳热、溶体流速、温度和黑斑形成的可能性相应增大。

关键词：电渣重熔；高温合金；VOF；凝固

Numerical Simulation of Electroslag Remelting Solidification Process for CCA617 Alloy

Liu Fubin，Wang Ao，Zhang Wenchao，Yu Jia，Jiang Zhouhua，Li Huabing

（School of Metallurgy，Northeastern University，Shenyang Liaoning，110819）

Abstract：A mathematical model of axisymmetric model for ESR process is established，based on VOF model and dynamic mesh technology. The coupled equations of electromagnetic field，momentum and energy conservation are solved by finite volume method. The solidification process of ingot is treated by enthalpy-porous medium model. The multi-field transfer phenomena and solidification parameters of electroslag remelting superalloy CCA617 are studied. The coupling distribution characteristics and laws of electromagnetic field，flow field and temperature field in electroslag remelting superalloy CCA617 process system are systematically clarified. The results show that the width of two-phase zone，local solidification time and secondary dendrite spacing decrease with the increase of ingot radius，and the Rayleigh number increases first and then decreases with the increase of ingot radius. With the increase of remelting current，the electromagnetic force，Joule heat，melt velocity，temperature and the possibility of black spot formation increase correspondingly.

Keywords：electroslag remelting；superalloy；VOF；solidification

　　CCA617 合金是固溶强化型 Ni-Cr-Co 基高温合金，由于其良好的抗氧化性能、力学性能和高温稳定性而被广泛用于高温环境，是先进超超临界电站用高性能新型耐热合金备选材料[1]。真空感应熔炼（VIM）加保护气氛电渣重熔（ESR）的双联工艺是冶炼 CCA617 合金的主要工艺路线之一。其中，电渣重熔技术是利用自耗电极进行二次重熔精炼的过程，能有效地去除电极中的非金属夹杂物及有害元素，改善铸锭中的偏析、疏松和缩孔等缺陷。

　　数学模型是研究电渣重熔机理和探究工艺参数与铸锭质量内在联系的有效手段。Dong 等[2] 研

---

　　*作者：刘福斌，副教授，联系电话：13889817627，E-mail：liufb@ smm. neu. edu. cn

　　资助项目：国家重点研发计划（2017YFB0305201）

究了重熔体系多场耦合传输现象，以及局部凝固时间（LST）和枝晶臂间距等对铸锭质量起确定性作用的特征参数。梁强[3] 等借助 Meltflow 模拟软件，分析 GH4169 合金电渣重熔凝固过程参数随电流的变化，发现当外加电流增大到一定程度后，其凝固过程参数与电流变化无关。Wang[4] 等建立瞬态三维有限体积数学模型，分析了不同电流下，多场耦合的分布特征。

本文利用 Fluent 商业模拟软件，研究高温合金 CCA617 电渣重熔过程中，多场传输现象和凝固参数与电流间的关系，预测不同工艺条件下凝固缺陷的产生及程度，为工业制备镍基高温合金提供理论支撑。

1　数学模型

1.1　控制方程和边界条件

本文以国内某企业 10t 保护气氛电渣炉（φ750mm 铸锭）实际工况为基础，建立二维轴对称几何模型。计算区域包括自耗电极、渣池和铸锭区域，忽略电极插入的深度，电极端部和渣/金属熔池界面均假设为平面；不考虑熔滴的影响。同时耦合麦克斯韦方程、N-S 方程、能量守恒方程及凝固模型。有关基本假设、控制方程和边界条件等参考文献 [5，6] 而定。

1.2　瑞利数

对于镍基合金，枝晶间易于富集溶质元素发生偏析形成黑斑。因此，综合考虑合金特性和凝固过程参数，计算瑞利数作为黑斑形成的判据[7]。

$$Ra = \frac{\left(\dfrac{\Delta \rho}{\rho}\right) gKL}{\alpha \nu}$$

式中，ρ 为液相密度，kg/m^3；g 为重力系数；K 为渗透率；L 为熔池深度，m；α 为热扩散系数，m^2/s；ν 为运动黏度，m^2/s。

2　结果和讨论

图 1 为 14kA 电流条件下，重熔体系电磁场分布结果。从图中可以看出，电流从电极流入渣池，从铸锭底部流出。由于集肤效应，电流集中在电极和铸锭表面。交变电流流经渣池，电导率突变，导致电流密度发生变化，电流密度最大值出现在电极角部区域。电流密度分布特征决定了磁感应强度的最大值出现在电极边缘，轴线附近磁感应强度较小；焦耳热主要分布在渣池区域，最大值出现在电极端部两侧处；洛伦兹力在电极和钢锭内部沿径向分布，在渣池向内向下分布，这是由交变电流感应出的交变磁场和轴向电流共同作用的结果。

图 2 为 15kA 电流条件下，重熔体系电磁场分布结果。从图中可以看出，多场耦合的分布规律和趋势是一致的。对比 14kA 电流，15kA 电流条件下，电流密度最大值由 $2.55×10^5 A/m^2$ 增至 $2.73×10^5 A/m^2$；磁场强度最大值由 $1×10^4 A/m$ 增至 $1.11×10^4 A/m$；焦耳热最大值由 $6.62×10^7 W/m^3$ 增至 $7.62×10^7 W/m^3$；洛伦兹力最大值由 $1550N/m^3$ 增至 $1780N/m^3$。

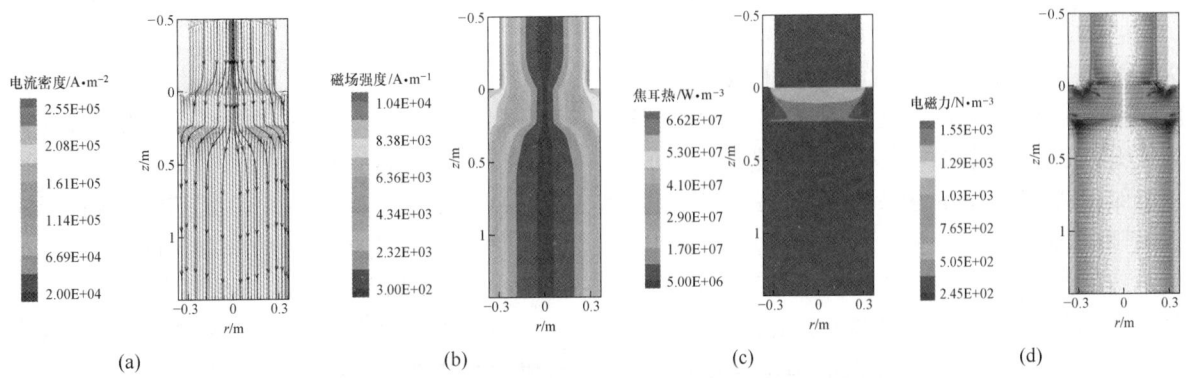

(a)　　　　　　(b)　　　　　　(c)　　　　　　(d)

图 1　14kA 下重熔体系电磁场分布

Fig. 1　Electromagnetic field distribution at 14kA current

（a）电流密度；（b）磁场强度；（c）焦耳热；（d）电磁力

图 3 为重熔体系速度场和温度场分布结果。从图中可以看出，两个漩涡出现在渣池中对称轴的一侧。在结晶器壁和靠近渣/金界面区域，熔渣趋于顺时针方向旋转；在电极下方熔渣趋于逆时针方向。重熔体系高温区存在于渣池内，沿中心轴呈对称分布，温度从熔池到铸锭逐渐减小。重熔电流由 14kA 增至 15kA，体系最大流速由 0.07m/s 增至 0.1m/s；最大温度由 1750K 增至 1780K。

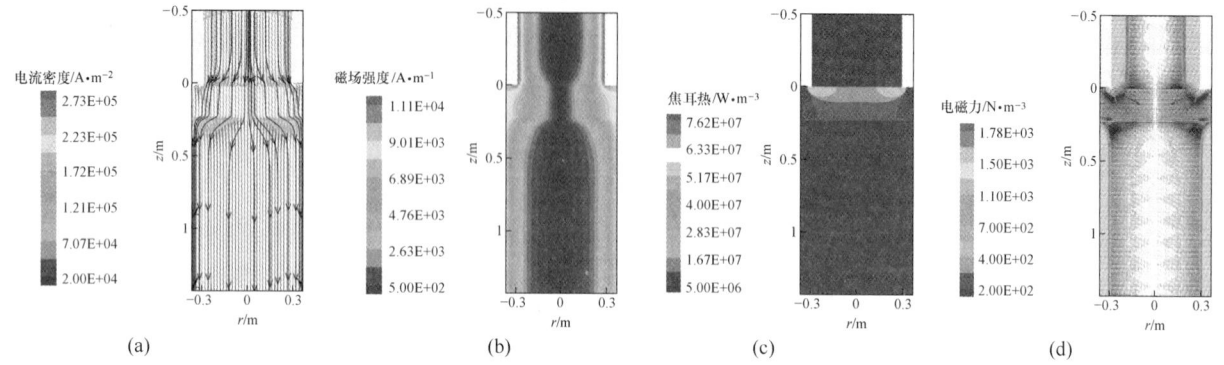

图 2　15kA 下重熔体系电磁场分布

Fig. 2　Electromagnetic field distribution at 15kA current

（a）电流密度；（b）磁场强度；（c）焦耳热；（d）电磁力

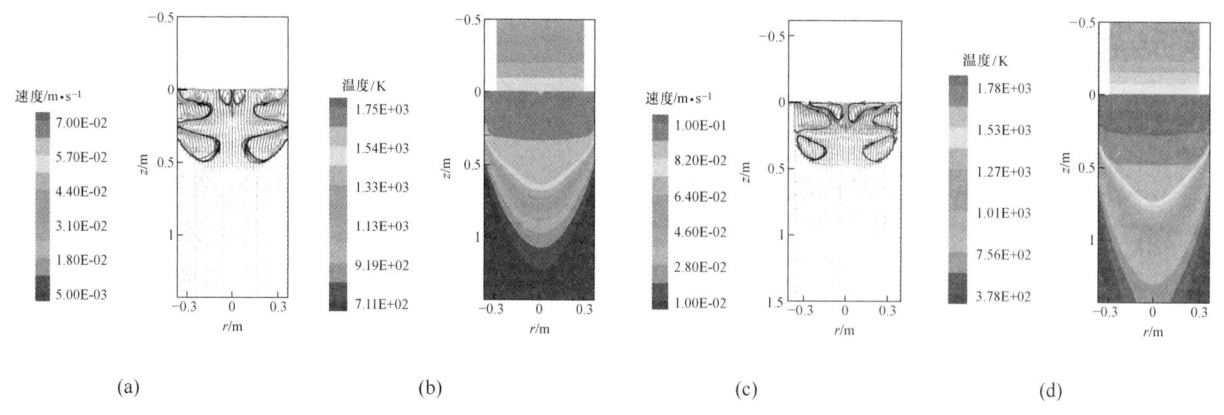

图 3　重熔体系速度场和温度场分布

Fig. 3　Velocity and temperature distribution during remelting process

（a）速度（14kA）；（b）温度（14kA）；（c）速度（15kA）；（d）温度（15kA）

图 4 为两种电流下的熔池深度。随着电流的增大，熔池深度增大，熔池的形状由较平缓的"碗形"转为深"V 形"，这是因为电流增大，渣池温度升高，熔速增加，进入熔池的热量也增加，但壁面结晶器的冷却能力保持不变，故呈现出熔池深度随外加电流的增大而加深的特点。两相区宽度从铸锭边缘到中心沿径向逐渐增大，这是因为越靠近铸锭中心温度梯度越小。15kA 电流时，熔速增加，导致铸锭两相区内的温度梯度减小，其两相区宽度大于 14kA 的两相区宽度。

图 5（a）和（b）分别为不同电流下，局部凝固时间（LST）和二次枝晶间距沿径向的分布。可以看出，从重熔锭外表面到中心，局部凝固时间（LST）和二次枝晶间距沿径向逐渐增大，这是因为在重熔锭边缘，冷却速度大于熔化速度，凝固前沿温度梯度高；而往中心内部迁移时，凝固前沿的温度梯度逐步减小，凝固速度逐步降低，熔池变深。15kA 电流时，局部凝固时间（LST）和二次枝晶间距均大于 14kA 工况下。

图 5（c）为两种电流下瑞利数随半径变化分布规律。可以看出，沿铸锭径向从中心到边缘，瑞利数先增大再减小，在 1/2 半径附近达到最大值，且 15kA 电流下的瑞利数值较 14kA 更大，故 15kA 电流时黑斑形成的趋势大于 14kA 电流时的黑斑形成趋势。

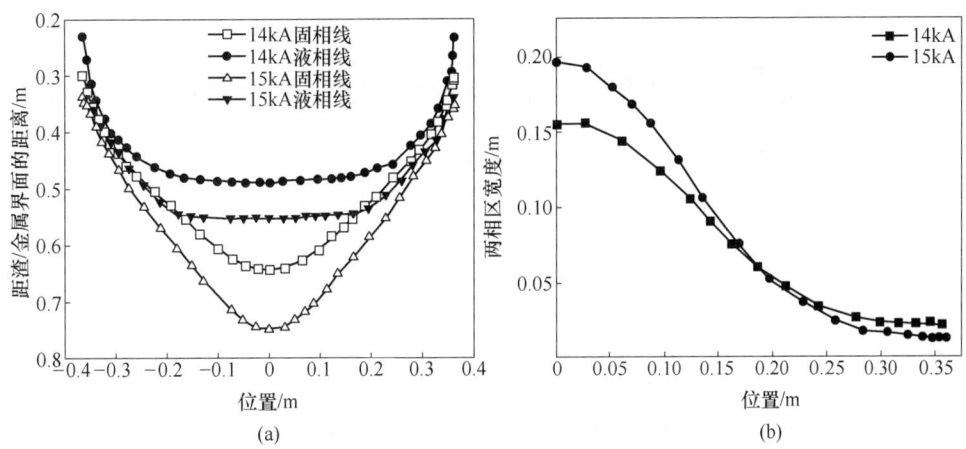

图 4　不同工艺金属熔池形状（a）和两相区宽度（b）

Fig. 4　Shape of the molten pool（a）and the width of the mushy zone

（b）for different remelting process

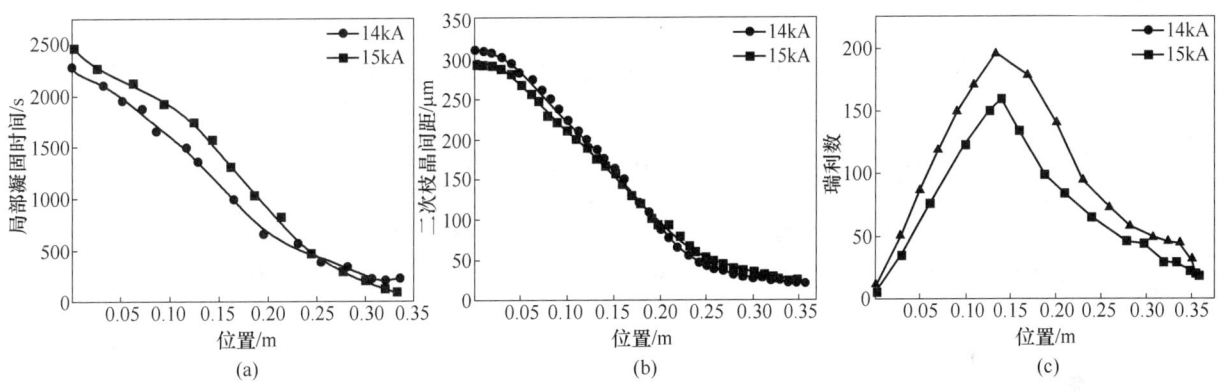

图 5　不同电流下的凝固参数

Fig. 5　Solidification parameter at different currents

3　结论

（1）电渣重熔过程中，铸锭的两相区宽度、局部凝固时间（LST）和二次枝晶间距均随铸锭半径增大而减小，瑞利数随着铸锭半径增大先增大后减小。

（2）随着重熔电流的增大，重熔体系的电磁力、焦耳热、溶体流速、温度和黑斑形成的可能性相应增大。

参考文献

［1］郭建亭. 高温合金材料学［M］. 北京：科学出版社，2008：3.

［2］Dong Y W, Jiang Z H, Liu H, et al. Simulation of multi-electrode ESR process for manufacturing large ingot［J］. ISIJ International, 2012（12）：2226~2234.

［3］梁强. 电流对 GH4169 合金电渣重熔凝固过程参数影响的数值模拟研究［J］. 航空材料学报，2012（32）：29~34.

［4］王强. 联合循环汽轮机转子电渣重熔过程中热物理行为的研究［D］. 沈阳：东北大学工程热物理研究所，2016.

［5］余嘉. 工业规模电渣重熔过程电磁场的数值模拟［J］. 东北大学学报，2017（38）：654~660.

［6］余嘉. 电渣重熔过程中渣壳动态形成的数值模拟［C］//第十一届中国钢铁年会，北京，2017.

［7］Ashish D. Patel, David G. Evans, et al. Modeling of vacuum arc remelting of alloy 718 ingots［J］. Superalloys, 2004（23）：917~924.

三联纯净熔炼 Inconel 718 合金研究

张勇*，韦康，李鑫旭，李钊，王涛，贾崇林，张国庆

（北京航空材料研究院先进高温结构材料重点实验室，北京，100095）

摘　要：从宏观和微观角度分析了国外采用三联（VIM+ESR+VAR）工艺制备的 Inconel 718 合金棒材及盘锻件的低倍组织、高倍组织以及主要的力学性能。结果表明，三联工艺熔炼制备的国外大规格 Inconel 718 棒材（直径>ϕ240mm）纯净度高，晶粒细小，力学性能波动较小，碳化物弥散分布，δ 相形貌以短棒状分布在晶界，并且数量控制合理，但在横向和纵向两个方向，棒材拉伸强度基本一致，而纵向塑性比横向塑性好，组织稍许存在方向性。盘锻件高温下的拉伸及持久性能测试结果表明，Inconel 718 合金存在 $\{11\text{-}1\}$ <112>取向的微孪晶变形机制。采用高分辨透射电镜从晶格角度观察分析了 Inconel 718 合金强化相（γ'、γ''）与基体之间的关系，表明三者取向为<001>$_\gamma$// <001>$_{\gamma'}$// <001>$_{\gamma''}$的共格结构。

关键词：Inconel 718；三联熔炼；力学性能；微观组织

Research on Tri-melting Cast & Wrought Superalloy Inconel 718

Zhang Yong，Wei Kang，Li Xinxu，Li Zhao，Wang Tao，Jia Chonglin，Zhang Guoqing

（Science and Technology on Advanced High Temperature Structural Materials
Laboratory，Beijing Institute of Aeronautical Materials，Beijing，100095）

Abstract：The microstructure and main mechanical properties of Inconel 718 alloy billet and turbine disc prepared by VIM（Vacuum Induction Melting）+ESR（Electro Slag Remelting）+VAR（Vacuum Arc Remelting）were analyzed in the paper. The research results showed that Inconel 718 billet（diameter >ϕ240mm）possessed higher purity，small grains，mechanical performance with less fluctuation，carbide dispersion distribution，the morphology of delta（δ）phase is short rod，which distributes in grain boundary and has reasonable number. In both transverse and longitudinal directions，the strength is basically the same，but the longitudinal plasticity is better than the transverse plasticity，indicating that the microstructure has a little anisotropy. The stress rupture property（650℃/700MPa）test results of Inconel 718 alloy forging showed that the micro-twin deformation mechanism with orientation of $\{11\text{-}1\}$ <112> was adopted. Using high resolution transmission electron microscopy，the relationship between strengthening phase（gamma and gamma' phase）and the matrix in Inconel 718 alloy was analyzed from the view of lattice，indicating that the three orientation relations are <001>$_\gamma$// <001>$_{\gamma'}$// <001>$_{\gamma''}$coherent structure.

Keywords：Inconel 718；tri-melting；mechanical properties；microstructure

GH4169 合金（对应美国牌号 Inconel 718）具有强度高、抗氧化、热加工与焊接性能好等优异的综合性能，在国内外先进航空发动机中广泛用于制造高压压气机盘、涡轮盘、轴、机匣、锻造叶片等零件。例如，我国航空发动机中使用的 GH4169 合金重要零部件包括高压压气机盘、篦齿盘、涡轮盘、高/低压涡轮后轴等。而美国 P&W 公司的 PW4000 航空发动机使用的高温合金材料中 Inconel 718 占比达到 57%（质量分数）。鉴于 Inconel 718 合金在航空发动机中的重要应用地位，美国 GE 公司在标准对航空发动机用 Inconel 718 合金三联熔炼工艺的生产设备、工艺以及材料中的

---

* 作者：张勇，高级工程师，电话：010-62498236，E-mail：biamzhang@126.com

黑斑、白斑及偏析等都有明确的定义和规定，优质的棒材为锻造出高性能的盘锻件提供了必备条件。目前，GH4169 已经成为我国现役和在研航空发动机型号中用量最大、用途最广、产品种类与规格最全的一类高温合金材料。经过 30 多年的研（仿）制，国产 GH4169 合金虽然解决了有无问题，实现了盘件用 GH4169 合金棒材在发动机中的批量供应，但是在批产及使用中发现国产 GH4169 合金与进口的 Inconel 718 合金相比，制备出的发动机盘件在冶金缺陷、性能一致性、残余应力控制等方面有一定差距。因此，需要系统深入地分析近期国外 Inconel 718 棒材的组织性能及冶金质量特点，掌握其深层内在规律，解决国内 GH4169 合金存在的工程技术问题，提升 GH4169 合金棒材及盘件的质量水平，以满足我国航空发动机、燃气轮机等的需求。

1　试验材料及方法

Inconel 718 棒材采用真空感应熔炼+保护气氛电渣重熔+真空自耗重熔三联熔炼工艺制备出钢锭，然后通过快锻+径锻工艺制备，棒材直径为 φ285mm。采用金相显微镜、扫描电镜、投射电镜和力学性能试验机等分析三联熔炼 Inconel 718 棒材和盘锻件的微观组织与主要力学性能。Inconel 718 试样热处理制度为（965±5）℃×1h，空冷+（720±5）℃×8h，50℃/h 炉冷至（620±5）℃×8h，空冷。GH4169 盘锻件的热处理工艺为（720±5）℃×8h，50℃/h 炉冷至（620±5）℃×8h，空冷。试验采用的 Inconel 合金棒材主要成分如表 1 所示。

表 1　三联熔炼 Inconel 718 合金棒材主要化学成分
Tab. 1　Main chemical composition of tri-melting Inconel 718 billet　（质量分数，%）

元　素	C	Cr	Fe	Nb	Mo	Al	Ti
含　量	0.027	18.04	17.98	5.41	2.98	0.54	1.02
元　素	Si	Mn	Co	Ni	O	N	S
含　量	0.061	0.072	0.37	余	0.0003	0.0053	≤0.0003

2　试验结果及分析

2.1　微观组织

2.1.1　晶粒度

变形高温合金棒材的晶粒度对后续锻件的晶粒度有重要影响。锻件的晶粒越均匀细小，拉伸性能越高，疲劳性能较好。因此，国内外变形合金标准中对棒材晶粒度等级和级差均有明确的规定。图 1 显示的是 Inconel 718 棒材不同部位的晶粒度分布特点。

从图 1 中可以看出，Inconel 718 棒材内部是完成了再结晶的等轴晶组织，未看到项链晶和没完成再结晶的扁长晶粒。而且 Inconel 718 棒材在边缘、R/2 和心部的晶粒度等级分别为 ASTM 9.5、ASTM 7.5、ASTM 7.0。美国棒材制备

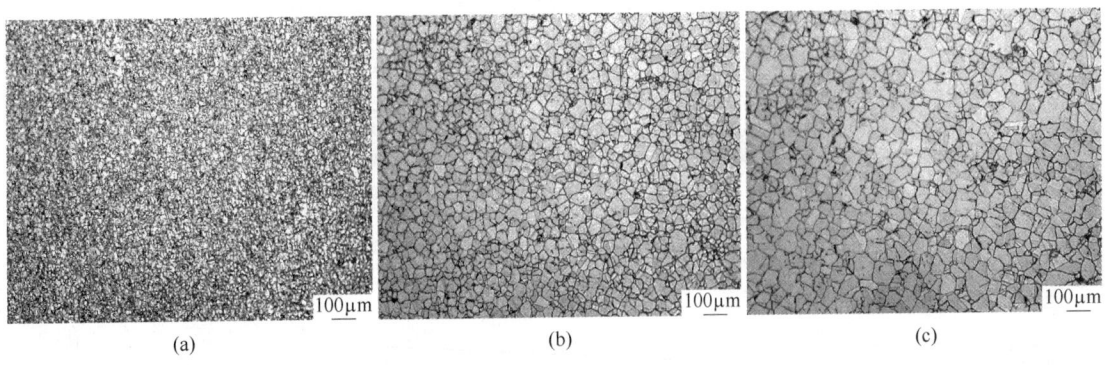

(a)　　　　　　　　　(b)　　　　　　　　　(c)

图 1　Inconel 718 棒材晶粒度分布特点（100×）
Fig. 1　Grain size distribution of Inconel 718 billet（100×）
（a）边缘；（b）1/2 半径；（c）心部

采用的是镦拔快锻+径锻工艺，使得棒材边缘在锻锤的快速锻击下，变形量较大，晶粒进一步细化。

2.1.2 夹杂物

Inconel 718 棒材中夹杂物（见图 2）以均匀弥散分布状态存在，未发现条带状、簇状的夹杂物，结合表 1 中的化学成分检测结果，说明国外三联熔炼的 GH4169 合金纯净度较高，S 含量低于 3×10^{-4}%，O 含量达到 3×10^{-4}%，由于添加使用返回料，合金的 N 含量稍高，达到 5.3×10^{-3}%。

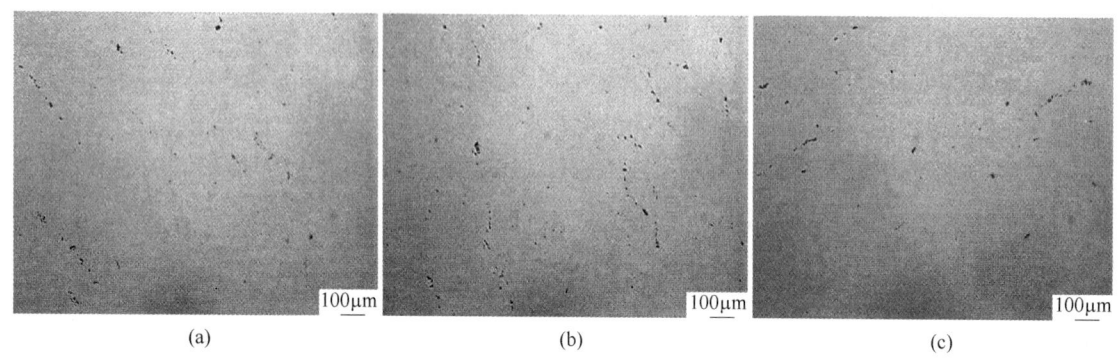

图 2　Inconel 718 棒材夹杂物分布（100×）

Fig. 2　Inclusion distribution of Inconel 718 billet（100×）

（a）边缘；（b）1/2 半径；（c）心部

2.1.3 高倍组织及强化相特征

图 3 显示的是高分辨透射电子显微镜下观察到的三联熔炼 Inconel 718 棒材的 γ'、γ'' 强化相与基体 γ 相的组织特点、取向关系及衍射斑点。可以看出，在面心立方晶系的 γ 相基体上，共格分布球状的 γ' 相和圆盘状的体心四方晶系的 γ'' 相，根据矩阵法则，标定出三者之间的取向关系为 $<001>_{\gamma}$// $<001>_{\gamma'}$//$<001>_{\gamma''}$。

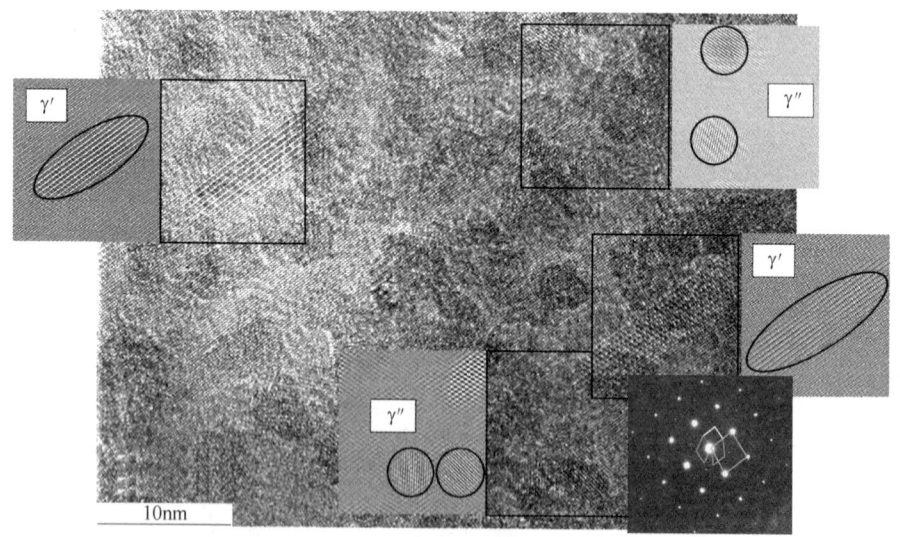

图 3　Inconel 718 合金棒材的强化相分布

Fig. 3　Strengthening phases distribution of Inconel 718 billet

2.2 力学性能

2.2.1 棒材

表 2 显示的是 Inconel 718 棒材的部分力学性能。由测定结果可以看出，Inconel 718 棒材的力学性能较高，满足使用要求，更重要的是头部和尾部不同部位的力学性能波动值较小。这是国内 GH4169 棒材存在差距的地方。

进一步测试分析了在室温、350℃、450℃、550℃、650℃温度下，美国 Inconel 718 大规格棒材在横向、纵向两个方向的强度和塑性（见图4）。从棒材纵、横向性能数据对比来看，两者强度相当，纵向塑性比横向高（见图4(b)），特别是面收缩率的差异更加明显（甚至达到24%）。分析认为，主要原因是由于大规格 Inconel 718 棒材在横向和纵向

两个方向的组织分布不完全均匀导致的。目前，盘件用的美国大尺寸变形高温合金棒材主要采用镦拔+快锻+径锻的工艺制备，尽管经过镦拔操作，但是与横向相比，沿棒材轴向的变形量相对更大，因此，在棒材内部造成轻微的组织各向异性。

表2　三联熔炼 Inconel 718 棒材的部分力学性能

Tab. 2　Mechanical properties of tri−melting Inconel 718 billet

部位	室温拉伸				650℃高温拉伸				硬度（HB）
	σ_b/MPa	$\sigma_{0.2}$/MPa	δ_5/%	ψ/%	σ_b/MPa	$\sigma_{0.2}$/MPa	δ_5/%	ψ/%	
头部	1384	1219	17.5	29	1150	1030	24.5	32.5	438
尾部	1384	1220	17.0	28	1150	1030	23.0	45.5	435

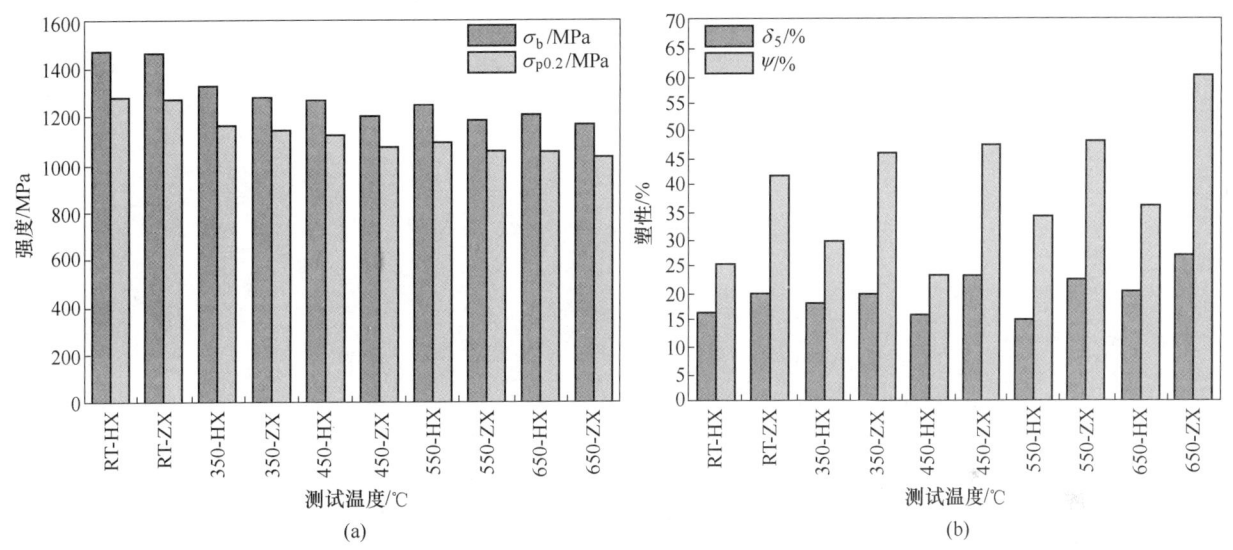

图4　不同温度下（室温、350℃、450℃、550℃、650℃）美国 Inconel 718
棒材的横向与纵向强度、塑性对比（HX：横向；ZX：纵向）

Fig. 4　Strength and plasticity contrast of Inconel 718 billet on horizontal
and longitudinal at different temperature

（a）强度对比；（b）塑性对比

2.2.2　盘锻件

Inconel 718 合金盘锻件持久性能（650℃/700MPa）测试结果表明，持续时间均大于200h，无缺口敏感性。采用透射电镜分析了断口部位的微观组织，表明 Inconel 718 合金盘锻件采用取向为 {11−1}<112> 的微孪晶变形机制（见图5）。

3　结论

（1）美国 Inconel 718 大规格棒材的纯净度高，

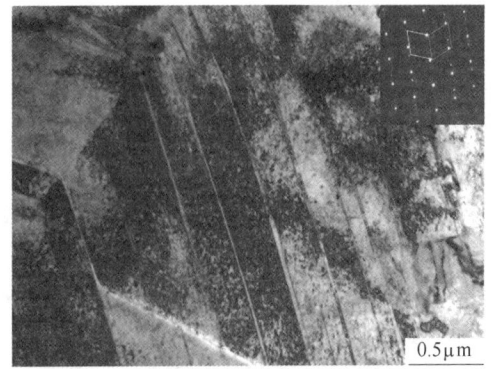

图5　Inconel 718 合金盘锻件透射电镜下的组织形貌

Fig. 5　TEM morphologies of Inconel 718 superalloy microstructure

晶粒度分布比较均匀，棒材横向和纵向拉伸强度相当，但纵向塑性比横向高。

（2）高分辨透射电镜从晶格角度观察分析了 Inconel 718 合金强化相（γ'、γ''）与基体之间的关系，表明三者取向为 $<001>_{\gamma}$// $<001>_{\gamma'}$// $<001>_{\gamma''}$的共格结构。

参考文献

［1］《三联熔炼 Inconel 718 合金棒材研究总结》，中国航发北京航材院，2018.

［2］黄福祥. GH4169 合金应用研究文集［M］. 北京：航空工业总公司第 621 研究所，1996.

元素 Co 对 IN718 合金组织及力学性能的影响

信昕*，刘芳，张伟红，祁峰，贾丹，孙文儒

（中国科学院金属研究所高温合金研究部，辽宁 沈阳，110016）

摘 要：研究了 0~18% Co 对 IN718 合金组织及性能的影响。结果表明，随着 Co 含量的增加，晶界针状 δ 相的数量减少，棒状 δ 相的数量增加，同时抑制晶内 γ″相的析出。合金 680℃屈服强度随 Co 含量的增加逐渐降低，当 Co 含量达到 9%后，屈服强度变化不大；680℃抗拉强度和拉伸塑性先升后降，在 Co 含量达到 6%时达到最高值，之后缓慢降低。合金 680℃/ 690MPa 持久寿命先升高后降低，Co 含量达到 9%时持久寿命达到最高值。

关键词：IN718 合金；Co；组织；性能

The Effects of Co on the Microstructure and Properties of IN718 Alloy

Xin Xin, Liu Fang, Zhang Weihong, Qi Feng, Jia Dan, Sun Wenru

（Superalloy Division, Institute of Metal Research, Chinese Academy of Sciences, Shenyang Liaoning, 110016）

Abstract：The effects of Co from 0 to 18.0% on the microstructure and properties of IN718 alloy had been investigated. The results showed that Co could restrain the precipitation of needle-like δ phase and promote the formation of rod-like δ phase on grain boundary. It was also found that formation of transgranular γ″ phase was restrained with the addition of Co. The yield strength at 680℃ was promoted with Co from 0 to 9%, and varied less when Co exceeded 9%. The ultimate strength and elongation of tensile properties at 680℃ increased firstly, and then decreased. The alloy with 6%Co had the max values. The stress rupture life at 680℃/ 690MPa also increased firstly, and then decreased. The peak value was achieved in 9%Co alloy.

Keywords：IN718 alloy；Co；the microstructure；the properties

IN718 合金是一种 Ni- Fe- Cr 基沉淀强化型高温合金，由于具有优异的综合力学性能和工艺性能，在航空航天工业中获得了广泛的应用[1]。但是，由于该合金主要强化相为 γ″相，因此其使用温度不能超过 650℃。但随着航空发动机的发展，其热端部件的工作温度明显提高，IN718 合金在这些先进发动机中的应用面临严峻的挑战。大量研究表明[2-4]，在一些镍基高温合金中加入适量的 Co 可以改善合金的组织和力学性能。因此本文研究了不同 Co 含量对 IN718 合金组织和 680℃下力学性能的影响。

1 试验材料及方法

采用真空感应炉冶炼 6 炉 8kg 铸锭，成分如表 1 所示。6 个铸锭分别加入 0~18%的 Co 元素，相应的 Fe 含量由约 18%降低至 0。

*作者：信昕，副研究员，联系电话：024-23971325，E-mail：xxin@ imr. ac. cn

表 1　试验合金设计成分

Tab. 1　The design composition of the test alloys　　　　　　　　（质量分数,%）

合金	C	Cr	Mo	Nb	Ti	Al	Ni	Co	B	Fe
合金 1	0.03	19.0	3.1	5.3	1.0	0.6	52.5	0	0.004	余
合金 2	0.03	19.0	3.1	5.3	1.0	0.6	52.5	2.0	0.004	余
合金 3	0.03	19.0	3.1	5.3	1.0	0.6	52.5	6.0	0.004	余
合金 4	0.03	19.0	3.1	5.3	1.0	0.6	52.5	9.0	0.004	余
合金 5	0.03	19.0	3.1	5.3	1.0	0.6	52.5	12.0	0.004	余
合金 6	0.03	19.0	3.1	5.3	1.0	0.6	52.5	余	0.004	0

铸锭经高温均匀化处理后，采用相同热加工工艺锻成横截面 40mm×40mm 方型棒坯并轧制成 φ18mm 圆棒，对圆棒进行标准热处理：965℃×1h，空冷；730℃×8h，以 55℃/h 炉冷至 620℃×8h，空冷。将热处理态试棒加工成标准试样，测试 680℃ 拉伸及 680℃/690 MPa 持久性能。采用金相显微镜（OM）、扫描电镜（SEM）观察合金组织。

2　实验结果及分析

2.1　元素 Co 对合金组织的影响

合金的热处理态组织如图 1 所示，由图可知，随着 Co 含量的增加，晶粒尺寸逐渐变小，当 Co 含量在 0~2% 时，晶粒度为 ASTM 9 级，Co 含量升高至 6%~9%，晶粒度变为 ASTM 10 级，Co 含量提高到 12% 以上后，晶粒度变为 ASTM 11 级。Co 元素的加入对晶粒具有细化作用。

对合金晶界析出相（见图 2）进行了观察发现，Co 含量的提高促进短棒状晶界相的析出，抑制长针状晶界相析出。不加 Co 的合金晶界 δ 相呈长针状和短棒状析出，6%Co 合金晶界相形貌与 0Co 合金类似（见图 2(a)、(b)），随着 Co 含量的不断提高，短棒状析出相的数量显著增加，当 Co 含量达到 18% 时，绝大多数晶界相呈短棒状析出（见图 2(d)）。

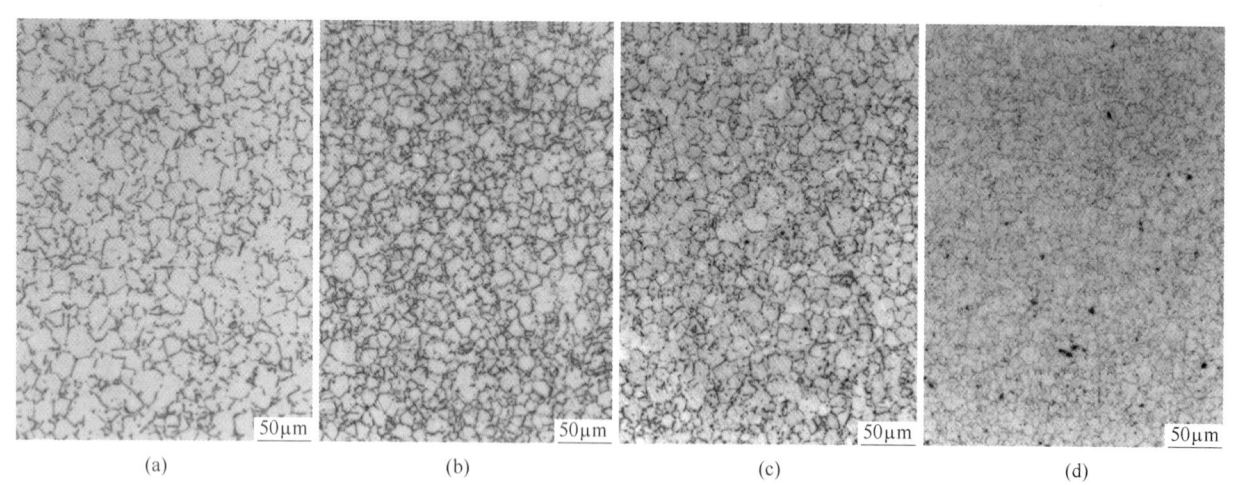

(a)　　　　　　(b)　　　　　　(c)　　　　　　(d)

图 1　不同 Co 含量合金热处理态组织

Fig 1. The microstructure of heat-treated alloys with different content of Co

(a) 0 Co；(b) 6%Co；(c) 9%Co；(d) 18%Co

图 3 为不同 Co 含量合金晶内析出相的形貌。由结果可知，当 Co 含量在 0~9% 时，可观察到晶内弥散析出了大量的析出相，当 Co 含量提高到 12% 以上时，晶内析出相已无法明显观察到。GH4169 合金晶内强化相主要为富 Nb 的 γ″ 相，元素 Co 的增加及元素 Fe 的降低抑制了 γ″ 相的析出。

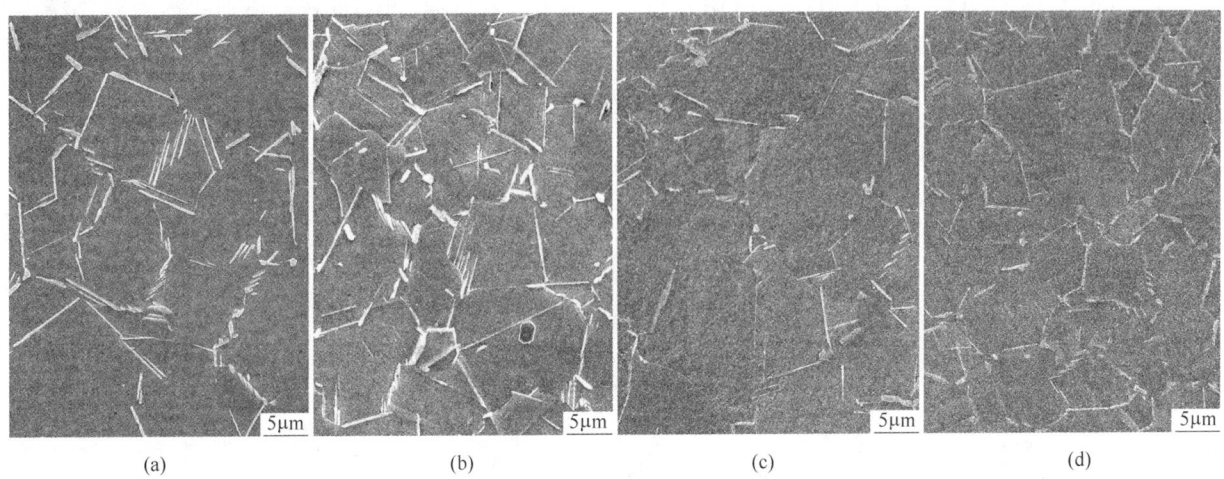

图 2　不同 Co 含量对晶界析出相的影响

Fig. 2　The precipitation phases on the grain in the test alloys with different content of Co

(a) 0 Co；(b) 6%Co；(c) 9%Co；(d) 18%Co

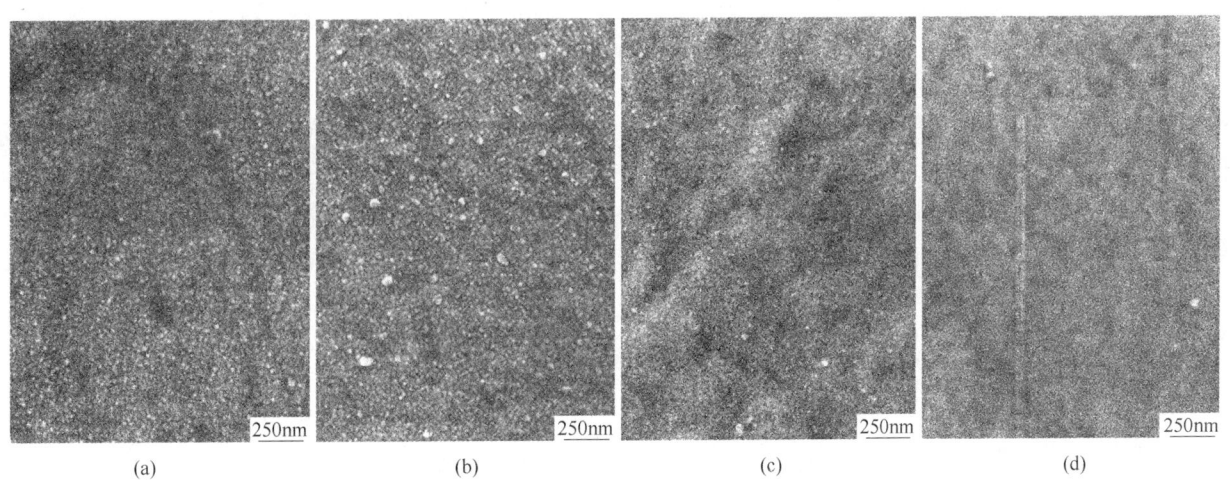

图 3　不同 Co 含量对晶内析出相的影响

Fig. 3　The transgranular γ'' phase in the test alloys with different content of Co

(a) 0 Co；(b) 6%Co；(c) 9%Co；(d) 18%Co

2.2　元素 Co 对合金性能的影响

对合金 965℃ 固溶态和 965℃ 固溶态+时效态的晶内显微硬度进行了测试，结果如图 4 所示。固溶处理态合金随着 Co 元素含量的提高，晶内强度逐渐提高，说明 Co 元素对基体存在固溶强化的作用。而固溶+时效态合金随着 Co 含量的提高，晶内强度逐渐降低，这应该与 Co 元素抑制了晶内 γ'' 相的析出有关。值得注意的是，12%Co 和 18%Co 两个合金经过时效后晶内硬度也明显高于固溶态，说明这两个成分合金在时效过程中析出了强化相，只是由于强化相尺寸过于细小而无法观察到。

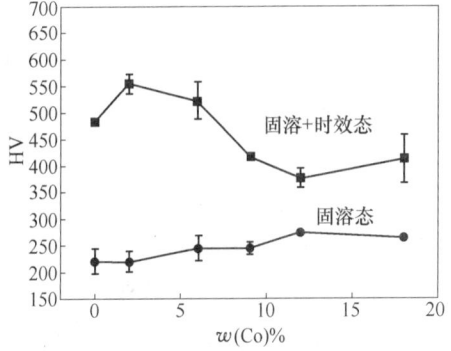

图 4　元素 Co 对合金晶内硬度的影响

Fig. 4　The HV hardness of the test alloys with different content of Co

合金 680℃ 拉伸结果如图 5 所示。由结果可知，Co 含量低于 9% 时，随着 Co 含量的提高，屈服强度逐渐降低，Co 含量达到 9% 后，屈服强度变化不大；抗拉强度先升后降，在 Co 含量达到6% 时达到最高值，之后缓慢降低。拉伸塑性规律

也为先升后降，在 Co 含量达到 6% 时达到最高值，之后缓慢降低。合金的拉伸断口都为穿晶韧窝型断裂，其拉伸强度主要与晶内强度有关，因此不同 Co 含量合金拉伸性能的变化应该主要与晶内析出相的变化有关。

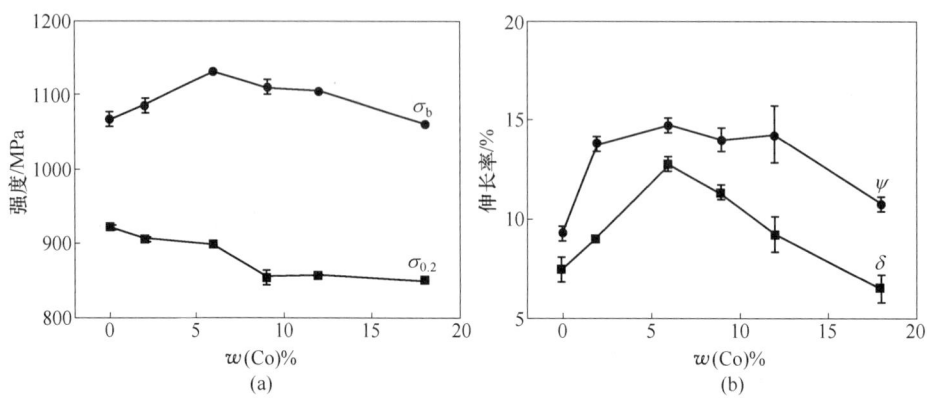

图 5　元素 Co 对合金 680℃ 拉伸性能的影响

Fig. 5　The tensile properties at 680℃ of the test alloys with different content of Co

合金 680℃/690 MPa 持久寿命如图 6 所示，结果显示 0 Co 的标准成分 GH4169 合金持久寿命仅为 14h，随着 Co 含量的增加，持久寿命也随之增加，当 Co 含量达到 9% 时，持久寿命最高，达到 43h，之后随着 Co 含量的增加，持久寿命开始下降。合金持久寿命的长短是晶粒度、晶内和晶界状态共同作用的结果，9%Co 合金晶粒尺寸适中，晶内析出和晶界析出达到了良好的配比，因此获得了最长的持久寿命。

变小。

（2）Co 含量的提高促进短棒状析晶界相的析出，抑制长针状晶界相析出。元素 Co 的增加及元素 Fe 的降低还抑制了晶内 γ″ 相的析出。

（3）随着 Co 含量的提高，680℃ 拉伸屈服强度逐渐降低，Co 含量达到 9% 后，屈服强度变化不大；拉伸抗拉强度先升后降，在 Co 含量达到6% 时达到最高值，之后缓慢降低。拉伸塑性规律也为先升后降，在 Co 含量达到 6% 时达到最高值，之后缓慢降低。

（4）随着 Co 含量的增加，680℃/690MPa 持久寿命先增加后降低，在 9%Co 时持久寿命达到峰值。

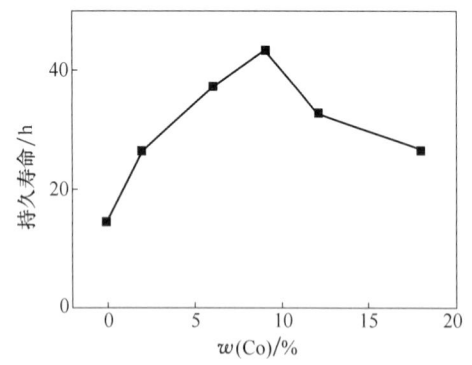

图 6　元素 Co 对合金 680℃/690MPa 持久寿命的影响

Fig. 6　The stress rupture at 680℃/690 MPa of the test alloys with different content of Co

3　结论

（1）随着 Co 含量的增加，合金晶粒尺寸逐渐

参考文献

［1］Eiselstein H L. Age-hardenable alloy：US, 3046108［P］. 1962.

［2］Yuan Y, Gu Y F, Zhong Z H, et al. Enhanced strength at intermediate temperatures in a Ni-base disk superalloy with high Co addition［J］. Materials Science & Engineering A, 2012（556）：595~600.

［3］李殿魁. 高温合金中钴的作用及节钴的前景［J］. 上海钢研, 1981（4）：63~70

［4］庄林忠, 陈国良, 许嘉龙. 钴对 Fe-Cr-Ni-Co 基 Refractoloy26 合金显微组织的影响［J］. 北京钢铁学院学报, 1986（6）：59~72.

Inconel 740H 均质化研究

耿鑫[1*]，彭雷朕[1]，师帅[2]，姜周华[1]，李花兵[1]

（1. 东北大学冶金学院，辽宁 沈阳，110819；
2. 上海汽轮机厂，上海，200240）

摘　要：镍基合金 Inconel 740H 因其具有良好的高温持久性和耐蚀性能，是700℃等级超超临界燃煤锅炉过热器/再热器的重要候选材料。Inconel 740H 的高合金化程度使其在冶炼凝固中易产生严重的枝晶偏析和枝晶间低熔点（共晶）脆性相，从而导致合金的力学性能和抗腐蚀性能下降。本文利用光学显微镜（OM）、扫描电镜（SEM）和能谱分析仪（EDS）等手段对试样进行金相观察、成分和析出相的分析，分析各元素在铸锭不同位置的偏析情况。利用热力学软件 Thermo-Calc 中的 Dictra 模块计算合金中元素不同温度下的扩散系数，并以此为依据采用残余偏析指数公式计算合金均质化动力学曲线。由曲线初步选择合理的六组均质化工艺并通过组织观察分析不同工艺效果进行评判，确定1180℃/20h 均匀化扩散退火后，可消除枝晶元素偏析，铸态合金成分基本均匀，枝晶间 Laves 相和针状相消除。

关键词：元素偏析；均质化；Dictra

Homogenization of Inconel 740H

Geng Xin[1], Peng Leizhen[1], Shi Shuai[2], Jiang Zhouhua[1], Li Huabing[1]

（1. School of Metallurgy，Northeastern University，Shenyang Liaoning，110819；
2. Shanghai Turbine Co.，Ltd.，Shanghai，200240）

Abstract：Inconel 740H is a most promising candidate materials for the 700℃ ultra-super critical heater/reheater for its good high temperature creep strength and corrosion resistance. But the high alloy content makes its segregation and brittle precipitates which detreats its mechanical properties and corrosion resistance. This paper is mainly focused on the segregation of the alloy elements Nb and Ti by using OM，SEM，EDS to determine the metallographic，morphology and composition of the precipitates in the different position of the ingot casted by the VIM remelting. Then the dictra module of the Thermo-calc is applied to calculate the diffusion coefficient of Al，Ti at different temperature. The diffusion coefficient is compounded with the residual segregation index equation to calculate the homogenization kinetic curve. Based on the curves，the six heats were conducted and the morphologies of the six heats were analyzed to make judgments of the results. The most promising homogenization process for Inconel 740H is 1180 degree and holding 20h，at that treatment condition，the segregation of Al，Ti can be avoid and the Laves phase and acicular phase can also be eliminated.

Keywords：segregation；homogenization；Dictra

Inconel 740H 是应用于超超临界燃煤锅炉过热器/再热器的重要候选材料，但其含有 Nb、Ti 等易偏析元素导致枝晶偏析严重，热加工中易形成条带状组织，造成材料力学性能各向异性，组织中碳化物颗粒变得粗大或呈现块状分布，会增加锻件的加工难度降低锻件的成品率[1,2]。本文主要

————————————————
*作者：耿鑫，副教授，联系电话：13709844474，E-mail：gengx@ smm. neu. edu. cn

研究了 Inconel 740H 的均质化工艺，以达到消除枝晶偏析的目的。

1 实验材料及方法

利用实验室 30kg 真空感应炉冶炼出质量合格的铸锭，测定不同部位的试样枝晶干和枝晶间元素的含量和一次枝晶间距和二次枝晶间距，并计算偏析系数 K（K=枝晶间元素平均成分/枝晶干元素平均成分），用以表征 Inconel 740H 合金的偏析程度。利用 Dictra 模块计算易偏析元素 Nb、Ti 在不同温度下的扩散系数，设计不同的均质化工艺并使用扫描电镜（SEM-EDS）对铸态和均质化后样品的析出相和偏析元素的分布进行分析。

2 实验结果及分析

2.1 合金元素偏析分析

中心、1/2 半径、边部的一次枝晶分别为177.3mm、186.8mm、120.4mm，二次直径间距分别为 77.3mm、60.2mm、36.5mm。使用能谱仪（EDS）测得不同位置的元素偏析情况见表 1。元素的偏析程度为 Nb>Ti>Al>Co>Cr>Ni，Nb、Ti 元素在枝晶间的大量富集，导致局部成分满足析出条件，使 Laves、MC 型碳化物等多种相在枝晶间析出。而且，不同部位的偏析程度不同，1/2 半径位置和心部偏析较大。

表 1 合金铸锭元素偏析系数
Tab. 1 Segregation coefficients of different elements of the as-cast ingot

位置	区 域	Al	Ti	Cr	Co	Ni	Nb
边部	晶间元素含量/%	1.98	2.70	22.39	17.65	52.32	2.62
	晶干元素含量/%	1.48	0.93	25.63	20.92	50.09	1.22
	偏析系数 K	1.34	1.90	0.87	0.84	1.04	2.23
1/2 半径	晶间元素含量/%	2.51	4.02	20.23	16.52	51.57	4.50
	晶干元素含量/%	1.32	0.88	25.83	21.10	49.89	1.46
	偏析系数 K	1.90	2.54	0.78	0.78	1.03	3.82
中心	晶间元素含量/%	2.38	4.85	18.07	14.84	54.37	4.97
	晶干元素含量/%	1.30	0.87	25.45	21.20	50.01	1.19
	偏析系数 K	1.83	4.57	0.71	0.70	1.09	5.20
	平均偏析系数 K_{ave}	1.69	3.00	0.79	0.78	1.06	3.75

2.2 析出相分析

由于合金在凝固过程中存在明显的偏析，局部元素富集会导致非平衡析出相出现，通过 SEM 和 EDS 分析可知为针状组织 δ 相，以及不规则絮状析出相，EDS 分析表明不规则絮状相为约含 24%Nb 的 Laves 相，铸锭枝晶间可以看到大量的一次碳化物。具体如图 1 所示。

2.3 均质化分析

均质化热处理的作用主要有两方面：一方面，消除合金中的元素偏析；另一方面，使低熔点脆性相等不利于热加工的析出相回溶。由于均质化热处理本质为热激活作用下的原子扩散，所以热处理工艺需要确定的关键就是热处理温度和保温时间[3~6]。为了选定一个合适温度、时间范围，并降低生产实验成本，首先进行基于原子扩散的均质化动力学计算。

在 Inconel 740H 合金中 Nb、Ti 为最主要的偏析元素，使用热力学软件 Thermo-Calc 中的 Dictra 模块计算合金中 Nb、Ti 元素部分温度下的扩散系数如表 2 所示。

将两元素扩散系数代入式 $\delta = \frac{c_{max}-c_{min}}{c_{0max}-c_{0min}} = \exp\left(-\frac{4\pi^2}{L^2}Dt\right)$ 中，计算得到针对 Nb、Ti 元素的扩散退火温度和保温时间关系曲线，如图 2 所示。

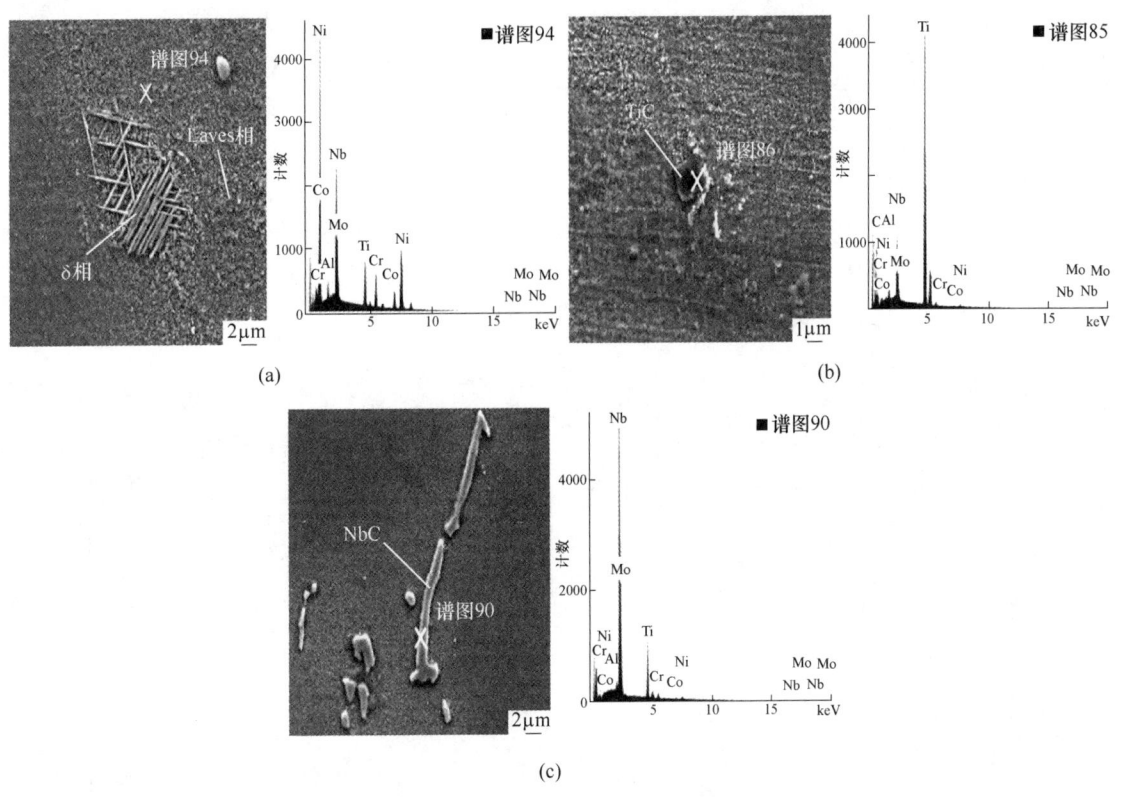

图1　Laves 相 SEM 和 EDS 能谱分析

Fig. 1　SEM micrograph and EDS of Laves phases

表2　Inconel 740H 合金中 Nb、Ti 在部分温度下的扩散系数（×10⁻¹¹cm/s）

Tab. 2　Diffusion coefficient of Nb、Ti in Inconel 740H alloy at different temperatures（×10⁻¹¹cm/s）

温度/℃	1150	1170	1190	1210	1230
Nb	1.67	2.21	2.99	3.91	5.14
Ti	3.44	4.63	6.08	7.95	10.37

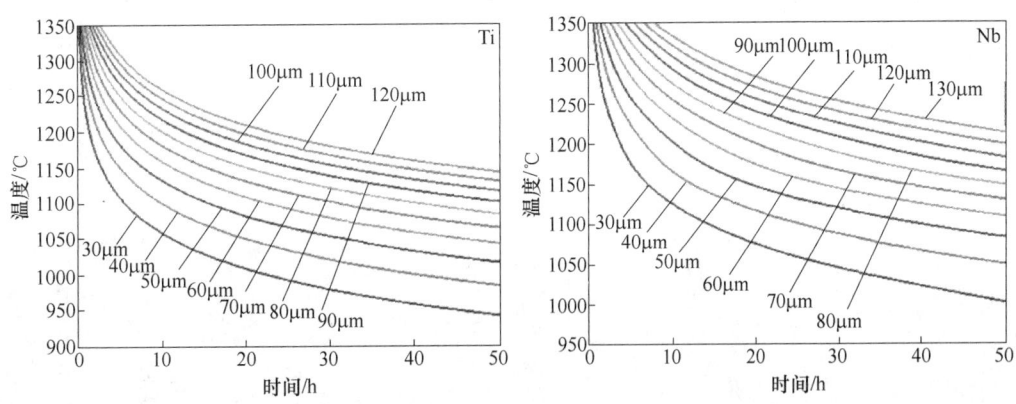

图2　基于残余偏析指数得到的 Nb、Ti 元素均质化动力学曲线

Fig. 2　Calculated kinetic homogenizing curves of Nb, Ti by a residual segregation parameter model

由图2可以看出，在相同枝晶间距下随着均质化温度的升高，所需保温时间减少。而随着枝晶间距增大，采用相同均质化温度所需要的保温时间增加，且使 Nb 元素达到成分平衡的均质化时间大于 Ti。结合图2可以初步确定 Inconel 740H 合金的均质化工艺。根据热作用下元素扩散的特点，在均质化热处理过程中，元素扩散主要发生在相邻的贫化和富集区域，即二次枝晶干和枝晶间。

由此可知，Inconel 740H 合金电渣锭最大二次枝晶间距（77.3μm）出现在铸锭心部。均质化温度的选择在 γ′析出温度至合金初熔点范围内（974～1300℃）。温度过高，会引起晶粒尺寸过大，使合金塑性降低，并会导致较深的表面氧化；温度过低，则需要更长的保温时间才能达到均质化效果。所以，在结合残余偏析指数计算结果基础上，初步选定 3 种均质化温度为 1180℃、1200℃

和 1220℃，保温时间为 10h 和 20h。

通过计算可知：Nb 元素达到成分平衡的均质化时间大于 Ti，所以确保在均质化过程后，合金中 Nb 元素的偏析被完全消除，即可认定达到良好的均质化热处理效果。经过不同均质化工艺热处理后，Inconel 740H 合金铸锭 Nb 元素成分和金相组织如图 3 所示。从图中可以看出，所有均质化条件下，Laves 相基本已回溶。

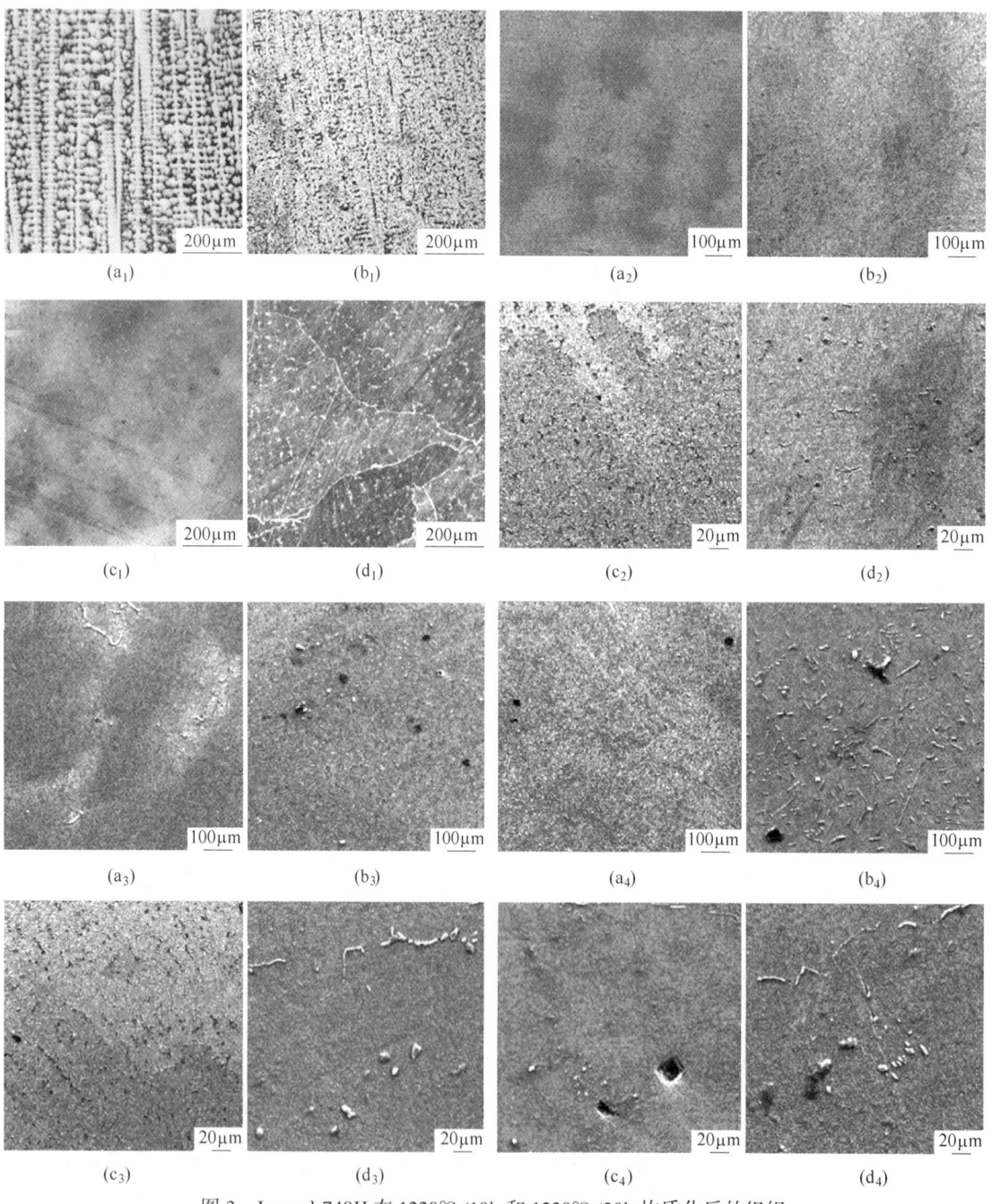

图 3　Inconel 740H 在 1220℃/10h 和 1220℃/20h 均质化后的组织

Fig. 3　Microstructure after homogenizing treatments 1220℃/10h，1220℃/20h

（a₁）铸态；（b₁）1180℃/10h；（c₁）1180℃/20h；（d₁）1220℃/20h；（a₂），（c₂）1180℃/10h；（b₂），（d₂）1180℃/20h；
（a₃），（c₃）1200℃/10h；（b₃），（d₃）1200℃/20h；（a₄），（c₄）1220℃/10h；（b₄），（d₄）1220℃/20h

均质化制度为 1180℃/10h 和 1200℃/10h 时，在扫描电镜金相中仍然可以观察到枝晶痕迹，根据表 3，此时 Nb 偏析系数为 1.89/1.58。均质化制度 1180℃/10h，1200℃/10h 下，偏析没完全消除。两种均质化制度后，合金的残余偏析指数均没有达到 0.2。1180℃/20h 时，枝晶基本消失，表面残留少量氧化凹坑和碳化物，由表 3 可知，Nb 偏析系数为 1.22。偏析系数为 1.2 时，铸锭无明显偏析带的均匀组织，可认为均质化完成[7,8]。

表 3　不同均质化制度下铸锭 Nb 元素成分偏析情况
Tab. 3　Segregation of Nb after different homogenizing treatments

制度	1180℃/10h	1180℃/20h	1200℃/10h	1200℃/20h	1220℃/10h	1220℃/20h
晶干	0.94	1.36	1.01	1.33	1.32	1.40
晶间	1.78	1.66	1.59	1.69	1.72	1.73
K	1.89	1.22	1.58	1.27	1.30	1.24

在 1200℃/20h、1220℃/10h/20h 均质化时，Nb、Ti 扩散均匀，但高温均质化使晶粒尺寸过大，导致合金塑性降低，综合考虑均质化制度确定为 1180℃/20h。

3　结论

（1）Nb、Ti 元素在枝晶间的偏聚最为严重，铸锭心部和 1/2 半径处偏析程度大于边部。

（2）凝固过程中，易偏析元素在枝晶间富集，心部和 1/2 半径处存在 Laves 相和一次碳化物 TiC、NbC，边部部分析出相主要为碳化物。

（3）随着均匀化温度升高和时间延长，元素偏析逐渐消除。

（4）铸态合金 Inconel 740H，经过 1180℃/20h 炉冷均匀化扩散退火后，可消除枝晶元素偏析 Nb 的偏析指数为 1.2，枝晶间 Laves 相和针状相消除。

参考文献

[1] 隋书阁. 铬轴承钢铸造枝晶偏析的影响 [J]. 铸造，1977（1）：33~36.

[2] Torkar M, Vodopivec F, Petovar S. Analysis of segregations in as-cast X40CrMoV51 steel [J]. Materials Science & Engineering A, 1993, 173 (1~2): 313~316.

[3] Hillert M, Lai H Y, Liu G X. Alloy Diffusion and Thermodynamics [J]. 1984: 178~191.

[4] Yong M S, Lei Z, Meng Z B, et al. Microsegregation and homogenization of GH105 superalloy ingots [J]. Journal of University of Science & Technology Beijing, 2009, 31 (6): 714~718.

[5] Semiatin S L, Kramb R C, Turner R E, et al. Analysis of the homogenization of a nickel-base superalloy [J]. Scripta Materialia, 2004, 51 (6): 491~495.

[6] Shingledecker J P, Evans N D, Pharr G M. Influences of composition and grain size on creep-rupture behavior of Inconel® alloy 740 [J]. Materials Science and Engineering: A, 2013, 578: 277~286.

[7] Ni Z G, Nan B Z, Xin D J, et al. Microsegregation and homogenization of nickel base corrosion resistant alloy C-276 ingots [J]. Journal of University of Science & Technology Beijing, 2010, 32 (5): 628~627.

[8] Tung D C, Lippold J C. INCONEL 740H Solidification Behavior and Postweld Heat Treatment [C] //Welding Metallurgy of Nickel-Based Superalloys for Power Plant Construction. 10th International Conference. Florida: Electric Power Research Institute, 2012.

氧化处理对 Nimonic80A 室温冲击性能的影响

马思文*，张琪，赵宝达，原菁骏，陈帅，张麦仓

（北京科技大学材料科学与工程学院，北京，100083）

摘　要：探究了高温氧化条件对超超临界电站汽轮机紧固件备选材料 Niominc80A 合金室温冲击性能的影响。将材料在不同温度和时间下进行氧化处理，随后测量室温下冲击功，对试样的组织、断口形貌、氧化物物相及析出相进行分析。结果表明：随着氧化温度的升高和氧化时间的延长，Nimonic80A 合金的冲击吸收功不断降低，冲击断口形貌上的沿晶特征更加明显，冲击韧性降低；经过不同条件下氧化，在冲击试样表面和缺口处形成了一层致密的氧化膜，氧化物的形成能够降低合金的冲击韧性；同时发现，氧化处理能够使晶界处的碳化物数量增多、聚集粗化并趋于连续分布，更易成为沿晶裂纹产生的通道，从而导致冲击韧性的降低。

关键词：GH4080A；高温氧化；室温冲击

Effect of Oxidation Treatment on Room Temperature Impact Properties of Nimonic80A

Ma Siwen, Zhang Qi, Zhao Baoda, Yuan Jingjun, Chen Shuai, Zhang Maicang

（School of Materials Science and Engineering, University of Science and Technology Beijing, Beijing, 100083）

Abstract：The effects of high temperature oxidation conditions on the room temperature impact properties of the alternative material Niominc80A alloy for steam turbine fasteners in ultra-supercritical power plants were investigated. The materials were oxidized at different temperatures and times, and then the impact energy at room temperature was measured. The microstructure, fracture morphology, oxide phase and precipitate phase of the samples were analyzed. The results show that with the increase of oxidation temperature and the prolongation of oxidation time, the impact energy is continuously reduced, the intergranular features on the impact fracture morphology are more obvious, the impact toughness is reduced. After oxidation under different conditions, a dense oxide film is formed on the surface and the notch, which can reduce the impact toughness of the alloy. The oxidation treatment can increase the number of carbides at the grain boundary, promote aggregation and coarsen and contribute to a continuous distribution of carbides, and make carbides more likely to become a channel along the crystal crack, which result in a decrease in impact toughness.

Keywords：GH4080A; oxidation under high temperature; room temperature impact

燃煤介质目前仍是我国主要的发电模式，超超临界火力发电技术的高效率、低温室气体排放量等优点使之成为未来火力发电技术的发展趋势[1]，相应地，超超临界机组的发展也迫切需要与之相适应的高性能材料。GH4080A 合金作为超超临界汽轮机组紧固件用备选材料[2]，高温抗氧化性能对冲击性能的影响是汽轮机组选材的重要指标之一。

1　实验方法

本文所用 GH4080A 合金实验材料由美国 Spe-

---

* 作者：马思文，硕士，联系电话：18810843396，E-mail：565076481@qq.com

cial Metals Company（简称 SMC）生产，其化学成分如表 1 所示。合金冶炼工艺为真空感应+电渣重熔，随后经开坯、锻造成 φ110mm 的棒坯，再进行热处理，热处理工艺为：（固溶处理）1050～1060℃，8h，空冷+（稳定化处理）845℃，24h，空冷+（时效处理）700℃，16h，空冷。

表 1　GH4080A 化学成分

Tab. 1　Chemical composition of GH4080A　　　（质量分数,%）

Ni	Cr	Ti	Al	Fe	Si	Mn	P	S
余	19.76	2.43	1.42	0.55	0.06	0.062	<0.001	0.0006
Cu	C	B	Pb	Bi	Co	O	N	Ag
0.03	0.065	<0.005	<0.0001	<0.00001	0.049	0.0007	0.0037	<0.0001

为研究氧化对 GH4080A 合金的冲击韧性是否存在影响，在棒材的边缘取样，每个条件设置两个平行试样，加工成标准夏比 V 型冲击试样，再进行不同温度不同保温时间的氧化处理，其中氧化温度为 600℃、650℃，保温时间为 10h、20h、50h、100h。最后进行室温冲击实验，获取冲击吸收功 A_K，以评估冲击韧性。冲击试验结束后，采用电火花线切割样品，然后用酒精清洗断口并吹干，最后用 JEOL-1450 扫描电镜观察断口形貌以及缺口和表面的氧化膜并进行 EDS 分析。

为研究氧化实验前后样品的 γ′ 相、晶界碳化物演化情况，对标准热处理后及氧化后试样先采用 20%H_2SO_4+80%CH_3OH 的电抛液进行电解抛光，再用 150mL H_3PO_4+10mL H_2SO_4+15g CrO_3 的电解液进行电解腐蚀，最后在 ZEISS SUPRA55 场发射电子显微镜下观察微观形貌。

2　实验结果和讨论

2.1　不同氧化温度和时间对室温冲击性能的影响

冲击功随氧化温度和时间的变化曲线如图 1 所示，如图所示，随着氧化时间延长，试样的冲击功不断降低，说明在 600～650℃ 的温度区间内氧化能够降低 GH4080A 的冲击韧性，且随着氧化时间的增加，冲击韧性不断降低。而冲击功在不同氧化时间随着氧化温度的变化有些分散，在 10h、20h、50h 氧化时间下大体呈现出冲击韧性随着氧化温度升高降低的趋势，而在氧化时间 100h 下，随着氧化温度升高，冲击韧性增加，这还有待进一步分析。

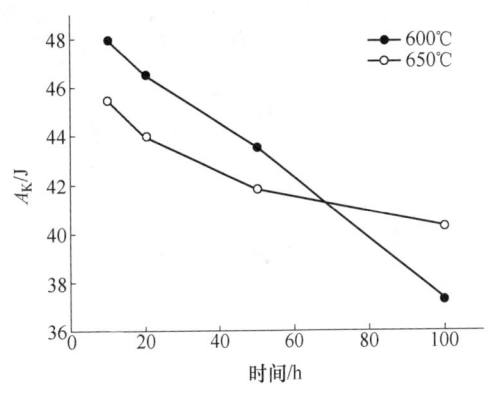

图 1　冲击功随氧化温度和氧化时间的变化

Fig. 1　Influences of different oxidation temperature and oxidation time on impact energy

图 2 为 GH4080A 在不同氧化温度和时间下的冲击断口形貌，基本上均呈现出"冰糖状"的沿晶脆性断裂。随着氧化时间延长，沿晶裂纹略微加深；而温度的影响则显著大于氧化时间；相比于 600℃，在 650℃ 下的氧化冲击断口中，沿晶裂纹更多更深，且"冰糖状"形貌更加明显，这进一步说明温度升高，氧化加重，进而降低材料的冲击韧性。

2.2　氧化物与析出相

经过不同时间的氧化后，在试样表面都形成了一层致密的氧化膜，其形貌如图 3 所示，氧化物呈规则的颗粒状。氧化物不仅在试样表面存在，更是富集于冲击试样的缺口处，能谱分析显示（见图 4），氧化物多为 O 与 Ti、Al、Ni、Cr、Fe 等元素结合的产物。

试样内部的析出相经氧化后与未氧化对比发现（图 5 所示），晶界处的碳化物略微粗化，强化相 γ′ 相未有明显变化。

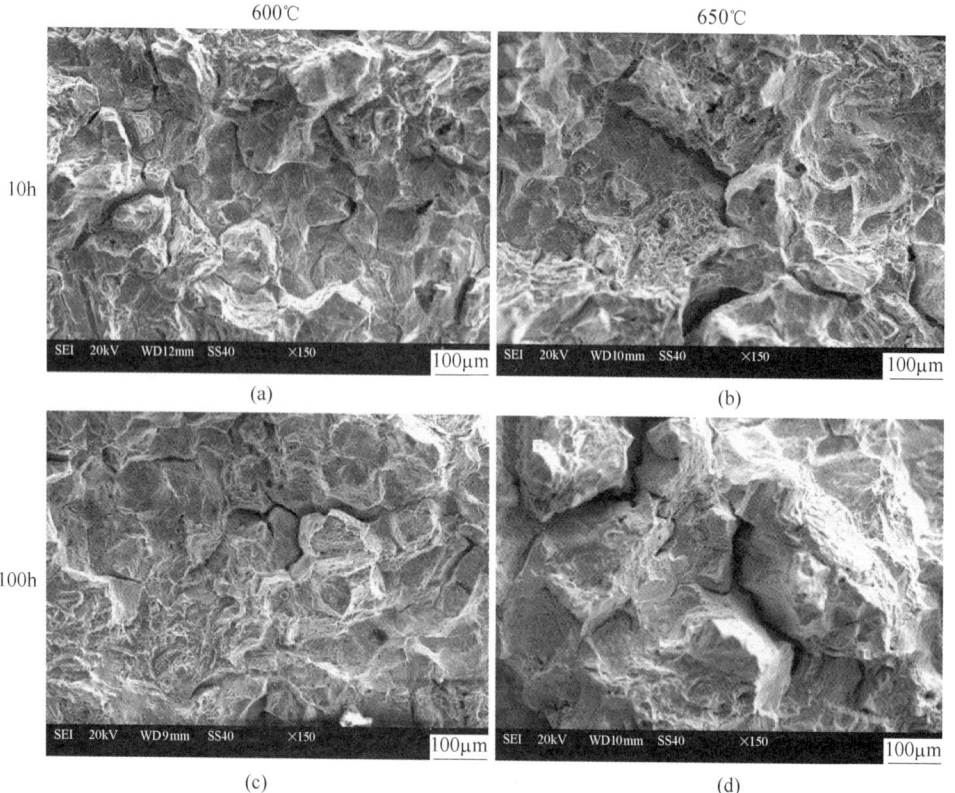

图 2   GH4080A 在不同氧化温度和时间下的冲击断口形貌对比图

Fig. 2   Impact fracture morphology of GH4080A with different oxidation time and temperature

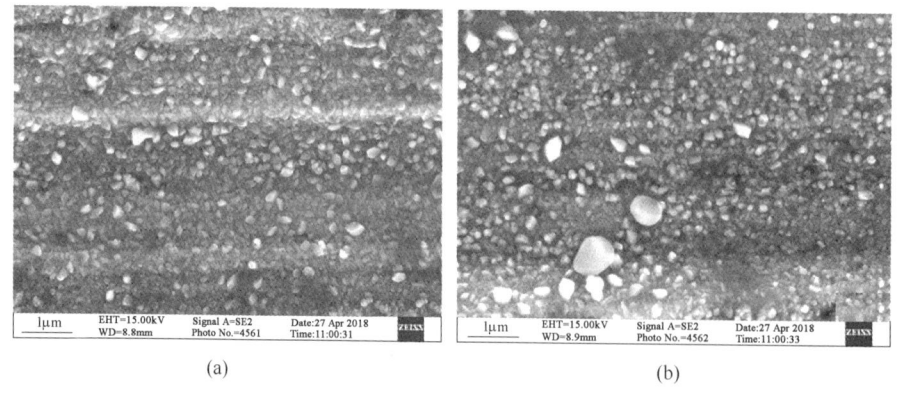

图 3   600℃氧化 10h(a)、50h(b) 的冲击试样缺口处的氧化物形貌

Fig. 3   Oxide morphology at the notch of the sample at 600℃ 10h(a) and 50h(b)

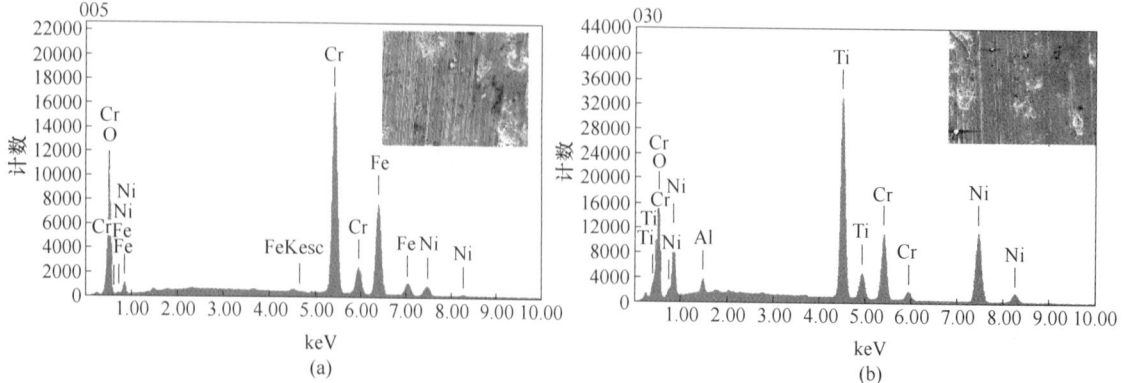

图 4   600℃氧化 10h(a)、100h(b) 的冲击试样缺口处氧化物成分

Fig. 4   Oxide composition at the notch of the sample at 600℃ 10h(a) and 100h(b)

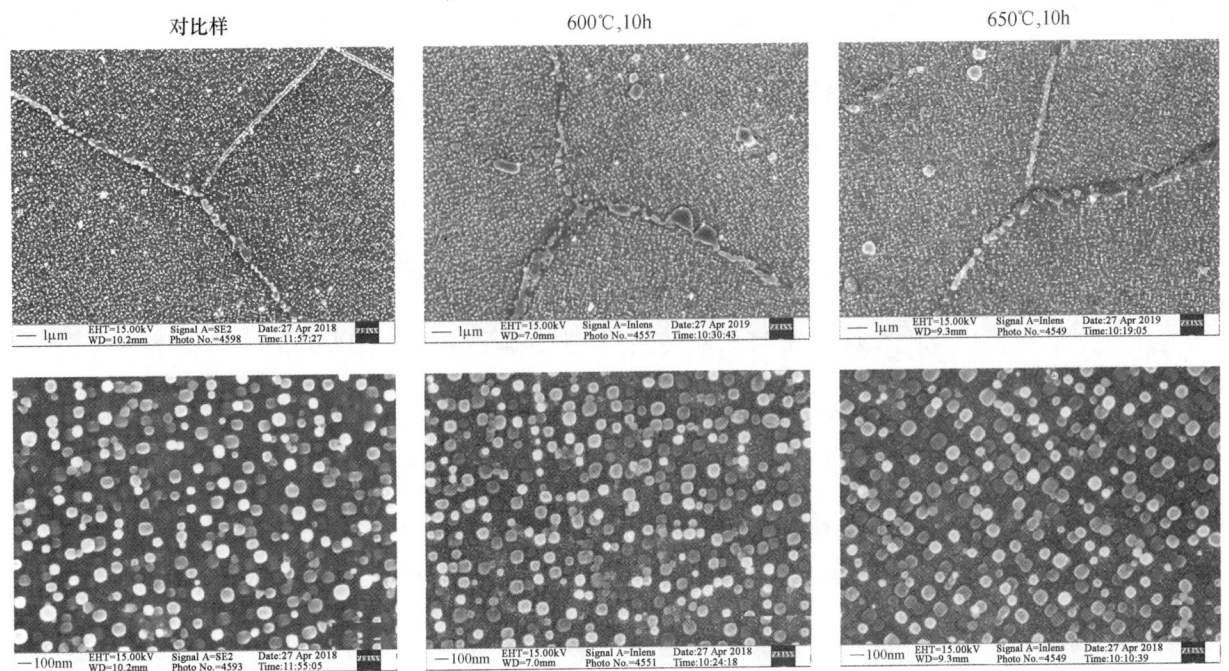

图 5　不同氧化条件与未氧化样品的析出相对比

Fig. 5　Comparison of precipitation among different oxidized samples

高温氧化后，晶界碳化物数量增多，并聚集长大、趋于连续分布。这些碳化物的连续析出，成为沿晶开裂裂纹产生的通道，从而造成断裂。这些晶界析出相增加了晶界的脆性，最终导致韧性降低。

3　结论

（1）随着氧化温度的提高和氧化时间的延长，合金的冲击韧性降低。

（2）氧化处理使试样表面生成一层致密的氧化膜，多为 O 与 Ti、Al、Ni、Cr、Fe 等元素结合的产物，氧化物的形成能够降低合金的冲击韧性。

（3）一定时间的氧化处理使晶界处的碳化物数量增多、聚集粗化并趋于连续分布，更易成为沿晶裂纹产生的通道，增加晶界脆性，从而导致冲击韧性的降低。

参考文献

[1] 王韶鹏，陈伟鹏. 超超临界电厂的运行经验和发展历程 [J]. 包钢科技，2017，43（3）：91~95.

[2] 孙晓东. 超临界汽轮机高温紧固件、高温段叶片材料研究 [J]. 机械工程师，2011，(2)：54~57.

超超临界电站紧固件用材料 Nimonic80A
应力腐蚀机制的研究

赵宝达，张麦仓*，张琪，马思文，原菁俊，侯为学

（北京科技大学材料科学与工程学院，北京，100083）

摘　要：本文研究了硫酸根、氯离子以及不同 pH 值对 Nimonic80A 合金应力腐蚀行为的影响及作用机制。采用慢应变速率拉伸的试验方法，研究了该合金在空气、H_2SO_4、Na_2SO_4、HCl、NaCl 不同环境中的应力腐蚀行为。研究显示，Nimonic80A 合金在 HCl 溶液中应力腐蚀敏感性最强，；随着 pH 值的降低会使合金的应力腐蚀敏感性略微增强，而 SO_4^{2-} 对合金的应力腐蚀敏感性无明显影响。同时发现，阳极电位的增加可以有效抑制应力腐蚀裂纹的形核及其扩展，能够明显延长在 HCl 溶液中的断裂时间，说明 Nimonic80A 在 HCl 中的应力腐蚀断裂机制为氢致开裂型机制。

关键词：镍基合金；慢应变速率拉伸；应力腐蚀敏感性；氢致断裂

Study on the Stress Corrosion Mechanism of Nimonic80A Used in Fasteners of Ultra-Supercritical Power Station

Zhao Baoda, Zhang Maicang, Zhang Qi, Ma Siwen, Yuan Jingjun, Hou Weixue

（School of Materials and Engineering University of Sinence and
Technology Beijing, Beingjing, 100083）

Abstract：The effect of sulfuric acid, chloride ions and different pH values on the stress corrosion behavior of Nimonic80A alloy and its mechanism were studied. The stress corrosion behavior of the alloy in different environments such as air, H_2SO_4, Na_2SO_4, HCl and NaCl was studied by the method of slow strain rate tensile test. The results showed that the Nimonic80A alloy was the most sensitive to stress corrosion in HCl solution. With the decrease of pH, the stress corrosion sensitivity of the alloy increases slightly, while SO_4^{2-} has no significant effect on the stress corrosion sensitivity of the alloy. At the same time, it was found that the increase of anode potential could effectively inhibit the nucleation and propagation of stress corrosion cracks and significantly prolong the fracture time in HCl solution, indicating that the stress corrosion fracture mechanism of Nimonic80A in HCl was hydrogen-induced cracking mechanism.

Keywords：nickel base alloy；slow strain rate stretching；stress corrosion sensitivity；hydrogen induced fracture

　　火电站汽轮机汽缸高温螺栓失效主要由应力腐蚀、蠕变疲劳交互作用、应力松弛等引起，其中应力腐蚀断裂（SCC）是导致螺栓紧固系统失效的主要原因之一，由于这种脆断的突然性和不可预测性，因而具有相当的危险性[1]，甚至可能引发灾难性事故。目前，国内外的研究主要集中在应力腐蚀的评估方法和从材料的工艺方面提升抗应力腐蚀性能[2]，而对应力腐蚀的基本机理还没有统一的认识。为此，本工作针对不同腐蚀介质以及不同 pH 值对超超临界电站紧固件用材料 Nimonic80A 应力腐蚀机制的影响进行了深入的研究。

---

　　*作者：张麦仓，副教授，联系电话：010-62332884，E-mail：mczhang@ ustb. edu. cn

1　试验材料及方法

试验材料为美国 Special Metals 公司经过真空感应（VIM）+电渣重融（ESR）双联工艺冶炼，再经高温均匀化，锻造开坯制成 ϕ110mm 的 Nimonic80A 棒坯（合金成分为（质量分数,%）：Cr, 19.76；Ti, 2.43；Al, 1.42；Fe, 0.55；Si, 0.06；Mn, 0.062；Cu, 0.03；C, 0.065；Co, 0.049；Ni, 余量）。在长棒上切取 5mm 厚的试样，经打磨抛光及侵蚀后，在 DMR 型光学显微镜上观察晶粒形貌。再次磨抛及电解抛光、电解浸蚀后在 ZEISS SUPRA55 场发射扫描电镜下观察 Nimonic80A 的组织特征（见图 1）。余下的 75mm 棒

材按标准加工成应力腐蚀试样，采用慢应变速率拉伸（SSRT）的方法在如下介质中进行室温条件，应变速率为 $1.2\times10^{-6}s^{-1}$ 的应力腐蚀试验。对断裂后的应力腐蚀试样沿断口向里切取 10mm，用丙酮超声波清洗后使用 JEOL-1450 扫描电镜观察断口形貌。

应力腐蚀试验介质：

（1）空气条件（惰性介质）；（2）4%H_2SO_4：pH 值为-0.17；（3）0.032%H_2SO_4：pH 值为 2.92；（4）13%HCl：pH 值为-0.17；（5）106g/L Na_2SO_4：pH 值为 5.7；（6）29.25g/L NaCl：含有 17.75g/L 的 Cl^-；（7）87.75g/L NaCl：含有 53.25g/L 的 Cl^-；（8）13%HCl：增加+0.1V 的阳极电位；（9）13%HCl：增加-0.1V 的阴极电位。

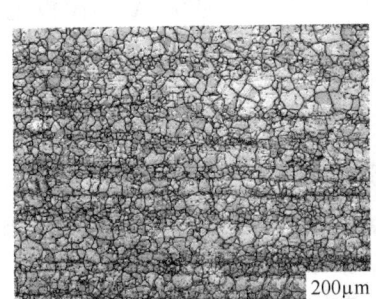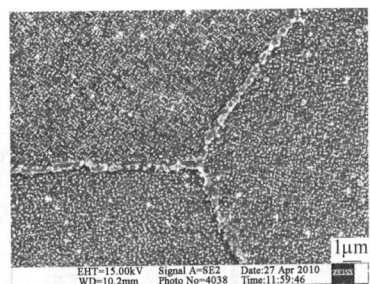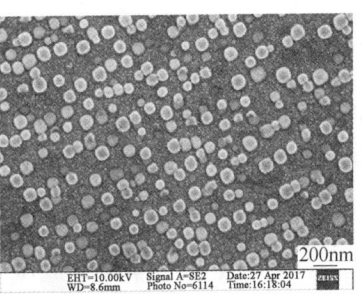

图 1　Nimonic80A 合金的金相组织及析出相

Fig. 1　The microstructure of the Nimonic80A alloy precipitates out

Nimonic80A 合金的晶粒度为 4.0 左右，有很多 M23C6 型碳化物在晶界上不连续析出，晶内弥散析出了大量 100nm 左右的方形一次 γ' 相和 16~20nm 圆形二次 γ' 相。

2　试验结果及分析

2.1　应力腐蚀试验结果

Nimonic80A 合金在不同介质中的应力腐蚀试验结果如表 1 所示。比较前七组的试验结果可知，Nimonic80A 合金在 13%HCl 介质中的应力腐蚀性

能最差，抗拉强度、断裂时间及断面收缩率最低，说明试样对 HCl 表现出较强的应力腐蚀敏感性。但是试样在 NaCl 介质中的性能并无明显降低，说明 Nimonic80A 对中性介质中的 Cl^- 无 SCC 敏感性；同时比较试样在不同 pH 值的硫酸和硫酸钠介质中的应力腐蚀性能发现，试样在较低 pH 值的 4%H_2SO_4 中性能比空气（惰性介质）降低，说明一定范围内，pH 值的降低会增加 Nimonic80A 合金的 SCC 敏感性，但是作用比较微弱；试样在 0.032%H_2SO_4 和 Na_2SO_4 介质中的性能和在空气中的比较接近，说明室温下 Nimonic80A 合金对 SO_4^{2-} 无应力腐蚀敏感性。

表 1　Nimonic80A 在不同介质中的应力腐蚀试验结果

Tab. 1　Results of stress corrosion test of Nimonic80A in different media

介　质	抗拉强度/MPa	断面收缩率/%	断裂时间/h	I_{SSRT}
（1）空气	1224	30.0	67.84	—
（2）4%H_2SO_4	1215	27.5	66.30	0.71

续表1

介　质	抗拉强度/MPa	断面收缩率/%	断裂时间/h	I_{SSRT}
(3) 0.032%H_2SO_4	1236	28.3	66.09	-0.96
(4) 13%HCl	1044	11.3	27.30	14.68
(5) 106g/L Na_2SO_4	1225	32.2	66.08	-0.11
(6) 29.25g/L NaCl	1236	34.1	68.88	-0.98
(7) 87.75g/L NaCl	1230	32.2	65.28	-0.47
(8) 13%HCl(+0.1V)	1150	14.1	65.23	6.06
(9) 13%HCl(-0.1V)	826	4.0	26.73	32.55

应力腐蚀指数 I_{SSRT} 是将 SSRT 试验所获得的各项力学性能指标进行数学处理的结果，与单项力学性能指数相比能更好地反映应力腐蚀断裂敏感性，I_{SSRT} 数值越大，表示应力腐蚀断裂敏感性增加。从图 2 中同样能够发现，Nimonic80A 在 HCl 中应力腐蚀敏感性最高，pH 值降低，会略微增强应力腐蚀敏感性。Nimonic80A 对 SO_4^{2-} 和中性条件下的 Cl^- 无应力腐蚀敏感性，对 HCl 有敏感性是因为 H^+ 和 Cl^- 会对应力腐蚀产生协同作用[3]。

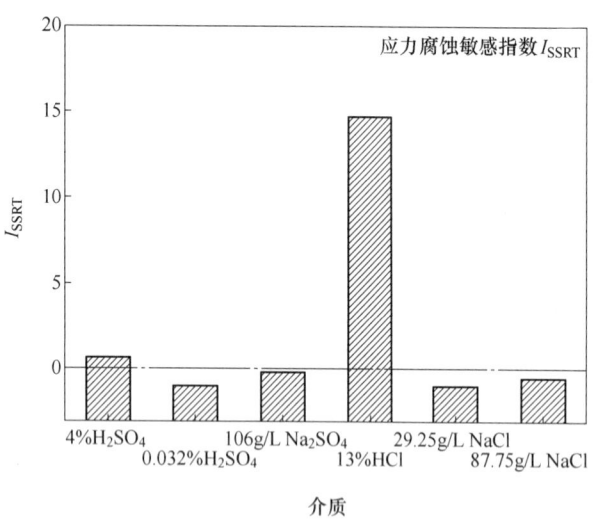

图 2　Nimonic80A 合金在不同介质中的
应力腐蚀敏感指数

Fig. 2　Stress corrosion sensitivity index of
Nimonic80A alloy in different media

2.2　Nimonic80A 在 HCl 中的应力腐蚀机制

采用外加电位的实验方法，若是氢致断裂型应力腐蚀，阴极电位会促进断裂，降低性能；若是阳极溶解型应力腐蚀，阳极电位增加会促进断

裂，降低性能[4,5]。在 13% HCl 介质中分别施加 0.1V 的阳极电位和阴极电位进行慢应变速率拉伸实验，实验结果如图 3 所示，从中看出，对比不加电位的 HCl 来看，增加 0.1V 的阴极电位促进断裂，使断裂时间、抗拉强度和断面收缩率明显降低，图 4 中的断口形貌显示，阴极电位使二次裂纹增多，沿晶脆性断裂特征明显，说明阴极电位能够促进应力腐蚀裂纹的形核和扩展。增加 0.1V 的阳极电位产生的作用则完全相反，使应力腐蚀各项性能均明显提高，断口上有浅韧窝塑性特征出现。因此能够说明 Nimonic80A 合金在 HCl 介质中的应力腐蚀断裂形式为氢致断裂。

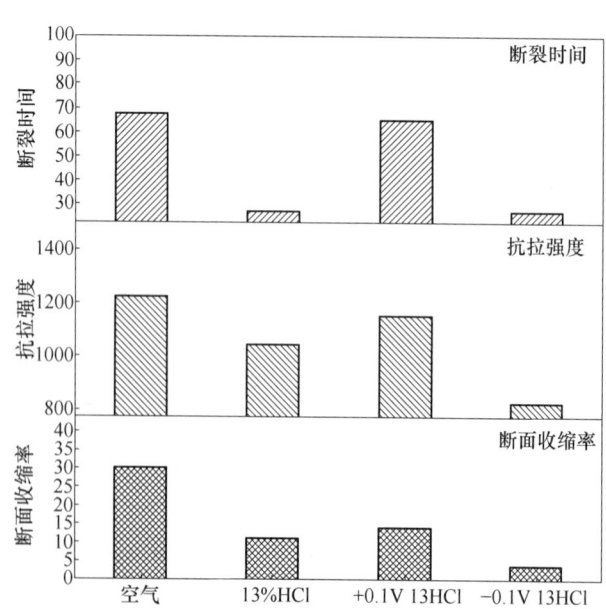

图 3　外加电位对 Nimonic80A 合金在 HCl
介质中应力腐蚀性能的影响

Fig. 3　Effect of external potential on stress corrosion
performance of Nimonic80A alloy in HCl medium

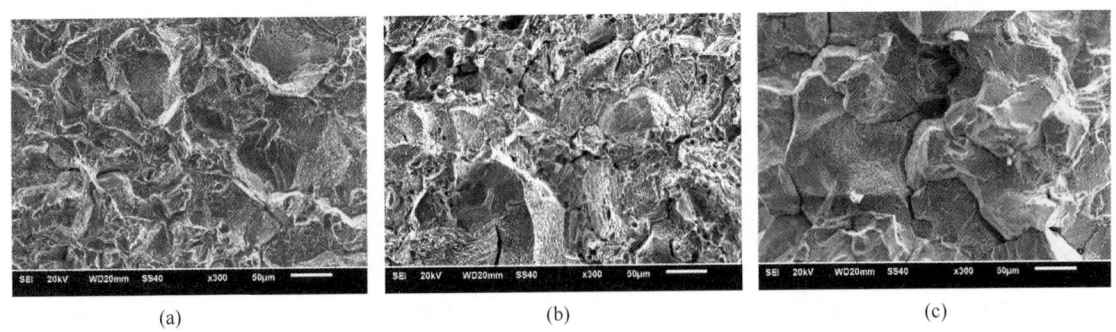

(a)   (b)   (c)

图 4　增加电位对 Nimonic80A 在 HCl 介质中应力腐蚀断口形貌的影响

Fig. 4　Effect of increasing potential on fracture morphology of Nimonic80A in HCl medium

(a) 13%HCl；(b) 13%HCl(+0.1V)；(c) 13%HCl(-0.1V)

3　结论

（1）一定范围内，pH 值降低，Nimonic80A 合金的应力腐蚀敏感性略微增加，pH 作用有限。

（2）Nimonic80A 对 SO_4^{2-} 和中性条件下的 Cl^- 无应力腐蚀敏感性。

（3）Nimonic80A 对 HCl 具有明显的应力腐蚀敏感性，断裂机制为氢致断裂。

参考文献

［1］Kitaguchi H S, Li H Y, Evans H E. Oxidation ahead of a crack tip in an advanced Ni-based superalloy［J］. Acta Materialia, 2013, 61（6）：1968~1981.

［2］Schreiber D K, Olszta M J, Bruemmer S M. Directly correlated transmission electron microscopy and atom probe tomography of grain boundary oxidation in a Ni-Al binary alloy exposed to high-temperature water［J］. Scripta Materialia, 2013, 69（7）：509~512.

［3］Qiao Lijie, Chu Wuyang, Miao Huijun. Hydrogen-facilitated corrosion and stress corrosion cracking of austenitic stainless steel of type 310［J］. Metallurgical Transactions A, 1993, 24（4）：959~962.

［4］褚武扬. 氢脆和应力腐蚀［M］. 北京：科学出版社, 2013：364~366.

［5］Mcinteer William A, Thompson Anthony W, Bernstein I M. The effect of hydrogen on the slip character of nickel［J］. Acta Metallurgica, 1980, 28（7）：887~894.

高铬耐蚀高温合金组织性能演变及失效机制研究

严靖博*，杨征，张醒兴，袁勇，鲁金涛，谷月峰

（西安热工研究院有限公司，陕西 西安，710054）

摘　要：火电机组蒸汽参数的上升在对材料力学性能要求不断提高的同时，也对其抗氧化/腐蚀性能带来新的挑战。材料中的铬元素是确保其优异耐蚀性能的关键因素，但较高的元素含量也将造成合金组织不稳定及力学性能下降等问题。本课题研究并开发了一种高铬含量的新型高温合金，其元素含量满足 Cr：26%～29%；Co：12%～16%；W+Mo：≤1.8%；Nb：≤0.7%；Al+Ti：≤4.0%；C：0.04%～0.07%；Fe：≤0.7%；余量为 Ni。合金在室温及850℃屈服强度分别可达785MPa与510MPa，同时室温及850℃延伸率分别为32.1%及8.53%。并且合金在 800～850℃热暴露期间具有良好的组织稳定性，经过850℃/1000h 热暴露后室温及850℃屈服强度分别可达650MPa 与299MPa，室温及850℃延伸率分别为 20.6% 及 18.7%。此外，合金具备优异的抗腐蚀性能，其在850℃煤灰腐蚀条件下的抗腐蚀性能优于 Inconel740H 与 Haynes282，且与上述合金相比具备优异的原料成本优势。

关键词：高温合金；屈服强度；热暴露；组织稳定性；煤灰腐蚀

Microstructure and Properties Evolution Analyzing of High Chromium Containing Corrosion Resistance Superalloy

Yan Jingbo，Yang Zheng，Zhang Xingxing，Yuan Yong，Lu Jintao，Gu Yuefeng

（Xi'an Thermal Power Research Institute，Xi'an Shaanxi，710054）

Abstract：Increasing the stream parameters asks for the superior strength at high temperature，as well as the advanced corrosion/oxidation resistance of alloy. Chromium is the key element which affects the alloy corrosion resistance. However，the excess addition of chromium brings negative effect of the microstructure stability and alloy strength during service. This work developed a new nickel based superalloy with the element content：Cr：26%～29%；Co：12%～16%；W+Mo：≤1.8%；Nb：≤0.7%；Al+Ti：≤4.0%；C：0.04%～0.07%；Fe：≤0.7%；and the balance of Ni. The alloy yield strength at room temperature and 850℃ reached 785MPa and 510MPa，respectively. Moreover，the alloy ductility is 32.1% and 8.53% and the room temperature and 850℃. The alloy exhibits excellent microstructure stability during exposure between 800～850℃. The alloy strength at room temperature and 850℃ maintain at 650MPa and 299MPa after 1000h of aging at 850℃. The alloy ductility is 20.6% and 18.7% and the room temperature and 850℃. Moreover，the alloy shows better corrosion resistance than Inconel 740H under the ash corrosion condition at 850℃. In addition，it cost is much lower than that of the Inconel 740H and Haynes 282 alloys.

Keywords：superalloy；yield strength；thermal exposure；microstructure stability；ash corrosion

蒸汽参数的提高对火电机组的发电效率及污染物排放控制等均具有重要影响，但其同时也对机组关键部件材料的服役性能提出严苛要求[1,2]。

近年来，针对先进超超临界（A-USC）火电机组中过热器/再热器等关键部件候选材料进行了大量研究，并开发出了多种具备优异性能的镍钴基高

＊作者：严靖博，高级工程师，联系电话：18109266166，E-mail：yf625oscar@163.com

资助项目：中国博士后科学基金面上项目（2017M623213）；陕西省博士后科研项目（2018BSHQYXMZZ32）；华能集团总部科技项目（HNKJ18-H12，ZD-18-HKR01）

温合金材料[3,4]。其中，Inconel740H、Haynes282 等合金具备优异的强度性能，可满足蒸汽参数在 750℃以上时机组对关键部件候选材料的持久寿命要求[5,6]。然而，在锅炉温度上升的同时，对材料的抗腐蚀/氧化性能同样提出了严峻挑战[7]。因此，开发出兼具抗腐蚀/氧化性能、高温持久强度及组织稳定性的新型高温合金对提高 A-USC 机组运行蒸汽参数具有重要意义。

1 试验材料及方法

试验用合金（HT750）化学成分（质量分数）满足：Cr 26%~29%；Co 12%~16%；（W+Mo）≤1.8%；Nb≤0.7%；（Al+Ti）≤4.0%；C 0.04%~0.07%；Fe≤0.7%；余量为 Ni。采用真空感应熔炼制备 50kg 级合金铸锭，并通过高温锻造、轧制成为合金板材。随后对合金进行 1100~1150℃/4h 固溶处理，完成后进行 720~760℃/8h、800~860℃/2h 两步时效处理，最后空冷至室温。采用箱式电阻炉对合金进行长期热暴露测试，温度为 850℃，保温时间 1000 小时。采用热膨胀分析仪对合金膨胀系数进行测定，测试温度范围为 600~1000℃，升温速率为 5℃/min。随后采用 Zeiss Sigma HD 扫描电子显微镜对热处理态及热暴露态合金进行微观组织观察，分析其热暴露期间晶内与晶界处的组织演变行为。采用 MTS 电子拉伸试验机对合金进行室温及 850℃拉伸性能测试，室温及高温试验方法分别参考 GB/T 228.1—2010 与 GB/T 4338—2006 执行。高温拉伸时升温阶段保载 50N，避免由于测试样品加热期间膨胀对测试结果造成影响。在达到指定温度后保温 15min 后开始进行拉伸测试，速率为 $2.5 \times 10^{-4} s^{-1}$。腐蚀/氧化实验参考 GB/T 13303—91 执行，实验所用烟灰和烟气的成分分别为 $6\%Fe_2O_3 + 2\%Na_2SO_4 + 2\%K_2SO_4 + 29\%CaSO_4 + 39\%SiO_2 + 22\% Al_2O_3$（质量分数）和 $0.3\%SO_2 + 81.2\%N_2 + 10\%CO_2 + 3.5\%O_2 + 5\%H_2O$（体积分数）。煤灰的配制是将所有原料混合，用玛瑙研钵充分研磨后过筛，再加入适量乙醇配制成悬浮液作为人工合成煤灰环境。在试样表面涂刷一层人工合成煤灰，待完全干燥后放入陶瓷舟，并置于清洁的密封卧式电炉中，通入流量 100ml/min 的合成烟气，在 850℃进行不同时间的腐蚀试验。

2 试验结果及分析

2.1 组织演变观察

图 1 为热处理态及热暴露态的合金组织形貌。

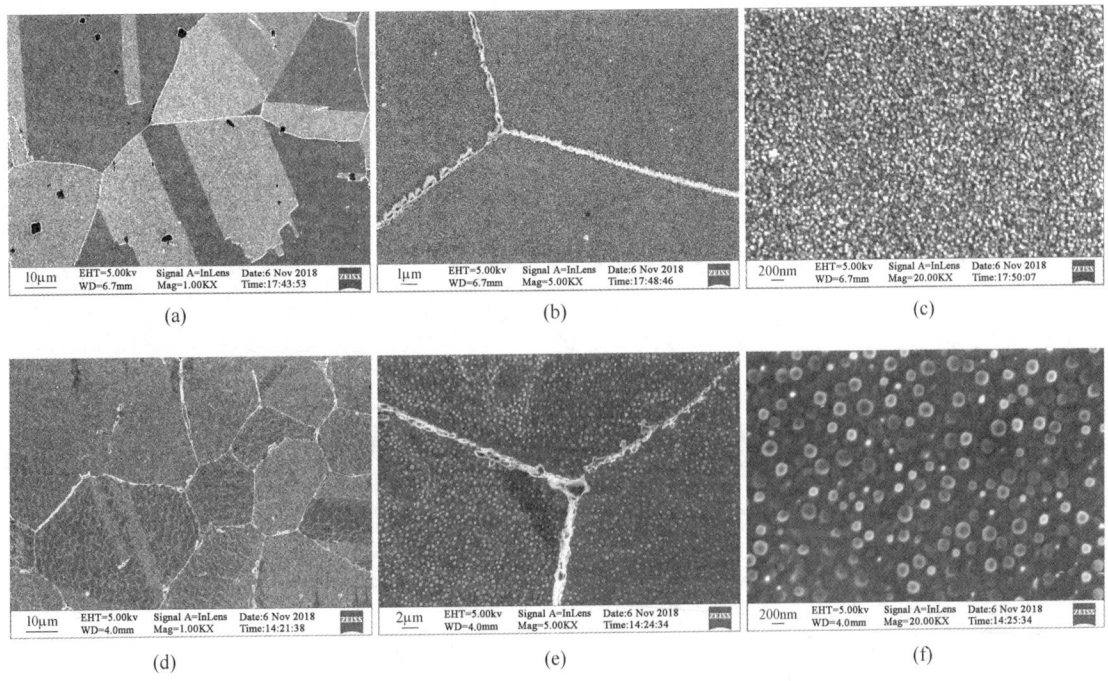

图 1 HT750 合金组织演变

Fig. 1 Microstructure evolution of HT750 alloy

（a）热处理态合金组织；（b）晶界碳化物；（c）晶内 Ni₃Al；（d）热暴露态合金组织；（e）晶界碳化物；（f）晶内 Ni₃Al

可以看出，合金经热处理后奥氏体晶内形成大量颗粒状析出相，其平均尺寸不超过 50nm。同时，在合金晶界形成不连续碳化物。合金经高温长期热暴露后，晶内析出相尺寸显著增大，其平均尺寸超过 180nm。同时，合金晶界碳化物明显粗化。对比热暴露前后合金组织观察，未发现晶粒的明显粗化，表明晶界碳化物有效钉扎晶界迁移，抑制了晶粒长大。此外，在合金晶粒内部未发现有害相析出，表明合金在高温服役期间奥氏体组织具有良好的稳定性。

2.2 合金性能评测

2.2.1 合金力学性能演变

表 1 所示为热处理态及 850℃热暴露 1000h 后的合金力学性能测试结果。通过对比可以看出，合金具有良好的高温力学性能，经长期热暴露后仍保持了较高的屈服强度，其强度性能与 Haynes282 合金接近。虽然合金在高温拉伸时表现出较低的塑性，但经长期热暴露后其塑性显著提高。同时，合金在热暴露前后均表现出良好的室温塑性。这一结果验证了合金具备良好的组织性能稳定性。长期热暴露过程中，强度的降低与塑性的上升与晶内 Ni_3Al 与晶界 $Cr_{23}C_6$ 的粗化长大有关，并在 850℃热暴露后保持了与 Haynes282 合金接近的强度性能。后者是目前 700℃级先进超超临界机组最具应用潜力的候选材料，其可满足 760℃/100MPa 条件下十万小时持久寿命的要求。本文所述合金在具备良好组织稳定性的同时在长期热暴露期间也保持了较高的强度，因而也具备良好的应用研究前景。

表 1 合金拉伸性能测试结果
Tab. 1 Tensile test results at room temperature and 850℃

合　金	热处理	抗拉强度/MPa		屈服强度/MPa		伸长率/%		断面收缩率/%	
		室温	850℃	室温	850℃	室温	850℃	室温	850℃
HT750	热处理态	1283	526	785	510	32.1	8.53	33.1	4.71
	850℃/10^3h	1162	387	650	299	20.6	18.7	24.0	21.7
Haynes282	热处理态	1159	550	742	543	30.7	30.6	30.4	27.5
	850℃/10^3h	1068	422	618	310	25.8	38.5	28.9	43.0

2.2.2 合金高温抗腐蚀性能

图 2 为合金在煤灰条件下的抗腐蚀性能测试结果。Inconel 740H 合金在煤灰烟气环境中，两种温度腐蚀测试期间均出现了明显的失重现象。这表明合金表面形成的氧化铬在高温烟气腐蚀环境中不稳定，易分解并最终造成测试样品失重。然而，与 Inconel 740H 合金相比，HT750 合金失重速率较低，并在达到 600h 后质量变化趋于稳定，表明此时表面氧化铬层良好的保护机体，这可能与合金中较高的铬元素含量保证了氧化铬的稳定性有关。

2.2.3 合金热膨胀性能

对合金热膨胀系数（CTE）进行了测试，结果见图 3。可以看出合金在高温时具有较低的热膨

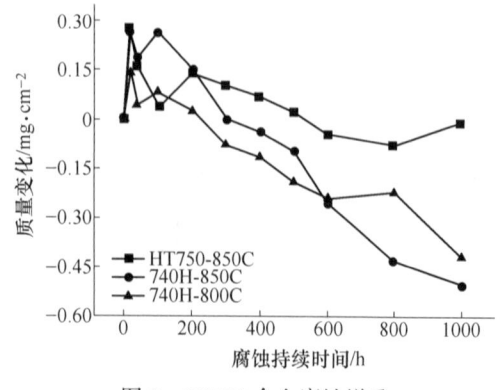

图 2　HT750 合金腐蚀增重

Fig. 2　Corrosion resistance of HT750 alloy

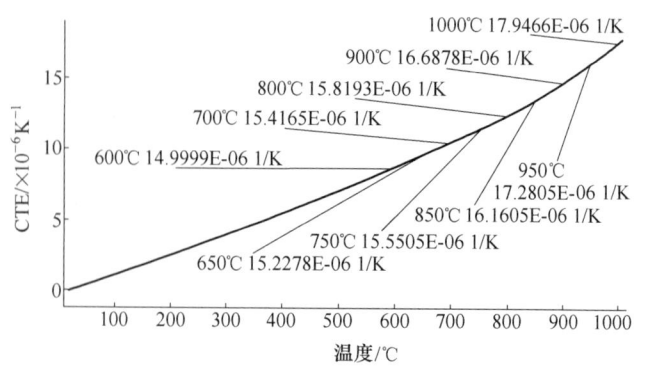

图 3　HT750 合金热膨胀系数

Fig. 3　Thermal expansion coefficient of HT750 alloy

胀系数，其在 800℃ 时热膨胀系数为 15.82 × $10^{-6}K^{-1}$。这一结果与 Inconel 740H 在 800℃ 时的热膨胀系数接近，后者在该条件下的 CTE 为 15.72× $10^{-6}K^{-1}$。

对合金的综合性能评测结果表明，HT750 与同类合金相比具备优异的高温强度及抗腐蚀性能，同时其具有较低的热膨胀系数。此外，该合金采用析出强化为主，因此 Nb、W、Mo 等昂贵的固溶强化元素含量较低，其原料成本为 16.26 万/吨，与目前欧美 A-USC 机组中广泛采用的 Inconel 740H 合金（18.77 万/吨）、CCA617 合金（16.55 万/吨）等相比价格低廉，因而具有良好的推广应用前景。

3 结论

（1）HT750 合金在高温热暴露期间具备良好的组织稳定性，经850℃热暴露1000h后无明显有害相析出，并且仍保留了较好的力学性能。

（2）HT750 合金在850℃煤灰烟气条件下具备优异的抗腐蚀性能，同时该合金具有较低的热膨胀系数及低廉的原料成本，具备良好的推广应用潜力。

参考文献

[1] Yan Jingbo, Gu Y, Lu Jintao. On precipitates in Fe-Ni -base alloys used for USC boilers [J]. Materials Science and Technology. 2015 (31)：389~399.

[2] Viswanathan R, Coleman K, Rao U. Materials for ultra-supercritical coal-fired power plant boilers [J]. International Journal of Pressure Vessels and Piping. 2006 (83)：778~783.

[3] Viswanathan R, Henry J F, Tanzosh J, et al. U. S. Program on Materials Technology for Ultra-Supercritical Coal Power Plants [J]. Journal of Materials Engineering and Performance. 2005 (14)：281~292.

[4] 党莹樱，赵新宝，尹宏飞，等. A-USC 锅炉关键部件用候选合金金属间相特征 [J]. 中国电机工程学报. 2014 (34)：3983~3989.

[5] Boehlert C J, Longanbach S C. A comparison of the microstructure and creep behavior of cold rolled HAYNES® 230 alloy™ and HAYNES® 282 alloy™ [J]. Materials Science and Engineering A. 2011 (528)：4888~4898.

[6] Chong Yan, Liu Zhengdong, Andy Godfrey, Liu Wei, Weng Yuqing. Microstructure evolution and mechanical properties of Inconel 740H during aging at 750℃ [J]. Materials Science and Engineering A. 2014 (589)：153~164.

[7] Viswanathan R, Sarver J, Tanzosh J M. Boiler Materials for Ultra-Supercritical Coal Power Plants—Steamside Oxidation [J]. Journal of Materials Engineering and Performance. 2006 (15)：255~274.

高温合金的再结晶与组织性能调控

宁永权*，谢炳超，张保云，刘小明，余浩

（西北工业大学材料学院，陕西 西安，710072）

摘　要：再结晶是金属在特定温度与能量条件下通过微观结构演化形成无畸变新晶核的过程。再结晶是热加工过程中必然发生的物理化学冶金过程，更是控制微观组织结构、提高产品性能的重要手段。伴随着科技发展和技术创新，高温合金的再结晶与组织性能调控也被赋予了更多更新的研究内容。本研究以未来航空发动机用先进高温合金的再结晶形核机制与长大机理为切入点，深入剖析微观结构影响力学性能的本质问题，充分发掘高温合金的力学性能潜力。文中主要概述了新型高温合金几种再结晶形核新机制，并简要介绍了新机制在调控未来发动机组织性能时所起到的作用。本研究所取得的阶段性成果将为发动机核心热端部件的先进制造奠定坚实的理论基础、提供有效的技术支撑。

关键词：高温合金；再结晶；组织调控；未来发动机；先进制造

Recrystallization Mechanism and Microstructure Evolution of the Ni-based Superalloys during Hot Processing

Ning Yongquan, Xie Bingchao, Zhang Baoyun, Liu Xiaoming, Yu Hao

（School of Materials Science and Engineering, Northwestern Western Polytechnical University, Xi'an Shaanxi, 710072）

Abstract：Nickel-based superalloys have been widely used in turbine engines because of their superior mechanical properties and high temperature capability. In the past decades, several hot processing methods have been developed to improve the mechanical properties by controlling the microstructure evolution. Recrystallization is a process by which a crystalline metallic material can lower its free energy. Meanwhile, the deformed grains are replaced by a new set of undeformed grains that nucleate and grow until the original grains have been entirely consumed. However, the nucleation repeatability becomes the critical and scientific problem. With the rapid development of modern materials science, hetergenous recrystallization nucleation incorporating the grain boundary, edge and junction has been paid more and more attention. In present research, SEM, EBSD and HR-TEM are used to characterize the microstructural evolution from micro-deformed structure to recrystallization nucleus, and a new in-situ method that can characterize the whole nucleation process has been developed. Innovative research findings on recrystallization mechanism will beneficial to controlling the microstructure evolution during advanced manufacturing process of the future aero engine.

Keywords：superalloys; recrystallization mechanism; microstructure evolution; future aero engine; advanced manufacturing

再结晶是金属在特定温度与能量条件下通过微观结构演化形成无畸变新晶核的过程[1]。再结晶是热加工领域必然发生的常见物理化学冶金过程，是控制微结构提高产品性能的重要手段。再

---

*作者：宁永权，香江学者，博士生导师，联系电话：15829884555，E-mail：luckyning@nwpu.edu.cn

资助项目：国家自然科学基金面上项目（51775440）；人力资源和社会保障部"香江学者"计划（XJ2014047）；中央高校基础科研业务费（3102018ZY005）

结晶理论是材料学科最先探讨的基础理论[2]，伴随科技发展与技术创新，新材料与新结构层出不穷，再结晶也被赋予了新的研究内涵。以金属3D打印和粉末冶金为例，由于粉末原始边界（previous particle boundary，PPB）的存在，再结晶机理和组织控制方法都上升到一个新的高度。粉末间的冶金结合部分形成了固体内原子间作用力，但是间隙相与诱导孔洞的客观存在破坏了冶金结合的连续性，通常需要采取后序高温塑性变形加以改善。事实上，粉末原始边界是一种不完全原子作用力结构。利用粉末技术代替传统金属熔炼制备粉末母材、通过后序热加工实施最终变形的集成制造技术成为了近些年的攻关重点，不仅解决了传统熔炼的组织不均匀问题[3]，而且能通过塑性变形获得更优异的力学性能。粉末冶金材料在热加工过程中虽能发生明显的组织性能变化，但不全冶金结合粉末原始边界的存在影响着再结晶过程，因此粉末材料在热力耦合作用下的再结晶机理成为研究重点，也是材料加工领域的最基本科学问题之一。

晶界相较于晶粒内部更容易塞积变形位错，再结晶优先在晶界处形核长大[4]并与塑性畸变部分保持某种程度的约束关系。美国德克萨斯大学P. J. Ferreira教授指出形核点的界面张力在任何晶界结构下都必须保持动态平衡[5]。以晶界两节点为例，推导再结晶形核的界面张力平衡角度余弦，根据平面衬底非均匀核理论[6]计算形核功ΔG^*。再结晶形核的平衡角度影响形核功大小，形核角余弦越大，形核所需能量越低。然而，平衡形核角度因界面形态的改变而不同，亟待对界面不同位置的平衡形核角度进行分类研究以探讨界面不同位置的再结晶难易程度。再结晶形核必须满足能量与结构条件：能量上，形核处的畸变能即位错密度需达到临界条件；结构上，形核位置则需要满足位错结构多边化的要求，通过组成小角度晶界合并重排完成组织重构过程[7]。伴随形核与长大过程，再结晶引起的界面能增加、体积畸变能减少和弹性能释放之间的博弈关系与再结晶核心的尺寸互相依赖[8]。法国P. Duval教授重点研究了弹性能释放的影响，并对总自由能变化方程求导得到其驻点对应的临界形核尺寸[9]，指出不同再结晶形核平衡角度影响弹性能释放过程，导致界面不同位置的再结晶临界形核尺寸存在差异。澳大利亚C. R. Hutchinson教授关于再结

晶形核的物理学模型研究成果表明，均匀变形基体中形成的无畸变亚晶含量-尺寸关系满足Rayleigh分布[10]，只有形成的核心亚晶尺寸大于该条件下的临界形核半径，该部分亚晶才可以继续长大完成再结晶形核长大过程。变形基体中半径为r的亚晶分布概率用该条件下的平均晶核尺寸来标准化，则大于临界形核半径的亚晶密度概率可以表示为$F_{sub} = \int_{\chi_r}^{\infty} P(\chi_r) \mathrm{d}\chi_r = \exp\left(-\frac{\pi \chi_r^2}{4}\right)$。德国亚琛工业大学的G. Gottstein教授研究了应变对晶界节点运动的诱导作用[11]以及晶体中晶界节点效应对晶核长大的影响[12]，指出受控晶界节点的结构稳定性比受控晶界移动的稳定性更好，建立了晶界节点模型引入不同晶界节点数量预测晶核2D排列和3D结构。在研究思路与方法创新方面，欧洲科学家S. Schmidt利用同步辐射技术对再结晶形核的具体过程进行了实时跟踪，指出晶核的生长速率取决于晶界与变形基体间的局部原子运动，关于晶界节点与再结晶的原子运动相关研究成果在2004年Science上发表[13]。事实证明，采用介观甚至宏观样品研究微观结构的位错运动或再结晶必然有偏颇，利用微观样品研究微观结构演化是一个科学进步，诸如晶界处位错塞积等科学问题将很容易被解答。

双性能涡轮盘是先进航空发动机的理想产品，粉末双性能涡轮盘更是梦寐以求。制造双性能涡轮盘的指导思想是首先制备优质超细晶盘坯，优先满足盘芯对高强度和高低周疲劳性能的要求；然后对其进行梯度热处理，以改善盘缘组织和提高蠕变极限和持久强度等高温性能。本团队先期研究成果表明粉末原始边界的微观结构演变是必须解决的核心科学问题[14]，否则无法对梯度组织尤其混晶过渡层进行调控，导致无法实现双性能。本研究以双性能涡轮盘的先进制造为背景开展关于高温合金的面棱隅再结晶机理研究，为双性能涡轮盘的研制工作奠定理论基础，加速先进航空发动机研制进程。

1 试验材料及方法

本研究所涉及的试验材料包括粉末合金、René88DT、René65、AD730、U720Li、GH4169等先进高温合金材料，所采取的热加工工艺包括热

模拟压缩、等温锻造、多向锻造、多火次锻造、固溶时效处理、真空热处理、梯度热处理，遵循样品从试样级、元件级、部件级到零件级的尺寸变化规律。利用 OM、SEM、EBSD、TEM 等表征跨尺度、诸工艺、多形状下的微观组织特征，揭示热加工过程中的组织演变规律，探索不同工艺条件下的再结晶形核与长大机理，为高温合金的组织性能调控奠定坚实的理论基础、提供有效的技术支撑。

2 基于位错理论的塑性变形硬化与再结晶软化的竞争机制

关于加工硬化与软化机制的探讨是塑性加工领域的基本科学问题之一，为挖掘金属塑性变形潜力及掌握塑性加工方法提供重要科学依据。围绕塑性变形过程的加工硬化与动态软化的竞争机制难以定量描述的难题进行了系统的实验研究和理论分析。基于经典位错理论细致研究了形变激活、回复激活以及再结晶激活三阶段的位错结构，考虑宏观变形载荷条件、应变速率敏感、温度敏感、变形热等因素影响，通过微观结构高分辨表征与位错密度定量分析的研究方法，如图 1 所示，先后探讨了 FCC 高温合金塑性加工硬化效应，定量描述了加工硬化与再结晶软化的竞争关系[15]。

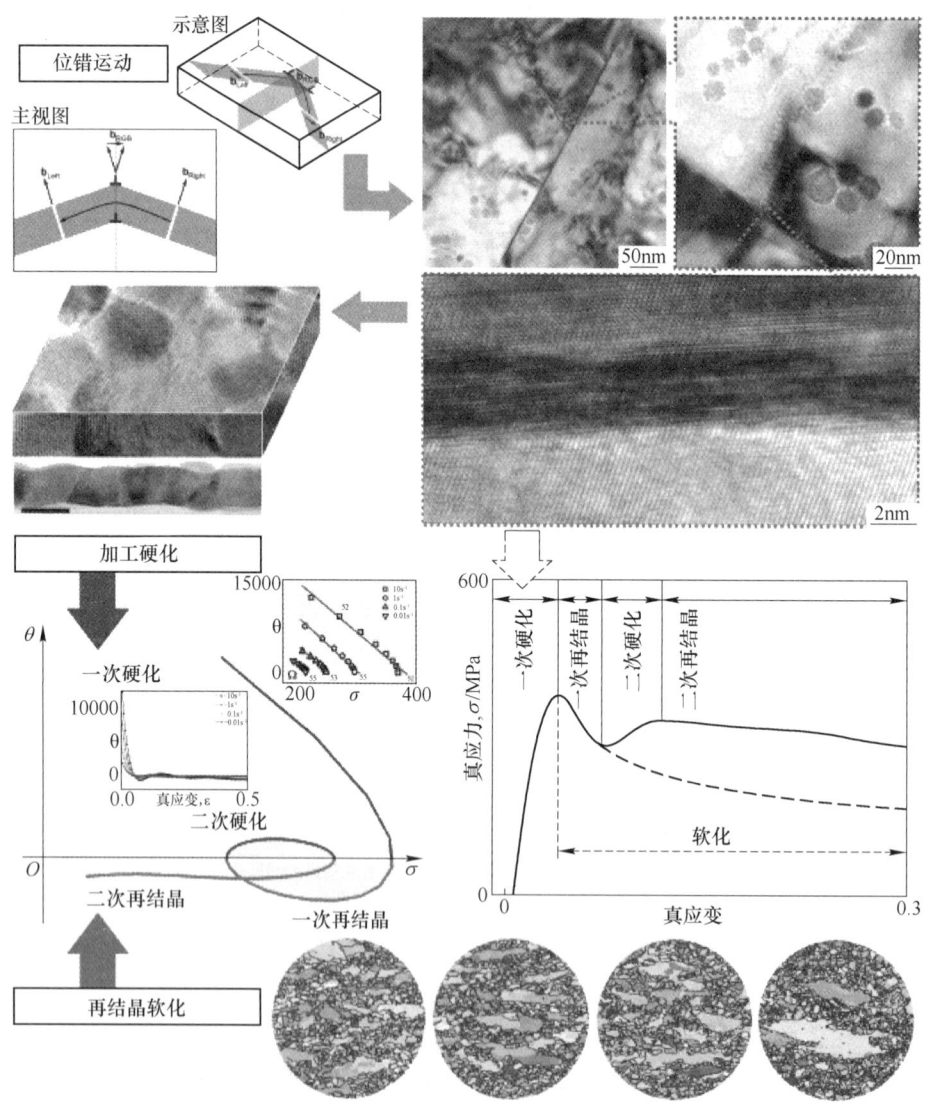

图 1 基于位错理论的形变硬化与动态软化的竞争机制

Fig. 1 Competitive relationship between working hardening and dynamic softening based on dislocation theory during hot processing

3　发现再结晶形核新机制，丰富再结晶理论

提出三种再结晶形核机制，即原始颗粒边界形核、应变诱导蝶状 γ′ 相形核和孪晶叠加形核。其再结晶过程包含三个典型时期，即孕育期（930~990℃）、形核期（1020~1080℃）、晶核长大期（1110℃以上）。在进行梯度热处理时，应以晶粒长大温度为参考设定温度梯度，使盘芯温度低于此温度、盘缘温度高于此温度。

3.1　原始颗粒边界形核

图 2 所示为原始颗粒边界的演化与弯曲褶皱边界形成。弯曲褶皱边界是粉末高温合金原始颗粒边界演化过程中的典型组织，是晶界弯曲和形成微观褶皱的共同结果，又是再结晶形核最有利位置之一[16]。

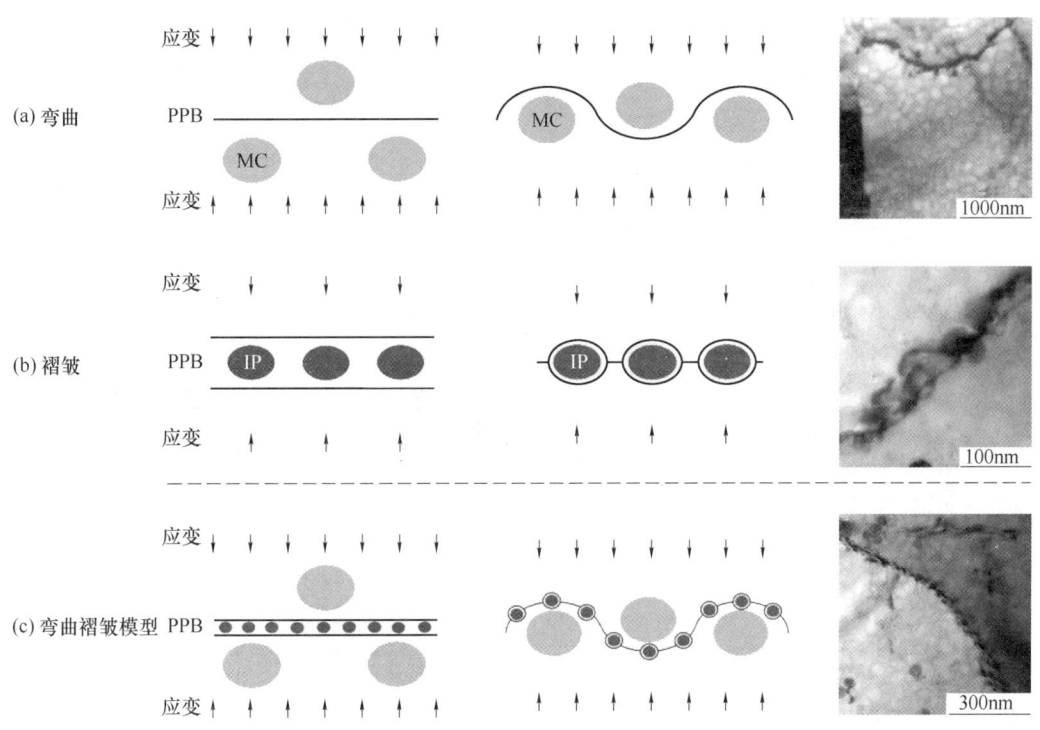

图2　原始颗粒边界形核

Fig. 2　PPB bulge-corrugation（BC）nucleation

3.2　应变诱导 γ′ 相形核

应变诱导 γ′ 相形核实质就是大量位错缠结在蝶状 γ′ 相周围形成"缺陷胞"，吸引 C、B 等小尺寸原子向位错扩散、填补空位、形成碳化物、硼化物等晶界相的过程。图 3 所示为应变诱导 γ′ 相形核的示意图[16]。

3.3　孪晶叠加效应形核

一般情况下，高温合金经过镦粗变形或者退火处理均得到共格孪晶。随着变形方向的增多和变形火次的增加，难变形区的孪晶产生了叠加的效应，如图 4 所示。当沿某个方向进行变形时，在难变形区的某个位置，发生了 "ox" 方向的孪生变形；在改变方向以后的某次变形中，依然在相同或者相近的位置发生了 "oy" 方向的孪生变形。此时，形成了孪生变形的叠加区，此区域内完全的共格关系被破坏，畸变能提高。随着不全位错的移动，"叠加区" 开始长大，同时畸变能降低[17]。

4　制备优质细晶坯料，满足双性能盘强度要求

将粉末冶金和近等温锻造技术相结合，提出了 "热等静压+（硬包套）多向锻造+再结晶退

火"制备优质超细晶锻造坯料的工艺，成功将热等静压态粉末高温合金的晶粒尺寸由 30μm 细化至 4μm，细化过程中的微观组织演化如图 5 所示。其中，"项链"组织是粉末高温合金晶粒细化过程中必然存在的中间特征组织，如何依靠增加变形方向、增大变形程度，触发再结晶在整个颗粒内部发生是制备均匀超细晶组织的关键。细晶高温合

金具有非常优越的强度性能，其室温极限强度和屈服强度分别为 1730MPa 和 1470MPa，较热等静压态合金分别提高了 180MPa 和 270MPa；750℃极限强度和屈服极限分别为 1310MPa 和 1140MPa，提高幅度较室温有所降低，但也达到 110MPa 和 100MPa。优质超细晶高温合金的成功获得为通过梯度热处理实现双性能提供了良好的强度储备。

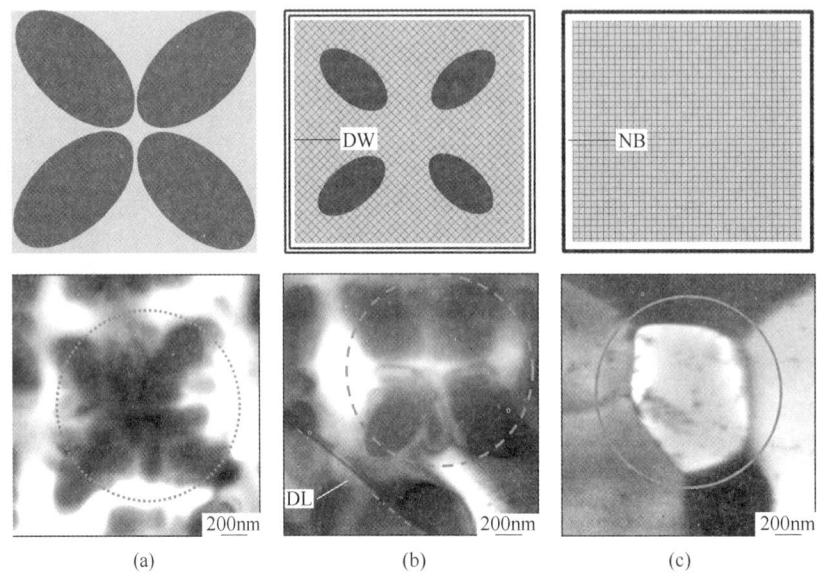

图 3 应变诱导蝶状 γ′ 相形核

Fig. 3 Dislocation induce phase（DIP）nucleation

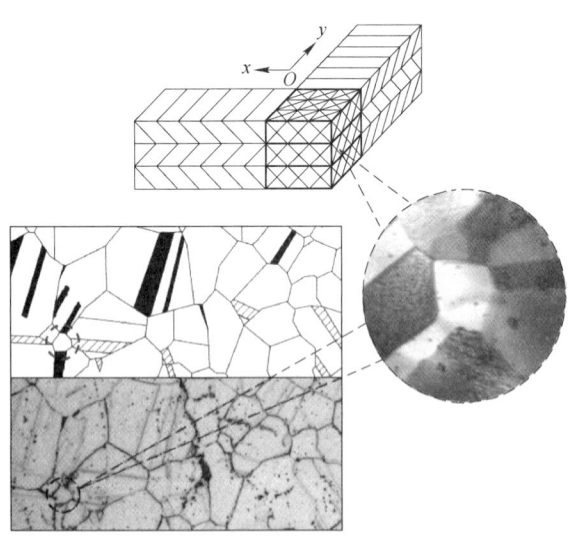

图 4 孪晶叠加形核

Fig. 4 Twins superposition（TS）nucleation

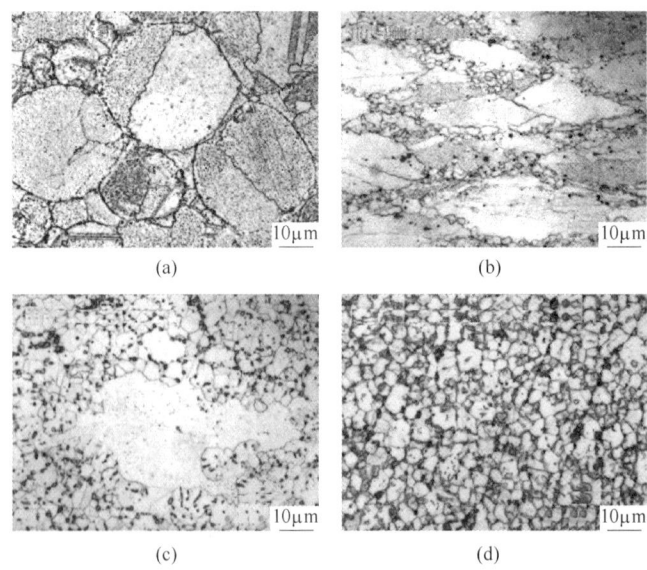

图 5 粉末高温合金晶粒细化过程的组织演化

Fig. 5 Microstructure evolution during grain refining process of PM superalloys

（a）原始颗粒边界；（b）一次项链；（c）多次项链；（d）超细晶组织

5 研发梯度热处理设备，揭示梯度组织形成机理，掌握梯度热处理技术

制造双性能涡轮盘的指导思想是通过细晶化工艺首先制备细晶盘坯，然后进行梯度热处理（gradient temperature heat treatment，GTHT）——使盘缘组织粗化，而盘芯保持细晶组织，从而满足涡轮盘大的温度梯度和应力梯度的工作环境。涡轮盘具有双性能必然要求与之对应的梯度组织。细晶化工艺和梯度热处理工艺是制造双性能涡轮盘的关键技术。进行梯度时盘件各部分处于不同的温度范围内，盘芯部分温度保持在低于 γ' 相完全溶解的温度附近，而盘缘部分的温度则高于 γ' 相完全溶解的温度。二者之间的温度梯度直接影响着热处理的组织形态，并最终影响着双性能的实现。本人率领团队利用自主研发梯度热处理设备，通过调节冷却液流速、采用内外双加热系统间歇性加热的方法，实现对梯度温度场的精确控制，制备出不同结构的梯度组织，揭示了梯度组织的形成机理，掌握了梯度温度场下的组织演化规律。

图 6 为高温合金经低温梯度热处理得到的典型梯度组织 I——"等轴晶-条状晶"梯度组织。在盘缘与盘芯之间存在特殊区域，特殊区域到盘

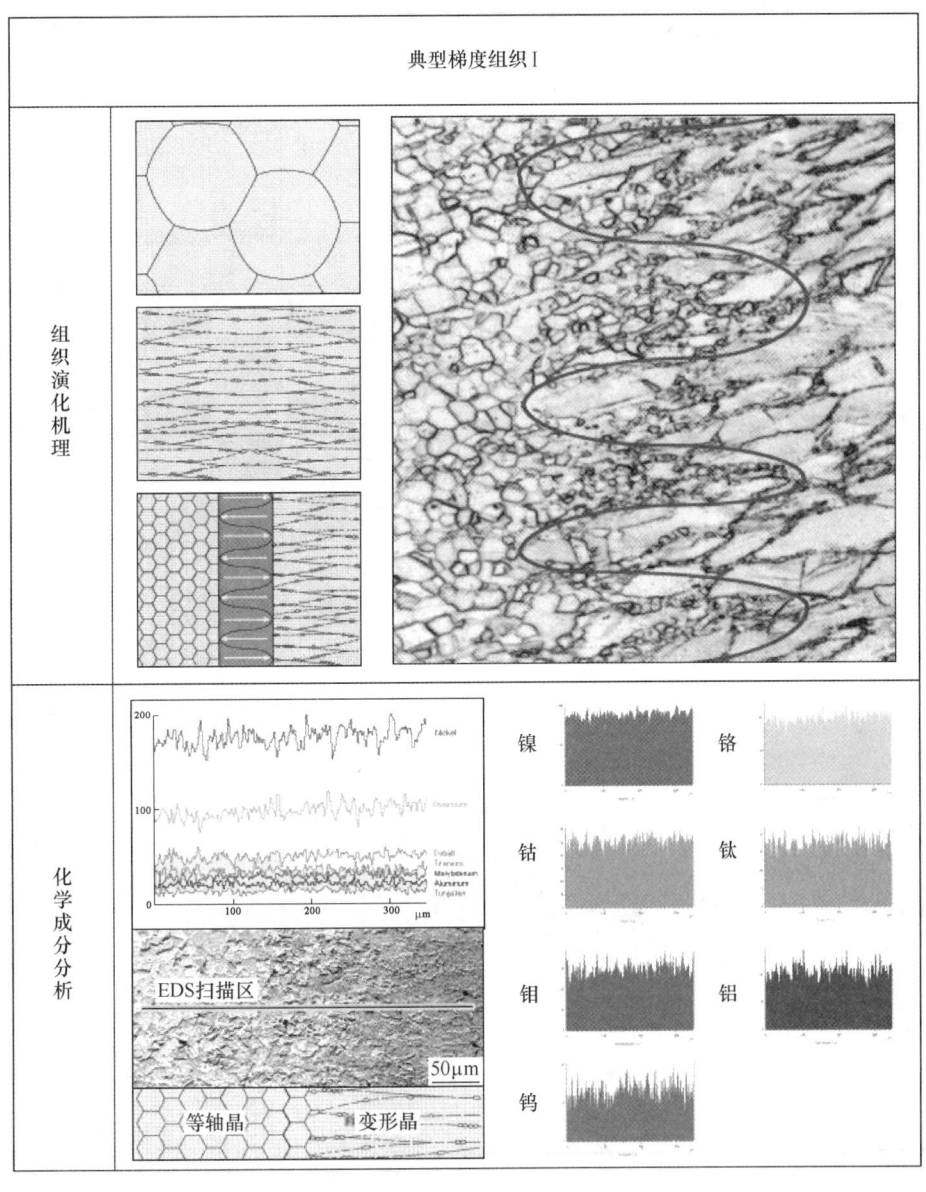

图 6 典型梯度组织 I 的结构特征及其形成机理

Fig. 6 Microstructure evolution of gradient microstructure I

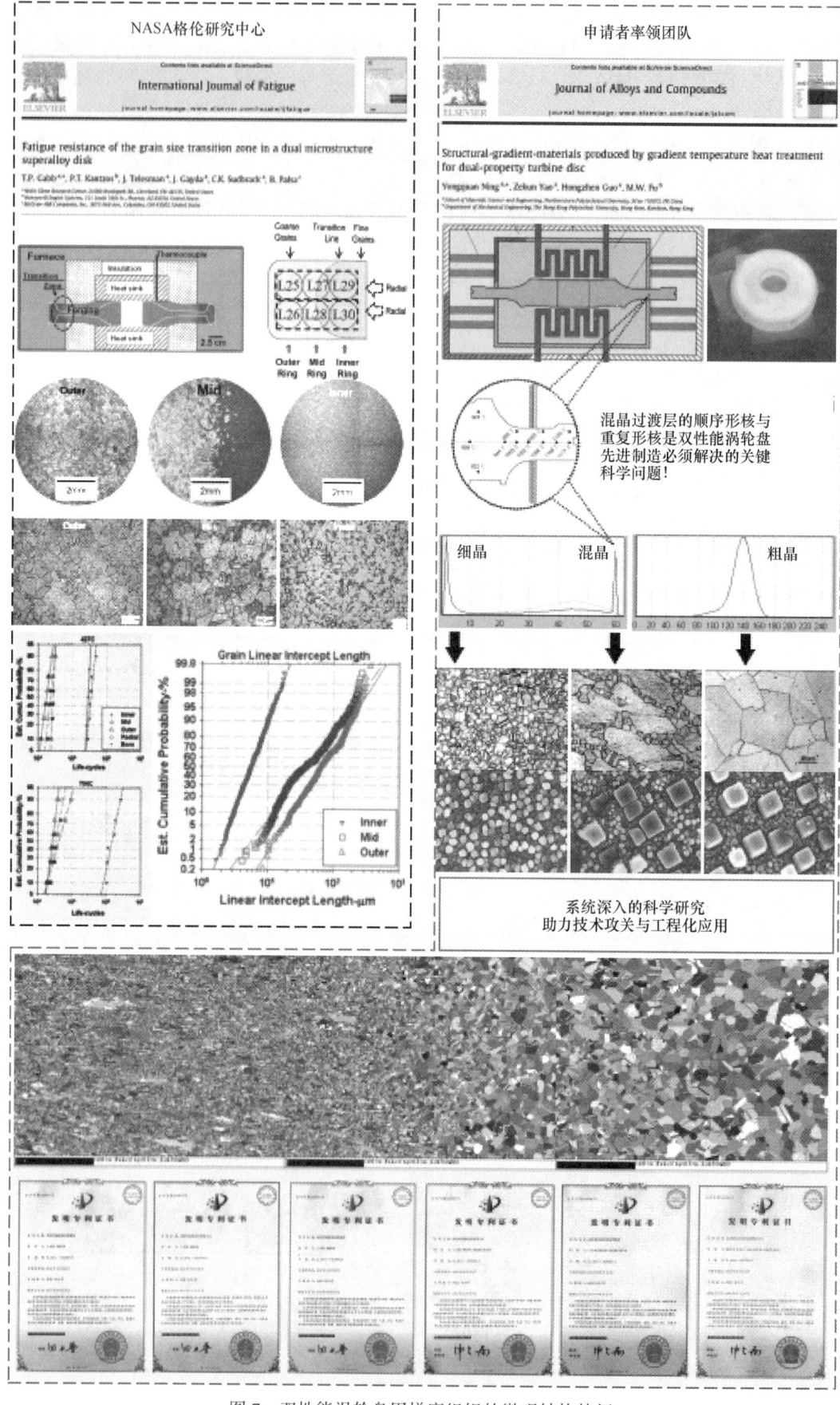

图 7　双性能涡轮盘用梯度组织的微观结构特征

Fig. 7　Characterization of typical gradient microstructure for dual-property turbine disc

缘以静态再结晶为主，形成等轴晶；特殊区域到盘芯以静态回复为主，保留变形结构。而在这个特殊区域，等轴晶啮合在条状晶周围，形成了混晶过渡区，其组织形态与"项链"组织接近。对"等轴晶-条状晶"梯度组织进行化学成分线扫描。可见，梯度组织（包括混晶层在内）化学成分均匀、稳定，进一步说明了此种梯度组织只存在微观结构上的差异[18]。

图 7 为高温合金经高温梯度热处理得到的典型梯度组织 II——"粗晶-细晶"梯度组织。其中，细晶尺寸约为 $3\mu m$（ASTM 12 级），粗晶尺寸约为 $140\mu m$（ASTM 3 级）。在细晶与粗晶之间存在明显的混晶过渡层，宽度较窄，约为 $100\mu m$。在过渡区内，细晶与粗晶之间犬牙交错。梯度温度场下的微观组织演化包括三个方面，即低温区保持细晶、高温区促进晶粒长大、绝热层附近形成混晶过渡层。掌握梯度温度场下的组织演化规律，才能控制梯度组织的形成，这也是优化梯度热处理工艺的关键。

NASA 格伦研究中心是率先开展梯度热处理研究的科研单位。在此项技术被成功应用于制造双性能涡轮盘的若干年以后，于 2011 年，首席科学家 T. P. Gabb 和 J. Gayda 等人在《Fatigue resistance of the grain size transition zone in a dual microstructure superalloy disk》[19] 中才首次披露双性能涡轮盘中混晶过渡层（grain size transition zone）的存在，并用"abrupt"作为它的形容词。"突然的混晶过渡层"，恰是说明粗晶、细晶之间的过渡层非常窄。这篇文章也是 NASA 关于梯度热处理所发表的唯一学术论文，对本项目具有重要的参考价值。NASA 研制的新型双性能涡轮盘的盘芯、混晶过渡层、盘缘的晶粒尺寸分别为 $5.8\mu m$、$38\mu m$ 和 $55\mu m$。相比之下，我们制备的梯度组织 II 的细晶更细、粗晶更粗、晶粒度梯度更大。基于双性能盘先进制造的方法创新与装备研发，授权国家发明专利 6 项，部分可公开成果见图 7。十年技术攻关过程中出现过各种各样的问题，使申请者深刻认识到科学研究对工程应用的决定作用。本人率领团队先期研究也证实了混晶过渡层作为连接细晶组织与粗晶组织的纽带，其微观结构演变过程存在顺序形核和重复形核现象。在清楚地认识到技术水平差距和关键科学问题之后，科研工作者必须撸起袖子加油干。

6 结论

（1）关于加工硬化与软化机制的探讨是塑性加工领域的基本科学问题之一，为挖掘高温合金塑性变形潜力及优化其热加工方法提供重要科学依据。

（2）再结晶是调控微观组织、优化力学性能的重要手段，是制造航空发动机核心热端部件必须夯实的技术基础。

（3）双性能盘是先进航空发动机的理想产品，其制造思路是首先制备优质超细晶盘坯、优先满足盘芯对高强度和高低周疲劳性能的要求，然后进行梯度热处理，以改善盘缘组织和提高蠕变极限和持久强度等高温性能。

参考文献

[1] John J. Jonas, Xavier Quelennec, Lan Jiang, Étienne Martin. The Avrami kinetics of dynamic recrystallization [J]. Acta Materialia, 2009, 57: 2748~2756.

[2] Humphreys F J, Hatherly M. Recrystallization and related annealing phenomena [M]. 2nd ed. Elseriver, 2004: 10.

[3] Litao Chang, Wenru Sun, Yuyou Cui, Rui Yang. Influences of hot-isostatic-pressing temperature on microstructure, tensile properties and tensile fracture mode of Inconel 718 powder compact [J]. Materials Science & Engineering A, 2014, 599: 186~195.

[4] Miura H, Sakai T, Mogawa R, et al. Nucleation of dynamic recrystallization at grain boundaries in copper bicrystals [J]. Scripta Materialia, 2004, 51: 671~675.

[5] Rajasekhara S, Ferreira P J. Martensite→austenite phase transformation kinetics in an ultrafine-grained metastable austenitic stainless steel [J]. Acta Materialia, 2011, 59: 738~748.

[6] Miszczyk M M, Paul H, Driver J H, et al. Recrystallization nucleation in stable aluminium-base single crystals: Crystallography and mechanisms [J]. Acta Materialia, 2017, 125: 109~124.

[7] Lv X Z, Zhang J X, Harada H. Twin-dislocation and twin-twin interactions during cyclic deformation of a nickel-base single crystal TMS-82 superalloy [J]. International Journal of Fatigue, 2014, 66: 246~251.

[8] Cao Y, Wang Y B, An X H, et al. Scripta Materialia, 2015 (100): 98~101.

[9] Paul Duval, François Louchet, Jérôme Weiss, Maurine

Montagnat. On the role of long-range internal stresses on grain nucleation during dynamic discontinuous recrystallization [J]. Materials Science & Engineering A, 2012, 546：207~211.

[10] Cram D G, Zurob H S, Brechet Y J M, et al. Modelling discontinuous dynamic recrystallization using a physically based model for nucleation [J]. Acta Materialia, 2009, 57：5218~5228.

[11] Winning M, Gottstein G, Shvindlerman L S. Stress induced grain boundary motion [J]. Acta Materialia, 2001, 49：211~219.

[12] Gottstein G, Shvindlerman L S. Grain boundary junction engineering [J]. Scripta Materialia, 2006, 54：1065~1070.

[13] Schmidt S, Nielsen S F, Gundlach C, et al. Watching the growth of bulk grains during recrystallization of deformed metals [J]. Science, 2004, 205：229~232.

[14] 宁永权, 姚泽坤. 双组织涡轮盘的制造方法：中国, 102615284B [P]. 2013-11-27.

[15] Ning Yongquan, Zhou Cong, Liang Houquan, et al. Abnormal flow behavior and necklace microstructure of powder metallurgy superalloys with previous particle boundaries (PPBs) [J]. Materials Science & Engineering A, 2016, 652：84~91.

[16] Ning Yongquan, Yao Zekun, Fu M W, et al. Recrystallization of the hot isostatic pressed nickel-base superalloy FGH4096：I. Microstructure and mechanism [J]. Materials Science and Engineering A, 2011, 528：8065~8070.

[17] 宁永权, 姚泽坤. FGH4096 粉末高温合金的再结晶形核机制 [J]. 金属学报, 2012, 42 (8)：1005~1010.

[18] Ning Yongquan, Yao Zekun, Guo Hongzhen, et al. Structural-gradient-materials produced by gradient temperature heat treatment for dual-property turbine disc [J]. Journal of Alloys and Compounds, 2013, 557：27~33.

[19] Gabb T P, Kantzos P T, Telesman J, et al. Fatigue resistance of the grain size transition zone in a dual microstructure superalloy disk [J]. International Journal of Fatigue, 2011, 33：414~426.

ICP 法测定高温合金中钛、铝、铌含量

瞿晓刚*

（抚顺特殊钢股份有限公司中心试验室，辽宁 抚顺，113000）

摘　要：在对各元素的分析谱线的选择及基体元素对相关元素的干扰作了系统研究的基础上，提出了使用电感耦合等离子体光谱法测定高温合金中钛、铌、铝三种元素的分析方法。取高温合金标准样品，按所提供的方法进行分析，分析结果的测得值与标准值相互一致，测得的相对标准偏差（$n=8$）均小于 1.5%。

关键词：电感耦合等离子体原子发射光谱法；高温合金；铌；钛；铝

Determination of Titanium，Aluminum and Niobium in High Temperature Alloy by ICP

Qu Xiaogang

（Fushun Special Steel Co.，Ltd.，Central Laboratory，Fushun Liaoning，113000）

Abstract：based on the selection of analytical spectral lines of various elements and the systematic study of the interference of matrix elements on related elements，an analytical method for the determination of titanium，niobium and aluminum in high-temperature alloys by inductively coupled plasma spectrometry was proposed. The standard sample of high temperature alloy was taken and analyzed according to the method provided. The measured value of the analysis result was consistent with the standard value，and the measured relative standard deviation（$n=8$）was less than 1.5%.

Keywords：inductively coupled plasma atomic emission spectrometry；superalloy；niobium；titanium；aluminum

高温合金具有良好的热强热硬性能、热稳定性能及热疲劳性能，是化学成分复杂的合金材料，按照基体分为镍基、镍铁基、钴基与铬基，高含量的共存元素有 Al、Co、Cr、Fe、Cu、Nb、Mo、Mn、W、Ti 等，少量的杂质元素有 B、Ce、La、Mg、Zr、Ca、As、Sb、Pb、Bi、Te、Se、Ag 等，且各元素含量变化大，给分析工作带来较大困难[1]。传统的测量方法操作过程比较复杂、测定的周期时间长、劳动强度大，且测定试剂中含有有毒物质危险性比较大。近年来，随着电感耦合等离子体发射光谱仪技术的进步，已经可以用于测定高温合金中部分元素含量[2]。

1　试验仪器

美国 Thermo 公司出产的 ICP7400 电感耦合等离子体原子发射光谱仪以及相匹配的耐氢氟酸进样系统，仪器的功率为 1150W（功率增加背景也就增加，综合各种条件选择此功率），泵的运行速度为 75r/min，辅助为纯度 99.99% 的氩气 1.00L/min，冷却气流量为 12L/min，雾化器压力为 0.34MPa，测量时间为 30s。

* 作者：瞿晓刚，高级工程师，联系电话：13364230668，E-mail：ln13942329348@126.com

2 实验试剂

除非另有说明，在分析过程中使用分析纯试剂和蒸馏水，国家标准溶液：盐酸，ρ 约 1.19g/mL；硝酸，ρ 约 1.42g/mL；氢氟酸，ρ 约 1.15g/mL；柠檬酸，ρ 约 200g/L。

3 基体与共处元素干扰分析

配置包括试剂空白溶液、基体元素溶液、共存元素溶液、分析元素溶液的单一试验溶液。依据电感耦合等离子体发射光谱仪给出的多种元素谱线进行选择，将选定的三条谱线分析波长，确定干扰情况[3]，如表 1 所示。

4 试样分析

（1）按照表 1 结论，建立标准曲线过程中需配置基体，含共存元素 Cr、W 含量与待测组分接近的混合溶液，消除干扰，需进行背景校正。

（2）将 0.1000g 样品放置在聚四氟乙烯烧杯中，并加入 15mL 盐酸，5mL 硝酸，1.5mL 的氢氟酸，10g 柠檬酸（200g/L）低温加热溶解，然后用水将溶液定容在 100mL 的塑料容量瓶中，摇匀进行测定。结果如表 2 所示。

表 1 分析谱线干扰情况

Tab. 1 Analysis of spectral line interference

元素/试剂	元素含量范围 /%	元素的分析谱线/nm		
		Ti334.941	Al394.401	Nb316.340
Ni	0.10~70	可用	可用	可用
Fe	0.10~50	可用	可用	可用
Co	0.10~35	可用	可用	可用
Cr	0.10~30	有干扰，需匹配共存元素，进行背景校正	有干扰，需匹配共存元素，进行背景校正	可用
Al	0.10~7	可用	—	可用
Ti	0.10~7	—	有干扰，需匹配共存元素，进行背景校正	有干扰，需匹配共存元素，进行背景校正
Cu	0.10~1.00	可用	可用	可用
Mn	0.10~15.00	可用	可用	可用
Si	0.10~1.00	可用	可用	可用
Mo	0.10~12.00	可用	可用	可用
W	0.10~15.00	有干扰，需匹配共存元素，进行背景校正	有干扰，需匹配共存元素，进行背景校正	有干扰，需匹配共存元素，进行背景校正
Nb	0.10~6.00	有干扰，需匹配共存元素，进行背景校正	有干扰，需匹配共存元素，进行背景校正	—
HCl	试剂	可用	可用	可用
HNO_3	试剂	可用	可用	可用
HF	试剂	可用	可用	可用
柠檬酸	试剂	可用	可用	可用

表 2 检验结果

Tab. 2 The inspection results

品 种	元 素	标准值/%	平均值/%	RSD/%
GH169	Ti	0.78	0.791	1.17
	Al	0.705	0.723	1.23
	Nb	5.22	5.281	1.06
GH738	Al	5.51	5.561	0.97
	Ti	0.18	0.191	0.95
	Nb	3.20	3.232	1.12
GH4175	Ti	2.50	2.473	1.33
	Al	3.57	3.534	1.19
	Nb	4.45	4.493	1.32
GH698	Al	1.61	1.632	1.06
	Ti	2.65	2.691	1.09
	Nb	2.06	2.032	1.15

表 2 分析结果表明，精准程度都满足要求，RSD 均小于 1.5%。

5 结束语

本方法对高温合金中铌、钛、铝元素的测定进行了探究，本文首先给出了仪器的操作标准，给出了分析谱线的选择，并研究主要共存元素与基体元素的干扰情况，试剂与溶样方案，进而进行分析。该方法迅速精准，能够较好地完成高温合金中的元素测定。

参考文献

[1] 王宝如. ICP-AES 法测定铁-镍-钴基高温合金中镧、钇 [J]. 光谱实验室, 1999. 16 (2)：161~164.

[2] 刘文虎, 姜秀玉. ICP-AES 法测定钴基高温合金中铌、钽、锆、钼、铝、钛、镧的研究 [J]. 材料工程, 2002 (9)：40~43.

[3] 叶晓英, 李帆. ICP-AES 测定高温合金中主量与杂质元素分析技术 [J]. 材料工程, 2002 (12)：23~24.

一种超超临界火电用镍基合金的热处理研究

张鹏*，韩魁，侯智鹏

（抚顺特殊钢股份有限公司技术中心，辽宁 抚顺，113001）

摘　要：本文研究了一种超超临界汽轮机叶片用镍基合金 GH617G 的热处理制度，对不同固溶温度下合金的性能、显微组织变化进行分析，确定了固溶温度在 1150℃ 时合金的综合性能最好，并且显微组织良好，并确定了晶粒长大倾向温度。

关键词：GH617G；固溶温度；晶粒长大

Research on Heat-treatment of a Ni-base Alloy Used for Ultra-supercritical Steam Power Plant

Zhang Peng, Han Kui, Hou Zhipeng

（Technology Center, Fushun Special Steel Co., Ltd., Fushun Liaoning, 113001）

Abstract：The paper research on heat-treatment of Ni-based alloy GH617G used for ultra-supercritical steam power plant. Under different solution temperature, the mechanical property and microstructure are analyzed. The result shows that the appropriate solution temperature is 1150℃ which is achieved to good properties and microstructure of the alloy. Moreover, the temperature grain growth is determined.

Keywords：GH617G；solution temperature；grain growth

GH617G 合金为镍基时效型合金，添加铬、钴、钼元素起到固溶强化的作用同时加入 Al、Ti 沉淀强化元素[1]，具有良好的强度、塑性和韧性及较高的高温长期使用寿命。该合金主要应用于超临界火电机组汽轮机叶片。GH617G 合金方扁材生产工艺路线为真空感应熔炼+真空电弧重熔+快锻机锻造开坯+液压锤锻造成材，钢锭尺寸为 ϕ406mm 锻造成扁钢，方扁材截面尺寸为 150mm×150mm×2000mm，其化学成分见表 1。

表 1　GH617G 合金化学成分

Tab. 1　Chemical compositions of GH617G alloy　　　　　　（质量分数，%）

C	S	P	Cr	Mo	Co	Al	Ti	Nb	Ni
0.02	0.001	0.001	19.24	9.51	11.5	1.40	1.40	0.3	余

1　实验材料及方法

取 150mm×150mm×200mm 方扁材横向低倍并切取试样进行热处理试验，其试验过程分别选取不同固溶温度 1110℃、1130℃、1150℃、1160℃、1170℃、1180℃后经时效处理。热处理后进行室温拉伸实验（试样加工符合 GB/T 228），利用 ZEISS 显微镜进行观察不同固溶温度下显微组织。

＊作者：张鹏，高级工程师，联系电话：0245689161-2378，E-mail：zhangpeng0126@sina.com

2 研究内容与分析

2.1 固溶温度对性能的影响

依据试验方案获得的力学性能结果如表 2 所示。对数据进行分析，更直观地显示实际情况，如图 1 所示。

从图 1 中看出屈服强度随固溶温度提高变化不大，平均值为 675MPa；而抗拉强度随固溶温度提高而降低，平均值为 951MPa，最大值为 1073MPa（出现在 1110℃），最小值为 738MPa（出现在 1180℃）；伸长率随固溶温度提高呈下降趋势，在 1150℃时伸长率出现最高点，断面收缩率随固溶温度升高先下降后上升，拐点温度为 1160℃。综合上述，可推断固溶温度为 1150℃时，该合金的综合力学性能为最好。

表 2 不同热处理制度的室温性能

Tab. 2 Room temperature tensile properties in different heat treatment

序号	热处理制度	室温拉伸			
		屈服强度/MPa	抗拉强度/MPa	伸长率/%	断面收缩率/%
1	1110℃，2h，空冷+时效处理	677	987	18.0	30.0
		711	1073	20.0	19.0
2	1130℃，2h，空冷+时效处理	606	890	12.0	15.0
		694	1044	20.0	23.0
3	1150℃，2h，空冷+时效处理	691	1005	31.0	15.0
		694	1005	32.5	11.0
4	1160℃，2h，空冷+时效处理	649	941	12.5	12.0
		672	933	12.0	15.0
5	1170℃，2h，空冷+时效处理	678	954	12.0	16.0
		664	919	11.0	12.0
6	1180℃，2h，空冷+时效处理	689	738	16.0	20.0
		671	929	19.5	19.0

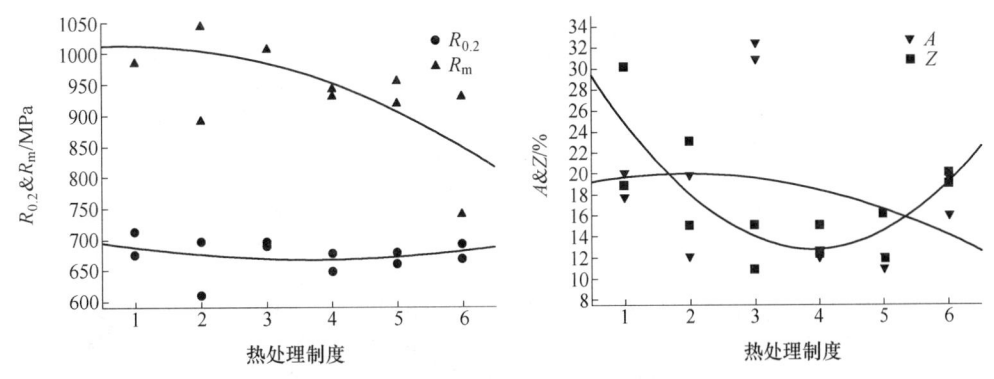

图 1 不同热处理制度对力学性能的影响

Fig. 1 Mechanical properties under different heat treatment

切取 10mm×10mm 试样分别经过 1130℃、1150℃、1160℃、1170℃、1180℃，均为 1.5h 保温，空冷后进行加工成金相试样并检测，显微组织如图 2 所示。

从显微组织上看出晶粒随温度升高而长大，固溶温度为 1150℃时晶粒度达到 5~7 级，碳化物

未完全溶解，有一定的强化作用，晶粒呈等轴状回复充分。当固溶温度 1160℃时晶粒长大迅速，晶粒度级别为 3 级，个别 0 级，1180℃晶粒度差异较大，级别 2~6 级。碳化物全部溶解，在 1160℃时碳化物明显减少占总视场面积的 5%，高于 1170℃时碳化物基本溶解。随着温度升高晶粒长

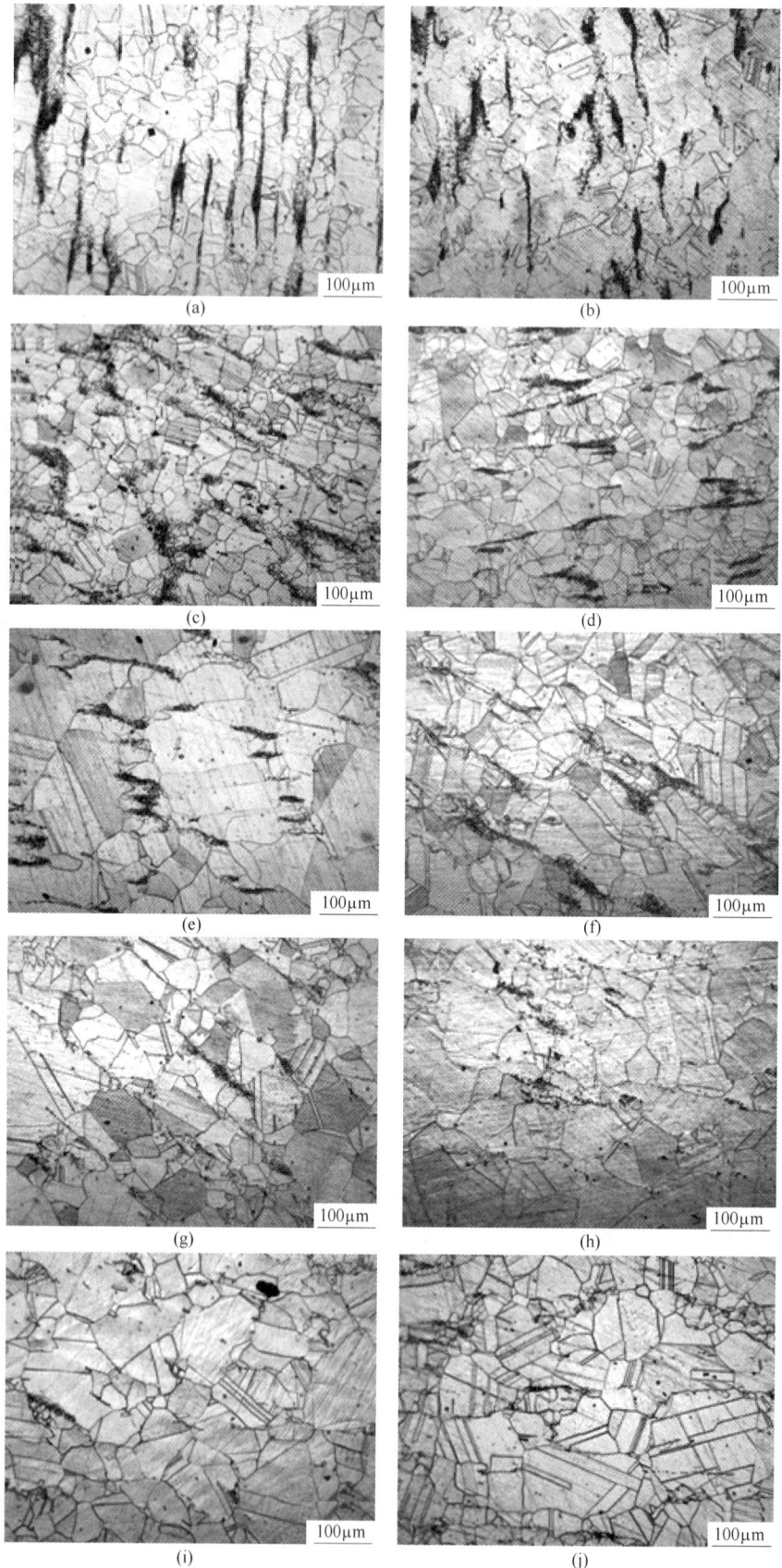

图 2　不同热处理制度下显微组织

Fig. 2　Microstructure under different heat treatment

(a), (b) 1130℃; (c), (d) 1150℃; (e), (f) 1160℃; (g), (h) 1170℃; (i), (j) 1180℃

大，强度有所下降，可根据 Hall-Petch 公式 $\sigma_b = \sigma_0 + kd^{1/2}$ 解释。合金中碳化物结构为 M_6C、$M_{23}C_6$、MC 等，尤其合金中添加 Nb，形成 NbC，推迟或阻止 M_6C 转化 $M_{23}C_6$，可提高塑性、强化晶界。晶粒细化可以提高强度和塑性，但碳化物的逐渐溶解到晶内起不到强化晶界的作用[2,3]。

2.2 晶粒长大倾向

晶粒度长大倾向实验为：将试样切成 10mm×10mm×25mm，分别经过 800℃、850℃、900℃、950℃、1000℃、1050℃、1100℃，保温 1.5h，空冷，观察晶粒度变化。

从图 3 看出，晶粒在 950℃时，由 8 级长大到 6级，晶粒不均匀。1000℃~1100℃直接晶粒度变化不大且晶粒均匀，初步可以确定晶粒长大温度为950℃。晶粒长大是通过晶界迁移来实现的，影响晶粒长大主要因素有：温度、杂质及合金元素等。温度的升高可提高晶界迁移的驱动力，即原子扩散能力增强[4]。合金变形量超过 70%但不小于 90%，只有一次再结晶，变形量与温度共同促使晶粒长大。

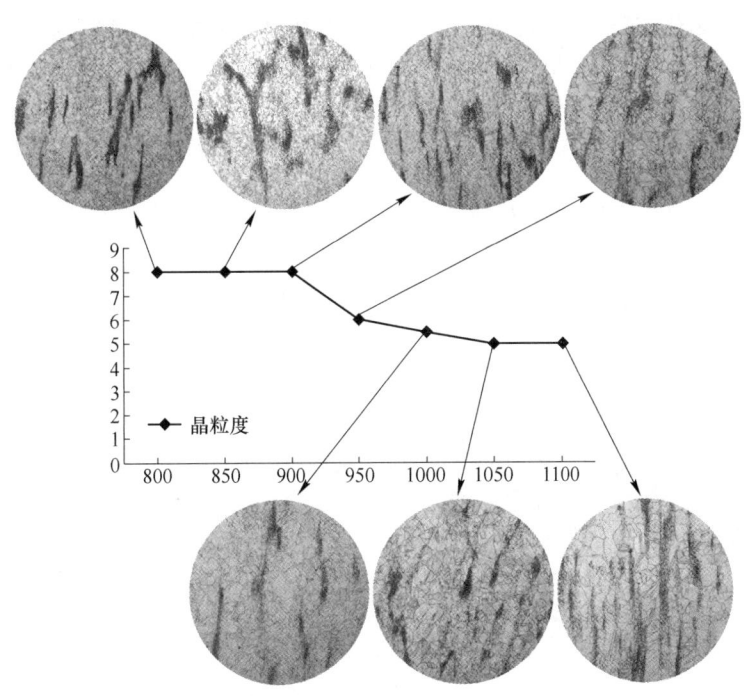

图 3 晶粒度与温度对应关系
Fig. 3 Relation of grain size and temperature

3 结论

通过上述实验可得出如下结论：

（1）固溶温度为 1150℃时，GH617G 合金强化相充分回溶到基体中且晶粒组织均匀细小，再通过合适时效处理后力学性能达到最佳。

（2）GH617G 合金在 1150℃时获得最佳力学性能，对应的晶粒度为 5~7 级。

（3）该合金晶粒长大受碳、铝、钛含量的影响较大，主要为晶界上碳化物分布含量的影响，其试验料的晶粒长大温度为 950℃。

参考文献

[1] 黄乾尧，李汉康，等. 高温合金 [M]. 北京：冶金工业出版社，2000.
[2] 钢及合金物理试验（第 2 册），抚顺特钢.
[3] 路君，曾小勤，丁文江. 晶粒度与合金强度关系 [J]. 轻金属，2008，8：59~64.
[4] 崔忠圻，覃耀春. 金属学与热处理 [M] 2 版. 北京：机械工业出版社，2007.

固溶工艺对一种钴基高温合金带材
组织性能的影响研究

董逸群[1,2]*，牛永吉[1,2]，张志伟[2]，章清泉[2]，魏然[2]，高杨[2]

（1. 北京科技大学材料科学与工程学院，北京，100083；

2. 北京北冶功能材料有限公司，北京，100192）

摘　要：本文就固溶工艺对一种钴基高温合金冷轧带材组织性能的影响进行了研究，为生产中合金组织性能的控制提供依据。主要涉及合金带材冷轧后以不同工艺固溶态合金的组织与室温拉伸性能。研究表明：合金冷轧带材在1100℃及以上温度固溶，均已完成再结晶；合金带材在1150℃及以上温度固溶，合金强度下降及塑性恢复显著；合金带材在1190℃温度固溶，合金晶粒长大显著，碳化物大量溶解；带材在1100℃及以上温度固溶主要的析出存在相为 M_6C 型碳化物。

关键词：钴基高温合金；固溶；组织；力学性能

Influence of Solution on Microstructure and
Mechanical Property of a Co-based Superalloy Strip

Dong Yiqun[1,2], Niu Yongji[1,2], Zhang Zhiwei[2], Zhang Qingquan[2], Wei Ran[2], Gao Yang[2]

（1. Department of Material Science and Engineering, University of Science and

Technology Beijing, Beijing, 100083;

2. Material Research Institute, Beijing Beiye Functional Materials

Corporation, Beijing, 100192）

Abstract：The Influence of solution on microstructure and mechanical properties of a Co-based superalloy was studied. The results show that the cold-rolled strip recrystallization can be finished when solution treated at temperature 1100℃ and a-bove, the strength decreased and the ductility recovered remarkably after solution treated at temperature 1150℃ and above. However, after solution treated at temperature 1190℃, the grain coarsen rapidly.

Keywords：Co-based superalloy; solution; microstructure; mechanical properties

某 Co-Cr-Ni-W 合金（国内相近牌号 GH605）是一种固溶强化型变形钴基高温合金，由于其优异的高温力学性能和耐腐蚀、抗氧化性能在高温部件中获得了广泛应用[1~5]。但在生产中发现，该合金带材组织、拉伸性能较难稳定达标，对此，本文就固溶工艺对合金带材组织性能的影响进行了研究，为合金组织性能的控制提供依据。

1　试验材料及方法

试验合金为真空感应+电渣重熔冶炼，冶炼试验采用全新料冶炼。合金经过真空感应+电渣重熔冶炼浇注成钢锭后在其上取样进行化学成分分析。主元素分析成分为（质量分数）：C 0.10%，Mn 1.62%，Cr 19.90%，Ni 10.45%，W 15.07%，Co

————————
　*作者：董逸群，硕士，联系电话：010-62949545，E-mail：dyq198311@163.com

余量。电渣重熔锭经过锻造和热轧开坯后经过伴有中间固溶的多个轧程轧制，最终轧制成 0.5mm 厚的冷轧带材，取样分别在 1100℃、1150℃、1190℃固溶热处理水冷后按照 GB/T 228 测试室温拉伸性能，制取金相试样，运用光学显微镜和扫描电镜进行金相组织分析。按照 GB/T 6394 进行晶粒度大小评定。

2 试验结果与分析

2.1 不同固溶工艺处理后合金带材显微组织

2.1.1 热力学平衡相

从试验合金热力学计算相图（图1）、TTT 转变曲线以及组织分析可知，合金在带材加工中的组织主要为奥氏体基体和碳化物[1~3]。由热力学计算以及资料得知，在 1210℃ 以下开始析出 M_6C 碳化物，800℃ 以下析出 $M_{23}C_6$ 碳化物，800~650℃ 温度范围 M_6C 分解为 $M_{23}C_6$。N. Yukawa 等人研究[2] 表明（见图2），合金高温固溶后冷却，在 1150℃ 开始析出 M_6C，1050℃ 以下析出 M_7C_3、$M_{23}C_6$ 等碳化物。1150℃ 以下温度长期时效，还会析出 Co_2W、Co_3W、Co_7W_6 等相。固溶热处理可以通过对碳化物、晶粒的控制，实现合金综合性能的良好匹配。

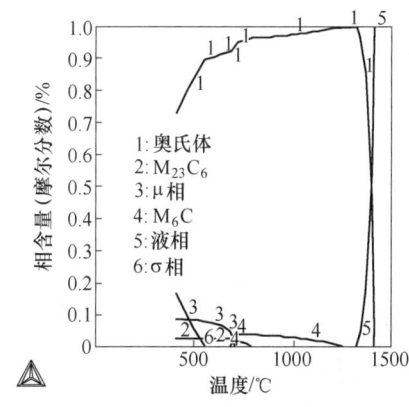

图1 Co-Cr-Ni-W 合金平衡相图的模拟计算结果

Fig. 1 The phase diagram of Co-Cr-Ni-W alloy

2.1.2 带材组织

本试验合金为固溶后的热轧板材经过伴有中间固溶的多个轧程冷轧到 0.5mm 厚度带材。对比热轧板的组织，经过多个轧程的冷加工，Co-Cr-Ni-W 合金经过了多次反复的变形、静态再结晶和

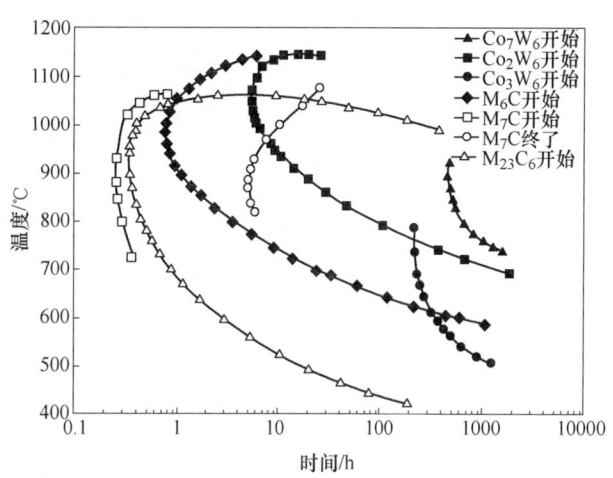

图2 Co-Cr-Ni-W 合金 TTT 曲线[2]

Fig. 2 TTT diagram of Co-Cr-Ni-W alloy

晶粒长大过程，合金组织变得更加均匀，析出物（主要为 M_6C 型碳化物）更加细小、弥散。随着加工的进行，碳化物的数量在减少，可见冷加工过程中，在应变能和热能的双重作用下，M_6C 碳化物在低于其溶解温度以下的温度溶解变小或者二次析出，在 1190℃ 及以下热处理过程中 M_6C 不会完全消除。M_6C 型碳化物在带材整个加工过程中为主要的存在相，起到强化合金和细化晶粒的作用。

0.5mm 厚冷轧态和固溶态带材的组织见图3（金相组织照）、图4（扫描电镜组织照）。组织分析发现，就试验温度范围内，冷轧态合金在 1100℃~1150℃ 温度保温 5min 固溶后，合金已完成再结晶，晶粒细小（晶粒度为 8~10 级），一次碳化物保留较多，并在晶界处析出较多二次碳化物，能谱分析表明碳化物主要为 M_6C 型碳化物，见图3(b)、图3(c)、图4(b)、图4(c) 和图5。电镜图中白亮色颗粒经能谱分析均为富 W 的碳化物，尺寸较大者加工过程中遗传的一次碳化物，较小碳化物特别是晶界细小析出物主要为在固溶处理时析出的二次碳化物。析出物电镜能谱分析为富 W 的碳化物，结合资料分析判定为 M_6C 型碳化物。电镜能谱分析未发现富 Cr 的 $M_{23}C_6$ 型碳化物，因固溶处理均在 1100℃ 以上，且固溶后快冷，$M_{23}C_6$ 没有析出的热力学和动力学条件；1190℃ 温度短时固溶，晶粒明显长大，碳化物大量溶解，并在此温度保温，晶粒长大速度较快，保温时间延长仅 2min，晶粒度长大 1.5 级，见图3(d)、图3(e) 和图4(d)、图4(e)。

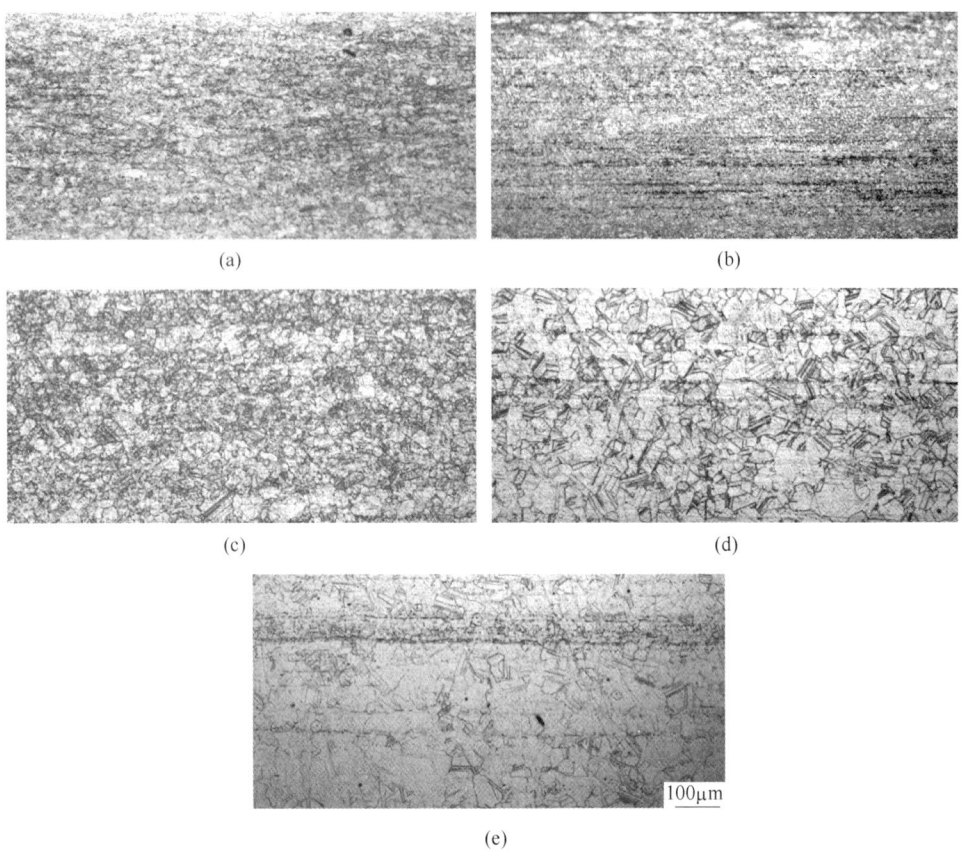

图 3　合金不同状态光镜组织（OM，100×）

Fig. 3　Optical microscope morphology of strips with different solution treatments

（a）冷轧态；（b）1100℃/5min 固溶，晶粒度 10 级；（c）1150℃/5min 固溶，晶粒度 8 级；
（d）1190℃/5min 固溶，晶粒度 7 级；（e）1190℃/7min 固溶，晶粒度 5.5 级

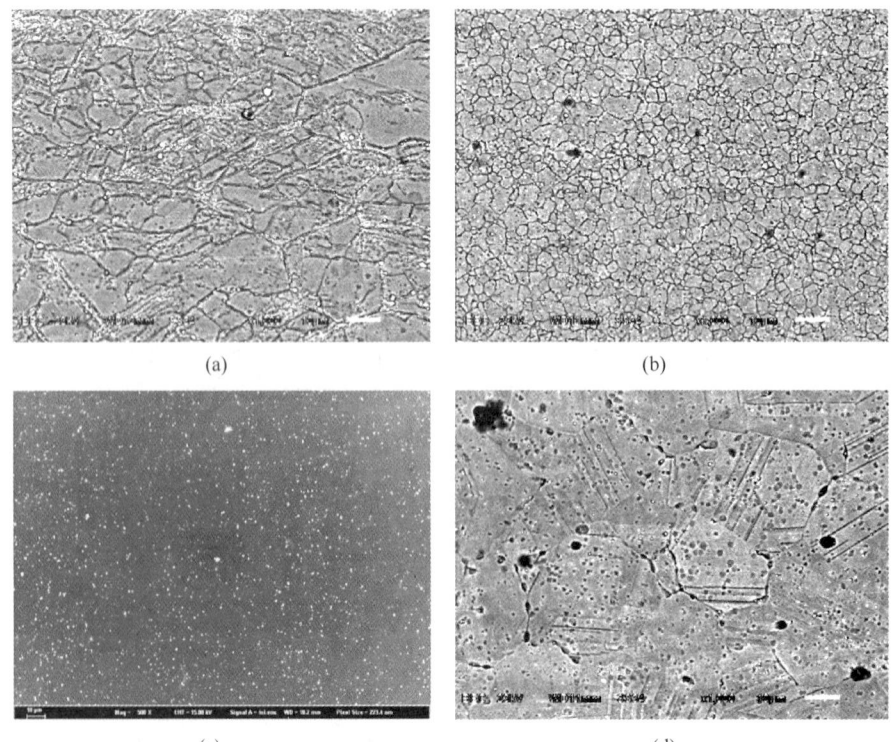

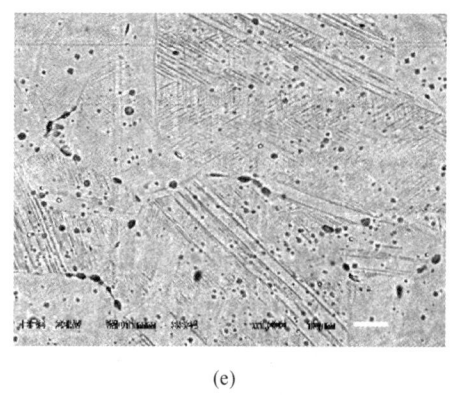

(e)

图 4　合金不同状态电镜组织

Fig. 4　SEM morphology of strips with different solution treatments

（a）冷轧态；（b）1100℃/5min 固溶，晶粒度 10 级；（c）1150℃/5min 固溶，晶粒度 8 级；

（d）1190℃/5min 固溶，晶粒度 7 级；（e）1190℃/7min 固溶，晶粒度 5.5 级

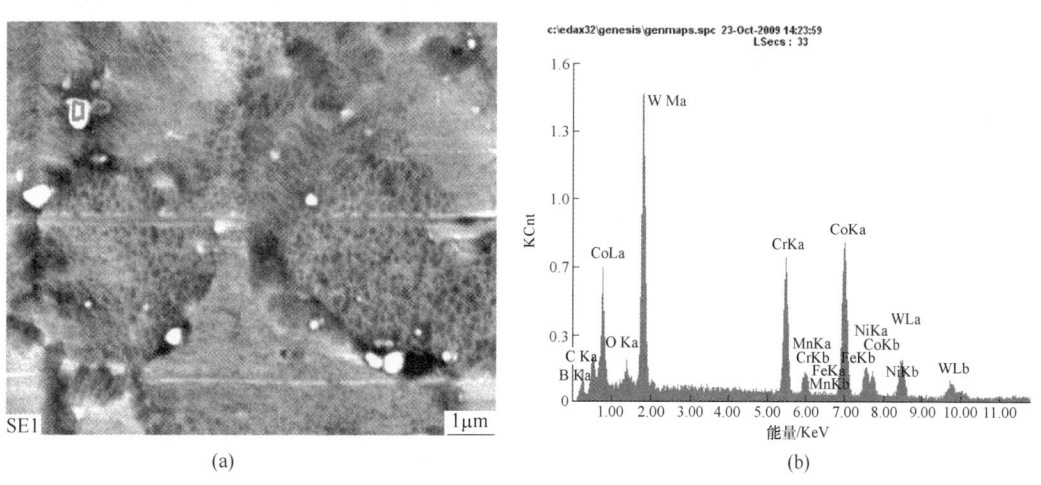

(a)　　　　　　　　　　　　　　　　(b)

图 5　合金析出物能谱分析（1150℃/5min 固溶）

Fig. 5　Energy spectrum analysis of the precipitates（1150℃/5min solution treatment）

2.2　力学性能

图 6 为合金冷轧态及不同固溶状态的室温拉伸性能，结果可见，随着固溶温度的提高及固溶时间的延长，合金的加工硬化效应逐渐消除，从图 6 中强度与伸长率曲线可见，合金塑性的恢复主要的贡献在于回复再结晶以及晶粒的长大。1150℃温度的固溶，合金伸长率较冷轧态增长了 16 倍，屈服强度下降了 58%。而进一步提高固溶温度与保温时间，塑性的回复与强度的下降趋缓，1190℃温度 7min 的固溶，合金延伸率较冷轧态增长了 19 倍，屈服强度下降了 67%。可见，1150℃温度的固溶合金回复再结晶及晶粒长大已较充分，碳化物亦有一定程度的减少，合金塑性在回复和再结晶的过程中得到了较充分的恢复；进一步提

高固溶温度和固溶时间，晶粒度进一步长大，碳

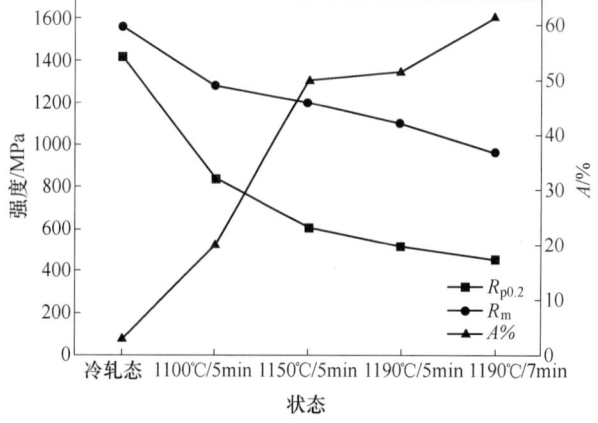

图 6　不同状态合金室温拉伸性能

Fig. 6　Tensile properties at room temperature of strips with different solution treatments

化物进一步回溶，但相较 1150℃ 温度的固溶，合金塑性进一步提升的幅度以及强度的下降幅度已较小。

3　结论

（1）Co-Cr-Ni-W 合金带材在 1100℃ 及以上温度固溶，均能完成再结晶。

（2）合金带材在 1150℃ 及以上温度固溶，合金强度下降及塑性恢复显著。

（3）合金带材在 1190℃ 温度固溶，合金晶粒长大显著，碳化物大量溶解。

（4）合金带材在 1100℃ 及以上温度固溶，M_6C 型碳化物为主要的析出存在相。

参考文献

［1］中国航空材料手册编委会. 航空材料手册（第 2 卷 变形高温合金　铸造高温合金）［M］. 北京：中国标准出版社，2001：526.

［2］郭建亭. 高温合金材料学（下）［M］. 北京：科学技术出版社，2010：127~134.

［3］Yukawa N，Sato K. The Correlation between Microstructure and Stress-Rupture Properties of a Co-Cr-Ni-W（HS-25）Alloy［C］//The International Conference on the Strength of Metals and Alloys，The Japan Institute of Metals，Omachi，Japan，1968：680~686.

［4］Julien Favre，et al. Modeling dynamic recrystallization of L-605 cobalt superalloy［J］. Materials Science & Engineering，2016（A653）：84~92.

［5］牛永吉，张志伟，安宁，等，一种高温合金的组织演变规律研究［C］//仲增墉. 第十三届中国高温合金年会论文集. 北京：冶金工业出版社，2016：166~169.

汽轮机叶片用 **NiCr20TiAl** 合金组织均匀性工艺研究

周江波*，邓方林，粟硕

（四川六合特种金属材料股份有限公司，四川 江油，621709）

摘　要：NiCr20TiAl 是高 Al、Ti 含量的 Ni-Cr 基高温合金，以面心立方 $\gamma'[Ni_3(Al, Ti)]$ 为强化相，为改善合金在高温下的晶界强度，合金在 650~850℃ 范围内有良好的抗蠕变性能。广泛用于超超临界汽轮机的多级叶片材料及其他重要部件，因此对产品的高温性能及组织均匀性有较高的要求。本文通过对材料组织混晶现象做了系统分析，总结一套更合理的生产工艺，生产出组织均匀及高温性能优良的叶片产品。

关键词：叶片钢；组织均匀性；偏析；高温持久

Study on Microstructure Uniformity of NiCr20TiAl Alloy for Steam Turbine Blades

Zhou Jiangbo, Deng Fanglin, Su Shuo

（Sichuan Liuhe Special Metal Materials Co., Ltd., Jiangyou Sichuan，621709）

Abstract：NiCr20TiAl is a high-Al and Ti-content Ni-Cr-based superalloy with face-centered cubic $\gamma'[Ni_3(Al, Ti)]$ as the strengthening phase. In order to improve the grain boundary strength of the alloy at high temperature，the alloy is at 650~850℃. Good creep resistance in the range. It is widely used in multi-stage blade materials and other important components of ultra-supercritical steam turbines，so it has high requirements for high temperature performance and uniformity of products. This paper systematically analyzes the phenomenon of mixed crystal structure of materials，summarizes a more reasonable production process，and produces blade products with uniform structure and high temperature performance.

Keywords：blade steel；microstructure uniformity；segregation；creep

NiCr20TiAl 合金叶片材料生产流程为：真空感应炉→电渣重熔→锻造叶片毛坯→毛坯热处理→检验、叶片机加工。在毛坯经标准热处理后（1050~1080℃，8h，空冷；（845±10）℃，24h，空冷；（700±10）℃，16h，空冷）检测材料的高温性能及组织情况，发现晶粒度、高温持久性能波动很大，甚至无法满足标准要求。按原工艺生产的叶片毛坯晶粒度情况如表 1 所示。同时该叶片的 750℃ 持久断裂时间实测结果在 80~130h 范围内波动（标准要求≥100h）。

表 1　NiCr20TiAl 合金叶片晶粒度

Tab. 1　Grain size of NiCr20TiAl alloy blade

批次	横向实测	纵向实测
1	中心：(5.5) 50% (3.5) 20% (2.5) 30%	中心：(2.5) 40% (3.5) 35% (5.5) 25%
	边缘：(6) 80% (4.5) 10% (3.5) 10%	边缘：(6) 70% (3) 30%
2	中心：(5.5) 60% (3.5) 30% (2.5) 10%	中心：(5.5) 60% (4) 30% (2.5) 10%
	边缘：(6) 40% (5) 25% (3) 35%	边缘：(6) 35% (4) 25% (<1) 10%
标准要求	3~6 级	

* 作者：周江波，工程师，联系电话：18048188840，E-mail：zjblyf@163.com

1 试验材料及方法

NiCr20TiAl 合金属沉淀硬化型变形高温合金，由 Cr20Ni80 材料演变而来，本文所涉及的叶片毛坯尺寸约为（30~60）mm×（70~110）mm×L，材料中 Al+Ti 含量达到 4.0% 以上。针对叶片材料的组织混晶及高温性能差异大的问题，做了以下三方面工作：

（1）通过叶片毛坯金相照片，初步分析组织混晶现象。

（2）生产过程解析，确定混晶成因并做相关试验分析。

（3）进行工艺优化，从而解决 NiCr20TiAl 合金组织混晶及高温性能波动大的问题。

2 试验结果及分析

2.1 叶片材料金相数据分析

2.1.1 组织情况分析

叶片毛坯经标准热处理后，检测材料横、纵向的不同部位晶粒度结果发现组织差异性大，边缘混晶问题更加突出。首先对现有叶片晶粒度做深入检测，图 1 为其中一批产品的晶粒度照片，照片中为同一视场下 100×、500×、1000× 的晶粒情况，晶粒度级别有混晶现象，且存在晶粒带的趋势，放大倍数可以发现存在析出物分布不均的现象，并且粗晶是伴随着该析出物贫化现象存着的。

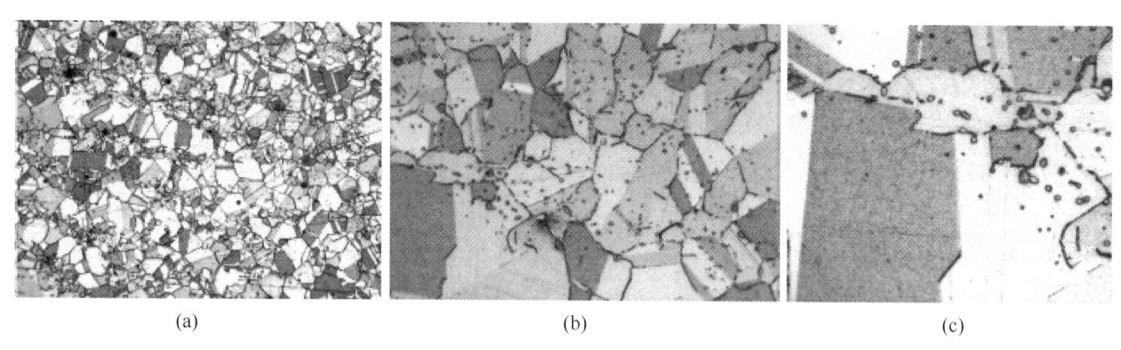

图 1　不同放大倍数下叶片材料的金相照片

Fig. 1　Metallographic photographs of the blade material at different magnifications

(a) 100×; (b) 500×; (c) 1000×

按照叶片材料的化学成分，通过热力学软件计算出不同温度下相比例，如图 2 所示，组织中除奥氏体基体外，还存着的 γ'、$M_{23}C_6$、M_7C_3、

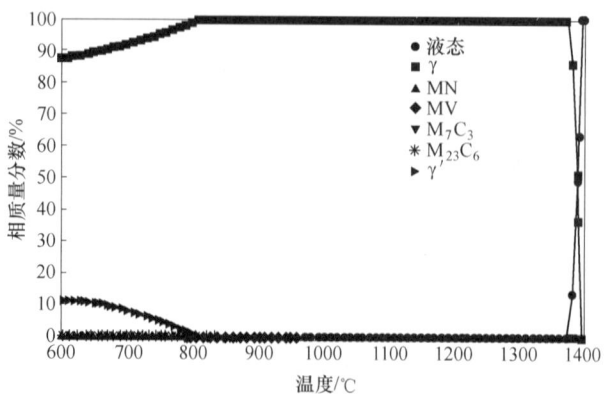

图 2　叶片用 NiCr20TiAl 合金不同温度下的析出相

Fig. 2　Precipitates at different temperatures of NiCr20TiAl alloy for blades

MC、MN 相，还可以计算出 MN 相是在钢液状态下就存着的，M_7C_3 在 900℃ 以上析出，随着温度降低逐步转变为 $M_{23}C_6$，γ' 强化相在 700℃ 左右析出量达到一个比较高的值。因此通过标准热处理后，叶片材料组织中主要存着的二次相包括 γ' 和 $M_{23}C_6$，还少量的 MC、MN（$Ti_{0.78}C_{0.4}N_{0.18}$）相。初步分析叶片材料组织混晶与该碳化物分布有着一定联系。

2.1.2 组织对高温持久的影响

按原工艺生产的叶片材料持久寿命波动较大，且有少量不合格的。NiCr20TiAl 合金在 750℃，310MPa 应力状态下，蠕变断裂行为为沿晶断裂，随着蠕变变形的进行，在大小晶粒交界处容易出现应力集中，而促使裂纹在较粗大晶粒边界产生，并沿晶界面迅速扩展。

一般认为，小且不连续的晶界碳化物会阻碍

晶界滑移而提高蠕变抗力，而粗大成膜状的碳化物会降低合金的高温性能。NiCr20TiAl 合金中 γ' 相占合金总质量的 10% 以上，γ' 相也是合金的主要强化相，也是持久强度的重要影响因素。

2.2 叶片材料生产过程解析

为寻求材料中碳化物分布与混晶组织的关系，以及寻求该相分布不均的原因，作者对整个材料的生产过程中组织形态进行了试验分析。

2.2.1 铸态碳化物形态

合金经真空感应+电渣熔炼后，选取 A、B 两个批次的 ϕ420mm 电渣锭，分别在铸锭两端切取试样，横截面低倍照片如图 3 所示，可发现两炉钢锭头尾都有大量块状、条状的一次碳化物存在。而且 B 炉号还存在原始的心部裂纹，很明显该两炉钢均存在不同程度的枝晶间偏析，在重熔 V、Nb、Ti 含量很高的合金时，电渣过程就比较容易出现 MC 在枝晶间偏析（针对本钢种，偏析物为 TiC）。铸锭内部质量主要取决于铸锭局部凝固时间，局部凝固时间越长，偏析越严重。

电渣重熔凝固过程会出现不同程度的偏析，如何降低偏析也是国内各大钢厂在研究的课题，特别是针对大锭型。但一般情况下通过了大锻比

热加工后，一次碳化物能得到破碎，使其弥散细小分布。但若铸锭偏析严重，即使锻比足够大也无法做到完全消除，因此考虑对铸态做均质化处理。如图 4 所示，在实验室采用 1180℃，保温 16h 的工艺进行均质化处理后，铸态组织中的 TiC 偏析问题能得到明显改善。

图 3 A、B 两炉钢锭头尾低倍照片（上为 A，下为 B）
Fig. 3 Macro photos of the head and tail of A and B steel furnaces

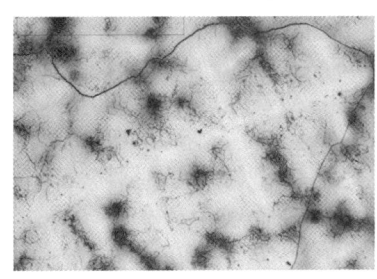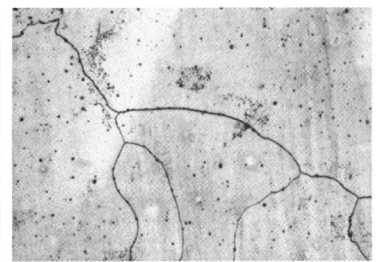

图 4 均质化处理前后铸态组织图片（左为处理前，右为处理后）
Fig. 4 Picture of as-cast microstructure before and after homogenization

2.2.2 锻造中间坯组织形态

对偏析严重的钢锭进行自由锻造，然后在中间坯上取样检测纵向组织情况，以此来追踪碳化物的形态。

观察纵向高倍腐蚀前的形貌（见图 5），可以发现整块试样存在连续的条带状偏析，且试样偏析带存在裂纹源。另外，可以观察到腐蚀后在偏析带上的晶粒度较其他部位细小很多。腐蚀后呈现为细晶带（碳化物钉扎效应[1]）。偏析的碳化物破坏了材料的连续性，当压力加工过程动能转

换为材料内应力时，阻碍了内应力释放，造成局部应力过高，材料内部裂纹源会急剧扩展，同时二次碳化物在晶界上薄膜状连续分布（见图 6）会成为裂纹延伸的有利通道。同时由于钉扎效应，造成中间坯混晶严重。

检测发现中间坯存在碳化物偏析问题，不同程度的偏析也将造成不同程度的混晶组织。为进一步验证碳化物偏析，取样进行能谱分析。结果显示，晶界包膜程度严重，析出相中包括 TiC、$M_{23}C_6$、MN。

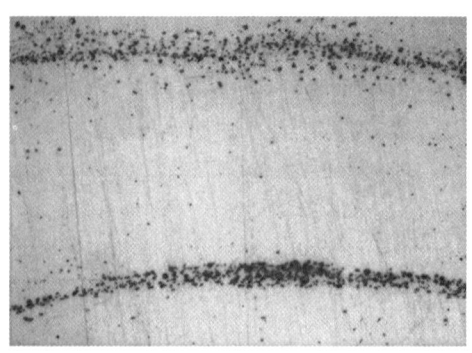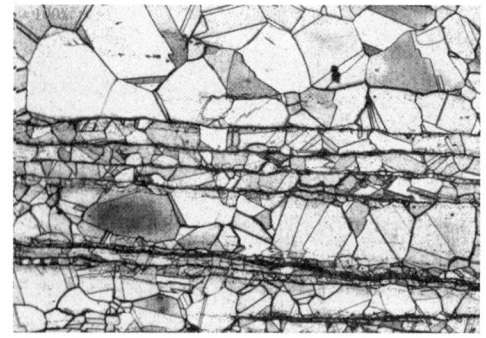

图 5 中间坯腐蚀前后高倍组织（纵向）

Fig. 5 Metallographic structure before and after corrosion of the intermediate blank

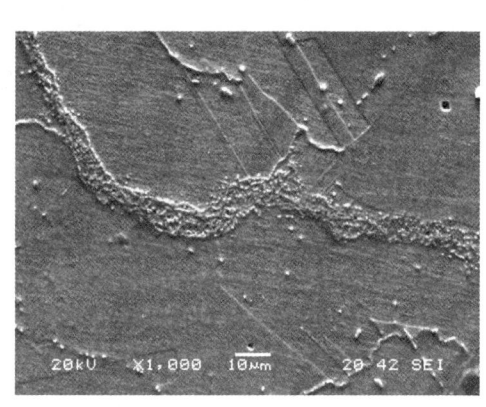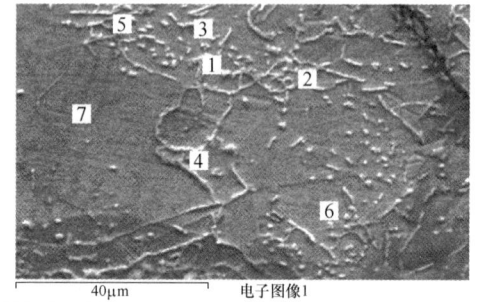

	C	N	O	Mg	Al	Si	Ti	Cr	Fe	Ni	总的
1	12.79		12.85	0.56	0.75	0.29	18.96	12.32	0.57	40.93	100.00
2	6.94	15.61			0.54	0.13	22.88	12.59		41.31	100.00
3	4.86		6.00		0.68	0.13	32.66	12.74		42.94	100.00
4	12.94		3.97		0.74	0.38	17.49	21.96		42.52	100.00
5	8.26	4.77	5.15		0.61	0.61	17.35	13.73		49.54	100.00
6	4.50	2.45			0.92	0.19	5.61	17.64		68.69	100.00
7	5.33		1.93		1.49	0.18	2.30	18.82		69.96	100.00

图 6 中间坯的能谱结果

Fig. 6 Energy spectrum results for the intermediate blank

2.3 分析讨论

（1）NiCr20TiAl 的叶片一直存在混晶问题，一方面是由于材料规格较小，锻造过程温降快，造成表层心部组织差异较大。另外一个重要原因是合金中 TiC 偏析造成了极端组织，贫 Ti 区的碳化物与 γ′ 占比较低也给成品高温持久性能带来较大的危害。

（2）从钢锭铸态组织可以确定，电渣锭存在严重偏析，该偏析会给后续成品组织和性能带来极大隐患。一方面，铸态组织经过均质化处理后，TiC 偏析问题得到极大改善；另外一方面，铸锭微观组织取决于电渣过程铸锭局部凝固时间，局部凝固时间越长，铸锭内部发生偏析的倾向性越大[2]。应当严格控制重熔工艺，适当降低熔化速率，从而降低钢锭局部凝固时间，以减轻偏析。

（3）原始 TiC 的偏析遗传到了中间坯，并以二次碳化物及碳氮化物形式出现，并明显造成了组织混晶。同时锻造温度较高和锻压比较低时，容易在晶界形成二次薄膜状碳化物，造成晶界脆性，出现缺口敏感性。采用压机大变形量开坯，有利于破碎一次碳化物，使其分散，避免了晶界薄膜状二次碳化物大量析出，也可降低枝晶间距过大带来的裂纹风险。

2.4 工艺改进

结合试验结果，同时结合多个工序的生产特点，做了以下工艺改进：

（1）电渣重熔。降电渣熔速，改进电流、电压制度，调整电渣出水温度。

（2）钢锭处理。采用钢锭均质化工艺，使电渣锭中 TiC 在高温下实现扩散，最终使其弥散分布，为后续热加工提供良好保障。

（3）锻造工艺。考虑到组织遗传性，严格控制每火次变形量及变形温度。另外成品锻制采用 3~3.5 的锻比，同时通过控制成品长度来保火终锻温度，以此来保证组织充分破碎和再结晶完善。

通过以上工艺的改进，试制了3炉叶片毛坯，晶粒度如表2所示，同时材料的高温持久断裂时间均≥120h，室温抗拉强度提高5%左右，屈服强度提高10%左右，其他指标基本一致，金相观察到碳化物呈均匀分布。

表 2　工艺优化后叶片材料的晶粒度结果
Tab. 2　Grain size results for blade materials after process optimization

批　次	横向实测		纵向实测	
（1）	中心：4.5	边缘：4.5	中心：5.5	边缘：5.5
（2）	中心：4.5	边缘：6	中心：4.5	边缘：5
（3）	中心：5.5	边缘：5.5	中心：4	边缘：5.5(80%)4(20%)
标准要求	3~6级			

3　结论

（1）NiCr20TiAl叶片材料的组织混晶与钢锭偏析存在密切关系，偏析越严重，最终的叶片材料组织混晶越严重。

（2）通过调整电渣重熔制度以及钢锭均质化处理，能极大地降低合金的偏析程度，进而提高成品叶片的组织均匀性，提高持久强度，同时解决高温持久断裂时间波动性大的问题。

参考文献

[1] 郭建亭. 高温合金材料学中册 [M]. 北京：科学出版社，2008：148.
[2] 姜周华. 电渣冶金学 [M]. 北京：科学出版社，2015：489~492.

紧固件用典型高温合金应力松弛行为

杨静，江河*，董建新

（北京科技大学材料科学与工程学院，北京，100083）

摘　要：GH4169、GH4169D、GH4738 以及 GH350 是高温紧固件常用合金，对其进行高温应力松弛行为测试，并揭示相关的松弛机制将对实际生产与使用具有重要的指导作用。本文分别测试了四种合金在不同温度下的应力松弛行为，定量计算应力松弛稳定系数发现：四种合金的应力松弛稳定性均随温度的升高而下降。这是因为升高温度，GH4169 合金中 γ'' 相尺寸显著增加，导致共格强化作用减弱。GH4738 合金与 GH4169D 的主要强化相 γ' 相会因温度的升高而粗化，与位错的交互作用加剧，导致塑性变形量增加。而 GH350 合金的微观组织演变更为复杂，其在 800℃ 时的松弛稳定性优于其他三种高温合金。

关键词：高温合金；应力松弛；温度；微观组织演变

Stress Relaxation Behavior of Typical Nickel-base Superalloys for Fasteners

Yang Jing，Jiang He，Dong Jianxin

（School of Materials Science and Engineering，University of Science and Technology Beijing，Beijing，100083）

Abstract：GH4169, GH4169D, GH4738 and GH350 superalloys are widely applied to high-temperature fasteners, and carrying out high-temperature stress relaxation tests as well as revealing stress relaxation regulations and mechanisms of them have meaningful and instructional influence on production. In this paper, stress relaxation tests were conducted at different temperatures using different superalloys, and relaxation stability coefficient was calculated to quantify stress relaxation stability. Testing results demonstrate that, with the increasing of temperature, stress relaxation stability of four superalloys decreases due to severe microstructure degeneration. For GH4169, γ'' phase grows up significantly, and this results in the decrease of coherence strengthening effect. γ' phase, the main strengthening phase in GH4738 alloy and GH4169D also coarsens due to the increase of temperature, and the interaction between γ' phase and dislocations boosts, leading to obvious plastic deformation. Microstructure evolution of GH350 alloy is complicated because of the influence of γ' phase and η phase, and its relaxation stability at 800℃ is better than the other three superalloys.

Keywords：superalloys；stress relaxation；temperature；microstructure evolution

随着高温合金在航空发动机及各种工业燃气轮机中的广泛应用，各类高温合金紧固件（螺栓、螺母、螺钉、销子等）大量投入使用，GH4169、GH4169D、GH4738 以及 GH350 合金因其优良的高温性能在其中占有较大的比重[1,2]。但是目前已有的研究多集中在热加工工艺方法与改进、合金元素对组织和力学性能的影响、析出相对变形机制的影响等[3~5]。至于试验参数，如温度对应力松弛行为和微观机制的影响规律并未有深入的研究。

基于上述研究现状，本文从以下三个方面开展工作。首先，在不同温度下进行应力松弛试验，探究 GH4169、GH4169D、GH4738 以及 GH350 合

---

*作者：江河，讲师，联系电话：62332884，E-mail：jianghe17@ sina. cn

金在不同温度下的应力松弛行为特征。其次，使用松弛稳定系数定量表征不同合金的应力松弛稳定性随温度的变化规律。最后，结合微观组织演变对比分析不同试验条件下的应力松弛机制，以期对应力松弛理论进行补充，同时为实际生产提供参考依据。

1 试验材料及方法

试验用 GH4169、GH4169D、GH4738 以及 GH350 合金的化学成分如表1所示。GH4169 合金的冶炼工艺为真空感应熔炼（VIM）+真空自耗重熔（VAR）双联工艺熔炼；热处理工艺为：980℃×1h/空冷 + 720℃ × 8h/炉冷 + 620℃ × 8h/空冷。GH4169D 合金的冶炼工艺为真空感应熔炼（VIM）+真空自耗重熔（VAR）双联工艺熔炼；热处理工艺为：870℃×16h/空冷→982℃×1h/空冷→788℃×8h/炉冷（56℃/h）→704℃×8h/空冷。对 GH4738 合金，铸锭开坯后经多火轧制成棒材，进行 1020℃×4h 固溶处理，再进行 845℃×4h 稳定化处理和 760℃×16h 时效处理。另外，将冶炼生成的 GH350 合金热轧棒进行 1100℃×4h 固溶处理，之后经34%冷拔变形成为 φ10mm 冷拔棒材，再进行 870℃×4h+740℃×4h 双时效处理。

表1 紧固件用高温合金成分
Tab. 1 Chemical composition of superalloys for fasteners （质量分数,%）

合金种类	化 学 成 分								
	C	Cr	Co	Mo	Al	Ti	Nb	Fe	Ni
GH4169	0.05	19.00	—	3.00	0.50	1.00	5.30	18.15	余
GH4169D	0.039	19.12	8.98	2.81	1.65	0.75	5.51	9.50	余
GH4738	0.04	19.00	12.90	4.42	1.45	2.90	—	—	余
GH350	<0.02	16.90	24.77	2.99	1.08	2.20	1.20		余

按照《高温拉伸应力松弛试验方法》（GB/T 10120—2013）制备标准样品，在 RMT-D5SC 电子式高温应力松弛试验机上进行试验。然后，将应力松弛试验所得样品进行线切割、机械研磨和抛光，分别进行化学侵蚀、电抛电解以及双喷操作，以供观察合金的微观组织演变规律。

2 试验结果及讨论

2.1 GH4169 合金在不同温度下的应力松弛行为

设定初应力为 380MPa，依次改变温度为 600℃、650℃、700℃、750℃，得到如图1(a) 所示应力松弛曲线。温度为 600℃、650℃时，随时间延长应力先快速下降，随后应力松弛速率减小，最终实现稳态，应力数值达到松弛极限。而当温度升高至 700℃、750℃后，应力松弛速率显著增加；试验进行到 6000min 时，应力仍近似呈线性下降，对应的应力下降值也显著增加。定量求解不同温度下的松弛稳定系数（见图1(b)）发现：升高温度，松弛稳定系数近似呈线性下降，表明随着温度的升高，GH4169 合金的松弛稳定性变差。

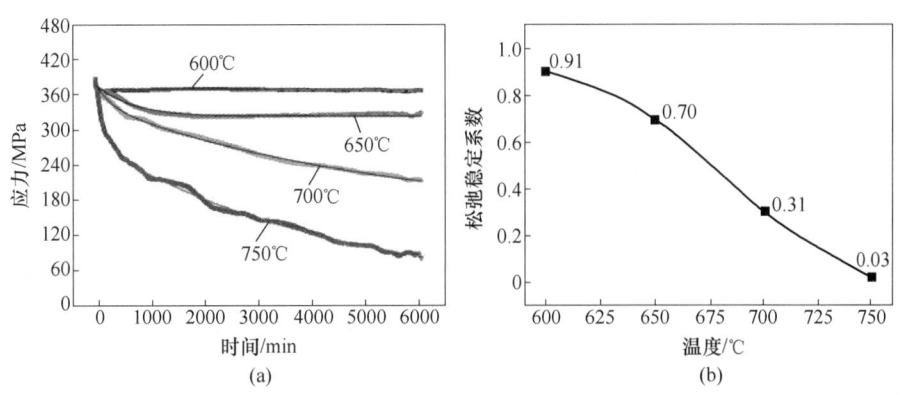

图 1 GH4169 合金在不同温度下应力松弛曲线 (a)，松弛稳定系数 (b)

Fig. 1 Stress relaxation curves (a), relaxation stability coefficient (b) of GH4169 at different temperatures

图 2 为不同温度下进行应力松弛后 GH4169 合金的微观组织形貌。当温度不高于 650℃时，δ 相呈短棒状分布于晶界与晶内；盘片状 γ″相长约 45nm，宽约 20nm，具有良好的沉淀强化作用（见图 2(a)）。升高温度至 700℃、750℃，δ 相呈现出针状化的趋势，易引起局部应力集中；且在 750℃时 γ″相已长大到长约 160nm，宽约 62nm，共格强化作用减弱（见图 2(b)）。在上述因素的共同影响下，GH4169 合金的松弛稳定性显著下降。

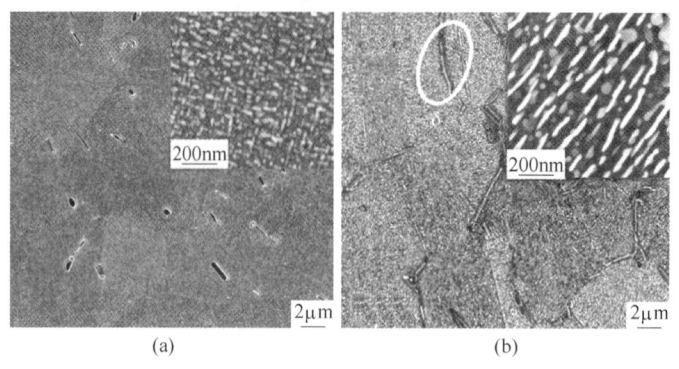

图 2 不同温度应力松弛后 GH4169 合金微观组织

Fig. 2 Microstructure of GH4169 after stress relaxation

(a) 650℃; (b) 750℃

2.2 GH4169D 合金在不同温度下的应力松弛行为

设定初应力 510MPa，分别在 700℃、800℃进行应力松弛试验，所得应力松弛曲线如图 3(a) 所示。当温度为 700℃时，在前 1000min 内的应力松弛速率较大，随后应力松弛速率有所减小。升高温度至 800℃，在前 1000min 内，应力松弛曲线近似呈直线下降；随后，应力松弛速率减小，在第 3000min 时，应力数值接近 0MPa。另外，计算可知，当温度从 700℃升高至 800℃时，松弛稳定系数从 0.49 下降至 0.02（见图 3(b)），表明随着温度的升高 GH4169D 合金的应力松弛稳定性显著减小。

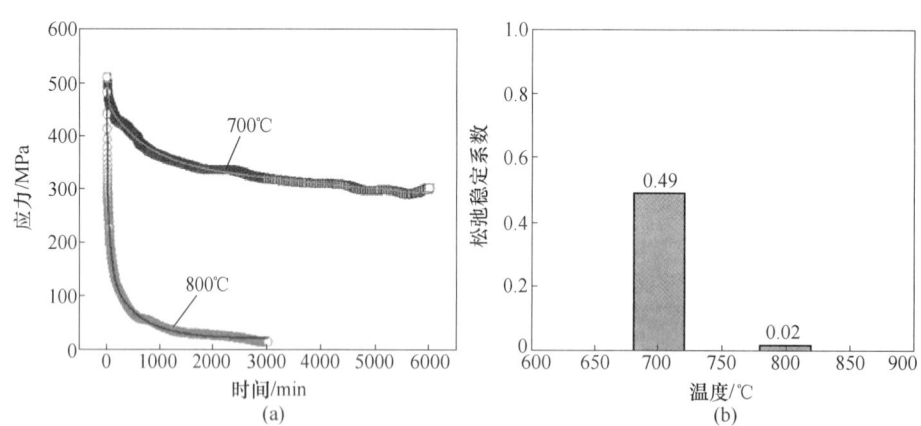

图 3 GH4169D 合金在不同温度下应力松弛曲线 (a)，松弛稳定系数 (b)

Fig. 3 Stress relaxation curves (a), relaxation stability coefficient (b) of GH4169D at different temperatures

GH4169D 合金在不同试验温度下进行应力松弛后的微观组织形貌如图 4 所示。当温度为 700℃时，仅有部分 η 相粗化长大，一次 γ′相以及二次 γ′相的直径分别为 53nm、24nm（见图 4(a)），能够有效阻碍位错运动。而当温度升高到 800℃时，η 相长大且含量显著增加，在 η 相周围出现 γ′相的贫化区，不利于应力松弛稳定性。另外，一次 γ′相（91nm）以及二次 γ′相（35nm）的尺寸显著增加（图 4(b)），沉淀强化作用减弱，导致 GH4169D 合金的应力松弛稳定性急剧下降。

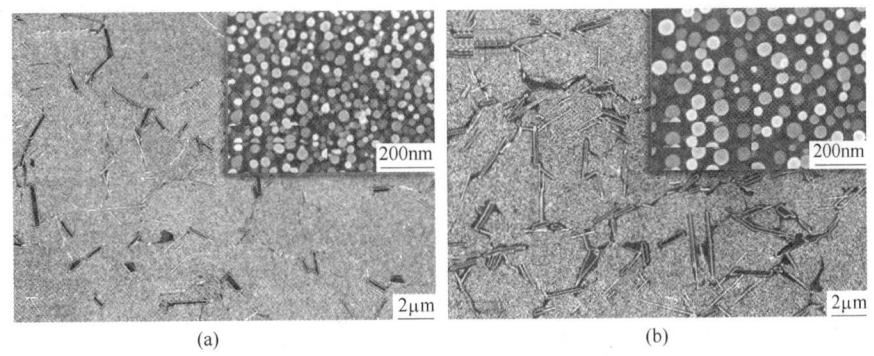

图 4 不同温度应力松弛后 GH4169D 合金微观组织

Fig. 4 Microstructure of GH4169D after stress relaxation

(a) 700℃；(b) 800℃

2.3 GH4738 合金在不同温度下的应力松弛行为

设定初应力为 510MPa，分别在 600℃、700℃和 800℃时进行试验，应力松弛曲线如图 5(a) 所示。当温度为 600℃、700℃时，能在短时间内实现稳态，应力下降较少。升高温度至 800℃时，在长时间内具有高应力松弛速率，应力下降幅度较大。计算不同温度下 GH4738 的松弛稳定系数发现（见图 5(b)），当温度为 600℃、700℃时，松弛稳定系数明显大于 0.5 或者接近 0.5；而当温度升高

至 800℃时，松弛稳定系数接近 0。因此，当温度不高于 700℃，GH4738 合金的松弛稳定性满足基本要求，升高至 800℃松弛稳定性急剧下降。

不同温度下应力松弛后 GH4738 合金的微观组织形貌如图 6 所示。升高温度，GH4738 的主要强化相 γ′的特征无明显变化，但是 γ′相与位错的交互作用加剧，γ′相颗粒内部出现层错且发生畸变，边缘的位错入侵使其相界不再平滑，导致塑性变形量增加，故松弛稳定性下降。

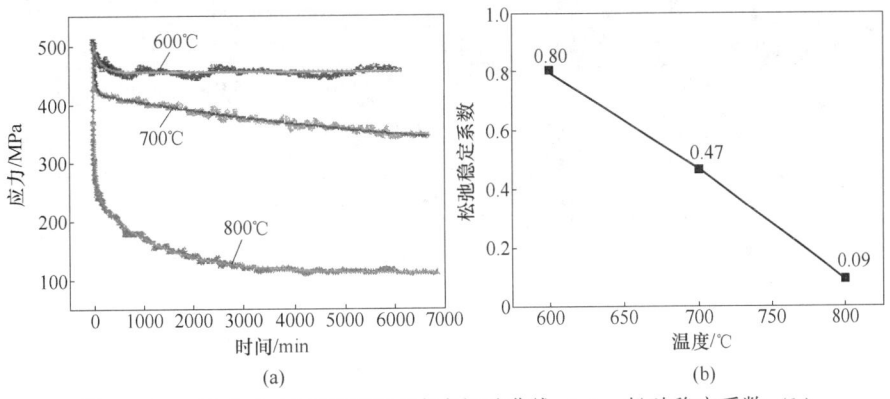

图 5 GH4738 合金在不同温度下应力松弛曲线（a），松弛稳定系数（b）

Fig. 5 Stress relaxation curves（a），relaxation stability coefficient（b）of GH4738 at different temperatures

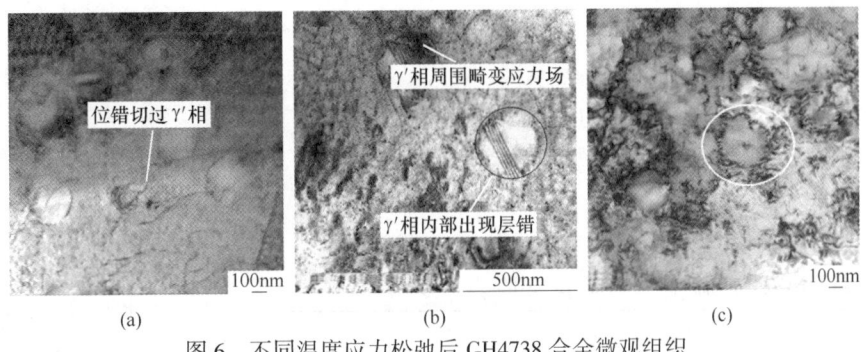

图 6 不同温度应力松弛后 GH4738 合金微观组织

Fig. 6 Microstructure of GH4738 after stress relaxation

(a) 600℃；(b) 700℃；(c) 800℃

2.4　GH350 合金在不同温度下的应力松弛行为

GH350 在 600℃、780℃ 和 800℃ 时的应力松弛曲线如图 7(a) 所示。随着温度的升高，总松弛应力增加；应力松弛速率增大；应力松弛第二阶段的稳定性变差。但与 GH4169、GH4169D 和 GH4738 相比较，GH350 的应力下降幅度略有减小。不同温度下 GH350 的松弛稳定系数也是随温度的升高而近似呈线性减小（见图 7(b)）。

GH350 合金在不同温度下进行应力松弛后的组织形貌如图 8 所示。随着温度的升高，GH350 γ′ 相尺寸增加，会导致 γ′ 相的沉淀强化效果减弱；晶界上 η 相周围的细小 γ′ 相数量明显减少甚至回溶；细小且呈针状 η 相的数量与尺寸都明显增加。另外，随着温度的升高，γ′ 相内部的变形衬度带增多，且 γ′ 相周围应力场畸变加重；η 相两侧的位错塞积更加明显，相内的位错密度升高，说明 η 相也参与塑性变形，导致应力松弛稳定性变差。

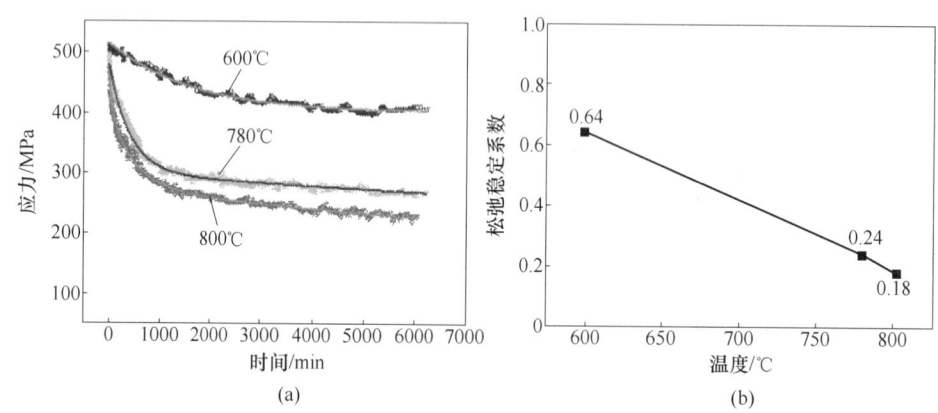

(a)　　　　　　　　　　　　　　(b)

图 7　GH350 合金在不同温度下应力松弛曲线（a），松弛稳定系数（b）

Fig. 7　Stress relaxation curves（a），relaxation stability coefficient（b）of GH350 at different temperature

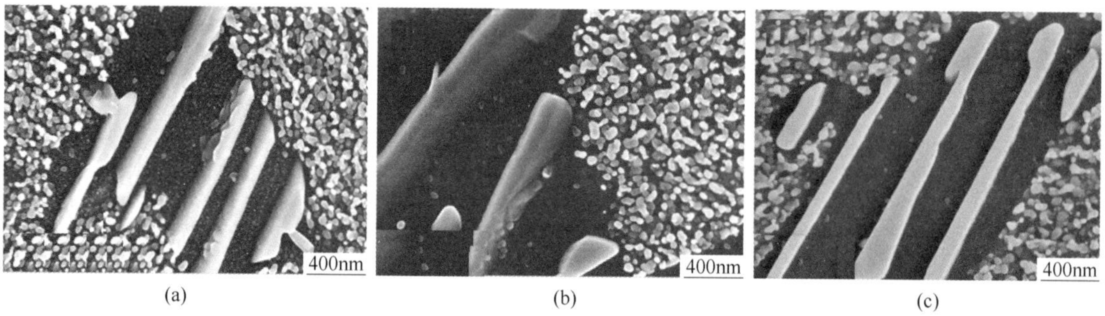

(a)　　　　　(b)　　　　　(c)

图 8　不同温度应力松弛后 GH350 合金微观组织

Fig. 8　Microstructure of GH350 after stress relaxation

(a) 600℃；(b) 780℃；(c) 800℃

3　结论

（1）随着温度的升高，GH4169、GH4169D、GH4738 以及 GH350 合金的松弛稳定系数均下降，应力松弛稳定性变差。

（2）不同合金的微观组织结构不同，高温组织稳定性也存在差异。升高温度，不同合金应力松弛稳定性下降的快慢程度不同。试验结果表明，从 GH4169 到 GH4169D、GH4738，再到 GH350，呈现应力松弛稳定性下降逐渐减缓的变化趋势。

参考文献

［1］周杰. 我国典型航空紧固件企业营销战略研究 ［D］. 开封：河南大学，2015.

［2］高岩. 高端紧固件紧固工艺技术研究 ［D］. 大连：大连理工大学，2016.

［3］李英亮. 紧固件概述 ［M］. 北京：国防工业出版社，2014.

［4］蔡大勇. GH169 及 GH696 高温合金热加工工艺基础研究 ［D］. 秦皇岛：燕山大学，2003.

［5］王岩. δ 相对 GH4169 合金高温变形及再结晶行为的影响 ［D］. 哈尔滨：哈尔滨工业大学，2008.

宝钢核电用镍基合金关键材料的研制新进展

徐长征*，欧新哲，何煜天，马天军

（宝山钢铁股份有限公司中央研究院，上海，201900）

摘　要：核电是先进的清洁能源，是实现国家节能减排目标的最重要举措之一，"十三五"规划进一步明确了安全高效发展核电的思路，目前我国已能独立生产制造百万千瓦级核电核岛的绝大部分主设备，但某些部件的关键材料仍依赖进口，成为核电自主化建设的瓶颈之一。本文重点介绍宝钢特钢"十二五"规划以来在压水堆核电技术涉及的蒸汽发生器下封头水室隔板用镍基合金厚板、爆破阀剪切盖用镍基合金大截面棒材、屏蔽主泵屏蔽套用镍基合金冷轧薄板、镍基合金焊接材料和高温气冷堆、钍基熔盐堆涉及的镍基合金板、管、棒等关键材料研制方面取得的新进展。

关键词：核电站；镍基合金；水室隔板；主泵屏蔽套；爆破阀剪切盖；高温气冷堆

Research Progress of Nickel−based Alloy Key Materials for Nuclear Power Produced in Baosteel

Xu Changzheng, Ou Xinzhe, He Yutian, Ma Tianjun

（Central Research Institute of Baoshan Iron & Steel Co., Ltd., Shanghai, 201900）

Abstract：As an advanced clear energy, the nuclear energy is one of the most important measures to achieve the target of energy conservation and emission reduction. The safe and efficient development planning of the nuclear power is also further clarified in the 13th Five−year Plan. Chinese equipment manufacturing enterprises are able to independently produce most of the important equipment used in the million kilowatt nuclear power station. However, some of the key materials are still depends on the imports, which becomes one of the most important bottlenecks in the independent development of nuclear power. The present passage mainly introduced the important development progresses in the pressurized water reactor nuclear power technology such as the nickel−based alloy plate used as the steam generator divider plate, large size nickel−base alloy rod used as squib valve shear cap, cold−rolling nickel−based alloy thin trip used as coolant pump can and nickel−based welding materials produced in Baosteel since the 12th Five−year Plan period. Moreover, the new development progress of nickel−based plates, pipes and bars used in the high temperature gas−cooled reactor and thorium based molten salt reactor are also illustrated in the present work.

Keywords：nuclear power station；nickel−based alloy；divider plate；coolant pump can；squib valve shear cap；high temperature gas−cooled reactor

　　核电是先进的清洁能源，是国家能源战略重要的组成部分，是实现国家节能减排目标的最重要举措之一，核电自主化将对保障我国能源结构优化和国家能源安全起到积极有效的促进作用。核电设备一般设计寿命为60年，由于镍基合金耐高温、耐腐蚀性能优异，核岛中大量关键部件选用镍基合金，如蒸汽发生器下封头隔板、U型换热管、安注箱、堆芯补水箱、压力容器、控制棒驱动机构、堆内构件、稳压器、爆破阀、主泵飞轮盖板、主泵屏蔽套、换热器、稳压器等设备中

* 作者：徐长征，教授级高工，联系电话：021-26032512，E-mail：xuchangzheng@ baosteel.com

均有镍基合金零部件[1~3]。从 20 世纪 80 年代开始，我国多种形式发展核电，逐步开展了核电设备及其关键材料的国产化工作。经多年努力，我国已能独立生产制造百万千瓦级核电站核岛的绝大部分主设备及配套材料，但唯有几种关键镍合金还主要依赖进口，其国产化制造成为核电关键材料突破的重中之重[1]。

1　核电用镍基合金冶金技术进展

　　核电关键材料尤其是特种合金的制造和生产以前主要依赖少数几个国家和生产企业。受限于产品规格大、性能要求高，以及国内装备水平及合金冶炼水平，核电关键材料一直未能完全实现国产化。众所周知，成品的尺寸和质量要求决定了如果想要制造大规格的产品，必须冶炼出更大直径的钢锭。但钢锭尺寸放大后，其成分、表面和内在质量的控制难度随之增大。经过近年来的投入和研制攻关，宝钢特钢有限公司已经贯通了整条镍基合金生产流程，包括具有 12t 真空感应炉和 20t 气氛保护电渣重熔炉的核级镍基合金冶炼产线，2000t、4000t 以及 6000t 不同锻造能力级别的锻造装备，并具有最大轧制力为 7000t 的特种合金专业化板带产线，成功开发出了直径 φ900mm、锭重 10t 的镍基合金大规格圆钢锭，同时开发出了专门用于板坯生产的电渣扁锭。在核电用镍基合金的冶炼工艺、成分精确控制、成分均匀性、合金纯净度、凝固组织均匀性等方面的控制水平有了很大的提高，性能一致性和质量稳定性越来越好，完全满足核电近乎苛刻的要求，为产品突破提供

了基础条件。

2　压水堆核电蒸发器下封头水室隔板用镍基合金厚板

　　蒸汽发生器水室隔板是目前压水堆核电站中单件规格最大的镍基合金厚板，所选用材料为UNS N06690 合金。由于其大单重、大厚度、宽板幅，所需锭型已达高合金钢锭的极限尺寸。对大型特种高合金钢锭冶炼、均匀化制造、过程稳定控制、轧制技术与设备、热处理工艺与设备、机加工装备等提出了很高的要求，制造难度很大。针对以上技术难点，在大钢锭冶炼和成分控制、大型电渣锭均质化制造和过程稳定性控制、宽板幅轧制、板形与尺寸精度控制技术、大单重、大厚度、宽幅镍基合金热处理与组织和性能控制技术等方面做了大量的研究工作，攻克了 690 合金大型钢锭纯净化冶炼、大型电渣锭均质化制造、宽幅板材热加工成形、大单重厚板性能控制等各工艺难关，陆续成功研制了 AP1000、CAP1400 和华龙一号蒸发器用水室隔板。上述产品组织及力学性能全部满足核电采购技术标准要求，部分性能指标甚至超过国外同类产品水平，形成了具有宝钢自主知识产权的从冶炼到热处理的全流程制造技术。图 1 为宝钢特钢产品和进口产品典型金相组织图，从金相组织来看，国产化产品与进口产品无明显区别。目前宝钢特钢生产的镍基合金水室隔板主要技术指标如下：厚度 76~79mm；长度 ≥ 4460mm；宽度 ≥ 2500mm；整板平面度 ≤ 3mm；光洁度 ≤ 1.6；室温抗拉强度 640~680MPa，室温屈

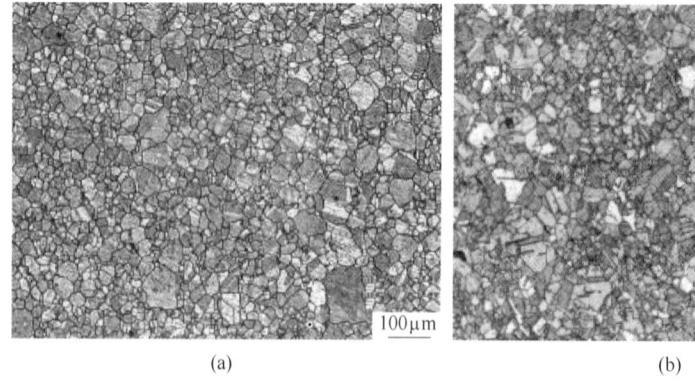

(a)　　　　　　　　　　　(b)

图 1　UNS N06690 合金厚板典型金相组织图

Fig. 1　The typical microstructure of the UNS N06690 alloy thick plate

（a）宝钢特钢 79mm 厚度水室隔板产品的金相；（b）国外某知名公司 62mm 厚度进口水室隔板产品的金相

服强度 275～310MPa；350℃抗拉强度≥505～560MPa、350℃屈服强度≥225～285MPa；晶粒度 4～7级；非金属夹杂物≤1.0级；碳化物沿晶界连续分布，晶内极少；晶间腐蚀速率≤15.0mm/d。

3　压水堆核电爆破阀剪切盖用镍基大截面棒材

爆破阀剪切盖用 UNS N06690 合金大截面棒材的制造主要围绕因"大"而生的"均匀化制造"问题，贯穿整个生产制造流程，包括冶炼、锻造、热处理等技术领域，难点虽然由"大"而生，但远非简单的几何尺寸问题，而在于不同尺度下传热、传质、流动、塑性成型及热弹塑性本构关系各有不同特点。其最终性能取决于各环节一系列的组织演化过程，因此需要同时解决铸锭成分均匀、热加工变形均匀、热处理加热/冷却温度场均匀的问题。主要研究内容集中在大钢锭超纯净冶炼和成分控制、大型电渣锭均质化制造和过程稳定性控制研究、大棒材锻造与均质化热制造技术、大棒材热处理与组织和性能控制技术、锻造变形和热处理加热工艺仿真模拟研究等几个方面。陆续成功制造了 φ254、φ362、φ315、φ455、φ355、φ515mm 规格的棒材，顺利交付用户使用，并通过了设计院、工程公司的验收。

通过近年来的技术攻关，优化了材料成分，攻克了大型钢锭的偏析控制、均质化热制造、大棒材热处理组织与性能均匀性控制等工艺难关，贯通了生产工艺，已具备产业化制造能力。大棒材产品组织及力学性能全部满足标准要求，完全可替代进口。图 2 为不同规格 UNS N06690 合金棒材的典型金相组织图，从金相组织来看，均匀性很好。

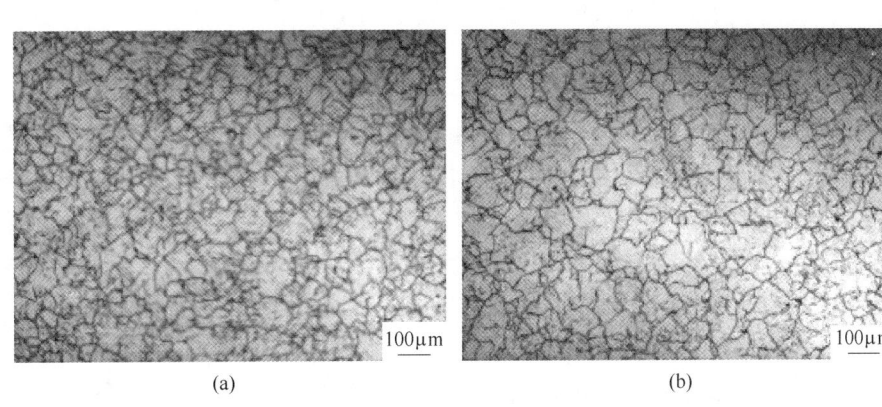

(a)　　　　　　　　　　(b)

图 2　不同规格 UNS N06690 合金棒材的典型金相组织

Fig. 2　The typical microstructure of the UNS N06690 alloy bars in different specifications

（a）φ455mm；（b）φ515mm

目前宝钢特钢生产的镍基合金大规格棒材的主要技术指标如下：最大规格 φ515mm；室温抗拉强度 620～660MPa，室温屈服强度 255～280MPa；350℃抗拉强度≥505～535MPa、350℃屈服强度≥190～235MPa；晶粒度 4～7级；非金属夹杂物≤1.0级；碳化物沿晶界连续分布，晶内极少；晶间腐蚀速率≤16.5mm/d。

4　压水堆核电屏蔽主泵屏蔽套用镍基合金冷轧薄板

在强放射性的核反应堆中，核主泵是唯一长期高速转动的装备，堪称核电站的"心脏"，也是核电设备中重要的核安全一级设备。核主泵屏蔽套用的材料是耐腐蚀、非磁性金属 Hastelloy C-276 合金（ASME SB575 UNS N10276），它的高合金度特别是大量高比重的铬（Cr）、钼（Mo）和钨（W）化学元素的构成和力学性能使其具备了适应核主泵运行各种工况条件的优选材料，但冶金质量难以控制，普遍存在着热加工性极差、轧制易开裂等问题，在屏蔽套所需的大型钢锭中显得尤其突出，并成为极难克服的技术瓶颈之一。且由于其板幅较宽、厚度薄、尺寸精度高，高温变形抗力大（比普碳钢高5倍以上），室温冷加工硬化效应显著，其锻造、初轧、炉卷轧制和冷轧等工艺均存在诸多难以解决的问题。在国家科技重大专项支持下，在纯净钢冶炼工艺优化、大规格特殊锭型的电渣重熔均质化控制工艺优化、特殊开坯工艺、炉卷热轧及卷取工艺、薄板冷轧板形、尺寸精度与表面质量控制技术、冷轧薄板光亮退火工艺等方面展开了攻关研究。通过对冶金、成型和性能控制三个方面的全面研究,掌握核心关键技术,形成国产化制造技术和合格产品。并于 2016 年 3 月份全球首卷 CAP1400 核电主泵屏蔽套用镍基合金 C-276 薄板在宝钢特钢成功下

线,形成了具有自主知识产权的从冶炼、轧制到热处理的全流程制造技术,成为唯一一家提供 CAP1400 核电主泵屏蔽套薄板的企业,打破了国外对敏感材料的进口限制。表 1 为宝钢特钢研制的屏蔽套用 C-276 合金薄板的性能实绩。从数据不难看出,宝钢生产的产品性能优于国外进口产品。

表 1　宝钢特钢屏蔽套用 C-276 合金薄板的性能实绩

Tab. 1　The properties of the C-276 alloy thin plate used as coolant pump can

性　能	抗拉强度/MPa	屈服强度/MPa	伸长率/%	电阻率/$\mu\Omega \cdot cm$	晶粒度/级
国外产品	809	393	53.5	130.69	5
	799	374	56.5	130.02	5
宝钢产品	840	391	56.0	143.9	7
	845	392	56.0	143.3	7

5　高温气冷堆核电站蒸汽发生器用镍基合金

高温气冷堆技术是国家"863"计划建立初期规划的先进核能技术之一,是能够适应未来能源市场需要的第四代先进核反应堆堆型之一。换热组件是高温气冷堆蒸汽发生器中的核心关键部件。石岛湾核电站蒸汽发生器换热单元所用 UNS N06625 镍基合金板、管、棒原材料全部由宝钢特钢独家提供。共包含板、管、棒等 72 个规格,管材:$\phi286mm \times 33mm \sim \phi9mm \times 1mm$,共 8 个规格;棒材:$\phi155mm \sim \phi8.5mm$,共 8 个规格;板材和带材:$80mm \times 1580mm \sim 0.4mm \times 206mm$,共 56 规格。制造难度极大。通过攻关研制,掌握了超低气体含量、超纯净的合金冶炼关键技术,大锭型产品变形均匀、无内部缺陷控制技术,难变形合金长扁坯锻造技术、宽幅超长薄钢板热轧技术、难变形合金冷轧卷板形控制、超薄带材轧制技术,大口径、大单重难变形镍基合金管材制造技术。通过上述制造技术的研究,各规格产品均一次性制造成功。

6　研发中的核电用镍基合金关键材料

除上述已经工程化应用的材料以外,还对四代反应堆钍基熔盐堆用 Hastelloy N 合金(72Ni-16Mo-7Cr-5Fe)板、管、棒产品展开了研制,对 NiCrFe-7 系列为代表的典型镍基合金配套焊丝、焊带和焊条材料投入了大量的研发力量,并已着手研制 UNS N08800 锻件、盘管、NiCrMo-3 系列

焊材、UNS N06600、X750、GH4169 等核电站镍基合金关键材料。

7　结论

"十二五"以来,宝钢特钢成功研制了蒸汽发生器下封头水室隔板用镍基合金热轧厚板,实现了 CAP1400 水室隔板全球首发;打破了国外敏感物资禁运限制,成功开发了压水堆核电站心脏——主泵屏蔽套用哈氏合金超薄板材,成功制造全球首卷 CAP1400 主泵屏蔽套用宽幅哈氏合金带材;成功研制了核电站非能动安全系统的关键设备——爆破阀剪切盖用超大规格镍基合金棒材,填补了国内空白;成功实现高温气冷堆示范工程蒸发器用镍基合金板、管、棒材独家整台套供货,实现了该材料的国产化,保障了工程建设。掌握了大型镍基合金电渣锭质量控制工艺、大规格产品均质化热加工制造工艺、大锭型坯料锻造、宽板幅超长薄钢板热轧、大规格热挤压钢管制造工艺、产品热处理与性能控制技术等关键核心技术,对核电自主化进程和国家能源战略安全起到了有力的支撑和保障作用。

参考文献

[1] 西屋电气公司. 西屋公司的 AP1000 先进非能动型核电厂 [J]. 现代电力, 2006, 23 (5): 55~65.

[2] 刘亮等. AP1000 与大亚湾核电站蒸汽发生器的对比与分析 [J]. 华东电力, 2013, 43 (2): 417~419.

[3] 董毅, 高志远. 我国核电事业的发展与 Inconel690 合金的研制 [J]. 特钢技术, 2004, (3): 45~48.

镁微合金化对热轧 Ni80Cr20 板组织及性能的影响

胡显军[1*]，范金席[1]，董利明[2]，承龙[1]，方峰[2]

（1. 江苏省（沙钢）钢铁研究院，江苏 张家港，215625；
2. 东南大学材料科学与工程学院，江苏 南京，211189）

摘　要：采用高温拉伸、SEM、EDS、TEM 等手段研究了不同镁含量（0、$40×10^{-4}\%$、$70×10^{-4}\%$、$100×10^{-4}\%$）微合金化对热轧 Ni80Cr20 板材组织及性能的影响。结果表明：当镁含量从 0 增加到 $70×10^{-4}\%$，热轧板在 800℃时的高温抗拉强度和面缩率均有所提高。但当镁含量超过 $70×10^{-4}\%$ 后，热轧板在 800℃时的高温抗拉强度和面缩率开始呈现下降趋势。当镁含量达到 $100×10^{-4}\%$ 时，其高温抗拉强度和面缩率分别下降至 197MPa 和 20%。不同镁含量的热轧板在 1000℃时的抗拉强度变化不大，但面缩率从未进行镁合金化时的 72% 下降至镁微合金化时的 50% 左右。镁微合金化使 Ni80Cr20 晶界处碳化物形态发生改变；当镁含量为 $40×10^{-4}\%$ 时，Ni80Cr20 合金晶界处碳化物由连续膜状转变为非连续链状，类型为 $Cr_{23}C_6$，且碳化物形态不再随镁含量增加而变化。

关键词：镁微合金化；Ni80Cr20 合金；高温抗拉强度；面缩率；晶界碳化物

Effect of Mg Micro-alloy on Microstructure and Properties of Hot Rolled Ni80Cr20 Plate

Hu Xianjun[1]，Fan Jinxi[1]，Dong Liming[2]，Cheng Long[1]，Fang Feng[2]

（1. Institute of Research of Iron and Steel of Shasteel，Zhangjiagang Jiangsu，215625；
2. School of Materials Science and Engineering，Southeast University，Nanjing Jiangsu，211189）

Abstract：The influence of Mg micro-alloy with different contents （0，$40×10^{-4}\%$，$70×10^{-4}\%$ and $100×10^{-4}\%$） on the microstructure and properties of hot rolled Ni80Cr20 plate was studied by means of high temperature tensile test，scanning electron microscope and energy spectrum. The results showed that with the increase of Mg content from 0 to $70×10^{-4}\%$，the high temperature tensile strength and the area reduction at 800℃ were increased. However，when Mg content reached to $70×10^{-4}\%$，the high temperature tensile strength and the area reduction at 800℃ showed a decreasing tendency；Mg content up to $100×10^{-4}\%$，they decreased to 197MPa and 20% respectively. At 1000℃，the high temperature tensile strength did not change obviously despite different contents of Mg，while the reduction of the alloy decreased from 72% without Mg to 50% after Mg micro-alloy. The morphology of carbides at the grain boundary of Ni80Cr20 changed with the variety of Mg micro-alloy，from continuous film to discontinuous chain with Mg content up to $40×10^{-4}\%$. The carbide type was identified as $Cr_{23}C_6$ and the morphology did not change with the increasing Mg content.

Keywords：Mg micro-alloy；Ni80Cr20 alloy；high temperature tensile strength；area reduction；grain boundary carbide

Ni80Cr20 合金具有优异的电磁学特性，在集成电路、信息储存、平面显示器等电子信息行业广泛应用[1,2]，Ni80Cr20 合金晶界处易析出膜状碳化物，导致合金在高温下易脆断[3]。因此，本文针对镁微合金化对 Ni80Cr20 合金热轧板组织性能的影响进行研究。

————————
* 作者：胡显军，研究员级高级工程师，联系电话：0512-58953900，E-mail：huxj-iris@ shasteel. cn

1　试验材料及方法

基于 Mg 微合金化思路,设计四种 Mg 含量不同的 Ni80Cr20 合金成分(如表 1 所示),采用美国 CONSARC-VIM150 型真空感应炉冶炼成 80kg 合金钢锭,然后分别锻造成 60mm×160mm×L 的板坯,最后采用轧制工艺在 RAL-NEU φ750×550 型实验轧机上轧制成规格为 16mm×160mm×L 的板材。在四种板材上分别取规格为 M10 的高温拉伸试样、φ15mm×16mm 小尺寸试样,并根据 Mg 含量的不同分别编号为 1 号、2 号、3 号、4 号。

表 1　试验材料的化学成分
Tab. 1　Composition of the experimented material
（质量分数,%）

元　素	C	Cr	Mg	Si	Al	Fe	Ni
1 号	0.03	19.80	—	<0.02	<0.02	<0.05	余
2 号	0.03	19.50	0.004	<0.02	<0.02	<0.05	余
3 号	0.03	19.60	0.007	<0.02	<0.02	<0.05	余
4 号	0.03	19.70	0.01	<0.02	<0.02	<0.05	余

采用英斯特朗 5582 型材料试验机进行 800℃ 及 1000℃ 高温拉伸试验;对小尺寸试样横截面进行磨抛,经王水腐蚀后,采用蔡司 Evo18 扫描电子显微镜(SEM)观察其显微组织,并用牛津公司 EDS 进行元素线分布分析。腐蚀后的小尺寸试样经过二次萃取复型,制取透射试样,再利用日本电子 JEM-2100F 透射电镜对 Ni80Cr20 合金析出相进行鉴定。

2　试验结果及分析

2.1　不同 Mg 含量下 Ni80Cr20 合金高温力学性能

图 1 为不同镁含量合金的高温抗拉强度。可以看出,在 800℃ 高温条件下,镁含量在 $0 \sim 70 \times 10^{-4}\%$ 范围内,合金热轧板的高温抗拉强度不断提高;而当镁含量超过 $70 \times 10^{-4}\%$ 后,合金热轧板的高温抗拉强度则呈下降趋势;当镁含量达到 $100 \times$

$10^{-4}\%$ 时,合金热轧板高温强度仅为 197MPa,比不加镁的合金热轧板还要低 20MPa。在 1000℃ 高温条件下,不同镁含量合金热轧板的高温抗拉强度变化则不大,基本上都在 83MPa 左右。可见在 1000℃ 条件下,镁微合金化对 Ni80Cr20 合金高温抗拉强度的提升作用不明显。

图 2 为不同镁含量合金的高温面缩率。可以看出,在 800℃ 条件下,镁含量在 $0 \sim 70 \times 10^{-4}\%$ 范围内,合金热轧板的高温面缩率不断提高,从 43% 提高至 49%;而当镁含量超过 $70 \times 10^{-4}\%$ 后,合金热轧板的高温面缩率开始下降;当镁含量为 $100 \times 10^{-4}\%$ 时,其高温面缩率仅为 20%。在 1000℃ 条件下,镁含量在 $0 \sim 40 \times 10^{-4}\%$ 时,合金面缩率不断下降,从 72% 降至 50%;而镁含量在 $40 \sim 100 \times 10^{-4}\%$ 时,合金高温面缩率基本无变化。可见在 1000℃ 时,镁微合金化对 Ni80Cr20 合金的高温塑性具有明显的减弱作用。

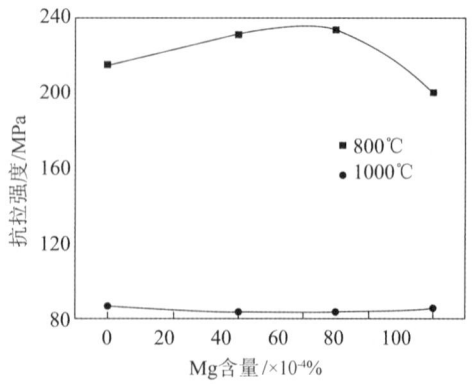

图 1　不同镁含量 Ni80Cr20 合金的高温抗拉强度

Fig. 1　High temperature tensile strength of Ni80Cr20 alloy with different Mg contents

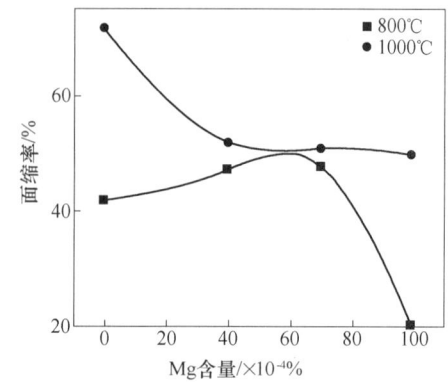

图 2　不同镁含量 Ni80Cr20 合金的高温面缩率

Fig. 2　Area reduction of Ni80Cr20 alloy with different Mg contents

有研究[4]表明，高温下 Mg 在晶界附近强烈偏聚，且具有显著的非平衡偏聚特征，同时 Mg 原子和 B、S、P 等原子有很强的交互作用，Mg 的加入提高了脆性元素原子的空位结合能，也促使脆性元素原子在晶界的非平衡偏聚作用，因此适量 Mg 元素能够有效提高合金强度及高温塑性。结合高温强度及面缩率的试验结果可发现，Ni80Cr20 合金中添加（40～70）×10^{-4}% 的 Mg 有利于 800℃时合金强度及塑性的提高。但过量镁在富 Ni 相中偏聚降低其熔点同时产生局部熔融现象，这有利于增大 Cr 在晶界的扩散及偏聚，且 Cr 易与空位结合构成溶质组元-空位复合体，或促使多元共晶反应在晶界发生，因此过量的镁元素添加反而会恶化高温合金性能[5,6]，结合试验发现，Ni80Cr20 合金中添加超过 70×10^{-4}% 的 Mg 元素，合金强度及塑性明显恶化。值得注意的是，1000℃时，尽管 Mg 含量的添加对 Ni80Cr20 合金的高温抗拉强度影响不大，但添加（40～100）×10^{-4}% Mg 元素会使其高温塑性明显下降。分析可知，在 1000℃时，可能由于镁扩散动力加强，在晶界处易达到平衡偏聚量，如 40×10^{-4}% 镁在晶界处平衡偏聚量达到 0.8%[7]，使晶界迁移或形变需要更高能量，进而恶化高温塑性。

2.2　不同 Mg 含量下 Ni80Cr20 合金组织

图 3(a) 所示为不含镁 Ni80Cr20 合金板材显微组织，可以看出，未进行镁合金化的 Ni80Cr20 合金板材晶界处分布有连续状的铬的碳化物；图 3(b) 为含镁 40×10^{-4}% 时 Ni80Cr20 合金板材的显微组织，可见晶界处碳化物由连续膜状转变为不连续的链状；图 3(c) 所示为含镁 70×10^{-4}% 时 Ni80Cr20 合金板材的显微组织，可见晶界处依然存在不连续的链状碳化物，与含镁 40×10^{-4}% 时晶界处碳化物情况变化不大。

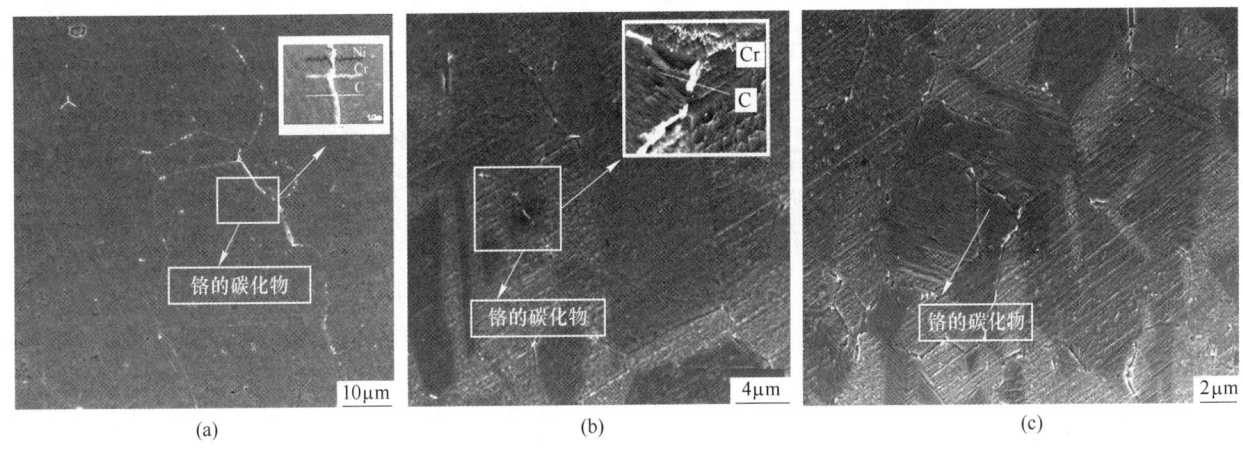

图 3　不同镁含量 Ni80Cr20 合金板材显微组织

Fig. 3　Microstructure of Ni80Cr20 alloy plate with different Mg contents

（a）未添加镁元素；（b）镁含量 40×10^{-4}%；（c）镁含量 70×10^{-4}%

添加 40×10^{-4}% 镁的 Ni80Cr20 合金晶界碳化物与未进行镁合金化的 Ni80Cr20 相比，碳化物由膜状转变为链状，随后，镁含量进一步增加，碳化物形态没有发生变化。

图 4(a) 为不含镁 Ni80Cr20 合金晶界处碳化物透射电镜的明场像和衍射花样，图 4(b) 为含镁 70×10^{-4}% 时 Ni80Cr20 合金晶界处碳化物的明场像和衍射花样，通过对衍射斑点的标定及能谱对碳化物成分的分析，可以确定合金晶界处碳化物为 $Cr_{23}C_6$，与基体之间相界面为共格界面[8]。而图 3 显示的适量镁添加影响碳化物分布现象，原因在于镁在高温合金中偏聚于晶界，破坏了晶界处 $Cr_{23}C_6$ 与基体之间的共格界面，使之转变为半共格界面，界面能提高，使连续薄膜状碳化物趋于球化，减小比表面进而降低界面能，最终连续薄膜状碳化物转变为链状。

3　结论

（1）镁对高温合金性能影响与温度有关：在 800℃时，镁含量从 0 增加到 70×10^{-4}%，合金高温抗拉强度及面缩率不断提高，镁含量超过 70×10^{-4}% 后，合金高温抗拉强度和面缩率则呈现下降趋势，当镁含量达到 100×10^{-4}% 时，合金高温抗拉

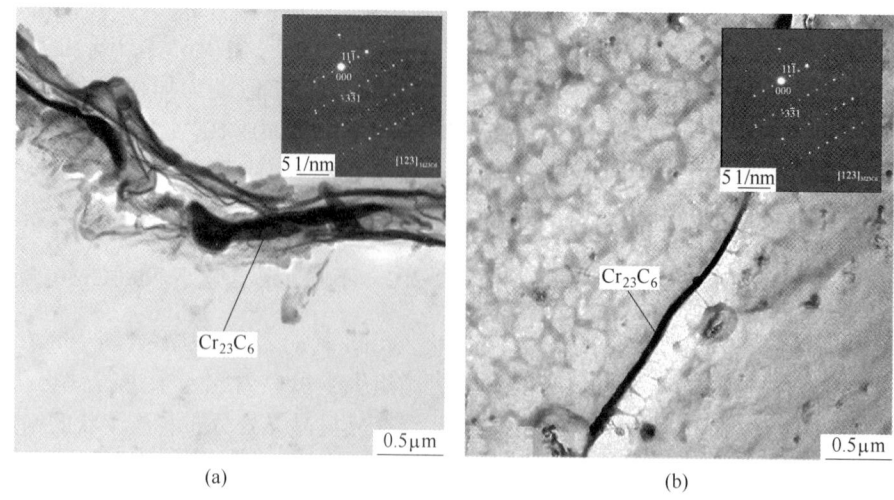

图4　Ni80Cr20合金晶界处碳化物明场像和衍射花样

Fig. 4　Bright field image and diffraction pattern of the carbide at grain boundary in Ni80Cr20 alloy

（a）未添加镁元素；（b）镁含量 $70×10^{-4}$%

强度和面缩率分别下降至 197MPa 和 20%；在 1000℃时，镁微合金化对合金抗拉强度基本无影响，但对合金塑性有减弱作用，镁含量 $40×10^{-4}$% 时，合金面缩率从 72% 降至 50%，此后，合金塑性不再随镁含量增加而变化。

（2）镁含量 $40×10^{-4}$% 时，Ni80Cr20 合金晶界处碳化物由连续膜状转变为非连续链状，此后，镁含量进一步提高，合金晶界处碳化物形态无变化。

（3）镁含量 $70×10^{-4}$% 以内时，镁微合金化仅改变高温合金晶界处碳化物的形态，但碳化物类型未发生变化。

参考文献

［1］慕楠楠，王泽华，江少群，等. 稀土添加量对 Ni80Cr20 合金晶粒度、纯度和均匀性的影响 ［J］. 铸造，2014，63（2）：170~174.

［2］储志强. 国内外磁控溅射靶材的现状及发展趋势 ［J］. 金属材料与冶金工程，2011，39（4）：44~49.

［3］范金席，顾燕龙，胡显军，等. Ni80Cr20 合金板坯锻造裂纹成因分析及改进 ［J］. 锻压技术，2018，43（11）：13~16.

［4］胡静，张云，林栋梁. Ni_3Al 中 B 和 Mg 的非平衡晶界共偏聚 ［J］. 金属学报，2002，38（8）：829~834.

［5］杜国维，王政，张德志，等. $Ni_3Al-Cr-Zr-B-Mg$ 合金的高温晶界脆性 ［J］. 金属学报，1994，30（9）：395~398.

［6］徐颂波，陈俊明. Mg，Re 复合微合金化 $Ni_3Al(B)-Cr$ 基合金的中、高温性能 ［J］. 金属学报，1994，30（11）：521~524.

［7］殷为民，郭建亭，胡壮麒. Mg 在铸造合金 Fe_3Al 合金中的行为及其对力学性能的影响 ［J］. 金属学报，1993，29（5）：A193~A197.

［8］刘祖林，向乐新，王春麟，等. 镁微合金化对 GH2036 合金晶界沉淀的影响 ［J］. 材料科学与工艺，1997，5（1）：133~135.

燃烧室用新型氮化物强化高温合金研究

鞠泉[1,2]*，张勇路[1,2]，马惠萍[1,2]

（1. 钢铁研究总院高温材料研究所，北京，100081；
2. 北京钢研高纳科技股份有限公司，北京，100081）

摘　要：氮化物弥散强化高温合金及其氮化处理技术，是燃烧室用高性能高温合金研究领域的最新突破。该类合金通过弥散氮化物相在1200℃以内可保持有效强化，同时兼顾加工焊接性能。本文对氮化物强化高温合金NS163合金制备涉及的板材固溶处理温度、氮化表面状态、氮化过程等进行研究。在氮化后的NS163合金中获得了大量均匀弥散的氮化物。氮化后NS163合金相对于其他燃烧室用高温合金表现出优异的力学性能。

关键词：氮化物强化；高温合金；燃烧室；弥散强化；氮化处理

A New Superalloy Strengthened by Nitride for Combustion Chamber

Ju Quan[1,2], Zhang Yonglu[1,2], Ma Huiping[1,2]

（1. High Temperature Materials Research Institute, Central Iron &
Steel Research Institute, Beijing, 100081；
2. Beijing CISRI-GAONA Materials & Technology Co., Ltd., Beijing, 100081）

Abstract：Nitride dispersion-strengthened superalloy and its nitriding treatment technology are the latest breakthroughs in the research field of high-performance superalloys for combustion chambers. This type of alloy can be effectively strengthened by dispersed nitride phase within 1200℃, while being full fabricable and weldable. In this paper, the solid solution treatment temperature, nitriding surface state and nitriding process of nitride strengthened superalloy NS163 were studied. A large number of uniformly dispersed nitrides were obtained in the nitrided NS163 alloy. The nitrided NS163 alloy exhibits excellent mechanical properties compared with other high temperature alloys for combustion chamber.

Keywords：nitride strengthened；superalloy；combustion chamber；dispersion strengthened；nitriding treatment

在现有的高温合金体系和强化原理下，燃烧室合金长时耐温能力在近30年内无法突破1000℃的服役温度[1]。开发新型燃烧室合金，显著提高燃烧室用高温合金的长时耐温能力，需要突破现有合金体系或创新强化技术。新型氮化物弥散强化高温合金采用氮化物作为强化相，其1100℃/100h持久强度比传统高温合金高2~3倍[2]，可满足未来1100℃以上航空发动机主燃烧室、加力燃烧室和喷口等部件用合金的选材。该合金实现内生氮化物弥散强化是在部件制备成型后，因此在获得高温强度的同时，还兼顾了部件的加工、焊接性能，解决了目前燃烧室合金中使用性能和高温性能对立矛盾。氮化物弥散强化高温合金的氮化工艺流程中涉及的关键过程有：氮在表面的吸附溶解；氮在基体内扩散；氮化物的析出等。本文选用NS163合金针对上述物理过程，开展了高温合金氮化物弥散强化技术的研究工作。

1　实验材料及方法

实验用NS163合金成分（质量分数,%）为：0.11C, 27.58Cr, 1.22Ti, 0.95Nb, 7.82Ni, 21.47Fe,

* 作者：鞠泉，高级工程师，联系电话：010-62182456，E-mail：10298607@qq.com

Co余量。采用真空感应+电渣重熔工艺冶炼，经过锻造+热轧+冷轧工艺制备了厚度1.2mm的冷轧板材。对冷轧状态的带材进行了900~1220℃温度范围内的固溶热处理，并对固溶后试样进行金相组织观察。在选定固溶温度后，将固溶后板材切取成10mm的直条试样作为氮化试样备用。氮化实验在管式气氛炉上进行，气氛采用H₂、N₂和Ar的混合气体，混合前气体纯度为高纯级，通过流量计控制混合气体组分。氮化温度范围为1050~1200℃，氮化时间范围为2~50h。在氮化处理后，采用扫描电镜观察了试样的表面状态，采用金相观察了不同条件下氮化层深度。最后在1100℃进行氮化处理，并进行组织性能测试。力学性能测试包括室温拉伸、1100℃高温拉伸、1100℃/30MPa持久性能等。

2 实验结果及分析

2.1 氮化前的组织控制

图1所示是NS163合金冷轧后和经过1200固溶后金相组织。在冷变形状态下基体晶粒变形明显，晶内可观察到成相互平行的滑移带和颗粒状的MC碳化物。合金在900℃固溶处理后就出现细小的再结晶等轴晶晶粒，随着处理温度升高，再结晶分数明显增加。在1050℃处理后，获得了均匀的等轴晶晶粒。在1050~1200℃温度范围内，随着固溶温度提高再结晶晶粒尺寸逐渐增大。在1200℃固溶后晶粒度尺寸为48.5μm，表明合金在1200℃具有较好的晶粒尺寸稳定性，这为合金高温氮化处理提供了较好的条件。

2.2 氮化气氛对氮化表面状态影响

对氮化后的NS163合金试样在厚度截面方向上观察了表面氮化物的元素组分和分布，结果如图2所示。可见在氮化后试样表面上存在大量含Cr氮化物。该氮化物没有形成致密的膜，没有阻碍表面对氮元素的溶解吸附。图3所示是氮化气氛中不同N₂含量的表面氮化物组成的XRD分析，随着N₂含量降低，NS163合金表面氮化物数量逐渐减少，在N₂含量低于40%时，表面氮化物基本消失。

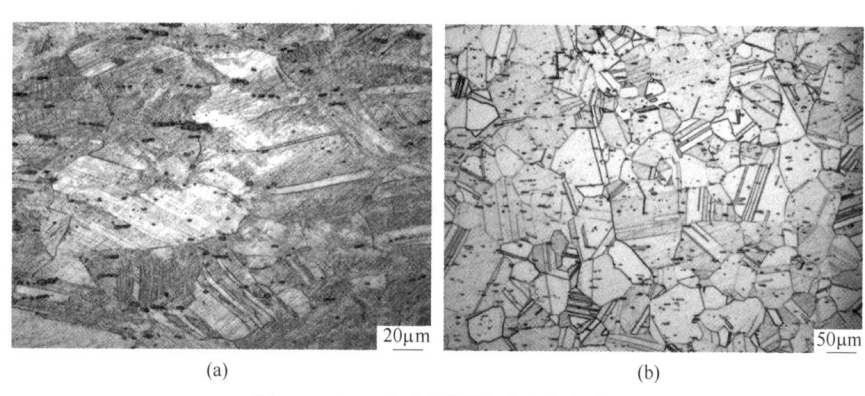

(a)   (b)

图1 NS163合金不同状态金相组织

Fig. 1 Microstructure of NS163 in different states

(a) 冷轧态；(b) 1200℃固溶

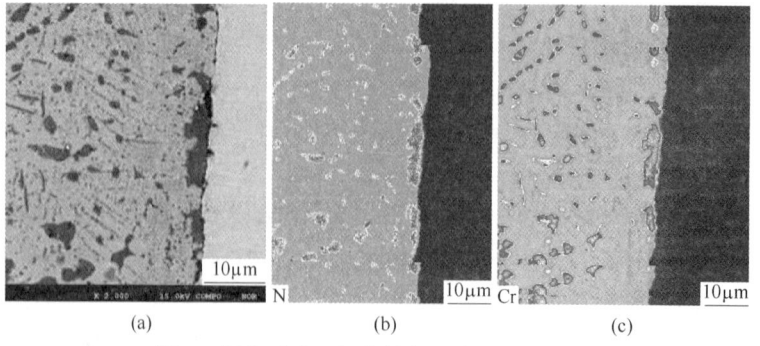

(a)   (b)   (c)

图2 氮化后表面氮化物的元素组分和分布

Fig. 2 Elemental composition and distribution of surface nitrides after nitriding

(a) 形貌观察；(b) N元素分布；(c) Cr元素分布

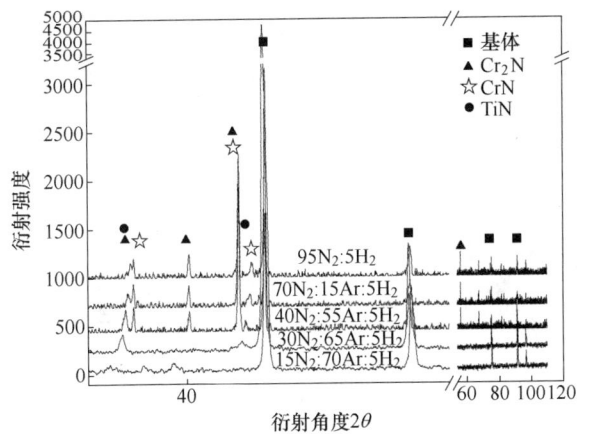

图 3 在不同 N_2 含量条件下氮化处理后
表面产物的 XRD 分析

Fig. 3 XRD analysis of surface products after
nitriding at different N_2 content

2.3 氮化温度对氮化过程影响

NS163 合金在 1050~1200℃ 温度范围内发生了明显的内氮化，获得了平行于表面的氮化层，在氮化层前沿没有观察到沿晶界优先氮化的现象。对各个温度下，不同氮化时间处理后的氮化层厚度进行测量，结果如图 4 所示。可见随着氮化温度升高，氮化速率明显加快。在同一温度下，氮化层厚度随着氮化时间满足式 1 所示的抛物线规律，即厚度与时间的平方根呈线性关系，这与同类合金研究结果一致[3]。

$$X^2 = K_p t \qquad (1)$$

式中，X 为氮化厚度；t 为氮化时间；K_p 为抛物线速率常数，是表征氮化速率的综合指标。

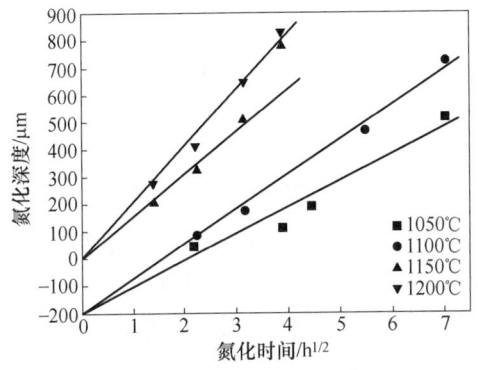

图 4 不同温度下氮化层深度与时间平方根的关系

Fig. 4 The relationship between nitrided layer depth and
the square root of time at different temperatures

按式 1 所示，对各个温度下氮化层厚度随氮

化时间的平方根呈线性关系进行线性回归，获得各个温度下的氮化速率常数，如图 5 所示。可见，随着温度升高氮化速率常数随着增加。此外，图 5 中氮化速率常数的对数与温度的倒数呈线性关系，表明二者满足 Arrhenius 关系，因此氮化过程是一个热激活控制过程。

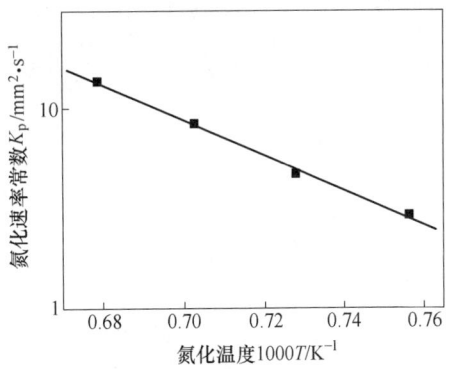

图 5 氮化速率常数和温度之间的 Arrhenius 关系

Fig. 5 Arrhenius relationship between nitriding
rate constant and temperature

2.4 氮化后组织观察和力学性能评估

2.4.1 氮化后组织观察

对氮化处理后的氮化物形貌和组成进行观察，观察用试样的氮化条件是采用 NS163 合金在 1100℃氮化 50h，氮化气氛组成为 40%N_2+5%H_2+55%Ar。图 6 所示是在该条件下氮化后整个厚度截面上的氮化物分布，可见在厚度方向上，实现了全厚度氮化和氮化物均匀分布。图 6 中还有中心区域氮化物高倍形貌和组成观察。存在大量尺寸不到 1μm 的富含 Ti、Nb 弥散（Ti、Nb）N 氮化物在晶内析出。可见，NS163 合金氮化后得到的氮化物分布均匀，细小弥散。

2.4.2 力学性能评估

表 1 所示是 NS163 合金不同状态的力学性能，及其与其他燃烧室用高温合金的比较[4]。其中 NS163 合金的数据是本文实测，其测试状态有 3 个，第一个是氮化前状态；第二个是经过特殊处理工艺的状态；第 3 个是没有特殊处理工艺直接氮化状态，该状态工艺适应性好。由表 1 可见，氮化前板材室温断后伸长率达到 50% 左右，表明在氮化前合金具有优异的冷加工性能，可以加工出复杂的零件。氮化后合金室温抗拉强度升高和室温延伸率明显降低。氮化后合金 1100℃/30MPa 持久寿命和 1100℃ 的抗拉强度相对于氮化前都大幅

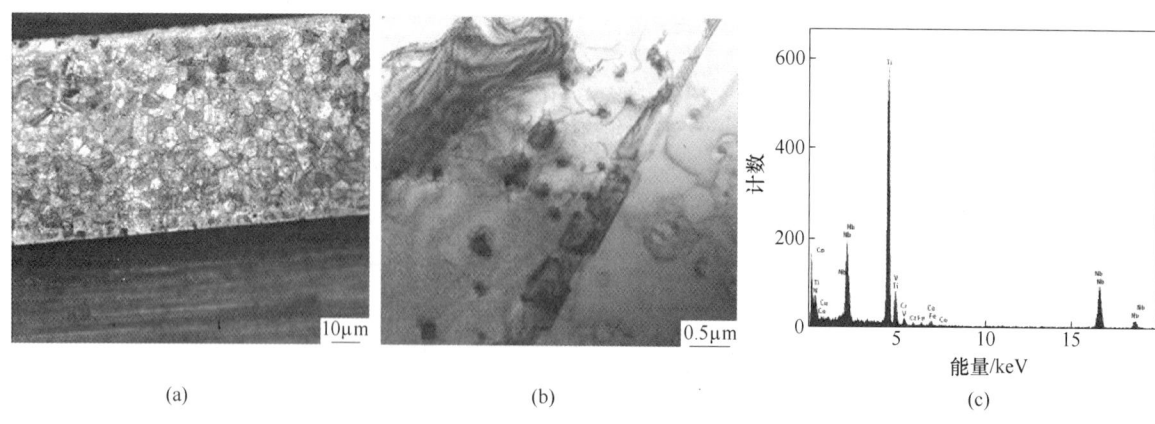

图 6　氮化后组织观察

Fig. 6　Microstructure after nitriding

（a）截面的氮化物宏观分布；（b）中心区域氮化物形貌；（c）氮化物组成能谱分析

提高，表明氮化处理后合金中大量的（Ti，Nb）N 氮化物对合金产生了显著强化。相对而言，经过特殊处理工艺后，合金高温综合性能更高。

将 NS163 合金氮化后的力学性能与其他燃烧室用高温合金进行比较，以评估该合金的力学性能水平。与传统燃烧室用高温合金 GH3230 和 GH3536 合金相比，NS163 合金氮化后的室温抗拉强度略高，1100℃ 高温抗拉强度提高明显。1100℃/30MPa 条件下持久寿命比传统燃烧室合金提高 1 个数量级。可见新型内生氮化物弥散强化高温合金相对于传统高温合金的高温性能优势明显。相对于氧化弥散强化高温合金 MGH956，NS163 合金在室温拉伸和高温拉伸的强度和塑性都表现出一定优势，其 1100℃/30MPa 持久寿命不及粗晶条件下的 MGH956，但略高于同等晶粒度条件的细晶 MGH956 合金。综上所示，在本文研究工作基础上，制备的 NS163 合金在室温拉伸、高温拉伸和高温持久等方面表现出较好的综合性能。

表 1　NS163 合金不同状态的力学性能及其与其他燃烧室用高温合金的比较

Tab. 1　Mechanical properties of NS163 alloys in different states and other superalloys for combustion

合　金	室温性能		1100℃拉伸		1100℃/30MPa 持久寿命/h
	抗拉强度/MPa	伸长率/%	抗拉强度/MPa	伸长率/%	
NS163 氮化前	841	50	65	80	1.5
NS163 特殊处理	961	17	141	20.5	68
NS163 直接氮化	890	7.5	115	14	59
GH3230	834	56.5	76	95	6
GH3536	866	47	70（外推）	—	
MGH956 粗	660	15	94	7	>1000
MGH956 细	768	15	83	7	50

3　结论

（1）冷轧态板材开始再结晶温度在 900℃ 以内，完全再结晶温度为 1100℃，合金板材成品适宜的固溶热处理温度为 1200℃。氮化气氛中 N₂ 含量对表面状态具有重要影响。

（2）在 1050~1200℃ 温度范围内发生了明显的内氮化，氮化层厚度随时间平方根呈线性增加。氮化过程是一个受热激活控制的过程。

（3）合金氮化前表现出优异的冷加工性能。通过氮化后得到的（Ti，Nb）N 氮化物分布均匀、细小弥散。氮化后合金 1100℃/30MPa 持久寿命和 1100℃ 的抗拉强度相对于氮化前都大幅提高，相对于其他燃烧室用高温合金，表现出较好的综合性能。

参考文献

[1] 《中国航空材料手册》编辑委员会. 中国航空材料手册（第二卷）[M]. 2 版. 北京：中国标准出版社, 2002.

[2] Каблов Е Н. Aviation Materials Science: Results and Prospects [J]. Journal of the Russian academy of sci-ences, 2002, 72 (1): 3~12.

[3] Krupp U, Christ H J. Internal nitridation of nickel-base alloys. Part I. Behavior of binary and ternary alloys of the Ni-Cr-Al-Ti system [J]. Oxidation of Metals, 1999, 52 (314): 277~298.

[4] 中国金属学会高温材料分会. 中国高温合金手册 [M]. 北京：中国标准出版社, 2012.

导电结晶器电渣重熔镍基合金数值模拟研究

曹海波，姜周华*，董艳伍，刘福斌

（东北大学冶金学院，辽宁 沈阳，110819）

摘　要：由于导电结晶器的使用，使电渣重熔的过程中具有多条电流回路，进而对电渣重熔的电磁场、流场以及温度场产生较为明显的影响。本文利用Fluent软件进行了传统电渣重熔、侧导电式导电结晶器电渣重熔以及单电源双回路电渣重熔进行二维准稳态的数值模拟研究。研究结果表明：采用导电结晶器技术后，渣池的电磁场、流场以及温度场发生了极大的变化。侧导电式电渣重熔渣池的温度最低，而单电源双回路电渣重熔的温度最大，但其温度分布较为均匀。从渣金界面的温度分布可以看出传统电渣重熔的温度最高，因此导电结晶器有利于改善金属熔池的形状，使金属熔池向浅平状发展，尤其是侧导电式电渣重熔。采用导电结晶器后，铸锭中心处两相区的宽度更窄，有利于缩短铸锭的局部凝固时间，减小铸锭的偏析。

关键词：电渣重熔；导电结晶器；数值模拟；偏析

Numerical Simulation of the Electroslag Remelting Ni-base Alloy with Current Conductive Mould

Cao Haibo, Jiang Zhouhua, Dong Yanwu, Liu Fubin

(School of Metallurgy, Northeastern University, Shenyang Liaoning, 110819)

Abstract: The current circuit was changed as the applicate of the current conductive mould (ESR-CCM), therefore, the electromagnetic field, fluids flow and temperature field of ESR process were significantly changed. In this article, a 2-D quasi-steady simulation was carried out to investigate the difference between conventional electroslag remelting (ESR-T), electroslag remelting with side conductor (ESR-S) and single power two circuits electroslag remelting (ESR-STC-CM). The results indicated that the electromagnetic field, fluids flow and temperature field were significantly changed for ESR-CCM process. The temperature of ESR-S is the lowest, however the ESR-STCCM has the different rule, and the temperature distribution of the ESR-STCCM process is more uniform. The temperature of the slag-metal interface for ESR-T process is the highest, therefore, ESR-CCM is beneficial to refine the shape of the molten steel pool, especially for ESR-S process. Besides, the width of the mushy zoon is significantly reduced for the ESR-CCM process, which is beneficial to reduce the local solidification time and the element segregation.

Keywords: electroslag remelting; current conductive mould; numerical simulation; segregation

电渣重熔是一种良好的二次精炼工艺，并且被广泛地用于高合金钢种的冶炼。对于两相区温度较宽的钢种，利用传统电渣重熔工艺进行冶炼时，由于铸锭中心处的冷却速率最慢，在凝固时极易发生偏析。现阶段为了降低铸锭的偏析，一般采用降低熔速的方式进行熔炼，但熔速较低时会导致铸锭的表面质量较差。

随着电渣重熔工艺的发展，有学者研发出了导电结晶器工艺。董艳伍等人[1,2]将传统电渣重熔工艺与导电结晶器工艺相结合，开发出了单电

*作者：姜周华，教授，联系电话：024-83686453，E-mail：jiangzh@smm.neu.edu.cn

资助项目：国家自然基金（51874084）

源双回路电渣重熔工艺。利用此工艺进行熔炼时，由于采用两条电流回路，能够均匀渣池温度分布，使金属熔池向浅平状转变，进而改善铸锭的凝固质量。

本文利用数值模拟的方法研究了传统电渣重熔、侧导电式导电结晶器电渣重熔以及单电源双回路电渣重熔工艺对铸锭凝固质量的影响。图1为三种工艺的模型示意图。

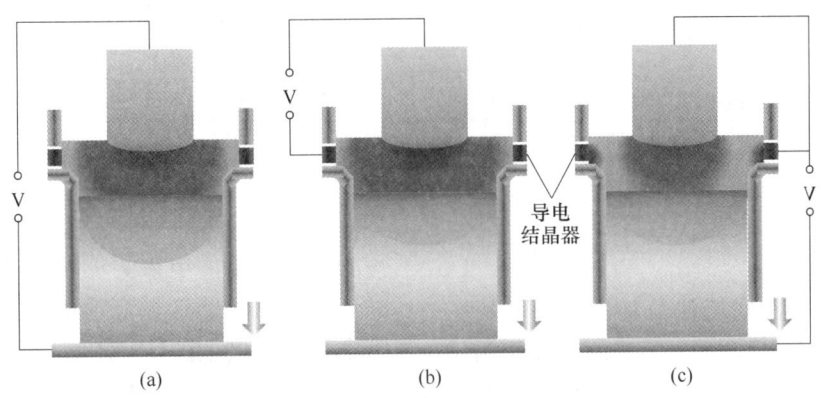

(a)   (b)   (c)

图1 不同导电方式电渣重熔示意图

Fig. 1 Schematic diagram of different remelting process

(a) ESR-T; (b) ESR-S; (c) ESR-STCCM

1 数学模型和边界条件

1.1 计算流程

电渣重熔的数值模拟计算包括了电磁场、流场以及温度场等多场耦合的计算，因此为了简便计算，本文采用的是二维准稳态的数值模拟过程。本文利用了 Fluent 商业软件结合自定义标量方程对电渣重熔的电磁场进行计算，并将电磁场计算的结果作为流场和温度场的初始条件，再结合自定义函数进而对电渣重熔的流场和温度场进行计算。

1.2 控制方程和边界条件

1.2.1 控制方程

一般利用 Maxwell 方程、安培环流定律进行电磁场的数值模拟计算：

$$\nabla \times E = -\frac{\partial B}{\partial t} \tag{1}$$

$$\nabla \times H = J \tag{2}$$

$$\nabla \cdot B = 0 \tag{3}$$

$$\nabla \cdot J = 0 \tag{4}$$

式中，E 为电场强度，V/m；H 为磁场强度，A/m；J 为电流密度，A/m²；B 为磁感应强度，T；t 为时间，s。

渣池的电流密度可以表示为：

$$J = \sigma(E + v \times B) \tag{5}$$

电渣重熔过程中，电磁力是熔体的流动的主要驱动力，可表示为：

$$F_{\text{loc}} = J \times B = \mu_0 J \times H \tag{6}$$

式中，σ 为电导率，S/m；v 为介质的运动速度，m/s；μ_0 为真空磁导率，H/m。

在电渣重熔的冶炼过程中，液态的熔渣由于受到电磁力、重力、浮力等因素的影响，在渣池区域呈现出复杂的流动现象，这种流动对于热量的传输具有重要的作用。

$$\nabla \cdot v = 0 \tag{7}$$

$$\rho(v \cdot \nabla)v = -\nabla p + (\mu_{\text{eff}} \nabla v) + F \tag{8}$$

式中，v 为速度，m/s；ρ 为熔体密度，kg/m³；p 为压力，Pa；μ_{eff} 为有效黏度，Pa·s；F 为体积力，N/m³。

Choudhary 研究表明电渣重熔渣池流场的雷诺数为 5900，因此湍流模型采用 realizable κ-ε 模型。

传热过程是电渣重熔过程中的一个重要现象，渣池的温度分布能够对金属熔池的形状产生重要的影响，进而对铸锭的凝固质量产生重要的影响。渣池传热的控制方程如下所示：

$$\rho C_{\text{p}}(v \cdot \nabla T) = \nabla K_{\text{eff}} \nabla T + S_1 \tag{9}$$

式中，C_{p} 为熔渣的热容，J/(kg·K)；T 为渣池的温度，K；K_{eff} 为渣池的有效导热系数，W/(m·K)；S_1 为渣池的单位体积热生成率，W/m³。

1.2.2　边界条件

电磁场的磁场强度可以如下表示：

$$H = \frac{I_i}{2\pi R_i} \qquad (10)$$

式中，i 为相对的位置；I_i 为流经相对位置的电流；R_i 为相对位置的半径。

渣池和空气的接触表面为自由滑移边界条件。其他边界均为无滑移界面。

2　结果和讨论

图 2 为不同导电方式渣池流场的结果。从图中可以看出，ESR-T 和 ESR-S 工艺的流场均明显具有一个成逆时针方向旋转的漩涡，并且漩涡位于自耗电极的下部区域。而 ESR-STCCM 工艺渣池具有两个明显的漩涡，分别位于自耗电极的下部和导电体侧部。位于自耗电极下部的漩涡成逆时针方向旋转，而位于导电体侧部的漩涡成顺时针方向旋转，并且此漩涡较小。对比三种工艺发现，渣池流场的最大值分别为 0.12m/s、0.16m/s 和 0.79m/s 且均位于自耗电极的角部。

渣池的流场分布于渣池的电磁力分布具有十分紧密的联系。图 3 为不同工艺渣池电磁力的结果。从图中可以看出，三种工艺电磁力的最大值均位于自耗电极的角部，且分别为 4648N/m³、4967N/m³ 和 2025N/m³。但是在导电体侧壁处，传统电渣重熔的电磁力明显最小，而采用导电结晶器工艺后，此区域渣池的电磁力明显增加。从图中可以看出，在导电体侧，ESR-STCCM 工艺的方向是斜向上的，而 ESR-S 工艺的电磁力方向是竖直向下的。因此，在导电体侧的熔渣在电磁力、重力等合力作用下，成顺时针方向旋转。

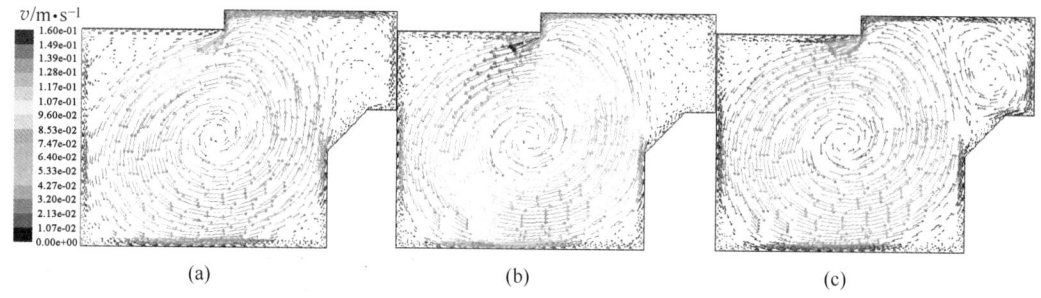

图 2　不同工艺渣池流场结果

Fig. 2　Velocity distribution for different remelting process

(a) ESR-T；(b) ESR-S；(c) ESR-STCCM

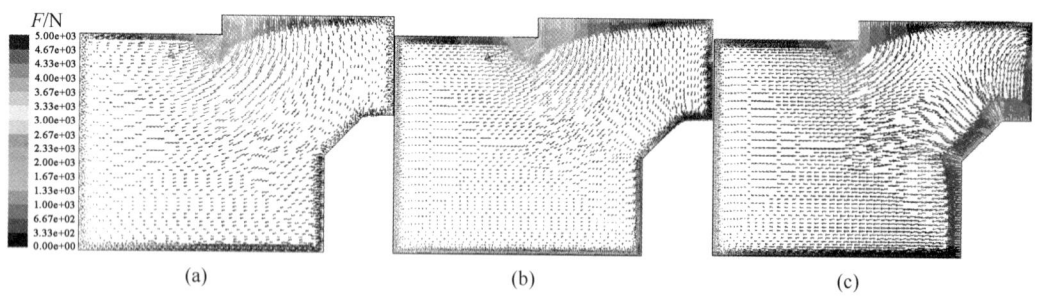

图 3　不同工艺渣池电磁力结果

Fig. 3　Electromagnetic distribution for different remelting process

(a) ESR-T；(b) ESR-S；(c) ESR-STCCM

图 4 为不同工艺下渣池的温度场分布结果。从图中可以看出，渣池的温度场分布于流场的分布密切相关。渣池的高温区位于流场漩涡的中心处，此区域渣池的传热能力很差，因此温度最高。此外，通过对比可以发现，ESR-S 工艺的温度最低，而 ESR-STCCM 工艺的渣池温度最高，但是与 ESR-T 工艺相比，采用导电结晶器后渣池的温度分布更加的均匀。由于导电结晶工艺的使用，结晶器侧壁熔渣的温度由于电流通过而升高，进而使渣池侧壁的温度分布更加的均匀。图 5 为不同工艺渣金界面的温度分布，从图中可以看出，与 ESR-T 工艺相比，采用导电结晶器工艺后渣金界面温度降低，尤其是 ESR-S 工艺。

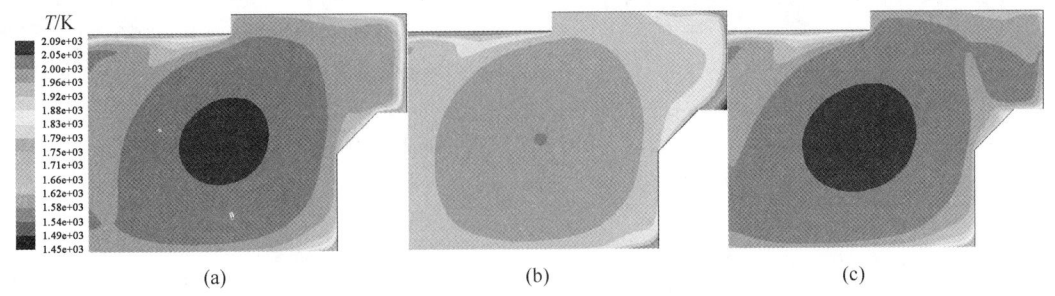

图 4 不同工艺渣池温度场分布

Fig. 4 Temperature distribution for different remelting process

(a) ESR-T; (b) ESR-S; (c) ESR-STCCM

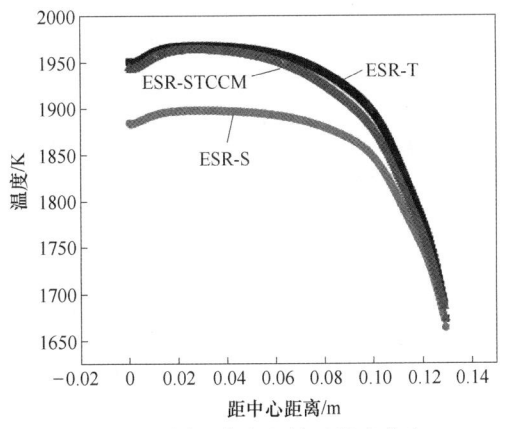

图 5 不同工艺渣金界面温度分布

Fig. 5 Temperature distribution of the slag-metal interface for different remelting process

金属熔池的形状与渣池温度场的分布密不可分，更加均匀的渣池分布有利于获得浅平状的金属熔池。由于电渣重熔的铸锭在凝固的过程中柱状晶的生长方向垂直于固相线，因此，浅平状的金属熔池有利于使铸锭的凝固方向趋于轴向，进而改善铸锭的性能。图 6 为不同工艺金属熔池形状和铸锭中心处两相区的宽度。从图中可以看出，采用导电结晶器工艺后，金属熔池明显更为浅平。铸锭中心处两相区的宽度明显降低，这有利于减小铸锭中心处的局部凝固时间，降低铸锭中心处的偏析，提高铸锭的凝固质量。

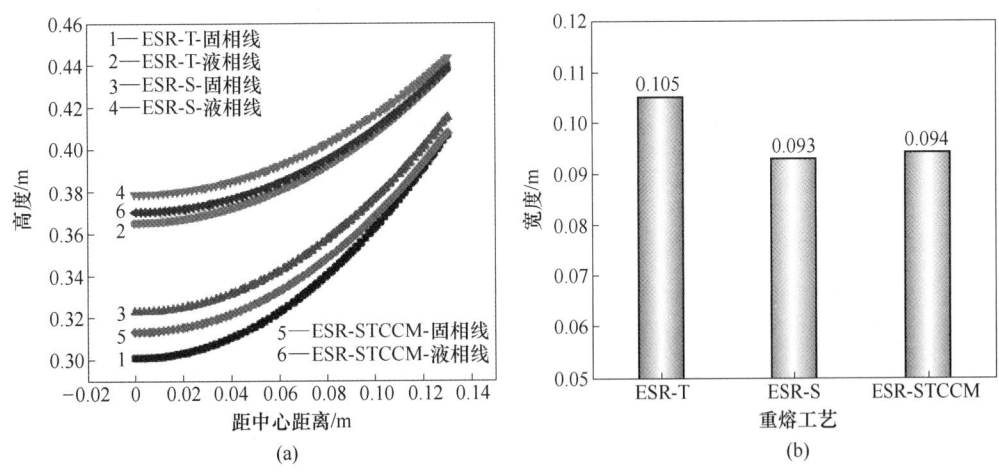

图 6 不同工艺金属熔池形状 (a) 和铸锭中心处两相区宽度 (b) 结果

Fig. 6 Shape of the molten pool (a) and the width of the mushy zone (b) for different remelting process

3 结论

(1) 电渣重熔采用导电结晶器后在导电体侧电磁力较大、ESR-T 的流场更大，ESR-STCCM 的漩涡数量增加，渣池流动更加均匀、渣金界面温度降低、温度场的分布更加均匀。

(2) 导电结晶器工艺减少两相区的宽度，缩短铸锭局部凝固时间，提高铸锭的凝固质量。

参考文献

［1］ Dong Y W. Study of a single-power, two-circuit ESR process with current-carrying mold: development of the technique and its physical simulation ［J］. Metallurgical and Materials Transactions B, 2016 (6): 3575~3581.

［2］ Dong Y W. A novel single power two circuits electroslag remelting with current carrying mould ［J］. ISIJ International, 2016 (8): 1386~1393.

一种快速分析高温合金用预熔渣的方法研究

柏占明[*]，张嘉宁，张建伟，阚志

（西部超导材料科技股份有限公司，西安聚能高温合金材料
科技有限公司，陕西 西安，710000）

摘　要：本论文提出了一种用 X 射线荧光光谱仪快速分析电渣预熔渣的方法，通过建立预熔渣标准曲线，实现对 CaF_2 和 CaO 快速准确的分析。结果表明：该方法不仅能够很好地区别 2059、2063、2052 等预熔渣中的 CaF_2 和 CaO，而且对包括二者在内的其他成分都能实现准确快速的分析。这为预熔渣的选择和设计提供了重要的参考意义。

关键词：高温合金；预熔渣；CaF_2；CaO；X 射线荧光光谱仪

A Method for Rapid Analysis of Superalloy Premelted Slag

Bai Zhanming，Zhang Jianing，Zhang Jianwei，Kan Zhi

（Western Superconducting Technology Co.，Ltd.，Xi'an Super Alloy
Technology Co.，Ltd.，Xi'an Shaanxi，710000）

Abstract：This pape proposes a method for rapid test of electroslag premelted slag by X-ray fluorescence spectrometer. By establishing the standard curve of premelted slag，CaF_2 and CaO can be rapid and accurate analyzed. The result shows that this method can not only distinguish CaF_2 between CaO in 2059，2063，2052 and other's premelted slag，but also analyze other ingredients including these two components rapidly and accurately，Which provides an important reference for the selection and design of premelted slag.

Keywords：superalloy；premelted slag；CaF_2；CaO；X-ray fluorescence spectrometer

高温合金由于具有良好的高温强度和抗疲劳、抗氧化、抗腐蚀性能，并且能在高温环境中拥有良好的组织稳定性而广泛运用于航空发动机和工业燃气轮机的热端部件[1,2]。目前国外航空转动件用高温合金普遍运用三联的冶炼工艺，即真空感应熔炼（VIM）+电渣重熔（ESR）+真空自耗重熔（VAR）[3]。在保护性气氛电渣重熔过程中预熔渣的选择不当，一方面不利于除渣而且使高温合金的夹杂增多，另一方面对于低熔点元素像 Al、Ti 元素的烧损难以控制。因此能够快速准确地分析电渣炉预熔渣的成分，是非常有必要的[4,5]。目前对于预熔渣的分析常用的方法是经典化学法[6]，但是存在样品制备和分析时间过长的问题。近年来，X 射线荧光光谱法由于制样简单、分析速度快等优点被广泛应用于煤灰、炉渣等的分析[7~9]，本文提出了一种用 X 射线荧光光谱仪快速分析电渣预熔渣的新方法并用于实际的生产过程。

1　试验材料及方法

1.1　试验仪器

本试验所用试验仪器有 X 射线荧光光谱仪（Panalytical，荷兰），振动磨（zhonghe，中国），压样机（zhonghe，中国）。试验中所用的预熔渣标准样品来自于德国瓦克公司。

＊作者：柏占明，工艺技术员，联系电话：15502927008，E-mail：zhanmingbai@163.com

1.2 试样制备

首先，按照取样的要求，从料桶中的各个部位取样称取一定量试样进行研磨；其次，将上述所取得的试样放入已经清理干净的碳化钨研磨盒中，设置振动磨研磨时间为30s，将研磨的粉末试样倒出在干净的白纸上；再次，将上述研磨的试样用75μm筛网过筛；最后，称取5g试样粉末使用压样机压片，压片时用硼酸包边在35t压力下保压20s，压制成可用于XRF测试的试样，压制好的试样用洗耳球吹去表面散布的粉末颗粒，并放入干燥器中保存待用。

1.3 建立定量分析曲线

选择能涵盖各种渣系成分范围的预熔渣标样（2059、2052、2015、2063）用于绘制校准曲线。另外为了能更好地区别CaF_2和CaO，选择用Ca来计算CaO含量，用F来计算CaF_2的含量，因为F原子序数大于O，这样有助于CaF_2和CaO测试得更加准确。标样中各种成分的含量如表1所示，X射线荧光光谱仪所用的参数如表2所示。

表 1 标样中各种成分的含量
Tab. 1 The content of various components in the standard （质量分数,%）

渣系	CaF_2	CaO	Al_2O_3	MgO	FeO	TiO_2	SiO_2
2059	48.80	20.27	21.88	5.41	0.140	2.75	0.22
2052	99.20	0.20	0.04	—	0.010	—	0.11
2063	14.52	38.72	41.19	3.73	0.130	0.010	1.29
2015	31.2	29.83	33.90	2.98	0.110	0.010	1.45

表 2 测试元素所用条件
Tab. 2 Measuring condition of analysed elements

分析项目	通道	谱线	晶体	探测器	角度（2θ）	时间/s
Al_2O_3	Al	Kα	LF200	Flow	144.96	15
CaO	Ca	Kα	LF200	Flow	113.05	10
CaF_2	F	Kα	PX1	Flow	42.64	25
FeO	Fe	Kα	LF200	Flow	57.53	10
MgO	Mg	Kα	PX1	Flow	22.64	25
SiO_2	Si	Kα	LF200	Flow	109.11	15
TiO_2	Ti	Kα	LF200	Flow	86.18	10

2 试验结果及分析

2.1 制样和分析时间

对于预熔渣常用的分析有经典化学法和XRF熔融样品法[6,8]。经典化学法需要将其溶样，溶样耗时较长，一般需要2h以上，另外测试过程中无法一次性测试所有成分，导致分析过程冗长。而XRF熔融样品法需要专门的熔样工具，制备样品较复杂。本文所采用的压片法，只需使用压样机将试样在35t压力下保压20s，整个制样过程在1min以内，因此缩短了制样的时间。测试时也只需要1~2min就可以测出全部成分的含量（如表2所示），极大地提高了分析的效率。

2.2 预熔渣半定量分析

XRF设备本身带有半定量分析软件（Omaian），通过将制得的2059牌号预熔渣用该分析软件进行分析，分析结果如表3所示。结果表明CaF_2和CaO检测结果与标准值相比偏差很大，其他成分同样有一定的偏差。这是由于该方法的建立只有一块标样来建立的，属于单点校正模型，在建立时只测得一个确定含量的点对应的计数率并将其通过原点绘制校准曲线，因此测试结果的准确度不满足要求，在实际测试中一般只用于定性分析和半定量分析。另外 XRF 的半定量分析对 CaF$_2$ 和 CaO 的测试存在偏差，另一个原因是由于在半定量软件中 CaF$_2$ 和 CaO 的定量都是通过 Ca 元素，最后再转化成 CaF$_2$ 和 CaO，这是引起二者与标准值偏差较大的主要原因。

表 3　半定量软件的分析结果

Tab. 3　The analysis results of Semi-quantitative software　（质量分数,%）

试　样	Al$_2$O$_3$	CaF$_2$	CaO	FeO	MgO	SiO$_2$	TiO$_2$
2059 标准值	22.05	49.27	21.88	0.11	5.39	0.25	2.86
2059-A	16.64	59.83	14.26	0.07	5.81	0.63	2.74
2059-B	16.74	59.95	14.03	0.06	5.86	0.61	2.71

2.3　添加 Tag 的半定量分析

半定量分析软件（Omaian）中还有一种校正方式，即添加相似标样（Tag）。通过在软件中设置一个类似于漂移校正的试样来校正。相似标样的要求是牌号相同、化学成分必须十分接近，用该标样对原来的校准曲线的系数做校正，从而在计算含量时能够更准确。使用 2059 预熔渣标样建立一个 Tag 为 2059，随后在测试 2059 牌号的预熔渣时选择建立的 2059Tag 做校准，测试结果如表 4 所示。结果表明，在添加 Tag 后，测试结果与预熔渣的标准值非常接近，测试结果满意。但是电渣预熔渣牌号很多，对所有牌号都建立相应的 Tag 具有很大的困难，因此该方法的应用受到了很大的限制。

表 4　半定量软件加入 Tag 的分析结果

Tab. 4　The analysis results of Semi-quantitative software added to Tag　（质量分数,%）

试　样	Al$_2$O$_3$	CaF$_2$	CaO	FeO	MgO	SiO$_2$	TiO$_2$
2059 标准值	22.05	49.27	21.88	0.11	5.39	0.25	2.86
2059-A	22.56	49.60	19.44	0.15	5.38	0.29	2.54
2059-B	22.56	48.58	20.51	0.10	5.37	0.30	2.56

2.4　定量分析

为了进一步解决上述方法的不足，通过使用预熔渣标准样品建立专门用于分析预熔渣的定量分析曲线。曲线建立完成后，将一系列标准样品（2059、2052、2015、2063）用与分析，结果如图 1 所示。结果表明，建立的定量分析曲线能很好地区别各种渣系的预熔渣中的 CaF$_2$ 和 CaO，而且其他成分的测试结果与标准值偏差很小。同时也对比了半定量软件的分析结果，发现使用定量分析曲线的测试结果准确度要远远高于半定量软件的分析。这是由于建立的校准曲线相当于使用多点校正，同时在建立曲线的过程中排除了一些重叠谱线和背景谱线的干扰，提高了分析的准确性。另外定量分析曲线的范围涵盖了所有的预熔渣样品，这将弥补半定量软件中添加 Tag 的分析方法受

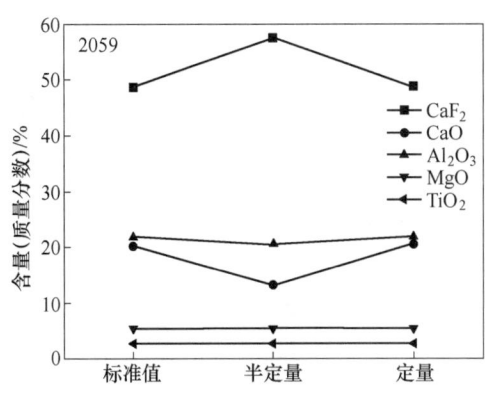

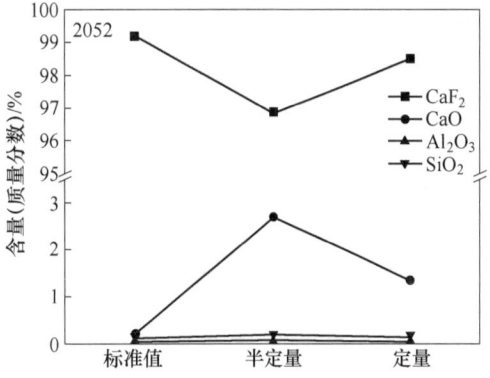

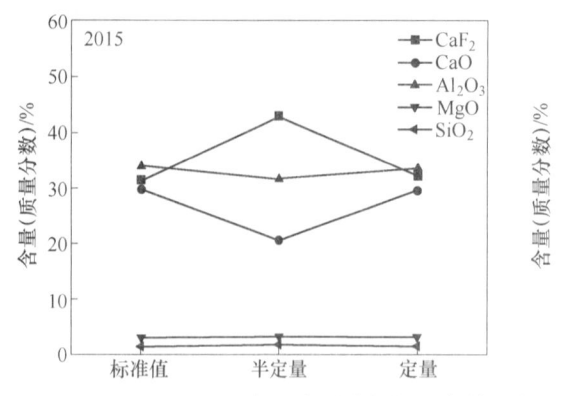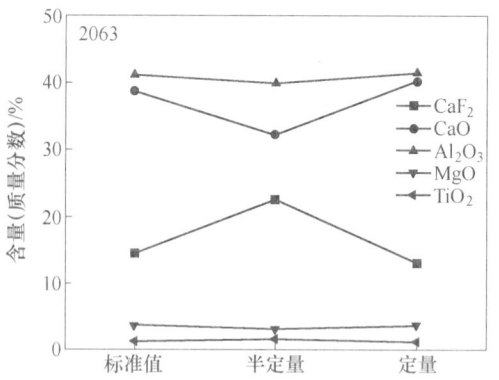

图 1　定量分析的准确度试验 2059、2052、2015 和 2063

Fig. 1　Quantitative analysis accuracy test 2059, 2052, 2015 and 2063

标样限制的缺点，拓宽了分析范围，对于以后各种牌号的预熔渣或自制预熔渣都可提供可靠的分析。

稳定性测试是对于一种方法的非常重要的指标。通过多次测试目前使用的 2059 预熔渣试样，研究了该测试方法的稳定性，实验结果如图 2 所示。同时计算其 7 次测试的相对标准偏差（RSD），计算得各个成分的 RSD 均小于 5%，表明该分析方法具有很好的稳定性。

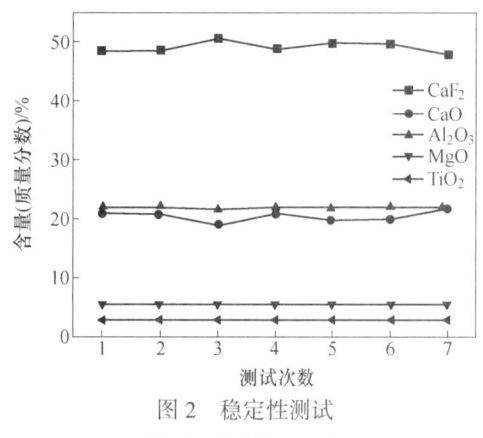

图 2　稳定性测试

Fig. 2　Stability study

3　结论

本文提出了一种利用 X 射线荧光光谱仪快速准确分析电渣预熔渣的分析方法。制样方法简单、快速，有效地提高了制样的效率，建立的定量分析方法能很好地区分 CaF_2 和 CaO，而且对包括二

者在内的其他成分都能实现准确快速的分析，同时该分析方法具有良好的稳定性。这为预熔渣的选择和设计提供了重要的参考意义。

参考文献

[1] 秦琴，毛子荐，刘昭凡. 高温合金在航空发动机领域的应用现状与发展 [J]. 工具技术，2017，51（9）：3~6.

[2] 王睿. 镍基高温合金的研究和应用 [J]. 当代化工研究，2017（7）：50~51.

[3] 张勇，李佩桓，贾崇林，等. 变形高温合金纯净熔炼设备及工艺研究进展 [J]. 材料导报，2018，32（9）：1496~1506.

[4] 姚斌. 浅析 R-26 电渣重熔中 "Ti" 元素的烧损控制 [J]. 特钢技术，2012，18（1）：39~40.

[5] 邓鹏辉，周立新，潘明旭，等. 氩气保护气氛对电渣重熔过程 1Cr18Ni9Ti 钢钛烧损的影响 [J]. 特殊钢，2015，36（1）：38~40.

[6] 张群兴. 三元预熔渣化学分析方法研究 [C] //中国管理科学研究院. 中国管理科学文献. 中国管理科学研究院：发现杂志社，2008：3.

[7] 张殿英，李超，钱菁. X 射线荧光光谱法测定转炉渣中 8 种成分 [J]. 冶金分析，2009，29（6）：41~46.

[8] 赵珏，赵艳兵，杨菊蕾. X 射线荧光光谱法分析电渣预熔渣中主次成分 [J]. 山西化工，2013，33（3）：12~14.

[9] 陆晓明，金德龙. X 射线荧光光谱法测定含碳化硅铝质耐火材料中 9 种组分 [J]. 冶金分析，2015，35（7）：15~19.

全熔氧含量对真空感应熔炼过程中夹杂物的影响

罗文*，白宪超，王桐，杨玉军，张晓梅

（抚顺特殊钢股份有限公司第三炼钢厂，辽宁 抚顺，113000）

摘　要：本文通过标定不同氧含量原料在真空感应熔炼各阶段夹杂物状态和氧含量，描述了熔炼过程中氧化性夹杂物和氧含量的变化趋势，分析了高温合金中氧化性夹杂物的成因和形貌，重点讨论了全熔氧含量对钢中夹杂物的影响。

关键词：真空感应炉；高温合金；洁净度；夹杂物；金相分析

The Influence Complete Melt Oxygen Content on Inclusions during Vacuum Induction Melting （VIM） Process

Luo Wen, Bai Xianchao, Wang Tong, Yang Yujun, Zhang Xiaomei

（Fushun Special Steel Co., Ltd., The third Steel-Making Plant, Fushun Liaoning，113000）

Abstract：Detection the state of inclusions and oxygen content at the every stage during melting the Superalloy of Vacuum Induction Melting （VIM） furnace, describe the variation tendency of the oxidability inclusions and oxygen content during melting, analyze the cause and morphology of the oxidability inclusions in the Superalloy, emphatically discuss the influence of oxygen content on the inclusions when total molten.

Keywords：vacuum induction melting; superalloy; cleanliness; inclusion; metallographic analysis

真空感应熔炼是提供高品质特殊材料的重要熔炼方式，脱氧是熔炼过程的重要环节之一，钢水中氧含量的变化趋势会对真空熔炼纯净化造成极大的影响。真空感应炉熔炼过程中会有很多途径将氧带入钢液中，进入钢液的氧通常以溶解状态或氧化物的形式存在，影响合金性能。在高真空状态下，碳的脱氧能力最高，按 [C]+[O]＝CO 进行反应，产物为气体 CO，易于排除，不会污染钢液，经过熔化期的初步脱气和精炼期的纯净化，钢液中的氧会达到极低的水平。然而当脱氧效果不好时，加入易形成氧化物的 Al 等元素时，脱氧产物会留存在钢液中，对钢液造成污染，因此真空感应熔炼应充分发挥碳氧反应无产物遗留的特点进行金属的纯净化处理[1]。由于高温合金中存在大量的易形成碳化物的 W、Mo、Nb、Ti 等元素，因此用碳脱氧在高温合金特别是成分复杂的高温合金熔炼过程中就受到一定的限制。为了获得纯净度较高的重熔电极，需要我们对真空熔炼过程中夹杂物和钢水中气体含量的变化趋势进行分析，为真空熔炼纯净化提供一定的指导方向。

1　试验方法

试验选取 GH4169 合金不同配料方法的四个样本进行标定工作，采用 VIM1400 型真空感应炉

*作者：罗文，工程师，联系电话：13904139245，E-mail：jy02752329@126.com

进行冶炼，四个样本的不同之处在于配入原材料的氧含量不同。在真空感应熔炼过程中，分别提取四炉样本的全熔试样、精炼试样和成品试样，用 TC500 氧氮分析仪检测试样的气体含量代表感应熔炼过程中各阶段的氧含量，用 Axiovert 40 MAT 光学显微镜观察试样中的夹杂物状态。通过对比夹杂物和氧含量的变化情况，分析冶炼过程中各阶段夹杂物的变化与氧含量的对应关系。

2　试验结果与讨论

真空感应熔炼是原材料去气、杂质挥发的过程，在这一过程中钢水与坩埚存在交互作用，钢水中的夹杂物也受电磁搅拌作用的影响碰撞长大。我们对全过程的数据进行分析和讨论，表 1 为熔炼各阶段的氧含量。

全熔期的金相结果和能谱结果如图 1 所示。

表 1　真空感应熔炼各阶段氧含量

Tab. 1　Vacuum induction melting in different stages of the oxygen content

试样编号	配料/$\times 10^{-4}$%	全熔期/$\times 10^{-4}$%	精炼期/$\times 10^{-4}$%	成品/$\times 10^{-4}$%
1 号	207	38	21	7
2 号	285	95	61	8
3 号	251	62	29	8
4 号	208	33	23	7

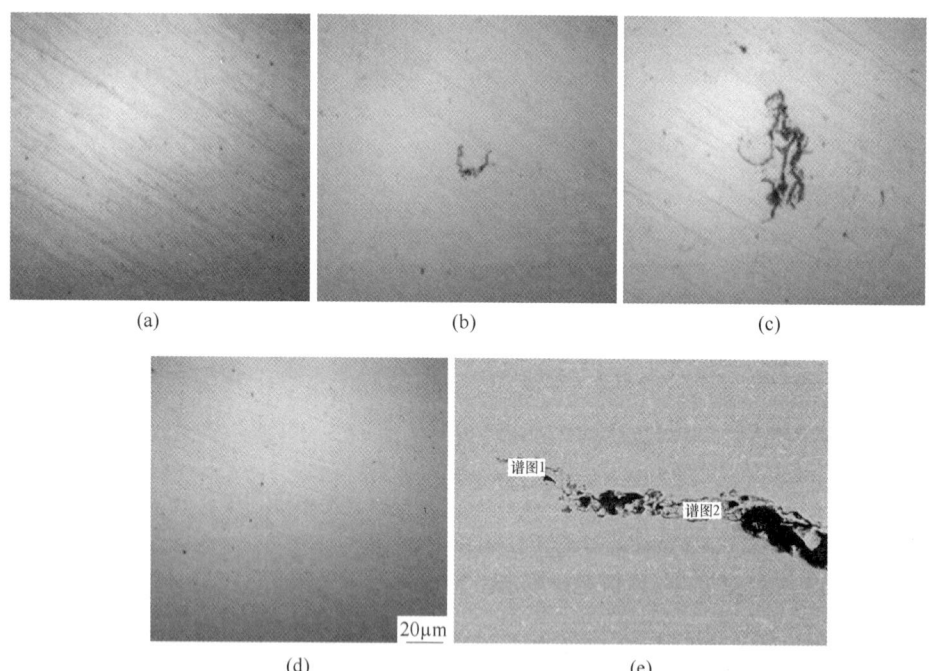

(a)　　　　(b)　　　　(c)

(d)　　　　(e)

谱图	C	O	Al	Ti	Cr	Fe	Ni	Nb
谱图 1	9.38	23.74	0.13	0.38	9.15	7.98	38.22	10.02
谱图 2	3.25	47.03	0.39	0.72	10.30	9.35	25.23	3.73

图 1　全熔期钢中夹杂物状态和电镜能谱分析结果

Fig. 1　States of inclusions and results of electron microscopy energy spectrum analysis during total molten period

(a) 1 号；(b) 2 号；(c) 3 号；(d) 4 号；(e) 电镜能谱分析结果

真空熔炼熔化阶段是原材料中气体大量溢出的过程，根据前期的实践结论，是脱气效果最好的阶段，钢中的氧、氮含量会急剧降低，一般可以去除约70%的原料带入的气体[2]。对比分析发现试样1号和4号全熔氧含量较低，仅存在少量弥散分布的氧化物和碳氮化物。试样2号和3号全熔氧含量较高，出现了夹杂物聚集的情况，这些夹杂物中含有大量的氧元素，说明原材料中一旦存在较高的氧和易氧化元素时，会快速形成一部分氧化性产物存在于钢中，这类氧化物和游离氧在冶炼过程中会向坩埚扩散，增加坩埚壁的氧势。从全熔期的金相组织观察发现全熔氧含量和钢水中的氧化性夹杂物有明显的对应关系，随着全熔氧含量的增加，钢水中聚集的氧化物开始出现，全熔阶段氧含量越高，氧化性夹杂物聚集几率越大。

精炼期的金相结果如图2所示。

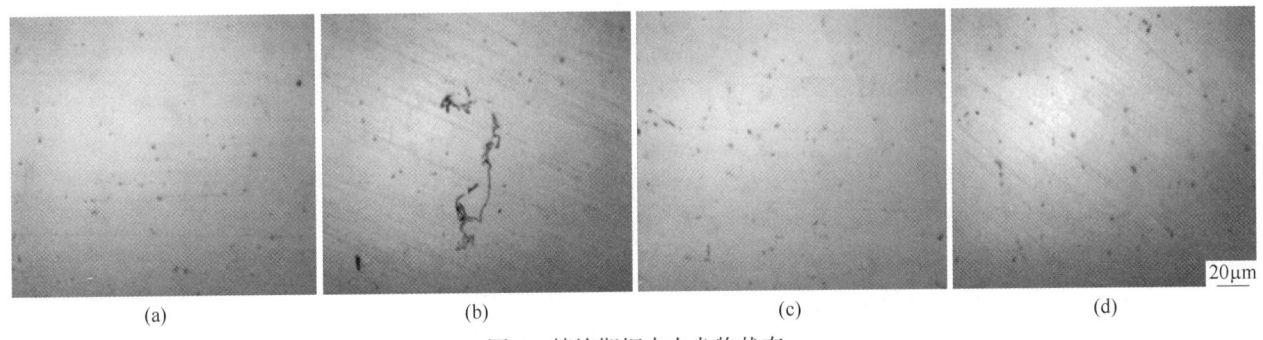

(a)　　　　　　(b)　　　　　　(c)　　　　　　(d)

图2　精炼期钢中夹杂物状态

Fig. 2　States of inclusions during refining period

(a) 1号；(b) 2号；(c) 3号；(d) 4号

真空感应熔炼精炼阶段是钢水中的氧进一步通过扩散从液面溢出或经过碳氧反应产生的气体排出的过程，在钢水中含氧量较低时，炉衬材料的热分解将变得更加容易：$MgO = Mg + [O]$[3]。

最终，脱出的氧会与坩埚向钢水的持续供氧达到一个动态的平衡，同时也是伴随着夹杂物的分解、破碎和聚集长大的动态过程。观察精炼阶段的金相结果，试样1号、3号和4号，在这一阶段可以清晰地发现随着氧含量的持续降低，弥散的氧化物和碳氮化物的数量开始减少，但尺寸略有增加，而全熔氧含量较高的2号试样中聚集的氧化物仍然在钢水中存在，弥散的氧化物尺寸与数量与其他试样相当。

在将钢中气体含量控制到一定范围内，加入Al、Ti、Nb、B、Mg等元素进行合金化，于出钢前取得的成品试样金相组织如图3所示。

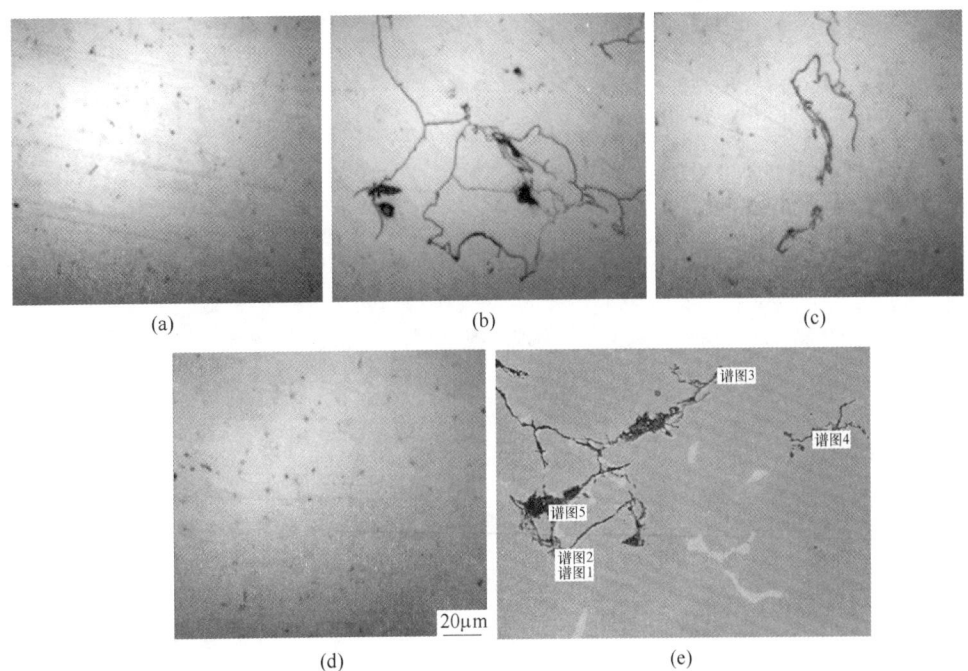

(a)　　　　　　(b)　　　　　　(c)

(d)　　　　　　(e)

谱图	C	N	O	Mg	Al	Ti	Cr	Fe	Ni	Nb
谱图 1	7.55	18.45					3.62	2.58	5.92	17.2
谱图 2	7.15	8.01	7.62	2.44			8.24	7.40	21.82	9.99
谱图 3	3.96	20.32	6.30	1.04			4.39	3.34	7.77	5.49
谱图 4	8.04		11.56	2.41			0.48	44.11	28.54	13.1
谱图 5	5.61		39.51	6.67	11.14	14.62	2.32	25.02	3.49	7.05

图 3　成品夹杂物状态和电镜能谱分析结果

Fig. 3　States of Inclusions and Results of Electron Microscopy Energy Spectrum Analysis in Products

(a) 1 号；(b) 2 号；(c) 3 号；(d) 4 号；(e) 电镜能谱分析结果

从图 3 可以看出，虽然成品气体氧含量非常接近，但在夹杂物的分布和尺度上存在较大的差异。1 号、4 号试样的夹杂物呈弥散状分布，2 号、3 号试样中均有以碳氮化物为核心的氧化物絮状聚集区域存在。这主要是由于铝与氧的结合能力强于碳，加入铝会继续对钢液脱氧，因此生成的 Al_2O_3 夹杂是真空感应炉熔炼过程最常见的夹杂物，同时由于 Al_2O_3 的稳定性较高，一旦生成很难直接从钢液中去除。

根据上述的实验结果可以发现，在感应炉熔炼的过程中，熔化阶段是脱气的主要阶段，在原材料熔化期间，炉料中的氧会快速反应，通过熔池表面向炉体上部以 CO 等形式扩散[4]，或与坩埚壁形成动态平衡，或以氧化性夹杂物的形式存在于钢水中，当钢中氧化性夹杂物超出一定阈值后，开始出现碰撞聚合的现象，形成氧化性夹杂物的聚合体，悬浮于钢水中。在后期精炼过程中，经过搅拌及高真空处理，有一部分氧化性夹杂物聚合体被破碎分解，细小的氧化性夹杂物再经过碰撞聚合，形成颗粒较大的氧化性夹杂物。合金化期加入 Al 等易氧化元素后，由于破坏了钢水与坩埚壁之间氧的动态平衡，很容易形成以 Al_2O_3 为主体的夹杂物聚合体，而夹杂物的尺寸、存在状态直接与感应熔炼全熔期的氧含量直接对应。因此为获得纯净度高的母合金电极，就需要严格控制感应熔炼全熔期的氧含量。

3　结论

（1）原材料氧含量和全熔氧与钢水中氧化性夹杂物的尺寸和数量成正向对应关系。

（2）钢中氧含量随冶炼时间的延长逐渐降低，氧化物数量减少，氧化物有聚合倾向。

（3）熔炼后期加入 Al 元素会破坏钢液与坩埚的氧平衡，使坩埚持续向钢液供氧，增加钢中氧化性夹杂物的尺寸和数量。

参考文献

[1] 任晓，肖晶. 高温合金真空感应熔炼工艺研究 [J]. 世界有色金属：2018：18，21.

[2] 郑险峰，张岸军，等. 特种冶炼百问百答 [C]. 2006：40.

[3] 薛正良，李正邦，等. 真空感应熔炼过程炉衬材料向钢液供氧现象的研究 [J]. 特殊钢：2005，26 (1)：6~8.

[4] 黄希祐. 钢铁冶金原理 [M]. 北京：冶金工业出版社，2002.

挡渣结构对 VIM 流钢系统夹杂物分布的影响

白宪超*，罗文，荣文凯，杨玉军，张晓梅

（抚顺特殊钢股份有限公司第三炼钢厂，辽宁 抚顺，113000）

摘　要：本文采用金相分析的方法，观察了真空感应炉浇注高温合金时夹杂物在流钢系统中的分布规律，选择并设计挡渣坝与挡渣堰结合的方式改善挡渣（杂）效果，以改善高温合金重熔电极质量。

关键词：真空感应炉；高温合金；夹杂物；浇注系统；金相分析

The Influence of Dam Structure on the Distribution of Inclusions in Vacuum Induction Melting（VIM）Furnace Flow Steel System

Bai Xianchao, Luo Wen, Rong Wenkai, Yang Yujun, Zhang Xiaomei

（Fushun Special Steel Co., Ltd., the Third Steel-Making Plant, Fushun Liaoning, 113000）

Abstract：This article adopt the metallographic analysis method, observing the regularities of distribution in the steel flow system of inclusions during pouring Superalloy for Vacuum Induction Melting（VIM）furnace, select and design to combine the dam and weir together to improve the effects of pushing off the slag（inclusions）, in order to perfect the quality of Superalloy re-melting electrode.

Keywords：vacuum induction melting；superalloy；inclusion；casting system；metallographic analysis

真空感应炉是生产高纯净钢的关键设备之一[1]，经过真空感应炉处理的钢水中的气体含量和杂质元素含量很低，但在冶炼过程中形成的脱氧产物及碳氮化物仍存在于钢水中，而且在熔炼过程中坩埚壁剥落的耐火材料颗粒也存在污染钢水的问题[2]。因此为获得高纯净度的母合金电极不仅仅要考虑在真空感应熔炼阶段获得高纯净度钢水，同时还要考虑在浇注过程中如何避免或减少上述夹杂（渣）进入电极。

本文通过观察流钢系统中夹杂物的种类以及夹杂物的分布状态，针对流钢系统中夹杂物的分布状态进行讨论分析，并设计合理的挡渣结构，

以得到高纯净的母合金电极的目的。

1　试验方法

试验分两步进行：第一步采用无挡渣结构流钢系统，观察横截面夹杂物的分布状态；第二步观察带有挡渣结构的流钢系统各区域的夹杂物分布状态。以 GH4169 合金为试验材料，流钢系统为整体预制，在 VIM1400 型真空感应炉上进行试验。使用 Axiovert 40 MAT 光学显微镜观察夹杂物在流钢系统中的分布规律以及表征。高温合金成分见表 1。

表 1　GH4169 合金化学成分
Tab. 1　The Composition of GH4169

元　素	Ni	Cr	Mo	Al	Ti	Nb	Fe
含量（质量分数）/%	53	19	3	0.50	1.00	5.15	余

*作者：白宪超，特种冶炼高级专家，联系电话：13624130110，E-mail：13514131653@163.com

2　试验结果及讨论

2.1　夹杂物在流钢系统中的分布规律

使用无水口、无挡渣的流钢系统进行第 1 次浇注试验,待钢水全部灌满流钢系统后,对钢坯进行解剖,观察夹杂物在流钢系统横截面上的分布。

对无挡渣流钢系统浇注的钢坯解剖时发现,在同一横截面上存在形貌差异明显的三种杂质,如图 1 所示,这三种杂质的表征与存在部位差异比较明显。第一种杂质存在于钢坯的上表面,通过肉眼即可观察,为大块的熔渣,主要是由坩埚壁剥落物、熔池表面浮渣以及大尺度聚集的氧化物浮渣构成,此类物质由于密度远低于钢水,浮于钢水上层,如图 1(a) 所示;第二种杂质存在于钢坯内部多个区域,主要以氧化物和碳氮化物为主,呈颗粒状弥散分布于钢坯内部,如图 1(b) 所示;第三种存在于钢坯底部,主要为 Mo、Nb 等高比重合金元素的碳/氧化物,在钢坯的底部,附着在流钢系统耐火材料表面,以团簇的形式分布,如图 1(c) 所示。

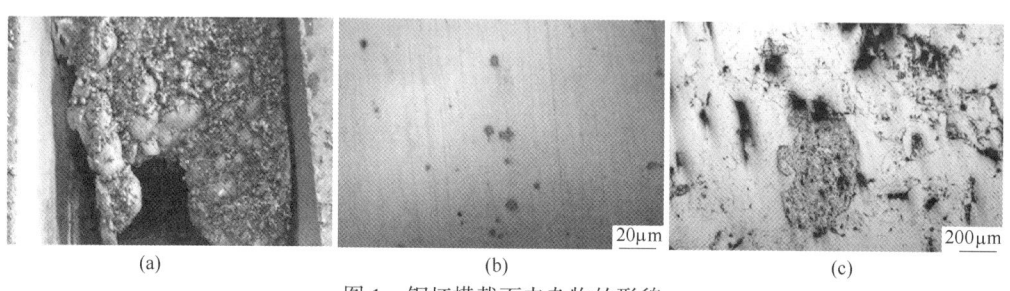

图 1　钢坯横截面夹杂物的形貌

Fig. 1　The morphology of inclusions in cross section of the ingot

2.2　常规挡渣结构的流钢系统的挡渣效果

使用无水口、两道挡渣坝的常规流钢系统进行第 2 次浇注试验,流钢系统挡渣结构与取样部位如图 2 所示,待钢水灌满流钢系统后,对钢坯进行解剖,观察夹杂物在流钢系统中的分布。

通过观察解剖的钢坯发现,从 1 号区域到 3 号区域的夹杂物数量越来越少,如图 3(a)~(c) 所示。三部分区域中均存在试验 1 中的三种异物。第一种异物在 1 号区域存在数量最多,主要由于比重小上浮后被挡渣系统阻挡,但由于浇注初期钢液面低于挡渣坝缝隙,导致一部分渣子会通过挡渣坝,进入 2 号和 3 号区域,如图 3(d) 所示;第二种异物由于弥散分布在钢水中,浇注中经过在流钢系统中的碰撞聚集长大,一部分可以被挡渣坝挡住,另一部分依旧分布于整个流钢系统中,整体分布趋势为 3 号区域少于 2 号区域少于 1 号区域;第三种异物由于密度大无法上浮,分布于整个流钢系统的底部,不能被挡渣系统阻挡,如图 3(e) 所示。

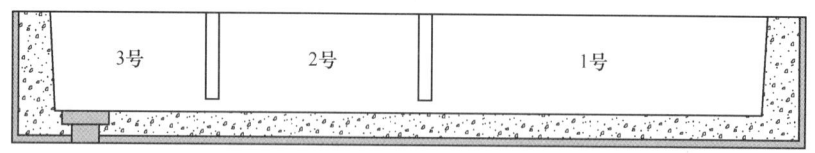

图 2　流钢系统与取样部位示意图

Fig. 2　Diagram of steel flow system and samping position

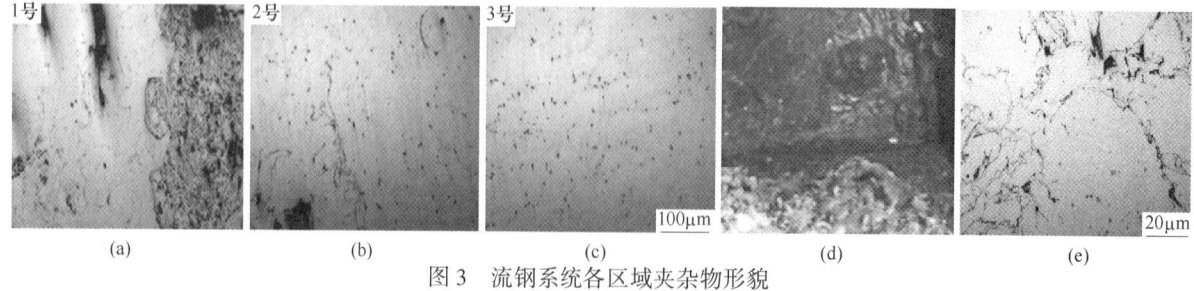

图 3　流钢系统各区域夹杂物形貌

Fig. 3　The morphology of inclusions in every area of steel flow system

2.3　改善挡渣结构的流钢系统的挡渣效果

根据前两次试验得出的夹杂物分布情况和试验品种的成分特点，为流钢系统设计第 3 次试验。在常规流钢系统中改进两道挡渣坝位置，并增加一道挡渣堰用以阻挡来自钢液中的不同特征的杂质，其中挡渣堰安置于两道挡渣坝之间后，挡渣堰高度为 20mm 以上，挡渣坝缝隙高度为 12mm 以下，流钢系统挡渣结构与取样部位如图 4 所示。试验时待钢水全部灌满流钢系统后，对钢坯进行解剖，观察流钢系统各区域夹杂物的分布。

按照图 4 标识的取样部位从浇注钢坯上解剖观察的结果，如图 5 所示。

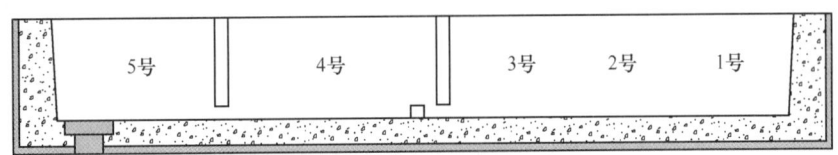

图 4　流钢系统与取样部位示意图

Fig. 4　Diagram of steel flow system and samping position

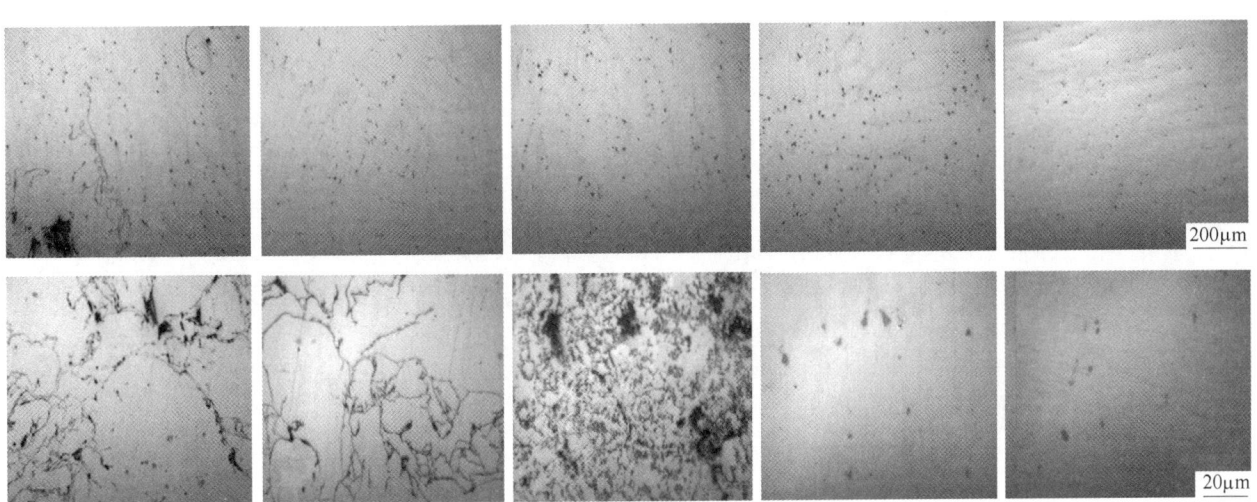

图 5　流钢系统各区域夹杂物形貌（从左至右分别为 1~5 号）

Fig. 5　The morphology of inclusions in every area of steel flow system

通过观察 1~5 号的金相试样发现，4 号试样和 5 号试样的夹杂物数量较少，且 5 号区域最纯净，而 4 号、5 号两区域均未发现氧化物的大量聚集，说明挡渣系统能起到良好的挡渣作用，能降低夹杂物进入重熔电极的概率，但是并不能完全避免夹杂物对重熔电极的污染。

由于 1 号区域是钢水浇注区域，钢水浇注冲击造成 1~3 号区域形成强湍流区，而挡渣堰的作用在于使钢水在流钢系统中的液面快速提升，并降低钢水在 3 号区域的流动速度。在此区域中钢水中的氧化性夹杂物有更多的机会碰撞聚合，高密度的碳氮化物会向流钢系统底部沉积被挡渣堰阻挡。随着钢水的流动，聚合的夹杂物和浮渣开始上浮并向水口方向流动，漂浮在钢水表面的大量氧化物浮渣被第一道挡渣坝阻挡，增加了 3 号区域内的夹杂物密度。当少量氧化物通过第一道挡渣堰坝后，进入 4 号紊流区，此区域流动速度减慢，少量残余浮渣以及弥散分布的氧化物和碳氮化物还有机会聚集、长大、上浮，被第 2 道挡渣坝阻挡。而在整个浇注过程中不能上浮或沉降的夹杂物会进入 5 号区域，这部分夹杂物有一部分吸附在水口处，仍有一部分会随着钢水进入电极模，凝固于重熔电极中。因此良好的流钢系统挡渣结构可以有效地减少重熔电极中的夹杂物数量，减轻二次重熔过程的压力，减少钢锭夹杂产生的概率。但总体上如何降低感应熔炼过程中弥散分布的脱氧产物是控制重熔电极纯净度的关键。

3 结论

(1) 杂质在流钢系统中因密度不同呈现明显的分层分布状态。

(2) 挡渣系统可以有效改变钢水在流钢系统中的流动状态，增加夹杂物碰撞长大的概率，有利于夹杂物上浮和排除。

(3) 挡渣系统使夹杂物存在明显的分区分布，钢水浇注区以大尺度夹杂聚合体为主，水口区域均匀分布颗粒状夹杂物。

参考文献

[1] 孙培林. 电炉炼钢学 [M]. 北京：冶金工业出版社，1992.

[2] 高俊波. 真空感应熔炼过程炉衬供氧对钢液深脱氧影响 [D]. 武汉：武汉科技大学，2006.

几种电极缺陷对氩气保护电渣重熔过程的分析

杨松*，王海江，孙常亮，杨玉军，张晓梅，郭仁辉，冯涛，任伟

（抚顺特殊钢股份有限公司，辽宁 抚顺，113001）

摘　要：本文通过人为引入几种电极缺陷，分析影响氩气保护电渣重熔过程中渣阻曲线异常波动的表现形式，并利用低倍、扫描电镜等观察手段分析了电极缺陷对重熔钢锭冶金质量的影响。

关键词：电渣炉；渣阻；母电极；波动

The Influence's Analysis from Several Kind of Defect of Electrode to the Progress of Argon Protective ESR

Yang Song, Wang Haijiang, Sun Changliang, Yang Yujun, Zhang Xiaomei,
Guo Renhun, Feng Tao, Ren Wei

（Fushun Special Steel Co., Ltd., Fushun Liaoning, 113001）

Abstract：This article is the behavior analysis for slag resistant trend unusual fluctuation during the progress of argon protective ESR from several kind of electrode defects were led to test on purpose. and make analysis how electrode defects to influence remelting ingot quality by macro obseroation and scaning of electron microscope.

Keywords：electroslag remelting furnace；slag resistance；parent electrode；fluctuation

氩气保护电渣重熔是获得高冶金质量的冶炼方式之一。理论上该冶炼模式具有恒熔速、恒渣阻、恒压保护的特点，但实际生产过程中经常会出现熔炼曲线异常波动的现象。本文通过实验的方法，标识了几种电极缺陷对重熔过程中渣阻曲线异常波动的影响，对冶炼过程稳定性的分析提供参考依据。

1　试验方案

实际生产过程中，电极通常存在缩孔、裂纹、内部夹渣（杂）等缺陷，本次实验通过观察电极缩孔、横裂两种自身缺陷以及采用人为向电极中添加的三种密度梯度异物对重熔过程和冶金质量的影响，以实现对重熔过程中缺陷异常波动的明确认识。

实验选择的电极为 Fe 基高温合金电极，直径 $\phi 420mm$，设计缺陷一：电极缩孔，缩孔直径

300mm，深度 400mm；缺陷二：电极横裂纹，裂纹长度 300mm；缺陷三：异金属，尺寸 30mm×20mm×10mm；缺陷四：高密度异金属，金属钨，尺寸 30mm×20mm×20mm；缺陷五：低密度异物，高熔点渣料，尺寸 20×10×5mm。后三项缺陷均为沿电极径向钻孔埋入电极内部，埋入深度 150mm。

制备好的电极采用按照同一工艺参数重熔成 $\phi 590mm$ 钢锭，全过程数据实时采集并记录。

2　试验结果

2.1　缩孔对重熔过程的影响

重熔过程转入正常熔炼阶段后，如电极中仍然存在较大的缩孔，熔炼渣阻曲线存在异常波动，如图 1（a）所示（X 轴为电脑数据采集时间间隔点，Y 轴为实际冶炼曲线）。实际电极埋入渣层的深度不

* 作者：杨松，工程师，联系电话：15242330945，E-mail：783162991@qq.com

稳定，过程参数存在异常波动，如图 1(b) 所示。

常如图 2(b) 所示。

2.2 横裂纹对重熔过程的影响

重熔处于稳定阶段过程中，如电极存在横裂纹缺陷，冶炼过程中容易出现"掉块"现象，电极脱离渣面，渣阻波动异常，如图 2(a) 所示（X 轴为电脑数据采集时间间隔点，Y 轴为实际冶炼曲线）。电极埋入渣层深度不稳定，过程曲线波动异

2.3 内部异物对重熔过程的影响

重熔处于稳定阶段过程中，如电极内部有异物，重熔冶炼至异物时渣阻曲线出现异常波动，如图 3(a) 所示（X 轴为电脑数据采集时间间隔点，Y 轴为实际冶炼曲线）。电极埋入渣层的深度不稳定，过程曲线波动异常如图 3(b) 所示。

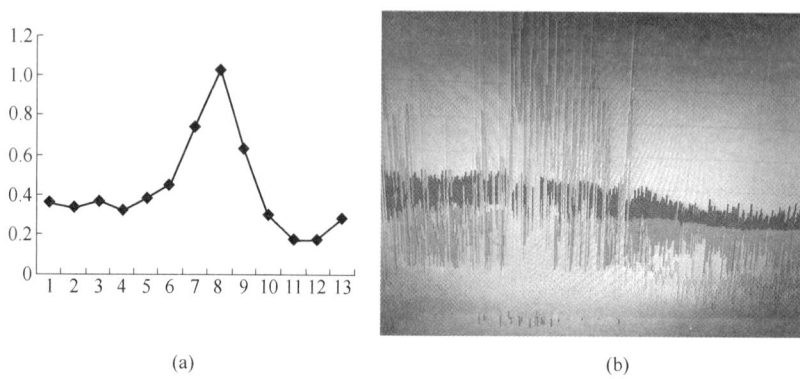

(a)   (b)

图 1　电极缩孔对渣阻的影响

Fig. 1　The influence of electrode shrinkage on slag resistance

（a）电脑渣阻计算曲线；（b）实际冶炼曲线

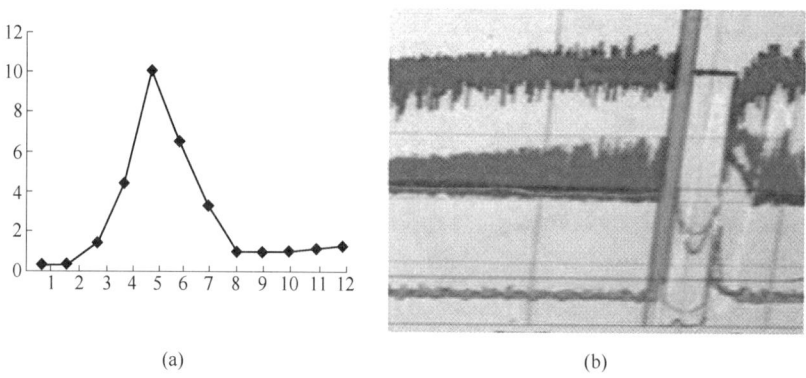

(a)   (b)

图 2　电极横裂纹对渣阻的影响

Fig. 2　The influence of electrode cross crack on slag resistance

（a）电脑渣阻计算曲线；（b）实际冶炼曲线

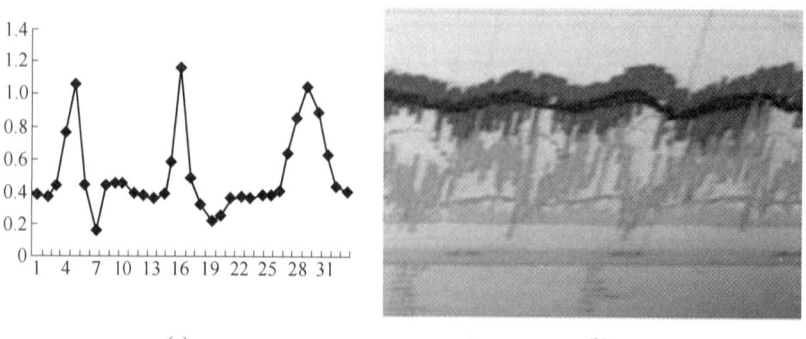

(a)   (b)

图 3　电极内部异物对渣阻的影响

Fig. 3　The influence of electrode internal dissimilar body on slag resistance

（a）电脑渣阻计算曲线；（b）实际冶炼曲线

3　分析与讨论

氩气保护电渣炉通过控制渣阻摆动来稳定电极在渣池中的埋入深度。渣阻的摆动依据初始设定渣阻 R_{BAS} 重熔过程渣阻摆动的标准差，通过 PID 计算得到新电渣阻，进而控制电极的进给速度，保证电极在渣池中埋入深度的稳定性，PID 计算表达式如式（1）所示。

$$R_{NEW} = R_{BAS} + (R_{SSP} - R_{SM}) \times K_P + SR_{INT} \quad (1)$$

式中，R_{NEW} 为通过 PID 计算后的新设定渣阻；R_{BAS} 为当前工艺设定渣阻值；R_{SSP} 为当前工艺设定渣阻摆动值；R_{SM} 为统计前若干个渣阻摆动的标准差；K_P 为比例常数；SR_{INT} 为摆动控制开启后，所有积分元素求和，即 $SR_{INT} = \sum (R_{SSP} - R_{SM}) \times R_{INT}$，$R_{INT}$ 为积分常数。

3.1　电极缩孔对冶炼曲线波动影响分析

重熔过程中电极底部存在缩孔缺陷，由于导电面积减小，所以渣阻值增加；同时为保证熔速的稳定，使电极埋入渣池的深度剧烈变化，这种剧烈变化会直接影响渣层与金属熔池界面的稳定性，造成钢渣不分或卷渣现象的发生。金属熔池不稳定也不利于夹杂物上浮，易发生如图4(a)所示的夹渣（杂）缺陷。

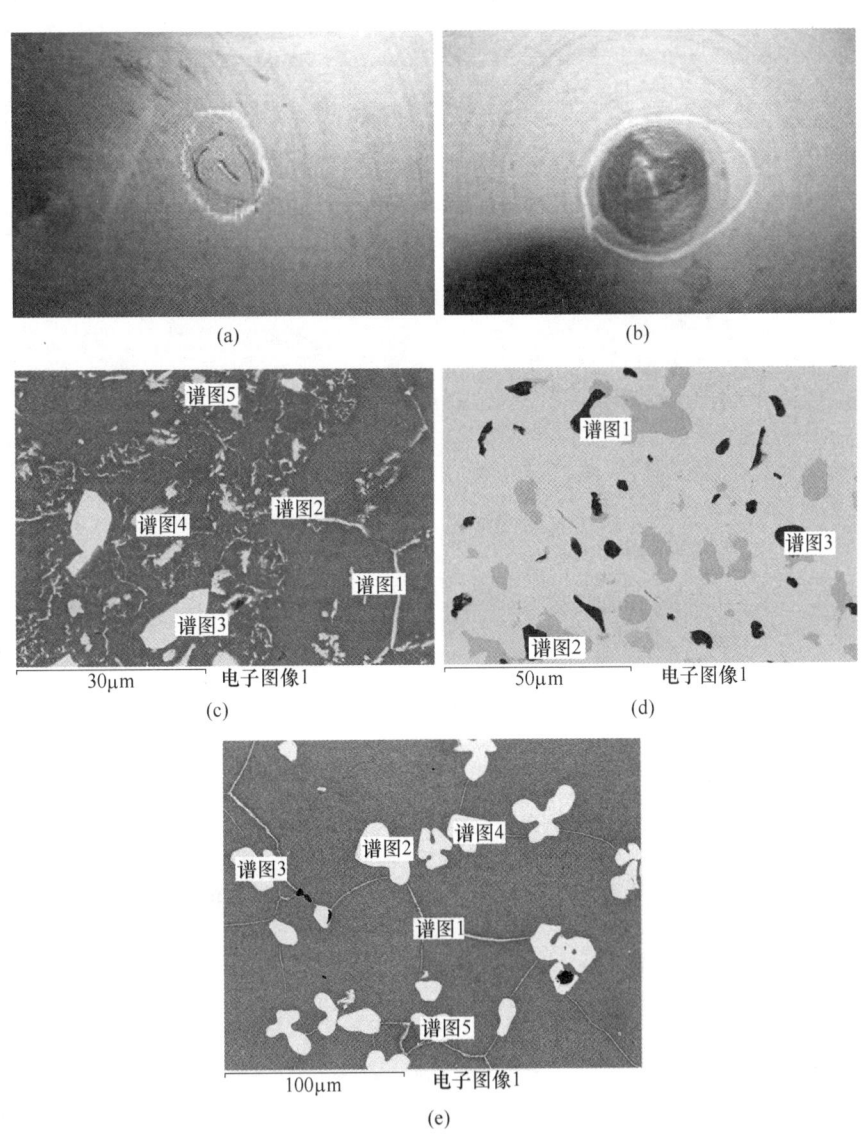

图 4　不同电极缺陷对应的夹杂缺陷

Fig. 4　The inclusion defects of the difference electrode defects

（a）缩孔缺陷产生夹杂；（b）横裂纹电极掉块产生同金属夹杂；（c）异物金属 W；（d）异物异金属；（e）高熔点渣料

3.2 电极横裂纹对冶炼曲线波动的影响分析

电极退火条件差，电极内部应力释放不完全，电极易产生横裂纹缺陷，重熔过程中容易出现掉块，或短时间内熔化速率快速升高和下降，造成电极脱离渣池液面，渣阻达到理论最大值，渣池温度迅速降低。从电极脱离的金属块由于尺寸较大，在穿过渣池过程中不能完全熔化，进入金属熔池中，在水冷结晶器作用下凝固形成如图4(b)所示的同金属夹杂缺陷。

3.3 电极夹杂对冶炼曲线波动影响分析

电极中人为添加的 3 种异物，在重熔过程中均会引起渣阻值增加，显示电极埋入渣池深度剧烈变化，造成金属熔池和渣池界面不稳定。不同形式的异物引起的渣阻波动在计算曲线上略有差异，但在实际曲线上不太明显。当 3 种异物未被渣池吸收或熔化后进入渣池会产生图 4(c) ~ (e)所示的缺陷。

4 结论

（1）电渣重熔过程中，电极缩孔、电极横裂纹、电极内部异物通过影响电渣重熔过程中渣阻的稳定性直接影响电极埋入渣池深度的稳定性。

（2）保护气氛电渣重熔过程中渣阻的异常波动，容易产生异金属和同金属夹（渣）杂缺陷，影响产品质量。

参考文献

[1] 张莉，王京春，王锦标. 电渣炉的两种摆动控制原理分析与应用 [J]. 冶金自动化，2006（2）：53~55.

[2] 李正邦. 电渣冶金的理论与实践 [M]. 北京：冶金工业出版社，2010.

[3] 王子坤. 非稳态电渣重熔过程电磁场与温度场的研究 [D]. 沈阳：东北大学，2014.

真空自耗熔滴形成过程中夹杂物行为分析

朱洪涛*，刘学卉，朱宝明，杨玉军，白宪超，张晓梅

（抚顺特殊钢股份有限公司第三炼钢厂，辽宁 抚顺，113000）

摘　要：本文通过对真空自耗重熔熔滴的金相观察，描述了金属熔滴形成过程中夹杂物的形态变化和向熔滴表面迁移的过程，明确了真空自耗重熔过程中夹杂物的去除机理。

关键词：真空自耗炉；金属熔滴；夹杂物；金相分析

Metallographic Analysis of VAR Droplet Region

Zhu Hongtao, Liu Xuehui, Zhu Baoming, Yang Yujun, Bai Xianchao, Zhang Xiaomei

（Fushun Special Steel Co., Ltd., the Third Steel-Making Plant, Fushun Liaoning, 113000）

Abstract：According to the forming mechanism of droplet, through the metallographic analysis of cold metal droplet, the change of microstructure and inclusion morphology during the formation of metal droplet was clarified, the removal mechanism of inclusion in the process of vacuum self-dissipation remelting.

Keywords：vacuum arc furnace；metal droplet；inclusion；metallographic analysis

真空自耗重熔是在高真空条件下（≤0.01Pa）熔炼，没有熔渣和耐火材料影响，理论上可以冶炼出无夹杂的产品，同时由于冷却条件优越，且熔化速率慢，可以有效地改善复杂成分合金的偏析倾向，因此真空自耗炉是生产航空航天领域用钢材的重要电冶金装备。

真空自耗重熔的物质传输过程通常分为两个阶段：第一阶段为电极端部金属被真空电弧加热熔化流动聚集形成过热熔滴；第二阶段为过热熔滴落入钢锭端部的熔池并凝固。这两个阶段对真空自耗重熔过程中夹杂物的去除的作用没有一个准确的评价，本文通过观察金属熔滴形成过程阶段钢中夹杂物的运动、分布情况，分析在第一阶段对真空自耗重熔过程去除夹杂物的作用和机理。

1　试验方案

试验采用真空感应熔炼生产的 GH4169 合金 φ430mm 电极进行真空自耗重熔，所用电极化学成分如表 1 所示。自耗重熔转入正常熔炼阶段后继续冶炼 600kg，手动停电，冷却 1h 后卸下自耗电极，切取电极底部的熔滴部分，制备试样进行观察。自耗电极底部及熔滴部分取样情况如图 1 所示。

表 1　GH4169 合金化学成分
Tab. 1　Chemical compositions of GH4169
（质量分数,%）

C	Mn	Ni	Co	Cr	Mo	W	Al	Ti	O	N	Fe
0.05	—	55	—	20	3.0	—	0.5	1.0	0.005	0.010	余

---

*作者：朱洪涛，二级专家，联系电话：13942326235，E-mail：jy02752329@126.com

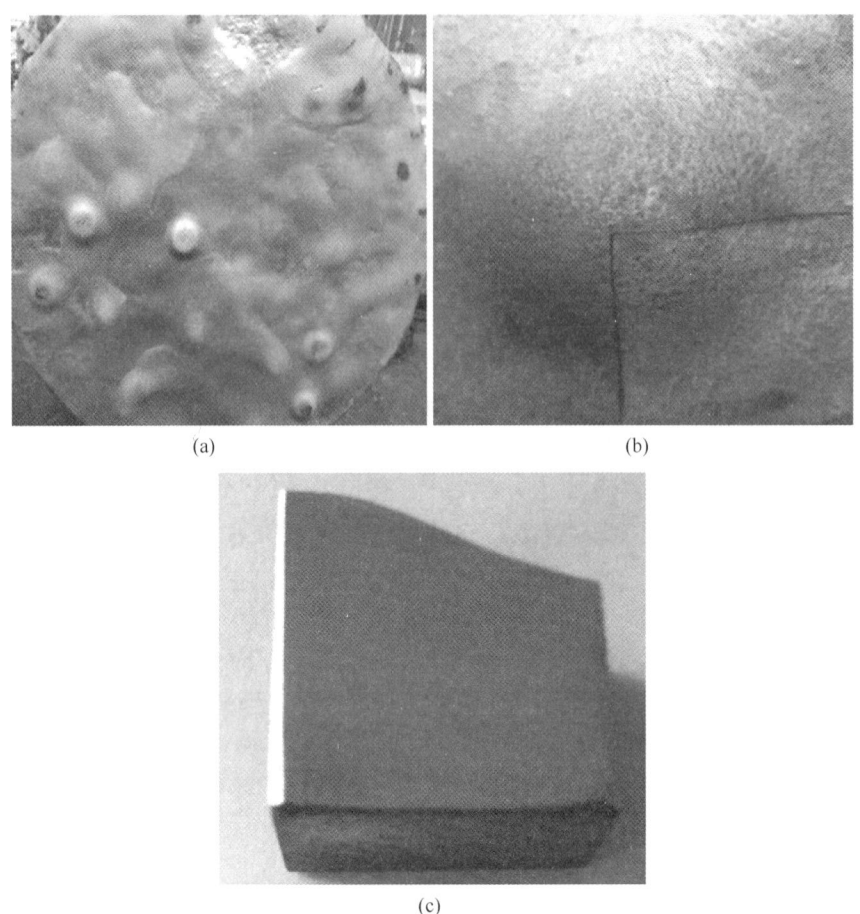

图1　自耗电极底部及取样区域形貌

Fig. 1　Self consuming electrode base and sampling area morphology

（a）电极端面熔滴形貌；（b）所取熔滴形貌；（c）熔滴制样后低倍形貌

2　试验结果与讨论

真空自耗重熔是以真空电弧为热源的一种冶炼方式，真空电弧所产生的热量除少部分被极间距离范围的水冷结晶器壁吸收损失外，大部分热量作用于金属电极端部，使电极端部金属薄层熔化，部分热量会继续沿电极向上传导，对电极进行预热。当真空电弧形成后，在极间产生径向的洛伦兹力。熔融的金属在重力和洛伦兹力的作用下，克服电极表面的表面张力形成金属熔滴。当金属熔滴达到一定体积后，与金属熔池形成短路，金属熔滴局部瞬间增加的电流产生的洛伦兹力将金属熔滴从电极端部剪断，在自身重力作用下滴落至金属熔池。

真空自耗钢锭内部夹杂物主要有两种来源：一是真空感应熔炼过程形成的夹杂物随着金属熔滴进入金属熔池；二是真空自耗过程所产生的化合物。

随着金属熔融薄膜的形成，在重力和洛伦兹力的影响下，具有形成熔滴的趋势，在这一过程中同时也伴随着电极中夹杂物一同向熔滴迁移的过程。根据资料显示，迁移过程同时也是夹杂物碰撞聚集长大的过程[1]，如图2所示。

从图2可以清晰地观察到在熔滴区域内，夹杂物主要氧化物及碳氮化物为主，夹杂物在迁移过程已经开始聚集长大，并且越靠近熔滴下部边缘，夹杂物聚集长大的倾向愈明显，最终长大后的夹杂物刺穿熔滴表面的金属膜，转移到熔滴的外表面，在熔滴表面留下如图2（2号区域）的运动通道和图2（3号区域）熔滴表面在表面张力作用下恢复的痕迹，形成非常粗糙的熔滴表面。

在真空条件下熔滴端部易引起尖端放电，当熔滴开始与熔池短路放电时，根据资料[2]显示，瞬间电弧温度可以达到2400~2700K，部分夹杂

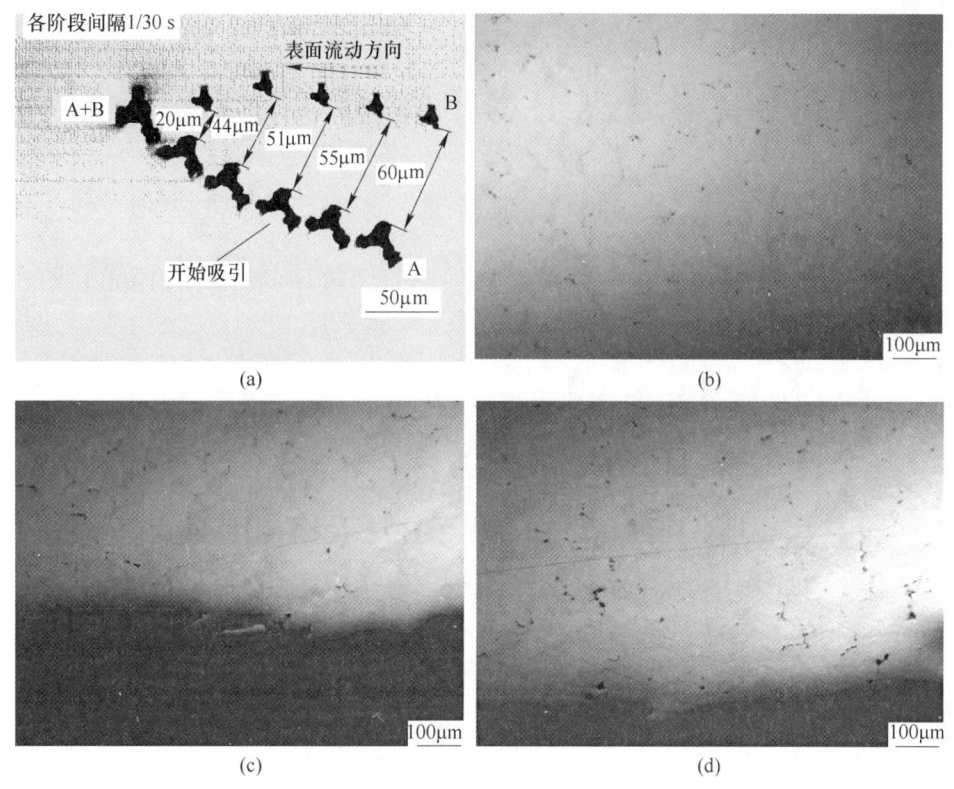

图 2　熔滴区域夹杂物组织及迁移通道

Fig. 2　Inclusions morphology and migration channel+in droplet area

（a）夹杂物聚集图示；（b）1 号区域夹杂物高倍组织；（c）2 号区域夹杂物高倍组织；（d）3 号区域夹杂物高倍组织

物会发生电离分解反应[3]，反应产物以金属蒸气、CO 等形式引起真空度的轻微波动。

$$\left. \begin{array}{l} MC \longrightarrow (M) + (C) \\ MO \longrightarrow (M) + (O) \\ (C) + (O) \longrightarrow CO \end{array} \right\} \quad (1)$$

真空自耗重熔过程中真空度的波动情况也从一个侧面反映了夹杂物分解过程及电极的纯净度水平。

金属熔滴的形成过程可以认为是电极中的夹杂物聚集长大，并利用瞬间高温电弧分解、破碎夹杂物的过程，对真空自耗重熔过程中夹杂物的去除作用不是很显著，这一点通过比较电极与自耗锭激冷层和格架区域的夹杂物的量可以比较直观的得出。未分解的夹杂物与部分未能完全排出到熔滴外表面夹杂物随熔滴滴入熔池，由于比重差异而浮于熔池表面，受自生水平磁场作用，随着对流向结晶器壁的方向移动，在结晶器壁强冷作用下，凝结在钢锭表面。

3　结论

（1）金属熔滴形成过程是电极中的夹杂物向金属熔滴迁移的过程，并在熔滴内部聚集长大。

（2）熔滴内聚集的夹杂物向熔滴表面迁移破坏了熔滴表面连续性，形成迁移通道，迁移出熔滴表面的夹杂物易引起尖端放电。

（3）真空电弧对熔滴表面夹杂物的作用是分解和破碎，对夹杂物的去除作用不明显。

参考文献

［1］Hongbin Yin, Hiroyuki Shibata, Toshihiko Emi, et al. "In-situ" Observation of Collision, Agglomeration and Cluster Formation of Alumina Inclusion Particles on Steel Melts [J]. ISIJ International, 1997, 37 (10)：936~945.

［2］拉弗蒂. 真空电弧理论及应用［M］. 北京：机械工业出版社，1985.

［3］Zanner F J. Metal transfer during vacuum consumable arc remelting [J]. Met. Trans. B, 1979, 10B：133~142.

真空自耗重熔过程中水平磁场对冶金质量影响

刘学卉*，白宪超，张连嵩，杨玉军，张晓梅

（抚顺特殊钢股份有限公司第三炼钢厂，辽宁 抚顺，113000）

摘　要：根据真空自耗炉的结构特点，分析了真空自耗熔炼过程中磁场产生的原因及磁场分布情况。重点探讨了水平磁场对自耗熔炼过程中金属熔池和电弧的作用，从而对真空自耗钢锭冶金质量所产生的影响。

关键词：真空自耗炉；磁场；金属熔池；电弧；钢锭质量

Effect of Magnetic Field on Metallurgical Quality in VAR Process

Liu Xuehui, Bai Xianchao, Zhang Liansong, Yang Yujun, Zhang Xiaomei

（Fushun Special Steel Co., Ltd., The Third Steel-Making Plant, Fushun Liaoning，113000）

Abstract：According to the structural features of VAR，The causes of magnetic field and the distribution of magnetic field in VAR melting process are analyzed. the effect of horizontal magnetic field on molten pool and arc in VAR smelting process is mainly discussed，the effect on metallurgical quanlity of VAR ingot.

Keywords：vacuum arc furnace；magnetic field；metal molten pool；electric arc；lngot quality

真空自耗炉采用高温电弧进行金属的熔炼，在无炉渣使用的情况下，低熔速熔炼保证了金属熔池的浅平状态，其生产出的高质量高温合金、特种不锈钢及超高强度钢等品种被广泛应用在各个军工领域，被市场所信赖。真空自耗熔炼的浅平熔池状态要求熔炼过程的稳定性，本文主要对于真空自耗熔炼过程磁场对于熔炼过程稳定性和冶金质量的影响进行讨论。

真空自耗过程磁场主要分为水平磁场、纵向磁场及杂散磁场[1]，本文主要以水平磁场对于真空自耗熔炼过程及金属结晶过程的影响为主要讨论方向。

1　试验内容

选取与高温合金相同工艺路线生产的合金材料在相同两台真空自耗炉进行同时熔炼，钢的成分如表1所示，测定两台真空自耗炉的水平磁场状态如表2所示。冶炼后的钢锭经锻造后经取片观察高低倍组织，考查磁场均匀性对冶金质量的影响。

表 1　合金材料的成分

Tab. 1　Chemical compositions of alloy materials　　　　　　（质量分数,%）

钢种	C	Mn	Ni	Co	Cr	Mo	W	Al	Ti	O	N	Fe
G54	0.3	0.015	10	7	1	2	1.5	0.015	0.045	0.002	0.0015	余

---

* 作者：刘学卉，工程师，联系电话：13904139514，E-mail：lmy150322@ 163. com

表 2 水平磁场检测数据
Tab. 2 Horizontal magnetic field detection data

方 位	0°	45°	90°	135°	180°	225°	270°	315°
Ⅰ	540	541	539	546	540	541	539	539
Ⅱ	540	539	539	542	393	533	517	539

2 试验结果与讨论

经锻造后的棒材分别于相当于钢锭头中尾部分切取低倍进行观察，发现在Ⅰ炉冶炼的钢材低倍无缺陷，Ⅱ炉冶炼的钢材低倍显示出明显的黑斑偏析现象，并且黑斑呈现一定的取向性（见图1）。

对缺陷部位进行高倍观察和电镜分析，结果如图2所示。

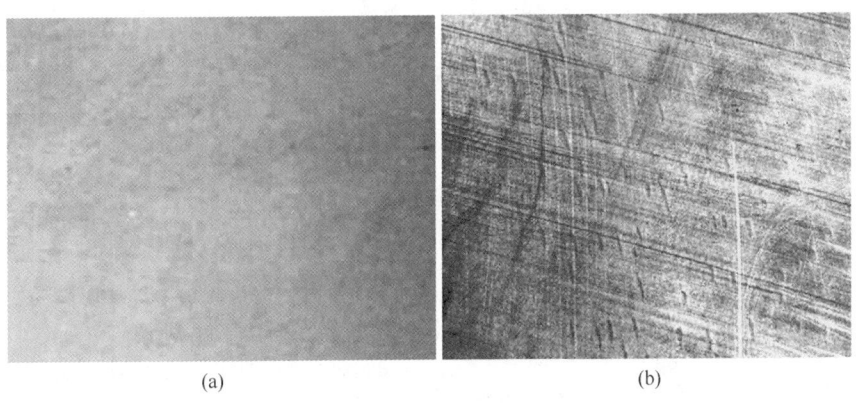

(a)   (b)

图 1 合金材料的低倍组织

Fig. 1 Marcostructure of alloy materials

（a）Ⅰ号试样低倍组织；（b）Ⅱ号试样低倍组织

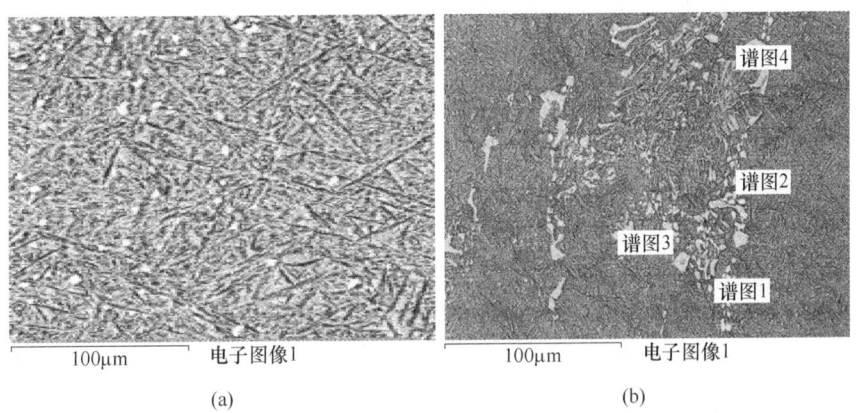

(a)   (b)

谱 图	C	O	V	Cr	Fe	Co	Ni	Nb	Mo	Er	W	总的
谱图1	14.59		0.58	1.05	25.01		1.82		32.73	3.23	20.99	100.00
谱图2	14.91			1.27	25.05	2.39	2.42		33.02		20.94	100.00
谱图3	24.71	1.87	1.20		2.09			66.66			3.48	100.00
谱图4	20.89		1.32		6.96			53.67	12.80		4.36	100.00

图 2 缺陷部分高倍组织和电镜分析结果（%）

Fig. 2 The results of Microstructure and Electron Microscope Analysis for the Defect parts

（a）Ⅰ号试样高倍组织；（b）Ⅱ号试样高倍组织

经高倍和电镜观察，Ⅱ号试样缺陷处主要为碳化物富集区域。真空自耗熔炼过程中，真空电弧自生出的水平磁场使弧柱中的金属蒸气和等离子体受到压缩，并使其内部压强升高，电弧受到水平磁场对其径向的分拉力，使弧柱断面被压缩。根据文献［2］得知，在均匀的磁场条件下，自耗熔炼过程中电弧的热电子逸出后在磁场的作用下以类似于斜下抛的抛物线轨迹向结晶器壁运动，与电弧受磁场作用后的运动方向基本一致。而在水平磁场不均衡时，会对电弧施加一个沿切向力，使电弧沿圆周方向偏转，引起局部的电弧集中现象，形成偏弧。

真空自耗熔炼过程中金属熔体的流动主要受电弧、热对流及磁场的共同作用，在稳定的短弧熔炼过程中，金属溶体呈现明显的热对流特征，从中心向边缘流动。当存在偏弧现象时，磁场作用成为主导，局部熔液会受到径向压缩力，溶体的流动方向逆转，将熔池顶部过热金属带到熔池中心，然后下沉熔池底部，引起熔池变深，根据文献［3］得知，真空自耗熔炼过程造成宏观偏析（黑斑缺陷）的主要原因是由于糊状区中枝晶间液体流动及熔池液体运动共同作用，而枝晶间液体流动取决于金属熔池形状及糊状区的宽度，熔池

深度变深的同时也会导致糊状区变宽，这时将加剧枝晶间液体流动，从而导致钢锭出现严重的偏析（黑斑）缺陷。

根据试验后低倍组织观察，其偏析缺陷沿中心位置向边缘位置呈抛弧线方式分布，沿圆周方向存在明显的偏转迹象，这种缺陷应为典型的水平磁场不均匀导致的偏析缺陷。

3 结论

（1）水平磁场直接影响真空电弧的稳定性，非均匀水平磁场易引起局部偏弧现象。

（2）非均匀水平磁场对熔池影响主要体现在对于熔体局部流动方式改变，影响金属凝固的均匀性，易引起正偏析。

参考文献

［1］邹伟. VAR 炉熔炼过程中磁场作用的分析［J］. 钛合金工业进展，2003（20）：4~5.

［2］赵小花. 真空自耗电弧熔炼过程中电磁场的数值模拟［J］. 中国有色金属学报，2010（20）：1.

［3］王宝顺. 真空自耗电弧重熔凝固过程的计算机模拟［J］. 材料工程，2009（10）.

真空自耗重熔过程中格架对冶金质量的影响

白宪超*，朱洪涛，张佳维，杨玉军，张晓梅

（抚顺特殊钢股份有限公司第三炼钢厂，辽宁 抚顺，113000）

摘 要：通过对真空自耗重熔过程中熔池边缘格架区域的解剖观察，描述了格架区域与熔池部分夹杂物的变化趋势，揭示了格架对高温合金真空自耗重熔过程中冶金质量的影响。

关键词：真空自耗炉；格架；夹杂物

Metallographic Analysis of VAR Shelf Area

Bai Xianchao, Zhu Hongtao, Zhang Jiawei, Yang Yujun, Zhang Xiaome

（Fushun Special Steel Co., Ltd., the Third Steel-Making Plant, Fushun Liaoning, 113000）

Abstract：Though the anatomical of the rim lattice area of the molten pool during the process of VAR, the changes of composition, dendrite and inclusions in the framework area are, the influence of lattice frame on the metallurgical quality of high temperature alloy during VAR.

Keywords：vacuum arc furnace; lattice; inclusion

随着航空航天及燃机工业的快速发展，真空自耗钢的应用也越来越广泛。理论上真空自耗重熔过程可以通过低熔速、浅平熔池的控制方式有效地改善复杂元素合金的成分均匀性，通过高真空和电离作用把不稳定的非金属夹杂物分解去除，稳定的非金属夹杂物在电弧作用下将夹杂物的聚合体破碎，并在热对流、弧光和磁场作用下推移到结晶器表面排除[1]，但在实际应用中仍然有脏白斑或夹杂物存在的现象发生。本文主要对真空自耗重熔熔池边缘格架对于钢锭内部夹杂物的影响进行讨论。

1 试验方案

试验采用真空感应熔炼生产的 GH4169 合金 ϕ430mm 电极进行真空自耗重熔，所用电极化学成分如表 1 所示，在重熔过程进入稳定状态并继续冶炼 600kg 时停电。将熔炼的锭块脱出后，切取熔炼钢锭顶部制备低倍试样，并分区切取高倍试样进行低倍与高倍检验，观察格架区域形貌与夹

杂物的分布情况。

表 1 GH4169 合金化学成分

Tab. 1 Chemical compositions of GH4169

（质量分数，%）

C	Mn	Ni	Co	Cr	Mo	W	Al	Ti	O	N	Fe
0.05	—	55	—	20	3.0	—	0.5	1.0	0.005	0.010	余

2 试验结果与讨论

经抛光腐蚀后的低倍试样如图 1（a）所示。从图中可以观察到明显的细晶、柱状晶和等轴晶区，其中细晶区为沿结晶器壁的激冷层，柱状晶区存在比较明显的指向性，部分柱状晶区明显为熔池底部的正常凝固枝晶，而另一部分为垂直结晶器表面指向熔池中心的枝晶区域，即为本文要分析的格架区域。从图中可以看出，格架区域介于激冷层与熔池之间，截面呈三角形，环状位于钢锭的顶部，不同于国外资料所示（图 1（b））的格架形貌。

————————————————————————————

* 作者：白宪超，特种冶炼高级专家，联系电话：13624130110，E-mail：13514131653@163.com

格架是熔池与水冷结晶器壁接触时，由于冷却效果显著引起液态金属的快速凝固形成的结构区域，所以柱状晶指向熔池中心，随着重熔过程的进行，熔池中液态金属凝固释放的潜热会将格架区域金属熔化，因此格架伴随着熔池上移，呈现边凝固边熔化的特点。而在熔池的顶部与结晶器接触区虽然会形成激冷层，但由于熔池上表面液态金属过热度较高，不能直接凝固，需要激冷层持续散热后才会凝固，因此造成实物与资料显示格架形貌的差异性。

将低倍试样按照图 1 中标识所示分别切割成 4 部分进行金相检验，观察结果如图 2 所示。

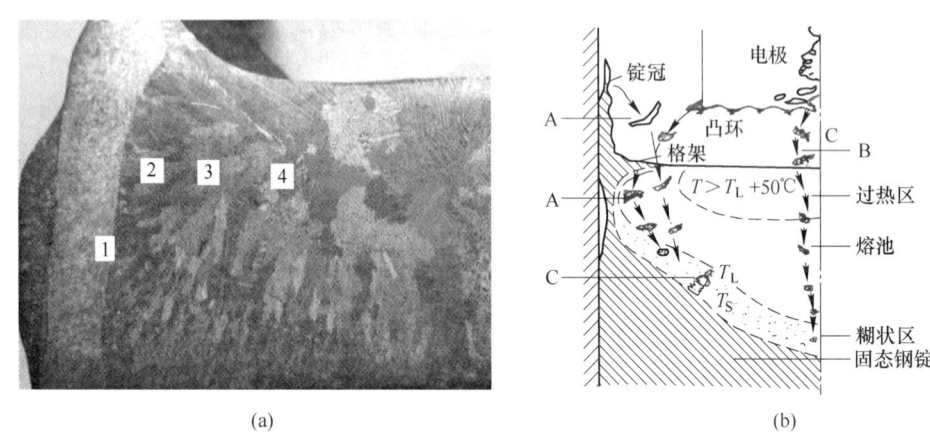

(a)　　　　　　　　　　　　　　　　(b)

图 1　真空自耗重熔过程中格架形貌

Fig. 1　Macrostructure of melting pool edge

（a）实物显示格架形貌；（b）资料显示格架形貌

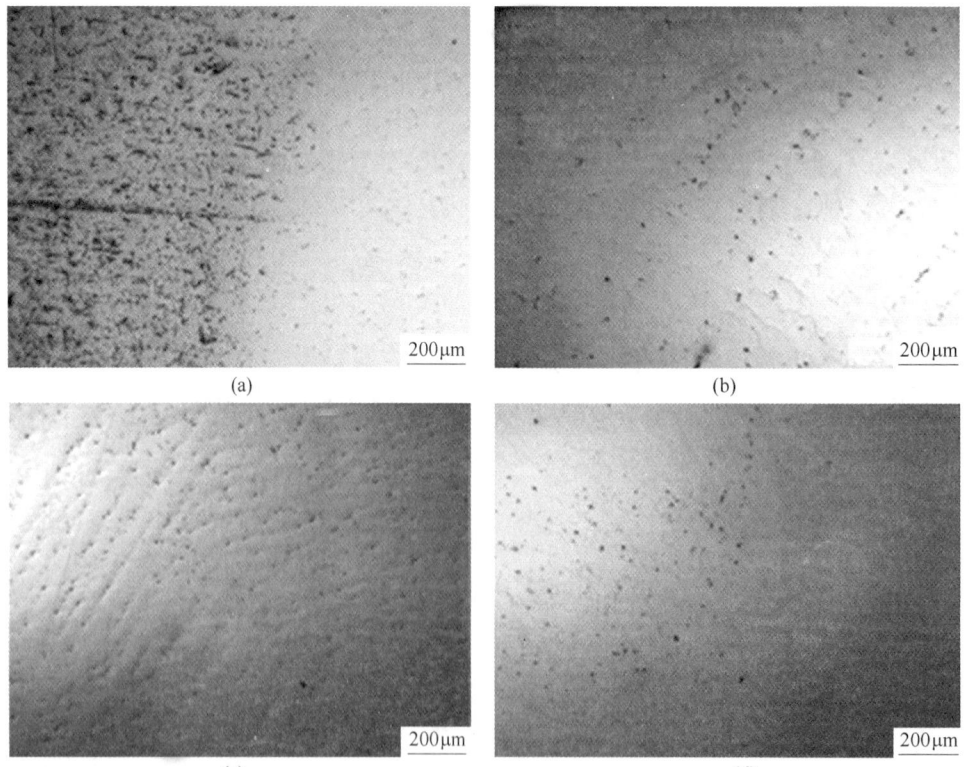

(a)　　　　　　　　　　　　　　　　(b)

(c)　　　　　　　　　　　　　　　　(d)

图 2　格架区域夹杂物的分布

Fig. 2　Macrostructure of melting pool edge

（a）激冷层；（b）格架根部；（c）格架中部；（d）格架端部

从图 2 中可以清晰地发现在格架区域内夹杂物分布呈现不同分布规律：如图 2 （a） 所示，靠近边缘细晶区域的激冷层内存在分布密集的夹杂物；如图 2 （b） 所示，格架根部区域内夹杂物呈现连续的链状分布，间隔距离基本相同，夹杂物的分布处存在明显的分布边界；如图 2 （c）、（d）所示，格架中部及端部区域主要对应液态金属熔池部位，可以观察到熔池部分的夹杂物密度远小于格架区域。

从图 3 中夹杂物的分布可以看出，边缘激冷层的细晶区夹杂物分布较多，主要以氧化物、碳氮化物为主，并且富含 Nb、Mg 等元素；格架区域内含有密集的夹杂物，主要以氧化物为主。

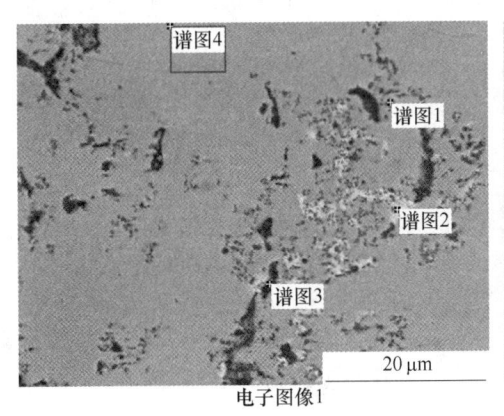

(a)

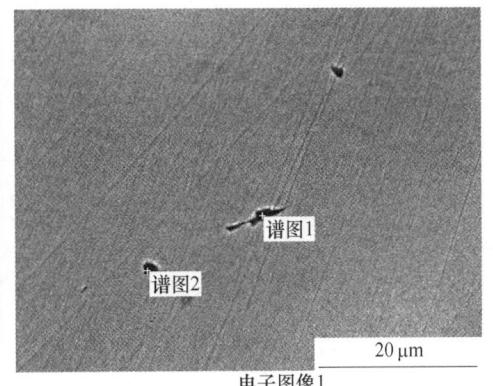

(b)

谱　图	C	N	O	Mg	Al	Ti	Cr	Fe	Ni	Nb	总的
谱图 1	7.81	9.66	3.74	0.83	0.71	12.11	12.38	11.24	31.99	6.91	100.00
谱图 2	14.89		2.85	0.47	0.85	4.95	5.98	4.92	15.04	50.06	100.00
谱图 3	6.05	0.29	14.05	3.00	4.36	4.01	9.24	8.29	35.38	12.82	100.00
谱图 4	7.92			0.68	0.98	18.86	17.37	45.61	5.42		100.00

(c)

谱　图	C	O	Mg	Al	S	Ti	Cr	Fe	Ni	Nb	总的
谱图 1	9.57	22.56	6.14	11.71	0.59	4.81	9.07	7.82	22.53	5.20	100.00
谱图 2	18.65	19.89	4.01	8.07	0.52	2.51	8.85	8.90	23.10	5.51	100.00

(d)

图 3　缺陷部分高倍组织和电镜分析结果

Fig. 3　High power microstructure and electron microscopy scanning results of the defect were obtained

（a）边缘细晶区夹杂物高倍形态；（b）格架区域内夹杂物高倍形态；
（c）边缘细晶区夹杂物电镜扫描结果（%）；（d）格架区域夹杂物电镜扫描结果（%）；

在熔炼过程中，夹杂物浮于金属熔池表面，受弧光和对流的影响，向熔池边缘移动，受结晶器壁强冷作用，熔池边缘形成激冷层，大部分夹杂物被沿结晶器壁的激冷层直接捕获。受结晶器冷却的影响，边缘钢水温度下降，沿熔池底部流向熔池中心，一部分夹杂物被格架捕获。由于格架伴随着熔池持续向上移动，呈现边凝固、边熔化的特征，因此在格架区域形成层叠状的链状夹杂物分布特征。

熔池下部金属凝固释放的潜热不断地将格架熔化，格架捕获的夹杂物一部分会重新进入金属熔池，再经过对流重新被格架捕获，形成一个循环。但当金属熔池过于浅平，夹杂物就有可能来不及上浮而被垂直于熔池底部生长的枝晶捕获形成小尺度夹杂存在于钢锭中；或者由熔池金属液流冲击而剥落的含有夹杂物的格架颗粒尺寸较大，直接落入熔池底部，以脏白斑的形式存在于钢锭中[2]。

为了减轻格架对真空电弧重熔冶金质量的影响，一方面可以提高自耗电极的纯净度，减少格架区域夹杂物的数量，另一方面可以提高充填比增加弧光作用区，通过控制钢锭凝固线速度（见式（1））、提高夹杂物上浮概率、降低冷却强度减少格架区域的体积等措施使其伸入熔池的长度变短，减轻格架对熔池热对流的影响。

$$v_{锭凝} = \frac{d^2}{D^2} \times v_{极熔} \qquad (1)$$

式中，$v_{锭凝}$ 为钢锭凝固线速度，cm/s；$v_{极熔}$ 为电极熔化线速度，cm/s；d 为电极直径，cm；D 为钢锭直径，cm。

3 结论

（1）真空电弧重熔钢锭的格架随着重熔过程进行持续地熔化和生成。

（2）夹杂物沿边缘激冷层、格架区域、熔池区域呈现逐层减少的趋势，且金属熔池区域内夹杂物分布最少。

（3）钢锭格架内部夹杂物以分层链状排列分布，呈现明显的梯次凝固特征。

（4）格架区域内夹杂物主要以小尺寸的氧化物为主，提高电极质量可以有效控制格架区域内夹杂物数量。

参考文献

[1] 周兴铮，祁国策，潘京一. 调整工艺参数对真空自耗重熔锭熔池深度影响的研究 [J]. 钢铁，1984（4）：25~30.
[2] 张勇，李佩桓，贾崇林，等. 变形高温合金纯净熔炼设备及工艺研究进展 [J]. 材料导报，2018，32（9）：1496~1506.

强化相60%以上难变形盘制备技术与组织性能特征

黄烁*，张文云，秦鹤勇，胥国华，赵光普，张北江

（钢铁研究总院高温材料研究所，北京，100081）

摘　要：研究了强化相60%以上GH4975合金难变形盘的组织特征和温加工行为，试制了 φ200mm 小尺寸盘锻件。受高含量 γ′相的影响，GH4975 合金热变形属于温加工。采用多重循环热机械处理可获得具有高塑性的晶粒度 10.0 级的 γ-γ′ 双相细晶组织。经热处理后合金可获得具有弯曲晶界特征的 5.0 级晶粒，晶内分布着 1μm 级和 200nm 级的 γ′ 相。GH4975 合金在 850℃ 以上具有优异的高温拉伸和持久性能。

关键词：GH4975 合金；强化相；温加工；组织性能

Preparation，Microstructure and Property Characteristics of a Hard-defromed Disc Alloy with Strengthen Phase Content above 60%

Huang Shuo, Zhang Wenyun, Qin Heyong, Xu Guohua, Zhao Guangpu, Zhang Beijiang

（High Temperature Material Research Institute，Central Iron & Steel Research Institute，Beijing，100081）

Abstract：The characteristics of microstructure character and warm working behavior of GH4975 alloy with strengthen phase content above 60% were investigated，and a φ200mm disc forging was trial manufactured. The thermal deformation of GH4975 alloy was a kind of warm working due to the extremely high content of γ′ phase. The γ-γ′ dual phase fine structure with a grain size of 10.0 could be obtained by multiple thermal-mechanical treated. After heat treatment the grain coarsened to 5.0 and the grain boundary curved，two sizes（1μm and 200nm）of γ′ phases distributed inner grain. GH4975 alloy has excellent high temperature tensile and rupture properties above 850℃.

Keywords：GH4975 alloy；strengthen phase；warm working；microstructure and properties

　　涡轮盘是航空、航天等燃气涡轮式发动机的核心热端转动部件，其选材的性能水平对发动机性能的提升具有关键作用[1]。目前，我国使用温度最高的变形高温合金涡轮盘材料是由钢研院自主研发的 850℃ 用 GH4586 合金[2]。但是随着新原理火箭发动机、冲压组合发动机、超高速鱼雷推进器等燃气涡轮式发动机性能的提升，对 900℃ 用变形盘材料提出研制需求。GH4975 合金是目前国内外唯一可在 900℃ 及以上使用的镍基变形高温合金涡轮盘材料，该合金强化相 γ′ 相的含量超过 60%，合金化程度已达到铸造高温合金的水平[3]。

　　虽然高 γ′ 相含量显著提高了 GH4975 合金的热强性（见图 1（a）），但是给合金的铸-锻制备和组织性能控制带来了一定的困难。高合金化导致 GH4975 合金的 γ′ 相全溶温度升高至 1200℃ 以上，超过了变形高温合金可塑性变形温度窗口（≤ 1200℃）的上限（见图 1（b））。不同于传统变形合金的 γ 相单相区内的热加工，该合金锻造属于 γ-γ′相两相区内的温加工[4]。因此，采用传统变形盘的铸-锻工艺制备 GH4975 合金盘锻件，存在热塑性差、热变形温度窗口窄和组织性能敏感等问题。本研究基于对 GH4975 合金材料特性的分析，采用优化后的新型铸-锻技术试制了 GH4975 合金 φ200mm 小尺寸盘锻件，验证了可行性。本文主要介绍 GH4975 合金盘锻件的典型组织和力学性能特征，

* 作者：黄烁，高级工程师，联系电话：010-62185063，E-mail：shuang@cisri.com.cn

分析了强化相 60% 以上难变形盘的温加工变形、热　　塑性提升和组织性能协同控制等关键制备技术。

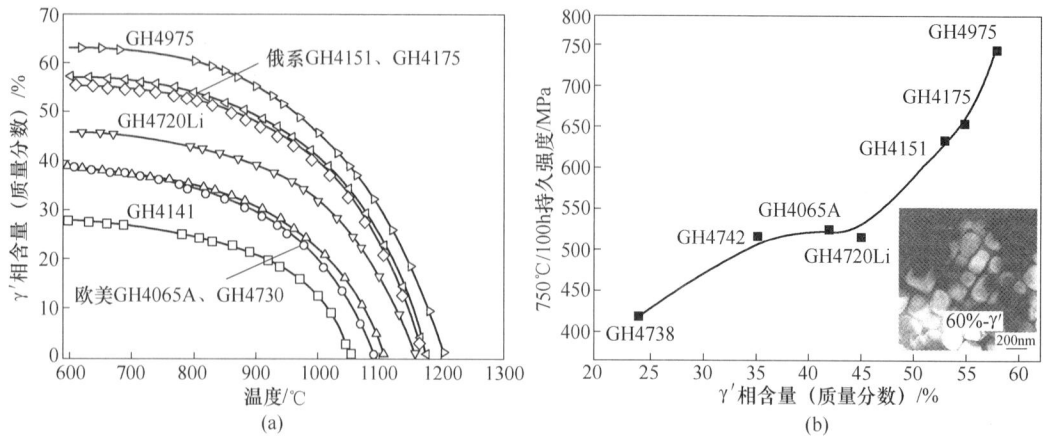

图 1 典型变形盘 γ′相含量 (a) 及其对 750℃ 持久性能的影响 (b)

Fig. 1　The γ′ phase content (a) and its effects on the rupture property at 750℃ (b) of typical wrought disc superalloys

1　试验材料及方法

试验用 GH4975 合金名义成分 (质量分数,%) 为: C 0.1, Cr 8.5, W 10.5, Mo 1.2, Co 15.5, Nb 1.5, Ti 2.4, Al 4.8, Ni 余量。采用真空感应+真空自耗重熔工艺制备 φ180mm 铸锭, 采用 8MN 快锻机反复镦拔自由锻造开坯制备 φ120mm 细晶棒材, 采用 20MN 油压机热模锻造成型制备 φ200mm 模锻件, 见图 2。盘锻件经机加工后采用三段式 (1210℃ 固溶+920℃ 一次时效+850℃ 二次时效) 热处理, 解剖后测试分析显微组织和力学性能。显微组织利用 Olympus GX71 型光学显微镜、JEOL JSM-7800F 型扫描电子显微镜、Oxford NORDLYS 型电子背散射衍射 (EBSD)、JEM-2100F 型透射电镜 (TEM) 设备分析, 力学性能测试依据对应的国家标准执行。

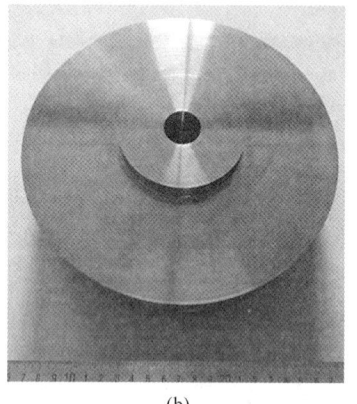

图 2　GH4975 合金 φ200mm 盘锻件毛坯 (a) 与机加工后的盘锻件 (b)

Fig. 2　GH4975 alloy disc forging blank (a) and machined forging (b) with a diameter of 200mm

2　试验结果及分析

2.1　GH4975 合金的组织特征与温加工行为

俄国学者根据 γ′相含量将变形盘材料划分为 1~5 类, GH4975 合金热力学平衡条件下的 γ′相含量超过　60% (见图 1 (a)), 故不属于上述分类范畴, 为此本文将 GH4975 合金定为第 6 类, 见图 3 (a)。变形高温合金可变形温度窗口的上限一般根据低熔点相的初熔温度来确定, 合金化程度越高则初熔温度越低。如图 3 (a) 所示, GH4975 合金可变形温度窗口的上限低于 γ′相的全溶温度。一般认为, 变形温度大于合金的再结晶温度属于热加工（见图 3（b））[4]。然而，GH4975 合金的可变形温度窗口内变形一直存在 γ′ 相，实际上是在 γ-γ′ 两相区内变形。由图 3（c）、(d) 可知，γ′ 相在合金的热变形过程中会起到钉扎位

错的作用，热变形过程中形成较多的位错胞结构，抑制动态再结晶发生。这说明，实质上 GH4975 合金的热变形温度低于再结晶温度，因而属于一种温加工行为（见图 3（b））。

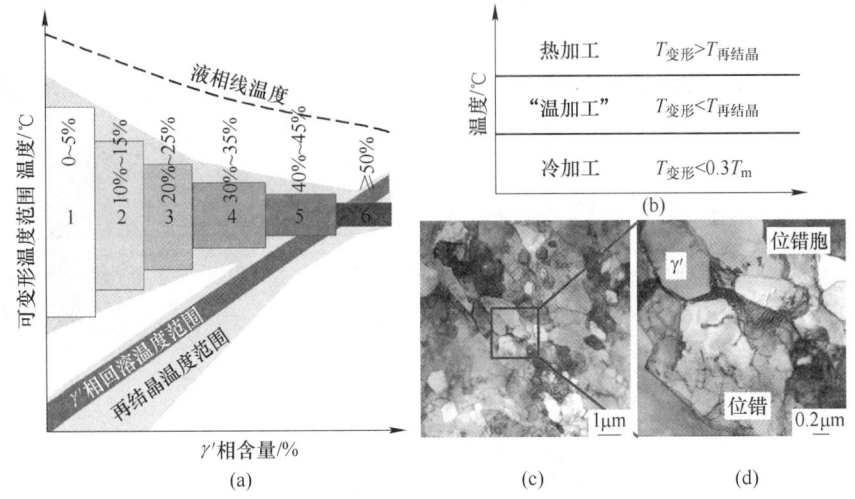

图 3　GH4975 合金分类（a）温加工行为示意图（b）及热变形组织中 γ′ 相与位错形貌（c、d）

Fig. 3　The schematic diagram of classify (a) and warm working (b) of GH4975 alloy, and its microstructure morphology of γ′ phase and dislocation after thermal deformation

针对 GH4975 合金在 γ-γ′ 两相区内变形再结晶困难的问题，本研究采取了"低温变形+高温退火静态再结晶+低温变形+……"的技术措施，通过多重循环热机械处理，可将图 3（d）所示的胞状结构转变为图 4 所示的 γ-γ′ 双相细晶组织，晶粒度为 10.0 级。由图 4（a）可知，这种组织中 γ′ 相由纳米级的颗粒相转变为微米级的块状相，这

种 γ′ 相的含量为 28.6%。由图 4（b）、(c) 可知，这种粗大 γ′ 相与 γ 基体为非共格界面，不具有共格强化作用[5]。此外，γ-γ′ 双相细晶组织状态下，10.0 级细晶还具备超塑性的潜力。总之，通过优化 GH4975 合金变形过程中的热制度，能够获得一种具有高塑性的中间组织，进而可大幅提升合金的热塑性。

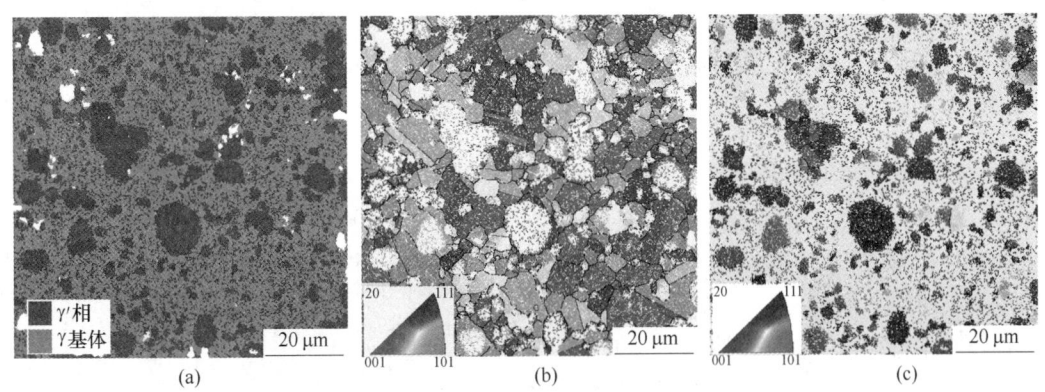

图 4　GH4975 合金双相细晶组织的 EBSD 相分布图（a）与 γ 基体（b）、γ′ 相（c）的 OIM 图

Fig. 4　Phase distribution map (a) and orientation image of γ matrix (b) and γ′ phase (c)

2.2　GH4975 合金盘锻件的组织性能

图 5 为 GH4975 合金热处理态的典型金相和扫描电镜显微组织形貌。由图可知，采用 1210℃ 高

温固溶处理后，合金的晶粒度由 10.0 级粗化为 5.0 级（见图 5（a）），经过特殊冷却工艺处理可利用一次 γ′ 相钉扎作用获得弯曲晶界（见图 5（b）），晶内分布着 1μm 级的二次 γ′ 相和 200nm

级的三次 γ′ 相（见图 5（c））。表 1 列出了 GH4975 合金盘锻件的典型力学性能，包括室温~1000℃ 的拉伸性能和 850~950℃ 下的持久性能。由于 GH4975 合金热处理后为粗晶状态，室温强度偏低但具有优异的 850℃ 以上持久性能。值得指出，通过特殊热处理获得图 5（b）所示的弯曲晶界[6]，可在小幅损失拉伸强度的基础上，显著改善高温拉伸塑性和持久塑性。

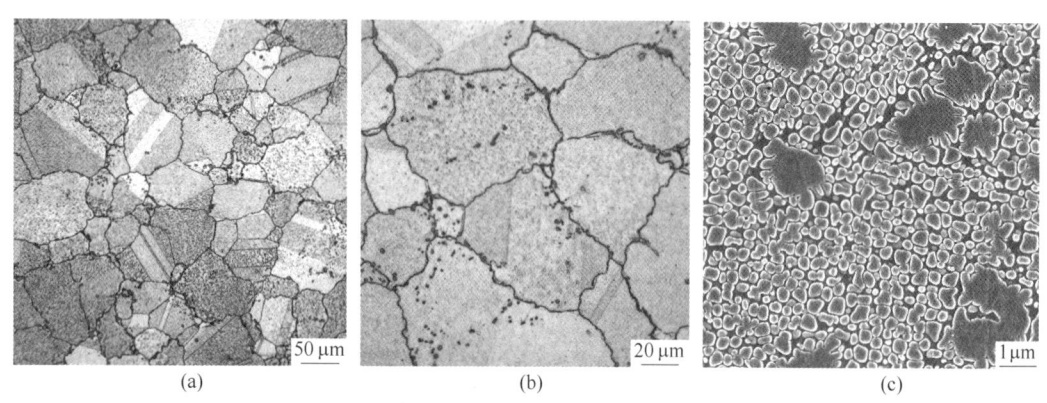

(a)　　　　　　　　　　(b)　　　　　　　　　　(c)

图 5　GH4975 合金的典型热处理态显微组织

Fig. 5　Typical as-heat treated microstructure morphology of GH4975 alloy

(a) 200×；(b) 500×；(c) 10000×

表 1　GH4975 合金盘锻件的力学性能

Tab. 1　Mechanical properties of GH4975 alloy disc forging

温度/℃	拉 伸 性 能				持 久 性 能		
	σ_b/MPa	$\sigma_{0.2}$/MPa	δ_5/%	ψ/%	σ/MPa	τ/ h：min	δ/%
室温	1455	1040	21.9	19.7	—	—	—
750	1112	962	23.7	24.0	—	—	—
850	919	762	24.3	26.0	410	120：30	12.8
900	779	621	20.6	21.8	290	121：50	18.0
950	640	495	12.5	15	180	81：00	8.2
1000	500	398	7.8	11.6	—	—	—

3　结论

（1）GH4975 合金热变形属于温加工，采用多重循环热机械处理可获得具有高塑性的晶粒度 10.0 级的 γ-γ′ 双相细晶组织。

（2）GH4975 合金热处理后的晶粒为 5.0 级，可获得弯曲晶界，晶内分布着 1μm 级和 200nm 级的 γ′ 相。

（3）GH4975 合金在 850℃ 以上具有优异的高温拉伸和持久性能。

参考文献

[1] 江和甫. 对涡轮盘材料的需求及展望 [J]. 燃气涡轮试验与研究, 2002, 15 (4): 1~6.

[2] 张北江, 赵光普, 焦兰英, 等. 热加工工艺对 GH4586 合金微观组织的影响 [J]. 金属学报, 2005, 41 (4): 351~356.

[3] Lukin V I, Rylnikov V S, Bazyleva O A, et al. Technology of brazing and heat treatment of brazed joints in creep-resisting deformable (EP975) and cast single crystal intermetallic (VKNA-4U) alloys [J]. Welding International, 2015, 29 (6): 471~474.

[4] Hawkins D N. Warm working of steels [J]. Journal of Mechanical Working Technology, 1985, 11 (1): 5~21.

[5] 张北江, 赵光普, 张文云, 等. 高性能涡轮盘材料 GH4065 及其先进制备技术研究 [J]. 金属学报, 2015 (10): 1227~1234.

[6] 高合金化镍基变形高温合金中弯曲晶界的初步研究 [J]. 金属学报, 1983, 19 (3): 54~154.

铸造高温合金

ZHUZAO GAOWEN HEJIN

胞状再结晶及混合再结晶对单晶高温合金 DD6 拉伸性能的影响

熊继春*，李嘉荣

（北京航空材料研究院先进高温结构材料重点实验室，北京，100095）

摘　要：对单晶高温合金 DD6 进行表面吹砂处理，然后分别在 1100℃、1200℃ 保温 4h，研究了不同加热条件下的 DD6 合金再结晶组织对拉伸性能的影响。结果表明，在相同的条件下，与无再结晶试样相比，带有表面再结晶试样的抗拉强度均有不同程度的降低；不同形态再结晶对合金室温和 760℃ 拉伸伸长率影响不大；而对 980℃ 拉伸来说，胞状再结晶和混合再结晶试样伸长率增加。DD6 合金室温拉伸断口没有明显的沿晶断裂形貌，不同形态再结晶对室温拉伸断裂行为没有明显影响。

关键词：单晶高温合金；DD6；再结晶；拉伸性能

Effects of Cellular Recrystallization and Mixed Recrystallization on Tensile Properties of Single Crystal Superalloy DD6

Xiong Jichun, Li Jiarong

（Science and Technology on Advanced High Temperature Structural Materials Laboratory, Beijing Institute of Aeronautical Materials, Beijing, 100095）

Abstract：The specimens of single crystal superalloy DD6 were grit blasted and heat treated at 1100℃ and 1200℃ for 4h at vacuum atmosphere respectively, then the microstructures of recrystallized DD6 alloy and theirs effects on the tensile performance were investigated. The results shown that compared with the DD6 alloy, the tensile strength of DD6 alloy with surface recrystallization decrease. The different types of recrystallization have little effect on the tensile elongation of room temperature and 760℃. On the contrary, the mixed recrystallization and cellular recrystallization increase tensile elongation at 980℃. Intergranular fracture was not found in fracture surface of room temperature tensile failed specimens of DD6 alloy with recrystallization grains. The different types of recrystallization have not obvious influence on room tensile fracture behavior.

Keywords：single crystal superalloy；DD6；recrystallization；tensile property

单晶高温合金具有良好的综合性能，已广泛地应用在先进航空发动机上[1-3]。DD6 合金是我国自主研制的具有自主知识产权的低成本第二代镍基单晶高温合金，其性能达到或部分优于国外广泛应用的第二代单晶高温合金水平[4]。然而，单晶叶片在制造过程中易产生再结晶[5]。由于单晶高温合金不含或少含晶界强化元素，因此再结晶晶界成为单晶叶片的薄弱环节，对合金力学性能带来不利影响[6]。因此，研究再结晶对单晶高温合金力学性能的影响，对于保证单晶叶片的可靠性具有重要意义。

虽然国内外同行在再结晶对单晶高温合金力学性能的影响方面做出了许多研究工作，也都认为再结晶对单晶高温合金力学性能有着不利的影

*作者：熊继春，高级工程师，联系电话：010-62498310，E-mail：jichunxiong@sina.com

响，然而对于再结晶对单晶高温合金力学性能的影响程度有不同看法[7~11]。

作者研究了单晶高温合金 DD6 及其叶片的再结晶组织，结果表明再结晶有胞状再结晶和等轴再结晶以及上述两种再结晶同时存在的混合型再结晶组织[12,13]。然而目前大部分研究者着重研究接近固溶温度条件下形成的等轴再结晶对单晶高温合金力学性能的影响[14]，还缺少不同再结晶类型对单晶高温合金力学性能影响的研究，这可能是不同研究者对于再结晶影响程度认识不同的原因。本研究着重研究胞状再结晶及混合再结晶对单晶高温合金拉伸性能的影响，这对于全面理解再结晶对单晶高温合金力学性能的影响具有重要的实际意义。

1　试验材料与方法

按既定的合金熔炼工艺在真空感应熔炼炉中熔制 DD6 母合金，DD6 合金化学成分（质量分数，%）为：C 0.006，Cr 4.3，Co 9，Mo 2，W 8，Ta 7.5，Re 2，Nb 0.5，Al 5.6，Hf 0.1，Ni 余量[15]。然后在高梯度真空定向炉中用螺旋选晶法铸造单晶试棒，试棒的直径为 15mm，长 160mm。用极图法测定单晶合金试棒晶体取向，试棒的［001］生长方向与主应力轴的偏离均小于 15°。对单晶试棒进行固溶与时效热处理，其热处理制度为：1290℃/1h+1300℃/2h +1315℃/4h（空冷）+1120℃/4h（空冷）+870℃/32h（空冷）。热处理完成后，采用线切割将部分试棒沿［001］方向加

工成 φ15mm×10mm 试样，另将部分试棒机械加工成拉伸性能试样。

将 φ15mm×10mm 试样的线切割面与拉伸性能试样的工作部位进行表面吹砂，其工艺为：干吹砂，砂子粒度为 150μm，吹气压力为 0.2MPa，时间 30s。对上述两种吹砂试样分别在 1100℃、1200℃保温 4h。为了防止吹砂试样在加热过程中发生表面氧化，将吹砂后的圆柱形试样与持久试样分别进行石英管真空封装，石英管内先抽真空，然后充氩气进行保护，管内的真空度约为 10^{-5}Pa。热处理完成后，将石英管取出，空冷。

上述经过加热处理的拉伸试样分别在室温、760℃及980℃条件下测试拉伸性能，拉伸性能测试完成后，采用 JSM5600LV 型扫描电子显微镜观察断口，并采用 JSM5600LV 型扫描电子显微镜观察经过吹砂与 1100℃、1200℃保温 4h 加热处理的 φ15mm×10mm 试样的再结晶组织。

2　试验结果分析

2.1　单晶高温合金及吹砂组织

图 1（a）为典型单晶高温合金组织，可以看出，单晶高温合金主要由两相组成，即基体 γ 相和立方化的 γ′相。如图 1（b）所示，经过吹砂处理后，γ′相发生扭曲变形。图 1（c）为图 1（b）的局部放大图，可以看出，经过吹砂处理后，合金表层的 γ′相变形较为严重，几乎不能保持完整的立方化形态。

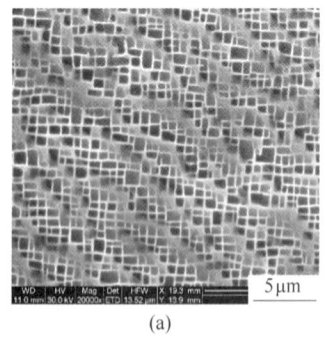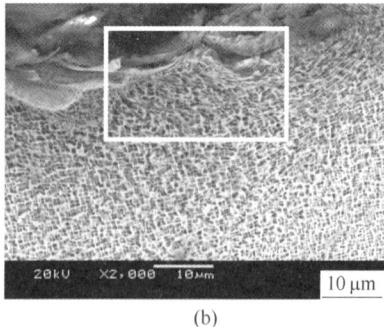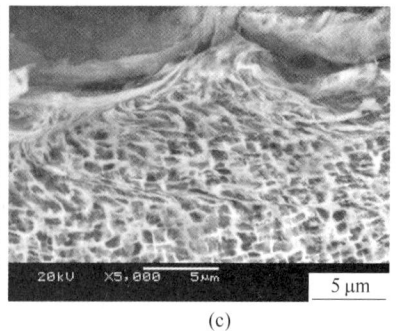

（a）　　　　　　　　　　　（b）　　　　　　　　　　　（c）

图 1　单晶高温合金 DD6 及吹砂组织

Fig. 1　Microstructure of the grit blasted single crystal superalloy DD6

（a）单晶高温合金组织；（b）吹砂后组织；（c）吹砂后组织放大图

2.2 再结晶组织

DD6 合金吹砂试样不同热处理温度下的组织如图 2 所示。1100℃/4h 加热条件下，DD6 合金出现胞状再结晶的组织，如图 2（a）所示。1200℃/4h 加热条件下形成胞状再结晶与等轴再结晶同时存在的混合型再结晶组织[12]，如图 2（b）所示。

2.3 对拉伸性能的影响

在相同的拉伸测试条件下，与无再结晶试样相比，带有表面再结晶试样的抗拉强度均有不同程度的降低，如图 3（a）~（c）所示。在室温测试条件下，胞状再结晶、混合再结晶明显降低抗拉强度。760℃抗拉强度也有相似的规律。在980℃测试条件下，胞状再结晶、混合再结晶几乎线性降低合金的抗拉强度。

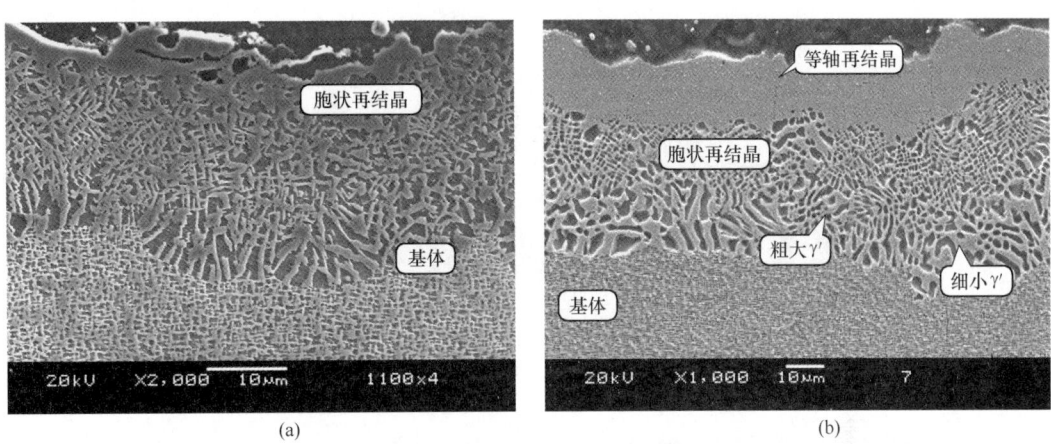

图 2　DD6 合金吹砂试样不同热处理温度下的组织

Fig. 2　Microstructure of grit blasted DD6 alloy after different heat treatment

(a) 1100℃/4h；(b) 1200℃/4h

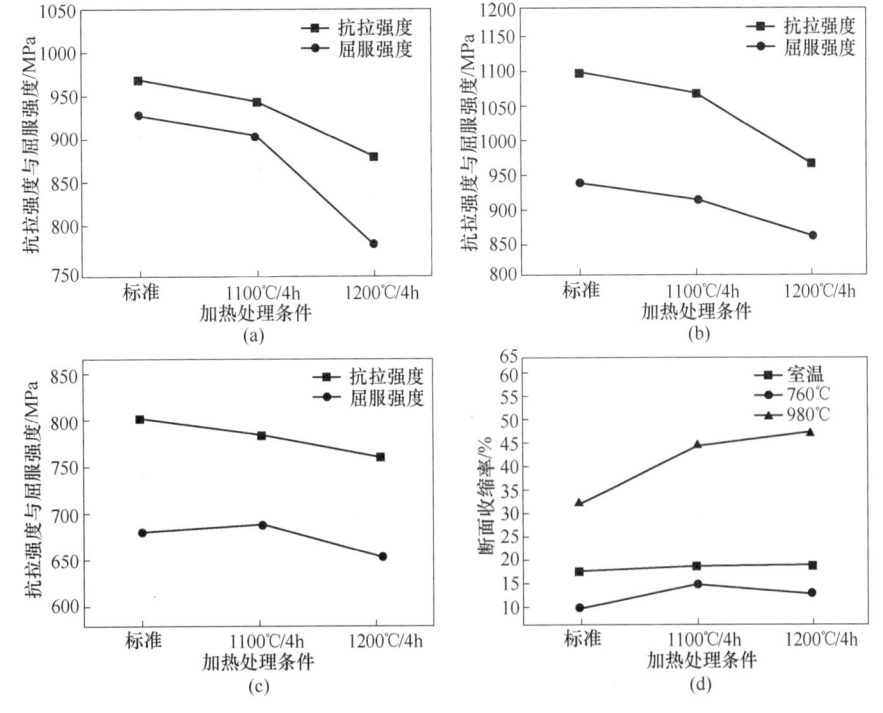

图 3　不同再结晶形态的 DD6 合金拉伸强度

Fig. 3　Tensile strength of recrystallized DD6 alloy

(a) 室温；(b) 760℃；(c) 980℃；(d) 伸长率

在相同的测试条件下，与无再结晶试样相比，再结晶形态对室温和760℃拉伸伸长率影响不大，而对980℃拉伸来说，胞状再结晶和混合再结晶试样伸长率增加。总体来说，980℃拉伸伸长率最高，室温伸长率次之，760℃伸长率最低，如图3（d）所示。

2.4　室温拉伸断口形貌

DD6单晶高温合金吹砂试样1100℃加热4h后的室温拉伸断口如图4（a）所示，可以看出，室温断口没有明显的沿晶断裂形貌，如图4（b）所示。1200℃加热4h试样的室温拉伸断口如图4（c）所示，可以看出，室温断口没有明显的沿晶断裂形貌，如图4（d）所示。上述结果说明试样再结晶层深度较浅，对室温拉伸断裂行为没有明显影响。

图4　带有再结晶的DD6合金试样室温拉伸断口形貌

Fig. 4　Fracture surface of room temperature tensile failed specimens of DD6 alloy with recrystallization grains

（a）1100℃试样室温拉伸断口；（b）1100℃试样室温拉伸断口局部放大形貌；

（c）1200℃试样室温拉伸断口；（d）1200℃试样室温拉伸断口局部放大形貌

3　结论

（1）在相同的拉伸测试条件下，与无再结晶试样相比，带有表面再结晶试样的抗拉强度均有不同程度的降低。

（2）在相同的测试条件下，与无再结晶试样相比，不同形态再结晶对合金室温和760℃拉伸伸长率影响不大；而对980℃拉伸来说，胞状再结晶和混合再结晶试样伸长率增加。

（3）DD6合金室温拉伸断口没有明显的沿晶断裂形貌，不同形态再结晶对室温拉伸断裂行为没有明显影响。

参考文献

[1] Gell M, Duhl D N, Giamei A F. The development of single crystal superalloy turbine blades [C] // Tien J K, Gell M, Maurer G, et al. Superalloys 1980. Pennsylvania: Warrendale, TMS, 1980: 205~214.

[2] Cetel A D, Duhl D N. Second-generation nickel-base single crystal superalloy [C] // Recichman S, Duhl D N, Maurer G, et al. Superalloys 1988. Pennsylvania: Warrendale, TMS, 1988: 235~244.

[3] Erickson G L. The development and application of CMSX-10 [C] // Kissinger R D, Deye D J, Anton D L, et al.

Superaloys 1996. Pennsylvania：Warrendale, TMS, 1996：35~44.

[4] Li J R, Zhong Z G, Tang D Z, et al. A low-cost second generation single crystal superalloy DD6 [C] // Pollock T M, Kissinger R D, Bowman R R, et al. Superalloys 2000. Pennsylvania：Warrendale, TMS, 2000：777 ~ 783.

[5] 熊继春, 李嘉荣, 赵金乾, 等. 单晶高温合金 DD6 再结晶晶界析出相特征及其形成机制 [J]. 金属学报, 2009, 45 (10)：1232~1236.

[6] 陈荣章. 铸造涡轮叶片制造和使用中的一个问题——表面再结晶 [J]. 航空制造工程, 1990, 4：22~23.

[7] Xie G, Wang L, Zhang J, et al. Influence of recrystallization on the high-temperature properties of a directionally solidified Ni-base superalloy [J]. Metall Mater Trans, 2008, 39A：206~210.

[8] Jo C Y, Cho H Y, Kim H M. Effect of recrystallisation on microstructural evolution and mechanical properties of single crystal nickel base superalloy CMSX-2 part 2- creep behavior of surface recrystallised single crystal [J]. Mater Sci Technol, 2003, 19：1671~1676.

[9] Wang D L, Jin T, Yang S Q, et al. Surface recrystallization and its effect on rupture life of SRR99 single crystal superalloy [J]. Materials Science Forum, 2007, 546 ~ 549：1229~1234.

[10] Xie G, Wang L, Zhang J, et al. High temperature creep of directionally solidified Ni base superalloy containing local recrystallization [C] // Reed R C, Green K A, Caron P, et al. Superalloy 2008. Pennsylvania：Warrendale, TMS, 2008：453~460.

[11] Li J R, Sun F L, Xiong J C, et al. Effects of surface recrystallization on the microstructures and creep properties of single crystal superalloy DD6 [J]. Materials Science Forum, 2010, 638~642：2279~2284.

[12] 熊继春, 李嘉荣, 刘世忠, 等. 合金状态对单晶高温合金 DD6 再结晶的影响 [J]. 中国有色金属学报, 2010, 20 (7)：1328~1333.

[13] Xiong J C, Li J R, Liu S Z. Surface recrystallization in nickel base single crystal superalloy DD6 [J]. Chinese Journal of Aeronautics, 2010, 23：478~485.

[14] 李志强, 黄朝晖, 谭永宁, 等. 表面再结晶对 DD5 镍基单晶高温合金组织和力学性能的影响 [J]. 航空材料学报, 2011, 31 (5)：1~5.

[15] Li J R, Zhao J Q, Liu S Z, et al. Effects of Low Angle Boundaries on the Mechanical Properties of Single Crystal Superalloy DD6 [C] // Reed R C, Green K A, Caron P, et al. Superalloys 2008, Seven springs, PA：TMS, 2008：443~451.

温度对 DD6 单晶高温合金二次 γ′ 相演化的影响

喻健*，李嘉荣，杨亮，骆宇时，熊继春，韩梅，刘世忠

（北京航空材料研究院先进高温结构材料重点实验室，北京，100095）

摘　要：研究了标准热处理后 DD6 单晶高温合金在 1000~1200℃ 分别保温 10min、30min、60min 后空冷二次 γ′ 相演化规律。在 1000~1200℃ 温度区间，保温 10min、30min 和 60min 时，立方化的一次 γ′ 相保温过程中出现部分回溶，随后空冷过程中在基体通道内以颗粒状二次 γ′ 相的方式析出，其尺寸随温度升高而增大；二次 γ′ 相的析出是 γ′ 相回溶再析出过程，在相同的空冷条件下，保温温度对二次 γ′ 相尺寸影响较大，保温时间对二次 γ′ 相尺寸影响微弱。

关键词：单晶高温合金；温度；二次 γ′ 相；析出

Secondary γ′ Phase Evolution of Single Crystal Superalloy DD6 under Different Temperatures

Yu Jian, Li Jiarong, Yang Liang, Luo Yushi, Xiong Jichun, Han Mei, Liu Shizhong

（Science and Technology on Advanced High Temperature Structural Materials Laboratory,
Beijing Institute of Aeronautical Materials, Beijing, 100095）

Abstract：The evolution of secondary γ′ phases in DD6 single crystal superalloy of standard heat treatment after exposure at 1000~1200℃ with 10min、30min、60min were researched. The cubic primary γ′ phase was partly solution after exposure at 1000~1200℃ with 10min、30min、60min, and then the fine secondary γ′ phases were precipitated in the matrix channel during the air cooling. The size of secondary γ′ phases was increased with holding temperature increased. At the same air cooling conditions, the effect of holding temperature on the size of secondary γ′ phase is greater than that of holding time.

Keywords：single crystal superalloy; temperature; secondary γ′ phase; precipitation

镍基单晶高温合金以优异的综合性能被广泛地应用于制造先进航空发动机涡轮叶片[1]。γ′ 相沉淀强化是镍基单晶高温合金主要的强化方式之一。因此 γ′ 相含量和形貌对单晶高温合金涡轮叶片的服役具有重要意义。

国内外通常将标准热处理后立方化的 γ′ 相称为一次 γ′ 相，基体通道内颗粒状的 γ′ 相称为二次 γ′ 相，这种基体通道内颗粒状的 γ′ 相在不同单晶高温合金都有发现[2~4]。目前对单晶高温合金立方化的一次 γ′ 相研究比较多，但是对单晶高温合金基体通道内颗粒状的二次 γ′ 相还缺少系统研究。

单晶高温合金涡轮叶片使用温度范围广，因此研究温度对单晶高温合金二次 γ′ 相的影响规律具有重要意义。

1　试验材料及方法

试验材料为目前在我国多种先进航空发动机应用的第二代单晶高温合金 DD6[5]。在高梯度真空定向炉中采用螺旋选晶法浇注单晶试棒，试棒长 160mm，直径 16mm。选取 ［001］ 取向偏离主应力轴 10° 以内的单晶试棒，并采用线切割将试棒

切成高 6mm 的圆柱试样。DD6 合金的标准热处理制度为：1290℃/1h+1300℃/2h+1315℃/4h/空冷+1120℃/4h/空冷+870℃/32h/空冷。标准热处理后试样分别升温至 1000℃、1100℃、1200℃，并在其分别保温 10min、30min、60min 后空冷。其中实测试样空冷的冷却速度为 280~350℃/min。将热处理后试样机械研磨和抛光，然后电解侵蚀，采用 S4500 型冷场发射扫描电镜（FESEM）进行显微组织观察，使用图像处理软件进行相尺寸分析，研究标准热处理后单晶高温合金不同温度组织演化现象。

2 试验结果及分析

2.1 不同保温温度和时间的组织演化

图 1 为标准热处理后单晶试样 1000~1200℃区间不同保温温度和保温时间 DD6 合金显微组织。从图可以看出，1000℃、1100℃、1200℃分别保温 10min、30min、60min 后空冷，一次 γ′ 相仍保持立方化，基体通道内存在颗粒状二次 γ′ 相。

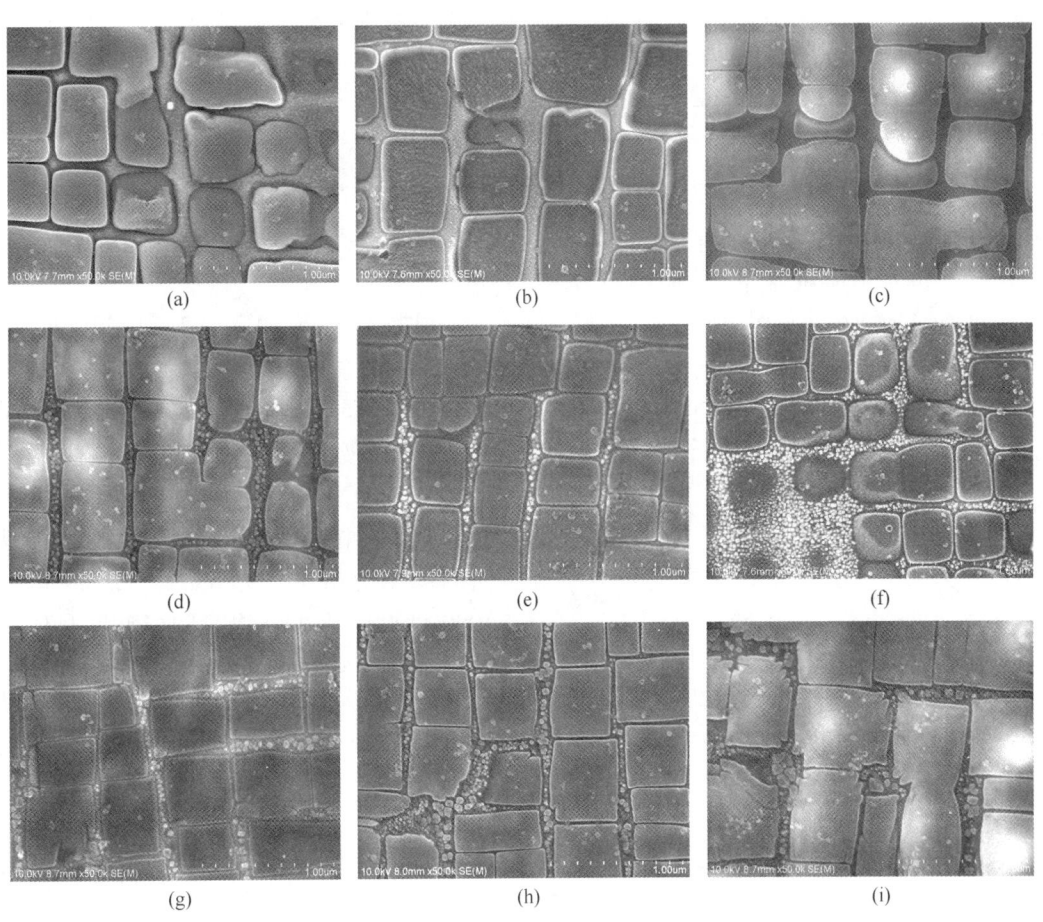

图 1 标准热处理后不同保温温度和时间后空冷显微组织

Fig. 1 Microstructures of standard heat treatment DD6 alloy after exposure at different temperatures

(a) 1000℃/10min; (b) 1000℃/30min; (c) 1000℃/60min; (d) 1100℃/10min; (d) 1100℃/30min; (f) 1100℃/60min; (g) 1200℃/10min; (h) 1200℃/30min; (i) 1200℃/60min

图 2 为标准热处理后单晶试样 1000~1200℃区间不同保温温度和保温时间后空冷二次 γ′ 相尺寸的实测值。从图可见：标准热处理后合金在 1000~1200℃温度区间，随着保温温度升高，二次 γ′ 相的尺寸逐渐增加；但相同温度下，不同保温时间的二次 γ′ 相尺寸基本一致。

2.2 二次 γ′ 相的析出

γ′ 相形成元素过饱和度是 γ′ 相析出的驱动力。图 3 根据相计算软件 Thermo-Calc 及其相应的镍基合金数据库计算的 DD6 合金平衡相图。根据 DD6 合金的平衡相图可知：γ′相平衡状态含量随着温度升高而逐渐减小，DD6 合金在 1000℃ 时，平衡状态的 γ′相含量约为 58%；随着温度升高，平衡状态的 γ′相含量逐渐减小，到 1300℃ 以上温度时，平衡状态的 γ′相含量约为 0。

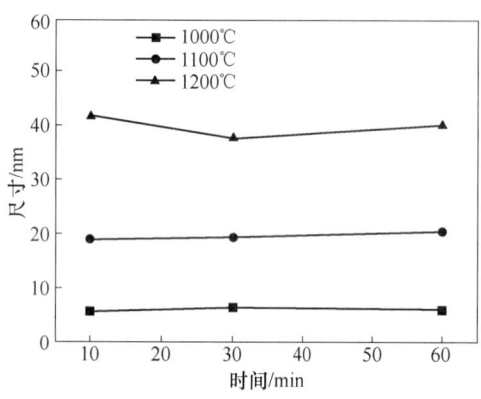

图 2　不同保温温度和时间二次 γ′相析出尺寸

Fig. 2　The size of secondary γ′ phases under different temperatures and time

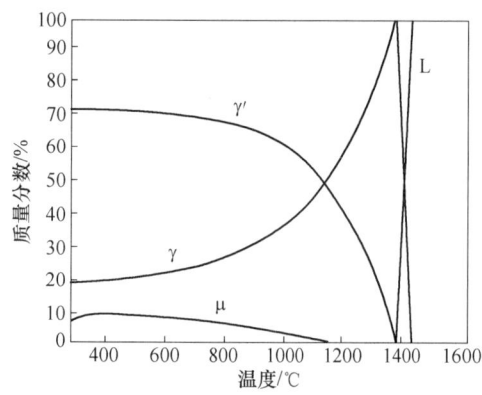

图 3　DD6 合金的平衡相图

Fig. 3　Curves of phases for DD6 single crystal superalloy

DD6 单晶高温合金经过标准热处理之后，合金组织主要由尺寸约为 0.4μm 的立方化一次 γ′相和基体 γ 相组成，γ′相含量为 65% 左右[5]。在 1000~1200℃ 区间保温时，温度越高，标准热处理后合金的一次 γ′相含量与 1000~1200℃ 区间内平衡状态 γ′相含量相差越大。为达到热力学平衡，合金在该温度区间保温过程中，标准热处理后立方化的一次 γ′相将部分回溶到 γ 相基体，并且保温温度越高，立方化的一次 γ′相回溶的越多。随后空冷过程中，基体通道内的 γ′相形成元素处于过饱和状态，存在 γ′相析出的驱动力。同时，较

快的冷却速度使 γ′相形成元素来不及扩散到立方化的 γ′相上析出，而是在基体通道内以颗粒状二次 γ′相析出。

2.3　二次 γ′相的长大

相的析出和长大通常符合 LSW 理论，根据 LSW 理论，相的析出尺寸满足式（1）。根据式（1）可知：相的析出尺寸与 t 和 K 有关，其中 t 为相长大和析出时间。二次 γ′相是在冷却过程中析出的，因此 t 与冷却过程有关，而与保温时间无关；保温温度越高，冷却时间越长，二次 γ′相尺寸大。系数 K 满足式（2）。

$$d^3 - d_0^3 = Kt \quad (1)$$

$$K = \frac{8\Gamma V_m D C_m}{9RT} \quad (2)$$

式中，Γ 为表面能；V_m 为析出粒子摩尔体积；D 为扩散系数；C_m 为溶质元素在基体平衡时的摩尔分数。

根据式（1）和式（2）可知：V_m 与 Γ 近似一致。扩散系数 D 和溶质元素在基体平衡时的摩尔分数 C_m 都是与温度正相关的函数，随着温度升高，扩散系数增大。对于单晶高温合金来说，在 1000~1200℃ 温度区间，随着温度升高，γ′相含量指数减少；相反回溶的 γ′相溶质元素在基体平衡时的摩尔分数 C_m 呈指数增加。因此系数 K 在 1000~1200℃ 区间，也是随着温度升高，值越大。所以，二次 γ′相的尺寸是与温度相关的函数。

综上，在相近的冷却速度时，保温温度与长大时间 t、扩算系数 D、溶质元素在基体平衡时的摩尔分数 C_m 是正相关的关系，而保温时间不影响长大时间 t、扩算系数 D、溶质元素在基体平衡时的摩尔分数 C_m。因此，保温温度越高，二次 γ′相尺寸越大，保温时间对二次 γ′相尺寸基本无影响。

2.4　二次 γ′相的应用

在 1000~1200℃ 的温度区间，立方化的一次 γ′相尺寸相差不明显，难以通过其尺寸变化来判断温度变化；但在该温度区间保温，单晶高温合金的二次 γ′相尺寸与保温温度相关，与保温时间无关；并且随着温度升高，单晶高温合金的二次 γ′相尺寸变化显著。航空发动机停车过程类似于空冷，保温后空冷条件下单晶高温合金的组织与航空发动机涡轮叶片服役后的组织类似。因此，

可以采用金相法观察二次 γ′ 相尺寸来判断单晶高温合金涡轮叶片的服役温度环境。图4为某单晶高温合金涡轮叶片试车后相同截面的前缘、叶盆和叶背的二次 γ′ 相组织形貌，依据不同温度二次 γ′ 相图谱可以判断涡轮叶片不同位置的温度。

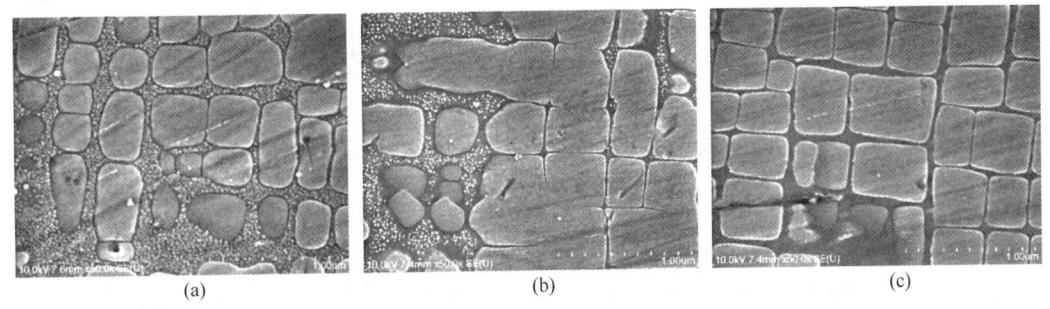

(a)　　　　　　　　　(b)　　　　　　　　　(c)

图4　某 DD6 单晶高温合金叶片试车后的显微组织
Fig. 4　Microstructures of DD6 single crystal superalloy blades after test
(a) 前缘；(b) 叶盆；(c) 叶背

3　结论

（1）1000~1200℃区间保温，单晶高温合金平衡状态 γ′ 相含量低于标准热处理后 γ′ 相含量，标准热处理立方化的 γ′ 相部分回溶到 γ 相基体，随后空冷过程中在基体通道析出颗粒状的二次 γ′ 相。

（2）1000~1200℃区间保温，保温温度越高，合金的二次 γ′ 相尺寸越大，但二次 γ′ 相尺寸与保温时间关系不大。

（3）二次 γ′ 相尺寸与保温温度的关系可以用于航空发动机单晶高温合金涡轮叶片考核温度分析。

参考文献

[1] Reed R C. Superalloys：fundamentals and applications [M]. Cambridge：Cambridge University Press，2006.

[2] Babu S S, Miller M K, Vitek J M, et al. Characterization of the microstructure evolution in a nickel base superalloy during continuous cooling conditions [J]. Acta Mater，2001，49：4149~4160.

[3] Kakehi K. Influence of secondary precipitates and crystallographic orientation on the strength of crystals of a Ni-based superalloy [J]. Metallurgical and Materials Transactions A，1999，30（5）：1249~1259.

[4] 喻健，李嘉荣，史振学，等. DD6 单晶高温合金二次 γ′ 相的析出 [J]. 稀有金属材料与工程，2013，42：1~5.

[5] Li J R, Zhong Z G, Tang D Z, et al. A Low-cost Second Geneution Single Crystal Superalloy DD6 [C] //Superalloys 2000. TMS，2000：777~783.

小角度晶界对第三代单晶高温合金
DD9 的 1070℃拉伸性能的影响

杨万鹏*，李嘉荣，刘世忠，王效光，赵金乾，史振学

（北京航空材料研究院先进高温结构材料重点实验室，北京，100095）

摘　要：研究了小角度晶界对第三代单晶高温合金 DD9 在 1070℃条件下拉伸性能的影响。结果表明：在 1070℃条件下，0°~11.4°小角度晶界对 DD9 合金屈服强度与抗拉强度影响较小；0°晶界试样为韧窝断裂，3.7°~11.4°晶界试样均出现沿晶断裂；小角度晶界主要影响合金拉伸塑性，3.7°~8.9°晶界试样形成韧窝特征明显的沿晶断裂形貌，伸长率较高；11.4°晶界试样形成枝晶特征明显的沿晶断裂形貌，伸长率较低。

关键词：单晶高温合金；DD9；小角度晶界；拉伸性能

Effects of Low Angle Boundaries on Tensile Properties of a Third Generation Single Crystal Superalloy DD9 at 1070℃

Yang Wanpeng, Li Jiarong, Liu Shizhong, Wang Xiaoguang, Zhao Jinqian, Shi Zhenxue

（Science and Technology on Advanced High Temperature Structural Materials Laboratory, Beijing Institute of Aeronautical Materials, Beijing, 100095）

Abstract：Effects of low angle boundaries (LABs) on the tensile properties of a third generation single crystal superalloy DD9 at 1070℃ were investigated. The results show that the LABs of 0°~11.4° have little influence on the yield strength and ultimate tensile strength of DD9 alloy at 1070℃. The fracture surface of tensile ruptured alloy with LAB of 0° is characterized by dimple features, while those with LABs of 3.7°~11.4° all exhibit intergranular fracture features. The LABs mainly influence the tensile elongation of the alloy at 1070℃. Apparent dimple features can be observed at the intergranular fracture surfaces of the alloy with LABs of 3.7°~8.9° and the elongations of them are relatively high. However, obvious dendrite features can be observed at the intergranular fracture surface of the alloy with LABs of 11.4° and the elongation is relatively low.

Keywords：single crystal superalloy; DD9; low angle boundaries; tensile property

镍基单晶高温合金具有优良的综合性能[1,2]，成为目前高性能航空发动机涡轮叶片的首选材料。北京航空材料研究院研制了具有我国自主知识产权的第三代单晶高温合金 DD9[3,4]，该合金持久性能优于或达到国外第三代单晶高温合金 CMSX-10、René N6 和 TMS-75 的水平，且 DD9 合金 Re 含量低于国外第三代单晶高温合金，具有低成本优势。

随着先进航空发动机推重比的提高，单晶涡轮叶片结构日趋复杂，存在双层壁等复杂结构，铸造成形难度非常大，单晶涡轮叶片定向凝固过程形成小角度晶界（low angle boundaries, LABs）等晶体缺陷的倾向增加。然而，单晶涡轮叶片在航空发动机工作时承受着高温与高应力，小角度晶界会降低在高温状态下使用的单晶涡轮叶片的性能[5~8]，因此很有必要研究小角度晶界对单晶高温合金力学性能的影响规律。本文主要研究了小

---

*作者：杨万鹏，博士，联系电话：010-62498219，E-mail: wp_yang621@126.com

角度晶界对 DD9 合金 1070℃拉伸性能的影响。

1　试验材料及方法

采用纯净的原材料真空熔炼 DD9 母合金[3]，使用双籽晶法制备带不同角度倾侧小角度晶界的 DD9 试板。采用 X 射线衍射极图法测定 DD9 合金小角度晶界试板的结晶取向，选择［001］取向与主应力轴方向偏离小于 10°的小角度晶界试板来制备横向拉伸试样；小角度晶界试样制备及取样方式示意图见图 1。小角度晶界试样的热处理制度为固溶处理（预处理+1340℃/6h/空冷）+一级时效（1120℃/4h/空冷）+二次时效（870℃/32h/空冷）。将完全热处理后的试样加工成标准拉伸试样，然后在 1070℃条件下进行拉伸试验，每种晶界角度采用两根力学性能试样。采用 SUPRA 55 场发射扫描电子显微镜观察试样的断口形貌。

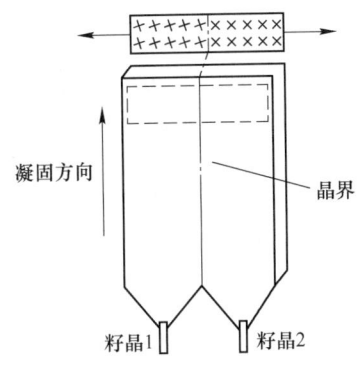

图 1　小角度晶界试样制备及取样方式示意图

Fig. 1　Schematic diagram of the preparation of the specimen with LABs

2　试验结果及分析

2.1　拉伸性能

表 1 所示为带小角度晶界的 DD9 合金在 1070℃条件下的拉伸性能。可以看出，在 1070℃条件下，当晶界角度从 0°增大到 11.4°，小角度晶界试样的屈服强度变化不大；当晶界角度大于 8.9°时，小角度晶界试样的抗拉强度略有降低，11.4°晶界试样的抗拉强度相对 0°晶界试样降低了 6.9%。随着小角度晶界由 0°增大到 11.4°，小角度晶界试样的伸长率降低，其中 0°~6.0°晶界试样

的伸长率缓慢下降；当晶界角度大于 8.9°时，小角度晶界试样的伸长率迅速下降，11.4°晶界试样的伸长率相对 0°晶界试样降低了 95.3%。

表 1　带小角度晶界的 DD9 合金 1070℃条件下的拉伸性能

Tab. 1　Tensile properties of DD9 alloy with LABs at 1070℃

晶界角度/(°)	$\sigma_{p0.2}$/MPa	σ_b/MPa	δ_5/%
0	546	606	27.7
3.7	561	614	25.8
4.8	573	628	24.3
6.0	536	599	22.7
8.9	537	601	16.1
11.4	543	564	1.3

图 2 示出了 DD9 合金在 1070℃条件下小角度晶界试样的拉伸应力-应变曲线。可以看出，当晶界角度小于 8.9°时，小角度晶界试样的拉伸应力-应变曲线形状基本一致，均表现出双峰状，在曲线的第二个峰后流变应力逐渐降低直至发生断裂；11.4°晶界试样的拉伸应力-应变曲线为单峰状，流变应力达到峰值后便迅速下降，试样发生很小的塑性变形就发生断裂。由此可知，小角度晶界主要影响 DD9 合金 1070℃条件下的拉伸塑性，且当晶界角度大于 8.9°时，伸长率显著降低。

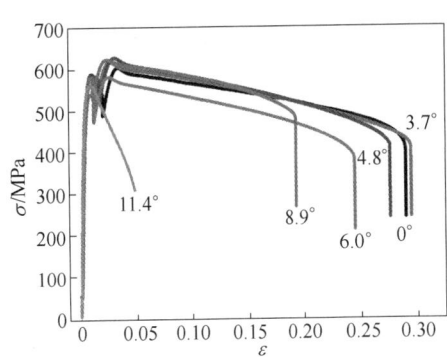

图 2　DD9 合金小角度晶界试样 1070℃条件下的拉伸应力-应变曲线

Fig. 2　Stress-strain curves of DD9 alloy with LABs at 1070℃

2.2　断口形貌

图 3 所示为 DD9 合金小角度晶界试样 1070℃拉伸断口形貌。可以看出，所有试样断口均接近圆形，其中 0°晶界试样断口韧窝特征明显，为韧窝断裂，而 3.7°~11.4°晶界试样断口均存在横穿断面的枝晶形貌（沿晶断裂）以及类解理小平面

特征，且枝晶形貌所占断口面积随晶界角度增大而增加，其中 3.7°~6.0° 晶界试样断口为类解理断裂与沿晶断裂共存，而 8.9° 与 11.4° 晶界试样断口主要为沿晶断裂。

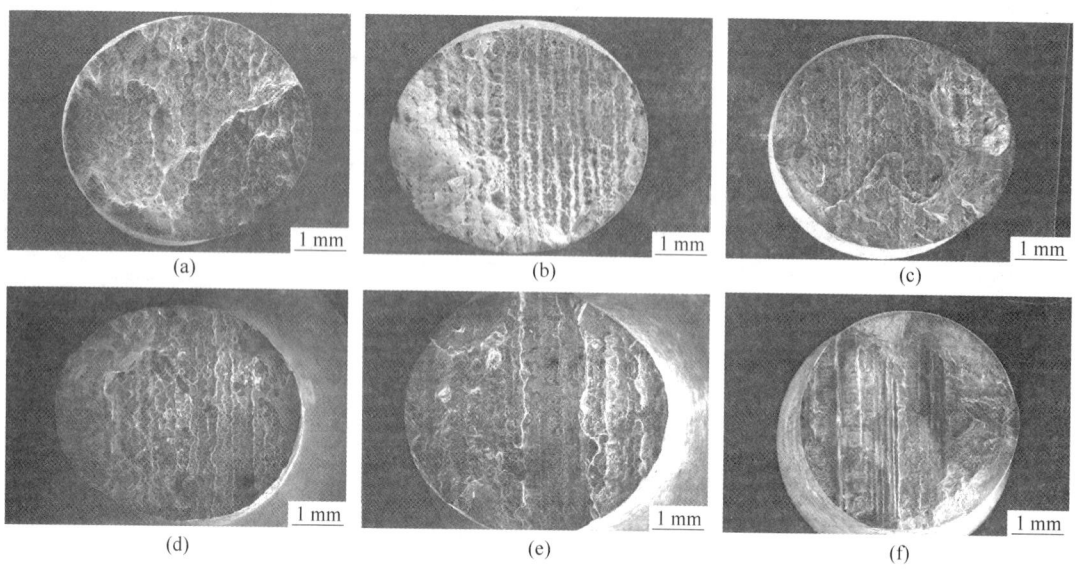

图 3　DD9 合金小角度晶界试样 1070℃ 条件下的拉伸断口

Fig. 3　Tensile fracture surfaces of DD9 alloy with LABs at 1070℃

(a) 0°；(b) 3.7°；(c) 4.8°；(d) 6.0°；(e) 8.9°；(f) 11.4°

2.3　拉伸断裂分析

DD9 合金小角度晶界试样在 1070℃ 条件下发生了沿晶断裂，如图 3 (b)~(f) 所示，但其屈服强度和抗拉强度与 0° 晶界试样接近，这表明 DD9 合金 3.7°~11.4° 小角度晶界的强度仍保持较高的水平。然而，不同角度的小角度晶界承受塑性变形的能力不一样，因此所呈现的沿晶断裂形貌不同。

在 1070℃ 条件下，3.7°~8.9° 晶界试样的沿晶断口可观察到多个韧窝，这表明沿晶界断裂前发生的塑性变形量较大，伸长率较高。小角度晶界本身为一次枝晶界面，因此从微观上来说晶界处会发生显微孔洞的聚集和长大。然而，11.4° 晶界试样沿晶断裂后的枝晶形貌更为明显，难以发现韧窝，这是因为当晶界强度较低时，由位错运动与扩散过程所控制的韧窝来不及形成[9,10]，就已在晶界处发生断裂，试样断裂前的塑性变形量很小，伸长率较低。图 4 所示为 DD9 合金 6.0° 与 11.4° 晶界试样在 1070℃ 条件下的拉伸断口局部放大图，可明显看出上述两种沿晶断裂形貌的不同。图 4 (a) 所示为韧窝特征明显的沿晶断裂形貌，而图 4 (b) 所示为枝晶特征明显的沿晶断裂形貌。

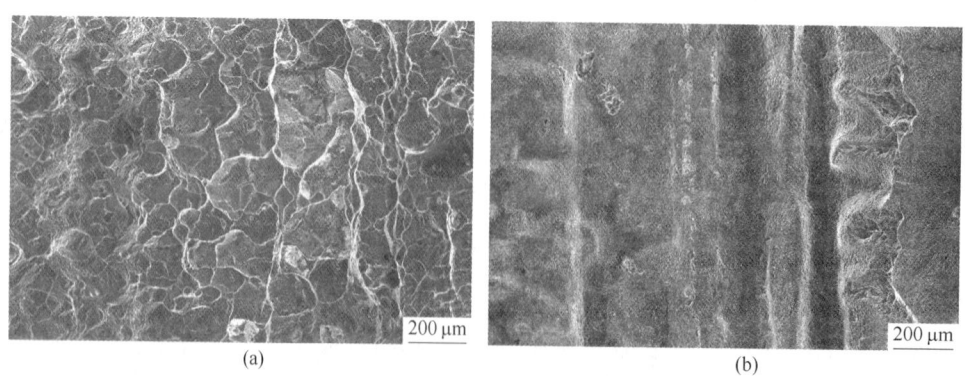

图 4　DD9 合金 6.0° 与 11.4° 晶界试样 1070℃ 条件下的拉伸断口局部放大图

Fig. 4　Higher magnifications of fracture surfaces of DD9 alloy with LABs of 6.0° and 11.4° at 1070℃

(a) 6.0°；(b) 11.4°

3　结论

（1）在1070℃条件下，0°～11.4°小角度晶界对DD9合金屈服强度与抗拉强度影响较小。

（2）在1070℃条件下，0°晶界试样为韧窝断裂，3.7°～11.4°晶界试样均出现沿晶断裂。

（3）在1070℃条件下，0°～11.4°小角度晶界主要影响DD9合金拉伸塑性，3.7°～8.9°晶界试样形成韧窝特征明显的沿晶断裂形貌，伸长率较高；11.4°晶界试样形成枝晶特征明显的沿晶断裂形貌，伸长率较低。

参考文献

［1］Gell M, Duhl D N, Giamei A F. The Development of Single Crystal Superalloy Turbine Blades ［C］//Superalloy 1980. Warrendale, PA：TMS, 1980.

［2］Nabarro F R N. The superiority of superalloys ［J］. Materials Science and Engineering A, 1994, 184：167～171.

［3］李嘉荣, 刘世忠, 史振学, 等. 第三代单晶高温合金DD9 ［J］. 钢铁研究学报, 2011, 23(增刊2)：337～340.

［4］Li J R, Liu S Z, Wang X G, et al. Development of a low – cost third generation single crystal superalloy DD9 ［C］//Superalloy 2016. Warrendale, PA：TMS, 2016.

［5］赵金乾, 李嘉荣, 刘世忠, 等. 小角度晶界对单晶高温合金DD6拉伸性能的影响 ［J］. 材料工程, 2008, 8：73～76.

［6］史振学, 李嘉荣, 刘世忠, 等. DD6单晶高温合金扭转小角度晶界的拉伸性能 ［J］. 航空材料学报, 2009, 29（3）：88～92.

［7］Li J R, Zhao J Q, Liu S Z, et al. Effects of low angle boundaries on the mechanical properties of single crystal superalloy DD6 ［C］//Superalloy 2008. Warrendale, PA：TMS, 2008.

［8］Shi Z X, Li J R, Liu S Z, et al. Effect of LAB on the stress rupture properties and fracture characteristic of DD6 single crystal superalloy ［J］. Rare Metal Materials and Engineering, 2012, 41（6）：962～966.

［9］刘丽荣, 温涛, 李金国, 等. 镍基单晶高温合金不同温度下的拉伸性能 ［J］. 沈阳工业大学学报, 2011, 2：129～132.

［10］刘昌奎, 杨胜, 何玉怀, 等. 单晶高温合金断裂特征 ［J］. 失效分析与预防, 2010, 5（4）：225～230.

小角度晶界对第二代单晶高温合金 DD412 拉伸性能的影响

王钦佳[1,2]，宋尽霞[1*]，惠希东[2]，王定刚[1]，肖程波[1]

（1. 北京航空材料研究院先进高温结构材料重点实验室，北京，100095；
2. 北京科技大学新金属材料国家重点实验室，北京，100083）

摘　要：采用籽晶法制备了第二代镍基单晶高温合金 DD412 的倾转型小角度晶界试样，研究小角度晶界对合金拉伸性能的影响。结果表明：在室温到1100℃拉伸条件下，当小角度晶界小于6°，小角度晶界对 DD412 合金的抗拉强度的影响较小；当小角度晶界大于6°，在室温和中温拉伸条件下，小角度晶界角度增加，合金抗拉强度显著下降；在室温到1100℃拉伸条件下，合金伸长率均呈现随晶界角度增大而减小的规律。小角度晶界小于9°时，中温（700℃、800℃）条件下的伸长率较室温和高温段（≥900℃）偏小，在1000℃条件下，合金具有最大伸长率；合金的断裂方式主要由倾转侧晶体强度和小角度晶界强度的竞争关系决定。

关键词：单晶高温合金；小角度晶界；取向差；抗拉强度

Effect of Low Angle Grain Boundary on Tensile Properties of Second Generation Single Crystal Superalloy DD412

Wang Qinjia[1,2]，Song Jinxia[1]，Hui Xidong[2]，Wang Dinggang[1]，Xiao Chengbo[1]

（1. Science and Technology on Advanced High Temperature Structural Materials Laboratory，
Beijing Institute of Aeronautical Materials，Beijing，100095；
2. State Key Laboratory for Advanced Metals and Materials，University of Science
and Technology Beijing，Beijing，100083）

Abstract：The tilt type of low angle grain boundary（LAB）samples of second-generation nickel-based single crystal superalloy DD412 were prepared by seed method. The effects of LAB on tensile properties of DD412 superalloy at tensile conditions from room temperature to 1100℃ were studied. The results show that，when LAB is less than 6°，the effects of LAB on tensile strength of DD412 superalloy are not significant under the conditions from room temperature to 1100℃，while the tensile strength decrease significantly at room temperature and intermediate temperature when LAB exceeds 6°. The elongation of DD412 superalloy decreases with the increasement of LAB. When LAB is less than 9°，the elongations at intermediate temperature（700℃，800℃）are lower than that at room temperature and high temperature（≥900℃）. And the maximum elongation of this superalloy was obtained at 1000℃. The fracture mode of DD412 superalloy is mainly determined by the competitive relationship between the strength of tilt side crystal and grain boundary strength.

Keywords：single crystal superalloy；low angle grain boundary；misorientation；tensile property

镍基单晶高温合金由于其优异的高温性能而成为先进航空发动机涡轮叶片的关键选材[1]。为了满足航空发动机高推重比的要求，单晶高温合金中需要加入更多难熔元素[2]，同时为进一步提高冷却效率，叶片结构设计也趋于复杂化，这就使得制备过程中凝固缺陷的形成倾向增大，其中

*作者：宋尽霞，高级工程师，联系电话：010-62498232，E-mail：songjx@ vip. sina. com
资助项目：国家重点研发计划（2017YFA0700700）；先进高温结构材料重点实验室基金（6142903190101）

一种常见的缺陷便是小角度晶界[3,4]。小角度晶界会破坏单晶的完整性，是裂纹产生和扩展的因素之一，在高温服役条件下会成为叶片的薄弱环节，因此单晶高温合金中小角度晶界缺陷的研究逐渐受到了国内外研究者的关注。在对不同晶界角度及不同温度条件下小角度晶界对合金拉伸性能[5]、持久性能[6]、蠕变性能[7]及疲劳性能[8]的影响的研究中发现：当偏离角较小时，小角度晶界对合金性能的影响并不明显，这也是提出小角度晶界容限的重要基础，但是随着偏离角的增大及温度的升高，合金的性能则呈现不同程度的降低。

合金化程度的增加与微量元素的重新引入，均会对合金的凝固特性产生一定影响，进而导致力学性能的不稳定，因此弄清不同合金的晶界影响机制是十分必要的。国外 CMSX 系列合金[9]、Rene N 系列合金[10]、PWA 系列合金[11] 及国内 DD6 合金[5,8] 等均有大量小角度晶界方面的研究，而对商用二代单晶高温合金 DD412 小角度晶界影响机制的报道较少。为此，本文以第二代单晶高温合金 DD412 为研究对象，选择从室温到1100℃拉伸实验来研究不同晶界角度的晶界对 DD412 合金拉伸性能的影响机制。

1　试验材料及方法

本实验采用的合金为 DD412，其名义成分（质量分数，%）为 Al 5.6，Co 10.0，Cr 5.0，Mo 2.0，Ta 9.0，W 6.0，Re 3.0，Hf 0.1，余量为Ni。采用双籽晶制备小角度晶界试板，双籽晶 [001] 方向与试板的纵向平行，一端籽晶固定二次取向沿 [100] 和 [010]，另一端籽晶以 [001] 方向为轴，相对旋转预设角度获得倾侧小角度晶界，如图1所示。为了便于研究，将晶界角度 θ 按 $0°<\theta\leqslant3°$、$3°<\theta\leqslant6°$、$6°<\theta\leqslant9°$、$9°<\theta\leqslant15°$ 划分为4档进行分析讨论，并分别命名为 LAB-1，LAB-2，LAB-3，LAB-4。试板按标准热处理制度进行热处理后，分别在室温、700℃、800℃、900℃、1000℃和1100℃进行拉伸实验。采用 ZEISS AURIGA 场发射扫描电镜二次电子模式观察断口组织。

2　试验结果及分析

图2为小角度晶界试样在不同试验温度下抗

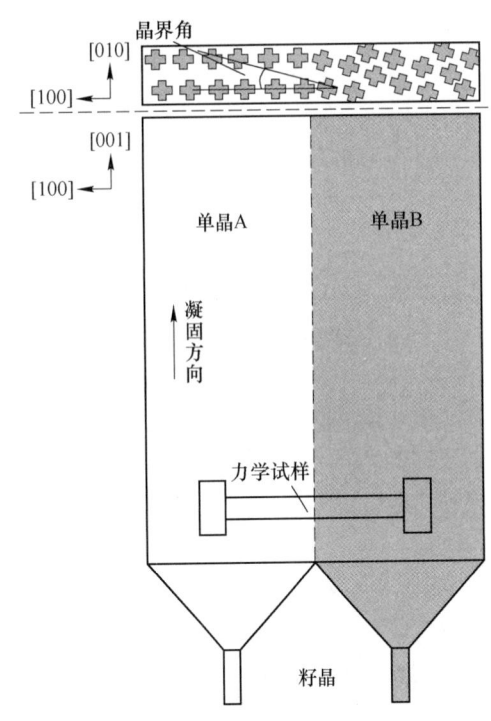

图1　双晶试板示意图

Fig. 1　Schematic diagram of bicrystal

拉强度和伸长率与晶界角度的关系曲线。室温和中温段，晶界角度对抗拉强度的影响较为明显；800℃拉伸时，随着晶界角度的增大，抗拉强度下降速率最大；而当温度高于900℃，抗拉强度对晶界角度表现为不敏感，甚至在 LAB-4 段依然没有明显下降。与抗拉强度相比，小角度晶界对伸长率具有明显影响：随着晶界角度的增大，伸长率存在不同程度下降。当测试温度在 700~800℃ 之间，LAB-1 和 LAB-2 试样的伸长率处在20%以下；而当测试温度高于900℃或处于室温时，伸长率均维持在22%以上；LAB-3 试样在 800~900℃ 之间伸长率开始显著下降，而其他温度伸长率下降缓慢；LAB-4 试样在室温到1100℃拉伸测试下的伸长率均降到最小值。

图3显示了 DD412 合金室温拉伸试验中4组典型试样的断口形貌。如图3（a）所示，LAB-1 试样断口沿（111）面滑移，表面平整，断口附近有明显的塑性变形，对应伸长率大于30%。LAB-2 试样断面依然与应力轴保持与 LAB-1 相近的角度，但断口表面出现很多分布不均匀滑移线，滑移块间又均匀分布着显微滑移线（见图3（b）），此时试样依然具有明显颈缩。试样 LAB-3 断口形貌与 LAB-2 相似，但滑移线数量明显减少且滑移

距离更短（见图 3（c））。试样 LAB-4 断口表现为完全枝晶断裂，对应的合金室温抗拉强度和伸长率快速下降（见图 3（d））。

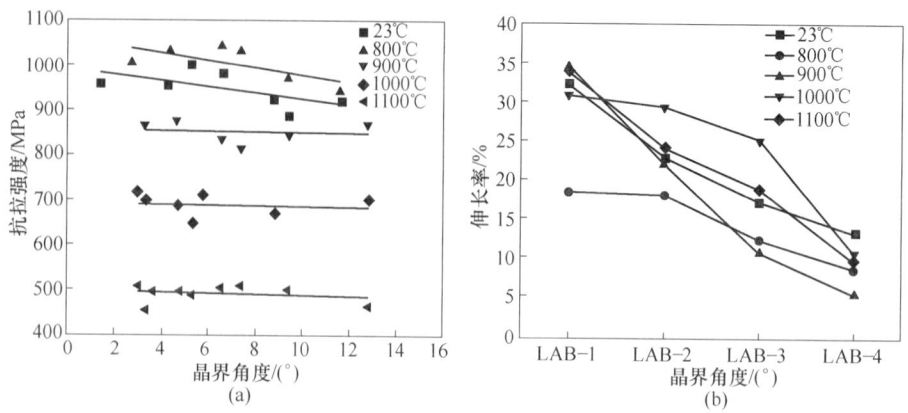

图 2　晶界角度对不同温度条件下抗拉强度（a）和伸长率（b）的影响

Fig. 2　Effects of grain boundary angle on tensile strength（a）and elongation（b）under different temperatures

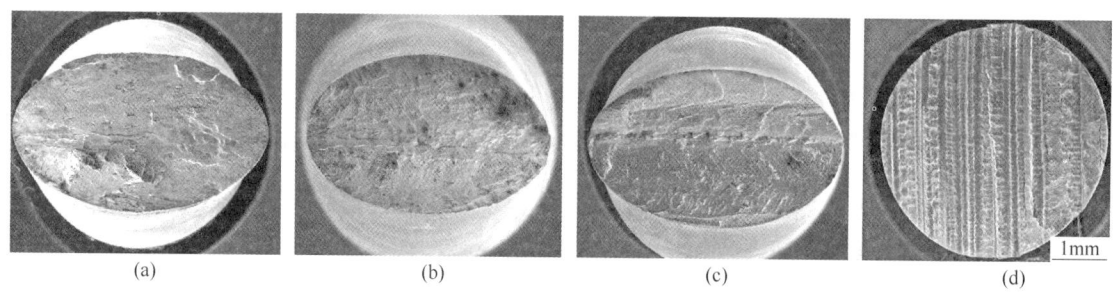

图 3　室温拉伸条件下小角度晶界试样断口形貌

Fig. 3　Images of fracture morphology of DD412 superalloy with different LABs at room temperature

（a）LAB-1；（b）LAB-2；（c）LAB-3；（d）LAB-4

图 4 为 DD412 合金在 800℃拉伸试验中 4 组典型试样的断口形貌。断口沿晶体学平面发生滑移，不同角度的晶界试样断口均未发现沿晶断裂特征。随着晶界角度的增大，滑移面由单一平整的平面逐渐过渡到多滑移系的粗糙平面。

图 5 为 DD412 合金在 1100℃拉伸试验中 4 组典型试样的断口形貌。与室温和中温段不同，在 LAB-1 和 LAB-2 两段均表明为明显的韧窝状塑性断裂，断口附近有明显颈缩（见图 5（a）、（b））；而试样 LAB-3 仅在边缘位置产生短距离的韧窝断裂特征，断口表面 80%以上表现为沿晶断裂，LAB-4 试样则表现为完全沿晶断裂（见图 5（c）、（d））。

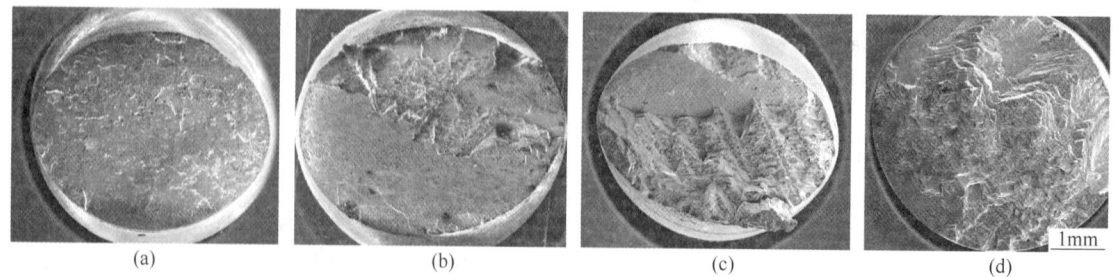

图 4　800℃拉伸条件下小角度晶界试样断口形貌

Fig. 4　Images of fracture morphology of DD412 superalloy with different LABs at 800℃

（a）LAB-1；（b）LAB-2；（c）LAB-3；（d）LAB-4

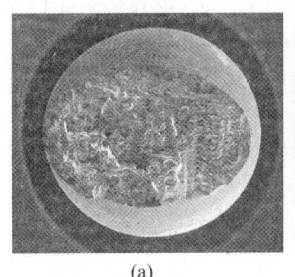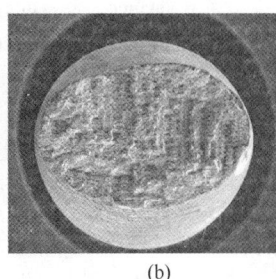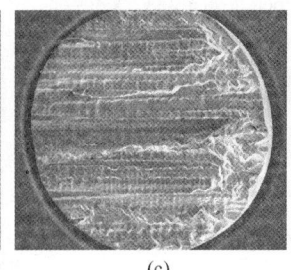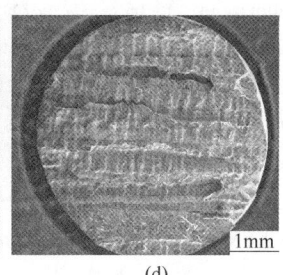

(a)　　　　　　　　(b)　　　　　　　　(c)　　　　　　　　(d)

图5　1100℃拉伸条件下小角度晶界试样断口形貌

Fig. 5　Images of fracture morphology of DD412 superalloy with different LABs at 1100℃

(a) LAB-1；(b) LAB-2；(c) LAB-3；(d) LAB-4

晶界能是两侧晶粒取向差的函数，双晶中倾转侧晶粒偏离 [001] 方向角度越大，除晶粒自身抗拉强度和屈服强度会相应减小[12]外，还会增大晶界能，降低晶界强度。本试验中，当倾转角较小时，两侧晶粒强度差距较小，晶界处畸变程度小。室温到中温范围内，变形过程位错切过 γ' 相为主导，γ' 相本身屈服强度会随温度的上升而升高，使得位错切过时阻力增大，合金表现为强度升高；同时，由于热激活作用较小，滑移的产生主要靠外加应力驱动，开动的滑移系较少，因而表现为平整楔形断口；高温下，位错运动机制发生转变，以绕过 γ' 相为主导，随着温度进一步提高，合金的强度逐渐降低，塑性增加，此时由于热激活作用加强，促使更多的滑移系开动，各滑移系的位错相互交割缠绕，断口表现为高温下的韧窝形貌。

随着倾转角度的增大，两侧晶粒差异逐渐明显，晶界处畸变程度增加，此时室温拉伸过程中，晶界能增加，导致晶界强度逐渐减弱，且远低于两侧晶粒基体的强度，成为合金的薄弱环节，此时断裂方式表现为明显的沿枝晶走向断裂；而中温拉伸过程中并未发现沿晶断裂特征，表明该条件下晶界强度与合金强度近似一致，具体原因有待进一步分析；高温下，热激活作用加强，使得变形过程中晶界产生滑移和迁移，从而降低晶界能，提高晶界强度，但依然小于基体强度，断裂方式沿晶断裂。

3　结论

(1) 在室温到1100℃拉伸条件下，当小角度晶界小于6°，小角度晶界对 DD412 合金的抗拉强度的影响较小；当小角度晶界大于6°，在室温和中温拉伸条件下，小角度晶界角度增加，合金抗拉强度显著下降。

(2) 在室温到1100℃拉伸条件下，合金伸长率均呈现随晶界角度增大而减小的规律。小角度晶界小于9°时，中温（700℃、800℃）条件下的伸长率较室温和高温（≥900℃）偏小，在1000℃条件下，合金具有最大伸长率。

(3) 合金的断裂方式主要由倾转侧晶体强度和小角度晶界强度的竞争关系决定。

参考文献

[1] Reed R C. The Superalloy Fundamentals and Applications [M]. Cambridge：Cambridge University Press, 2006：19.

[2] Yeh A C, Tin S. Effects of Ru and Re additions on the high temperature flow stresses of Ni-base single crystal superalloys [J]. ScriptaMaterialia, 2005, 52（6）：519~524.

[3] Newell M, D'Souza N, Green N R. Formation of low angle boundaries in Ni-based superalloys [J]. Materials Science & Engineering A, 2005, 22（1~4）：66~69.

[4] Pollock T M, Murphy W H, Goldman E H, et al. Grain defect formation during directional solidification of Nickel base single crystals [C] //Superalloys 1992. Pennsylvania, 1992：125.

[5] 赵金乾, 李嘉荣, 刘世忠, 等. 小角度晶界对单晶高温合金 DD6 拉伸性能的影响 [J]. 材料工程, 2008, 2008（8）：73~76.

[6] 曹亮, 周亦胄, 金涛, 等. 晶界角度对一种镍基双晶高温合金持久性能的影响 [J]. 金属学报, 2014（1）：11~18.

[7] Tamaki H, Yoshinari A, Okayama A, et al. Development of a low angle grain boundary resistant single crystal

superalloy YH61 ［C］//Superalloys 2000. Boston, 2000：757.

［8］ 史振学，刘世忠，赵金乾，等. 小角度晶界对单晶高温合金高周疲劳性能的影响 ［J］. 材料热处理学报，2015，36（z1）：52~57.

［9］ Harris K，Wahl J B. Improved single crystal superalloys, CMSX-4（SLS）［La+Y］and CMSX-486 ［C］//Superalloys 2004，2004：45~52.

［10］ Ross E W，O'Hara K S. Rene N4：a first generation single crystal turbine airfoil alloy with improved oxidation resistance, low angle boundary strength and superior long time rupture strength ［C］//Superalloys 1996. Warrendale，1996：19~25.

［11］ Shah D M，Cetel A. Evaluation of PWA1483 for large single crystal IGT blade applications ［C］//Superalloys，2000：295~304.

［12］ Shah D M，Duhl D N. The effect of orientation, temperature and gamma prime size on the yield strength of a single crystal nickel base superalloy ［C］//Superalloys 1984. Warrendale，PA：TMS，1984：105~114.

第四代单晶高温合金DD15组织稳定性研究

史振学*，刘世忠，李嘉荣

（北京航空材料研究院先进高温结构材料重点实验室，北京，100095）

摘　要：采用选晶法在真空高梯度定向凝固炉中制备第四代单晶高温合金DD15试棒，热处理后在1100℃分别时效200h、400h、600h、800h、1000h，研究了合金时效不同时间的组织。结果表明：合金的热处理组织由立方化较好γ′相和基体γ相组成。时效200h、400h、600h后，γ′相合并长大但仍保持立方形状，未见TCP相析出。时效800h、1000h后，γ′相筏排化，析出极少量TCP相。随着时效时间增加，γ基体通道宽度增加，γ′相体积分数减少。DD15合金具有良好的组织稳定性。

关键词：单晶高温合金；DD15；第四代；组织稳定性；长期时效

Microstructures Stability of the Fourth Generation Single Crystal Superalloy DD15

Shi Zhenxue, Liu Shizhong, Li Jiarong

（Science and Technology on Advanced High Temperature Structural Materials Laboratory,
Beijing Institute of Aeronautical Materials, Beijing, 100095）

Abstract：The fourth generation single crystal superalloy DD15 were prepared by screw selecting method in the directionally solidified furnace. The long term aging of the alloy after full heat treatment was performed at 1100℃ for 200h, 400h, 600h, 800h and 1000h, respectively. The microstructure evolution of the alloy after long term aging for different times were investigated. The results showed that the alloy consists of the regular and cube γ′ phase and γ phase after fully heat treatment. The γ′ phase coarsening still in cubic shape and no TCP phase can be observed in the alloy after long term aging for 200h, 400h and 600h. The γ′ phase rafting and a little needle shaped TCP phase were observed after long term aging for 800h and 1000h. The space of γ matrix channel increased and the volume fraction of γ′ phase decreased with rise of thermal exposure temperature. DD15 alloy has very excellent microstructure stability.

Keywords：single crystal superalloy；DD15；the fourth generation；microstructure stability；long term aging

　　单晶高温合金几乎消除了所有晶界，显著提高了其承温能力，具有良好的综合性能，为目前先进航空发动机涡轮叶片的制备材料[1,2]。为了提高单晶高温合金的高温强度，合金中难熔元素含量不断增加[3,4]，使合金长期高温服役时容易析出TCP相，降低合金的性能[5~7]。Ru元素能够抑制TCP相的析出，因此为了提高合金组织稳定性，第四代单晶高温合金中都添加一定含量的Ru[8~10]。合金的组织稳定性是每个新合金研制重要的技术指标。本文研究了第四代单晶高温合金DD15在高温下不同时间长期时效后的显微组织，为合金的研制和应用提供科学依据。

1　试验材料及方法

　　试验所用材料为Ni-Cr-Co-Mo-W-Ta-Nb-Re-Ru-Al-Hf-Y-C系镍基第四代单晶高温合金DD15。采用选晶法在真空高梯度定向凝固炉中制

* 作者：史振学，高级工程师，联系电话：010-62498312，E-mail：shizhenxue@126.com

备单晶高温合金试棒。用 X 射线极图分析法测试单晶试棒的晶体取向偏离度，选取偏离 [001] 取向 15°以内单晶试棒进行长期时效试验。标准热处理后在 1100℃ 分别时效 200h、400h、600h、800h、1000h。采用线切割机切取金相试样，化学腐蚀剂为 HCl（10mL）+ CuSO₄（2g）+ H₂O（15mL）+H₂SO₄（1mL），用光学显微镜和扫描电镜研究合金的铸态组织、热处理组织、不同时间的长期时效组织。

2 试验结果及分析

2.1 铸态与热处理组织

DD15 合金不同状态下的显微组织见图 1。由图 1 可以看出，合金的铸态组织呈"十"字形状的枝晶结构。一次枝晶干分布比较均匀，二次枝晶臂平行排列，一次枝晶间距为 270μm。枝晶间区域分布着不规则形状的大块共晶组织。合金经过标准热处理后，几乎全部消除了粗大的 γ′ 相和共晶组织，获得立方状规则的 γ′ 相组织。

2.2 长期时效组织

图 2 分别为合金在 1100℃ 时效 200h、400h、600h、800h、1000h 的显微组织。由图 2 可以看出，合金时效 200h、400h、600h 后，γ′ 相合并长大但大部分仍保持立方形状，未见 TCP 相析出。合金时效 800h 后，γ′ 相筏排化，极少量针状 TCP 相析出。合金时效 1000h 后，γ′ 相筏排化程度稍有增加，TCP 相析出量略有增多，但其含量仍然非常小，这表明第四代单晶高温合金 DD15 具有良好的组织稳定性。由不同时效时间的组织对比看出，随着时效时间增加，γ 基体通道宽度增加。

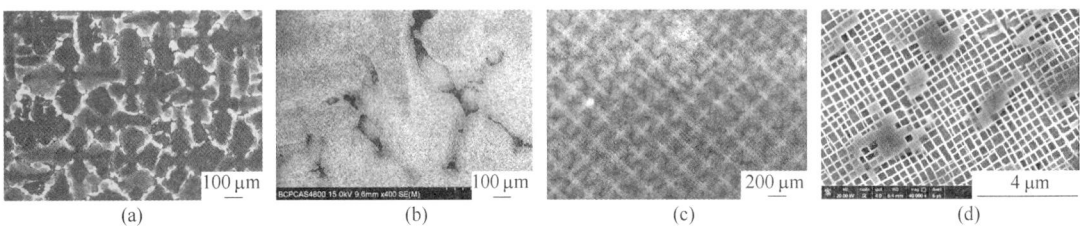

图 1 DD15 合金不同状态下的显微组织

Fig. 1 Microstructures of DD15 alloy at different states

（a）铸态枝晶组织；（b）铸态共晶组织；（c），（d）热处理组织

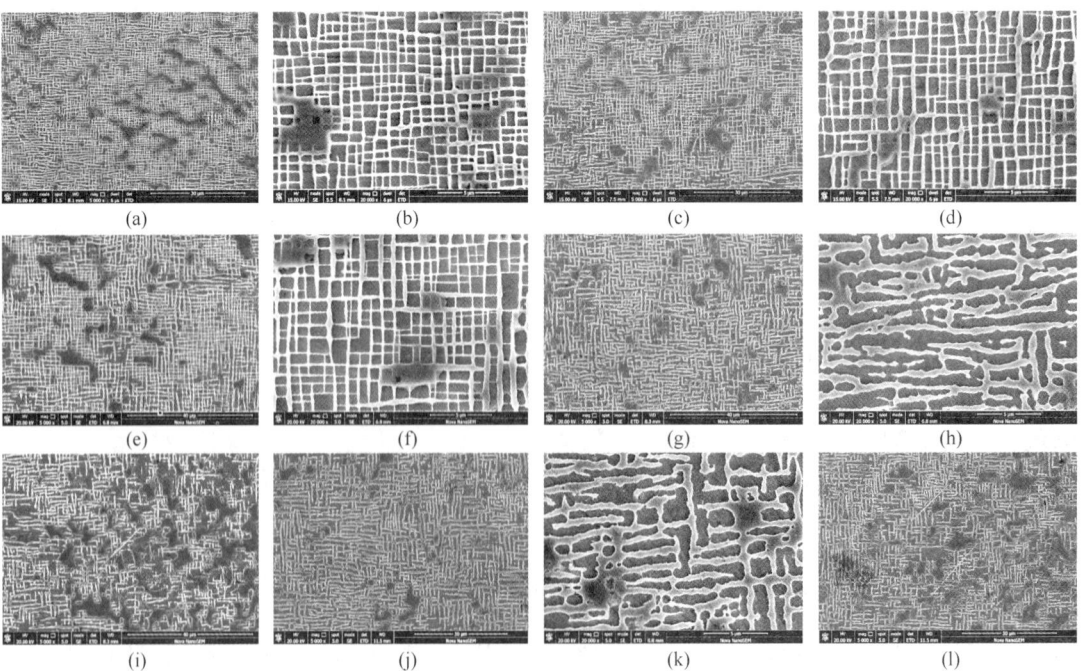

图 2 DD15 合金不同时效时间的显微组织

Fig.2 Microstructures of DD15 alloy after long term aging for different times

（a），（b）200h；（c），（d）400h；（e），（f）600h；（g），（h），（i）800h；（j），（k），（l）1000h

对合金时效 800h 和 1000h 组织中的 TCP 相进行了能谱分析，分析结果见表 1。由表可以看出，析出相中含有较多的 Re、W、Co、Ta 等元素。

表 1　DD15 合金不同时间长期时效后
析出 TCP 相的化学成分
Tab. 1　Chemical composition of TCP phase in DD15
alloy after long term aging

（质量分数，%）

成分	Al	Cr	Co	Ru	W	Re	Ta
800h	4.1	2.4	7.2	3.2	12.4	17.6	6.2
1000h	4.3	2.3	7.6	3.3	13.3	18.2	5.9

单晶高温合金长期在高温状态下，尺寸较大的 γ′ 相长大，而尺寸较小的 γ′ 相逐渐溶解，其长大规律遵循 LSW 粗化理论[11]：

$$(r_t^3 - r_0^3)^{1/3} = Kt^{1/3} \qquad (1)$$

式中，r_t 为沉淀粒子在时效 t 后的平均半径；r_0 为沉淀粒子在时效前的平均半径；K 为与时效温度有关的系数；t 为时效时间。对于立方形 γ′ 相，r_t 等于立方形沉淀粒子的边长的 $a/2$。对于筏排化的 γ′ 相，则 r_t 等于 $(a_1 \times a_2)^{1/2}/2$，其中 a_1、a_2 分别为 γ′ 相粗化后的两个边长。通过测量合金不同时效时间的 γ′ 相尺寸，并对 $(r_t^3 - r_0^3)$ 和 t 作图，结果见图 3（a）。由图可以看出，这些数据稍微偏离了直线关系。这是因为在时效初期 γ′ 相虽然长大但基本上仍保持立方状，速度较慢，时效后期 γ′ 相以筏排方式长大，速度较快。γ 基体通道宽度与时效时间的关系见图 3（b），可以看出，随着时效时间增加，γ 基体通道宽度增加，由此可知 γ 相的体积分数增加，而 γ′ 相的体积分数相对减少。

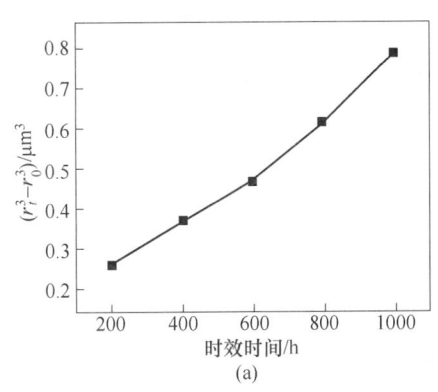
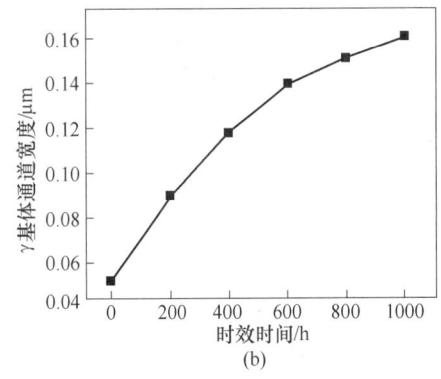

图 3　时效时间对 DD15 合金的 γ′ 相和 γ 基体通道尺寸的影响
Fig. 3　Effect of aging time on the size of the γ′ phase and γ matrix of DD15 alloy
（a）γ′ 相尺寸与时效时间的关系；（b）γ 基体通道宽度与时效时间的关系

由图 3 还可以看出，TCP 相沿合金基体固定方向析出，与合金基体有明显的取向关系。这是因为 TCP 相的晶体结构通常非常复杂，具有较大的晶胞，明显大于合金中 γ 基体相或 γ′ 沉淀相的晶胞，在单晶高温合金中 TCP 相析出障碍较多；为了减少体系能量，TCP 相将沿原子排列较密的晶体取向和晶体平面析出[13,14]。

3　结论

DD15 合金时效 200h、400h、600h 后，γ′ 相合并长大仍保持立方形状，未见 TCP 相析出。时效 800h、1000h 后，γ′ 相筏排化，极少量 TCP 相沿一定方向析出，TCP 相中含有较多的 Re、W、Co、Ta 等元素。随着时效时间增加，γ 基体通道宽度增加，γ′ 相的体积分数减少。DD15 合金具有优异的组织稳定性。

参考文献

[1] Caron P，Khan T. Evolution of Ni-based superalloys for single crystal gas turbine blade applications [J]. Aerospace Science Technology，1999，3：513~523.

[2] Walston S，Cetel A，Mackay R，et al. Joint development of a fourth generation single crystal superalloy [C] // Superalloys. Pennsylvania，PA：TMS，2004：15~24.

[3] Erickson G L. The development and application of CMSX-10 [C] // Superalloys 1996. Warrendale，PA：TMS，1996：35~44.

［4］ Walston W S, O'hara K, Ross E W, et al. RenéN6: Third generation single crystal superalloy ［C］ // Superalloys 1996. Warrendale, PA: TMS, 1996: 27~34.

［5］ Sato A, Harada H, Yokokawa T, et al. The effect of ruthenium on the phase stability of fourth generation Ni-base single crystal superalloys ［J］. Scripta Materialia, 2006, 54: 1679~1684.

［6］ Acharya M V, Fuchs G E. The effect of long term thermal exposures on the microstructure and properties of CMSX-10 single crystal superalloys ［J］. Materials Science and Engineering A, 2004, 381: 143~153.

［7］ Yeh A C, Tin S. Effect of Ru on the high temperature phase stability of Ni-base single crystal superalloys ［J］. Metallurgical and Materials Transactions A, 2006, 37A: 2621~2631.

［8］ 任英磊, 金涛, 管恒荣, 等. 高温长期时效对镍基单晶高温合金 γ′相形貌的影响 ［J］. 机械工程材料, 2004, 28 (3): 10~12.

［9］ Aghaie-khafri M, Hajjavady M. The effect of thermal exposure on the properties of a Ni-base superalloy ［J］. Materials Science and Engineering A, 2008, 487: 388 ~393.

［10］ Hobbs R A, Zhang L, Rae C M F, et al. The effect of ruthenium on the intermediate to high temperature creep response of high refractory content single crystal suepralloy ［J］. Materials Science and Engineering A, 2008, 489: 65~76.

［11］ Lifshitz M, Slyozov V V. The kinetics of precipitation from supersaturated solid solution ［J］. Journal of Physical and Chemical Solids, 1961, 19: 35~50.

［12］ 冯瑞. 金属物理 ［M］. 北京: 科学技术出版社, 1998: 492~493.

［13］ Neumeier S, Pyczak F, Göken M. The influence of Ruthenium and Rhenium on the local properties of the γ- and γ′-phase in Nickel-base superalloys and their consequences for alloy behavior ［C］ //Superalloys 2008. Pennsylvania, PA: TMS, 2008: 109~119.

［14］ Rae C M F, Karunaratne M S A, Small C J, et al. Topologically close packed phases in an experimental Rhenium-containing single crystal superalloy ［C］ //Superalloys 2000. Warrendale, PA: TMS, 2000: 767~776.

第四代单晶高温合金 DD15

刘世忠*，史振学，李嘉荣

（北京航空材料研究院先进高温结构材料重点实验室，北京，100095）

摘　要：研制出第四代单晶高温合金 DD15，其 Re 含量低于国外第四代单晶高温合金 EPM-102。DD15 合金标准热处理后获得立方化良好的 γ′ 相组织，合金具有优异的组织稳定性。DD15 合金具有良好的拉伸性能、持久性能、蠕变性能、抗氧化性能、铸造工艺性能。合金在 1100℃/140MPa 条件下的持久性能优于 EPM-102 合金。

关键词：DD15；单晶高温合金；显微组织；性能

The Fourth Generation Single Crystal Superalloy DD15

Liu Shizhong，Shi Zhenxue，Li Jiarong

（Science and Technology on Advanced High Temperature Structural Materials Laboratory，
Beijing Institute of Aeronautical Materials，Beijing，100095）

Abstract：The fourth generation nickel based single crystal superalloy DD15 has been developed. The Re content of DD15 alloy is lower than that of the fourth generation single crystal superalloy EPM-102. The γ′ phase with good cubic shape has obtained after standard heat treatment. The alloy has excellent microstructure stability. In addition，DD15 alloy has good tensile strength properties，stress rupture properties，creep properties，oxidation resistance properties and castability. The stress rupture property of the alloy at 1100℃/140MPa is higher than that of EPM-102 alloy.

Keywords：DD15；single crystal superalloy；microstructure；mechanical properties

镍基单晶高温合金具有优良的综合性能，是目前制造先进航空发动机涡轮叶片的关键材料[1]。为满足高性能航空发动机的设计需求，航空技术发达国家十分重视镍基单晶高温合金的研制，相继有更高承温能力的单晶高温合金问世[2]。为满足更高推重比航空发动机的技术需求，美国由 GE、P&W 以及 NASA 合作发展了第四代单晶高温合金 EPM-102[3]，法国和日本也研制出第四代单晶高温合金 MC-NG[4] 和 TMS-138[5]。为满足我国新一代高性能航空发动机涡轮工作叶片承温能力的需求，北京航空材料研究院研制了高强度组织稳定的第四代单晶高温合金 DD15。本文介绍了 DD15 合金的显微组织、组织稳定性、力学性能、抗氧化性能、铸造工艺性能。

1　试验材料及方法

应用先进的合金设计方法，充分发挥固溶强化、沉淀强化、界面强化的作用，科学平衡 W、Mo、Ta、Re、Ru 等高熔点合金元素的含量，设计了第四代镍基单晶高温合金 DD15 的化学成分，该合金含有 Co、Cr、W、Mo、Al、Ta、Re、Nb、Hf 等，其中 Re 含量 5%、Ru 含量 3%。在真空感应定向凝固炉中采用选晶法制备出单晶高温合金试棒，采用差热分析法和金相法研究合金相变化规律与热处理窗口。进行试棒的热处理，将试棒加工成为力学性能试样，测试合金的力学性能。用光学显微镜和扫描电镜观察合金的组织。

＊作者：刘世忠，研究员，联系电话：010-62498312，E-mail：376774121@qq.com

2 试验结果及分析

2.1 合金的组织

不同状态下 DD15 合金的显微组织见图 1。由于合金含有大量的高熔点合金元素，合金凝固过程中溶质再分配，枝晶间富集了大量的 Hf、Al、Ta 等正偏析元素，从而形成了粗大的 γ′ 相和大量的 γ/γ′ 共晶组织。合金固溶处理时，枝晶间粗大的 γ′ 相和晶界上的 γ′ 相全部溶解，共晶团几乎全部溶解，获得单相 γ 组织；快速冷却过程中从 γ 相中析出大量的 γ′ 相，再经过两级时效处理，获得立方化良好的 γ′ 相组织。经测试分析，γ′ 相的平均尺寸为

0.45μm，γ 基体通道的平均宽度为 0.05μm。

高温条件下的组织稳定性是新一代单晶高温合金研究中十分关注的问题。高温合金中大量的 Re、W 等难熔合金元素，促进合金高温长期时效过程中不稳定相（TCP 相）的形成；随时效时间的延长和时效温度的升高，不稳定相析出的倾向性增大。析出的不稳定相降低合金的力学性能[6-8]。由图 1 看出，DD15 合金在 1100℃长期时效 600h 后，合金 γ′ 相基本保持立方化形态；1100℃长期时效 1000h 后，合金 γ′ 相发生筏排化，析出了极少量的 TCP 相，这表明第四代单晶高温合金 DD15 具有优异的组织稳定性。这是因为 DD15 合金加入 3% 的 Ru，Ru 能够提高合金的组织稳定性[6,9]。

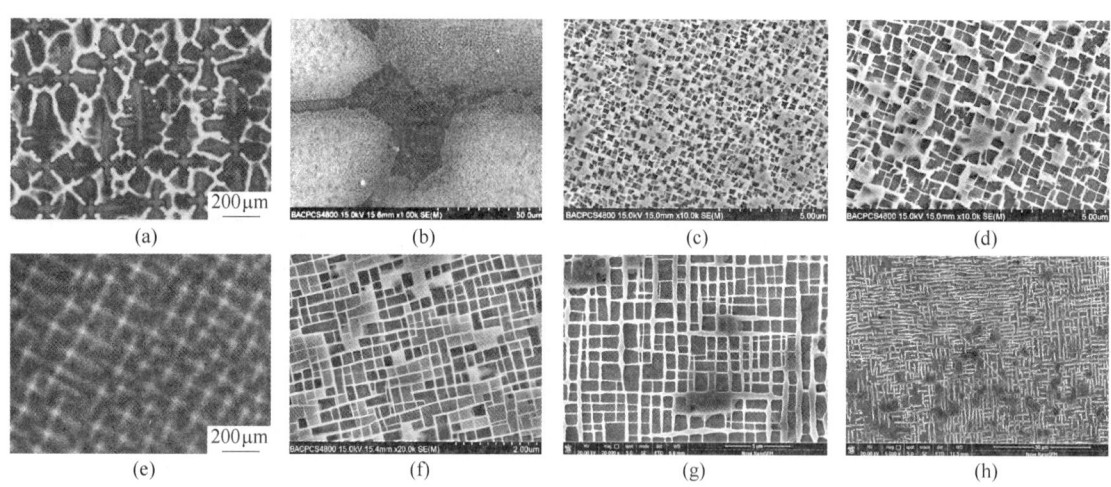

图 1　不同条件下 DD15 合金的组织

Fig. 1　Microstructures of DD15 alloy at different condition

（a）枝晶组织；（b）共晶组织；（c）枝晶干铸态 γ′ 组织；（d）枝晶间铸态 γ′ 组织；（e）热处理低倍组织；

（f）热处理 γ′ 组织；（g）1100℃/600h 长期时效组织；（h）1100℃/1000h 长期时效组织

2.2 合金的力学性能

DD15 合金拉伸性能测试结果列于表 1。从表 1 可见，DD15 具有优异的拉伸性能。DD15 合金中含有较多的 W、Mo、Ta、Re、Ru 等难熔元素，显著提高了材料的高温热强性和塑性。

DD15 合金 850℃/700MPa、1070℃/160MPa、1100℃/140MPa、1140℃/137MPa、1150℃/120MPa、1160℃/100MPa、1200℃/80MPa 条件下持久性能测试结果列于表 2。从表 2 可见，DD15 合金具有优异的持久性能。国外典型第四代单晶高温合金 EPM-102 在 1093℃/140MPa 下的持久寿命约为 350h[3]，见图 2。DD15 合金在 1100℃/140MPa 下

的持久寿命为 406.1h。与其对比，DD15 合金的持久性能优于 EPM-102。

表 1　DD15 合金的拉伸性能

Tab. 1　The tensile properties of DD15 alloy

温度/℃	$\sigma_{p0.2}$/MPa	σ_b/MPa	δ_5/%	ψ/%
23	992	1044	14.9	18.0
650	881	1099	18.5	18.5
760	884	1135	10.9	14.3
850	946	1204	21.7	20.1
980	693	869	32.9	36.7
1100	508	608	32.0	52.4

表2　DD15合金的持久性能

Tab. 2　The stress rupture properties of DD15 alloy

测试条件	寿命/h	δ/%	ψ/%
850℃/700MPa	138.8	26.2	24.6
1070℃/160MPa	453.1	28.6	44.6
1100℃/140MPa	406.1	22.4	41.0
1140℃/137MPa	122.8	21.8	45.6
1150℃/120MPa	177.5	27.2	41.0
1160℃/100MPa	281.2	14.8	40.1
1200℃/80MPa	206.3	10.4	39.9

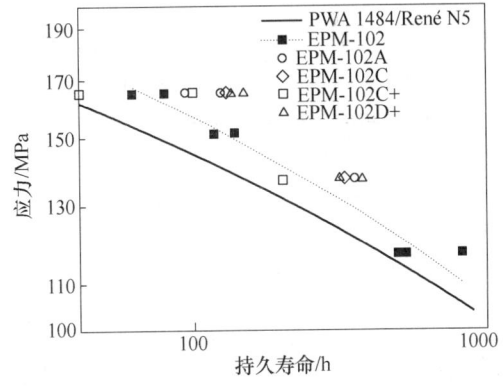

图2　EPM-102合金的持久寿命

Fig. 2　The stress rupture lives of EPM-102 alloy

DD15合金蠕变性能测试结果见表3。由表3可见，DD15合金在不同条件下具有优异的蠕变性能。DD15合金蠕变曲线见图3。由图3可以看出，在不同的测试条件下，蠕变曲线表现出相同的三阶段蠕变特征：非常短的蠕变初始阶段，较长的稳态蠕变阶段和较短的蠕变加速阶段。

表3　DD15合金的蠕变性能

Tab. 3　The creep properties of DD15 alloy

测试条件	寿命/h	δ/%
980℃/300MPa	369.9	22.8
1100℃/130MPa	525.0	30.9
1140℃/130MPa	194.0	11.4
1160℃/140MPa	64.9	15.5

2.3　合金的抗氧化性能

依据《钢及高温合金的抗氧化性测定实验方法》（HB 5258—2000），分别在1050℃、1100℃和1140℃下进行抗氧化试验。DD15合金的抗氧化性能见表4。可以看出，合金具有良好的抗氧化性能。

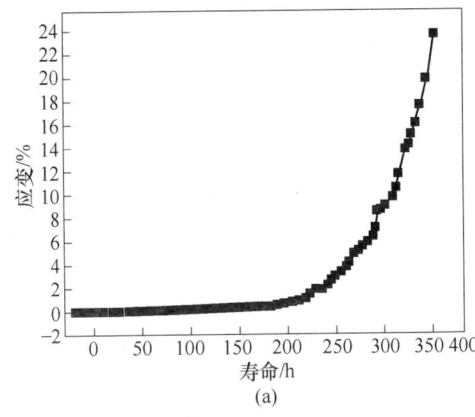

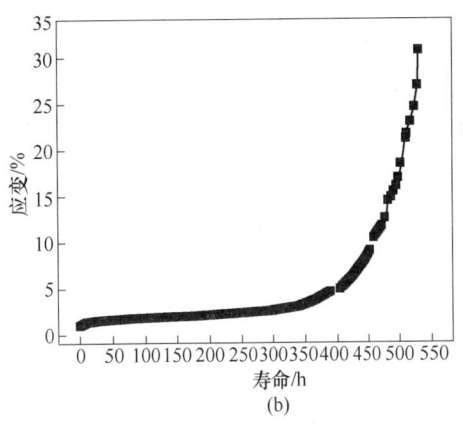

图3　DD15合金不同条件下的蠕变曲线

Fig. 3　The creep strain curves of DD15 alloy at different test conditions

（a）980℃/300MPa；（b）1100℃/130MPa

表4　DD15合金的抗氧化性能

Tab. 4　Oxidation resistance properties of DD15 alloy

温度/℃	1050	1100	1140
氧化速率/g·m⁻²·h⁻¹	0.026	0.036	0.050
脱落量/g·m⁻²	0.69	1.69	4.35
氧化性能等级	完全抗氧化级	抗氧化级	抗氧化级

图4为DD15合金氧化100h后的表面扫描电镜形貌。由图看出，不同温度的氧化膜表面形貌基本相同，氧化100h后合金表面生成了不规则球形的氧化产物NiO[10]，颗粒之间紧密地排列在一起。

(a)　　　　　　　　　　(b)　　　　　　　　　　(c)

图 4　DD15 合金氧化 100h 后的表面扫描电镜形貌
Fig. 4　SEM morphologies of surface of DD15 alloy after oxidation for 100h
（a）1050℃；（b）1100℃；（c）1140℃

2.4　铸造工艺性能

采用 DD15 合金浇注了具有复杂结构的某型发动机双层壁单晶空心工作叶片，结果表明，叶片尺寸稳定，单晶完整性良好，DD15 合金具有良好的铸造工艺性能。

3　结论

（1）研制出高强度组织稳定的第四代单晶高温合金 DD15，其 Re 含量低于国外第四代单晶高温合金 EPM-102。

（2）DD15 合金标准热处理后获得立方化良好的 γ′相组织，合金具有优异的组织稳定性。

（3）DD15 合金具有良好的拉伸性能、持久性能、蠕变性能、抗氧化性能、铸造工艺性能。

参考文献

[1] Caron P, Khan T. Evolution of Ni-based superalloys for single crystal gas turbine blade applications [J]. Aerospace Science Technology, 1999, 3: 513~523.

[2] Kawagishi K, Yeh A, Yokokawa T, et al. Development of an oxidation-resistant high-strength sixth-generation single crystal-crystal superalloy TMS-238 [C] //Huron E S, et al. Superalloys 2012 Pennsylvania: TMS, 2012: 189~195.

[3] Walston S, Cetel A, Mackay R, et al. Joint development of a fourth generation single crystal superalloy [C] // Superalloys. Pennsylvania, TMS, 2004: 15~24.

[4] Argence D, Vernault C, Desvallees Y, et al. MC-NG: Generation single crystal superalloy for future aeronautical turbine blades and vanes [C] // Superalloys. Warrendale, TMS, 2000: 829~837.

[5] Koizumi Y, Kobayashi T, Yokokawa T, et al. Proc. of 2nd International Symposium on High-Temperature Materials 2001 [C] //Tsukuba, Japan 2001: 30~31.

[6] Sato A, Harada H, Yokokawa T, et al. The effect of ruthenium on the phase stability of fourth generation Ni-base single crystal superalloys [J]. Scripta Materialia, 2006, 54: 1679~1684.

[7] Hobbs R A, Zhang L, Rae C M F, et al. The effect of ruthenium on the intermediate to high temperature creep response of high refractory content single crystal sueprallroy [J]. Materials Science and Engineering A, 2008, 489: 65~76.

[8] Acharya M V, Fuchs G E. The effect of long term thermal exposures on the microstructure and properties of CMSX-10 single crystal superalloys [J]. Materials Science and Engineering A, 2004, 381: 143~153.

[9] Han Y F, Ma W Y, Dong Z Q, et al. Effect of Ruthenium on microstructure and stress rupture properties of a single crystal Nickel-base superalloy [C] // Reed R C, Green K A, Caron P, et al. Superalloys. Pennsylvania, PA: TMS, 2008: 91~97.

[10] Pfennig A, Fedelich B. Oxidation of single crystal PWA1483 at 950℃ in flowing air [J]. Corrosion Science, 2008, 50: 2482~2492.

DD18 单晶高温合金元素偏析与显微组织研究

岳晓岱[*]，李嘉荣，刘世忠

（北京航空材料研究院先进高温结构材料重点实验室，北京，100095）

摘　要：采用试验与热力学计算相结合的方法，研究了一种新一代单晶高温合金 DD18 合金铸态和热处理态成分分布及显微组织。结果表明：合金铸态下枝晶偏析严重，枝晶干与枝晶间显微组织差异显著；完全热处理后，共晶组织完全消除，未出现初熔；高熔点合金元素较多地偏析于枝晶干，使枝晶干区域晶体结构的错配度增大，γ'相立方化程度更高、排列更加细密；由于 Re、W 等元素难以实现完全均匀化，因此合金枝晶干与枝晶间 TCP 相析出倾向差异较大。

关键词：DD18 单晶高温合金；偏析；显微组织；组织稳定性

The Element Segregation and Microstructure of a Single Crystal Superalloy DD18

Yue Xiaodai, Li Jiarong, Liu Shizhong

（Science and Technology on Advanced High Temperature Structural Materials Laboratory, Beijing Institute of Aeronautical Materials, Beijing, 100095）

Abstract：The element segregation and microstructure of a new generation single crystal superalloy DD18 were investigated basing on experiments and thermodynamics calculation. The dendrite and interdendrite microstructures of the as-cast alloy are significantly different because of severe segregation. After complete heat treatment, eutectic is dissolved completely and no incipient melting occurs, while complete homogenization can't be obtained. Because of higher refractory elements content, dendrite region has larger γ/γ' misfit, inducing to finer and more cubical γ'. As refractory elements such as Re and W are quite difficult to be homogenized, the dendrite region is more prone to precipitate TCP phase than interdendrite region.

Keywords：DD18 single crystal superalloy；segregation；microstructure；microstructure stability

为满足航空发动机涡轮前温度不断提升的要求，单晶高温合金高熔点合金元素含量不断提高，含 Re、Ru 的高代单晶高温合金[1,2]中 W、Mo、Ta、Re、Nb 等高熔点合金元素含量达到 20%（质量分数）以上。这样的成分特点使得合金在完全热处理后仍存在枝晶偏析，从而带来枝晶干与枝晶间显微组织及组织稳定性有所不同[3,4]。本文依据高代单晶高温合金成分特点制备单晶高温合金，研究不同状态下合金元素在枝晶干和枝晶间的分布，结合热力学计算分析元素偏析对合金显微组织的影响。

1　研究方法

使用新一代单晶高温合金 DD18，合金成分特点及所使用的热处理制度见表 1。将合金完全热处理后的试棒置于 980℃ 下进行 200h 的长期时效。使用场发射扫描电子显微镜观察合金铸态、热处

＊作者：岳晓岱，高级工程师，联系电话：010-62498309，E-mail：yuexiaodai0126@126.com

资助项目：财政稳定支持经费资助项目"新材料及工艺应用研究、复合材料预浸料研究与试制"；航空动力基金项目（6141B090554）

理态和长期时效后显微组织，采用电子探针测试枝晶干与枝晶间微区成分（束斑直径 20μm），结合材料计算模拟软件 JMatPro 的单晶高温合金数据库分析试验结果，进而研究试验合金元素偏析及其对显微组织的影响。

表1　DD18 单晶高温合金成分特点及热处理制度

Tab. 1　The component characteristics and heat treatment regime of DD18 single crystal superalloy

成分特点（质量分数）/%			热处理制度
Ru	Re	W+Mo+Ta+Re+Nb	预处理+1344℃/6h/空冷+1120℃/
4~6	5~6	20~22	4h/空冷+870℃/32h/空冷

2　结果与讨论

DD18 合金铸态组织如图 1 所示。铸态合金中存在大量共晶组织，见图 1（a）；枝晶干 γ′ 相细小且呈现一定程度立方化，排列较为规则，见图 1（b）；枝晶间 γ′ 相粗大且不均匀，立方化程度低，见图 1（c）。这是由于定向凝固过程中，W、Mo、Re 等高熔点合金元素强烈偏析于枝晶干，而 Al、Ta 等 γ′ 相形成元素则偏析于枝晶间，使铸态合金中枝晶干与枝晶间 γ′ 相尺寸及形态呈现明显差异。

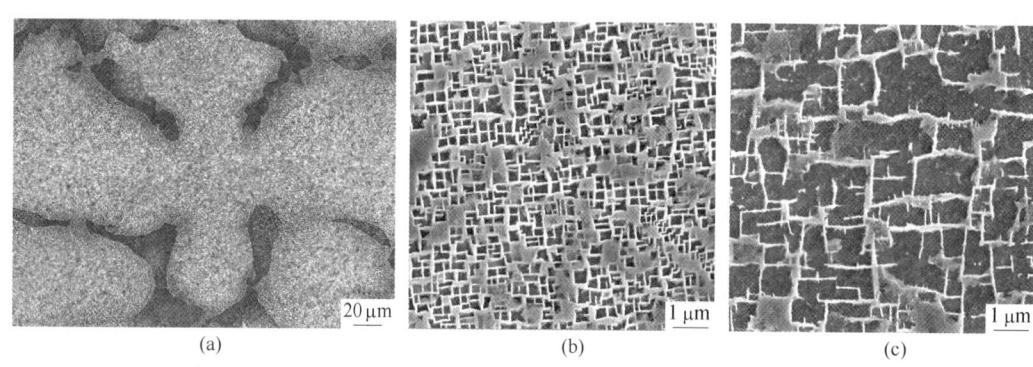

图 1　DD18 合金铸态组织

Fig. 1　As-casting microstructure of DD18 single crystal superalloy

（a）枝晶组织；（b）枝晶干；（c）枝晶间

合金完全热处理后的显微组织如图 2 所示。经过完全热处理，合金共晶组织已完全消除，未出现初熔组织；枝晶干和枝晶间的 γ′ 相均排列规则，且实现了良好的立方化；枝晶干 γ′ 相较枝晶间 γ′ 相尺寸更细小、排列更规则、立方化程度更高。

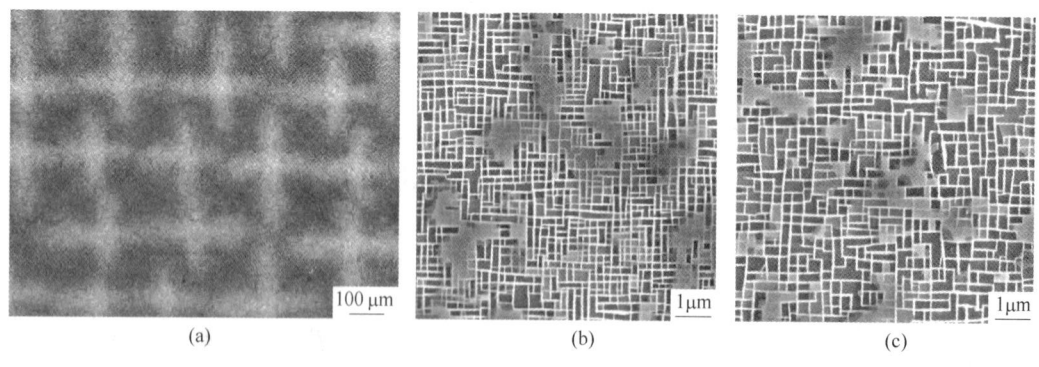

图 2　DD18 合金完全热处理后显微组织

Fig. 2　Microstructure of DD18 single crystal superalloy after complete heat treatment

（a）枝晶组织；（b）枝晶干；（c）枝晶间

使用电子探针分析合金铸态和完全热处理态枝晶干与枝晶间微区成分（电子束直径为 20μm），

使用式（1）计算元素枝晶偏析系数，结果见图3。

$$k_i = C_{D,i}/C_{ID,i} \qquad (1)$$

式中，k_i 为元素 i 的枝晶偏析系数；$C_{D,i}$ 和 $C_{ID,i}$ 分别为电子探针测试的元素 i 在枝晶干和枝晶间的浓度。

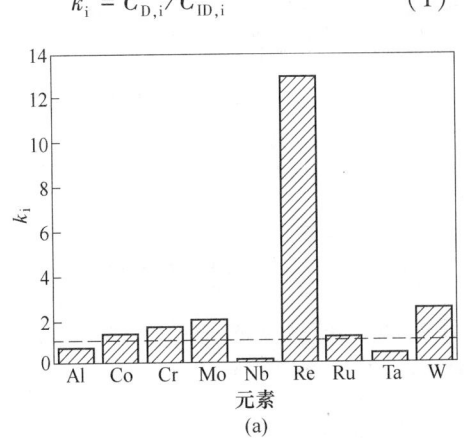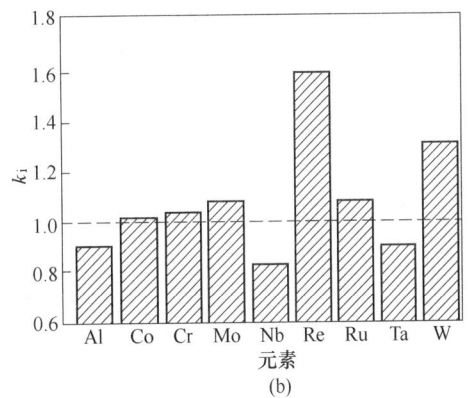

图3　合金不同状态下元素的枝晶偏析系数

Fig. 3　Segregation coefficient of the DD18 single crystal superalloy at different conditions

（a）铸态；（b）热处理态

由图3可知，合金铸态下枝晶偏析明显，Re元素偏析系数达到12以上，显著高于其他合金元素；经过完全热处理，枝晶偏析程度明显降低，但Re元素偏析仍比较严重，枝晶干浓度为枝晶间浓度的1.6倍以上。

使用JMatPro软件计算合金完全热处理后枝晶干和枝晶间区域γ/γ′错配度，结果如图4所示。结合枝晶偏析系数（见图3）和γ/γ′错配度（见图4）分析合金完全热处理后枝晶不同区域的γ、γ′组织。由于热处理后Re、W、Mo等高熔点合金元素仍偏析于枝晶干，枝晶干区域错配度大于枝晶间区域，使γ′相的立方化程度显著高于枝晶间。

由上述分析可知，DD18合金完全热处理后仍存在明显的枝晶偏析，以Re和W最为严重。使用JMatPro软件计算这两种元素在1344℃下均匀化不同时间后在枝晶中的分布（设置枝晶干中心至枝晶间距离为200μm），以分析其在热处理过程中的扩散能力，结果如图5所示。由图可以看出，这两种高熔点合金元素均匀化难度较大。

计算枝晶干和枝晶间处微区成分对应的热力学稳态相图，结果如图6所示。由图可知，完全热处理后枝晶干和枝晶间处均有TCP相析出倾向，稳态下枝晶干区域TCP相析出温度范围较枝晶间更大，同一温度下枝晶干TCP相析出量更高，即枝晶干区域TCP相析出倾向更大。

3　结论

（1）新一代单晶高温合金DD18合金铸态下偏析严重，枝晶干与枝晶间微区成分和显微组织差异明显。

（2）完全热处理后，DD18合金显微组织中无初熔及共晶组织，枝晶干区域高熔点合金元素含量较高，γ/γ′错配度较大，γ′相立方化程度更高、尺寸更细小。

（3）完全热处理后，Re和W仍明显偏析于枝晶干，从而导致枝晶干处TCP相析出倾向大于枝晶间。

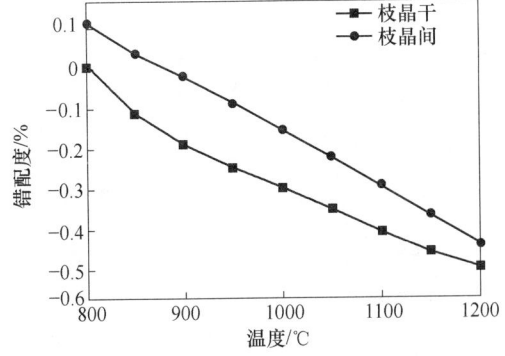

图4　完全热处理后枝晶干与枝晶间区域γ/γ′错配度

Fig. 4　γ/γ′ mismatch of dendrite and interdendrite region after complete heat treatment

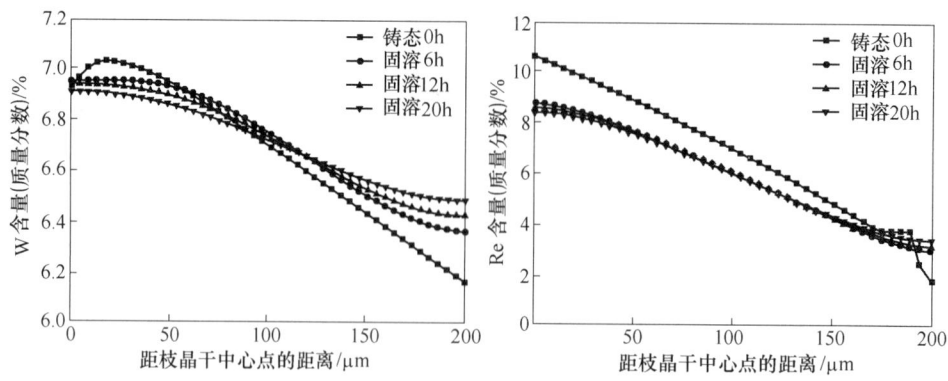

图5 1344℃下均匀化不同时间后 W 和 Re 在枝晶中的分布

Fig. 5 W and Re distribution after being homogenized at 1344℃ for different time

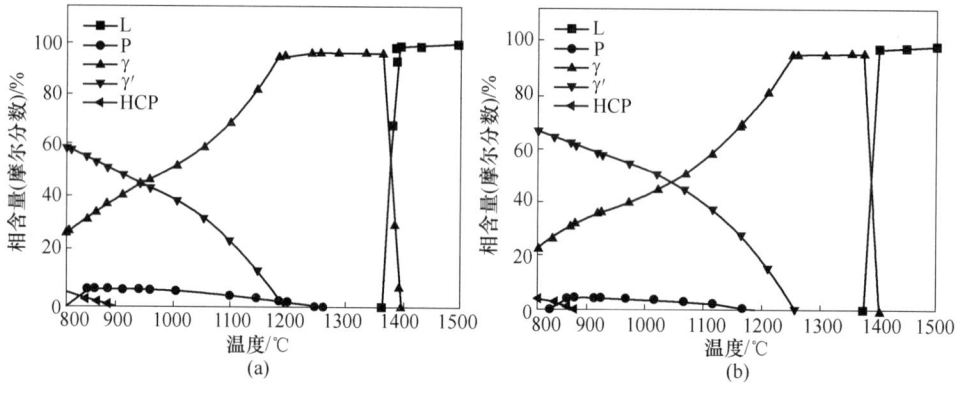

图6 DD18 合金枝晶干与枝晶间稳态相图

Fig. 6 Steady state phase diagram corresponding to dendrite region and interdendrite region of DD18 single crystal superalloy

（a）枝晶干；（b）枝晶间

参考文献

［1］ Walston S, Cetel A, MacKay R, et al. Joint development of a fourth generation single crystal superalloy ［C］// Superallosys 2004. Seven Springs, 2004.

［2］ Sato A, Harada H, Yeh A C, et al. A 5th generation SC superalloy with balanced high temperature properties and processability ［C］//Superalloys 2008, Seven Springs, 2008.

［3］ Hegde S R, Kearsey R M, Beddoesas J C. Designing homogenization−solution heat treatments for single crystal superalloys ［J］. Materials Science and Engineering A, 2010, 527: 5528~5538.

［4］ Pang H T, Zhang L, Hobbs R A, et al. Solution heat treatment optimization of fourth−generation single−crystal nickel−based superalloys ［J］. Metallurgical and Materials Tranactions A 2012, 43A: 3264~3282.

DZ4125 合金在底吹氩过程中夹杂物的运动机制模拟

韩少丽[1,2*]，骆合力[1,2]，李尚平[1,2]，王建涛[1,2]

（1. 钢铁研究总院，北京，100081；2. 北京钢研高纳科技股份有限公司，北京，100081）

摘 要：本文以 DZ4125 合金为研究对象，根据夹杂物与气泡间的相互作用原理，采用 Ansys Fluent 模拟软件，对 DZ4125 合金在底吹氩过程中不同种类、不同尺寸及不同位置的夹杂物运动轨迹进行仿真模拟，并进一步通过对 DZ4125 合金中不同夹杂物去除效率与气泡直径、吹氩量之间的关系曲线进行计算，以此得出针对 DZ4125 合金冶炼的最佳底吹氩工艺。论文研究结果可作为高温合金返回料 DZ4125 合金进一步纯净化冶炼的理论依据。

关键词：DZ4125 合金；底吹氩模拟；夹杂物运动

The Inclusion Motion Mechanism Simulation of DZ4125 Alloy in the Process of Bottom Blowing Argon

Han Shaoli[1,2], Luo Heli[1,2], Li Shangping[1,2], Wang Jiantao[1,2]

（1. High Temperature Material Research Institute, Central Iron & Steel Research Institute, Beijing, 100081; 2. Beijing CISRI-GAONA Materials & Technology Co., Ltd., Beijing, 100081）

Abstract：In this paper, the DZ4125 alloy was as the research object. According to the interaction principle, the inclusion of the different types, different sizes and different positions movement trajectory were simulated and analyzed by using Ansys Fluent software in the process of bottom blowing argon. And through further calculated the curves of the relationship between the removal efficiency of the inclusion in DZ4125 alloy and the diameter of air bubble, the argon flow rate. The optimum bottom blowing argon process for DZ4125 alloy smelting can be obtained. The results can be used as the theoretical basis for further purification and smelting of DZ4125 alloy.

Keywords：DZ4125 alloy; bottom blowing argon simulation; the inclusion movement

DZ4125 合金是一种含 Hf 的定向凝固铸造高温合金，主要作为先进航空发动机高压涡轮叶片的使用材料，目前每年我国该母合金需求量为 100t 左右，随着航天技术的快速发展，对于 DZ4125 合金的需求量会越来越大[1]。在 DZ4125 合金涡轮叶片的制备过程中，70% 左右的新投入母合金都形成了冒口、浇道及废铸件等返回料，如果以含镍量（60%）回收，仅 DZ4125 一种合金，我国每年就因为返回料不能有效回收利用而损失 4500 万元，如何对 DZ4125 合金返回料合理充分地利用已成为亟待解决的问题[2,3]。

真空水平连铸技术采用无二次污染的底铸出钢方式，钢液中的夹杂物远离铸坯凝固区，是近年来发展起来的一种低成本、高洁净化的高温合金冶炼技术[4]，在此技术的基础上增加底吹氩工艺，可进一步促进冶炼过程中不同种类夹杂物的有效上浮。本论文首先采用 Ansys Fluent 模拟软件对底吹氩过程中夹杂物的运动轨迹进行了计算，并汇总分析了不同夹杂物捕获率与氩气气泡及吹氩量之间的关系，为 DZ4125 合金的进一步纯净化冶炼提供理论支持。

---

* 作者：韩少丽，助理工程师，联系电话：0312-3970631，E-mail：hsl414@ 126. com

1 试验材料及方法

论文建立以真空连铸中间包为原始模型,中间包的尺寸为ϕ580mm×1000mm。由于实际的底吹氩钢液流动是十分复杂的物理过程。为建模方便作出以下假设:(1)认为钢液为黏性不可压缩的牛顿液体;(2)不考虑表面覆盖剂及渣层对流动的影响;(3)钢液面为气体逸出表面;(4)不考虑自然对流对钢液流动及温度分布的影响;(5)认为钢液流动为湍流流动;(6)认为气泡为球形及刚性的;(7)不考虑夹杂物间的聚合长大。在拉格朗日坐标下对X、Y、Z三个方向上的夹杂物颗粒在钢液中的运动轨迹进行计算,模拟流场中的离散的第二项,以此代表夹杂物运动机制。由球形颗粒构成的第二项分布在连续相中,以X方向为例,夹杂物颗粒作用力在直角坐标系下可以由以下公式表示[5,6]:

$$\frac{dv_p}{dt} = F_D(v - v_p) + \frac{g(\rho_p - \rho)}{\rho_p} \quad (1)$$

$$F_D = \frac{3\mu}{4\rho_p d_p^2}(a_1 Re + a_2 + a_3) \quad (2)$$

式中,F_D为夹杂物颗粒的单位质量曳力;v为流体相速度;v_p为夹杂物颗粒速度;ρ为流体密度;ρ_p为夹杂物颗粒密度;d_p为夹杂物颗粒直径;Re为相对雷诺数;a_1、a_2、a_3为常数。

2 试验结果及分析

2.1 底吹氩条件下钢液的流场及速度场

本实验条件下在DZ4125合金熔体中于底部通入ϕ50mm的喷嘴,引入速度0.35 m/s,直径ϕ1mm的氩气气泡,在吹氩时间30s后钢液达到稳态。所形成的流场如图1所示:除了中间由于气流作用形成的搅动区,钢液呈对称的环流运动。图2是吹氩稳定后钢液速度矢量图,去除速度大的氩气直接搅动区域,剩余钢液平均流速在0.04m/s左右,这样一来大部分钢液有机会到达氩气直接搅动区周围,从而有助于夹杂物粒子上浮和去除。

2.1.1 不同密度夹杂物的上浮规律

图3为100μm不同密度的三种夹杂物上浮规律,在底吹氩条件下,Al$_2$O$_3$和SiO$_2$两种夹杂物

可以很快上浮至钢液表面,并不再下沉,上浮时间分别为20.8s和14.8s左右,与图3中同类夹杂物的静态上浮时间相比,缩短至后者的1/6左右。而对于100μm的高密度夹杂物HfO$_2$在底吹氩的作用下,也可以很快上浮,上浮时间与Al$_2$O$_3$和SiO$_2$两种轻密度夹杂物基本一致,但很难被液面捕获,在钢液的环流作用下进入钢液。

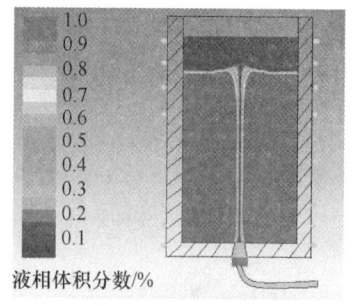

液相体积分数/%

图1 流场分布

Fig. 1 Flow field distribution

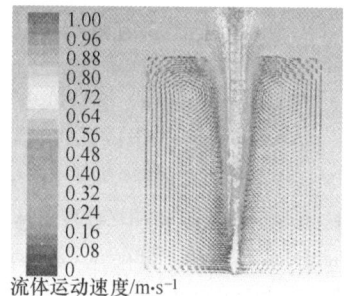

流体运动速度/m·s^{-1}

图2 速度矢量分布

Fig. 2 Velocity vector distribution

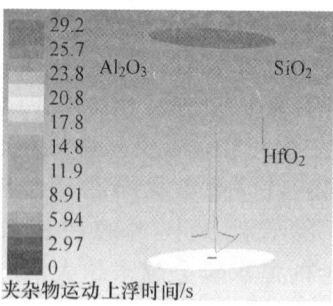

夹杂物运动上浮时间/s

图3 不同密度夹杂物运动轨迹

Fig. 3 Inclusion move trajectory of different density

2.1.2 不同尺寸夹杂物的上浮规律

图4为不同尺寸Al$_2$O$_3$和HfO$_2$夹杂物在同一底吹氩条件下的上浮规律。Al$_2$O$_3$夹杂物的运动轨迹如图4(a)所示,随着夹杂物尺寸的增大上浮至钢液表面的时间缩短,且在到达钢液表面后夹杂物具有向上运动的趋势,不再进入钢液循环;

而对于 HfO$_2$ 夹杂物，如图 4（b）所示，小尺寸的 HfO$_2$ 夹杂物上浮规律同 Al$_2$O$_3$ 夹杂物基本一致，在循环一定时间后上浮至钢液表面，只是 HfO$_2$ 夹杂物上浮至钢液表面后没有向上运动的速度趋势，在钢液的循环作用下，受本身重力作用的影响大于钢液对此产生的拖拽力，很容易再次进入钢液，随着 HfO$_2$ 夹杂物尺寸的增大，这种影响越明显，夹杂物的上浮时间越长。

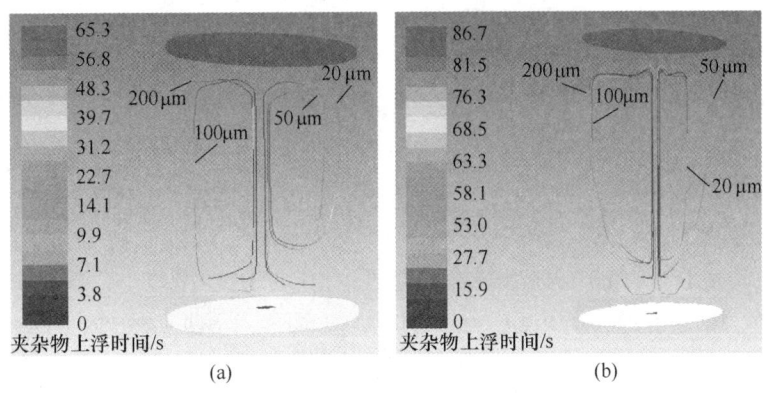

图 4　不同尺寸夹杂物的运动轨迹

Fig. 4　Inclusion move trajectory of different size

（a）Al$_2$O$_3$；（b）HfO$_2$

2.1.3　不同位置夹杂物的上浮规律

不同位置夹杂物的上浮规律如图 5 所示。夹杂物的初始高度从 0.05m 增加到 0.1m 时，Al$_2$O$_3$ 夹杂物的上浮时间缩短至一半左右，SiO$_2$ 夹杂物上浮时间缩短至 1/4 左右；当初始高度进一步增加至 0.15m 时，由于受钢液流场的环流作用，Al$_2$O$_3$ 和 SiO$_2$ 夹杂物在第一次到达钢液面后又进一步进入钢液中进行循环运动，上浮时间较初始高度 0.1m 相比，略有增加。而对于高密度夹杂物 HfO$_2$ 而言，上浮时间几乎不受初始高度的影响，均为 70s 左右。

2.2　底吹氩工艺参数研究

2.2.1　气泡直径的影响

图 6 是不同尺寸夹杂物在同一氩气流量 10NL/min，在同一位置条件下，随着氩气泡直径增大，上浮至钢液表面被成功捕获的概率（捕获率：夹杂物到达钢液表面、具有向上的运动速度，且所处位置气相体积分数大于 50%）。在氩气气泡直径为 2mm 时捕获率达到最高，分析认为：气泡直径越大，在同等气流量条件下所形成的气泡数量减小，另一方面较大尺寸的气泡很快到达钢液表面，降低了钢液的湍流运动速度，进而降低了夹杂物的上浮[7]。

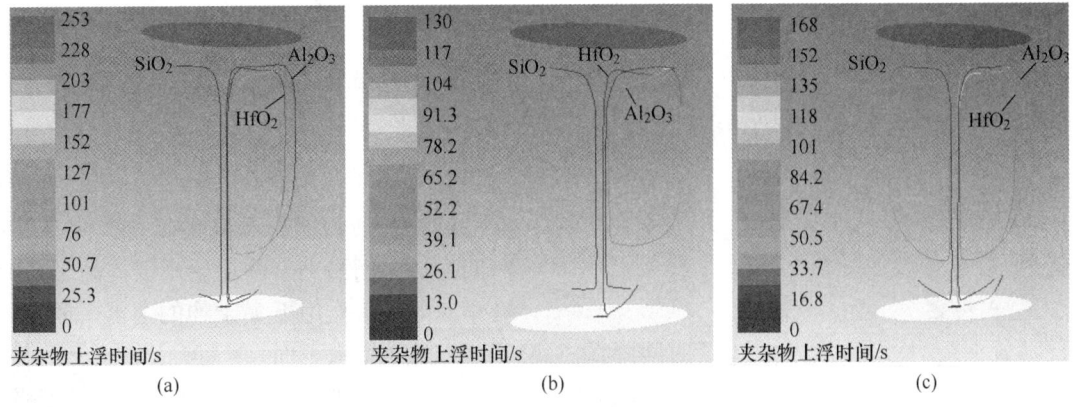

图 5　不同位置夹杂物的运动轨迹

Fig. 5　Inclusion move trajectory of different position

（a）0.05m；（b）0.1m；（c）0.15m

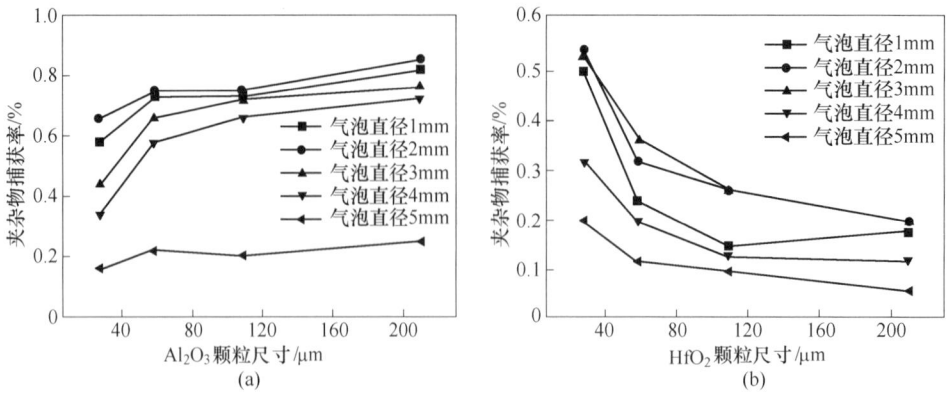

图 6　夹杂物捕获率随氩气气泡尺寸的变化规律

Fig. 6　The variation regularity of inclusion removal efficiency with argon bubble diameter

(a) Al_2O_3; (b) HfO_2

2.2.2　吹氩量的影响

图 7 是气泡直径 2mm 条件下不同夹杂物的捕获率随氩气流量的变化情况，从图中可以看出，在氩气流量低于 15NL/min 时，随着氩气流量的增大，不同种类夹杂物的捕获率均有不同程度的提高，而且 Al_2O_3 夹杂物的增大比例大于 HfO_2；而当氩气流量达到 20NL/min 时，夹杂物的捕获率出现大幅降低。分析原因认为：随着氩气流量的提高，导致在钢液中形成层流[8]，而没有引起钢液的环流，很难将钢液中的夹杂物带至钢液表面，因而捕获率降低。综合图 6 和图 7 的模拟结果，可以得出在本实验条件下，针对 DZ4125 合金底吹氩的最佳工艺参数为：氩气泡直径 2mm，氩气流量为 15NL/min。

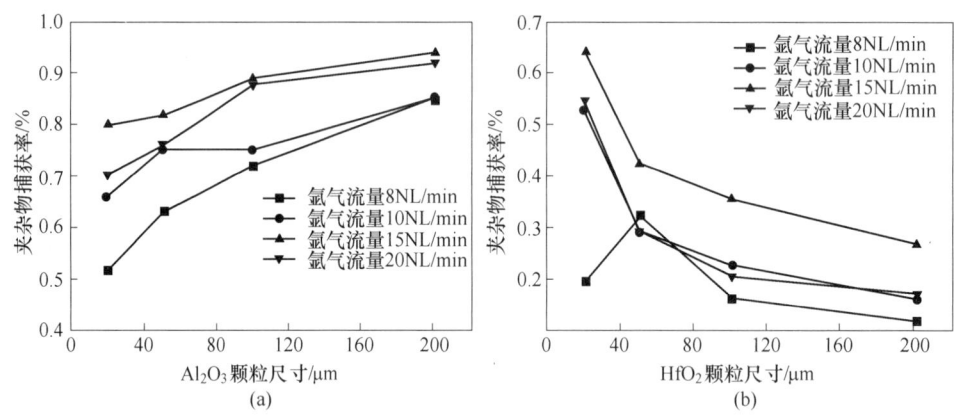

图 7　夹杂物捕获率随氩气流量的变化规律

Fig. 7　The variation regularity of inclusion removal efficiency with argon flow rate

(a) Al_2O_3; (b) HfO_2

3　结论

（1）随着夹杂物密度的增大，上浮时间降低。对于 Al_2O_3、SiO_2 等低密度夹杂物，上浮时间随尺寸的增大而增大；而对于高密度夹杂物 HfO_2，在底吹氩作用下为循环运动，上浮时间随夹杂物尺寸的增大而明显降低。当夹杂物的初始高度较低时，随着夹杂物初始高度的增加，夹杂物的运动时间缩短；而当夹杂物初始高度提高至 0.15m 时，在钢液的环流作用下夹杂物的上浮时间反而增加，很难上浮至钢液表面。

（2）在底吹氩过程中随着氩气气泡直径的增大或氩气流量的增加，夹杂物的捕获率不断提高，但在超过一定范围后，夹杂物的捕获率受到气泡上浮速度过快或钢液层流作用的影响而开始降低。

针对 DZ4125 合金，经模拟分析认为最佳的底吹氩工艺为：氩气气泡直径 2mm，其流量为 15NL/min。

参考文献

[1] 陈荣章，佘力，张宏炜，等. DZ4125 定向凝固高温合金的研究 [J]. 航空材料学报，2000，20（4）：14~19.

[2] 吴贤，吴永谦，孟晗琪. 高温合金废料回收处理技术现状 [J]. 中国钼业，2015，39（1）：8~11.

[3] 张业欣，王万林. 铸造高温合金与纯净化熔炼技术发展现状 [J]. 金属材料与冶金工程，2015（4）：28~32.

[4] 骆合力，冯涤，李尚平，等. 真空连铸高洁净 K418 母合金的组织与性能 [J]. 钢铁研究学报，2016，28（4）：33~37.

[5] 张美杰，汪厚植，顾华志，等. 中间包底吹氩行为的数值模拟 [J]. 钢铁研究学报，2007，19（2）：16~19.

[6] 张邦文，李保卫，刘中兴. 连铸中间包钢液中夹杂颗粒运动轨迹的数值模拟 [J]. 包头钢铁学院学报，1999，18（2）：125~129.

[7] Brian G Thomas, Alex Dennisov, et al. Behavior of argon bubbles during continuous casting of steel [J]. ISS 80th steelmaking conference, Chicago, April 13~16, 1997：375~384.

[8] Smirnov A N, Efimova V G, Kravchenko A V. Flotation of nonmetallic inclusions during argon injection into the tundish of a continuous-casting machine. Part 1 [J]. Steel in translation, 2013, 43 (11)：673~677.

表面再结晶对 DZ4125 合金涡轮叶片力学性能的影响

宋尽霞*，许剑伟，王定刚，关心光，佘力

（北京航空材料研究院先进高温结构材料重点实验室，北京，100095）

摘　要：通过从涡轮叶片上直接取薄壁板状试样，研究了表面再结晶对 DZ4125 合金涡轮叶片力学性能的影响。结果表明，经过吹砂处理后再进行标准热处理的 DZ4125 合金叶片试样均发生了再结晶，叶片表面再结晶层厚度随着吹砂时间的增加而增大；DZ4125 合金叶片的持久性能随表面再结晶层厚度增加而明显下降，且中温高应力下持久寿命的下降比高温低应力下更加显著；再结晶对 DZ4125 合金叶片室温拉伸性能影响相对较小。为了保证叶片的服役安全性，DZ4125 合金涡轮叶片再结晶层厚度以不超过 20μm 为宜。

关键词：再结晶；力学性能；定向高温合金；涡轮叶片

Influence of Surface Recrystallization on the Mechanical Properties of DZ4125 Alloy Turbine Blade

Song Jinxia, Xu Jianwei, Wang Dinggang, Guan Xinguang, She Li

（Science and Technology on Advanced High Temperature Structural Materials Laboratory, Beijing Institute of Aeronautical Materials, Beijing, 100095）

Abstract：The influence of surface recrystallization on the mechanical properties of DZ4125 alloy was investigated by taking thin walled specimens from turbine blade. The results showed that the specimens heat-treated after sandblasting treatment were recrystallized, and the surface recrystallization layer thickness increased with the sandblasting time. The stress rupture properties of DZ4125 alloy blade decreased with the increment of the surface recrystallization layer thickness obviously, the decrement extent under high stress and intermediate temperature was much more severe than that under low stress and high temperature. Recrystallization had some detrimental effect on the tensile properties of DZ4125 alloy blade. The surface recrystallization layer thickness of DZ4125 alloy turbine blade shouldn't exceed 20μm to ensure its service security.

Keywords：recrystallization；mechanical properties；directionally solidified superalloy；turbine blade

定向高温合金是通过定向凝固技术制备出晶界平行于主应力轴从而消除横向晶界的柱状晶高温合金，与等轴晶合金相比，其综合力学显著改善，耐温能力明显提高。从 20 世纪 70 年代以来，定向高温合金广泛应用于航空发动机和燃气轮机涡轮叶片等关键部件。目前国外定向高温合金已发展到第四代，国内定向高温合金发展到第三代。DZ4125 合金是北京航空材料研究院在 20 世纪 90 年代研制成功的第一代镍基定向高温合金，具有

良好的中、高温综合性能，目前已实现在某航空发动机涡轮叶片上的工程化应用。

涡轮叶片凝固收缩过程中产生的铸造应力，机械去除陶瓷型壳和型芯材料，吹砂、打磨、抛光等表面处理过程，均可能导致叶片发生塑性变形，使叶片在随后的固溶和时效等高温热处理过程中发生再结晶。由于定向高温合金中含有的晶界强化元素较少，再结晶引入的横向晶界被认为是定向高温合金叶片服役过程中的薄弱环节，在

*作者：宋尽霞，高级工程师，联系电话：010-62498232，E-mail：songjx@ vip. sina. com

载荷作用下成为裂纹的发源地及扩展通道，因而再结晶的出现会明显降低定向涡轮叶片的力学性能[1-7]。因此在定向涡轮叶片实际生产中必须对再结晶进行控制，以保证叶片的服役安全。在国内外已开展的研究中，主要是采用单铸的试棒或试板研究定向高温合金的再结晶行为，而不是从叶片上直接取样，试棒/试板与实际叶片在厚度等尺寸方面存在明显差异，其凝固行为和再结晶行为也有所不同，其研究结果难以直接应用于指导制定叶片再结晶控制要求。本文的目的是研究再结晶对 DZ4125 涡轮叶片力学性能的影响，为叶片研制中制定再结晶控制要求提供指导。

1 试验材料及方法

DZ4125 合金的名义成分（质量分数,%）为：0.1C，8.9Cr，10.0Co，7.0W，2.0Mo，3.8Ta，5.1Al，0.9Ti，1.5Hf，余量为 Ni。

DZ4125 合金标准热处理制度为 1180℃/2h + 1230℃/3h，空冷或氩冷+1100℃/4h，空冷或氩冷+870℃/20h，空冷或氩冷。采用高速凝固法定向凝固工艺制备 DZ4125 合金实心薄壁涡轮叶片，从铸态叶片排气边取样加工成厚 1mm、长 34mm 的薄壁小试样（图1），然后对试样进行双面吹砂处理，采用的 3 种吹砂工艺为：（1）水吹砂，采用 150μm 刚玉砂，吹砂压力 0.6MPa，吹砂时间 2min；（2）干吹砂 1，采用 150μm 刚玉砂，吹砂压力为 0.6MPa，吹砂时间 1min；（3）干吹砂 2，采用 150μm 刚玉砂，吹砂压力为 0.6MPa，吹砂时间 3min。吹砂后的试样在真空热处理炉中进行热处理，然后进行室温拉伸性能、760℃/765MPa 和 980℃/235MPa 持久性能测试，并和没有进行吹砂处理的试样进行对比，分析表面再结晶对 DZ4125 合金涡轮叶片力学性能的影响。采用 FEI nano450 型场发射电镜分析不同试样的截面形貌和断口形貌。

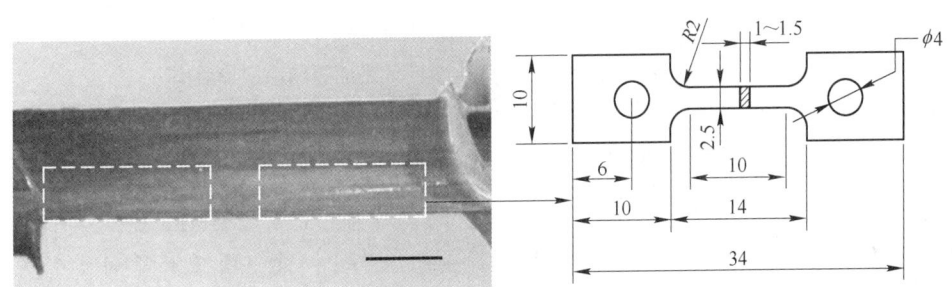

图 1　叶片力学性能取样示意图

Fig. 1　Schematic diagram of mechanical properties specimens machined from turbine blade

2 试验结果及分析

2.1 吹砂对 DZ4125 叶片再结晶厚度的影响

对不同表面处理后 DZ4125 合金试样的截面显微组织进行了观察，结果如图 2 所示。可以看出，DZ4125 合金的显微组织主要由 γ、γ′ 和少量 γ+γ′ 共晶以及 MC 碳化物组成，未进行吹砂处理的试样表面无再结晶层；经过吹砂处理的试样均发生了完全再结晶，在试样表层可观察到再结晶晶粒，在再结晶晶界上有细小的 MC 型碳化物析出，只是不同的吹砂处理导致的再结晶层厚度不同（表1），水吹砂试样、干吹砂 1min 试样和干吹砂 3min

试样表面再结晶层厚度分别大约为 10μm、30μm 和 50μm 左右，与水吹砂试样相比，干吹砂试样表面再结晶层的厚度明显增加。这是由于在吹砂过程中，砂粒对试样的表面进行了一定的压力冲击，使得试样表面产生了一定的变形，试样表面储存了一定的残余应力，在随后的真空固溶处理过程中，γ′ 相发生固溶，合金表面由于存在残余应力促使合金表面以形成完整晶粒的形式发生再结晶；随着吹砂压力或吹砂时间的增加，DZ4125 合金表面变形量增大，在相同热处理条件下形成的表面再结晶层厚度也随之增大[8]。水吹砂由于采用的是水和刚玉砂混合体，在砂子粒度相同的条件下对叶片的冲击力度比干吹砂小，因此所导致的再结晶层较薄。

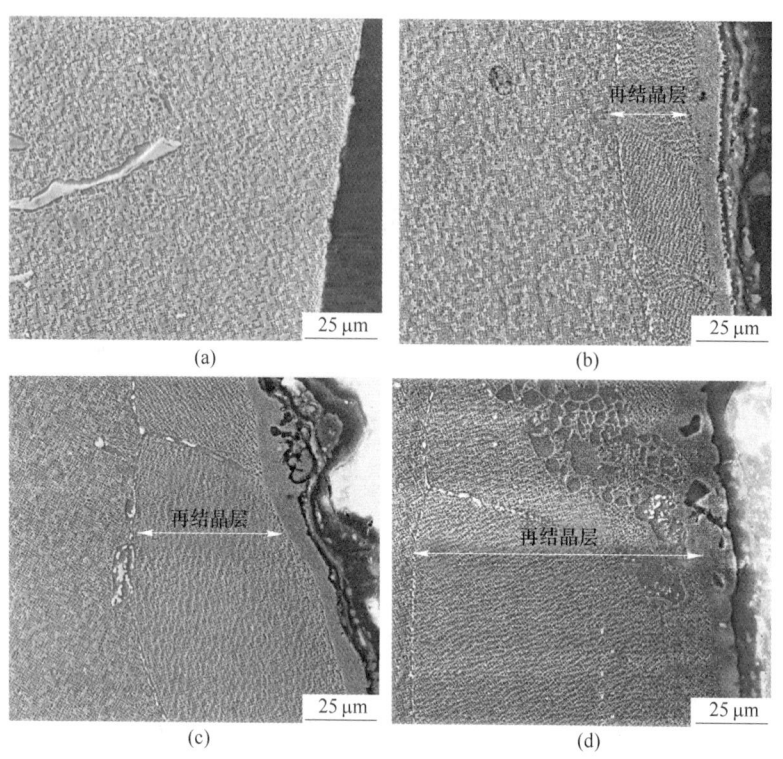

图 2 不同表面处理 DZ4125 合金叶片表面再结晶层形貌

Fig. 2 Images of surface recrystallization layer in DZ4125 alloy blade with different surface treatment

(a) 不吹砂；(b) 水吹砂 2min；(c) 干吹砂 1min；(d) 干吹砂 3min

表 1 不同表面处理 DZ4125 合金叶片表面再结晶层厚度

Tab. 1 Thickness of surface recrystallization layer in DZ4125 alloy blade with different surface treatment

序号	吹砂工艺	再结晶层厚度/μm
1	不吹砂	0
2	水吹（150μm，0.6MPa/2min）	8，10，11.5
3	干吹（150μm，0.6MPa/1min）	22.5，26.5，26.7，29.5，36.5
4	干吹（150μm，0.6MPa/3min）	45.6，52

2.2 再结晶对 DZ4125 叶片力学性能的影响

表面再结晶对 DZ4125 合金叶片持久性能的影响见图 3（a）。可见，表面再结晶对 DZ4125 合金叶片 760℃/765MPa 持久寿命影响显著，当再结晶层厚度为 26.5μm 时，叶片 760℃/765MPa 持久寿命由无再结晶的 110h 左右下降至 20h（下降幅度 82%）；当再结晶层厚度增加至 45μm 时，叶片 760℃/765MPa 持久寿命继续下降至 11h（下降幅度 90%）。再结晶对叶片 980℃/235MPa 的持久寿命的影响相对较小，当再结晶层厚度为 26.7μm

时，叶片 980℃/235MPa 持久寿命由无再结晶的 64h 左右下降至 34h（下降幅度 47%）；当再结晶层厚度达到 52μm 时，叶片 980℃/235MPa 持久寿命继续下降至 23h（下降幅度 64%），已低于技术指标 32h 的要求。

表面再结晶对 DZ4125 合金叶片室温拉伸性能也有一定的影响（见图 3（b）），随着再结晶层厚度的增加，DZ4125 合金叶片室温抗拉强度和伸长率不断降低，再结晶层厚度超过 20μm 时抗拉强度从无再结晶的 1085MPa 下降至 931MPa（下降幅度 14%），已低于技术指标 980MPa 的要求。

从上可见，再结晶使 DZ4125 合金叶片的持久性能明显降低，且中温高应力的持久性能的下降比高温低应力下更加显著，对室温拉伸性能影响相对较小。这与郑运荣等[1]在研究 DZ22 合金再结晶、彭胜等[5]在研究 DZ417 合金再结晶时发现的规律相似。定向合金中晶界强化元素相对缺乏，再结晶晶界薄弱，裂纹易在再结晶晶界处萌生和扩展（见图 4），再结晶层所占的面积几乎无承载能力，出现再结晶就意味着实际承载的应力增大，增大的程度与再结晶层的面积成正比，因此导致叶片性能下降。

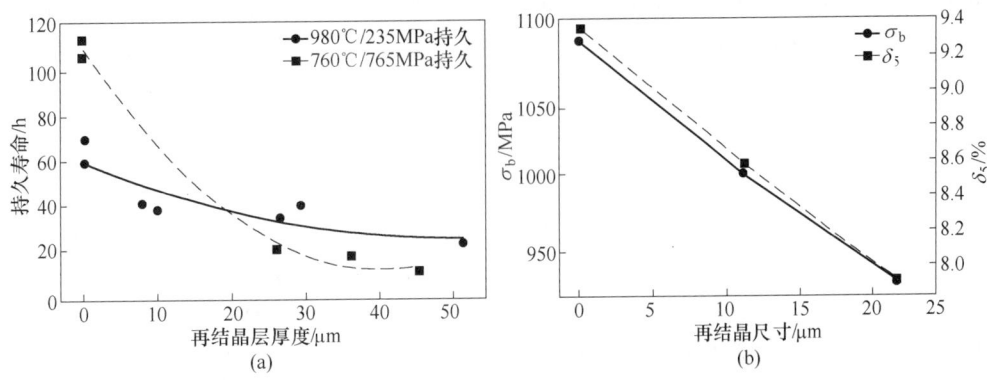

图 3　再结晶对 DZ4125 合金力学性能的影响

Fig. 3　Effect of recrystallization on the mechanical properties of DZ4125 alloy blade

（a）持久寿命；（b）室温拉伸性能

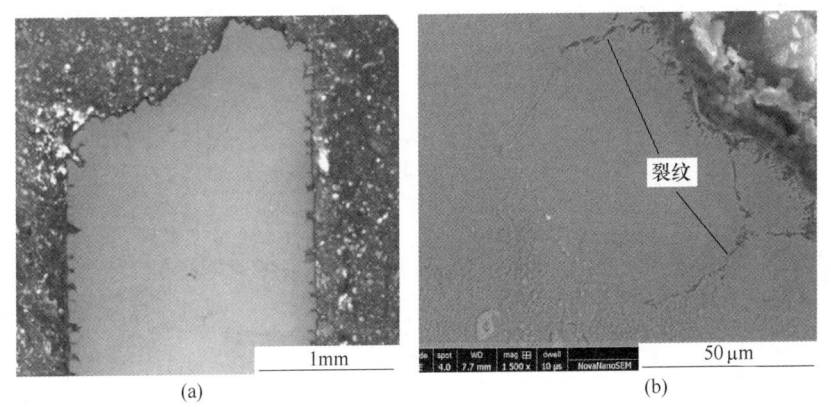

图 4　DZ4125 合金再结晶试样在 980℃/235MPa 条件下持久拉伸 23h 后的纵向断口形貌

Fig. 4　Longitudinal fracture morphology of recrystallized specimen of DZ4125 alloy after stress ruptured under 980℃/235MPa for 23h

（a）低倍断口；（b）高倍组织

谢光等[6] 提出横向再结晶面积分数（TRF）解释再结晶对定向/单晶合金持久性能的影响，合金归一化持久寿命随着 TRF 的增加呈线性下降。TRF 在高温低应力条件下是一个较为合理的评价再结晶对定向高温合金持久性能影响的参数。本研究中试样厚度为 1mm，当单面再结晶层厚度为 26.7μm 时，TRF 为 5.3%，980℃/235MPa 的持久寿命下降了 47%；当单面再结晶层厚度为 52μm 时，TRF 为 10.4%，980℃/235MPa 的持久寿命下降了 64%，这与谢光等[6] 的研究结果基本吻合。但 DZ4125 合金 760℃/765MPa 的持久寿命随 TRF 增加而迅速下降，与其高温低应力条件下的规律不同，这可能与 760℃ 时 DZ4125 合金塑性相对较差，在大应力作用下裂纹沿着再结晶晶界快速扩展有关。

总的来说，当再结晶层厚度超过 20μm 时，叶片室温抗拉强度低于技术指标要求；再结晶层厚度超过 50μm 时，叶片 980℃/235MPa 持久寿命低于技术指标要求。因此为了保证 DZ4125 合金涡轮叶片的安全性和可靠性，DZ4125 合金涡轮叶片允许存在的再结晶层厚度应不超过 20μm 为宜。在叶片实际研制过程中，应尽量减小叶片的铸造残余应力，并避免在固溶热处理前对叶片进行吹砂、打磨等导致叶片发生塑性变形的表面处理，尽量抑制叶片表面再结晶的发生。

3　结论

（1）经过吹砂处理后再进行标准热处理的 DZ4125 涡轮叶片试样表面均发生了完全再结晶，再结晶层厚度随着吹砂时间的增加而增大。

（2）再结晶使 DZ4125 合金叶片的持久性能明

显降低，且中温高应力的持久性能的下降比高温低应力下更加显著，对室温拉伸性能影响相对较小。

（3）为了保证叶片的服役安全，DZ4125 合金涡轮叶片再结晶层厚度应不超过 $20\mu m$ 为宜。

参考文献

[1] 郑运荣，阮中慈，王顺才. DZ22 合金的表层再结晶及对持久性能的影响 [J]. 金属学报，1995，31（Suppl）：325~329.

[2] 张卫方，李运菊，刘高远，等. 机械预变形对定向凝固 DZ4 合金持久寿命的影响 [J]. 稀有金属材料与工程，2005，34（4）：569~572.

[3] 王东林，李家宝，金涛，等. DZ4 镍基高温合金的再结晶 [J]. 金属学报，2006，42（2）：167~171.

[4] 贾波，李春光，李海燕. 表面再结晶对定向凝固 DZ4 合金疲劳行为的影响 [J]. 材料工程，2008，6：64~71.

[5] 彭胜，周兰章，侯介山，等. DZ417G 镍基定向凝固高温合金的再结晶 [J]. 金属学报，2010，46（8）：907~912.

[6] Xie G，Wang L，Zhang J，et al. Influence of recrystallization on the high temperature properties of a direc tionally solidified Ni-base superalloy [J]. Metallurgical and Materials Transactions A，2008，39（1）：206~210.

[7] 陶春虎，张卫方，李运菊，等. 定向凝固和单晶高温合金的再结晶 [J]. 失效分析与防护，2006，1（4）：1~9.

[8] 刘昌奎，张兵，陶春虎，等. DZ4125 定向凝固合金的再结晶行为研究 [J]. 失效分析与预防，2009，4（3）：129~132.

B、Zr 对 K4169 高温持久性能的影响

陈芳*，吕水永，年季强，陈颖杰，李淑萍

（江苏隆达超合金航材有限公司，江苏 无锡，214105）

摘 要：本文通过在高温合金母合金 K4169 中添加适量微量元素 B、Zr，采用碳硫分析仪、氧氮分析仪、X 射线荧光光谱仪、电感耦合等离子体发射光谱仪、万能试验机、高温蠕变持久试验机、金相显微镜等手段，分析微量元素对产品化学成分、金相组织、拉伸性能、高温持久性能的影响。结果表明，B 含量（质量分数）在 0.0011%~0.0030% 和 Zr 含量（质量分数）在 0.0001%~0.026% 范围内变化时，对合金 K4169 室温拉伸强度影响不大，但其伸长率、收缩率和持久寿命都有所增加，特别是持久寿命有显著提高，由未调整前的 15.02h 提高到 75.47h。当 B、Zr 质量分数分别为 0.0030% 和 0.026% 时，持久性能达到要求且最稳定，而其他 B、Zr 含量组合持久寿命虽然达到要求，但性能不稳定。

关键词：高温合金母合金；K4169；高温持久；微量元素 B、Zr

Effect of B and Zr on High Temperature Durability Properties for Superalloy K4169

Chen Fang, Lv Shuiyong, Nian Jiqiang, Chen Yingjie, Li Shuping

（Jiangsu Longda Superalloy Material Co., Ltd., Wuxi Jiangsu, 214105）

Abstract：In this paper, trace elements B and Zr were added to superalloy parent alloy K4169. The effects of trace elements on the chemical composition, metallographic structure, tensile properties and high temperature rupture properties of products were analyzed by means of C/S analyzer, O/N analyzer, XRF, ICP, universal testing machine, high temperature creep rupture testing machine and OM. The results showed that when the content of B varied from 0.0011% to 0.0030% and the content of Zr varied from 0.0001% to 0.026%, the tensile strength of the alloy K4169 at room temperature had been little affected, but the elongation, shrinkage and endurance life of the alloy K4169 increased, especially the endurance life, which increased significantly from 15.02 hours to 75.47 hours. When the content of B and Zr is 0.0030% and 0.026%, respectively, the durability reaches the highest, and the test results are relatively stable. Though the durability of other B and Zr content combinations can meet the requirements, the performance is unstable.

Keywords：superalloy；K4169；high temperature persistence；trace element B, Zr

K4169 相当于美国 INCO718 合金，是以体心四方的 γ″相为主要强化相、面心立方的 γ′相为辅助强化相的沉淀强化型 Ni-Cr-Fe 基高温合金。该合金由变形高温合金发展而来。由于合金在很宽的中、低温度范围（-235~700℃）内具有优异的综合性能，适用于制作 650℃以下工作的发动机叶片、机匣以及其他结构件[1,2]。

我公司在高温母合金 K4169 试制初期，该合金的室温性能、持久断后伸长率和收缩率一直合格且稳定，但持久寿命不稳定且达不到 HB 7763—2005[3] 的基本要求。查阅相关资料，郭建亭[4] 研究发现微合金化对高温合金力学性能和抗氧化性能等的改善具有非常重要的作用，在冶炼中，尽管微合金元素加入量很少，但会对镍基

---

* 作者：陈芳，助理工程师，联系电话：15961719547，E-mail：704318928@qq.com

高温合金的组织产生很大的影响[5]。李玉清等人通过实验验证微合金元素可明显提高晶界强度和改善第二相的形态等作用[6]。为此，在浇注温度和热处理不变的情况下，尝试采用添加微量的 B、Zr 元素来优化铸态晶粒组织，改善持久缺口敏感性[7]，降低蠕变速率，以期达到提高合金的持久寿命。

1　试验材料及方法

将高温合金母合金 K4169 采用真空感应熔炼炉重熔后浇注成拉伸试棒，经热处理后加工成圆棒进行室温拉伸、持久实验和金相检验，表 1 为 B、Zr 调整前和调整后的成分表，表 2 为合金热处理工艺。热处理后的试样加工成符合标准 HB 5143—96 和 HB 5150—96 的圆棒。采用万能试验机、电子万能高温持久蠕变试验机及光学显微镜金相显微镜分别进行室温拉伸性能检验、650℃/620MPa 条件下的高温持久性能检验及铸态试棒进行纵截面晶粒度分析。同时采用碳硫氧氮分析仪、X 射线荧光光谱仪、电感耦合等离子体发射光谱仪等对合金进行成分分析。

表 1　合金化学成分
Tab. 1　Chemical composition of alloy
（质量分数，%）

试样编号	C	Cr	Nb	Mo	Al	Ti	Ni	P	B	Zr	Mn
a	0.05	19.20	4.98	3.04	0.54	0.92	52.18	0.003	0.0011	0.001	0.005
b	0.05	19.20	4.98	3.04	0.54	0.92	52.18	0.003	0.0024	0.019	0.005
c	0.05	19.20	4.98	3.04	0.54	0.92	52.18	0.003	0.0030	0.005	0.005
d	0.05	19.20	4.98	3.04	0.54	0.92	52.18	0.003	0.0030	0.026	0.005
HB 7763—2005 要求	0.02~0.08	18.0~21.0	4.5~5.4	2.85~3.30	0.4~0.7	0.75~1.15	51.0~55.0	≤0.015	≤0.006	≤0.005	≤0.35

表 2　热处理工艺
Tab. 2　Technology for heating processing

热处理顺序	热处理制度
均匀化处理	(1095±10)℃×1.5h 空冷
固溶处理	(955±10)℃×1h 空冷
时效处理	(720±10)℃×8h，炉冷（56℃/h）至 (620±10)℃×8h，空冷

2　试验结果与讨论

2.1　力学性能

表 3 为微调 B、Zr 含量后合金的各 5 组室温拉伸性能和持久性能的平均数据。可以看出，B 含量在 0.0011% ~ 0.0030% 和 Zr 含量在 0.0001% ~ 0.026% 范围内变化时，对合金 K4169 室温拉伸的屈服强度和抗拉强度影响不大，但对伸长率和断面收缩率提高较明显。特别对持久寿命有显著提高。实验发现，当 B、Zr 分别为 0.0030% 和 0.026% 时持久性能达到要求且最稳定，持久寿命由未调整前的 15.0h 提高到 75.5h，提高整整 5 倍。而其他 B、Zr 含量组合时，持久寿命虽然达到要求，但实验结果不稳定。

表 3　微调 B、Zr 含量后合金的室温拉伸性能和持久性能
Tab. 3　Tensile properties and stress-rupture of alloy with different B, Zr contents

$w(B)/\%$ (≤0.006)	$w(Zr)/\%$ (≤0.05)	室温拉伸性能				650℃/620MPa 条件下持久性能	
		R_m/MPa (≥825)	$R_{p0.2}/MPa$ (≥640)	$A/\%$ (≥5.0)	$Z/\%$ (≥3.0)	$A/\%$ (≥3.0)	t/h (≥23)
0.0011	0.0001	1050	945	13.0	24.5	4.5	15.0
0.0024	0.019	985	840	16.0	22.5	2.5	38.2
0.0030	0.005	1060	900	17.0	33.0	5.5	37.4
0.0030	0.026	1080	955	19.0	36.0	6.0	75.5

2.2 宏观金相分析

对铸态试棒纵截面解剖进行晶粒度分析。用水砂纸从粗到细研磨后进行腐蚀，宏观腐蚀液由15g 硫酸铜+50mL 盐酸+3.5mL 硫酸配制而成。图1 为 B、Zr 调整前后试棒剖面宏观组织照片，四个试样平行段的平均晶粒度均为 ASTM M-6 级，组织均比较粗大，且都为等轴晶。可以看出 B、Zr 元素含量的微调整对晶粒尺寸影响不大。

图 1 B、Zr 调整前后合金宏观组织

Fig. 1 Macrostructure of superalloy with different B, Zr contents

(a) B、Zr 调整前；(b)，(c)，(d) B、Zr 调整后

2.3 微观金相分析

试样经热处理后，切割成块状，用金相砂纸采用正交法进行研磨，采用 0.5μm 金刚石喷雾抛光剂抛光后经 1.5g 硫酸铜+40mL 盐酸+20mL 酒精配制的腐蚀液进行微观组织腐蚀。图2 为 B、Zr 调整前后 100 倍的微观金相组织。合金 K4169 热处理后组织组成相主要为 γ、γ′、γ″、δ、MC 和 Laves 相，从图中可以看出 B、Zr 调整前后相组成基本相同，调整后各相更细小，有害相 δ 和 Laves 相也大量减少，有利于力学性能的提高。通过添加微量元素 B、Zr，图 2 (a) 中 δ 相的尺寸由 30μm 降到了 15μm，如图 2 (b) 所示，但是枝晶偏析还比较严重，枝晶宽度达到了 20μm。图 2 (d) 中 δ 相和 Laves 相明显减少，偏析带对比图 2 (b)、(c) 明显好转。

3 原因分析

通过研究不同含量 Zr 在 K4169 合金中的作用[8]，发现 Zr 促进碳原子向晶界偏聚，因而促进晶界碳化物析出，同时 Zr 促进 Nb、Mo 等原子向 MC 中偏聚，抑制了晶界 Laves 相的析出。Zr 强烈改变 γ′ 和 γ″ 相析出形貌和大小。在长时时效过程中，Zr 的加入可以提高 γ 相的高温稳定性；当 Zr 质量分数为 0.03% 时，合金中形成了 γ′ 和 γ″ 包覆组织，没有形成盘片状 δ 相。这个结论与本文的微观组织变化趋势一致。李亚敏等人[9] 研究发现当合金中 Zr 质量分数大于 0.05% 时，γ′ 和 γ″ 相尺寸增大，但随着 Zr 质量分数的增加，γ′ 和 γ″ 尺寸又逐渐减小，形貌呈耳垂状；Zr 的加入降低了标准热处理态合金的硬度；Zr 含量为 0.03% 时，标准热处理态合金的硬度和屈服强度最低。所以本文 Zr 的含量控制在 0.026%。

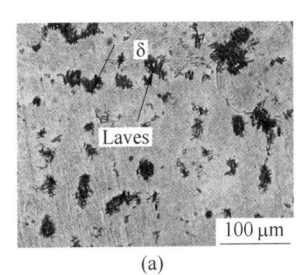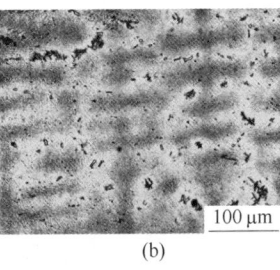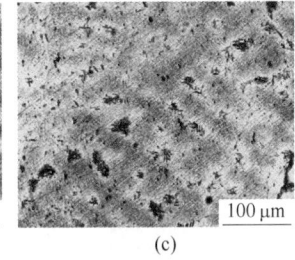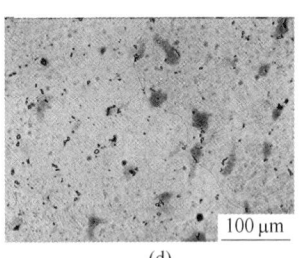

(a) (b) (c) (d)

图 2 B、Zr 调整前后显微组织

Fig. 2 Microstructure of superalloy with different B, Zr contents

(a) B、Zr 调整前；(b)~(d) B、Zr 调整后

在高温和应力的长时间作用下，裂纹在晶界萌生，因而提高晶界强度有重要意义[8]。而 B 原子偏聚于晶界，使晶界强度增大。在持久应力的作用下，变形集中于晶粒内部，晶粒拉长，晶界处的应力得到松弛，从而大大延缓了晶界裂纹的形成。同时，由于晶界裂纹呈孔洞型，不易发生聚集连结。所以 B 的晶界偏聚，不仅推迟了裂纹的萌生，也阻止了裂纹的扩展，使合金的断裂由沿晶型变为混合型，从而使持久寿命大幅度提高[4]。

B、Zr 作为有益微量元素偏聚到晶界，减少晶界缺陷，提高晶界结合力，使晶界强度增大[10]。

在组织上，B 在晶界富集，促进 γ′ 析出，增加 γ′ 数量，Zr 能改变晶界相的形态，减小晶界相的尺寸，细化 γ′ 和 γ″ 相，Laves 相也随 Zr 含量的增加而减少[8]。因此 B 与 Zr 的综合作用可以提高持久寿命和改善合金的塑性。

4 结论

通过对高温合金 K4169 添加微量元素 B 与 Zr 研究发现，B 含量在 0.0011% ~ 0.0030% 和 Zr 含量在 0.0001% ~ 0.026% 范围内变化时，对合金 K4169 室温拉伸强度影响不大，但其伸长率、收缩率和持久寿命都有所增加，特别是持久寿命有显著提高。当 B、Zr 分别为 0.0030% 和 0.026% 时持久性能达到要求且最稳定，金相组织较为理想。

参考文献

[1] 李爱兰，汤鑫，盖其东，等. 热处理工艺对 K4169 合金微观组织的影响 [J]. 航空材料学报，2006，26 (3)：311~312.

[2] Radavich J F, Fort A. Effects of long time exposure in alloy 625 at 1200 ℉, 1400 ℉ and 1600 ℉ [C] // Proceedings of the international Symposium on Superalloys 718, 625, 706 and Various Derivatives, Warrendale: TMS, 1994：635~647.

[3] 北京航空材料研究院，等. HB 7763—2005 航空发动机用等轴晶铸造高温合金锭规范 [S]. 2005.

[4] 郭建亭. 高温合金材料学（上册）[M]. 北京：科学出版社，2008：143~161.

[5] 郭建亭. 几种微量元素在高温合金中的作用与机理 [J]. 中国有色金属学报，2011，21 (3)：465~475.

[6] 李玉清，刘锦岩. 高温合金晶界间隙相 [M]. 北京：冶金工业出版社，1990：2~20.

[7] 冶军. 镍基高温合金的发展概况：美国镍基高温合金 [M]. 北京：科学出版社，1978：1~47.

[8] 李亚敏. Co、Zr、Cu 在 K4169 合金中作用的研究 [D]. 兰州：兰州理工大学，2011.

[9] 李亚敏，陈毅，郝远. Zr 在 K4169 合金凝固过程中作用的研究 [J]. 热加工工艺，2012，41 (11)：31~34.

[10]《中国航空材料手册》编辑委员会. 中国航空材料手册（第 2 卷 变形高温合金 铸造高温合金）[M]. 2 版. 北京：中国标准出版社，2001.

不同冷却方式下 Zr 对 K417G 合金 γ′相析出的影响

祁峰[1,2]，孙文儒[2*]，刘芳[2]，张伟红[2]，信昕[2]，贾丹[2]，苏晓赢[2]

（1. 东北大学材料科学与工程学院，辽宁 沈阳，110819；
2. 中国科学院金属研究所高温合金研究部，辽宁 沈阳，110016）

摘　要：研究了 K417G 合金经过归一化回熔及 γ′相二次析出热处理后在不同冷却方式条件下 Zr 对 γ′相析出的影响，结果表明：Zr 的加入促使 K417G 合金中 γ′相形貌从不规则的类方形向方形转变。在炉冷条件下，合金中的 γ′相主要以一次 γ′相为主，Zr 对合金中 γ′相形貌析出规律与铸态组织相似；在空冷条件下，合金中的 γ′相由块状一次 γ′相和颗粒状的二次 γ′相组成，Zr 的添加对合金的一次 γ′相和二次 γ′相析出尺寸和形貌影响不明显。同种冷却方式下，合金随 Zr 含量的增加硬度相应增加。同等成分下，合金空冷条件下的硬度高于炉冷条件。

关键词：冷却方式；Zr；K417G 铸造高温合金；γ′相

Effect of Zr on γ′ Phase Precipitation in K417G Alloy under Different Cooling Modes

Qi Feng[1,2]，Sun Wenru[2]，Liu Fang[2]，Zhang Weihong[2]，Xin Xin[2]，Jia Dan[2]，Su Xiaoying[2]

（1. School of Materials Science and Engineering，Northeastern University，Shenyang Liaoning，110819；
2. Superalloy Department，Institute of Metal Research，Chinese Academy of Sciences，Shenyang Liaoning，110016）

Abstract：In this paper，the effect of Zr on the precipitation of γ′ phase in K417G alloy after normalized remelting and secondary precipitation heat treatment under different cooling modes was studied. The results show that the addition of Zr promotes the transformation of γ′ phase morphology from irregular quadrate to square in K417G alloy. Under the condition of furnace cooling，the primary γ′ phase is dominant in the alloy，and the precipitation regular pattern of γ′ phase morphology is similar to that of as-cast structure. Under the condition of air cooling，the precipitation of γ′ phases are consist of larger primary γ′ phases and secondary γ′ phases. The addition of Zr has no obvious effect on the size and morphology of the primary γ′ phase and secondary γ′ phase. Under the same cooling mode，the hardness of the alloy is increasing with the increase of Zr content. Under the same composition，the hardness of the alloy under air cooling condition is higher than that under furnace cooling condition.

Keywords：cooling mode；Zr；K417G alloy；γ′ phase

K417G 合金是在 K417 合金成分基础上发展的一种新的铸造高温合金，被应用在飞机发动机多种工作叶片和导向叶片。作为镍基高温合金中的主要强化相，γ′相的形貌、尺寸、分布对合金的性能有着直接的影响。热处理制度的不同对 γ′相的形貌和尺寸有明显的变化[1~4]，γ′相是 K417G 合金中的主要强化相，约占合金质量的 67%，因此研究 γ′相在 K417G 合金中的析出规律方式对 K417G 合金的应用意义重大。

关于热处理制度和冷却方式对 γ′相析出的影响相关学者已经做了很多研究[5~7]，但关于不同冷却方式下 Zr 对 K417G 合金中 γ′相的析出还没有更深入的研究，本文研究目的是通过考察不同冷却方式后 γ′相析出行为，阐明不同冷却方式下 Zr 对

* 作者：孙文儒，研究员，联系电话：024-23971737，E-mail：wrsun@ imr. ac. cn

K417G 合金 γ′ 相析出的影响机制。

1 试验材料及方法

选取 K417G 合金作为实验合金，用 75kg 半连续真空感应炉冶炼并浇注成 4 支尺寸为 φ80mm×45mm 的母合金棒料，名义成分如表 1 所示。将母合金棒切割成 2 个 4.5kg 重的合金锭，经打磨除去表面氧化皮后，在 25kg 真空感应熔炼炉（设备型号：ZG-0.005C）中添加不同含量 Zr 元素，分别重熔成 2 炉尺寸为 φ14mm×80mm×8 支的合金试棒锭组，在两炉子合金中 Zr 元素的含量（质量分数）分别为：0（合金 1）和 0.097%（合金 6）。在两个合金中各随机选取一支试棒取金相样，经研磨、抛光和腐蚀后观察各子合金中的铸态组织。电解腐蚀剂为：10% 冰醋酸+15% 硝酸+75% 水。

表 1 母合金化学成分
Tab. 1 Chemical composition of master alloy

（质量分数,%）

Cr	Co	Mo	Ti	Al	V	C	Ni	Zr	B
8.89	10.0	3.15	4.37	5.32	0.74	0.16	余	<0.01	0.021

为了排除冶炼工艺造成的干扰，只考察 Zr 元素的添加对 γ′ 相形貌的影响，取不同 Zr 含量的金相试样做归一化回熔及 γ′ 相二次析出热处理。热处理制度为：1240℃ 保温 3h，然后经 1h 炉冷至 1095℃ 保温 14h，最后将试样分成两部分，其中一部分直接空冷，另一部分随炉冷至 700℃ 后再进行空冷。将热处理后的试样研磨抛光后，腐蚀掉大部分 γ 相，主要保留 γ′ 相，在 "S4800" 型场发射扫描电镜（SEM）上观察不同冷却方式后 Zr 含量对 γ′ 相形貌及尺寸的影响。

对不同冷却速度的试样在 LM247AT 型显微硬度测试仪上测定 Zr 在不同冷速条件下的显微硬度，考察 Zr 对不同冷速后析出不同尺寸数量的 γ′ 相引起强度的变化，试验载荷为 200g，保压时间为 15s。

2 试验结果及分析

2.1 不同冷却方式后 γ′ 相形貌

图 1 为合金铸态组织中的 γ′ 相形貌，在合金 1（0 Zr）中的 γ′ 相边界由光滑不规则的四边形和近圆形组成（见图 1（a））。合金 2（0.097% Zr）中的 γ′ 相边界形貌转变成相对规整的正方形或长方形结构（见图 1（b））。表明 Zr 的加入使铸态合金中 γ′ 相的形貌从近圆形向方形进行了转变。

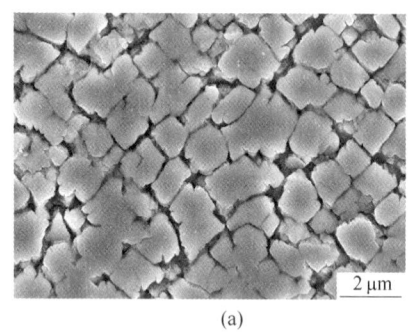

(a)　　　　　　　　　　　(b)

图 1 不同 Zr 含量合金铸态试样中 γ′ 相形貌
Fig. 1 The morphology of γ′ phase of the as-cast samples
(a) 合金 1（0 Zr）；(b) 合金 2（0.097% Zr）

图 2 是经 1240℃ 保温 3h，然后经 1h 炉冷至 1095℃ 保温 14h 后空冷的试样 γ′ 相形貌，从图 2（a）和（b）可见，合金 1（0 Zr）和合金 2（0.097% Zr）中的一次 γ′ 相以边界光滑的块状为主，形貌和尺寸差异不明显，表明 Zr 的加入对一次 γ′ 相析出的形貌和尺寸影响不大。

从图 2（c）和（d）可见，合金 1（0 Zr）和合金 2（0.097% Zr）中除了析出块状的一次 γ′ 相，还发现有大量圆形颗粒状二次 γ′ 相。γ′ 形貌受界面能及合金中组成 γ′ 相元素的扩散控制影响，试样固溶后进行时效时温度越高，界面能降低越多，γ′ 相形成元素扩散越快，γ′ 相相互吞并得以长大，从而使 γ′ 相尺寸增大。在空冷过程中二次析出的 γ′ 相析出方式有两种：一种是附着在已时效

析出的 γ′ 相上；另一种是重新形核析出 γ′ 相，以哪一种方式析出取决于 γ′ 相形成元素距已析出 γ′ 相的距离。从图 2（c）和（d）可见，合金 1（0 Zr）和合金 2（0.097% Zr）中一次 γ′ 相的间距均较大，基体通道变宽，同时由于空冷过程中合金冷却速度较快，合金中 γ′ 相形成元素来不及扩散到 γ/γ′ 界面，在基体通道中析出了细小圆形颗粒状二次 γ′ 相，平均尺寸约在 0.06μm。因此，在空冷条件下合金中的 γ′ 相以块状一次 γ′ 相和圆形颗粒状二次 γ′ 相组成，Zr 的加入对两种 γ′ 相的

析出形貌无明显影响。

经 1240℃ 保温 3h，然后经 1h 炉冷至 1095℃ 保温 14h，炉冷至 700℃ 后空冷的试样，由于炉冷速度较慢，给二次 γ′ 相析出提供了时间，伴随二次 γ′ 相依附着一次 γ′ 相的长大析出，两种不同 Zr 含量合金的 γ′ 相尺寸均已长大。在合金 1（0 Zr）中，γ′ 相呈边界光滑的不规则形状（见图 3（a）），当 Zr 含量提高到 0.097% 后，γ′ 相边界已逐渐由无规则的光滑状向相对规整的正方结构转变（见图 3（b））。

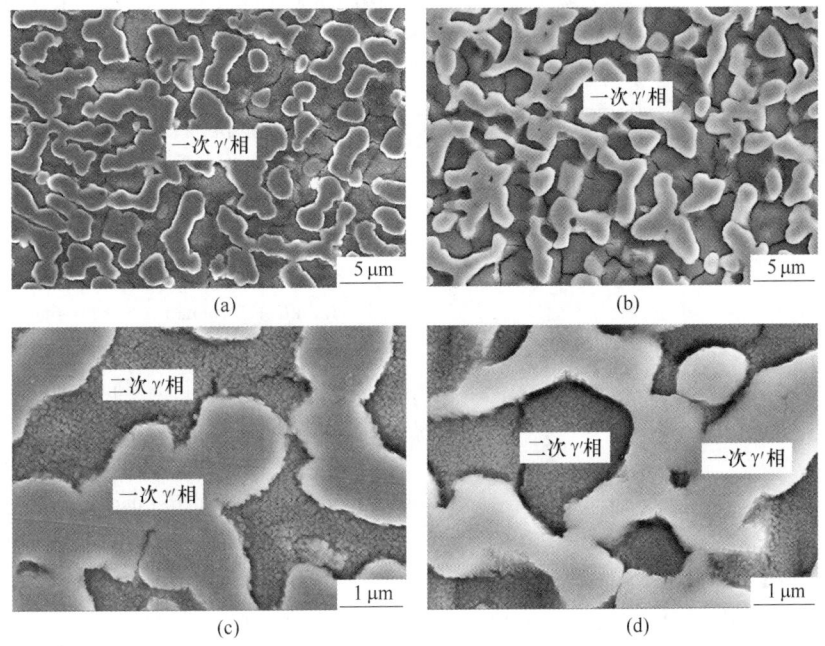

图 2　合金经过归一化回熔及二次析出热处理后空冷条件下 γ′ 相析出形貌
Fig. 2　The morphology of γ′ phase under the condition of air cooling after heat treatment of normalized melting and secondary precipitation
（a），（c）合金 1（0 Zr）；（b），（d）合金 2（0.097% Zr）

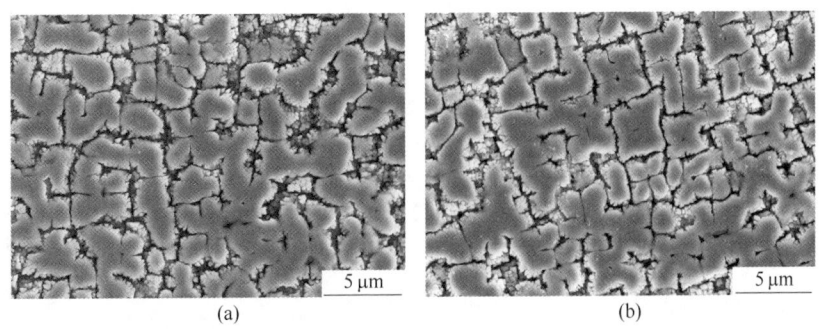

图 3　合金经过归一化回熔及二次析出热处理后炉冷条件下 γ′ 相析出形貌
Fig. 3　The morphology of γ′ phase under the condition of furnace cooling after heat treatment of normalized melting and secondary precipitation
（a）合金 1（0 Zr）；（b）合金 2（0.097% Zr）

2.2 不同冷却方式后的显微硬度

对两种冷却方式后的试样测试其维氏硬度，观察 γ′ 相的析出对显微硬度的影响变化，从图 4 可见，同种冷却条件下 Zr 的加入明显提高了合金的硬度；Zr 含量相同的试样，空冷后的维氏硬度明显大于炉冷。可见，同等冷速条件下 Zr 的加入促进合金硬度的提高，而同种合金成分条件下冷速快有利于合金硬度的提高。

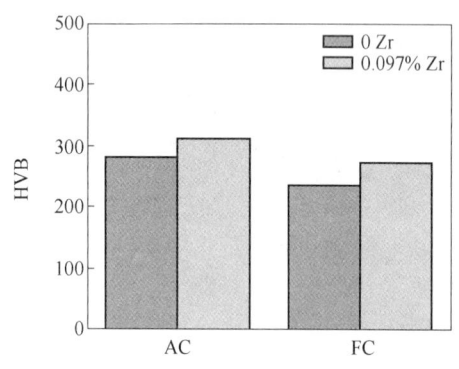

图 4　不同冷速对合金硬度的影响

Fig. 4　Effect of different cooling rates on hardness of alloys

3　讨论

冷却速度决定着合金中 γ′ 相的形核速率和长大动力。根据经典形核理论，冷速越大，γ′ 相在基体里的过饱和度越大，试样在空冷时处于较快的冷却速度，使一次 γ′ 相之间基体通道内形成 γ′ 相的元素没有足够的激活能和时间扩散到一次 γ′ 相中，同时由于过快的冷速会产生更大的过冷度，促使在基体通道内未与一次 γ′ 相相邻的二次 γ′ 相大量形核，析出圆形颗粒状的二次 γ′ 相（见图 2 (c)、(d)）。而炉冷试样由于冷速较慢，使基体内形成 γ′ 相的元素能够有足够的激活能和时间扩散到一次 γ′ 相上，从图 3 中可以明显观察到颗粒状二次 γ′ 相依附在一次 γ′ 相边缘长大，伴随一次 γ′ 相共同生长的形貌，同时也使一次 γ′ 相之间的基体通道变窄。

在同等条件下，冷速快将产生较大的过冷度，在基体里存储了大量的形核能，导致硬度提高，因此，Zr 含量相同的试样中，空冷试样的硬度值要高于炉冷试样。而在同等条件下，加入 Zr 元素的合金中，由于 Zr 原子尺寸较大，固溶进基体内的 Zr 原子会引起奥氏体内的晶格畸变，从而提高基体的强度。因此，同等冷却条件下，Zr 的加入提高了合金的硬度。

4　结论

（1）Zr 的加入使 K417G 合金中 γ′ 相形貌从类方形向方形转变。

（2）经过归一化回熔及 γ′ 相二次析出热处理后，在炉冷条件下，合金中的 γ′ 相主要由一次 γ′ 相组成；在空冷条件下，合金中的 γ′ 相由尺寸较大的块状一次 γ′ 相和颗粒状的二次 γ′ 相组成。

（3）同等冷速条件下 Zr 的加入促进合金硬度的提高，而同种合金成分条件下冷速快有利于合金硬度的提高。

参考文献

[1] Balikci E, Raman A A, Mirshams R A. Influence of various heat treatments on the microstructure of polycrystalline IN738LC [J]. Metallurgical and Materials Transaction A, 1997, 28 (8): 1993.

[2] Malow T, Zhu J W, Wahi R P. Influence of heat treatment on the microstructure of the single-crystal nickel-base superalloy SCI6 [J]. Z. Metallkd, 1994, 85 (1): 9.

[3] Vandermolen E H, Oblak J M. Control of γ′ particle size and volume fraction in the high temperature superalloy udimet 700 [J]. Metallurgical Transaction, 1971, 2 (6): 1627.

[4] 史振学，李嘉荣，刘世忠，等. Hf 含量对 DD6 单晶高温合金铸态组织的影响 [J]. 稀有金属材料与工程，2010, 39 (3): 490.

[5] Tian G F, Jia C C, Wen Y, et al. Effect of cooling rate from solution heat treatment on the γ′ precipitation behaviors in a Ni-base PM superalloy [J]. Journal of University of Science and Technology Beijing, 2008, 15 (6): 729.

[6] Kakehi K. Influence of secondary precipitates and crystallographic orientation on the strength of single crystal of a Ni-based superalloy [J]. Metallurgical Transactions A, 1999, 30 (5): 1249.

[7] Kakehi K. Effect of primary and secondary precipitates on creep strength of Ni-based superalloy single crystals [J]. Materials Science and Engineering A, 2000, 278 (1): 135.

K4208 镍基耐磨高温合金高温氧化性能研究

国为民[1,2,3*]，杜静[4]，金莹[4]，韩凤奎[1,2,3]，曾强[1,2,3]，姚志浩[5]，董建新[5]

（1. 钢铁研究总院高温材料研究所，北京，100081；
2. 北京钢研高纳科技股份有限公司，北京，100081；
3. 高温合金新材料北京市重点实验室，北京，100081；
4. 中国航发沈阳黎明航空发动机有限责任公司技术中心，辽宁 沈阳，110043；
5. 北京科技大学材料科学与工程学院，北京，100083）

摘　要：研究了 K4208 镍基耐磨高温合金在 900℃、1000℃和1100℃高温下的氧化性能。采用质量增加法测试分析了合金不同温度的氧化速率 K'（$g/(m^2 \cdot h)$）。使用场发射电子显微镜（FESEM）对合金高温氧化暴露后的内部组织进行了观察。测试分析了氧化温度对高温氧化暴露后合金室温硬度的影响。氧化速率测试结果表明，合金 900℃/50h 暴露氧化的抗氧化性能为完全抗氧化级，1000℃/50h 的抗氧化性能为抗氧化级，而 1100℃/50h 的抗氧化性能为次抗氧化级。组织和性能研究结果表明，随着氧化温度的升高，合金的内部组织会发生一定程度的变化，但这种变化对试样表面室温硬度性能的影响不大。高温抗氧化性能表明，K4208 合金可以在 1000℃下使用。

关键词：K4208 镍基高温合金；抗氧化性能；氧化速率；组织；硬度

Study on High Temperature Oxidation Behavior of K4208 Nickel-based Wearable Superalloy

Guo Weimin[1,2,3], Du Jing[4], Jin Ying[4], Han Fengkui[1,2,3], Zeng Qiang[1,2,3], Yao Zhihao[5], Dong Jianxin[5]

（1. High Temperature Materials Research Institute, Central Iron & Steel Research Institute, Beijing, 100081；
2. Beijing CISRI-GAONA Materials & Technology Co., Ltd., Beijing, 100081；
3. Beijing Key Laboratory of Advanced High Temperature Materials, Beijing, 100081；
4. AECC Shenyang Liming Aero-engine（Group）Co., Ltd. Technical Center, Shenyang Liaoning, 110043；
5. School of Materials Science and Engineering, University of Science and Technology Beijing, Beijing, 100083）

Abstract：The oxidation behavior of K4208 nickel-based wearable superalloys at 900℃, 1000℃ and 1100℃ was studied. The oxidation rate K'（$g/(m^2 \cdot h)$）at different temperature of K4208 was analyzed by weight increase method. The internal structure of the alloy after high temperature oxidation exposure was observed by field emission electron microscope（FESEM）. The effects of high temperature oxidation exposure on the hardness were analyzed. The oxidation rate test results show that the antioxidant performance of the alloy 900℃/50h exposure oxidation is a total antioxidation, the antioxidant performance of 1000℃/50h is an antioxidation stage, and the antioxidant performance of 1100℃/50h is an sub-antioxidation. The results of microstructure and properties show that the internal structure of K4208 will change with the increase of oxidation temperature, but this change has little effect on the hardness performance of the sample surface at room temperature. The high temperature antioxidant properties indicate that the K4208 can be used under 1000℃.

Keywords：K4208 alloy；antioxidant properties；oxidation rate；organization；hardness

---

＊作者：国为民，教授，联系电话：010-62183820，E-mail：fmguowm@sina.com

耐磨高温合金虽然在高温合金材料中属于小众[1]，但是由于其特殊的"高温耐磨、耐蚀"的特性，因而在航空发动机、核反应堆、舰船发动机、燃气轮机叶片防护、特种阀门制造等方面发挥越来越重要的作用[2,3]，耐磨高温合金材料研究也越来越受到重视。K4208 镍基耐磨高温合金是由钢铁研究总院研制的目前主要用于先进航空发动机叶片耐磨镶块制造、等轴晶叶片服役损伤补焊修复和零件表面耐磨层等离子喷涂等特殊高温合金材料，是我国目前镍基耐磨高温合金的代表牌号。K4208 最初的设计使用温度为 800℃，但由于精铸工艺的不断优化，因而其拉伸强度性能、硬度性能和微动磨损性能进一步得到提高，可以考虑在 900~950℃ 设计使用，因此合金的高温抗氧化性能的研究就显得十分重要。本文首次根据工业标准 HB 5258—2000，采用质量增加法研究了 K4208 合金在 900℃、1000℃ 和 1100℃ 高温下的氧化性能，研究结果为 K4208 合金材料今后的设计应用提供了参考。

1 试验材料及方法

试验用 K4208 合金化学成分（质量分数,%）为：C 0.14, Si 1.5, Cr 13.4, W 9.5, Mo 14.3, Al 2.3, Ti 2.7, Fe 2.9, Ni 余量。在经标准热处理后 K4208 合金精铸块上切取 15mm×10mm×10mm 的试样块，用金相砂纸（1000 号）对试样表面进行打磨，去除毛刺等表面缺陷，将试样用酒精浸泡并用超声波清洗机清洗，以去除油渍。取出后在干燥器内静置 1h，用游标卡尺测量试样尺寸（长、宽、高），用电子天平（精确度为 0.0001g）测量试样质量 m_0，将实验用坩埚在 900℃、1000℃、1100℃ 条件下焙烧 2h，使焙烧前后坩埚质量差值小于 0.0002g，记录坩埚质量 m。将试样置于坩埚之中，使二者为点接触，测量总质量 m_1，将盛有试样的坩埚在 900℃、1000℃、1100℃ 温度下在箱式电阻炉中加热 25h，取出后加坩埚盖冷却，以防止氧化皮损失，冷却后测量二者总质量 m_4（m_{25h}），称重后将坩埚和试样再次加热至 900℃、1000℃、1100℃，再保温 50h，取出后加盖冷却，称量坩埚和试样总质量 m_5（m_{50h}），将试样从坩埚中取出，用毛刷将表面氧化皮粉清理干净，测量此时试样质量 m_6，采用公式 $K' = $

$$\frac{m_4 - m_5}{25S} \text{和} G' = \frac{m_4 - m_6 - m}{S}（S \text{为试样表面积}）$$

分别计算氧化速度和氧化皮脱落量。使用场发射电子显微镜（FESEM）对氧化试样上切取的金相样品内部组织进行观察。使用布氏硬度测试仪对样品进行硬度测试，计算结果取四个试样平均值。

2 试验结果及分析

2.1 不同温度下高温氧化速率测试研究

在 900℃、1000℃、1100℃ 下研究试样的氧化速率，测试结果如表 1 所示。结果表明，合金在 900℃、1000℃、1100℃ 氧化 50h 后平均氧化速率分别是 0.07377g/（m²·h），0.2497g/（m²·h）和 1.157g/（m²·h），按《钢和合金抗氧化测定方法》（GB/T 13303—91）和评定分级对照，K4208 合金在 900℃ 下氧化 50h 的抗氧化性能为 1 级（完全抗氧化级），1000℃ 下氧化 50h 的抗氧化性能为 2 级（抗氧化级）。1100℃ 下氧化 50h 的抗氧化性能为 3 级（次抗氧化级）。因此从抗氧化性能考虑，K4208 合金可以在 1000℃ 下设计使用。

表 1 试样在不同温度下暴露 50h 的氧化速率
Tab. 1 Oxidation rates of oxide scales after 50h exposure at different temperatures

温度 /℃	50h 总质量 m_4/g	25h 总质量 m_5/g	平均氧化速度 $K'/g·$（m²·h）$^{-1}$	平均氧化皮脱落量 $G'/g·m^{-2}$	抗氧化性能/级
900	30.4166	30.4153	0.07377	—	完全抗氧化（1 级）
1000	30.7734	30.7690	0.2497	—	抗氧化（2 级）
1100	30.4859	30.4655	1.157	—	次抗氧化（3 级）

2.2 不同温度下高温氧化合金内部组织演变

图 1 显示了 K4208 合金不同温度 50h 高温氧化内部金相组织演变。分析表明，高温氧化后合金的内部组织结构没有发生实质性的改变[4]：γ 基体上分布着 α-（Mo,W）相、γ′ 相和碳化物等，但相的尺寸和数量随着温度的升高而发生变化。比如 1000℃/50h 氧化的样品中的 γ′ 相的尺寸相比 900℃/50h 的试样长大，直径在 100~500nm，大

量溶解并呈现球形，到1100℃/50h氧化后γ′相几乎全部溶解；随着温度升高，初生α-(Mo,W)明显增厚，在其周围析出大量二次γ′相，次生α-(Mo,W)相依然大量存在，1100℃/50h氧化后的样品中次生α-(Mo,W)相大量溶解，初生α-(Mo,W)厚度和尺寸都达到最大；M_6C型碳化物的数量随氧化温度的升高几乎没有改变。与此相对应，γ基体的质量分数随温度升高明显增加。考虑到K4208作为镍基高温合金，γ′相、α-(Mo,W)相和碳化物是主要强化相，因此从组织上分析，1100℃/50h氧化后合金的强度性能（拉伸、硬度）和耐磨性能等肯定会下降。

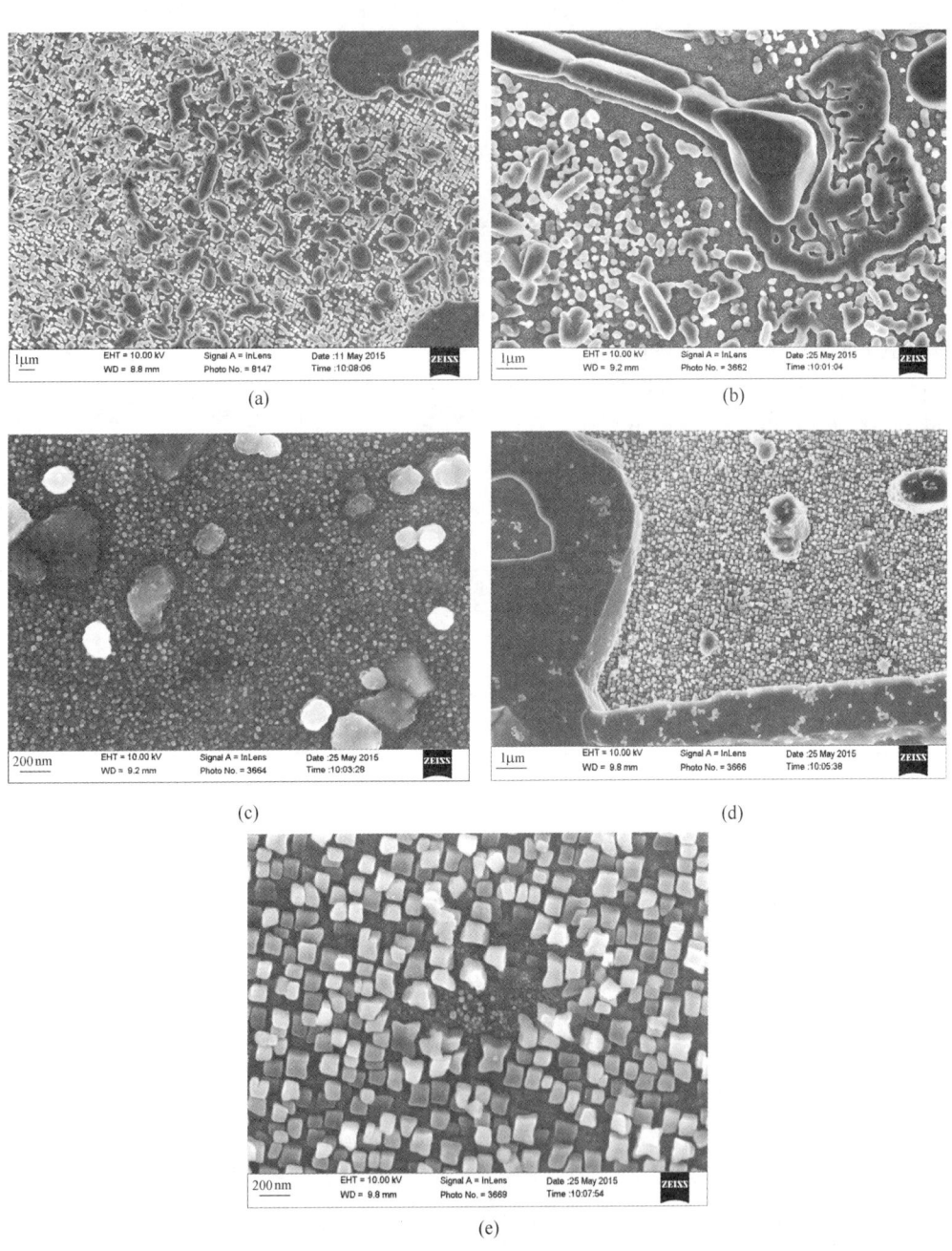

图1　K4208合金高温氧化50h后高倍FESEM组织形貌

Fig. 1　Microstructure of K4208 alloy after high temperature oxidation of 50h

(a) 900℃；(b) 1000℃；(c) 1000℃；(d) 1100℃；(e) 1100℃

2.3　氧化温度对 K4208 合金硬度的影响

通过测试不同温度下高温氧化试样的室温表面布氏硬度，研究了氧化温度对合金硬度的影响，测试结果如表 2 所示。测试结果表明，高温氧化后合金表面硬度随着氧化温度增加而呈现明显下降的趋势。试样在 900℃/50h 暴露氧化后表面室温硬度为 HB506，而在 1100℃/50h 氧化后室温硬度为 HB495，所有测试值都低于 HB500，这一变化趋势也进一步验证了前面组织分析结果。考虑到 K4208 合金的室温硬度性能标准值是 HB ≥ 430[5]，因此可以说，虽然氧化温度的升高导致合金的内部组织发生一定的变化，对合金的硬度性能的影响是负面的，但高温氧化后合金的室温硬度性能变化是在可控范围内的。

表 2　不同氧化温度 K4208 合金的硬度值变化

Tab. 2　The change of hardness of K4208 alloy with different oxidation temperature

硬度（HB）	900℃/50h	1000℃/50h	1100℃/50h
1	509	496	498
2	506	497	492
3	510	505	498
4	501	503	490
平均	506	500	495

3　结论

（1）K4208 合金 900℃/50h 暴露氧化的抗氧化性能为 1 级（完全抗氧化级），1000℃/50h 的抗氧化性能为 2 级（抗氧化级），1100℃/50h 的抗氧化性能为 3 级（次抗氧化级），合金完全可以满足 1000℃下使用温度要求。

（2）在 900℃、1000℃和 1100℃氧化温度下，随着氧化温度的升高，合金的内部组织会发生 γ′ 相溶解长大直至最后消失、α-（Mo,W）相长大溶解和 γ 基体质量分数增多等变化，但这种变化对试样表面室温硬度性能的影响不大，在允许范围内。

参考文献

[1] 黄乾尧，李汉康，等. 高温合金 [M]. 北京：冶金工业出版社，2000.

[2] 邵荷生，张清. 金属的磨料磨损与耐磨材料 [M]. 北京：机械工业出版社，1988.

[3] 王德权，胡毅均，李杰. 阀门用钴基合金及堆焊工艺 [J]. 阀门，2004（2）：12~17.

[4] 杨升，国为民，杜静. 新型镍基耐磨高温合金浇注温度研究 [C]. 2017 年全国高品质特殊钢生产技术研讨会，湖北武汉，2017.

[5] 中国金属学会高温材料分会. 中国高温合金手册（下卷）[M]. 北京：中国质检出版社，中国标准出版社，2012.

基于高梯度定向凝固工艺优化镍基单晶高温合金固溶处理

张琰斌[1,2]，刘林[2*]，黄太文[2]，张军[2]，傅恒志[2]

（1. 重庆理工大学材料科学与工程学院，重庆，400054；
2. 西北工业大学凝固技术国家重点实验室，陕西 西安，710072）

摘　要： 由于高代次先进镍基单晶高温合金存在难熔元素含量高、枝晶偏析严重、均匀化速率慢等因素，单纯改变固溶处理工艺很难解决易初熔、耗时长、残余偏析严重等问题。本文以一种第三代单晶高温合金为研究对象，采用 LMC 法高梯度定向凝固工艺细化枝晶组织，同时降低铸态偏析和孔隙率。将合金的一次枝晶间距从 260μm 细化到 83μm，固溶温度从 1330℃提高到 1340℃，固溶时间从 30h 缩短到 25h。由于固溶温度提高且扩散距离缩短，经过固溶处理后残余偏析显著降低，其中 Re 的偏析比从 2.15 降低到 1.17。而元素均匀化程度增加，也导致固溶微孔的孔隙率从 0.41%减少到 0.12%。合金经过时效处理后 γ′尺寸均匀性和 γ 基体通道尺寸的均匀性均增加。合金蠕变寿命延长，在 1100℃/150MPa 下合金蠕变寿命从 105h 延长到 133h。

关键词： 镍基高温合金；固溶处理；残余偏析；固溶微孔；蠕变性能

Optimization of Solution Heat Treatment Based on Rapid Directional Solidification for Ni-based Superalloys

Zhang Yanbin[1,2], Liu Lin[2], Huang Taiwen[2], Zhang Jun[2], Fu Hengzhi[2]

（1. College of Materials Science and Engineering, Chongqing University of Technology, Chongqing, 400054；
2. State Key Laboratory of Solidification Processing, Northwestern Polytechnical University, Xi'an Shaanxi, 710072）

Abstract： A rapid directional solidification, liquid metal cooling solidification, is utilized to accelerate the solution heat treatment process. Compared with the conventional high rate solidification, the rapid cooling rate of liquid metal cooling solidification refines the dendritic structure, suppresses the as-cast segregations and elevates the incipient melting temperature. Based on this, the standard solution heat treatment is optimized to the one with a shorter time duration and a higher temperature. After the optimization, the residual segregation is significantly reduced. Thus, the microstructures become more uniform, the amount of homogenization porosity is reduced, and the rupture life is prolonged.

Keywords： Ni-based superalloy; solution heat treatment; residual segregation; homogenization pore; creep property

先进镍基高温合金中含有大量难溶元素，经过固溶处理后，残余偏析严重[1]。为了降低残余偏析，通常采用增加温度的方法，但为了避免初熔，固溶温度只能低于初熔温度和固相线[2-4]。随着定向凝固技术的发展，不少研究表明，调整定向凝固参数可以细化枝晶，同时降低铸态偏析，且经过热处理后残余偏析也会减小[5,6]。但也有其他研究表明，虽然调整定向凝固固溶可以改变铸态偏析，但经过完全热处理后，这种差异会消除[7,8]。

1　实验材料及方法

采用的先进镍基单晶高温合金成分为 Ni-3.5Cr-9Co-1.6Mo-6W-5.7Al-8Ta-4Re-0.1Hf-0.001B-0.002C。分别用 HRS 法和 LMC 法对母合

＊作者：刘林，教授，联系电话：029-88492227，E-mail：linliu@nwpu.edu.cn

金进行定向凝固，得到图 1（a）和（c）所示的一次枝晶，间距分别为 260μm 和 83μm。随后，用工业热处理炉对试样进行固溶处理，材料的标准固溶处理工艺为：1250℃/1h+1290℃/1h+1300℃/2h+1310℃/3h+1320℃/5h+1330℃/15h。试样的铸态与热处理态显微组织经过腐蚀后用 Leica DMIRM 金相显微镜和 ZEISS SUPRA 55 扫描电镜进行分析。用 EDS 分析合金铸态偏析和热处理态偏析，用 DICTRA 软件分析固溶处理过程中合金元素的扩散动力学过程。随后，进行时效处理：1180℃/4h +870℃/24h。将试样加工成 M3 持久试样，在 1100℃/150MPa 下进行了高温持久试验，经过相同热处理后的试棒持久实验重复两次。

2 实验结果及分析

2.1 偏析比分析

图 1 为光镜下经过不同定向凝固工艺和固溶处理工艺的组织。图 1（b）枝晶组织较为清晰，可见 HT1 后残余偏析依然严重，而图 1（d）中枝晶组织几乎消除，说明改进后的工艺可显著降低残余偏析，特别是 Re 的偏析。表 1 为主要偏析元素 Al、Ta、W 和 Re 分别经过 HRS、LMC 工艺后的铸态偏析比，以及经过标准固溶处理工艺 HT1 和改进固溶处理工艺 HT2 后的残余偏析比。可看出经过 LMC 的铸态偏析显著低于经过 HRS 的铸态偏析。合金的初熔温度与合金的偏析程度相关，偏析越小初熔温度越高，因此经过 LMC 的试样拥有更高的初熔温度，可以在更高的初始温度下进行热处理。同时，考虑到枝晶间距的减小，合金能在更短的时间内均匀化。基于上述分析，针对采用 LMC 工艺的合金，将标准固溶处理制度的最高固溶温度从 1330℃提高到 1340℃，将固溶处理时间缩短 4h，优化为：1280℃/0.5h+1310℃/1.5h+1320℃/2h+1330℃/4h+1340℃/15h（HT2）。

图 1 不同工艺下的铸态组织和热处理态光镜组织

Fig. 1 Optical micrograph of microstructures after (a) HRS, (b) HRS-HT1, (c) LMC and (d) LMC-HT2

从表 1 可知经过 LMC-HT2 后合金的残余偏析显著低于 HRS-HT1 后合金的残余偏析。这是由两方面的原因造成：首先，经过优化固溶处理 HT2 的固溶处理温度高于标准固溶处理 HT1 的固溶处理温度；其次，经过 LMC 工艺后的枝晶组织得到显著细化，其一次枝晶间距不到 HRS 工艺枝晶的 1/3。因此，即使在固溶处理时间缩短 4h 的情况下，经过优化定向凝固工艺和固溶处理工艺，仍能显著加快合金的均匀化进程，使合金基本达到完全均匀化。

表 1　主要偏析元素的偏析率
Tab. 1　The segregation ratios of the main
segregation elements

工艺	Al	Ta	W	Re
HRS	0.71	0.42	2.15	3.85
LMC	0.74	0.45	1.85	2.97
HRS-HT1	0.88	0.83	1.30	2.15
LMC-HT2	0.98	0.97	1.01	1.17

2.2　组织与性能

图 2 是经过不同定向凝固工艺和固溶处理工艺 HRS、HRS-HT1、HRS-HT2、LMC-HT2 后的显微组织。从图 2 (a)、(b) 可看出，经过 HT1 后一次 γ′ 和共晶组织已经完全溶解。从图 2 (c) 可看出，经过 HT2 发生初熔，重熔区域出现共晶组织和微孔。图 2 (d) 为经过 LMC-HT2 后的组织，与图 2 (b) 经过 HRS-HT1 的组织相似，并未发生初熔，且其 γ′ 组织的均匀度要优于经过 HRS-HT1 的组织。说明经过 LMC 后合金的初熔温度确实有所提高，经过优化后的 HT2 固溶处理工艺更适合 LMC 工艺的合金。

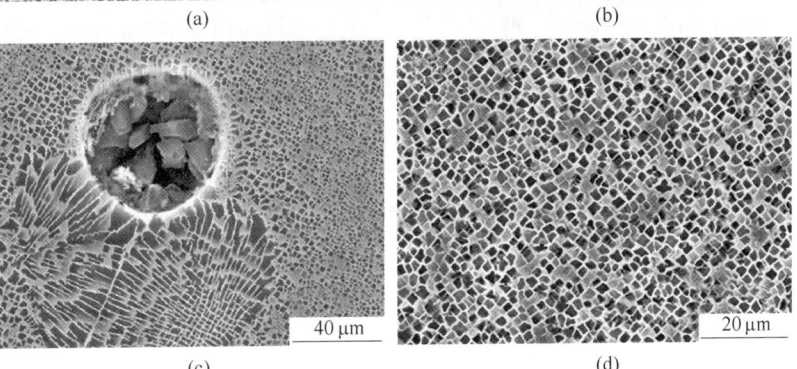

图 2　不同工艺下的铸态组织和热处理态 SEM 组织
Fig. 2　SEM micrograph of microstructures after (a) HRS, (b) HRS-HT1, (c) HRS-HT2 and (d) LMC-HT2

　　分别经过 HRS-HT1 和 LMC-HT2，以及后续时效处理后合金在 1100℃ and 150MPa 的平均持久寿命分别为 104.9h 和 133.2h。可见，经过 LMC-HT2 的试样持久寿命要高于经过 HRS-HT1 的试样，这主要是由于表 1 所示的残余偏析的减少。残余偏析通过影响热处理后组织的均匀性、固溶微孔大小和孔隙率、TCP 相的析出倾向三方面来影响合金的持久和蠕变性能[9~12]。

3　结论

　　(1) LMC 工艺相比 HRS 工艺，细化了枝晶组织，减小了一次枝晶间距，抑制了合金中主要偏析元素的铸态偏析，提高了合金的初熔温度。

　　(2) 经过优化后的固溶处理工艺 HT2 拥有更高的固溶温度，更短的固溶处理时间，更适合于 LMC。

　　(3) 经过优化的定向凝固和固溶处理工艺 LMC-HT2 后，合金的残余偏析得到显著减轻，其中 Re 的残余偏析比从 2.15 降低到 1.17。因此，合金在 1100℃/150MPa 下的持久寿命也从 HRS-HT1 试样的 104.9h 提高到 133.2h。

参考文献

[1] Rettig R, Ritter N C, Müller F, et al. Optimization of the Homogenization Heat Treatment of Nickel-Based Superalloys Based on Phase-Field Simulations: Numerical Methods and Experimental Validation [J]. Metallurgical and Materials Transactions A, 2015, 46 (12): 5842~5855.

[2] Fuchs G E, Boutwell B A. Calculating solidification and transformation in As-Cast CMSX-10 [J]. The Journal of The Minerals, Metals & Materials Society, 2002, 54 (1): 45~48.

[3] Pang H T, Stone H J, Rae C M F, et al. Solution heat treatment optimization of fourth-generation single-crystal nickel-base superalloys [J]. Metallurgical and Materials Transactions A: Physical Metallurgy and Materials Science, 2012, 43 (9): 3264~3282.

[4] Hegde S R, Kearsey R M, Beddoes J. Design of solutionizing heat treatments for an experimental single crystal superalloy [J]. Superalloys, 2008: 301~310.

[5] Liu L, Huang T W, Zhang J, et al. Microstructure and stress rupture properties of single crystal superalloy CMSX-2 under high thermal gradient directional solidification [J]. Materials Letters, 2007, 61 (1): 227~230.

[6] Liu C, Shen J, Zhang J, et al. The Chinese Society for Metals, 2010. Effect of withdrawal rates on microstructure and creep strength of a single crystal superalloy processed by LMC [J]. Journal of Materials Science and Technology, 2010, 26 (4): 306~310.

[7] Wilson B C, Cutler E R, Fuchs G E. Effect of solidification parameters on the microstructures and properties of CMSX-10 [J]. Materials Science and Engineering A, 2008, 479 (1~2): 356~364.

[8] Steuer S, Villechaise P, Pollock T M, et al. Benefits of high gradient solidification for creep and low cycle fatigue of AM1 single crystal superalloy [J]. Materials Science and Engineering A, 2015, 645: 109~115.

[9] Zhang Y, Liu L, Huang T, et al. Investigation on remelting solution heat treatment for nickel-based single crystal superalloys [J]. Scripta Materialia, 2017: 74~79.

[10] Milhet X, Arnoux M, Pelosin V, et al. On the dissolution of the γ' phase at the dendritic scale in a rhenium-containing nickel-based single crystal superalloy after high temperature exposure [J]. Metallurgical and Materials Transactions A: Physical Metallurgy and Materials Science, 2013, 44 (5): 2031~2040.

[11] Reed R C, Cox D C, Rae C M F. Kinetics of rafting in a single crystal superalloy: effects of residual microsegregation [J]. Materials Science and Technology, 2007, 23 (8): 893~902.

[12] Epishin A, Link T, Brückner U, et al. Effects of Segregation in Nickel-Base Superalloys: Dendritic Stresses [J]. Superalloys 2004, 2004: 537~543.

单晶涡轮叶片修复技术研究进展

韩凤奎[1,2]*，李杨[1,2]，薛鑫[1,2]，李维[1,2]，燕平[1,2]

（1. 钢铁研究总院高温材料研究所，北京，100081；

2. 北京钢研高纳科技股份有限公司，北京，100081）

摘　要：单晶涡轮叶片由于其复杂的单晶制备工艺、复杂的叶片结构设计和严格的叶片质量控制要求，其合格成品件的制备难度日益增加，制作成本越来越高。因此，研究单晶叶片的修复技术、提高单晶叶片合格率，以及研究单晶叶片组织回复技术、延长叶片使用寿命对于发动机的应用发展具有重要意义。本综述主要介绍了近年来国内外单晶高温合金修复技术的研究现状，包括回复热处理、回复热处理+HIP、焊接、增材制造等在单晶修复技术的研究进展。

关键词：单晶高温合金；涡轮叶片；修复；综述

Turbine Blade of Single Crystal Superalloy Repairing

Han Fengkui[1,2], Li Yang[1,2], Xue Xin[1,2], Li Wei[1,2], Yan Ping[1,2]

（1. High Temperature Materials Research Institute, Center Iron & Steel Research Institute, Beijing, 100081;

2. Beijing CISRI-GAONA Materials & Technology Co., Ltd., Beijing, 100081）

Abstract：Because of its complex single crystal preparation process, complex blade structure design and strict blade quality control requirements, the preparation of the qualified single-crystal superalloy turbine blades is becoming more and more difficult and the production cost is becoming higher and higher. Therefore, it is of great significance for the application and development of the engine to study the repair technology of turbine blades of single crystal superalloy, improve the yield of single crystal blades, study the tissue rejuvenation technology of turbine blades of single crystal superalloy, and extend the service life of the turbine blades. This review mainly introduces the research status of single crystal superalloy repair technology in recent years, including: rejuvenation heat treatment, rejuvenation heat treatment + heat isostatic pressure (HIP), welding, additive manufacturing, etc.

Keywords：single crystal superalloy; turbine blade; repair; overview

　　单晶高温合金由于其优异的高温性能已被广泛用作发动机燃气涡轮叶片材料，但由于单晶复杂的制备工艺使得相对于等轴晶、定向柱晶其工艺成本大大增加；同时随着叶片工作条件的恶化，叶片的结构设计日益复杂、叶片尺寸精度要求也越发严格，因此获取合格单晶叶片产品的难度极大提高。目前单晶涡轮叶片的合格率一直处于较低的状态，单晶叶片的制作成本一直居高不下，由此对先进航空发动机的批量装备产生了一定的阻碍作用。为降低发动机的制作成本，提高单晶叶片的使用效率，目前国内外正在针对发动机单晶涡轮叶片修复工作开展研究，以延长单晶叶片的使用寿命，间接降低发动机的制作成本。

　　目前提高单晶叶片使用寿命的研究思路主要有以下两个方向：一是通过研发新型的单晶合金材料和改进单晶制备技术，优化合金组织控制，提高缺陷控制水平，延长叶片的使用寿命；二是开展叶片修复技术研究，即通过修复涡轮叶片在

＊作者：韩凤奎，高级工程师，联系电话：010-62443337-2003，E-mail：hanfeng2008bj@163.com

使用过程中产生的蠕变损伤，回复叶片原始组织，延长叶片的使用寿命。新材料、新制备工艺的研发是一个十分复杂且漫长的过程，而修复技术的应用为提高单晶涡轮叶片的使用寿命提供了一个新的思路。本文以目前国内外单晶叶片修复技术研究进展为研究对象，对单晶叶片修复技术研究现状进行综合评价汇总。

1 回复处理在单晶叶片组织修复中的应用

对于单晶高温合金涡轮元件，由于不存在晶界，合金内部的显微缺陷如显微孔洞和夹杂物等将成为蠕变裂纹的起源，而凝固收缩和热处理造成的显微孔洞[1]是单晶高温合金最为常见的显微缺陷。在高温拉伸蠕变条件下，这些显微孔洞的界面处由于应力集中而发生部分塑性变形，不断被拉长长大，最终导致失效断裂。而如果能够回复这些蠕变过程恶化了的显微组织，则可以提供一个延长叶片使用寿明、降低叶片制作成本的新途径。由目前可查阅的组织回复研究思路来看，主要方式有：一，通过热等静压（HIP）弥合叶片在蠕变过程由于蠕变变形产生的内部孔洞或微裂纹；二，通过回复热处理叶片在高温、高应力作用下"筏排化"了的 γ′ 相组织，使其恢复性能最佳的方形结构。

对于回复热处理对蠕变性能的恢复影响，早期在几种燃气涡轮高温合金零件材料中已经进行过探讨[2~5]，并已经取得了一些很好的成果，但这些先前的回复处理研究主要集中在多晶合金。Hart 和 Gayter 研究认为 Nimonic90 合金成功回复的关键在于蠕变条件（即温度和应力），在高温、低应力孔洞是应力方向空位移动的结果，可以通过热处理烧结，延长蠕变寿命；然而低温、高应力裂纹是萌生于晶界滑移，因此不能通过热处理修复。研究发现最成功的恢复处理工艺是热处理+热等静压（HIP），可以使零件的性能水平恢复到原水平的 50%~75%。

众所周知，在镍基高温合金高温蠕变过程中，γ′ 相会发生定向粗化或"筏排化"，一些研究者认为 γ′ 相"筏排化"会减少合金的蠕变抗力[6~8]。单晶涡轮叶片的回复热处理主要是为了将蠕变过程"筏排化"了的 γ′ 回复为原始最佳强化效果的（0.45μm 左右）方形结构，回复其最佳强化作用；

将合金长期服役过程中产生的有害相 TCP 有效回溶消除，同时还要避免再结晶的产生。回复热处理温度需要选择在 γ′ 溶解温度和液相线之间，在保证 γ′ 相充分回溶的同时，不产生初熔。A. Rowe 等人[9]研究 CMSX-4、PWA1483、CM247LC、IN6203 合金组织回复实验后的组织演化，结果显示合金的回复热处理可以回复合金的组织结构，但回复处理前蠕变变形程度选择和回复处理温度选择十分重要，稍有不当则可能会导致再结晶产生。L. H. Rettberg 等人[10]在对单晶合金 ReneN5 和定向合金 GTD444 研究中发现，回复热处理后合金蠕变性能提高情况如图 1 所示，并且发现：直至 5% 的蠕变变形量，合金蠕变变形产生的蠕变孔洞都是微量的。该研究结果认为，在不大于 5% 蠕变变形的尺度范围内，回复处理没必要进行热等静压（HIP），只需采用回复热处理回复蠕变过程"筏排化"的 γ′ 相，使其重新呈现方形结构，就可起到回复合金性能、延长蠕变寿命的目的，同时回复热处理过程会引起碳化物回熔和 γ′ 的提纯[10]。但如果当蠕变变形达到 5% 后再进行回复处理，回复热处理过程可能会有再结晶的产生。

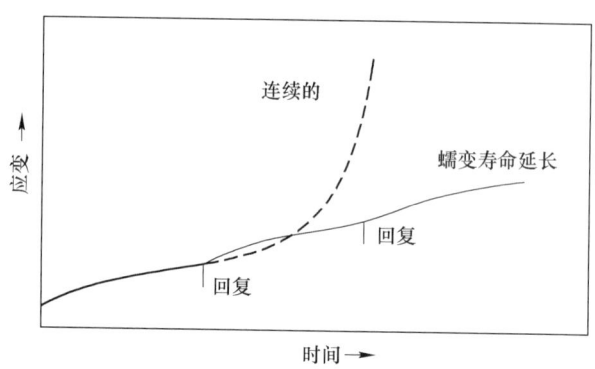

图 1 回复处理后蠕变寿命和典型蠕变曲线对比示意图

Fig. 1 Schematic showing a typical uninterrupted creep curve tested to failure and idealized creep curve as a result of successful rejuvenation

Benjamin Ruttert 等人[11]研究了通过 HIP 处理来回复 CMSX-4 合金蠕变破坏的组织，结果表明采用高温快冷 HIP 回复处理，可以弥合叶片铸造和蠕变过程产生的显微孔洞，如图 2 所示。同时 HIP 回复处理也可以恢复蠕变过程"筏排化"了的强化相 γ′ 结构，使其恢复原始的方形结构，蠕变产生的高位错密度得以缓解、重新恢复到原先水平，合金的力学性能可完全恢复，如图 3 所示。

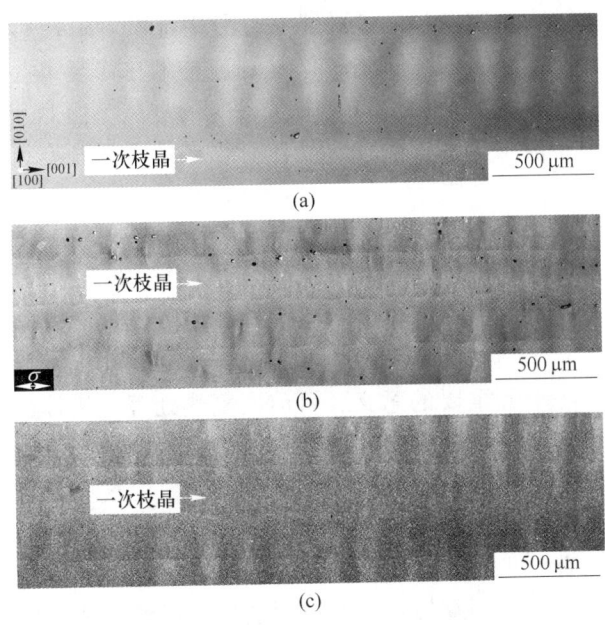

图 2 试样相同区域被散射金相图片[11]

Fig. 2　BSE image montages of the same region of the sample（all montages were constructed at the same magnification and orientation）

（a）蠕变前原始形貌；（b）蠕变后；（c）HIP 回复处理后

作者曾在 DD407 单晶高温合金研制过程中对蠕变持久断裂试样进行过回复热处理的初步探讨，实验结果表明：对于高温蠕变断裂的试样采用该合金固溶处理制度进行回复热处理后，试样蠕变"筏排化"了的强化相 γ′结构得以重新回溶，重新回复"方形"结构，但在试样的表面部分区域有再结晶产生，断口部位再结晶产生的情况尤甚。

对于单晶高温合金的回复热处理，需要特别强调的是，单晶高温合金元件由于在工作过程中会存在一定的蠕变变形，在回复热处理或热等静压（HIP）回复处理过程中，稍有不慎都可能会造成再结晶的产生，因此合理选择、控制回复处理前的单晶元件蠕变变形量和回复处理工艺参数十分重要，同时回复处理过程还要考虑尽可能地回溶消除合金长期服役过程产生 TCP 相，对于喷涂涂层的单晶叶片还要注意服役过程中是否有第二反应区 SRZ 的产生，并通过回复热处理尽量予以回溶消除，这些问题是目前制约回复处理修复叶片技术得以真正工程应用的难点，有待于进一步的实验研究。

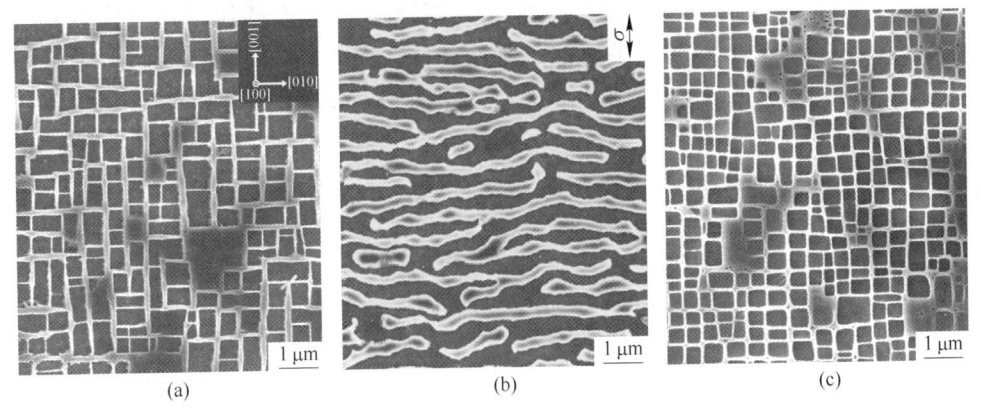

图 3　试样 γ/γ′形貌[11]

Fig. 3　SE image from the same specimen（a）before creep，（b）topological inversion after creep，and（c）retransformed γ/γ′-microstructure（all micrographs have the same magnification）

（a）蠕变前；（b）蠕变后；（c）回复处理后

2　单晶叶片微裂纹修复技术的研究进展

对于涡轮叶片在铸造以及工作过程中由于蠕变变形产生的微观裂纹，可以采用焊接的方法进行修补，但对于高温合金来说，合金中 γ′是提高合金热机械性能的重要保证。然而研究认为合金的可焊性是由合金中 γ′形成元素（Al＋Ti 含量[12]）决定的，当合金中 AL+Ti 的质量分数之和大于 4% 时，一般认为合金不具有可焊性[13]。在单晶高温合金中为提高合金的高温力学性能，其强化相 γ′的含量一般都在 60% 以上（部分合金可达 70% 左右），而 Al、Ti 为合金中最主要的形成元素，因此单晶合金的 Al+Ti 质量分数都要高于

4%。因此，由于大量 γ′ 强化相的存在使得合金零件制造和修理过程的难度提高，单晶合金在焊接过程极易产生热裂和新核产生。J. M. Vitek 等人[14]通过激光束或电子束焊接方法开展了对 ReneN5 单晶的焊接实验探讨，实验表明可以通过低功率、慢速度的焊接方法实现对 ReneN5 单晶的微裂纹弥合，并且可以有效地控制杂晶和热裂的产生。目前增材制造技术的发展为单晶叶片修复提供了一个新的途径。

单晶增材制造技术早在 20 世纪 80 年代国外就有类似的研究报道，在单晶 CMSX-4 中应用晶体外延激光成型技术（ELMF）第一次进行了多层增材制造[15]，ReneN4 和 ReneN5 合金通过直接金属沉积（DMD）技术来进行增材制造[16,17]，在 Rene142[18]定向粉末和 CMSX-4[19]合金中通过电子束熔化来实现增材制造的，但是直接金属沉积可能会扰乱金属熔池内的对流，造成新核的产生，导致产生杂晶。目前叶片修复应用较多的扫描激光外延晶体生长技术（ELMF）是基于粉末层融合的增材制造技术（它利用高能激光产生熔池），该技术在单晶、等轴晶零件修复过程展现了极大的潜力。Amrita Basak 和 Suman Das[20]研究了扫描激光外延晶体生长（SLE）基材晶体取向对 ReneN5 合金微观组织特征的影响，结果表明：采用低功率、慢速率的增材制造方式在 [001]、[100] 方向都可以实现扫描激光外延晶体生长，且 [100] 取向增材制造相对于 [001] 取向最大增材高度可多 150μm，如图 4 所示。

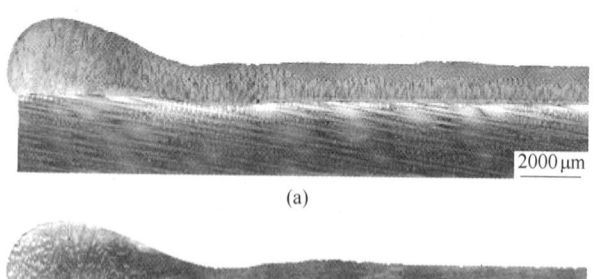
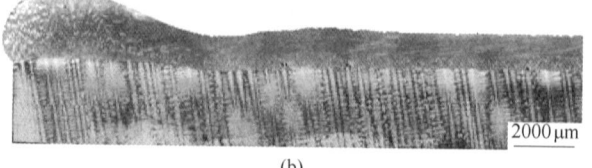

图 4 扫描激光自蔓延增材制造图片
Fig. 4 Length wise cross-section of SLE deposited ReneN5 on the (a) <100>SX substrate, (b) <001>SX substrate
（a）<100>单晶基体；（b）<001>单晶基体

由现有增材制造技术在修复单晶叶片开放性缺陷的研究成果来看，增材制造技术在修复单晶叶片技术方面已经取得了突破性的进展，但对于真正能用于工程生产实践还有很多技术问题有待于进一步克服。

3 发展与展望

单晶涡轮叶片修复技术对于推动发动机发展具有十分重要的意义，目前回复热处理、热等静压、增材制造等修复技术对于单晶合金缺陷的修复已经取得了一些突破性研究结果，但这些技术真正在实际单晶涡轮叶片修复过程中得到应用，还有一些关键问题需进一步解决。

（1）回复热处理可以回复单晶涡轮叶片"筏排化"的 γ′ 结构，但回复过程如何控制再结晶的产生，如何有效回溶服役过程产生的 TCP 相，以及对于带涂层叶片长期服役过程若产生第二反应区（SRZ）如何有效回溶，还有待于进一步研究探讨。

（2）回复热处理+热等静压技术在修复叶片使用过程产生的内部显微孔洞和内部微裂纹具有十分有效的作用，但如何控制由于热等静压而引起的再结晶还需要很多的研究工作去做。

（3）单晶涡轮叶片在制造以及工作过程中由于蠕变变形产生的开放性裂纹，可以通过焊接和增材制造技术予以闭合，但在控制焊接过程中的热裂倾向和控制新核的形成长大还需要进一步研究探索。

参考文献

[1] Bokstenin B S, Epishin A I, Link T, et al. Model for the porosity growth in single-crystal nickel-base superalloy during homogenization [J]. Scripta materialia. 2007 (57): 801~804.

[2] Dennison J P, ELLIOT I C, Wilshire B. American Society for Metals, Proc. 4th Int. Symp [C] //Superalloys, Meterials Park, OH, 1980.

[3] Hart R V, Gayter H. Recovery of Mechanical Properties in Nickel Alloys by Re-Heat-Treatment [J]. Journal of the Onstitute of Metals, 1996, 96: 339~344.

[4] Lamberigts M, Vierset P. Structural Damage and Rejuvenation of Used Turbine Blades [C] //High temperature alloys for gas turbines and other applications, 1986: 821~830.

[5] Maccagno T M, Koul A K, Immarigeon J P, et al. Microstructure, creep properties, and rejuvenation of service-exposed alloy 713C turbine blades [J]. Metallurical Transcations A, 1990, 21 (12): 3115~3125.

[6] Carry C, Strudel J L. Apparent and Effective Creep Parameters in Single Crystals of a Nickel Base Superalloy-Ⅱ. Secondary Creep [J]. Acta Metal, 1978 (26): 859~870.

[7] Nathal M V, Ebert L J. Elevated Temperature Creep-Rupture Behavior of the Single Crystal Nickel-Base Superalloy NASAIR100 [J]. Metal Trans, 1985 (A16): 427~439.

[8] Schneider W, Hammer J, Mughrabi H. Creep Deformation and Rupture Behaviour of the Monocrystalline Superalloy CMSX-4-A Comparison with the Alloy SRR99 [C] //Superalloys 1992, S. D. Antolovich et al. Eds., TMS, Warrendale, PA, 1992: 589~598.

[9] Rowe A, Well J, West G D, et al. Microstructural evolution of single crystal and directionally solidified rejuvenated nickel superalloy [C] //Superalloys 2012, 245~254.

[10] Rettberg L H, Tsunekane M, Pollock T M. Rejuvenation of Nickel-based Superalloys GTD444 (DS) and RENEN5 (SX) [C] //Superalloys 2012, 341~349.

[11] Benjamin Ruttert, et al. Rejuvenation of creep resistance of a Ni-base single-crystal superalloy by hot isostatic pressing [J]. Materials and Design, 2017 (134): 418~425.

[12] Donachie M J, Donachie S J. Superalloys: A Technical Guide [M]. ASMI International, 2002.

[13] Henderson M, Arrell D, Larsson R, et al. Nickel based superalloy welding practices for industrial gas turbine applications [J]. Science and Technology of Welding and Joining, 2004, 9: 13~21.

[14] Vitek J M, Babu S S, Park J W, et al. Analysis of Stray Grain Formation in Single-crystal Nickel-based Superalloy Welds [C] //Superalloy 2004, 459~465.

[15] Gaumann M, Henry S, Cleton F, et al. Epitaxial laser metal forming: analysis of microstructure formation [J]. Materials Science and Engineering A, 1999, 271: 232~241.

[16] Santos E C, Kida K, Carroll P, et al. Optimization of laser deposited Ni-base single crystal superalloys microstructure [J]. Advanced Materials Research, 2011, 154: 1405~1414.

[17] Liu Z, Qi H. Effects of processing parameters on crystal growth and microstructure formation in laser powder deposition of single-crystal superalloy [J]. Journal of Materials Processing Technology, 2015, 216: 19~27.

[18] Murr L. Metallurgy of additive manufacturing: Examples from electron beam melting [J]. Additive Manufacturing, 2015, 5: 40~53.

[19] Ramsperger M, Mujica Roncery L, Lopez-Galilea I, et al. Solution Heat Treatment of the Single Crystal Nickel-Base Superalloy CMSX-4 Fabricated by Selective Electron Beam Melting [J]. Advanced Engineering Materials, 2015, 17: 1486~1493.

[20] Amrita Basak, Suman Das. A Study On The Substracte Crystallographic Orientation On Microstructural Characteristics of ReneN5 processed through scanning laser epitaxy [C] //Superalloys 2016, 1041~1049.

镍基单晶高温合金籽晶的精确制备方法

韩东宇[1,2]，姜卫国[1*]，李一飞[1,2]，肖久寒[1,2]，李凯文[1]，郑伟[1]，楼琅洪[1]

（1. 中国科学院金属研究所高温合金部，辽宁 沈阳，110016；

2. 中国科学技术大学材料科学与工程学院，辽宁 沈阳，110016）

摘　要：制备高精度籽晶对生长不同取向的单晶高温合金铸件具有重要意义。针对制备籽晶的单晶板通常存在取向偏离这一问题，本文引入向量方法表示单晶板中的枝晶取向。根据单晶板侧表面的一次枝晶与单晶生长方向的夹角，以及垂直于单晶生长方向横截面上的二次枝晶与水平轴向的夹角，推导出一次枝晶及二次枝晶的方向向量，进而计算出［100］、［110］或［111］等晶体学取向的方向向量，该向量的方向即为相应籽晶的取向方向。采用本方法可制备高精度的籽晶。

关键词：镍基单晶高温合金；籽晶；晶体学取向；枝晶；方向向量

The Accurate Method for Preparing the Seed Crystal of Ni−based Single Crystal Superalloys

Han Dongyu[1,2], Jiang Weiguo[1], Li Yifei[1,2], Xiao Jiuhan[1,2], Li Kaiwen[1], Zheng Wei[1], Lou Langhong[1]

（1. Institute of Metal Research, Chinese Academy of Sciences, Shenyang Liaoning, 110016；

2. School of Materials Science and Engineering, University of Science and Technology of China, Shenyang Liaoning, 110016）

Abstract：It is very important to prepare the seed crystals with precise orientations for producing single crystal superalloy castings with different crystallographic orientations. Generally, the single crystal plates used for the preparation of seed crystals deviate from ［001］ orientation. To solve this problem, the vector method was introduced to represent the dendrite orientation in a single crystal plate. According to the angle between the solidification direction and the growth direction of primary dendrite on the side surface of the single crystal plate, and the angle between the horizontal axis and the secondary dendrite on the cross section perpendicular to the solidification direction, direction vectors of the primary and secondary dendrites were derived. Then the direction vector of the crystallographic orientation such as ［100］, ［110］ or ［111］ was calculated, and the direction of the vector was the same as the orientation of the corresponding seed crystal. This method can prepare the seed crystal with precise orientation.

Keywords：Ni−based single crystal superalloy; seed crystal; crystal orientation; dendrite; direction vector

镍基单晶高温合金广泛应用于先进航空发动机叶片制造领域[1]。目前，单晶高温合金叶片制备的主要方法是选晶法和籽晶法[2~4]。选晶法通常只能获得［001］择优取向的单晶，且往往存在一定的取向偏离，无法制备特定晶体取向的单晶；而采用籽晶法可以精准控制单晶的三维取向[5]。

籽晶法制备单晶铸件首先需要精确切取籽晶，用于切取籽晶的单晶板通常存在取向偏离。采用常规金相法难以切取取向精确的籽晶；而采用X

＊作者：姜卫国，高级工程师，联系电话：024−23971276，E−mail：wgjiang@imr.ac.cn

资助项目：国家自然科学基金（51674235）

射线衍射法测量取向后切取籽晶[6]，操作比较繁琐，且需要昂贵的 X 射线衍射仪进行辅助。为此，本文提出了一种切取籽晶的新方法——向量法。以单晶板外观建立空间直角坐标系，求解一次枝晶及二次枝晶取向的方向向量，并通过向量运算计算出 [100]、[110] 或 [111] 等晶体学取向的方向向量，据此切取相应晶体学取向的籽晶。本方法具有直观、简单、成本低且籽晶精度良好的特点。

1　实验方法

依据单晶板的外观方向建立空间直角坐标系，利用一次枝晶在两个侧面的投影与单晶生长方向的夹角 α 和 β，以及二次枝晶在水平横截面上的投影与水平轴向的夹角 A 和 B（具体见图1），推算出一次枝晶及二次枝晶的方向向量，然后计算出籽晶取向的方向向量。

具体工艺过程：采用定向凝固工艺制取单晶合金板，将单晶板进行宏观腐蚀，表面的枝晶需清晰可见，测量单晶板两个侧表面的枝晶与单晶生长方向的夹角 α 和 β。然后，采用线切割在与单晶生长方向垂直的横截面上切取单晶板，单晶板横截面磨抛后进行腐蚀，测量横截面上的二次枝晶与水平轴向的夹角 A 和 B，计算出枝晶取向和所需特征取向的方向向量。线切割过程中，使线切割丝平行于所需特征取向的方向向量切取圆柱，即可得到轴线方向为相应取向的籽晶。最后，采用 EBSD 对切取籽晶的晶体学取向进行检测。

2　实验结果及分析

2.1　计算枝晶取向的方向向量

依据单晶板的外观方向建立空间直角坐标系，用方向向量表示一次枝晶及二次枝晶的取向。一次枝晶的方向向量记为 c，如图1（a）所示，求解一次枝晶的方向向量即计算出该向量在三个坐标轴上的投影分量。c 投影在 Z 轴上的分量长度为 $|OL|$，利用 c 在 XOZ 平面的投影 OM 与 Z 轴之

间的夹角 α，可以求出向量 c 投影在 X 轴上的分量长度 $|ML| = |OL| \tan\alpha$；利用 c 在 YOZ 平面的投影 ON 与 Z 轴之间的夹角 β，可以求出向量 c 投影在 Y 轴上的分量长度 $|NL| = |OL| \tan\beta$。因此一次枝晶的方向向量可表示为：

$$c = |OL|(\tan\alpha, \tan\beta, 1) \qquad (1)$$

二次枝晶的方向向量分别记为 a 和 b，如图1（b）所示，求解二次枝晶的方向向量时，先将其投影到 XOY 平面，如图1（c）所示。a 在 XOY 平面内的分量长度为 $|OP|$，利用 OP 与 Y 轴之间的夹角 A，可以求出 a 在 X 轴上的分量长度 $|PR| = |OP| \sin A$，及 Y 轴上的分量长度 $|OR| = |OP| \cos A$。设 a 在 Z 轴上的分量长度为 m，则二次枝晶的方向向量可表示为：$a = (-|OP| \sin A, -|OP| \cos A, m)$。二次枝晶与一次枝晶垂直，$a$ 和 c 的数量积等于0：

$$a \cdot c = (-|OP| \sin A, -|OP| \cos A, m) \cdot$$
$$|OL|(\tan\alpha, \tan\beta, 1) = 0 \qquad (2)$$

可以求出 $m = |OP|(\sin A \tan\alpha + \cos A \tan\beta)$，因此二次枝晶的方向向量可表示为：

$$a = |OP|(-\sin A, -\cos A, \sin A \tan\alpha + \cos A \tan\beta) \qquad (3)$$

同理，利用 OQ 与 Y 轴之间的夹角 B，可以求出另一个二次枝晶的方向向量为：

$$b = |OQ|(\sin B, -\cos B, -\sin B \tan\alpha + \cos B \tan\beta) \qquad (4)$$

至此，利用单晶板两个侧面的一次枝晶与单晶生长方向的夹角 α 和 β，以及横截面二次枝晶与水平轴向的夹角 A 和 B，求解出了一次枝晶和二次枝晶的方向向量表达式，见式（1）、式（3）和式（4）。

2.2　计算籽晶取向的方向向量

对于面心立方结构的镍基高温合金，利用单位化的枝晶的方向向量 $\dfrac{a}{|a|}$，$\dfrac{b}{|b|}$ 和 $\dfrac{c}{|c|}$，可表示出任意晶体学取向的方向向量，如图2所示。例如 [110] 和 [111] 的方向向量可分别表示为：

$$[110]: \frac{a}{|a|} + \frac{b}{|b|}, \quad [111]: \frac{a}{|a|} + \frac{b}{|b|} + \frac{c}{|c|}$$

$$(5)$$

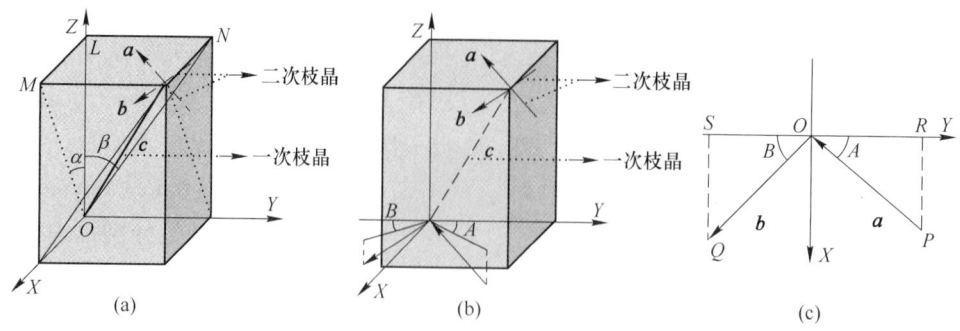

图 1 枝晶方向向量投影示意图

Fig. 1 Schematic of dendrite direction vector projection

(a) 一次枝晶投影；(b), (c) 二次枝晶投影

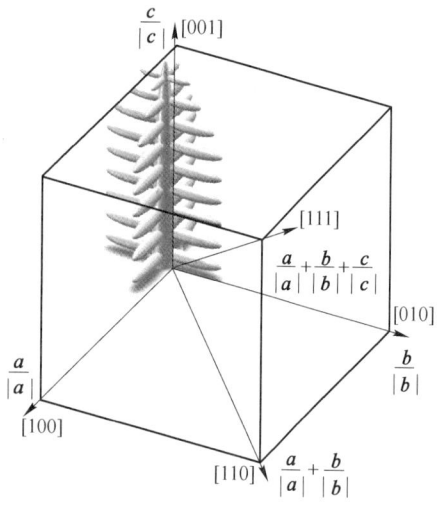

图 2 枝晶取向与特征晶体学取向的向量表示

Fig. 2 Vectors of dendrite orientation and characteristic crystallographic orientation

2.3 制备 [110] 籽晶

用于切取 [110] 籽晶的单晶板经宏观腐蚀，测量两个侧表面上的一次枝晶与单晶生长方向的夹角 $\alpha = -8°$，$\beta = 4°$，见图 3 (a) 和 (b)。横截面的二次枝晶与水平轴向的夹角 $A = 40°$，$B = 49°$，见图 3 (c)。根据式 (1) 计算一次枝晶的方向向量：$c = |OL| (-0.141, 0.070, 1)$。根据式 (3) 和式 (4) 计算二次枝晶的方向向量：$a = |OP| (-0.643, -0.766, -0.037)$；$b = |OQ| (0.755, -0.656, 0.152)$。

利用枝晶取向的方向向量计算 [110] 取向的方向向量：

$$\frac{a}{|a|} + \frac{b}{|b|} = (0.104, -1.414, 0.113) \quad (6)$$

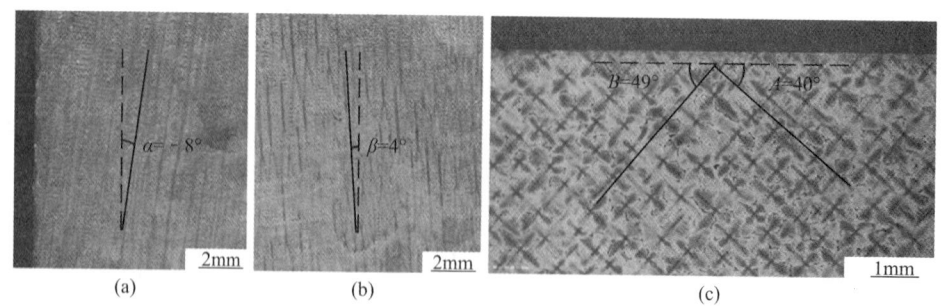

图 3 枝晶夹角

Fig. 3 Deflection angle of dendrites

(a), (b) 一次枝晶；(c) 二次枝晶

将其表示在直角坐标系中，向量与各坐标轴   的夹角经计算容易得出，如图 4 (a) 所示。线切

割时，单晶板先在 XOY 平面偏转 4.2°，再垂直 XOY 平面偏转 4.6°（见图 4（a）），使线切割丝平行于 [110] 取向的方向向量切取籽晶。经 EBSD 检测，籽晶偏角可保证在 3°以内（见图 4（b））。

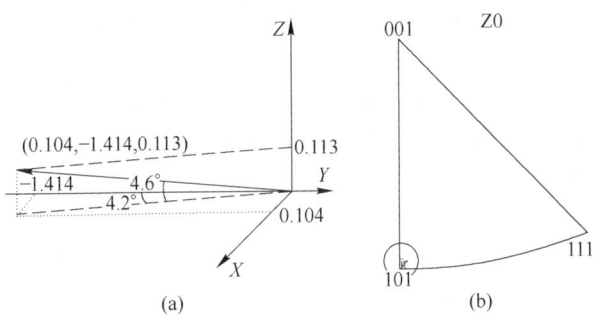

图 4 [110] 取向的方向向量示意图（a），
[110] 籽晶 EBSD 测试结果（b）

Fig. 4 Schematic of the direction vector of the [110]
orientation (a), EBSD inverse pole figure
of seed crystal with the [110] orientation (b)

2.4 制备 [111] 籽晶

采用相同的方法在另一单晶板上切取 [111] 籽晶，测量单晶板两个侧表面上的一次枝晶与单晶生长方向的夹角 $\alpha = 2°$，$\beta = 1°$（见图 5（a），（b））；横截面的枝晶取向与水平轴向的夹角 $A = 50°$，$B = 39°$（见图 5（c））。计算一次枝晶和二次枝晶的方向向量：$c = |OL|$ （0.035，0.017，1）；$a = |OP|$ （-0.766，-0.643，0.038）；$b = |OQ|$ （0.629，-0.777，-0.0084）。

利用枝晶取向的方向向量计算 [111] 取向的方向向量：

$$\frac{a}{|a|} + \frac{b}{|b|} + \frac{c}{|c|} = (-0.101, -1.403, 1.029)$$
(7)

将其表示在直角坐标系中，向量与各坐标轴的夹角经计算容易得出，如图 6（a）所示。线切割时，单晶板先在 XOY 平面偏转 4.1°，再垂直

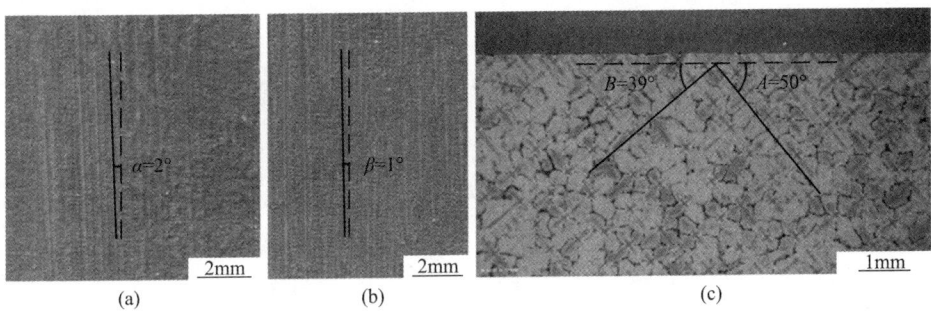

图 5 枝晶夹角

Fig. 5 Deflection angle of dendrites
(a), (b) 一次枝晶；(c) 二次枝晶

XOY 平面偏转 36.2°（见图 6（a）），使线切割丝平行于 [111] 取向的方向向量切取籽晶。经 EBSD 检测，籽晶偏角可保证在 3°以内（见图 6（b））。

3 结论

（1）采用向量法可以计算出枝晶取向的方向向量，进而可以计算出籽晶取向的方向向量并可准确标定。

（2）采用向量法制备的籽晶经 EBSD 检测，其偏角小于 3°。

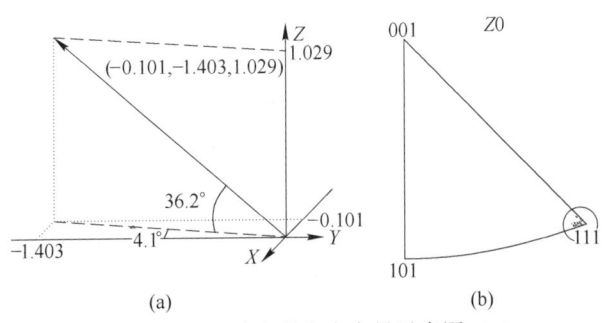

图 6 [111] 取向的方向向量示意图（a），
[111] 籽晶 EBSD 测试结果（b）

Fig. 6 Schematic of the direction vector of the [111]
orientation (a), EBSD inverse pole figure
of seed crystal with the [111] orientation (b)

参考文献

［1］ Gell M, Duhl D N, et al. The development of single crystal superalloy turbine blades ［C］//Superalloys 1980, Warrendale, 1980.

［2］ Hallensleben P, Schaar H, et al. On the evolution of cast microstructures during processing of single crystal Ni-base superalloys using a Bridgman seed technique ［J］. Materials & Design, 2017, 128: 98~111.

［3］ Yang C B, Liu L, et al. Orientation Characteristics of Single Crystal Superalloys with Different Preparation Methods ［J］. Rare Metal Materials and Engineering, 2017, 46 (4): 912~916.

［4］ 郝红全, 谢光, 等. 单晶选晶器的选晶行为研究 ［J］. 钢铁研究学报, 2011, 23 (增刊 2): 361~364.

［5］ Goulette M J, Spilling P D, et al. Cost Effective Single Crystals ［C］//Superalloys 1984, Warrendale, 1984.

［6］ 宫声凯, 尚勇, 等. 一种铸造用镍基单晶合金籽晶的切割制备方法: 中国 CN104846441A ［P］. 2015.

Mo 对一种燃机用单晶高温合金组织的影响

陈金宾[1,2]，陈晶阳[2*]，罗亮[2]，惠希东[1*]，肖程波[2]

（1. 北京科技大学新金属材料国家重点实验室，北京，100083；
2. 北京航空材料研究院先进高温结构材料重点实验室，北京，100094）

摘　要：通过改变合金中 Mo 元素的添加量，研究了不同 Mo 含量对一种燃机用镍基单晶高温合金显微组织的影响。结果表明：Mo 含量（质量分数）由 0.5% 增加到 2.5% 时，合金的凝固温度区间变小，γ′相的形貌由近圆形转变为立方形，平均尺寸减小，体积分数增加。Mo 含量 2.5% 的合金经 2000h 热暴露后未发现 TCP 相析出，组织稳定性未出现明显降低。Mo 的添加能够提高 Re 和 Cr 的成分分配比，使 γ/γ′相错配度的绝对值增大，从而提高 γ′相的立方化程度。

关键词：Mo；高温合金；显微组织；错配度

Effect of Mo on Microstructure of a
Single Crystal Superalloy for Gas Turbine

Chen Jinbin[1,2]，Chen Jingyang[2]，Luo Liang[2]，Hui Xidong[1]，Xiao Chengbo[2]

（1. State Key Laboratory for Advanced Metals and Materials，University of
Science and Technology Beijing，Beijing，100083；
2. Science and Technology on Advanced High Temperature Structural Materials Laboratory，
Beijing Institute of Aeronautical Materials，Beijing，100094）

Abstract：The effect of different Mo contents on the microstructure of a nickel-based single crystal superalloy for a gas turbine was studied by changing Mo addition in the alloy composition. The results show that when the Mo content increases from 0.5% to 2.5%，the solidification temperature range of the alloy becomes smaller，and the morphology of the γ′ phase changes from nearly round to cuboidal，the average size decreases，and the volume fraction increases. The alloy with Mo content of 2.5% showed no precipitation of TCP phase after 2000h heat exposure，and the microstructure stability did not decrease significantly. The addition of Mo can increase the partitioning ratio of Re and Cr，increase the absolute value of the γ/γ′ phase misfit，and increase the degree of cubic of the γ′ phase.

Keywords：Mo；superalloy；microstructure；misfit

　　Mo 是镍基高温合金中广泛使用的一种合金元素，主要溶解在 γ 基体中起到固溶强化的作用[1,2]。Mo 的原子半径较大，能够改变 Ni 固溶体的晶格常数，提高合金的屈服强度和持久性能[3,4]。但是 Mo 等难熔合金元素含量较高时，合金在长期热暴露过程中会析出 TCP 相，从而降低合金的高温持久性能[5,6]。Ai C 等[7]发现以 Mo 替代 W 能够减轻 Re 和 Al 元素的显微偏析，降低定

*作者：陈晶阳，博士，高级工程师，联系电话：010-62498316，E-mail：jychen126@126.com；惠希东，博士，教授，联系电话：010-62333066，E-mail：xdhui@ustb.edu.cn

资助项目：国家重点研发计划（2016YFB0701402）；国家自然科学基金（51771020）

向凝固过程中雀斑缺陷的形成倾向。Liu X J 等[8]研究表明 Mo 的添加降低合金的组织稳定性，在高 Mo 含量的合金中观察到不稳定的 σ 相会转变为 μ 相。本工作通过对比分析两种不同 Mo 含量的合金，研究了 Mo 对合金显微组织的影响规律。

1　试验材料及方法

在一种名义成分为 Ni-6Cr-3Re-6Ta-5.6Al-8Co-4.5W-0.5Mo（质量分数,%）的燃机用镍基单晶高温合金的基础上，改变 Mo 的添加量，设计了两种合金成分：A 合金（$w(Mo) = 0.5\%$）和 B 合金（$w(Mo) = 2.5\%$）。采用热力学计算软件 Thermo-Calc 以及镍基合金数据库 TTNI8 计算两种合金的相组成图。试验用单晶合金试棒采用高速凝固法（HRS）定向凝固炉制备。合金的液相线和固相线温度由差示扫描量热法（DSC）测定。合金的热处理制度为 1270~1290℃/4h，空冷 + 1120℃/4h，空冷 + 900℃/16h，空冷。完全热处理后将合金在 950℃ 条件下进行 2000h 热暴露试验。组织观察采用 DM4000M 型光学金相显微镜（OM）和 ZEISS SUPRA 55 场发射扫描电镜（FE-SEM），相成分采用扫描电镜附带的能谱（EDS）测定。用 Image-Pro Plus 软件统计 γ′ 相的平均尺寸和体积分数。

2　试验结果及分析

2.1　热力学计算与 DSC 分析

图 1 是用 Thermo-Calc 热力学软件计算的 A 合金和 B 合金的平衡态相组成图。对比两种合金的 γ′ 相含量，B 合金的 γ′ 相含量曲线位于 A 合金的上方，这说明在相同温度条件下 B 合金的 γ′ 相含量更高，增加 Mo 元素含量能够提高合金 γ′ 相的含量，而两种合金的 γ′ 相全部溶解的温度基本相同，约为 1240℃。在合金的凝固特征温度方面，A 合金的液相线温度（1401℃）略高于 B 合金（1393℃），而 A 合金的固相线温度（1308℃）略低于 B 合金（1320℃），相应的 A 合金的凝固温度区间（液相线与固相线温度的差值）稍大于 B 合金。对比两种合金 TCP 相的析出情况，B 合金的平衡态 μ 相含量高于 A 合金，析出的温度范

围也更高；而 A 合金平衡态则会存在 σ 相，B 合金几乎没有 σ 相，（σ+μ）相的总量方面 B 合金更高，说明 Mo 元素增多对合金的组织稳定性不利。

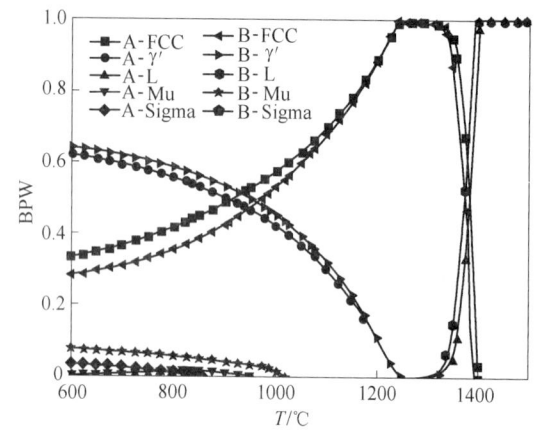

图 1　Thermo-Calc 计算的 A 合金和 B 合金的平衡态相组成图

Fig. 1　Calculated phase equilibrium diagram of alloys A and B by Thermo-Calc software

A 合金和 B 合金的 DSC 曲线如图 2 所示，A 合金的液相线和固相线温度分别为 1416℃ 和 1324℃，B 合金的液相线和固相线温度分别为 1404℃ 和 1320℃，A 合金的凝固温度区间（92℃）大于 B 合金（84℃），这表明 Mo 含量增加能够减小合金的凝固温度区间，这对合金的铸造性能是有利的。试验测定的结果与热力学软件计算的结果基本符合。

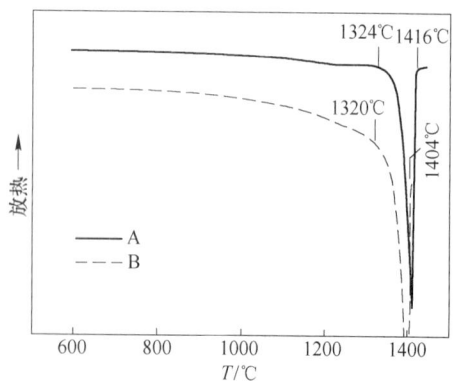

图 2　A 合金和 B 合金的 DSC 曲线

Fig. 2　DSC curves of alloys A and B

2.2　完全热处理组织

在扫描电镜下观察完全热处理态合金的显微

组织，两种合金枝晶干区域的 γ′ 相形貌有明显的差异（见图3）。A 合金的 γ′ 相为近圆形或圆角方形，分布较为散乱；B 合金的 γ′ 相为排列整齐的规则立方形。统计得到 A 合金和 B 合金的 γ′ 相体积分数分别为 58.3% 和 68.7%，γ′ 相的平均尺寸分别为 0.446μm 和 0.408μm，γ 通道的宽度分别为 0.214μm 和 0.106μm。B 合金的 γ′ 相含量高于 A 合金，这与热力学计算结果一致。

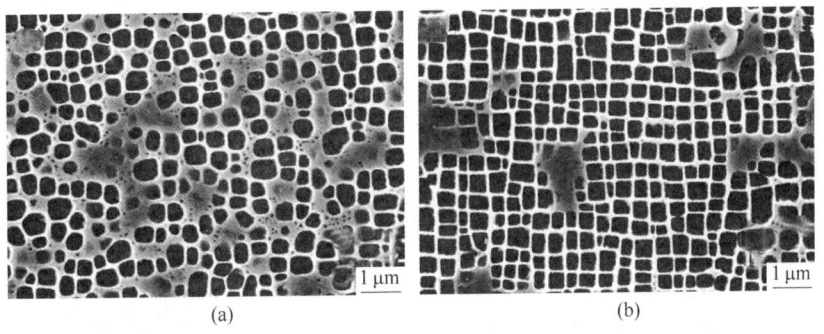

(a)   (b)

图3 完全热处理态 A 合金（a）和 B 合金（b）的枝晶干 γ′ 形貌

Fig. 3 The morphology of γ′ phase in dendritic area of heat-treated alloys A (a) and B (b)

2.3 组织稳定性与错配度

图4 所示为 A 合金和 B 合金在 950℃下经过 2000h 热暴露后的显微组织，两种合金经长时热暴露后 γ′ 相均发生了明显粗化，平均尺寸分别增大到 0.711μm 和 0.530μm，体积分数分别降低到 50.3% 和 64.1%，并且两种合金均未观察到 TCP 相析出。虽然热力学计算的结果表明 Mo 的添加对合金的组织稳定性不利，但热暴露试验结果表明，Mo 含量增加到 2.5 %（质量分数）时，合金的组织稳定性没有发生明显的降低。这是由于热力学计算得到的是合金的平衡态相图，而 2000h 热暴露后合金尚未达到热力学平衡态。

经长时热暴露后 γ′ 相粗化长大，分别选取尺寸较大的 γ′ 相和较宽的 γ 通道，用 EDS 测定相成分，并计算合金元素的成分分配比（k_i），γ/γ′ 相

元素成分分配比由公式（1）表示：

$$k_i = x_i / x_i' \tag{1}$$

式中，x_i 和 x_i' 分别为合金元素 i 在 γ 相和 γ′ 相中的摩尔分数。当 $k_i > 1$ 时，元素 i 在 γ 相富集；当 $k_i < 1$ 时，元素 i 在 γ′ 相富集。表1 是计算得到的 A 合金和 B 合金的元素成分分配比。对比可知，B 合金 Re 和 Cr 元素的成分分配比高于 A 合金，其他元素的成分分配比相差不大。这说明合金中 Mo 含量增多能够提高 Re 和 Cr 在 γ/γ′ 相的成分分配比。

表1 A 合金和 B 合金的 γ/γ′ 相合金元素成分分配比

Tab. 1 Elemental partitioning ratio of γ/γ′ phase in alloys A and B

合金	Al	Co	Cr	Mo	Ta	W	Re
合金 A	0.74	1.41	1.87	1.68	0.83	0.99	5.11
合金 B	0.70	1.40	2.34	1.75	0.84	1.02	7.83

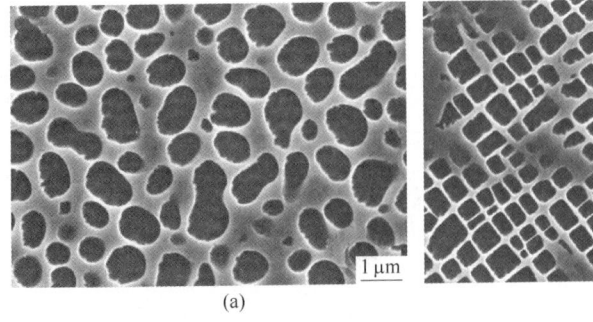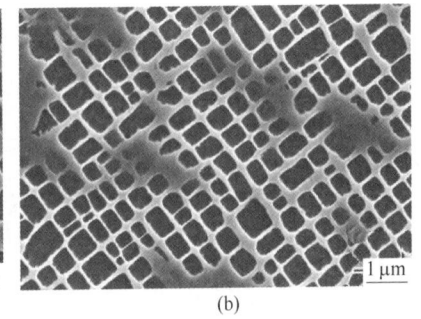

(a)   (b)

图4 A 合金（a）和 B 合金（b）经 950℃/2000h 热暴露后的显微组织

Fig. 4 Microstructure of alloys A (a) and B (b) after thermal exposure at 950℃ for 2000h

合金元素的成分分配比会影响 γ/γ′ 点阵错配度（δ），进而影响 γ′ 相的形貌，当 δ 接近零时，γ′ 相为球形，随着 δ 绝对值增大，γ′ 相形貌接近立方形[9]。γ 和 γ′ 相的点阵错配度由公式（2）表示：

$$\delta = 2(a_{\gamma'} - a_\gamma)/(a_{\gamma'} + a_\gamma) \quad (2)$$

式中，$a_{\gamma'}$ 和 a_γ 分别为 γ′ 相和 γ 相的点阵常数。而 γ′ 相和 γ 相的点阵常数与两相中合金元素的含量之间的关系[10]分别为

$$a_{\gamma'} = a_{Ni_3Al} + \sum V'_i x'_i \quad (3)$$

$$a_\gamma = a_{Ni} + \sum V_i x_i \quad (4)$$

式中，a_{Ni_3Al} 和 a_{Ni} 分别为 Ni_3Al 和纯 Ni 的点阵常数；x'_i 和 x_i 分别为元素 i 在 γ′ 相和 γ 相中的摩尔分数；V'_i 和 V_i 分别为元素 i 在 Ni_3Al 和纯 Ni 中的 Vegard 系数。本文研究表明，随着 Mo 含量的增加，Re 和 Cr 的成分分配比增大，γ′ 相和 γ 相的点阵常数差异变大，从而使点阵错配度 δ 的绝对值变大，因此，Mo 含量高的 B 合金的 γ′ 相立方化程度更高。

3 结论

（1）Mo 含量增加使合金的凝固温度区间变小，γ′ 相的立方化程度提高，平均尺寸减小，体积分数提高，γ 通道变窄。

（2）Mo 含量增加到 2.5%（质量分数）时，合金的组织稳定性未发生明显降低。

（3）Mo 含量增加能够提高 Re 和 Cr 在 γ 和 γ′ 相中的成分分配比，使 γ/γ′ 点阵错配度 δ 的绝对值变大，从而促进 γ′ 相立方化程度的提高。

参考文献

[1] 郭建亭. 高温合金材料学 [M]. 北京：科学出版社，2008.

[2] Ernst F, Michael K M, Ernst A, et al. Quantitative experimental determination of the solid solution hardening potential of rhenium, tungsten and molybdenum in single-crystal nickel-based superalloys [J]. Acta Materialia, 2015, 87: 350~356.

[3] 黄乾尧，李汉康，等. 高温合金 [M]. 北京：冶金工业出版社，2000.

[4] Zhang J, Li J, Jin T, et al. Effect of Mo concentration on creep properties of a single crystal nickel-base superalloy [J]. Materials Science and Engineering A, 2010, 527 (13): 3051~3056.

[5] 马文有，韩雅芳，李树索，等. Mo 含量对一种镍基单晶高温合金显微组织和持久性能的影响 [J]. 金属学报，2006，42 (11): 1191~1196.

[6] 胡聘聘，陈晶阳，冯强，等. Mo 对镍基单晶高温合金组织及持久性能的影响 [J]. 中国有色金属学报，2011，21 (2): 332~340.

[7] Ai C, Liu L, Zhang J, et al. Influence of substituting Mo for W on solidification characteristics of Re-containing Ni based single crystal superalloy [J]. Journal of Alloys and Compounds, 2018, 754: 85~92.

[8] Liu X J, Wang L, Lou L H, et al. Effect of Mo addition on microstructural characteristics in a Re-containing single crystal superalloy [J]. Journal of Material Science and Technology, 2015, 31 (2): 143~147.

[9] Reed R C. The superalloys: Fundamentals and applications [M]. Cambridge, UK: Cambridge University Press, 2006.

[10] Caron P. High γ′ solvus new generation nickel-based superalloys for single crystal turbine blade applications [C] // Superalloys 2000. Champion PA: TMS, 2000: 737~746.

铸态高温合金均匀化处理过程中的组织演变

余浩，谢炳超，宁永权 *

（西北工业大学材料学院，陕西 西安，710072）

摘　要：为了改善消除高温合金冶炼产生的偏析、进一步提高其可锻性和热加工性能，高温合金铸锭开坯锻造前需进行充分的均匀化处理。本文对高温合金铸锭进行了不同工艺条件的均匀化处理，采用 OM、SEM 研究了均匀化处理前后的化学成分变化和组织演变，重点研究了 γ' 相的熟化行为及其对均匀化效果的影响。本研究所取得的阶段性结果将为镍基高温合金铸锭的均匀化处理提供理论指导和工艺参考。

关键词：高温合金；均匀化；组织演变；强化相

Microstructure Evolution in an As-cast Superalloy during Homogenizing Treatment

Yu Hao, Xie Bingchao, Ning Yongquan

（School of Materials Science & Engineering, Northwest Polytechnical University, Xi'an Shaanxi, 710072）

Abstract：In order to improve the segregation caused by the elimination of superalloy smelting and further enhance its forgeability and hot workability, the superalloy ingot must be fully homogenized before being forged. In this study, the homogenization treatment of superalloy ingots was carried out. The chemical composition changes and microstructure evolution before and after homogenization treatment were studied by OM and SEM. The ripening behavior of γ' phase and its effect on homogenization were the key research. The results obtained in this study will provide theoretical guidance and technological reference for the homogenization treatment of nickel-base superalloy ingots.

Keywords：superalloy；homogenization；microstructure evolution；strengthening phase

该铸态高温合金作为新一代的变形高温合金，其铸锻工艺路线已被证明能够用于生产性能优异、性价比高的盘件产品。作为连接铸锭与锻件的关键工序，均匀化与开坯在整个变形高温合金生产流程中起到承上启下的作用，目前对该铸态高温合金在这一过程中的组织演变尚未研究，而组织演变尤其是 γ' 相的形貌、尺寸及分布对于镍基高温合金的力学性能起着至关重要的作用[1,2]。均匀化处理目的在于消除显微凝固偏析，获得均匀成分的组织，从而进一步提高合金可锻性和热加工性能。加热温度和保温时间是均匀化处理的两个关键工艺参数，而冷却速率对于显微组织演变的影响占主导作用，基于此，本文对高温合金铸锭进行了不同工艺下的均匀化处理，重点关注了 γ' 相的熟化行为及其对均匀化效果的影响。

1　试验材料及方法

试验用铸态高温合金化学成分（质量分数，%）如表 1 所示，在铸态高温合金铸锭中，首

＊作者：宁永权，香江学者，博士生导师，联系电话：15829884555，E-mail：luckyning@ nwpu. edu. cn

资助项目：国家自然科学基金面上项目（51775440）；人力资源和社会保障部"香江学者"计划（XJ2014047）；中央高校基础科研业务费（3102018ZY005）

先从铸锭中截取边缘处 40mm×99mm×99mm 的长方体进行宏观低倍铸态组织分析观察,再从中截取 10mm×12mm×14mm 试样进行高倍铸态组织观察;其次,将部分截取的 10mm×12mm×14mm 试样在箱式电阻炉中于 1100~1200℃ 下进行 15~100h 的均匀化保温热处理;最后,利用 OM、SEM 等表征微观组织结构,对铸态及不同工艺条件下均匀化态试样进行组织演变的观察对比分析。

微观组织的表征包括金相组织观察和扫描电镜观察。金相组织观察方法为:将打磨抛光好的试样放入侵蚀液(10mL HCl + 5mL 酒精溶液 + 0.25g CuCl₂)中,根据试样的组织状态不同可加入几滴 H₂O₂ 溶液,然后将试样放在清水中进行清洗,再在 OLYMPUS 光学显微镜下进行金相组织观察。扫描电镜观察方法为:试样经机械打磨抛光好后,放入电解侵蚀液(150mL H₃PO₄ + 10mL H₂SO₄ + 15g CrO₃)中,运用直流稳压电源,在 3~5V 下电解侵蚀 5~10s,然后将试样放入无水酒精中进行清洗,再在 TESCAN 场发射扫描电子显微镜下进行观察。

表1 铸态高温合金化学成分

Tab. 1 Chemical composition of the casting superalloy

元 素	Ni	Fe	Co	Cr	Mo	W	Al	Ti	Nb	B	C	Zr
质量分数/%	基	4	8.5	15.7	3.1	2.7	2.25	3.4	1.1	0.01	0.015	0.03

2 试验结果及分析

2.1 铸态原始组织

图1(a)为该铸态高温合金原始组织为典型的树枝状结构,枝晶干区域呈白色,枝晶间区域呈黑色,通过计算得到枝晶干区域所在面积约为 62.7%。采用 Image-Pro Plus 软件对其进行分析,对不同试场中相邻一次和二次枝晶间距进行统计,求取平均值算得一次枝晶间距为 182μm,二次枝晶间距为 56.6μm。二次枝晶间距越小,组织就越细密,分布于其间的元素偏析范围就越小,铸件就越容易经过热处理而达到均匀化,并且显微缩松和非金属夹杂物也更加细小分散,有利于提高性能[3]。

图1(b)显示出该铸态高温合金原始组织中存在共晶相。Ti 元素偏析并且在合金中含量较多时,随着枝晶间液相中 Ti 含量的不断提高,当达到 γ+γ′ 共晶成分时,会发生由液相直接转化为 γ+γ′ 共晶反应[4]。故在该铸态高温合金后续均匀化过程中应注重共晶相的消除。

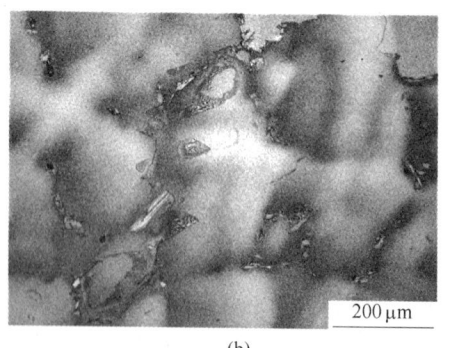

(a)   (b)

图1 铸态高温合金典型组织

Fig. 1 Typical microstructures of as-cast superalloy

2.2 均匀化过程中组织演变

图2为铸态高温合金在 1190℃ 不同均匀化时间时组织形貌。均匀化 15h 时,枝晶偏析仍较严重,但同铸态枝晶组织相比已明显减轻,均匀化 30h 时,枝晶偏析逐渐减少还可观察到枝晶组织。均匀化 45h 时,枝晶形貌已经无法观察,只存在隐约衬度的差异,当均匀化时间到达 60h 时,枝

晶形貌已完全消失。前面提到该铸态高温合金由于偏析严重,存在 γ+γ′ 共晶相的析出,如图 2(a) 所示;当均匀化时间超过 15h,未再观察到 γ+γ′ 共晶组织的存在。

图 2 可以看出,均匀化 15h 时,晶粒大小不一,分布不均;均匀化时间达到 45h 时,晶粒分布均匀;但当均匀化时间为 60h 时,晶粒尺寸异常长大,且晶界严重粗化。

图 3 为铸态高温合金在不同温度下均匀化 45h 的组织形貌。1130℃ 时,组织分布明显不均匀,晶粒大小不一;随着均匀化温度的提高,晶粒趋向于均匀分布且在这个过程中晶粒尺寸无明显增大。

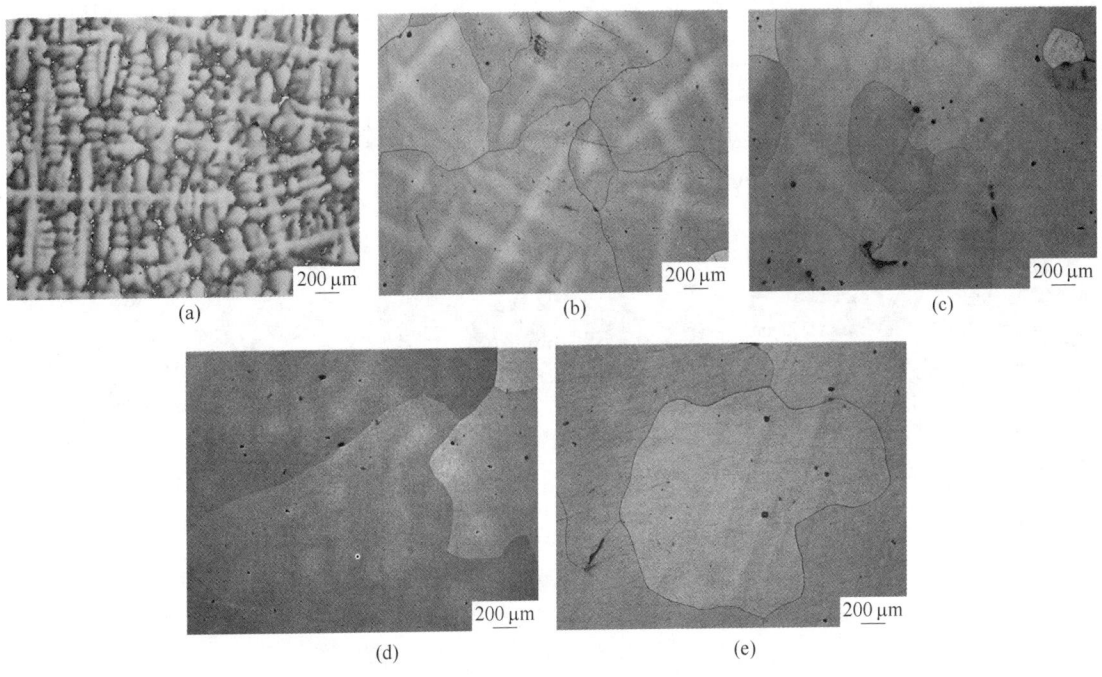

图 2   铸态高温合金在 1190℃ 不同均匀化时间时枝晶形貌

Fig. 2   Dendritic morphology of as-cast superalloy at 1190℃ for different homogenization time

(a) 0h;(b) 15h;(c) 30h;(d) 45h;(e) 60h

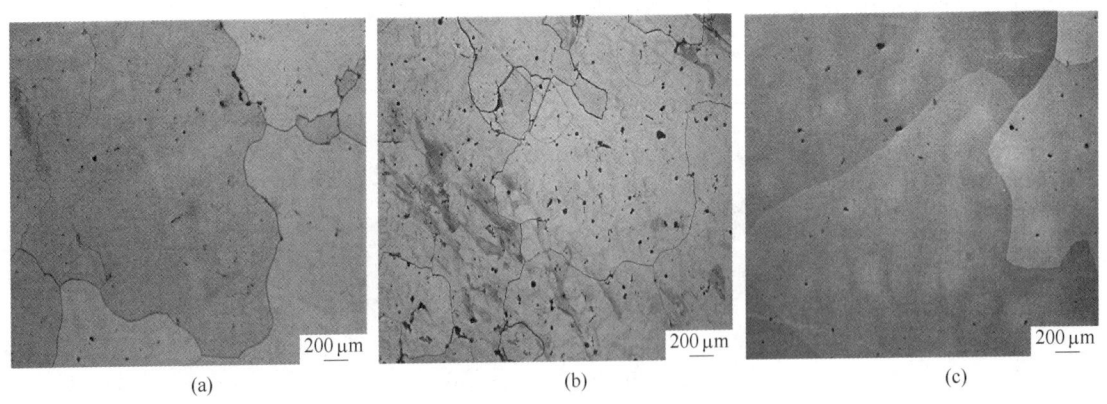

图 3   铸态高温合金在不同温度下均匀化 45h 时组织

Fig. 3   Microstructure of as-cast superalloy at homogenization for 45h at different temperatures

(a) 1130℃;(b) 1160℃;(c) 1190℃

综上所述,升高均匀化温度或延长保温时间均有利于提高均匀化效果,但保温时间过长会导致晶粒异常长大和晶界严重粗化。均匀化处理目的是消除显微凝固偏析,获得均匀成分的组织，其实质是通过元素的扩散使枝晶间和枝晶干的化学成分趋于一致，升高均匀化温度增大了原子扩散系数，提高了原子的扩散激活能，从而促进了原子的扩散；延长保温时间利于实现原子的充分扩散，但当保温时间过长时，晶粒会出现异常长大，即得到过热组织，且原子或间隙相会在晶界偏聚，致晶界出现严重粗化。

图 4 为铸态原始试样在不同位置的扫描组织，γ′相形态为典型的蝶状。图 4（a）是靠近共晶组织区，γ′相的尺寸大约为 1.25μm，而在枝晶干区域（图 4（b））及枝晶间区域（图 4（c）），γ′相的尺寸分别为 1.125μm 和 0.75μm，这表明铸态原始试样不同位置 γ′相分布不均，尤其是在共晶成分区附近，γ′相的尺寸偏大，几乎是枝晶间区域的两倍。再者，通过图 4 和图 5 的对比可以看出，试样经均匀化处理后共晶成分区消失，γ′相的分布均匀，尺寸大小均匀，γ′相的形貌也会随着冷却速率的减少发生由近球形到立方状再到树突状的转变过程。

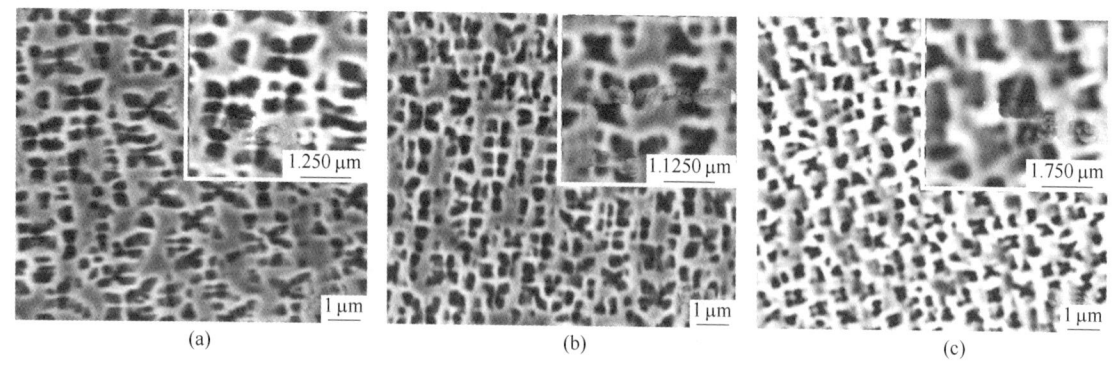

(a)　　　　　　　　　(b)　　　　　　　　　(c)

图 4　铸态原始样不同位置 SEM 组织

Fig. 4　SEM images of different positions of as-cast original samples

（a）靠近共晶组织区；（b）枝晶干；（c）枝晶间

图 5 显示了冷却方式为炉冷和空冷时 γ′相对比图，其直观地反映出随冷却速率的变化微组织的演变过程。当冷却方式为炉冷时，γ′相形貌主要为树突状，含少量的立方状，炉冷时 γ′相的尺寸约为 670nm；然而当冷却方式为空冷时，γ′相形貌主要由球形和近球形构成，空冷时 γ′相的尺寸约为 66nm，几乎是炉冷时 γ′相尺寸的 1/10。当冷却速率较慢时（炉冷），由于 γ′相的体积分数小，使得其共格畸变能较低，故 γ′相需要长大以达到较大的共格畸变能[5]。

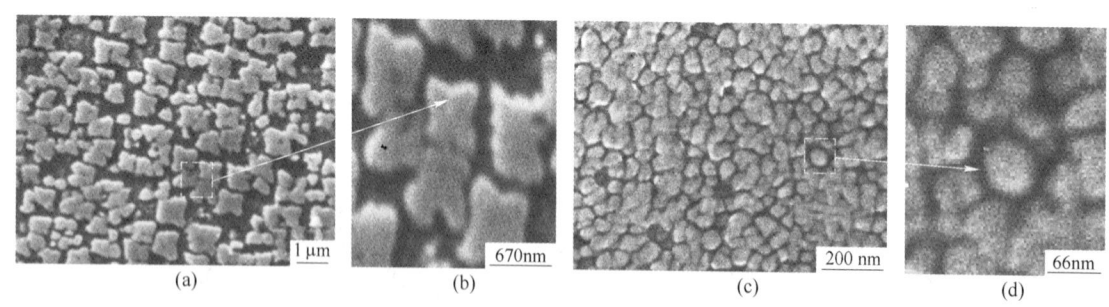

(a)　　　　　　　(b)　　　　　　　(c)　　　　　　　(d)

图 5　不同冷却速率下 SEM 组织

Fig. 5　SEM images at different cooling rates

（a）炉冷；（c）空冷；（b），（d）分别是（a）和（c）中 γ′相的放大图

3　结论

（1）均匀化处理后枝晶间偏析相明显减少，均匀化超过 60h 后，枝晶形貌完全消失。

（2）升高均匀化温度或延长保温时间均有利于提高均匀化效果，但工艺参数选择不当便会导致晶粒异常长大和晶界严重粗化。

（3）高温合金强化相熟化行为显著影响均匀化效果，冷却速率对强化相的演变的影响占主导作用，随冷却速率的减小，γ'相形貌存在着由近球形到立方状再到树突状的演变过程。但铸锭相熟化机制还需进一步深入研究。

参考文献

［1］ Mitchell R J, Preuss M. Inter–relationships between composition, γ' morphology, hardness, and $\gamma-\gamma'$ mismatch in advanced polycrystalline nickel–base superalloys during aging at 800℃, Metall. Mater. Trans. A, 2007, 38 (3)：615~627.

［2］ Reed R C. The Superalloys：Fundamentals and Applications ［M］. Cambridge：Cambridge University Press, 2006.

［3］ 陈佳语. 高温合金铸锭均匀化开坯工艺制定依据及优化控制原则 ［D］. 北京：北京科技大学, 2018.

［4］ 缪竹骏. IN718系列高温合金凝固偏析及均匀化处理工艺研究 ［D］. 上海：上海交通大学, 2011.

［5］ Fan Xianqiang, Guo Zhipeng, Wang Xiaofeng, et al. Morphology evolution of γ' precipitates in a powder metallurgy Ni–base superalloy ［J］. Materials Characterization, 2018：139.

一种含 Re 镍基单晶高温合金显微组织和拉伸性能研究

赵云松[1*]，刘砚飞[2]，郭媛媛[1]，张晓铁[1]，赵敬轩[1]，张迈[1]，张剑[1]，骆宇时[1]

（1. 北京航空材料研究院先进高温结构材料重点实验室，北京，100095；
2. 中国航发四川燃气涡轮研究院，四川 成都，610500）

摘 要：本文研究了温度对一种第二代镍基单晶合金拉伸性能的影响，并分析了拉伸性能变化的原因。通过热处理，几乎完全消除了合金中的铸态共晶组织，难熔金属元素的偏析程度大幅降低。合金屈服强度的峰值温度为850℃，峰值温度以上，屈服强度迅速下降，原因在于 γ' 相的部分溶解，而在室温至760℃，屈服强度基本保持稳定。通过对比分析，该单晶合金的拉伸性能达到了国外广泛应用的第二代单晶合金的拉伸性能水平。

关键词：单晶高温合金；热处理；显微组织；拉伸性能

Microstructure and Tensile Properties of a Re-containing Nickel-based Single Crystal Superalloy

Zhao Yunsong[1], Liu Yanfei[2], Guo Yuanyuan[1], Zhang Xiaotie[1],
Zhao Jingxuan[1], Zhang Mai[1], Zhang Jian[1], Luo Yushi[1]

（1. Science and Technology on Advanced High Temperature Structural Materials Laboratory,
Aecc Beijing Institute of Aeronautical Materials, Beijing, 100095；
2. Aecc Sichuan Gas Turbine Establishment, Chengdu Sichuan, 610500）

Abstract：The effect of temperature on the tensile properties of a second-generation nickel-based single crystal alloy was studied, and the reasons for the change of the tensile properties were analyzed. By heat treatment, as-cast eutectic structure was almost eliminated and segregation of refractory metal elements was greatly reduced. The peak temperature of yield strength of the alloy is 850℃. The yield strength decreases rapidly when the temperature is higher than 850℃. The reason is that the partial dissolution of γ' phase, while the yield strength remains stable from room temperature to 760℃. By comparison and analysis, the tensile properties of this single crystal alloys have reached the level of the second generation single crystal alloys widely used abroad.

Keywords：single crystal superalloy；heat treatment；microstructure；tensile property

镍基单晶高温合金是先进航空发动机高低压涡轮叶片的关键材料[1~3]。拉伸实验是工程上应用最广泛的评价材料力学性能的方法之一，通过拉伸性能测试可获得材料的弹性模量、屈服强度、抗拉强度、伸长率和断面收缩率等一系列评价材料性能的指标，其性能数据可为其蠕变和疲劳性能提供一定的参考。例如，相较于 TMS-75 合金，TMS-82+合金在400℃时具有更高的拉伸强度，使其在该温度下的热机械疲劳寿命优于 TMS-75 合金[4]。镍基单晶高温合金作为涡轮叶片的首选材料，需对其短时力学性能进行研究，尤其是[001]取向的性能，以确保材料具备足够的高温强度和塑性。

镍基单晶高温合金拉伸性能与温度的关系已

---

* 作者：赵云松，工程师，联系电话：13121991856，E-mail：yunsongzhao@ 163.com

进行过大量研究[5]，其中反常屈服和中温塑性低谷现象是单晶高温合金普遍存在的典型特征。其中，屈服强度峰值与塑性低谷值所处温度也因合金成分而异，需针对某一特定合金，系统研究其拉伸性能，从而掌握其拉伸力学性能随温度的变化趋势，为航空发动机涡轮叶片的结构设计和安全服役提供技术支撑。

本文研究了一种含 Re 单晶合金室温至 1100℃ 范围的拉伸力学性能，并对其在不同温度下的断口形貌、两相组织进行了表征，进一步分析了其断裂模式和变形机制随温度的变化规律。在积累了大量基础性能数据的同时，为解释单晶合金拉伸性能随温度的变化趋势提供实验依据。

1　实验材料及方法

实验选用北京航空材料研究院自主研制的第二代镍基单晶合金，其名义成分（质量分数，%）为 Cr 4.0，Re 3.0，Ta 7.0，W 7.0，Al 6.0，Co 8.0，Mo 2.0，C 0.01，Hf 0.2，Ni 余量。在高温度梯度定向凝固炉（HRS）中，用螺旋选晶法制备具有［001］取向的直径为 15mm，长为 150mm 的单晶试棒，定向凝固时抽拉速度为 3mm/min。采用背散射 Laue 法确定单晶取向，选择生长方向与［001］方向偏离小于 10° 的试棒为实验材料。

单晶合金组织表征过程中，选用硫酸铜腐蚀液进行化学腐蚀，具体配比为硫酸铜 50g + 水 200mL + 盐酸 160mL + 硫酸 10mL；电解腐蚀采用磷酸∶水 = 1∶9 溶液，电解电压为 5V，电解时间为 3~6s。采用 OM 和 SEM（型号：FEI NANO SEM 450）对合金组织进行观察，铸态一次枝晶间距（参照标准 GB/T 14999.7—2010）、共晶含量以及热处理态 γ′ 相尺寸和体积分数均采用 Image-Pro Plus 分析软件进行测量。

合金主成分元素偏析系数采用电子探针（EPMA）进行分析测定。枝晶干与枝晶间各取五个点，按下式计算偏析系数：

$$S_i = c_{\text{dendrite}}^i / c_{\text{interdendrite}}^i \tag{1}$$

式中，c_{dendrite}^i 和 $c_{\text{interdendrite}}^i$ 为元素 i 在枝晶干的浓度及枝晶间的浓度。$S_i > 1$ 表示合金元素 i 偏析于枝晶干，而 $S_i < 1$ 表示合金元素 i 偏析于枝晶间。

对单晶合金室温至 1100℃ 范围内的拉伸性能进行系统研究。拉伸实验在 INSTRON 5982 试验机上进行，该设备配置有测定应变变化情况的高温引伸计，实验参照 HB 5143—1996（低温）和 HB 5195—1996（高温）进行，具体过程为，试样在大气条件下经感应加热至实验温度，试样标距段装有热电偶对温度进行检测，该设备可控制试样标距段温度波动在 ±3℃ 以内。达到实验温度后，使用应变速率 $8.3 \times 10^{-4} \text{s}^{-1}$ 加载至合金屈服，随后撤掉引伸计，采用横梁位移 2mm/min 加载至试样断裂。为保证数据的准确性，相同温度条件测试三个试样。

2　实验结果及分析

2.1　合金铸态组织

图 1 给出了实验单晶合金的铸态组织形貌。对图 1（a）一次枝晶间距和共晶含量进行表征，确定该合金一次枝晶间距为（315.2±15.5）μm，共晶含量为（4.9±0.5）%。图 1（b）是枝晶间粗大 γ′ 相和共晶组织的 SEM 照片，图 1（c）和（d）分别为铸态组织枝晶干和枝晶间 γ′ 相的形貌，其形状和尺寸均不规则。合金铸态组织主要成分的偏析系数见图 2，其中难熔金属元素 Re、W 强烈偏析于枝晶干，为负偏析元素，而 Al、Ta、Nb 偏析于枝晶间，为正偏析元素。

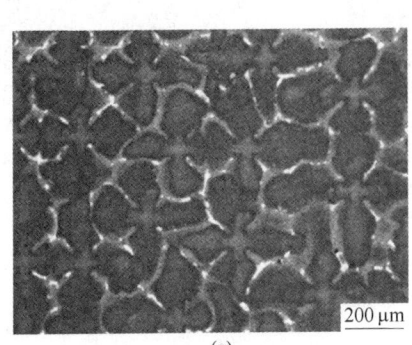

(a)

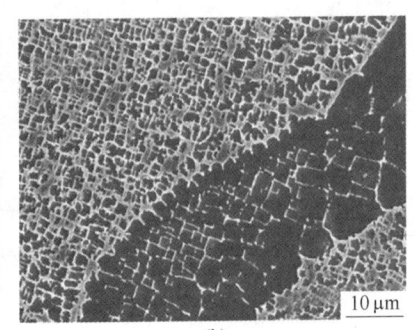

(b)

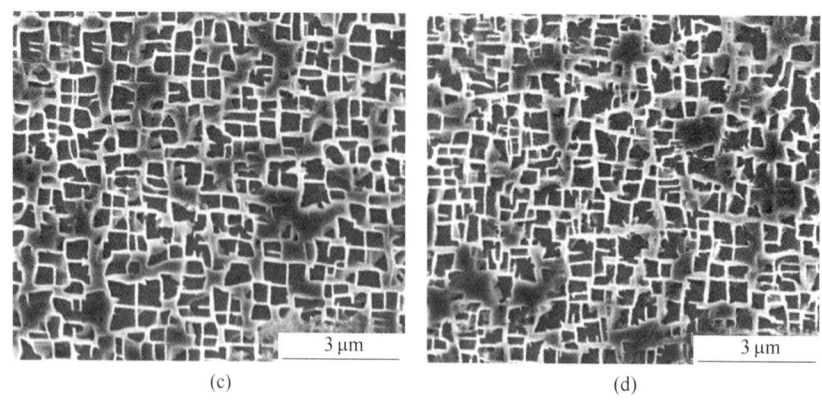

图 1 实验合金铸态组织形貌

Fig. 1 The as-cast microstructure of experimental alloy

（a）OM 照片；（b）枝晶间粗大 γ′相；（c）枝晶干处组织；（d）枝晶间组织

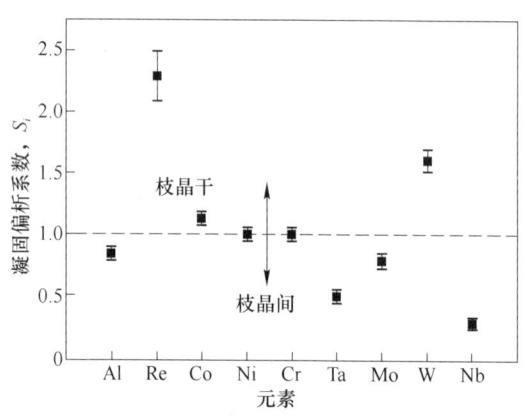

图 2 实验合金主要合金元素的偏析情况

Fig. 2 The segregation of main elements of the experimental alloy

2.2 合金热处理组织

图 3 和图 4 给出了实验合金经完全热处理后组织形貌。从图 3（a）可以看出，热处理几乎完全消除了共晶组织。图 3（b）和（c）显示难熔金属元素的偏析程度大幅降低（热处理后 S_{Re} = 1.3，S_W = 1.1）。图 4 表明合金经完全热处理后 γ′相具有较高的立方度，γ′相尺寸为 0.37~0.42μm，体积分数在 65% 左右。

2.3 合金的拉伸力学性能

图 5 给出了实验合金测试试样的取向情况和 ·

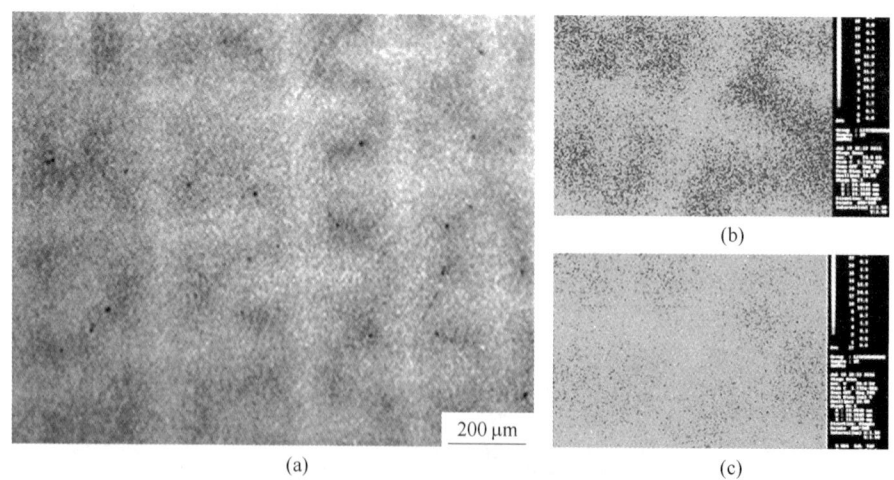

图 3 实验合金完全热处理后形貌

Fig. 3 Morphology of the experimental alloy after fully heat treatment

（a）OM 照片；（b）合金元素 Re 的偏析；（c）合金元素 W 的偏析

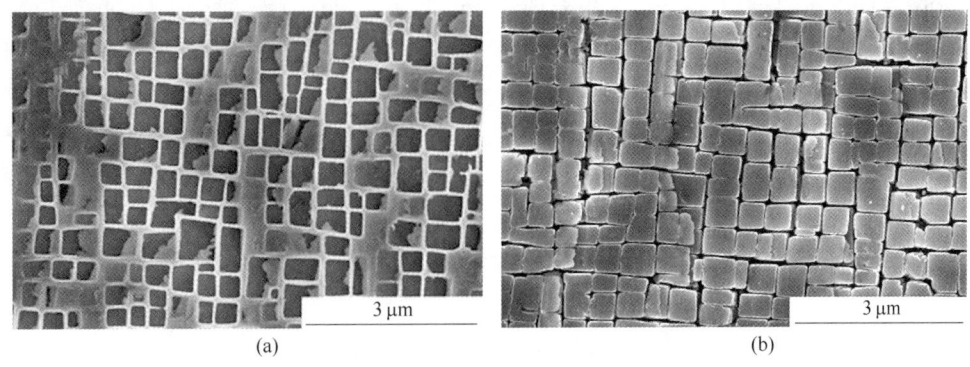

图 4　实验合金完全热处理两相组织形貌

Fig. 4　Initial microstructure of the experimental alloy after fully heat treatment

（a）化学腐蚀；（b）电解腐蚀

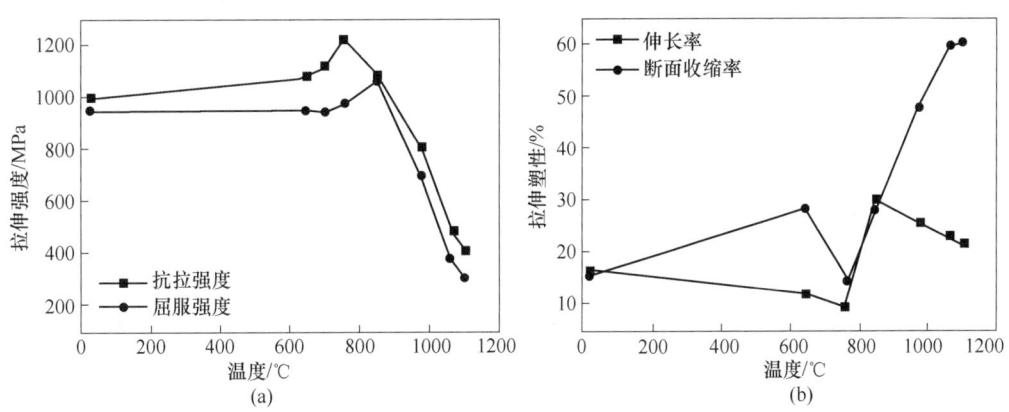

图 5　实验合金拉伸性能随温度变化规律

Fig. 5　Tensile properties variations with temperatures of experimental alloy

（a）强度；（b）塑性

其在各实验温度下的屈服强度、抗拉强度、断面收缩率、断后伸长率以及弹性模量的具体数值。拉伸实验均选用生长方向与 ［001］ 取向偏离 10°以内的单晶试棒，且各温度下平行试样的性能结果均具有较好的一致性。从图 5 （a） 可以看出实验合金也具有反常屈服现象。在 700℃ 以前，合金的屈服强度几乎保持稳定，随后逐渐增加，至850℃达到峰值，峰值温度过后，屈服强度迅速减小；抗拉强度也呈现出相同的变化趋势，不同之处是，其在 760℃ 达到峰值。Sajjadi 等人[6] 认为试样中微孔的存在是导致屈服强度和抗拉强度峰值温度存在差异的原因。通过热力学软件 JMatPro计算发现，实验合金中 γ′ 相的质量分数在 850℃后开始减小 （见图 6），即开始部分溶解，因此认为合金屈服强度在 850℃ 上迅速减小的原因与强化 γ′

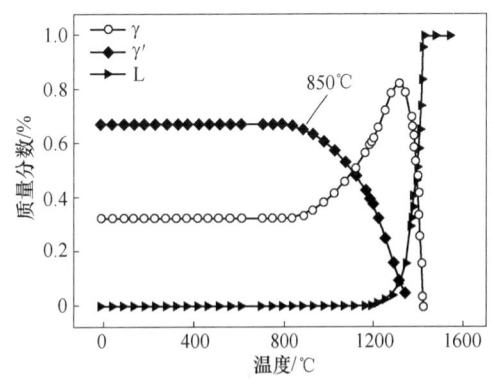

图 6　JMatPro 计算实验合金各相质量分数随温度变化趋势

Fig. 6　Curves of equilibrium phases mass fraction vs temperature for experimental alloy calculated by JMatPro

相开始逐渐溶解有一定关系。合金塑性随温度的变化趋势见图 5 （b），断面收缩率和伸长率均在

760℃达到最小值，但在该温度以外，二者却表现出不同的变化规律。其中，断面收缩率先上升并在650℃达到一个峰值，随后逐渐下降，当温度高于760℃时，断面收缩率随温度升高单调递增；伸长率随温度单调递减并在760℃达到最低值，温度高于760℃时，伸长率随温度的增加呈现出先增加后降低的趋势。

表1列出了实验合金的拉伸性能与国外一些第二代单晶合金进行比较的结果，可以看出，实验合金的20℃、760℃的拉伸性能已经超过了CMSX-4、ЖС36的水平，980℃的拉伸性能与CMSX-4合金相当。综合看来，该实验合金的拉伸性能达到了国外广泛应用的第二代单晶合金的拉伸性能水平。

表1　实验合金与国内外一些第二代单晶合金的拉伸性能

Tab. 1　Tensile properties of experimental alloy and some other second-generation single crystal superalloys

合　金	20℃				760℃				980℃			
	σ_b/MPa	$\sigma_{0.2}$/MPa	δ_5/%	ψ/%	σ_b/MPa	$\sigma_{0.2}$/MPa	δ_5/%	ψ/%	σ_b/MPa	$\sigma_{0.2}$/MPa	δ_5/%	ψ/%
试验合金	1000	949	17	16	1210	978	8	15	805	698	26	49
CMSX-4	894	888	22	20.5	1150	916	22.1	24.4	811	704	33	—
ЖС36	930	861	—	—	990	910	—	—	—	—	—	—

3　结论

（1）通过热处理，几乎完全消除了合金中的铸态共晶组织，难熔金属元素的偏析程度大幅降低，同时，γ'相具有较高的立方度，γ'相尺寸为0.37~0.42μm，体积分数在65%左右。

（2）实验用合金的拉伸性能达到国外典型第二代单晶合金的水平。合金屈服强度的峰值温度为850℃，峰值温度以上，屈服强度下降，而在室温至760℃，屈服强度基本保持稳定。

参考文献

[1] Wen Z X, Pei H Q, Yang H, et al. A combined CP theory and TCD for predicting fatigue lifetime in single-crystal superalloy plates with film cooling holes [J]. International al Journal of Fatigue, 2018 (111): 243~255.

[2] Zhao Y S, Liu C G, Guo Y Y, et al. Influence of minor boron on the microstructures of a second generation Ni-based single crystal superalloy [J]. Progress in Natural Science: Materials International, 2018 (28): 483~488.

[3] 任维鹏, 李青, 黄强, 等. 定向凝固镍基高温合金 DZ466 表面 CoAl 涂层的氧化及组织演变 [J]. 金属学报, 2018, 54 (4): 566~574.

[4] Zhou H, Harada H, Okada M. Investigations on the thermo-mechanical fatigue of two Ni-based single-crystal superalloys [J]. Material Science & Engineering A, 2005 (394): 161~167.

[5] 郭建亭. 高温合金材料学（下册）：高温合金材料与工程应用 [M]. 北京：科学出版社, 2008.

[6] Sajjadi S A, Nategh S, Isac M. High temperature tensile behavior of the Ni-base superalloy GTD-111 [J]. Canadian Metallurgical Quarterly, 2003 (42): 489~494.

陶瓷型芯对镍基单晶高温合金中雀斑形成的影响

王富[1*]，马德新[2]，徐文梁[1]

（1. 西安交通大学机械制造系统工程国家重点实验室，陕西 西安，710049；
2. 深圳万泽中南研究院，广东 深圳，518045）

摘　要：本文采用实验的方法研究了陶瓷型芯对镍基高温合金中雀斑形成的影响。结果表明镍基高温合金单晶铸件中雀斑缺陷的形成表现出强烈的附壁效应，无论是陶瓷模壳壁或者是型芯壁；单晶铸件外表面的雀斑缺陷形成的倾向随着陶瓷型芯内径的增加而减小，而内表面的雀斑缺陷的形成倾向随之增加。

关键词：陶瓷型芯；镍基高温合金；定向凝固；单晶叶片；雀斑

Effect of Ceramic Cores on the Freckle Formation during Casting Ni-based Single Crystal Superalloys

Wang Fu[1], Ma Dexin[2], Xu Wenliang[1]

（1. State Key Laboratory for Manufacturing System Engineering，School of Mechanical Engineering，
Xi'an Jiaotong University，Xi'an Shaanxi，710049；
2. Wedge Central South Research Institute，Shenzhen Guangdong，518045）

Abstract：In this paper，the effect of the ceramic core on the freckle formation was investigated by using directional solidification experiments. The results show that the freckle formation exhibits a strong wall-dependence regardless of the shell mold wall or the ceramic core wall. With increasing inner diameter of the ceramic core，the freckle formation on the outer surfaces of the castings is reduced，whereas it is increased on the inner surfaces.

Keywords：ceramic core；Ni-based superalloy；directional solidification；single crystal blade；freckles

雀斑是镍基单晶高温合金叶片表面上的一种典型宏观晶体缺陷。它通过引入内界面降低了单晶叶片的高温力学性能。在单晶叶片中，雀斑缺陷通常呈现为平行于中立方向的链状等轴晶或者破碎的枝晶。它是由于定向凝固过程中溶质偏析造成了糊状区内的液体密度反差，引起强烈对流造成枝晶臂折断而形成。一旦雀斑缺陷在单晶叶片中形成，其不能通过后续的热处理方法消除。因此，它是导致单晶叶片成品率降低的一个主要因素，特别是对于尺寸较大的燃气轮机叶片。

在过去的几十年中，研究人员对单晶叶片中的雀斑缺陷开展了大量的研究。研究结果表明，雀斑缺陷的形成倾向主要由高温合金的成分[1]、定向凝固工艺参数[2,3]、叶片的形状特征[4,5]和单晶叶片的取向[6]决定。然而，直到现在关于陶瓷型芯对镍基高温合金单晶叶片中雀斑缺陷影响的系统研究并未开展。本文通过采用定向凝固实验方法研究陶瓷型芯对雀斑形成的影响，以期加深对雀斑形成机理的理解，从而寻找合适的技术方法，降低该缺陷在单晶叶片中的形成。

1　实验材料及方法

实验中以 CMSX-4 单晶高温合金为研究对象。

＊作者：王富，教授，联系电话：15229273061，E-mail：fuwang@ xjtu. edu. cn

采用长度为150mm、直径为7~19mm、壁厚为0.5~2.5mm的Al_2O_3陶瓷管作为陶瓷型芯。首先将陶瓷型芯嵌入蜡棒中，然后将这些蜡棒组合（8个）成蜡树。通过标准的精密铸造工艺将蜡树制备成陶瓷模壳。实验中采用选晶法制备单晶铸件。定向凝固实验在工业级的ALD单晶炉中进行。浇注温度为1500℃，模壳预热温度为1470℃，抽拉速率为1mm/min。试样凝固后，采用腐蚀剂60mL C_2H_5OH+40mL HCl+2g $CuCl_2 \cdot 2H_2O$ 揭示铸件的微观组织形貌，并使用光镜（OM）表征微观组织。

2 实验结果及分析

2.1 陶瓷型芯内径对外表面雀斑形成的影响

图1示出单晶铸件横截面上雀斑缺陷的微观形貌及不同内径和相同壁厚的陶瓷型芯对单晶铸件外表面雀斑缺陷面积分数的影响（图1(b)中黑色圈出部分）。可以看出，随着陶瓷型芯内径从7mm增加到19mm，外表面的雀斑的面积分数从22.2‰降低到了3.27‰。该结果表明外表面雀斑缺陷的产生概率与陶瓷型芯的内径正相关。

2.2 陶瓷型芯内径对内界面雀斑形成的影响

陶瓷型芯的使用不但对单晶铸件外表面的雀斑缺陷的形成产生影响，也会催生新的雀斑缺陷在内界面形成。并且，这些雀斑缺陷只发生在单晶铸件的外凸面，而不会出现在其内凹面，如图1(a)中白色圈出部分和图2(a)所示。图2(b)示出不同内径和相同壁厚的陶瓷型芯对单晶铸件内界面雀斑缺陷面积的影响。可以看出，随着陶瓷型芯内径从7mm增加到19mm，内界面雀斑的面积逐渐增加。在镶有内径为19mm陶瓷型芯的单晶铸件中，可观察到最大面积的雀斑缺陷，而当内径减小到7mm时，雀斑面积减少到了50%。该结果表明内界面雀斑缺陷的产生概率与陶瓷型芯的内径负相关。

从上述的实验结果可知，陶瓷型芯可以激发雀斑缺陷在单晶铸件内、外部的形成。雀斑的产生展现出了很强的附壁效应。以前我们的研究[7]表明，采用定向凝固离心倒灌技术可以获得清晰的糊状区的3D枝晶形貌。同时，我们发现与陶瓷壁接触的残余液相基本上都被倾倒而空，而在糊状区内部则只有枝晶尖端部分的残余液相可以被倒出。这个结果表明，与陶瓷壁接触的糊状区相比于糊状区内部具有较大的渗透率。原因在于残余液相在流动的过程中由于光滑陶瓷壁的存在，其所承受的阻力小于来自糊状区内部由于枝晶相互交叉带来的大的阻力。与该结果中的铝合金相似，对于单晶高温合金仍然存在这样的附壁效应。

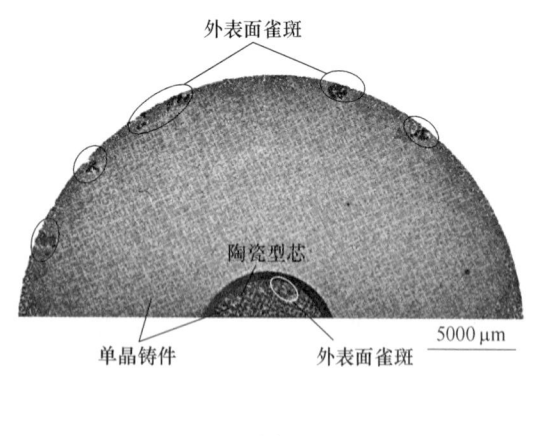

(a)

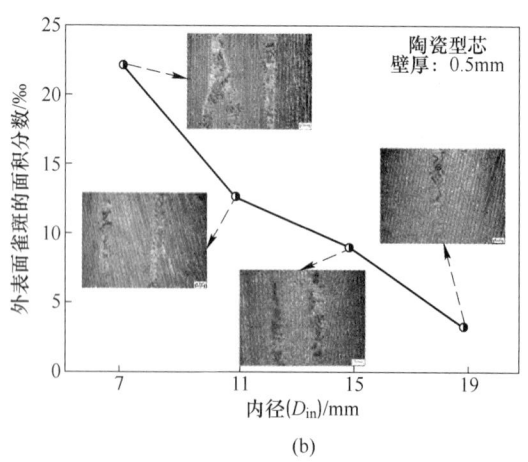

(b)

图1 单晶铸件横截面上雀斑缺陷的微观形貌（a），以及单晶铸件外表面雀斑的面积分数（b）
（陶瓷型芯尺寸为：内径7mm、11mm、15mm、19mm，壁厚0.5mm）

Fig. 1 Microstructure of freckles on the cross-section of single crystal casting (a), area fraction ratios of the freckling regions on the outer surfaces of the castings embedded ceramic cores with 7mm, 11mm, 15mm, 19mm inner diameters and 0.5mm wall-thickness (b)

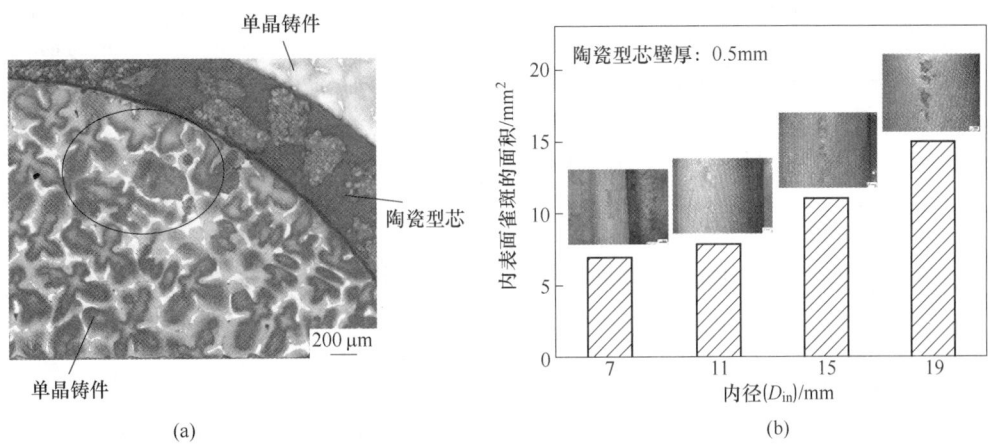

(a)

(b)

图2 单晶铸件横截面上内界面雀斑缺陷的微观形貌（a），单晶铸件内界面雀斑的面积（b）

（陶瓷型芯尺寸为：内径 7mm、11mm、15mm、19mm，壁厚 0.5mm）

Fig. 2 Microstructure of inner freckles on the cross-section of single crystal casting（a），areas
of the freckling regions on the inner surfaces of the castings having ceramic cores with 7mm，
11mm，15mm，19mm inner diameters and 0.5mm wall-thickness（b）

以前的研究[8]指出，雀斑缺陷的发生需要从糊状区的残余液相中摄取足够的液相。当单晶铸件具有大的横截面时，其宽大的糊状区能够提供充足的液相支撑枝晶间的对流。因此，雀斑缺陷才能发生。与此相反，雀斑缺陷通常不会产生在横截面较小的单晶铸件中。图3为实验中单晶铸件背阴部分的纵向截面。从图3(a) 可以看出，带有小内径陶瓷型芯的单晶铸件具有窄的糊状区和弱的液相供应能力（陶瓷型芯包裹的铸件部分）。与之相反，在陶瓷模壳与型芯之间的单晶铸件部分则具有强的液相供应能力。随着陶瓷型芯内径的增加，陶瓷型芯包裹的单晶铸件部分可提供支撑雀斑缺陷形成的液相增多，供应能力增强，而在陶瓷型芯和陶瓷模壳之间的单晶铸件部分，其相应变弱，如图3(b) 所示。因此，随着陶瓷型芯内径的增加，产生在单晶铸件外表面的雀斑缺陷逐渐减少，如图1所示，而内表面的雀斑缺陷逐渐增加，如图2所示。

3 结论

（1）镍基高温合金单晶铸件中，无论是陶瓷模壳壁或者是型芯壁，雀斑缺陷的形成展现出强烈的附壁效应。

（2）单晶铸件外表面的雀斑缺陷形成的倾向随着陶瓷型芯内径的增加而减小，而内表面的雀斑缺陷的形成倾向随之增加。

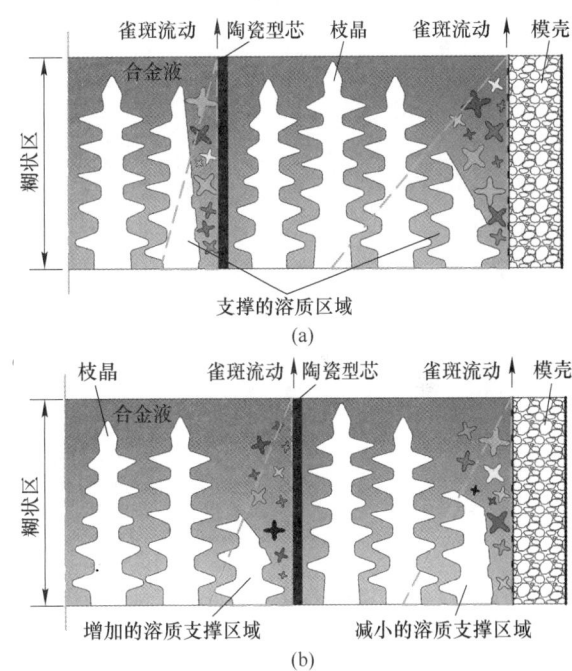

(a)

(b)

图3 铸件背阴部分的纵向截面示意图

Fig. 3 Schematics of the longitudinal sections of the shadow
sides of the castings exhibiting reservoir zones（green
broken lines）which support the freckle formation along
the surface of the shell and core walls

（a）带有小内径的陶瓷型芯的单晶铸件；

（b）带有大内径的陶瓷型芯的单晶铸件，相同的壁厚

参考文献

[1] Tin S, Pollock T. Stabilization of thermosolutal convective instabilities in Ni-based single-crystal superalloys：carbide

precipitation and rayleigh numbers ［J］. Metallurgical and Materials Transactions A, 2003 (34)：1953~1967.

［2］ Ma D, Zhou B, Bührig-Polaczek A. Investigation of freckle formation under various solidification conditions ［J］. Advanced Materials Research, 2011 (278)：428~433.

［3］ Li Q, Shen J, Qin L, et al. Investigation on freckles in directionally solidified CMSX-4 superalloy specimens with abrupt cross section variation ［J］. Journal of Alloys and Compounds, 2017 (691)：997~1004.

［4］ Ma D, Bührig-Polaczek A. The geometrical effect on freckle formation in the directionally solidified superalloy CMSX-4 ［J］. Metallurgical and Materials Transactions A, 2014 (45)：1435~1444.

［5］ Ma D, Bührig-Polaczek A. The influence of surface roughness on freckle formation in directionally solidified superalloy samples ［J］. Metallurgical and Materials Transactions B, 2012 (43)：671~677.

［6］ Ma D, Mathes M, Zhou B, et al. Influence of crystal orientation on the freckle formation in directionally solidified superalloys ［J］. Advanced Materials Research, 2011 (278)：114~119.

［7］ Ma D, Sahm P. Forced decanting of solidification front of a technical Al－Si alloy ［J］ Aluminium, 1996, 72：671~677.

［8］ Auburtin P, Cockcroft S, Mitchell A. Freckle formation in superalloys ［C］ //Pollock T, Kissinger R, Bowman R, et al. Superalloys 2000, TMS, Warrendale, PA, 2000：255~261.

长期时效对一种第三代镍基单晶高温合金
组织演变和力学性能的影响

杨振宇[1*]，方向[2]，郑帅[1]，张剑[1]，骆宇时[1]

（1. 北京航空材料研究院先进高温结构材料重点实验室，北京，100095；

2. 中国航发湖南动力机械研究所，湖南　株洲，412000）

摘　要：本文研究了一种第三代镍基单晶高温合金在1100℃长期时效后的组织演变和持久性能。组织分析表明，当时效时间不超过200h时，随着时效时间的延长，γ′相尺寸以立方状逐渐粗化，TCP相析出不显著；当时效时间超过200h后，随着时效时间的延长，γ′相发生筏排化，TCP相析出含量显著增加。性能测试表明，当时效时间不超过200h时，随着时效时间的延长，合金在1100℃/140MPa条件下持久性能显著降低；当合金时效时间超过200h后，随着时效时间的延长，合金持久性能降低不显著。分析表明，γ′相组织演变是合金性能降低的主要原因。

关键词：单晶高温合金；长期时效；组织；性能

The Effect of Long Term Aging on Microstructure Evolution and
Mechanical Property of a Third Generation Single
Crystal Nickel-based Superalloy

Yang Zhenyu[1], Fang Xiang[2], Zheng Shuai[1], Zhang Jian[1], Luo Yushi[1]

（1. Science and Technology on Advanced High Temperature Structural Materials Laboratory，

Beijing Institute of Aeronautical Materials，Beijing，100095；

2. Hunan Power Machinery Research Institute of AECC，Zhuzhou　Hunan，412000）

Abstract：The microstructural evolution and creep properties of a third generation single crystal superalloy after long-term aging at 1100℃ at stressless conditions were investigated. Microstructure analysis showed that when the aging time did not exceed 200h, with the extension of the aging time, the γ′ phase size was gradually coarsing with cubization, and the TCP precipitation was not significant. When the aging time exceeded 200h, with the extension of the aging time, the γ′ phase underwent rafting and the TCP phase precipitation content increases significantly. High temperature creep test carrying on the 1100℃/140MPa founded to be that the creep lives were degenerated rapidly after long-term aging at first 200h, then the creep properties of which were stable with prolonging exposures time. The analysis show than the degeneration of γ′ phase were found to be the main factor in the change of the creep properties.

Keywords：single crystal nickel based superalloy；long-term aging；microstructure；creep properties

自20世纪80年代以来，单晶高温合金材料研究技术是推动航空发动机发展的关键技术之一。目前工程上应用的主流合金是第二代单晶高温合金，例如 CMSX-4、DD6 等合金。为了满足发动机更高的性能、更低的能源消耗，在第三代单晶合金体系中加入了更高的 Re 元素，来进一步提高合金的高温力学性能，例如 CMSX-10、DD9 等合金。研究表明，Re 元素是单晶高温合金中最主要

＊作者：杨振宇，助理工程师，联系电话：18513262165，E-mail：Xuanshangyiyi@163.com

的强化元素，能够显著提高合金的蠕变抗力，进而提高合金的力学性能，但是过高的 Re 元素会增加 TCP 相析出倾向，可能影响合金的组织稳定性，降低合金的性能[1~5]。但是，Acharya[6]的研究结果表明，TCP 相不是降低合金的主要原因，该研究结果与之前的研究结果存在差异，合金体系的不同可能是影响上述研究结果差异的主要因素。因此，为了探究高 Re 元素含量对第三代单晶高温合金组织和性能的影响规律，本文研究了一种自主研发、含 Re 约 6.8%的第三代镍基单晶高温合金，研究该合金长期时效过程中的组织稳定性、持久力学性能变化规律以及影响合金性能的主要因素，为该合金的工程化应用提供数据支撑和研究基础。

1　材料和实验过程

材料来自北京航空材料研究院自主研制的一种第三代镍基单晶高温合金，合金的名义成分见表 1。单晶试样采用选晶法制备，采用背散射劳厄法测试其晶体取向，选取偏离［001］方向 15°以内的试样进行实验。铸态单晶试棒经过标准的热处理，热处理制度包括固溶处理（1365℃/15h，空冷）和两级时效处理（1150℃/6h，空冷 + 870℃/24h，空冷）。热处理之后，将试样在 1100℃条件下分别进行 50h、100h、200h、300h、500h 的长期时效。然后，将不同时效状态的试样加工成标准力学性能试样，并进行 1100℃/140MPa 的持久拉伸实验。采用标准金相制备方法

处理试样，采用 5g CuSO$_4$+25mL HCl+20mL H$_2$O+5mL H$_2$SO$_4$ 进行腐蚀，将腐蚀后的试样在 SEM 扫描电镜下进行观察，采用 Image-Pro Plus 软件分析 γ′相和 TCP 相的体积分数。

表 1　合金的名义成分
Tab. 1　Nominal chemical composition of experimental alloy
（质量分数,%）

Cr	Co	Mo	W	Ta	Re	Al	Ti	Ni
1.7	3.2	0.4	5.5	8.4	6.8	5.8	0.1	余

2　实验结果与分析

2.1　组织分析

图 1 是合金在 1100℃不同时效时间后的典型组织形貌。图 1(a) 是合金完全热处理后的组织形貌，从图中可以看出，经过热处理后，试样的残余共晶已完全消除，γ′相呈立方状形貌，其尺寸约为 0.43μm，体积分数约为 69%，γ 相通道尺寸约为 0.1μm，表明热处理效果较好；图 1(b)~(f) 是试样随着时效时间的延长，γ′相的形貌演变规律。当时效时间不超过 200h 时，γ′相以立方状的形貌逐渐粗化，体积分数无显著变化；当时效时间超过 200h 后，γ′相开始发生"筏化"现象，γ 相的宽度也逐渐增加；当时效时间进一步延长，γ′相筏化程度进一步增加；当时间延长至 500h 时，γ′相完全筏排。图 2 是合金在 1100℃不同时效时间后的 TCP 相析出情况。当时效不超过 100h 时，

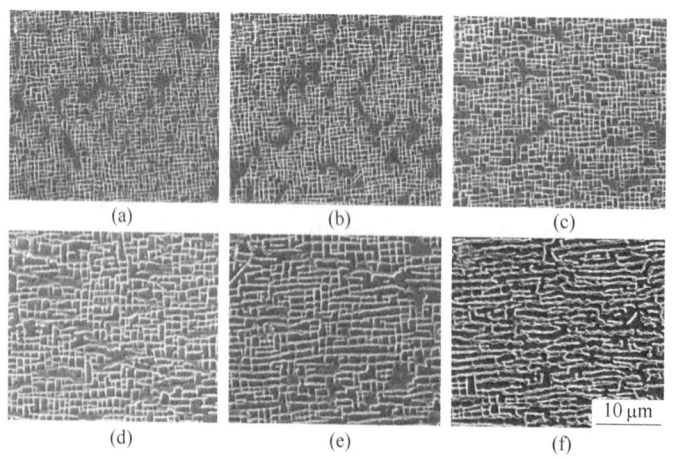

图 1　1100℃不同时效时间后合金的组织演变
Fig. 1　Microstructure of the alloy after long term aging at 1100℃ for different times
(a) 0h；(b) 50h；(c) 100h；(d) 200h；(e) 300h；(f) 500h

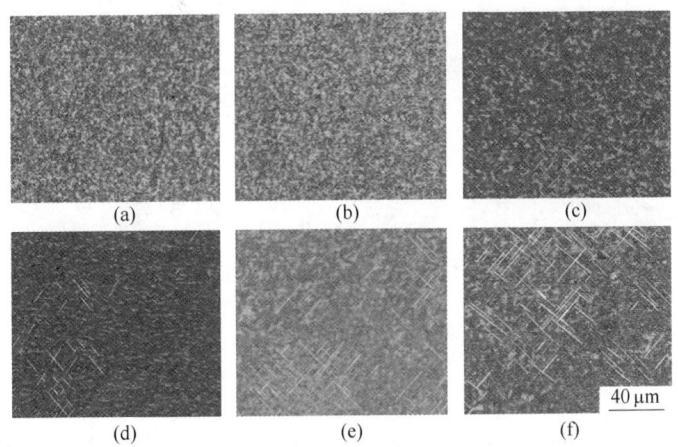

图2　1100℃不同时效时间后 TCP 相的析出

Fig. 2　TCP precipitates evolution after long-term aging at 1100℃ for different times

(a) 0h;（b）50h;（c）100h;（d）200h;（e）300h;（f）500h

未发现 TCP 相析出；当时效时间达到 200h 后，开始出现针状的 TCP 相，但体积含量相对较少；当时间延长至 500h 时，TCP 进一步增加。从图中可以看出，TCP 相与基体呈一定的角度，表明其与基体具有一定的位向关系[7]。

2.2　持久性能

图3 是合金在 1100℃/140MPa 的持久力学性能和伸长率统计结果。从图中可以看出，随着时效时间的延长，合金的持久寿命先降低后保持稳定。其中，当合金时效时间不超过 200h 时，合金的持久寿命显著降低；随着时效时间进一步延长，合金的力学性能基本保持不变。此外，合金的伸长率随着时效时间的延长，存在先增加，后降低，再增加的趋势，该变化趋势与刘世忠[4]研究 DD6 合金的时效时间对显微硬度影响的规律相近。

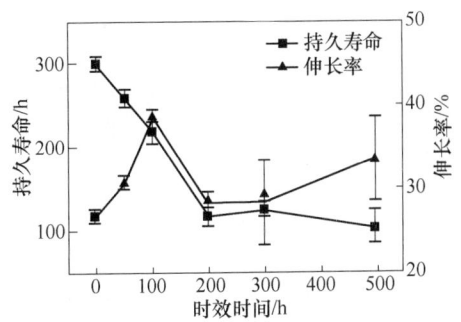

图3　合金的在 1100℃/140MPa 条件下的持久寿命

Fig. 3　Stress rupture properties of the alloy at 1100℃/140MPa

2.3　断口分析

图4 是合金在 1100℃/140MPa 持久拉伸后的断口形貌。根据断口形貌分析，试样的表面存在大量的矩形韧窝，在研究 DD6 合金小角度晶界力学性能时观察到类似的矩形韧窝[8]，两种合金的断裂机制相同，均为韧窝断裂。当时效时间不超过 200h 时，矩形小平面中间区域存在一定数量的圆形孔洞；而当时效时间超过 300h 后，合金的断口处小平面的孔洞数量显著减少，可能是长时间时效促进了元素的扩散，从而降低了孔洞的数量。另外，在断口处未发现 TCP 相析出。图5 是合金持久断口的纵剖面形貌，从图中可以看出，二次裂纹主要在枝晶间，这主要是因为枝晶间的难熔元素含量较低，是薄弱区，容易成为合金在高温持久实验条件下失效的主要裂纹源。

3　讨论

之前的研究表明，影响单晶合金高温力学性能的两个主要影响因素是 γ′ 相组织的演变和 TCP 相的析出，而 TCP 相的析出被认为对降低合金力学性能的贡献更大。本文的研究结果表明，200h 以内的时效过程中 TCP 相的析出与合金力学性能的降低规律不具有显著的相关性，当时效时间超过 200h 后，TCP 相逐渐增多与合金的力学性能基本稳定，两者之间也缺乏显著的关联。相比较而言，γ′ 相形貌组织的演化与合金的力学性能具有

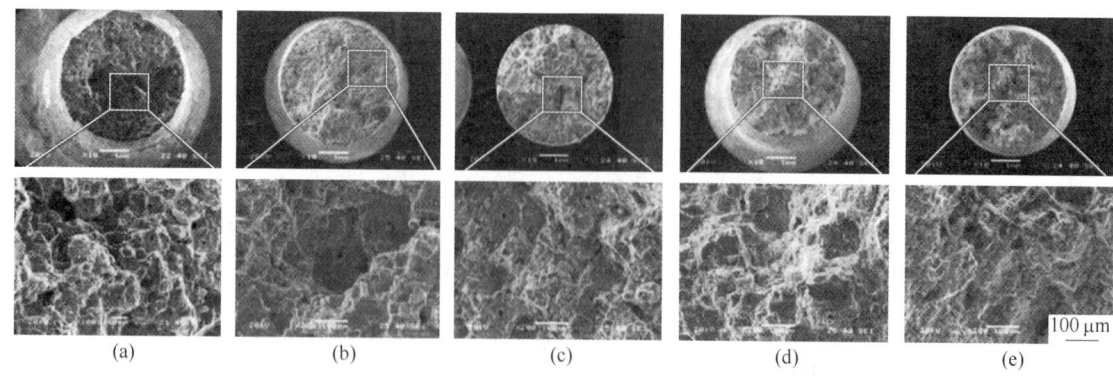

图 4　合金在 1100℃/140MPa 条件下不同时效时间的断口形貌

Fig. 4　Fractographs of the stress ruptured alloys after LTA at 1100℃/140MPa for different times

（a）50h；（b）100h；（c）200h；（d）300h；（e）500h

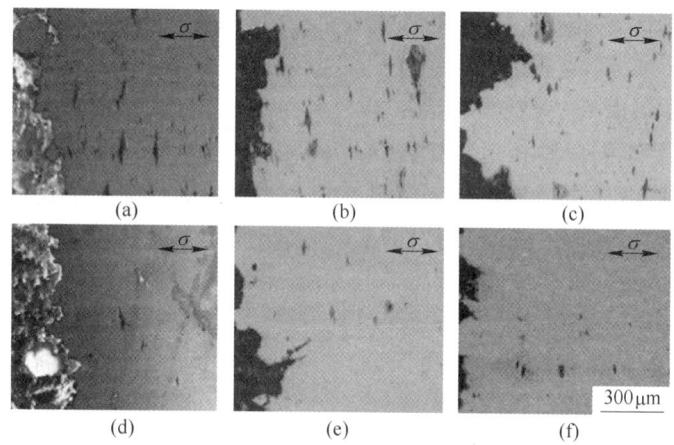

图 5　不同时效时间持久断口处的二次裂纹分布情况

Fig. 5　Fracture longitudinal section of stress rupture alloys after LTA for different times

（a）0h；（b）50h；（c）100h；（d）200h；（e）300h；（f）500h

较强的相关性。在时效初期，γ′相尺寸逐渐增大，力学性能显著降低，这与 Nathal[9] 的研究结果一致，即 γ′相尺寸增大，其力学性能会显著降低；此外，当时效达到一定程度时，γ′相已经基本完成了筏形化，而筏形化组织能够形成致密规则的位错网，阻碍位错的运动，保持合金的性能稳定性，因此力学性能没有进一步降低。由此可见，在本合金的体系中，在 500h 的长期时效过程中造成合金力学性能显著降低和稳定的主要原因是合金中 γ′相组织的演变，而 TCP 相的析出对合金的性能的影响不显著。

4　结论

（1）当时效时间不超过 200h 时，随着时效时间的延长，γ′相尺寸发生粗化，TCP 相析出不显著；当时效时间超过 200h 后，随着时效时间进一步延长，γ′相发生筏排化，TCP 相析出含量显著增加。

（2）合金长期时效后，在 1100℃/140MPa 条件下进行持久实验，当时效时间不超过 200h 时，力学性能会显著降低；当时效时间超过 200h 后，合金的力学性能无显著降低，在 100h 以上。

（3）造成合金力学性能降低主要原因是 γ′相组织的演化，TCP 相析出对合金持久寿命的影响不显著。

参考文献

[1]　Giamei A F, Anton D L. Rhenium additions to a Ni-base superalloy: effects on microstructure [J]. Metallurgical Transactions A, 1985, 16 (11): 1997~2005.

[2]　Jiarong L, Haipeng J, Shizhong L. Stress Rupture Properties and Microstructures of the Second Generation Single

Crystal Superalloy DD6 after Long Term Aging at 980℃ [J]. Rare Metal Materials and Engineering, 2007, 36 (10): 1784.

[3] Wang J, Zhou L, Sheng L, et al. The microstructure evolution and its effect on the mechanical properties of a hot -corrosion resistant Ni-based superalloy during long-term thermal exposure [J]. Materials & Design, 2012 (39): 55~62.

[4] Shi Z, Li J, Liu S. Effect of long term aging on micro-structure and stress rupture properties of a nickel based sin-gle crystal superalloy [J]. Progress in Natural Science: Materials International, 2012, 22 (5): 426~432.

[5] Cormier J, Milhet X, Mendez J. Effect of very high tem-perature short exposures on the dissolution of the γ' phase in single crystal MC2 superalloy [J]. Journal of materi-als science, 2007, 42 (18): 7780~7786.

[6] Acharya M V, Fuchs G E. The effect of long-term thermal exposures on the microstructure and properties of CMSX-10 single crystal Ni-base superalloy [J]. Materials Science and Engineering A, 2004, 381 (1): 143~153.

[7] Kamaraj M. Rafting in single crystal nickel-base superal-loy—an overview [J]. Sadhana, 2003, 28 (1~2): 115~128.

[8] J R L, Zhao J Q, Liu S Z, et al. Effects of low angle boundaries on the mechanical properties of single crystal superalloy DD6 [J]. Superalloys, 2008: 443~451.

[9] Nathal M V, MacKay R A, Garlick R G. Temperature dependence of $\gamma-\gamma'$ lattice mismatch in nickel base super-alloys [J]. Materials Science and Engineering, 1985, 75 (1): 195~205.

W 对第三代单晶高温合金显微组织的影响

王效光*，李嘉荣，岳晓岱，史振学，刘世忠

（北京航空材料研究院先进高温结构材料重点实验室，北京，100095）

摘　要：通过螺旋选晶法制备 W 含量（质量分数）为 6%、7%、8% 的试验第三代单晶高温合金，采用光学显微镜（OM）、扫描电镜（SEM）、透射电镜（TEM）及能谱（EDX）等研究了三种试验合金铸态、热处理态及时效态组织。结果表明：W 含量对合金的显微组织有影响。随 W 含量的增加，三种合金的一次枝晶间距分别为 260μm、285μm、294μm，γ-γ′共晶含量由 7.56% 降低到 6.89%；热处理后 γ′相形态基本一致，均为规则的立方体 γ′相，尺寸大约 0.4~0.5μm；1100℃ 时效后 7%W 合金 γ′相仍保持完好立方化，8%W 合金较早析出 TCP 相。

关键词：钨；第三代单晶高温合金；组织；TCP

Effect of W Content on Microstructures of Experimental Third Generation Single Crystal Superalloy

Wang Xiaoguang，Li Jiarong，Yue Xiaodai，Shi Zhenxue，Liu Shizhong

（Science and Technology on Advanced High Temperature Structural Materials Laboratory，Beijing Institute of Aeronautical Materials，Beijing，100095）

Abstract：The experimental third generation single crystal superalloys of 6%，7% and 8% W content were prepared by screw selecting method. The microstructures of as-cast，heat treatment and long aging of the superalloys were investigated by optical microscopy（OM），scanning election microscopy（SEM）and energy disperse X-ray analysis（EDX）. The experimental results showed that W contents had great influence on microstructures. With increasing W content，the primary dendrite arm spacing of three alloys was respectively 260μm，285μm and 294μm，whereas，the eutectic decreased from 7. 56% to 6.89%. The shapes and sizes of γ′ between dendritic core and interdendritic were almost same after standard heat treatment. During long term aging at 1100℃，the shape of 7%W alloy γ′ still kept perfect cubic and the TCP were precipitated in 8%W alloy.

Keywords：tungsten；third generation single crystal superalloy；microstructures；TCP

随着航空发动机进口温度和推重比的提高，对高温合金的承温能力提出了更高的要求。镍基单晶高温合金具有优异的高温综合性能，使其成为先进航空发动机涡轮叶片的首选材料[1]，被广泛应用于制造航空发动机涡轮叶片、导向叶片、叶片内外环等重要部件[2]。W、Mo、Ta 和 Re 等高熔点元素是镍基单晶高温合金的重要强化元素，对合金中 γ 与 γ′相都有强化作用[3]。元素 W 可提高合金中 γ、γ′两相的高温强度，并随元素 W 含量的增加，可明显提高合金的持久性能[4]。但随元素 W、Mo、Re 含量的增加，会促进拓扑密堆相（TCP 相）的形成[5]。研究表明[6]：在有形成 TCP 相倾向的合金中，TCP 相对拉伸性能影响不大，但会大幅降低持久性能。因此，采用合理的成分，避免 TCP 相的析出尤为重要。在第三代单晶高温合金成分设计中，如何平衡 W 元素含量，最大限度发挥 W 元素的强化作用，而又能降低 TCP 相的析出倾向，一直是研究的难点。本文据此开展了

---
* 作者：王效光，高级工程师，联系电话：010-62498312，E-mail：wxg973@126.com

W 元素对第三代单晶高温合金组织影响的研究工作。

1　试验材料及方法

在保持其他合金元素含量基本不变的情况下，分别加入不同含量的 W，其元素种类及成分范围见表 1。在高温度梯度真空感应定向凝固炉中用螺旋选晶法制备出 ϕ16mm 的单晶试棒。用劳埃 X 射线背反射法确定单晶试棒的结晶取向，试棒的 [001] 结晶取向与主应力轴方向的偏差在 10° 以内。用光学显微镜和扫描电镜观察合金的显微组织。采用单位面积法测定一次枝晶间距，枝晶间距取 3 个视场平均值，用比面积法测定 γ–γ′ 共晶含量，共晶含量同样取 3 个视场平均值。在 1100℃ 恒温条件下进行 150h 的时效处理，采用 SEM 观察时效后的组织，研究合金的组织稳定性及 TCP 相的析出条件与特征，采用 TEM 及 EDS 研究 TCP 相的结构和成分。

表 1　三种试验合金的化学成分

Tab. 1　Composition of three kinds of experimental single crystal superalloys　（质量分数,%）

合　金	Cr	Co	W	Mo+Ta+Re	Al	其他	Ni
6W			6				
7W	2.5~4	7~10	7	13~15	5~6.5	Hf, C, Nb	余
8W			8				

2　试验结果及分析

2.1　枝晶组织

通常情况下，单晶高温合金以枝晶方式生长，材料的性能与枝晶间距有着非常重要的关系，因此一次枝晶间距成为影响单晶高温合金性能的重要因素。图 1(a)~(c) 为不同 W 含量合金的枝晶组织形貌，三种合金的铸态组织形貌呈树枝晶状，树枝晶组织排列规整，一次枝晶粗大，枝晶轴沿 [001] 方向生长；二次枝晶发达，分别沿 [100]

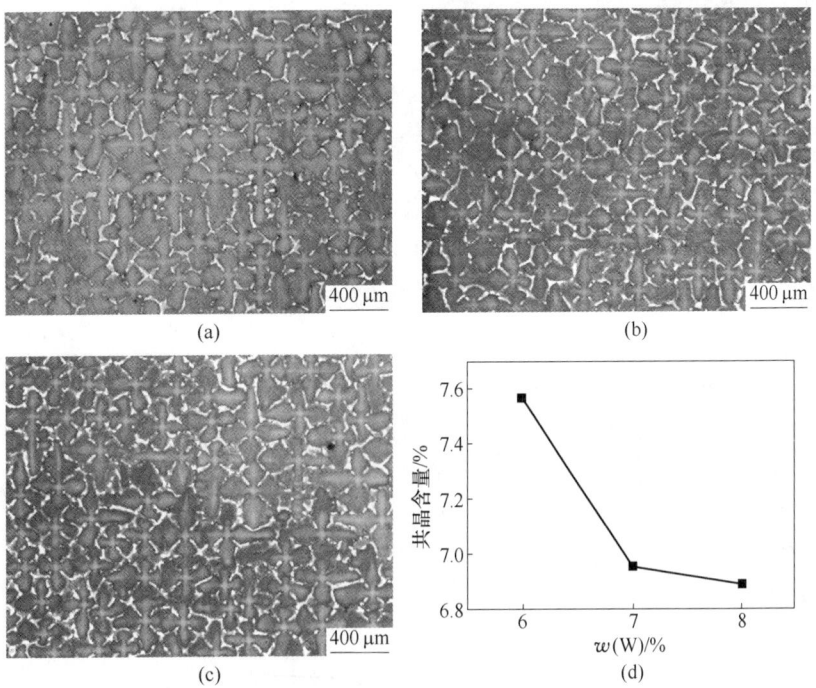

图 1　不同 W 含量试验合金铸态枝晶组织

Fig. 1　As-cast dendritic microstructures of the alloys with W different contents

(a) 6%；(b) 7%；(c) 8%；(d) 共晶组织含量与 W 含量的关系

和 [010] 方向生长，在横向截面呈现整齐的十字花样；枝晶间分布着粗大的块状 γ-γ′共晶。三种合金的一次枝晶间距分别为 260μm、285μm、294μm。图1(d) 为共晶组织含量与 W 含量的关系，由图看出，随着合金中 W 含量的增加，共晶含量由 7.56% 降低到 6.89%。随着合金中 W 含量的增加，枝晶间的共晶尺寸变小，含量降低。合金枝晶凝固时，W、Re 等负偏析元素首先在液相中以枝晶干的形式析出；枝晶间的液相成分具备 γ-γ′共晶相成分时，当温度下降，γ-γ′共晶相析出。W 是基体 γ 相形成和强化元素，在相同凝固

条件下，随着 W 含量增加，以 γ 相为主的枝晶体积分数增加。所以，随着合金中 W 含量增加，凝固过程中 γ-γ′共晶体积分数减小。E. C. Caldwell[7] 的研究结果表明：随 W 含量增加，Al、Ta 等正偏析元素偏析系数降低，合金中共晶含量减少，这也从另一方面印证了本研究结果。

2.2 1100℃时效组织

图2 为 3 种试验合金热处理及 1100℃时效后的 γ′相形貌。由图2(a) ~ (c) 可以看出，γ′呈规则的立方化形貌，γ′相尺寸约为 0.4 ~ 0.6μm，W

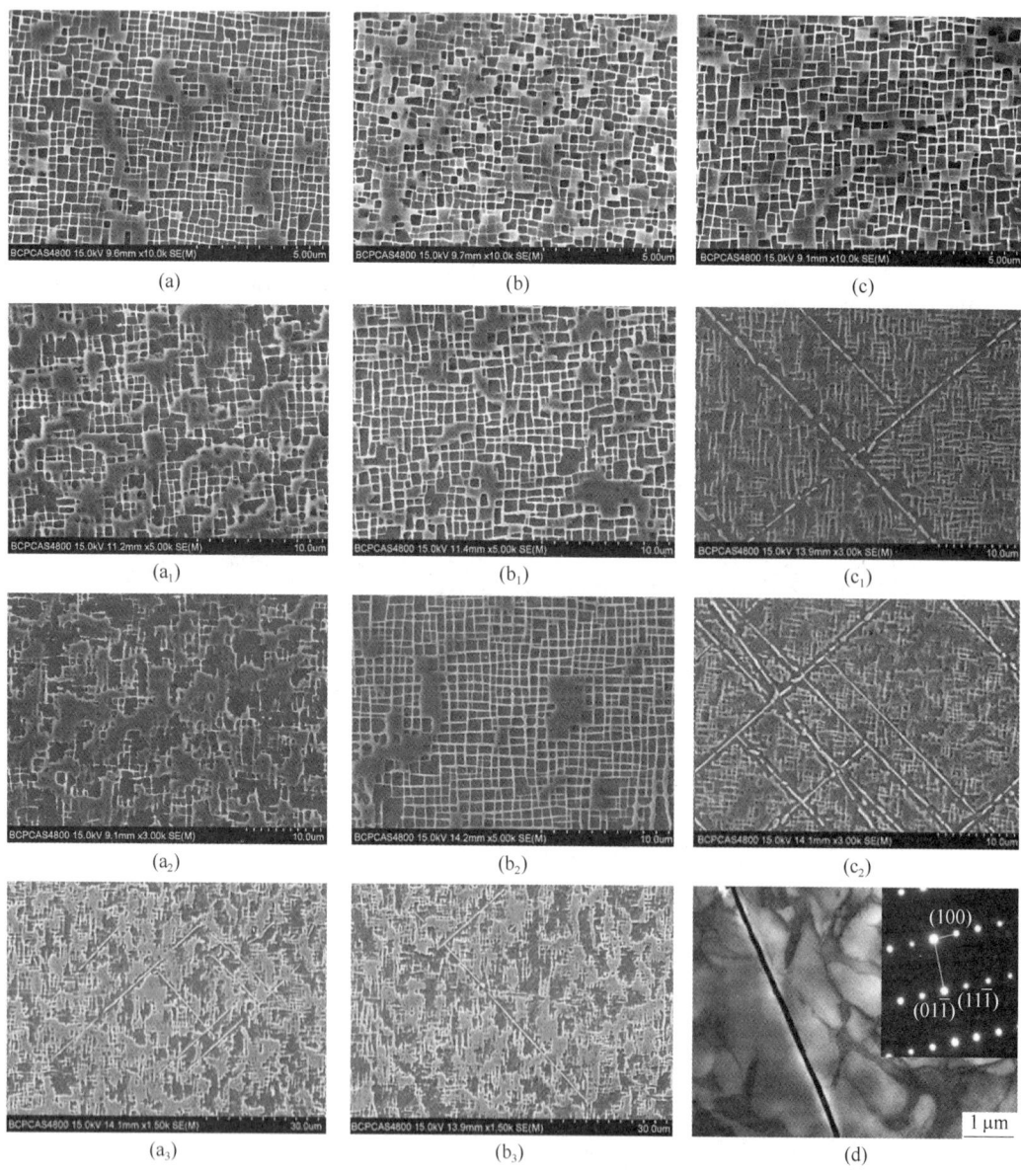

图2 不同 W 含量试验合金热处理态及 1100℃时效态组织

Fig. 2 Microstructures of the alloys after standard heat treatment and long term aging at 1100℃ with W different contents
(a) 6%W 0h; (a₁) 6%W 50h; (a₂) 6%W 100h; (a₃) 6%W 150h; (b) 7%W 0h; (b₁) 7%W 50h; (b₂) 7%W 100h;
(b₃) 7%W 150h; (c) 8%W 0h; (c₁) 8%W 50h; (c₂) 8%W 100h; (d) (b₃) 中 TCP 相的 TEM 图像和衍射图样

含量对 γ' 相尺寸影响不大。图 2（a_1）～（a_3）为 6%W 合金 1100℃时效后的组织，γ' 相的尺寸和形貌均发生了很大的变化。由图 2（a_1）可以看出，时效 50h 后 γ' 相发生了较为明显的粗化，尺寸为 0.7～0.9μm；图 2（a_2）为时效 100h 后的组织形貌，γ' 相进一步粗化，部分 γ' 相发生了连接、合并，形成了不规则的大块状 γ' 相；图 2（a_3）为时效 150h 后组织，可以看出在枝晶干处开始析出 TCP 相。通过分析时效组织，可以得出：在本合金体系下，6%W 合金时效 150h 后开始析出少量 TCP 相，合金组织稳定性较好，但在时效过程中 γ' 相立方化破坏严重，降低 γ' 相强化效果，影响合金力学性能。图 2（b_1）～（b_3）为 7%W 合金经 1100℃时效后的组织，与未时效合金的显微组织比较，时效 50h 后合金 γ' 相仍保持了较好的立方形态，尺寸约为 0.8～0.9μm，见图 2（b_1）；图 2（b_2）为时效 100h 组织，与时效 50h 组织相比，γ' 相形态未发生明显改变；图 2（b_3）为时效 150h 后组织，γ' 相发生连接与粗化，形状变得不规则，并且在枝晶干处开始析出少量 TCP 相。由此可知，在本合金体系下，含 7%W 合金 1100℃时效条件下，γ' 相在前 100h 仍能保持良好的立方化，150h 后析出少量针状 TCP 相，合金组织稳定性好。图 2（c_1）、（c_2）为 8%W 合金经 1100℃时效后的组织，与以上两种合金相比，8%W 合金时效 50h 后在枝晶干处析出了长的针状 TCP 相，γ' 相发生聚集粗化，见图 2（c_1）；时效 100h，析出了大量的 TCP 相，γ' 相形貌进一步发生恶化，见图 2（c_2）。因此，在本合金体系下，当 W 含量增加到 8%时，合金的组织稳定性较差。

对 7%W 合金 1100℃时效 150h 后析出相进行（TEM/EDS）能谱分析表明：该相的化学成分（质量分数，%）为：Cr 3.6，Co 5.3，Ni 8.9，W 29.2，Re 51.5，Mo 1.4，可以看出：该相主要富含 Re、W 等难溶元素。经过热处理后，枝晶干处 Re、W 元素仍存在偏析，在高温无应力条件下，发生因高熔点元素扩散而产生元素偏聚；当 Re、W 超过一定值时，使 TCP 相沿特定取向析出，从而造成高温时效过程中析出 TCP 相[10]。图 2（d）为析出相的 TEM 照片形貌和选区电子衍射斑点，通过 TCP 相的成分、结构及取向关系可以判断出，该合金在上述条件下析出的 TCP 相为 σ 相，在其他单晶高温合金中，也有类似的结果报道[8~10]。

2.3　分析与讨论

W 是单晶合金中重要的强化元素，高熔点、大原子半径在很大程度上提高了合金初熔温度，W 同时溶解于 γ 和 γ' 相，固溶强化两相。一般认为随 W 含量的增加，可提高合金的持久与蠕变性能。但当合金中含有较高的元素 Re 时，过量 W 与 Re 易导致 W-Re 有害相的析出，降低合金强度，且增加合金的密度。因此，随元素 W 含量的提高，合金中析出 TCP 相的倾向增加。在本研究中，当元素 W 含量由 6%提高到 8%时，合金时效过程中可析出大量的针状 σ 相，导致合金的组织稳定性明显下降。对比 3 种试验合金 1100℃时效过程中的 TCP 相析出情况可以发现，含 W 6%与 7%的合金开始析出 TCP 相时间为 150h，而含 W 8%合金开始析出 TCP 相的时间为 50h，这说明 W 强烈促进 TCP 相的析出。3 种试验合金在 1100℃时效过程中 γ' 相均发生了长大与粗化。其中，6%W 在时效 50h 后就发生了较严重的粗化；而 7%W 合金在 100h 时效后，仅仅是 γ' 相尺寸有所长大，仍保持较好的立方化；8%W 合金 50h 析出 TCP 相，γ' 相也发生了粗化。γ' 相的粗化和长大是按照 Ostwald 熟化机制发生的扩散长大，γ' 相长大的主要驱动力为界面能的降低，长大过程主要受扩散控制。W 元素的加入降低了合金中原子的扩散速率，延缓 γ' 相的长大与粗化。当 W 元素由 6%增加到 7%时，γ' 相时效 100h 后仍保持较好的立方化，仅仅尺寸有所增大。但 W 元素含量增加到 8%时，时效 50h 后，析出的大量 TCP 相消耗了 Re、W 等强化元素，导致 γ' 相迅速长大粗化。因此，在本研究合金体系下，W 含量选为 7%较为合适。

3　结论

（1）在本研究的合金体系中，随 W 元素含量增加，三种合金的一次枝晶间距分别为 260μm、285μm、294μm，γ-γ' 共晶含量由 7.56%降低到 6.89%；热处理态 γ' 相形态基本一致，均为规则的立方体 γ' 相，尺寸大约为 0.4～0.5μm；1100℃时效后 7%W 合金 γ' 相仍保持完好立方化，8%W 合金较早析出 TCP 相。

（2）W 元素的加入强化了 γ' 相与基体相，但同时 W 元素也显著促进了 TCP 相的析出, 破坏合金的组织稳定性。在两种因素的综合作用下, 在本试验合金体系下, W 元素含量为 7% 最有利于合金组织稳定性。

参考文献

[1] Atsushi Sato, Hiroshi Harada. The Effects of Ruthenium on the Phase Stability of Fourth Generation Ni-base Single Crystal Superalloys [J]. Scripta Mater, 2006, 54: 1679.

[2] Tin S, Pollock T M. Nickel-based superalloys for advancedturbine engines: Chemistry, microstructure, and properties [J]. J Propulsion and Power, 2006, 22 (2): 361.

[3] Mackay R A, Nathal M V, Pearson D D. Influence of molybdenum on the creep properties of nickle-base superalloy single crystals [J]. Metall. Trans (A), 1990, 21: 381~388.

[4] Nathal M V, Ebert L J. Influence of cobalt, tungsten on the elevated temperature mechanical properties of single crystal nickel base superalloys [J]. Metall. Trans (A), 1985, 16: 1863~1870.

[5] Zhao K, Ma Y H, Lou L H, et al. Phase in a nickel base directionally solidified alloy [J]. Materiais Transactions, 2005, 46 (1): 54~58.

[6] Simonetti M, Caron P. Role and behaviour of I, L phase during deformation of a nickel-based single crystal superalloy [J]. Mater Sci Eng (A), 1998, 254: 1~12.

[7] Caldwell E C, Fela F J, Fuchs G E. Segregation of Elements in High Refractory Content Single Crystal Nickel Based Superalloys [C] //Green K A, Pollock T M, Harada H, et al. Superalloys. Warrendale, PA: TMS, 2004: 811~818.

[8] Yeh A C, Tin S. Effects of Ru on the high-temperature phase stability of Ni-base single crystal superalloys [J]. Metallurgical and Materials Transactions A, 2006, 37: 2621~2631.

[9] Acharya M V, Fuchs G E. The effect of long-term thermal exposures on the microstructure and properties of CMSX-10 single crystal Ni-base superalloys [J]. Materials Science and Engineering A, 2004, 381: 143~153.

[10] Shi Z X, Li J R, Liu S Z. Effects of Ru on the microstructure and phase stability of a single crystal superalloy [J]. International Journal of Minerals, Metallurgy and Materials, 2012, 19 (11): 1004~1009.

一种 Ni₃Al 基单晶合金中温蠕变的 [001] 取向偏离敏感现象

侯皓章*，裴延玲，李树索，宫声凯

（北京航空航天大学材料科学与工程学院，北京，100191）

摘　要：对取向偏离 [001]15°以内的 Ni₃Al 基单晶高温合金单晶样品进行了蠕变实验。实验表明该 Ni₃Al 基单晶合金 760℃、550MPa 的实验条件下存在不同于镍基单晶的蠕变行为，但存在显著的小角度偏离敏感现象。角度偏离使得稳态蠕变速率上升，蠕变寿命下降，取向接近 [001]–[111] 对称边的样品性能下降尤为显著，断后样品椭圆化严重。晶体取向变化和位错分析显示，蠕变为 [1-12](111) 位错主导，这种角度偏移的敏感与<112>{111} 滑移系开动的对称性有关。

关键词：单晶高温合金；Ni₃Al；第一阶段蠕变；取向偏离敏感

Near [001] Anisotropic Creep Properties of a Ni₃Al-base Single Crystal Superalloy at Intermediate Temperature

Hou Haozhang, Pei Yanling, Li Shusuo, Gong Shengkai

（School of Material Science and Engineering, Beihang University, Beijing, 100191）

Abstract：The creep Properties of Ni₃Al-based single crystal superalloy within 15 degrees from [001] were tested under 760℃ and 550MPa, the creep behavior of the Ni₃Al-based single crystal alloy is different from that of the nickel-based single crystal, but creep behavior is also very anisotropic. The deviation from [001] increases the steady-state creep rate and decreases the creep life. The properties of the samples with orientation close to [001]–[111] symmetry boundary decrease catastrophically, and the cross sections become very eccentric ellipse after fracture. The crystal orientation change and dislocation analysis show that the creep is dominated by [1-12](111) slip systems. The sensitivity of disorientation is associated with the symmetry of the mobile <112>{111} slip systems.

Keywords：single crystal superalloy；Ni₃Al；primary creep；anisotropy

　　随着先进航空发动机对高推重比和高热效率的不断追求，涡轮叶片材料的服役条件也日益严苛，对于双层气冷的涡轮叶片材料，中温大应力的服役条件可能使得合金进入第一阶段蠕变状态。温度处于 750～850℃，应力大于约 500MPa 时，[001] 取向镍基单晶高温合金会产生显著的一阶段蠕变[1]。一阶段蠕变状态下<112>{111} 型位错条带切割 γ′和 γ 两相，合金在初期发生较大的塑性变形之后再进入稳态蠕变阶段。一阶段变形

量和取向偏离密切相关，体现出强烈的各向异性[2,3]。现有的研究认为一阶段蠕变由<112>{111} 型位错条带主导，一阶段蠕变过程可以看做是<112>{111} 形核增殖、切割两相和运动受阻碍产生加工硬化的共同结果[4,5]。为研究 Ni₃Al 基单晶合金的中温大应力蠕变行为，发展 Ni₃Al 基涡轮叶片材料，有必要研究 Ni₃Al 基单晶合金的中温蠕变各向异性。考虑到 [001] 取向为主要的工业应用取向，中温各向异性工作围绕 [001] 取向开展。

＊作者：侯皓章，研究生，联系电话：13611144052，E-mail：houhaozhang@buaa.edu.cn

1　试验材料及方法

实验使用的 Ni_3Al 基单晶合金化学成分（质量分数，%）为：Al 6.5 ~ 8.2，Ta 1.0 ~ 4.5，Mo 8.0~12.6，Cr 1.3 ~ 3.2。采用真空感应熔炼制备母合金，螺旋选晶法生长近［001］晶体取向单晶试棒，劳埃背散射确定晶体取向，记录试样取向偏离［001］取向角度为 θ 角，试样取向到［001］-［011］对称边的旋转角度为 ρ 角。选取 15°内的样品进行试验，试样热处理制度为 1330℃/20h 空冷+1040℃/2h 空冷。蠕变采用 ϕ5mm，标距长度为 25mm 的棒状试样。蠕变实验条件为 760℃、550MPa，其中 B 样品为早期中断样品，A、C、D、E、F 五个样品的晶体取向和蠕变曲线记录于图 1。

断裂和中断样品采用劳埃法测定取向变化并按特定二次取向切割进行组织观察，使用 FEI Quanta 200F 扫描电镜进行组织观察。采用 FEI Tecnai G2 F20 透射电镜进行位错组态分析。

2　试验结果及分析

2.1　Ni_3Al 基单晶合金蠕变特征

760℃下 500MPa、550MPa 和 600MPa 的蠕变曲线绘制于图 2。在偏 6°的取向条件下，合金不同应力的蠕变曲线形状十分近似，基本有着相同的蠕变行为。可见该 Ni_3Al 基单晶合金在 760℃下 500~600MPa 的应力区间内都没有产生明显的第一阶段蠕变特征。

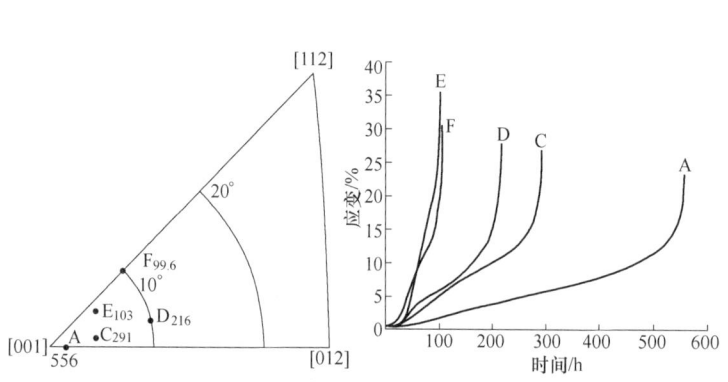

图 1　各样品的取向分布和 760℃、550MPa 下的蠕变曲线

Fig. 1　Specimens orientation and creep curves under 760℃ and 550MPa

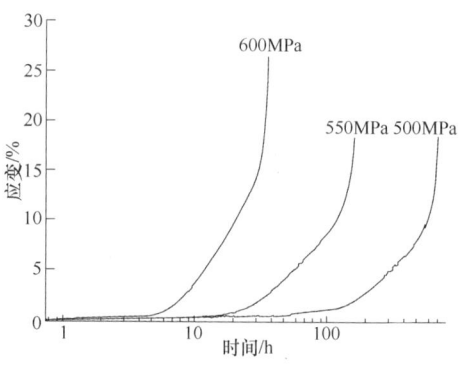

图 2　760℃下 500MPa、550MPa 和 600MPa 的蠕变曲线

Fig. 2　Creep curves for Ni_3Al-base alloy deformed at 760℃ at various magnitudes of applied stress

值得注意的是这种 Ni_3Al 基单晶存在一个显著的蠕变孕育期，约占整体蠕变寿命的 10%，在这个蠕变孕育期内，蠕变速率稳定在一个很低的范围，之后才开始进入初始的加速蠕变。在初始的快速蠕变后发生一定的加工硬化现象，但加工硬化并不充分，无法达到一个较低的稳态蠕变速率，而是以较大的蠕变速率不断变形直到失效。

2.2　小角度偏离敏感现象

表 1 是不同取向偏离度的蠕变测试结果，蠕变寿命、最低蠕变速率和一阶段蠕变量这些特质指标和主取向偏离角 θ 的对应关系并不明显，而和 ρ 角关系紧密，θ 角 5°以上的取向偏离样品，他们的蠕变行为强烈受 ρ 角影响。样品 C 对比样品 E，样品 D 对比样品 F，这两组有着相近 θ 角的样品却有着完全不同的寿命和蠕变特征。而 ρ 角较小的样品 C、D，却有着相近的蠕变行为，小 ρ 角样品的第一阶段蠕变量更小，蠕变寿命相对较长。ρ 角较大的样品 E、F 第一阶段蠕变量大，蠕变寿命也更短。

表 1　近［001］取向蠕变测试结果汇总

Tab. 1　Summarising the extent of primary creep, creep rates, rupture lives, etc., for the tests reported here

编号	θ/(°)	α/(°)	蠕变寿命/h	断裂伸长率/%	最低蠕变速率/%·h⁻¹	一阶段蠕变量/%
A	2	0	556.7	23.26	0.019	5
C	4.5	7	291	27.2	0.042	7.5

续表1

编号	$\theta/(°)$	$\alpha/(°)$	蠕变寿命/h	断裂伸长率/%	最低蠕变速率/%·h^{-1}	一阶段蠕变量/%
D	10	14	216.3	27.4	0.05	6
E	5	38	103	31	0.14	12
F	10.5	45	99.6	36	0.31	18

2.3　蠕变机理讨论

断裂样品的横截面劳埃测试显示，所有样品断裂时的晶体取向都转到了 [001] 3° 范围内，与 <112>{111} 滑移系中最大切应力的 [1-12](111) 滑移系开动带来的晶体倾转一致，由此可知这种蠕变行为应是 [1-12](111) 型位错主导的。断裂样品的横截面延 [1-10] 收缩，而 [110] 方向收缩极小。图3(a) 是该 Ni_3Al 基单晶的热处理状态组织；图3(b) 是 A 样品断裂后的横截面，可见变形后横截面方形 γ' 延 [1-10] 特征收缩；图3(c) 是 A 样品断裂后的纵截面，γ' 产生明显倾转且被拉长。这都支持了单一的 [1-12](111) 滑移系主导变形的推论。

图4(a) 是蠕变孕育期中断的样品 B 的横截面透射照片，可见蠕变孕育期内 γ 通道内产生了大量的位错并形成了较为致密的界面位错网，之后合金才进入初始的加速蠕变，这一过程应为 $a/2$ <110>型位错反应产生<112>位错条带的过程。图4(b) 为样品 A 断裂后横截面的两个不同 g 矢量下的透射照片，可见单一方向的层错占主导，蠕变应为单一的<112>{111} 滑移系主导变形，而 γ' 和 γ 两相中还有大量的 $a/2$<110>型位错，但宏观晶体倾转和特征收缩表明整体蠕变变形过程中 $a/2$<110>型位错的贡献并不大，说明大量的 $a/2$<110>型位错只是塞积，自身可动性差。

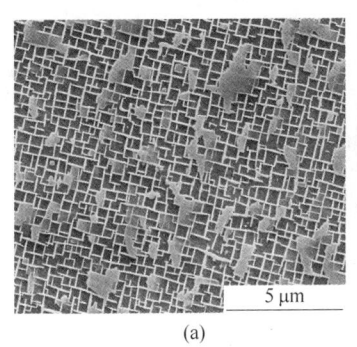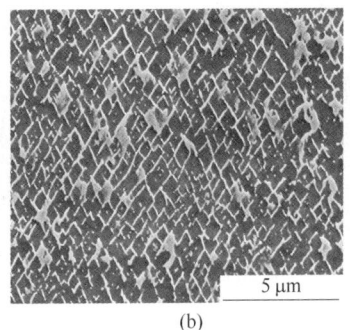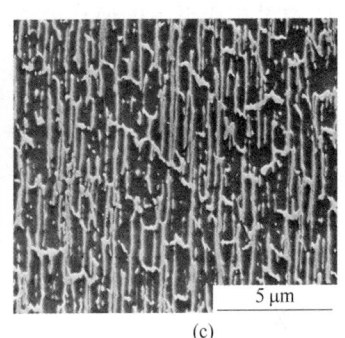

(a)　　　　　　　　　(b)　　　　　　　　　(c)

图3　蠕变过程中的显微组织演变

Fig. 3　Structure evolution of γ' phase

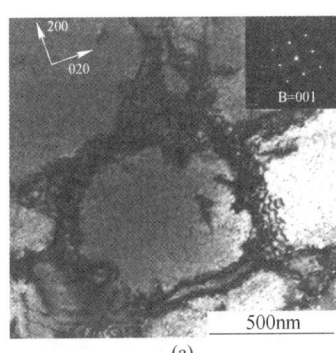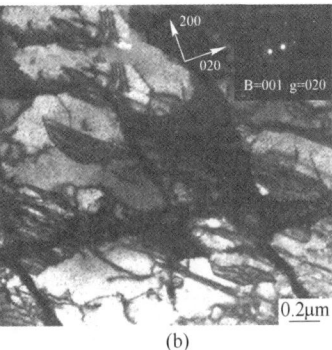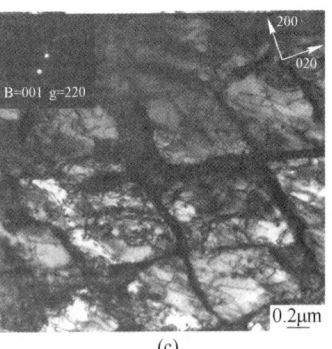

(a)　　　　　　　　　(b)　　　　　　　　　(c)

图4　不同蠕变阶段的位错组态

Fig. 4　Dislocation configurations of different creep stages

综合透射位错组态分析和宏观单晶塑性变形规律，可见该 Ni_3Al 基单晶合金的蠕变是由单一的 [1-12](111) 滑移系主导的，只偏离 [001] 3° 的 A 样品也体现出了单一 [1-12](111) 滑移系主导行为。这种单一滑移主导下晶体取向会先沿 1-12 方向向 ［001］-［110］对称边移动，在接近或达到 ［001］-［110］对称边后第二个<112>{111} 滑移系也产生较大的变形贡献，两个<112>{111} 滑移系同时具有较大且接近的分切应力，滑移更为对称均匀。

在蠕变的早期，<110>型位错就建立了界面位错网并有较大的位错密度，但后期变形合金依旧发生了较为明显的加工硬化，因而<110>与<112>型位错相互作用产生加工硬化的解释较难成立。而一阶段蠕变量与合金初始取向到 ［001］-［110］对称边距离有强烈相关性，体现出加工硬化可能与滑移 <112>{111} 滑移系开动对称性有关，<112>{111} 型位错的相互作用更可能是加工硬化的物理本质。

3　结论

（1）该 Ni_3Al 基单晶合金在 ［001］取向附近具有显著的中温蠕变小角度偏移敏感现象。

（2）该 Ni_3Al 基单晶合金存在中温蠕变孕育期现象，孕育期内产生大量的<110>型位错。

（3）该 Ni_3Al 基单晶合金 ［001］取向附近中温蠕变由单一的 ［1-12］（111）滑移系主导，一阶段蠕变量与合金初始取向到 ［001］-［110］对称边距离有强烈相关性。

（4）中温加工硬化的物理本质可能是由不同的<112>{111} 滑移系的相互作用主导的。

参考文献

［1］ Reed R C, Matan N, Cox D C, et al. Creep of CMSX-4 superalloy single crystals: effects of rafting at high temperature ［J］. Acta Materialia, 1999, 47 （12）: 3367~3381.

［2］ Matan N, Cox D C, Carter P, et al. Creep of CMSX-4 superalloy single crystal: effects of misorientation and temperature ［J］. Acta Materialia., 1999, 47: 1549~1563.

［3］ Sass V, Glatzel U, Fellerkniepmeier M. Anisotropic creep properties of the nickel-base superalloy CMSX-4 ［J］. Acta Materialia, 1996, 44 （5）: 1967~1977.

［4］ Leverant G R, Kear B H. The mechanism of creep in gamma prime precipitation-hardened nickel-base alloys at intermediate temperatures ［J］. Metallurgical & Materials Transactions B, 1970, 1 （2）: 491~498.

［5］ Rae C M F, Reed R C. Primary creep in single crystal superalloys: Origins, mechanisms and effects ［J］. Acta Materialia, 2007, 55 （3）: 1067~1081.

新型镍基耐磨高温合金高温氧化行为研究

杨升[1*]，国为民[2,3,4]，韩凤奎[2,3,4]，曾强[2,3,4]，赵京晨[2,3,4]，燕平[2,3,4]

（1. 中国航发贵阳发动机设计研究所，贵州 贵阳，550081；
2. 钢铁研究总院高温材料研究所，北京，100081；
3. 北京钢研高纳科技股份有限公司，北京，100081；
4. 高温合金新材料北京市重点实验室，北京，100081）

摘　要：通过对 K4208 合金在 900℃、1000℃、1100℃空气中氧化 50h 后试样表面氧化膜厚度、结构、相组成和截面元素分布等分析，研究了合金的高温氧化行为。综合分析表明，K4208 新型镍基耐磨高温合金设计使用温度的上限可以达到 1000℃。

关键词：K4208 镍基高温合金；高温氧化；氧化膜；氧化机制

Study on High Temperature Oxidation Behavior of a New Nickel Base Wear Resistant High Temperature Alloy

Yang Sheng[1], Guo Weimin[2,3,4], Han Fengkui[2,3,4], Zeng Qiang[2,3,4], Zhao Jingchen[2,3,4], Yan Ping[2,3,4]

（1. Aecc Guiyang Aero-Engine Institute, Guiyang Guizhou, 550081;
2. High Temperature Materials Research Institute, Central Iron & Steel Research Institute, Beijing, 100081;
3. Beijing CISRI-GAONA Materials & Technology Co., Ltd., Beijing, 100081;
4. Beijing Key Laboratory of Advanced High Temperature Materials, Beijing, 100081）

Abstract：High temperature oxidation behaviors, including surface oxidation film thickness, structure, phase composition and the elements distribution, of the K4208 alloy were investigated with the oxidation test at 900℃, 1000℃, 1100℃ respectively. The results indicated that the highest wear-resisting temperature of K4208 nickel-based superalloy is 1000℃.

Keywords：K4208 nickel base superalloy; high temperature oxidation; oxide film; the mechanism of oxidation resistance

航空发动机涡轮部件的核心是涡轮叶片，目前先进航空发动机叶片大多采用能够增强叶片刚性的锯齿冠结构[1,2]，因为工作面采取紧度设计的锯齿形叶冠，相互之间产生摩擦，吸收振动能量，减小叶片震动，从而提高涡轮效率。为提高航空发动机涡轮效率，增强涡轮锯齿冠的高温耐磨性能，需要在涡轮锯齿冠涂覆或焊接耐磨材料。其中新型镍基耐磨高温合金 K4208 以其良好的高温强韧性组合和优于传统 Co-Cr-W 和 Co-Cr-Mo 材料磨损性能[3]而成为目前发动机叶片锯齿冠耐磨镶块制造材料的首选。研究表明，K4208 合金工作温度为 850℃左右[4]，为了进一步挖掘 K4208 合金设计使用温度的上限，研究合金在 1000℃左右的高温氧化行为就显得十分重要。本文通过对 K4208 合金在 900℃、1000℃、1100℃空气中氧化 50h 后试样表面氧化膜厚度、结构、相组成和截面元素分布等分

＊作者：杨升，研究员，联系电话：0853-4695296，E-mail：yangsheng1002@163.com

析，研究了合金的高温氧化行为，探讨了合金的高温氧化机制，明确了合金设计使用温度上限。

1 试验材料及方法

试验用 K4208 合金化学成分（质量分数,%）为：C 0.14，Si 1.5，Cr 13.4，W 9.5，Mo 14.3，Al 2.3，Ti 2.7，Fe 2.9，Ni 余量。根据工业标准 HB 5258—2000，切取四块 15mm×10mm×10mm 的试样块，在 900℃、1000℃、1100℃温度下在箱式电阻炉中进行了 50h 高温氧化暴露试验。采用二次电子模式下的扫描电子显微镜（SEM）对氧化后的样品氧化膜表面形貌进行观察，采用背散射模式下的扫描电子显微镜（SEM）对氧化区截面形貌进行观察，应用扫描电镜能谱分析（SEM-EDS）对氧化膜表面、截面元素线分布、截面元素面分布进行了测试，并在 X 射线衍射仪（XRD）上进行了氧化膜相组成的测试。

2 试验结果及分析

2.1 氧化膜厚度测试分析

表 1 是不同温度氧化膜厚度测试的平均计算

结果，表明随着氧化温度的增加，外氧化膜形成的连续均匀的包覆膜的厚度也不断增加。同时在氧化膜形成时，由于氧化层的增长速率主要是由氧的扩散速率决定的[5]，因而可以推断，氧元素的扩散速率与温度成正比，所以随着温度升高，氧化膜增厚是匀速的。同时外氧化层的 Cr_2O_3、TiO_2 膜以及内氧化层 Al_2O_3 层的形成，会有效地抑制 O 向基体内的扩散。

表 1 氧化膜平均厚度与氧化温度关系

Tab. 1 Relation between average thickness of oxide film and oxidation temperature

氧化层	平均厚度/μm		
	900℃/50h	1000℃/50h	1100℃/50h
外氧化层	5.5	8.6	15.0
内氧化层	9.3	17.2	25.4
总厚度	14.8	25.8	40.4

2.2 高温氧化特征分析

合金在 900℃、1000℃、1100℃空气中氧化 50h 后，各试样表面均形成了一层深灰色带有浅灰色斑点的氧化皮。氧化膜表面宏观形貌如图 1 所示。

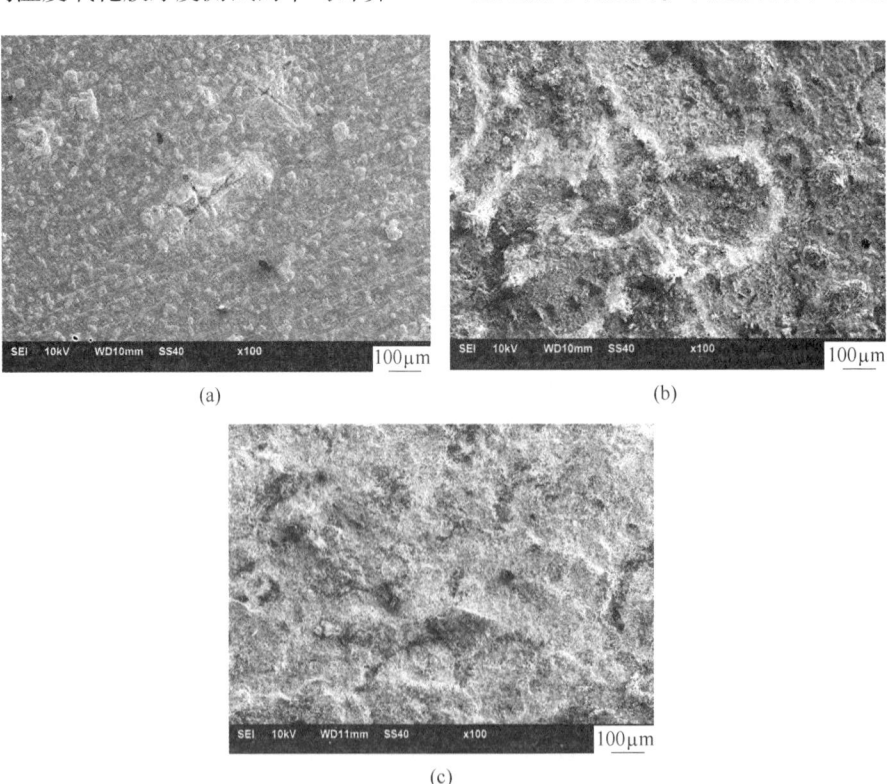

(a)

(b)

(c)

图 1 不同温度氧化 50h 后氧化膜表面宏观形貌（SEM）

Fig. 1 Surface macromorphology of oxide film after oxidation at different temperatures for 50h（SEM）

（a）900℃；（b）1000℃；（c）1100℃

氧化温度900℃时表面氧化膜厚度较薄（见图1(a)），有浅灰色的斑点弥散在下层氧化膜表面，斑点大小并不均匀。而1000℃时（见图1(b)），氧化层明显大量增厚，试样表面凹凸不平，应该是氧化膜表面上斑点状的物相急剧长大而形成的。氧化温度达到1100℃时（见图1(c)），氧化层表面厚度趋于一致，氧化膜疏松而多孔。

　　图2为氧化膜表面微观组织的进一步观察结果。结合表2 EDS能谱分析以及X射线衍射分析结果，可以确定900℃氧化后氧化膜表面大量块状堆积物的主要成分是Ni、Cr的氧化物，表面氧化层则是以Ti、Cr的氧化物为主构成的。而1000℃氧化后的氧化膜表面形貌则是在致密的片层状的Cr_2O_3上覆盖着疏松的主要以Ti、Cr的氧化物构成的最外层的氧化膜（见图2(b)），另外也有少量的Ni、Cr的氧化物为主的块状颗粒堆积在氧化膜表面，但数量以及尺寸明显少于900℃氧化结果。1100℃氧化后的氧化膜表面形貌更加疏松，在致密的片层状Cr_2O_3上更多的覆盖了以Ti、Cr的氧化物构成的最外层的疏松而多孔的氧化膜（见图2(c)），而Ni、Cr的氧化物为主的块状颗粒堆积物则基本没有出现。

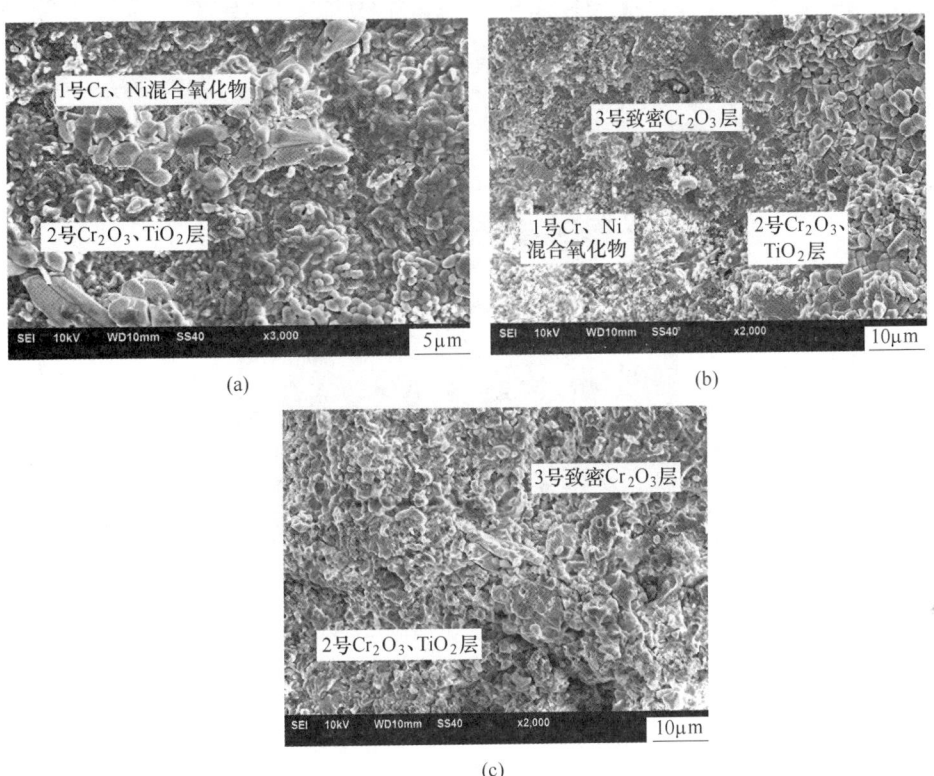

(a)　　　　　　　　　(b)

(c)

图2　不同氧化温度氧化50h后氧化膜表面微观组织（SEM）

Fig. 2　Surface microstructure of oxide film after oxidation at different temperatures for 50h（SEM）

(a) 900℃；(b) 1000℃；(c) 1100℃

表2　氧化膜成分测试分析

Tab. 2　Analysis of oxide film composition　　　　　　　（质量分数,%）

编　号	O	Al	Ti	Cr	Ni	Mo	W
1	34.60	2.94	3.18	25.29	17.29	8.32	8.38
2	22.10	0.49	19.37	38.22	19.54	0.00	0.28
3	23.13	0.68	2.98	49.37	18.92	2.58	2.34

2.3　氧化膜结构和元素分布变化研究

　　图3是合金在不同氧化温度下的氧化层截面形貌组织。分析表明，在不同的氧化温度之下，试样表面氧化膜均由多层氧化层组成。外氧化层由极薄的一层疏松的表层和较为致密的次层组成。

内氧化层以弥散的颗粒状分布在外氧化层之下，随着氧化温度的升高也不断向内部扩散。在外氧化层与内氧化层之间的过渡区中出现了外氧化物脱离了外氧化层的现象。图 4 为不同温度氧化膜表面 X 射线衍射分析结果。结合不同温度氧化膜截面元素线分布测试结果表明，外氧化层表面的

疏松层主要是 Ti 的氧化物，而致密的次外层主要是由 Cr 的氧化物组成，Al 主要存在于内氧化层，Ti 的分布则是从最表层到内层氧化层，分布广泛。不同氧化温度氧化层的形貌都是外氧化层以表层的 TiO_2、次外层的 Cr_2O_3 为主，而内氧化层以 Al_2O_3 为主，主要的区别只是表现在氧化膜的厚度

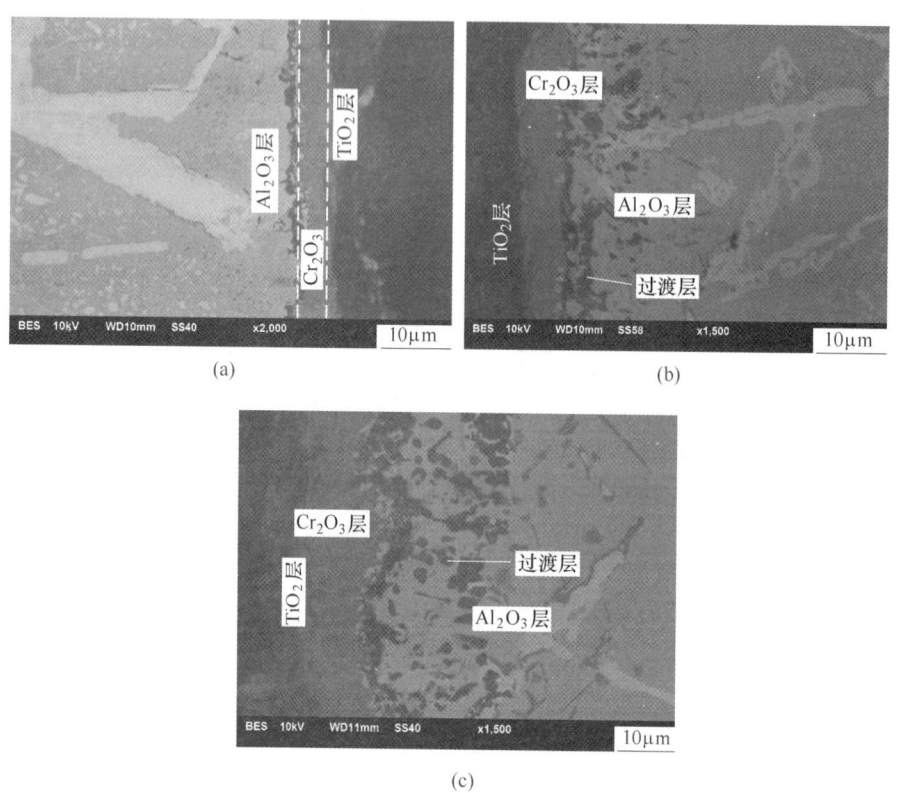

图 3　合金不同氧化温度氧化 50h 后氧化膜截面形貌（SEM）

Fig. 3　Cross-section morphology of oxide film after 50h oxidation at different oxidation temperatures of the alloy（SEM）

（a）900℃；（b）1000℃；（c）1100℃

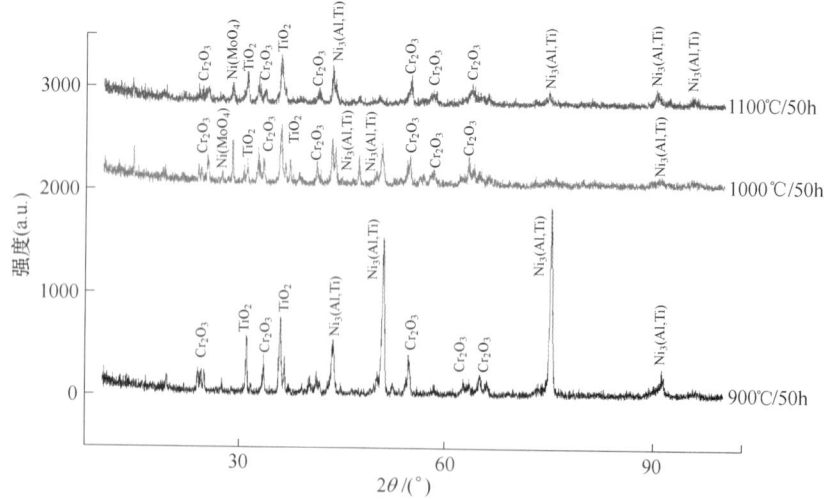

图 4　900℃、1000℃、1100℃氧化膜表面 X 射线衍射分析结果

Fig. 4　Different temperature oxide film surface X-ray diffraction analysis results

随着氧化温度升高而增加。需要说明的是，由于1000℃以上样品的氧化膜稍有脱落现象出现，因此表面最外层 TiO_2 的氧化层在面扫描时并未明显出现。另外研究表明，合金组成中虽然含有 W、Mo、Si、Fe 等元素，但从氧化膜元素分布测试分析，不同氧化温度下外氧化层中都几乎没有这几种元素，因此在合金的氧化过程中 W、Mo、Si、Fe 元素的作用并不明显。

2.4　高温氧化机制分析

由于 K4208 合金中 Cr 的含量相对较高，因此 Cr 和 O 会发生选择性氧化反应，最先开始成膜。而同时由于 Al、Ti 元素较活泼，与 O 原子的亲和力更高，因此 O 原子会不断扩散进入试样内部，在内表面与 Al、Ti 原子反应。由于 Al 总的含量较少，因此内氧化层只是呈弥散的颗粒状。在900℃、1000℃、1100℃这三个温度下可能由于 Ti 扩散能力更好，因此 Ti 很快向外表面扩散，在最外层的氧化膜上不断形成疏松的 TiO_2 层。在内氧化层中的 Al 元素不断消耗，阻止了 Al 元素向外层扩散，因此外层氧化膜出现了 Al 元素贫化区。但因为 Al 在合金中的含量较低，内氧化层的 Al_2O_3 只能呈现颗粒状弥散分布。另外同时由于大量的 Cr 原子向试样外部扩散，形成了连续的 Cr 外氧化层。在内外氧化层过渡区，则是由于 Cr 元素贫化区的出现，形成了颗粒状的 Cr 氧化物分布在基体中的现象。K4208 合金的氧化机制与镍基铸造高温合金是相似的[6]。从氧化膜的厚度、结构、相成分和元素分布等合金高温氧化行为综合分析，高于1000℃的高温氧化都会导致合金的抗氧化能力显著下降。

4　结论

（1）随着氧化温度的增加，外氧化膜形成的连续的均匀的包覆膜的厚度也不断增加。而1000℃时氧化层明显大量增厚，试样表面凹凸不平，氧化温度达到1100℃时，氧化膜疏松而多孔。

（2）在900℃、1000℃、1100℃温度下，试样表面氧化膜均由多层氧化层组成，而氧化膜内外层主要由 Cr_2O_3、TiO_2 及 Al_2O_3 层等氧化物组成，在合金的氧化过程中 W、Mo、Si、Fe 元素没有在高温氧化中起到抗氧化作用。

（3）氧化膜的厚度、结构、相成分和元素分布等高温氧化行为综合分析表明，1000℃ 作为 K4208 新型镍基耐磨高温合金设计使用温度的上限更为合适。

参考文献

[1] 徐锐. 航空发动机涡轮叶片锯齿冠耐磨涂层高温磨损性能研究 [D]. 武汉：武汉理工大学，2014.

[2] 黄庆南，刘春华，杨养花，等. 涡轮叶片锯齿冠结构设计的实践与思考 [J]. 航空发动机，2008 (2)：13~16.

[3] 徐锐，付黎，袁成清，等. Co-Cr-W/Mo 与 K4208 合金高温磨损性能对比研究 [J]. 润滑与密封，2013 (11)：87~92.

[4] 国为民，杨升. 新型镍基耐磨高温合金组织与微动磨损性能测试研究 [J]. 航空动力设计，2015 (2)：1~5.

[5] 吴方，马岳，李树素. Ni_3Al-Mo 合金1100℃初期高温氧化行为研究 [J]. 材料热处理技术，2012：41 (8)：38~41.

[6] 李云，徐宁，郭建亭，等. 镍基铸造高温合金 K52 在900℃恒温氧化性能的研究 [J]. 高等学校化学学报，2007，28 (1)：113~116.

浇注温度对 IN738 铸造高温合金显微组织和高温性能的影响

安宁[*]，牛永吉，王颖，李振瑞

（北京北冶功能材料有限公司，北京，100192）

摘　要：针对 IN738 铸造高温合金工业生产中 850℃/420MPa 持久寿命偏低的实际工程问题，开展了浇注温度对 IN738 铸造高温合金显微组织和高温性能的影响。研究结果表明，浇注温度为 1410℃时，合金在 850℃/420MPa 条件下的持久寿命为 36h，合金中 γ′相包含少量未回溶的粗大的初生不规则球形 γ′相和大量固溶时效后重新析出的细小弥散立方状的 γ′相，碳化物以颗粒状为主；浇注温度为 1490℃时，合金在 850℃/420MPa 条件下的持久寿命仅为 16.5h，合金中 γ′相包含较多未回溶的粗大的初生不规则球形 γ′相，碳化物以细长状为主。两种工艺下合金持久断口形貌均为沿枝晶断裂，但是 1490℃浇注的合金持久断口凹凸不平，有疏松。

关键词：浇注温度；IN738；铸造高温合金；显微组织；高温性能

Effects of Pouring Temperature on the Microstructure and High-temperature Mechanical Properties of IN738 Alloy

An Ning, Niu Yongji, Wang Ying, Li Zhenrui

（Beijing Beiye Functional Materials Corporation，Beijing，100192）

Abstract：The IN738 alloy samples at various pouring temperature were studied. The results show that the stress rupture life and the morphologies of phases were different at pouring temperature 1410℃ and 1490℃ in IN738 alloy. The average stress rupture life of alloy poured at 1410℃ was 36h at the condition of 850℃/420MPa. At the same condition, the average stress rupture life of alloy poured at 1490℃ was 16.5h only. A few irregularly spherical primary γ′ phase was observed in alloy pouring at 1410℃，and some block carbide existed. However，large number of irregularly spherical primary γ′ phase was shown in alloy poured at 1490℃，and carbides were long strip. The fracture of alloy poured both at 1410℃ and 1490℃ is along the dendrite. But the fracture of alloy poured at 1490℃ is uneven and has obvious microporosities.

Keywords：pouring temperature；IN738；cast alloy；microstructure；high-temperature mechanical properties

IN738 是耐热腐蚀性最好的铸造镍基高温合金之一。该合金除具有优异的耐热腐蚀性能外，还具有中等水平的高温强度和良好的组织稳定性，广泛应用于 900℃以下工作的长寿命的舰船和地面工业燃气轮机的涡轮工作叶片和导向叶片，也可作航空发动机的涡轮零件[1,2]。

北京北冶功能材料有限公司是国内能够稳定批量生产 IN738 母合金的厂家之一，在批产 IN738 母合金过程中发现，IN738 母合金重熔浇注出的力学试棒进行 850℃/420MPa 持久试验时，持久寿命明显偏低。本文针对生产中 IN738 母合金 850℃/420MPa 持久寿命偏低的实际工程问题，开展了不同浇注温度下的重熔浇样实验，为重熔浇样工艺参数的优化提供了参考。

＊作者：安宁，硕士，联系电话：010-62949552，E-mail：anningbygcg@163.com

1 试验材料及方法

采用 500kg 真空感应熔炼炉生产 IN738 铸造母合金，浇注成直径 80mm 的合金锭，而后采用熔模铸造法将合金锭重熔浇注成 IN738 合金力学性能试棒，合金实测成分如表 1 所示。重熔浇注共采取两种工艺，工艺 1 的浇注温度分别为 1410℃，烤壳温度 850℃；工艺 2 的浇注温度为 1490℃，烤壳温度 850℃。除重熔浇注温度有变化外，其他工艺条件均相同。制备出的试棒均经 1120℃/2h，水冷+850℃/24h，空冷标准热处理后加工成标准高温拉伸和高温持久试样，测试 800℃拉伸和 850℃/420MPa 持久性能。将试样磨制、抛光后进行化学腐蚀，腐蚀试剂为 45mL HCl + 3mL H$_2$SO$_4$ + 2mL HNO$_3$ + 1mL HF。利用金相显微镜（OM）和扫描电镜（SEM）观察合金的微观组织和断口形貌。利用"网格法"统计了经标准热处理后 IN738 合金中碳化物的数量，随机选取五个不同视场图片，取其平均值。

表 1 合金实测成分
Tab. 1 Compositions of the tested IN738 alloys
（质量分数，%）

C	Cr	Ti	Al	Co	Mo	W	B	Nb	Zr	Ta	Ni
0.17	15.99	3.33	3.56	8.46	1.85	2.67	0.008	0.95	0.10	1.76	余

2 试验结果及分析

2.1 浇注温度对合金高温力学性能的影响

表 2 为不同浇注温度下 IN738 合金 800℃高温拉伸性能和 850℃/420MPa 持久寿命结果。从表 2 中数据可知，1410℃浇注合金的抗拉强度和屈服强度平均值分别为 977MPa 和 920MPa，而 1490℃浇注合金的抗拉强度和屈服强度平均值分别为 938.5MPa 和 848.5MPa。1410℃浇注合金的抗拉强度和屈服强度高于 1490℃浇注合金的抗拉强度和屈服强度。但是 1410℃浇注合金的伸长率和断面收缩率平均值分别为 6.25% 和 14%，而 1490℃浇注合金的伸长率和断面收缩率平均值分别为 8.75% 和 22.5%。1490℃浇注合金的塑性高于 1410℃浇注合金的塑性。在 850℃/420MPa 条件下，1410℃浇注合金的平均持久寿命 36h，而采用 1490℃浇注合金的平均寿命仅为 16.5h。1410℃浇注试棒的持久寿命大约是 1490℃浇注试样的持久寿命的 2 倍。

表 2 不同浇注温度下 IN738 合金的高温力学性能
Tab. 2 High-temperature mechanical properties of IN738 alloy at various pouring temperature

工艺	800℃高温拉伸性能				850℃/420MPa 持久性能	
	R_m/MPa	$R_{p0.2}$/MPa	A/%	Z/%	持久寿命/h	A/%
工艺 1	982	925	7.0	16.0	36	4.7
	972	915	5.5	12.0	36	6.0
工艺 2	918	837	9.0	21.0	16.6	9.5
	959	860	8.5	24.0	16.4	9.6

2.2 浇注温度对合金显微组织的影响

2.2.1 浇注温度对合金铸态组织形貌的影响

图 1 为不同浇注温度铸态 IN738 合金宏观晶粒组织形貌。1410℃浇注合金的宏观晶粒度为 8 级；1490℃浇注合金的宏观晶粒度为 4 级。浇注温度的变化对合金的晶粒度大小影响较显著。理论上，在高温下，合金晶界是薄弱处，是萌生裂纹源的地方，所以晶粒度越大，对合金的持久性能越有利。但是从表 2 的结果可知，1410℃浇注合金的持久性能明显优于 1490℃浇注合金，可见晶粒度大小已不是影响 IN738 合金持久性能的主要因素。从图 1（b）和（d）可知，IN738 合金铸态组织中析出相主要为 γ′相、MC 碳化物和（γ+

γ′）共晶。

2.2.2 不同浇注温度合金经标准热处理后组织形貌

图2为不同浇注温度IN738合金经标准热处理

后枝晶组织形貌。由图2可知，1410℃浇注合金枝晶形貌较细小，而1490℃浇注合金的枝晶较粗大，这主要是由于浇注温度越高，越有利于枝晶的生长。

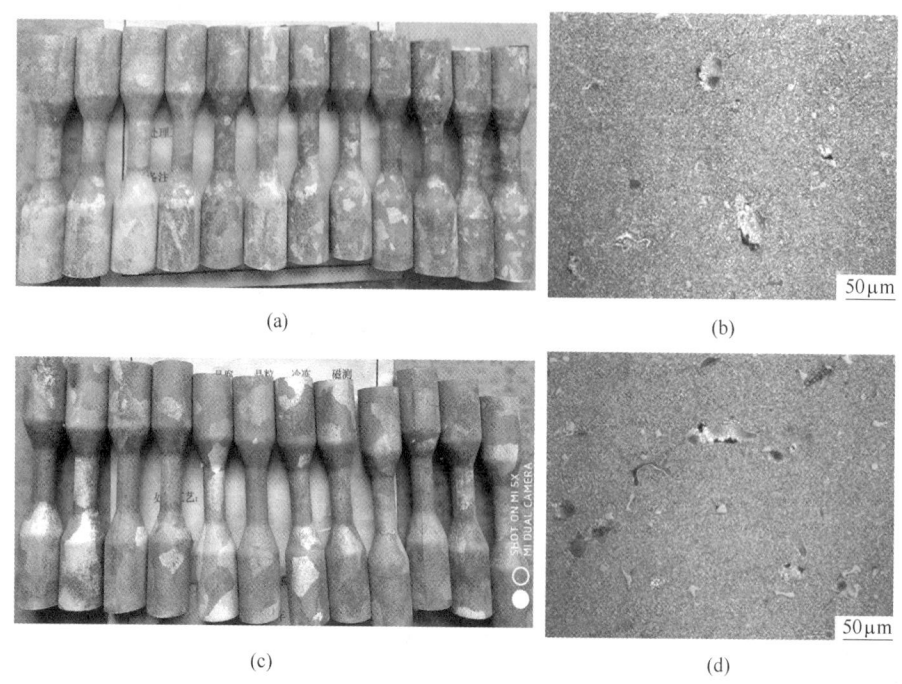

(a)

(b)

(c)

(d)

图1 不同浇注温度铸态IN738合金形貌

Fig. 1 Morphology of as-cast IN738 at various pouring temperature

(a)，(b) 浇注温度1410℃；(c)，(d) 浇注温度1490℃

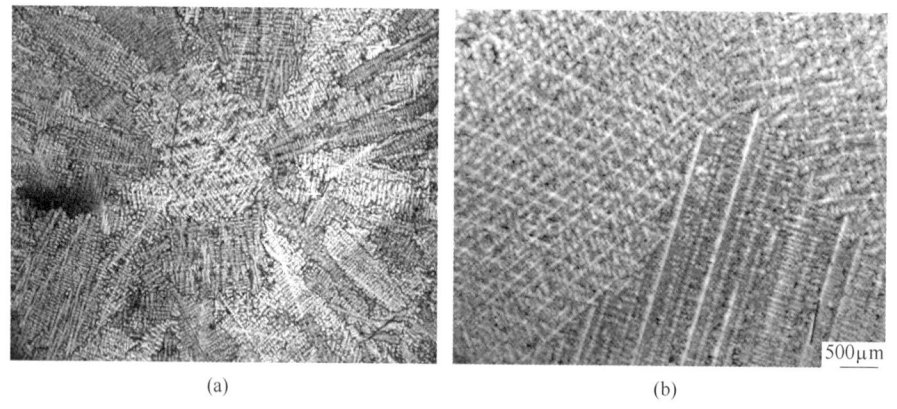

(a)

(b)

图2 不同浇注温度IN738合金经标注热处理后枝晶组织形貌

Fig. 2 Dendritic morphology of IN738 alloy after standard heat treatment at various pouring temperature

(a) 浇注温度1410℃；(b) 浇注温度1490℃

图3为不同浇注温度IN738合金经标准热处理后枝晶干和枝晶间处γ′相形貌。从图3可知，经标准热处理后，IN738合金中γ′相包含未回溶的粗大的初生不规则球形γ′相和固溶时效后重新析出的细小弥散立方状的γ′相，这也是合金中最主要的强化相。当浇注温度为1410℃时，合金中

残留的初生γ′相数量较少；当浇注温度为1490℃时，合金中残留的初生γ′相数量明显较多。合金经标准热处理后一般希望粗大的初生γ′相全部或部分固溶，使后期析出均匀细小的γ′相，以提高合金强度和高温持久强度。结合表2中的高温性能数据可知，1490℃浇注合金中大量

粗大 γ′ 相的残留是合金 800℃ 高温拉伸强度和 850℃/420MPa 持久寿命低于 1410℃ 浇注合金的原因之一。在其他工艺条件均相同的情况下，浇注温度是影响合金中粗大 γ′ 相残留数量差别的主要原因。

图 4 为不同浇注温度下合金中碳化物形貌。图 4(a) 为 1410℃ 浇注合金中的碳化物形貌，合金中的碳化物多以颗粒状方式存在，尺寸较短，在晶界和晶内弥散分布，体积分数为 3.6%。图 4(b) 为 1490℃ 浇注合金中的碳化物形貌，合金中的碳化物以细长条形存在，主要以链条状集中分布在晶界附近，体积分数为 1.4%。碳化物存在方式对合金的力学性能具有一定的影响，而浇注温度又会影响合金中碳化物形貌。由于碳化物为裂纹

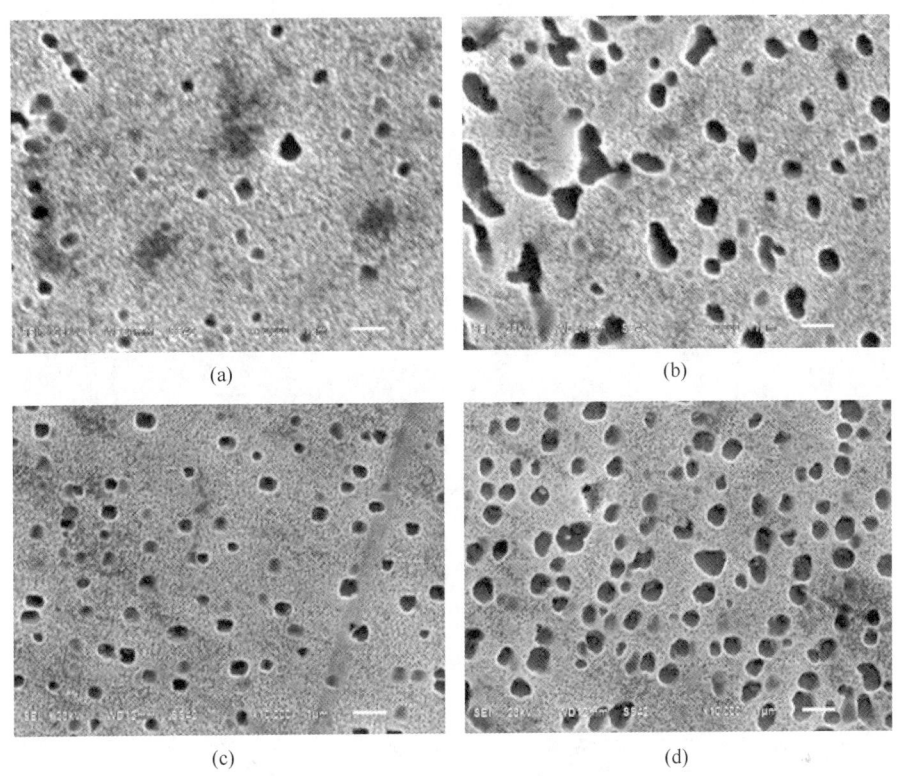

(a)　(b)　(c)　(d)

图 3　不同浇注温度合金经标准热处理后枝晶干和枝晶间处 γ′ 相形貌

Fig. 3　Morphology of γ′ at various pouring temperature

(a) 枝晶干，浇注温度 1410℃；(b) 枝晶间，浇注温度 1410℃；
(c) 枝晶干，浇注温度 1490℃；(d) 枝晶间，浇注温度 1490℃

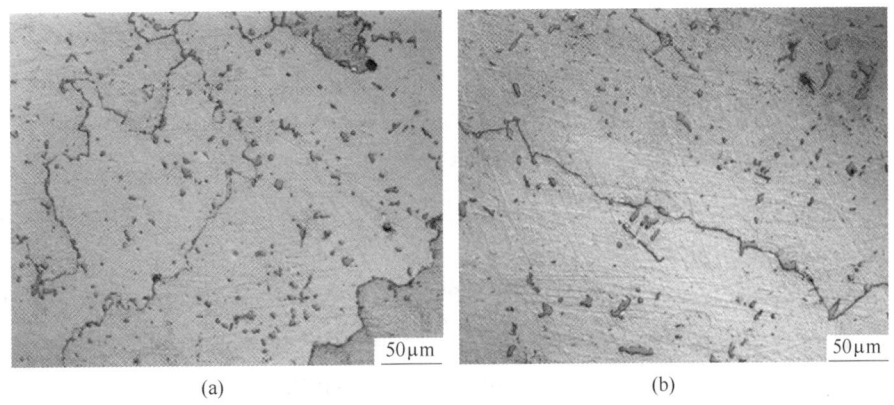

(a)　(b)

图 4　不同浇注温度合金经标准热处理后的碳化物形貌

Fig. 4　Morphology of carbides at various pouring temperature

(a) 浇注温度 1410℃；(b) 浇注温度 1490℃

萌生点，因此碳化物形态将对合金的力学性能产生影响。当碳化物以颗粒状或块状存在于合金内时，因其尺寸较小，拉伸期间与之相连基体总体变形量较小，碳化物受力也较小，因此在碳化物上产生裂纹所需宏观应力较大。但是当碳化物以长条形存在时，基体变形期间，与碳化物相连基体整体变形量较大，碳化物上产生的应力也较大，因此需要较小的宏观应力即可使碳化物发生断裂，从而撕裂碳化物产生裂纹。晶界处碳化物的形态对合金的力学性能也有影响，当碳化物在晶界以断续状析出时，有利于提高合金的力学性能和持久寿命；当碳化物在晶界聚集长大呈链状存在时，则不利于合金的力学性能[3]。综上分析可知，碳

化物数量和存在方式也是影响两种不同浇注温度合金高温力学性能差别的主要因素之一。

2.2.3　合金持久断口形貌

图 5 为不同浇注温度 IN738 合金 850℃/420MPa 持久断口形貌。由图 5(a) 和 (c) 可见两种浇注温度下合金的断口方式均为枝晶断裂，断口呈明显的枝晶形貌。图 5(b) 和 (d) 表明两种浇注温度下持久断口均是沿碳化物撕裂。但是从图 5(c) 可知，1490℃浇注合金的断口明显凹凸不平，说明受力非常不均匀；另外，从图 5(d) 可见，1490℃浇注合金的断口有少量疏松，这也是形成 1490℃浇注合金持久寿命低于 1410℃浇注合金寿命的一个原因。

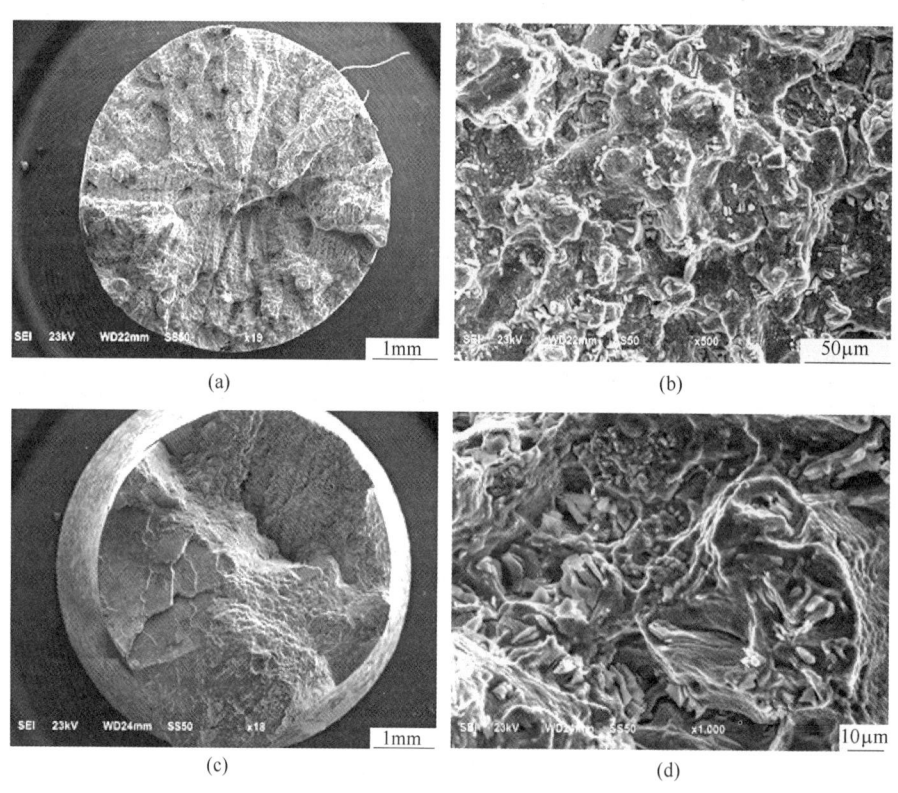

(a)　(b)　(c)　(d)

图 5　不同浇注温度下 IN738 合金 850℃/420MPa 持久断口形貌

Fig. 5　850℃/420MPa Fracture Morphology of alloys at various pouring temperature

(a)，(b) 浇注温度 1410℃；(c)，(d) 浇注温度 1490℃

3　结论

（1）采用 1410℃浇注的 IN738 合金的 800℃抗拉强度和屈服强度均高于 1490℃浇注合金的抗拉强度和屈服强度。

（2）1410℃浇注合金在 850℃/420MPa 条件下的持久寿命为 36h，1490℃浇注合金在 850℃/

420MPa 条件下的持久寿命仅为 16.5h。

（3）两种浇注温度下合金组织形貌明显不同：1410℃浇注合金晶粒和枝晶均较细小，经标准热处理后合金中有少量未回溶的粗大的初生不规则球形 γ′相存在，碳化物以颗粒状为主；1490℃浇注合金晶粒和枝晶均较大，经标准热处理后合金中含有较多未回溶的粗大的初生不规则球形 γ′相，碳化物以细长状为主。

（4）合金拉伸断裂主要在碳化物处，1410℃浇注合金中碳化物细小弥散分布，产生裂纹需要应力大，而1490℃浇注合金中碳化物呈细长状，集中在晶界处链状分布，产生裂纹需要应力较小，因此1410℃浇注合金的800℃高温拉伸强度和850℃/420MPa持久寿命明显优于1490℃浇注合金的800℃高温拉伸强度和850℃/420MPa持久寿命。

（5）两种工艺浇注合金的持久断裂方式均为沿枝晶断裂，其中1490℃浇注合金断口上有少量疏松。

参考文献

［1］中国金属学会高温材料分会. 中国高温合金手册［M］. 北京：中国质检出版社、中国标准出版社，2012.

［2］Dinc Erdeniz, Ercan Balikci. Precipitate Formation and Evolution in the Superalloy IN738LC［J］. Rare Metal Materials & Engineering, 2009, 38（3）：142~146.

［3］王晓轩，国振兴，于兴福，等. 浇注温度对K417G合金组织及力学性能的影响［J］. 铸造，2014，63（9）：924~928.

再结晶对一种单晶高温合金疲劳
强度和微观组织的影响

谢洪吉*，李嘉荣，韩梅

（北京航空材料研究院先进高温结构材料重点实验室，北京，100095）

摘　要：研究了再结晶对一种单晶高温合金 1070℃ 疲劳强度和微观组织的影响。结果表明：再结晶降低单晶高温合金的疲劳强度，胞状再结晶影响小于等轴再结晶；含胞状再结晶和等轴再结晶的单晶高温合金的 10^7 循环周次对应的疲劳强度分别为 268.3MPa 与 228.3MPa，比不含再结晶合金的疲劳强度分别降低 1.5% 和 16.2%。疲劳断裂后，含再结晶单晶高温合金试样的表面和内部的 γ′ 形态存在明显的差异，依次为片层状筏排组织与立方化 γ′ 相。

关键词：单晶高温合金；再结晶；疲劳强度；微观组织

Effects of Recrystallization on the Fatigue Strength and Microstructures in a Single Crystal Superalloy

Xie Hongji, Li Jiarong, Han Mei

（Science and Technology on Advanced High Temperature Structural Materials Laboratory, Beijing Institute of Aeronautical Materials, Beijing, 100095）

Abstract：The effects of recrystallization on the fatigue strength and microstructures of a single crystal superalloy have been investigated. The results show that recrystallization reduces the fatigue strength of the single crystal superalloy at 1070℃ and the effect of cellular recrystallization is less than equiaxed recrystallization. Under 10^7 cycles, the fatigue strength of the alloy containing cellular recrystallization and equiaxed recrystallization is 268.3MPa and 228.3MPa, respectively, which is 1.5% and 16.2% lower than that of the alloy without recrystallization. After the fatigue fracture, there is a significant difference in the γ′ morphology between surface and interior of the alloy samples which contain recrystallization. The γ′ morphologies are the raft structure and cube phase.

Keywords：single crystal superalloy; recrystallization; fatigue strength; microstructure

单晶高温合金因其不含晶界而具有优异的高温综合性能，被广泛应用于在高温、高应力的环境下服役的航空发动机涡轮叶片。而当涡轮叶片承受的振动应力足够大时，会发生高周疲劳失效[1]。单晶铸造工艺的发展消除了涡轮叶片的晶界问题，然而，单晶涡轮叶片易产生与工艺相关的缺陷，如再结晶、雀斑、条带、斑马晶以及小角度晶界等。再结晶是因定向凝固或后工序引起的残余应力在随后热处理过程释放而产生的畸变

组织[2~5]。单晶高温合金不含或少含晶界强化元素，再结晶的产生明显降低了性能，这对于涡轮叶片尤其是空心涡轮叶片的性能非常不利。目前，国内外开展了很多关于单晶高温合金再结晶的研究[6~10]，而缺少再结晶对单晶高温合金高周疲劳性能的影响研究。本文研究了不同类型再结晶对某单晶高温合金疲劳强度和微观组织的影响，为单晶高温合金的广泛应用提供技术支持。

---

*作者：谢洪吉，工程师，联系电话：010-62498309，E-mail：xhj911@126.com

1 实验材料及方法

实验所用的镍基单晶高温合金的主要元素（质量分数,%）为 Cr 4.3，Co 9.0，Mo 2.0，W 8.0，Ta 7.5，Re 2.0，Al 5.6，Nb 0.5，Hf 0.1[11]。采用螺旋选晶法在真空高梯度定向凝固炉中制备单晶试棒（150mm×ϕ14mm）。采用 X 射线法测定单晶试棒的晶体取向，选取［001］取向偏离主应力轴8°以内的单晶试棒，其标准热处理制度为[12]：固溶处理：1290℃×1h+1300℃×2h+1315℃×4h→空冷；时效处理：1120℃×4h→空冷，870℃×32h→空冷。

将经过标准热处理的单晶试棒机加工成光滑（$K_t=1$）的高周疲劳试样（工作部位直径 5mm、圆锥形）。将疲劳试样进行表面吹砂处理，吹砂工艺为：干吹砂，粒度 120μm，吹砂压力 0.3MPa，吹砂时间 30s，对完成吹砂的疲劳试样进行如表 1 所示的热处理，以便获得不同类型的再结晶组织，其中，RAW 为光滑试样，CRX 为含胞状再结晶试样，ERX 为含等轴再结晶试样[9]。

将不含/含再结晶的疲劳试样放置于 MTS-810 电液伺服疲劳试验机上进行应力控制的轴向疲劳实验，测试疲劳寿命。其中，试验温度 1070℃，应力比 $R=-1$，加载波形正弦波，加载频率 $f\approx$ 105Hz，环境为大气环境。采用扫描电子显微镜观察疲劳断口附近的微观组织。

表1　热处理工艺
Tab. 1　Heat treatment procedure

再结晶类型	热处理制度
RAW	—
CRX	1120℃/4h，空冷
ERX	1315℃/4h，空冷

2　试验结果及分析

2.1　合金的再结晶组织

图 1 为合金试样表面的再结晶组织组织 SEM 图像。由图1(a) 可知，试样表面出现了胞状再结晶，深度约为 20μm；胞状再结晶由粗大的立方形 γ' 相和长条形 γ' 相组成；且胞状再结晶内 γ' 相与基体中的 γ' 相具有较明显的取向差。由图1(b) 可知，试样表面出现了等轴再结晶，深度也约为 20μm，与胞状再结晶深度接近；另外，等轴再结晶由立方体形态的 γ' 相组成，尺寸小于基体中 γ' 相；等轴再结晶内 γ' 相与基体中的 γ' 相具有明显的取向差，二者之间均存在明显的界面，为大角度晶界。

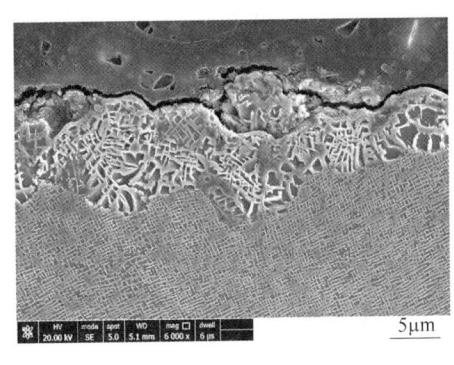 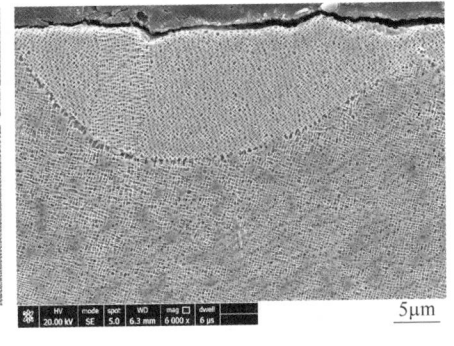

(a) (b)

图1　合金的再结晶组织
Fig. 1　SEM microstructure of surface recrystallized specimen
(a) CRXS；(b) ERXS

2.2　合金的疲劳强度

为了表征单晶高温合金的高周疲劳性能，依据三参数幂函数法[13]，采用30根疲劳试样的实验数据进行非线拟合获得了循环应力-疲劳寿命曲线方程，即 S_a-N 方程，结果如表 2 所示。根据表 2 中方程计算可知，在 10^7 循环周次条件下，不含再结晶、含胞状再结晶和含等轴再结晶的合金试样的疲劳强度分别为 272.5MPa、268.3MPa、228.3MPa；在 10^5 循环周次条件下，三种状态合金对应的疲劳强度 490.9MPa、436.6MPa、416.1MPa。因此，在 $10^5 \sim 10^7$ 循环周次范围内，胞状再结晶降低合金试样疲劳强度的幅度从 11.1%变为 1.5%，等轴再结晶降低合金试样疲劳强度的幅度从 15.2% 到 16.2%。由此表明，高应力幅条件下，胞状再结晶大幅度降低合金疲劳强度，接近于等轴再结晶的水平；低应力幅条件下，胞状再结晶略微降低合金疲劳强度，对疲劳性能的影响明显弱于等轴再结晶。由此说明，高应力水平条件下再结晶对合金高周疲劳性能的影响程度大；随着应力的降低，胞状再结晶对合金高周疲劳性能的不利影响减弱，而等轴再结晶的影响保持不变。

表2　不同状态合金的 S_a-N 曲线方程

Tab. 2　The equations of S_a-N function of the alloys at different states

合金状态	方　　程
RAW	$\log N = 21.1 - 6.2\log(S - 77.2)$
CRX	$\log N = 18.5 - 5.5\log(S - 140.7)$
ERX	$\log N = 21.3 - 6.4\log(S - 51.1)$

2.3　疲劳断口显微组织

图 2 为含再结晶的合金 1070℃ 条件下的高周疲劳断裂试样纵剖面的微观组织。由图可知，高周疲劳断裂后，含再结晶的合金试样表面和内部的 γ′ 形态存在明显的差异性，依次为片层状筏排组织和立方化 γ′ 相，具体如图 2(a)、(c) 所示；其中，筏排组织垂直于裂纹的扩展方向，且筏排组织的宽度基本等于附近裂纹的扩展宽度，这表明合金在疲劳过程中塑性变形不均匀。合金试样内部的 γ′ 相仍保持着良好的立方化形态，未发生粗化和筏排化现象，由此表明，再结晶对合金高周疲劳断裂试样内部的 γ′ 相形态、大小不产生影响，具体如图 2(b)、(d) 所示。

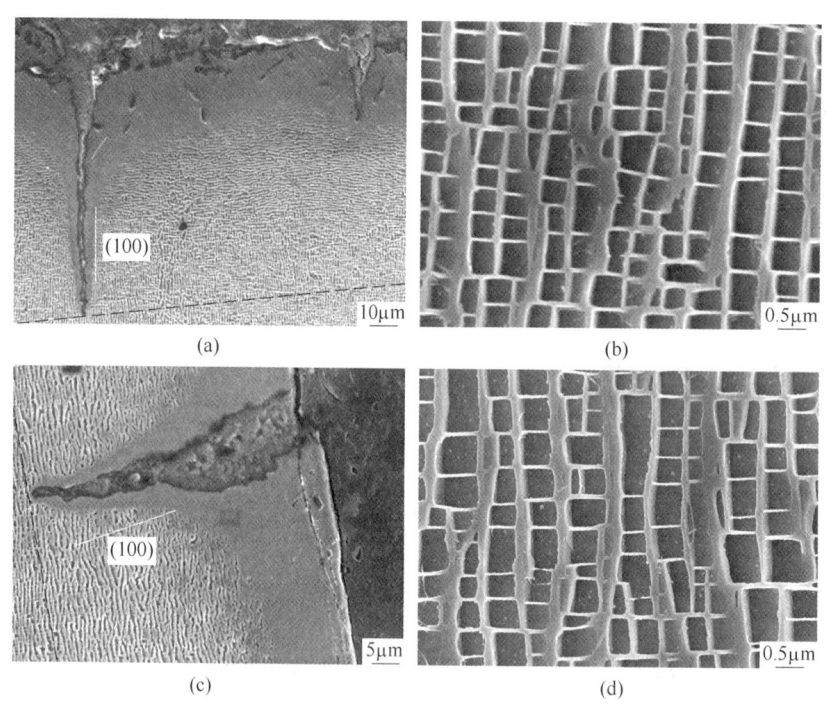

(a)　　　　　　　　　(b)

(c)　　　　　　　　　(d)

图 2　疲劳断口附件纵向剖切面的显微组织

Fig. 2　Microstructures of longitudinal sections near the fracture surface of fatigue specimens

(a) CRX，表面；(b) CRX，内部；(c) ERX，表面；(d) ERX，内部

由图 3 中箭头可知，在疲劳试样的亚表面产生了多组滑移带，它们基本在筏排组织区域停止运动。由于氧化损伤和再结晶相互促进作用，疲劳试样表面产生大量微裂纹；在循环应力作用下，微裂纹附近产生了应力集中，导致了 γ′ 相发生了定向粗化长大及筏排化的现象。这种连续分布、完整的筏排组织阻碍了位错运动，从而使得滑移只能在较小的区域内扩展。刘丽荣等人[14] 对单晶高温合金蠕变性能研究也得到相似的结论。

3　结论

(1) 含胞状再结晶与含等轴再结晶合金的 10^7 循环周次对应的疲劳强度分别为 268.3MPa、

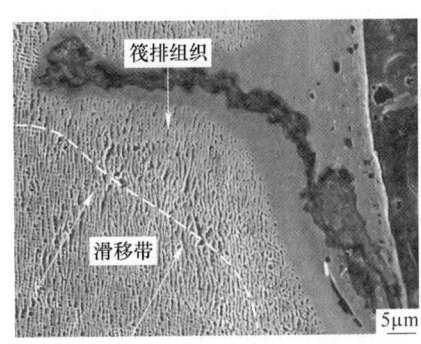

图3 疲劳断口附件纵向剖切面的滑移带

Fig. 3　Slip line of longitudinal sections near the fracture
surface of fatigue-ruptured specimens

228.3MPa，比不含再结晶合金的疲劳强度分别降低1.5%与16.2%；再结晶降低合金的疲劳强度，胞状再结晶影响明显小于等轴再结晶。

（2）含再结晶的合金疲劳试样表面和内部的γ′形态存在明显差异，依次为筏排组织与立方化γ′相，与再结晶类型无关。

参考文献

[1] Wright P K, Jain M, Cameron D. High cycle fatigue in a single crystal superalloy: Time dependence an elevated temperature [C]. Superalloys 2004. Warrendale, 2004.

[2] Goldschmidt D, Paul U, Sahm P R. Porosity clusters and recrystallization in single-crystal components [C]. Superalloys1992, Seven Springs, PA, USA, 1992.

[3] Khan T, Caron P, Nakagawa Y G. Mechanical behavior and processing of DS and single crystal superalloys [J]. J. Mater., 1986, 38 (7): 16~19.

[4] Bürgel R, Portella P D, Preuhs J. Recrystallization in single crystals of nickel base superalloys [C]. Superalloys 2000. Seven Springs, PA, USA, 2000.

[5] Okazaki M, Ohtera I, Harada Y. Damage repair in CM-SX-4 alloy without fatigue life reduction penalty [J].

[6] Zhang B, Liu C K, He Y H, et al. Recrystallization of SRR99 single-crystal superalloy: kinetics and microstructural evolution [J]. Rare Metals, 2010, 29: 312~316.

[7] 熊继春, 李嘉荣, 刘世忠, 等. 合金状态对单晶高温合金DD6再结晶的影响 [J]. 中国有色金属学报, 2010, 20 (7): 1328~1333.

[8] Xie G, Zhang L, Zhang J, et al. Influence of recrystallization on the high-temperature properties of a directionally solidified Ni-base superalloy [J]. Metallurgical and Materials Transactions A, 2008, 39 (1): 206~210.

[9] 熊继春, 李嘉荣, 孙凤礼, 等. 单晶高温合金DD6再结晶组织及其对持久性能的影响 [J]. 金属学报, 2014, 50 (6): 737~743.

[10] Jo C Y, Kim H M. Effect of recrystallisation on microstructural evolution and mechanical properties of single crystal nickel based superalloy CMSX-2 Part 2-creep behaviour of surface recrystallised single crystal [J]. Materials Science and Technology, 2003, 19 (12): 1671~1676.

[11] Li J R, Zhao J Q, Liu S Z, et al. Effects of low angle boundaries on the mechanical properties of single crystal superalloy DD6 [C]. Superalloys 2008. Warrendale, 2008.

[12] Li J R, Jin H P, Liu S Z. Stress rupture properties and microstructures of the second generation single crystal superalloy DD6 after long term aging at 980℃ [J]. Rare Metal Materials and Engineering [J]. 2007, 36 (10): 1784~1786.

[13] 谢洪吉, 李嘉荣, 韩梅, 等. 超温对DD6单晶高温合金组织及高周疲劳性能影响 [J]. 稀有金属材料与工程, 2018, 47 (8): 2483~2489.

[14] 刘丽荣, 金涛, 赵乃仁, 等. 热处理对一种镍基单晶高温合金微观组织和持久性能的影响 [J]. 稀有金属材料与工程, 2006, 35 (5): 711~714.

Metallurgical and Materials Transactions A, 2004, 35 (2): 535~542.

高温合金单晶叶片铸件中的宏观晶体缺陷

马德新[1*]，王富[2]，董洪标[3]

（1. 深圳万泽中南研究院，广东 深圳，518045；
2. 西安交通大学机械工程学院，陕西 西安，710049；
3. 莱斯特大学工程学院，莱斯特，英国）

摘 要：研究分析了高温合金单晶叶片铸件中几种典型晶粒缺陷的特征和形成机理。杂晶缺陷主要产生在铸件截面扩大之处，由铸件几何结构引起的过冷所致，受合金性质、叶片形状和凝固条件三种因素的影响。杂晶一般是在过冷液体中独立形核长大，也会由起源于糊状区的雀斑和条纹晶引起。雀斑经常产生在尖锐的排气和进气边缘而不是厚大部位，说明它受到叶片表面形状的严重影响。这种现象可以用叶片表面的曲率效应来描述，实际可归因于糊状区液体对流的附壁效应的叠加。条纹晶起源于铸件凝固收缩时表面枝晶的断裂，其断裂原因在于型壳粘连、几何性应力集中或氧化膜夹杂等。雀斑和条纹晶作为线性表面缺陷，都能发展为大尺寸的三维杂晶缺陷。
关键词：高温合金；定向凝固；单晶叶片；晶粒缺陷

Grain Defects in Single Crystal Blades of Superalloys

Ma Dexin[1], Wang Fu[2], Dong Hongbiao[3]

（1. Wedge Central South Research Institute, Shenzhen Guangdong, 518045；
2. Department of Mechanical Engineering, Xi'an Jiaotong University, Xi'an Shaanxi, 710049；
3. Department of Engineering, University of Leicester, Leicester LE1 7RH, UK）

Abstract：This paper presents a brief review of the typical grain defects in the single crystal （SC） turbine blades. The stray grains were mainly induced by the geometry related undercooling on the extremities of the blade platforms. An analytical criterion for the occurrence of stray grains was proposed, indicating the influence of alloy property, blade geometry and solidification condition. Freckles were found exclusively on the outward curving surface having positive curvature. This curvature effect can be attributed to the overlapping or divergence of the surface effect whichis more effective on freckle formation than the local thermal conditions. The slivers were found to result from the broken dendritesnear the casting surface during solidification, revealing a clear starting point. In addition to the influence of blade geometry and shell mold, oxides existingin dendrite trunkscan become the sliver origins. It was also found that both freckles and slivers can develop from lineal defects into three-dimensionallarge-scalestray grains.

Key words：superalloy; directional solidification; single crystal; grain defects

　　由于高温合金成分和涡轮叶片形状的不断复杂化，使得单晶铸件中凝固缺陷呈现增长趋势。单晶铸件中最常见的宏观晶粒缺陷是杂晶和雀斑，而条带晶也越来越多地出现。本文总结了近年来在生产与实验中的观察与分析结果，旨在研究这些缺陷的生成机理及影响因素。各种单晶叶片都是在德国 ALD 公司制造的真空定向凝固炉中铸造而成。对铸件进行质量检查时特别注意对晶粒组织的观察，将典型的组织缺陷如杂晶、雀斑和条纹晶等进行分类研究。

＊作者：马德新，研究员，电话：15011165241，E-mail：d. ma@ gi. rwth-aachen. de

1 杂晶缺陷（stray grain）

绝大部分杂晶缺陷出现在铸件横截面突然大幅度扩张的缘板和叶冠部位[1]（见图1(a)）。由于这是因铸件的几何结构特点而引起，可以称之为几何性（geometry related）或结构性杂晶。具体原因是由于凸出的边角处散热条件好，会快速冷却到金属液的熔点即液相线温度（T_L）以下，形成所谓的过冷现象。这种过冷虽然实质上属于热温过冷，但主要是由于铸件的几何结构特点而引起，所以可称之为几何性或结构性过冷。

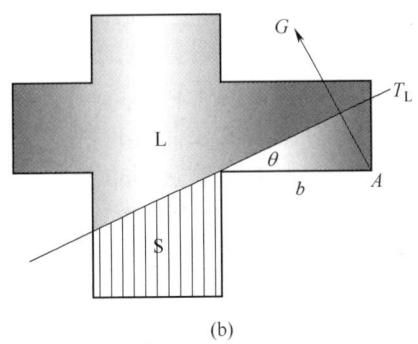

(a)   (b)

图 1   叶片缘板处的杂晶（a）及其生成原理图（b）

Fig. 1   Geometry related stray grain（a）and its formation mechanism（b）

利用图1(b)中的示意图，可对结构性过冷和杂晶产生的机理进行分析。设缘板凸出距离为b，外角处为A。将熔点温度T_L的等温线简化为倾斜直线，与水平面的夹角为θ。当地温度梯度G朝向T_L的法线方向，与垂线的偏离角为θ。当T_L推进到缘板时，液体由A点开始从外向内进入过冷状态。A点的最大过冷值ΔT_A为G的横向分量与距离b的乘积，即：

$$\Delta T_A = G \cdot \sin(\theta) \cdot b \quad (1)$$

设合金熔体的临界形核过冷度为ΔT_N，则A点不发生杂晶形核的条件为

$$\Delta T_A < \Delta T_N \quad (2)$$

也可定义一个杂晶倾向指数：

$$F_{SG} = \Delta T_A/\Delta T_N = G \cdot \sin(\theta) \cdot b/\Delta T_N \quad (3)$$

从中可以看出结构性杂晶的产生受叶片几何形状因素b、凝固条件因素θ和合金因素ΔT_N三个因素的影响。F_{SG}值越大（b和θ和越大，ΔT_N越小），则越易于形成杂晶。

高温合金的形核过冷度ΔT_N可以通过实验来测量[2]，并可按照ΔT_N值的大小分为三个类别（见表1）。具有高过冷度（超过40度）的合金CMSX-6虽然在宏观上抗杂晶能力最强，但由于枝晶在深过冷状态下生长太快，容易形成枝晶碎臂的微观缺陷（见表1中的图(a)）。多数合金具有中等过冷度（20到30度之间），既能有效防止宏观杂晶缺陷的发生，又能避免微观碎臂晶的形成（见表1中的图(b)），显示出最佳的单晶可铸性。具有低过冷度的合金如DD483，临界形核过冷度不到10度，很容易被叶片缘板边角的实际过冷超过而引起杂晶的形核长大（见表1中的图(c)），表现出最差的单晶可铸性。

表 1   几种高温合金的形核过冷度等级和缘板处晶粒组织

Tab. 1   Nucleation undercoolingclasses of some superalloys and their grain structure in blade platforms

过冷级别	(1) 高过冷（>40）	(2) 中过冷（20~30）	(3) 低过冷（≤10）
合金例（过冷度）	CMSX-6(41.5)	DZ445(29)，MARM247(24) CMSX-4(22)，PWA 1483(21)	DD483(9.3)，IN939(10.1)
典型组织	(a)	(b)	(c)

由于合金种类和叶片形状往往难以改变，铸造工作者只能通过改进工艺因素，尽量使凝固界面趋近平直，减小铸件中的横向温度梯度和结构性过冷，从而消除结构性杂晶缺陷。

2　雀斑（freckle）

雀斑是铸件表面上链状分布的碎晶缺陷，它是由于定向凝固过程中溶质偏析造成了糊状区内的液体密度反差，引起强烈对流造成枝晶臂折断而形成。通常认为，铸件的厚大部位散热困难凝固缓慢，容易形成雀斑。但生产和实验中却发现，雀斑更易产生在壁厚最薄、散热最快的叶片边缘上（见图2(a)）。

雀斑的产生具有明显的表面效应即附壁效应[3,4]，这与铸件表面的几何形状有着密切的关系，在横截面上表现为表面的曲率效应。图2(b)显示了叶片横截面上几个特征点处的雀斑状况。在点A、C和D处，形状外凸，曲率为正，附壁效应得到叠加，所以会出现雀斑缺陷。特别是在排气边D，曲率最大，虽然此处壁最薄，冷却最快，但雀斑最严重（见图2(a)）。而在盆面B处，尽管壁厚最大散热最慢，但由于形状内凹，曲率为负，附壁效应被发散而不是叠加，所以最不容易形成雀斑。铸件轮廓在纵向上的变化也严重影响雀斑的形成。外轮廓向外扩张会削弱附壁效应，雀斑难以生成。而外轮廓向内收缩会加强附壁效应，从而促进了雀斑的产生。铸件纵向轮廓对雀斑的影响将另外讨论。

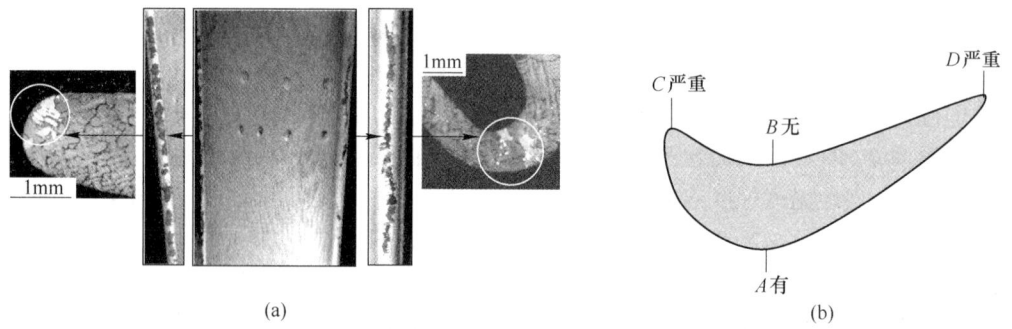

図2　某叶片排气（左）和进气边（右）上的雀斑缺陷（a），铸件横截面各特征处雀斑出现的状况（b）

Fig. 2　Freckles on the blade edges（a），freckle formation affectedby tranversal shape（b）

上述分析纠正了雀斑容易产生在铸件厚大部位即散热难冷却慢之处的传统说法。可定义雀斑倾向指数 F_{Fr}，表明影响雀斑的三大因素（合金、凝固条件和铸件形状）：

$$F_{Fr} = \Delta\rho \cdot \Delta Z_{LS} \cdot K_F \qquad (4)$$

式中，$\Delta\rho$ 为糊状区两端的液体密度差，为对流产生的驱动力，由合金成分决定；ΔZ_{LS} 为糊状区宽度，为对流产生的加速距离，主要由凝固条件决定；K_F 为对流通道的形状因子，是影响铸件雀斑倾向的最重要因素，它在横截面上对应于图2(b)中各特征点的相对曲率。

图3显示了一只叶片缘板处的杂晶缺陷，但其起源并非前述的结构性过冷，而是叶片前缘的雀斑。雀斑链很短，但其中某个晶粒继续生长并横向扩张，发展成大尺寸的杂晶缺陷。这说明，杂晶不仅仅是源于铸件边角液体的结构形过冷，也可能由糊状区起源的雀斑引起。

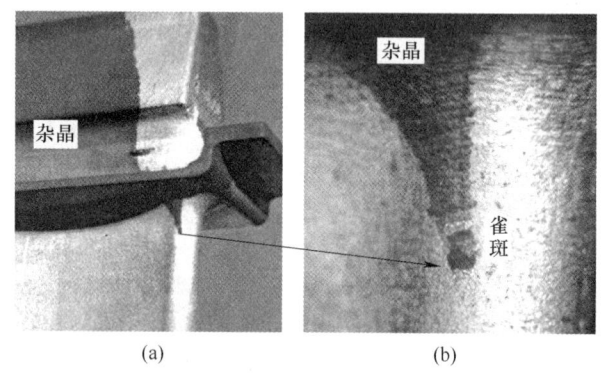

図3　某叶片铸件中的杂晶缺陷（a）及起源处的雀斑（b）

Fig. 3　A turbine blade with a large stray grain（a）resulting from a freckle chain（b）

3　条纹晶（sliver）

条纹晶为单晶铸件上一种狭长的表面晶粒缺

陷（见图4（a））。在我们的实验中发现，条纹晶多发现于叶身部位，叶背多于叶盆，上部多于下部，而在叶根（榫头）部位极少出现。在竖直的叶身部位除了纵向的条纹晶，也发现了斜向条纹晶。在水平状态的叶冠或缘板部位则会出现横向

的条纹晶缺陷。但所有条纹晶都是在基体枝晶组织的基础上形成，其基本走向由基体枝晶决定，不论这些枝晶是纵向、斜向还是横向。条纹晶与铸件基体之间的晶向偏差不大，一般在几度到十几度之间。

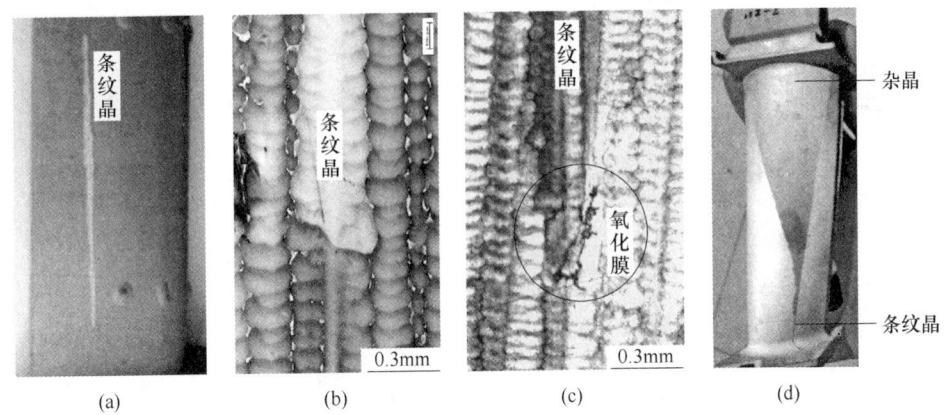

图4 单晶叶片上的条纹晶（a），起点放大（b），起点的氧化膜（c），扩展为大尺寸杂晶（d）

Fig. 4 Typical sliver defect（a, b），sliver formed at an oxide（c），development of sliver to stray grain（d）

从铸件的微观组织来看，条纹晶具有明显的起始位置，起源于糊状区内某个枝晶凝固收缩时发生的断裂（见图4（b））。合金的物化性能、铸件的几何性结构、当地的凝固条件、型壳与铸件的粘连程度、枝晶干中的氧化夹杂（见图4（c））等，都会影响到枝晶的断裂即条纹晶的产生。由于枝晶折裂时会发生一定的偏斜和扭转，相对于原来的单晶基体会产生一定的晶向偏离。因为晶向上的差别或其他原因，条纹晶可能在生长一段距离后消失（见图4（a）），也可能继续长大下去。图4（d）显示了一个叶片的条纹晶在下部起源，向上扩展到整个铸件宽度，成为大尺寸的杂晶缺陷。这种晶粒不是在液体中独立形核，也不是来自于雀斑碎晶，它与基体的界面属于小角度晶界。

4 结论

（1）高温合金单晶叶片铸件中的杂晶缺陷主要发生在缘板和叶冠等截面扩大处，由熔体的结构性过冷所致，受合金性质、叶片形状和凝固条件三种因素的影响。

（2）雀斑的产生源于糊状区液体对流，具有

强烈的附壁效应，因而在很大程度上受叶片表面形状的影响，在横截面上主要取决于叶片表面的曲率。

（3）条纹晶起源于单晶基体上某个枝晶的断裂，受合金、铸件形状、凝固条件，型壳粘连程度和枝晶中氧化夹杂等因素的影响。

（4）雀斑和条纹晶不仅是典型的线性缺陷，都能发展为大尺寸的三维杂晶缺陷，在这种情况下杂晶的起源不是在固液界面之前的过冷液体中，而是在其之后的糊状区。

参考文献

[1] 马德新. 高温合金叶片单晶凝固技术新发展 [J]. 金属学报, 2015（51）：1179~1190.

[2] Ma D, Wu Q, Bührig-PolaczekA. Undercoolability of Superalloys and Solidification Defects in Single Crystal Components [J]. Adv. Mat. Res. 2011（278）：417~422.

[3] Ma D, Bührig-Polaczek A. The Geometry Effect on Freckle Formation in the Directionally Solidified Superalloy CMSX-4, [J]. Metall. Mater. Trans. A, 2014（45）：1435~1444.

[4] 马德新. 定向凝固的复杂形状高温合金铸件中的雀斑形成 [J]. 金属学报, 2016（52）：426~436.

粉末高温合金及新型高温材料

FENMO GAOWEN HEJIN JI XINXING GAOWEN CAILIAO

GH4099 合金热等静压成形工艺研究

王冰*，姚草根，赵丰，黄国超

（航天材料及工艺研究所，北京，100076）

摘　要：以高温合金 GH4099 粉末为原材料，分别采用不同热等静压成形工艺制度制备了合金坯料，并经热处理，研究热等静压工艺参数对粉末 GH4099 合金组织和性能的影响。结果表明，热等静压温度 1080℃时，合金组织颗粒边界处富集碳氧化物，存在原始颗粒边界（PPB）缺陷，高温塑性较差；热等静压温度 1140℃时，合金组织缺陷基本消除，力学性能显著提高，且能够达到热轧棒材水平。

关键词：高温合金粉末；GH4099；热等静压

Study on Superalloy GH4099 by Hot Isostatic Pressing

Wang Bing, Yao Caogen, Zhao Feng, Huang Guochao

（Aerospace Research Institute of Materials and Processing Technology, Beijing, 100076）

Abstract：The alloy billet was prepared by different hot isostatic pressing forming process as GH4099 powder. Study on the microstructure and properties effect of powdered GH4099 alloy by HIP parameters after heat treatment. The results show that when the HIP temperature reached 1080℃, the carbon dioxide was enriched at the boundary of the alloy grain. The alloy has PPB defect and poor temperature plasticity. When the HIP temperature reached 1140℃, microstructuredefects of alloy were basically eliminated and significant improvement in mechanical properties. Alloy properties can reached hot rolled bar level.

Keywords：superalloy powder；GH4099；hot isostatic pressing

　　GH4099 合金是 Ni-Cr 基时效强化型高温合金，在 900℃ 以下可长期使用，短时最高使用温度可达到 1000℃，具有良好的综合力学性能，主要应用于航空发动机燃烧室等部件[1]，其制备工艺以锻造或焊接为主，而随着航空航天技术的飞速发展，其部件结构越来越复杂，则传统工艺存在的原材料利用率低、加工周期长、焊缝部位可靠性差等问题越显突出。

　　根据产品结构形式，采用粉末冶金热等静压近净成形技术[2~4]，与焊接工艺相比，可消除焊缝结构，整体制备复杂结构件，且成形后材料的力学性能各向同性，提高产品可靠性；与锻件相比，近净成形工艺有效提高了材料利用率、减少产品加工周期；而针对 GH4099 合金材料，国内的研究主要集中在锻造、轧制和焊接等方面，在粉末冶金成型方面罕有研究，为此，本试验研究了不同热等静压工艺对粉末 GH4099 合金的组织、力学性能的影响，为选用粉末冶金成型工艺而制备的 GH4099 复杂结构件提供技术基础。

1　试验材料及方法

　　试验用高温合金 GH4099 粉末，采用真空感应熔炼的母合金棒材，通过等离子旋转工艺制备而

　　*作者：王冰，工程师，联系电话：13488682126，E-mail：fevernova9180@163.com

成，其主要化学成分如表 1 所示，粉末粒度范围为 50~150μm，球形粉末颗粒形貌如图 1 所示。

表 1　GH4099 高温合金粉末化学成分
Tab. 1　The chemical components of GH4099 superalloy powder（质量分数，%）

元素	C	Cr	Co	Mo	Mn	W	Ni	Al	Ti	Fe
含量	0.56	18.2	6.13	3.98	0.28	6.06	余	2.13	1.30	0.85

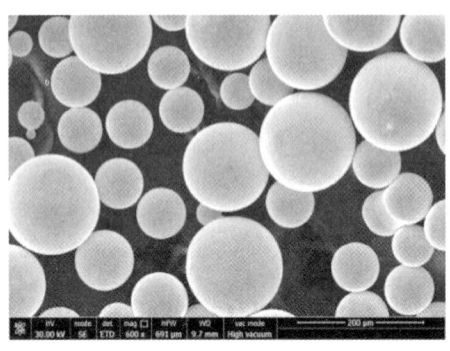

图 1　GH4099 粉末形貌
Fig. 1　Powder Morphology of GH4099

GH4099 合金材料的主要制备工艺流程为：包套封焊→装粉→脱气→热等静压成形→热处理；γ′ 相完全溶解温度约为 1100℃，因此，采用 1080℃ 和 1140℃ 两种热等静压工艺制度作为对比试验，其具体试验方法如表 2 所示。

表 2　粉末 GH4099 合金成形工艺
Tab. 2　GH4099 powder forming process

制备工艺	脱气工艺	热等静压工艺	热处理工艺
制度 I	550℃~	1080℃/>120MPa/2h	1130℃×1h/AC+
制度 II	650℃/3h	1140℃/>120MPa/2h	900℃×4h/AC

将经成形后经热处理的试样通过力学性能测试进行对比分析；用侵蚀剂 5g $CuCl_2$+100mL C_2H_5OH+100mL HCl 对试样进行腐蚀，在光学显微镜和扫描电镜下对成形组织和缺陷进行研究。

2　试验结果及分析

2.1　热等静压工艺对材料组织的影响

制度 I 的热等静压温度在合金 γ′ 相完全溶解温度以下，获得不完全再结晶组织，而制度 II 获得的是完全再结晶组织；由图 2 两种热等静压工艺在同样热处理工艺制度下的组织形貌可以看出，制度 I 的晶界组织存在连续网状碳氧化物析出，局部位置发生聚集，形成较为严重的粉末原始颗粒边界缺陷，即 PPB 组织[5,6]，这种组织是在热等静压过程中由于碳、氧化物在粉末颗粒表面富集而形成，且通过后续热处理工艺很难消除，对合金的力学性能有较大影响；制度 II 的组织中，未观察到原始粉末颗粒形貌，PPB 组织已基本消除。随后，通过扫描电镜及能谱分析，对合金组织进行了进一步分析。

此外，由图 3 扫描电镜组织可知，与制度 II 得到的组织相比，在制度 I 合金组织的晶界处聚集了大量的碳氧化物，其在高温下具有较高的强度和较低的塑性，在热等静压成形过程中，很难发生变形。有研究指出[7,8]，这种碳化物会随着成形温度的升高逐渐消除。但制度 I 的温度较低，

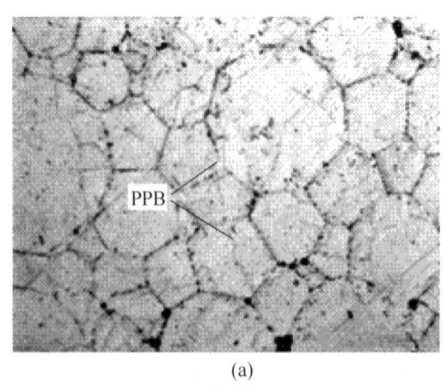
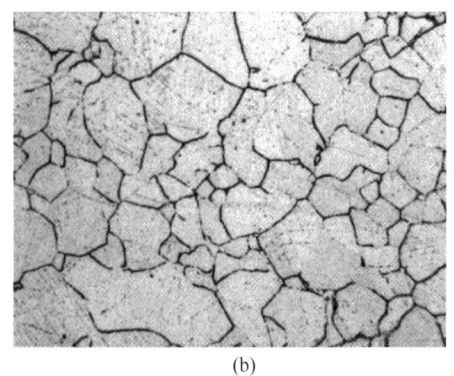

(a)　　　　　　　　　　(b)

图 2　热处理后金相组织
Fig. 2　Alloy metallographicstructure after heat treatment
（a）制度 I；（b）制度 II

不利于元素扩散，而粉末颗粒表面的 Ti、Nb、C 等元素已预先形成了低能氧化物，氧化物界面又为碳化物形核提供了条件，从而在粉末颗粒表面形成了一层稳定的富 Ti、Nb 的 MC 型碳化物、碳氧化物的网状薄膜，阻止粉末颗粒之间的扩散，形成 PPB 组织。

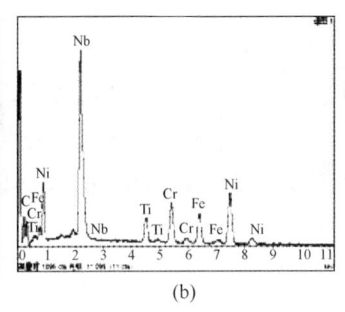
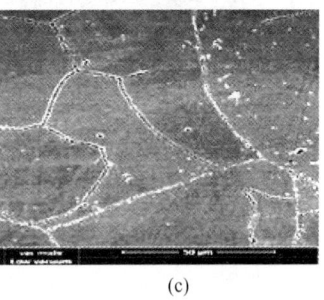

(a)   (b)   (c)

图 3　热处理后 SEM 组织

Fig. 3　Alloy SEM structure after heat treatment

(a) 制度 I ；(b) 碳化物能谱；(c) 制度 II

2.2　热等静压工艺对材料力学性能的影响

在脱气工艺、热处理工艺制度相同情况下，不同热等静压工艺时，GH4099 的力学性能如表 3 所示，可以看出，在室温条件下，制度 I 与制度 II 相比，其抗拉强度相当，屈服强度和塑性较后者偏低，而在 900℃ 条件下，其各项力学性能指标差距较大，尤其是高温塑性，显著降低，平均仅为制度 II 性能的 18.2%。结合图 4 断口分析可知，制度 I 的组织存在 PPB 组织，必然会弱化界面结合，使 PPB 成为裂纹起始的源区和扩展通道。从断口形貌可以看出，裂纹主要沿颗粒界面扩展，粉末颗粒内为韧窝型断口，但韧窝尺寸较小，这是由于粉末颗粒表面的碳氧化物网状物与金属基体的塑性不同，碳氧化物塑性较低，弹性模量与基体存在差异[9]，发生受力变形时，两者变形不协调，在 PPB 界面处形成一些空洞，进而容易形成裂纹源。此外，在高温条件下，本身合金的晶界表现为薄弱环节，可明显降低晶界的界面能，且碳氧化物与基体的弹性模量差异更大[10,11]，变形协调性更差，表现出塑性较低。此外，对比发现，制度 II 合金的韧窝尺寸较大，因而韧窝在断裂时消耗能量较大，使得合金的断裂性能有所改善。数据显示，制度 II 合金的力学性能已达到了该合金的热轧棒材水平。

表 3　GH4099 力学性能

Tab. 3　GH4099 mechanical properties

工艺制度	测试温度	σ_b/MPa	$\sigma_{0.2}$/MPa	δ/%
制度 I	室温	1066	548	23.0
		1027	561	25.0
		1039	543	24.0
	900℃	264	218	5.0
		255	223	6.0
		267	230	6.0
制度 II	室温	1049	603	36.5
		1037	605	34.0
		1055	613	33.5
	900℃	468	385	30.0
		479	396	31.5
		475	388	32.0
QJ/DT 0160020 热轧棒	室温	≥930	≥520	≥32
	900℃	≥315	—	≥30

3　结论

(1) 制度 I 热等静压温度在 γ′相完全溶解温度以下时，得到的 GH4099 合金组织在晶界处发现了大量碳氧化物聚集，形成了粉末原始颗粒边界 PPB 组织，且通过热处理无法消除，而制度 II 热等静压温度在 γ′相完全溶解温度以上时，PPB 组织基本消失。

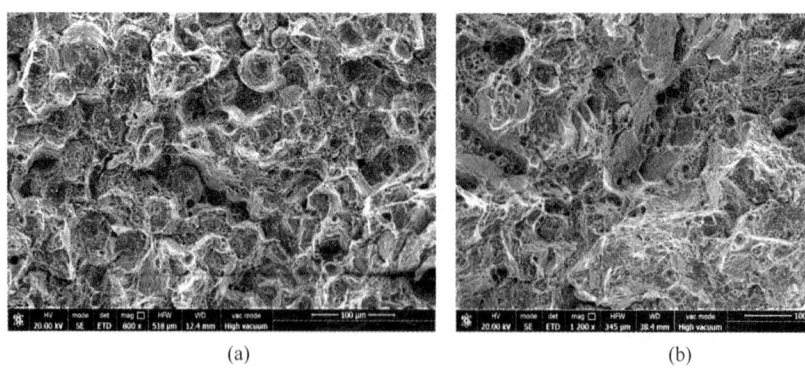

(a)　　　　　　　　　　　　　　　　(b)

图 4　900℃拉伸断口

Fig. 4　Tensile fractureat 900℃

(a) 制度Ⅰ；(b) 制度Ⅱ

(2) 制度Ⅰ得到的合金，由于存在 PPB 组织，其力学性能较差，尤其是高温塑性，其平均值仅为制度Ⅱ合金的 18.2%；而采用制度Ⅱ得到的合金，已达到了国内热轧棒材力学性能水平。

参考文献

[1] 夏长林, 裴丙红, 何云华. GH4099 合金轧制棒材高温持久性能研究 [J]. 钢铁研究学报, 2011, 23: 5~8.

[2] 陈梦婷, 石建军, 陈国平. 粉末冶金发展状况 [J]. 粉末冶金工业, 2017, 27 (4): 66~72.

[3] 李祖德. 粉末冶金内涵百年演变 [J]. 粉末冶金材料科学与工程, 2012, 17 (3): 275.

[4] 韩凤麟. 2014 年全球粉末冶金产业发展概况 [J]. 粉末冶金工业, 2014, 24 (6): 1.

[5] Kissinger R D, Nair S V, Tien J K. Influence of Powder Particle Size Distribution and Pressure on the Kinetics of HIP Consolidation of P/M Superalloys René95 [C]. Superalloys. 1984: 285~294.

[6] Borofka J C, Kissinger R D J K. HIP Modeling of Superalloy Powders [C]. Superalloys. 1988: 111~120.

[7] 赵剑青, 刘晶, 张银东, 等. 时效温度对粉末 FGH96 合金的 PPB 和力学性能的影响 [J]. 粉末冶金工业, 2015, 25 (5): 47~51.

[8] 毛健, 俞克兰, 周瑞发. 粉末预热处理对 HIP René95 粉末高温合金组织的影响 [J]. 粉末冶金技术, 1989, 7 (4): 213~219.

[9] 魏文庆, 魏尊杰, 张淑芝, 等. 碳化物对铌基多相合金力学性能和组织结构的影响 [J]. 稀有金属材料与工程, 2015, 44 (4): 901~906.

[10] 周玉. 陶瓷材料学 [M]. 哈尔滨: 哈尔滨工业大学出版社, 1995: 35~36.

[11] 张继, 孙晓峰, 李嘉荣, 等. 中国高温合金手册 [M]. 北京: 中国标准出版社, 2012: 601.

挤压和锻造工艺对 FGH4095 合金力学性能影响研究

彭子超*，王旭青，罗学军，马国君，汤悦

（北京航空材料研究院先进高温结构材料重点实验室，北京，100095）

摘　要：采用热挤压和等温锻造工艺制备了 FGH4095 合金，然后对合金的显微组织、拉伸性能、低循环疲劳性能、断裂韧度以及裂纹扩展性能进行研究。结果表明，采用挤压和等温锻造获得的 FGH4095 合金相比于直接热等静压工艺的 FGH4095 合金，显微组织均匀，再结晶完全，晶粒度得到明显细化。同时，600℃以下的拉伸性能得到一定程度的提高，650℃的拉伸性能水平相当；低循环疲劳寿命明显提高，且寿命分散性降低；断裂韧度得到一定的提高；裂纹扩展速率水平相当。综合分析，挤压和等温锻造工艺的 FGH4095 合金比直接热等静压工艺的 FGH4095 合金具有更优异的综合力学性能。

关键词：FGH4095 合金；挤压工艺；等温锻造工艺；裂纹扩展；低循环疲劳；拉伸

Effects of HEX and HIF on Mechanical Properties of FGH4095 Superalloy

Peng Zichao[1]，Wang Xuqing，Luo Xuejun，Ma Guojun，Tang Yue

（Science and Technology on Advanced High Temperature Structural Materials Laboratory，
Beijing Institute of Aeronautical Materials，Beijing，100095）

Abstract：The FGH4095 superalloy was prepared by HEX+HIF process，and the microstructure，tensile property，LCF，fracture toughness and crack growth rate were studied in this work. The results show that the HEX and HIF processes can promote the recrystallization and grain refinement of FGH4095 superalloy. Besides，the tensile strength，plasticity，fracture toughness and LCF life of FGH4095 superalloy with HEX and HIF processes are better than that with As–HIP process. However，the HEX and HIF processes play no effect on the crack growth rate. In a word，FGH4095 superalloy with HEX and HIF processes has better comprehensive mechanical properties.

Keywords：FGH4095 superalloy；HEX；HIF；crack growth；LCF；tensile

FGH4095 粉末高温合金是一种高强型镍基高温合金，其 γ' 相含量达到 45% ~ 55%，屈服强度比 GH4169 合金提高约 30%，是目前 650℃ 使用温度下强度最高的合金[1,2]。目前，国内 FGH4095 合金的成形方式主要是直接热等静压成形，该成形方式具有近净尺寸成形的优点，可以减少制件制造周期和成本。但是，直接热等静压成形后，由于变形量不足而无法使合金组织完全再结晶[3,4]。

随着航空发动机功重比的提高，对涡轮盘材料提出更高的要求，即在满足高温强度的同时，又要保证合金具有良好的低循环疲劳寿命。热挤压（HEX）和等温锻造（HIF）工艺可以通过大变形量实现合金的完全再结晶，使合金组织细小均匀，提高合金塑性；同时可以有效破碎合金原始颗粒边界[5,6]。但是，针对热挤压和等温锻造工艺 FGH4095 合金的力学性能还缺乏系统的研究。

因此，为了进一步研究热挤压+等温锻造工艺对 FGH4095 合金力学性能的影响，本文重点研究

---

*作者：彭子超，工程师，联系电话：15611182471，E-mail：pengzichaonba7@126.com

了热挤压+等温锻造工艺的 FGH4095 合金的拉伸
性能、疲劳性能以及裂纹扩展性能等力学性能，
并与直接热等静压工艺的 FGH4095 合金进行
对比。

1　试验材料及方法

本研究采用了两种不同工艺状态的 FGH4095
合金，一种为直接热等静压工艺（As-HIP），一
种为挤压锻造工艺（HEX+HIF）。直接热等静压工
艺的主要过程为母合金熔炼（VIM）+氩气雾化制
粉（AA）+热等静压成形（HIP）+热处理（HT）；
变形工艺的主要过程为母合金熔炼（VIM）+氩气
雾化制粉（AA）+热等静压成形（HIP）+热挤压
（HEX）+等温锻造（HIF）+热处理（HT）。相比于
直接热等静压工艺，变形工艺增加了热挤压和等
温锻造两个工艺过程。然后取相同规格的
FGH4095 合金坯料，分别取样进行拉伸、疲劳以
及裂纹扩展速率等力学性能的测试，并对测试结
果进行分析，本文中的性能数据均为多根子样数

据取平均值后的数据。拉伸以及低循环疲劳测试
试样的工作段直径均为 φ5mm，裂纹扩展速率试样
的试样尺寸为 50mm×48mm×10mm。同时，通过光
学显微镜和扫描电子显微镜（SEM）对合金的显
微组织进行分析。

2　试验结果及分析

2.1　挤压和锻造工艺对显微组织的影响

图 1 是不同工艺状态的 FGH4095 合金的显微
组织照片。从图中可以看出，直接热等静压工艺
的 FGH4095 合金的显微组织为混晶组织，再结晶
不完全，晶粒尺寸较大，平均晶粒度为 ASTM 8.5
级，合金内部存在着原始铸态组织。而经过挤压
和锻造工艺后，合金实现了完全再结晶，晶粒得
到了明显细化，平均晶粒度达到 ASTM 11.5 级，
且原始颗粒边界已经完全消失，说明通过挤压和
锻造工艺可以有效提高合金的再结晶程度，细化
晶粒，并消除原始颗粒边界。

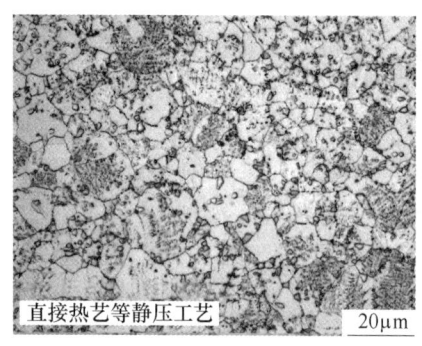 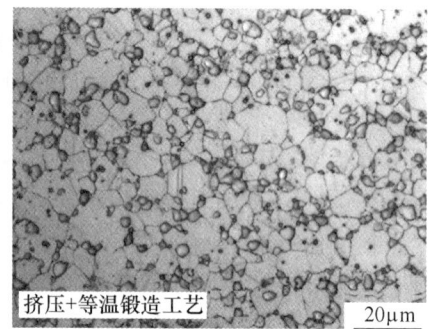

图 1　不同工艺状态的 FGH4095 合金显微组织

Fig. 1　The microstructures of FGH4095 superalloys with different processing

2.2　挤压和锻造工艺对拉伸性能的影响

图 2（a）是在室温、400℃、480℃、600℃以
及 650℃条件下测试的直接热等静压工艺和变形工
艺 FGH4095 合金的拉伸强度。从图中可以看出，
两种工艺的屈服强度均随着温度的升高而降低，
但变形工艺的合金的屈服强度高于直接热等静压
工艺；同时，抗拉强度也具有相似的规律，但是
当温度达到 650℃时，两者的抗拉强度水平相当，
变形工艺合金的抗拉强度甚至稍低于直接热等静
压工艺合金。600℃及以下温度条件下，变形工

艺 FGH95 合金强度水平的提高主要得益于晶粒
度的细化。但是，当温度超过 650℃后，由于晶
界变为弱化区域，细晶反而不利于提高合金
强度。

图 2（b）是室温、400℃、480℃、600℃以及
650℃条件下测试的直接热等静压工艺和变形工艺
FGH4095 合金的伸长率和面缩率。相比于直接热
等静压工艺，变形工艺细化了 FGH4095 合金的晶
粒，有利于提高 FGH4095 合金的塑性。从图 2（b）
中可以看出变形工艺合金的伸长率和面缩率均高
于直接热等静压工艺的合金，当温度达到 650℃

时，两种工艺的 FGH4095 合金的塑性水平相当。同时，直接热等静压工艺的合金塑性随着温度先

降低再增大，并在 400℃时，塑性达到最低值；但是变形工艺合金没有这种规律。

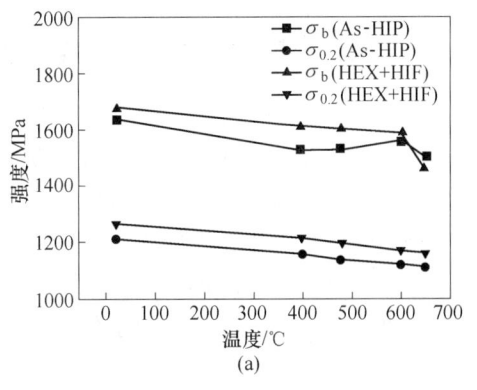 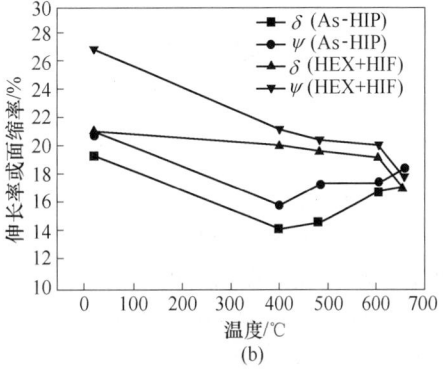

图2　不同工艺状态的 FGH4095 合金不同温度下的拉伸性能

Fig. 2　The tensile properties of FGH4095 superalloys with different processing methods

（a）强度；（b）塑性

2.3　挤压和锻造工艺对断裂韧度的影响

直接热等静压工艺和变形工艺 FGH4095 合金在 450℃和 550℃两个温度下的断裂韧度测试值见表1。从表1中的数据可以发现，相比于直接热的静压工艺的 FGH4095 合金，变形工艺合金的断裂韧度有所提高，说明变形工艺能够改善 FGH4095 合金抵抗脆性断裂的能力。

表 1　不同工艺状态的 FGH4095 合金不同
温度下的断裂韧度

Tab. 1　The fracture toughness properties of FGH4095 superalloys with different processing methods

温度/℃	As-HIP K_Q/MPa·m$^{1/2}$	HEX+HIF K_Q/MPa·m$^{1/2}$
450	108.6	125.9
550	105.8	118.5

2.4　挤压和锻造工艺对低循环疲劳性能的影响

直接热等静压工艺和变形工艺 FGH4095 合金的低循环疲劳性能数据见表2，低循环疲劳的测试制度为 538℃，加载三角波波形，应变比（应变幅/平均应变）R 为 0.95±0.02，最大应变（平均应变+应变幅）为 0.0078mm/mm，循环速率为 10~30 次/min。

从表 2 中数据可以看出，变形工艺的 FGH4095 合金具有更长的疲劳寿命，且疲劳寿命

值的标准差较小。如前所述，变形工艺有效细化 FGH95 合金的晶粒尺寸，从而提高了合金在 538℃ 条件下的疲劳寿命。同时，由于变形后的 FGH95 合金发生了完全再结晶，相比于直接热等热静压工艺合金，其显微组织更加均匀，这也将在一定程度上提高合金的性能数据稳定性，主要表现为性能数据的标准差较小。

表 2　不同工艺状态的 FGH4095 合金低循环疲劳性能

Tab. 2　The fatigue life of FGH4095 superalloys with different processing methods

	As-HIP	HEX+HIF
循环周次/N	88678	115012
	114211	90590
	55405	84128
	25720	111992
	81970	168784
	37308	93428
	87302	116392
平均值/N	70085	111475
标准差 σ	29249	26270

图 3 是两种工艺的 FGH4095 合金疲劳寿命随最大应变的变化曲线，测试温度为 550℃，应变比 R=0.05，三角波加载。从图中也可以看出，变形工艺 FGH4095 合金的疲劳寿命值在直接热等静压

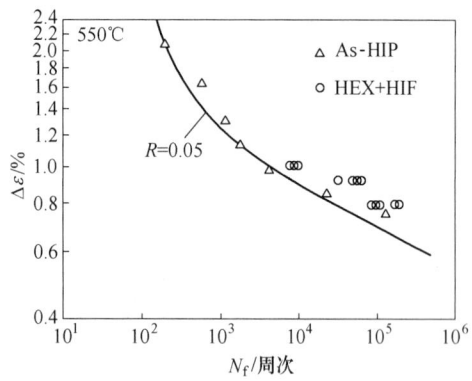

图 3　不同工艺状态的 FGH4095 合金低循环疲劳寿命曲线

Fig. 3　The LCF life of FGH4095 superalloys with different processing methods

工艺 FGH4095 合金疲劳寿命曲线的右侧，说明在相同的应变条件下，变形工艺 FGH4095 合金的低循环疲劳寿命更长。

2.5　挤压和锻造工艺对裂纹扩展性能的影响

直接热等静压工艺和变形工艺 FGH4095 合金在 450℃ 和 550℃ 两个温度下的裂纹扩展速率曲线如图 4 所示，试验采用 CT 试样，应变比 $R = 0.05$。从图中可以看出，两种工艺的 FGH4095 合金在 450℃ 和 550℃ 两个温度下的裂纹扩展速率基本一致，说明变形工艺对合金的抗裂纹扩展性能影响较小。

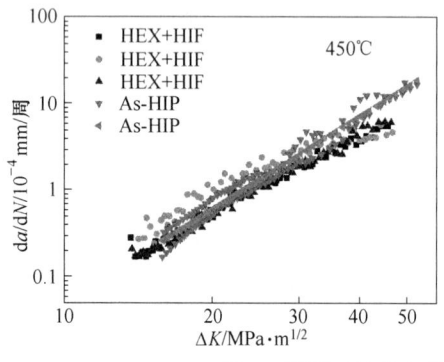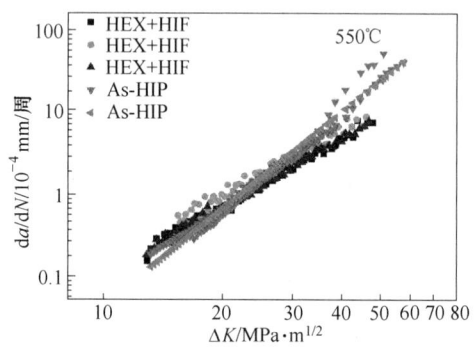

图 4　不同工艺状态的 FGH4095 合金裂纹扩展曲线

Fig. 4　The crack growth of FGH4095 superalloys with different processing methods

3　结论

（1）热挤压和等温锻造工艺可以有效促进 FGH4095 合金完全再结晶，细化晶粒，并消除原始颗粒边界。

（2）热挤压和等温锻造工艺可以适当提高 FGH4095 合金的强度、塑性以及断裂韧度，同时可以显著提高合金的低循环疲劳寿命。

（3）热挤压和等温锻造工艺对 FGH4095 合金的抗裂纹扩展能力的影响较小。

参考文献

[1] 汪武祥，何峰，邹金文. 粉末高温合金的应用于发展 [J]. 航空工程与维修，2002（6）：26~28.

[2] 汪武祥，毛健，呼和. 热等静压 FGH4095 粉末涡轮盘 [J]. 材料工程，1999（6）：39~43.

[3] 王旭青，罗学军. 复杂形状 FGH4095 粉末盘形件固溶处理组织及性能研究 [J]. 材料工程，2009（S1）：61~64.

[4] 邹金文，汪武祥. 粉末高温合金研究进展与应用 [J]. 航空材料学报，2006（3）：244~250.

[5] 王淑云，张敏聪，东赟鹏. FGH96 合金热挤压棒材超塑性研究 [J]. 材料工程，2012（7）：24~28.

[6] 王旭青，张敏聪，罗俊鹏. 氩气雾化 FGH4095 合金的热模拟实验 [J]. 航空材料学报，2016（6）：9~14.

铸 & 锻 FGH4096 合金研究

卢川川[1*]，钟燕[1]，付锐[2]，李福林[2]，狄鹏[3]，杜刚[4]，尹法杰[2]

（1. 中国航发四川燃气涡轮研究院，四川 成都，610500；

2. 钢铁研究总院高温材料研究所，北京，100081；

3. 陕西宏远航空锻造有限责任公司，陕西 咸阳，713801；

4. 西部超导材料科技股份有限公司，陕西 西安，710018）

摘　要：基于第二代粉末冶金 FGH4096 合金的成分，采用自主创新的真空感应熔炼+电渣重熔连续定向凝固+3D 整体锻造+等温锻造+热处理工艺研制新型铸 & 锻 FGH4096 合金涡轮盘锻件取得突破。定向凝固从根本上解决了铸锭的宏观偏析问题，快速冷却使铸锭的二次枝晶间距控制在 100μm 以内，大幅度缩减了均匀化热处理的时间。根据定向凝固铸锭的特点开发了约束开坯和 3D 整体锻造技术，获得了平均晶粒度 10 级、极差不大于 2 级的高均质化坯料。通过等温锻造和热处理制备的涡轮盘锻件具有良好高温强度和抗蠕变性能，超声波探伤达到 $\phi0.4-15dB$ 水平。

关键词：铸 & 锻 FGH4096 合金；电渣重熔连续定向凝固；3D 整体锻造；均质化

Research on Cast & Wrought FGH4096 Alloy

Lu Chuanchuan[1]，Zhong Yan[1]，Fu Rui[2]，Li Fulin[2]，Di Peng[3]，Du Gang[4]，Yin Fajie[2]

（1. Aecc Sichuan Gas Tubine Establishment，Chengdu Sichuan，610500；

2. Department of High-temperature Materials，Central Iron & Steel
Research Institute，Beijing，100081；

3. Avic Shanxi Hongyuan Aviation Forging Co.，Ltd.，Xianyang Shaanxi，713801；

4. Western Superconducting Technologies Co.，Ltd.，Xi'an Shaanxi，710018）

Abstract：Based on the composition of the second-generation powder metallurgy FGH4096 alloy, the innovative process of vacuum induction melting (VIM) +electro-slag remelting continuously directionally solidification (ESR-CDS) +3D forging+isothermal forging+heat treatment is breakthrough to develop C & W FGH4096 alloy. The problem of macrosegregation of ingots is solved by ESR-CDS process. Rapid cooling keeps the secondary dendrite spacing of ingots to within 100μm, the time of anneal treatment is greatly reduced. According to the characteristics of the directionally solidified ingot, the die forging cogging and the 3D forging technology was developed, and the high homogenization billet with the average grain size of 10 grades and the difference of not more than 2 grades was obtained. Turbine disc forgings prepared by isothermal forging and heat treatment have good strength and creep resistance. The ultrasonic flaw detection of disc forgings can satisfy the standard of $\phi0.4-15dB$.

Keywords：C & W FGH4096 alloy；ESR-CDS；3D forging；homogenized

FGH4096 合金综合性能良好，最高使用温度可达到 750℃，是先进航空发动机常用的涡轮盘合金，通常采用粉末冶金工艺制备[1]，然而，粉末冶金 FGH4096 合金涡轮盘生产周期较长，价格较

＊作者：卢川川，工程师，联系电话：02883017296，E-mail：gte@cgte.avic.com

高，限制了该合金的进一步推广应用。铸 & 锻工艺是常见的涡轮盘锻件生产工艺，生产周期短，生产设备通用性好，材料成材率高，因此盘件价格较低。采用铸 & 锻工艺研制满足粉末冶金 FGH4096 合金技术指标的涡轮盘锻件需要解决铸锭的偏析问题、锻造坯料组织均匀性问题以及析出相控制等问题[2~4]，本文分析总结了采用自主创新的新型铸 & 锻工艺研制 FGH4096 合金的涡轮盘锻件的主要工艺技术难点和组织性能特点。

1 试验材料及方法

采用真空感应炉制备 FGH4096 合金自耗电极，成分如表 1 所示。通过电渣重熔连续定向凝固设备制备定向凝固铸锭，铸锭经过均匀化热处理后在 4500t 快锻设备上完成约束开坯和 3D 整体锻造获得高均质化的坯料，利用 20000t 等温锻造设备锻造涡轮盘锻件，涡轮盘锻件经热处理后检测高低倍组织及强度、蠕变等力学性能，通过水浸法超声波探伤设备对涡轮盘进行探伤。

表 1 FGH4096 合金的化学成分
Tab. 1 Chemical composition of FGH4096 alloy

C	Cr	Co	W	Mo	Ti	Al	Nb	Zr	B	Ni
0.05	16	13	4	4	3.7	2.2	0.7	0.05	0.015	余量

2 试验结果分析

2.1 电渣重熔连续定向凝固铸锭成分控制

Al、Ti 元素控制是电渣重熔工艺的技术难点，FGH4096 合金中 Al、Ti 元素的含量较高，控制铸锭 Al、Ti 含量沿轴向和径向的均匀性是冶炼技术的关键，通过在电渣重熔技术的基础上复合连续定向凝技术，改变了铸锭冷却方式，对凝固前沿的温度梯度进行了有效的控制，获得定向凝固的铸锭，通过调整冷却强度和抽锭速度获得浅平的熔池，铸锭二次枝晶小于 100μm（见图 1（b）），铸锭 Al、Ti 元素含量沿轴向和径向的分布较为均匀（见表 2）。

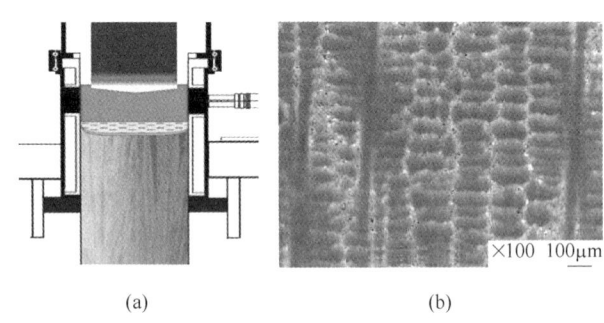

(a)   (b)

图 1 电渣重熔连续定向凝固工艺原理图和铸锭凝固组织示意图
Fig. 1 Schematic diagram of ESR-CDS process and macrostructure of ESR-CDS ingot

表 2 FGH4096 合金定向凝固铸锭头尾及中心边缘的 Al、Ti 元素含量
Tab. 2 The Al and Ti contents of central and edge in head and tail of ESR-CDS FGH4096 ingot

（质量分数,%）

元　素	锭头中心	锭头边缘	锭尾中心	锭尾边缘
Ti	3.82	3.84	3.85	3.82
Al	2.23	2.21	2.23	2.20

2.2 锻造坯料组织均匀性控制

FGH4096 合金是高合金化涡轮盘合金，最高使用温度可达到 750℃，晶粒度对高温性能的影响非常明显，为了获得均匀一致的性能，要求涡轮盘锻件具有良好的组织均匀性，由于涡轮盘锻造采用等温模锻成型，锻造过程晶粒基本保持不变，因此要求模锻坯料具有良好的组织均匀性。自主创新的 3D 整体锻造工艺（见图 2（a））解决了常规锻造过程容易出现的冷模组织和混晶组织，获得了组织均匀的坯料（见图 2（b））。

2.3 热处理对主要性能的影响研究

涡轮盘锻件需要通过固溶+时效热处理获得良好的综合性能。为了保持均匀细小的微观组织，选用亚固溶热处理制度，研究了时效温度和时间对铸 & 锻 FGH4096 合金 650℃强度（见图 3（a））和 650℃/800MPa 蠕变性能的影响（见图 3（b））。

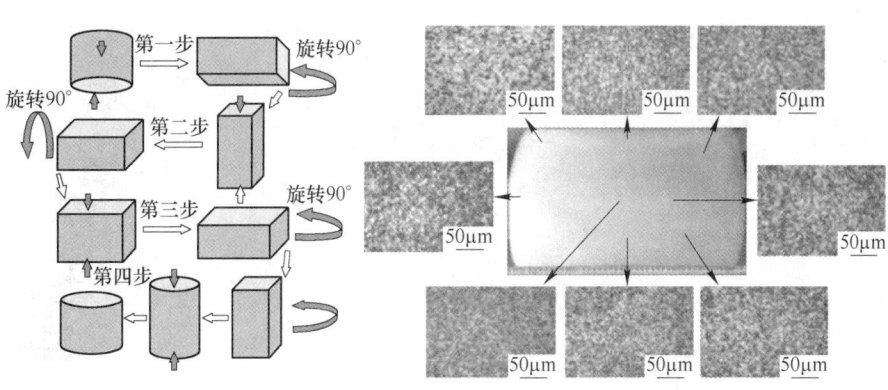

(a)
(b)

图2　3D整体锻造工艺示意图和模锻坯料宏观及不同部位微观组织

Fig. 2　Schematic diagram of 3D forge process and macro- and micro-structure of 3D forge billet

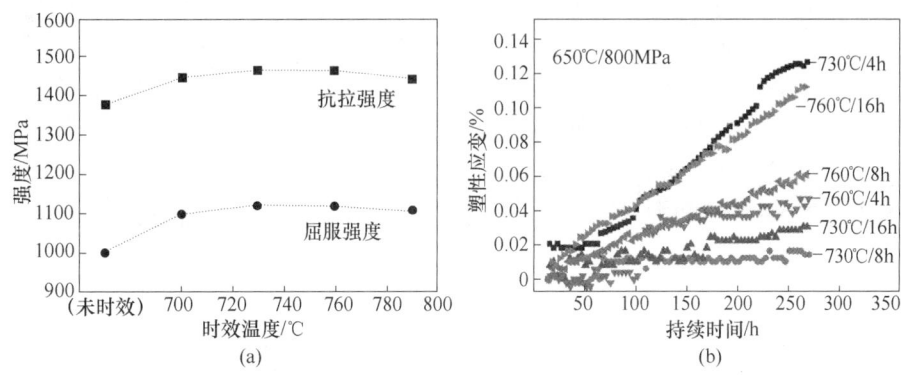

(a)
(b)

图3　铸＆锻FGH4096合金时效工艺对650℃强度和650℃/800MPa蠕变性能的影响

Fig. 3　Effect of aging process on 650℃ strength and 650℃/800MPa creep property of C & W FGH4096 alloy

2.4　组织对探伤工艺的影响研究

由于铸＆锻FGH4096合金组织均匀细小，涡轮盘锻件具有良好的超声波可探性，可采用ϕ0.4mm-15dB的灵敏度进行探伤，未发现缺陷，见图4。

2.5　铸＆锻FGH4096合金的组织稳定性组织

图5为铸＆锻FGH4096合金标准热处理与

700℃、750℃、800℃时效100h后析出相的对比图，从图中可以看出，700℃和750℃长期时效100h后，析出相没有明显的变化，800℃时效100h后部分区域相邻的析出相发生了聚集长大现象。

图6为时效500h后析出相的对比图，从图中可以看出，700℃时效500h后，析出相没有明显的变化，750℃时效500h后部分区域相邻的析出相发生了聚集长大现象，800℃时效500h后析出相

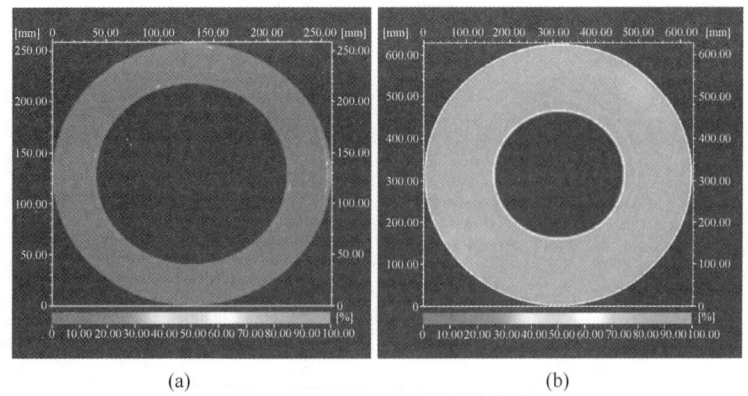

(a)　　　　　　　(b)

图4　铸锻FGH4096合金盘形锻件超声波探伤图

Fig. 4　Ultrsonic flaw detection map of C & W FGH4096 alloy disc

（a）A扫图；（b）底损图

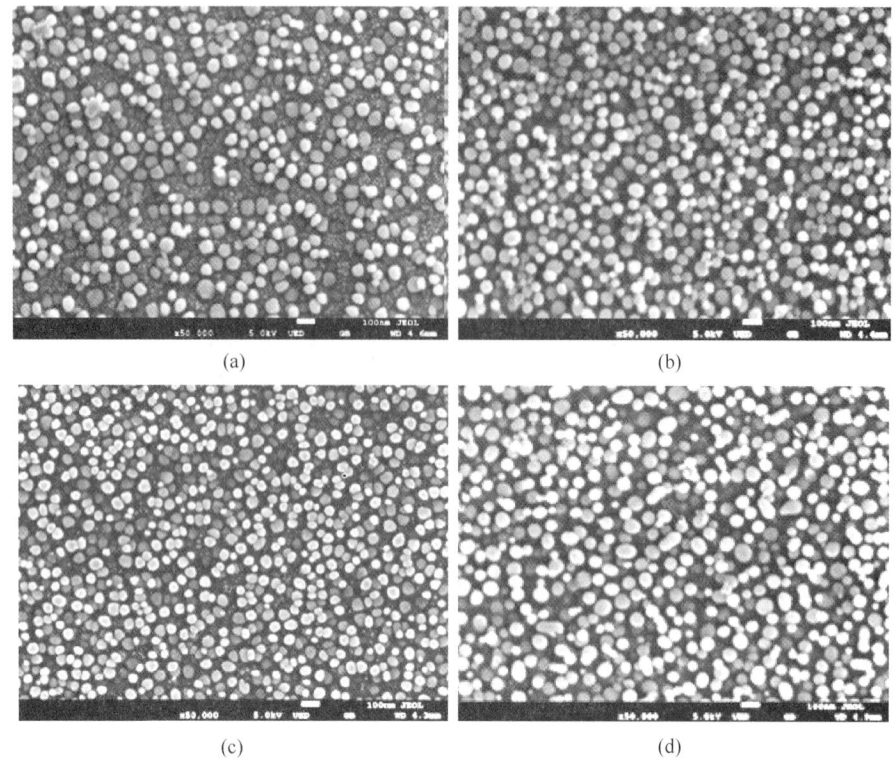

图 5　铸 & 锻 FGH4096 合金 100h 时效析出相变化

Fig. 5　Change of precipitation phase after aging for 100 hours of C & W FGH4096 alloy

（a）标准热处理；（b）700℃；（c）750℃；（d）800℃

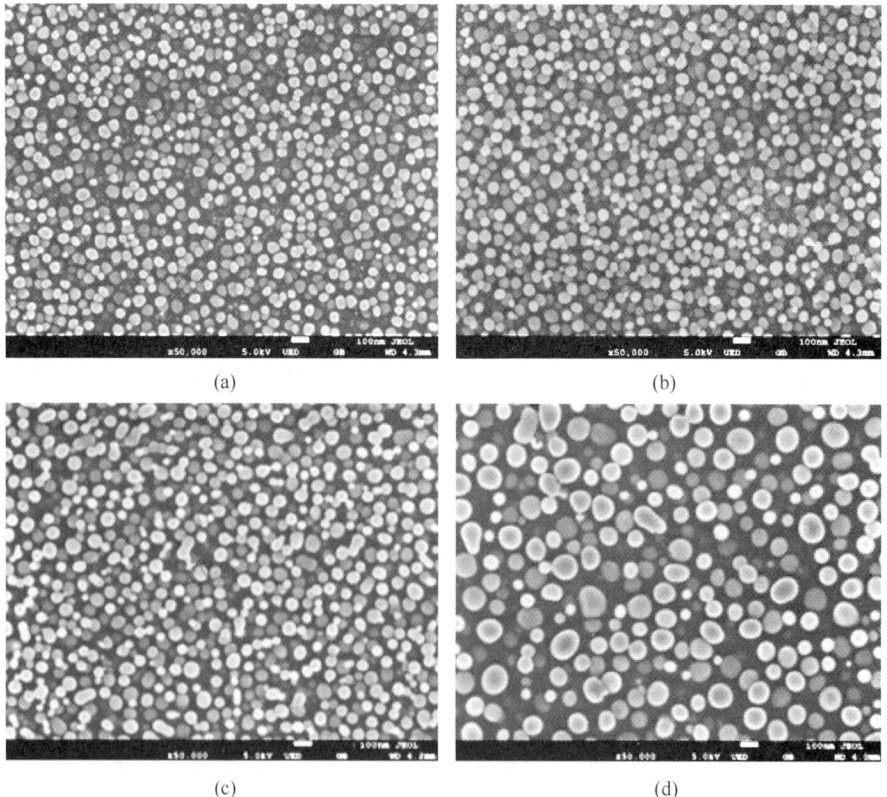

图 6　铸 & 锻 FGH4096 合金 500h 时效析出相变化

Fig. 6　Change of precipitation phase after aging for 500 hours of C & W FGH4096 alloy

（a）标准热处理；（b）700℃；（c）750℃；（d）800℃

明显长大。可见，750℃长期时效过程中析出相处于不稳定状态，有聚集长大的倾向，800℃时效过程中析出相聚集长大速度明显加快。

3　结论

（1）电渣重熔连续定向凝固 FGH4096 合金铸锭具有良好的成分均匀性。

（2）电渣重熔连续定向凝固铸锭通过模锻开坯和 3D 整体锻造可获得平均晶粒度达到 10 级，极差不大于 2 级的坯料。

（3）铸 & 锻 FGH4096 合金锻件采用合适的热处理制度可获得良好的强度和蠕变抗力，且涡轮盘锻件能够满足 φ0.4-15dB 的探伤要求。

（4）铸 & 锻 FGH4096 合金在 750℃以下具有良好的组织稳定性。

参考文献

[1] 宋迎东, 高德平. 粉末冶金涡轮盘的性能与特点 [J]. 燃气涡轮试验与研究, 1997 (4)：48.

[2] 付锐, 陈希春, 任昊. 电渣重熔连续定向凝固 René88DT 合金组织与热变形行为 [J]. 航空材料学报, 2011, 31 (3)：8.

[3] 付锐, 冯滁, 陈希春. 电渣重熔连续定向凝固技术研究 [C] //中国高温合金年会论文集. 北京：中国金属学会高温材料分会, 2011.

[4] 付锐, 李福林, 尹法杰, 等. 多向整体锻造在变形 FGH4096 合金涡轮盘制备中的应用 [J]. 稀有金属, 2017, 41 (2)：113.

不同 Ta 含量对 FGH4098 合金 γ′相和 TCP 相析出行为的影响

邢鹏宇[1,2,3*]，贾建[1,2,3]，黄虎豹[1,2,3]，董志国[4]，师俊东[4]

（1. 钢铁研究总院高温材料研究所，北京，100081；
2. 高温合金新材料北京市重点试验室，北京，100081；
3. 北京钢研高纳科技股份有限公司，北京，100081；
4. 中国航发湖南动力机械研究所，湖南 株洲，412002）

摘　要：本文主要研究了不同 Ta 含量（0，1.2%，2.4%，3.5%，4.7%，质量分数）对 FGH4098 合金热处理态和长期时效过程中 γ′相和 TCP 相析出行为的影响。研究表明：Ta 是 γ′相形成元素，主要分布在 γ′相中，增大 γ/γ′晶格错配度，加剧了二次 γ′相由椭球状向方形转化的倾向；在 650℃~800℃长期时效过程中，添加 Ta 会加快长期时效过程中二次 γ′相的长大和分裂，且随合金 Ta 含量的增加，σ 相的析出倾向增大，对合金高温下的组织稳定性不利。

关键词：粉末高温合金；FGH4098；Ta；γ′相；TCP 相

The Influence of Different Ta Content on Precipitation Behavior of γ′ Phase and TCP in FGH4098

Xing Pengyu[1,2,3], Jia Jian[1,2,3], Huang Hubao[1,2,3], Dong Zhiguo[4], Shi Jundong[4]

（1. High Temperature Materials Research Institute, Central Iron & Steel
Research Institute, Beijing, 100081；
2. Beijing Key Laboratory of Advanced High Temperature Materials, Central
Iron & Steel Research Institute, Beijing, 100081；
3. Beijing CISRI-GAONA Materials & Technology Co., Ltd., Beijing, 100081；
4. Aecc Hunan Aviation Powerplant Research Institute, Zhuzhou Hunan, 412002）

Abstract：Precipitation behavior of γ′ phase and TCP in FGH4098 with five different Ta content （0, 1.2%, 2.4%, 3.5%, 4.7%, mass fraction） was studied in as-heat treated alloy and during the process of long time aging. The result shows that, Ta is a γ′ phase forming element, mainly existing in γ′ phase. Ta may increase the lattice mismatch between γ and γ′ phase, leading to the shape transform of secondary γ′ phase from ellipsoidal to square. During long time aging at 650℃~850℃, adding Ta may accelerate the growth and division of secondary γ′ phase and increase the tendency of the precipitation of σ phase, having a bad influence on the stability of alloy microstructure at high temeperature.

Keywords：powder metallurgy superalloys；FGH4098；Tantalum；γ′ phase；TCP

　　航空发动机发展要求用作热端关键部件的镍基粉末高温合金高温强度和承温能力不断提高，第三代粉末高温合金中开始添加难熔元素 Ta。一些研究指出[1,2]，Ta 是一种重要的高熔点强化元素，可同时强化基体和析出相，提高合金的强度和耐腐蚀性能[3]，而且其最主要的优点在于加 Ta 后，不会形成 TCP 相，从而提高合金的组织稳定性[4]。但仍有研究指出，Ta 会增加合金形成 TCP

*　作者：邢鹏宇，助理工程师，联系电话：010-62185834，E-mail：820207401@qq.com

相的倾向[5]。本文研究了不同 Ta 含量对 FGH4098 粉末高温合金 γ′相和 TCP 相析出行为的影响。

1　试验材料及方法

实验材料为五种不同 Ta 含量的 FGH4098 粉末高温合金，其主要成分（质量分数,%）为：Cr 11.0~15.0, Co 19.0~22.0, W 1.5~2.5, Mo 3.0~5.0, Al 3.0~5.0, Ti 3.0~5.0, Nb 0.5~1.5, 微量 C、Zr 和 B, Ta 不等量, Ni 余量。Ta 含量实测值分别为：0、1.2%、2.4%、3.5% 和 4.7%。利用等离子旋转电极法（PREP）+热等静压（HIP）制备合金锭坯，对成形后的合金锭坯进行固溶处理和两级时效处理，终时效温度为 760℃。将热处理态合金试样分别在 650℃、700℃、750℃ 和 800℃ 下进行 100~3000h 的长期时效处理。

将合金试样进行电解抛光和电解腐蚀，使 γ′相保留在合金表面。电解抛光液为 80mL 甲醇+20mL 硫酸溶液，电压 30V，电解时间为 20~25s。电解腐蚀液为 8g 氧化铬+85mL 磷酸+5mL 硫酸溶液，电压 5V，电解时间 3~5s。在 JSM-2800 型场发射扫描电镜（FE-SEM）下观察合金 γ′相的形貌，选取 10 个视场（25000×）拍照，利用 Image-Pro Plus 统计 γ′相等效粒径和体积分数；利用 JXA-8530F 场发射电子探针（EPMA）分析 γ′相的组成。利用 D/Max 2500 型 X 射线衍射仪（XRD）测量 γ 和 γ′晶格常数，并计算错配度。

将长期时效后的合金试样进行机械抛光和化学腐蚀，所用腐蚀剂为 5g 氯化铜+100mL 硫酸+100mL 乙醇溶液，腐蚀时间约为 2min。利用 OLYMPUS GX71 图像分析仪，观察不同时效温度和时效时间下合金的显微组织，比较 TCP 相的析出情况。

2　试验结果及分析

2.1　Ta 对 γ′相析出行为的影响

2.1.1　热处理态中的 γ′相

根据 γ′相形貌、尺寸和分布特征，不同 Ta 含量 FGH4098 合金中均含有三种 γ′相：（1）分布在晶界处的大尺寸 γ′相，形状不规则，含量较少，因在过固溶处理过程中没有完全溶解而留下来。（2）较均匀分布在晶内的二次 γ′相，形状较规则，呈椭球形或近似方形，边缘较为圆润，等效粒径在 180~240nm 之间，是在固溶冷却过程中从 γ 基体析出的，如图1（a）所示；分布在一次和二次 γ′相间隙的三次 γ′相，呈球形，平均尺寸在 30~40nm 之间，是在时效过程中从过饱和 γ 固溶体中析出的，如图1（b）所示。由表 1 可知，随着合金 Ta 含量的增加，FGH4098 合金中 γ′相含量有所增加；一次 γ′相无明显变化，二次 γ′相等效粒径略有增大，形状有从椭球形向方形转化的趋势，三次 γ′相形貌差别不大。

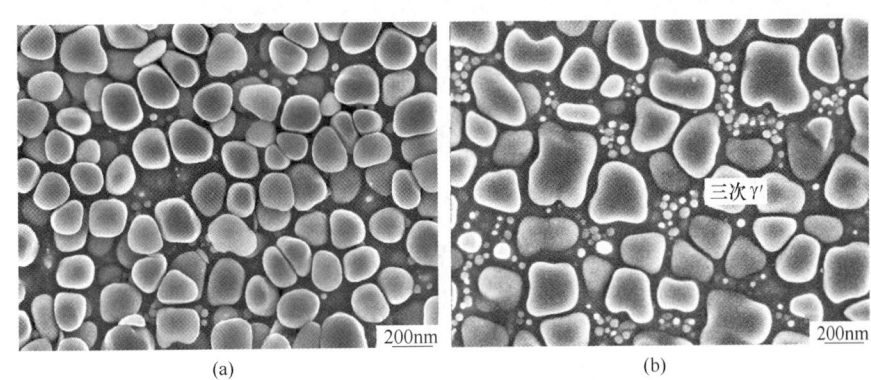

(a)　　　　　　　　　　　(b)

图 1　热处理态不同 Ta 含量 FGH4098 合金的 γ′相形貌

Fig. 1　Morphology of γ′ phase in FGH4098 alloys with different Ta content

（a）无 Ta 合金；（b）4.7%Ta 合金

表 1　不同 Ta 含量 FGH4098 合金 γ′相比较

Tab. 1　Comparison of γ′ phase in FGH4098 with different Ta content

合金 Ta 含量（质量分数）/%	γ′相含量		等效粒径/nm		γ/γ′晶格错配度/%
	体积分数/%	质量分数/%	二次 γ′相	三次 γ′相	
0	46.5	44.7	186.7	38.3	0.017
1.2	48.7	46.8	210.0	33.8	0.019

续表1

合金 Ta 含量 (质量分数)/%	γ′相含量		等效粒径/nm		γ/γ′晶格错配度 /%
	体积分数/%	质量分数/%	二次 γ′相	三次 γ′相	
2.4	50.3	48.4	202.7	39.1	0.025
3.5	52.1	50.1	233.8	38.4	0.031
4.7	53.4	51.3	223.1	37.3	0.061

2.1.2 长时效过程中的 γ′相

750℃长期时效过程中，无 Ta 合金在各个观察时间节点时的二次 γ′相均趋近于椭球形，如图2(a) 和 (d) 所示。含 Ta 合金在长时效过程中观察到明显的长大和分裂现象。图2(b) 中可明显观察到正在进行分裂的八重小立方，图2(c)、(e) 和 (f) 中除了正在分裂的 γ′相外，还可观察到大量形状趋于球形、尺寸在 50~100nm 之间的 γ′相，此为三次 γ′相的熟化。由于合金添加 Ta 后，增大了 γ/γ′晶格错配度，在高温下，γ/γ′晶格错配度较大的合金更容易通过 γ′相的长大和分裂调节弹性应变能和界面能的总和，使之达到最低，获得较为稳定的组织。

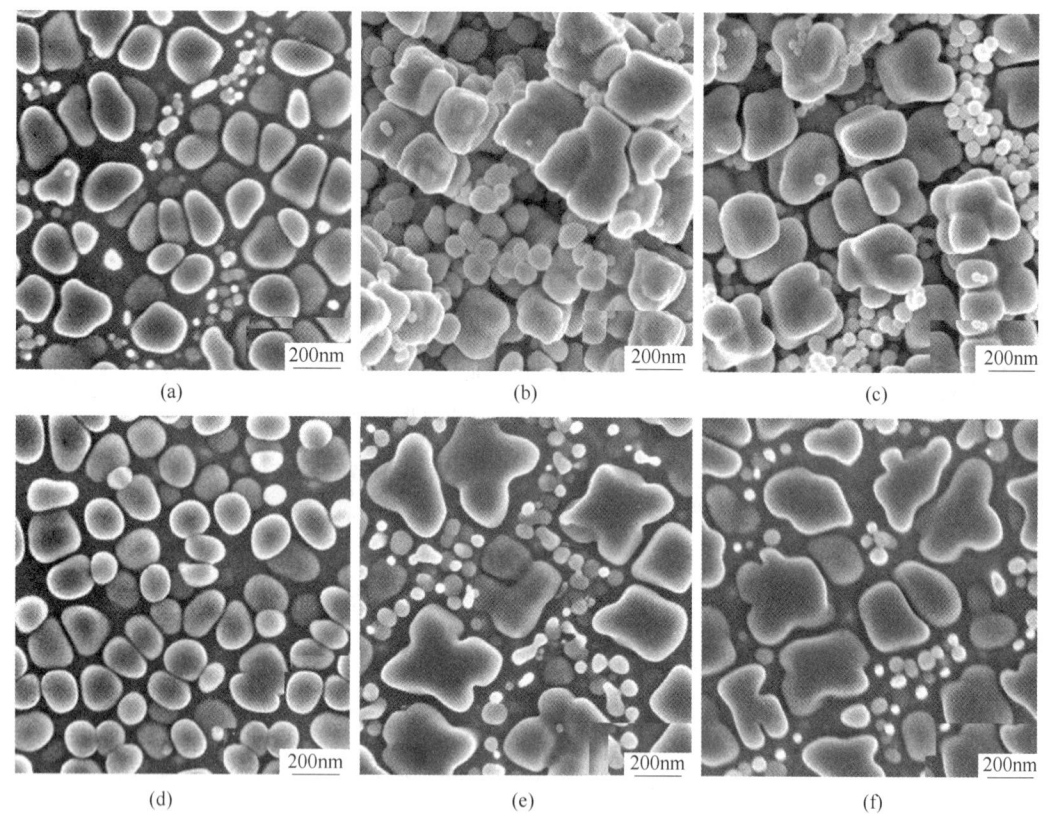

(a) (b) (c)

(d) (e) (f)

图2 不同 Ta 含量合金 750℃长期时效后的 γ′相形貌

Fig. 5 Morphology of γ′ phase of alloys with different Ta content during long time aging at 750℃

(a) 无 Ta 合金-500h; (b) 2.4%Ta 合金-500h; (c) 4.7%Ta 合金-500h;

(d) 无 Ta 合金-2000h; (e) 2.4%Ta 合金-2000h; (f) 4.7%Ta 合金-2000h

2.2 Ta 对 TCP 相析出行为的影响

图3 给出了 750℃下时效 3000h 后，不同 Ta 含量 FGH4098 合金的显微组织。其中，无 Ta 合金无 TCP 相析出，如图3(a) 所示；3.5%Ta 合金有少量 TCP 相析出，如图3(b) 所示；4.7%Ta 合金析出了大量针状 TCP 相，如图3(c) 所示。在650~800℃下，0~3000h 的长期时效过程，无 Ta 合金没有 TCP 相析出；2.4%Ta 合金分别在650℃/3000h、700℃/2000h、750℃/2000h 和 800℃/1000h 这几个

观察节点开始有 TCP 相析出；4.7%Ta 合金分别在 650℃/1000h、700℃/500h、750℃/100h 和 800℃/100h 这几个观察节点开始有 TCP 相析出。由此可见，随着合金 Ta 含量的增加，TCP 相的析出倾向

明显增大。图 4 为 TEM 下观察到的针状 TCP 相及其衍射花纹。与 γ 基体相比，针状 TCP 相富含 Co、Cr、Mo、W 等元素，晶体结构属于四方晶系，为 σ 相。

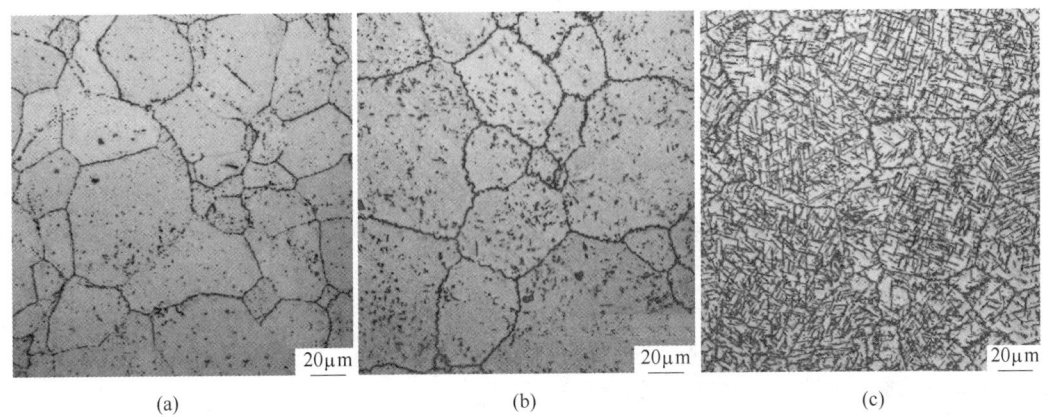

(a)　　　　　　　(b)　　　　　　　(c)

图 3　不同 Ta 含量合金 750℃长期时效后的 γ′相形貌

Fig. 3　Morphology of γ′ phase of alloys with different Ta content during long time aging at 750℃

（a）无 Ta 合金；（b）3.5%Ta 合金；（c）4.7%Ta 合金

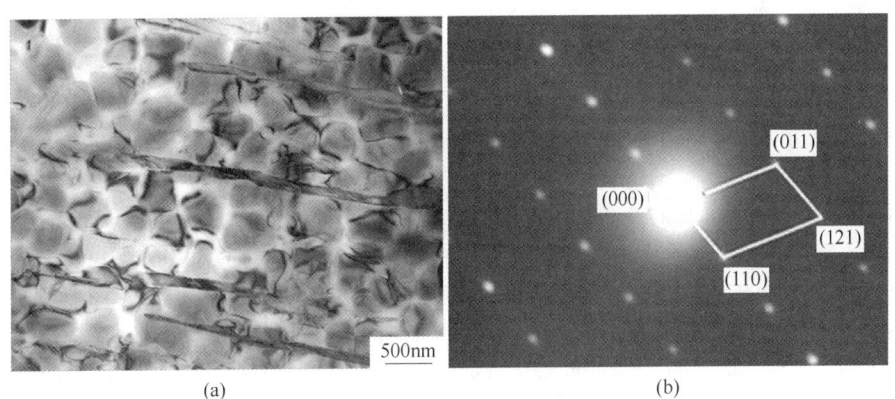

(a)　　　　　　　(b)

图 4　TEM 下的针状 σ 相形貌和衍射光斑

Fig. 4　Morphology and diffraction spots of σ phases under TEM

（a）针状 σ 相；（b）[01̄1] 晶带轴 SAD 图谱

3　结论

（1）Ta 主要进入 FGH4098 合金中的 γ′相，促进 FGH4098 合金中 γ′相的析出，增大二次 γ′相尺寸，使 γ′相组成主要由 Ni_3(Al,Ti,Nb) 转变为 Ni_3(Al,Ti,Ta,Nb)。

（2）Ta 增大 FGH4098 合金 γ/γ′晶格错配度，使二次 γ′相趋近于方形，并加快长期时效过程中二次 γ′相的长大和分裂。

（3）Ta 促进 FGH4098 粉末高温合金长期时效过程中 σ 相的析出，影响合金的组织稳定性。

参考文献

[1] Cardonne S, Kumar P, Michaluk C, et al. Tantalum and its alloys [J]. International Journal of Refractory Metals and Hard Materials, 1995, 13 (4)：187~194.

[2] 郑亮，谷臣清，张国庆. Ta 对低 Cr 高 W 铸造镍基高温合金显微组织的影响 [J]. 稀有金属材料与工程，2005, 34 (2)：194~198.

[3] 孟昭钰，孙根昌，李秀娟. 钽对 K9 铸造高温合金组织性能的影响 [J]. 钢铁，1981 (8)：57~58.

[4] Erickson G L. Single crystal nickel-based superalloy：US Pat 5366695 [P]. 1994.

[5] 郑运荣，张德堂. 高温合金与钢的彩色金相研究 [M]. 北京：国防工业出版社，1999：8.

晶界对 GH4199 合金动态拉伸变形行为的影响

朱旭晖，王磊*，刘杨，宋秀，晋俊超

（东北大学材料各向异性与织构教育部重点实验室，辽宁 沈阳，110819）

摘　要：研究了不同晶粒尺寸下 GH4199 合金动态拉伸变形行为，分析了应变速率对晶界在合金拉伸变形过程中的作用机制的影响。结果表明，随着应变速率的增加，固溶处理后的 GH4199 合金的屈服强度呈上升趋势，抗拉强度则先下降后升高，断裂延伸率在应变速率为 $10^2 s^{-1}$ 处有一极小值，且晶内对变形的阻力 σ_0 逐渐增大，晶界对变形的影响系数 K 在 $10^{-3} s^{-1}$ 和 $10^3 s^{-1}$ 时最小，这与细小晶粒在准静下（$\dot{\varepsilon} \leqslant 10^{-3} s^{-1}$）和高应变速率下（$\dot{\varepsilon} \geqslant 10^3 s^{-1}$）的超塑性相类似。

关键词：GH4199 合金；晶界；拉伸性能；应变速率；变形行为

Effect of Grain Boundary on the Dynamic Tensile Deformation Behavior of GH4199 Alloy

Zhu Xuhui, Wang Lei, Liu Yang, Song Xiu, Jin Junchao

（Key Lab for Anisotropy and Texture of Materials, Northeastern University, Shenyang Liaoning, 110819）

Abstract：The dynamic tensile deformation behavior of GH4199 alloy with different grain sizes was studied. The effect of strain rate on the mechanism of grain boundary during tensile deformation of the alloy was analyzed. The results show that the yield strength of GH4199 alloy after solution treatment increases with the growth of strain rate, while, the tensile strength decreases first and then increases. And the fracture elongation has a minimum value at a stain rate of $10^2 s^{-1}$, the resistance σ_0 of the deformation in the crystal increases gradually. The influence coefficient K of the grain boundary on the deformation is smallest at $10^{-3} s^{-1}$ and $10^3 s^{-1}$, this is similar to the superplasticity of fine grains under quasi-static（$\dot{\varepsilon} \leqslant 10^{-3} s^{-1}$）and high strain rate（$\dot{\varepsilon} \geqslant 10^3 s^{-1}$）.

Keywords：GH4199 alloy; grain boundary; tensile property; strain rate; deformation behavior

　　用于航空发动机转动部件的高温合金在高温、高载荷等苛刻条件下服役，其性能主要受温度和载荷速率的影响。传统的发动机材料力学设计，大都采用静态下的力学指标乘以一个安全系数来保证其安全服役，并未充分考虑实际动态载荷对合金力学性能的变化规律及作用机制[1]。

　　GH4199 合金是一种高强度、可焊抗氧化性强的镍基变形高温合金，主要用于航空发动机燃烧室隔热屏、可调喷口热屏及相关部件，可在 950℃ 以下长期使用[2]。本文针对 GH4199 合金，系统研究了动态载荷下固溶态合金的拉伸变形行为，并探究不同应变速率下晶界对合金拉伸性能的影响规律及机理。

1　试验材料及方法

　　试验用 GH4199 合金的主要化学成分（质量分数,%）为 C 0.036，Cr 19.97，Mo 5.12，W 9.99，Al 2.18，Ti 1.29，Mn 0.02，Si 0.08，Ni 余量。实验采用 1100℃×5min、1150℃×20min、1200℃×30min/水冷处理得到不同晶粒尺寸的组

织，加工成拉伸试样。选取 $10^{-3}s^{-1}$、$10^{-1}s^{-1}$、10^1s^{-1}、10^2s^{-1} 和 10^3s^{-1} 5 种不同的应变速率，其中 $10^{-3}s^{-1}$、$10^{-1}s^{-1}$ 为静态拉伸，在 ZWICK HTM5020 高速试验机上进行。利用 OLYMPUS GX71 型倒置式光学显微镜、JEOL7001 扫描电子显微镜、TEC-NM G2 20 型透射电子显微镜对固溶处理后的合金及拉伸变形后合金中的显微组织、断口形貌、位错组态进行观察分析。

2 试验结果及分析

2.1 应变速率对固溶态 GH4199 合金动态变形行为的影响

固溶处理后得到三种不同晶粒尺寸的单一奥氏体组织，晶粒尺寸分别为 $45\mu m$、$70\mu m$ 和 $130\mu m$。图 1 为经固溶处理后不同晶粒尺寸的 GH4199 合金拉伸性能随应变速率的变化。可见，随着应变速率的增加，屈服强度整体呈上升趋势，抗拉强度呈先下降后升高的趋势，在应变速率为 $10^{-1}s^{-1}$ 时存在极小值。从准静态载荷过渡到动态载荷，塑性变形的应变率远远落后于载荷的增长率。当滑移线从晶粒的一边发展到对边之前，亦即宏观上塑性变形尚未表现出来之前，应力却一直在增长，表现在高应变率情况下材料屈服点的提高。动态条件下（$\dot{\varepsilon} > 10^{-1}s^{-1}$）可以开动更多的滑移系，造成了位错的交滑移和多系滑移，位错缠结严重，增加了延性断裂的阻力，流变应力上升，材料强度增加。

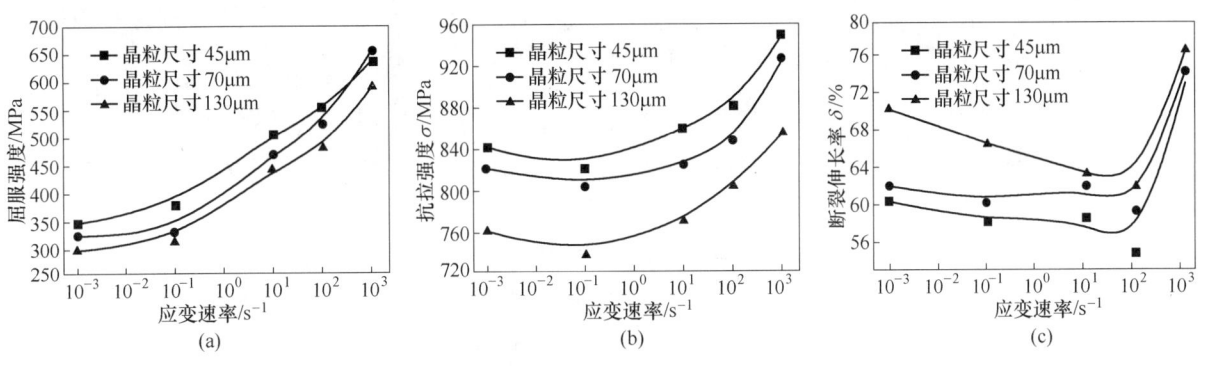

图 1 固溶态合金拉伸性能随应变速率的变化
Fig. 1 The change of tensile property of GH4199 alloy after solution treatment with the strain rate
(a) 屈服强度；(b) 拉伸强度；(c) 断裂伸长率

随着应变速率的提高，断裂伸长率先缓慢下降后急剧上升，应变速率在 10^2s^{-1} 附近有一极小值。准静态下，应变速率均低于塑性变形速率，位错缠结通过位错偶极子的分解或刃位错的攀移等形式释放，各个晶粒内塑性变形较为充分，宏观上表现为随应变速率的上升，断裂伸长率下降较为平缓。当应变速率增加到一定程度后，合金中开动的滑移系增多，可观察到多个滑移系同时开动或交滑移的特征组态，位错缠结程度较低，塑性变形能力增强。

2.2 不同应变速率下固溶态 GH4199 合金拉伸断口形貌

图 2 为晶粒尺寸 $70\mu m$ 和 $130\mu m$ 的 GH4199 合金在应变速率为 $10^{-1}s^{-1}$、10^1s^{-1} 和 10^3s^{-1} 的断口形貌图。宏观断口呈暗灰色，杯锥状。断裂均为韧性断裂，纤维区和剪切唇较为明显。由图 2 可知，

合金在不同应变速率下的断口具有典型的延性断裂断口特征，拉伸断口呈细小、等轴状韧窝结构，断裂机制为微孔聚集型。随着应变速率的增加，韧窝逐渐变大变深。这是因为随着应变速率的提高，位错滑移难以及时进行，在大的切应力的作用下，少数微孔应力集中程度加剧，不需要很多微孔即可长大聚集直至断裂。不同晶粒尺寸的断口形貌具有相同的规律。

2.3 不同应变速率下断口附近位错组态分析

图 3 为晶粒尺寸为 $130\mu m$ 和 $45\mu m$ 的 GH4199 合金在不同应变速率条件下的位错组态。在低应变速率下，固溶态 GH4199 合金的塑性变形主要以位错滑移的方式进行，且滑移线贯穿整个晶粒。这是因为低应变速率下，塑性变形阶段时间较长，滑移系有充足的时间来开动，滑移较为充分。当晶粒的取向不利于滑移系开动时，或是晶界对滑

移系的阻碍较高即晶界比例较高时，当载荷的分切应力达到形变孪生的临界切应力时基体将以形变孪生的方式发生塑性变形，如图 3(b) 所示。

高应变速率下，位错来不及滑动，孪晶核周围的应力将增大，从而促进了孪生变形的发生，同时形变孪生的发生又有利于位错滑移的进行。

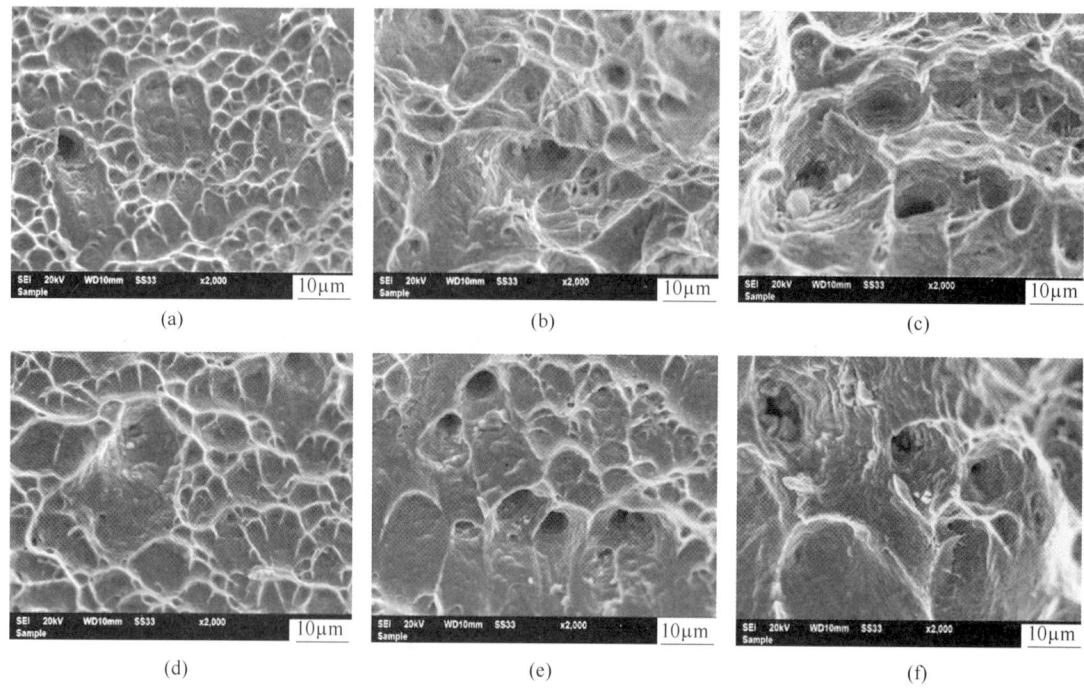

图 2 不同应变速率下固溶态 GH4199 合金拉伸后的断口形貌

Fig. 2 Fracture morphologies of GH4199 alloy after solution treatment tensile tested with different strain

(a) 70μm, $10^{-1}s^{-1}$; (b) 70μm, $10^{1}s^{-1}$; (c) 70μm, $10^{3}s^{-1}$;

(d) 130μm, $10^{-1}s^{-1}$; (e) 130μm, $10^{1}s^{-1}$; (f) 130μm, $10^{3}s^{-1}$

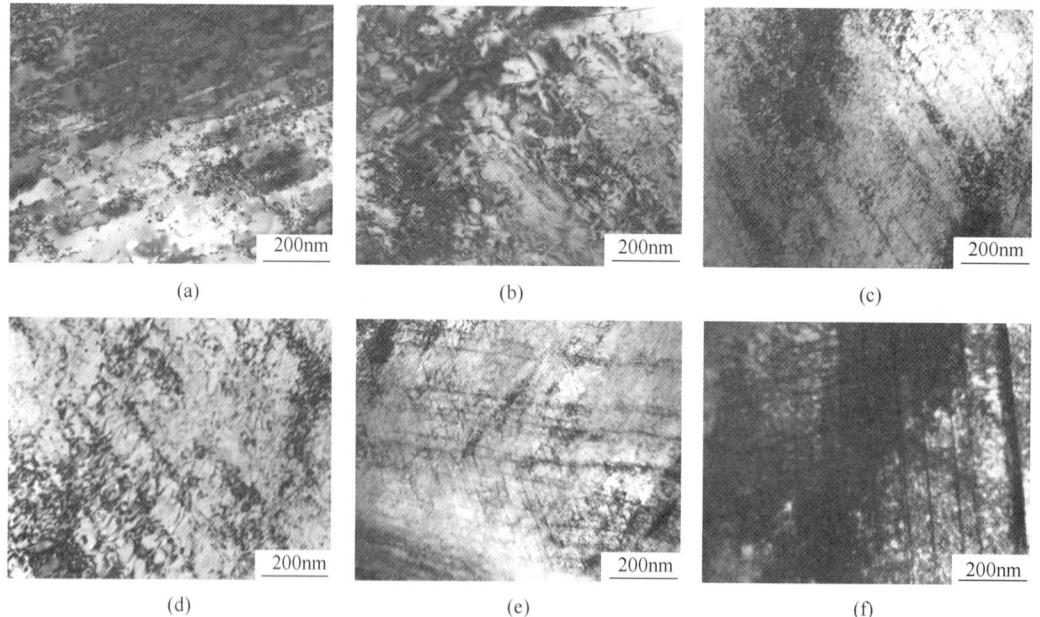

图 3 固溶态 GH4199 合金在不同应变速率下的位错组态图

Fig. 3 Dislocation configurations near fracture surface of GH4199 alloy tensile tested after

solution treatment tensile tested with different strain

(a) 45μm, $10^{-3}s^{-1}$; (b) 45μm, $10^{3}s^{-1}$; (c), (d) 130μm, $10^{-3}s^{-1}$; (e), (f) 130μm, $10^{3}s^{-1}$

2.4 不同应变速率下的 Hall-Petch 关系式

大量研究表明，多晶体屈服强度与晶粒尺寸之间符合 Hall-Petch 关系式，其本质是晶界与位错间的相互作用，当多晶体中一晶粒内位错滑移到晶界受阻时，不断从位错源移来的位错会在晶界处塞积起来，从而产生强化作用。图4为不同应变速率下的 GH4199 合金的 Hall-Petch 关系式在最小二乘法下的拟合图，即屈服强度随晶粒的直径 $d^{-1/2}$ 的变化趋势图。统计各个应变速率下 Hall-Petch 关系式 $\sigma=\sigma_0+Kd^{-1/2}$ 如下：

应变速率为 $10^{-3}s^{-1}$，$\sigma=226.62+766.55d^{-1/2}$；
应变速率为 $10^{-1}s^{-1}$，$\sigma=212.75+1040.29d^{-1/2}$；
应变速率为 $10^{1}s^{-1}$，$\sigma=349.71+1002.58d^{-1/2}$；
应变速率为 $10^{2}s^{-1}$，$\sigma=385.08+1103.82d^{-1/2}$；
应变速率为 $10^{3}s^{-1}$，$\sigma=533.79+780.05d^{-1/2}$。

分析上述不同应变速率的 Hall-Petch 关系式可知，反映晶内对变形的阻力 σ_0 随着应变速率的增加，呈上升趋势，如图5所示。这和实验分析结果相符合。

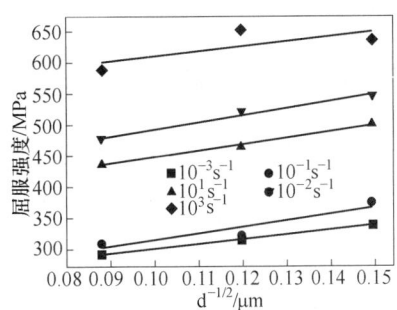

图4 不同应变速率下的 Hall-Petch 关系式
（最小二乘法拟合直线图）

Fig. 4 Hall-Petch of GH4199 alloy after solution treatment under different strain rate tensile
（fitting straight line by least square method）

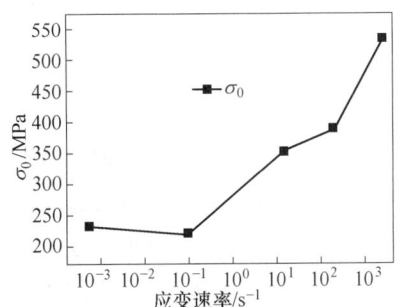

图5 Hall-Petch 关系式中 σ_0 随应变速率的增加的变化曲线图

Fig. 5 Variation of σ_0 in Hall-Petch with strain rate

Hall-Petch 关系式 $\sigma=\sigma_0+Kd^{-1/2}$ 公式中斜率 K 反映晶界对变形的影响系数，与晶界结构有关。由图6可知，应变速率为 $10^{-3}s^{-1}$ 和 $10^{3}s^{-1}$ 时 K 最小。这与金属材料的超塑性有关，材料的超塑性变形并不全是滑移、孪晶等一般塑性变形机制，而是一种晶界作用[3]。晶界在 $10^{-3}s^{-1}$ 和 $10^{3}s^{-1}$ 时对合金的协调作用最好，这与细小晶粒在准静下（$\dot\varepsilon\leq10^{-3}s^{-1}$）和高应变速率下（$\dot\varepsilon\geq10^{3}s^{-1}$）的超塑性行为相类似。

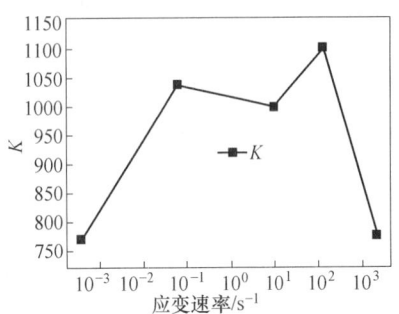

图6 Hall-Petch 关系式中 K 随应变速率的增加的变化曲线图

Fig. 6 Variation of K in Hall-Petch with strain rate

3 结论

（1）随着应变速率的增加，固溶处理后的 GH4199 合金的屈服强度呈上升趋势。抗拉强度先下降后上升，在应变速率为 $10^{-1}s^{-1}$ 处有一最小值。

（2）随着应变速率的增加，断裂延伸率呈先缓慢下降，后急剧上升的趋势，在 $10^{2}s^{-1}$ 处有一极小值。这是由于随着应变速率的增加，合金的塑性变形机制发生转变所致。

（3）不同应变速率下的 Hall-Petch 关系式，随着应变速率的增加，反映晶内对变形的阻力的 σ_0 逐渐增大，这与塑性变形过程中位错运动受到阻碍相关。反映晶界对变形的影响系数 K 在 $10^{-3}s^{-1}$ 和 $10^{3}s^{-1}$ 时最小，即晶界在 $10^{-3}s^{-1}$ 和 $10^{3}s^{-1}$ 时对合金的协调作用最好。

参考文献

[1] 王磊，刘杨，晋俊超，等. 动态载荷对长期时效 GH4169 合金拉伸变形行为的影响 [J]. 钢铁研究学报，2011，23（S2）：213~216.
[2] 韦家向. 碳含量对 GH4199 合金析出相和性能的影响 [J]. 特钢技术，2009，15（3）：12~14.
[3] 毛卫民. 金属材料成形与加工 [M]. 清华大学出版社，2008：383.

热变形及热处理过程中 TC17 钛合金组织与取向的关联性

原菁骏，姬忠硕，马思文，赵宝达，乔峰源，张龙，张麦仓*

（北京科技大学材料科学与工程学院，北京，100083）

摘　要：在以往的研究中，热压缩及热处理过程对组织及取向变化的关联性的研究较少。通过对 TC17 钛合金进行热压缩及后续热处理，研究 TC17 钛合金组织和取向的关联性。结果表明：在高温情况下会出现上下屈服现象；不同应变速率单道次变形对初生 α 相尺寸影响不明显；不同应变速率对 α 相取向分布影响差别不明显，而不同应变速率热变形对 β 相取向均匀性改善不明显，仍存在强织构组分，而且应变速率越大，织构极密度值越大。

关键词：TC17 合金；晶粒尺寸；取向均匀性

Correlation between Structure and Orientation of TC17 Titanium Alloy during Thermal Deformation and Heat Treatment

Yuan Jingjun, Ji Zhongshuo, Ma Siwen, Zhao Baoda, Qiao Fengyuan, Zhang Long, Zhang Maicang

（School of Materials Science and Engineering, University of Science and Technology Beijing, Beijing, 100083）

Abstract：In previous studies, there have been few studies on the correlation between tissue and orientation changes during thermal compression and heat treatment. The microstructure and orientation of TC17 titanium alloy were investigated by thermal compression and subsequent heat treatment of TC17 titanium alloy. The results show that the upper and lower yielding phenomena occur at high temperature; the single-pass deformation of different strain rates has little effect on the primary α-phase size; the effect of different strain rate on the α-phase orientation distribution is not obvious, and the different strain rate thermal deformation is β. The improvement of phase orientation uniformity is not obvious, and there are still strong texture components, and the larger the strain rate, the larger the texture density value.

Keywords：TC17 titanium alloy; grain size; orientation uniformity

　　钛合金由于其比强度和使用温度高、耐腐蚀性好等优点而广泛应用在航空航天领域。然而由于钛合金变形系数小，切削温度高，冷硬现象严重使其加工处理非常困难。为了改善加工性能，主要集中在研究热加工参数对钛合金微观组织和取向演化的影响[1~3]。TC17 合金由于其出众的加工和使用性能而成为当前研究的主流，主要用于制造航空发动机风扇、压气机盘等[4]。钛合金的力学性能取决于微观组织。实际应用中的 TC17 合金构件的典型组织基本为球状 α 相均匀分布在 β转 基体上。在热变形过程中，两相存在一定的变形协调性。因此，如何获得理想的

---

* 作者：张麦仓，教授，联系电话：13810494881，E-mail：mczhang@ ustb. edu. cn

α、β 两相组织的匹配是工程界普遍关注的课题。近年来，随着对材料精细结构研究的不断深入，两相钛合金热加工过程热参数对组织及取向均匀性的影响已成为优化钛合金性能的研究热点。

1　实验材料及方法

实验用材料为锻态 TC17 钛合金饼坯，化学成分如表 1 所示。经测定其 β 转变点为 895℃。

表 1　TC17 合金的主要化学成分
Tab. 1　The main chemical compositions of TC17 alloy　（质量分数，%）

合金	Al	Cr	Mo	Sn	Zr	Fe	C	Si	H	O	Ti
TC17	5.02	3.93	3.88	2.37	1.95	0.05	0.01	—	0.003	0.12	余

热压缩变形实验在 Gleeble-1500 热模拟试验机上进行，采用 φ10mm×15mm 的标准圆柱试样，热压缩温度为 840℃、860℃ 和 880℃，应变速率为 0.01s^{-1}、0.1s^{-1} 和 1s^{-1}，变形量为 50%，热电偶焊接在试样的中间部位来测量试样的实时温度，在样品和压头之间用石墨粉润滑。试样以 10℃/s 的加热速度加热到指定温度后保温 3min，变形完成后水冷至室温。对压缩后的试样从中心沿压缩轴方向剖开，选其中任一半做热处理，热处理制度为：860℃，2h，空冷+800℃，4h，水冷+620℃，8h，空冷。

分别对热变形状态和热处理状态试样中心的大变形区进行取样，然后进行机械磨样，进行电解抛光（采用 6% 高氯酸+94% 冰醋酸在 30V 直流电压下保持 40s），制备 EBSD 测试样品，EBSD 测试在具有 EBSD 探头和 HKL Channel 5 数据分析软件的 LEO1450 扫描电子显微镜下进行。EBSD 放大倍数 3000 倍，步长 0.2μm。

2　实验结果及分析

2.1　TC17 钛合金热变形的应力-应变曲线

热加工参数对 TC17 高温变形特性有一定的指导意义，故本节系统研究 TC17 合金在不同条件下的流变行为，并分析变形条件对应力及性能的影响规律。图 1 为在等温热模拟压缩条件下的原始数据，经 Origin9.0 软件绘制得到的 TC17 应力-应变曲线图。

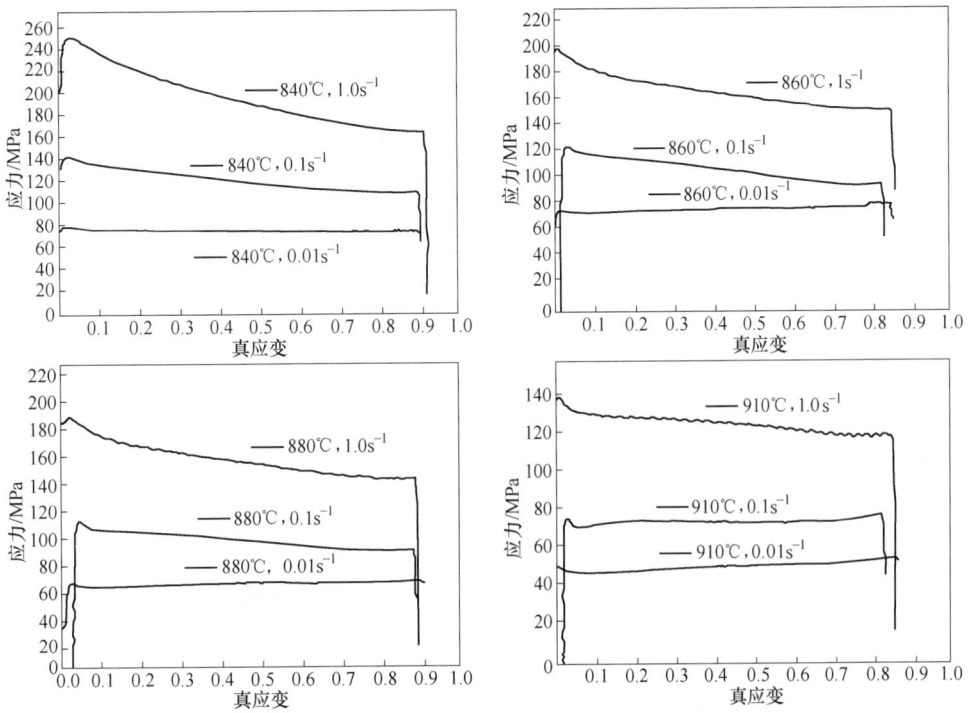

图 1　相同温度和变形量、不同应变速率下应力-应变曲线图
Fig. 1　Stress-strain curve at the same temperature and deformation and different strain rates

2.2 应变速率对晶粒尺寸的影响

图 2 为热处理前后初生 α 晶粒尺寸变化,从中可知,热变形后初生 α 相部分回溶到 β 相中,导致其晶粒尺寸减小,在不同的应变速率下,初生 α 相平均晶粒尺寸分别为 0.73μm、0.39μm、

0.41μm,热处理后初生 α 相在储存能和扩散相变作用下晶粒长大,不同应变速率的初生 α 相长大后的平均晶粒尺寸在 4.50μm 左右,原始组织的初生 α 相平均晶粒尺寸为 4.37μm。总体来看,不同应变速率单道次变形对初生 α 相尺寸影响不明显。

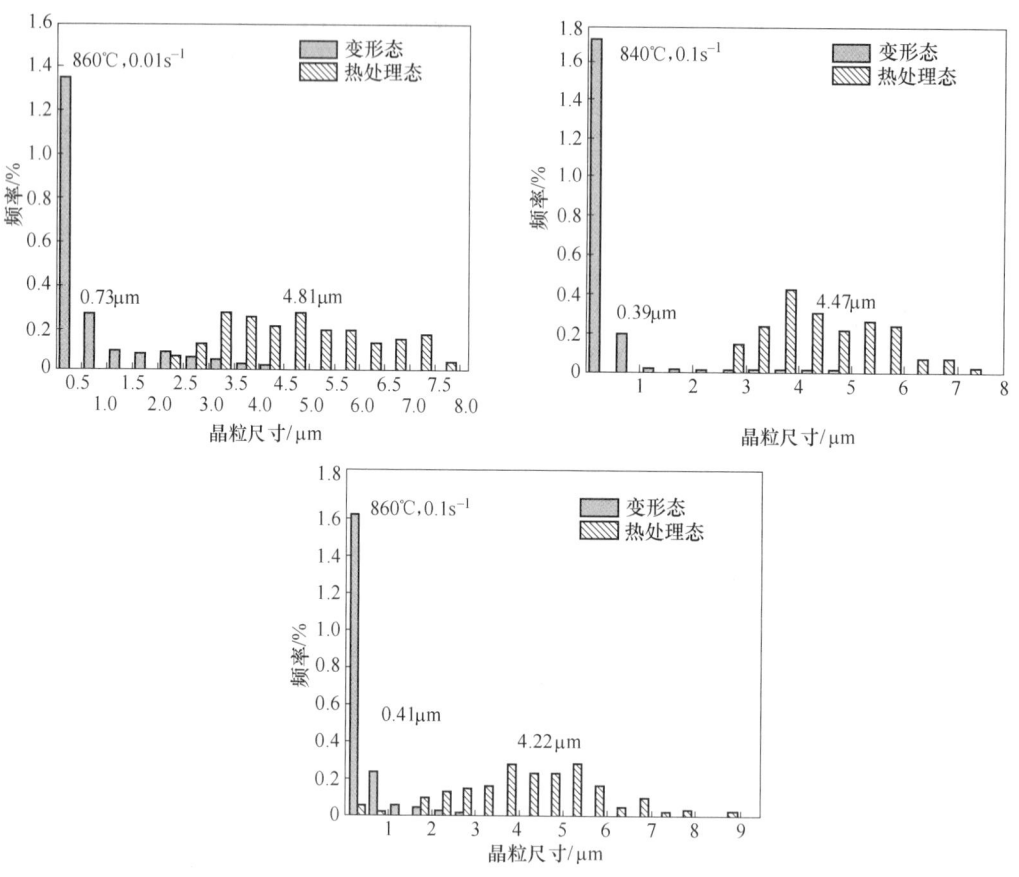

图 2　TC17 合金热处理前后初生 α 晶粒尺寸柱状图

Fig. 2　Histogram of primary α grain size before and after heat treatment of TC17 alloy

2.3 应变速率对取向的影响

结合图 3 和图 4 分析可知,在 860℃不同应变速率下热变形,α 相的织构组分增多,织构极密度值减小,表明在不同的应变速率下热变形,α 相的取向分布更加均匀;另外,随应变速率的增大,最强织构极密度值有减小的趋势,但减小程度不大,进一步表明不同应变速率对 α 相取向分布影响差别不明显。而不同应变速率热变形对 β 相取向均匀性改善不明显,仍存在强织构组分,而且应变速率越大,织构极密度值越大。

综上分析,热变形可以改善 TC17 合金的两相取向均匀性,两相的织构组分增多,分布相对分

散,但改善效果 α 相明显好于 β 相。β 相原本就存在取向上的"宏区",一次热变形对其取向的改善效果不佳,接下来可以考虑多道次的热变形工序,研究是否可以更好地改善 β 相晶粒的取向均匀性。

3 结论

(1) 相同温度下,变形的应变速率越大则变形过程中的流变应力也越大,并且峰值应力也越大,同时出现了高温下出现上下屈服点这一现象。

(2) 不同应变速率单道次变形对初生 α 相尺寸影响不明显,而且不同热变形温度对对初生 α 相

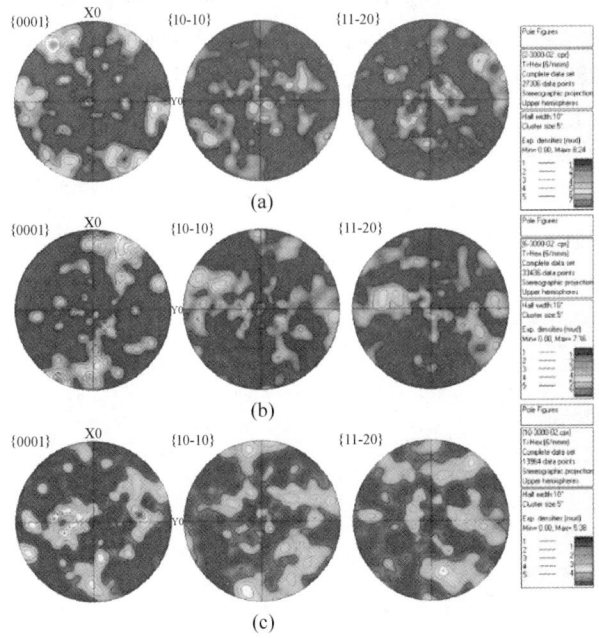

图3　TC17 合金在 860℃不同应变速率下变形的 α 相的极图

Fig. 3　Pole diagram of the α phase of TC17 alloy deformed at different strain rates at 860℃

(a) 0.01s^{-1}; (b) 0.1s^{-1}; (c) 1s^{-1}

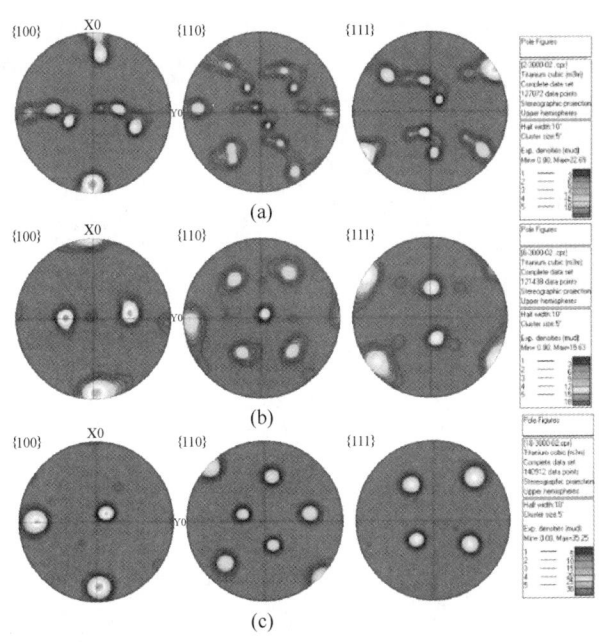

图4　TC17 合金在 860℃不同应变速率下变形的 β 相的极图

Fig. 4　Pole diagram of the β phase of TC17 alloy deformed at different strain rates at 860℃

(a) 0.01s^{-1}; (b) 0.1s^{-1}; (c) 1s^{-1}

也无太大影响。

（3）不同应变速率对 α 相取向分布影响差别不明显，而不同应变速率热变形对 β 相取向均匀性改善不明显，仍存在强织构组分，而且应变速率越大，织构极密度值越大。

参考文献

[1] Mironov S. Microstructure evolution during warm working of Ti-6Al-4V with a colony-α microstructure [J]. Acta Materialia, 2009, 57 (8): 2470~2481.

［2］ Furuhara T. Crystallography of grain boundary α pre-
cipitates in a β titanium alloy ［J］. Metallurgical and
Materials Transactions A, 1996, 27 （6）: 1635 ~
1646.

［3］ Glavicic M G. A Method to determine the orientation of
the high-temperature beta phase from measured EBSD da-
ta for the low-temperature alpha phase in Ti-6Al-4V
［J］. Sci. Eng. A, 2003, 346: 88.

［4］ Boyer Rodney. Titanium Alloys ［M］. Materials Proper-
ties Handbook. Ohio, ASM, 1994.

新型析出强化镍铁基合金 HT700T 组织稳定性研究

张鹏*，袁勇，谷月峰，党莹樱，严靖博，鲁金涛，尹宏飞

（西安热工研究院有限公司研发中心，陕西 西安，710032）

摘　要：研究了新型析出强化镍铁基高温合金 HT700T 中强化相 γ′相颗粒在 700～800℃ 高温下的粗化长大规律。试验结果表明，等温时效过程中，γ′相颗粒粗化长大受基体中元素扩散控制，长大动力学遵循 Lifshitz－Slyozof－Wagner 熟化规律；经过 750℃/10000h 时效之后，标准热处理后的合金中 γ′相颗粒的平均尺寸只从 27.5nm 增加到了 149.0nm，且时效过程中未发现 TCP 相析出，表明合金的组织结构是十分稳定的。

关键词：700℃超超临界；镍铁基高温合金；长期时效；组织稳定性；粗化动力学

Investigation on the Microstructural Stability of a New Precipitation－hardened Ni－Fe Base Superalloy HT700T

Zhang Peng, Yuan Yong, Gu Yuefeng, Dang Yingying, Yan Jingbo, Lu Jintao, Yin Hongfei

（R&D Center，Xi'an Thermal Power Research Institute Co.，Ltd.，Xi'an Shaanxi，710032）

Abstract：The coarsening kinetics of γ′ precipitates in a new precipitation－hardened Ni－Fe－base superalloy HT700T is investigated during thermal aging at 700～800℃. Experimental results reveal that growth of γ′ precipitates is controlled by diffusion of solutes through the matrix and follows Lifshitz－Slyozov－Wagner theory. After a standard heat treatment，the average size of γ′ precipitates increases only from 27.5nm to 149.0nm，and no TCP phases precipitate after thermal aging at 750℃ for 10000 h，suggesting the microstructural stability of the experimental alloy is excellent.

Keywords：700℃ ultra－supercritical；Ni－Fe－base superalloy；long－term thermal aging；microstructural stability；coarsening kinetics

　　析出强化镍铁基高温合金由于富含大量的 Fe 元素成本较低，但仍然具有优异的高温力学性能和良好的抗氧化腐蚀、热腐蚀性能及可加工性能，被认为最有希望工程化应用到 700℃超超临界燃煤火电机组锅炉过/再热器之上的候选材料之一[1]。这些合金的高温力学性能主要来自于强化相 γ′相。大量的研究表明，镍基/镍铁基高温合金的强度和塑性与变形过程中主要的变形机制有关[2]。这又与合金中 γ′相的形貌、颗粒尺寸和体积分数以及其空间分布有关[3]。值得庆幸的是，通过最初的成分设计和热处理工艺可以使合金具有最佳的组织结构从而具有最佳的力学性能。然而，超超临

界燃煤火电机组锅炉末级过/再热器用高温材料长期服役在 750℃ 的高温环境之中，服役过程中，γ′相颗粒必然会粗化长大，从而引起合金力学性能的变化。因此，研究服役温度范围之内 γ′相颗粒的粗化行为，预测合金的强度和服役寿命就显得十分必要。针对于此，本文对一种新型析出强化镍铁基高温合金 HT700T 的微观组织结构稳定性进行了研究。

1　试验材料及方法

　　试验材料为析出强化镍铁基高温合金

＊作者：张鹏，博士后，联系电话：029-82102252，E-mail：pengzhangnas@163.com
资助项目：中国博士后科学基金面上项目（2017M623213）；陕西省博士后科研项目（2018BSHQYXMZZ32）；华能集团总部科技项目（HNKJ18-H12，ZD-18-HKR01）

HT700T，其名义成分、制备工艺和标准热处理工艺的细节可参考文献[4]。合金试样经过标准热处理之后，在 700℃、750℃ 和 800℃ 进行 100～10000h 不同时间的长期时效。时效后的试样经研磨、机械抛光后，放置于 20mL HNO$_3$+100mL HCl+120mL C$_3$H$_8$OH 溶液中进行化学腐蚀，从而显示出主要强化相 γ′ 相。试样经过超声波清洗和烘干后，放置于 Zeiss Sigma 场发射扫描电子显微镜中进行组织观察。采用图像处理软件 Image Pro Plus 分别统计了不同时效状态合金中 γ′ 颗粒的尺寸大小。每种状态下，至少统计 600 个颗粒，然后取平均值。

2 试验结果及分析

2.1 γ/γ′ 组织结构演变

标准热处理后的 HT700T 合金中 γ/γ′ 组织结构如图 1 所示。从图中可以看出，γ′ 相颗粒呈现球状的形貌，颗粒的平均尺寸为（27.5±4.5）nm，体积分数约为 20%。图 2、图 3 和图 4 分别示出的是在 700℃、750℃ 和 800℃ 长期时效过程 HT700T 合金中 γ/γ′ 组织结构的演变。时效过程中，基体中细小的 γ′ 相颗粒逐渐溶解，粗大的 γ′ 相颗粒逐渐长大（见图 2(a)、图 3(a) 和图 4(a)），即发生了"Ostwald Ripening"过程。就颗粒的形貌而言，在 700℃ 长期时效过程，γ′ 相颗粒形貌始终保

持着球状的形貌，如图 2(a)～(d) 所示，这可能是由于合金晶格错配度和 γ′ 相颗粒尺寸较小[5]。在 750℃ 和 800℃，γ′ 相颗粒的形貌逐渐由球状转变为带有圆角的立方块状形貌，分别如图 3(a)～(d) 和图 4(a)～(d) 所示。这与 Ni-6.71%Al 合金[6] 和 M4706 合金等温时效过程中[7] 所观察的结果是一致的。这因为当颗粒逐渐长大时，弹性应变能以及颗粒之间的弹性交互作用能将占主导地位。为了降低这些能量，γ′ 相表面形成平直的界面并沿着弹性软取向<001>方向定向分布，从而引起了这种转变的出现[6]。值得一提的是，在 700℃ 和 750℃，经过 10000h 长期时效之后，合金中并未发现 TCP 相等有害相析出。这从侧面说明了 HT700T 合金的组织结构在服役温度范围内是十分稳定的。

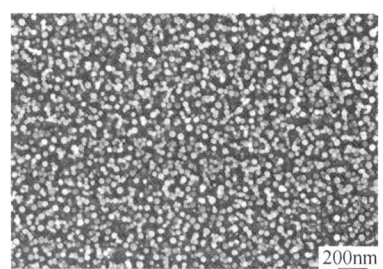

图 1 标准热处理 HT700T 合金中
典型的 γ/γ′ 组织结构

Fig. 1 The typical γ/γ′ microstructure of HT700T after a standard heat treatment

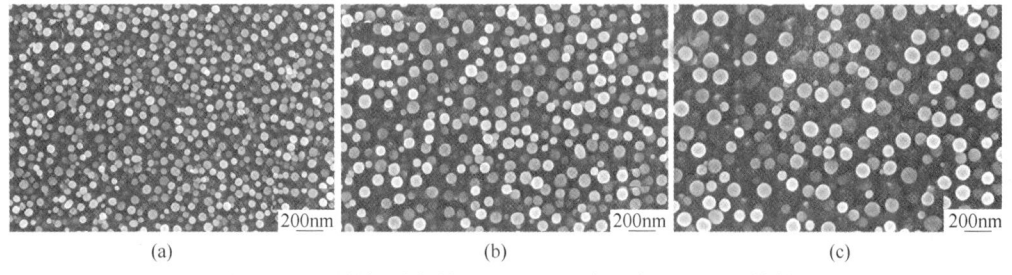

(a)   (b)   (c)

图 2 700℃时效不同时间后 HT700T 合金中 γ/γ′ 组织结构

Fig. 2 The γ/γ′ microstructure of HT700T after thermal aging at 700℃ for different durations

(a) 1000h; (b) 5000h; (c) 10000h

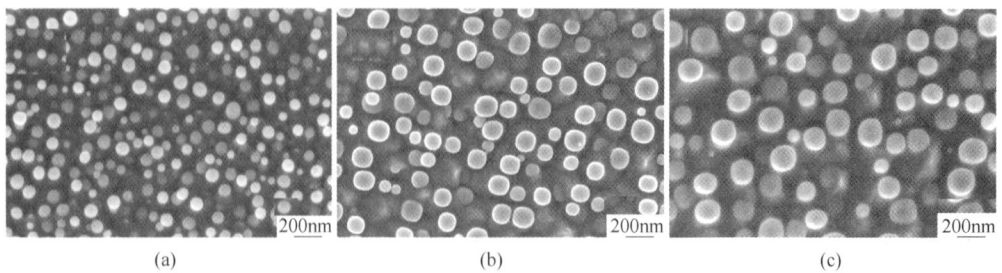

(a)   (b)   (c)

图 3 750℃时效不同时间后 HT700T 合金中 γ/γ′ 组织结构

Fig. 3 The γ/γ′ microstructure of HT700T after thermal aging at 750℃ for different durations

(a) 1000h; (b) 5000h; (c) 10000h

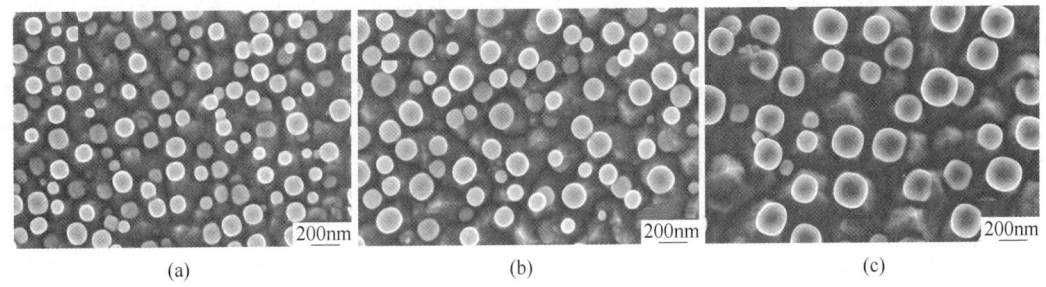

图4 800℃时效不同时间后 HT700T 合金中 γ/γ'组织结构

Fig. 4 The γ/γ' microstructure of HT700 after thermal aging at 800℃ for different durations

(a) 500h；(c) 1000h；(c) 3000h

2.2 γ'相长大动力学

同时，测量了不同时效状态合金中 γ'相颗粒的尺寸大小，试验结果如图5(a) 所示。从图中可以清楚地看出，时效温度越高，γ'相颗粒粗化速率越快；时效初期，γ'相颗粒粗化较快，然而随着时效时间的进一步延长，γ'相颗粒的长大速率逐渐放缓。这可能是时效后期基体中 γ'相形成元素的饱和度逐渐降低所导致的。为了鉴别 HT700T 合金中 γ'相长大动力学，分别采用 Lifshitz-Slyozof-Wagner（LSW）粗化模型[8,9] 和 Trans-interface-diffusion-controlled（TIDC）粗化模型[10] 对试验数据进行了处理分析和拟合。试验发现，用前者拟合试验数据得到的结果远优于用后者拟合试验数据得到的结果。例如，在750℃时效温度下，用经典的 LSW 粗化模型拟合数据得到的决定系数（coefficient of determination）R^2 为 0.993，如图5(b) 所示。而用 TIDC 粗化模型拟合数据得到的决定系数 R^2 为 0.959。γ'相颗粒平均尺寸的立方与时效时间满足良好的线性关系。因此可以认为，在700℃、750℃和800℃的温度下，HT700T 合金中 γ'相的粗化长大主要受基体中元素的体扩散控制。

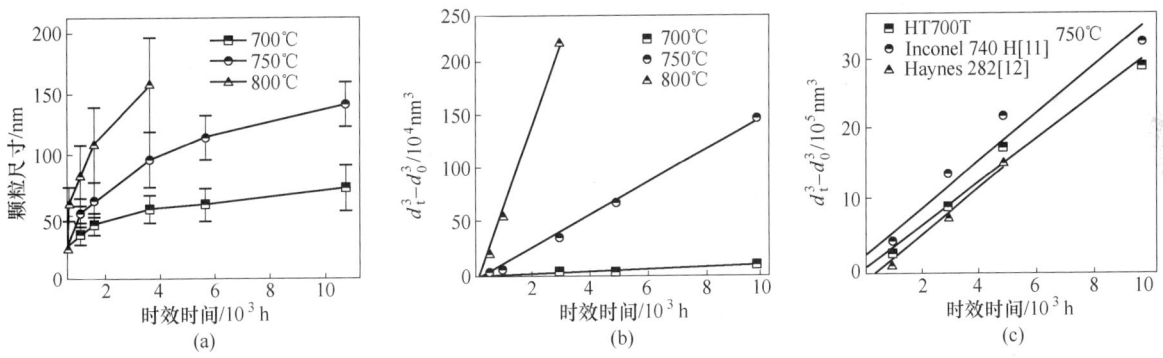

图5 颗粒的尺寸与时效时间 t 之间的关系曲线（a），颗粒尺寸 d^3 与时效时间 t 之间的关系曲线（b），
HT700T、Inconel 740H[11] 和 Haynes 282[12] 中 γ'相颗粒粗化速率对比图（c）

Fig. 5 Relationship between particle size and aging time（a），Relationship between d^3 and aging time（b），
comparison on the coarsening rates of γ' precipitates in HT700T, Inconel 740H[11] and Haynes 282[12]（c）

为了评价 HT700T 合金中 γ/γ'组织结构的热稳定性，得到了镍基高温合金 Inconel 740H[11] 和 Haynes 282[12] 在750℃等温时效过程中 γ/γ'组织结构演变规律作为对比，如图5(c) 所示。从图中可以清楚地看出，所研究的镍铁基高温合金中 γ'相得的粗化速率与这两种合金中 γ'相得的粗化速率相当。值得一提的是，HT700T 合金中富含大量的铁，成本较低，但仍然具有良好的组织稳定性，因而合金在700℃超超临界火电机组之上具有广阔的应用前景。

3 结论

（1）时效过程中，HT700T 合金中 γ'相颗粒粗化长大受基体中元素体扩散控制，长大动力学遵循 Lifshitz-Slyozof-Wagner 熟化规律。

（2）标准热处理后合金的微观组织结构是十分稳定的。经过 750℃/10000h 时效之后，γ′相颗粒的平均尺寸只从 27.5nm 增加到了 149.0nm，并且在 700~800℃ 的长期时效过程中合金之中并未有拓扑密排相析出。

（3）虽然 HT700T 合金中富含大量的 Fe 元素，在 750℃，HT700T 合金中 γ′相的粗化速率和镍基高温合金 Haynes 282 和 Inconel 740H 相当。

参考文献

［1］ Sun F, Gu Y F, Yan J B, et al. Phenomenological and microstructural analysis of intermediate temperatures creep in a Ni-Fe-based alloy for advanced ultra-supercritical fossil power plants ［J］. Acta Materialia. 2016, 102: 70~78.

［2］ Smith T M, Esser B D, Antolin N, et al. Phase transformation strengthening of high-temperature superalloys ［J］. Nature Communications. 2016, 7: 1~7.

［3］ Van Sluytman J S, Pollock T M. Optimal precipitate shapes in nickel-base γ-γ′ alloys ［J］. Acta Materialia. 2012, 60: 1771~1783.

［4］ Zhang P, Yuan Y, Gu Y F, et al. Temperature dependence of deformation mechanisms and tensile strength of a new Ni-Fe-base superalloy ［J］. Materials Characterization. 2018, 142: 101~108.

［5］ Zhang P, Yuan Y, Yan J B, et al. Morphological evolution of γ′ precipitates in superalloy M4706 during thermal aging ［J］. Materials Letters. 2018, 211: 107~109.

［6］ Ardell A J, Nicholson R, On the modulated structure of aged Ni-Al alloys ［J］. Acta Metallurgica. 1966, 14: 1295~1309.

［7］ Zhang P, Yuan Y, Li J, et al. Tensile deformation mechanisms in a new directionally solidified Ni-base superalloy containing coarse γ′ precipitates at 650℃ ［J］. Materials Science and Engineering A. 2017, 702: 343~349.

［8］ Lifshitz I M, Slyozov V V. The kinetics of precipitation from supersaturated solid solutions ［J］. Journal of Physics and Chemistry of Solids. 1961, 19: 35~50.

［9］ Wagner C, Theorie der Alterung von Niederschägen durch Umlösen (Ostwald-Reifung) ［J］. Zeitschrift Für Elektrochemie. 1961, 65: 581~591.

［10］ Ardell A J, Ozolins V. Trans-interface diffusion-controlled coarsening ［J］. Nature Materials. 2005, 4: 309~316.

［11］ Chong Y, Liu Z D, Godfrey A, et al. Heat treatment of a candidate material for 700℃ A-USC power plants ［J］. Journal of Iron Steel Research International. 2015, 22: 150~156.

［12］ Rui F, Zhao S, Wang Y, et al. The microstructural evolution of Haynes 282 alloy during long-term exposure tests ［C］. Energy Materials 2014, Xi'an, 2014.

应变速率对 DD407/GH4169 激光焊接头 拉伸变形行为的影响

马振，王磊[*]，刘杨，宋秀，赵强

（东北大学材料各向异性与织构教育部重点实验室，辽宁 沈阳，110819）

摘 要：采用激光焊接方法对 DD407、GH4169 合金进行异质焊接，研究了在 $10^{-3} \sim 5 \times 10^2 s^{-1}$ 不同应变速率下标准热处理后接头的拉伸变形行为。结果表明，随应变速率增加，与母材相比，接头塑性变形能力的降低幅度增大。接头在不同应变速率的断裂伸长率都小于两种母材的断裂伸长率，与塑性变形过程中接头各区域组织的变形协调性弱于母材等因素有关。

关键词：异质焊接；激光焊接；应变速率；拉伸变形

Effect of Strain Rate on Tensile Deformation Behavior of DD407/GH4169 Laser Welded Joint

Ma Zhen, Wang Lei, Liu Yang, Song Xiu, Zhao Qiang

（Key Laboratory for Anisotropy and Texture of Materials（Ministry of Education），Northeastern University，Shenyang Liaoning，110819）

Abstract：The DD407/GH4169 alloy hetero-welded joints were prepared by laser welding method. The effects of tensile deformation behavior of welded joints after standard heat treatment at different strain rates of $10^{-3} s^{-1} \sim 5 \times 10^2 s^{-1}$ were investigated. The results show that with the increase of strain rate, the plastic deformation ability of the joint is more significant than that of the base metal. The elongation at break of the joint at different strain rates is less than the elongation at break of the two base metals, which is related to the weaker coordination of the microstructure of the joints in the plastic deformation process than the base metal.

Keywords：heterogeneous welding；laser welding；strain rate；tensile deformation

整体叶盘焊接构件作为先进航空航天发动机的重要组成部件，需承受高温、高压、高速的服役环境，高速运转条件下应变速率最高可达 $10^3 \sim 10^6 s^{-1[1]}$。焊接构件的力学性能及变形行为在准静态条件和动态情况下差异是很大的，相关研究表明，当应变速率超过 $10^{-1} s^{-1}$ 后，材料及结构的力学性能、变形行为将发生显著变化[2]。

异种合金焊接接头通常在高温、高速等复杂环境下服役，而该异种焊接接头现有的力学性能数据及变形行为参数无论是静态、准静态或动态载荷条件下都鲜有报道。本研究用激光焊接对 GH4169 高温合金与 DD407 单晶合金对接焊接，与传统的连接技术相比，采用焊接方式有望使发动机推重比提高 30%，且可使涡轮盘与叶片的稳定性大幅度提高[3]。因此，研究标准热处理的 DD407/GH4169 异种合金激光焊接接头在准静态以及动态载荷条件下的拉伸变形行为，探究 DD407/GH4169 异种合金焊接接头在近服役状态下的应变速率敏感性的规律及机理，为增强航空发动机的服役安全性和可靠性提供有力的理论基础。

*作者：王磊，教授，联系电话：024-83681685；E-mail：wanglei@mail.neu.edu.cn

1　试验材料及方法

　　试验用 GH4169 材料为航空用涡轮盘锻件，DD407 为单晶板状铸件。材料化学成分如表 1 所示[4]。采用选用 IPG YLS6000 光纤连续激光器对 DD407/GH4169 合金进行激光焊接试验，接头形式为平板对接焊，并加工成拉伸试样，焊接板材及拉伸试样尺寸如图 1 所示。焊接前需对母材进行焊前热处理。GH4169 的焊前热处理是 1020℃固溶 1h，DD407 焊前热处理是 1250±10℃×2h/空冷 +1080±10℃×5h/空冷+870±10℃×20h/空冷。焊后热处理采用 720±10℃×8h/炉冷+620±10℃×8h/空冷。应变速率 $10^{-3}s^{-1}$、$10^{-2}s^{-1}$、$10^{-1}s^{-1}$、$10^{-0}s^{-1}$ 选择在 MTS 810 材料试验机上完成。应变速率 $10^{2}s^{-1}$、$5×10^{2}s^{-1}$ 选择在 Zwick/Roell Amsler HTM 5020 高速试验机上完成。采用 JOEL JSM 6510A 扫描电镜对拉伸断口形貌进行表征。

表 1　DD407 和 GH4169 合金化学成分
Tab. 1　Chemical composition of DD407 and GH4169 alloy　　　　　　（质量分数，%）

元　素	Cr	Ni	Co	W	Mo	Al	Ti	Ta	Fe	Nb	C
DD407	8.05	余	5.50	5.00	2.25	5.95	2.00	3.5	≤0.2	≤0.15	≤0.007
GH4169	19.02	52.5	≤1.0	—	3.05	0.50	0.90	—	余	5.25	0.05

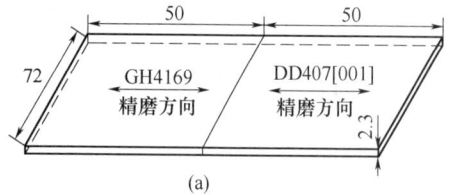
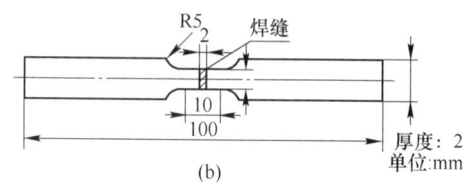

图 1　焊接板材及拉伸试样尺寸示意图
Fig. 1　Schematic diagram showing the dimensions of welded sheet and specimen for tensile test
（a）焊接板材尺寸；（b）拉伸样尺寸示意图

2　实验结果及分析

2.1　不同应变速率下的焊接接头拉伸性能

　　图 2 是标准热处理态焊接接头强度及断裂延伸率随应变速率变化的曲线，随着应变速率的增加，屈服强度，抗拉强度以及断裂伸长率呈不同的变化规律。随着应变速率的提高，接头的屈服强度呈先增大后减小再增大的趋势，如图 2（a）所示。当应变速率较低时 10^{-3} ~ $10^{0}s^{-1}$ 时，焊接接头屈服强度随应变速率增加而增大，在应变速率为 $10^{0}s^{-1}$ 时，屈服强度出现一个极大值，GH4169 母材也是增大的趋势，增幅较小，DD407 母材基本

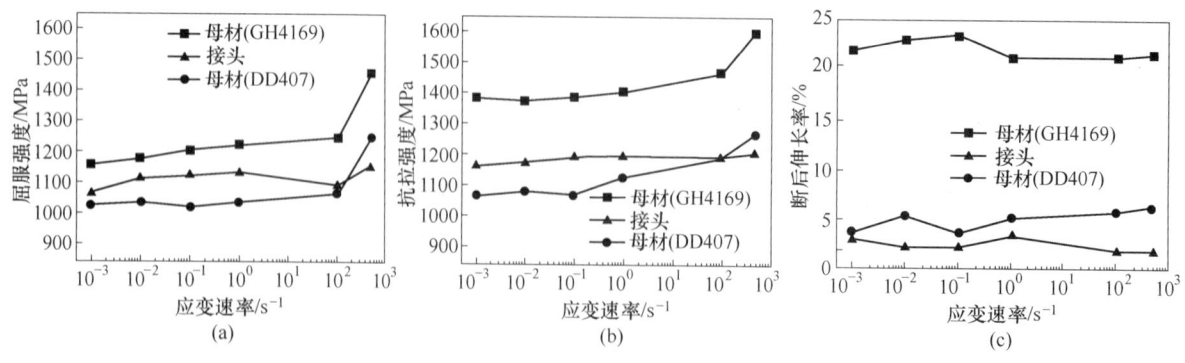

图 2　不同应变速率下焊接接头及母材强度及断裂伸长率的变化图
Fig. 2　Strength and elongation of welded joint and base material vary with strain rate
（a）屈服强度；（b）抗拉强度；（c）断裂伸长率

没有增幅。当应变速率升高时（$10^0 \sim 5\times10^2 s^{-1}$），焊接接头屈服强度先减小后增大，GH4169母材与DD407母材的屈服强度则随着应变速率的增大而增大，增幅变大。接头屈服强度的变化趋势与GH4169和DD407母材的变化趋势则不完全相似，这说明接头的塑性变形行为并不完全受控于DD407和GH4169母材的变形行为。低应变速率下（$\leq10^0 s^{-1}$），焊接接头屈服强度约为1114MPa，约为DD407母材屈服强度的107%；应变速率为$10^2 s^{-1}$时，接头屈服强度1100MPa，约为DD407母材的102%；应变速率为$5\times10^2 s^{-1}$时，接头屈服强度1158MPa，约为DD407母材93%。

如图2（b）所示，接头抗拉强度随着应变速率的升高呈小幅增大的趋势。随着应变速率的增大，两种母材的抗拉强度呈逐渐增大的变化趋势，并且当应变速率大于$10^0 s^{-1}$时，增幅变大。低应变速率下（$\leq10^0 s^{-1}$），焊接接头抗拉强度约为1188MPa，约为DD407母材抗拉强度的109%；应变速率为$10^2 s^{-1}$时，接头抗拉强度1202MPa，约为DD407母材的100%；应变速率为$5\times10^2 s^{-1}$时，接头抗拉强度1216MPa，约为DD407母材95%。

如图2（c）所示，断裂伸长率在不同应变速率下的变化规律较为复杂。总体来讲，焊接接头随应变速率的增加，断裂伸长率略有下降，当应变速率较低时（$10^{-3} \sim 10^0 s^{-1}$），断裂伸长率基本保持

不变，当应变速率升高时（$10^0 \sim 5\times10^2 s^{-1}$），断裂伸长率略有下降。低应变速率下（$\leq10^0 s^{-1}$），焊接接头断裂伸长率约为2.96%，约为DD407母材断裂伸长率的65%；应变速率为$10^2 s^{-1}$时，接头断裂伸长率2.2%，约为DD407母材的36.5%；应变速率为$5\times10^2 s^{-1}$时，接头断裂伸长率2.2%，约为DD407母材33.5%。接头与母材伸长率变化趋势并不一致，因为焊接接头是将两种不同力学性能的合金焊接在一起，各区域的组织差异非常大，其在发生塑性变形过程中各区域的协调性弱于母材，所以整体来看焊接接头在不同应变速率的断裂伸长率都低于两种母材的断裂延伸率。

2.2 不同应变速率条件下的断口形貌

由于焊接接头的断裂位置都是位于DD407单晶母材侧，所以对于断口形貌特征的研究必须了解单晶高温合金的断裂机制，通常镍基单晶高温合金屈服变形机制随温度的不同，其断裂机制有所不同，但是对于应变速率的变化则不太敏感，单晶高温合金在室温和高温下的断裂机制是不同的，Walter W. Milligan等人[5]认为，室温下单晶高温合金的屈服变形是由 {111} 面上的 $a/2<110>$位错对切割γ'相粒子主导，高温下屈服变形由单一 $a/2<110>$位错绕过γ'相粒子主导的。

图3是不同应变速率条件下的断口形貌变化图。

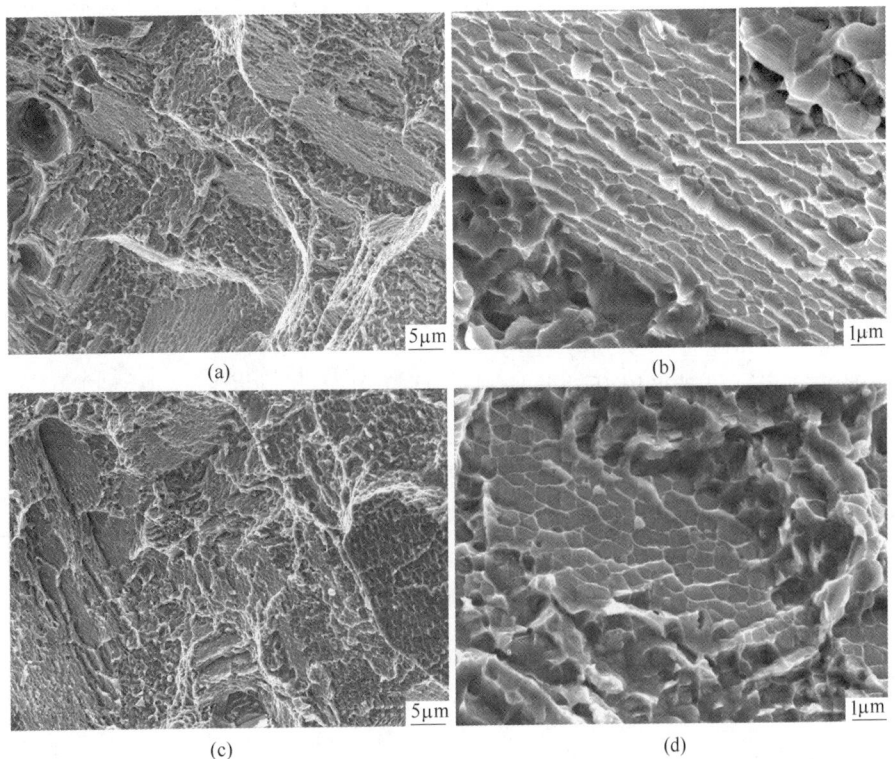

（a）   （b）

（c）   （d）

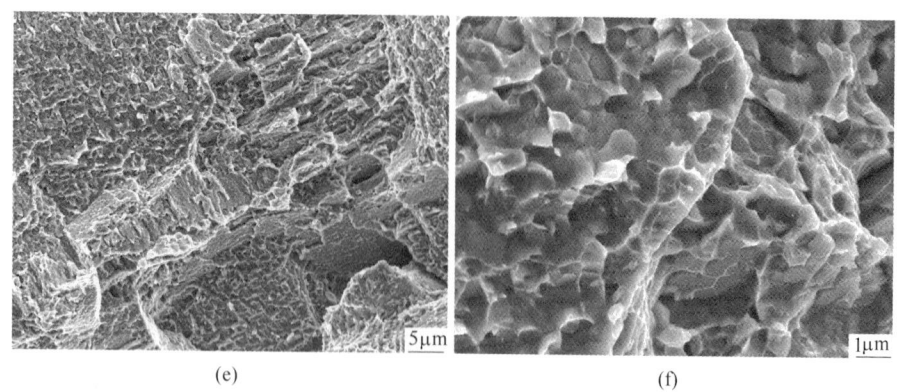

图 3 室温下不同应变速率的焊接接头断口微观形貌

Fig. 3 The fracture morphology of welded joint under different strain rate

(a), (b) $10^{-3} \mathrm{s}^{-1}$; (c), (d) $10^2 \mathrm{s}^{-1}$; (e), (f) $5 \times 10^2 \mathrm{s}^{-1}$

如图 3(a)、(b) 所示, 当应变速率为 $10^{-3} \mathrm{s}^{-1}$ 时, 接头断裂方式主要以解理断裂为主, 断口上分布较多的解理小刻面解理台阶, 从解理小刻面上可以观察到 γ' 相粒子被切割的现象。如图 3(b) 所示, 部分 γ' 相粒子在滑移分离时在表面留下较明显的滑移带痕迹。

如图 3(c)、(d) 所示, 当应变速率进一步升高到 $10^2 \mathrm{s}^{-1}$ 时, 接头断裂方式变为混合断裂的形式, 解理台阶数量减少, 二次裂纹数量增多, 因为高应变速率下, 由于碳化物、共晶体与基体塑性变形行为的差异, 变形协调性较差, 从而在它们之间结合的界面处容易产生裂纹。随着应变速率提高, 裂纹的长度、深度和宽度也变得更大, 形态更加多样。

随着应变速率的增大 ($10^2 \mathrm{s}^{-1}$), 接头的断裂方式变为混合断裂的形式, 解理台阶数量减少, 解理小刻面的体积分数减少, 如图 3(c) 所示。部分解理台阶之间的区域 γ' 相粒子发生韧性撕裂, 如图 3(d) 所示。应变速率增大到 $5 \times 10^2 \mathrm{s}^{-1}$ 时, 这种 γ' 相粒子被韧性撕裂的区域增多, 致使接头断裂方式变为更加复杂的混合断裂形式。

应变速率的增大会使合金内位错增殖的加速度提高, 位错的数量增多, 随着塞积到 γ' 相与 γ 通道界面的位错逐渐增多, 位错得以开动并切割 γ' 相粒子。应变速率的提高并没有使屈服强度得到显著的增加, 但是会降低焊接接头各区域变形协调性, 加大焊接接头的局部变形的程度。

3 结论

(1) 应变速率处于 $10^{-3} \sim 10^2 \mathrm{s}^{-1}$ 范围时, 接头的变形抗力在相同应变量条件下处于 GH4169 母材与 DD407 母材之间; 当应变速率继续增大到 $5 \times 10^2 \mathrm{s}^{-1}$ 时, 接头变形抗力在相同应变量下则低于两种母材。

(2) 接头屈服强度的应变速率变化趋势与 GH4169 和 DD407 母材不同, 随应变速率增加, 与母材相比, 接头塑性变形能力的降低幅度更为显著。接头在不同应变速率的断裂伸长率都小于两种母材的断裂伸长率, 与塑性变形过程中接头各区域组织的变形协调性弱于母材等因素有关。

(3) 低应变速率下 ($10^{-3} \sim 10^0 \mathrm{s}^{-1}$), 焊接接头的断裂方式主要以准解理断裂为主, 撕裂棱较多; 高应变速率下 ($10^2 \sim 5 \times 10^2 \mathrm{s}^{-1}$), 接头断裂方式则变为混合断裂, 撕裂棱减少。

参考文献

[1] 陶春虎. 航空发动机转动部件的失效与预防 [M]. 北京: 国防工业出版社, 2000: 1~156.

[2] 董丹阳, 刘杨, 王磊, 等. 应变速率对 DP780 钢动态拉伸变形行为的影响 [J]. 金属学报, 2013, 49 (2): 159~166.

[3] 王增强. 航空发动机整体叶盘加工技术 [J]. 航空制造技术, 2013 (9): 38~43.

[4] 中国金属学会高温材料分会. 中国高温合金手册 [M]. 北京: 中国标准出版社, 2012: 6~386.

[5] Milligan W W, Antolovich S D. Yielding and deformation behavior of the single crystal superalloy PWA 1480 [J]. Metallurgical Transactions A, 1987, 18 (1): 85~95.

几种俄罗斯新型高温合金材料介绍

于连旭*，杨川，王刚，田飞，刘飞扬

（重庆天骄航空动力有限公司技术中心，重庆，401135）

摘　要：本文介绍了俄罗斯为先进航空发动机和燃气轮机、火箭发动机设计的几种高温合金材料。为满足燃烧室和加力燃烧室用高温低载荷薄壁零组件的服役需要，设计了以稳定性超过基体熔点的氮化物为强化相的新型高温合金，该材料服役温度高达1250℃。为满足新型航空发动机对叶片材料的需求，利用液态金属冷却高梯度定向凝固工艺制备了由自生碳化物纤维与γ′相共同强化的共晶镍基高温合金，性能优异，制备的涡轮叶片已经过应用考核。增材制造技术前景广阔，新型高温合金ВЖ159具有良好的力学性能和增材制造工艺适用性，可以有效降低增材制造过程中的开裂倾向，增材制造的材料显示了较高的疲劳性能。

关键词：高温合金；强化；化学热处理；增材制造；碳化物纤维

Several Superalloys Newly Developed in Russia

Yu Lianxu, Yang Chuan, Wang Gang, Tian Fei, Liu Feiyang

（Technique Center, Chongqing Skyrizon Aero-engines Co., Ltd., Chongqing, 401135）

Abstract：This article describes several superalloys designed by Russia for advanced aero-engines and land base gas turbines and rocket engines. In order to meet the high-temperature and low-load service requirements of thin-wall components applied in combustion chambers and afterburners, new high-temperature alloys strengthened by nitrides were designed. The nitrides are stable at temperature higher than the melting point of the matrix. The service temperature of the material can be up to 1250℃. In order to meet the demand of new aero-engines for blade materials, eutectic nickel-base superalloys strengthened with self-generated carbide fibers and γ′ phase were designed. Turbine blades were prepared by LMC high gradient directional solidification process. 3D printing technology has brought about the possibility of innovative design. The new alloy ВЖ159 shows good mechanical properties as well as good applicability of additive manufacturing process, can effectively reduce the cracking tendency in the additive manufacturing process, and the synthesized material shows high fatigue resistance.

Keywords：superalloy；reinforce；chemical heat treatment；additive manufacture；carbide fiber

　　材料的质量是决定发动机结构的完整性和可靠性的主要因素之一。由于燃气涡轮发动机零件是在十分复杂的环境下工作，因此对部件用材料提出了很高的要求，材料要能承受更高的温度、更严酷的氧化腐蚀环境，同时还要保持高比强度、高可靠性和长寿命。由于航空发动机的尺寸和重量的限制，零部件被设计得尽可能得薄、结构紧凑，需要材料兼具有良好的加工性和焊接性能，高性能的设计还需要考虑材料增材制造工艺适用性。面向制造推重比为20∶1的发动机，将燃气运行温度提高到2000K，使用寿命提高1.5~1.7倍，俄罗斯全俄航空材料研究院（VIAM）开发了一系列新材料，以确保俄罗斯在发动机行业处于最先进的水平[1]。本文介绍了俄罗斯为先进航空

＊作者：于连旭，副研究员，联系电话：13840487653，E-mail：yulianxu@skyrizon.com
资助项目：重庆市重点产业共性关键技术创新专项重点研发项目（cstc2017zdcy-zdyfX0101）

发动机和燃气轮机、火箭发动机设计的几种高温合金材料。

1 氮化物强化高温合金

通常镍基高温合金主要通过析出 γ′ 相（Ni₃(Al,Ti,Nb)，少数合金析出 γ″(Ni₃Nb)）和将耐火元素（Re、W、Mo 等）掺杂到固溶体实现强化。高温服役会引起 γ′ 和 γ″ 相的失稳分解和回溶，TCP 相等有害相析出，导致强度衰减、脆化。寻找更稳定的强化相对进一步提高材料的耐温性极为关键。TiN 等可在比 Ni 熔点更高的温度稳定存在，通过可控的工艺手段使其在合金中具备理想的分布状态，可进一步提高合金的使用温度。

针对发动机中燃烧室火焰筒等高温薄壁零部件在高温低载荷下服役的特点，VIAM 在 Co-Cr-Fe 体系中添加 W、Ni、Ti 和 Nb 等，再通过在高温化学热处理过程，使 N 扩散进入基体中，析出弥散的 Ti 和 Nb 的氮化物实现强化，开发出了 Ni-Co-Cr-W 系的可焊合金 BЖ155、BЖ171[2]。其中，BЖ171 合金以 33%Ni-29%Co-29%Cr 为基体，添加 W、Mo 和 Ti 强化，氮化处理前后的典型组织如图 1[3] 所示。对于厚度为 1.5~3.0mm 的 BЖ171 合金板材，显示了优异的内氮化效果，在板材金属的厚度方向上都可析出氮化物，且在距离表面不同位置处组织存在差异，见图 2[4]。性能测试的结果显示了 BЖ171 具有非常好的耐温能力，见表 1[4]，该合金用于制造壳体零件，其质量比常规合金可降低 10%~15%。

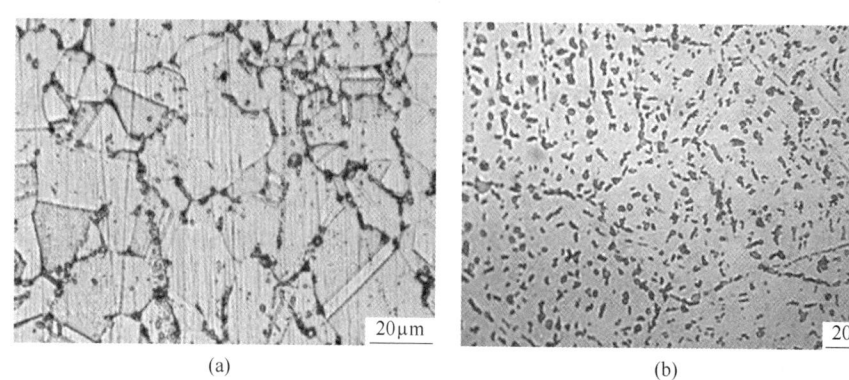

(a)　　　　　　　　(b)

图 1 高温氮化处理前后 BЖ171 合金的显微组织（500×）

Fig. 1 Microstructure of BЖ171 alloy sheet before and after high temperature nitridation

(a) 未经氮化处理；(b) 经过氮化处理

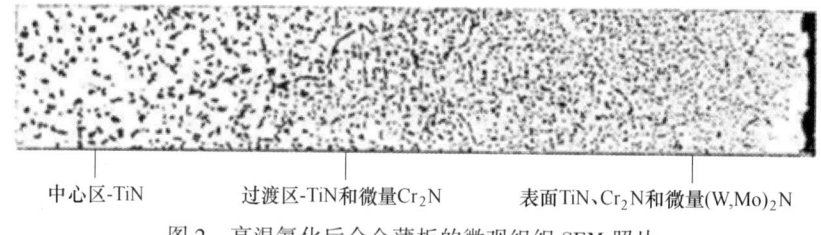

中心区-TiN　　　　过渡区-TiN和微量Cr₂N　　　　表面TiN、Cr₂N和微量(W,Mo)₂N

图 2 高温氮化后合金薄板的微观组织 SEM 照片

Fig. 2 SEM image showing the distribution of nitrides within the sheet of BЖ171 alloy

表 1 氮化后 BЖ171 合金的力学性能（合格证，平均值）

Tab. 1 The mechanical properties of nitrided BЖ171 alloy（passport, mean value）

不同温度的性能/℃	20	900	1000	1200	1250
σ_b/MPa	870	380	235	80	59
$\sigma_{0.2}$/MPa	530	260	190	60	55
δ/%	10	9.5	16.5	32	15
σ_{100}/MPa	—	130	70	23	—

2 共晶高温合金

为满足新型航空发动机对叶片材料的需求，俄罗斯设计了共晶（ВКЛС）镍基高温合金，其典型合金的成分和持久强度如表 2 所示[5]。通过高梯度液态金属冷却定向凝固工艺制备了共晶涡轮叶片。此类材料的强化相除了 γ′相外，还通过工艺控制析出了平行于温度梯度方向的碳化物纤维（见图 3）。NbC 纤维的体积含量占 4%～6%，纤维的横截面平均 $2\mu m \times 2\mu m$。由于两个强化机制在同时起作用，因此具有复合组织的共晶合金具有高热强度和抗疲劳特性。从持久性能来看已经达到第 4 代单晶的水平，从合金成分来看其材料成本相较于第 4 代单晶高温合金也明显低得多（表 2）。ВКЛС 类高温合金在最小梯度值 100～120℃/cm 时，厚度 10～15mm 的铸锭中具有复合组织。目前，俄罗斯航空发动机使用共晶合金的叶片考核的情况如下：Д30 发动机的普通几何形状内腔的试验叶片；用于 Р-11Ф-300 发动机的，按照陶瓷型壳成型的带有内肋筋的叶片；АЛ-41 发动机用的组合叶片；用于 АЛ-31Ф 和 АЛ-41 发动机的带有复杂几何形状内腔的整体浇铸叶片。

表 2 共晶高温合金的成分和持久性能

Tab. 2 The norminal composition and stress-rupture properties of eutectic superalloys

合 金	元素含量（质量分数）/%									1100℃持久强度
	Co	Al	Nb	Cr	Mo	W	C	Re	V	
ВКЛС-10	10.0	5.6	3.8	7.0	1.0	11.0	0.45	—	1.0	$\sigma_{100}=160\text{MPa}$
ВКЛС-20	9.0	6.2	4.3	4.3	1.8	12.5	0.43	—	0.8	$\sigma_{100}=170\text{MPa}$

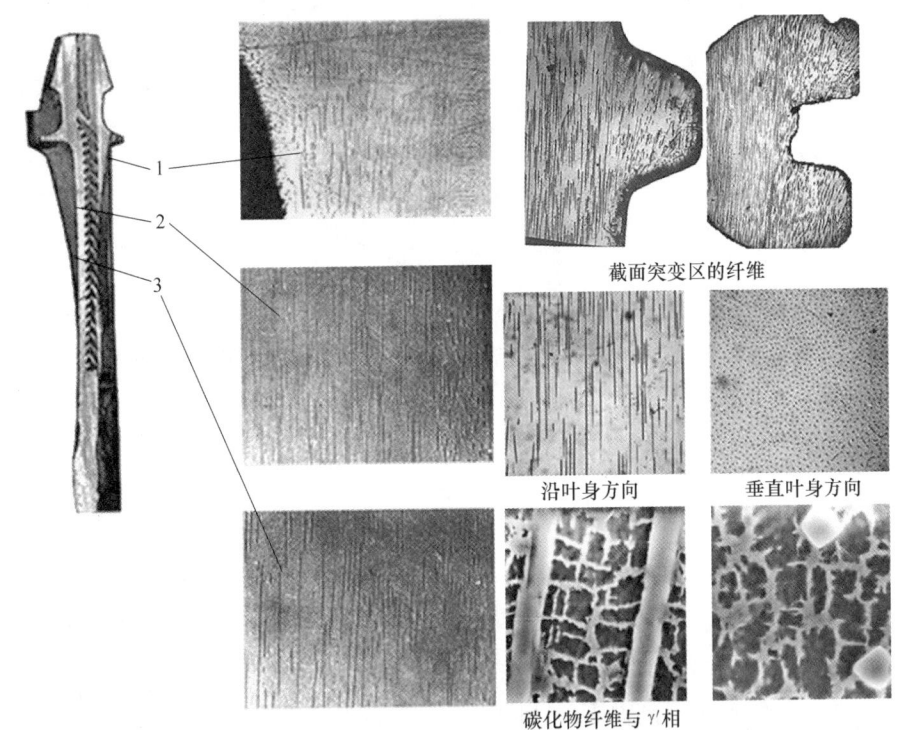

截面突变区的纤维

沿叶身方向　　　垂直叶身方向

碳化物纤维与 γ′相

图 3　复合强化共晶高温合金叶片的显微组织

Fig. 3　Microstructure of blade made by eutectic superalloy ВКЛС-20 strengthened by combined phases

3 增材制造用高温合金

增材制造省去复杂的生产准备阶段，通过简单地传输数字模型，几乎可以制造任何复杂部件，显著缩短部件的开发和制造周期。VIAM 设计了 ВЖ159 合金来代替 ЭП648 及其铸造合金 ВХ4Л，新合金具有良好的增材制造工艺性和焊接性；强

度比 ЭП648 高 10%～15%，耐热性优于 Hastelloy X。在 1000℃↔200℃ 热疲劳下，新合金能达 500 个循环（ЭП648 为 75 个循环）；在长期服役时，无 TCP 相析出，塑性可保持在高水平[6]。该合金可用于工作温度达 650℃ 的燃烧室机匣，也可用于工作温度达 1000℃ 的燃烧室火焰筒。相比于 ЭП648 合金，ВЖ159 合金在增材制造过程开裂倾向小得多。此外，对比于 Haynes 282、Haynes 230、Haynes 617 合金在 760℃ 的疲劳性能，采用选区激光熔化（SLM）制造工艺的 ВЖ159 合金获得了与 Haynes 282 合金几乎完全一致的结果，且其测试温度要高 40℃，已达到 800℃（见图 4）[6]。

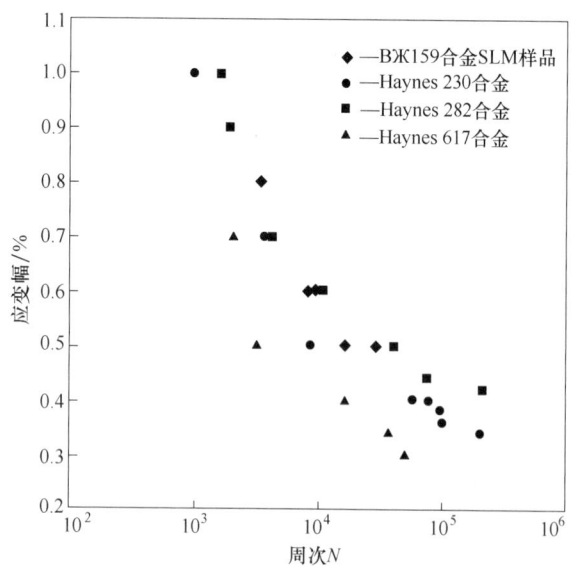

图 4　ВЖ159 合金的低周疲劳（R=-1，800℃）与类似合金 Haynes 230，Haynes 282 和 Haynes 617(760℃) 的测试结果
Fig. 4　The LCF（R=-1）properties of ВЖ159 specimen (synthesized by SLM tested at 800℃), of similar materials as Haynes 230, Haynes 282 and Haynes 617（tested at 760℃）

4　总结

　　俄罗斯研发的新型氮化物强化高温合金用于燃烧室高温薄壁部件，有效解决了高温下 γ′ 相回溶导致强度衰减的问题，提高了服役温度近 100℃。

通过高梯度定向凝固工艺，制备了 γ′ 相和碳化物纤维共同强化的共晶合金，无 Re 合金的持久性能达到第 4 代单晶高温合金水平，并已制备多型号涡轮叶片进行应用考核。性能优异的 ВЖ159 合金既可用于工作温度达 650℃ 燃烧室机匣，也可用于工作温度达 1000℃ 的燃气轮机燃烧室火焰筒，具有良好增材制造工艺适用性，SLM 制备的低周疲劳材料性能优异。俄罗斯这些开发新型高温合金的思路值得借鉴，有助于推动我国高温合金材料的技术创新。

参考文献

［1］Оспенникова О Г. Стратегические направления создания новых жаропрочных материалов и технологий их производства для авиационного двигателестроения. ［ЕВ］https：//viam. ru/public/files/2012/2012-206126. pdf.

［2］Ломберг Б С，Овсепян С В，Бакрадзе М М. Особенности легирования и термической обработки жаропрочных никелевых сплавов для дисков газотурбинных двигателей нового поколения. ［ЕВ］УДК 669. 245. 018. 44：629. 7.

［3］Овсепян С В，Лукина Е А，Филонова Е В，Мазалов И С. ФОРМИРОВАНИЕ УПРОЧНЯЮЩЕЙ ФАЗЫ В ПРОЦЕССЕ ВЫСОКОТЕМПЕРАТУРНОГО АЗОТИРОВАНИЯ СВАРИВАЕМОГО ЖАРОПРОЧНОГО ДЕФОРМИРУЕМОГО СПЛАВА НА ОСНОВЕ СИСТЕМЫ Ni-Co-Cr. ［ЕВ］УДК 669. 018. 44：669. 245.

［4］Быков Ю Г，Овсепян С В，Мазалов И С，Ромашов А С. Применение нового жаропрочного сплава ВЖ171 в конструкции перспективного двигателя. ［ЕВ］https：//viam. ru/public/files/2012/2012-206052. pdf.

［5］Герасимов В В，Демонис И М. Формирование композиционной структуры в эвтектических сплавах при получении лопаток ГТД. ［ЕВ］http：//viam-works. ru/en/articles？art_ id=38.

［6］Евгенов А Г，Горбовец М А，Прагер С М. СТРУКТУРА И МЕХАНИЧЕСКИЕ СВОЙСТВА ЖАРОПРОЧНЫХ СПЛАВОВ ВЖ159 И ЭП648, ПОЛУЧЕННЫХ МЕТОДОМ СЕЛЕКТИВНОГО ЛАЗЕРНОГО СПЛАВЛЕНИЯ. АВИАЦИОННЫЕ МАТЕРИАЛЫ И ТЕХНОЛОГИИ. 2016, S1 (43)：8～15.

新型 γ′相强化型钴基高温合金的高温腐蚀行为

王佳慧，王磊*，宋秀，刘杨，徐慧琳，高博

（东北大学材料各向异性与织构教育部重点实验室，辽宁 沈阳，110819）

摘　要：本研究采用涂盐法研究新型钴基高温合金在 $75\%\,Na_2SO_4+25\%\,NaCl$ 混合盐膜条件下 800℃、900℃和 1000℃时的热腐蚀过程及元素作用机理。研究表明：合金在 800℃、900℃和 1000℃下的热腐蚀过程均遵循酸碱熔融模型及内硫化-内氧化机制，合金腐蚀层截面为典型的外、中和内三层结构。合金中的 W 元素在腐蚀过程中易被氧化形成易挥发的碱性氧化物 WO_3，使得腐蚀层间产生较大应力从而造成腐蚀层开裂。此外，在 S 元素的作用下针状 μ 相与基体发生相变生成 DO_{19} 的 Co_3W，而 Co_3W 与中间腐蚀层的结合性较差，易产生裂纹，加速合金失效。

关键词：钴基高温合金；高温热腐蚀；酸碱熔融；针状相

Hot Corrosion Behavior of a Novel γ′−strengthened Co−base Superalloy

Wang Jiahui, Wang Lei, Song Xiu, Liu Yang, Xu Huilin, Gao Bo

（Key Lab for Anisotropy and Texture of Materials, Northeastern University,
Shenyang Liaoning, 110819）

Abstract：In this paper, hot corrosion behavior of a novel Co−base superalloy was studied by the method of coating with $75\%Na_2SO_4+25\%NaCl$ salt mixture under 800℃, 900℃ and 1000℃. The effect of alloying elements, such as tungsten, on the Co−base superalloy's hot corrosion behavior was also investigated. The results show that the hot corrosion process of the alloy at 800℃, 900℃ and 1000℃ follows the basic dissolution model and the mechanism of internal sulfidation and internal oxidation. The cross section of the corrosion layers of the alloy is a typical outer, neutral and inner three−layer structure. W element in alloy is easy to be oxidized to WO_3 during corrosion, which results in large stress between corrosion layers and causes cracking of corrosion layers. In addition, under the action of S element, the acicular μ phase transforms with the matrix to form Co_3W of DO_{19}, while the cohesion between Co_3W and the intermediate corrosion layer is poor, and cracks are easy to occur, which accelerates the failure of the alloy.

Keywords：Co−base superalloy; hot corrosion behavior; basic dissolution model; acicular phase

　　2006 年，J. Sato 等[1] 发现了一种具有 $L1_2$ 结构的金属间化合物 γ′相，该发现推动了钴基高温合金的发展，即形成了 γ′相强化新型钴基高温合金。目前，已有关于 γ′相行为[2] 及合金高温氧化行为[3] 等的研究，而对于新型钴基高温合金的高温热腐蚀性能却鲜有报道。

　　在实际应用中，高温合金易被燃气污染物中的硫酸盐、卤化物或其他混合型盐等介质侵蚀，加快合金的失效过程[4,5]。因此，研究新型钴基高温合金的热腐蚀行为至关重要。本文采用涂盐法研究了新型钴基高温合金的高温热腐蚀行为，分析合金的高温热腐蚀过程及元素作用机理。

1　试验材料及方法

　　研究用新型 γ′相强化型钴基高温合金采用真

*作者：王磊，教授，联系电话：024-83681685，E-mail：wanglei@mail.neu.edu.cn

空感应熔炼铸成 φ110mm 铸锭，并经 1160℃ 固溶 16h（空冷）以及 1000℃ 时效 72h（水冷）处理。其化学成分（质量分数,%）为：Y 0.016，Zr 0.130，B 0.012，Mo 0.720，Al 3.430，Ti 1.810，Cr 6.010，Ni 21.340，Ta 3.990，W 19.620，Co 余量。对比合金为 K417G 合金，其化学成分（质量分数,%）为：Zr 0.070，B 0.018，Mo 3.000，Al 5.250，Ti 4.400，Cr 9.000，Co 10.000，Ni 余量。

腐蚀试样尺寸为：10mm×10mm×3mm，腐蚀温度为 800、900 和 1000℃，腐蚀介质为 75% Na_2SO_4+25%NaCl。热腐蚀试验分为一次涂盐试验及循环涂盐试验，涂盐量为 2～3mg/cm²。利用 OM、SEM+EDS 及 FE-SEM 进行组织观察，利用 XRD 进行物相分析，利用精度为 0.0001g 分析天平进行称重。

2 试验结果

2.1 一次涂盐热腐蚀动力学行为

图 1 示出新型 γ′ 相强化型钴基高温合金和 K417G 合金一次涂盐后，于 800℃、900℃ 和 1000℃ 静态空气中等温腐蚀动力学曲线。由图可见，新型 γ′ 强化型钴基高温合金曲线遵循抛物线规律。实验发现，当 K417G 合金置于 900℃ 静态空气中热暴露时间超过 10h 后，腐蚀增重速率急剧上升，并于 20h 后腐蚀增重速率显著超过新型 γ′ 相强化型钴基高温合金。由此可见，900℃ 下，新型 γ′ 相强化型钴基高温合金的抗热腐蚀性能稳定，并显著优于 K417G 合金。另外，相较于 K417G 合金，新型 γ′ 相强化型钴基高温合金一次涂盐后在 1000℃ 下的抗腐蚀性能也较稳定。

2.2 一次涂盐热腐蚀产物

图 2 为新型 γ′ 相强化型钴基高温合金在 800℃、900℃ 和 1000℃ 下一次涂盐热腐蚀的截面形貌。如图所示，合金经一次涂盐热腐蚀后，腐蚀层基本分为外中内三层。经 XRD 分析确定（图 3），外层主要是结构疏松的 CoO 和 NiO 的复合氧化物，中间层主要是尖晶石结构的（Co,Ni）Cr_2O_4、（Co,Ni）AlO_4 以及 $CoWO_4$，内层主要是具有 DO_{19} 结构的相以及沿着针状相析出的内硫化物。

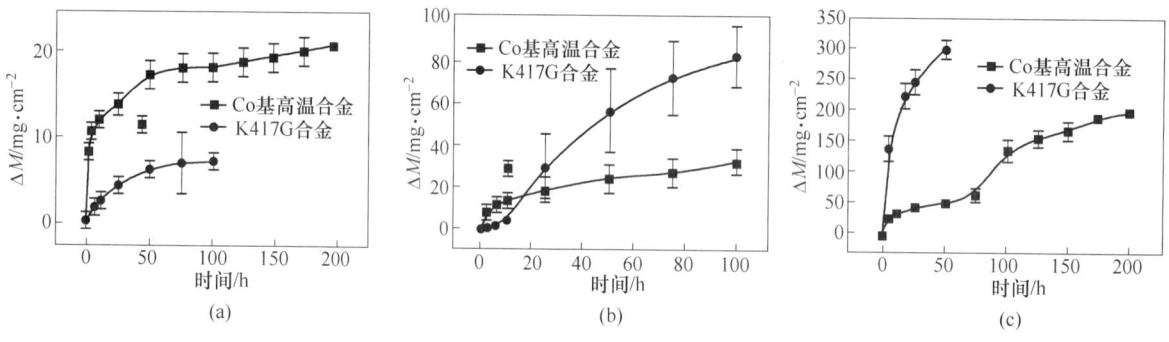

图 1 两种合金一次涂盐热腐蚀动力学曲线

Fig. 1 Kinetic curves of hot corrosion of the alloys by salt coating

（a）800℃；（b）900℃；（c）1000℃

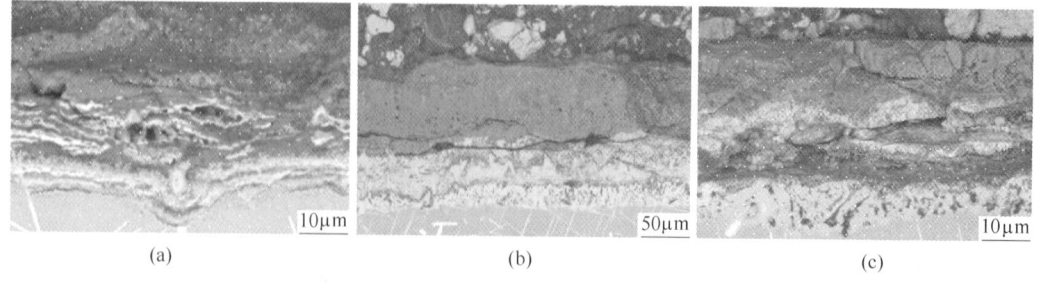

图 2 新型 γ′ 相强化型钴基高温合金一次涂盐热腐蚀后的截面形貌

Fig. 2 Cross section morphology of hot corrosion of a novel γ′-strengthened Co-base superalloy by salt coating

（a）800℃，10h；（b）900℃，100h；（c）1000℃，25h

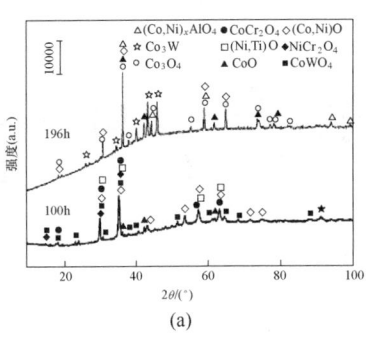
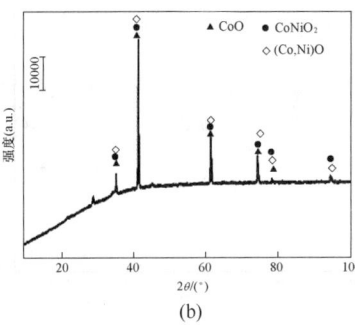
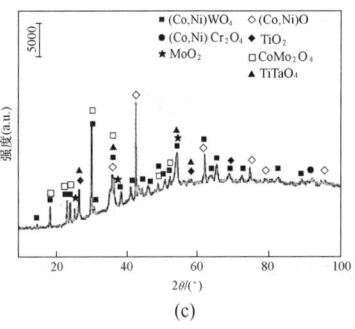

图3 新型 γ′ 相强化型钴基高温合金一次涂盐热腐蚀 XRD 衍射图谱

Fig. 3 XRD diffraction spectrum of hot corrosion of a novel γ′-strengthened Co-base superalloy by salt coating

(a) 800℃, 100h 和196h; (b) 900℃, 100h; (c) 1000℃, 75h

如图2(a) 所示, 中间过渡富钨层由于产生挥发性氧化物 WO₃ 导致该处产生裂纹。腐蚀层近处的针状相向基体中发生回溶并发生相变形成内层腐蚀层。由图2(c) 可见, 中间腐蚀层 DO₁₉ 相易产生裂纹。通过观察最内层形貌表明, 点状内硫化物沿着针状 μ 相不断析出, 说明 μ 相与基体的相界面为 S 的扩散提供了快速通道。

2.3 循环涂盐热腐蚀动力学行为

图4 为新型 γ′ 相强化型钴基高温合金和 K417G 合金循环涂盐后, 于 800℃、900℃ 和 1000℃ 静态空气中等温腐蚀动力学曲线。如图4 (a) 所示, 新型 γ′ 相强化型钴基高温合金在 800℃ 下循环涂盐后热腐蚀动力学曲线规律大致分为三个阶段: 增重阶段 (0~100h)、失重阶段

(100~125h) 和再增重阶段 (125~200h)。

如图4(b) 所示, 在900℃ 下, 两种合金循环涂盐后热腐蚀动力学曲线与一次涂盐后热腐蚀动力学曲线规律相近。当腐蚀时间小于 20h 时, K417G 合金的腐蚀增重速率小于新型 γ′ 相强化型钴基高温合金。热腐蚀 20h 后, K417G 合金的腐蚀增重速率显著上升。因此新型 γ′ 相强化型钴基高温合金 900℃ 循环涂盐抗热腐蚀性能优于 K417G 合金。

如图4(c) 所示, 在 1000℃ 下, 相较于 K417G 合金, 新型 γ′ 相强化型钴基高温合金的腐蚀增重速率较小。当热腐蚀时间到达 125h 后, 合金的热腐蚀过程基本达到稳定状态。故新型 γ′ 相强化型钴基高温合金 1000℃ 循环涂盐抗热腐蚀性能优于 K417G 合金。

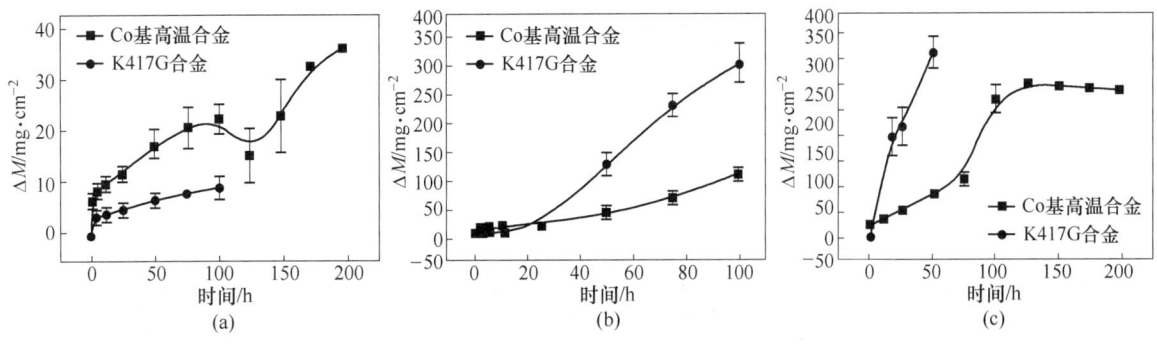

图4 两种合金循环涂盐热腐蚀动力学曲线

Fig. 4 Kinetic curves of hot corrosion of the alloys by cyclic salt coating

(a) 800℃; (b) 900℃; (c) 1000℃

2.4 循环涂盐热腐蚀产物

图5 和图6 分别为新型 γ′ 相强化型钴基高温合金在 800℃、900℃ 和 1000℃ 下循环涂盐热

腐蚀后的截面形貌和 XRD 衍射图谱。由图可见, 合金循环涂盐热腐蚀后的截面形貌与一次涂盐热腐蚀后的截面形貌特征基本一致。不同的是, 由于混合盐每隔一段时间得到补充, 故

循环腐蚀较一次涂盐腐蚀更严重，腐蚀层较深。如图 5（c）所示，合金在 1000℃下急剧腐蚀，合金截面仅为残余的中间过渡层和生长中的内腐蚀层。

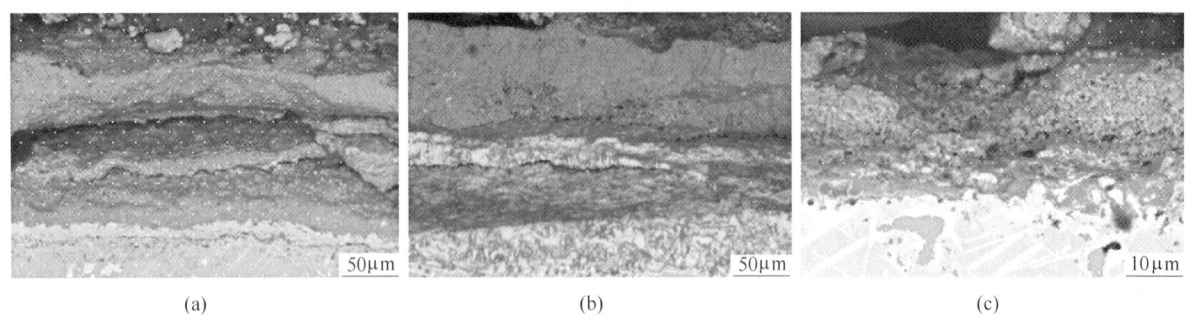

(a)　　　　　　　　　　(b)　　　　　　　　　　(c)

图 5　新型 γ′相强化型钴基高温合金循环涂盐热腐蚀后的截面形貌

Fig. 5　Cross section morphology of hot corrosion of a novel γ′-strengthened Co-base superalloy by cyclic salt coating

(a) 800℃, 10h; (b) 900℃, 100h; (c) 1000℃, 0.5h

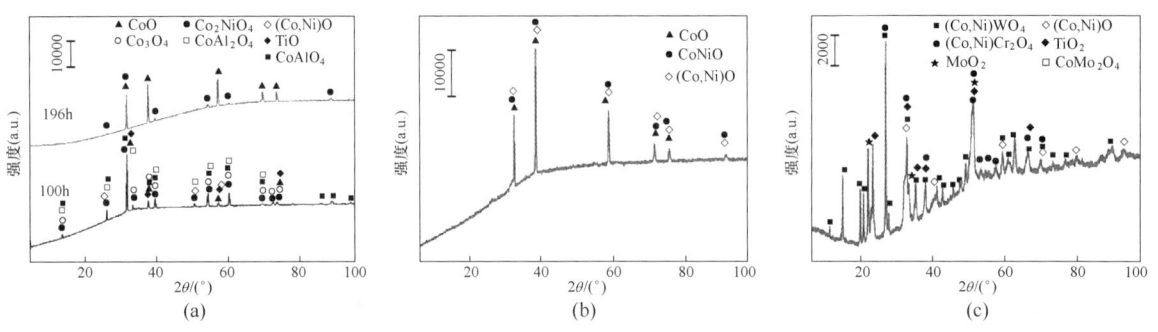

(a)　　　　　　　　　　(b)　　　　　　　　　　(c)

图 6　新型 γ′相强化型钴基高温合金循环涂盐热腐蚀 XRD 衍射图谱

Fig. 6　XRD diffraction spectrum of hot corrosion of a novel γ′-strengthened Co-base superalloy by cyclic salt coating

(a) 800℃, 100h 和 196h; (b) 900℃, 100h; (c) 1000℃, 75h

3　结论

（1）新型 γ′相强化型钴基高温合金在 900℃和 1000℃下的抗热腐蚀性能显著优于 K417G 合金。一次涂盐条件下，其腐蚀动力学曲线遵循抛物线规律。

（2）新型 γ′相强化型钴基高温合金在 800℃、900℃和 1000℃下的热腐蚀机理相近，均遵循酸碱熔融模型和内硫化-内氧化机制。腐蚀初期，合金表面优先硫化，随后 O 扩散进入机体置换出 S，S 进一步向基体内扩散从而产生内腐蚀。另外，熔融的 NaCl 可腐蚀外腐蚀层中的 Al_2O_3 和 Cr_2O_3 从而留下孔洞，致使腐蚀性介质进入基体加速腐蚀。

（3）腐蚀过程中 W 元素易被氧化成易挥发的碱性氧化物 WO_3。WO_3 的挥发使得腐蚀层间产生应力造成腐蚀层开裂，加速腐蚀。此外，合金中针状 μ 相为 S 的扩散提供快速通道，使得合金硫化物沿针状相析出。同时，在 S 元素作用下 μ 相与基体发生相变生成 DO_{19} 的 Co_3W。然而 Co_3W 与腐蚀层间的结合性较差，易产生裂纹，加速合金腐蚀。

参考文献

[1] Sato J, Omori T, Oikawa K, et al. Cobalt-Base High-Temperature Alloys [J]. Science, 2006, 312 (5770): 90~91.

[2] 杨舒宇, 蒋敏, 王磊. 新型钴基高温合金 γ 和 γ′相行为的热力学分析 [J]. 东北大学学报（自然科学版）, 2012, 33 (9): 1274~1277.

[3] 徐仰涛. 新型钴基 Co-Al-W 合金设计、制备及性能研究 [D]. 兰州: 兰州理工大学, 2010.

[4] 管秀荣, 魏健, 刘恩泽, 等. Ti 含量对镍基高温合金抗热腐蚀性能的影响 [J]. 材料热处理学报, 2013, 41 (8): 68~73.

[5] 卢旭东, 田素贵, 陈涛. 一种镍基合金在 850℃和 950℃熔融 NaCl 中的热腐蚀行为 [J]. 材料热处理学报, 2015, 36 (5): 149~153.

含 Os 新型粉末高温合金组织及其稳定性

张义文[1,2,3*]，贾建[1,2]，李晓鲲[1,2]，

钟燕[4]，刘巧沐[4]，邰清安[5]

（1. 钢铁研究总院高温材料研究所，北京，100081；

2. 高温合金新材料北京市重点试验室，北京，100081；

3. 北京钢研高纳科技股份有限公司，北京，100081；

4. 中国航发四川燃气涡轮研究院，四川 成都，610500；

5. 中国航发沈阳黎明航空发动机有限责任公司，辽宁 沈阳，110862）

摘 要：本文利用 JMatPro7.0 软件设计了一种含 Os 的新型镍基粉末高温合金，并对其显微组织及其在长期时效过程中的组织稳定性展开了研究。结果表明，在铸态合金中，Os 在枝晶间偏析，对 Al、Ti、Nb、Ta、Hf 的偏析影响较大；在热处理态合金中，Os 主要进入 γ 基体，部分进入 γ′相，在 γ 和 γ′相中分配比为 3.5∶1，MC 型碳化物组成中没有 Os；在长期时效过程中，Os 促进 TCP 相的析出。

关键词：粉末高温合金；Os；偏析系数；分配比；组织稳定性

Microstructure and Stability of a New Type Os–containing Powder Metallurgy Superalloy

Zhang Yiwen[1,2,3]，Jia Jian[1,2]，Li Xiaokun[1,2]，

Zhong Yan[4]，Liu Qiaomu[4]，Tai Qingan[5]

（1. High Temperature Materials Research Institute，Central Iron &

Steel Research Institute，Beijing，100081；

2. Beijing Key Laboratory of Advanced High Temperature Materials，Central Iron &

Steel Research Institute，Beijing，100081；

3. Beijing CISRI–GAONA Materials & Technology Co.，Ltd.，Beijing，100081；

4. Aecc Gas Turbine Establishment，Chengdu Sichuan，610500；

5. Aecc Shenyang Liming Aero–Engine Co.，Ltd.，Shenyang Liaoning，110862）

Abstract：This paper used JMatPro7.0 to design a new type Ni–based superalloy with Os. The microstructure and stability during aging were researched. The result shows that Os segregates at interdendritic in as–cast microstructure，also with an influence on the segregation of Al，Ti，Nb and Ta. Os is mainly a solid solutioning element. Part of Os exists in γ′ phase and almost none in MC carbides. The distribution ratio of Os is 3.5∶1 between γ and γ′ phase. Adding Os may promote the precipitation of TCP during long time aging at high temperature.

Keywords：powder metallurgy superalloys；Os；segregation coefficient；distribution ratio；microstructure stability

＊作者：张义文，正高级工程师，联系电话：010-62186736，E-mail：yiwen64@cisri.com.cn

资助项目：国家科技重大专项（2017-Ⅵ-0008-0078）

在镍基单晶高温合金发展的历史中，难熔元素 Re 和铂族元素 Ru 的应用提高了固溶强化水平，从而提高了合金的高温性能[1,2]。Os 和 Ru 同属于Ⅷ族元素，且与ⅦB 族的 Re 元素相毗邻。Os 元素的熔点和原子半径介于 Re 和 Ru 之间，晶体结构与 Re 和 Ru 相同，均为 HCP 结构[3]。由此推断 Os 在镍基高温合金中的强化效果与 Re、Ru 类似。本文研究了一种新型含 Os 粉末高温合金的显微组织及其在高温下的稳定性。

1 合金设计

镍基高温合金的主要强化方式有 γ′ 相强化、固溶强化和晶界强化三种[4]。其中，γ′ 相强化与 γ′ 相含量、尺寸和分布，以及错配度有关。γ′ 相含量较高的合金，其 γ′ 相强化效果主要取决于 γ′ 数量，当 γ′ 相质量分数在 65% 左右时达到最高。γ′ 相强化效果在 750℃ 后随着温度上升而急剧下降。所以，在 γ′ 相强化的基础上，可以通过进一步提高 γ 基体的固溶强化水平来提高合金的承温能力。研究表明，在给定结构条件下，镍基高温合金的抗蠕变断裂能力主要取决于原子间的结合强度。第一原理计算结果表明，合金元素提高高温强度的顺序为：Re>Os>Ir>Ru>Pt[5]。利用 JMatPro 7.0 进行含 Os 合金（NPM05）的设计。

2 试验方法及材料

NPM05 合金的主要成分为：C、Co、Cr、W、Mo、Al、Ti、Nb、Ta、Hf，B 和 Zr 微量，Os 2.0%（质量分数），Ni 余量。NPM02 合金不含 Os，其他成分与 NPM05 合金相同。采用等离子旋转电极法（PREP）制粉+热等静压（HIP）成形工艺制备 NPM02 和 NPM05 两种试验锭坯。粉末粒度为 50~150μm，锭坯热处理制度为亚固溶处理+两级时效处理。

利用 JSM-6480LV 型扫描电镜（SEM）研究合金棒料的铸态组织中元素的偏析情况，对枝晶间及枝晶干位置进行成对的元素分析，利用 O-LYMPUS GX71 图像分析仪研究了 NPM05 合金的热处理态显微组织，在 SEM 下观察碳化物的形貌、含量、组成及分布特征，在 JSM-2800 型场发射扫描电镜（FE-SEM）下观察合金 γ′ 相的形貌，利用 Image-Pro Plus 统计 γ′ 相含量，利用 LEAP 5000XR 型三维原子探针（3DAP）分析热处理态

合金中合金元素在相间的分配行为。将合金在 750℃、800℃ 和 850℃ 下分别进行 50~3000h 的长期时效处理，研究两种合金 γ′ 相的形态变化和 TCP 相的析出行为。

3 试验结果及分析

3.1 Os 在铸态组织中偏析

利用枝晶间与枝晶干的成分计算元素的偏析系数 $K_s = c_{枝晶间}/c_{枝晶干}$，结果如图 1 所示。与 NPM02 合金相比，在 NPM05 合金中 Os 在枝晶间偏析，为正偏析；添加 Os 后对 Al、Ti、Nb、Ta、Hf 的偏析影响较大，使 Al 由偏析于枝晶干转变为枝晶间，Ta 则由偏析于枝晶间转变为枝晶干，加剧了 Ti、Nb 向枝晶间偏析，减弱了 Hf 向枝晶间偏析。

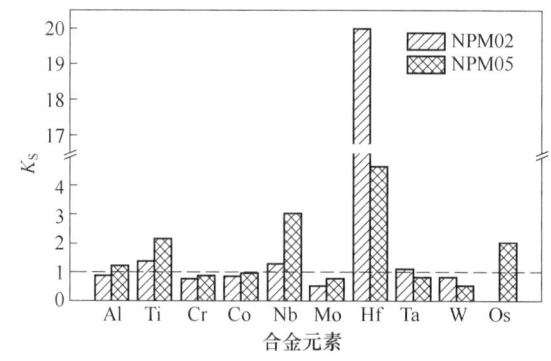

图 1 Os 对铸态合金元素凝固偏析系数的影响

Fig. 1 Influence of Os on segregation ratios of elements in as-cast alloy

3.2 热处理态组织

3.2.1 主要析出相及其组成

图 2 为 NPM05 合金热处理态组织。由图 2（a）可知，合金组织比较均匀，平均晶粒尺寸在 50~60μm，无原始粉末颗粒边界（PBB）。

NPM05 合金晶界处分布着形状不规则的一次 γ′ 以及一些层片状共晶组织，如图 2（a）所示。晶内二次 γ′ 相形状趋于方形，平均尺寸约为 295nm，二次 γ′ 之间存在球状的三次 γ′，尺寸约 10~30nm，如图 2（b）所示。MC 型碳化物呈方块状，弥散分布在 γ 基体中，大尺寸 MC 型碳化物数量较多，尺寸可达 5~6μm，如图 2（c）所示。经统计，NPM05 合金中 γ′ 相体积分数为 68.4%，MC 型碳化物体积分数约 0.94%。

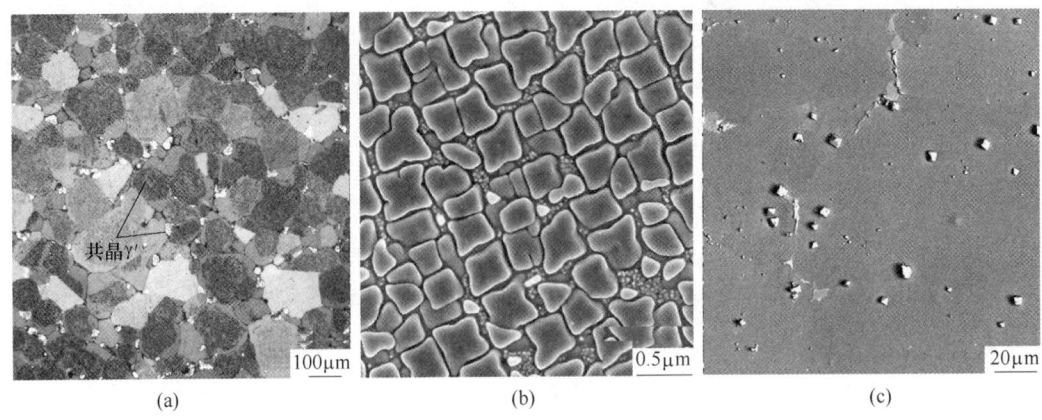

图 2　NPM05 合金热处理态组织

Fig. 2　Microstructure of as-heat treated NPM05 alloy

（a）金相；（b）γ′相；（c）MC 型碳化物

3.2.2　Os 在各相间的分配

图 3 给出了长度在 70~80nm 范围内 NPM05 合金针尖样品中合金元素的分布情况。在 Cr 含量较高的 γ 基体中，Os 含量也相对较高，而 γ′相中的 Os 含量较少。根据表 1 可计算合金元素在相间的分配。在合金中 MC 型碳化物的组成元素中没有 Os，而 Os 主要存在于 γ 和 γ′相中，在 γ 和 γ′相中的分配比为 3.5∶1（质量分数,%），物质的量浓度比为 7.8∶1。与 NPM02 合金相比，在添加 Os 后，进入 NPM05 合金 γ 基体中的 Co、Cr、Mo 和 W 元素比例有所增加，Nb 元素有所减少，其余合金元素分配比例变化不大。基体中 TCP 相形成元素含量增加，这增大了合金 TCP 相的析出倾向。

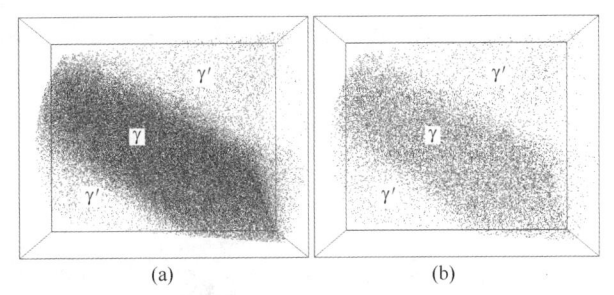

图 3　热处理态 NPM05 合金中元素在 γ 和 γ′相间的分布（3DAP）

Fig. 3　Element distribution between γ and γ′ phase in as-heat treated NPM05 alloy

（a）Cr 元素分布；（b）Os 元素分布

表 1　热处理态 NPM05 合金中各相的元素组成

Tab. 1　Element composition of phases in as-heat treated NPM05 alloy （摩尔分数,%）

合金中的相	C	Co	Cr	Mo	W	Al	Ti	Nb	Ta	Hf	Os
γ	—	29.43	26.05	3.75	2.70	1.20	0.31	0.17	0.141	0.004	1.49
γ′	—	10.47	2.09	1.18	2.03	12.17	5.20	1.21	2.14	0.068	0.19
MC	7.84	1.06	0.68	2.01	5.40	—	19.55	12.43	46.75	1.38	—

3.3　长期时效组织

图 4 为 NPM05 合金长期时效后的显微组织。NPM02 合金在 750℃/3000h、800℃/3000h 和 850℃/500h 长期时效过程中无 TCP 相析出。NPM05 合金经 750℃/3000h 长期时效后的无 TCP 相析出，显微组织如图 4(a) 所示；当时效温度升高后，合金在 800℃/ 2000h 和 850℃/500h 长期时效后，已有针状 TCP 相析出，显微组织如图 4(b) 和（c）所示。与周围 γ 基体相比，该 TCP 相富含 W 和 Mo 元素，推测应为 μ相。根据表 1 可计算得到 NPM05 合金的平均电子空位数 $\overline{N_v}$ =2.40 > 2.3，此时合金会析出 μ 相[4]。

图 5 为 NPM05 合金长期时效后的二次 γ′相形貌。NPM05 合金在各温度下长期时效过程中，随

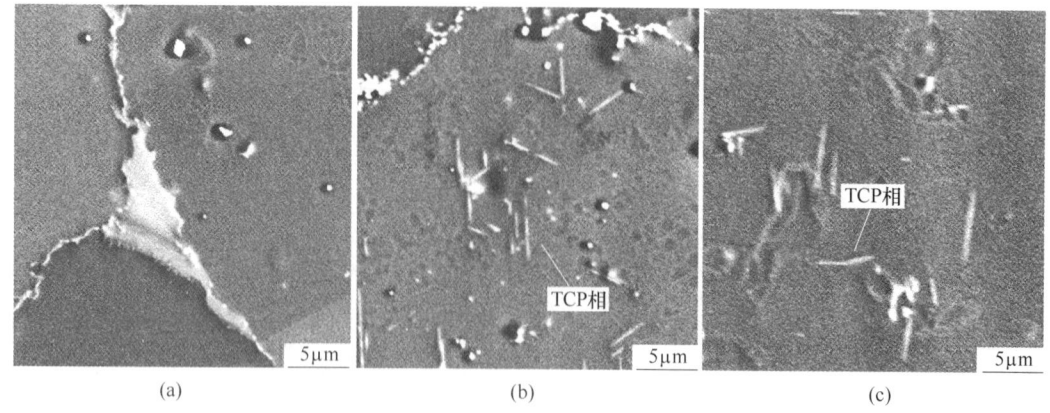

图 4 长期时效后 NPM05 合金 SEM 形貌图

Fig. 4 Morphology of NPM05 alloy after long time aging under SEM

(a) 750℃/3000h; (b) 800℃/2000h; (c) 850℃/500h

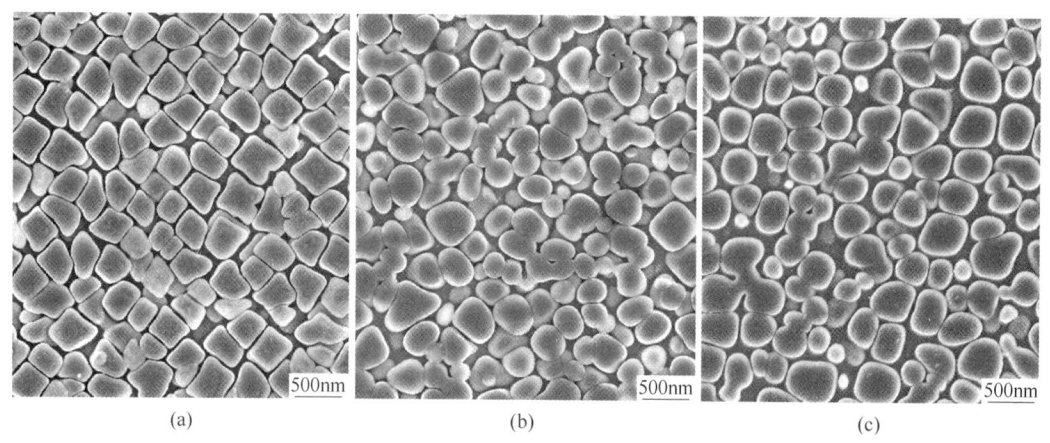

图 5 NPM05 合金长期时效组织 γ′形貌

Fig. 5 Morphology of γ′ phase in NPM05 alloy during long time aging

(a) 750℃/3000h; (b) 800℃/3000h; (c) 850℃/500h

着时效时间的增加，二次 γ′相尺寸略有增大，形貌变化不大。但二次 γ′相在 750℃ 时效，形状趋于方块状，当时效温度升高后，二次 γ′相发生熟化，形态更趋向于球形。

4 结论

（1）在铸态合金中，Os 偏析于枝晶间，使 Al 由偏析于枝晶干转变为枝晶间，Ta 则由偏析于枝晶间转变为枝晶干，同时加剧 Ti、Nb 向枝晶间偏析，减弱 Hf 向枝晶间偏析。

（2）Os 主要分布于 γ 基体中，起到固溶强化作用，在 γ 和 γ′中分配比为 3.5∶1。

（3）Os 元素增大了新型 NPM05 粉末高温合金在高温长期时效过程中 TCP 相的析出倾向。

参考文献

[1] 骆宇时，赵云松，杨帅，等. Ru 对 DD22 镍基单晶高温合金组织和持久性能的影响 [J]. 航空材料学报，2016，36（3）：132~140.

[2] 杨帅. Ru 对一种第四代镍基单晶高温合金组织和性能的影响 [D]. 沈阳：沈阳航空航天大学，2013.

[3] 张矩，刘义杰. 第Ⅷ族元素 Os 的特性研究 [J]. 大庆高等专科学校学报，1996（4）：55~57.

[4] 黄乾尧，李汉康，等. 高温合金 [M]. 北京：冶金工业出版社，2000，4：9~32.

[5] Razumovskii I M, Ruban A V et al. New generation of Ni-based superalloys designed on the basis of first-principles calculations [J]. Materials Science & Engineering A, 2008, 497（1）：18~24.

含 Ru 新型粉末高温合金探索研究

孙志坤[1,2,3]，张义文[1,2,3]*，贾建[1,2]，邢鹏宇[1,2]，盛俊英[4]，易出山[4]，赵兴东[5]

（1. 钢铁研究总院高温材料研究所，北京，100081；

2. 高温合金新材料北京市重点试验室，北京，100081；

3. 北京钢研高纳科技股份有限公司，北京，100081；

4. 中国航发南方工业有限公司，湖南 株洲，412002；

5. 中国航发沈阳黎明航空发动机有限责任公司，辽宁 沈阳，110826）

摘　要：本文利用 JMatPro7.0 设计了一种含 Ru 新型镍基粉末高温合金 NPM04。通过扫描电镜，能谱仪和电子探针等技术手段分析了合金的组织，并测试了合金的力学性能。研究表明，在铸态组织中，Ru 是负偏析元素，在枝晶干富集；在热处理态组织中，合金主要析出相为 γ' 相，含量约 66%（质量分数），还有少量 MC 型碳化物；Ru 主要存在于 γ 基体，部分存在于 γ' 相中，MC 型碳化物中几乎无 Ru；NPM04 合金在 750℃、800℃ 和 850℃ 长期时效过程中，γ' 相形貌变化不大，未产生 TCP 相，组织稳定性良好；添加 Ru 能够提高合金的抗拉强度、屈服强度和持久寿命。

关键词：粉末高温合金；Ru；组织稳定性；力学性能

Exploratory Research on a New Type Ru–containing Powder Metallurgy Superalloy

Sun Zhikun[1,2,3]，Zhang Yiwen[1,2,3]，Jia Jian[1,2]，Xing Pengyu[1,2]，

Sheng Junying[4]，Yi Chushan[4]，Zhao Xingdong[5]

（1. High Temperature Materials Research Institute，Central Iron &

Steel Research Institute，Beijing，100081；

2. Beijing Key Laboratory of Advanced High Temperature Materials，China Iron &

Steel Research Institute，Beijing，100081；

3. Beijing CISRI–GAONA Materials & Technology Co.，Ltd.，Beijing，100081；

4. Aecc South Industry Co.，Ltd.，Zhuzhou Hunan，412002；

5. Aecc Shenyang Liming Aero–Engine Co.，Ltd.，Shenyang Liaoning，110862）

Abstract：This paper applied JMatPro 7.0 to design a new type Ru–containing powder metallurgy superalloy named NPM04. SEM，EDS and EPMA were used to analyze the microstructure of alloys. Mechanical properties were also tested. The result shows that Ru is negative segregation element，segregating at dendrite in as–cast alloys. In as–heat treated NPM04 alloys，the main precipitates are almost 66%（mass fraction）γ' phase and a little MC carbides. Ru is an important solid solution strengthening element，mainly existing in γ matrix. Small amount of Ru is found in γ' phase，and almost none in MC carbides. During long time aging at 750，800 and 850℃，NPM04 alloy has better microstructure stability with little change in the morphology of γ' phase and none generation of TCP. Adding Ru can improve tensile and yield strength，and extend stress rupture life of alloys.

Keywords：powder metallurgy superalloys；Ru；microstructure stability；mechanical properties

＊作者：张义文，正高级工程师，联系电话：010-62186736，E-mail：yiwen64@ cisri. com. cn

资助项目：国家科技重大专项（2017-Ⅵ-0008-0078）

为满足航空发动机高强度和承温能力的要求，在单晶高温合金中加入了难熔元素 Re，铂族元素 Ru、Ir 等合金元素。镍基单晶高温合金发展到第四代后，Ru 元素得到了普遍的应用[1]。Ru 是第 5 周期第Ⅷ族元素，晶体结构为 HCP 结构，熔点为 2250℃，其理化性质与 Re 相近[2]。研究表明，Ru 在镍基高温合金中主要分布于 γ 基体中，能够调节合金元素的分配，具有明显的固溶强化效果，能够降低 TCP 相的析出倾向，提高镍基高温合金的蠕变强度和组织稳定性[3~5]。本文设计了一种含 Ru 的新型粉末高温合金 NPM04，比较了无 Ru 和含 Ru 合金的显微组织和力学性能。

1 合金设计

试验合金是在已开展研究的高 W、Ta 型镍基粉末高温合金 NPM02 的基础上，添加了 2% Ru（质量分数，下同）。由于 NPM02 合金 γ′相含量已超过了 60%，在高温下，通过 γ′相强化合金的能力近乎达到顶峰，所以希望通过在合金中添加 Ru 元素，利用其固溶强化效果，来进一步提高合金的强度。利用 JMatPro7.0 对含 2%Ru 的 NPM04 合金热力学平衡态析出相进行计算，结果如图 1 所示。在 760℃热力学平衡态下，合金的主要析出相为 γ′相、μ 相、MC 相和微量的 M_3B_2 相。

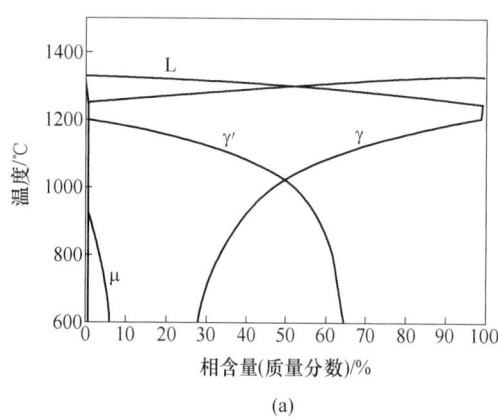
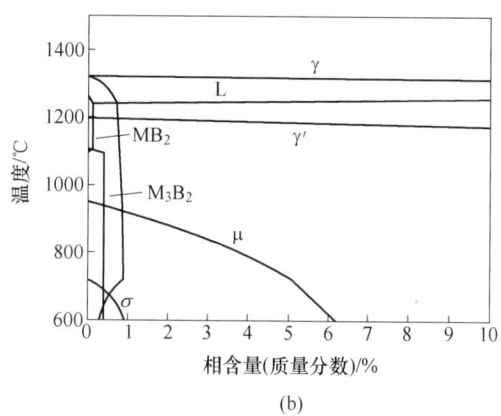

(a)　　　　　　　　(b)

图 1　NPM04 合金的热力学平衡相图

Fig. 1　Thermodynamic equilibrium phase diagram of NPM04 alloy

(a) 整体图；(b) 局部放大图

2 试验方法及材料

新型合金 NPM04 主要成分有：C、Co、Cr、W、Mo、Al、Ti、Nb、Ta、Hf，B 和 Zr 微量，Ru 2.0%，Ni 余量。NPM02 合金不含 Ru，其他成分与 NPM04 合金相同。利用等离子旋转电极法（PREP）制粉+热等静压（HIP）制备 NPM02 和 NPM04 两种试验锭坯，粉末粒度为 50~150μm，锭坯热处理制度为亚固溶处理+两级时效处理。

利用 JSM-6480LV 型扫描电镜（SEM）和能谱仪（EDS）比较 NPM02 和 NPM04 两种合金棒料铸态组织中合金元素的偏析行为；利用 OLYM-PUS GX71 金相显微镜（OM）观察合金的显微组织，腐蚀液为 5g 氯化铜+100mL 硫酸+100mL 无水乙醇。利用 SEM 和 JSM-2800 型场发射扫描电镜（FE-SEM）观察合金 MC 相和 γ′相，将合金试样进行电解抛光和电解腐蚀，电解抛光溶液为 80mL 甲醇+20mL 硫酸溶液，电解腐蚀溶液为 8g 氧化铬+85mL 磷酸+5mL 硫酸溶液。利用 JXA-8530F 型

场发射电子探针（EPMA）分析热处理态合金元素在相间的分配行为；将合金在 750℃、800℃ 和 850℃ 下分别进行 50~3000h 长期时效处理，研究合金 γ′相的形态变化和 TCP 相的析出行为；测试两种热处理态合金在室温、750℃ 和 815℃ 下的拉伸性能，以及 750℃/690MPa 和 815℃/450MPa 下的持久寿命。

3 试验结果及分析

3.1 Ru 对合金元素偏析系数的影响

铸态组织中合金元素的偏析系数 $K_s = c_{枝晶间}/c_{枝晶干}$（摩尔分数，%），当 $K_s > 1$ 时，为正偏析，$K_s < 1$ 时，为负偏析。NPM04 合金中元素的偏析系数如图 2 所示，Ru 为负偏析元素，在枝晶干富集。合金中添加 Ru，促进 Co、Cr、Mo 和 W 偏析于枝晶间，Co、Cr 和 W 由负偏析变为正偏析，促进 Al、Ti、Nb 和 Ta 偏析于枝晶干，Ti、Nb 和 Ta 由正偏析变为负偏析。

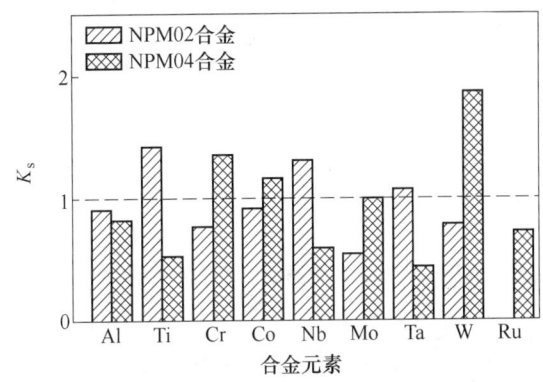

图 2　Ru 对铸态组织中合金元素偏析系数的影响

Fig. 2　The influence of Ru on the segregation ratios of alloy elements in as-cast alloy

3.2　NPM04 合金热处理态组织

热处理态 NPM04 合金的显微组织如图 3（a）所示，平均晶粒尺寸为 40μm，无原始粉末颗粒边界，晶界上有少量共晶 γ′相。合金中碳化物主要为 MC 型碳化物，大部分尺寸为 0.1~1.5μm，少量尺寸大于 2μm，弥散分布在合金中，如图 3（b）所示。MC 型碳化物的组成主要为（Ti，Ta，Nb）C，不含 Ru 元素。NPM04 合金晶界处存在少量大尺寸不规则一次 γ′相；二次 γ′相趋近于方形，如图 3（c）所示，平均尺寸约为 287nm；二次 γ′相之间存在少量球状的三次 γ′相，尺寸为 10~30nm。经统计，γ′相含量约为 66%（质量分数）。

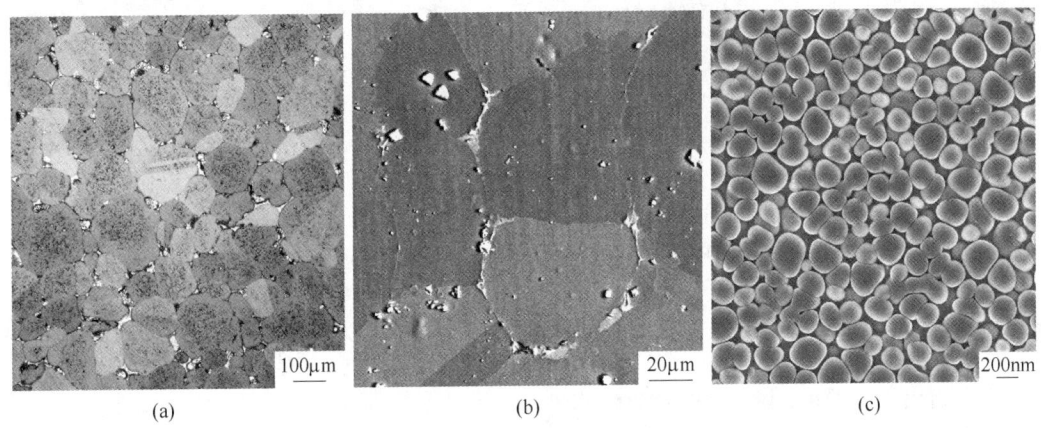

(a)　(b)　(c)

图 3　热处理态 NPM04 合金显微组织

Fig. 3　Microstructure of as-heat treated NPM04 alloy

(a) 金相组织；(b) 碳化物；(c) 二次 γ′相

3.3　Ru 在热处理态合金的 γ 和 γ′相中的分配

由 EDS 结果可知，Ru 元素主要进入 γ 基体，部分进入 γ′相，而 MC 型碳化物中几乎无 Ru，Ru 在 γ 基体和 γ′相中的分配比（质量分数比）约为 1.2∶1。添加 Ru 对其他合金元素在 γ 和 γ′相中的分配也产生了一定的影响。表 1 利用 EPMA 分析了合金 γ 和 γ′相的相对元素组成。与 NPM02 合金相比，在 NPM04 合金中分配在基体中的 Cr、W 和 Hf 含量有所减少，Al、Ti、Ta 含量略有增加，出现了合金元素的反分配效应。

表 1　合金元素在 γ 和 γ′相中的分配比 $c_\gamma / c_{\gamma'}$（质量分数）

Tab. 1　Distribution ratio of alloy element between γ and γ′ phase（mass fraction）

元素	合金		元素	合金	
	NPM02	NPM04		NPM02	NPM04
Co	0.64∶1	0.64∶1	Ti	0.16∶1	0.25∶1
Cr	0.74∶1	0.58∶1	Nb	0.37∶1	0.34∶1
Mo	0.93∶1	0.94∶1	Ta	0.16∶1	0.35∶1
W	0.63∶1	0.53∶1	Hf	0.22∶1	0.10∶1
Al	0.28∶1	0.35∶1	Ru	—	1.21∶1

3.4　长期时效组织

　　NPM04 合金经不同温度长期时效后的显微组织如图 4 所示。在长期时效过程中，晶界处的层状共晶 γ′ 相含量有所减少，无 TCP 相析出。经观察，合金中二次 γ′ 相尺寸略有增大，边缘变得更加圆润，整体形貌变化不大。根据 EPMA 分析结果计算出 NPM02 和 NPM04 合金的平均电子空位数 $\overline{N_v}$ 分别为 1.84 和 1.96。添加 Ru 后，$\overline{N_v}$ 略有增加，但仍小于 TCP 相析出的临界电子空位数。在长期时效过程中，NPM04 合金仍然能保持良好的组织稳定性。

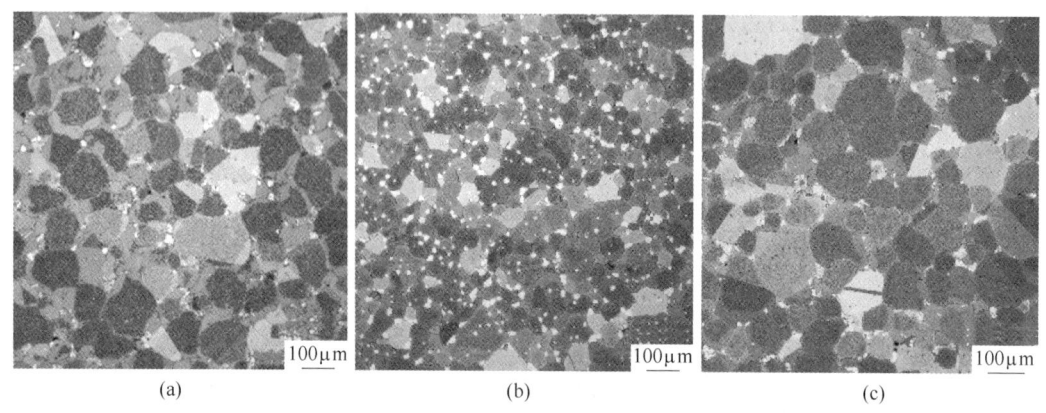

图 4　NPM04 合金长期时效后的显微组织

Fig. 4　Microstructure of NPM04 alloy after long time aging

（a）750℃/3000h；（b）800℃/3000h；（c）850℃/500h

3.5　热处理态合金的力学性能

　　表 2 和表 3 给出了 NPM02 和 NPM04 合金的力学性能。Ru 能够小幅度提高合金的抗拉强度和屈服强度，却可以显著提高合金的高温持久寿命，对合金的持久性能影响更大。

表 2　不同 Ru 含量合金的拉伸性能

Tab. 2　Tensile properties of alloys with different Ru content

合金	室温拉伸性能		750℃拉伸性能		815℃拉伸性能	
	σ_b /MPa	$\sigma_{0.2}$ /MPa	σ_b /MPa	$\sigma_{0.2}$ /MPa	σ_b /MPa	$\sigma_{0.2}$ /MPa
NPM02	1358	1176	1290	1090	977	957
NPM04	1370	1189	1320	1120	1177	1004

表 3　不同 Ru 含量合金的高温持久性能

Tab. 3　High temperature stress rupture properties of alloys with different Ru content

合金	τ/h(750℃/690MPa)	τ/h(815℃/450MPa)
NPM02	176	381
NPM04	588	469

4　结论

　　（1）在铸态合金中，Ru 偏析于枝晶干；添加 Ru 使 Co、Cr 和 W 由偏析于枝晶干变为偏析于枝晶间，Ti、Nb 和 Ta 由偏析于枝晶间变为偏析于枝晶干；促进 Al 向枝晶干偏析，Mo 向枝晶间偏析。

　　（2）Ru 主要存在于 γ 基体中，起固溶强化作用，并调节其他合金元素在合金中的分配。

　　（3）NPM04 合金在 750～850℃ 长时效过程中，无 TCP 相析出，有较好的组织稳定性。

　　（4）Ru 可以提高合金的抗拉强度和屈服强度，对高温持久寿命的提高更为显著。

参考文献

[1] 孙飞，张建新. Ru 对镍基单晶高温合金微观组织的影响 [J]. 材料热处理学报，2011，32（10）：1～8.

[2] 杨帅. Ru 对一种第四代镍基单晶高温合金组织和性能的影响 [D]. 沈阳：沈阳航空航天大学，2013.

[3] 陈国良，庄林忠，许嘉龙. Co 对 Refractoloy 26 合金组织和性能的影响 [J]. 金属学报，1986（6）：6～13.

[4] Feng Q, Carroll L J, Pollock T M. Soldification segregation in ruthenium－containing nickel－base superalloys [J]. Metallurgical & Materials Transactions A, 2006, 37（6）：1949～1962.

[5] Nathal M V, Mackay R A. The stability of lamellar γ-γ′ structures [J]. Materials Science and Engineering, 1987, 85: 127～138.

新一代粉末高温合金的成分设计及研究进展

张义文[1,2,3]*，贾建[1,2]，刘建涛[1,2]，王强[4]，陈竞炜[4]，王刚[5]

（1. 钢铁研究总院高温材料研究所，北京，100081；

2. 高温合金新材料北京市重点试验室，北京，100081；

3. 北京钢研高纳科技股份有限公司，北京，100081；

4. 中国航发湖南动力机械研究所，湖南 株洲，412002；

5. 中国航发沈阳发动机研究所，辽宁 沈阳，110015）

摘　要：综述了近几年粉末高温合金基础研究工作的成果，包括原始粉末颗粒边界（PPB）的形成机制，元素 Hf、Ta 消除（减弱）PPB 的作用和机制，W 的固溶强化、Ta 的强韧化、Hf 的微合金强韧化作用，以及 FGH4097 合金的改型研究。基于上述研究结果，设计了一种高 W、Ta 型粉末高温合金 NPM01。结果表明，NPM01 合金在 815℃具有优异的组织稳定性和热强性，在 800℃热暴露 3000h、在 850℃热暴露 500h 均没有发现 TCP 相析出，高温拉伸强度和高温持久强度优于美国目前研制的第 4 代合金 ME501。

关键词：新一代粉末高温合金；成分设计；微观组织；力学性能；研究进展

Composition Design and Recent Research Development of New Generation Superalloys

Zhang Yiwen[1,2,3]， Jia Jian[1,2]， Liu Jiantao[1,2]， Wang Qiang[4]，
Chen Jingwei[4]， Wang Gang[5]

（1. High Temperature Materials Research Institute， Central Iron &
Steel Research Institute， Beijing， 100081；

2. Beijing Key Laboratory of Advanced High Temperature Materials，
Central Iron & Steel Research Institute， Beijing， 100081；

3. Beijing CISRI-GAONA Materials & Technology Co.， Ltd.， Beijing， 100081；

4. Aecc Hunan Aviation Powerplant Research Institute， Zhuzhou Hunan， 412002；

5. Aecc Shenyang Engine Institute， Shenyang Liaoning， 110015）

Abstract： Summarize the basic research results about superalloys in recent years， including the formation mechanism of Primitive Particle Boundary （PPB）， the effect and mechanism about eliminating （wakening） PPB of Hf or Ta， the solid solution strengthening of W， and the toughening effect of Ta and Hf. Based on all the results above， we design a new type of superalloy with high content of W and Ta named NPM01. NPM01 has excellent structure stabilities and mechanical properties at high temperature. After 3000h heat exposure at 800℃ and 500h heat expoure at 850℃， there are no TCP phases prepicated in NPM01. NPM01 has better high temperature tensile properties and high temperature rupture properties than ME501， the fourth generation powder metallurgy superalloy in the United States.

Keywords： new generation powder metallurgy superalloy； composition design； microstructure； mechanical properties； research developments

＊作者：张义文，正高级工程师，联系电话：010-62185834，E-mail：yiwen64@ cisri. com. cn

资助项目：国家科技重大专项（2017-Ⅵ-0008-0078）

目前，国外研制并成功应用的粉末高温合金已有 3 代，国内也有两代粉末高温合得到实际应用。但是随着航空发动机的不断发展，对涡轮盘等热端部件的工作温度和力学性能要求越来越高。为了满足新一代粉末高温合金在 815℃ 的使用需求，在近几年粉末高温合金基础研究工作的基础上，设计了一种新型高 W、Ta 粉末高温合金，此合金在 815℃ 拥有优异的组织稳定性和力学性能。

1 前期研究基础

1.1 Hf、Ta 消除原始粉末颗粒边界组织机制的研究

粉末高温合金中原始粉末颗粒边界组织（PPBS）由碳化物和少量碳氧化物组成。快速凝固粉末颗粒表面形成含有 Ti、Nb、Cr、Mo、W 的 MC 型亚稳定碳化物 MC′，在热等静压（HIP）过程中粉末颗粒表面上的 MC′ 相转变成稳定的 MC 相；粉末颗粒内的 Ti、C 元素向烧结颈处扩散，HIP 后在粉末颗粒边界上形成富 Ti 和 Nb 的 MC 型碳化物（Ti，Nb）C。Hf 在粉末颗粒内形成了更多更稳定的含 Hf 的 MC 型碳化物（Ti，Nb，Hf）C，C、Ti 被"绑定"在碳化物（Ti，Nb，Hf）C 中，抑制了 C、Ti 向烧结颈处扩散，从而抑制了 MC 型碳化物在粉末颗粒边界上的析出[1]。同样，加入 Ta 元素可以抑制 MC 型碳化物沿原始粉末颗粒边界（PPB）析出[2]。

1.2 微量元素 Hf 在粉末高温合金中的作用

在 FGH4097 合金中加入了微量的 Hf（0 ～ 0.89%），以研究 Hf 在粉末高温合金中的作用。研究结果表明：Hf 主要分布在 γ′ 相和 MC 型碳化物中，改变了合金元素在 γ′ 相、MC 型碳化物及 γ 固溶体相间的再分配。添加适量的 Hf，改善合金的塑性，消除合金的缺口敏感性，提高持久寿命和蠕变抗力，降低疲劳裂纹扩展速率，改善合金的综合力学性能[3]。

1.3 提高 W 元素含量对粉末高温合金的影响

提高 W 元素的含量，能够明显提高粉末高温合金的抗拉强度、屈服强度和持久寿命。W 提高 γ 相点阵常数，增强固溶强化效果，同时使得 γ/γ′ 相错配度的绝对值增大，起到共格应变强化的效果。提高 W 元素含量对合金的显微组织、γ′ 相和碳化物等相的析出没有明显影响，固溶强化对强度增量的贡献值最高[4,5]。

1.4 Ta 在粉末高温合金中的作用

在 FGH4098 合金中加入了一定量的 Ta（0 ～ 4.7%），以研究 Ta 在粉末高温合金中的作用。研究结果表明：Ta 元素主要进入 γ′ 相，部分进入 γ 基体和 MC 型碳化物，增大了 γ/γ′ 晶格错配度，提高碳化物的稳定性，有效消除 PPB，Ta 没有改变析出相的类型。添加适量的 Ta 可以强化 γ′ 相和基体，提高合金的抗拉强度、屈服强度和持久寿命，降低疲劳裂纹扩展速率，不降低合金塑性，改善合金综合力学性能[6]。

1.5 FGH4097 合金的改型研究

在 FGH4097 合金成分的基础上设计了 FGH4103 和 FGH4104 两种合金。FGH4103 合金是在 FGH4097 合金成分的基础上，通过提高 C、Cr、W 含量，降低 Co、Mo 含量，提高固溶强化效果；通过提高 Ti 含量，降低 Al、Nb 含量，使 Al：Ti 变为 1：1（质量比），在 γ′ 相形成元素 Al、Ti、Nb、Hf 总量基本保持不变的条件下，提高 γ′ 相完全固溶温度，以提高持久强度。FGH4104 合金是在 FGH4097 合金成分的基础上，降低了 Al 含量，提高了 Ti、Nb 含量。虽然 γ′ 相有所降低，但强化了 γ′ 相；提高了 C、Cr、Mo 含量，降低了 Co 含量，提高了固溶强化效果。

热处理态 FGH4103 合金组织主要由基体 γ 相、γ′ 相和少量的碳化物、硼化物组成，晶粒尺寸约为 40μm，γ′ 相平均尺寸为 0.28μm，γ′ 相质量分数为 58%。FGH4103 合金的室温屈服强度，650℃、750℃ 下的持久强度和低周疲劳性能均优于 FGH4097 合金；与 FGH4097 合金相比，FGH4103 合金的抗拉强度提高 8%，持久强度提高 10%，裂纹扩展抗力保持 FGH4097 合金的水平。FGH4103 合金表现为缺口韧性。

热处理态 FGH4104 合金组织主要由基体 γ 相、γ′ 相和少量的碳化物、硼化物组成，晶粒尺寸为 25μm，γ′ 相的平均尺寸约为 0.25μm，质量分数约为 55%。FGH4104 合金的室温屈服强度、650℃ 下的持久强度和低周疲劳性能均优于 FGH4097 合金；与 FGH4097 合金相比，FGH4104 合金的室温抗拉强度提高约 10%，650℃ 下的持久强度提高约 10%。FGH4104 合金表现为缺口韧性。

2　新一代粉末高温合金的成分设计

由第一性原理计算可知[7]，在给定结构条件下，镍基高温合金的抗蠕变断裂能力主要取决于原子间的结合强度，与合金化过程中增加的偏摩尔内聚能 χ 有关。计算结果表明，合金元素提高高温强度的顺序为：W>Ta>Mo。基于上述计算结果、W 的固溶强化作用以及 Ta、Hf 改善组织和强韧化作用研究结果，利用 JMatPro 软件进行多轮次的计算，设计了一种高 W、Ta 型粉末高温合金 NPM01，主要成分为：C、Co、Cr、W、Mo、Al、Ti、Nb、Ta、Hf，B 和 Zr 微量，Ni 余量，其中 W+Ta 的含量不小于 10%。

3　新一代粉末高温合金的组织与力学性能

热处理态的 NPM01 合金金组织比较均匀，无原始粉末颗粒边界，平均晶粒尺寸约为 40μm。图 1 为 NPM01 合金热处理态 γ′ 相形貌，可以看到，晶界上有较大的一次 γ′ 相，平均尺寸为 400 ~ 600nm，晶内的二次 γ′ 相为方形或球形。热处理态合金中 γ′ 相呈双模态分布，二次 γ′ 相平均尺寸为 90 ~ 100nm。NPM01 合金在 800℃ 热暴露 3000h、在 850℃ 热暴露 500h 均没有发现 TCP 相析出，表明 NPM01 合金具有优异的组织稳定性。

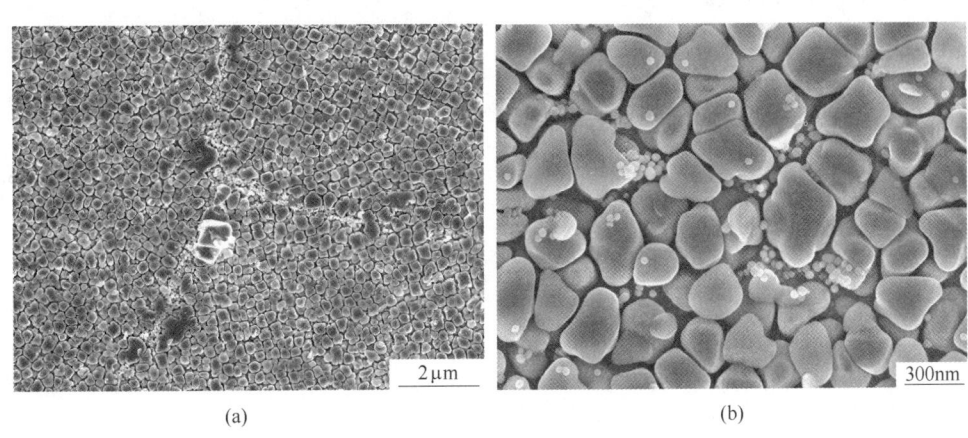

(a)　　　　　　　　　　(b)

图 1　NPM01 合金标准热处理态 γ′ 相形貌

Fig. 1　Morphology of γ′ phases in standard as-heat treated NPM01 alloys

（a）晶界一次 γ′ 相；（b）晶内二次 γ′ 相

NPM01 合金室温抗拉强度接近 1600MPa，屈服强度超过 1200MPa；750℃ 抗拉强度超过 1300MPa，屈服强度超过 1100MPa；815℃ 抗拉强度超过 1100MPa，屈服强度接近 1000MPa；750℃/690MPa 持久寿命接近 700h，815℃/450MPa 持久寿命接近 500h。图 2 和图 3 为 NPM01 合金高温力学性能与美国第 4 代粉末高温合金 ME501 高温性能的对比。可以看出，NPM01 合金在 815℃ 下的抗拉强度和屈服强度优于 ME501 合金，815℃ 持久寿命与 ME501 相当，但承受应力更高。

4　结论

（1）元素 Ti 在粉末颗粒表面偏析，形成 TiC，产生了 PPB；添加适量的 Hf、Ta 在粉末颗粒内部形成稳定的 MC 型碳化物，消除（减弱）PPB。

（2）添加适量的 W、Ta、Hf 具有强韧化作用。

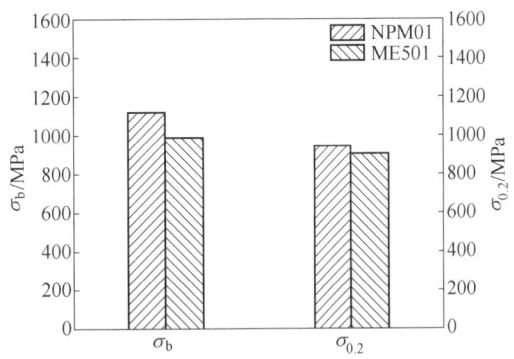

图 2　NPM01 与 ME501 的 815℃ 拉伸性能

Fig. 2　Tensile properties of NPM01 and ME501 at room temperature

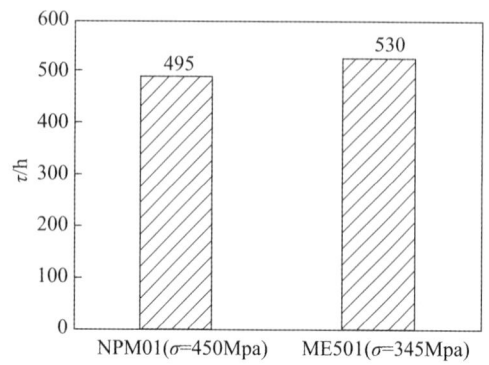

图 3　NPM01 与 ME501 的 815℃持久性能

Fig. 3　Tensile properties of NPM01 and ME501 at 815℃

（3）通过对 FGH4097 进行改型研究，设计了 FGH4103 和 FGH4104 合金，这两种改型合金的力学性能优于 FGH4097。

（4）研制的高 W、Ta 型粉末高温合金 NPM01 在 815℃具有优异的组织稳定性、强度和热强性。在 800℃热暴露 3000h、在 850℃热暴露 500h 均没有发现 TCP 相析出，抗拉强度、屈服强度及高温持久强度优于美国第 4 代粉末高温合金 ME501。

参考文献

［1］张义文，刘建涛，韩寿波，等. 微量元素 Hf 消除 FGH96 合金中原始粉末颗粒边界组织机制的探讨［J］. 粉末冶金工业，2014，24（5）：1~7.

［2］邢鹏宇，张义文，贾建. 不同 Ta 含量 FGH4098 合金中的 MC 型碳化物［J］. 材料热处理学报，2018，39（2）：88~92.

［3］张义文，胡本芙. 镍基粉末高温合金中微量元素 Hf 的作用［J］. 金属学报，2015，51（8）：967~975.

［4］谭黎明，贾建，张义文. 合金元素对镍基粉末高温合金 FGH97 的强化作用［J］. 稀有金属材料与工程，2017，46（6）：1578~1583.

［5］谭黎明，张义文，贾建，等. 镍基粉末高温合金 FGH97 的强化设计［J］. 材料热处理学报，2016，37（4）：5~10.

［6］邢鹏宇. Ta 含量对 FGH4098 合金组织和性能的影响［D］. 北京：钢铁研究总院，2017.

［7］Razumovskii I M，Ruban A V，Razumovskiy V I．New generation of Ni based superalloys designed on the basis of first-principles calculations［J］．Materials Science and Engineering A，2008，497：18~24.

提升铸造 TiAl 增压涡轮心部承载能力的研究

朱春雷[1,2*]，何洪[3]，张继[1]，刘烨[3]，张熹雯[1]，胡海涛[1]，李胜[1]，王红卫[1]

（1. 钢铁研究总院高温材料研究所，北京，100081；
2. 北京钢研高纳科技股份有限公司，北京，100081；
3. 中国北方发动机研究所柴油机增压器国家重点实验室，天津，300400）

摘　要：提高增压器涡轮心部承载能力有助于提高涡轮的使用可靠性。本文从铸造工艺、材料成分优化和涡轮结构优化设计三个方面，分析了提升铸造 TiAl 涡轮心部承载能力的途径及其效果，并进行了 TiAl 涡轮超速破坏试验验证。验证结果表明，在综合了三种途径的效果后，$\phi100mm$ 的超速破坏转速提高约 20%。本研究有助于推进 TiAl 合金在车辆发动机领域工程化应用。

关键词：TiAl；增压涡轮；承载能力；结构优化；超速破坏

Investigation on Improving the Bearing Capacity of the Core for Cast TiAl Turbocharger

Zhu Chunlei[1,2], He Hong[3], Zhang Ji[1], Liu Ye[3], Zhang Xiwen[1],
Hu Haitao[1], Li Sheng[1], Wang Hongwei[1]

（1. Division of High Temperature Materials, Central Iron & Steel
Research Institute, Beijing, 100081；
2. Beijing CISRI-GAONA Materials & Technology Co., Ltd., Beijing, 100081；
3. National Key Laboratory of Diesel Engine Turbocharging Technology,
North Engine Research Institute, Tianjin, 300400）

Abstract：It is beneficial for increasing the reliability of turbocharger to improve the bearing capacity of the turbocharger core. This work evaluated three technical approaches of improving the bearing capacity including cast process, microalloying and structural design. And then, over speed failure test was conducted to demonstrate the improvement of bearing capacity. The results indicated that the failure speed was increased more than 20%. This work is helpful for promoting the engineering application of TiAl alloy in the vehicle engine.

Keywords：TiAl；turbocharger；bearing capacity；structural design；overspeed failure

TiAl 合金具有低密度（$3.9g/cm^3$）、高比刚度和高温比强度以及优异的抗蠕变和抗氧化等特点，被视为一种颇具应用潜力的新型轻质高温结构材料[1]。这种轻质材料代替较重的镍基高温合金应用于车辆发动机增压涡轮，可显著改善发动机的加速响应性[2]。目前，国内外主要的增压器厂商均迫切希望应用这种轻质材料。TiAl 涡轮的实用化已成为实现车辆发动机轻量化的必然技术途径。

增压涡轮是主要承受径向离心力作用的转动部件，其中，涡轮心部应力水平最高。通常，材料研制单位可通过改善涡轮心部冶金质量以提高涡轮的强度水平，或者通过合金成分优化提高材

＊作者：朱春雷，高级工程师，联系电话：010-62183386，E-mail：zhuchunleitial@163.com

料的基础强度水平。这两种途径在一定程度上提高了涡轮心部的承载能力，满足一些涡轮的使用要求。然而，对于一些使用工况要求较高的涡轮部件，还需设计部门通过优化涡轮结构来降低涡轮心部的应力水平，以实现高转速下的极限考核。

钢铁研究总院和中国北方发动机研究所长期合作开展 TiAl 合金涡轮工程化应用研究，在提升涡轮心部承载能力等方面取得了突破性进展。本研究总结了提升涡轮心部承载能力的材料-工艺-设计一体化研究的成果，以为推进 TiAl 合金工程化应用提供指导。

1 铸造工艺优化

TiAl 合金是一种凝固区间窄、流动性较差、静压头作用小的材料。与静压头较大的镍基高温合金相比，采用 TiAl 合金铸造增压器涡轮，极易在厚大轮毂部位产生疏松甚至是缩孔。对于 TiAl 合金这种低塑性材料，涡轮轮毂心部的微观缺陷将大幅降低其强度水平。因此，涡轮铸造工艺优化的一个首要目标是改善厚大轮毂心部的冶金质量，这也是保证涡轮铸件质量的基本要求。

研究发现，浇注温度和铸造预热温度在一定程度上会影响涡轮轮毂心部的冶金质量，但相对而言，补缩结构的作用更大。采用 Procast 数值模拟研究发现，对于相同结构的涡轮，在补缩结构高度相当的情况下，采用高径比更小的补缩结构，更有利于金属液在涡轮心部的顺序凝固，从而保证涡轮心部冶金质量（见图 1）。这种观点已经在直径 90~160mm 的 TiAl 涡轮研制过程中得以充分验证。例如，对于 ϕ100mm 和 ϕ160mm 的 TiAl 涡轮，采用高径比 0.6mm 和 0.67 的补缩结构，所制备的 TiAl 涡轮心部未见宏观缩孔和疏松，在光学显微镜下也仅只观察到尺寸小于 30μm 的分散疏松（见图 2）。涡轮心部径向试样室温拉伸断口观察也表明，这种尺寸的分散疏松不会影响拉伸试样的断裂起源和后续的裂纹扩展行为。

2 材料成分优化研究

通过优化合金成分提高 TiAl 合金材料的基础

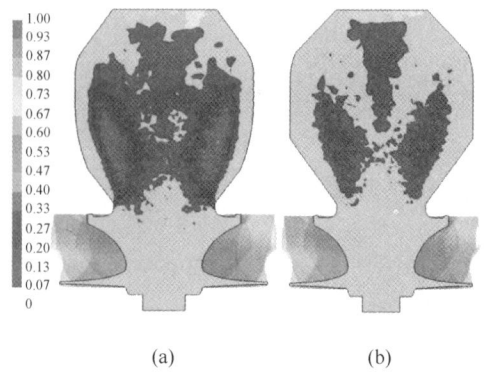

(a)　　　　　　　(b)

图 1　ϕ70mm（a）和 ϕ90mm（b）补缩结构的涡轮心部缺陷预测

Fig. 1　Predication on core defect of turbocharger

图 2　TiAl 涡轮心部微观缺陷

Fig. 2　Core microdefect for TiAl turbocharger

强度水平，是提高涡轮心部承载能力的最有效途径。钢研院前期一直以室温拉伸塑性较好的 Ti-47.5Al-2.5V-1.0Cr（摩尔分数,%）（以下简称 TiAl）合金开展增压涡轮的工程化应用研究。采用该合金制备的涡轮在短时和长时考核过程中未发生因叶片断裂造成的失效，这说明设计单位选择室温塑性相对较好的该合金制作增压器涡轮是合理的。然而，采用该合金制备的多个型号涡轮，在涡轮轮毂超速破坏试验时，均略低于设计要求。为了达到规定倍率的破坏转速，钢研院对该合金进行了微合金化改性研究。

通常，添加固溶强化型元素（例如 Nb、W、Mo、Ta）或析出强化型元素（C、Si）可以提高 TiAl 合金的强度水平[3]。但为保证叶片使用可靠性，改性后合金的室温拉伸塑性不能大幅衰减。因此，不能添加 Nb、W、Mo、Ta 这类强固溶强化元素，也不能添加过多形成脆性析出相的 C 或 Si 等元素。通过筛选，添加与 Ti 元素同一族的 Zr、Hf 元素，且严格控制添加量不超过 0.2%（摩尔分数），之后再添加不超过 0.2% 的 C 元素。优选

的合金为 Ti-47.5Al-2.5V-1.0Cr-0.2Zr-0.1C
（简称 TiAl-(Zr,C)）[4]。采用上述微合金化，在
固溶强化和析出强化的共同作用下，合金的室温
和高温强度均不同程度提高，其中，室温强度提
高 12.8%，800℃ 抗拉强度提高 7.8%，见图 3
(a)；同时，合金的室温拉伸塑性仍保持在 1.5%

以上。此外，TiAl-(Zr,C) 合金 800℃的持久强度
比原合金提高约 100MPa 见图 3(b)。φ100mm 涡
轮心部径向取样（图 4(a)）的室温拉伸强度从
330MPa 提高到 410MPa 的水平（见图 4(b)）。
这为 TiAl 涡轮增压器达到规定的超速倍率奠定了
材料基础。

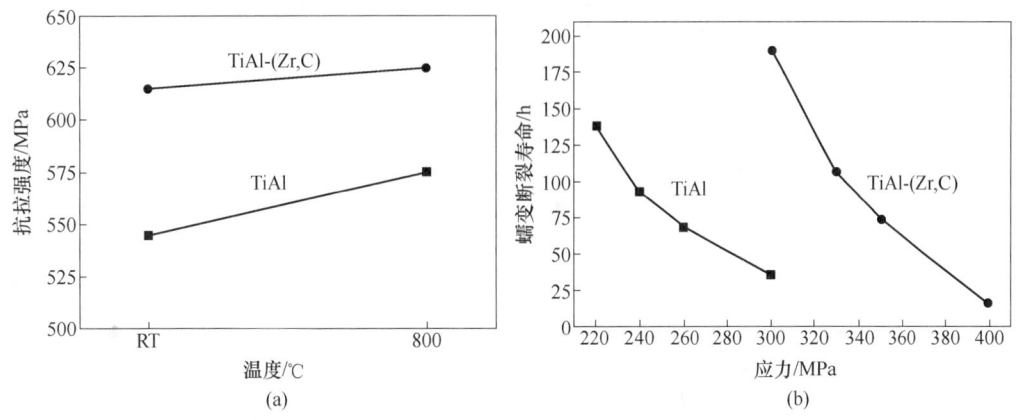

图 3　微合金化前后的抗拉强度（a）和 800℃持久性能（b）

Fig. 3　Influence of（Zr，C）alloying on the tensile strength and creep rupture life

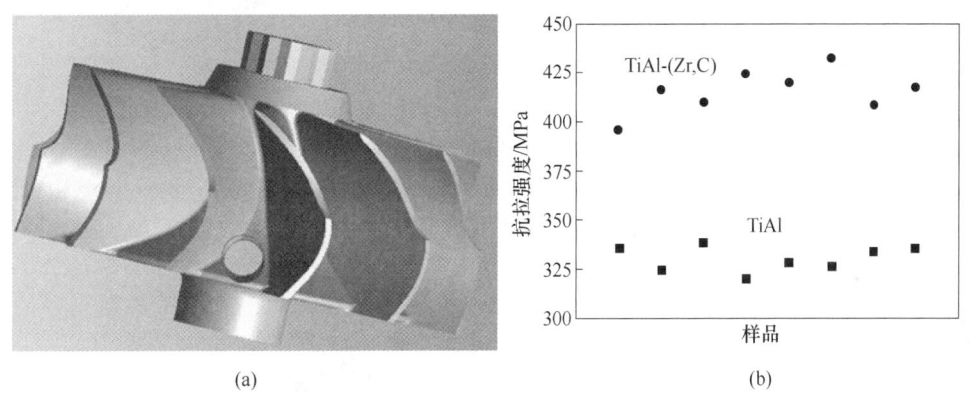

图 4　涡轮心部径向取样图（a）以及微合金化前后的 φ100mm 涡轮心部室温抗拉强度对比（b）

Fig. 4　Schematic diagram of tensile sample cut from the turbocharger core（a）and the
influence of（Zr，C）alloying on the tensile strength of turbocharger core（b）

3　涡轮轮背结构优化设计

　　通过结构设计降低部件的最大应力水平，可
以降低对材料强度水平的要求。增压器涡轮在服
役时主要承受沿径向的离心力作用，且涡轮轮毂
心部应力水平最大。采用 ANSYS 数值模拟软件对
不同轮毂结构涡轮进行应力计算[5]。结果表明：
对于 φ100mm 的增压涡轮，将涡轮轮背进行凸出
3.5mm 的结构设计后，在转速 11.5 万转/min 时，
涡轮轮毂心部最大应力水平从 295MPa 降低到

277MPa；当转速增加到 14.6 万转/min 时，涡轮
心部最大应力从 473MPa 降低到 445MPa，降低约
30MPa，见图 5。同时，由于轮背凸出设计，增大
了涡轮轮背与转轴过渡弧部位 R 角，使该部位的
应力水平从 727MPa 降低到 436MPa（见图 6），显
著降低了应力集中程度。对于 TiAl 合金这种室温
拉伸塑性相对较低、损伤抗力较低的材料，通过
部件结构优化降低应力集中，更有利于提高其使
用的可靠性。由此可见，进行涡轮轮背凸出的结
构设计，可以降低涡轮心部以及过渡弧的应力水
平，从而提高涡轮心部的承载能力。

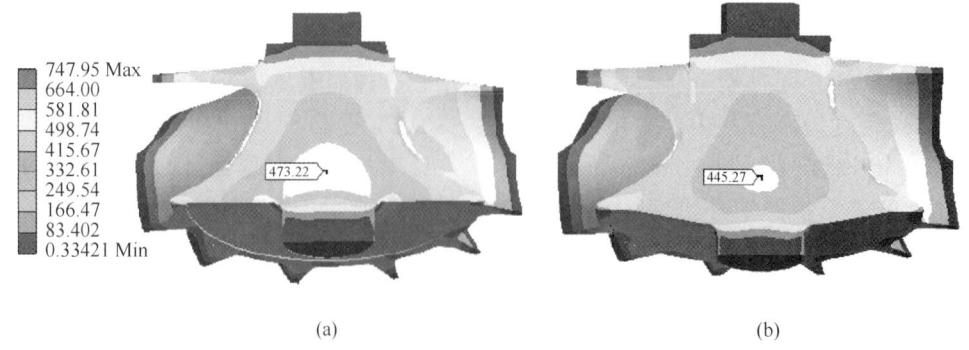

图5 涡轮心部轴向剖面等效应力云图
Fig. 5 Influence of the structural design on the equivalent stress of axial section
（a）优化前；（b）优化后

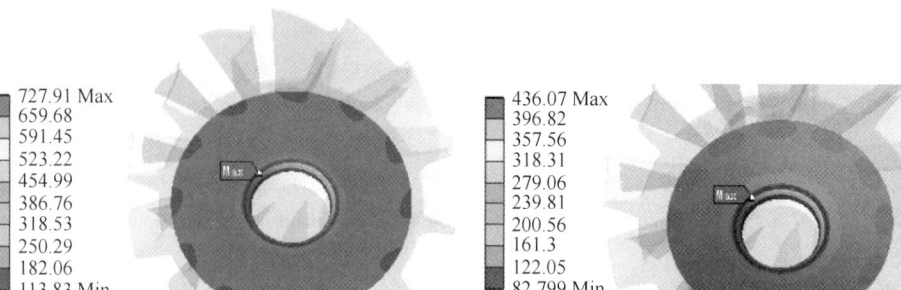

图6 涡轮轮毂面等效应力云图
Fig. 6 Influence of the structural design on the equivalent stress of turbocharger hub
（a）优化前；（b）优化后

4 试验验证

采用上述铸造工艺—材料—设计相结合的优化技术，一方面提高了涡轮心部的基本强度水平，另一方面降低了涡轮心部的应力水平，综合效果是提高了涡轮心部的承载能力。针对某 ϕ100mm 的 TiAl 涡轮增压器超速破坏试验表明，破坏转速从额定转速倍率 135% 提高到 153% 以上，对应涡轮轮缘速率从 600m/s 提高到 700m/s 的水平，达到甚至超过了现役高温合金涡轮轮缘线速度。目前，某 ϕ100mm 的 TiAl 合金涡轮已通过了包括台架和发动机 500h 的耐久性考核试验。考核后拆检分析表明：TiAl 涡轮未见任何损伤，见图7。可见，对于 TiAl 合金部件，这是继航空发动机低压涡轮叶片后结合材料—工艺—设计一体化研究的成功案例，这将为推进 TiAl 合金的工程化应用提供指导。

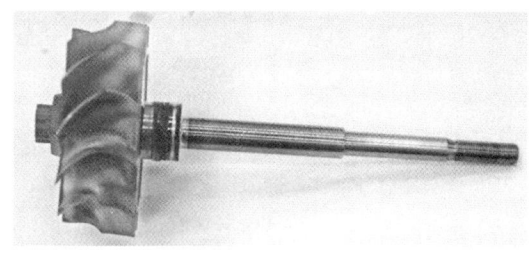

图7 耐久性试验考核后的 ϕ100mm-TiAl 涡轮转轴
Fig. 7 TiAl turbocharger after endurance test

5 结论

（1）通过铸造工艺-材料改性-轮背结构优化设计的一体化研究，显著提高了 TiAl 合金涡轮的心部承载能力，使其超速破坏倍率和轮缘破坏线速度得到显著提高。

（2）从材料、工艺以及设计三个方面来综合考虑，有利于提高 TiAl 合金这种室温塑性和损伤抗力较低材料的应用可靠性。

参考文献

［1］ Yamaguchi M. High-temperature structural intermetallics ［J］. Acta. mater, 2000（48）：307~322.

［2］ Testui T. Development of a TiAl turbocharger for passenger vehicles. Materials Science and Engineering, 2002（A329~331）：582~588.

［3］ Appel F. Gamma titanium aluminide alloys ［M］. Wiley-VCH, 2011：468~450.

［4］ 张熹雯. 微量 C 对层片组织 TiAl 合金高应力蠕变变形的影响. 稀有金属, 2017, 41（9）：972~979.

［5］ 王正. 车用增压器涡轮的超速可靠性增长研究 ［J］. 中国机械工程, 2016, 27（3）：408~412.

粉末高温合金热变形行为与本构关系研究

刘小明[1]，宁永权[1*]，刘巧沐[2]

（1. 西北工业大学材料学院，陕西 西安，710072；

2. 中国航发四川燃气涡轮研究院，四川 成都，610500）

摘 要：本文以第三代粉末高温合金为研究对象，通过该合金在所选定的变形温度和应变速率下进行热模拟压缩过程所得到的数据，建立了在所选取的热力学参数范围内该合金的本构方程，并研究变形温度对该合金微观组织的影响规律。结果表明，随着变形温度的升高，动态回复及动态再结晶更容易进行，晶粒发生长大。

关键词：粉末高温合金；热变形；本构方程；组织

Investigation on Hot Deformation Behavior and Constitutive Equation of Powder Metallurgy Superalloys

Liu Xiaoming[1]，Ning Yongquan[1*]，Liu Qiaomu[2]

（1. School of Materials Science and Engineering，Northwestern Western Polytechnical University，Xi'an Shaanxi，710072；

2. China Gas Turbine Establishment，Chengdu Sichuan，610500）

Abstract：In present research，the third generation of powder metallurgy superalloy has been taken as the research object. The constitutive equation has been established based on the data acquired from isothermal compression tests under the selected deformation temperature and strain rate in order to study the effect of deformation parameters on microstructure evolution of the very superalloy. The results show that as the deformation temperature increases，dynamic recovery and dynamic recrystallization are easier to happen. Grain growth more apparently at a higher temperature or low strain rate.

Keywords：powder metallurgy superalloy；hot deformation behavior；constitutive equations；microstructure

1 试验材料及方法

试验材料为热等静压态第三代粉末高温合金。热模拟压缩实验在 Gleeble-1500D 热模拟试验机上进行，试样尺寸 ϕ10mm×15mm。以 10℃/s 的速度将试样加热至设定的温度并保温 5min，每个试样的压缩量均为 50%，实验的变形温度分别选择 1050~1170℃。变形温度的变化范围控制在±2℃；应变速率分别采用 0.001~10s^{-1}。压缩变形时记录每个变形温度和应变速率下的流变应力曲线。

2 本构模型的建立

根据该合金在高温下的热模拟压缩试验结果可得，它的流变应力在不同的变形温度和应变速率下的变化范围很大，它的流变应力的大小受到应变量、应变速率、变形温度的明显影响，高温塑性变形过程主要受热激活过程控制。通过初步计算，高温变形过程中的 $\ln\dot{\varepsilon}$ 与 $\ln(\sinh(\alpha\sigma))$ 近

＊作者：宁永权，香江学者，博士生导师，联系电话：15829884555，E-mail：luckyning@ nwpu. edu. cn

资助项目：国家自然科学基金面上项目（51775440）；人力资源和社会保障部"香江学者"计划（XJ2014047）；中央高校基础科研业务费（3102018ZY005）

似呈线性关系，因此对于该合金，适合用双曲正弦型 Arrhenius 方程为基础来构造高温变形过程中的本构关系。即在较低应力水平下（$\alpha\sigma<0.8$）：

$$\dot{\varepsilon} = A_1\sigma^{n_1}\exp\left(-\frac{Q}{RT}\right) \quad (1)$$

在高应力水平下（$\alpha\sigma>1.2$）：

$$\dot{\varepsilon} = A_2\exp(\beta\sigma)\exp\left(-\frac{Q}{RT}\right) \quad (2)$$

在高低应力水平下都适应的双曲正弦形式：

$$\dot{\varepsilon} = A[\sinh(\alpha\sigma)]^n\exp\left(-\frac{Q}{RT}\right) \quad (3)$$

根据该合金在塑性变形过程中所得的应力-应变曲线图中可以得到，当真应变达到0.6时，应力-应变曲线基本上趋于稳定状态，说明塑性变形开始进入稳态流动阶段。在本文中，以真应变为0.6时所对应的流变应力数值作为建立本构方程的数据。

2.1 应力水平参数 α 的求解

对式（1）两边取自然对数得式（4）。对式（4）关于 $\ln\sigma$ 求偏得式（5）：

$$\ln\dot{\varepsilon} = \ln A_1 + n_1\ln\sigma - \frac{Q}{RT} \quad (4)$$

$$n_1 = \frac{\partial\ln\dot{\varepsilon}}{\partial\ln\sigma} \quad (5)$$

对式（2）两边取自然对数得式（6）。对式（6）关于流变应力 σ 求偏导得式（7）：

$$\ln\dot{\varepsilon} = \ln A_2 + \beta\sigma - \frac{Q}{RT} \quad (6)$$

$$\beta = \frac{\partial\ln\dot{\varepsilon}}{\partial\sigma} \quad (7)$$

又因为 $\beta=\alpha n_1$，所以得：

$$\alpha = \frac{\beta}{n_1} \quad (8)$$

选取真应变为0.6时所得的流变应力数据作为参数计算的基础，建立关于 $\ln\dot{\varepsilon}$ 和 $\ln\sigma$ 之间的线性关系，$\ln\dot{\varepsilon}$-$\ln\sigma$ 之间的线性关系如图1所示。

根据 $\ln\dot{\varepsilon}$-$\ln\sigma$ 之间的关系求得 $n_1=4.05251$。建立关于 $\ln\dot{\varepsilon}$-σ 之间的线性关系见图2。根据其斜率的倒数求得 β 的近似值，得 $\beta=0.0366613$。又由 $\beta=\alpha n_1$，可求得 α 的值为0.0090466。

2.2 应力指数 n 值的求解

对公式（3）变形得：

$$\ln\dot{\varepsilon} = \ln A + n\ln[\sinh(\alpha\sigma)] - \frac{Q}{RT} \quad (9)$$

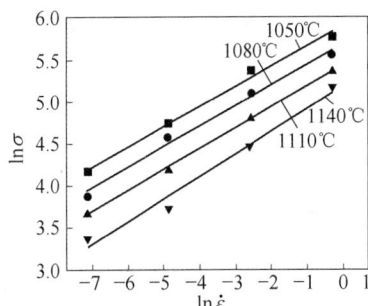

图1 不同温度 $\ln\dot{\varepsilon}$-$\ln\sigma$ 曲线

Fig. 1 $\ln\dot{\varepsilon}$-$\ln\sigma$ curve at different tempeture

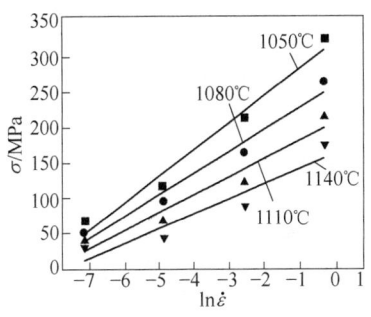

图2 不同温度 $\ln\dot{\varepsilon}$-σ 曲线

Fig. 2 $\ln\dot{\varepsilon}$-σ at different tempeture

建立关于 $\ln\dot{\varepsilon}$ 和 $\ln[\sinh(\alpha\sigma)]$ 之间的线性关系，如图3所示。求得 $n=2.888$。

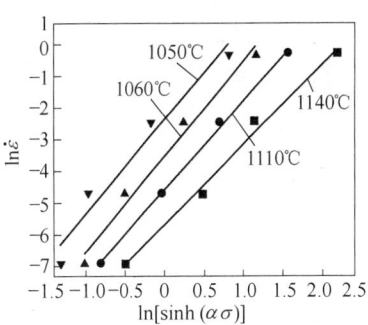

图3 不同温度 $\ln\dot{\varepsilon}$-$\ln[\sinh(\alpha\sigma)]$ 曲线

Fig. 3 $\ln\dot{\varepsilon}$-$\ln[\sinh(\alpha\sigma)]$ curve at different tempeture

2.3 变形激活能 Q 值的求解

建立关于 $\ln[\sinh(\alpha\sigma)]$ 和 $10000/T$ 之间的线性关系，如图4所示。

所得直线斜率即为该应变速率下 $Q/(Rn)$ 的近似值。求不同应变速率下所得直线的斜率的平均值，即为所求得的 $Q/(Rn)$ 值，将已求得的 n 值代入，得 $Q=399.684$kJ/mol。

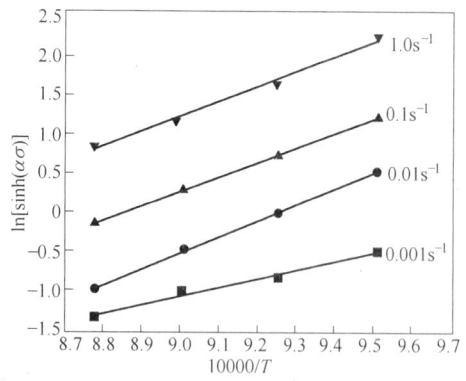

图4　不同应变速率 ln[sinh($\alpha\sigma$)]-1000/T 曲线

Fig. 4　1000/T-ln[sinh($\alpha\sigma$)] curve at different strain rate

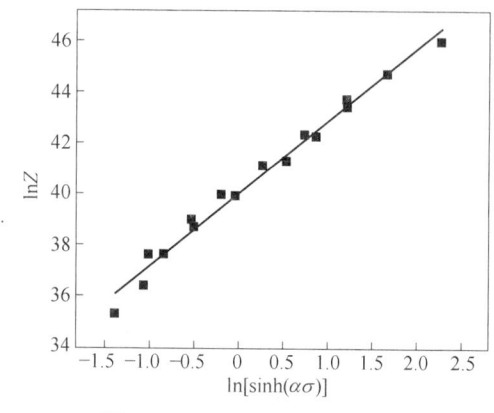

图5　ln$Z$-ln[sinh($\alpha\sigma$)] 曲线

Fig. 5　ln$Z$-ln[sinh($\alpha\sigma$)] curve

2.4　A 值的求解

根据所求得的 Q，求出不同变形温度和应变速率下的 Z 值，对所得数据进行线性回归，得到 ln$Z$ 与 ln[sinh($\alpha\sigma$)] 之间的函数图像，如图5所示。求得 ln$A$ 的值为39.838。

2.5　本构关系建立

将上述所得数据代入式（3），得到当真应变为0.6时，变形温度变化范围为1050~1170℃，应变速率变化范围为 0.001~1.0s^{-1} 条件下的本构关系模型为：

$$\dot{\varepsilon} = \exp(39.838)\left[\sinh(0.00904\sigma)\right]^{2.888} \times \exp(-399.684 \times 10^5/RT)$$

3　粉末高温合金再结晶行为

该合金基体在应变速率为 0.01s^{-1}、变形量为 50%，变形温度分别为 1050℃、1080℃、1110℃、1140℃、1170℃ 的条件下进行热模拟压缩后的显微组织如图6所示。由图可知，变形温度对该合金的组织演化具有显著的影响。当变形温度为 1050℃ 时，变形后的微观组织呈现出典型的压缩变形特征：原始晶粒基本保留，由无取向的等轴粉末颗粒被压缩拉长为呈扁平状，并呈现出明显的取向。当温度为 1110℃ 时，变形后的微观组织中除了大部分原始粉末颗粒被保留下来以外，部

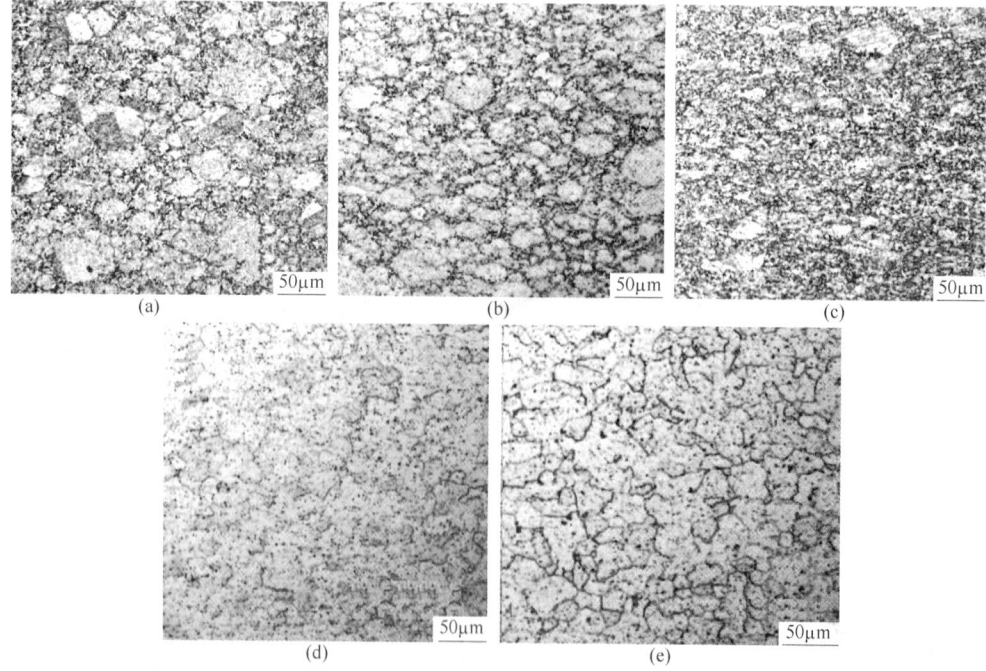

图6　应变速率为 0.01s^{-1}，不同变形温度条件下该合金基体的显微组织

Fig. 6　The microstructure of different deformation temperatures at 0.01s^{-1}

（a）1050℃；（b）1080℃；（c）1110℃；（d）1140℃；（e）1170℃

分晶粒发生了动态再结晶，合金组织为等轴细小的动态再结晶和大尺寸原始晶粒所组成的不均匀组织。随着变形温度的继续升高，动态再结晶晶粒的数量不断增加。在1140℃条件，原始晶粒基本上由动态再结晶晶粒所取代，得到细小均匀的理想组织。当温度为1170℃时，由于变形温度的进一步升高，沉淀强化相的溶解使晶界的运动的阻碍大幅降低，使动态再结晶晶粒尺寸增加，组织粗化。

4 结论

（1）变形温度对材料的微观组织有显著的影响。在较低的变形温度下，动态再结晶程度较低，组织均匀性较差。随着变形温度的升高，动态再结晶程度增大，在1140℃条件下能够获得细小均匀的组织。

（2）得到当真应变为0.6时，变形温度变化范围为1050~1170℃，应变速率变化范围为0.001~1.0s^{-1}条件下的本构关系模型为：

$$\dot{\varepsilon} = \exp(39.838)\left[\sinh(0.00904\sigma)\right]^{2.888} \times \exp(-399.684 \times 10^5/RT)$$

参考文献

[1] 刘娟，崔振山，李从心. 新的具有应变软化特征的本构模型 [J]. 塑性工程学报，2008（5）：6~11.
[2] 张红钢，何勇，刘雪峰，谢建新. Ni-Ti形状记忆合金热压缩变形行为及本构关系 [J]. 金属学报，2007（9）：930~936.
[3] Seshacharyulu T, Medeiros S C, Frazier W G. Hot working of commercial Ti-6Al-4V with an equiaxed α-β microstructure: materials modeling considerations [J]. Mater Sci and eng A, 2000, A284: 184~194.

Ni 含量对 Co-Al-W 基高温合金显微组织和硬度的影响

施琦，姚志远，王磊*，刘杨，宋秀

（东北大学材料各向异性与织构教育部重点实验室，辽宁 沈阳，110819）

摘　要：研究了热处理过程中 Ni 含量对 Co-Al-W 合金显微组织、显微硬度的影响规律。结果表明，随合金 Ni 含量增加，γ' 相的回溶温度增加。在 850℃ 和 870℃ 时效后，随着时效时间的延长，γ' 相尺寸均呈增大趋势，体积分数先增大后减小。850℃ 时效 100h、870℃ 时效 72h 合金出现 γ' 相强化峰值效应。

关键词：Co-Al-W 合金；Ni 含量；γ' 相；时效

Effects of Ni Content on Microstructure and Microhardness of the Co-Al-W Base Superalloy

Shi Qi, Yao Zhiyuan, Wang Lei, Liu Yang, Song Xiu

（Key Laboratory for Anisotropy and Texture of Materials (Ministry of Education), Northeastern University, Shenyang Liaoning, 110819）

Abstract：Effects of Ni on microstructure and properties of the Co-Al-W base superalloy during heat treatment was investigated. The results show that with the increasing of Ni content, solution temperature of γ' is increased while there is no obvious change in solidus temperature. After aging, due to the precipitation of γ' phase with strengthening effect, the hardness increases. And the hardness value increases with the increasing of γ' phase precipitation. As aging time increases, the size of γ' phase continues to grow, while the volume fraction of it firstly increases and then decreases. After aging for 100 hours at 850℃ and 72 hours at 870℃, the peak strengthening effect of γ' phase appears.

Keywords：Co-Al-W base superalloy; Ni content; γ' phase; aging

钴基高温合金具有良好的抗氧化性和耐腐蚀性，广泛应用于工业涡轮机、飞机发动机喷雾嘴和导向叶片等零件[1~6]。近年来[7~11]，J. Sato 等在 Co-Al-W 三元合金中发现了一种具有 $L1_2$ 结构的 γ'-$Co_3(Al, W)$ 相。研究发现[12~15] 向合金中添加 Ni，Ta，Ti，V 等元素能增加 γ' 相溶解温度。可见通过添加合金元素，提高 γ' 相的稳定性，可实现提高钴基合金强度之目的。本文研究了 Ni 含量对 Co-Al-W 合金力学性能的影响。

1　试验材料及方法

本研究为不同 Ni 含量的 Co-Al-W 基合金，主要化学成分如表 1 所示。Co-Al-W 合金经固溶处理后（1300℃，24h，空冷），分别在 850℃/870℃ 下时效 200h。利用 MHV2000 型显微硬度计测量试样的显微硬度。利用 JSM-7001F 型场发射扫描电子显微镜观察合金显微组织变化。

表 1　四种合金的主要化学成分
Tab. 1　Chemical compositions of alloys

（质量分数,%）

合　金	Ni	Al	W	Cr	Co
15Ni	14.55	4.53	12.34	4.47	余
20Ni	19.34	4.43	12.30	4.46	余
25Ni	24.49	4.60	12.30	4.36	余
30Ni	29.42	4.46	12.30	4.31	余

*作者：王磊，教授，联系电话：024-83681685，E-mail：wanglei@ mail. neu. edu. cn

2 试验结果及分析

2.1 Ni 含量对 γ′ 相的影响

表 2 是根据 DSC 曲线得到的四种合金的 γ′ 相溶解温度和固相线温度。从表中可以看出，合金的 γ′ 相溶解温度随着 Ni 含量的增加而升高，从 15Ni 合金 894℃ 升高到 30Ni 的 957℃。合金固相线温度的变化趋势与 γ′ 相回溶温度不同，随 Ni 含量的增加没有明显变化，而是稳定在 1400℃ 左右。添加 Ni 元素在提高能 γ′ 相溶解温度的同时并未对合金固相线产生明显影响，从而扩大了 γ′ 相区，避免二次有害相的析出，改善了合金的组织稳定性。

表 2 四种合金的 γ′ 相溶解温度和固相线温度
Tab. 2 γ′ solvus and solidus temperatures of the four alloys

合 金	γ′相溶解温度/℃	固相线温度/℃
15Ni	894	1405
20Ni	911	1398
25Ni	941	1395
30Ni	957	1397

2.2 热处理制度对显微组织的影响

图 1 是四种合金经过 850℃ 时效 100h 后的显微组织。γ′ 相在 γ 相基体中均匀分布，成典型立方状和近立方状形貌。γ′/γ 两相相共格强化是新型 Co-Al-W 合金的主要强化方式。而 γ′ 相的形态、大小及体积分数对强化效果有决定性作用。通过合理控制时效温度与时效时间进而达到控制 γ′ 相的目的。

表 3 和表 4 是根据时效后的显微组织示意图统计出的 γ′ 相体积分数及尺寸。随时效时间延长，四种合金的 γ′ 相尺寸及体积分数变化大体一致，γ′ 相尺寸不断增加，体积分数先增加后减少。时效初期，γ′ 相优先在基体中形核并长大，长大过程受制于溶质原子的长程扩散，此时溶质原子充足，因此 γ′ 相体积分数不断增加。当溶质原子消耗殆尽时，γ′ 相体积分数达到最大值。随着时效继续进行，γ′ 相粗化，大尺寸的 γ′ 相吞并较小的 γ′ 相，γ′ 相总体积分数降低。低 Ni 含量的合金在时效 100h 后的 γ′ 相体积分数下降较为明显，γ′ 相处于热力学较不稳定状态，这可能与低 Ni 含量合金的 γ′ 相溶解温度较低有关。

图 1 四种合金在 850℃ 时效 100h 后的显微组织
Fig. 1 Microstructure of the four alloys aged at 850℃ for 100h
(a) 15Ni；(b) 20Ni；(c) 25Ni；(d) 30Ni

表3 合金经不同时间热处理后的 γ′ 相体积分数

Tab. 3 Volume fraction of γ′ phase in the alloys after heat treatment （%）

合 金	850℃/48h	850℃/100h	850℃/200h	870℃/48h	870℃/72h	870℃/100h	870℃/200h
15Ni	61	63	55	66	67	50	45
20Ni	61	65	60	66	68	57	50
25Ni	65	68	63	65	67	58	53
30Ni	65	69	60	62	67	60	55

表4 合金经不同时间热处理后的 γ′ 相尺寸

Tab. 4 Size of γ′ phase in the alloys after heat treatment （nm）

合 金	850℃/48h	850℃/100h	850℃/200h	870℃/48h	870℃/72h	870℃/100h	870℃/200h
15Ni	98	105	121	116	117	163	172
20Ni	88	106	118	110	112	170	197
25Ni	82	104	116	108	110	154	172
30Ni	80	105	119	95	111	162	185

2.3 热处理制度对硬度的影响

表5为四种合金时效后的硬度。时效后，合金中析出大量的 γ′ 相，γ′ 相与基体产生共格强化，使合金的显微硬度增大。

在850℃时效100h，870℃时效72h后，合金出现 γ′ 相强化峰值效应。由表3和4可知，随时效时间延长，合金中 γ′ 相尺寸增加，与基体的共格强化减弱。添加 Ni 元素可以减小 γ′ 相尺寸，增大合金的显微硬度。合金在850℃时效100h后，γ′ 相体积分数达到最大值，γ′ 相尺寸随 Ni 含量的变化相对稳定。同样合金在870℃时效72h后，γ′ 相体积分数达到最大值，γ′ 相体积分数随 Ni 含量的变化相对稳定。

表5 合金时效后的硬度（HV）

Tab. 5 Vickers microhardness of the four alloys after aging

合 金	850℃/48h	850℃/100h	850℃/200h	870℃/48h	870℃/72h	870℃/100h	870℃/200h
15Ni	295	300	293	284	287	281	279
20Ni	300	306	301	290	292	288	286
25Ni	318	322	320	310	313	307	297
30Ni	335	335	325	315	326	308	306

870℃时效后，合金中 γ′ 相尺寸较大，γ′/γ 相错配度增大，削弱了共格强化的作用，合金硬度减小。

3 结论

（1）随时效时间延长，合金中 γ′ 相体积分数先增大后减小，γ′ 相尺寸增大。添加 Ni 元素可以提高 γ′ 相的溶解温度，减缓 γ′ 相生长，改善组织稳定性，增大合金硬度。

（2）时效后，合金硬度增大。850℃时效100h，870℃时效72h后出现峰值强化效应。

参考文献

[1] 郭建亭. 高温合金材料学（上册）[M]. 北京：科学出版社，2008：17~43.

[2] 黄乾尧，李汉康. 高温合金 [M]. 北京：冶金工业出版社，2000：1~41.

[3] Sims C T, Stoloff N S, Hagel W C. Superalloys II [M]. NewYork：JohnWiley and Sons, 1987, 236~276.

[4] 董建新，谢锡善，王崟. GH169 高温合金主要相分析 [J]. 兵器材料科学与工程，1993，2：51~56.

[5] 郭建亭. 高温合金材料学（上册）[M]. 北京：科学出版社，2008：50~110.

［6］ 陈国良. 高温合金学 ［M］. 北京：冶金工业出版社，1988：65~78.

［7］ Viatour P, Drapier J M, Coutsouradis D. Stability of the γ′-Co$_3$Ti compound in simple and complex cobalt alloys ［J］. Cobalt, 1973, 3：67.

［8］ Sato J, Omori T, Oikawa K, et al. Cobalt-base high-temperature alloys ［J］. Science, 2006, 312 (5770)：90~91.

［9］ Pollock T M, Dibbern J, Tsunekane M, et al. New Co-based γ-γ′ High-temperature Alloys ［J］. JOM, 2010, 62：58~63.

［10］ Chen M, Wang C Y. First-principles investigation of the site preference andalloying effect of Mo, Ta and platinum group metals in γ′-Co$_3$(Al,W) ［J］. Scripta Materialia, 2009, 60：659~662.

［11］ Xu W W, Wang Y, Wang C, et al. Alloying effects of Ta on the mechanical properties of γ′-Co$_3$(Al,W)：A first-principles study ［J］. Scripta Materialia, 2015, 100：5~8.

［12］ Bauer A, Neumeire S, Pyczak F, et al. Microstructure and creep strength of different γ/γ′-strengthened Co-base superalloy variants ［J］. Scripta Materialia, 2010, 63 (12)：1197~1200.

［13］ Yan H Y, Vorontsov V A, Dye D. Alloying effects in polycrystalline γ′-strengthened Co-Al-W base alloys ［J］. Intermetallics, 2014, 48：44~53.

［14］ Suzuki A, Pollock T M. High-temperature strength and deformation of γ/γ′ two phase Co-Al-W-base alloys ［J］. Acta Materials, 2008, 56 (6)：1288~1297.

［15］ 王少飞，李树索，沙江波. 钴基合金 Co-Al-W-Ta-Nb 的显微组织与高低温力学性能 ［J］. 稀有金属材料与工程，2013，42 (5)：11~17.

"PPB" 在热等静压成形镍基粉末高温合金中的表征

张莹[1,2]*，刘明东[1,2]，孙志坤[1,2]，黄虎豹[1,2]，何俊[3]，寇录文[3]

（1. 钢铁研究总院高温材料研究所，北京，100081；
2. 北京钢研高纳科技股份有限公司，北京，100081；
3. 中国航发西安航空发动机有限公司，陕西 西安，710021

摘 要：对直接热等静压成形（AS-HIP）镍基粉末冶金（PM）高温合金中的原始颗粒边界（"PPB"）的表征进行了分类归纳。分析讨论了"PPB"形成原因及其对合金强度、断裂韧性的影响因素以及改进的措施。

关键词：镍基PM高温合金；热等静压成形；"PPB"；断裂韧性；颗粒间断裂

Characterization of "PPB" in Ni-Based PM Superalloy by Hot Isostatic Pressing

Zhang Ying[1,2]，Liu Mingdong[1,2]，Sun Zhikun[1,2]，Huang Hubao[1,2]，He Jun[3]，Kou Luwen[3]

（1. High Temperature Materials Research Institute，Central Iron & Steel Research Institute，Beijing，100081；
2. Beijing CISRI-GAONA Materials & Technology Co.，Ltd.，Beijing，100081；
3. Aecc Xi'an Aero-Engine Co.，Ltd.，Xi'an Shaanxi，710021）

Abstract：The characterization of the prior particle boundaries（PPB）in nickel-based PM（powder metallurgy）superalloys by direct hot isostatic pressing（AS-HIP）was classified. The formation of "PPB" and its effects on the strength and fracture toughness of the alloy，as well as the elimination and minimization are studied.

Keywords：Ni-based PM superalloy；AS-HIP；PPB；fracture toughness；inter-particle rupture

粉末高温合金鉴于其特有的工艺过程，在成形件中往往出现"PPB"组织。"PPB"的形成主要与母合金的质量、合金的成分及制粉、成形、热处理工艺有着密切的关系。本研究主要对采用PREP制粉、AS-HIP成形的镍基PM高温合金中的"PPB"表征进行分类归纳和分析。

1 试验材料和方法

本试验镍基合金主要成分（质量分数,%）：FGH4095含Cr 13.0，Co 8.0，Mo 3.5，W 3.5，Al 3.5，Ti 2.5，Nb 3.5，（C+B+Zr+Ta）≤ 0.25；FGH4097含Cr 9.0，Co 15.5，Mo 4.0，W 5.5，Al 4.9，Ti 1.8，Nb 2.6，（C+Hf+Mg+Zr+B+Ce）≤0.34。FGH4095和FGH4097的γ'相完全固溶温度分别为1160℃和1190℃[1]。通过金相显微镜（OM）、电镜（SEM、TEM）、电子探针（EPMA）等手段对采用PREP制粉、AS-HIP成形合金中"PPB"的形貌、特征进行观察，结合力学性能予以分析研究。

2 结果及分析

2.1 "PPB"的形貌特征

2.1.1 碳、氧化物形成的"PPB"

FGH4097合金中常见的碳、氧化物"PPB"形貌特征如图1、图2所示。由SEM、TEM和EPMA分析可知，颗粒边界上析出的主要是含Nb、Ti、Hf、Mg的碳、氧化物。

---

*作者：张莹，正高级工程师，联系电话：010-62185157，E-mail：zyxqxn@hotmail.com

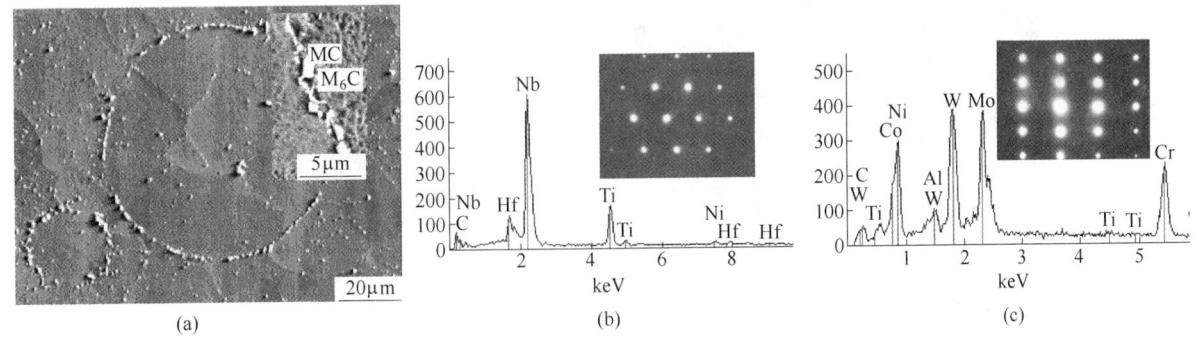

图 1　FGH4097 合金中"PPB"形貌及析出相

Fig. 1　"PPB" morphology and precipitate phases in FGH4097 alloy

(a)"PPB"全貌;(b) MC;(c) M_6C

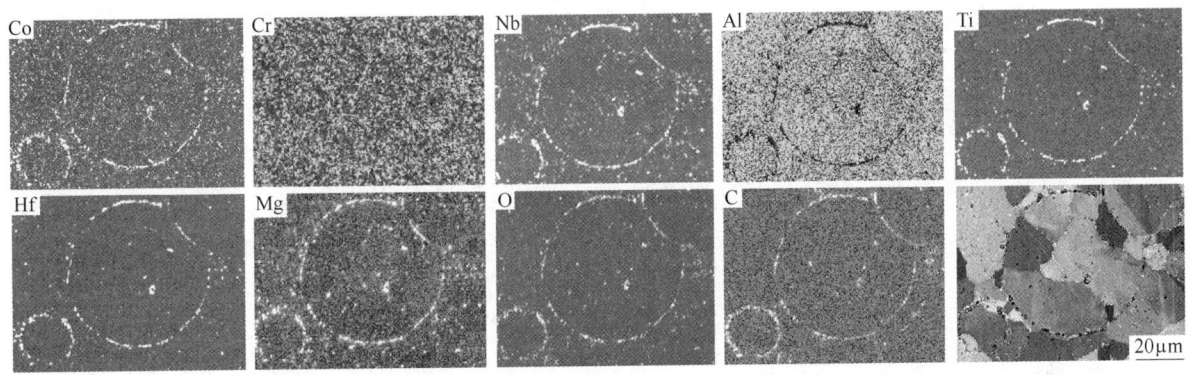

图 2　FGH4097 合金中原始颗粒边界上的 EPMA 元素分析

Fig. 2　EPMA elements analyses on the PPB in sample FGH4097

由于不同牌号合金化学成分的差异,镍基 PM 高温合金中形成"PPB"的碳、氧化物类型有所区别。但在相同工艺条件下,形成这类"PPB"的机理是一致的。原因主要有两个方面:

(1)雾化合金粉末在凝固过程中表面有亚稳态的碳化物析出,HIP 时将发生 M′C→MC。在镍基 PM 合金中,MC 型碳化物的稳定温度高达1300℃,M_6C 的析出高峰温度为 750~950℃。在稍高于 γ′相完全固溶温度下进行热等静压密实,主要析出以 NbC 和 TiC 为主的 MC 碳化物。在随后的热处理中,MC 相未能完全溶入基体,随着 γ′相的析出,由 MC 型碳化物退化反应(MC+γ→M_6C+γ′)[2]析出少量含有 W、Mo 和 Cr 的长条状 M_6C。在 AS-HIP 成形件中 MC 和 M_6C 沿晶界或颗粒边界呈断续状分布。

(2)PREP 制粉过程中,等离子流使母合金棒端部达到熔化的温度,合金中 Mg、Cr、Al 等元素的饱和蒸气压较高,极易蒸发。它们的升华物有可能撒落在离心飞射凝固中的粉末表面,当制粉气氛中含有氧时,便会生成 Mg、Al、Cr 氧化物吸附在粉末表面。特别是合金棒料中缩孔残存气体氧,在雾化过程中释放出来使熔融状态的金属液滴表面发生氧化反应,生成氧化黑粉。

在 HIP 过程中合金粉末在压力和温度同时作用下发生变形,颗粒表面的变形抗力与材料的本质特性及其颗粒表面的成分有关。由于热等静压制件是三维方向均等受力,粉末在整个 HIP 过程中是各向等轴受力变形,因此不利于颗粒表面氧化膜的破碎。在 HIP 过程中粉末表面的氧化物质点促使了复杂的碳氧化物生成,阻碍了颗粒间的原子扩散。其中少量的氧化黑粉在 HIP 成形和热处理后颗粒界面上仍存在 Al、Mg、Hf 等稳定的氧化物,使原始颗粒边界较完整地保留在合金中。

2.1.2　夹杂物在颗粒间形成的"PPB"

图 3 描述了 HIP 成形后颗粒边界上夹杂物导致的"PPB"。

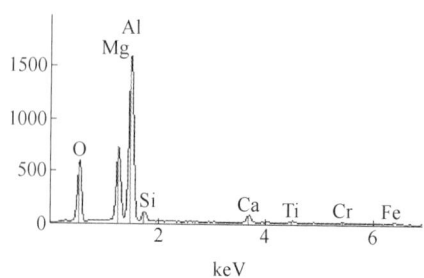

图 3 颗粒边界上的夹杂物及 EDS 能谱分析

Fig. 3 Inclusion and EDS spectrum on particle boundaries

由 EDS 能谱分析，图 3 中的颗粒边界存在含 Al、Mg、Si、O 等的夹杂物，它们主要是粉末粘连熔渣的异常颗粒形成。在 PREP 雾化制粉过程中液滴的分离和结晶是在合金熔体缺乏明显过热度的条件下进行，因此合金中少量稳定的杂质有可能进入凝固中的合金粉末颗粒或粘连在表面。在 HIP 成形过程中随着温度的升高，沿着粉末间

隙发生分解、扩散或与基体发生反应，这些附着在粉末间隙的夹杂物或粉末表面的反应物阻碍了周围粉末的密实，形成局部的"PPB"区域。这些遗传杂质的数量、尺寸与母合金的冶炼质量有关。

2.1.3　颗粒边界上的大 γ′ 相形成"PPB"

图 4 描述了最终热处理后 FGH4095 合金中大 γ′ 相形成的"PPB"。

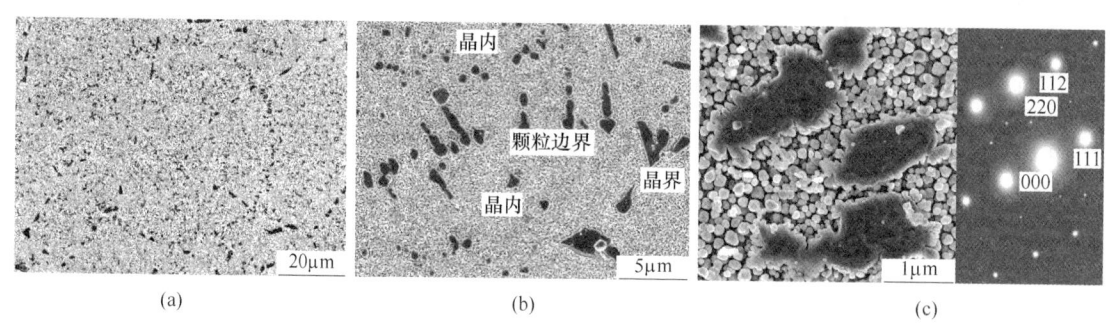

图 4 γ′相形成的"PPB"形貌

Fig. 4 Morphology of the "PPB" formed by the γ′ phases

（a）"PPB"全貌；（b）晶内、晶界和颗粒边界上分布的大 γ′；（c）"PPB"上的 γ′ 相及 TEM 衍射花样

镍基高温合金粉末热等静压成形温度通常设在 γ′ 相完全固溶温度以上。大 γ′ 相形成"PPB"，一般发生在尺寸相对大的颗粒中。在 HIP 加热过程中，大尺寸的粉末由于再结晶速度缓慢阻碍了弥散析出的一次 γ′ 相的回溶和均匀化。在热等静压缓冷过程中，颗粒界面上未完全回溶的 γ′ 相继续长大，最终在 HIP 成形件中保留了 γ′ 相形成的"PPB"轮廓，它贯穿于若干个再结晶晶粒内，与基体之间呈共格关系。

在随后的热处理中，将固溶温度设定在亚固溶两相区，HIP 中析出的一次 γ′ 相大多回溶，晶内存在少量块状一次 γ′ 相和弥散分布着固溶和时效中析出的二次和三次 γ′ 相，晶界上一次 γ′ 相沿晶呈条状。颗粒边界上的一次 γ′ 相不能完全消除，

并在时效过程中有所长大。

2.2　"PPB"组织与性能的关系

镍基 PM 高温合金中的"PPB"与其性能的关系，主要体现在对合金强度和断裂韧性的影响。

2.2.1　颗粒间断裂与断裂韧性

由 2.1 节的结果分析可知，PREP 粉末表面成分较为复杂，AS-HIP 合金中"PPB"往往是多种因素综合造成，很难区分。碳、氧化物及夹杂物在原始颗粒边界上的析出物不仅降低合金的致密度，而且影响合金的断裂韧性，在试样的断口上呈现图 5 所示颗粒间断裂[3]。甚至由于颗粒边界形成贫 γ′ 相薄弱区，导致强度下降最终成为裂纹源（见图 5（b））。

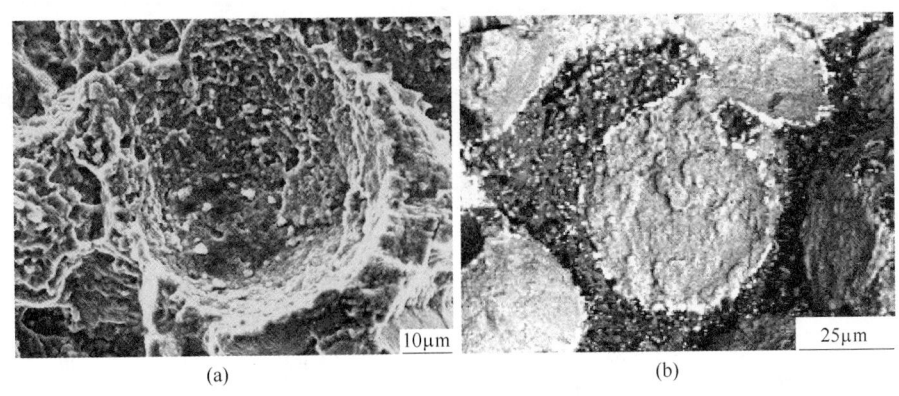

图 5 颗粒间断裂形貌

Fig. 5 Morphologies of inter-particle rupture

(a) 裂纹沿颗粒扩展；(b) 疲劳源

图 6 描述了该类 A、B、C 三种含不同程度 "PPB" 的合金试样在 650℃、应力比为 0.05 实验条件下对疲劳寿命和裂纹扩展速率的影响比较。由关系式[4] $K_{IC} \approx \sqrt{2\sigma_s E\lambda}$ 分析，发生在原始颗粒边界裂纹尖端扩展的断裂韧度 K_{IC}，不仅取决于屈服强度 σ_s、弹性模量 E，还与颗粒边界上的碳氧化物的间距 λ 有关。析出物排列越密集，K_{IC} 值越小。在裂纹扩展过程中，颗粒边界不连续的析出物将会阻碍位错运动，并引起蠕变位错在该区域塞积。颗粒边界上的碳、氧化物尺寸越大，排列越密集，越容易产生应力集中，导致裂纹在断裂韧性薄弱区加速扩展。当裂纹尖端的集中应力达到颗粒界面的断裂韧度时，便发生失稳断裂，最终在断口上呈现不同程度的颗粒间断裂。

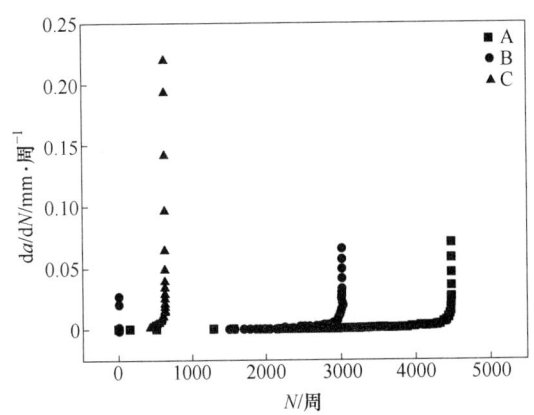

图 6 "PPB" 对裂纹扩展速率和疲劳寿命的影响

Fig. 6 Effect of "PPB" on crack growth rate and fatigue life

2.2.2 大 γ′ 相 "PPB" 与高温强度

最终成形件金相组织中存在大 γ′ 相形成的 "PPB" 轮廓，与该合金的热处理固溶温度密切相关。以 FGH4095 合金为例，为获得最佳的强度性能匹配，设定[1] 该合金热处理固溶温度在 γ′ 相完全溶解温度以下，使合金中保留有少量未溶的一次 γ′ 相，分布于晶内、晶界和颗粒边界，如图 4 所示。图 7 给出了 1000 个 FGH4095 合金试样 650℃拉伸性能数据统计结果，合金中的一次大 γ′ 相 "PPB" 并未对高温强度造成明显的影响。

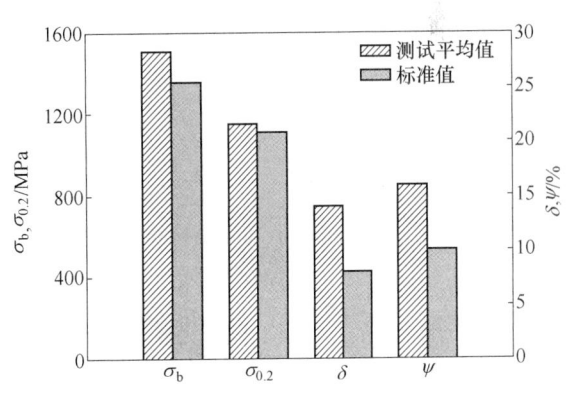

图 7 FGH4095 合金 650℃拉伸性能

Fig. 7 650℃ tensile properties of FGH4095 alloy

成形件中保留有大 γ′ 相 "PPB" 轮廓，与该合金成分的均匀性和 γ′ 相完全溶解温度的偏差也有关系。可通过控制 HIP 加热温度、冷却速度、改善热处理工艺，以减少一次 γ′ 相的数量和尺寸，达到组织性能的最佳匹配。

3 结论

(1) AS-HIP 成形的镍基 PM 高温合金中存在的 "PPB" 主要归类为由合金中碳、氧化物、夹杂物、一次大 γ′ 相导致生成。

(2) 原始颗粒边界上析出的各类碳、氧化物降低合金的致密度，在颗粒周边形成贫 γ′ 区，直接影响合金的断裂韧性。该类"PPB"在合金中的数量、分布以及"PPB"上析出物的弹性模量、尺寸、分布间距是导致断裂韧性降低的主要因素，当裂纹尖端的集中应力达到颗粒界面的断裂韧度时，裂纹扩展速率加快，最终在断口上呈现不同程度的颗粒间断裂。

（3）镍基高温合金粉末在稍高于 γ′ 相完全固溶温度下 HIP 成形，随后经亚固溶和时效处理，合金中存在一次大 γ′ 相形成的"PPB"轮廓，它们贯穿于若干个再结晶晶粒，与基体之间呈共格关系，未发现对合金的高温强度造成影响。

参考文献

[1] 中国金属学会高温材料分会. 中国高温合金手册（下卷）[M]. 北京：中国标准出版社，2012：611~634.
[2] 张莹，张义文，孙志坤，等. 热处理工艺对一种镍基 P/M 高温合金组织性能的影响 [J]. 材料热处理学报，2011（7）：37~43.
[3] 张莹，刘明东，孙志坤，等. 颗粒间断裂在一种 P/M 镍基高温合金低周疲劳断口上的特征 [J]. 中国有色金属学报，2013（4）：987~996.
[4] 黄培云. 粉末冶金原理 [M]. 北京：冶金工业出版社，2004：380~382.

新型粉末高温合金的组织与性能分析

刘建涛[1,2,3*]，李科敏[1,2,3]，谢玲[1,2,3]，朱晓蕾[1,2,3]，杨升[4]，徐永涛[5]

（1. 钢铁研究总院高温材料研究所，北京，100081；

2. 北京钢研高纳科技股份有限公司，北京，100081；

3. 高温合金新材料北京市重点实验室，北京，100081；

4. 中国航发贵阳发动机设计研究所，贵州 贵阳，550081；

5. 中国航发贵州黎阳航空发动机有限公司，贵州 贵阳，550014）

摘　要：针对高性能航空发动机对高性价比粉末涡轮盘材料需求，研制了 FGH4103 和 FGH4104 两种新型镍基粉末高温合金。新型合金采用等离子旋转电极（PREP）制粉+直接热等静压成形（HIP）+热处理工艺制备。对合金的组织分析和性能分析表明，FGH4103 和 FGH4104 合金的晶粒组织均匀，未发现原始颗粒边界；与 FGH4097 合金相比，FGH4103 和 FGH4104 合金的拉伸强度、持久强度和疲劳强度更优异，可满足更高温度和更高强度需求。

关键词：FGH4103 合金；FGH4104 合金；热等静压；显微组织；力学性能

Mechanical Properties and Microstructure of New Type PM Superalloys

Liu Jiantao[1,2,3], Li Kemin[1,2,3], Xie Ling[1,2,3], Zhu Xiaolei[1,2,3], Yang Sheng[4], Xu Yongtao[5]

（1. High Temperature Materials Research Institute, Central Iron & Steel Research Institute, Beijing, 100081；

2. Beijing CISRI-GAONA Materials & Technology Co., Ltd., Beijing, 100081；

3. Key Laboratory of Advanced High Temperature Materials, Beijing, 100081；

4. Aecc Guiyang Aero-Engine, Institute, Guiyang Guizhou, 550081；

5. Aecc Guizhou Liyang Aero-Engine Co., Ltd., Guiyang Guizhou, 550014）

Abstract：New type PM superalloys aimed to be used in advanced aircraft engine are developped. New types PM superalloys FGH4103 and FGH4104 in the study are processed via plasma rotating electrode processing (PREP) powder making, HIP forming and heat treatment. The microstructure and mechanical properties of FGH4103 and FGH4104 PM superalloys were systematically investigated. The results showed that, grain size is uniform and no PPB (prior particle boundary) occurred, Mechanical properties including impact toughness, tensile properties elevated temperature stress rupture, low cycle fatigue life in FGH4103 and FGH4104 PM superalloy are superior than those of FGH4097 superalloy. It is sugested that new types PM superalloy FGH4103 and FGH4104 is characterized as sound mehanical poperties at higher temperature.

Keywords：FGH4103 PM superalloy；FGH4104 PM superalloy；HIP；microstrcture；mechanical properties

　　直接热等静压近净成形是粉末高温合金制件的主要生产工艺之一，该工艺制备的粉末高温合金制件具有材料利用率高、组织和性能一致性好的突出优点，具有显著的性价比优势。采用该工艺制备的粉末高温合金盘、轴、环等热端部件在国内外先进航空发动机上获得了广泛的应用[1]。

---

* 作者：刘建涛，正高级工程师，联系电话：010-62183106，E-mail：ljtsuperalloys@sina.com

资助项目：国家科技重大专项（2017-Ⅵ-0008-0078）

随着航空发动机推重比的不断提高，对粉末涡轮盘的使用温度以及力学性能提出了更高的要求，研制具有更高使用温度以及更高力学性能的新型粉末高温合金，并实现高性价比盘件制备，对提高我国发动机的使役性能和降低成本具有重要的意义。

FGH4103 和 FGHG4104 合金是采用等离子旋转电极制粉+热等静压成形的工艺路线制备的新型

粉末高温合金。本文较系统研究了 FGH4103 和 FGH4104 合金的显微组织和力学性能，并和 FGH4097 合金性能做了对比，本文工作对高性比盘件的后续制备具有重要的参考价值。

1 试验材料及方法

FGH4103、FGH4104 合金为镍基 γ' 相沉淀强化型粉末冶金高温合金，合金的主要成分如表1所示。

表1 FGH4103、FGH4104 合金的主要化学成分
Tab. 1 Main chemical compositions of FGH4103 and FGH4104 PM Super alloy （质量分数,%）

合 金	C	Co	B	Zr	Cr+W+Mo	Al+Ti+Nb+Hf	Ni
FGH4103	0.06	15.0	0.015	0.01	19.1	9.5	基体
FGH4104	0.06	15.0	0.015	—	18.5	10.4	基体
FGH4097	0.04	15.8	0.015	0.015	18.4	9.8	基体

FGH4103、FGH4104 合金的主要制备工艺流程如下：母合金冶炼→等离子旋转电极工艺制备粉末→粉末处理→粉末装套→热等静压成形→热处理。

其中，粉末粒度为 50~100μm；热静压工艺参数为：T = 1180~1220℃，P > 120MPa，t > 2h；FGH4103 热等静压后锭坯的热处理制度为：1180~1210℃/6~12h，空冷+850~900℃/4h，空冷+700~800℃/16h，空冷；FGH4104 热等静压后锭坯的热处理制度为：1180~1210℃/6~12h，空冷+800~900℃/8h，空冷+700~750℃/16h，空冷。

晶粒组织试样采用化学方法浸蚀，浸蚀剂为：5g CuCl₂+100mL HCl+100mL C₂H₅OH，晶粒组织观察在扫描显微镜下进行。γ' 相形貌试样采用电

化学抛光+电解浸蚀：用 20% H₂SO₄+80% CH₃OH 电解抛光（电压 25~30V，时间 15~20s），然后用 170mL H₃PO₄+10mL H₂SO₄+15g CrO₃ 电解浸蚀（电压 2~5V，时间 2~5s），γ' 相观察在扫描电镜下进行。冲击、拉伸、持久以及低周疲劳试样制备及测试按照相应的国家标准执行。

2 试验结果及分析

2.1 显微组织

FGH4103 合金与 FGH4104 合金热处理后的显微组织分别如图1和图2所示。

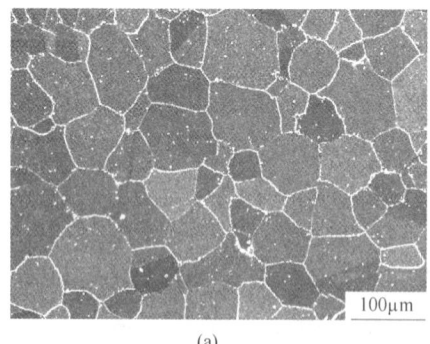 

(a) (b)

图1 FGH4103 合金的显微组织（热处理态）
Fig. 1 Microstructure of FGH4103 PM superalloy
（a）晶粒组织；（b）γ'相形貌

由图1可见：FGH4103 合金热处理态的晶粒组织分布均匀，晶粒度为 6 级，组织中没有原始颗粒边界（prior particle boudarys, PPB），且未发现存在 TCP 相；γ' 相形貌呈现大、中、小多模态分布：一次 γ' 相

（长条状，尺寸>300nm）主要位于晶界上、二次 γ' 相（方块状，尺寸 200~300nm）主要位于晶内，三次 γ' 相（球状小颗粒，尺寸<30nm）在晶内和晶界均有分布，见图1(b) 右上角区域图中的球状小颗粒。

图 2　FGH4104 合金的显微组织（热处理态）

Fig. 2　Microstructure of FGH4104 PM superalloy

（a）晶粒组织；（b）γ′相形貌

由图 2 可见：FGH4104 合金热处理态的晶粒度为 6~7 级，组织中没有原始颗粒边界，且未发现存在 TCP 相；γ′相形貌呈现大、中、小多模态分布：一次 γ′相（长条状，尺寸>300nm）主要位于晶界上、二次 γ′相（方块状，尺寸 200~300nm）主要位于晶内，三次 γ′相（球状小颗粒，尺寸<30nm）在晶内和晶界均有分布，见图 2(b) 右上角区域图中的球状小颗粒。

2.2　力学性能

2.2.1　室温冲击及硬度

热处理态的 FGH4103 以及 FGH4104 合金的室温 U 型冲击功和硬度如表 2 所示，相应的对应的冲击断口如图 3 所示。

表 2　FGH4103、FGH4104 合金的室温冲击功及硬度

Tab. 2　Impact absorbing energy and hardness at room temperature

合　金	室温冲击功 /J	室温硬度 （HBW）
FGH4103	25	440
FGH4104	27	442

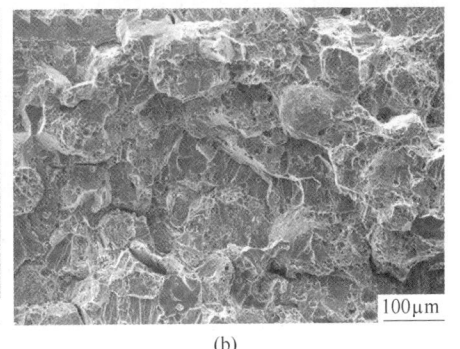

图 3　FGH4103、FGH4104 合金的室温冲击断口

Fig. 3　Impact fracture morphologies of FGH4103 and FGH4104 PM superalloys at room temperature

（a）FGH4103 合金；（b）FGH4104 合金

由表 2 和图 3 可知，FGH4103 合金与 FGH4104 合金的室温冲击韧性及硬度无明显差异，对应的冲击断口呈现典型的解理断裂特征，未发现沿着粉末颗粒间断裂现象，这表明，合金经过热等静压+热处理后，显微组织中没有原始颗粒边界（PPB）。

2.2.2　拉伸性能

热处理态 FGH4103 和 FGH4104 合金的室温及高温拉伸性能见表 3，可见，在相同的温度下，FGH4103 与 FGH4104 合金的拉伸强度均明显高于 FGH4097 合金（屈服强度高出 70~160MPa），合金呈现典型的高强度特性；FGH4103 合金在 750℃ 和 800℃ 具有优异的强度和塑性，800℃ 对应的屈服强度高达 985MPa，伸长率为 18%；FGH4104 合金在室温和 700℃ 具有优异的强度和塑性，700℃

对应的屈服强度高达 1140MPa，伸长率为 19%；在 750℃时，FGH4104 合金尽管具有高强度的特征，但是和室温和 700℃相比，塑性下降显著（室温对应的 $\delta=17\%$，700℃对应的 $\delta=19\%$，750℃对应的 $\delta=10\%$）。

表3　FGH4103、FGH4104 合金的拉伸性能

Tab. 3　Tensile properties of of FGH4103 and FGH4104 PM superalloys

合金	温度/℃	σ_b/MPa	$\sigma_{0.2}$/MPa	δ/%	ψ/%
FGH4103	室温	1513	1156	15	15
FGH4104	室温	1634	1219	17	19
FGH4097	室温	1500	1050	22	19
FGH4104	700	1500	1140	19	17
FGH4097	700	1280	1010	21	22
FGH4103	750	1280	1050	19	21
FGH4104	750	1350	1110	10	14
FGH4097	750	1200	980	24	25
FGH4103	800	1120	985	18	18

2.2.3　高温持久及低周疲劳性能

热处理态 FGH4103 和 FGH4104 合金的持久强度（复合试样，缺口半径 $r=0.15$mm）以及低周疲劳性能见表4。可见，在 650℃下，FGH4103 和 FGH4104 合金的持久强度和低周疲劳强度相当，但是都明显高于 FGH4097 合金；在 750℃下，FGH4103 合金的持久强度明显高于 FGH4104 合金和 FGH4097 合金[2]。

表4　FGH4103 和 FGH4104 合金的持久强度和低周疲劳强度

Tab. 4　Stress rupture and LCF strength of FGH4103 and FGH4104 PM superalloys

合金	持久强度/MPa		低周疲劳性能（$f=1$Hz）
	$\sigma_{100h}^{650℃}$	$\sigma_{100h}^{750℃}$	$\sigma_{N=2\times10^4}^{650℃}$/MPa
FGH4103	1140	750	1100
FGH4104	1110	620	1120
FGH4097	1020	680	1000（5000 周次）

3　结论

（1）新型粉末高温合金 FGH4103 和 FGH4104 合金晶粒组织均匀，组织中未发现原始颗粒边界（PPB）和 TCP 相。

（2）与 FGH4097 合金相比，FGH4103 与 FGH4104 合金的拉伸强度、持久强度和疲劳强度显著提高。FGH4103 合金在 800℃以下具有高温、高强度的显著特征；FGH4104 合金在 700℃以下具有高强度的显著特征。

参考文献

[1] 张义文，刘建涛. 粉末高温合金研究进展 [J]. 中国材料进展，2013，32（1）：1~11.

[2] 刘建涛. FGH4097 粉末盘材料与盘坯技术报告 [R]. 北京：钢铁研究总院，2007.

1000℃服役可焊轻质高强 Ni₃Al 合金研究

王建涛[1,2*]，骆合力[1,2]，李尚平[1,2]，韩少丽[1,2]

（1. 钢铁研究总院高温材料研究所，北京，100081；

2. 北京钢研高纳科技股份有限公司，北京，100081）

摘 要：通过 Fe 等元素的合金化，开发了一种 Al 含量高达 10%、以 γ′相强化为主的可熔焊 Ni₃Al 合金。研究表明，合金的微观组织由 β 相、γ 相、γ′相及少量碳化物组成，Fe 元素偏析于枝晶干，降低了 γ′相含量，同时促进了 β 相的形成；良好的强韧性匹配与低熔点相的消除保障了合金 Al 含量达 10%仍可熔焊，焊后强度可达铸态合金强度的 80%以上；合金密度仅为 7.5g/cm³，1000℃抗拉强度为 240MPa，较力学性能优良的可焊铸造高温合金 K487 轻 11%，高温持久寿命更长，是一种综合性能优异的可焊轻质高强材料。

关键词：Ni₃Al；可焊高温合金；轻质高强

Research on Weldable Low-density and High-strength Ni₃Al Alloy Serving at 1000℃

Wang Jiantao[1,2], Luo Heli[1,2], Li Shangping[1,2], Han Shaoli[1,2]

（1. High Temperature Materials Research Tnstitute, Central Iron & Steel Research Institute, Beijing, 100081;

2. Beijing CISRI-GAONA Materials & Technology Co., Ltd., Beijing, 100081）

Abstract：A weldable Ni₃Al alloy with Al content up to 10% and mainly strengthened by gamma prime phase was developed by the alloying of Fe and other elements. The results show that the microstructures of the alloy are composed of beta phase, gamma phase, gamma prime phase and a small amount of carbides. The Fe element segregates to the dendrite core, which would reduce the content of gamma prime phase while promoting the formation of beta phase. Good matching of strength and toughness, associated with the elimination of low-melting-point phase ensures that the alloy with 10% Al can still be weldable, and the strength of welded alloy can reach more than 80% of as-cast alloy strength. The weldable Ni₃Al alloy has the density of only 7.5g/cm³, 11% lighter than that of the weldable cast superalloy K487, which has the excellent mechanical properties; the weldable Ni₃Al alloy has the tensile strength at 1000℃ of 240MPa and has a longer stress rupture life at elevated temperature compared with the alloy of K487, which reveals that the weldable Ni₃Al alloy is an excellent low-density and high-strength weldable material.

Keywords：Ni₃Al；weldable alloy；low-density and high-strength

随着先进发动机技术的进步及性能的提升，对零部件的减重需求越来越强烈，并且在零部件的制造过程中大多数涉及焊接过程[1]，因此对可焊轻质高强的高温材料的需求愈来愈迫切。在传统高温合金中，可焊和轻质高强往往不可兼得。

普遍认为，当一种合金的 Al 含量大于 4%（质量分数，下同）时，则意味着该合金不可熔焊，但较低的 Al 含量形成的二次 γ′相热稳定性差，高温强度有限；为了得到理想的高温强度，往往在合金设计时添加大量的重金属 W、Mo 等，进行固溶

＊作者：王建涛，工程师，联系电话：13811328781，E-mail：wjtcxjd@163.com

强化，造成材料密度较大，并有可能出现 μ 相、σ 相等有害相。比如目前力学性能优异的可焊铸造高温合金 K487，Al+Ti 的含量达到 3%~4%，W+Mo 的总量达到 13%~15%，密度为 8.48g/cm³，并伴有 μ 相析出[2]。Ni₃Al 合金具有密度低、高温强度高，组织稳定性好等特点，但焊接性较差[3]，为了提高合金的焊接性，研究工作者开展了 Fe 元素合金化工作，BY S. A. David[4] 在 Ni₃Al 中添加 11%左右的 Fe，使合金可以进行电子束焊接，但窗口较小；C. T. Liu 等人通过进一步的合金化，针对煤转换系统开发了中温服役的可焊变形 Ni₃Al 合金，但高温力学性能不足。基于此，本文通过 Fe 元素合金化，结合固溶强化和晶界强化，开发了一种 Al 含量高达 10%、以 γ′相强化为主、可在 1000℃服役的新型轻质高强可熔焊 Ni₃Al 合金。

1 试验材料及方法

试验采用的可熔焊 Ni₃Al 合金的主要成分为 Ni-10Al-10Fe（质量分数，下同），添加适量的 Cr、Mo、Hf、C 等元素进行固溶强化和晶界强化。经双真空感应熔炼工艺制备标准试棒，进行高温拉伸及持久性能测试；切取试样后经过打磨、抛光，采用磷酸：硝酸：硫酸＝3：10：12 的混合溶液进行电解腐蚀，在附带有能谱仪的 JSM-6480LV 扫描电子显微镜上观察合金铸态及焊后的微观组织，并进行定性分析；采用 JXA-8530F 电子探针研究合金元素在微观组织中的分布规律；选取 GH163 焊丝，通过氩弧焊工艺将可熔焊 Ni₃Al 合金对焊，观察焊缝的冶金质量，并测试焊后的高温拉伸性能，与铸态合金进行对比。

2 试验结果及分析

2.1 可熔焊 Ni₃Al 合金的微观组织特征

图 1 为可熔焊 Ni₃Al 合金的典型微观组织，主要由 β（NiAl）相、γ 相、γ′相及少量碳化物组成。其中黑色的块状相为 β 相，面积比约占 24%，在其周围包覆着一层 γ′相，分布于枝晶间区域；在 β-γ′周围分布着 1%的点状碳化物，经能谱分析，为 Hf、Mo、Cr 的复合碳化物；其余 75%的面积为 γ-γ′两相区，分布于枝晶干区域，其中 γ′含量约占 60%，呈颗粒状分布于 γ 相中。

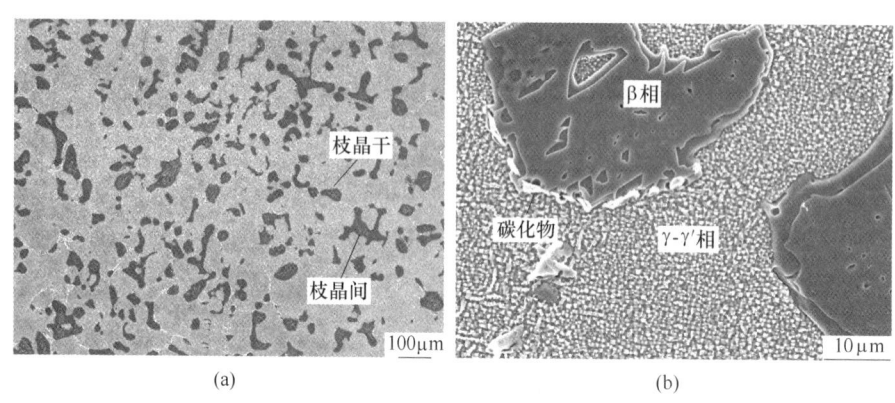

图 1 可熔焊 Ni₃Al 合金的典型微观组织

Fig. 1 Typical microstructure of weldable Ni₃Al alloy

(a) 100×；(b) 2000×

β 相的形成和 60%的 γ′相含量是可熔焊 Ni₃Al 合金非常重要的组织特征，因为在工程应用的传统 Ni₃Al 合金体系中，微观组织一般由 γ 相、γ′相及少量碳化物组成，γ′相含量随着 Al 含量的变化而变化；当 Al 含量达到 8%时，γ′相含量一般可达 80%左右，并且具有极强的化学稳定性，完全固溶温度可达 1250℃；随着 Al 含量的提高，γ′相含量会进一步增多，稳定性也会随之增强，继续提高 Al 含量，合金成分则会进入

NiAl 相区，开始析出 β 相，但数量很少，并且前提是 γ′相的饱和度已经很高，含量可达 90%以上，稳定性非常强，完全固溶温度甚至接近液相线温度。而在本文研究的可熔焊 Ni₃Al 合金中，Al 含量达到了 10%，而 γ′相却只有 60%左右，并且完全固溶温度相对较低，为 1130℃，而且生成了 24%的 β 相，与 Ni-Al 二元相图上分析的结果有较大差异。研究认为，这可能与 Fe 元素的合金化作用有关，Fe 既可替代 Ni，又可替代 Al，

具有双重作用。

图 2 为 Fe 和 Al 在可熔焊 Ni₃Al 合金微观组织中的分布情况，不同颜色深度代表合金元素的不同浓度，深色代表元素浓度高，浅色代表元素浓度低。可以看出，Fe 和 Al 的偏析倾向均非常明显，Al 是正偏析元素，枝晶间的含量是枝晶干含量的 2 倍，Fe 是负偏析元素，枝晶干含量是枝晶间含量的 1.5 倍。

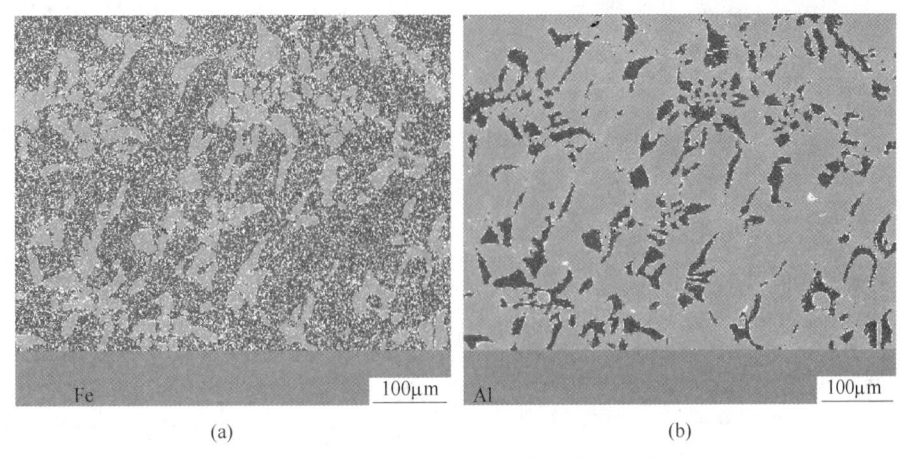

(a)　　　　　　　　　　　　　(b)

图 2　元素在可熔焊 Ni₃Al 合金中的分布

Fig. 2　Element distribution in weldable Ni₃Al alloy

(a) Fe；(b) Al

在可熔焊 Ni₃Al 合金凝固过程中，γ 固溶体首先从液相中析出，以枝晶干形式存在，而 Fe 在枝晶干偏析，由于 Fe 可替代 Al，加剧了 Al 的偏析程度，原本固溶于 γ 相中的部分 Al 会聚集到枝晶间的液相中，使剩余液相 Al 含量大幅升高，当 Al 富集到一定程度时，熔液成分进入 NiAl 相区，从而析出 β 相；同时，研究表明，随着合金中 Fe 含量的升高，γ' 相数量会明显减少。由于在本文设计的可熔焊 Ni₃Al 合金中 Fe 偏析于枝晶干，导致枝晶干 γ' 相的数量和固溶温度较不含 Fe 时有所降低。固然如此，可熔焊 Ni₃Al 合金中的 γ' 相数量仍可达 60% 左右，完全固溶温度为 1130℃，较传统可焊高温合金有显著提高，为其良好的力学性能奠定了组织基础。

2.2　可熔焊 Ni₃Al 合金的典型性能

由于 Al 含量高达 10%，可熔焊 Ni₃Al 合金具有很低的密度，经排水法测试，仅为 7.5g/cm³，较可焊 K487 合金轻 11%。表 1 列出了可熔焊 Ni₃Al 合金的典型力学性能，并与 K487 合金进行了比较[2]。K487 合金除了含有 13%～15% 的 W、Mo 元素，其 Al+Ti 含量也达到 3%～4%，在可焊铸造高温合金中，将时效强化和固溶强化几乎用到了极致，具有优异的高温强度。经对比及推测，900℃时可熔焊 Ni₃Al 合金的抗拉强度略低于 K487

合金，1000℃时二者强度相当；但可熔焊 Ni₃Al 合金的高温持久性能明显占优。K487 合金在 900℃/51MPa 的持久寿命为 122～296h，而可熔焊 Ni₃Al 合金在持久应力增大 37MPa 的情况下，寿命仍可达到 310h 以上，更适合于在高温长时服役，是一种优异的轻质高强可焊高温材料，具有很好的工程应用前景。

表 1　可熔焊 Ni₃Al 合金的典型力学性能

Tab. 1　Typical mechanical property of weldable Ni₃Al alloy

测试条件	可熔焊 Ni₃Al 合金		K487 合金	
	σ_b/MPa	δ_5/%	σ_b/MPa	δ_5/%
900℃	420	7	520	12.5
1000℃	240	15	—	—
900℃/88MPa 持久寿命	>310h		900℃/51MPa 持久寿命	122～296h

2.3　可熔焊 Ni₃Al 合金的焊接性能

图 3 为采用氩弧焊工艺对焊的可熔焊 Ni₃Al 合金的焊缝形貌，中间部分为 GH163 合金焊层，两侧为可熔焊 Ni₃Al 合金基体。通过荧光及 X 光检验发现，焊缝冶金质量良好，没有发现裂纹、夹杂等焊接缺陷；高温拉伸试验表明，可熔焊 Ni₃Al 合金在 1000℃时的焊后接头抗拉强度达到 200MPa，达到铸态合金强度的 80% 以上，塑性也在 10% 以

上，进一步表明了合金焊缝质量良好，焊接性能优异。

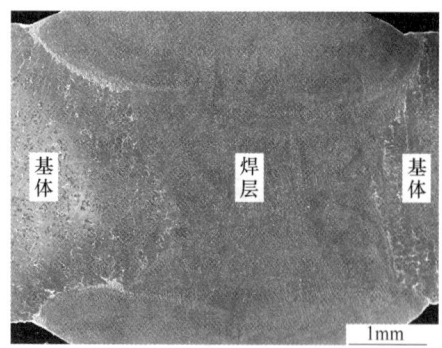

图 3　可熔焊 Ni$_3$Al 合金的焊缝形貌

Fig. 3　Weld morphology of weldable Ni$_3$Al alloy

传统镍基高温合金中，Al 含量高于 4% 被认为不可熔焊，即在焊接时会产生裂纹。而焊接裂纹主要包括凝固裂纹、液态裂纹、时效裂纹等，归结到材料设计上，原因有两点：一是高温下不具有良好的强韧性匹配，二是低熔点相的形成。本文通过加入 10% 的 Fe，实现了 Al 在枝晶干和枝晶间的差异化分布，解决了强韧性匹配不好和低熔点相形成的问题，使 Al 含量高达 10% 的合金具备了优异的焊接性能。Fe 元素偏析于枝晶干，促使一部分 Al 元素富集在枝晶间，促进了 β 相的形成。β 相的形成是保障合金 Al 含量达 10% 仍具有可焊性的关键：一方面，β 相属于高熔点相，在枝晶间的形成缩小了合金的凝固区间，避免了焊接凝固裂纹和液态裂纹的产生；另一方面，β 相在高温下强度较低且塑性优异，加之 Fe 元素在枝晶干偏析，降低了枝晶干 γ′ 相含量和完全固溶温度，一定程度上损失了高温强度，但同时也势必会改善高温塑性，使得合金在高温下具有良好的强韧性匹配，提高了合金在焊接的复杂环境下抵抗热应力的能力，避免了高温失塑裂纹的产生。

3　结论

（1）可熔焊 Ni$_3$Al 合金的微观组织由 β 相、γ 相、γ′ 相及少量碳化物组成。β 相约占 24%，分布于枝晶间区域；γ′ 相约占 60%，分布于枝晶干的 γ 相中；碳化物约占 1%，多分布于 β 相周围。

（2）Fe 元素偏析于枝晶干，降低了 γ′ 相含量，同时促进了 β 高熔点相的形成；良好的强韧性匹配与低熔点相的消除保障了合金 Al 含量达 10% 仍可熔焊，焊后强度可达铸态合金强度的 80% 以上。

（3）可熔焊 Ni$_3$Al 合金的密度为 7.5g/cm^3，1000℃ 抗拉强度达到 240MPa，较力学性能优异的可焊铸造高温合金 K487 轻 11%，持久寿命更长，是一种优异的轻质高强可焊高温材料。

参考文献

[1] Caron J L, Sowards J W. Weldability of Nickel-base Alloys. Comprehensive Materials Processing [J]. 2014 (6)：151~179.

[2] 中国金属学会高温材料分会. 中国高温合金手册（上卷）[M]. 北京：中国质检出版社，中国标准出版社，2012：270~273.

[3] John N. Dupont, John C. Lippold, Samuel D. Kiser. Welding Metallurgy And Weldability of Nickel-Base Alloys [M]. New Jersey：John wiley & Sons Inc., 2009：272~280.

[4] David BY S A, Jemian W A, Liu C T, et al. Welding and Weldability of Nickel-Iron Aluminides [J]. Welding Research Supplement, 1985 (1)：22~28.

[5] 葛占英，叶锐增，等. 铁对镍基铸造高温合金组织和性能的影响 [J]. 北京钢铁学院学报，1983，(2)：11~23.

热等静压温度对于一种 Ni-Co-Cr 基粉末高温合金显微组织的影响

黄国超*，张绪虎，姚草根，阴中炜，

徐桂华，王冰，孟烁，孙亚超

（航天材料及工艺研究所，北京，100076）

摘　要：研究了热等静压温度对一种 Ni-Co-Cr 基粉末高温合金显微组织的影响。结果表明：在 γ′ 相溶解温度以下热等静压，存在较多的原始粉末颗粒边界（PPB）组织，并且含有大量的残留枝晶，热处理后 PPB 不能完全消除；在 γ′ 相溶解温度以上热等静压，得到完全再结晶组织，基本消除了 PPB 组织和残留枝晶，热处理后不含有 PPB 组织，同时晶粒并未快速长大。

关键词：粉末高温合金；热等静压；PPB；残留枝晶

Effect of HIP Temperature on the Microstructure of a Ni-Co-Cr-based P/M Superalloy

Huang Guochao, Zhang Xuhu, Yao Caogen, Yin Zhongwei,

Xu Guihua, Wang Bing, Meng Shuo, Sun Yachao

（Aerospace Research Institute of Materials & Process，Beijing，100076）

Abstract：Effect of different HIP temperatures on the microstructure of a Ni-Co-Cr-based P/M superalloy has been studied. The results show that when HIPed at temperature below the γ′ solvus temperature，we get the microstructure with serious PPBs and a lot of residual dendrites，which cannot be eliminated thoroughly by high-temperature heat treatment. When alloy has been HIPed at temperature above the γ′ solvus temperature，the completely recrystallized microstructure with few PPBs and residual dendrites has been observed. At the same time，the grain size has not been increased further after being heat treated.

Keywords：P/M superalloy；HIP；PPB；residual dendrites

　　金属粉末热等静压（HIP）近净成形工艺可以生产具有复杂形状和较高材料利用率及组织均匀性的结构构件，被广泛应用在航空和火箭发动机零部件上[1]。采用直接热等静压成形工艺生产的几种高温合金，如 René95、Astroloy、EP741NP 等，已成功应用于先进航空发动机涡轮盘、压气机盘、鼓筒轴等关键部件上。

　　原始粉末颗粒边界组织（PPB）[2,3] 是 AS-HIP 粉末高温合金中的主要缺陷，它的形成阻碍了粉末之间的扩散和冶金结合，并且一旦形成很难在随后的热处理过程中消除，且直接影响着合金的强度塑性等性能[4]。国内外学者在 PPB 消除措施方面做了大量的研究工作[5]。

　　提高热等静压温度，进而提升晶界移动跨过 PPB 的能力，被认为是降低 PPB 的另一种方法，但也会导致晶粒组织粗化[6]。但较低的热等静压温度会导致严重的 PPBs 网[7]。对于热等静压部件来说，减少 PPB 和保持细小的晶粒尺寸同等重要，

* 作者：黄国超，助理工程师，联系电话：18811506258，E-mail：gchaohuang@163.com

因为这两个要素分别决定着可靠性和强度[8]。热等静压参数,特别是热等静压温度,是影响合金组织和性能的主要因素。本工作主要研究了在相同 HIP 压力和时间下,不同 HIP 温度对一种粉末冶金高温合金显微组织的影响规律。

1 试验材料及方法

选用一种 Ni-Co-Cr 基粉末高温合金作为试验材料,该合金化学成分(质量分数,%)为:C 0.056,Cr 10.00,Co 15.89,W 5.86,Mo 4.15,Al 5.02,Ti 1.96,Nb 2.42,Zr<0.01,B<0.01,Ni 余量。该合金采用 PREP 制粉(粉末粒度为 50~150μm)+直接热等静压+热处理工艺制备,在 650~700℃温度区间具有优异的综合力学性能,是制造高性能航空发动机关键热转动部件的重要材料。

经差热分析,该合金 γ′ 相完全固溶温度为1190℃,本试验选取了两个不同的 HIP 温度1130℃和 1210℃,HIP 压力均为 130MPa,时间均为 3h。HIP 后合金均经标准热处理。从 HIP 态合金上截取试样,金相显微组织采用化学侵蚀,侵蚀剂为 $CuCl_2$(10g)+HCl(50mL)+C_2H_5OH(50mL);γ′ 相形貌观察采用电解抛光和电解侵蚀,电解抛光试剂为 20% H_2SO_4 + 80% CH_3OH,电压为 25~30V,时间为 15~20s;电解侵蚀试剂是 H_3PO_4(170mL)+H_2SO_4(10mL)+CrO_3(15g),电压为 2~5V,时间为 2~5s。

2 试验结果与分析

2.1 热等静压温度对合金光学显微组织的影响

合金经不同温度热等静压(HIP)后的显微组织形貌如图 1 所示。

(a)   (b)

图 1 不同温度热等静压后合金光学显微组织(100×)

Fig. 1 The optical microstructure of alloy HIPed at the following temperatures

(a) 1130℃; (b) 1210℃

经 1130℃热等静压后合金含有大量的未再结晶组织,只有一部分区域发生了再结晶,大多数区域仍保持着球形原始粉末的形态,清晰可见大量原始粉末颗粒边界组织(PPB),如图 1(a)所示。此时,大多数晶粒是原始晶粒,晶粒内部存在明显残留枝晶,晶粒度为 6.5~7.0 级。当 HIP 温度提高到 1210℃,得到近似完全再结晶组织,未见球形原始颗粒形态,基本消除了 PPB 组织和残留枝晶组织,晶粒度为 6.0~6.5 级,如图 1(b)所示。

在 γ′ 相完全溶解温度以下热等静压时,由于大量 γ′ 相没溶解,粉末仍具有较高的高温强度,变形抗力大,此时获得的变形量不足以使各尺寸粉末发生充分的形变再结晶。这是因为热等静压过程中,不同尺寸粉末的变形是不均匀的。小尺寸粉末颗粒由于具有更大的接触面积,在致密化过程中会经历较大的变形,因此再结晶更容易进行。大尺寸粉末一方面由于平均变形程度比小尺寸粉末小,另一方面由于同一温度下其发生形变再结晶需要的临界变形量要比小尺寸粉末大得多,导致不发生形变再结晶或仅发生不完全再结晶。那些没发生形变和再结晶的粉末热等静压后保留着原始粉末颗粒的形态,与其周围的 γ′ 相和碳化物一道形成了原始粉末颗粒边界组织(PPB)。

在 γ′ 相完全溶解温度以上热等静压时,由于 γ′ 相处于完全溶解状态,合金变形抗力大大下降,因此有利于各尺寸粉末获得大的变形量，促进再结晶发生，并且温度的升高还有利于再结晶形核，促进再结晶过程，因此再结晶基本完成，如图1（b）所示。

2.2 热等静压温度对合金残留枝晶和 γ′ 相的影响

不同温度热等静压后合金中 γ′ 相形貌组织如图2所示。

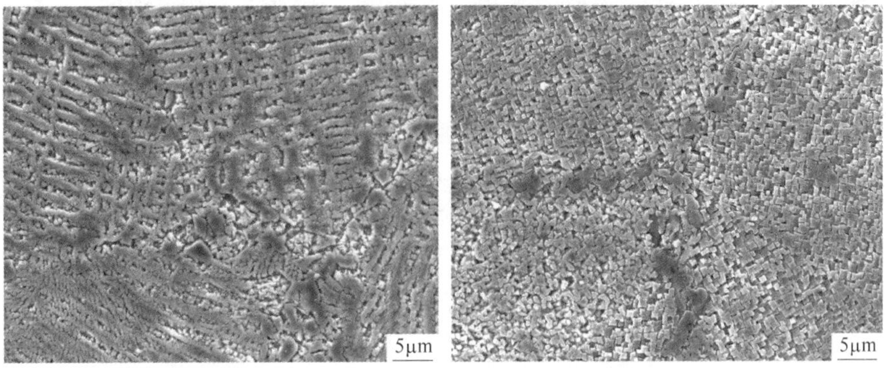

图2 不同温度热等静压后合金的 γ′ 相形貌（5000×）
Fig. 2 The γ′ microstructure of alloy HIPed at the temperature of 1130℃ and 1210℃
(a) 1130℃；(b) 1210℃

经1130℃热等静压后合金中含有大量的残留枝晶，以较粗树枝晶为主，正如前面叙述的一样，这主要是由于该温度下获得的变形量不足以使大尺寸粉末发生充分的形变再结晶，粉末中原始树枝晶组织被保留下来。此温度 HIP 后 γ′ 相在整个组织中分布不均匀，形态、尺寸各异。晶界附近为粗大 γ′ 相，呈不规则长条状或大块状，尺寸为2~5μm，是热等静压过程中未完全溶解并且有些长大的 γ′ 相，称为一次 γ′ 相。晶内排列着大量长条状 γ′ 相，它们是在 HIP 升温过程中沿枝干方向析出长大的 γ′ 相，在 HIP 过程中大部分未溶解，最终残留下来[7]。枝晶间弥散分布着较多细小的 γ′ 相，是 HIP 冷却时析出的。

热等静压温度提高到1210℃时，未见残留枝晶组织，γ′ 相近似均匀分布，此时 γ′ 相可分为两类：一类为不规则形状的大 γ′ 相（长度>1μm），绝大部分位于晶界上；另一类为中小尺寸的 γ′ 相，主要位于晶粒内部，在晶界上也有少量分布，中等尺寸的 γ′ 相主要呈方形或蝶形，尺寸为0.3~1.5μm，其间隙中析出球状小尺寸 γ′ 相，尺寸为0.03~0.15μm，这两种 γ′ 相均是在热等静压冷却过程中形成的。

综上，在 γ′ 相完全溶解温度以下热等静压时，合金中存在大量的残留枝晶，此时得到的是颗粒边界附近大尺寸不规则 γ′ 相、颗粒内近似长条状或方形 γ′ 相以及小尺寸圆形 γ′ 相组织。在 γ′ 相完全溶解温度以上热等静压时，基本消除了残留枝晶组织，此时 γ′ 相均匀分布，晶内含有中等尺寸方形或蝶形 γ′ 相、小尺寸圆形 γ′ 相，晶界附近为不规则大 γ′ 相。

值得注意的是，残留枝晶作为粉末高温合金盘件中一种较常见的组织缺陷，对合金高温下力学性能不如 PPB、孔洞等敏感，并未引起人们足够的重视，但它的存在对使用在高温下并要求具有高的可靠性和耐久性的涡轮盘也是个潜在的危险[9]。

2.3 热等静压后合金经热处理后的显微组织

合金经1130℃或1210℃热等静压成型后再经热处理后光学显微组织如图3所示。不同热等静压温度下合金经热处理后均得到完全再结晶组织，晶粒尺寸相差不大，晶粒度均为6.0~6.5级，相比于 HIP 态，热处理态晶粒尺寸有所增加，但尺寸分布更为均匀。

在1130℃热等静压过程中形成的大量 PPB 组织，如图1（a）所示，由于高温长时固溶处理过程（固溶处理为1210℃，8h）中原始颗粒边界上的大尺寸 γ′ 相和碳化物部分回溶，导致热处理后数量减少，但合金中仍存在一些圆形粉末颗粒形态的 PPB 组织，如图3（a）所示。在1210℃热等静压后合金经热处理后，未见 PPB 组织，如图3（b）所示。

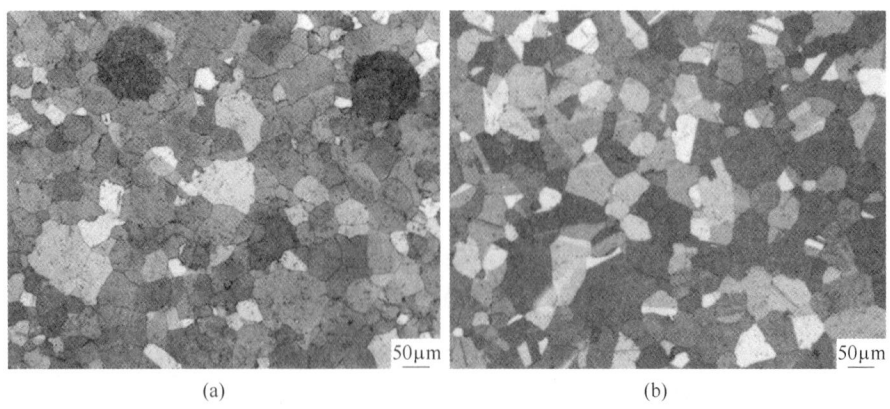

图 3 不同温度 HIP 后合金经热处理后显微组织

Fig. 3 The microstructure of alloys HIPed at the temperature of 1130℃ and 1210℃

(a) 1130℃；(b) 1210℃

3 结论

(1) 在合金 γ′ 相溶解温度以下（如 1130℃）热等静压，得到未完全再结晶组织，组织中含有大量的 PPB 和残留枝晶组织，且 γ′ 相分布不均匀，经热处理后合金中仍存在 PPB 组织。

(2) 在合金 γ′ 相溶解温度以上（如 1210℃）热等静压，得到完全再结晶组织，基本未见 PPB 组织，含有较少的残留枝晶组织，γ′ 相分布相对均匀，热处理后晶粒尺寸并未显著增加。

参考文献

[1] Zhang K, Mei J, Wain N, et al. Effect of hot-isostatic-pressing parameters on the microstructure and properties of powder Ti-6Al-4V hot-isostatically-pressed samples [J]. Metallurgical and Materials Transactions A, 2010, 41 (4): 1033~1045.

[2] 李慧英, 胡本芙, 章守华. 原粉末颗粒边界碳化物的研究 [J]. 金属学报, 1987, 23 (2): 90~94.

[3] 胡本芙, 陈焕铭, 宋铎, 等. 镍基高温合金快速凝固粉末颗粒中 MC 型碳化物相的研究 [J]. 金属学报, 2005, 41 (10): 1042~1046.

[4] 毛健, 杨万宏, 汪武翔, 等. 粉末高温合金颗粒界面及断裂研究 [J]. 金属学报, 1993, 4 (29): 187~192.

[5] Rao G A, Srinivas M, Sarma D S. Effect of oxygen content of powder on microstructure and mechanical properties of hot isostatically pressed superalloy Inconel 718 [J]. Materials Science and Engineering: A, 2006, 435: 84~89.

[6] Qiu C L, Attallah M M, Wu X H, et al. Influence of hot isostatic pressing temperature on microstructure and tensile properties of a nickel-based superalloypowder [J]. Materials Science and Engineering: A, 2013, 564: 176~185.

[7] 贾建, 陶宇, 张义文, 等. 热等静压温度对新型粉末冶金高温合金显微组织的影响 [J]. 航空材料学报, 2008, 28 (3): 20~23.

[8] Chang L, Sun W, Cui Y, et al. Influences of hot-isostatic-pressing temperature on microstructure, tensile properties and tensile fracture mode of Inconel 718 powder compact [J]. Materials Science and Engineering: A, 2014, 599: 186~195.

[9] 胡本芙, 李慧英, 章守华, 等. FGH4095 合金中部分再结晶组织区与淬火裂纹形成机理. 金属学报, 1999, 35 (增刊 2): 364~367.

组合循环发动机用高温合金材料发展需求

王清平*，江强，侯金丽，胡尚飞

（北京动力机械研究所冲压基组合循环发动机研究室，北京，100074）

摘　要：随着组合循环发动机技术的发展，急需发展兼具低密度、耐高温、高强韧、易加工、长寿命、低成本等特点的高温合金材料，以满足组合循环发动机苛刻工作环境需求。简要介绍了组合循环发动机常用高温合金材料应用现状及存在问题，提出了高温合金材料后续发展需求。

关键词：组合动力；高温合金；发展需求

Development Demand for Superalloy Used in Combined Cycle Engine

Wang Qingping，Gang Qiang，Hou Jinli，Hu Shangfei

（Ramjet Based Combined Cycle Engine Division，Beijing
Power Machinery Institute，Beijing，100074）

Abstract：The development of combined cycle engine is calling for superalloy with lower density and processing－cost，higher thermally and mechanically stability as well as longer working life. The problems of superalloy used in combined cycle engine were introduced，and the demand for developing superalloy was put forward.

Keywords：combined cycle engine；superalloy；development demand

　　组合循环发动机是实现空天飞行的有效动力方案，但随着空天飞行器飞行速度及高度的不断提升，发动机工作环境愈发苛刻，对发动机热端结构材料的综合性能要求也越来越高。目前，发动机主要热端结构材料为镍基高温合金，其使用温度和比强度均难以满足空天动力需求。因此迫切需要发展能够在极端高温环境下稳定工作的高温合金材料，兼具低密度、耐高温、高强韧、易加工、长寿命、低成本等特点，有效支撑组合循环发动机发展。

1　高温合金在组合循环发动机中应用及存在问题

　　空天飞行器对发动机飞行速度和推重比有着更加苛刻的要求，单一类型发动机很难满足飞行器全飞行轨迹需求，因此空天动力常将涡轮、火箭和超燃冲压发动机其中两种或三种类型发动机有效集成，形成组合循环发动机。

　　组合循环发动机中，燃烧室、喷油支板、尾喷管、涡轮盘及叶片等热端部件长期处于高温、高压工作环境，其结构材料首选为高温合金。

1.1　高温合金在燃烧室中应用

　　组合循环发动机燃烧室中，燃油的化学能经燃烧反应释放为热能，使燃烧室结构始终处于高温环境。涡轮燃烧室内燃气平均温度可达 1500～2100℃[1]，超燃冲压发动机燃烧室内燃气平均温度可达 2500～2900℃。故涡轮模块的燃烧室结构如火焰筒、机匣等通常应用变形高温合金材料，

---

*作者：王清平，工程师，联系电话：010-68741775，E-mail：wangqingpingbuaa@163.com

辅以气膜冷却进行热防护；超燃冲压模块的燃烧室壁面凹槽、喷油支板等通常应用变形高温合金材料，辅以燃油再生主动冷却热防护；火箭模块的燃烧室与超燃冲压模块相似，以推进剂对燃烧室结构进行再生主动冷却热防护。

随着飞行速度的不断提高，涡轮模块燃烧室冷却用气膜温度升高，冷却效果明显减弱。而传统高温合金的一般使用温度在 1050℃ 以下，短期或零件局部可达 1200℃，已经达到其熔点的约 90%，很难进一步提高使用温度[2]。严苛工作环境与高温合金许用温度间矛盾十分突出，必须研究耐更高温度的高温合金材料。超燃冲压模块的燃烧室凹槽、喷油支板等能够以再生主动冷却实现可靠热防护，但更高飞行轨迹需求迫切要求更低密度的高温合金材料，实现更好推重比。

1.2 高温合金在尾喷管中应用

组合循环发动机以高温燃气在喷管中膨胀做功产生推力，但其经常要承受涡轮加力燃烧室或增推火箭引入的高温燃气，故该处燃气温度仍然较高；同时还要承受燃气冲刷、急剧变化的热应力和振动应力等，对结构材料的强度要求极高。

喷管处主要应用变形合金制造固定结构以及 K424 等铸造合金制造调节片等薄壁件。材料的高强度与低密度要求不断突出，传统高温合金材料已达到瓶颈，难以有显著突破；同时铸造高温合金精铸工艺难度较高，铸造成本较高，且其焊接性差，难以制备复杂冷却结构，急需发展新型低密度、高强韧高温合金结构材料。

1.3 高温合金在涡轮盘及叶片中应用

组合循环发动机中经常集成涡轮模块以利用其在低速阶段的高比冲性能，其涡轮盘及叶片是涡轮结构热防护技术难度的典型代表。涡轮盘轮缘与轮毂处存在极高温差应力以及启动、停车时的大应力交变疲劳，导向叶片承受极高热冲击，工作叶片承受极端离心负荷。传统高温合金面对不断提高的涡轮前温度已很难满足应用需求。采用定向凝固制备的定向凝固合金、单晶合金等可用以提高叶片工作温度。

定向凝固合金、单晶合金因其熔点限制只能通过叶片内腔气膜冷却来提高叶片工作温度，要应对不断提高的工作温度，所需内腔结构越来越复杂，制造难度也不断攀升，急需发展新的定向凝固合金、单晶合金材料和相应制备工艺来满足需求。

2 组合循环发动机对高温合金发展需求

空天动力用组合循环发动机技术的不断发展，突破了单一类型发动机的固有特点，拓宽了发动机的应用边界，同时也面临着更快飞行速度与更高推重比带来的更加严苛材料工作环境，对发动机结构材料主体——高温合金的发展提出了更多的需求。

2.1 低密度需求

传统镍基变形高温合金密度在 8.8g/cm³ 左右，已难以匹配组合循环发动机的高推重比需求，迫切需求发展密度在 7.0g/cm³ 以内的低密度高温合金材料。重点开展 TiAl 等金属间化合物基高温合金、超高温硅化物基高温合金等合金的成分设计及其主要元素间的交互作用研究，在材料许用温度、高温强度等性能无明显降低情况下实现高温合金的轻质化。

2.2 耐高温需求

组合循环发动机热端结构对高温合金材料的温度使用上限已提升至 1400 ~ 1600℃，大幅超出常用高温合金许用温度。根据高温合金许用温度与其熔点间存在对应关系，要提升高温合金许用温度，需提高合金的熔点。故需重点研究熔点较高的难熔合金元素钌（Ru）、铼（Re）、钨（W）、钼（Mo）对高温合金组织稳定性及耐温性能的影响，寻求适宜难熔合金元素含量。

2.3 高强韧需求

针对组合循环发动机中主承载结构，迫切需要发展在室温和高温条件下均具有良好强度和韧性的高温合金材料，具体需求为：室温抗拉强度 $R_m \geq 850MPa$，断后伸长率 $A \geq 40\%$；1400℃ 抗拉强度 $R_m \geq 60MPa$，断后伸长率 $A \geq 40\%$。因此需重点开展固溶金属元素铬（Cr）、钴（Co）对合金组织稳定性影响，晶界结构与本征脆性关系等相关研究，改善高温合金强度及韧性。

2.4　易加工需求

目前无论传统镍基变形高温合金、定向凝固及单晶铸造高温合金，均存在加工工艺性差等问题。如变形高温合金机加刀具较快磨损、铸造高温合金机加脆性、粉末冶金高温合金粉末制备困难、铸造高温合金精密铸造与熔焊连接可实现性差等难题，必须重点开展相应的基础理论研究及工艺攻关。聚焦高温合金生产过程中冶金缺陷的控制问题，发展高纯度、低偏析高温合金冶炼制备技术；研究高温合金变形过程中力学行为特征和组织演变规律，完善高温合金塑性加工方法；发展铸造高温合金的焊接连接及增材制造技术，实现复杂高温合金结构的快速成型。

2.5　长寿命需求

与国外同类型发动机相比，我国研制发动机在全生命周期寿命上存在较大差距。在组合循环发动机更加苛刻的使用工况下，必须注重提升高温合金材料的使用寿命，实现组合循环发动机的长时间可靠重复使用。需重点研究高温合金的疲劳—蠕变—环境交互作用下的组织演变和性能变化规律，基于热力学、连续介质力学发展高温合金的寿命预测方法，建立长寿命高温合金（>10000h）关键性能数据库，有效支撑长寿命新合金开发。

2.6　低成本需求

组合循环发动机在民用领域具有广阔应用前景，要实现该型发动机的推广，发动机结构主体材料高温合金必须具有良好的成本优势。需重点开展高温合金中稀有合金成分替代方案研究，同时改善合金制备工艺，降低材料单价，使其走出实验室，形成工业规模化生产。

3　结论

组合循环发动机集成了多种类型发动机模块，拓宽了发动机应用范围，但也对作为主体结构材料的高温合金提出了更高需求。

（1）更极端工作环境要求高温合金材料许用温度上限提升至 $1400 \sim 1600℃$，室温抗拉强度 $R_m \geq 850MPa$，断后伸长率 $A \geq 40\%$，1400℃抗拉强度 $R_m \geq 60MPa$，断后伸长率 $A \geq 40\%$。

（2）更高推重比要求高温合金材料在无显著性能降低情况下，密度降低至 $7.0g/cm^3$ 以下，金属间化合物基高温合金、超高温硅化物基高温合金等值得重点研究。

（3）更高经济性要求高温合金材料的制备、机加、连接等工艺性需进一步提升，同时在长寿命、低成本方面的需求不断加强。

参考文献

［1］仲增墉. 第十三届中国高温合金年会论文集 ［M］. 北京：冶金工业出版社，2016：3~6.
［2］国家自然科学基金委员会，中国科学院. 未来10年中国学科发展战略·材料科学 ［M］. 北京：科学出版社，2012：39.

镍基高温合金疲劳裂纹扩展寿命的温度敏感性

徐超*，董建新

（北京科技大学材料科学与工程学院，北京，100083）

摘　要：分别测定了镍基高温合金 FGH97、FGH98、GH4720Li 和 GH4738 在 650~800℃ 范围内及室温、空气环境下的疲劳裂纹扩展，得到出了温度对裂纹扩展寿命的影响规律。从中发现每种高温合金都存在一个疲劳寿命急剧下降的敏感温度区间。通过观察高温合金的组织形貌和疲劳断口特征、不同温度下试样表面裂纹的晶界形貌等，探究了镍基高温合金疲劳裂纹行为存在温度敏感区间的原因。

关键词：镍基高温合金；疲劳裂纹扩展；疲劳断口；温度敏感区间

Temperature Susceptibility of the Fatigue Crack Growth for Ni-based Superalloys

Xu Chao，Dong Jianxin

（School of Materials Science and Engineering，University
of Science and Technology，Beijing，100083）

Abstract：The fatigue crack growth behaviors of Ni-based superalloys containing FGH97，FGH98，GH4720Li and GH4738 were assessed at the temperature range of 650~800℃ in air. The results indicate that a temperature susceptibility leading to the disastrous decline of the fatigue life exists universally. Through the further fractographic and microanalytical investigations，the essence of this phenomenon was investigated.

Keywords：Ni-based superalloys；fatigue crack growth；fatigue fracture；temperature susceptible region

高温合金材料被广泛用于航空发动机和汽轮机等领域。随着越来越高的热能转化率的需求，这些设备需要在更高的温度下运行[1]，因而高温合金材料疲劳失效的风险逐渐增大。众所周知，由于热激活机制[2]，疲劳性能会随着温度的升高而降低，但降低的趋势并非是均匀的。掌握疲劳寿命随温度变化的关系对于损伤容限设计至关重要，因而对几种高温合金材料的疲劳裂纹扩展行为进行了研究。

1　试验材料及方法

本文研究涉及的涡轮盘用镍基高温合金包含了粉末镍基高温合金 FGH97、FGH98 和变形镍基高温合金 GH4720Li、GH4738，其均为标准的制备工艺及热处理工艺[3] 生产的合金。疲劳裂纹扩展实验在 CMT5204GL 高温疲劳裂纹扩展试验机上进行。实验方法参照标准 ASTM E647-81，标准紧凑拉伸（CT）试样按标准 JB/T 8189—1999 制成，尺寸如图 1 所示。

文献[4,5] 中表明 FGH97、GH4720Li 和 GH4738 合金在 650~750℃ 具有优异的性能。因此，四种高温合金的疲劳裂纹扩展实验在 650~800℃ 的温度范围内选取三或四个温度进行，疲劳加载-卸载波形为 5s-5s-5s-2s，应力比 R 为 0.05。GH4738 合金的初始应力强度因子幅为 $\Delta K =$

---

* 作者：徐超，博士研究生，联系电话：15201457329，E-mail：xc158158@163.com

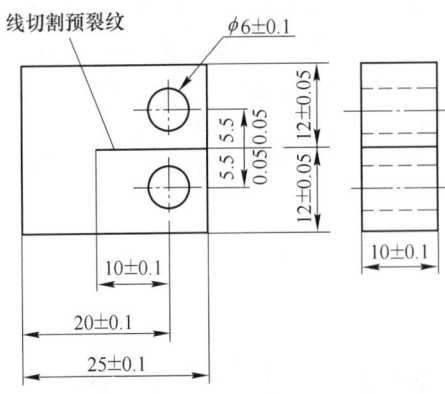

图 1　裂纹扩展速率标准紧凑拉伸

（CT）试样（单位：mm）

Fig. 1　Compact tension specimen of crack

propagation test（unit：mm）

$40MPa \cdot m^{1/2}$，其他三种合金为 $30MPa \cdot m^{1/2}$。加热炉升到设定温度并保持恒温状态后，疲劳加载装置便按照设定的加载波形对 CT 样进行疲劳加载。试验中合金裂纹长度的变化采用直流电位法测量。试样断裂后，其随炉冷却到室温后取出。采用 JEOL-7600F 扫描电镜（SEM）观察断口形貌，并采用 SUPRA 55 场发射扫描电镜（FESEM）观察裂纹扩展路径及微观组织。

2　试验结果及分析

2.1　疲劳裂纹扩展寿命与温度关系

根据疲劳周次-裂纹扩展长度（a-N）的实验结果，统计各合金在不同温度下的寿命，如图 2 所示。可以看出，FGH97 在 700~800℃、FGH98

和 GH4720Li 合金在 700~750℃内都存在着疲劳寿命急剧下降的现象。GH4738 合金由于较高的初始 ΔK，每一温度下的疲劳寿命比其他三种合金的低，但从放大图中也可看出其在 650~700℃内也存在疲劳寿命急剧下降的现象。因此，高温合金的疲劳寿命存在一个高温敏感区间是一个普遍现象，这应给予重视，运行温度的轻微增加都有可能对航空发动机等的安全服役构成极大的威胁。

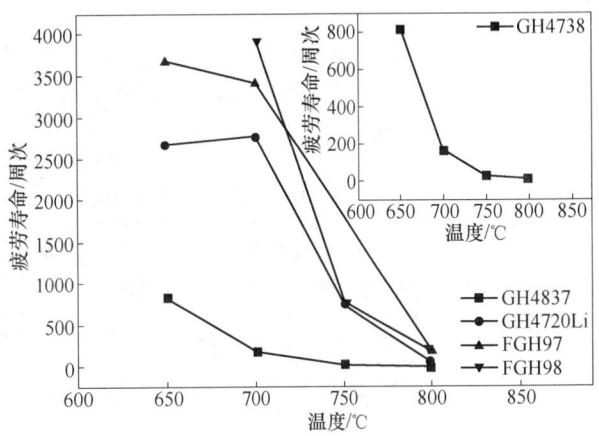

图 2　各合金在不同温度下的疲劳寿命

Fig. 2　The lifetime of four superalloys

at different temperatures

按典型的分段方法[6] 将疲劳裂纹扩展速率（da/dN-ΔK）曲线划分成萌生区、稳定扩展区（Paris 区）和瞬断区三个区，结合 a-N 曲线确定各阶段的周次，如图 3 所示。我们发现各合金在温度敏感区间内，无论是萌生区寿命还是 Paris 区寿命，下降的幅度都很大，因此合金的整个疲劳裂纹扩展过程在温度敏感区间内都会受到升温导致的严重影响。

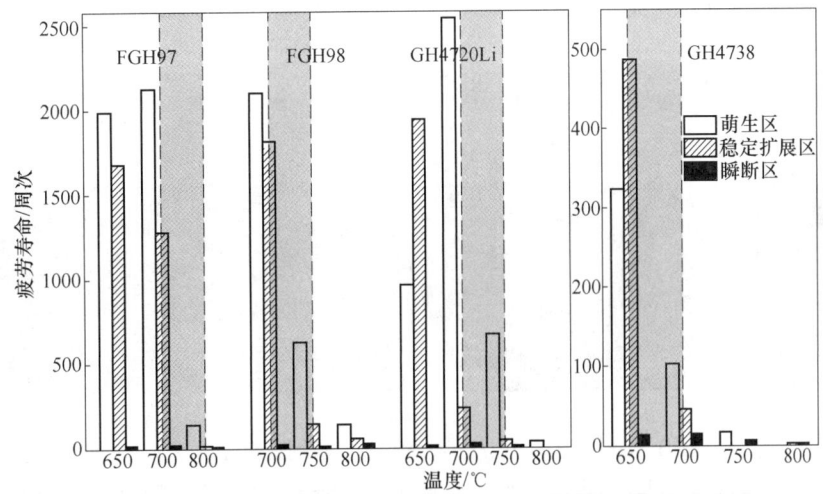

图 3　不同温度下四种合金各阶段的疲劳寿命

Fig. 3　Lifetime comparison of three stages of four superalloys

2.2　疲劳断口形貌

以 GH4738 合金为例，观察不同温度下起裂点和较高 ΔK（45MPa·$m^{1/2}$）处的断口形貌，如图 4 所示。650℃ 时，疲劳裂纹以穿晶形式起裂并扩展，ΔK 较高时仍以穿晶扩展为主；700℃ 下，裂纹源处断口仍以穿晶形式为主，而高 ΔK 处断口则呈沿晶断裂为主的形貌；750℃ 和 800℃ 下合金从一开始便为沿晶断裂，呈冰糖状的断口形貌。可以看出，随着温度的增加，沿晶断裂的趋势增加。对于 GH4738 合金（初始 ΔK 为 40MPa·$m^{1/2}$ 的条件下），其 650~700℃ 的敏感区间对应着断口从穿晶向沿晶模式的转变。表明疲劳寿命的急剧降低与断裂模式的转变存在密切的关系。

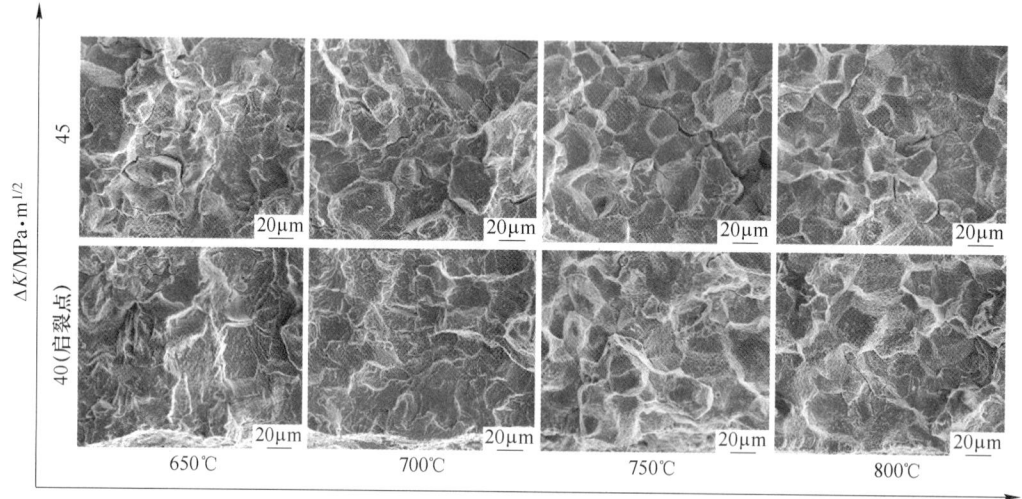

图 4　GH4738 合金在不同温度下的断口形貌

Fig. 4　Fracture morphologies of GH4738 specimens tested at different temperatures

2.3　高温氧化对裂纹扩展的影响

采用 FESEM 对 800℃ 下拉断的 FGH97 的 CT 样侧面进行观察，发现断口附近的晶界普遍存在氧化凸起，如图 5(a) 所示。高温下，裂纹尖端附近的晶界由于存在拉应力，这会使其加速氧化，生成脆性的富 Co、Cr 的氧化物[7]，导致与加载方向垂直的晶界处应变/应力进一步集中而开裂。磨掉侧面的氧化皮，并从图 5(b) 中可看出氧沿晶界侵入基体并与 Al、Ti 等活性元素反应，诱发微裂纹的产生。氧相关损伤包括应力致晶界氧化及动态脆化机制都与应力和温度密切相关[8]，因此随着温度提高，加剧的晶界氧相关损伤对疲劳性能的急剧下降起到了重要作用。

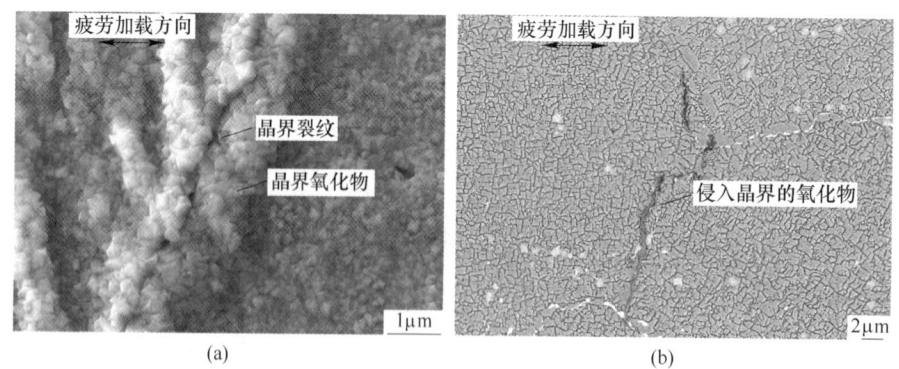

图 5　800℃ 下 FGH97 合金靠近断口的侧表面晶界形貌

Fig. 5　Morphologies of oxidized grain boundaries at side surface for FGH97 fractured specimen at 800℃

（a）氧化并开裂的晶界；（b）去掉氧化皮后的氧化晶界

3　结论

（1）镍基高温合金普遍存在一个疲劳裂纹扩展寿命急剧下降的温度敏感区间，应引起重视。此现象与断裂模式从穿晶向沿晶的转变存在密切的关系。

（2）高温下，氧易从晶界渗入并与晶界处的活性元素反应而导致晶界脆化开裂，加剧的晶界氧相关损伤对疲劳性能的急剧下降起到了重要作用。

参考文献

［1］佴启亮，董建新，张麦仓，等. GH4720Li 合金疲劳裂纹扩展速率的温度敏感性［J］. 稀有金属材料与工程，2017，46（10）：2915~2921.

［2］Zheng X. On some basic problems of fatigue research in engineering［J］. International Journal of Fatigue，2001，23（9）：751~766.

［3］中国金属学会高温材料分会. 中国高温合金手册（上卷）［M］. 北京：中国质检出版社，2012：878.

［4］张义文，上官永恒. 粉末高温合金的研究与发展［J］. 粉末冶金工业，2004，14（6）：30~43.

［5］Couturier R，Burlet H，Terzi S，et al. Process Development and Mechanical Properties of Alloy U720Li for High Temperature Turbine Disks［J］. Proceedings of the International Symposium on Superalloys，2004：351~359.

［6］王璞，董建新，张麦仓，等. GH864 合金蠕变/疲劳裂纹扩展速率及 a-N 曲线分析［J］. 稀有金属材料与工程，2011，40（4）：630~634.

［7］Jiang R，Everitt S，Gao N，et al. Influence of oxidation on fatigue crack initiation and propagation in turbine disc alloy N18［J］. International Journal of Fatigue，2015，75（2）：89~99.

［8］Jiang R，Proprentner D，Callisti M，et al. Role of oxygen in enhanced fatigue cracking in a PM Ni-based superalloy：stress assisted grain boundary oxidation or dynamic embrittlment?［J］. Corrosion Science，2018，135：141~154.

W 芯 SiC 纤维与元素 Ni、Cr 的界面反应的研究

王法[*]，江河，董建新，姚志浩

（北京科技大学高温材料及应用研究室，北京，100083）

摘　要：由于 SiC 纤维在 Ti 基复合材料领域中成功应用的先例，SiC 纤维在 Ni 基复合材料领域有着极大的研究空间。将 W 芯 SiC 纤维与 Ni 粉、Cr 粉分别单独进行热等静压制备。使用光学显微镜（OM）、扫描电子显微镜（SEM）、能谱仪（EDS）分别研究了反应产物的组成及不同反应产物之间的关系。结果表明 SiC 纤维与 Ni 基体之间产生剧烈的界面反应，反应产物为 $\delta-Ni_2Si+C$。大部分纤维丝的 SiC 层反应完全，其 W 芯参与进一步界面反应，生成包括 WC、Ni_2M_4C（M 包括 W、Si 元素）、NiWSi 等复杂反应产物。SiC 纤维与 Cr 基体发生轻微的界面反应，从 SiC 侧到 Cr 侧依次生成厚约 $1\sim2\mu m$ 的 Cr_5Si_3C、$Cr_{23}C_6$ 层。

关键词：SiC 纤维；高温合金；纤维增强复合材料；界面反应

The Research on Interface Reactions between W-cored SiC Fiber and Ni, Cr Elements

Wang Fa, Jiang He, Dong Jianxin, Yao Zhihao

（School of Material Science and Engineering, University of Science and Technology Beijing, Beijing, 100083）

Abstract：Due to the precedent for the successful application of SiC fibers in the field of Ti matrix composites, SiC fibers have great research space in the field of Ni matrix composites. The W-core SiC fibers were mixed with Ni powder and Cr powder respectively and the composites were processed by hot isostatic pressing. Optical microscopy（OM）, Scanning Electron Microscopy（SEM）, Energy Dispersive Spectrometer（EDS）were used to study the composition of the reaction products and the relationship between different reaction products. The results show that dramatic interface reactions are produced between SiC fibers and Ni matrix, the reaction products are $\delta-Ni_2Si+C$. SiC planes of most fibers are reacted completely, the W cores participate in further interface reactions, which form complex reaction products including WC, Ni_2M_4C（M includes W and Si elements）, NiWSi, etc. Slight interface reactions are produced between SiC fibers and Cr matrix. The Cr_5Si_3C、$Cr_{23}C_6$ planes with depth about $1\sim2\mu m$ are formed from SiC side to Cr side sequentially.

Keywords：SiC fiber; superalloy; fiber reinforced composite; interface reaction

　　SiC 纤维具有出色的高温力学性能，被广泛地应用于纤维增强复合材料中[1,2]。目前 SiC 纤维增强金属基复合材料的研究主要集中在 Ti 基、Al 基等用于较低温度的航空发动机压气机叶片的材料中。而 Ni 基等更高温度的复合材料目前尚处在起步阶段。对于 SiC 纤维增强 Ti 基复合材料而言，已经证实在高推比涡轮发动机中采用 SiC_f/Ti 基复合材料可使减重效果达 50%[3,4]。而借鉴于 SiC 纤维增强 Ti 基复合材料的成功经验，SiC 纤维增强 Ni 基复合材料有望进一步提高综合性能。有人研究得到如果在排气系统中采用该复合材料，可使得排气系统总重量降低 30%[5]。目前限制 SiC 纤维增强 Ni 基复合材料发展的一个重要问题是 SiC 纤维会与 Ni 等金属发生剧烈的界面反应[6]。由于

* 作者：王法，硕士，联系电话：18813122860，E-mail：wangfaMSE@163.com

Ni、Cr 为高温合金主要组成元素，因此研究 SiC 纤维与元素 Ni、Cr 的界面反应便格外重要。本文旨在研究 W 芯 SiC 纤维与金属元素 Ni、Cr 的界面反应，从而为进一步控制界面反应提供理论参考。

1 试验材料及方法

试验用 Ni 粉为 48μm，纯度 99.5%，Cr 粉为 75μm，纯度 99%。试验用 W 芯 SiC 纤维总直径 $\phi=100\mu m$，W 芯直径 $\phi=10\mu m$。制备样品时分别将 Ni 粉、Cr 粉和 W 芯 SiC 纤维置于 $\phi 10mm \times 50mm$ 的不锈钢包套内，抽真空至 $1\times10^{-3}Pa$ 后，进行封焊处理，放入热等静压炉（Mini HIP QIH-9），在 1050℃×160MPa×2h 的条件下进行制备。

包套炉冷至室温取出。进行组织观察的试样用砂纸逐级打磨后，进行机械抛光。通过金相观察获得低倍组织特征。使用场发射扫描电镜（ZEISS SUPRA55）和配套的能谱仪（OXFORD INCA XACT）进行高倍组织观察和成分定性定量分析。

2 试验结果及分析

2.1 Ni 元素与 SiC 纤维的反应

SiC 纤维与 Ni 基体之间产生剧烈的界面反应。界面反应生成的微小 C 颗粒嵌在 δ-Ni₂Si 基体中。如图 1（a）、（b）所示分别为金相观察和 SEM 得到的低倍、高倍界面反应组织。

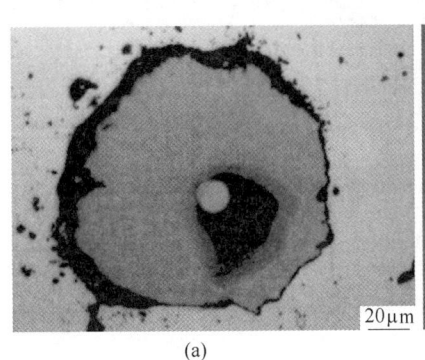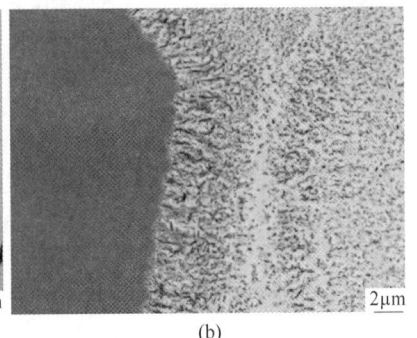

20μm (a)

2μm (b)

图 1 Ni 基体与 SiC 层的界面反应微观组织

Fig. 1 Interface reaction microstructure between Ni matrix and SiC layer

（a）Ni/SiC 层低倍界面反应组织（500×）；（b）Ni/SiC 层高倍界面反应组织（4000×）

由于 Ni/SiC 是扩散控制反应的进行，因此 Ni 与 SiC 总的反应区域厚度服从平方根关系[7]，如式（1）所示：

$$x^2 = kt$$
$$k = k_0 \exp\left(-\frac{Q}{RT}\right) \quad (1)$$

式中，x 为总反应区域厚度；k 为反应系数；t 为反应时间；k_0 为反应常数；Q 为反应激活能；R 为气体常数；T 为绝对温度。对于 Ni/SiC 的界面反应，其反应常数 $k_0 = 10.89\times10^8 \mu m^2/s$[7]。在 SiC 层与 Ni 反应完全后，W 芯参与进一步的界面反应。W 芯不断地吸收 δ-Ni₂Si+C 区域中的 C 元素，形成 WC，导致 W 芯周围出现贫碳区。同时 W 芯与 Ni₂Si 和 C 的混合物反应，生成固溶 C 原子的 NiWSi 相。NiW-Si 相继续参与反应，生成 Ni₂M₄C 相（M 包括 W、Si 元素）。当 NiWSi 相反应完全后，Ni₂M₄C 相分解，同时从周围基体中吸收 C 元素，生成块状 WC，导致贫碳区扩大，同时生成固溶 Si 的 Ni 固溶体（α

相）。最终 SiC 纤维丝完全反应，反应产物为 WC、Ni₂Si+C 颗粒、Ni 固溶体 α 相。如图 2 所示。

上述 Ni/SiCf 界面反应观察结果表明，Ni 可完全破坏 W 芯 SiC 纤维，这极大地恶化了材料性能。在 SiC 纤维增强 Ti 基复合材料中，通常采用涂层阻碍元素扩散，效果较好[4,8]。而对于 SiC 纤维增强 Ni 基复合材料而言，虽然已有相关报道[9]，但目前还没有理想的涂层材料。

2.2 Cr 元素与 SiC 纤维的反应

SiC 纤维与 Cr 基体发生界面反应，从 SiC 侧到 Cr 侧依次生成厚约 1~2μm 的 Cr₅Si₃C、Cr₂₃C₆ 层，SiC 层的大部分区域未反应，W 芯则完全没有参与界面反应。如图 3 所示。由于 Ni/SiC 是扩散控制反应的进行，因此 Cr 与 SiC 总的反应区域厚度同样服从如式（1）所示的平方根关系，其反应常数 $k_0 = 2.56\times10^4 \mu m^2/s$，相比于同条件下 Ni 与 SiC 层的反应，其反应厚度小于后者的 1/10[7]。

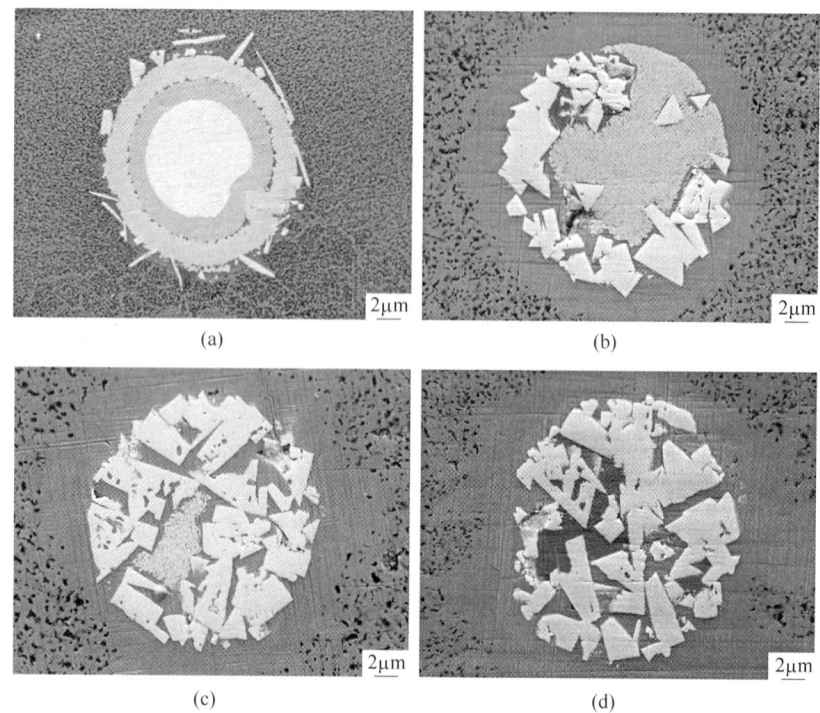

图 2　SiC 纤维的 W 芯参与界面反应后的微观组织

Fig. 2　The microstructure of W core in SiC fiber after interface reactions

（a）反应生成 NiWSi、Ni_2M_4C、WC 相、贫碳区；（b）NiWSi 相完全反应，WC 增多；

（c）Ni_2M_4C 逐渐分解，WC 增多；（d）W 芯反应完全，转变成 Ni 固溶体 α 相及 WC

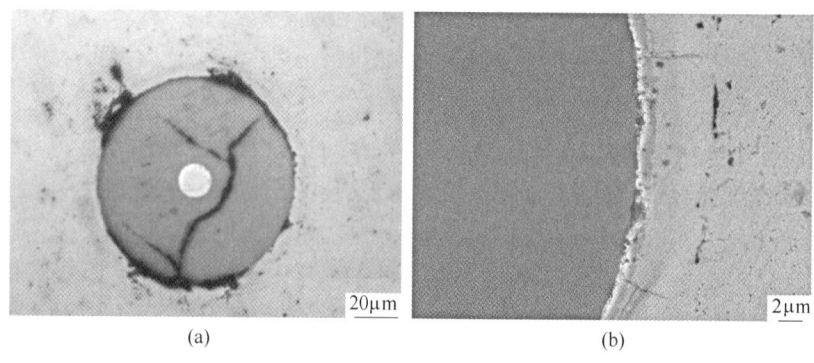

图 3　Cr 基体与 SiC 层的界面反应微观组织

Fig. 3　Interface reaction microstructure between Cr matrix and SiC layer

（a）Cr/SiC 层低倍界面反应组织（500×）；（b）Cr/SiC 层高倍界面反应组织（3000×）

上述 Cr/SiC$_f$ 界面反应试验观察结果表明，Cr 元素与 W 芯 SiC 纤维虽然发生了一定的界面反应，但是相比于 Ni 的情况而言，反应程度轻微许多，并且反应生成的 Cr_5Si_3C、$Cr_{23}C_6$ 层均匀致密，与基体结合良好。

3　结论

本文通过研究单质 Ni、Cr 与 W 芯 SiC 纤维之间的界面反应，得到以下结论：

（1）Ni 与 W 芯 SiC 纤维发生剧烈界面反应，首先与 SiC 层反应，生成 δ-Ni_2Si+C 颗粒。反应产物进一步与 W 芯反应，生成 WC、Ni_2M_4C、NiWSi 等复杂反应产物。最后 SiC 纤维反应完全，总的反应产物为 WC、Ni_2Si+C 颗粒、固溶 Si 的 Ni 固溶体（α 相）。

（2）Cr 与 W 芯 SiC 纤维发生轻微界面反应，从 SiC 侧到 Cr 侧依次生成 Cr_5Si_3C、$Cr_{23}C_6$ 层。大

部分 SiC 层及 W 芯整体未反应。

参考文献

[1] 杨延清，等. SiC/Ti-6Al-4V 复合材料界面反应的扫描电镜分析 [J]. 中国材料进展，2004，23（7）：22~25.

[2] 黄浩，等. 靶基距对 SiC 纤维表面钛合金涂层微结构和生长的影响 [C]. 先进材料技术研讨会，2011.

[3] 杨延清，张建民，SiC 纤维增强 Ti 基复合材料的制备及性能 [J]. 稀有金属材料与工程，2002，31（3）：201~204.

[4] 蔡杉，等 . SiC 纤维 CVD 涂层工艺研究 [J]. 航空材料学报，2006，26（2）：23~28.

[5] Cornie J A, C C S, Anderson C A, Fabrication process development of SiC/superalloy composite sheet for exhaust system components [R]. National Aeronautics and Space Administration：America，1976.

[6] Fujimura T, Tanaka S I. In-situ high temperature X-ray diffraction study of Ni/SiC interface reactions [J]. Journal of Materials Science，1999，34（2）：235~239.

[7] Bhanumurthy K, Schmid-Fetzer R. Interface reactions between silicon carbide and metals（Ni，Cr，Pd，Zr）[J]. Composites Part A Applied Science & Manufacturing，2001，32（3）：569~574.

[8] 杨锐，等. SiC 纤维增强钛基复合材料研究进展 [C]. 全国钛及钛合金学术交流会，2005.

[9] Chen Jianhong, Huang H, Zhang Kan, et al. Interfacial reactions in the SiC$_f$/Ni$_3$Al composites by employing C single coating and C+Y$_2$O$_3$ duplex coating as barrier layers [J]. Journal of Alloys and Compounds，2018，765：18~26.